W0256638

Technische Elektrodynamik

Von

Franz Ollendorff

Band II

Innere Elektronik

Vierter Teil

Grundlagen der Kristallelektronik

1966

Springer-Verlag

Wien · New York

Grundlagen der Kristallelektronik

Von

Franz Ollendorff

Dipl.-Ing., Dr.-Ing., Dr.-Ing. E. h., Research Professor am Technion,
Israel Institute of Technology, Haifa, Fellow of the I. R. E. (America).
Member of the I. E. E. (England),
Mitglied der Israelischen Akademie der Wissenschaften

Mit 208 Textabbildungen

1966

Springer-Verlag

Wien · New York

ISBN 978-3-7091-3029-2   ISBN 978-3-7091-3028-5 (eBook)
DOI 10.1007/978-3-7091-3028-5

Titel-Nr. 8563

Vorwort.

Die *Kristallelektronik* entstand vor nunmehr zwei Menschenaltern aus dem „*Detektor*" der Funkentelegraphie. Doch fiel sie mit dem Auftreten der Vakuum-Elektronenröhre in einen Dornröschenschlaf, aus dem sie erst durch die Erfindung des *Transistors* wieder erweckt wurde. In den seither vergangenen, nahezu zwei Jahrzehnten hat sich dieses neue Bauelement einen wichtigen Platz in fast allen Zweigen der Elektrotechnik erobert. Aus der Notwendigkeit, die Kenntnisse der Transistoreigenschaften einem ständig wachsenden Kreis von Technikern aller Grade zugänglich zu machen, entstand rasch eine überaus reiche Literatur über die *Physik des festen Körpers* und deren Anwendung auf *elektrische Halbleiter*. Unter den zusammenfassenden Darstellungen dieser Art fehlt es nicht an erstklassigen Lehrbüchern. Doch macht sich gerade in den hervorragendsten Werken dieser Art eine eigentümliche Tendenz zu einem überstürzten Tempo bemerkbar, das als solches unser geistig und seelisch überlastetes Zeitalter kennzeichnet: Der Leser, so wird vorausgesetzt, hat keine Zeit mehr, um sich das neue Wissensgebiet systematisch zu erarbeiten. Daher werden ihm schon in den Eingangskapiteln die Ergebnisse der modernen Halbleiterphysik mitgeteilt und erst später kann er — falls ihm dann noch etwas daran gelegen ist — die Überlegungen kennen lernen, die eben zu jenen Ergebnissen führten; ja und auch dieser Weg wird gewissermaßen entsteint, indem die jeweils „leider" erforderlichen mathematischen Beweise in Fußnoten oder gar in den Anhang des Buches verwiesen werden! Mag sein, daß diese Form der Darstellung dem Fachmann angemessen ist, der sich, unter bewußtem Verzicht auf Belehrung, an Hand des Buches lediglich zu informieren wünscht; als Wissensquelle für den Lernenden aber glauben wir, sie durchaus ablehnen zu müssen. Denn dieser wird sich nicht mit dem Wie? zufrieden geben, sondern will das Warum? erfassen. Stimmt man diesem pädagogischen Prinzip zu, das sich nicht an den utilitaristischen Intellekt, sondern an die um das Verständnis des innersten Zusammenhaltes der Welt ringende Seele des Menschen wendet, so hat man den Aufbau einer jeden geistigen Disziplin dem langsamen, stillen Wachsen des Menschen selbst anzugleichen.

Das vorliegende Buch über die Grundlagen der Kristallelektronik ist, unter bewußtem Verzicht auf die Vollständigkeit des technologischen Inhaltes, diesem *humanistischen Grundsatz* gemäß angelegt worden.

Die Erfahrungen einer langjährigen Lehrtätigkeit an unserer Technischen Hochschule zeigten, daß der Studierende der Elektrotechnik den modernen Vorstellungen der Kristallelektronik relativ leicht zu folgen vermag, solange es sich um die *Erweiterung der Elektronentheorie* auf *Systeme antipolarer Elektrizitätsträger* handelt, die von elektromagnetischen Kräften regiert werden. Auch der *Übergang vom Korpuskularmodell des Elektrons* zu dessen Beschreibung durch *Schrödinger*sche *Wahrscheinlichkeitswellen* gelingt unschwer mittels des Begriffes des „*Informationsfeldes*", das ungeachtet seiner konzeptionellen Verschiedenheit von den Feldern physikalischer

Potentiale doch mathematisch mit diesen eng verwandt ist. Sobald jedoch *thermodynamische Überlegungen* in das Spiel der physikalischen Kräfte eingreifen — und ohne sie kann man nicht Kristallelektronik treiben! — begegnet man Verständnisschwierigkeiten, die sich bis zu völliger Ratlosigkeit steigern können. In der Tat hat ja der Studierende in der Regel bisher nur die „*Hauptsätze*" der phänomenologischen Thermodynamik kennen gelernt und mag mit dem formalen Mechanismus der „*Zustandsfunktionen*" vertraut sein; doch offenbart sich deren für die Kristallelektronik entscheidender, physikalischer Inhalt erst an Hand ihrer *statistischen Konzeption*. Wir haben daher an unserer Hochschule die *Statistische Thermodynamik* als Pflichtvorlesung eingeführt, welche jeder künftige Studierende der Kristallelektronik gehört haben muß. Demgemäß schildert das Eingangskapitel des vorliegenden Buches diejenigen Teile der *Gibbsschen Statistik*, die für den Aufbau der Kristallelektronik unentbehrlich sind.

Das zweite Kapitel beschreibt die „klassischen" Eigenschaften der Metalle, die als solche von deren Gitterstruktur wesentlich unabhängig sind. Die hierzu gehörige Theorie der Ausgleichvorgänge beim *Hall*effekt und die Begründung der *Whiddington*schen Formel der sekundären Elektronenemission werden hier erstmalig in der angegebenen Gestalt veröffentlicht.

Das dritte Kapitel des Buches führt den Leser in die *Blochsche Kinetik des Einzelelektrons* an Hand seines Informationsfeldes im periodischen Potential ein. Es erwies sich hierbei als zweckmäßig, die Wellengleichungen des Elektrons in einem eindimensionalen Kristallmodell mittels einer erstmalig durchgeführten, linearen Transformation zu symmetrisieren und hierdurch die Theorie des technisch so wichtigen *Zener*effektes in eine logisch befriedigende, praktisch hinreichend genaue Form zu bringen.

Das Abschlußkapitel enthält die einfachsten Fälle der *kollektiven Elektronenbewegung* in Kristallen. Um den Umfang des Buches in erträglichen Grenzen zu halten, wurde die Untersuchung auf *quasistationäre Vorgänge* in planparallelen *Dioden* und *Trioden* beschränkt. Über die üblichen Näherungsansätze hinausgehend enthält die Theorie des *Kontaktes* zwischen *Metall* und *Halbleiter* eine vielleicht etwas gewagte Hypothese, die sich entweder an der Erfahrung zu bewähren hat oder verworfen werden muß; ebenso dürfte die hier entwickelte Theorie der *Tunneldiode* neue Ergebnisse grundsätzlicher Art enthalten. Da indes die moderne Anwendung der Halbleiteraggregate über die hier untersuchten wesentlich hinausgeht und insbesondere auch deren Verhalten unter dem Einfluß hochfrequenter Felder von der größten technischen Bedeutung ist, sei der Leser des vorliegenden Werkes zur Ergänzung seines Wissens durch technologisch orientierte Bücher nachdrücklich angehalten; er wird, auf Grund des hier gebotenen Stoffes, keinerlei Schwierigkeiten bei der eigenen Weiterbildung finden.

Die Niederschrift des vorliegenden Buches begann vor nunmehr vierzehn Jahren. Diese für ein modernes technisches Buch ungewöhnlich lange Zeitspanne spiegelt mein Bestreben wider, in dem geistigen Gärungsprozess der Halbleiterphysik Wesentliches von Unwesentlichem sich scheiden zu lassen; erst das in dem lebendigen Laboratorium der jungen Hörer meiner Vorlesung als bleibend Erprobte bildet den schließlichen Inhalt dieses Buches. Das Schicksal verlängerte diese von mir selbst festgesetzte Reifezeit um ein weiteres Jahr, indem es mich aufs Krankenlager warf und hierdurch die zur Fertigstellung des Buches unumgängliche wissenschaftliche Arbeit unterbrach. Wenn es dennoch gelang, das Werk zu einem hoffentlich guten Ende zu führen, so ist dies nicht zum wenigsten der verständnisvollen Hilfe des Verlagshauses *Springer* und dem persönlichen Einsatz von Herrn und Frau Senator *Lange* zu danken! Denn es galt nicht nur, überlange Wartezeiten mit Geduld zu tragen, sondern auch einschneidenden Änderungen des schon im Druck befindlichen Manuskriptes zuzustimmen, die durch die Folgen der Krankheit unvermeidlich geworden waren; mag sein, daß es hier und dort nicht ohne gewisse Opfer an ursprünglich vorgesehenen Abbildungen oder Zahlentafeln abging, und der Leser wird gebeten, bei der Vervollständigung solcher Lücken zu helfen.

Der vorliegende vierte Band der „Inneren Elektronik" schließt deren sozusagen „klassisches" Zeitalter ab. Doch schon stehen wir mitten im stürmischen Werden der „*Quantenelektronik*", welche die energetischen Austauschvorgänge zwischen Feldern, Atomen und Molekülen technisch ausnutzt und hierdurch den Weg für eine wahrhaft weltweite Entwicklung unübersehbarer Möglichkeiten öffnet. Kann es für ein wissenschaftliches Werk einen besseren Abschluß geben, als den Anbruch einer neuen Epoche zu künden?

Haifa, Oktober 1966.

Franz Ollendorff.

Inhaltsverzeichnis.

Erstes Kapitel.

Statistische Grundlagen.

Zweites Kapitel.

Kontinuumstheorie der Metalle.

Drittes Kapitel.

Das Einzelelektron im Kristall.

Viertes Kapitel.

Kollektive Kristallelektronik.

Erstes Kapitel.

Statistische Grundlagen.

I 1. Die Grundlagen der Gibbsschen Statistik.

a) Gegeben seien M mittels der ganzen Zahlen $1 \leqq K \leqq M$ ein-für allemal eindeutig individualisierbare Systeme physikalisch identischer Eigenschaften. Das K-te System beherberge gerade die Energie $u = u(K)$; doch sei diese jeweils nur einer der *diskreten* Stufen u_j fähig, die ihrerseits sämtlich aus ein- und demselben *Urquantum* $u^{(0)}$ der Energie zusammengesetzt sind. Demnach gilt

$$u_j = \varepsilon_j\, u^{(0)}; \qquad j = 0; 1; 2, \ldots; m, \tag{I 1, 1}$$

wobei also die $(m + 1)$ Koeffizienten ε_j sämtlich *ganze, positive Zahlen* mit Einschluß der Null bezeichnen. Insbesondere setzen wir mittels der Übereinkunft

$$\varepsilon_0 = 0 \tag{I 1, 2}$$

die Stufe $j = 0$ als *Basis der Energiemessung* fest; über diese Normierung hinausgehend sei weiterhin die Wahl der Indizes j so getroffen, daß mit wachsendem j auch die entsprechende Energie u_j monoton zunehme, ohne daß jedoch in der Regel die Zahl ε_j mit dem Index j identisch ist.

b) Wir kontrollieren zu einem vorerst willkürlich gewählten Zeitpunkte $t = t_1$ die Gesamtheit aller M Systeme und notieren für jeden der $(m + 1)$ unterschiedlichen Indizes $0 \leqq j \leqq m$ die Anzahl $0 \leqq a_j \leqq M$ derjenigen Systeme, denen eben dann genau je die Einzelenergie u_j zukommt. Verlangen wir kategorisch, daß bei dieser „Musterung" *keines der individuellen Systeme übergangen* werde, so muß gewiß stets die *Vollständigkeitsrelation*

$$\sum_{j=0}^{m} a_j = M \tag{I 1, 3}$$

erfüllt sein; sie definiert eine zwar arithmetisch grundlegende „Probe" für die ordnungsgemäße Durchführung des verlangten, registrierenden Prozesses, die jedoch ihres rein formalen Charakters wegen *physikalisch inhaltsleer* bleibt. Unter der weiterhin stets streng zu wahrenden Voraussetzung (I 1, 3) ergibt sich vielmehr eine physikalische Aussage erst durch die zusätzliche Berechnung der in allen M Einzelsystemen zusammen enthaltenen *Gesamtenergie*

$$U = \sum_{j=0}^{m} u_j\, a_j = u^{(0)} \sum_{j=0}^{m} \varepsilon_j\, a_j. \tag{I 1, 4}$$

Nun werde die oben beschriebene Energiekontrolle *bei festgehaltener Anzahl M der Einzelsysteme* zu den in endlichem Abstand je aufeinander folgenden Zeitpunkten $t_2 > t_1$; $t_3 > t_2$; ... beliebig oft wiederholt. Während der zeitlichen Intervalle zwischen einer Kontrolle und der nächsten wollen wir zwar einen *internen Energieaustausch* von Einzelsystem zu Einzelsystem gestatten, so daß sich in der Regel die Besetzungszahlen $a_j = a_j(t_l)$ beim Übergang von einem zum andern Beobachtungszeitpunkt t_l ändern werden; dagegen setzen wir hier voraus, daß die Gesamtheit der M Einzelsysteme mittels einer in sich geschlossenen, adiabatischen Hülle *gegen die Außenwelt vollständig isoliert* sei: Ungeachtet aller etwaigen inneren energetischen Austauschvorgänge bleibe die jeweils im Zeitpunkte t_l gemäß (I 1, 4) resultierende Gesamtenergie U starr auf ihrem anfangs $[t = t_1]$ festgestellten Werte liegen. Allerdings fragt es sich, ob man denn unter diesen Bedingungen mangels jedwelcher konkreten Kommunikationskanäle mit dem Innern der Hülle noch diejenigen Informationen über den dort bestehenden Zustand erhalten kann, welche doch als solche für die verlangte, abzählende Beobachtung der Beobachtung der Einzelsysteme unumgänglich notwendig sind. Dieses Problem wesentlich erkenntnistheoretischen Charakters ist der Konzeption der *klassischen Statistik* fremd, so daß es in deren Behandlung nicht eingreift. Dagegen bildet seine Lösung mittels der *Heisenberg*schen Ungenauigkeitsrelationen ein grundlegendes Prinzip der *Quantenstatistik*: Gleichzeitige Präzisionsmessungen der dual einander zugeordneten, kanonischen Variabeln Zeit und Energie schließen einander aus.

Zahlentafel 1. *Zur Gibbsschen Statistik der Besetzungszahlen* $a_j(t_l)$ *je der Energiestufen* u_j *zum Zeitpunkt* t_l

Zeitpunkt	Besetzungszahlen a_j je der (m + 1) unterschiedlichen Energiestufen								
	u_0	u_1	u_2	$\ldots$	$\ldots$	u_j	$\ldots$	$\ldots$	u_m
t_1	$a_0(t_1)$	$a_1(t_1)$	$a_2(t_1)$			$a_j(t_1)$			$a_m(t_1)$
t_2	$a_0(t_2)$	$a_1(t_2)$	$a_2(t_2)$			$a_j(t_2)$			$a_m(t_2)$
t_3	$a_0(t_3)$	$a_1(t_3)$	$a_2(t_3)$			$a_j(t_3)$			$a_m(t_3)$
$\vdots$									
t_l	$a_0(t_l)$	$a_1(t_l)$	$a_2(t_l)$			$a_j(t_l)$			$a_m(t_l)$
$\vdots$									
t_n	$a_0(t_n)$	$a_1(t_n)$	$a_2(t_n)$			$a_j(t_n)$			$a_m(t_n)$

Wir haben uns hiernach vorerst auf die klassische Statistik zu beschränken. In deren Gültigkeitsbereich können wir uns daher, ohne gedanklichen Schwierigkeiten zu begegnen, ein statistisches Protokoll nach dem [willkürlichen] Muster der Zahlentafel 1 anlegen. Seine Zeilen, gemäß den auf einander folgenden Beobachtungszeitpunkten t_1; t_2; t_3;... t_l; ... fortschreitend, enthalten die jeweils eben dann ermittelten Besetzungszahlen $a_j = a_j(t_l)$ in (m + 1) Kolonnen, welche die den a_j beziehentlich zugeordneten Energiestufen u_j als sozusagen namentliche Überschrift tragen. Jede Liste dieser Art enthält eine notwendig nur *endliche* Anzahl von Beobachtungen. Ungeachtet dieser, von den realen Möglichkeiten menschlicher Experimentierkunst diktierten Beschränkung prinzipieller Natur, die auch der Einsatz maschineller Gehirne selbst der vollkommensten Art nicht

aufzuheben vermag, kann man sich doch die Reihe der hintereinander ausgeführten Kontrollen weiter und weiter fortgesetzt denken. Als *Axiom*
— welches als solches weder eines Beweises fähig ist noch eines solchen
bedarf — definieren wir nun die Existenz der (m + 1) Grenzwerte

$$\langle a_j \rangle = \lim_{n \to \infty} \frac{1}{n} \sum_{l=1}^{n} a_j(t_l) \qquad (I\ 1,\ 5)$$

deren jeden wir als *Erwartungswert* der zur Energiestufe u_j gehörigen Besetzungszahl bezeichnen; mit der weiterhin fundamentalen Frage nach der
Größe dieser (m + 1) Erwartungswerte führen wir also — dies muß in aller
Deutlichkeit gesagt werden —, ein der empirischen Prüfung unzugängliches,
wesentlich *metaphysisches Element* in die Statistik ein!

c) Der „*Zustand*" der M-System-Gesamtheit im Kontrollzeitpunkte
$t = t_l$ wird durch die lückenlose Angabe der eben dann besetzten Energiestufen u_j im Verein mit den individuellen „Namen" K aller derjenigen
Einzelsysteme beschrieben, welche beziehentlich gerade jene Energiestufen aufweisen; man beachte, daß die jeweiligen Besetzungszahlen a_j beziehentlich der Energiestufen u_j in diese Zustandsdefinition nicht eingehen!

Da diese zunächst recht abstrakt anmutende Erklärung für das Verständnis der modernen, physikalischen Statistik unentbehrlich ist, verlohnt
es sich, ihren konkreten Inhalt an Hand eines dem Leben entnommenen
Vergleiches der Anschauung zu erschließen:

Wir folgen dem Gang eines Gesellschaftsspieles, an dem sich M Kinder
beteiligen. Zu Beginn des Spieles $[t = t_1]$ verteilt der Spielleiter unter den
Kindern eine [hinreichend große] Anzahl N von Spielmünzen je des einheitlichen „Wertes" $u^{(0)}$, ohne welche zurückzubehalten; sie gehen im Verlaufe des Spieles gemäß dessen vorbestimmten Regeln von Hand zu Hand.
Der „Zustand" der spielenden Kindergemeinschaft im Zeitpunkte $t = t_l \geqq t_1$
wird somit durch die Gesamtheit der seitens eines jeden, bei seinem Namen
aufgerufenen Kindes wahrheitsgemäß abzugebenden „Erklärungen" seines
eben dann bestehenden „Vermögens" u_j oder, mit anderen Worten, der in
seinem Besitz befindlichen Anzahl ε_j an Spielmünzen nach dem Muster der
[willkürlich zusammengestellten] Zahlentafel 2 definiert. Verfährt man

Zahlentafel 2. *Zustandsbeschreibung eines Gesellschaftsspieles, an dem sich* M *Kinder*
beteiligen.

	Name des Mitspielers						
	1	2	...	K	...	M − 1	M
Besitz an Spielmünzen	u_7	u_1	...	u_j	...	u_{13}	u_5

streng nach dieser Vorschrift — und dies wird weiterhin stets vorausgesetzt! — so werden also zwei Zustände schon dann als durchaus verschieden registriert, falls der eine aus dem anderen dadurch hervorgegangen
ist, daß zwei Kinder unterschiedlichen „Vermögens" diesen ihren jeweiligen
Besitz untereinander zur Gänze getauscht haben.

Bei der Rückübertragung dieser anschaulichen Anweisungen auf die physikalische Statistik der M individualisierbaren Einzelsysteme fassen wir nun alle diejenigen, definitionsmäßig verschiedenen Zustände zu einer „*Besetzungsgruppe*" zusammen, welche mit genau nur einer, der Vollständigkeitsrelation (I 1, 3) genügenden Gesamtheit der $(m + 1)$ vorgeschriebenen Besetzungszahlen $a_0; a_1; \ldots; a_j; \ldots; a_m$ beziehentlich der Energiestufen $u_0; u_1; \ldots; u_j; \ldots; u_m$ vereinbar sind. Wir suchen die Anzahl

$$P = P(a_0; a_1; \ldots; a_j; \ldots; a_m) \qquad\qquad (I\ 1,\ 6)$$

der in dieser Gruppe vereinigten, unterschiedlichen Zustände.

d) Um die vorstehend genannte Aufgabe zu lösen, kehren wir zu dem oben zur Veranschaulichung unserer Zustandsdefinition herangezogenen Gesellschaftsspiel der M Kinder zurück. Indessen soll zu einem passend gewählten Zeitpunkt $t = t_l$ jeder Mitspieler seinen allfälligen Besitzstand u_j [an ε_j Spielmünzen] auf ein Kärtchen „aufdrucken", von deren Art sich also a_j — weiterhin als von einander *ununterscheidbar* geltende — Exemplare in den Händen der Kinder befinden. Nachdem dies geschehen, möge der Spielleiter sämtliche Kärtchen einsammeln, um sodann, das vorangegangene Spiel abbrechend, mit der „Verlosung" jener Kärtchen zu beginnen. Da zufolge dieser Prozedur alle den Zeitpunkt $t = t_l$ kennzeichnenden Zahlen a_j [$0 \leq j \leq m$] für die weitere Zukunft festgelegt sind, ist die denkbar größte Anzahl unterschiedlicher Verlosungsresultate mit der in (I 1, 6) gesuchten Anzahl P identisch, falls — wie wir verlangen wollen — jedes Kind nach Empfang eines „Loses" sogleich aus der Reihe der Mitspieler ausscheidet.

Das erste Kärtchen der Art u_0 [„Niete"] kann jedem der M Kinder zufallen. Für die Verlosung des zweiten Kärtchens gleicher Art stehen jedoch auf Grund der angegebenen Spielregel nur noch $(M - 1)$ Bewerber zur Verfügung, so daß die Verteilung der ersten zwei u_0 Kärtchen auf insgesamt $M(M - 1)$ verschiedenen Wegen erfolgen kann. Setzen wir diese Überlegung sinngemäß fort, so resultieren also bei der — hinreichend oft wiederholten — Verlosung aller a_0 Kärtchen der Art u_0 schließlich $M(M - 1) \ldots (M - a_0 + 1)$ unterschiedliche Endverteilungen, in deren jeder die Namen der jeweiligen Kinder in der Reihenfolge des Losempfanges registriert werden mögen. Für die Konzeption der Anzahl P unterschiedlicher Zustände in der Besetzungsgruppe nach (I 1, 6) ist jedoch die zeitliche Rangordnung, in welcher die Energie jeweils des Einzelsystemes K kontrolliert wird, durchaus irrelevant. Um daher die vorgenannten Ergebnisse der gedachten Verlosung dem Standpunkt der physikalischen Statistik anzupassen, haben wir alle jene Listen der Losempfänger als „*statistisch identisch*" zu definieren, in welchen je die nämlichen a_0 Kindernamen in nur unterschiedlicher [zeitlicher] Reihenfolge erscheinen. Da sich nun diese a_0 Namen auf genau $1 \cdot 2 \ldots a_0 = (a_0)!$ verschiedene Weisen untereinander stellen [permutieren] lassen, reduziert sich die Anzahl „statistisch unterschiedlicher" Endverteilungen bei der Verlosung der a_0 Kärtchen je der Art u_0 auf

$$\frac{M(M - 1) \ldots (M - a_0 + 1)}{1 \cdot 2 \ldots a_0} = \binom{M}{a_0}. \qquad\qquad (I\ 1,\ 7)$$

Die a_1 Kärtchen je der Art u_1 sind jetzt nur noch an jeweils $(M - a_0)$ Kinder zu verteilen, und dies kann auf

$$\frac{(M - a_0)(M - a_0 - 1) \ldots (M - a_0 - a_1 + 1)}{1 \cdot 2 \ldots a_1} = \binom{M - a_0}{a_1} \qquad (I\ 1,\ 8)$$

statistisch verschiedene Endverteilungen führen. Wenden wir nunmehr die nämlichen Überlegungen der Reihe nach auf die restlichen Kärtchen der Arten $u_2, u_3 \ldots u_m$ an, so resultiert für die Anzahl P aller als statistisch verschieden geltender Zustände die Angabe

$$P(a_0; a_1; \ldots; a_j; \ldots a_m) = \frac{M!}{a_0! \, a_1! \ldots a_j! \ldots a_m!}. \qquad (I\ 1,\ 9)$$

Da aus ihr jede Bezugnahme auf das ja nur als gedankliches Hilfsmittel benutzte Verlosungsspiel verschwunden ist, beantwortet sie die durch (I 1, 6) angedeutete Frage.

e) Wir verallgemeinern und vertiefen die bisher behandelte statistische Aufgabe, indem wir beziehentlich jeder Energiestufe u_j gestatten, in jeweils $g_j \geqq 1$ zwar *quantitativ genau gleichwertigen*, nichtsdestoweniger aber qualitativ durchaus von einander verschiedenen und eben kraft dieser Eigenschaft *diskriminierbaren Gestalten* zu erscheinen; so mögen beispielsweise die a_j Kärtchen der Art u_j unseres oben besprochenen Verlosungsspieles je in Serien zu g_j Exemplaren aus den ebensovielen Sorten von Buntpapier hergestellt sein. Die hierdurch eingeführte, notwendig ganze und positive Zahl g_j definiert das *statistische Gewicht* jeweils der Energiestufe u_j, welche selbst — im Falle $g_j > 1$ — als g_j-fach *entartet* bezeichnet wird. Welche Anzahl P' statistisch unterschiedlicher Zustände existiert innerhalb der M-Einzelsystem-Gesamtheit bei beziehentlich g_j-facher Entartung der Energiestufe u_j, falls die Besetzungszahlen auf dem vorgegebenen Satze $a_0 \ldots a_m$ festgehalten werden?

Wir gehen von der Realisierung eines bestimmten Zustandes im bisherigen, engeren Sinne *nicht entarteter* Energiestufen aus, bei welchen also a_j namentlich registrierte Einzelsysteme je die Energie u_j beherbergen. Richten wir nun zunächst unsere Aufmerksamkeit auf nur eines unter ihnen, sagen wir auf das vom Namen K_j! Zum Falle der g_j-fachen Entartung übergehend, können wir dann die Energie u_j wahlweise in einer ihrer g_j unterschiedlichen Gestalten in K_j eintreten lassen, wodurch wir ja definitionsgemäß jedesmal zu einem neuen Zustand gelangen. Da nun diese diskriminierende Vervielfachung mit dem Faktor g_j die Beobachtung eines jeden der a_j gleichzeitig kontrollierten, von der Energie u_j besetzten Einzelsysteme in genau der gleichen Weise statistisch umwertet, spaltet der vordem nur *eine* Zustand, welcher der nicht entarteten Energie u_j zugeordnet war, durch deren g_j-fache Entartung in

$$\underbrace{g_j \cdot g_j \ldots g_j}_{a_j \text{ Einzelsysteme}} = (g_j)^{a_j} \qquad (I\ 1,\ 10)$$

unterscheidbare Zustände auf. Indem wir diesen Schluß auf alle Energiestufen beziehentlich des Index $0 \leqq j \leqq m$ ausdehnen und uns dann des Ergebnisses (I 1, 9) bedienen, finden wir somit für die gesuchte Zustandszahl P' die Angabe

$$P' = (g_0)^{a_0} \cdot (g_1)^{a_1} \ldots (g_j)^{a_j} \ldots (g_m)^{a_m} \cdot P. \qquad (I\ 1,\ 11)$$

Eine physikalisch vielleicht weniger durchsichtige, mathematisch jedoch mit der vorigen identische Beschreibung der Zustandsstatistik entarteter Energiestufen gewinnt man, indem man den Begriff der g_j unterschiedlichen Gestalten je der Energiestufe u_j durch eine *Aufteilung der allfällig von den u_j besetzten Einzelsystemen in je g_j Untersysteme* [,,Zellen"] ersetzt, deren jedes sich wahlweise für die Einquartierung der Energie u_j

anbietet; in Abb. I 1, 1 ist diese geometrische Konzeption der Entartung für ein willkürlich zusammengestelltes Beispiel graphisch dargestellt worden.

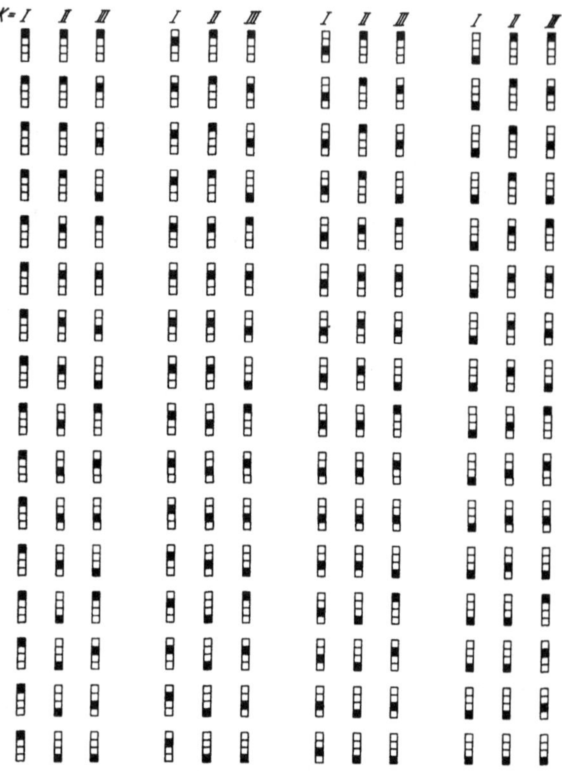

Abb. I 1, 1. Abzählung der unterscheidbaren Zustände dreier Einzelsysteme [I; II; III] einer $g = 4$-fach entarteten Energiestufe.

f) Die Wahrscheinlichkeit

$$w = w(a_0; a_1; \ldots; a_j; \ldots a_m),$$ (I 1, 12)

welche der durch den Satz $a_0 \ldots a_m$ der Besetzungszahlen beschriebenen Energieverteilung zukommt, berechnet sich auf Grund der Kenntnisse (I 1, 9) und (I 1, 11) zu

$$w(a_0; a_1; \ldots a_m) = \frac{(g_0)^{a_0} (g_1)^{a_1} \ldots (g_m)^{a_m} \cdot P}{\sum (g_0)^{a_0} (g_1)^{a_1} \ldots (g_m)^{a_m} \cdot P}.$$ (I 1, 13)

In dieser Formel mißt die im Nenner auftretende Summe

$$\sigma = \sum (g_0)^{a_0} (g_1)^{a_1} \ldots (g_m)^{a_m} P$$ (I 1, 14)

die Anzahl *aller* statistisch unterschiedlichen, physikalisch realisierbaren Zustände des die M Einzelsysteme umfassenden Gesamtsystemes, sofern man nunmehr — in striktem Gegensatz zu der an einen *bestimmten Satz* $a_0 \ldots a_m$ der Besetzungszahlen gebundenen *Definition der Zustandszahl* P — *alle* Kombinationen dieser Besetzungszahlen in Rechnung stellt, welche mit der Vollständigkeitsrelation (I 1, 3) bei fester Summenenergie U gemäß (I 1, 4) vereinbar sind.

Um uns dieser Anweisung anzupassen, bilden wir mittels der komplexen Veränderlichen

$$z = x + i\,y \qquad\qquad (I\ 1,\ 15)$$

[mit $i = \sqrt{-1}$] die von ihr abhängige *erzeugende Funktion*

$$F(z) = [f(z)]^M \qquad\qquad (I\ 1,\ 16)$$

deren gleichfalls komplexe *Basisfunktion* f(z) durch die (m + 1)-gliedrige Summe

$$f(z) = g_0\,e^{i\varepsilon_0 z} + g_1\,e^{i\varepsilon_1 z} + \ldots + g_m\,e^{i\varepsilon_m z} = \sum_{j=0}^{m} g_j\,e^{i\varepsilon_j z} \qquad (I\ 1,\ 17)$$

definiert ist. Zufolge der Voraussetzung sämtlicher ε_j als ganzer, positiver Zahlen [mit Einschluß der Null] enthält nun die Funktion f(z) in den Exponenten ihrer Posten nur ganze, positive Vielfache des Argumentes (i z), so daß sie die primitive, reelle *Periode*

$$\Delta z = 2\,\pi \qquad\qquad (I\ 1,\ 18)$$

besitzt. Dieser für alles weitere entscheidende Schluß überträgt sich auf die Entwicklung der Funktion F(z) nach Potenzen von e^{iz}. Denn mittels des polynomischen Satzes findet man aus (I 1, 16) und (I 1, 17) die Darstellung

$$F(z) = \sum_{(L)} \gamma(L)\,e^{iLz}, \qquad\qquad (I\ 1,\ 19)$$

in welcher

$$L = \sum_{a_j=0}^{M} \sum_{j=0}^{m} a_j\,\varepsilon_j \qquad\qquad (I\ 1,\ 20)$$

unter der die Summation bezüglich a_j regelnden Nebenbedingung

$$\sum_{j=0}^{m} a_j = M \qquad\qquad (I\ 1,\ 21)$$

gewiß dem Wertevorrat der ganzen, positiven Zahlen einschließlich der Null angehört; gleichzeitig resultiert der Koeffizient $\gamma(L)$ aus der abermals der Vorschrift (I 1, 21) unterworfenen Anweisung

$$\gamma(L) = \sum_{a_j=0}^{M} \prod_{j=0}^{m} (g_j)^{a_j}. \qquad\qquad (I\ 1,\ 22)$$

Gemäß ihrer Definition offenbart die erzeugende Funktion zunächst in der Eigenschaft (I 1, 21) die beständig garantierte *Vollständigkeitsrelation* (I 1, 3). Um überdies dem verlangten Festwert U der Gesamtenergie seinen analytischen Platz zuzuweisen, richten wir unter allen, in die Entwicklung (I 1, 19) eingehenden ganzen Zahlen L unsere Aufmerksamkeit lediglich auf den Sonderwert

$$L(U) = \frac{U}{u^{(0)}}. \qquad\qquad (I\ 1,\ 23)$$

Schreibt man dann die ihm entsprechende Gleichung (I 1, 20) n die Gestalt

$$u^{(0)} L(U) = u^{(0)} \sum_{a_j=0}^{M} \varepsilon_j\, a_j = \sum_{a_j=0}^{M} u_j\, a_j \qquad (I\ 1,\ 24)$$

um, so stimmt sie gemäß (I 1, 4) in der Tat mit der Aussage

$$U = u^{(0)} L(U) = \text{const.} \qquad (I\ 1,\ 25)$$

überein. Im Lichte dieser Überlegungen folgt nun durch Vergleich von (I 1, 14) mit (I 1, 22) die wichtige Relation

$$\sigma = \gamma\,[L(U)]. \qquad (I\ 1,\ 26)$$

Um sie der expliziten Auswertung zu erschließen, fassen wir die Entwicklung (I 1, 19) als *Fourier*sche Reihe der Funktion F(z) auf, in welcher also die Zahlen $\gamma(L)$ jeweils die Rolle der komplexen Amplituden spielen. Mit Rücksicht auf (I 1, 18) und (I 1, 23) finden wir somit für σ die Integraldarstellung

$$\sigma = \frac{1}{2\pi} \int_{-\pi}^{\pi} F(z)\, e^{-i\frac{U}{u^{(0)}}z}\, dz. \qquad (I\ 1,\ 27)$$

In ihr setzen wir abkürzend

$$F(z)\, e^{-i\frac{U}{u^{(0)}}z} = e^{X(z)} \qquad (I\ 1,\ 28)$$

und finden durch Vergleich von (I 1, 28) mit (I 1, 16) und (I 1, 17)

$$X(z) = M \ln \sum_{j=0}^{m} g_j\, e^{i\varepsilon_j z} - i\frac{U}{u^{(0)}}z. \qquad (I\ 1,\ 29)$$

Zerlegen wir nun die komplexe Funktion X in ihren Realteil Φ und ihren Imaginärteil Ψ

$$X = \Phi + i\,\Psi, \qquad (I\ 1,\ 30)$$

so resultiert aus (I 1, 29) längs der Imaginärachse der z-Ebene $[x = 0;\ (-\infty) < y < (+\infty)]$ die Komponentendarstellung

$$\Phi(0;y) = M \ln \sum_{j=0}^{m} g_j\, e^{-\varepsilon_j y} + \frac{U}{u^{(0)}}\, y \qquad (I\ 1,\ 31)$$

$$\Psi(0;y) = 0. \qquad (I\ 1,\ 32)$$

Sie darf allerdings nur solange benutzt werden, als die in (I 1, 31) auftretende Reihe *konvergiert*.

Das statistische Verteilungsproblem ist als solches nur unter der einschränkenden Voraussetzung

$$0 < U < M \cdot u_m \qquad (I\ 1,\ 33)$$

physikalisch sinnvoll; denn andernfalls würden sämtliche M Einzelsysteme gleichzeitig entweder die kleinste oder die größte aller möglichen Energiestufen u_j enthalten. Daher schließen wir aus (I 1, 33) auf das Bestehen der Ungleichung

$$\frac{U}{u^{(0)}} < M\,\frac{u_m}{u^{(0)}} = M\,\varepsilon_m. \qquad (I\ 1,\ 34)$$

Ergänzen wir sie durch den Hinweis auf die Übereinkunft $\varepsilon_0 = 0$, so können wir an Hand der Gl. (I 1, 31) folgende Eigenschaften der Funktion $\Phi(0;y)$ feststellen:

1. Für $y \to (+\infty)$ konvergiert $\Phi(0; y)$ gegen $(U/u^{(0)}) \cdot y$ und wird wie diese Funktion positiv unendlich.

2. Für $y < 0$ wächst der Ausdruck

$$M \ln \sum_{j=0}^{m} g_j e^{-\varepsilon_j y}$$

bei der Annäherung an die Konvergenzgrenze der im Falle $(m + 1) \to \infty$ resultierenden Reihe über jede positive Schranke, so daß dort die gleiche Aussage auch das Verhalten der Funktion $\Phi(0; y)$ schildert; hat man es jedoch mit einer nur *endlichen* Anzahl $(m + 1)$ nicht verschwindender Reihenglieder zu tun, so gelangt man auf Grund von (I 1, 34) zu demselben Schlusse für $y \to (-\infty)$.

Der beschriebene Sachverhalt verbürgt die Existenz eines *Minimums* der Funktion $\Phi(0; y)$ in jenem Punkte $S = (0; y_S)$, welcher als Wurzel der Gleichung

$$\frac{d\Phi(0; y_S)}{dy} = 0 \qquad \text{für} \qquad y = y_S \qquad \text{(I 1, 35)}$$

definiert ist. Gemäß (I 1, 31) gilt nun

$$\frac{d\Phi(0; y)}{dy} = -M \frac{\displaystyle\sum_{j=0}^{m} g_j \varepsilon_j e^{-\varepsilon_j y}}{\displaystyle\sum_{j=0}^{m} g_j e^{-\varepsilon_j y}} + \frac{U}{u^{(0)}}. \qquad \text{(I 1, 36)}$$

Kennt man also die auf jedes Einzelsystem im Durchschnitt entfallende Energie

$$\langle u \rangle = \frac{U}{M} < u_m, \qquad \text{(I 1, 37)}$$

so folgt aus (I 1, 35) und (I 1, 36) die Gleichung

$$\frac{\displaystyle\sum_{j=0}^{m} g_j \varepsilon_j e^{-\varepsilon_j y_S}}{\displaystyle\sum_{j=0}^{m} g_j e^{-\varepsilon_j y_S}} = \frac{\langle u \rangle}{u^{(0)}}. \qquad \text{(I 1, 38)}$$

Durch Differentiation des Ausdruckes (I 1, 36) nach y finden wir nun

$$\frac{d^2\Phi(0; y)}{dy^2} = M \frac{\displaystyle\sum_{j=0}^{m} g_j \varepsilon_j^2 e^{-\varepsilon_j y} \sum_{j=0}^{m} g_j e^{-\varepsilon_j y} - \left[\displaystyle\sum_{j=0}^{m} g_j \varepsilon_j e^{-\varepsilon_j y}\right]^2}{\left[\displaystyle\sum_{j=0}^{m} g_j e^{-\varepsilon_j y}\right]^2}. \qquad \text{(I 1, 39)}$$

Da in den rechterhand auftretenden Summen der jeweils benutzte Name des Summationsindex belanglos ist, läßt sich der Zähler des Bruches in die Gestalt

$$\zeta(y) = \sum_{k=0}^{m} g_k e^{-\varepsilon_k y} \left[\varepsilon_k \sqrt{\sum_{j=0}^{m} g_j e^{-\varepsilon_j y}} - \frac{\sum_{j=0}^{m} g_j \varepsilon_j e^{-\varepsilon_j y}}{\sqrt{\sum_{j=0}^{m} g_j e^{-\varepsilon_j y}}} \right]^2 \qquad (\text{I } 1, 40)$$

bringen, welche den positiv-definiten Charakter der zweiten Ableitung $d^2\Phi(0; y)/dy^2$ in Evidenz setzt. Insbesondere besteht hiernach im Punkte S die Ungleichung

$$\left[\frac{d^2\Phi(0; y)}{dy^2} \right]_{y = y_S} = M \frac{\zeta(y_S)}{\left[\sum_{j=0}^{m} g_j e^{-\varepsilon_j y_S} \right]^2} > 0, \qquad (\text{I } 1, 41)$$

welche das dort befindliche Extremum als *Minimum* ausweist.

Im topographischen Bilde der komplexen Funktion $e^{X(z)}$ definieren die Kurven $\Phi = $ const. die *Linien gleicher Höhe* und die Kurven $\Psi = $ const. die *Fallinien*. Da insbesondere die y-Achse selbst eine Fallinie darstellt, treffen wir in S einen *Sattelpunkt* des „Gebirges" $(\Phi; \Psi)$ an; über ihn muß daher eine zweite Fallinie als „Paßstraße" verlaufen, welche die beiderseits des „Gebirgskammes" [y-Achse] liegenden Täler miteinander verbindet. Um die Eigenschaften dieser Straße kennen zu lernen, setzen wir abkürzend

$$z = i y_S + \Delta z; \qquad \Delta z = x + i(y - y_S) \qquad (\text{I } 1, 42)$$

sowie

$$\Phi_s = \Phi(0; y_S); \qquad \Phi_s'' = \left[\frac{d^2\Phi(0; y)}{dy^2} \right]_{y = y_S} \qquad (\text{I } 1, 43)$$

und erhalten in der Umgebung des Sattelpunktes die *Taylor*sche Entwicklung

$$X(z) = X(z_S) + \frac{(\Delta z)^2}{2} \left[\frac{d^2X}{dz^2} \right]_{z = z_S} + \dots =$$

$$= X(z_S) - \frac{(\Delta z)^2}{2} \left[\frac{\partial^2X}{\partial y^2} \right]_{z = z_S} + \dots = \Phi_s - \frac{(\Delta z)^2}{2} \Phi_s'' + \dots, \qquad (\text{I } 1, 44)$$

welche durch Trennung des Reellen vom Imaginären in die Gleichungen

$$\Phi = \Phi_s - \frac{x^2 - (y - y_S)^2}{2} \Phi_s'' + \dots \qquad (\text{I } 1, 45)$$

und

$$\Psi = -x(y - y_S) \Phi_s'' + \dots \qquad (\text{I } 1, 46)$$

aufspaltet. Da nun die von Tal zu Tal verlaufende Paßstraße durch

$$\Psi = \Psi(0; y_S), \qquad (\text{I } 1, 47)$$

unter Ausschluß der auf dem „Kamm" gelegenen Punkte $x = 0$ definiert ist, lautet ihre Gleichung

$$y = y_S + \dots \qquad (\text{I } 1, 48)$$

so daß ein Wanderer längs dieses Weges den Gang

$$e^{\Phi(x; y)} = e^{\Phi_s - \frac{x^2}{2} \Phi_s'' + \dots} \qquad (\text{I } 1, 49)$$

seiner jeweiligen Höhe gegen den „Meeresspiegel" $\Phi \to \infty$ feststellt; im Einklang mit der geographischen Anschauung erreicht die Paßstraße gemäß (I 1, 41) und (I 1, 43) am Paß [Sattelpunkt] selbst ihren Scheitel.

Unter Berufung auf den Hauptsatz der Funktionentheorie dürfen wir nun den in (I 1, 27) zunächst von $(-\pi; 0)$ längs der x-Achse nach $(+\pi; 0)$ geführten Integrationsweg so verlegen, daß er gemäß Abb. I 1, 2 von seinem gegebenen Anfangspunkte unter teilweiser Benutzung der Paßstraße nach seinem vorgeschriebenen Endpunkte verläuft. Wir vermehren jetzt gedanklich die Anzahl M der kontrollierten Einzelsysteme gleichzeitig mit deren Gesamtenergie U derart, daß mit $M \to \infty$ die Durchschnittsenergie $\langle u \rangle$ nach (I 1, 37) gegen einen endlichen Grenzwert strebt. Während dieses allerdings nur hypothetischen Prozesses konvergiert dann zufolge (I 1, 38) auch y_S gegen einen wohlbestimmten Ort der y-Achse; dagegen wächst Φ_S'' nach (I 1, 41) und (I 1, 43) mit $M \to \infty$ maßlos an, so daß schließlich entsprechend (I 1, 49) die Paßstraße beiderseits ihres Scheitels überaus steil abfällt. Wählen wir daher eine hinreichend kurze Strecke $\Delta x > 0$, so kann das Integral (I 1, 27) im Falle $M \to \infty$ asymptotisch durch

$$\sigma = \frac{1}{2\pi} \int_{-\Delta x}^{\Delta x} e^{\Phi_S - \frac{x^2}{2}\Phi_S''} \, dx \qquad (I\ 1,\ 50)$$

approximiert werden. Mittels der Substitution

$$\frac{x^2}{2}\Phi_S'' = \xi^2;$$

$$\xi = x \sqrt{\frac{\Phi_S''}{2}} \qquad (I\ 1,\ 51)$$

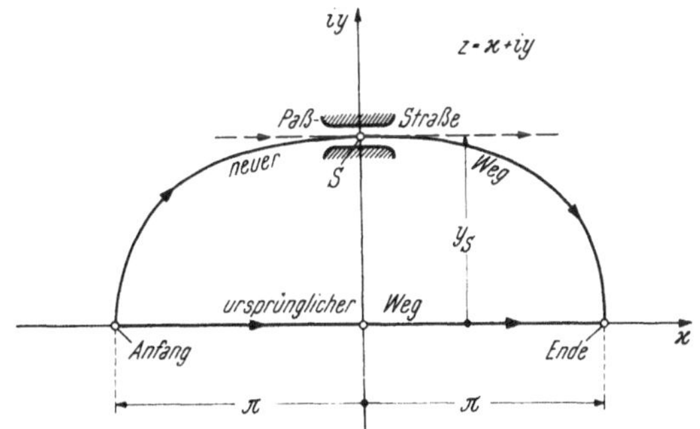

Abb. I 1, 2. Zur Berechnung des Integrales (I 1, 27)

erhalten wir also, da zufolge der geschilderten Eigenschaften von Φ_S'' mit $M \to \infty$ auch der für $x = \Delta x$ resultierende Wert von ξ über alle Grenzen anwächst, für σ die Näherung

$$\sigma = \frac{e^{\Phi_S}}{2\pi} \sqrt{\frac{2}{\Phi_S''}} \int_{-\infty}^{\infty} e^{-\xi^2} \, d\xi = \frac{e^{\Phi_S}}{\sqrt{2\pi\Phi_S''}} . \qquad (I\ 1,\ 52)$$

g) Wir kehren zu Gl. (I 1, 13) zurück und berechnen mittels der Gesamtheit der Wahrscheinlichkeiten w den Erwartungswert $\langle a_j \rangle$ der Besetzungszahl a_j der Energiestufe u_j zu

$$\langle a_j \rangle = \sum a_j \, w(a_0; a_1; \ldots; a_m). \qquad (I\ 1,\ 53)$$

In dieser Formel ist das Symbol des Summenzeichens in demselben Sinne zu verstehen, der oben der Definition von σ zu Grunde gelegt wurde. Mit Rücksicht auf (I 1, 13) und (I 1, 14) kann man also (I 1, 53) in die Gestalt

$$\langle a_j \rangle = g_j \frac{\partial \ln \sigma}{\partial g_j} \qquad (I\ 1,\ 54)$$

bringen. In der für große Zahlen M der Einzelsysteme ausreichenden Genauigkeit der Gl. (I 1, 52) gilt nun unter Beachtung von (I 1, 31) und (I 1, 37)

$$\ln \sigma = \varPhi_\mathrm{S} - \frac{1}{2} \ln 2\pi \varPhi_\mathrm{S}'' = \tag{I 1, 55}$$

$$= M\left[\left(\ln \sum_{j=0}^{m} g_j\, e^{-\varepsilon_j y_\mathrm{S}} + \frac{\langle u \rangle}{u^{(0)}}\, y_\mathrm{S}\right) - \frac{1}{2\,M} \ln 2\pi \varPhi_\mathrm{S}''\right].$$

Da innerhalb der eckigen Klammer der zweite Posten mit $M \to \infty$ gegen Null strebt, erschließen wir aus (I 1, 55) die Relation

$$\lim_{M \to \infty} \frac{1}{M} \ln \sigma = \ln \sum_{j=0}^{m} g_j\, e^{-\varepsilon_j y_\mathrm{S}} + \frac{\langle u \rangle}{u^{(0)}}\, y_\mathrm{S}. \tag{I 1, 56}$$

Durch ihre Substitution in (I 1, 54) gelangen wir zur Kenntnis des Grenzwertes

$$\langle a_j \rangle = \lim_{M \to \infty} \frac{\langle a_j \rangle}{M} = g_j\, \frac{\partial}{\partial g_j}\left[\ln \sum_{k=0}^{m} g_k\, e^{-\varepsilon_k y_\mathrm{S}} + \frac{\langle u \rangle}{u^{(0)}}\, y_\mathrm{S}\right] \tag{I 1, 57}$$

welcher die *Wahrscheinlichkeit für das Vorkommen der Energiestufe* u_j mißt. Bei der Ausführung der in (I 1, 57) vorgeschriebenen Operation hat man zu beachten, daß Gl. (I 1, 38) — nachdem man in ihr, um Irrtümern vorzubeugen, den Summationsindex j passend umbenannt hat — die Paßordinate y_S als implizite Funktion sämtlicher statistischen Gewichte g_k sowie des Verhältnisses $\langle u \rangle / u^{(0)}$ der mittleren Energie zu deren Urquant definiert. Man findet demnach zunächst

$$\langle a_j \rangle = \frac{g_j\, e^{-\varepsilon_j y_\mathrm{S}}}{\displaystyle\sum_{k=0}^{m} g_k\, e^{-\varepsilon_k y_\mathrm{S}}} - g_j\left[\frac{\displaystyle\sum_{k=0}^{m} g_k\, \varepsilon_k\, e^{-\varepsilon_k y_\mathrm{S}}}{\displaystyle\sum_{k=0}^{m} g_k\, e^{-\varepsilon_k y_\mathrm{S}}} - \frac{\langle u \rangle}{u^{(0)}}\right] \frac{\partial y_\mathrm{S}}{\partial g_j}. \tag{I 1, 58}$$

Da jedoch auf Grund der soeben benutzten Gleichung (I 1, 38) der zweite Posten des in (I 1, 58) rechterhand auftretenden Ausdruckes verschwindet, reduziert sich (I 1, 58) auf die Aussage

$$\langle a_j \rangle = \frac{g_j\, e^{-\varepsilon_j y_\mathrm{S}}}{\displaystyle\sum_{k=0}^{m} g_k\, e^{-\varepsilon_k y_\mathrm{S}}}. \tag{I 1, 59}$$

Von nun an führen wir, unter Wechsel des bisherigen Standpunktes, die Gesamtheit der *numerischen* [dimensionsfreien] *Energiestufen* ε_j einerseits und die *Paßordinate* y_S andererseits als *unabhängige Veränderliche* ein und definieren die von ihnen abhängige Funktion

$$Z = Z(\varepsilon_0;\, \varepsilon_1;\, \ldots;\, \varepsilon_m;\, y_\mathrm{S}) = \sum_{k=0}^{m} g_k\, e^{-\varepsilon_k y_\mathrm{S}} \tag{I 1, 60}$$

als *Zustandssumme*. Mit ihrer Hilfe nimmt (I 1, 38) die Gestalt

$$\frac{\langle u \rangle}{u^{(0)}} = -\frac{\partial \ln Z}{\partial y_\mathrm{S}} = -\frac{1}{Z}\, \frac{\partial Z}{\partial y_\mathrm{S}} \tag{I 1, 61}$$

an, während Gl. (I 1, 58) in der Form

$$\langle a_j \rangle = -\frac{1}{y_s}\frac{\partial \ln Z}{\partial \varepsilon_j} \qquad (I\ 1,\ 62)$$

geschrieben werden kann.

h) Von der Frage nach dem *Erwartungswert* $\langle a_j \rangle$ der Besetzungszahlen a_j ist diejenige nach ihrem *wahrscheinlichsten Wert* begrifflich scharf zu unterscheiden. Um die letztgenannte Aufgabe mit analytischen Hilfsmitteln behandeln zu können, setzen wir von vornherein sämtliche a_j, und demnach auch die Anzahl M der kontrollierten Einzelsysteme, als so groß voraus, daß wir die Fakultäten dieser Zahlen je durch die *Stirling*sche Formel approximieren dürfen. In der von dieser gewährten Genauigkeit folgt aus (I 1, 10) und (I 1, 11) für die Anzahl P' statistisch unterschiedlicher Zustandsverteilungen der beziehentlich g_j-fach entarteten Energiestufen u_j der Ausdruck

$$\ln P' = M \ln \frac{M}{e} + \sum_{j=0}^{m} a_j \ln \frac{e\,g_j}{a_j}. \qquad (I\ 1,\ 63)$$

Da wir nun im Gültigkeitsbereich der *Stirling*schen Näherung die tatsächlich auf ganze, positive Werte einschließlich der Null beschränkten a_j als *stetig veränderliche Größen* behandeln dürfen, definiert die *differentielle Variation* aller a_j beziehentlich um den infinitesimal kleinen Betrag δa_j einen mathematisch sinnvollen Prozeß: Auf Grund der Voraussetzung $M = \text{const.}$ resultiert aus (I 1, 63) als Bedingung der wahrscheinlichsten [„häufigsten"] Zustandsverteilung die Gleichung

$$\delta \ln P' = \sum_{j=0}^{m} \delta a_j \ln \frac{g_j}{a_j} = 0. \qquad (I\ 1,\ 64)$$

Allerdings sind in ihr die Besetzungszahlen a_j nicht unabhängig voneinander frei wählbar, sondern zufolge (I 1, 3) und (I 1, 4) an die „Nebenbedingungen"

$$\delta M = \sum_{j=0}^{m} \delta a_j = 0 \qquad (I\ 1,\ 65)$$

und

$$\delta U = \sum_{j=0}^{m} u_j\, \delta a_j = u^{(0)} \sum_{j=0}^{m} \varepsilon_j\, \delta a_j = 0 \qquad (I\ 1,\ 66)$$

gebunden: Unter den insgesamt $(m+1)$ Variationen δa_j können nur $(m-1)$ nach Belieben festgesetzt werden, während die zwei restlichen dann durch (I 1, 65) und (I 1, 66) bestimmt sind. Wir berücksichtigen diesen Sachverhalt mittels eines von *Lagrange* herrührenden Rechenverfahrens. Man erweitere (I 1, 65) mit einer vorerst noch unbekannten Konstanten μ, sowie (I 1, 66) mit einer gleichfalls noch unbekannten, aus später zu erklärenden formalen Gründen durch $(-(\beta/u^{(0)}))$ bezeichneten weiteren Konstanten, und addiere die entstehenden Gleichungen zu (I 1, 64). Das Ergebnis dieser Operation lautet

$$\sum_{j=0}^{m} \delta a_j \left[\ln \frac{g_j}{a_j} + \mu - \beta\,\varepsilon_j \right] = 0. \qquad (I\ 1,\ 67)$$

Nun sind, vermöge (I 1, 65) und (I 1, 66), etwa die Variationen δa_{m-1} und δa_m homogene, lineare Funktionen aller übrigen Variationen δa_j $[0 \leq j \leq m - 2]$. Bestimmen wir daher nunmehr μ und β nach den simultanen Vorschriften

$$\ln \frac{g_{m-1}}{a_{m-1}} + \mu - \beta \, \varepsilon_{m-1} = 0 \qquad (I\ 1,\ 68)$$

und

$$\ln \frac{g_m}{a_m} + \mu - \beta \, \varepsilon_m = 0, \qquad (I\ 1,\ 69)$$

so reduziert sich (I 1, 67) auf die Gleichung

$$\sum_{j=0}^{m-2} \delta a_j \left[\ln \frac{g_j}{a_j} + \mu - \beta \, \varepsilon_j \right] = 0, \qquad (I\ 1,\ 70)$$

in welcher jetzt, in striktem Gegensatz zu (I 1, 67), die Variationen δa_j nicht mehr irgendwelchen Beschränkungen unterworfen sind. Von dieser Freiheit Gebrauch machend, wählen wir der Reihe nach

$$\delta a_j \neq 0; \qquad \delta a_{k \neq j} = 0 \qquad \text{für} \qquad 0 \leq \begin{Bmatrix} j \\ k \end{Bmatrix} \leq (m-2) \qquad (I\ 1,\ 71)$$

und erschließen aus (I 1, 70) die $(m-1)$ Forderungen

$$\ln \frac{g_j}{a_j} + \mu - \beta \, \varepsilon_j = 0; \qquad 0 \leq j \leq (m-2). \qquad (I\ 1,\ 72)$$

Sie lassen sich mit (I 1, 68) und (I 1, 69) zu den ungeachtet ihrer begrifflich wesentlich verschiedenen Herkunft formal einheitlichen $(m+1)$ Gleichungen

$$\ln \frac{g_j}{a_j} + \mu - \beta \, \varepsilon_j = 0; \qquad 0 \leq j \leq m \qquad (I\ 1,\ 73)$$

zusammenfassen, welche durch Delogarithmieren zu den Aussagen

$$a_j = e^{\mu} g_j \, e^{-\beta \varepsilon_j} \qquad (I\ 1,\ 74)$$

führen. Da nun die Vollständigkeitsrelation (I 1, 3) die Relation

$$\sum_{j=0}^{m} a_j = e^{\mu} \sum_{j=0}^{m} g_j \, e^{-\beta \varepsilon_j} = M \qquad (I\ 1,\ 75)$$

nach sich zieht, wird das Verteilungsgesetz der *wahrscheinlichsten* „numerischen" Besetzungszahl $\alpha_j = a_j/M$ durch die Formel

$$\alpha_j = \frac{a_j}{M} = \frac{g_j \, e^{-\beta \varepsilon_j}}{\sum\limits_{j=0}^{m} g_j \, e^{-\beta \varepsilon_j}} \qquad (I\ 1,\ 76)$$

geschildert, deren rechte Seite sich von jener der Gleichung (I 1, 59) lediglich durch die hier erscheinende Konstante β anstelle der dort auftretenden Ordinate y_s des Sattelpunktes unterscheidet. Falls wir also von nun ab

$$\beta = y_s \qquad (I\ 1,\ 77)$$

machen, stimmen die Erwartungswerte $\langle a_j \rangle$ der [numerischen] Besetzungszahlen mit deren wahrscheinlichen Werten überein. Der nämliche Schluß
überträgt sich auf den wahrscheinlichsten Wert u der mittleren Energie

$$\frac{u}{u^{(0)}} = \frac{1}{M}\frac{U}{u^{(0)}} = \sum_{j=0}^{m} \varepsilon_j\, a_j = \frac{\sum\limits_{j=0}^{m} g_j\, \varepsilon_j\, e^{-\beta \varepsilon_j}}{\sum\limits_{j=0}^{m} g_j\, e^{-\beta \varepsilon_j}} \qquad (\text{I } 1,\ 78)$$

welcher auf Grund der Relation (I 1, 77) in der Tat mit dem Erwartungswert $\langle u \rangle$ der Energie nach (I 1, 38) identisch ist. Die Wurzel dieses über-
raschenden Satzes liegt in der analytischen Natur der Wahrscheinlichkeits-
funktion (I 1, 13) beschlossen, welche, bei hinreichend hoher Zahl M der
zur *Gibbs*schen Gesamtheit vereinigten Einzelsysteme, von ihrem Maximum
aus nach allen Richtungen ihres $(m + 1)$-dimensionalen Existenzraumes
hin überaus rasch abfällt. Häufig darf man daher, das bisher nur für die
[numerischen] Besetzungszahlen angegebene Resultat verallgemeinernd,
an der grundlegenden Relation (I 1, 77) festhalten und dann den *Erwartungswert* einer beliebigen Zustandsfunktion mit deren *wahrscheinlichstem
Wert* vertauschen; wie jedoch aus dem gesagten mit aller Deutlichkeit
hervorgeht, tut man gut, die aufgezeigte Gleichheit als wesentlich rech-
nerisches Hilfsmittel aufzufassen, während man vom physikalischen
Standpunkte entschieden der Kenntnis der Erwartungswerte den Vorzug
zu geben hat.

i) Wir ergänzen die vorstehende Analyse der im „stationären" Zustande
zu erwartenden Energetik durch die erst im Rahmen ihrer statistischen Auffassung sinnvolle und daher wesentlich tiefer greifende Frage nach dem
mittleren Schwankungsquadrat der auf die Einheit $u^{(0)}$ bezogenen Energie:

$$\langle \Delta\varepsilon^2 \rangle = \left\langle \left[\frac{u - \langle u \rangle}{u^{(0)}}\right]^2 \right\rangle = \frac{\langle u^2 \rangle}{u^{(0)2}} - \frac{\langle u \rangle^2}{u^{(0)2}}. \qquad (\text{I } 1,\ 79)$$

Im Hinblick auf (I 1, 59) und (I 1, 60) gilt nun

$$\frac{\langle u^2 \rangle}{u^{(0)2}} = \frac{\sum\limits_{j=0}^{m} \varepsilon_j{}^2\, g_j\, e^{-\varepsilon_j y_S}}{\sum\limits_{k=0}^{m} g_k\, e^{-\varepsilon_k y_S}} = \frac{\dfrac{\partial^2 Z}{\partial y_S{}^2}}{Z}. \qquad (\text{I } 1,\ 80)$$

Daher entnehmen wir aus (I 1, 61) die Relation

$$\frac{\partial}{\partial y_S}\left[\frac{\langle u \rangle}{u^{(0)}}\right] = \frac{1}{Z^2}\left[\frac{\partial Z}{\partial y_S}\right]^2 - \frac{1}{Z}\frac{\partial^2 Z}{\partial y_S{}^2} = \left[\frac{\langle u \rangle}{u^{(0)}}\right]^2 - \frac{\langle u^2 \rangle}{u^{(0)2}}, \qquad (\text{I } 1,\ 81)$$

deren Restitution in (I 1, 79) für das gesuchte Schwankungsquadrat die
einfache Berechnungsvorschrift

$$\langle \Delta\varepsilon^2 \rangle = -\frac{\partial}{\partial y_S}\left[\frac{\langle u \rangle}{u^{(0)}}\right] \qquad (\text{I } 1,\ 82)$$

liefert.

I 2. Die thermodynamischen Funktionen.

a) Neben die „*Mikrobeschreibung*" einer aus M Einzelsystemen bestehenden *Gibbs*schen Gesamtheit durch den Satz der jeweils beobachteten *Besetzungszahlen* a_j beziehentlich der unterschiedlichen Energiestufen u_j vom statistischen Gewicht g_j tritt ihre „*Makrobeschreibung*" mittels der phänomenologischen Funktionen der *Thermodynamik*, welche sich ihrerseits — in ihrer klassischen Fassung — ausschließlich mit dem [hypothetischen] Grenzfalle M → ∞ beschäftigt. Es gilt, den gedanklichen Zusammenhang zwischen diesen beiden, physikalisch ja zunächst so grundverschiedenen Betrachtungsweisen herzustellen.

b) Die für die gesuchten Relationen entscheidenden Erkenntnisse verdankt man der geistigen Großtat *Ludwig Boltzmanns*. Dieser Forscher verglich die aus dem *zweiten Hauptsatz der Thermodynamik* [Unmöglichkeit des sogenannten *perpetuum mobile zweiter Art*] begrifflich hervorgehende *Entropie* S eines abgeschlossenen Systems mit der *statistischen Wahrscheinlichkeit* seines jeweiligen Mikrozustandes: Dem Prinzip der bei *irreversiblen Vorgängen* spontan *zunehmenden Entropie* korrespondiert der Übergang von einem statistisch *unwahrscheinlichen* Zustande [kleine Entropie] zu einem solchen von hoher Wahrscheinlichkeit [große Entropie]. An Stelle eines strengen *Kausalgesetzes*, das als solches den [bekannten] Anfangszustand des Systemes zwangsläufig mit allen späteren Zuständen verknüpft, tritt die lediglich nüchtern registrierende, jeder „Begründung" geflissentlich sich enthaltende *statistische Aussage* einer im Laufe jenes Prozesses sich ändernden Beobachtungshäufigkeit der verglichenen Mikrozustände.

c) Wir gehen von zwei, je der *Gibbs*schen Statistik unterworfenen, unterscheidbaren Systemgesamtheiten (1) und (2) aus, welche beziehentlich aus $M_{(1)}$ und $M_{(2)}$ jeweils unter sich gleichen Einzelsystemen bestehen. Jede Systemgesamtheit sei sowohl in sich selbst wie auch gegen die andere durch eine adiabatische Hülle vollständig abgeschlossen; dabei sollen wiederum die allerdings in Wahrheit unentbehrlichen Kommunikationskanäle zwischen jenen Systemen und dem Beobachter bewußt außer acht gelassen werden.

In der Regel wird sich zu einem willkürlich gewählten Zeitpunkt $t = t_l$ weder diese noch jene Systemgesamtheit gerade in ihrem wahrscheinlichsten Zustande befinden, sondern man wird je eine Gesamtheit $a_{(1)j}$, $a_{(2)k}$ von Besetzungszahlen simultan beobachten, deren Wahrscheinlichkeiten $w_{(1)}$ und $w_{(2)}$ entsprechend (I 1, 11) und (I 1, 13) mittels der Formeln

$$w_{(1)} = \frac{P'_{(1)}}{\sum P'_{(1)}} \qquad ; \qquad w_{(2)} = \frac{P'_{(2)}}{\sum P'_{(2)}} \qquad (I\ 2,\ 1)$$

berechnet werden können; in ihnen sind die je im Nenner der vorstehenden Brüche verlangten Summationen unter Beachtung sowohl der jeder Systemgesamtheit für sich aufzuerlegenden *Vollständigkeitsrelationen* (I 1, 3) wie auch der *Energiebilanzen* (I 1, 4) auszuführen. Nach *Boltzmann* ist nun die Frage nach den gleichzeitigen Entropiewerten $S_{(1)}$ und $S_{(2)}$ der kontrollierten Systemgesamtheiten inhaltlich mit der Frage nach der gleichzeitigen Wahrscheinlichkeit der beobachteten Zustandsverteilungen identisch. Da nun diese Systemgesamtheiten als voneinander unabhängig vorausgesetzt wurden, resultiert die sogenannte „*Verbindungswahrscheinlichkeit*" für die simultane

Beobachtung der Sätze $a_{(1)j}$ und $a_{(2)k}$ als *Produkt* der Einzelwahrscheinlichkeiten (I 2, 1); andererseits wird die Entropie S beider Systemgesamtheiten (1) und (2) zusammen als *Summe* ihrer beziehentlichen Teilentropien $S_{(1)}$ und $S_{(2)}$ definiert, wobei allerdings deren jeder eine *willkürliche Konstante* beziehentlich der Größe $C_{(1)}$ und $C_{(2)}$ additiv hinzugefügt werden darf, welche als solche ja auf die physikalisch allein unter Berufung auf die Konzeption der „klassischen" Statistik — im Gegensatz zur Quantenstatistik — feststellbaren *Entropieänderungen* ohne Einfluß bleibt. Wir genügen daher dem geforderten Parallelismus der Entropie mit der Wahrscheinlichkeit nach Einführung des vorerst beliebigen Koeffizienten k durch die Ansätze

$$S_{(1)} = k \ln [w_{(1)}] + C_{(1)}; \qquad S_{(2)} = k \ln [w_{(2)}] + C_{(2)}. \qquad (I\ 2,\ 2)$$

Um sie zum Range eines *physikalischen Prinzipes* zu erheben, hat man den Koeffizienten k als *universelle Konstante* zu deuten, welche nach *Boltzmann* benannt wird. Die *Boltzmann*sche Konstante erscheint hier zunächst als wesentlich nur formale Verhältnisgröße, welche die quantitative Beschreibung der Entropie in deren üblicher physikalischen Dimension [Energie geteilt durch Temperatur] unter gleichzeitiger Anpassung an die jeweils benutzten Maßeinheiten ermöglicht. Beziehen wir uns hier, wie auch weiterhin, auf das *Giorgi*sche System bei gleichzeitiger Benutzung der *Kelvin*-Skala für die [absolute] Temperatur T, so findet sich experimentell das numerische Resultat

$$k = (1{,}380\ 32 \pm 0{,}000\ 11) \cdot 10^{-23} \frac{\text{Joule}}{{}^0\text{K}}. \qquad (I\ 2,\ 3)$$

Indessen wird sich die *Boltzmann*sche Konstante später physikalisch deuten lassen: Wir werden in ihr die *natürliche Einheit der molekularen Energetik* erkennen und können von dieser aus zu einer rationellen Messung der Temperatur gelangen, die allerdings von der konventionellen wesentlich abweicht.

Um jetzt die in (I 2, 2) einstweilen verbliebenen Konstanten $C_{(1)}$ und $C_{(2)}$ ein für allemal zu normieren, berufen wir uns auf die vorausgesetzte Abgeschlossenheit jeder der beiden kontrollierten Systemgesamtheiten; sie garantiert uns bei allen innerhalb je einer dieser Systemgesamtheiten zulässigen Zustandsänderungen die Invarianz je der beiden Summen $\Sigma P'_{(1)}$ und $\Sigma P'_{(2)}$. Wählen wir daher von nun ab

$$C_{(1)} = k \ln \sum P'_{(1)}; \qquad C_{(2)} = k \ln \sum P'_{(2)} \qquad (I\ 2,\ 4)$$

und unterdrücken weiterhin die unterscheidenden Indizes (1) und (2) beider Systemgesamtheiten, so resultiert aus (I 2, 2) für die Entropie S die Definition

$$S = k \ln W, \qquad (I\ 2,\ 5)$$

in welcher

$$W = P' \qquad (I\ 2,\ 6)$$

als *Thermodynamische Wahrscheinlichkeit* bezeichnet wird. Als *ganze, positive Zahl* der Eigenschaft

$$W \geqq 1 \qquad (I\ 2,\ 7)$$

unterscheidet sich die Thermodynamische Wahrscheinlichkeit eines bestimmten Zustandes W wesentlich von dessen *mathematischer Wahrscheinlichkeit* w, welche ja ihrerseits stets durch einen *echten Bruch* gemessen wird. Im Lichte dieses Sachverhaltes müssen wir also die grundlegende *Boltzmann*sche Konzeption weiterhin stets als *Proportionalität der Thermodynamischen Wahrscheinlichkeit mit dem* [natürlichen] *Logarithmus der Entropie* interpretieren.

Zufolge der algebraischen Eigenschaft (I 2, 7) der Thermodynamischen Wahrscheinlichkeit gehorcht die nunmehr gemäß (I 2, 5) zu berechnende Entropie S der Ungleichung

$$S \geqq 0, \qquad\qquad (I\ 2,\ 8)$$

welche den *Nernst*schen Wärmesatz [sogenannter dritter Hauptsatz der Thermodynamik] statistisch fundiert.

d) Häufig beschreibt man die etwa im Zeitpunkt $t = t_1$ konstatierte Abweichung der *Gibbs*schen Systemgesamtheit von einem später beobachteten, statistisch wahrscheinlicheren Zustande durch die Aussage: Im Zeitpunkt t_1 „strebt" die Systemgesamtheit gegen ihren statistisch wahrscheinlichsten Zustand, der als solcher das statistische Gleichgewicht definiere. Indessen ist diese begriffliche Konzeption ungeachtet ihrer verlockenden Anschaulichkeit wissenschaftlich unhaltbar und daher kategorisch abzulehnen: In der supponierten, zielstrebigen Tendenz gegen einen bestimmten Endzustand wird ja dem physikalischen Verhalten der Systemgesamtheit ein sozusagen bewußter Willensakt zugeschrieben, der ihr doch als einem anorganischen Gebilde gewiß nicht zukommt!

Bei der Suche nach einer unanfechtbaren Definition des statistischen Gleichgewichtszustandes haben wir uns vielmehr lediglich an die — im Rahmen menschlichen Könnens — unvoreingenommen, „objektiv" geführten Beobachtungsprotokolle zu halten. Sie offenbaren in der Folge der hintereinander registrierten Besetzungszahlen a_j im allgemeinen ein ständig stochastisch fluktuierendes auf und ab. Vergrößert man jedoch die Anzahl solcher Kontrollen mehr und mehr, so werden erfahrungsgemäß — sofern man zwischen den aufeinanderfolgenden Beobachtungen hinreichend lange Pausen einschaltet — schließlich diejenigen Besetzungszahlen a_j in erdrückender Mehrzahl auftreten, welche beziehentlich in die Umgebung des [mathematischen] Erwartungswertes fallen. Obwohl dieser Satz gewiß äußerst plausibel ist, haben wir hier doch seine lediglich empirische Begründung zu betonen, die sich als solche einem mit den Mitteln der Logik geführten Beweise ein für allemal entzieht; nichtsdestoweniger dürfen und wollen wir den geschilderten Sachverhalt zu der Behauptung zusammenfassen: Bei nur genügend oft wiederholter Beobachtung einer in sich abgeschlossenen, *Gibbs*schen Systemgesamtheit stimmen die *gemessenen* Werte der thermodynamischen Zustandsgrößen mit deren *Erwartungswerten* überein. Insbesondere werden wir fortan den Erwartungswert $\langle S \rangle$ der Entropie S als deren „*statistischen Gleichgewichtswert*" definieren, dessen physikalische Bedeutung also von dem Gleichgewichtsbegriff der deterministischen Mechanik wesentlich verschieden ist; umgekehrt beschreibt die Ungleichung

$$S \neq \langle S \rangle \qquad\qquad (I\ 2,\ 9)$$

einen Zustand *gestörten* [statistischen] *Gleichgewichtes.*

Im Einklang mit den in Ziffer I 1, h durchgeführten Überlegungen konvergiert nun mit wachsender Anzahl M der zur *Gibbs*schen Gesamtheit vereinigten Einzelsysteme der Erwartungswert $\langle S \rangle$ der Entropie gegen deren Maximalwert S_{max}:

$$\lim_{M \to \infty} \langle S \rangle = S_{max}. \qquad\qquad (I\ 2,\ 10)$$

In der phänomenologischen Thermodynamik vereinigt man die in (I 2, 9) und (I 2, 10) formulierten Aussagen, unter wesentlicher Erweiterung ihres tatsächlichen physikalischen Inhaltes, zu dem dynamischen „Gesetz"

$$S \to S_{max}. \qquad (I\ 2,\ 11)$$

Es besagt, daß die Entropie eines „sich selbst überlassenen" thermischen Systemes entweder zunimmt oder — im Falle des Gleichgewichtes — konstant bleibt. Ein solches teleologisches Richtungsprinzip ist der statistischen Thermodynamik wesensfremd: Von einer zur nächsten Beobachtung kann die Entropie sowohl steigen wie fallen; in krassem Widerspruch zum „Gesetz" (I 2, 11) ist sogar von Zeit zu Zeit ein „Rückschritt" zu erwarten, welcher in einer *Verringerung* des Entropiewertes S manifest wird. Nichtsdestoweniger besteht die phänomenologische Aussage (I 2, 11) insofern zu Recht, als die Zunahme der Entropie eines außerhalb seines statistischen Gleichgewichts befindlichen Systemes ungeheuer viel wahrscheinlicher ist als ihre Abnahme.

Zur *Stirling*schen Approximation (I 1, 63) für die Anzahl P' unterschiedlicher Zustände der *Gibbs*schen Systemgesamtheit zurückkehrend, ersetzen wir die Besetzungszahlen a_j beziehentlich durch ihre auf die Gesamtzahl M der Einzelsysteme bezogenen Verhältnisse

$$\alpha_j = \frac{a_j}{M} \qquad (I\ 2,\ 12)$$

und erhalten gemäß (I 2, 5) und (I 2, 6) für die Entropie S die Forme

$$S = k\,M \sum_{j=0}^{m} \alpha_j \ln \frac{g_j}{\alpha_j} \qquad (I\ 2,\ 13)$$

Aus ihr entspringt im Verein mit (I 1, 76), (I 1, 77) und (I 1, 78) für den statistischen Gleichgewichtswert der Entropie die Angabe

$$\langle S \rangle = S_{max} = k\,M \left[\ln \sum_{j=0}^{m} g_j\, e^{-\varepsilon_j y_S} + \frac{\langle u \rangle}{u^{(0)}}\, y_S \right], \qquad (I\ 2,\ 14)$$

welche mit Rücksicht auf (I 1, 56) in

$$\langle S \rangle = k \ln \sigma \qquad (I\ 2,\ 15)$$

übergeht.

Trotz seiner auf den ersten Blick bestechenden Einfachheit oder, vielleicht, gerade ihretwegen muß das Ergebnis (I 2, 15) ernste Zweifel an der Folgerichtigkeit unserer Überlegungen erregen: Definitionsgemäß gleicht ja die Summe σ der Anzahl *aller* statistisch unterschiedlichen Zustände, welche mit den physikalischen Bedingungen der abgeschlossenen M-System-Gesamtheit verträglich sind, während doch die für $\langle S \rangle = S_{max}$ maßgebliche Zahl $P' \to P'_{max}$ nur jenen *Teil* aller Zustände umfaßt, die unter sonst gleichen Umständen auf die *wahrscheinlichste* Energieverteilung führen. Diesem klaren Sachverhalt scheint jedoch Gl. (I 2, 15) zu widersprechen, welche ersichtlich die Gleichheit von σ und P'_{max} behauptet!

Bei der Suche nach der Wurzel dieser vermeintlichen Unstimmigkeit tut man gut, auf die ursprüngliche Definition (I 2, 2) der Entropie zurückzugehen. Da jedoch die dort auftretende, additive Konstante C physikalisch belanglos ist, dürfen wir vorübergehend die zu (I 2, 4) führende

Übereinkunft außer Kraft setzen und an ihrer Statt C = 0 wählen. Die aus dieser Vorschrift hervorgehende, „modifizierte" Entropiefunktion durch das Symbol S* bezeichnend, finden wir also allgemein

$$S^* = k \ln w = k \ln \frac{P'}{\sum P'} = k \left[\ln P' - \ln \sum P' \right] \qquad (I\ 2,\ 16)$$

und insbesondere im Falle des statistischen Gleichgewichtes

$$S^*_{max} = k \left[\ln P'_{max} - \ln \sum P' \right]. \qquad (I\ 2,\ 17)$$

Wollten wir hier, wie oben, den Ausdruck $\ln P'_{max}$ mit $\ln \sigma = \ln \Sigma P'$ gleichsetzen, so würden wir zu den Angaben

$$P' = 0 \qquad \text{für alle} \qquad P' = P_{max} \qquad (I\ 2,\ 18)$$

gelangen; sie ziehen im Verein mit (I 2, 16) die Aussagen

$$S^* \to (-\infty) \ \text{für}\ S^* \neq S^*_{max}; \qquad S^*_{max} = 0 \qquad (I\ 2,\ 19)$$

nach sich, welche ihrerseits an den Logarithmus der symbolischen *Dirac*funktion erinnern. Auf Grund des vorangegangenen Grenzüberganges zu $M \to \infty$ Einzelsystemen der *Gibbs*schen Gesamtheit erscheint dieses funktionelle Verhalten der modifizierten Entropie zwar verständlich, doch im wörtlichen Sinne überspitzt. In der Tat beruht es auf der hier zu weit getriebenen Benutzung der *Stirling*schen Approximationsformel: Die in (I 2, 17) eingehende *Differenz* zweier Posten, welche beide gleichzeitig mit wachsender Systemzahl M sehr groß werden, verlangt zu ihrer einwandfreien Berechnung die *genaue* Kenntnis jener Posten!

e) Von nun ab zur *Boltzmann*schen Definition der Entropie S gemäß (I 2, 5) zurückkehrend, beseitigen wir die vordem um die M-System-Gesamtheit gelegte adiabatische Hülle und gestatten die *Änderung des Energiehaushaltes* jener Systeme mittels zweier je von außen geleiteter Eingriffe wesentlich verschiedener Natur:

1. Wir bringen die M-System-Gesamtheit, bei streng festgehaltenen Werten der je Einzelsystem *aufnehmbaren* Energiestufen u_j $[0 \leqq j \leqq m]$, nach Eintritt des thermodynamischen Gleichgewichts $[a_j \to \langle a_j \rangle]$ in Kontakt mit einem *Thermostaten*, dessen absolute Temperatur T jene der *Gibbs*schen Gesamtheit nur um einen infinitesimal kleinen Betrag δT übertreffe. Daher dürfen wir dem Thermostaten ohne merkliche Störung des [langsam veränderlichen] statistischen Gleichgewichtes die infinitesimal geringe *Wärmemenge* δQ entnehmen und sie der *Gibbs*schen Systemgesamtheit auf *reversiblem Wege* zuführen. Der dann schließlich sich einstellende, neue Gleichgewichtszustand unterscheidet sich von dem Ausgangszustand lediglich durch die jeweils um das infinitesimal kleine Maß $\delta \langle a_j \rangle$ geänderten Besetzungszahlen $\langle a_j \rangle$, da ja die Energiestufen als solche durch den Prozeß der Wärmeübertragung δQ nach Voraussetzung nicht berührt werden.

2. Wir unterwerfen die M-System-Gesamtheit im Zustande ihres thermodynamischen Gleichgewichtes einem nur infinitesimal schwachen, *konservativen Kraftfelde*, welches bei fester Besetzungszahl $a_j \to \langle a_j \rangle$ $[0 \leqq j \leqq m]$ aller Energiestufen u_j diese selbst beziehentlich um den infinitesimal kleinen Betrag δu_j abändere. Die hierbei von außen der System-Gesamtheit zugeführte, infinitesimal geringe Arbeit δA ergibt sich mit Rücksicht auf (I 1, 1), (I 1, 57) und (I 1, 59) zu

$$\delta A = \sum_{j=0}^{m} \langle a_j \rangle \, \delta u_j = M \, u^{(0)} \sum_{j=0}^{m} \langle a_j \rangle \, \delta \varepsilon_j = M \, u^{(0)} \frac{\displaystyle\sum_{j=0}^{m} g_j \, e^{-\varepsilon_j y_S} \, \delta \varepsilon_j}{\displaystyle\sum_{j=0}^{m} g_j \, e^{-\varepsilon_j y_S}}. \qquad (I\ 2,\ 20)$$

Der *Erste Hauptsatz der Thermodynamik* lehrt nunmehr, daß zufolge beider Eingriffe zusammen die Energie U der System-Gesamtheit um

$$\delta U = \delta Q + \delta A \qquad (I\ 2,\ 21)$$

ansteigt. Welche Entropieänderung $\delta \langle S \rangle$ haben die vorstehend beschriebenen Prozesse zur Folge?

Wir kehren zu Gl. (I 2, 15) zurück und finden mit Rücksicht auf (I 1, 56) zunächst die Gleichung

$$\delta \langle S \rangle = k \cdot M \cdot \delta \left[\ln \sum_{j=0}^{m} g_j \, e^{-\varepsilon_j y_S} + \frac{\langle u \rangle}{u^{(0)}} \, y_S \right] = \qquad (I\ 2,\ 22)$$

$$= k \, M \left[\left\{ \frac{\delta \langle u \rangle}{u^{(0)}} - \frac{\displaystyle\sum_{j=0}^{m} g_j e^{-\varepsilon_j y_S} \, \delta \varepsilon_j}{\displaystyle\sum_{j=0}^{m} g_j \, e^{-\varepsilon_j y_S}} \right\} y_S + \left\{ \frac{\langle u \rangle}{u^{(0)}} - \frac{\displaystyle\sum_{j=0}^{m} g_j \, \varepsilon_j \, e^{-\varepsilon_j y_S}}{\displaystyle\sum_{j=0}^{m} g_j \, e^{-\varepsilon_j y_S}} \right\} \delta y_S \right].$$

Da in ihr der Koeffizient von δy_S gemäß (I 1, 38) verschwindet, reduziert sie sich mit Beachtung von (I 1, 37) und (I 2, 20) auf

$$\delta \langle S \rangle = \frac{k \, y_S}{u^{(0)}} \, [\delta U - \delta A]. \qquad (I\ 2,\ 23)$$

Auf Grund der *Reversibilität* der durchgeführten Zustandsänderungen liefert nun der *Zweite Hauptsatz* der Thermodynamik im Verein mit der Energiebilanz (I 2, 21) die Aussage

$$\delta \langle S \rangle - \frac{\delta Q}{T} = 0; \qquad \delta \langle S \rangle = \frac{\delta Q}{T} = \frac{\delta U - \delta A}{T}. \qquad (I\ 2,\ 24)$$

Der Vergleich von (I 2, 23) mit (I 2, 24) führt auf die fundamentale Relation

$$y_S = \frac{u^{(0)}}{k \, T} \qquad (I\ 2,\ 25)$$

auf Grund deren sich also der bisher nur analytisch-geometrisch als *Paß-ordinate* des aus (I 1, 30) hervorgehenden „Gebirges" $|X| = |X(x + i\,y)|$ deutbare Parameter y_S im wesentlichen als *Kehrwert der absoluten Temperatur* T erweist. Mit Hilfe dieser überaus wichtigen physikalischen Interpretation ergibt sich für die *Zustandssumme* Z nach (I 1, 60) die Darstellung

$$Z = \sum_{j=0}^{m} g_j \, e^{-\frac{u_j}{k\,T}} \qquad (I\ 2,\ 26)$$

aus welcher im Verein mit (I 2, 14) und (I 2, 25) der Erwartungswert

$$\langle S \rangle = k\,M \left[\ln \sum_{j=0}^{m} g_j\, e^{-\frac{u_j}{k\,T}} + \frac{\langle u \rangle}{k\,T} \right] = k\,M \ln Z + \frac{U}{T} \qquad (I\ 2,\ 27)$$

der Entropie resultiert; im statistischen Gleichgewicht entfällt daher auf jedes Einzelsystem der *Gibbs*schen Gesamtheit durchschnittlich die Entropie

$$\langle s \rangle = \frac{\langle S \rangle}{M} = k \ln Z + \frac{\langle u \rangle}{T}. \qquad (I\ 2,\ 28)$$

f) Orientieren wir uns innerhalb jedes der in der *Gibbs*schen Gesamtheit vereinigten Einzelsysteme an Hand der im Sinne der analytischen Mechanik zu verstehenden „allgemeinen" Koordinaten q^i, so kann die am Einzelsystem geleistete äußere Arbeit

$$\delta a = \frac{1}{M}\, \delta A \qquad (I\ 2,\ 29)$$

als Summe aller Produkte der „kovarianten" Kraftkomponenten K_i mit den „kontravarianten" Koordinaten-Variationen δq^i durch die skalare Gleichung

$$\delta a = K_i\, \delta q^i \qquad (I\ 2,\ 30)$$

dargestellt werden, in welcher über den sowohl als Subskript wie als Adskript auftretenden Index i zu summieren ist; in dieser „Summenkonvention" der Vektorrechnung sei auch jener Grenzfall unendlich vieler Koordinaten eingeschlossen, für welchen die genannte Summe in ein Integral übergeht.

Der Kürze halber bezeichnen wir weiterhin durch die Symbole s und u beziehentlich die durchschnittlichen Erwartungswerte [Gleichgewichtswerte] der auf jedes Einzelsystem entfallenden Entropie und Energie. Nun setzen wir voraus, daß s als Funktion sowohl der Energie u wie der allgemeinen Koordinaten q^i bekannt sei

$$s = s(u; q^i). \qquad (I\ 2,\ 31)$$

Einer infinitesimal kleinen Variation der unabhängigen Veränderlichen korrespondiert der Entropiezuwachs

$$\delta s = \frac{\partial s}{\partial u}\, \delta u + \frac{\partial s}{\partial q^i}\, \delta q^i. \qquad (I\ 2,\ 32)$$

Sein Vergleich mit den Aussagen der Gl. (I 2, 24) führt mit Rücksicht auf (I 2, 29) und (I 2, 30) zu den Relationen

$$\frac{1}{T} = \frac{\partial s}{\partial u} \qquad (I\ 2,\ 33)$$

und

$$K_i = T \cdot \frac{\partial s}{\partial q^i}, \qquad (I\ 2,\ 34)$$

deren erste eine auf Grund der *Boltzmann*schen Konzeption der Entropie willkürfreie *Definition der absoluten Temperatur* T liefert und eben deshalb in der theoretischen Thermodynamik eine fundamentale Rolle spielt; übrigens erkennt man aus ihr, daß die sozusagen „natürliche" Einheit der Temperatur der Energieeinheit gleicht.

g) In zahlreichen Anwendungen der statistischen Thermodynamik empfiehlt es sich, die in (I 2, 31) benutzten, unabhängigen Veränderlichen ganz oder teilweise durch andere zu ersetzen, welche der jeweils zu lösenden

Aufgabe angepaßt sind. Durch diese, ihrem Wesen nach mathematische Operation gelangen wir, ausgehend von der Entropie als Mutterfunktion, zu einer Reihe *neuer Zustandsfunktionen*, deren für das Verständnis der Kristallelektronik wichtigste wir, unter bewußtem Verzicht auf Vollständigkeit, im folgenden angeben werden; dabei soll unter dem jeweils erscheinenden Symbol einer jener Zustandsfunktionen stets deren *statistischer Gleichgewichtswert* [Erwartungswert] je Einzelsystem der *Gibbs*schen Gesamtheit verstanden werden, sofern nicht ausdrücklich eine andere Vereinbarung getroffen wird.

h) Nach *Helmholtz* wird die *Freie Energie* f, auch *Helmholtzpotential* genannt, als Funktion der absoluten Temperatur T und der kontravarianten Koordinaten q^i durch die Gleichung

$$f = f(T; q^i) = u - T \cdot s \qquad (I\ 2,\ 35)$$

definiert; vermöge (I 2, 28) läßt sie sich in der einfachen Gestalt

$$f = - k\, T \ln Z \qquad (I\ 2,\ 36)$$

darstellen. Aus der Identität

$$\delta f = \delta u - \delta(T \cdot s) = (\delta u - T\, \delta s) - s\, \delta T \qquad (I\ 2,\ 37)$$

folgt im Verein mit (I 2, 24) und (I 2, 30) die Relation

$$\delta f = \delta a - s\, \delta T = K_i\, \delta q^i - s\, \delta T. \qquad (I\ 2,\ 38)$$

Die Kenntnis der Freien Energie gestattet uns also zunächst die Berechnung der kovarianten Kraftkomponenten K_i mittels der Gleichungen

$$K_i = \frac{\partial f}{\partial q^i} \qquad (I\ 2,\ 39)$$

Ersetzt man die äußere Kraft K durch ihre vom System entwickelte Reaktion

$$K' = - K, \qquad (I\ 2,\ 40)$$

so lassen sich die Gleichungen (I 2, 39) und (I 2, 40) zu der vektoriellen Aussage

$$K' = - \operatorname{grad} f \qquad (I\ 2,\ 41)$$

vereinigen, welche die Rolle der Funktion f als erzeugendes Potential der Reaktionskraft K' in helles Licht rückt. Überdies unterrichtet uns (I 2, 38) mittels der Gleichung

$$s = - \frac{\partial f}{\partial T} \qquad (I\ 2,\ 42)$$

über die Größe der Entropie. Im Hinblick auf (I 2, 35) finden wir daher als Zusammenhang zwischen der [gesamten] Energie u und der zur Erzeugung der Kraft K = (— K') verfügbaren, eben daher sogenannten „Freien" Energie f den *Gibbs-Helmholtz*schen Satz

$$u = f + T \cdot s = f - T \cdot \frac{\partial f}{\partial T} = - T^2 \frac{\partial}{\partial T}\left[\frac{f}{T}\right]. \qquad (I\ 2,\ 43)$$

Die Differenz

$$g = u - f = T \cdot s = - T \cdot \frac{\partial f}{\partial T} \qquad (I\ 2,\ 44)$$

definiert die *Gebundene Energie*, welche als solche die Freie Energie zur Gesamtenergie ergänzt.

i) Wir setzen von nun ab die Freie Energie f, bei jeweils festen Werten der absoluten Temperatur T, als *homogene Funktion* m-ten Grades der allgemeinen [kontravarianten] Koordinaten q^i voraus. Der *Euler*sche Satz über homogene Funktionen liefert dann mit Rücksicht auf (I 2, 39) die Aussage

$$q^i \frac{\partial f}{\partial q^i} = q^i K_i = m \cdot f. \qquad (I\ 2,\ 45)$$

Sie verbürgt vermöge des gewiß skalaren Charakters der Freien Energie f die Invarianz der Produktsumme $q^i K_i$ gegen einen Wechsel der allgemeinen Koordinaten. Wählen wir nunmehr neben der absoluten Temperatur T die kovarianten Kraftkomponenten K_i als unabhängige Veränderliche, so definiert daher

$$\gamma = \gamma(T; K_i) = s - \frac{u - q^i K_i}{T} = \frac{q^i K_i - f}{T} \qquad (I\ 2,\ 46)$$

eine weitere, skalare Zustandsfunktion: Die *Gibbs*sche Funktion. Bei einer Variation ihrer unabhängigen Veränderlichen erleidet sie gemäß (I 2, 35) und (I 2, 38) den Zuwachs

$$\delta\gamma = \frac{q^i \delta K_i + K_i \delta q^i - \delta f}{T} - \frac{q^i K_i - f}{T^2} \delta T = \frac{q^i \delta K_i}{T} + \frac{u - q^i K_i}{T^2} \delta T. \qquad (I\ 2,\ 47)$$

Umgekehrt verhilft uns also die Kenntnis der *Gibbs*schen Funktion γ zur Berechnung der allgemeinen Koordinaten

$$q^i = T \frac{\partial\gamma}{\partial K_i}, \qquad (I\ 2,\ 48)$$

so daß für die *Gesamtenergie* u der Ausdruck

$$u = T^2 \frac{\partial\gamma}{\partial T} + q^i K_i = T\left[T \frac{\partial\gamma}{\partial T} + K_i \frac{\partial\gamma}{\partial K_i} \right] \qquad (I\ 2,\ 49)$$

resultiert. Die *Entropie* s folgt sonach aus der Relation

$$s = \gamma - \frac{u - q^i K_i}{T} = \gamma + T \frac{\partial\gamma}{\partial T} = \frac{\partial}{\partial T} [T\gamma]. \qquad (I\ 2,\ 50)$$

j) Wir ergänzen die *Gibbs*sche Funktion, welche die physikalische Dimension der *Entropie* aufweist, durch die aus γ durch Multiplikation mit $(-T)$ hervorgehende, gleichfalls in ihrer Abhängigkeit von der absoluten Temperatur T sowie von der Gesamtheit der kovarianten Kraftkomponenten K_i darzustellenden Funktion

$$\zeta = \zeta(T; K_i) = -T\gamma = f - q^i K_i, \qquad (I\ 2,\ 51)$$

welche als *Thermodynamisches Potential* bezeichnet werde; sie besitzt die physikalische Dimension der *Energie*. Aus der Variation des Thermodynamischen Potentiales

$$\delta\zeta = -q^i \delta K_i - s \delta T \qquad (I\ 2,\ 52)$$

erschließt man zunächst die Relationen

$$q^i = -\frac{\partial\zeta}{\partial K_i} \qquad (I\ 2,\ 53)$$

und

$$s = -\frac{\partial\zeta}{\partial T} \qquad (I\ 2,\ 54)$$

also weiter

$$f = \zeta + q^i K_i = \zeta - K_i \frac{\partial \zeta}{\partial K_i} \qquad (I\ 2,\ 55)$$

sowie

$$u = f + s\,T = \zeta - \left[K_i \frac{\partial \zeta}{\partial K_i} + T \frac{\partial \zeta}{\partial T} \right]. \qquad (I\ 2,\ 56)$$

k) Die *Gleichgewichtsbedingungen* verlangen, im Einklang mit der Definition des statistischen Gleichgewichtszustandes, die *Stationarität* der jeweils benutzten Zustandsfunktion.

Wir wenden diese allgemeine Vorschrift auf das *Gleichgewicht eines chemisch homogenen Gases* an, welches in ein starres Gefäß eingeschlossen sei. Innerhalb der Gasatmosphäre orientieren wir uns an Hand eines dem Gefäße fest verbundenen Bezugssystemes der *Kartesi*schen Koordinaten (x; y; z) und richten unser Augenmerk auf die Gruppe der ΔN Moleküle, welche das Raumelement ΔV der beziehentlich achsenparallelen Kanten Δx; Δy; Δz erfüllen. Das kontrollierte Volumen ΔV soll zwar so groß sein, daß die Anzahl $\Delta N \gg 1$ ausfällt; nichtsdestoweniger aber soll sich das eingeprägte, konservative Kraftfeld innerhalb ΔV nur so wenig ändern, daß wir es in hinreichender Genauigkeit durch seinen im Aufpunkt P herrschenden Wert ersetzen dürfen. Verfahren wir ebenso mit der *Gibbs*schen Funktion γ_M, die auf jedes der kontrollierten Moleküle durchschnittlich entfällt, und messen durch das Verhältnis

$$n = \frac{\Delta N}{\Delta V} \qquad (I\ 2,\ 57)$$

die *Konzentration* dieser Moleküle in ΔV, so schildert

$$\Delta \gamma = \gamma_M \cdot \Delta N = \gamma_M \cdot n \cdot \Delta V \qquad (I\ 2,\ 58)$$

die resultierende *Gibbs*sche Funktion der kontrollierten Molekülgruppe. Daher finden wir — nach Ersatz des wesentlich endlichen Raumelementes ΔV durch das differentielle Element dV — für die *Gibbs*sche Funktion γ des im gesamten Gefäßvolumen V eingeschlossenen Gases die Integraldarstellung

$$\gamma = \iiint\limits_{(V)} \gamma_M\, n\, dV. \qquad (I\ 2,\ 59)$$

Um nun γ zu variieren, denken wir uns vorübergehend die Gasatmosphäre über die Gefäßwände hinaus stetig fortgesetzt, während die Wände selbst den Molekülen freien Durchtritt gestatten mögen. Diese Freiheit ausnutzend, verrücken wir jetzt die Moleküle je nach Maßgabe des infinitesimal kleinen Vektors δr. Damit jedoch ungeachtet dieses Materietransportes der verlangte, stationäre Bestand der Molekülzahl innerhalb des Gefäßes verbürgt wird, hat man die Gesamtheit der virtuellen Verschiebungen δr derart zu regeln, daß sie auf den differentiellen Elementen dA der geschlossenen Hülle A der kinematischen Bedingung

$$\iint\limits_{(A)} (n\, \delta r)_\nu\, dA = 0 \qquad (I\ 2,\ 60)$$

gehorchen, in welcher der Index ν die jeweils von den Flächenelementen dA nach außen weisende Normalenrichtung symbolisiere. Mittels des *Gauß*-

schen Integralsatzes geht diese flächengebundene Vorschrift in die mathematisch gleichwertige, räumliche Aussage

$$\iiint\limits_{(V)} \operatorname{div}(n\,\delta r)\,dV = 0 \qquad (I\ 2,\ 61)$$

über; aus ihr folgt, da ja die geometrische Gestalt des Gasbehälters nach unserem Belieben gewählt werden darf, die differentielle Eigenschaft

$$\operatorname{div}(n\,\delta r) = 0 \qquad (I\ 2,\ 62)$$

eines jeden, mit der Stationaritätsforderung verträglichen Molekültransportes. Gleichzeitig mit diesem kinematischen Prozeß ändert sich nun die *Gibbs*sche Funktion γ des im Gefäß befindlichen Gases — man behandle das Produkt $(\gamma_M \cdot n)$ als „Dichte" einer virtuellen „Flüssigkeit", schreibe die Erhaltungsgleichung ihrer „Substanz" an und bediene sich abermals des *Gauß*schen Integralsatzes — um

$$\delta\gamma = \delta \iiint\limits_{(V)} (\gamma_M \cdot n)\,dV = - \iint\limits_{(A)} (\gamma_M\, n\,\delta r)_\nu\,dA =$$
$$= - \iiint\limits_{(V)} \operatorname{div}(\gamma_M \cdot n\,\delta r)\,dV. \qquad (I\ 2,\ 63)$$

Mittels der [skalaren] Identität

$$\operatorname{div}(\gamma_M \cdot n\,\delta r) = \gamma_M \cdot \operatorname{div}\{n\,\delta r\} + (\{n\,\delta r\}\operatorname{grad}\gamma_M), \qquad (I\ 2,\ 64)$$

in deren zweitem, rechterhand auftretenden Posten das Symbol der runden Klammern die hier verlangte, innere Multiplikation des Vektors $\{n\,\delta r\}$ mit dem Vektor $\operatorname{grad}\gamma_M$ kennzeichnet, folgt somit aus (I 2, 63) unter Beachtung von (I 2, 62)

$$\delta\gamma = \iiint\limits_{(V)} (\{n\,\delta r\}\operatorname{grad}\gamma_M)\,dV. \qquad (I\ 2,\ 65)$$

Bei der beschriebenen Zustandsvariation des Gases hat sich nun innerhalb seines Behälters weder das eingeprägte Kraftfeld noch die ebendort herrschende, absolute Temperatur geändert. Gemäß (I 2, 47) wird also das statistische Gleichgewicht des Systemes durch jene Variation nicht gestört, so daß wir aus (I 2, 65) zunächst die integrale Feldeigenschaft

$$\iiint\limits_{(V)} (\{n\,\delta r\}\operatorname{grad}\gamma_M)\,dV = 0 \qquad (I\ 2,\ 66)$$

des Gases erschließen. Sie zieht, da uns die Wahl der virtuellen Verrückungen δr freisteht, die differentielle Aussage

$$\operatorname{grad}\gamma_M = 0 \qquad (I\ 2,\ 67)$$

nach sich. Umgekehrt wird also das statistische Gleichgewicht des Gases durch den ortsunabhängigen Wert

$$\gamma_M = \gamma_M(x_P;\,y_P;\,z_P) = \text{const.} \qquad (I\ 2,\ 68)$$

seiner *Gibbs*schen Funktion je Molekül garantiert, und dieser Satz überträgt sich vermöge der Definition (I 2, 51) auf das Thermodynamische Molekularpotential

$$\zeta_M = -\,T \cdot \gamma_M = \zeta_M(x_P;\,y_P;\,z_P) = \text{const}'. \qquad (I\ 2,\ 69)$$

Die hervorragende Bedeutung dieser Ergebnisse für die Kristallelektronik weckt den Wunsch nach einer über ihre analytische Herleitung hinausgehenden, physikalischen Interpretation. Um ihm nachzugehen, kehren wir zu der Gruppe der ΔN kontrollierten Moleküle zurück, deren Herbergsvolumen ΔV als „allgemeine Koordinate" gewählt sei; die an dessen Hülle sozusagen angreifende, allgemeine Kraft K ist, im Sinne der Gl. (I 2, 40), als Reaktion gegen den vom System entwickelten, inneren *Gasdruck* P diesem entgegengesetzt gleich

$$K = - P. \tag{I 2, 70}$$

Daher leistet sie bei einer Variation des Volumens ΔV um den infinitesimal kleinen Betrag $\delta \Delta V$ die Arbeit

$$\delta A = K \, \delta \Delta V = - P \, \delta \Delta V, \tag{I 2, 71}$$

von welcher auf jedes der ΔN Moleküle im Mittel der Anteil

$$\frac{\delta A}{\Delta N} = - P \cdot \delta \left[\frac{\Delta V}{\Delta N} \right] = - P \, \delta v \tag{I 2, 72}$$

entfällt; hierin definiert gemäß (I 2, 57) der Quotient

$$v = \frac{\Delta V}{\Delta N} = \frac{1}{n} \tag{I 2, 73}$$

das *Gasvolumen je Molekül*, welchem somit in der molekularen *Gibbs*schen Funktion γ_M die Rolle der allgemeinen Koordinate zukommt: Aus (I 2, 48) entnehmen wir mit Rücksicht auf (I 2, 70) den Zusammenhang

$$v = - T \cdot \frac{\partial \gamma_M}{\partial P}. \tag{I 2, 74}$$

Wir spalten nun die mittlere Molekularenergie u in ihren potentiellen Anteil

$$u_{Pot} = u_{Pot}(x_P; y_P; z_P) \tag{I 2, 75}$$

und ihren thermischen [kinetischen] Anteil

$$u_{th} = u - u_{Pot} \tag{I 2, 76}$$

auf, der seinerseits explizit lediglich von dem innerhalb ΔV herrschenden Druck P des Gases und seiner absoluten Temperatur T abhänge

$$u_{th} = u_{th}(P; T). \tag{I 2, 77}$$

Gemäß (I 2, 46) erscheint daher die molekulare *Gibbs*sche Funktion γ_M in der funktionellen Gestalt

$$\gamma_M = \gamma_M(x_P; y_P; z_P; P; T) = - \frac{u_{Pot}(x_P; y_P; z_P)}{T} + \gamma_{M, th}(P; T), \tag{I 2, 78}$$

in welcher $\gamma_{M, th}$ ihren „rein thermischen" Anteil bezeichnet; damit ist folgendes gemeint: Denkt man sich vorübergehend die Basis der potentiellen Energie in den Aufpunkt P verschoben, so verschwindet ja ebendort u_{Pot}, so daß γ_M in $\gamma_{M, th}$ übergeht. Bilden wir jetzt den *isothermen Gradienten* der molekularen *Gibbs*schen Funktion

$$\left. \begin{aligned} \operatorname{grad} \gamma_M &= - \frac{1}{T} \operatorname{grad} u_{Pot} + \operatorname{grad} \gamma_{M, th} = \\ &= - \frac{1}{T} \operatorname{grad} u_{Pot} + \frac{\partial \gamma_{M, th}}{\partial P} \operatorname{grad} P \end{aligned} \right\}, \tag{I 2, 79}$$

so folgt aus (I 2, 67) in Verbindung mit (I 2, 73), (I 2, 74), (I 2, 75) und (I 2, 78) die *Gleichgewichtsbedingung* in der Form

$$- \operatorname{grad} u_{Pot} - \frac{1}{n} \operatorname{grad} P = 0. \tag{I 2, 80}$$

Sie enthält die gewünschte, physikalische Auskunft: Der erste Posten des linkerhand auftretenden Ausdruckes mißt die an jedem einzelnen der kontrollierten Moleküle angreifende *konservative Feldkraft*, der zweite hingegen die *mittlere Stoßkraft*, welche jedes jener Moleküle durch *Impulsaustausch* beim Impakt mit seinen Nachbarn erleidet. Im Einklang mit den Prinzipien der *Newton*schen Mechanik müssen diese beiden Kräfte einander in der Tat gegenseitig aufheben, um den vorausgesetzten Gleichgewichtszustand zu realisieren.

I 3. Statistische Thermodynamik der Kristalldefekte.

a) Wir gehen von der Vorstellung eines *dreifach periodischen Raumgitters* aus, innerhalb dessen wir einen einfach-zusammenhängenden *Block* von M Gitterpunkten abgrenzen. Aus ihm entsteht das Modell eines idealen Kristalles, indem wir die *geometrische* Gesamtheit jener M Gitterpunkte mit dem *physikalischen* System ebenso vieler, je in den Gitterpunkten zentrierten „Grundatome" ein und derselben Art identifizieren; dabei lassen wir uns die Möglichkeit offen, das vordem genannte *Basisgitter* durch bestimmte, jeder Gitterzelle in kongruenter Anordnung eingefügte *Zusatzatome* zu einem dreifach-periodischen „Atom-Mosaik" zu vervollständigen, in welchem dann jedes einzelne Atom die Rolle eines Grundatomes übernehmen kann.

b) In jedem *wirklichen* Kristall treten unvermeidliche *Abweichungen* von dem vorher beschriebenen Idealzustande auf, welche wir in zwei Hauptgruppen wesentlich verschiedener Genetik klassifizieren:

1. Zufolge der durch die Realität gebotenen Beschränkung auf eine gewiß *endliche* Zahl M von Basis-Gitterpunkten bildet der Kristallblock stets eine ihn umhüllende und nach außen abschließende *Oberfläche*, welche als solche die früher als dreifach-periodisch vorausgesetzte Struktur des Raumgitters zunichte macht.

2. Auf Grund ihrer spontanen *Wärmeschwingungen* verlassen eine Anzahl $n < M$ von Grundatomen ihren „Stammplatz" im Basisgitter, um sich an einen anderen, ihnen „genehmeren" Ort des Kristalles zu begeben: Die Periodizität des idealen Atom-Mosaikes wird durch die Effekte dieser „*Fehlordnung*" entstellt.

c) Unter bewußtem Verzicht auf die Diskussion der Oberflächenerscheinungen stellen wir uns hier die Aufgabe, der *Statistik der Fehlordnung* im Atom-Mosaik nachzugehen; dabei werden wir uns im folgenden auf zwei Fälle solcher Störungen beschränken, welche für die Kristallelektronik von großer Bedeutung sind:

1. Bei dem nach *Schottky* benannten Defekt treten an sonst unbesetzten Plätzen der Kristalloberfläche Atome auf, welche ihren regulären Gitterplatz verlassen haben, ohne dort für Ersatz zu sorgen: Die Mikroinspektion des Kristalles offenbart *Gitterlücken*.

Wir setzen der Einfachheit halber voraus, daß alle für den *Schottky*-Defekt verantwortlichen „Nomadenatome" von der gleichen Art seien, so daß sie als Grundatome des Gitters gewählt werden dürfen. Es bezeichne $u_0 = 0$ die Basisenergie eines solchen Atomes an seinem Ursprungsort im

Gitter, $u_1 > 0$ die Energie des nämlichen Atomes bei seinem Aufenthalte
an der Kristalloberfläche. Falls sie unabhängig von dem jeweils gewählten
Oberflächenplatze ist — und dies wird weiterhin angenommen —, definiert
u_1 die *Räumungsarbeit* des Atomes von dem vorher besetzten Gitterplatz,
so daß die Energie des einheitlichen Betrages u_1 nunmehr auch eben diesem,
jetzt leeren Platze zugeschrieben werden kann.

Mittels eines kristallfesten Bezugssystemes sind die M Basis-Gitter-
punkte je durch das Tripel ihrer Lagekoordinaten ein für allemal individualisierbar. Daher bilden sie, im Sinne der *Gibbs*schen Statistik, eine
Gesamtheit von M untereinander zwar physikalisch gleicher, doch unterscheidbarer Systeme, deren jedes, in der verabredeten Normierung, genau
der zwei Energiestufen u_0 [„Besetzt"] und u_1 [„Geräumt"] je des stati-

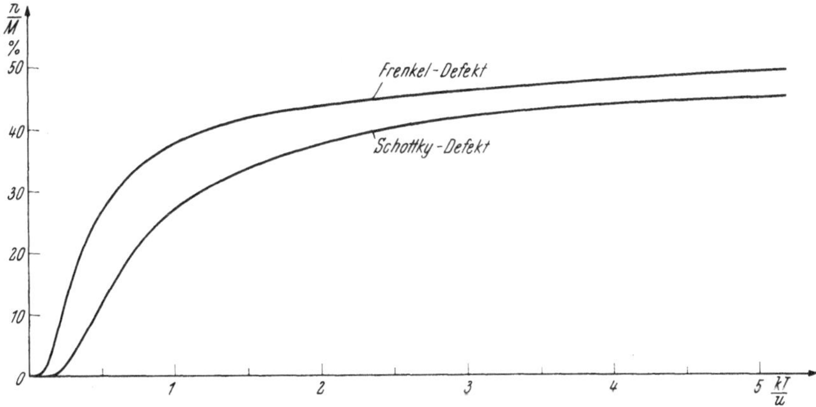

Abb. I 3, 1. Erwartungswert der Kristalldefekte nach *Frenkel* und *Schottky*.

stischen Gewichtes $g_0 = g_1 = 1$ fähig ist. Bei hinreichend großer Zahl M
der kontrollierten Gitterpunkte finden wir somit aus (I 1, 59) im Verein mit
(I 2, 25) für den Erwartungswert n der *Schottky*-Defekte [Gitterlücken] die
Angabe [Abb. I 3, 1]

$$\frac{n}{M} = \frac{e^{-\frac{u_1}{kT}}}{1 + e^{-\frac{u_1}{kT}}} = \frac{1}{1 + e^{\frac{u_1}{kT}}}. \tag{I 3, 1}$$

Gemäß (I 2, 26) und (I 2, 36) entfällt im Durchschnitt auf jeden Gitterpunkt die Freie Energie

$$f = -kT \ln\left[1 + e^{-\frac{u_1}{kT}}\right]. \tag{I 3, 2}$$

Aus ihr findet man mittels des *Gibbs-Helmholtz*schen Satzes den Erwartungswert u der Gitterpunkt-Energie

$$u = kT^2 \frac{d}{dT} \ln\left[1 + e^{-\frac{u_1}{kT}}\right] = \frac{u_1}{1 + e^{\frac{u_1}{kT}}}. \tag{I 3, 3}$$

Ihre Änderung je Einheit der Temperaturzunahme definiert die
spezifische Wärme c, welche [durchschnittlich] auf jeden Gitterpunkt des
dem *Schottky*-Defekt unterliegenden Kristalles entfällt [Abb. I 3, 2]

$$c = \frac{dn}{dT} = \frac{k}{\left[\dfrac{2\,k\,T}{u_1}\cosh\dfrac{u_1}{2\,k\,T}\right]^2}.$$ (I 3, 4)

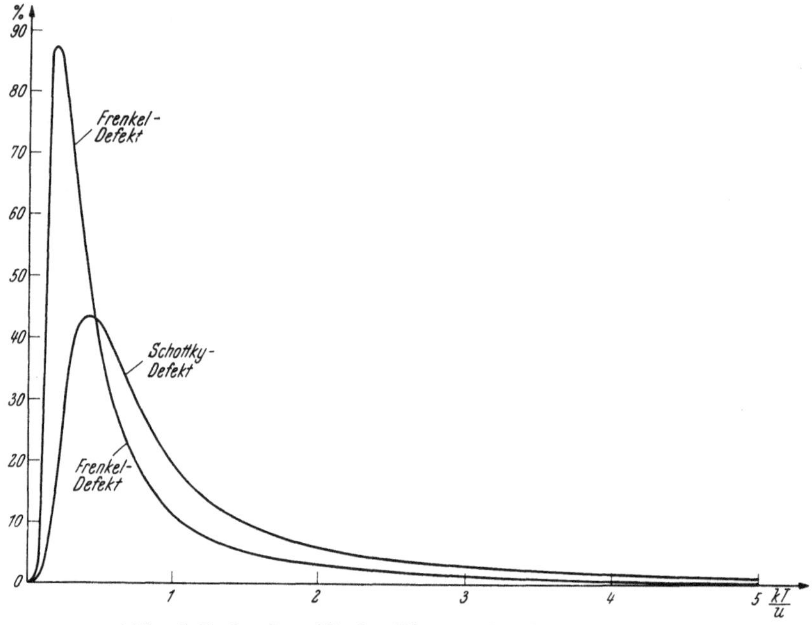

Abb. I 3, 2. Spezifische Wärme der Kristalldefekte.

2. Bei dem nach *Frenkel* benannten Defekt lassen die „Nomadenatome" je ihren ursprünglichen, regulären Gitterplatz leer zurück, um sich dann als „ungebetene Gäste" irgendwo im Innern des Kristalles zwischen die dort auf ihren ordentlichen Plätzen verbliebenen Atome einzudrängen; bei diesem Prozeß werden also von den Nomadenatomen jeweils gewisse, in der Ausgangsstruktur des virtuellen, defektfreien Gitters nicht dafür vorgesehene „*Zwischenplätze*" besetzt.

In der Statistik des *Frenkel*-Defektes beschränken wir uns der Einfachheit halber wiederum auf nur *eine* Art von Nomadenatomen. Für jedes von ihnen mögen in dem Gitter der M untereinander physikalisch äquivalenten, doch individualisierbaren, regulären *Ursprungsplätze* genau N ebenfalls unter sich gleichwertige, unterscheidbare *Zwischenplätze* existieren. Gefragt wird nach dem Erwartungswert n der im thermodynamischen Gleichgewicht auftretenden *Lücken* im regulären Gitter oder, mit anderen Worten, nach der Anzahl der ebendann auf *Zwischenplätzen* zu findenden Nomadenatome.

Ohne den Wanderweg eines Nomadenatomes von seinem regulären Ausgangsplatz zu dem schließlich gewählten Zwischenplatz im einzelnen zu kennen, dürfen wir ihn doch gedanklich in zwei Abschnitte zerlegen, deren jeder für sich physikalisch realisiert werden kann:

α) Das Nomadenatom begibt sich von seinem Ursprungsorte in einen beliebigen, unbesetzten Punkte der Kristalloberfläche.

β) Das Nomadenatom verläßt jenen Punkt und gelangt auf den erstrebten Zwischenplatz im Kristall.

Wir behalten die bei der Analyse des *Schottky*-Defektes getroffene Wahl der Energiebasis $u_0 = 0$ bei und setzen, wie dort, die Oberflächenenergie $u_1 > 0$ als Kristallkonstante voraus; entsprechend soll $u_2 > 0$ die Energie eines Zwischenplatzes bezeichnen, die ihrerseits nicht von dessen Lage innerhalb des regulären Gitters abhänge, und es seien die statistischen Gewichte der drei unterschiedlichen Energiestufen $g_0 = g_1 = g_2 = 1$.

Auf Grund aller dieser Annahmen stimmt der in α genannte Teilprozeß mit dem Mechanismus des *Schottky*-Defektes überein. Zu der statistischen Aussage (I 3, 1) zurückkehrend, finden wir somit die Relation

$$e^{-\frac{u_1}{kT}} = \frac{n}{M-n} \, . \qquad (I\ 3,\ 5)$$

Um hingegen den Teilprozeß β zu beschreiben, haben wir von der Gleichgewichtsverteilung

$$\frac{n}{N} = \frac{e^{-\frac{u_2}{kT}}}{e^{-\frac{u_1}{kT}} + e^{-\frac{u_2}{kT}}} = \frac{1}{1 + e^{\frac{u_2 - u_1}{kT}}} \, . \qquad (I\ 3,\ 6)$$

der Nomadenatome auf die *Gibbs*sche Systemgesamtheit der N Zwischenplätze auszugehen. Die Umformung

$$\frac{n}{N-n} = e^{-\frac{u_2 - u_1}{kT}} \qquad (I\ 3,\ 7)$$

benutzend, finden wir durch Elimination der Energiestufe u_1 vermittels (I 3, 5) die Gleichung

$$\frac{n}{M-n} \cdot \frac{n}{N-n} = e^{-\frac{u_2}{kT}} \qquad (I\ 3,\ 8)$$

welcher wir die Formel

$$\frac{n}{M} = \frac{\sqrt{\left(1 - \frac{N}{M}\right)^2 + 4\frac{N}{M}e^{-\frac{u_2}{kT}}} - \left(1 + \frac{N}{M}\right)}{2\left(e^{\frac{u_2}{kT}} - 1\right)} \qquad (I\ 3,\ 9)$$

entnehmen. In dem häufig vorliegenden Sonderfalle $M = N$ vereinfacht sich das Ergebnis (I 3, 9) zu der Angabe

$$\frac{n}{M} = \frac{1}{1 + e^{\frac{u_2}{2kT}}} \qquad (I\ 3,\ 10)$$

[Abb. I 3,1], in welche also, im Gegensatz zu der entsprechenden Gleichung (I 3, 1) des *Schottky*-Defektes, lediglich die *halbe* Platzwechselarbeit im Verhältnis zu k T als Potenzexponent der e-Funktion eingeht. Beim *Frenkel*-Defekt entfällt somit — unter der Voraussetzung $M = V$ — auf jeden Gitterpunkt die durchschnittliche Energie

$$u = \frac{u_2}{1 + e^{\frac{u_2}{kT}}} \qquad (I\ 3,\ 11)$$

so daß sich dieser Defekt durch die spezifische Wärme

$$c = \frac{du}{dT} = \frac{2k}{\left[\frac{4kT}{u_2}\cosh\frac{u_2}{4kT}\right]^2} \qquad (I\ 3,\ 12)$$

je Gitterpunkt auszeichnet; Abb. I 3, 2 zeigt ihren Temperaturgang.

I 4. Statistik eines Systemes linearer Oszillatoren.

a) Gegeben sei ein System von M untereinander gleichen Körpern, welche je einer translatorischen, geradlinigen *Pendelbewegung* fähig sind. Um ihr statistisches Verhalten zu beschreiben, bedienen wir uns, unter dem Vorbehalt der späteren Änderung dieses Standpunktes, zunächst der Konzeptionen der *Newton*schen Mechanik. In deren Rahmen ist es sinnvoll, als *Modell* eines Oszillators der oben genannten Art einen *materiellen Punkt* der unveränderlichen, trägen Masse m einzuführen, welcher durch eine seiner jeweils kinematisch möglichen Verrückung parallel wirkende, *quasielastische Kraft* an seine Gleichgewichtslage gefesselt ist. Bei Ausschluß aller Dämpfungserscheinungen kann dieses System dauernd *harmonische Eigenschwingungen* der festen Frequenz v, oder, mit anderen Worten, der Kreisfrequenz $\omega = 2\,\pi\,v$ ausführen.

Jeder Einzeloszillator werde durch seinen Ruheplatz relativ zum Bezugssystem der *Kartesi*schen Koordinaten (x; y; z) ein für allemal „namentlich" gekennzeichnet. Die Gesamtheit der M Oszillatoren unterliegt somit der *Gibbs*schen Statistik ebenso vieler, unterscheidbarer Einzelsysteme, deren Energiestufen u_j wir aufzusuchen haben.

b) Wir richten unsere Aufmerksamkeit auf einen der schwingenden Massenpunkte, dessen Ruhelage wir, ohne die Allgemeinheit zu verletzen, mit dem Ursprung des Bezugssystemes identifizieren dürfen, während die x-Achse mit seiner Translationsbewegung koinzidiere. Lassen wir die etwa zwischen den einzelnen Oszillatoren bestehenden Kopplungen außer Betracht, so gehorcht die Auslenkung x des kontrollierten Massenpunktes in ihrer Abhängigkeit von der laufenden Zeit t der Differentialgleichung

$$m\left[\frac{d^2x}{dt^2} + (2\,\pi\,v)^2\,x\right] = 0. \qquad (I\ 4,\ 1)$$

Sie wird — bei geeigneter Wahl des Zeitursprunges — durch das Integral

$$x = x_0 \sin (2\,\pi\,v\,t) \qquad (I\ 4,\ 2)$$

gelöst, in welchem die Konstante x_0 die *Amplitude* der harmonischen Schwingung von der Frequenz v definiert. Der materielle Punkt pendelt sonach mit der *Geschwindigkeit*

$$v_x = \frac{dx}{dt} = x_0 \cdot 2\,\pi\,v \cdot \cos (2\,\pi\,v\,t) \qquad (I\ 4,\ 3)$$

um seine Gleichgewichtslage und entwickelt hierbei in x-Richtung den *Impuls*

$$p_x = m\,v_x = m\,x_0\,2\,\pi\,v \cos (2\,\pi\,v\,t). \qquad (I\ 4,\ 4)$$

Durch Elimination der Zeit t aus (I 4, 2) und (I 4, 4) gelangen wir zur Gleichung der *Phasenbahn*

$$\left(\frac{x}{x_0}\right)^2 + \left(\frac{p_x}{m\,x_0\,2\,\pi\,v}\right)^2 = 1. \qquad (I\ 4,\ 5)$$

Sie definiert in der *Phasenebene* (x; p_x) nach Abb. I 4,1 eine *Ellipse* vom Halbmesser x_0 in Richtung der Konfigurationsachse und vom Halbmesser (m x_0 2 π v) in Richtung der Impulsachse, umfaßt daher die Fläche

$$S = \pi\,x_0(m\,x_0\,2\,\pi\,v) = \pi\,m\,x_0^2\,2\,\pi\,v \qquad (I\ 4,\ 6)$$

von der physikalischen Dimension einer *Wirkung* [Energie mal Zeit]; sie ist einer einfachen physikalischen Deutung zugänglich: Die *Gesamtenergie* η

des kontrollierten Massenpunktes gleicht dessen kinetischer Energie beim
Passieren der Gleichgewichtslage:

$$\eta = \frac{1}{2}\, m\, [v_x{}^2]_{x=0} = \frac{1}{2}\, m\, x_0{}^2 (2\,\pi\,\nu)^2. \qquad (I\ 4,\ 7)$$

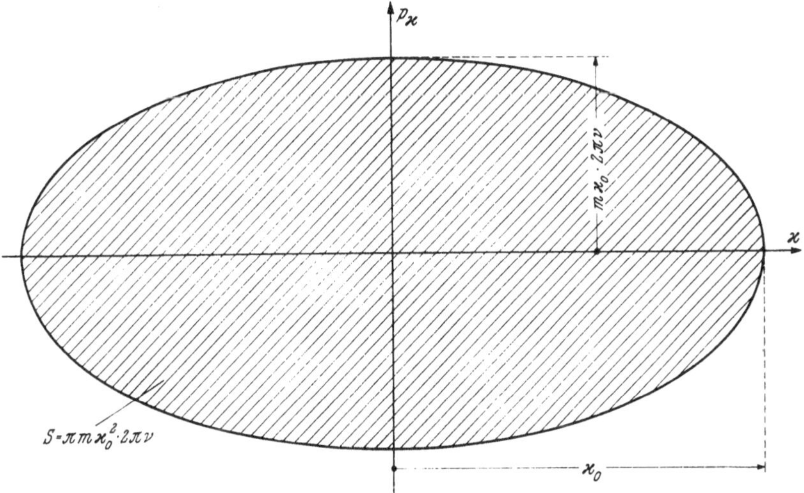

Abb. I 4, 1. Phasenbahn des harmonischen Oszillators.

Daher führt der Vergleich von (I 4, 6) mit (I 4, 7) zu den Relationen

$$\eta = \nu \cdot S; \qquad S = \frac{\eta}{\nu}. \qquad (I\ 4,\ 8)$$

c) Die klassische, *Newton*sche Punktmechanik, deren Anweisungen wir
bisher ohne Einschränkungen gefolgt sind, läßt alle „geometrisch" denkbaren Phasenbahnen der Art (I 4, 5) als physikalisch möglich zu, so daß
deren Gesamtheit die Phasenebene $(x; p_x)$ lückenlos erfüllt. Diese einfache
Auffassung erweist sich jedoch im Lichte der fundamentalen *Heisenberg*-
schen Ungenauigkeits-Relationen als unhaltbar: Nur ein *Spielraum* von
der Größe des *Planck*schen Wirkungsquantums h kann als physikalisch
sinnvolle Angabe der simultanen Größe der kanonischen Koordinaten x
und p_x „angesehen" werden, falls man diesen Ausdruck wörtlich, nämlich
als Spiel des Impuls-Energie-Austausches während des realen Beobachtungsprozesses deutet. Unter dem Zwange dieses unausweichlichen, sozusagen experimentellen Sachverhaltes werden wir zu einer „*Parzellierung*"
der Phasenebene in „*Mikrozellen*" je der einheitlichen Fläche h gedrängt,
deren jeder man *eine,* und nur eine Phasenbahn zuzuordnen hat; diese
darf und mag jeweils mit der äußeren Grenze der Mikrozelle identifiziert
werden, sofern man den Sinn dieser Festsetzung durchaus auf lediglich den
einer mathematisch zweckmäßigen Übereinkunft beschränkt. Gemäß
(I 4, 5) entstehen somit die Mikrozellen entsprechend Abb. I 4, 2 je als
Differenz benachbarter Phasen-Ellipsen; diese im Sinne wachsender
Flächen S_j mittels der Reihe $0 \leqq j$ der natürlichen Zahlen durchnume-
rierend, gelangen wir demnach zu der *Differenzengleichung*

$$S_{j+1} - S_j = h. \qquad (I\ 4,\ 9)$$

Bezeichnen wir die kleinste, physikalisch zulässige Ellipsenfläche mit $S_0 > 0$, so wird die Forderung (I 4, 9) durch die „arithmetische" Folge

$$S_j = S_0 + h \cdot j; \qquad j = 0; 1; 2; \ldots \tag{I 4, 10}$$

konzentrisch gelegener Ellipsenflächen befriedigt; ihr ist gemäß (I 4, 8) die Energiefolge

$$\eta_j = \eta_0 + (h \nu) \cdot j; \qquad j = 0; 1; 2; \ldots \tag{I 4, 11}$$

zugeordnet. Die *Energiestufen*

$$u_j = \eta_j \tag{I 4, 12}$$

des Oszillators — kontrolliert als Einzelsystem der *Gibbs*schen Gesamtheit — sind also, von der „*Nullpunktsenergie*" $\eta_0 > 0$ beginnend, nach ganzen vielfachen von $(h \nu)$ „*gequantelt*". Dies ist der revolutionäre, antiklassische

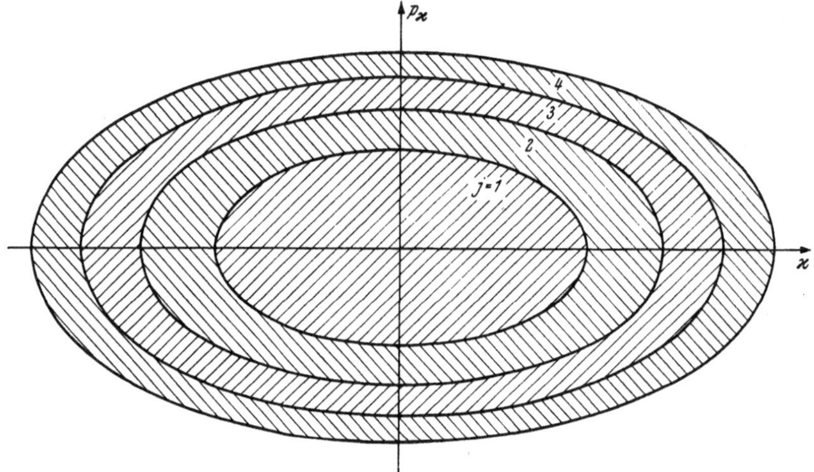

Abb. I 4, 2. Parzellierung der Phasenebene in Mikrozellen gleicher Fläche.

Schluß, zu welchem *Max Planck*, seinerzeit noch ohne Kenntnis der ja erst viel später entdeckten Ungenauigkeitsrelationen, bei der Analyse der Gesetze der schwarzen Strahlung auf dem Wege genialer Intuition gelangte und hierdurch eine neue Epoche der exakten Naturwissenschaft eröffnete: der Quantentheorie.

d) In der vorstehend beschriebenen Quantisierung des linearen Oszillators sind wir im wesentlichen dem historischen Wege gefolgt: Ausgehend von den zwar mathematisch eindeutigen, deterministischen Konzeptionen der *Newton*schen Punktmechanik haben wir uns erst nachträglich von diesen doch physikalisch unhaltbaren Prämissen befreit, indem wir die sozusagen starre Kinematik der Phasenbahnen durch deren Bewegungstoleranz je innerhalb ihrer elliptischen Ringzellen auflockerten. Ungeachtet des schließlichen Erfolges dieser Methode bleibt sie logisch unbefriedigend und ermangelt daher derjenigen Überzeugungskraft, auf welche man sich bei der Begründung einer so außerordentlich wichtigen Gesetzmäßigkeit stützen möchte. Wir ziehen es daher vor, das Verhalten des linearen Oszillators von vornherein nicht durch ihn selbst als Objekt zu beschreiben, sondern nur mittels seines dem Beobachter angebotenen *Informationsfeldes*, welches als solches durch seine Wahrscheinlichkeitswelle $\psi = \psi(x; t)$

definiert ist. Nun mißt, gemäß den Aussagen der *Newton*schen Punktmechanik,

$$\eta_{\mathrm{pot}} = \frac{m}{2}\, \omega^2\, x^2 \qquad (I\ 4,\ 13)$$

die potentielle Energie der Masse m bei deren Entfernung x von der Gleichgewichtslage. Bezeichnet also $\hbar = h/2\,\pi$ die nach *Dirac* benannte, aus dem *Planck*schen Wirkungsquantum h durch Division mit $2\,\pi$ hervorgehende Konstante, so unterliegt die komplexe Amplitude $\bar\psi$ der Wahrscheinlichkeitswelle ψ der zeitfreien *Schrödinger*-Gleichung

$$\frac{\hbar^2}{2\,m}\frac{d^2\bar\psi}{dx^2} + (\eta - \eta_{\mathrm{pot}})\,\bar\psi = \frac{\hbar^2}{2\,m}\frac{d^2\bar\psi}{dx^2} + \left(\eta - \frac{m}{2}\,\omega^2\,x^2\right)\bar\psi = 0. \qquad (I\ 4,14)$$

In ihr messen wir die Gesamtenergie η in der „Quanteneinheit" $h\,\nu = \hbar\,\omega$ mittels der dimensionsfreien Verhältniszahl

$$w = \frac{\eta}{\hbar\,\omega} \qquad (I\ 4,\ 15)$$

und ersetzen die Koordinate x durch das gleichfalls dimensionsfreie Maß

$$\xi = x\,\sqrt{\frac{2\,m\,\omega}{\hbar}}\,. \qquad (I\ 4,\ 16)$$

Behalten wir der Kürze halber das Funktionszeichen $\bar\psi$ auch für die nunmehr von ξ abhängige, komplexe Amplitude der Wahrscheinlichkeitswelle ψ bei, so entsteht aus (I 4, 14) nach Substitution von (I 4, 15) und (I 4, 16) die „*Normalform*"

$$\frac{d^2\bar\psi}{d\xi^2} + \left(w - \frac{1}{4}\xi^2\right)\bar\psi = 0. \qquad (I\ 4,\ 17)$$

der für den linearen Oszillator zuständigen Informationsfeld-Gleichung. Von ihren physikalisch realisierbaren Lösungen haben wir zu verlangen, daß sie für $|\xi| \to \infty$ *beschränkt* bleiben. Dieser Bedingung genügt man dann, und nur dann, falls w dem Vorrat der diskreten Zahlen

$$w_j = \frac{1}{2} + j; \qquad j = 0;\ 1;\ 2;\dots \qquad (I\ 4,\ 18)$$

entnommen wird, deren jede einen *Eigenwert* der Differentialgleichung (I 4, 17) — für deren von $(-\infty)$ bis $(+\infty)$ sich erstreckenden Existenzbereich — definiert; zu jedem Eigenwert w_j gehört eine andere *Eigenfunktion* $\bar\psi_j$. Als komplexe Amplituden der Wahrscheinlichkeitswellen unterliegen diese Eigenfunktionen, je ergänzt durch ihre konjugiert-komplexen „Spiegelbilder" $\bar\psi_j{}^*$, den Normierungsgleichungen [Vollständigkeits-Relationen]

$$\int\limits_{-\infty}^{\infty} \bar\psi_j(\xi)\,\bar\psi_j{}^*(\xi)\,d\xi = 1. \qquad (I\ 4,\ 19)$$

Ihnen genügen die sogenannten *Funktionen des parabolischen Zylinders* [Abb. I 4, 3]

$$\bar\psi_j(\xi) = \frac{e^{-\frac{\xi^2}{4}}}{\sqrt{j!}\sqrt{2\,\pi}}\,H_j(\xi), \qquad (I\ 4,\ 20$$

in welchen jeweils

$$H_j(\xi) = (-1)^j \cdot e^{\frac{\xi^2}{2}} \frac{d^j}{d\xi^j}\left(e^{-\frac{\xi^2}{2}}\right) \qquad (I\ 4,\ 21)$$

das *Hermite*sche Polynom der Ordnung j definiert.

Das Spektrum (I 4, 18) der Eigenwerte w_j vermittelt zusammen mit (I 4, 15) über die Höhe der Energiestufen $u_j = \eta_j$ die Information

$$u_j = \eta_j = \hbar\,\omega\,w_j = h\,\nu\,w_j = h\,\nu\left(\frac{1}{2} + j\right), \qquad (I\ 4,\ 22)$$

welche nicht allein das frühere Ergebnis (I 4, 11) bestätigt, sondern es durch die explizite Angabe der *endlichen Nullpunktsenergie*

$$\eta_0 = \frac{1}{2} h\,\nu \qquad (I\ 4,\ 23)$$

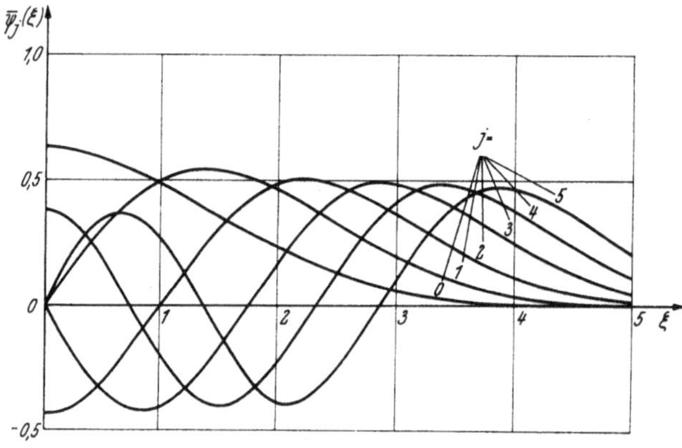

Abb. I 4, 3. Funktionen des parabolischen Zylinders.

ergänzt und vertieft: Der gemäß den Vorstellungen der klassischen Mechanik kinetisch einfachste Zustand, die Ruhe, ist dem *beobachteten* Oszillator — und nur als solcher kann er zum Gegenstand physikalischer Aussagen gemacht werden — durchaus verwehrt; ewige „Platzangst" treibt seinen Massenpunkt in regelloser Unrast von Ort zu Ort. Selbst wenn der Beobachter, um den Oszillator „sehen" zu können, dessen Gesamtenergie auf eben das kleinstmögliche Maß η_0 verringert hat, kann er ihn doch nirgends mit Sicherheit auffinden; vielmehr muß er sich mit der Wahrscheinlichkeit

$$\Delta W_0 = [\psi_0(\xi)]^2\,\Delta\xi = \frac{e^{-\frac{\xi^2}{2}}}{\sqrt{2\,\pi}}\,\Delta\xi \qquad (I\ 4,\ 24)$$

begnügen, das gesuchte Objekt im [infinitesimal schmalen] Intervall $\Delta\xi$ seines Bewegungsgebietes anzutreffen.

e) Auf Grund der vorausgesetzten Gleichheit ihrer Struktur und des Fehlens einer gegenseitigen Kopplung schwingen zwar sämtliche Oszillatoren mit der einheitlichen, „korpuskularen" Frequenz ν der klassischen Punktmechanik; nichtsdestoweniger sind sie, entsprechend ihrer jeweiligen Quantenzahl j, mit den unterschiedlichen Energiebeträgen η_j nach (I 4, 22) ausgestattet. Gefragt wird nach dem Erwartungswert $\langle a_j \rangle$ der Anzahl derjenigen Oszillatoren, welche bei fest vorgegebener *Gesamtenergie* U aller M Einzeloszillatoren je die individuelle Energie $u_j = \eta_j$ besitzen.

Gemäß (I 4, 20) und (I 4, 21) ist jeder Quantenzahl j eine und nur eine Eigenfunktion $\bar{\psi}_j$ des Informationsfeldes zugeordnet, so daß jeder Energiestufe das statistische Gewicht

$$g_j = 1 \qquad (I\ 4,\ 25)$$

zukommt. Nach (I 1, 59) folgt dann mit Rücksicht auf (I 2, 25) das gesuchte Verteilungsgesetz zu

$$\langle a_j \rangle = \frac{\langle a_j \rangle}{M} = \frac{e^{-\frac{h\nu}{kT}j}}{\sum\limits_{j=0}^{\infty} e^{-\frac{h\nu}{kT}j}} = \left[1 - e^{-\frac{h\nu}{kT}}\right] \cdot e^{-\frac{h\nu}{kT}j} . \qquad (I\ 4,\ 26)$$

Aus ihm ergibt sich für den Erwartungswert u der Energie, welche auf den einzelnen, linearen Oszillator entfällt, der Ausdruck

$$u = \sum_{j=0}^{\infty} \eta_j \frac{\langle a_j \rangle}{M} = \left[1 - e^{-\frac{h\nu}{kT}}\right] \sum_{j=0}^{\infty} [\mu_0 + (h\nu) \cdot j]\, e^{-\frac{h\nu}{kT}j} \qquad (I\ 4,\ 27)$$

welcher mit Hilfe der Relationen

$$\sum_{j=0}^{\infty} \eta_0\, e^{-\frac{h\nu}{kT}j} = \frac{\eta_0}{1 - e^{-\frac{h\nu}{kT}}} \qquad (I\ 4,\ 28)$$

und

$$\sum_{j=0}^{\infty} (h\nu)\, j\, e^{-\frac{k\nu}{kT}j} = -(h\nu)\, \frac{\partial}{\partial\left(\frac{h\nu}{kT}\right)} \sum_{j=0}^{\infty} e^{-\frac{h\nu}{kT}j} = (h\nu)\, \frac{e^{\frac{h\nu}{kT}}}{\left[1 - e^{-\frac{k\nu}{kT}}\right]^2} \qquad (I\ 4,\ 29)$$

in

$$u = \eta_0 + (h\nu)\, \frac{e^{-\frac{h\nu}{kT}}}{1 - e^{-\frac{h\nu}{kT}}} = \eta_0 + \frac{h\nu}{e^{\frac{h\nu}{kT}} - 1} \qquad (I\ 4,\ 30)$$

übergeht. Zu dem gleichen Ergebnis führen die Sätze der Thermodynamik: Gemäß (I 2, 26) bilden wir die Zustandssumme

$$Z = \sum_{j=0}^{\infty} e^{-\frac{\eta_0 + (h\nu)}{kT}j} = e^{-\frac{\eta_0}{kT}} \frac{1}{1 - e^{-\frac{h\nu}{kT}}} . \qquad (I\ 4,\ 31)$$

so daß sich entsprechend (I 2, 36) die Freie Energie f je Oszillator zu

$$f = kT\left[\frac{\eta_0}{kT} + \ln\left(1 - e^{-\frac{h\nu}{kT}}\right)\right] \qquad (I\ 4,\ 32)$$

berechnet. Daher liefert der *Gibbs-Helmholtz*sche Satz die Aussage

$$u = -T^2 \frac{\partial}{\partial T}\left[\frac{f}{T}\right] = \eta_0 + (h\nu)\, \frac{e^{-\frac{h\nu}{kT}}}{1 - e^{-\frac{h\nu}{kT}}} \qquad (I\ 4,\ 33)$$

welche in der Tat mit (I 4, 30) identisch ist.

I 5. Der Einsteinsche feste Körper.

a) Als Modell eines *festen Körpers* wählen wir ein elastisch deformierbares, kubisches Raumgitter, dessen Basiszellen im unverzerrten Zustand je die Gestalt eines Würfels der Kantenlänge a [„Gitterkonstante"] aufweisen. Jeder der insgesamt M Gitterpunkte bestimme die Gleichgewichtslage von genau einem materiellen Punkte [„Molekül"] der einheitlichen, unveränderlichen Masse m, welcher durch die quasielastische Kraft K an seine „Heimat" gebunden sei.

Wir machen einen der Gitterpunkte zum Ursprung eines körperfesten Bezugssystemes der *Kartesi*schen Koordinaten (x; y; z), dessen Achsen beziehentlich zu den Kanten einer Basiszelle parallel weisen. Bei einer zum Zeitpunkt t mit hinreichend kurzwelligem Licht ausgeführten Messung mögen wir das an den Ursprung gebundene Molekül in der Umgebung des Ortes (x; y; z) lokalisieren können. Wir setzen nun voraus, daß der absolute Betrag jeder dieser Verrückungen stets klein im Verhältnis zur Gitterkonstanten bleibe. Die beziehentlich achsenparallelen Komponenten der am kontrollierten Molekül angreifenden Rückführkraft K können dann durch den phänomenologischen Ansatz

$$K_x = -c \cdot x; \qquad K_y = -c \cdot y; \qquad K_z = -c \cdot z \qquad (I\ 5,\ 1)$$

beschrieben werden, in welchem die reelle Größe c > 0 die „*Federkonstante*" der nach Voraussetzung quasielastischen Bindung jenes Moleküles an den Ursprung mißt. In der Sprache der *Newton*schen Mechanik des materiellen Punktes wird daher der allgemeine Bewegungszustand des kontrollierten Moleküles mittels dreier beziehentlich achsenparalleler Schwingungen je der einheitlichen Kreisfrequenz

$$\omega = \sqrt{\frac{c}{m}} \qquad (I\ 5,\ 2)$$

dargestellt, während sowohl deren Amplituden wie deren Phasen im allgemeinen durchaus voneinander verschieden ausfallen werden. Von hier aus gelangen wir zum *Einstein*schen Modell des festen Körpers, indem wir den Einfluß der intermolekularen Koppelkräfte auf die Eigenfrequenz der Einzelmoleküle außer acht lassen: Wir übertragen die zunächst ja wesentlich *individuelle* Aussage (I 5, 2) unverändert auf die *Gesamtheit* aller M „uniformen" Gitterpunkte und definieren durch diese Annahme ω als *einheitliche Kennzahl* des *Einstein*schen festen Körpers.

b) Um das *Informationsfeld* des vordem kontrollierten Moleküles aufzufinden, haben wir zunächst den klassischen Ausdruck seiner potentiellen Energie η_{pot} im Aufpunkte (x; y; z) zu bilden:

$$\eta_{\text{pot}} = \frac{c}{2}\,(x^2 + y^2 + z^2) = \frac{m}{2}\,\omega^2(x^2 + y^2 + z^2). \qquad (I\ 5,\ 3)$$

Sei dann η die Gesamtenergie jenes Moleküles, so unterliegt die komplexe Amplitude $\bar{\psi}$ seiner informierenden Wahrscheinlichkeitswelle der zeitfreien *Schrödinger*-Gleichung

$$\frac{\hbar^2}{2\,m}\left[\frac{\partial^2\bar{\psi}}{\partial x^2} + \frac{\partial^2\bar{\psi}}{\partial y^2} + \frac{\partial^2\bar{\psi}}{\partial z^2}\right] + \left[\eta - \frac{m}{2}\,\omega^2(x^2 + y^2 + z^2)\right]\bar{\psi} = 0. \qquad (I\ 5,\ 4)$$

Zu ihrer Lösung machen wir den Produktansatz

$$\bar{\psi} = X(x) \cdot Y(y) \cdot Z(y), \qquad (I\ 5,\ 5)$$

dessen Faktorfunktionen, wie bereits durch ihre Schreibweise angedeutet wurde, beziehentlich von nur *einer* Achsenkoordinate abhängen sollen. Seine Substitution in (I 5, 4) führt nach Kürzen mit $\bar{\psi}$ auf die Forderung

$$\frac{\hbar^2}{2\,m}\left[\frac{X''}{X} + \frac{Y''}{Y} + \frac{Z''}{Z}\right] + \left[\eta - \frac{m^2}{2}\,\omega^2(x^2 + y^2 + z^2)\right] = 0. \qquad (\text{I 5, 6})$$

Sie zerfällt in die drei Einzelgleichungen

$$\frac{\hbar^2}{2\,m}\frac{d^2X}{dx^2} + \left[\eta_x - \frac{m}{2}\,\omega^2 x^2\right]X = 0, \qquad (\text{I 5, 7})$$

$$\frac{\hbar^2}{2\,m}\frac{d^2Y}{dy^2} + \left[\eta_y - \frac{m}{2}\,\omega^2 y^2\right]Y = 0, \qquad (\text{I 5, 8})$$

$$\frac{\hbar^2}{2\,m}\frac{d^2Z}{dz^2} + \left[\eta_z - \frac{m}{2}\,\omega^2 z^2\right]Z = 0, \qquad (\text{I 5, 9})$$

falls man die „*Separationskonstanten*" η_x, η_y und η_z der *Summenbedingung*

$$\eta_x + \eta_y + \eta_z = \eta \qquad (\text{I 5, 10})$$

unterwirft. Ersichtlich stimmt nun jede der Gleichungen (I 5, 7), (I 5, 8) und (I 5, 9) in ihrer mathematischen Struktur mit der zeitfreien *Schrödinger*gleichung (I 4, 14) des linearen Oszillators überein, so daß wir die aus dieser Gleichung gezogenen Schlüsse sinngemäß auf das Informationsfeld des hier kontrollierten Moleküles übertragen dürfen. Zu (I 4, 22) zurückkehrend, gelangen wir daher zunächst zu dem Satz: Jeder beobachtbare Zustand jenes Moleküles ist an das Tripel der diskreten Separationskonstanten

$$\eta_x = \left(\frac{1}{2} + j\right)h\,\nu; \qquad j = 0;\,1;\,2;\ldots,$$

$$\eta_y = \left(\frac{1}{2} + k\right)h\,\nu; \qquad k = 0;\,1;\,2;\ldots, \qquad (\text{I 5, 11})$$

$$\eta_z = \left(\frac{1}{2} + l\right)h\,\nu; \qquad l = 0;\,1;\,2;\ldots$$

gebunden, welche zufolge (I 5, 10) die Terme

$$\eta_{j;k;l} = \left(\frac{3}{2} + j + k + l\right)h\,\nu \qquad (\text{I 5, 12})$$

der Gesamtenergie ergeben. Die dann bestehende Wahrscheinlichkeit $\Delta W_{j;k;l}$, das Molekül bei dem Versuche seiner Beobachtung gerade im Innern eines den Aufpunkt umgebenden Quaders der je infinitesimal kurzen, beziehentlich achsenparallelen Kanten Δx, Δy und Δz anzutreffen, gleicht zufolge (I 5, 5) gemäß (I 4, 16), (I 4, 20) und (I 4, 21) dem Produkte

$$\Delta W_{j;k;l} = \qquad (\text{I 5, 13})$$

$$= \left|\bar{\psi}_j\left(x\sqrt{\frac{2\,m\,\omega}{\hbar}}\right)\right|^2 \cdot \left|\bar{\psi}_k\left(y\sqrt{\frac{2\,m\,\omega}{\hbar}}\right)\right|^2 \cdot \left|\bar{\psi}_l\left(z\sqrt{\frac{2\,m\,\omega}{\hbar}}\right)\right|^2 \left(\frac{2\,m\,\omega}{\hbar}\right)^{3/2} \Delta x\,\Delta y\,\Delta z.$$

c) Da jeder Gitterpunkt im *Einstein*schen Modell des festen Körpers vermöge seiner *Kartesi*schen Koordinaten eindeutig gekennzeichnet werden kann, dürfen wir ihn mit einem der M individuellen Einzelsysteme der

*Gibbs*schen Statistik identifizieren, dessen Energiestufen u_n gemäß (I 5, 12) durch das Spektrum

$$u_n = \left(\frac{3}{2} + n\right) h\,\nu; \qquad n = (j + k + l) = 0; 1; 2; \dots \qquad \text{(I 5, 14)}$$

dargestellt werden; welches *statistische Gewicht* g_n ist jeweils dem Term u_n zuzuschreiben?

Die gestellte Frage kann auf folgende allgemeine Aufgabe der Kombinatorik zurückgeführt werden: Gegeben ist eine ganze Zahl $n \geqq 0$; auf wieviele verschiedene Weisen kann sie aus m ganzen Zahlen $0 \leqq k \leqq n$ additiv gebildet werden?

Nach Wahl von m endlichen Zahlen $a_1; a_2; \dots; a_m$ richten wir unsere Aufmerksamkeit auf das Polynom

$$(a_1 + a_2 + \dots + a_m)^n. \qquad \text{(I 5, 15)}$$

Da die bei seiner Entwicklung auftretenden Posten je die Exponentensumme n besitzen, gleicht die oben gesuchte Zahl der Anzahl unterschiedlicher Glieder jener Entwicklung. Denkt man sich an Stelle der Zeichen a_j jeweils nur die Indexziffer j angeschrieben, so handelt es sich also bei der verlangten Abzählung um die Zahl $C(m; n)$ der Kombinationen von m Elementen zur n-ten Klasse ohne Berücksichtigung der Reihenfolge, sofern jedes Element beliebig oft wiederholt werden darf:

$$C(m; n) = \frac{(m - 1 + n)!}{(m - 1)!\, n!}. \qquad \text{(I 5, 16)}$$

Bei der von uns zu behandelnden, physikalischen Problemstellung haben wir m mit der Zahl der Freiheitsgrade des Punktmoleküles zu identifizieren, so daß wir für das gesuchte statistische Gewicht g_n die Angabe

$$g_n = C(3; n) = \frac{(2 + n)!}{2!\, n!} = \frac{(n + 1)\,(n + 2)}{2} \qquad \text{(I 5, 17)}$$

erhalten.

d) Aus (I 5, 14) folgt im Verein mit (I 1, 1), (I 1, 59) und (I 2, 25) für die Verteilung der Energie auf die Moleküle des *Einstein*schen festen Körpers die „Besetzungs-Wahrscheinlichkeit"

$$\langle a_n \rangle = \frac{(n + 1)\,(n + 2)}{2} \cdot \frac{e^{-\frac{h\omega}{kT} n}}{\sum\limits_{n=0}^{\infty} \frac{(n + 1)\,(n + 2)}{2}\, e^{-\frac{h\omega}{kT} n}}. \qquad \text{(I 5, 18)}$$

Um die im Nenner dieses Ausdruckes auftretende Summe zu berechnen, setzen wir abkürzend

$$\zeta = e^{-\frac{h\omega}{kT}}. \qquad \text{(I 5, 19)}$$

Wegen $0 < \zeta < 1$ gilt nun

$$\sum_{n=0}^{\infty} \frac{(n + 1)\,(n + 2)}{2}\, \zeta^n = \frac{1}{2}\frac{d^2}{d\zeta^2} \sum_{n=0}^{\infty} \zeta^{n+2} = \frac{1}{2}\frac{d^2}{d\zeta^2}\left[1 + \zeta + \sum_{n=0}^{\infty} \zeta^{n+2}\right] =$$

$$= \frac{1}{2}\frac{d^2}{d\zeta^2} \sum_{n=0}^{\infty} \zeta^n = \frac{1}{2}\frac{d^2}{d\zeta^2}\left[\frac{1}{1 - \zeta}\right] = \frac{1}{[1 - \zeta]^3} = \frac{1}{\left[1 - e^{-\frac{h\omega}{kT}}\right]^3}, \qquad \text{(I 5, 20)}$$

so daß (I 5, 18) in die Aussage

$$\langle a_n \rangle = \left[1 - e^{-\frac{\hbar\omega}{kT}} \right]^3 \frac{(n+1)(n+2)}{2} e^{-\frac{\hbar\omega}{kT}n} \qquad (\text{I } 5,\ 21)$$

übergeht. Unter abermaliger Berufung auf (I 5, 14) ergibt sich somit für den Erwartungswert u der molekularen Gitterenergie der Ausdruck

$$u = \sum_{n=0}^{\infty} \langle a_n \rangle u_n = \left[1 - e^{-\frac{\hbar\omega}{kT}} \right]^3 \hbar\omega \cdot$$

$$\cdot \left[\frac{3}{2} \sum_{n=0}^{\infty} \frac{(n+1)(n+2)}{2} e^{-\frac{\hbar\omega}{kT}} + \sum_{n=0}^{\infty} \frac{n(n+1)(n+2)}{2} e^{-\frac{\hbar\omega}{kT}} \right]. \qquad (\text{I } 5,\ 22)$$

Mit Hilfe der Abkürzung (I 5, 19) berechnen wir

$$\sum_{n=0}^{\infty} \frac{n(n+1)(n+2)}{2} \zeta^n = \frac{1}{2}\zeta \sum_{n=0}^{\infty} \frac{d^3 \zeta^{n+2}}{d\zeta^3} = \frac{1}{2}\zeta \frac{d^3}{d\zeta^3} \left[1 + \zeta + \sum_{n=0}^{\infty} \zeta^{n+2} \right] =$$

$$\qquad (\text{I } 5,\ 23)$$

$$= \frac{1}{2}\zeta \frac{d^3}{d\zeta^3} \sum_{n=0}^{\infty} \zeta^n = \frac{1}{2}\zeta \frac{d^3}{d\zeta^3} \left[\frac{1}{1-\zeta} \right] = \frac{3\zeta}{[1-\zeta]^4} = \frac{3 e^{-\frac{\hbar\omega}{kT}}}{\left[1 - e^{-\frac{\hbar\omega}{kT}} \right]^4}.$$

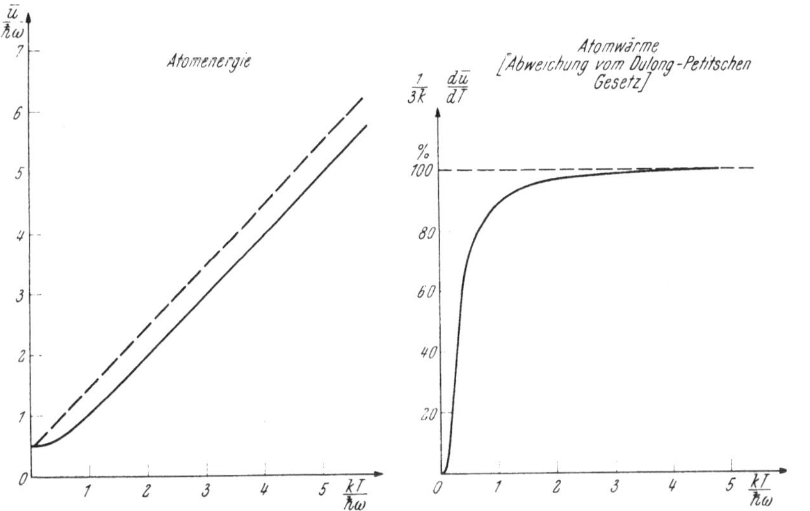

Abb. I 5, 1. Atomenergie im *Einstein*schen Körper.

Abb. I 5, 2. Temperaturgang der spezifischen Wärme im *Einstein*schen Körper.

Durch Restitution von (I 5, 20) und (I 5, 23) in (I 5, 22) gelangen wir zur Kenntnis der molekularen Gitterenergie mittels der Formel

$$u = \hbar\omega \left[\frac{3}{2} + \frac{3 e^{-\frac{\hbar\omega}{kT}}}{1 - e^{-\frac{\hbar\omega}{kT}}} \right] = 3\hbar\omega \left[\frac{1}{2} + \frac{1}{e^{\frac{\hbar\omega}{kT}} - 1} \right], \qquad (\text{I } 5,\ 24)$$

welche durch Abb. I 5, 1 veranschaulicht wird. Ihre Ableitung nach der absoluten Temperatur T liefert die *spezifische Molekularwärme*

$$c_m = \frac{du}{dT} = 3\,k \left(\frac{\hbar\,\omega}{k\,T}\right)^2 \frac{e^{\frac{\hbar\,\omega}{k\,T}}}{\left[e^{\frac{\hbar\,\omega}{k\,T}} - 1\right]^2} = \frac{3\,k}{\left[\dfrac{2\,k\,T}{\hbar\,\omega}\sinh\dfrac{\hbar\,\omega}{2\,k\,T}\right]^2} . \qquad (I\ 5,\ 25)$$

Gemäß Abb. I 5, 2 verschwindet sie im absoluten Nullpunkt der Temperatur, nimmt mit wachsender Erwärmung monoton zu und konvergiert mit $(k\,T/\hbar\,\omega) \to \infty$ gegen den Grenzwert

$$\lim_{\left(\frac{k\,T}{\hbar\,\omega}\right) \to \infty} c_m = 3\,k, \qquad (I\ 5,\ 26)$$

welcher als solcher das *Dulong-Petit*sche Gesetz in verschärfter Form enthält.

e) Wir bilden nach Gl. (I 2, 26) die *Zustandssumme Z* des *Einstein*schen festen Körpers und erhalten mit Benutzung von (I 5, 14), (I 5, 17) und (I 5, 20)

$$Z = \sum_{n=0}^{\infty} g_n\, e^{-\frac{u_n}{k\,T}} = \frac{e^{-\frac{3}{2}\frac{\hbar\,\omega}{k\,T}}}{\left[1 - e^{-\frac{\hbar\,\omega}{k\,T}}\right]^3} . \qquad (I\ 5,\ 27)$$

Mittels (I 2, 36) folgt aus (I 5, 27) die *Freie Molekularenergie*

$$f = -k\,T \ln Z = \frac{3}{2}\hbar\,\omega + 3\,k\,T \ln\left[1 - e^{-\frac{\hbar\,\omega}{k\,T}}\right], \qquad (I\ 5,\ 28)$$

so daß der *Gibbs-Helmholtz*sche Satz in der Aussage

$$u = -T^2 \frac{\partial}{\partial T}\left[\frac{f}{T}\right] = 3\,\hbar\,\omega\left[\frac{1}{2} + \frac{1}{e^{\frac{\hbar\,\omega}{k\,T}} - 1}\right] \qquad (I\ 5,\ 29)$$

auf (I 5, 24) zurückführt.

I 6. Der feste Körper nach Debye.

a) Beim Übergang vom *Einstein*schen Modell zum wirklichen festen Körper beschränken wir uns vorerst auf einen gleichförmig auf der absoluten Temperatur T gehaltenen Kristall von chemisch homogener Konstitution seiner Moleküle, deren jedes nur *ein* Atom enthalte. Auf Grund dieser Voraussetzung berechnet sich die *träge Masse* m je Molekül aus dem *Atomgewicht* A des kristallbildenden Elementes und der *Loschmidt*schen Zahl L [L = 606 · 10^{24} Atome/Kilogrammatom] zu

$$m = \frac{A}{L} . \qquad (I\ 6,\ 1)$$

Bezeichne überdies γ_0 die *Dichte* des Kristalles, so schildert

$$n = \frac{\gamma_0}{m} = \frac{\gamma_0\,L}{A} \qquad (I\ 6,\ 2)$$

die *Konzentration* seiner Moleküle je Raumeinheit.

b) Der zu untersuchende Kristall besitze die Gestalt eines Quaders der Kantenlängen a, b und c. In ihm orientieren wir uns an Hand eines körper-

festen *Kartesi*schen Bezugssystemes mit dem Ursprung O in einer Quader-
ecke nach Abb. I 6, 1 dessen Achsen x, y und z beziehentlich parallel zu den
Kanten a, b und c weisen. In seinem Volumen

$$V = a \cdot b \cdot c \qquad (I\ 6,\ 3)$$

sind somit insgesamt

$$M = V \cdot n = V \frac{\gamma_0}{A} \cdot L \qquad (I\ 6,\ 4)$$

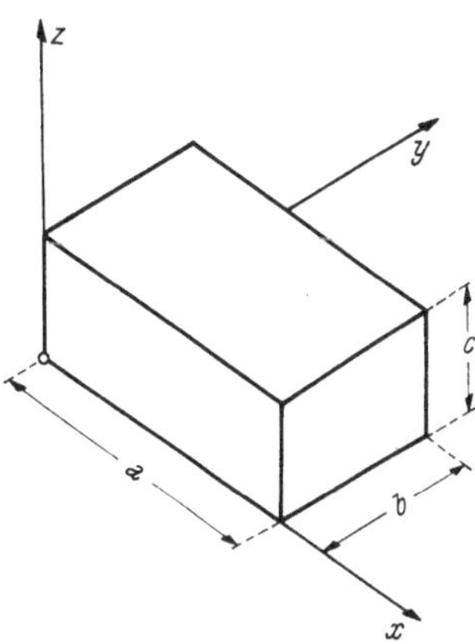

Abb. I 6, 1. Orientierung
im festen Körper.

je einatomige Moleküle enthalten, welche
jeweils den Festpunkten eines dreifach-periodischen Raumgitters zugeordnet sind und
eben hierdurch individualisiert werden können; dabei soll von den unvermeidlichen Fehlordnungserscheinungen [Ziffer I 3] abgesehen
werden. Jedes Molekül darf hiernach als Einzelsystem einer *Gibbs*schen Gesamtheit aufgefaßt werden, welches — in der Terminologie der *Newton*schen Mechanik — ein
schwingungsfähiges Gebilde von drei Freiheitsgraden definiert. Im *Einstein*schen
Modell des festen Körpers werden diese M Mikro-Oszillatoren als *unabhängig* voneinander betrachtet, so daß ihren Eigenschwingungen je die einheitliche Kreisfrequenz ω zugeschrieben werden kann. Im wirklichen
Kristalle besteht jedoch keine derartige mechanische „Isolation" zwischen
Molekül und Molekül, sondern die Mikro-Oszillatoren werden durch die
zwischen ihnen wirksamen Kräfte miteinander *dynamisch gekoppelt*: In
der klassischen, *Newton*schen Dynamik tritt an Stelle des M-fachen Satzes
wesentlich identischer Tripel von Differentialgleichungen, deren jede nur
die Eigenschwingung *eines* Moleküles in *einer* der drei Achsenrichtungen
regelt, ein System von 3 M simultanen, homogenen Differentialgleichungen
für die *vereinigte* Bewegung *aller* M Moleküle nach deren insgesamt 3 M
Freiheitsgraden. Das Informationsfeld, welches über den gleichen Vorgang
Auskunft zu erteilen vermag, bedient sich hierzu einer Wahrscheinlichkeitswelle ψ, deren komplexe Amplitude $\bar{\psi}$ in einem 3 M-dimensionalen Raum der
ebensovielen molekularen Verrückungskoordinaten der zeitfreien *Schrödinger*gleichung unterworfen ist; in sie geht die potentielle Energie des
schwingenden Kristalles ein, welche als solche von sämtlichen gleichzeitigen
Werten jener Mikrovariabeln abhängt. Insbesondere sollen diese weiterhin
als je so klein im Verhältnis zu den Abmessungen einer Elementarzelle des
Raumgitters vorausgesetzt werden, daß man sich in der *Taylor*schen Entwicklung der potentiellen Kristallenergie nach Potenzen der Verrückungskoordinaten mit den Gliedern von höchstens zweitem Grade begnügen darf.
Dann läßt sich sowohl das „klassische" Schwingungsproblem der M gekoppelten, je mit drei Freiheitsgraden ausgestatteten Mikro-Oszillatoren,
wie auch die entsprechende *Schrödinger*-Gleichung des Informationsfeldes
grundsätzlich einfach lösen, indem man die 3 M beziehentlich den Achsen
des 3 M-dimensionalen Raumes parallelen Verrückungskoordinaten mittels
einer in eben diesem Raum ausführbaren Drehung auf „*Normalkoordinaten*"
transformiert. Denn definitionsgemäß gehen in die potentielle Kristallenergie nur die *Quadrate* dieser neuen Koordinaten ein, während gleichzeitig der klassische Ausdruck der kinetischen Gesamtenergie aller M Mikro-

Oszillatoren nur die Quadrate jener 3 M „*Normalgeschwindigkeiten*" enthält, welche beziehentlich die Änderung der Normalkoordinaten je Einheit der laufenden Zeit t schildern. Aus der hieraus entstehenden Gestalt sowohl der *Lagrange*schen wie der *Hamilton*schen Funktion erkennt man, daß das ursprünglich gegebene System der M *gekoppelten* Mikro-Oszillatoren je dreier Freiheitsgrade in 3 M *unabhängig* voneinander schwingende, lineare Einzel-Oszillatoren überführt werden kann, deren jedem aber — in striktem Gegensatz zum *Einstein*schen Modell des festen Körpers — eine spezifische, und eben dadurch jeden „Ersatz-Oszillator" individualisierende Eigenfrequenz zugeschrieben werden muß.

Ungeachtet dieses gedanklich so einfachen Weges zur dynamischen Beschreibung des festen Körpers stellen sich seiner Durchführung bei der meist vorliegenden, sehr großen Anzahl M gekoppelter Mikro-Oszillatoren erhebliche mathematische Schwierigkeiten entgegen, die erst teilweise überwunden sind. Indessen gelangt man auf einem Umwege ans Ziel: Die Mikroschwingungen der einzelnen Moleküle offenbaren sich makroskopisch in den *elastischen Wellen* des vibrierenden Kristalles; indem wir, mittels dieses von *Debye* herrührenden, genialen Gedankens das *korpuskulare* System der pendelnden, materiellen Punkte auf das *energetische* System jener kontinuierlichen Wellen abbilden, können wir uns auf die wohlfundierten Ergebnisse der klassischen *Elastizitätstheorie* stützen.

c) Wir vertauschen den bisher als wesentlich *diskontinuierliches Raumgitter* beschriebenen Kristall mit einem virtuellen, homogenen und isotropen *Kontinuum*, dessen elastische Eigenschaften phänomenologisch durch seinen *Gleitmodul* G und seine *Poisson*sche *Querkontraktionszahl* m definiert werden können; etwa im Innern des vibrierenden Körpers stattfindende, energieverzehrende Vorgänge irreversibler Veränderungen lassen wir, ungeachtet ihrer praktisch großen Bedeutung, bewußt außer Betracht. Unsere Aufmerksamkeit auf einen dem Innern des Quaders (a; b; c) gelegenen Aufpunkt der Gleichgewichtslage (x; y; z) richtend, bezeichnen wir durch (u; v; w) seine zum Zeitpunkt t gemessenen, beziehentlich achsenparallelen Verrückungen; obwohl wir uns zu deren möglichst genauer Messung hinreichend kurzwelligen Lichtes zu bedienen haben, dürfen und wollen wir nichtsdestoweniger weiterhin die träge Masse $(\gamma_0 V)$ des Quaders als so groß voraussetzen, daß die unweigerlich mit der Vermessung des momentanen Aufpunktortes verknüpfte Ungenauigkeit in der Kenntnis des gleichzeitigen Kristallimpulses unbedenklich außer acht gelassen werden darf. Betrachten wir nun neben der Translation des Aufpunktes den in seiner infinitesimalen Umgebung als Folge der elastischen Deformationen sich entwickelnden „Effekt zweiter Ordnung", die *Dehnung*

$$e = \frac{\partial u}{\partial x} + \frac{\partial v}{\partial y} + \frac{\partial w}{\partial z} \qquad\qquad (I\ 6,\ 5)$$

je Raumeinheit, so genügen[1] die Verrückungskomponenten dem Tripel der simultanen, partiellen Differentialgleichungen

$$\nabla^2 u + \frac{m}{m-2}\frac{\partial e}{\partial x} - \frac{\gamma}{G}\frac{\partial^2 u}{\partial t^2} = 0, \qquad\qquad (I\ 6,\ 6)$$

$$\nabla^2 v + \frac{m}{m-2}\frac{\partial e}{\partial y} - \frac{\gamma}{G}\frac{\partial^2 v}{\partial t^2} = 0, \qquad\qquad (I\ 6,\ 7)$$

---

[1] Vgl. z. B. *F. Ollendorff*, Die Welt der Vektoren, Kap. V 5. Wien, Springer 1950.

$$V^2\mathrm{w} + \frac{\mathrm{m}}{\mathrm{m}-2}\frac{\partial e}{\partial z} - \frac{\gamma}{\mathrm{G}}\frac{\partial^2\mathrm{w}}{\partial t^2} = 0. \qquad\qquad (\text{I } 6,\ 8)$$

Differenziert man sie der Reihe nach mit Bezug auf x, y und z, so erhält man durch Addition der entstehenden Relationen mit Rücksicht auf die Definition (I 6, 5) der spezifischen Raumdehnung e für diese allein die partielle Differentialgleichung

$$V^2e + \frac{\mathrm{m}}{\mathrm{m}-2}V^2e = 2\frac{\mathrm{m}-1}{\mathrm{m}-2}V^2e = \frac{\gamma}{\mathrm{G}}\frac{\partial^2 e}{\partial t^2}. \qquad (\text{I } 6,\ 9)$$

Die Struktur der vorstehenden Gleichungen zeigt die Existenz zweier *kinematisch unterschiedlicher Wellentypen* im homogenen und isotropen festen Körper an:

1. Die Eigenschaft

$$e = 0 \qquad\qquad (\text{I } 6,\ 10)$$

definiert die Gesamtheit der *raumdehnungsfreien Wellen*; jede ihrer drei Verrückungskomponenten gehorcht der nämlichen partiellen Differentialgleichung

$$\frac{\partial^2\mathrm{q}}{\partial\mathrm{x}^2} + \frac{\partial^2\mathrm{q}}{\partial\mathrm{y}^2} + \frac{\partial^2\mathrm{q}}{\partial\mathrm{z}^2} = \frac{\gamma}{\mathrm{G}}\frac{\partial^2\mathrm{q}}{\partial t^2}; \qquad \mathrm{q} = \mathrm{u};\mathrm{v};\mathrm{w}, \qquad (\text{I } 6,\ 11)$$

so daß

$$\vartheta_0 = \sqrt{\frac{\mathrm{G}}{\gamma}} \qquad\qquad (\text{I } 6,\ 12)$$

die *Fortpflanzungsgeschwindigkeit* der raumdehnungsfreien Wellen mißt und sie mit den elastischen Eigenschaften des festen Körpers in einfacher Weise verknüpft.

Spezialisiert man sich bei der Integration der Gl. (I 6, 11) durch den Ansatz

$$\mathrm{u} = \mathrm{u}(\mathrm{x};t); \qquad \mathrm{v} = \mathrm{v}(\mathrm{x};t); \qquad \mathrm{w} = \mathrm{w}(\mathrm{x};t) \qquad (\text{I } 6,\ 13)$$

auf *ebene Wellen*, welche sich parallel der als *Führungsgeraden* dienenden x-Achse ausbreiten, so zieht die Voraussetzung e = 0 im Hinblick auf (I 6, 5) die kinematische Bedingung

$$\frac{\partial\mathrm{u}}{\partial\mathrm{x}} = 0 \qquad\qquad (\text{I } 6,\ 14)$$

nach sich; sie wird — sofern man eine etwa zusätzliche, für den Schwingungsvorgang jedoch gänzlich irrelevante Translation des undeformierten Quaders in x-Richtung geflissentlich außer Betracht läßt — durch die Lösung

$$\mathrm{u} = 0 \qquad\qquad (\text{I } 6,\ 15)$$

befriedigt. Demnach verschieben sich bei der raumdehnungsfreien Vibration die Ebenen x = const je als undeformierte Fläche lediglich senkrecht zur Führungsgeraden, relativ zueinander eine *Scher-Bewegung* ausführend, welche man sich etwa an Hand der Kinematik eines Stapels lückenlos aufeinander geschichteter Spielkarten [x-Achse vertikal nach oben gerichtet!] veranschaulichen mag: Man hat es mit *Transversalwellen* zu tun.

2. *Raumdehnungswellen* der Eigenschaft

$$e \neq 0 \qquad\qquad (\text{I } 6,\ 16)$$

gehorchen der partiellen Differentialgleichung (I 6, 9), welche man hier zweckmäßig in die explizite Gestalt

$$\frac{\partial^2 e}{\partial x^2} + \frac{\partial^2 e}{\partial y^2} + \frac{\partial^2 e}{\partial z^2} = \frac{m-2}{m-1}\frac{\gamma}{2\,G}\frac{\partial^2 e}{\partial t^2} \qquad \text{(I 6, 17)}$$

kleidet; man entnimmt ihr die Angabe der *Fortpflanzungsgeschwindigkeit*

$$\vartheta = \sqrt{2\frac{m-1}{m-2}\frac{G}{\gamma}} = \vartheta_0 \sqrt{2\frac{m-1}{m-2}}, \qquad \text{(I 6, 18)}$$

welche sich also von jener der raumdehnungsfreien Wellen deutlich unterscheidet. Wählt man zur Integration der Gl. (I 6, 17) abermals den Ansatz (I 6, 13), so findet man mit Rücksicht auf die Definition (I 6, 5) der Raumdehnung die Relationen

$$\frac{\partial u}{\partial x} = e = e(x;t); \qquad \frac{\partial v}{\partial y} = 0; \qquad \frac{\partial w}{\partial z} = 0, \qquad \text{(I 6, 19)}$$

welche die Aussagen

$$\frac{\partial e}{\partial y} = 0; \qquad \frac{\partial e}{\partial z} = 0 \qquad \text{(I 6, 20)}$$

nach sich ziehen. Daher reduzieren sich die Gleichungen (I 6, 7) und (I 6, 8) je auf die Wellengleichung (I 6, 11), welche ja für die uns schon bekannten, raumdehnungsfreien Transversalwellen zuständig ist und sonach keiner erneuten Diskussion bedarf.

Unter Berufung auf die *Linearität* der Grundgleichungen (I 6, 6), (I 6, 7) und (I 6, 8) sind wir nun sicher, daß sich die raumdehnungsfreien Wellen und die Raumdehnungswellen einander ohne gegenseitige Störung überlagern. Um daher die beiden Arten elastischer Wellen, die in der Regel gleichzeitig den vibrierenden Körper durchpulsen, gedanklich sauber voneinander zu trennen, haben wir bei der betonten Analyse allein der Raumdehnungswellen vom allgemeinen Typus (I 6, 13) die Partikularintegrale

$$v = 0; \qquad w = 0 \qquad \text{(I 6, 21)}$$

zu wählen; dagegen zieht die Voraussetzung (I 6, 16) mit Rücksicht auf (I 6, 19) gewiß die Existenz einer mit Ausnahme isolierter Ebenen endlichen Verrückung des jeweils kontrollierten Aufpunktes parallel der x-Achse nach sich

$$u \neq 0, \qquad \text{(I 6, 22)}$$

welche ihrerseits gemäß (I 6, 17) und (I 6, 18) der eindimensionalen Wellengleichung

$$\frac{\partial^2 u}{\partial x^2} = \frac{1}{\vartheta^2}\frac{\partial^2 u}{\partial t^2} \qquad \text{(I 6, 23)}$$

unterliegt. Die Aussagen (I 6, 21), (I 6, 22) und (I 6, 23) beschreiben in ihrer Gesamtheit eine *Longitudinalwelle*, welche sich mit der Geschwindigkeit ϑ nach Gl. (I 6, 18) längs der Führungsgeraden [hier der x-Achse] ausbreitet; ihre Struktur mag durch den Vergleich mit der Kinematik einer tönenden Ziehharmonika der Anschauung erschlossen werden.

d) Wir setzen weiterhin voraus, daß der vibrierende Körper gegen seine Umgebung energetisch isoliert sei. Der mechanische Teil dieser Bedingung wird befriedigt, sofern an jeder freien Grenzfläche des Quaders sowohl die ebendort je zu ihr senkrechte Verrückungskomponente wie auch die tangentiell zu ihr weisenden Komponenten des Spannungstensors S verschwinden. Mit Hilfe des *Hooke*schen Gesetzes[1] findet man nun

$$S_{xx} = \frac{2\,G}{m-2}\,e + 2\,G\,\frac{\partial u}{\partial x}$$

$$S_{xy} = \qquad\qquad G\left[\frac{\partial u}{\partial y} + \frac{\partial v}{\partial x}\right] \qquad\qquad (I\ 6,\ 24)$$

$$S_{xz} = \qquad\qquad G\left[\frac{\partial u}{\partial z} + \frac{\partial w}{\partial x}\right]$$

$$\vdots \qquad\qquad\qquad \vdots$$

Daher führen die vorgenannten Grenzbedingungen in ihrer Anwendung auf die Ebenen $x = 0$ und $x = a$ des Quaders zu den Angaben

$$\left.\begin{array}{l} u = 0 \\[1ex] \dfrac{\partial v}{\partial x} = 0 \\[2ex] \dfrac{\partial w}{\partial x} = 0 \end{array}\right\} \quad \text{für} \quad x = 0 \quad \text{und} \quad x = a. \qquad (I\ 6,\ 25)$$

Aus ihnen folgen die entsprechenden Gleichungen für die Ebenen $y = 0$ und $y = b$ sowie $z = 0$ und $z = c$ mittels zyklischer Vertauschung von u; v; w einerseits und von x; y; z andererseits. Wir genügen allen diesen Forderungen nach Wahl dreier willkürlicher *Amplituden* U_0; V_0; W_0, dreier gleichfalls willkürlicher *Phasenkonstanten* φ; ψ; χ und dreier je ganzer, positiver Zahlen α; β; γ [mit Einschluß der Null] durch den Ansatz der drei je mit der Frequenz ν schwingenden Wellen

$$u = U_0 \sin\left(\pi\,\frac{\alpha}{a}\,x\right)\cos\left(\pi\,\frac{\beta}{b}\,y\right)\cos\left(\pi\,\frac{\gamma}{c}\,z\right)\sin\left(2\,\pi\,\nu\,t - \varphi\right), \quad (I\ 6,\ 26)$$

$$v = V_0 \cos\left(\pi\,\frac{\alpha}{a}\,x\right)\sin\left(\pi\,\frac{\beta}{b}\,y\right)\cos\left(\pi\,\frac{\gamma}{c}\,z\right)\sin\left(2\,\pi\,\nu\,t - \psi\right), \quad (I\ 6,\ 27)$$

$$w = W_0 \cos\left(\pi\,\frac{\alpha}{a}\,x\right)\cos\left(\pi\,\frac{\beta}{b}\,y\right)\sin\left(\pi\,\frac{\gamma}{c}\,z\right)\sin\left(2\,\pi\,\nu\,t - \chi\right). \quad (I\ 6,\ 28)$$

Zunächst seien die *raumdehnungsfreien Wellen* behandelt. Ihre kinematische Definition $e = 0$ führt zufolge (I 6, 5) auf die Relation

$$U_0\,\frac{\alpha}{a}\sin\left(2\,\pi\,\nu\,t - \varphi\right) + V_0\,\frac{\beta}{b}\sin\left(2\,\pi\,\nu\,t - \psi\right) + W_0\,\frac{\gamma}{c}\sin\left(2\,\pi\,\nu\,t - \chi\right) = 0.$$

$$(I\ 6,\ 29)$$

Sie zerfällt in die beiden zeitfreien Gleichungen

$$U_0\,\frac{\alpha}{a}\cos\varphi + V_0\,\frac{\beta}{b}\cos\psi + W_0\,\frac{\gamma}{c}\cos\chi = 0 \qquad (I\ 6,\ 30)$$

und

$$U_0\,\frac{\alpha}{a}\sin\varphi + V_0\,\frac{\beta}{b}\sin\psi + W_0\,\frac{\gamma}{c}\sin\chi = 0, \qquad (I\ 6,\ 31)$$

so daß von den ursprünglich *sechs* willkürlichen Konstanten U_0; V_0; W_0; φ; ψ; χ nur noch deren *vier* nach Belieben gewählt werden können: Zu

---

[1] Vgl. z. B. *F. Ollendorff*, Die Welt der Vektoren, Kap. V, 4. Wien, Springer 1950.

jedem Tripel der ganzen Zahlen α, β und γ gehören *zwei*, und nur zwei nach Amplitude und Phase voneinander linear unabhängige *Transversalwellen.* Die sie kennzeichnende Frequenz ν findet man durch Substitution von (I 6, 26), (I 6, 27) und (I 6, 28) in (I 6, 11) bei Beachtung von (I 6, 12) mittels der Gleichung

$$\nu^2 = \frac{\alpha^2}{\left(\frac{2\,a}{\vartheta_0}\right)^2} + \frac{\beta^2}{\left(\frac{2\,b}{\vartheta_0}\right)^2} + \frac{\gamma^2}{\left(\frac{2\,c}{\vartheta_0}\right)^2}. \qquad (I\ 6,\ 32)$$

Zu den *Raumdehnungswellen* übergehend, bilden wird aus (I 6, 26), (I 6, 27) und (I 6, 28)

$$e = \left[U_0 \frac{\pi\,\alpha}{a}\sin\left(2\,\pi\,\nu\,t - \varphi\right) + V_0 \frac{\pi\,\beta}{b}\sin\left(2\,\pi\,\nu\,t - \psi\right) + W_0 \frac{\pi\,\gamma}{c}\sin\left(2\,\pi\,\nu\,t - \chi\right) \right] \cdot$$
$$\cdot \cos\left(\pi\frac{\alpha}{a}x\right)\cos\left(\pi\frac{\beta}{b}y\right)\cos\left(\pi\frac{\gamma}{c}z\right) \qquad (I\ 6,\ 33)$$

und erhalten aus (I 6, 17) zusammen mit (I 6, 18) die Frequenzbedingung

$$\nu^2 = \frac{\alpha^2}{\left(\frac{2\,a}{\vartheta}\right)^2} + \frac{\beta^2}{\left(\frac{2\,b}{\vartheta}\right)^2} + \frac{\gamma^2}{\left(\frac{2\,c}{\vartheta}\right)^2}. \qquad (I\ 6,\ 34)$$

Damit dann zwischen den Einzelforderungen (I 6, 6), (I 6, 7) und (I 6, 8) einerseits und den Integralansätzen (I 6, 26), (I 6, 27) und (I 6, 28) andererseits kein Widerspruch entstehe, muß man, nach Wahl einer neuen Konstanten K, die Amplituden U_0, V_0 und W_0 der vereinigenden Vorschrift

$$U_0 = K\frac{\pi\,\alpha}{a}; \qquad V_0 = K\frac{\pi\,\beta}{b}; \qquad W_0 = K\frac{\pi\,\gamma}{c} \qquad (I\ 6,\ 35)$$

unterwerfen sowie der Phasengleichheit

$$\varphi = \psi = \chi \qquad (I\ 6,\ 36)$$

zustimmen: Jedem Zahlentripel $(\alpha;\beta;\gamma)$ entspricht, nach willkürlicher Vorgabe von Amplitude und Phase, *eine*, und nur eine mit den Randbedingungen verträgliche *Longitudinalwelle.*

e) Wieviele linear voneinander unabhängige Eigenwellen der beiden unterschiedlichen Arten entfallen auf den von ν bis $\nu + \Delta\nu$ sich erstreckenden, schmalen Frequenzbereich?

1. Um zunächst die *Transversalwellen* abzuzählen, bedienen wir uns der drei Veränderlichen je von der physikalischen Dimension einer Frequenz

$$\xi_0 = \frac{\alpha}{\left(\frac{2\,a}{\vartheta_0}\right)}; \qquad \eta_0 = \frac{\beta}{\left(\frac{2\,b}{\vartheta_0}\right)}; \qquad \zeta_0 = \frac{\gamma}{\left(\frac{2\,c}{\vartheta_0}\right)}. \qquad (I\ 6,\ 37)$$

Sie definieren für die Folge der ganzen Zahlen $\alpha \geqq 0$, $\beta \geqq 0$ und $\gamma \geqq 0$ in dem abstrakten „Frequenzraum" der *Kartesi*schen „Frequenzkoordinaten" ξ, η und ζ nach Abb. I 6, 2 ein [innerhalb seines Existenzbereiches] dreifach-periodisches Raumgitter, dessen kubische Elementarzellen $[\Delta\alpha = \Delta\beta = \Delta\gamma = 1]$ je das einheitliche „Volumen"

$$\tau_0 = \frac{1}{\left(\frac{2\,a}{\vartheta_0}\right)} \cdot \frac{1}{\left(\frac{2\,b}{\vartheta_0}\right)} \cdot \frac{1}{\left(\frac{2\,c}{\vartheta_0}\right)} = \frac{\vartheta_0{}^3}{8\,a\,b\,c} \qquad (I\ 6,\ 38)$$

von der physikalischen Dimension eines Frequenzkubus besitzen. Zwischen den dicht benachbarten Kugelflächen beziehentlich der Halbmesser v und $(v + \Delta v)$ ist nun im Oktanten $\xi \geqq 0$; $\eta \geqq 0$; $\zeta \geqq 0$ des Frequenzraumes ein Schalensektor vom „Rauminhalt"

$$\Delta \tau = \frac{1}{8} \cdot 4 \pi v^2 \Delta v \qquad (\text{I } 6, \ 39)$$

eingeschlossen, welcher entsprechend (I 6, 38) annähernd

$$\frac{\Delta \tau}{\tau_0} = \frac{\text{a b c}}{\vartheta_0{}^3} \cdot 4 \pi v^2 \Delta v \qquad (\text{I } 6, \ 40)$$

Elementarzellen des Frequenzraumgitters enthält. Ordnen wir jeder von ihnen als „Gitterpunkt" die Ecke der jeweils kleinsten Frequenzkoordinaten zu, so informiert uns (I 6, 40) sogleich über die Anzahl unterschiedlicher Tripel der ganzen Zahlen $\alpha \geqq 0$, $\beta \geqq 0$ und $\gamma \geqq 0$, welche dem

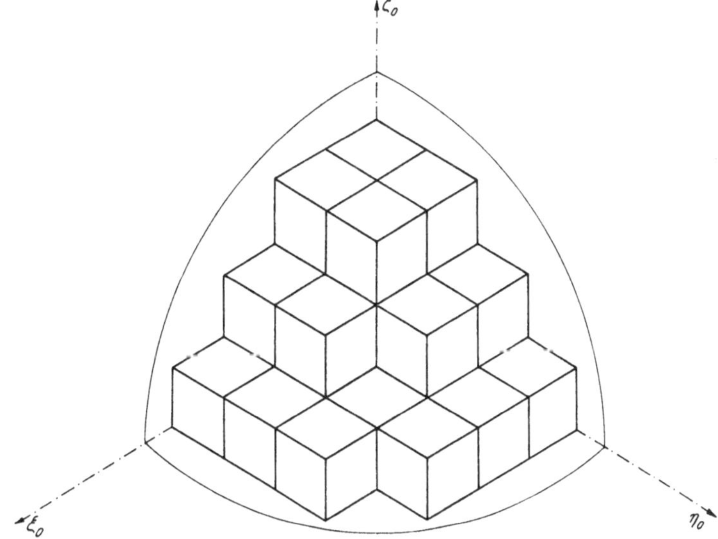

Abb. I 6, 2. Veranschaulichung des Frequenzraumes.

kontrollierten Frequenzintervall Δv angehören. In der nämlichen, von der Angabe (I 6, 40) gewährten Genauigkeit wird somit die Anzahl ΔN_T willkürlich wählbarer, linear voneinander unabhängiger Transversalwellen jenes Frequenzbereiches durch die Formel

$$\Delta N_\text{T} = 2 \frac{\Delta \tau}{\tau_0} = \frac{2}{\vartheta_0{}^3} \text{a b c} \cdot 4 \pi v^2 \Delta v \qquad (\text{I } 6, \ 41)$$

dargestellt.

2. Um die Anzahl ΔN_L der *Longitudinalwellen* kennen zu lernen, welche auf das untersuchte Frequenzband Δv entfallen, haben wir zunächst in (I 6, 41) die Fortpflanzungsgeschwindigkeit ϑ_0 der Transversalwellen mit der Fortpflanzungsgeschwindigkeit ϑ der Longitudinalwellen nach (I 6, 18) zu vertauschen. Da überdies mit jedem Zahlentripel $(\alpha; \beta; \gamma)$ nur *eine* Longitudinalwelle frei wählbarer Amplitude und Phase verknüpft ist, resultiert für die gesuchte Anzahl ΔN_L die Angabe

$$\Delta N_\text{L} = \frac{1}{\vartheta^3} \text{a b c} \cdot 4 \pi v^2 \Delta v. \qquad (\text{I } 6, \ 42)$$

Um sie mit (I 6, 41) zusammenzufassen, führen wir die *mittlere Ausbreitungsgeschwindigkeit* $\bar{\vartheta}$ der elastischen Wellen beider Arten durch die Definition

$$\frac{3}{\bar{\vartheta}^3} = \frac{2}{\vartheta_0{}^3} + \frac{1}{\vartheta^3} \qquad\qquad \text{(I 6, 43)}$$

ein und erhalten in

$$\Delta \mathrm{N} = \Delta \mathrm{N_T} + \Delta \mathrm{N_L} = \frac{3}{\bar{\vartheta}^3}\, \mathrm{a\,b\,c} \cdot 4\,\pi\, \nu^2\, \Delta \nu, \qquad\qquad \text{(I 6, 44)}$$

die Anzahl *aller* Eigenschwingungen, welche innerhalb des Frequenzbandes $\Delta \nu$ mit den energetischen Grenzbedingungen an der Oberfläche des festen Körpers verträglich sind. Aus ihr folgt die Anzahl $\mathrm{N}(\bar{\nu})$ aller Eigenwellen der zwischen 0 und $\bar{\nu}$ gelegenen Frequenzen ν, indem wir, nach Ersatz der [endlichen] Bandbreite $\Delta \nu$ durch das Differential $\mathrm{d}\nu$, über den angezeigten Frequenzbereich integrieren:

$$\mathrm{N}(\bar{\nu}) = \frac{3}{\bar{\vartheta}^3}\, \mathrm{a\,b\,c} \cdot 4\,\pi \int_0^{\bar{\nu}} \nu^2\, \mathrm{d}\nu = \frac{\mathrm{a\,b\,c}}{\bar{\vartheta}^3}\, 4\,\pi\, \bar{\nu}^3. \qquad\qquad \text{(I 6, 45)}$$

Nun ist die Anzahl aller physikalisch möglichen, dauernden Koppelschwingungen des festen Körpers durch die zwar in der Regel sehr große, doch gewiß stets *endliche Zahl seiner Freiheitsgrade* gegeben, welche ihrerseits auf Grund unserer Voraussetzungen dem dreifachen der Zahl M seiner ihn konstituierenden Moleküle gleicht. Wir ergänzen diese Abzählung durch die Annahme, daß die Gesamtheit aller den vibrierenden Körper durchkreuzenden Eigenwellen nur das zwischen $\nu = 0$ und einer gewissen, endlichen *Grenzfrequenz* $\nu_{\mathrm{gr}} > 0$ eingeschlossene Band lückenlos erfülle, während keine hochfrequenten Schwingungen der Eigenschaft $\nu > \nu_{\mathrm{gr}}$ erregt werden mögen. Stimmen wir ihr im Augenblick vorbehaltlich einer späteren Begründung zu, so führt (I 6, 45) zusammen mit (I 6, 3) und (I 6, 4) auf die *Frequenzbilanz*

$$\mathrm{N}(\nu_{\mathrm{gr}}) = \frac{\mathrm{a\,b\,c}}{\bar{\vartheta}^3}\, 4\,\pi\, \nu_{\mathrm{gr}}{}^3 = 3\,\mathrm{M} = 3\,\mathrm{a\,b\,c}\, \frac{\gamma_0}{\mathrm{A}}\, \mathrm{L}. \qquad\qquad \text{(I 6, 46)}$$

Wir entnehmen ihr die Angabe der *Grenzfrequenz*

$$\nu_{\mathrm{gr}} = \bar{\vartheta}\, \sqrt[3]{\frac{3}{4\,\pi}\, \frac{\gamma_0}{\mathrm{A}}\, \mathrm{L}} \qquad\qquad \text{(I 6, 47)}$$

welche sich also im Lichte dieser Relation als *Materialkonstante* des festen Körpers erweist. Allerdings ist dieser wichtige Schluß vorerst noch nicht überzeugend. Wir haben ja den vibrierenden Körper als rechtkantigen Quader vorausgesetzt und die geometrischen Eigenschaften dieser Gestalt sowohl zur analytischen Beschreibung der elastischen Wellen wie auch zu deren Abzählung ausgenutzt; bleibt das auf dieser doch recht speziellen Wahl gegründete Ergebnis (I 6, 47) auch für *beliebige Formen* des festen Körpers gültig? *Hermann Weyl*[1] hat diese wesentlich mathematische Frage untersucht: Unter Beibehaltung aller physikalischen Prämisse liefert Gl. (I 6, 47) den „asymptotischen" Wert der Grenzfrequenz geometrisch

---

[1] *H. Weyl.* Math. Annalen *71*, **441** (1912).

irgendwie geformter Körper immer dann, wenn man sich deren lineare Abmessungen nach allen drei paarweise aufeinander senkrechten Richtungen des Konfigurationsraumes unbeschränkt wachsend denkt; die wesentlich gestaltabhängigen *Oberflächeneffekte* werden dann unmerklich schwach.

f) Wir emanzipieren uns vorübergehend von dem physikalischen Mechanismus der kollektiven Wellenerregung durch die pendelnden Moleküle des festen Körpers. Statt dessen adjungieren wir jedem Tripel der den drei ganzen Zahlen $(\alpha; \beta; \gamma)$ zugehörigen, synchronen Wellen der Schwingungszahl ν einen gleichfrequenten, mit drei Freiheitsgraden ausgestatteten *virtuellen Oszillator* als Ursprung jener Wellen, welcher durch das Tripel $(\alpha; \beta; \gamma)$ zwar nicht *lokalisiert*, jedoch unverkennbar *individualisiert* wird. Mit dieser sozusagen *genetischen Abbildung* kann der Anschluß der *Debye*schen Überlegungen an das *Einstein*sche Modell des festen Körpers vollzogen werden: Der Gruppe (I 6, 44) der ΔN elastischen Wellen entsprechen $\tfrac{1}{3}\Delta N$ Oszillatoren je der [mittleren] Freien Energie f nach Gl. (I 5, 28); ersetzen wir dort $\hbar\,\omega$ durch $h\,\nu$, so folgt also für den Erwartungswert ΔF der Freien Energie jener Oszillatorgruppe der Ausdruck

$$\Delta F = \frac{a\,b\,c}{\bar{\vartheta}^3}\,4\,\pi\left\{\frac{1}{2}\,h\,\nu + k\,T\ln\left[1 - e^{-\frac{h\nu}{kT}}\right]\right\}3\,\nu^3\,\Delta\nu. \qquad (I\ 6,\ 48)$$

Aus ihm finden wir durch Summation [Integration] über das gesamte, „untere" Frequenzband $0 \leqq \nu \leqq \nu_{gr}$ den Erwartungswert

$$F = \frac{a\,b\,c}{\bar{\vartheta}^3}\,4\,\pi\left\{\frac{1}{2}\,h\,\nu_{gr}\,\frac{3}{4}\,\nu_{gr}{}^3 + 3\,k\,T\int\limits_0^{\nu_{gr}}\ln\left[1 - e^{-\frac{h\nu}{kT}}\right]\nu^2\,d\nu\right\}. \qquad (I\ 6,\ 49)$$

der Freien Energie, welche den festen Körper im Zustande seines thermodynamischen Gleichgewichtes auszeichnet. Wir bilden durch bloße Multiplikation der Grenzfrequenz ν_{gr} mit dem universellen Faktor h/k die jeweils den festen Körper charakterisierende „*Debye-Temperatur*"

$$T_D = \frac{h\,\nu_{gr}}{k}. \qquad (I\ 6,\ 50)$$

Mit Hilfe der Substitution $\varkappa = (h\,\nu/k\,T)$ erhalten wir dann durch Teilintegration

$$3\,k\,T\int\limits_0^{\nu_{gr}}\ln\left[1 - e^{-\frac{h\nu}{kT}}\right]\nu^2\,d\nu =$$

$$(I\ 6,\ 51)$$

$$= k\,T\,\nu_{gr}{}^3\left\{\ln\left[1 - e^{-\frac{T}{T_D}}\right] - \left[\frac{T}{T_D}\right]^3\int\limits_0^{\frac{T}{T_D}}\frac{\varkappa^3}{e^\varkappa - 1}\,d\varkappa\right\}.$$

Gemäß (I 6, 4), (I 6, 47), (I 6, 50) und (I 6, 51) entfällt somit auf jedes der M Moleküle des festen Körpers im Mittel die Freie Energie

$$f = \frac{F}{M} = \frac{9}{8}\,k\,T_D + 3\,k\,T\left\{\ln\left[1 - e^{-\frac{T_D}{T}}\right] - \left[\frac{T}{T_D}\right]^3\int\limits_0^{\frac{T}{T_D}}\frac{\varkappa^3}{e^\varkappa - 1}\,d\varkappa\right\}. \qquad (I\ 6,\ 52)$$

Aus ihr berechnet sich mittels des *Gibbs-Helmholtz*schen Satzes die mittlere Molekularenergie u zu

$$u = -T^2 \frac{\partial}{\partial T}\left[\frac{f}{T}\right] = \frac{9}{8}\,k\,T_D + 3\,k\,T \cdot 3\left[\frac{T}{T_D}\right]^3 \int_0^{\frac{T}{T_D}} \frac{\varkappa^3}{e^\varkappa - 1}\,d\varkappa, \qquad (I\ 6,\ 53)$$

so daß

$$s = \frac{u-f}{T} = 3\,k\left\{\ln\frac{1}{1-e^{-\frac{T}{T_D}}} + 4\left[\frac{T}{T_D}\right]^3 \int_0^{\frac{T}{T_D}} \frac{\varkappa^3}{e^\varkappa - 1}\,d\varkappa\right\} \qquad (I\ 6,\ 54)$$

den Wert der *Molekularentropie* im Zustande des thermodynamischen Gleichgewichtes angibt. Wir untersuchen an Hand dieser Gleichungen zwei elementar übersehbare Grenzfälle:

1. Bei im Verhältnis zu T_D hohen Temperaturen

$$T \gg T_D \qquad\qquad (I\ 6,\ 55)$$

darf man im Bereiche $0 \leqq \varkappa \leqq T_D/T$ die Differenz $(e^\varkappa - 1)$ mit $\varkappa$ vertauschen und ebenso $(1 - e^{-T/T_D})$ durch (T/T_D) ersetzen. In der von diesen Approximationen gewährten Genauigkeit erhält man aus (I 6, 52)

$$f = \frac{9}{8}\,k\,T_D + 3\,k\,T\left\{\ln\frac{T_D}{T} - \frac{1}{3}\right\}, \qquad (I\ 6,\ 56)$$

aus (I 6, 53)

$$u = \frac{9}{8}\,k\,T_D + 3\,k\,T \qquad\qquad (I\ 6,\ 57)$$

und aus (I 6, 54)

$$s = 3\,k\left\{\ln\frac{T}{T_D} + \frac{4}{3}\right\}. \qquad\qquad (I\ 6,\ 58)$$

2. Im Gebiete

$$T \ll T_D \qquad\qquad (I\ 6,\ 59)$$

sehr niedriger Temperaturen darf man die obere Grenze des nach $\varkappa$ zu erstreckenden Integrales nach $(+\infty)$ rücken lassen. Wir bedienen uns nunmehr der Relation

$$\int_0^\infty \frac{\varkappa^3}{e^\varkappa - 1}\,d\varkappa =$$

$$(I\ 6,\ 60)$$

$$= \int_0^\infty \varkappa^3 e^{-\varkappa}\left[1 + e^{-\varkappa} + e^{-2\varkappa} + \ldots\right]d\varkappa = 3!\left[1 + \frac{1}{2^4} + \frac{1}{3^4} + \ldots\right] = 3!\,\frac{\pi^4}{90}.$$

Mit ihrer Hilfe gelangen wir zu den asymptotischen Näherungsangaben

$$f = \frac{9}{8}\,k\,T_D - 3\,k\,T\left\{e^{-\frac{T_D}{T}} + \left[\frac{T}{T_D}\right]^3 \frac{\pi^4}{15}\right\} \qquad (I\ 6,\ 61)$$

sowie

$$u = \frac{9}{8}\,k\,T_D + 3\,k\,T \cdot 3\left[\frac{T}{T_D}\right]^3 \frac{\pi^4}{15} \qquad (I\ 6,\ 62)$$

und

$$s = 3\,k \left\{ e^{-\frac{T_D}{T}} + 4 \left[\frac{T}{T_D}\right]^3 \frac{\pi^4}{15} \right\}. \qquad (\text{I } 6,\ 63)$$

Insbesondere erschließt man aus der letztgenannten Gleichung die Entropieeigenschaft

$$\lim_{T \to 0} s = 0, \qquad (\text{I } 6,\ 64)$$

welche mit den Forderungen des *Nernst*schen Wärmesatzes im Einklang steht.

g) Aus der *Debye*schen Theorie des festen Körpers folgt für die spezifische Molekularwärme c_m die Darstellung

$$c_m = \frac{du}{dT} = 3\,k \left\{ 12 \left[\frac{T}{T_D}\right]^3 \int_0^{\frac{T_D}{T}} \frac{\varkappa^3}{e^\varkappa - 1}\, d\varkappa - 3\, \frac{\frac{T_D}{T}}{e^{\frac{T_D}{T}} - 1} \right\}. \qquad (\text{I } 6,\ 65)$$

Im Hochtemperaturgebiet (I 6, 55) gelangt man durch den mathematischen Grenzübergang

$$\lim_{\frac{T}{T_D} \to \infty} c_m = 3\,k \qquad (\text{I } 6,\ 66)$$

zum *Dulong-Petit*schen Gesetze, in Übereinstimmung mit der entsprechenden Aussage (I 5, 26) der *Einstein*schen Theorie. Dagegen liefert die *Einstein*sche Gleichung (I 5, 25) bei der Annäherung der Temperatur an ihren absoluten Nullpunkt einen mit $\left[\frac{h\,\nu}{k\,T} \text{Exp}\left(-\frac{h\,\nu}{k\,T}\right)\right]^2$ proportionalen, überaus scharfen Absturz der spezifischen Molekularwärme, während diese nach der *Debye*schen Darstellung (I 6, 65) im Bereiche der Tieftemperaturen (I 6, 59) der asymptotischen Gesetzmäßigkeit

$$c_m = 3\,k\, \frac{12\,\pi^4}{15} \left[\frac{T}{T_D}\right]^3 \qquad (\text{I } 6,\ 67)$$

unterliegt, also nur mit der dritten Potenz der absoluten Temperatur gleichzeitig mit dieser gegen Null konvergiert.

Die Grenzaussagen (I 6, 66) und (I 6, 67) werden von der *Erfahrung* mit hohem Grade der Genauigkeit bestätigt; demgegenüber offenbaren sich im Bereiche mittlerer Temperaturen der Größenordnung $T \approx T_D$ systematische *Unterschiede* zwischen der *Debye*schen Theorie der spezifischen Molekularwärme und deren beobachteten Werten. Es besteht kaum ein Zweifel, daß diese Diskrepanz im wesentlichen von dem Ersatz des tatsächlich ja seiner Natur nach diskontinuierlichen Systemes der M diskreten Moleküle durch ein Kontinuum herrührt, welches als solches die Feinstruktur des Eigenschwingungsspektrums nicht mit der erforderlichen Genauigkeit zu schildern vermag.

h) Es ist nun an der Zeit, die früher zugesagte Begründung für die Existenz einer oberen Frequenzgrenze des Eigenschwingungsspektrums nachzutragen; aus mathematischen Gründen werden wir uns hierbei auf die Untersuchung allein der *Longitudinalwellen* beschränken.

Wir verlassen das *Debye*sche Modell des festen Körpers und beschäftigen uns mit der klassischen Mechanik eines Systemes M materieller Punkte [Moleküle] je der trägen Masse m, welche entsprechend Abb. I 6, 3 mittels paarweise sie miteinander verbindender elastischer Stäbe einheitlicher geometrischer und physikalischer Eigenschaften zu einer geradlinig ausgespannten Kette vereinigt sind.

Von dem *Gleichgewichtszustand* dieses eindimensionalen Systemes ausgehend, bezeichnen wir mit D den gleichförmigen Abstand benachbarter

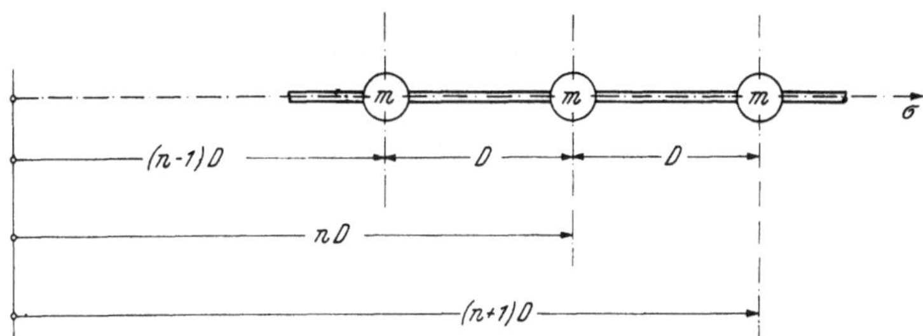

Abb. I 6, 3. Kettenmodell des festen Körpers [eindimensional].

Moleküle, während σ die Entfernung eines der Kette angehörigen Aufpunktes von einem passend festgesetzten Ursprung messe. Der Abschnitt

$$(n-1)\,D \leqq \sigma \leqq n\,D; \qquad n = 1; 2; \ldots; M \qquad (I\ 6,\ 68)$$

definiere dann das n-te *Glied* der Kette, welche sonach im Zustande der Ruhe die *Gesamtlänge*

$$l = M \cdot D \qquad (I\ 6,\ 69)$$

besitzt.

Nun möge die Kette so stark *vorgespannt* sein, daß ihre Achse auch während der Vibrationen der Moleküle stets geradlinig bleibe. Durch ξ die sonach gewiß rein longitudinale Verrückung eines ursprünglich innerhalb des Existenzbereiches der Kette ruhenden Aufpunktes in Richtung wachsender σ-Werte bezeichnend, richten wir von jetzt ab unsere Aufmerksamkeit auf die *Dynamik* des n-ten Gliedes, indem wir die Verrückungen ξ_{n-1} des *Gliedeinganges*, ξ_n des *Gliedausganges* und $\xi_{n-\frac{1}{2}}$ des zwischen ihnen eingeschlossenen „*Aufmoleküles*" kontrollieren. Beschränken wir uns auf nur *kleine Deformationen*

$$\left|\xi_n - \xi_{n-\frac{1}{2}}\right| \ll \frac{1}{2}D; \qquad \left|\xi_{n-\frac{1}{2}} - \xi_{n-1}\right| \ll \frac{1}{2}D \qquad (I\ 6,\ 70)$$

so gehorchen die von ihnen beziehentlich in den Stäben

$$\left[\left(n+\frac{1}{2}\right)D + \xi_{n+\frac{1}{2}} > \sigma > \left(n-\frac{1}{2}\right)D + \xi_{n-\frac{1}{2}}\right]$$

einerseits und

$$\left[\left(n-\frac{1}{2}\right)D + \xi_{n-\frac{1}{2}} > \sigma > \left(n-\frac{3}{2}\right)D + \xi_{n-\frac{3}{2}}\right]$$

andererseits geweckten *Rückstellkräfte* K_n und K_{n-1} dem *Hooke*schen Gesetz mit der „Federkonstanten" c:

$$K_n = c\left(\xi_n - \xi_{n-\frac{1}{2}}\right) \qquad (I\ 6,\ 71)$$

$$K_{n-1} = c\left(\xi_{n-\frac{1}{2}} - \xi_{n-1}\right). \qquad (I\ 6,\ 72)$$

Die Differenz dieser Kräfte, die in unserem linearen Modell des festen Körpers die Rolle der im wirklichen Körper tätigen *intermolekularen Bindungen* spielen, ist für die *Beschleunigung* des Aufmoleküles verantwortlich:

$$m\frac{d^2\xi_{n-\frac{1}{2}}}{dt^2} = K_n - K_{n-1}. \qquad (I\ 6,\ 73)$$

Um aus diesen Gleichungen die Zwischenverrückung zu eliminieren, bilden wir zunächst aus (I 6, 71)

$$\xi_{n-\frac{1}{2}} = \xi_n - \frac{K_n}{c} \qquad (I\ 6,\ 74)$$

und erhalten aus (I 6, 73) die Relation

$$K_{n-1} = \left[K_n + \frac{m}{c}\frac{d^2K_n}{dt^2}\right] - m\frac{d^2\xi_n}{dt^2}. \qquad (I\ 6,\ 75)$$

Ihre Substitution in (I 6, 72) liefert zusammen mit (I 6, 74) den Zusammenhang

$$\xi_{n-1} = -\frac{1}{c}\left[2\,K_n + \frac{m}{c}\frac{d^2K_n}{dt^2}\right] + \left[\xi_n + \frac{m}{c}\frac{d^2\xi_n}{dt^2}\right]. \qquad (I\ 6,\ 76)$$

Um die durch (I 6, 75) und (I 6, 76) erst implizit beschriebenen Eigenschwingungen des Systemes explizit kennen zu lernen, bezeichnen wir durch $\omega = 2\pi\nu$ deren vorerst allerdings noch unbekannte Kreisfrequenz und setzen

$$K_n = \bar{K}_n e^{-i\omega t}, \qquad (I\ 6,\ 77)$$

sowie

$$\xi_n = \bar{\xi}_n e^{-i\omega t}, \qquad (I\ 6,\ 78)$$

mit $i = \sqrt{-1}$. Nach Einführung des Quadrates

$$\Omega^2 = \frac{c}{m} \qquad (I\ 6,\ 79)$$

der Eigen-Kreisfrequenz Ω eines Einzelgliedes entsteht durch Substitution von (I 6, 77) und (I 6, 78) in die Relationen (I 6, 75) und (I 6, 76) aus diesen das Paar linearer, simultaner Differenzengleichungen

$$\bar{K}_{n-1} = \bar{K}_n\left(1 - \frac{\omega^2}{\Omega^2}\right) + \bar{\xi}_n \cdot m\,\omega^2 \qquad (I\ 6,\ 80)$$

und

$$\bar{\xi}_{n-1} = \bar{K}_n\frac{\dfrac{\omega^2}{\Omega^2} - 2}{c} + \bar{\xi}_n\left(1 - \frac{\omega^2}{\Omega^2}\right), \qquad (I\ 6,\ 81)$$

welche den räumlichen Verlauf der komplexen Amplituden $\bar{K}_n$ und $\bar{\xi}_n$ $[0 \leqq n \leqq M]$ längs der Kette regeln. Zu ihrer Lösung wählen wir den Ansatz „kohärenter" Wellen

$$\bar{K}_n = \bar{K} \cdot e^{\lambda n} \qquad (I\ 6,\ 82)$$

und

$$\xi_n = \bar{\xi} \cdot e^{\lambda n} \qquad (I\ 6,\ 83)$$

der vorerst noch unbekannten, gemeinsamen *Ausbreitungsziffer* λ. Die komplexen Amplituden $\bar{K}$ und $\bar{\xi}$ dieser Wellen befriedigen also das Paar homogener, linearer Gleichungen

$$\bar{K}\left[\left(1 - \frac{\omega^2}{\Omega^2}\right) - e^{-\lambda}\right] + \bar{\xi} \cdot m\,\omega^2 = 0 \qquad (I\ 6,\ 84)$$

und

$$\bar{K}\,\frac{\dfrac{\omega^2}{\Omega^2} - 2}{c} + \bar{\xi}\left[\left(1 - \frac{\omega^2}{\Omega^2}\right) - e^{-\lambda}\right] = 0. \qquad (I\ 6,\ 85)$$

Sie gestatten nur im Falle

$$\begin{vmatrix} \left(1 - \dfrac{\omega^2}{\Omega^2}\right) - e^{-\lambda} & m\,\omega^2 \\[2em] \dfrac{\dfrac{\omega^2}{\Omega^2} - 2}{c} & \left(1 - \dfrac{\omega^2}{\Omega^2}\right) - e^{-\lambda} \end{vmatrix} = 0 \qquad (I\ 6,\ 86)$$

eine von Null verschiedene Lösung. Mit Rücksicht auf (I 6, 79) entnimmt man der Bedingung (I 6, 86) die Angabe

$$\cosh \lambda = 1 - \frac{\omega^2}{\Omega^2}, \qquad (I\ 6,\ 87)$$

welche somit jeder Eigenfrequenz ω zwei mod $(2\,\pi\,i)$ bestimmte, entgegengesetzt gleiche Ausbreitungsziffern zuordnet. Unterscheiden wir die Partner ihres passend ausgewählten „Hauptpaares" formal durch die Symbole $(-\lambda)$ und $(+\lambda)$, so wird also, auf Grund der *Linearität* der Differenzengleichungen (I 6, 80) und (I 6, 81), eine jede mit der Kreisfrequenz ω pulsierende Vibration der Kette *für alle ganzzahligen* n durch die komplexe Verrückungsamplitude

$$\bar{\xi}_n = \bar{K}_- e^{-\lambda n} + \bar{K}_+ e^{+\lambda n} \qquad (I\ 6,\ 88)$$

bei zunächst beliebiger Wahl der Konstanten $\bar{K}_-$ und $\bar{K}_+$ ungeachtet der genannten Vieldeutigkeit der Ausbreitungsziffer physikalisch eindeutig dargestellt. Nun werde vorausgesetzt, daß sowohl der Anfang der Kette [n = 0], wie deren Ende [n = M] ein für allemal entsprechend der Länge l nach (I 6, 69) *fixiert* seien. In Verbindung mit (I 6, 88) liefern diese Grenzbedingungen für $\bar{K}_-$ und $\bar{K}_+$ das Paar homogener, linearer Gleichungen

$$\bar{K}_- + \bar{K}_+ = 0 \qquad (I\ 6,\ 89)$$

und

$$\bar{K}_- e^{-\lambda M} + \bar{K}_+ e^{+\lambda M} = 0. \qquad (I\ 6,\ 90)$$

Die Existenz endlicher Longitudinalwellen ist sonach nur mit Ausbreitungsziffern λ der Eigenschaft

$$\begin{vmatrix} 1 & 1 \\ e^{-\lambda M} & e^{+\lambda M} \end{vmatrix} = 2 \sinh (\lambda\,M) = 0 \qquad (I\ 6,\ 91)$$

vereinbar. Unter nochmaligem Hinweis auf die notwendig ganzzahligen Werte der unstetig veränderlichen „Ortskoordinate" n [Eingang und Ausgang der Einzelglieder] erhält man daher bereits sämtliche physikalisch voneinander unterscheidbaren Longitudinalwellen der beiderseits unverrückbar festgehaltenen, M-gliedrigen Molekülkette, und jede nur einmal, mittels der diskreten Folge der genau M durch

$$\lambda_L \cdot M = i\, L \cdot \pi; \qquad L = 1; 2; \ldots; M \qquad (I\ 6,\ 92)$$

bestimmten Ausbreitungsziffern λ_L. Zu (I 6, 87) zurückkehrend, finden wir demnach das Spektrum der Kreisfrequenzen ω_L $\left[\text{Frequenzen } \nu_L = \dfrac{\omega_L}{2\,\pi}\right]$, welche jeweils der Ordnungszahl L zugehören, aus

$$\cos\left(\pi\,\frac{L}{M}\right) = 1 - \frac{\omega^2}{\Omega^2} \qquad (I\ 6,\ 93)$$

zu

$$\omega_L = 2\,\pi\,\nu_L = \Omega \cdot \sqrt{2}\,\sin\left(\frac{\pi}{2}\,\frac{L}{M}\right). \qquad (I\ 6,\ 94)$$

Wir sind am Ziel: Unser eindimensionales Modell des aus M Molekülen zusammengesetzten „Kristalles" ist genau M frequenzverschiedener Longitudinalwellen fähig, deren Spektrum sich von der Frequenz $\nu = 0$ bis zu der Grenzfrequenz

$$\nu_{gr} = \left[\frac{\omega_L}{2\,\pi}\right]_{L\,=\,M} = \frac{\Omega\,\sqrt{2}}{2\,\pi} \qquad (I\ 6,\ 95)$$

erstreckt; diese erweist sich im Hinblick auf (I 6, 79) als „Materialkonstante":

$$\nu_{gr} = \frac{1}{2\,\pi}\,\sqrt{\frac{2\,c}{m}}. \qquad (I\ 6,\ 96)$$

Dieses Ergebnis bestätigt also nicht allein die *Existenz* der in die *Debye*sche Theorie eingehenden Grenzfrequenz, sondern vertieft den physikalischen Inhalt dieses Begriffes, indem es die früher auf lediglich phänomenologischen Wege definierten Kennzahlen des Kontinuums durch die allerdings nur modellmäßigen Mikroeigenschaften des quasielastisch gebundenen Einzelmoleküles zu ersetzen gestattet. Im Gegensatz zu dieser sozusagen summarischen Übereinstimmung der verglichenen Frequenzspektren offenbaren diese jedoch wesentliche Unterschiede ihrer im Frequenzraum dargestellten Feinstruktur, denen wir nachzugehen haben.

Wir kehren zuerst zum *Debye*schen Modell des festen Körpers zurück, in welchem wir a = 1 wählen. Die Eigenfrequenzen ν seiner in x-Richtung sich ausbreitenden Longitudinalwellen folgen dann gemäß (I 6, 34) aus der Relation

$$\nu = \frac{a \cdot \vartheta}{2\,l}. \qquad (I\ 6,\ 97)$$

Man entnimmt ihr die im Bereiche $0 < \nu < \nu_{gr}$ des Frequenzraumes gleichförmig verteilte *Schwingungsdichte*

$$\frac{\Delta a}{\Delta \nu} = \frac{2\,l}{\vartheta}. \qquad (I\ 6,\ 98)$$

Prüfen wir dagegen das Frequenzspektrum unseres M-molekularen, eindimensionalen Kristallmodelles, so ergibt sich aus (I 6, 94) und (I 6, 95), falls man den Differenzenquotienten $\Delta L/\Delta \nu_L$ durch den allerdings nur formal bildbaren Differentialquotienten $dL/d\nu_L$ ersetzt und den dann überflüssigen Index L unterdrückt, mit Rücksicht auf (I 6, 69) die Schwingungsdichte

$$\frac{\Delta L}{\Delta \nu_L} \approx \frac{dL}{d\nu} = \frac{1}{\nu_{gr}} \frac{2}{\pi} \frac{M}{\cos\left(\dfrac{\pi}{2}\dfrac{L}{M}\right)} = \frac{2}{\pi} \frac{1}{\nu_{gr}} \frac{1}{D} \frac{1}{\sqrt{1-\left(\dfrac{\nu}{\nu_{gr}}\right)^2}}, \qquad (I\ 6,\ 99)$$

welche mit $\nu \to \nu_{gr}$ unbeschränkt anwächst. In der von dieser Formel gebotenen, mit zunehmender Molekülzahl M steigender Genauigkeit definiert nun

$$\bar{\vartheta} = \frac{D}{i} \frac{d\omega}{d\lambda} = \pi\,\nu_{gr} \sqrt{1-\left(\frac{\nu}{\nu_{gr}}\right)^2} \qquad (I\ 6,\ 100)$$

gemäß (I 6, 78), (I 6, 83), (I 6, 92) und (I 6, 97) die *Gruppengeschwindigkeit*, mit welcher Longitudinalwellen eines die Frequenz ν enthaltenden, schmalen Bandes längs der Molekülkette wandern. Mit Hilfe dieser Angabe findet man für die Schwingungsdichte (I 6, 99) die einfache Gesetzmäßigkeit

$$\frac{dL}{d\nu} = \frac{2}{\bar{\vartheta}} \frac{1}{} . \qquad (I\ 6,\ 101)$$

Im Lichte dieses Ergebnisses liegt es nahe, für die Abweichungen der *Debye*schen Theorie des festen Körpers von der Erfahrung den Ersatz der im wahren Kristall frequenzabhängigen Gruppengeschwindigkeit durch deren im Kontinuum festen Wert verantwortlich zu machen.

I 7. Widerstandsrauschen.

a) Gegeben sei ein Satz von M untereinander in physikalischer Hinsicht völlig gleichen, mittels der Ziffern $1 \leq K \leq M$ jedoch individualisierbaren *elektrischen Stromleitern*, welche dem *Ohm*schen Gesetze gehorchen; R bezeichne die einheitliche Größe je ihres Einzelwiderstandes.

Wir bringen das System der Stromleiter in Kontakt mit einem Wärmebad der festen, absoluten Temperatur T; diese sei so hoch gewählt, daß in jenen Stromleitern gewiß *keine Supraleitung* auftreten kann. Im Zustande des thermodynamischen Gleichgewichtes, den wir weiterhin voraussetzen, findet dann ein dauernder Energieaustausch zwischen dem Thermostaten und den Stromleitern statt, demzufolge deren aktive Elektrizitätsträger zu einer stochastisch vibrierenden Bewegung veranlaßt werden. Ihre Schwingungsanteil wird zwischen den offenen Klemmen des Leiters K durch die ebendort auftretende *elektromotorische Kraft* $U_0^{(K)}$ manifest, welche im Laufe der Zeit t nach Maßgabe einer nicht näher angebbaren Funktion

$$U_0^{(K)}(t) = g^{(K)}(t) \qquad (I\ 7,\ 1)$$

regellos fluktuiert; es gilt, den statistischen Gesetzmäßigkeiten dieses *Widerstandsrauschens* für die [hypothetische] Gesamtheit $M \to \infty$ des vorgelegten Stromleiter-Kollektives nachzugehen.

b) Nach Wahl einer hinreichend langen Beobachtungsdauer D ersetzen wir die Funktion $g^{(K)}(t)$ vorübergehend durch die „abgebrochene" Funktion

$$\bar{g}^{(K)}(t) = \begin{cases} g^{(K)}(t) & \text{für} \quad |t| < \dfrac{1}{2}D \\[2ex] 0 & \text{für} \quad |t| > \dfrac{1}{2}D \end{cases} . \qquad (I\ 7,\ 2)$$

Die elektromotorische Kraft $U_0^{(K)}$ kann dann mittels des *Fourier*schen Integrales

$$U_0^{(K)}(t) = \int_{-\infty}^{\infty} s^{(K)}(f)\, e^{-2\pi i f t}\, df \qquad (I\ 7,\ 3)$$

in *harmonische Teilschwingungen* des gesamten, reellen Frequenzbereiches $(-\infty) < f < (+\infty)$ zerlegt werden, deren *komplexe Spektraldichte* $s^{(K)}(f)$ durch das Integral

$$s^{(K)}(f) = \lim_{D \to \infty} \int_{-\frac{1}{2}D}^{+\frac{1}{2}D} \bar{g}^{(K)}(\tau)\, e^{2\pi i f \tau}\, d\tau \qquad (I\ 7,\ 4)$$

dargestellt wird; wir ergänzen es durch die *konjugiert-komplexe* Spektraldichte

$$s^{(K)*}(f) = \lim_{D \to \infty} \int_{-\frac{1}{2}D}^{+\frac{1}{2}D} \bar{g}^{(K)}(\tau)\, e^{-2\pi i f \tau}\, d\tau = s^{(K)}(-f). \qquad (I\ 7,\ 5)$$

Unter Berufung auf den Satz von *Parseval* berechnet sich somit das *Effektivquadrat* der elektromotorischen Kraft zwischen den Klemmen des Leiters K, welches durch

$$[U_{0,\,\mathrm{eff}}^{(K)}]^2 = \lim_{D \to \infty} \frac{1}{D} \int_{-\frac{1}{2}D}^{+\frac{1}{2}D} [U_0^{(K)}(t)]^2\, dt \qquad (I\ 7,\ 6)$$

definiert ist, mittels der Frequenzspektren (I 7, 4) und (I 7, 5) zu

$$[U_{0,\,\mathrm{eff}}^{(K)}]^2 = \lim_{D \to \infty} \frac{1}{D} \int_{-\infty}^{+\infty} s^{(K)}(f)\, s^{(K)*}(f)\, df, \qquad (I\ 7,\ 7)$$

so daß der Anteil

$$\delta\,[U_{0,\,\mathrm{eff}}^{(K)}]^2 = \lim_{D \to \infty} \frac{2}{D}\, s^{(K)}(f)\, s^{(K)*}(f)\, \delta f \qquad (I\ 7,\ 8)$$

dieses Effektivquadrates dem infinitesimal schmalen Band δf der nunmehr auf den Bereich $f \geqq 0$ der ausschließlich *positiv-reellen* Zahlen beschränkten Frequenzen angehört; aus ihm resultiert durch Mitteln über sämtliche Mitglieder des Stromleiter-Kollektivs der Erwartungswert

$$\delta\,[U_{0,\,\mathrm{eff}}]^2 = \lim_{M \to \infty} \frac{1}{M} \sum_{K=1}^{M} \delta\,[U_{0,\,\mathrm{eff}}^{(K)}]^2 \qquad (I\ 7,\ 9)$$

den wir zu berechnen haben.

c) Nach dem Vorgang von *Nyquist* richten wir unsere Aufmerksamkeit auf die Stromleiter beziehentlich der Nennziffern K und L, welche mittels eines „vollkommenen", verlustfreien und strahlungsfreien Kabels der festen

Länge l zu einem in sich geschlossenen Stromkreise nach Abb. I 7, 1 verbunden seien. Durch Z bezeichnen wir den *Wellenwiderstand* des Kabels, welcher als [positive] Quadratwurzel aus dem Verhältnis seines Induktivitätsbelages zu seinem Kapazitätsbelag definiert ist; er sei dem *Ohm*schen Widerstand R der beiderseits an das Kabel angeschlossenen Stromleiter durch die Vorschrift

$$Z = R \qquad\qquad (I\ 7,\ 10)$$

„*angepaßt*". Nach Ablauf der elektromagnetischen Einschaltvorgänge, welche zufolge der verabredeten Beschränkung auf den Zustand des thermodynamischen Gleichgewichtes von der hier beabsichtigten Untersuchung durchaus auszuschließen sind, erfüllt dann jeder der rauschenden, kabelgekoppelten Stromleiter seinem Partner gegenüber die *Doppelrolle* des *Senders* und des *Empfängers*.

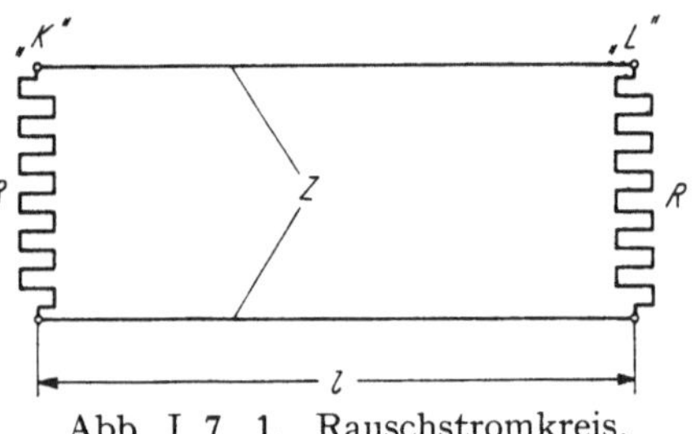

Abb. I 7, 1.   Rauschstromkreis.

Nun wenden wir uns zum Stromleiter K, welcher zum Zeitpunkt t seiner Beobachtung gerade als „Generator" arbeite.

Nach (I 7, 3) entfällt nun auf das infinitesimal schmale Band δf aller reellen, positiven oder negativen Frequenzen f die elektromotorische Kraft

$$\delta U_0^{(K)}(f) = s^{(K)}(f)\, e^{-2\pi i f t}\, \delta f, \qquad\qquad (I\ 7,\ 11)$$

welche zufolge der „Belastung" des Kabels durch den seinem fernen Ende angeschlossenen Stromleiter L mit Rücksicht auf die frequenzunabhängige Widerstandsanpassung (I 7, 10) auf die Spannung

$$\delta U^{(K)}(f) = \frac{1}{2}\, \delta U_0^{(K)}(f) \qquad\qquad (I\ 7,\ 12)$$

abfällt. Entsprechend (I 7, 8) enthält sonach das infinitesimal schmale Band δf der jetzt wieder auf ausschließlich positiv-reelle Werte beschränkten Frequenzen f den Anteil

$$\delta[U_{\mathrm{eff}}^{(K)}]^2 = \frac{1}{4}\, \delta[U_{0,\mathrm{eff}}^{(K)}]^2 = \lim_{D\to\infty} \frac{1}{2D}\, s^{(K)}(f)\, s^{(K)*}(f)\, \delta f \qquad (I\ 7,\ 13)$$

des zwischen den Klemmen des Stromleiters K resultierenden, effektiven Spannungsquadrates. Innerhalb des genannten Frequenzbandes speist daher der Stromleiter K die *Rauschleistung*

$$\delta P^{(K)}(f) = \frac{1}{Z}\, \delta[U_{\mathrm{eff}}^{(K)}]^2 = \frac{1}{4R}\, \delta[U_{0,\mathrm{eff}}^{(K)}]^2 \qquad\qquad (I\ 7,\ 14)$$

[Anpassungsbedingung!] in das Kabel ein, welche es als *Wellengruppe* mit der gleichförmigen *Gruppengeschwindigkeit* $\bar{v}$ durcheilt. In dem hier vorausgesetzten Falle des „vollkommenen" Kabels gleicht $\bar{v}$ dem Kehrwert der Quadratwurzel aus dem Produkte des Kapazitätsbelages mit dem Induktivitätsbelag, erweist sich also als unabhängig von der Frequenz jener Wellengruppe: Diese trifft nach Verlauf der festen Zeitspanne

$$\bar{t} = \frac{l}{\bar{v}} \qquad\qquad (I\ 7,\ 15)$$

an den Klemmen des Stromleiters L ein, von welchem sie dank der Widerstandsanpassung (I 7, 10) reflexionslos, also total absorbiert wird. Man könnte allerdings vermeinen, daß der geschilderte Vorgang durch den ihm entgegengesetzten, vom Stromleiter L ausgehenden Energietransport genau kompensiert werde; doch ist dieser gedankliche Einwand nicht stichhaltig: Geht man von dem gerade kontrollierten Paar (K; L) der durch das Kabel miteinander verbundenen Stromleiter zu einem beliebig ausgewählten anderen Paare solcher Rauschquellen über, so bestehen zwischen den jeweils an beiden Kabelenden gleichzeitig auftretenden, synchronen Teilspannungen der Frequenz f von Paar zu Paar stochastisch schwankende „Spreizwinkel" ihrer Phasendifferenz. Beim Übergang zum *Ensemble*-Mittelwert $\delta P(f)$ der Rauschleistung hat man daher die genannten, gegenläufigen Kabelwellen als *unabhängig voneinander* zu behandeln. Demnach resultiert aus (I 7, 14) die Angabe

$$\delta P(f) = \lim_{M \to \infty} \frac{1}{M} \sum_{K=1}^{M} \delta P^{(K)}(f) = \frac{1}{4R} \delta [U_{0,\,eff}]^2 \qquad (I\ 7,\ 16)$$

in welcher $\delta [U_{0,\,eff}]^2$ den *Erwartungswert der quadratischen, elektromotorischen Rauschkraft* definiert.

d) Da das „vollkommene" Kabel als solches verlustfrei ist, verbraucht es für den Transport der hin- und herreisenden Wellen keine Arbeit; wohl aber muß es ihnen die notwendigen „Verkehrsmittel" in Form von *elektromagnetischen Energiequanten* zur Verfügung stellen, deren Strömung den Leistungsaustausch zwischen den jeweils gekoppelten, rauschenden Widerständen vermittelt. Welcher Energieanteil ΔW entfällt auf das zwar im Verhältnis zur reziproken Laufzeit

$$\frac{1}{\bar{t}} = \frac{\bar{v}}{l} \qquad (I\ 7,\ 17)$$

schmale, doch wesentlich *endliche* Frequenzband Δf des Bereiches $f \geqq 0$?

Um die aufgeworfene Frage zu lösen, verwandeln wir das Kabel durch einen plötzlichen Eingriff an seinen beiden Klemmenpaaren in eine sogenannte „*Energiefalle*", welche gegen die Rauschwiderstände „adiabatisch" abgeschlossen ist. Dieses Ziel läßt sich auf zwei, zueinander in dualem Verhältnis stehenden Wegen erreichen:

1. Mittels eines Paares je in Reihe mit den Rauschwiderständen liegenden „Längsschaltern" werden diese Widerstände vom Kabel abgetrennt, so daß dieses, technisch gesprochen, in eine beiderseits *leerlaufende* Leitung übergeht.

2. Die Rauschwiderstände werden durch je einen parallel zu ihnen liegenden „Querschalter" überbrückt, so daß das Kabel dann beiderseitig *kurzgeschlossen* ist.

Es sei nun

$$0 \leqq x \leqq l \qquad (I\ 7,\ 18)$$

der Abstand einer die Adern des Kabels senkrecht schneidenden Kontrollebene von dessen am Rauschleiter K liegenden Eingangsklemmen. Gemäß der Definition des Wellenwiderstandes Z ist dann der Strom $\vec{J}$ einer in Richtung wachsender Werte der Ortskoordinate x fortschreitenden Welle mit deren Spannung $\vec{U}$ durch die Relation

$$\vec{J} = \frac{\vec{U}}{Z} \qquad (I\ 7,\ 19)$$

verknüpft, während die Stromstärke $\overleftarrow{J}$ einer rückschreitenden Welle aus deren Spannung $\overleftarrow{U}$ mittels der genetischen Vorschrift

$$\overleftarrow{J} = -\frac{\overleftarrow{U}}{Z} \qquad (I\ 7,\ 20)$$

hervorgeht. Da diese Gleichungen in dem hier vorausgesetzten Falle des vollkommenen Kabels für je *beliebige* Formen der gegenläufigen Wellen gültig sind, involvieren sie, auf dem Wege über deren *Fourier*sche Integraldarstellung, implizit die Gleichheit der *Wellengruppengeschwindigkeit* $\bar{v}$ mit der *Phasengeschwindigkeit* v „monochromatischer" Wellen

$$\bar{v} = v \qquad (I\ 7,\ 21)$$

aller reellen Frequenzen $f \geqq 0$. Jede derartige Welle kann daher, unter Berufung auf die Linearität der für das Kabel zuständigen Telegraphengleichungen, mittels zweier, vorerst willkürlich wählbarer komplexer Spannungsamplituden $\bar{U}_+$ und $\bar{U}_-$ durch das Paar der Gleichungen

$$U = \bar{U}_+\, e^{-2\pi i f\left(t-\frac{x}{v}\right)} + \bar{U}_-\, e^{-2\pi i f\left(t+\frac{x}{v}\right)} \qquad (I\ 7,\ 22)$$

und

$$J = \frac{\bar{U}_+}{Z}\, e^{-2\pi i f\left(t-\frac{x}{v}\right)} - \frac{\bar{U}_-}{Z}\, e^{-2\pi i f\left(t+\frac{x}{v}\right)} \qquad (I\ 7,\ 23)$$

allgemein dargestellt werden.

Im Falle des „Leerlaufes" [Index (0)] werden nun dem Kabel durch das simultane Öffnen der Längsschalter die Grenzbedingungen

$$J = J_{(0)} = 0 \qquad \text{für} \qquad x = \begin{cases} 0 \\ 1 \end{cases} \qquad (I\ 7,\ 24)$$

aufgezwungen. Im Hinblick auf (I 7, 23) befriedigen also die dann resultierenden Spannungsamplituden $\bar{U}_{+,(0)}$ und $\bar{U}_{-,(0)}$ die beiden linearen, homogenen Gleichungen

$$\bar{U}_{+,(0)} - \bar{U}_{-,(0)} = 0 \qquad (I\ 7,\ 25)$$

und

$$\bar{U}_{+,(0)}\, e^{2\pi i f\frac{1}{v}} - \bar{U}_{-,(0)}\, e^{-2\pi i f\frac{1}{v}} = 0. \qquad (I\ 7,\ 26)$$

Mit ihnen sind endliche Kabelwellen nur für die Gesamtheit jener *Eigenfrequenzen* vereinbar, welche der Forderung

$$\begin{vmatrix} 1 & -1 \\ e^{2\pi i f\frac{1}{v}} & -e^{-2\pi i f\frac{1}{v}} \end{vmatrix} = 2\,i \sin\left(2\pi f\frac{1}{v}\right) = 0 \qquad (I\ 7,\ 27)$$

genügen.

Im Falle des „Kurzschlusses" [Index (k)] dagegen wird durch die gleichzeitige Betätigung der Querschalter die Spannung an beiden Kabelenden vernichtet:

$$K = U_{(k)} = 0 \qquad \text{für} \qquad x = \begin{cases} 0 \\ 1 \end{cases}. \qquad (I\ 7,\ 28)$$

Aus (I 7, 22) entspringen somit für die nunmehr auftretenden Spannungsamplituden $\bar{U}_{+,(k)}$ und $\bar{U}_{-,(k)}$ die Bedingungen

$$\bar{U}_{+,(k)} + \bar{U}_{-,(k)} = 0 \qquad (I\ 7,\ 29)$$

und

$$\bar{U}_{+,(k)}\, e^{2\pi i f \frac{1}{v}} + \bar{U}_{-,(k)}\, e^{-2\pi i f \frac{1}{v}} = 0, \qquad (I\ 7,\ 30)$$

so daß die Existenz endlicher Kabelwellen an den Satz der aus

$$\begin{vmatrix} 1 & 1 \\ e^{2\pi i f \frac{1}{v}} & e^{-2\pi i f \frac{1}{v}} \end{vmatrix} = -2\,i\,\sin\left(2\,\pi\,f\,\frac{1}{v}\right) = 0 \qquad (I\ 7,\ 31)$$

hervorgehenden Eigenfrequenzen gebunden ist.

Aus dem Vergleich von (I 7, 27) mit (I 7, 31) folgt, daß die beziehentlich bei Leerlauf und Kurzschluß längs des Kabels sich ausbildenden elektromagnetischen Felder ungeachtet ihrer komplementären Natur das gleiche Spektrum ihrer Eigenfrequenzen entwickeln. Auf Grund dieses Satzes gelangen wir schon durch Wahl nur der *einen* Folge aller reellen, ganzen „Quantenzahlen" $n > 0$ in der Angabe

$$f_n = \frac{n}{2} \cdot \frac{1}{v}\,; \qquad n = 1;\,2;\,\ldots \qquad (I\ 7,\ 32)$$

zur erschöpfenden Kenntnis *aller* Eigenfrequenzen; umgekehrt entfallen also, in einem mit wachsender Länge 1 des Kabels zunehmendem Grade der Genauigkeit, auf das Frequenzband Δf annähernd

$$\Delta n = 2\,\frac{v}{1}\,\Delta f \qquad (I\ 7,\ 33)$$

unterschiedliche Eigenfrequenzen, deren jede entweder einer Leerlaufwelle oder einer Kurzschlußwelle angehört. Entscheiden wir uns jetzt für *eine* dieser äquivalenten Möglichkeiten zur Realisierung der beabsichtigten Energiefalle, so ist also jeder diskreten Eigenfrequenz f_n *ein Hertz*scher Erreger zuzuordnen, welcher im Sinne der klassischen Mechanik als *linearer, harmonischer Oszillator* der Eigenfrequenz f_n aufzufassen ist. Der Erwartungswert u seiner Energie wird somit durch die *Planck*sche Formel (I 4, 30) dargestellt, nachdem man in dieser das Symbol *v* der Frequenz mit dem hier benutzten Zeichen f_n vertauscht hat:

$$u = \eta_0 + \frac{h\,f_n}{e^{\frac{h f_n}{kT}} - 1}\,. \qquad (I\ 7,\ 34)$$

Bei ihrer Rücktransformation auf die Energie der zugeordneten Kabelwelle hat man jedoch die Nullpunktsenergie η_0 zu unterdrücken, da eine solche den elektromagnetischen Schwingungsträgern [Photonen] nicht zukommt

$$\eta_0 = 0. \qquad (I\ 7,\ 35)$$

In der durch die Abzählung (I 7, 33) gebotenen Genauigkeit entfällt somit auf das [schmale] Intervall Δf der Frequenzen

$$f \approx f_n \qquad (I\ 7,\ 36)$$

die Energie

$$\Delta W = [u]_{f_n = f}\,\Delta n = 2\,\frac{v}{1} \cdot \frac{h\,f}{e^{\frac{hf}{kT}} - 1}\,\Delta f. \qquad (I\ 7,\ 37)$$

e) Wir stellen jetzt, mittels passender Betätigung der an den Kabelenden vorgesehenen Schalter, den ursprünglichen Zustand des beiderseitig je durch den *Ohm*schen Widerstand R abgeschlossenen Kabels wieder her. Während der Gruppenlaufzeit $t = l/\bar{v} = l/v$ [vgl. Gl. (I 7, 21)] wandert dann je die Hälfte der Energie ΔW in dieser oder jener Richtung längs des Kabels. Bei jedem dieser simultan sich abspielenden Prozesse wird somit die Leistung

$$\Delta P = \frac{1}{2} \frac{\Delta W}{t} = \frac{h\,f}{e^{\frac{h\,f}{k\,T}} - 1} \Delta f \qquad (I\ 7,\ 38)$$

an jeden der beiden Rauschwiderstände abgegeben. Verbreitern wir jetzt das früher nur infinitesimal schmal bemessene Frequenzband δf der Rauschleistung $\delta P(f)$ nach (I 7, 16) auf das endliche Intervall Δf und bezeichnen sinngemäß die dann zu erwartende quadratische elektromotorische Rauschkraft durch $\Delta [U_{0,\text{eff}}]^2$, so ist der vorausgesetzte Zustand des statistischen Gleichgewichtes an die *Leistungsbilanz*

$$\Delta P = \frac{h\,f}{e^{\frac{h\,f}{k\,T}} - 1} \Delta f = \frac{1}{4\,R} \Delta [U_{0,\text{eff}}]^2 \qquad (I\ 7,\ 39)$$

gebunden; man entnimmt ihr die Relation

$$\Delta [U_{0,\text{eff}}]^2 = 4\,R \frac{h\,f}{e^{\frac{h\,f}{k\,T}} - 1} \Delta f. \qquad (I\ 7,\ 40)$$

Es ist gewiß bemerkenswert, daß dieses Ergebnis von der Natur des elektronischen Leitungsmechanismus im Innern des Rauschwiderstandes gänzlich unabhängig ist, sofern dieser nur dem *Ohm*schen Gesetz gehorcht; in dieser weittragenden Folgerung offenbart sich die geistige Kraft des genialen Gedankens, welcher der *Nyquist*schen Theorie des Widerstandsrauschens zugrunde liegt.

Ungeachtet dieser Universalität der statistischen Aussage (I 7, 40) haben wir nachdrücklich auf die früher sozusagen vorsichtshalber geforderte Beschränkung auf Temperaturen oberhalb des Gebietes der Supraleitfähigkeit hinzuweisen, da ja dort das *Ohm*sche Gesetz seinen normalen Inhalt verliert. Es ist nicht beabsichtigt, auf die in dieser Bemerkung verborgene, physikalisch tiefgreifende Frage nach den elektromagnetischen Schwankungserscheinungen in supraleitenden Stoffen einzugehen. Vielmehr ergänzen wir die genannte Beschränkung der Temperatur durch die Ungleichung

$$\frac{h\,f}{k\,T} \ll 1 \qquad (I\ 7,\ 41)$$

welche, bei bekannter, fester Temperatur den *Niederfrequenz-Rauschbereich* definiert. In ihm reduziert sich Gl. (I 7, 40) auf die einfache Aussage

$$\Delta [U_{0,\text{eff}}]^2 = 4\,R\,k\,T \cdot \Delta f, \qquad (I\ 7,\ 42)$$

welche das Frequenzspektrum des Widerstandsrauschens als *weiß* kennzeichnet.

f) Als *Zahlenbeispiel* wählen wir einen Stromleiter vom *Ohm*schen Widerstande $R = 10^6\ \Omega$ bei der absoluten Temperatur $T = 300^0$ K, welcher mit der [mittleren] Frequenz $f = 1\,\text{MHz}$ betrieben werde. Aus diesen Angaben folgt der Verhältniswert

$$\frac{h\,f}{k\,T} = \frac{6 \cdot 623 \cdot 10^{-34} \cdot 10^{6}}{1{,}37 \cdot 10^{-23} \cdot 300} = 0{,}16 \cdot 10^{-6},$$

so daß die Ungleichung (I 7, 41) gewiß befriedigt ist. Für das Frequenzband $\Delta f = 10^{4}\,\text{Hz}$, welches den wichtigsten Bereich der Klänge in Sprache und Musik umfaßt, berechnet sich dann aus (I 7, 42) der Erwartungswert der quadratischen elektromotorischen Rauschkraft zu

$$\Delta\,[U_{0,\text{eff}}]^{2} = 4 \cdot 10^{6} \cdot 1{,}37 \cdot 10^{-23} \cdot 300 \cdot 10^{4}\,\text{Volt}^{2} = (12{,}9\,\mu\text{V})^{2}$$

g) Beim *Kurzschluß* des rauschenden Widerstandes R — nicht etwa des Kabels, wie vordem! — entsteht gemäß (I 7, 1) im Kurzschlußbügel der Strom

$$J_{k}^{(L)}(t) = \frac{U_{0}^{(L)}(t)}{R} \tag{I 7, 43}$$

Aus (I 7, 42) und (I 7, 43) folgt somit für den *Ensemble-Mittelwert* $\Delta\,[J_{k,\text{eff}}]^{2}$ *des effektiven Kurzschlußstrom-Quadrates* innerhalb des schmalen Bandes Δf der durch (I 7, 41) definierten Niederfrequenzen die Angabe

$$\Delta\,[J_{k,\text{eff}}]^{2} = \frac{\Delta\,[U_{0,\text{eff}}]^{2}}{R^{2}} = \frac{4\,k\,T}{R}\,\Delta f. \tag{I 7, 44}$$

Wir bedienen uns dieser Formel zur Beschreibung des Schroteffektes im Anlaufgebiete einer Hochvakuumdiode planparalleler Elektroden in der Terminologie eines äquivalenten Widerstandsrauschens. Sei T_{K} die absolute Kathodentemperatur jener Röhre, während

$$\varphi_{K} = 0 \tag{I 7, 45}$$

das konstante elektrische Skalarpotential der Kathode und

$$\varphi_{A} < 0 \tag{I 7, 46}$$

das gleichfalls zeitfreie elektrische Skalarpotential der Anode bezeichne, so gelangt von allen nach Maßgabe des *Sättigungsstromes* J_{s} je Zeiteinheit aus der Kathode emittierten Elektronen je des absoluten Betrages q_{0} ihrer elektrischen Ladung nur der Bruchteil

$$\cdot J_{A} = J_{s}\,e^{\frac{q_{0}\varphi_{A}}{k\,T}} < J_{s} \tag{I 7, 47}$$

als *Anodenstrom* zur Gegenelektrode. Die infinitesimal kleine Änderung $\Delta\varphi_{A}$ des Anodenpotentiales zieht daher die ebenso nur infinitesimal schwache Stromänderung

$$\Delta J_{A} = \frac{q_{0}}{k\,T_{K}}\,J_{A} \cdot \Delta\varphi_{A} \tag{I 7, 48}$$

nach sich, so daß das Verhältnis

$$R_{A} = \frac{\Delta\varphi_{A}}{\Delta J_{A}} = \frac{k\,T_{K}}{q_{0}} \cdot \frac{1}{J_{A}} \tag{I 7, 49}$$

den *differentiellen Anlaufwiderstand* der Diode definiert.

Auf Grund der Voraussetzung eines negativen Anodenpotentiales unterscheidet sich der Zustand des zwischen den Elektroden eingeschlossenen Elektronengases nur äußerst wenig von seinem thermodynamischen Gleichgewicht mit dem im Innern der Kathode befindlichen „Kondensat". Wir dürfen daher die Geschwindigkeitsverteilung im Elektronengase merklich jener eines idealen, einatomigen Gases oder, mit anderen Worten, der *Maxwell*schen Geschwindigkeitsverteilung gleichsetzen. In der hierdurch angezeigten Genauigkeit hat man die Ankunft eines einzelnen Elektrons an der Anode als ein vom Übergang der anderen Elektronen unabhängiges Elementarereignis anzusehen. Daher genügt der Anodenstrom J_A der Statistik des *Sättigungsrauschens*: Auf das schmale Frequenzband Δf entfällt im Ensemble-Durchschnitt die quadratische Stromschwankung

$$\Delta [J_A]^2 = 2\,q_0\,J_A \cdot \Delta f, \qquad (\text{I } 7,\ 50)$$

welche mit Rücksicht auf (I 7, 49) in der Form

$$\Delta [J_A]^2 = \frac{2\,k\,T_K}{R_A}\,\Delta f \qquad (\text{I } 7,\ 51)$$

dargestellt werden kann. Durch Vergleich dieser Aussage mit (I 7, 44) gelangen wir zu dem gesuchten *Äquivalenzsatz*. In ihrem Anlaufgebiete rauscht die Diode nach Maßgabe ihres differentiellen Widerstandes mit der „wirksamen" Absoluttemperatur

$$T = \frac{1}{2}\,T_K \qquad (\text{I } 7,\ 52)$$

vom *halben* Betrage der tatsächlichen Kathodentemperatur.

Zahlenbeispiel: Für eine Röhre der absoluten Kathodentemperatur $T_K = 2800°\,K$ entspricht einem Anlaufstrome der Stärke $J_A = 2\,\mu A$ gemäß (I 7, 49) der differentiale Widerstand

$$R_A = \frac{1{,}37 \cdot 10^{-23} \cdot 2800}{1{,}60 \cdot 10^{-19}}\,\frac{1}{2 \cdot 10^{-6}}\,\Omega = 0{,}12\,\text{M}\Omega,$$

so daß für ein Frequenzband der Breite $\Delta f = 10^4$ Hz das Quadrat

$$\Delta [J_A]^2 = \frac{2 \cdot 1{,}37 \cdot 10^{-23} \cdot 2800}{0{,}24 \cdot 10^6} \cdot 10^4\,[\text{Amp}]^2 = [56{,}5 \cdot 10^{-12}\,\text{A}]^2$$

der Rauschstromstärke resultiert.

I 8. Der Satz von Liouville.

a) Wir handeln im folgenden von der *Newton*schen Korpuskularmechanik eines Systemes Z materieller, durch die „Nennziffern" $1 \leqq K \leqq Z$ ein für allemal individualisierbarer Punkte, welchen beziehentlich die träge Masse $m_{(K)}$ zukommt. Nach Wahl des dreidimensionalen Bezugssystemes der *allgemeinen Koordinaten* q^i [i = 1; 2; 3] wird dann der kinematische Zustand des materiellen Punktes K zum Zeitpunkt t durch das Tripel der den Koordinaten q^i zugehörigen *allgemeinen Geschwindigkeiten*

$$\dot{q}^i_{(K)} = \frac{dq^i_{(K)}}{dt} \qquad (\text{I } 8,\ 1)$$

beschrieben. Aus der Gesamtheit dieser Angaben konstruieren wir das *Lagrange*sche *kinetische Potential*

$$L = L(q^i_{(K)};\ \dot{q}^i_{(K)};\ t) \qquad (\text{I } 8,\ 2)$$

als Mutterfunktion der *Impulse*

$$p_{i(K)} = \frac{\partial L}{\partial \dot{q}^i_{(K)}}\,. \qquad (\text{I } 8,\ 3)$$

Gehen wir nun mittels der Bildungsvorschrift

$$H = \sum_{K=1}^{Z} \sum_{i=1}^{3} p_{i(K)}\, \dot{q}^i_K - L \qquad (I\ 8,\ 4)$$

zur *Hamilton*schen *Funktion* über, welche wir, nach Elimination der allgemeinen Geschwindigkeiten $\dot{q}^i_{(K)}$ aus L, als Funktion der *kanonischen Koordinaten* $p_{i(K)}$, $q^i_{(K)}$ und der laufenden Zeit t ansehen, so folgen aus dem *Hamilton*schen Variationsprinzip die *kanonischen Differentialgleichungen*

$$\dot{p}_{i(K)} = -\frac{\partial H}{\partial q^i_{(K)}}\ ; \qquad \dot{q}^i_{(K)} = \frac{\partial H}{\partial p_{i(K)}}\ . \qquad (I\ 8,\ 5)$$

b) Im Rahmen der klassischen Mechanik lassen sich die kanonischen Koordinaten aller kontrollierten Z Massenpunkte zu jedem Zeitpunkt t genau messen. Demgemäß können wir das dynamische Verhalten des Systemes mittels der zumindest grundsätzlich aus (I 8, 5) bei bekannten Anfangsbedingungen berechenbaren Integrale

$$p_{i(K)} = p_{i(K)}(t)\ ; \qquad q^i_{(K)} = q^i_{(K)}(t) \qquad (I\ 8,\ 6)$$

erschöpfend beschreiben; diese gelten weiterhin als bekannt, und wir nehmen an, daß sie zu allen Zeiten *stetig* bleiben.

Ungeachtet der jeweiligen geometrischen Bedeutung der allgemeinen Koordinaten q^i im dreidimensionalen Konfigurationsraum konstruieren wir nun gedanklich einen abstrakten „*Überraum*" von $2 \cdot (3\,Z)$ Dimensionen der ebenso vielen, paarweise zueinander orthogonalen Achsen der kanonischen Punktkoordinaten $p_{i(K)}$ und $q^i_{(K)}$, welcher den sogenannten *Phasenraum* des Z-Punkt-Systemes definiert; in ihm herrscht die Metrik der sinngemäß erweiterten *Euklid*ischen Geometrie, und die Gesamtheit der Gleichungen (I 8, 6) beschreibt eine einzige Kurve: Die *Phasenbahn*, welche also die Dynamik des vorgelegten materiellen Systemes in eine rein kinematische Sprache übersetzt.

c) Der Kürze und der Anschaulichkeit halber beschränken wir uns weiterhin auf ein mechanisches System von nur *einem* Freiheitsgrade; doch werden wir alle an ihm durchzuführenden Überlegungen so formulieren, daß ihrer Verallgemeinerung auf eine beliebige [endliche] Anzahl von Freiheitsgraden keine gedanklichen Schwierigkeiten im Wege stehen. Da somit die Nennziffer K wie der Koordinatenindex i vorerst überflüssig geworden sind, reduzieren sich die Angaben (I 8, 6) auf

$$p = p(t)\ ; \qquad q = q(t) \qquad (I\ 8,\ 7)$$

und der Phasenraum degeneriert zu der von p [Abszisse] und q [Ordinate] aufgespannten *Phasenebene*.

d) Wir stellen uns jetzt vor, daß man mit N je individualisierbaren, mechanischen Systemen identischer „eingeprägter" Eigenschaften simultan ebensoviele Versuche durchführe; doch sei durch passende, „adiabatische" Entkoppelung dieser Systeme jegliche gegenseitige Beeinflussung kategorisch ausgeschlossen.

Da wir hier auf dem Boden der klassischen Punktmechanik stehen, sind die zu Beginn der Versuche [t = 0] jeweils realisierten Anfangswerte der kanonischen Koordinaten

$$p = p_0\ ; \qquad q = q_0 \qquad \text{für} \qquad t = 0 \qquad (I\ 8,\ 8)$$

scharf bestimmbar; sie definieren von Mal zu Mal in der Phasenebene einen
gewissen „Startpunkt". Ungeachtet der vorausgesetzten Uniformität der N
mechanischen Systeme lassen wir nun bei jedem der mit nur *einem* von
ihnen vorgenommenen Versuche *unterschiedliche Anfangsbedingungen* zu,
deren jeweils sie repräsentierende Startpunkte $(p_0; q_0)$ jedoch entsprechend
Abb. I 8, 1 sämtlich in das Innere des Kontrollrechteckes der Breite Δp_0
[Impulstoleranz] und der Höhe Δq_0 [Ortstoleranz] fallen sollen. Denken
wir uns jetzt die Versuchszahl N mehr und mehr gesteigert, so werden
schließlich die genannten N Startpunkte die Fläche des Kontroll-Recht-
eckes nach Art eines virtuellen „*Phasennebels*" mit der „*Phasendichte*"

$$n_0 = \frac{N}{\Delta p_0\,\Delta q_0} \qquad\qquad (\text{I } 8,\ 9)$$

erfüllen.

Wir begleiten nunmehr jedes der N mechanischen Systeme während
seiner Bewegung im Konfigurationsraum und stellen seinen durch (I 8, 7)
beschriebenen, dynamischen Zustand zu irgend einem Zeitpunkt $t > 0$
durch den entsprechenden Punkt $(p; q)$ der Phasenebene dar. Verfahren

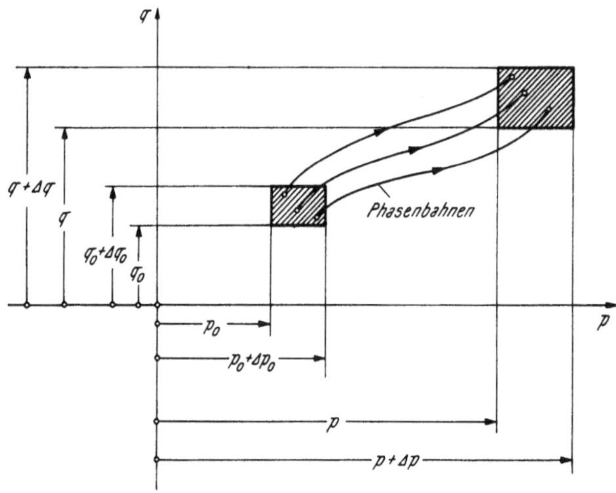

Abb. I 8, 1. Zum *Liouville*schen Satze: Eindimensionale Strömung des Phasennebels.

wir in derselben Weise mit den „gleichzeitigen" Phasenpunkten $(p; q)$ aller
N Systeme, so werden sie sich jetzt innerhalb eines neuen Kontroll-Recht-
eckes der Breite Δp und der Höhe Δq nach Abb. I 8, 1 befinden; der Phasennebel weist dann die Dichte

$$n = \frac{N}{\Delta p\,\Delta q} \qquad\qquad (\text{I } 8,\ 10)$$

auf. Welche Beziehung verknüpft die Anfangsdichte n_0 mit der temporären
Dichte n?

Da das vom Phasennebel mitgeführte „Beobachtungsmaterial" — die
Anzahl N der simultanen Versuche — definitionsgemäß ein für allemal zur
Gänze in Rechnung gestellt wird, also die Menge seiner Substanz sich nicht
ändern kann, gehorcht der Nebel selbst dem *Kontinuitätsgesetz* kompressibler
Flüssigkeiten. Um diese Erkenntnis auszunutzen, richten wir unsere Auf-
merksamkeit während der infinitesimal kurzen Zeitspanne Δt auf das schon

oben benutzte, „temporäre" Kontrollrechteck der Breite Δp und der Höhe Δq und registrieren:

1. Parallel der positiven p-Achse treten durch die in $(p + \Delta p)$ gelegene Seite der Höhe Δq aus dem Innern des Rechteckes

$$[n\,\dot{p}]_{p+\Delta p} \cdot \Delta t \cdot \Delta q \qquad \text{(I 8, 11)}$$

Phasenpunkte aus, während durch in p gelegene Rechteckseite der nämlichen Höhe Δq in das Innere des Rechteckes

$$[n\,\dot{p}]_{p} \cdot \Delta t \cdot \Delta q \qquad \text{(I 8, 12)}$$

Phasenpunkte eintreten.

2. Parallel der positiven q-Achse treten durch die in $(q + \Delta q)$ gelegene Seite der Breite Δp aus dem Innern des Rechteckes

$$[n\,\dot{q}]_{q+\Delta q} \cdot \Delta t \cdot \Delta p \qquad \text{(I 8, 13)}$$

Phasenpunkte aus, während durch die in q gelegene Basis ebenfalls der Breite Δp in das Innere des Rechteckes

$$[n\,\dot{q}]_{q} \cdot \Delta t \cdot \Delta p \qquad \text{(I 8, 14)}$$

Phasenpunkte eintreten.

Durch Zusammenfassung von (I 8, 11), (I 8, 12), (I 8, 13) und (I 8, 14) gelangen wir zur *Bilanz des Beobachtungsmateriales*

$$\Delta N = -\frac{\partial n}{\partial t} \cdot \Delta t \cdot \Delta p \cdot \Delta q = \qquad \text{(I 8, 15)}$$

$$= -\,[\{(n\,\dot{p})_{p+\Delta p} - (n\,\dot{p})_{p}\}\,\Delta q + \{(n\,\dot{p})_{q+\Delta q} - (n\,q)_{q}\}\,\Delta p].$$

Mittels des dreifachen [mathematischen] Grenzüberganges $\Delta t \to 0$, $\Delta p \to 0$ und $\Delta q \to 0$ nimmt (I 8, 15) die Gestalt

$$-\frac{\partial n}{\partial t} = \left\{\frac{\partial n}{\partial p}\,\dot{p} + n\,\frac{\partial \dot{p}}{\partial p}\right\} + \left\{\frac{\partial n}{\partial q}\,\dot{q} + n\,\frac{\partial \dot{q}}{\partial q}\right\}. \qquad \text{(I 8, 16)}$$

an. Gemäß (I 8, 5) gehorchen nun die kanonischen Koordinaten p und q den partiellen Differentialgleichungen

$$\dot{p} = -\frac{\partial H}{\partial q}\,; \qquad \dot{q} = \frac{\partial H}{\partial p}, \qquad \text{(I 8, 17)}$$

welche die Relation

$$\frac{\partial \dot{p}}{\partial p} + \frac{\partial \dot{q}}{\partial q} = 0 \qquad \text{(I 8, 18)}$$

nach sich ziehen. Daher reduziert sich (I 8, 16) auf die Aussage

$$\frac{\partial n}{\partial t} + \frac{\partial n}{\partial p}\,\dot{p} + \frac{\partial n}{\partial q}\,\dot{q} = \frac{dn}{dt} = 0, \qquad \text{(I 8, 19)}$$

aus welcher man durch Integration über die Zeitspanne t zu der Gleichung

$$n = n_0 \qquad \text{(I 8, 20)}$$

gelangt. Sie beinhaltet den Satz von *Liouville*: Während der Wanderung der N Beobachtungspunkte durch den Phasenraum bleibt ihre Dichte konstant.

e) An Stelle der in der klassischen Mechanik frei wählbaren *Toleranzen* Δp und Δq der kanonischen Koordinaten treten in der Quantenmechanik die mit der Natur des Beobachtungsprozesses unausweichlich verbundenen *Ungenauigkeiten*, welche als solche der *Heisenberg*schen Mindestforderung

$$\Delta p \cdot \Delta q \geqq h \qquad \text{(I 8, 21)}$$

unterworfen sind. In ihr definiert das Gleichheitszeichen eine *Zelle* der Phasenebene von der Größe

$$\Delta p \cdot \Delta q = h, \qquad (I\ 8,\ 22)$$

welcher also *ein*, und nur ein Wert der *Hamilton*schen Funktion zukommt: Das *statistische Gewicht der Zelle gleicht der Einheit.* Um diese letzthin aus dem Zwang menschlichbegrenzter Experimentierkunst resultierende Einsicht mit dem Bestand der klassisch ja durch ihre jeweilige Lage (p; q) in der Zelle durchaus unterscheidbaren N Besetzungsmöglichkeiten widerspruchsfrei zu vereinen, hat man also das statistische Gewicht g als umgekehrt proportional zu N anzusetzen. Wir genügen dieser Forderung der „Resignation" durch die aus (I 8, 10) und (I 8, 22) hervorgehende Gleichung

$$g = 1 = h\,\frac{n}{N}\,. \qquad (I\ 8,\ 23)$$

Sie garantiert, auf Grund des *Liouville*schen Satzes, den *invarianten Einheitswert des statistischen Gewichtes* aller Zellen, welche von den Phasenbahnen der N simultan registrierten Phasenpunkte im Laufe der Zeit t durchkreuzt werden. Da dieser Schluß von der Startlage der Phasenpunkte gänzlich unabhängig ist, darf er auf das gesamte, dem vorgelegten mechanischen System zugängliche Gebiet der Phasenebene ausgedehnt werden.

f) Die früher in Aussicht gestellte Verallgemeinerung der vorstehenden Ergebnisse auf ein mechanisches System von r > 1 Freiheitsgraden folgt sogleich aus der in (I 8, 5) zum Ausdruck gebrachten, separaten Gültigkeit der kanonischen Differentialgleichungen für jeden einzelnen Freiheitsgrad. Da jedoch nunmehr an Stelle der Phasen*ebene* ein abstrakter, 2 r-dimensionaler *Raum* tritt, welcher definitionsgemäß der *Euklid*schen Metrik gehorcht, besitzt eine „Zelle" vom statistischen Gewicht g = 1 das Phasenvolumen

$$\Delta\tau^{(0)} = h^r. \qquad (I\ 8,\ 24)$$

I 9. Maxwell-Boltzmannsche Statistik idealer Gase.

a) Ein *ideales Gas* werde durch folgende Eigenschaften definiert:

1. Die Moleküle sind ausdehnungslose, materielle Punkte je der einheitlichen, unveränderlichen Masse m, deren jedem also *drei Freiheitsgrade* zukommen.

2. Es besteht *keinerlei dynamische Kopplung* zwischen den Molekülen.

b) Das Gefäß, welches das Gas enthält, besitze das Konfigurationsvolumen V. Wir orientieren uns im Gase an Hand eines relativ zu den Wänden des Gefäßes ruhenden Bezugssystemes der *Kartesi*schen Koordinaten x, y und z. Dasjenige „Aufmolekül", welches sich zum Zeitpunkt t gerade am Orte (x; y; z) befindet, unterliege dort einem *konservativen Kraftfelde* der potentiellen Energie

$$u_{pot} = u_{pot}(x;y;z) \qquad (I\ 9,\ 1)$$

je Molekül. Seien überdies v_x, v_y und v_z die beziehentlich achsenparallelen Geschwindigkeitskomponenten des Aufmoleküles, so berechnet sich dessen kinetische Energie u_{kin} nach den Regeln der deterministischen, *Newton*schen Punktmechanik zu

$$u_{kin} = \frac{m}{2}\,[v_x{}^2 + v_y{}^2 + v_z{}^2]. \qquad (I\ 9,\ 2)$$

Sie nimmt nach Ersatz der Geschwindigkeitskomponenten durch die Impulskomponenten

$$p_x = m\,v_x; \qquad p_y = m\,v_y; \qquad p_z = m\,v_z \qquad (I\ 9,\ 3)$$

die Gestalt

$$u_{kin} = \frac{1}{2\,m}\,[p_x{}^2 + p_y{}^2 + p_z{}^2] \qquad (I\ 9,\ 4)$$

an.

Im konservativen Kraftfelde gleicht nun die *Hamilton*sche Funktion $H = H(p_x; \ldots; z)$ des Aufmoleküles der Summe seiner je mittels der kanonischen Koordinaten ausgedrückten potentiellen und kinetischen Energie

$$H = u_{pot}(x;\,y;\,z) + \frac{1}{2\,m}\,[p_x{}^2 + p_y{}^2 + p_z{}^2]. \qquad (I\ 9,\ 5)$$

Da diese *Hamilton*-Funktion die laufende Zeit t nicht explizit enthält, bleibt ihr Wert während der Bewegung des Aufmoleküles unverändert erhalten und mißt durch eben diese konservative Eigenschaft dessen *Gesamtenergie* u

$$u = H = const. \qquad (I\ 9,\ 6)$$

Gesucht wird die statistische Thermodynamik eines Systemes von N Molekülen bei der im Innern des Gefäßes herrschenden, gleichförmigen Absoluttemperatur T.

c) In der nach *Maxwell* und *Boltzmann* benannten „klassischen" Statistik gelten die N Moleküle als *individualisierbar*. Solange wir uns dieser Meinung anschließen — und diesen Standpunkt behalten wir vorerst bei — dürfen wir jedes Molekül mit einem Einzelsystem der *Gibbs*schen Gesamtheit identifizieren. Für jedes von ihnen ergänzen wir die drei Konfigurationskoordinaten (x; y; z) des Aufmoleküles durch dessen Impulskoordinaten $(p_x; p_y; p_z)$ zum sechsdimensionalen, abstrakten Phasenraum; seine Basiszellen je des statistischen Gewichtes g = 1 erstrecken sich entsprechend der Anzahl

$$r = 3 \qquad (I\ 9,\ 7)$$

der Freiheitsgrade je Molekül gemäß (I 8, 24) über das Phasenvolumen

$$\Delta\tau^{(0)} = h^3. \qquad (I\ 9,\ 8)$$

Falls sich also das Aufmolekül im Bereiche $(p_x, p_x + \Delta p_x; \ldots; z, z + \Delta z)$ des Phasenraumes aufhält, haben wir diesem Gebiete das statistische Gewicht

$$g = \frac{\Delta p_x\,\Delta p_y\,\Delta p_z\,\Delta x\,\Delta y\,\Delta z}{h^3} \qquad (I\ 9,\ 9)$$

zuzuschreiben, so daß im Zustande des thermodynamischen Gleichgewichtes gemäß (I 1, 59) und (I 2, 25) der relative Anteil

$$\langle \Delta a \rangle = \frac{e^{-\frac{u}{kT}}\,\Delta p_x\,\Delta p_y\,\Delta p_z\,\Delta x\,\Delta y\,\Delta z}{\sum e^{-\frac{u}{kT}}\,\Delta p_x\,\Delta p_y\,\Delta p_z\,\Delta x\,\Delta y\,\Delta z} \qquad (I\ 9,\ 10)$$

aller N Einzelsysteme [Moleküle] gerade auf den kontrollierten Bereich des Phasenraumes entfällt.

Wir gehen nun von den im Nenner dieses Bruches auftretenden, ihrer Konzeption nach wesentlich *endlichen* Differenzen der kanonischen Koordinaten zu deren beziehentlichen Differentialen $dp_x; \ldots; dz$ über; gleichzeitig ist dann die *Summenbildung* durch eine *Integration* zu ersetzen. Im Hinblick auf den Bau (I 9, 5) der *Hamilton*schen Funktion reduziert sich das aus dieser Operation zunächst hervorgehende Sechsfachintegral in das Produkt zweier, je bestimmter Dreifachintegrale:

$$\sum e^{-\frac{u}{hT}} \Delta p_x \, \Delta p_y \, \Delta p_z \, \Delta x \, \Delta y \, \Delta z \rightarrow \qquad (I\ 9,\ 11)$$

$$\rightarrow \left[\iiint e^{-\frac{p_x{}^2 + p_y{}^2 + p_z{}^2}{2mkT}} dp_x \, dp_y \, dp_z\right]\left[\iiint e^{-\frac{u_{pot}}{kT}} dx \, dy \, dz\right],$$

deren beziehentliche Grenzen aus folgenden Überlegungen resultieren:

1. Im Sinne der *Gibbs*schen Statistik hat man als maximalen Absolutbetrag p_{max} des im dreidimensionalen Konfigurationsraum beliebig gerichteten Impulses jenen anzusehen, bei welchem ein Einzelsystem, also *eines* der N Moleküle, den gesamten Wert U der für *alle* N Moleküle verfügbaren Energie nur für sich allein beansprucht: Dieser extreme „Egoismus" kommt in der Bilanz

$$u_{pot} + \frac{p_{max}^2}{2\,m} = U \qquad (I\ 9,\ 12)$$

zum Ausdruck, in welcher u_{pot} jedenfalls *beschränkt* bleibt. Hält man nun die *mittlere Molekularenergie*

$$\langle u \rangle = \frac{U}{N} \qquad (I\ 9,\ 13)$$

fest, so ergibt sich gemäß (I 9, 12) bei hohen Molekülzahlen N ein zwar endlicher, im Verhältnis zum durchschnittlichen Absolutbetrag des Impulses jedoch sehr großer Wert dieses Maximalimpulses. Andererseits erkennt man aus dem Bau des die Besetzungswahrscheinlichkeit $\langle \Delta a \rangle$ nach (I 9, 10) regelnden Zählers mit Rücksicht auf (I 9, 4), daß tatsächlich solche „herkulischen" Moleküle innerhalb der Systemgemeinschaft nur äußerst selten anzutreffen sind, während sich die weit überwiegende Mehrzahl aller Moleküle mit bescheidenen Absolutwerten des Impulses begnügen muß. Definitionsgemäß gelangt man nun durch den allerdings nur gedanklich ausführbaren Prozeß $N \rightarrow \infty$ von der statistischen zur phänomenologischen Thermodynamik. In diesem hier weiterhin vorausgesetzten Grenzfalle darf man also, ohne einen merklichen Fehler zu begehen, die Impulsgrenzen im Integral (I 9, 11) über alle Maße ausdehnen, nichtsdestoweniger aber die mit zunehmender Korpuskulargeschwindigkeit des Einzelmoleküles erforderliche relativistische Korrektur der Energieformel (I 9, 4) geflissentlich außer Betracht lassen. Im Lichte dieser abschätzenden Überlegungen resultiert für das in (I 9, 11) eingehende, nach den Impulskomponenten zu erstreckende Dreifachintegral der Näherungswert

$$\int_{-\infty}^{+\infty} \int_{-\infty}^{+\infty} \int_{-\infty}^{+\infty} e^{-\frac{p_x{}^2 + p_y{}^2 + p_z{}^2}{2mkT}} dp_x \, dp_y \, dp_z = (2\,\pi\,m\,k\,T)^{3/2}. \qquad (I\ 9,\ 14)$$

2. Die Variationsbereiche je der Konfigurationskoordinaten x, y und z werden von der geometrischen Gestalt des Gasbehälters bestimmt, die wir als vorgegeben annehmen.

d) Innerhalb des Gesamtvolumens V des Gefäßes richten wir unsere Aufmerksamkeit auf ein quaderförmiges Kontrollvolumen

$$\Delta V = \Delta x \cdot \Delta y \cdot \Delta z \qquad (I\ 9,\ 15)$$

so kleiner Abmessungen, daß in ihm die *potentielle* Energie u_{pot} als merklich konstant angesehen werden darf; nichtsdestoweniger soll die Anzahl ΔN der in ΔV enthaltenen Moleküle immer noch so groß sein, daß man die stochastischen Schwankungen der Konzentration

$$n = \frac{\Delta N}{\Delta V}, \qquad (I\ 9,\ 16)$$

im Vergleich zu dieser selbst außer acht lassen kann. Wenden wir nun Gl. (I 9, 10) allein auf die Gemeinschaft der ΔN in ΔV eingeschlossenen Moleküle an, so erhalten wir mit Rücksicht auf (I 9, 14) für die Besetzungswahrscheinlichkeit des Impulsbereiches $(\Delta p_x;\ \Delta p_y;\ \Delta p_z)$ durch eines jener Moleküle oder, mit anderen Worten, für die auf den genannten Impulsbereich entfallende Teilkonzentration Δn im Verhältnis zur Konzentration n, die Angabe

$$\frac{\Delta n}{n} = \frac{e^{-\frac{p_x{}^2 + p_y{}^2 + p_z{}^2}{2\,m\,k\,T}}}{(2\,\pi\,m\,k\,T)^{3/2}}\ \Delta p_x\,\Delta p_y\,\Delta p_z. \qquad (I\ 9,\ 17)$$

Mit Hilfe der Relationen (I 9, 3) resultiert aus ihr das *Maxwell*sche Gesetz der *Geschwindigkeitsverteilung* [Abb. I 9, 1]

$$\frac{\Delta n}{n} = \left(\frac{m}{2\,\pi\,k\,T}\right)^{3/2} e^{-\frac{m}{2\,k\,T}(v_x{}^2 + v_y{}^2 + v_z{}^2)}\ \Delta v_x\,\Delta v_y\,\Delta v_z. \qquad (I\ 9,\ 18)$$

e) Für die im Kontrollvolumen ΔV herrschende Gesamt-Konzentration n finden wir gemäß ihrer in (I 9, 16) gegebenen Definition aus (I 9, 10) unter nochmaliger Berufung auf (I 9, 14) und (I 9, 15) die Angabe

$$n = N\ \frac{e^{-\frac{u_{pot}}{kT}}}{\iiint\limits_{(V)} e^{-\frac{u_{pot}}{kT}}\,dx\,dy\,dz}. \qquad (I\ 9,\ 19)$$

Wählen wir einen im Gefäß ruhenden Punkt $(x_0;\ y_0;\ z_0)$ als „Basis" der potentiellen Energie, welcher wir durch Übereinkunft den Wert

$$u_{pot}(x_0;\ y_0;\ z_0) = 0 \qquad (I\ 9,\ 20)$$

zuschreiben, so herrscht ebendort die *Grund-Konzentration*

$$n_0 = N\ \frac{1}{\iiint\limits_{(V)} e^{-\frac{u_{pot}}{kT}}\,dx\,dy\,dz}. \qquad (I\ 9,\ 21)$$

Der Vergleich von (I 9, 19) mit (I 9, 21) führt auf die „*Barometerformel*"

$$\frac{n}{n_0} = e^{-\frac{u_{pot}}{kT}} \qquad (I\ 9,\ 22)$$

in ihrer verallgemeinerten Gestalt, die als solche die Konzentrationsverteilung in einer zwar isothermen, doch einem konservativen Kraftfelde beliebiger Struktur ausgesetzten Gasatmosphäre zu beschreiben vermag.

f) Sowohl im Gesetze der *Maxwell*schen Geschwindigkeitsverteilung wie in der Barometerformel kommt die Größe des *Planck*schen Wirkungsquantums h nicht vor. Im Lichte dieser beiden Relationen ist daher die Einteilung des sechsdimensionalen Phasenraumes in Zellen der einheitlichen Größe h³ ein zwar notwendiges Mittel zur dimensionsfreien Formulierung (I 9, 9) des statistischen Gewichtes g, welches jeweils den Hypervolumen-

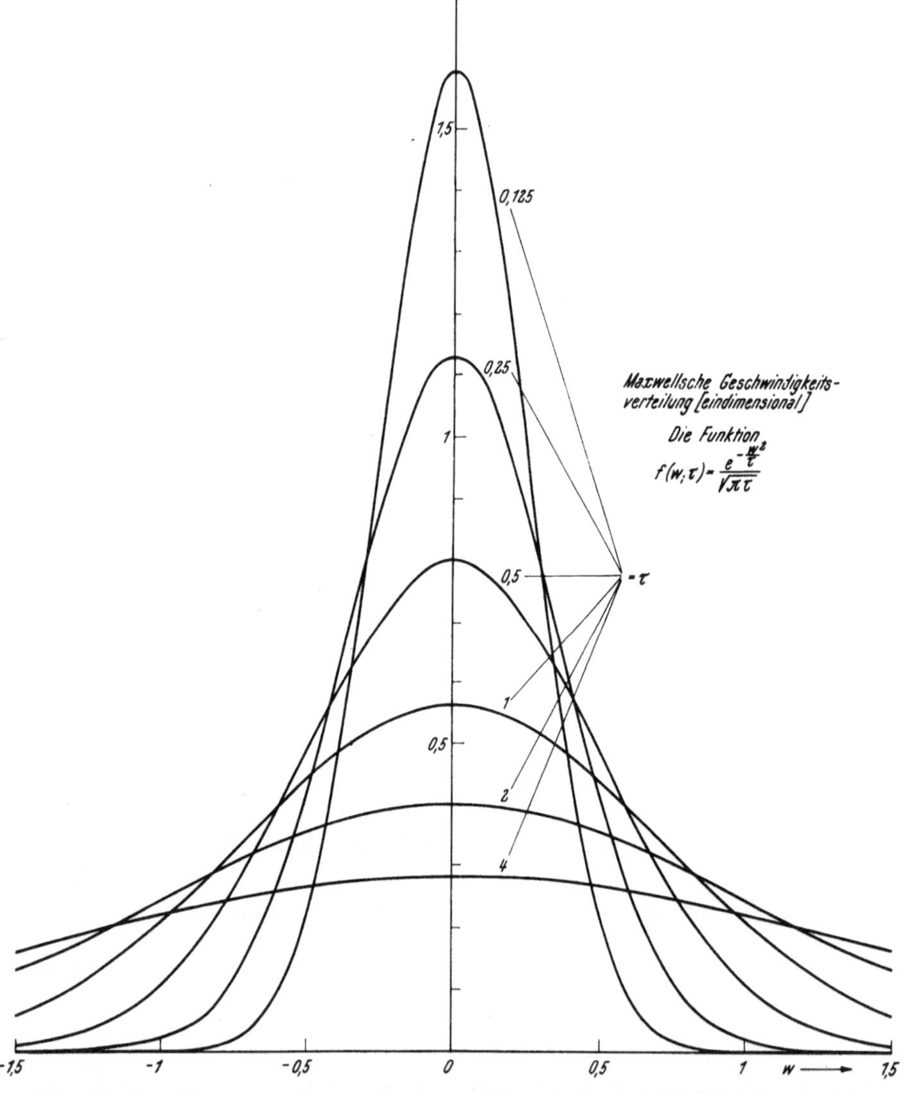

Abb. I 9, 1. *Maxwell*sche Geschwindigkeitsverteilung.

Elementen des Phasenraumes zukommt; doch scheint zunächst kein zwingender Grund für die Identifizierung von h mit einer *universellen Konstanten* vorzuliegen. Gerade dieser Sachverhalt rechtfertigt die Bezeichnung der *Maxwell-Boltzmann*schen Statistik — die ja von ihren Begründern lange vor auch dem ersten Gedanken an die Quantentheorie entwickelt wurde! — als einen Zweig der *klassischen Physik*. Doch müssen wir diesen, wie wir vielleicht heute bei aller schuldigen Ehrfurcht vor dem Genie seiner Urheber rückschauend dennoch sagen dürfen, naiven Standpunkt aufgeben, sobald wir zum Studium der *Thermodynamischen Funktionen* des Molekülgases übergehen.

Der Kürze halber beschränken wir uns auf den Fall *verschwindender Kraftfelder*, den wir hier, die frühere Übereinkunft (I 9, 20) ein wenig verallgemeinernd, durch die Aussage

$$u_{pot} = u_{pot}(x_0; y_0; z_0) = u_0 = const. \qquad (I\ 9,\ 23)$$

kennzeichnen. Gemäß (I 9, 22) herrscht dann innerhalb des gesamten Gefäßvolumens V die homogene Konzentration

$$n = \frac{N}{V} \qquad (I\ 9,\ 24)$$

der Gasmoleküle. Mit Rücksicht auf (I 9, 5) und (I 9, 9) finden wir daher für die *Zustandssumme* Z, nach Ersatz der in (I 2, 26) zunächst vorgeschriebenen Summierung durch Integration über den jeweiligen Wertevorrat der kanonischen Koordinaten, die Darstellung

$$Z = \frac{1}{h^3} \cdot \int\limits_{-\infty}^{+\infty} \int\limits_{-\infty}^{+\infty} \int\limits_{-\infty}^{+\infty} e^{-\frac{p_x^2 + p_y^2 + p_z^2}{2mkT}} dp_x\, dp_y\, dp_z \int\limits_{(V)}\!\!\int\int e^{-\frac{u_0}{kT}} dx\, dy\, dz =$$

$$= \left[\frac{2\pi m k T}{h^2}\right]^{3/2} e^{-\frac{u_0}{kT}} V. \qquad (I\ 9,\ 25)$$

Auf Grund des Zusammenhanges (I 2, 36) resultiert somit für das System aller N Moleküle im Zustande seines thermodynamischen Gleichgewichtes die *Freie Energie*

$$F = N f = N u_0 - k T N \left[\ln V + \frac{3}{2}\ln\left(\frac{2\pi m k T}{h^2}\right)\right]. \qquad (I\ 9,\ 26)$$

Wir wählen als „allgemeine" Wirkungskoordinate q der am System angreifenden Kraft K das Gefäßvolumen V. Im Einklang mit den Definitionen (I 2, 29), (I 2, 30) und (I 2, 40) korrespondiert ihm der *Druck* P als die vom N-Molekülsystem entwickelte, „innere" Kraft, so daß wir entsprechend (I 2, 41) aus (I 9; 26) mit Rücksicht auf (I 9, 24) die Relation

$$P = -N\frac{\partial f}{\partial V} = -\frac{\partial F}{\partial V} = k T\frac{N}{V} = k T n \qquad (I\ 9,\ 27)$$

entnehmen; sie schildert die wohlbekannte *Zustandsgleichung idealer Gase*.

Um den Erwartungswert $\langle U \rangle$ der gesamten Systemenergie als Funktion der phänomenologischen, makroskopischen thermodynamischen Variablen darzustellen, bedienen wir uns des *Gibbs-Helmholtz*schen Satzes (I 2, 43) und gelangen, nachdem das dort benutzte, hier jedoch in anderem Sinne gebrauchte Zeichen u der Deutlichkeit halber durch das Symbol $\langle u \rangle$ ersetzt wurde, zu der Angabe

$$\langle U \rangle = N\langle u \rangle = -T^2\frac{\partial}{\partial T}\left[\frac{Nf}{T}\right] = N\left[u_0 + \frac{3}{2}k T\right]. \qquad (I\ 9,\ 28)$$

Auf die *Raumeinheit des Gases* — die als solche deutlich von seiner *Masseneinheit* zu unterscheiden ist! — entfällt somit bei festgehaltener Größe V des von ihm beanspruchten Volumens die „raumspezifische" Wärme

$$c_R = \frac{1}{V}\frac{d\langle U \rangle}{dT} = \frac{3}{2}k\frac{N}{V} = \frac{3}{2}k n. \qquad (I\ 9,\ 29)$$

Da hiernach jeder Freiheitsgrad des Einzelmoleküles im Ensemblemittel je Einheit der Temperaturzunahme die Wärme $\frac{1}{2}$ k speichert, ist umgekehrt die *Boltzmann*sche Konstante k, vom Zahlenfaktor $\frac{1}{2}$ abgesehen, als *natürliche Einheit der Molekularwärme* zu interpretieren.

Schließlich wollen wir gemäß (I 2, 46) zur *Gibbs*schen Funktion γ je Einzelmolekül übergehen. Zu diesem Zwecke ersetzen wir in der Freien Molekularenergie f nach (I 9, 26) den Basiswert u_0 der potentiellen Energie durch deren jeweilige örtliche Größe u_{Pot}, führen das Produkt

$$q^i K_i = V\left(-\frac{P}{N}\right) \qquad (I\ 9,\ 30)$$

ein und erhalten mit Rücksicht auf die Zustandsgleichung (I 9, 27) die Darstellung

$$\gamma(T;P) = -\frac{u_{Pot}}{T} + k\left[\ln\frac{k\,T\,N}{e\,P} + \frac{3}{2}\ln\left(\frac{2\,\pi\,m\,k\,T}{h^2}\right)\right]. \qquad (I\ 9,\ 31)$$

Aus ihr folgt die Struktur einer isothermen Gasatmosphäre mittels der Gleichgewichtsbedingung (I 2, 68), welche hier — da der dort benutzte Hinweis auf das Einzelmolekül sich von selbst versteht — sogleich auf die Angabe

$$\gamma(T;P) = \gamma_0 = \text{const.} \qquad (I\ 9,\ 32)$$

führt. Unter nochmaliger Berufung auf die Zustandsgleichung (I 9, 27) verwandelt sich (I 9, 32) in die Relation

$$n = \frac{P}{k\,T} = \frac{N}{e}\left[\frac{2\,\pi\,m\,k\,T}{h^2}\right]^{3/2} e^{-\frac{u_{pot} + T\gamma_0}{k\,T}}, \qquad (I\ 9,\ 33)$$

welche inhaltlich mit der *Barometerformel* übereinstimmt.

g) Arbeitet man mit einem *realen Gase* unter physikalischen Bedingungen, welche seine intermolekularen Eigenschaften denen eines idealen Gases möglichst nahe bringen, so bestätigt sein phänomenologisches Verhalten die Voraussagen (I 9, 27), (I 9, 28) und (I 9, 29) mit hohem Grade der Genauigkeit. Ungeachtet dieses gewiß befriedigenden Erfolges der statistischen Theorie darf jedoch nicht verschwiegen werden, daß der Ausdruck (I 9, 26) für den Gleichgewichtswert der Freien Energie samt der aus ihr gebildeten Formel für die *Gibbs*sche Funktion schwerwiegende *methodische Mängel* offenbart:

Man denke sich neben dem bisher untersuchten System des Volumens V, der Molekülzahl N und der absoluten Temperatur T ein „gestrichenes" System beziehentlich der Daten V', N' und T' vorgelegt, und es werde vorausgesetzt, daß beide Systeme in Bezug sowohl auf ihre Konzentrationen n und n' wie auch auf ihre Temperaturen miteinander übereinstimmen:

$$n = \frac{N}{V} = \frac{N'}{V'} = n'; \qquad T = T'. \qquad (I\ 9,\ 34)$$

Wir haben dann zu verlangen, daß der Erwartungswert F' der Freien Energie des gestrichenen Systemes aus jenem des ungestrichenen Systemes durch bloße multiplikative Umrechnung im Verhältnis der Volumina oder, was zufolge (I 9, 34) auf dasselbe hinausläuft, im Verhältnis der Molekülzahlen hervorgehe. Prüfen wir daraufhin (I 9, 26)! Zwar tritt in ihr, wie gewünscht, die Molekülzahl N als Faktor auf; doch erscheint außerdem als Argument des ersten logarithmischen Postens der von N losgelöste Betrag des vorgegebenen Gesamtvolumens V, während doch die oben aufgestellte Forderung nur dann erfüllt wäre, falls das „spezifische Molekularvolumen" V/N in jenes Argument einginge!

Auf der Suche nach der Wurzel dieser gedanklichen Unstimmigkeit kehren wir zu der dialektischen Grundlage der *Maxwell-Boltzmann*schen Statistik zurück: Der *Individualisierbarkeit* der zur *Gibbs*schen Gesamtheit vereinigten N Moleküle; ist sie der menschlichen Experimentierkunst zugänglich?

Die Antwort auf diese Frage kann nur an Hand der *Erfahrung* gegeben werden, welche uns zur Unterscheidung zweier wesentlich verschiedener Fälle zwingt:

1. Man kann sich vorstellen, daß das „Gas" nur aus *einem einzigen materiellen Punkte* besteht, welcher jedoch des *reversiblen Energieaustausches* mit den Gefäßwänden fähig ist. Beobachtet man nun den jeweiligen Bewegungszustand dieses „Moleküles" zu M Zeitpunkten, welche in hinreichend langen, sonst jedoch willkürlich vorbestimmten Intervallen aufeinander folgen, so kann der Satz der M registrierten Meßergebnisse zum Gegenstand einer *Gibbs*schen Statistik gemacht werden; sie genügt zwar sogar noch in dem [hypothetischen] Grenzfalle M → ∞ der Forderung der *Individualisierbarkeit* jedes Beobachtungsergebnisses vermöge seiner Zuordnung zu einem wohldefinierten Zeitpunkte, doch verliert der Vergleich dieses „ungestrichenen" Systemes mit einem entsprechend gebildeten „gestrichenen" System seinen früheren Sinn.

2. Einer völlig anderen Situation begegnen wir bei der *gleichzeitigen Beobachtung* der als *uniform vorausgesetzten* N > 1 Moleküle eines Gases. Stellen wir uns etwa die Aufgabe, die Bahn eines bestimmten Moleküles zu verfolgen, welches wir zu Beginn der Versuchsreihe „ins Auge faßten"! Da dieser physiologische Prozeß in seinen physikalischen Elementen den *Heisenberg*schen Ungenauigkeitsrelationen unterworfen ist, beraubt er uns eben hierdurch prinzipiell der Möglichkeit, die künftige Bahn des kontrollierten Moleküles mit Sicherheit vorauszusagen: Wir können jenes Molekül bei der nächsten Beobachtung des Systemes unter der Schar aller N gleichzeitig ins Blickfeld tretenden Moleküle nicht mehr wiedererkennen! Mit dieser Erkenntnis unserer Ohnmacht ist der *Maxell-Boltzmann*schen Statistik idealer Gase, welche ja die Moleküle als ein für allemal individualisierbar betrachtete, der Boden entzogen, und wir haben einen *neuen Ausgangspunkt* für die Statistik solcher Systeme zu suchen.

I 10. Statistik ununterscheidbarer Teilchen.

a) Jedes der M gewiß individualisierbaren Einzelsysteme einer *Gibbs*schen Gesamtheit enthalte genau die nämliche Anzahl N > 1 gleichartiger Teilchen [„Moleküle"], welche während einer Reihe hintereinander ausgeführter Beobachtungen ihres jeweiligen kinematischen Zustandes experimentell *nicht voneinander unterschieden werden können*. Die *Hamilton*schen Energiestufen η_j, deren jedes dieser Moleküle fähig ist, werden vorerst als *diskret* vorausgesetzt, und es sei vereinbart, daß η_j mit wachsender, ganzzahliger Ordnungsziffer j ≧ 0 monoton zunehme:

$$\eta_0 < \eta_1 < \eta_2 < \cdots . \qquad \text{(I 10, 1)}$$

Um uns die energetische Struktur eines solchen Einzelsystemes zu veranschaulichen, vergleichen wir es mit dem gleichförmig temperierten Brutofen einer Hühnerfarm, welcher insgesamt N Eier beherberge; diese seien jedoch entsprechend ihrem jeweiligen Legedatum in unterschiedliche Zellen j eingeordnet, die ihrerseits beziehentlich durch das sozusagen als biologischer Wertmaßstab dienende, nach Stunden oder Tagen gemessene Alter η_j der sich entwickelnden Embryos gekennzeichnet seien.

Zu unserer physikalischen Aufgabe zurückkehrend, richten wir nun unsere Aufmerksamkeit auf ein bestimmtes der M *Gibbs*schen Einzelsysteme, in welchem von dessen insgesamt N Molekülen gerade N_j je die Energie η_j aufweisen mögen; die Besetzungszahlen N_j unterliegen hiernach den einschränkenden Bedingungen

$$0 \leqq N_j \leqq N; \qquad \sum_{(j)} N_j = N \qquad (I\ 10,\ 2)$$

und auf das kontrollierte Einzelsystem entfällt die *Summenenergie*

$$u_l = \sum_{(j)} \eta_j\, N_j. \qquad (I\ 10,\ 3)$$

Im Einklang mit der Angabe (I 10, 1) der molekularen Energiestufen erstreckt sich ihr diskreter Wertevorrat über das Intervall

$$0 \leqq u_l \leqq u_m, \qquad (I\ 10,\ 4)$$

dessen obere Grenze u_m aus der allfällig möglichen höchsten Energiestufe η_m des Einzelmoleküles gemäß

$$u_m = \eta_m\, N \qquad (I\ 10,\ 5)$$

hervorgeht.

b) Wir erkennen jedem der Zustände (I 10, 3) in seiner *speziellen* Realisierung durch gerade eine *bestimmte* Wahl aller mit den Beschränkungen (I 10, 2) verträglichen Besetzungszahlen N_j das statistische Gewicht $g = 1$ zu; definitionsgemäß gleicht somit das statistische *Gesamtgewicht* g_l der Summenenergie u_l der Anzahl aller Kombinationen, welche mit Rücksicht auf die Bedingungen (I 10, 2) und (I 10, 3) auf eben jene Summenenergie führen. Zufolge (I 2, 26) schildert dann

$$Z = \sum_{l=0}^{m} g_l \cdot e^{-\frac{u_l}{kT}} \qquad (I\ 10,\ 6)$$

die Zustandssumme der *Gibbs*schen Verteilung.

Um bei der expliziten Berechnung dieser Summe zu übersichtlichen Ergebnissen zu gelangen, verschärfen wir die frühere Ungleichung $N > 1$ zu der weiterhin stets beizubehaltenden Voraussetzung sehr hoher Molekülzahlen N je Einzelsystem, welche wir in die Form der allerdings nur symbolisch zu verstehenden Vorschrift

$$N \to \infty \qquad (I\ 10,\ 7)$$

des Überganges zur phänomenologischen Thermodynamik kleiden. Die dann aus der Zustandssumme Z als Mutterfunktion hervorgehende Beschreibung des physikalischen Verhaltens der Molekülgemeinschaft wird von den jeweiligen *Zusatzannahmen* über die *Besetzungsmöglichkeiten* der unterschiedlichen Energiestufen η_j seitens der Einzelmoleküle diktiert.

Bei der Diskussion dieser fundamentalen Frage werden wir uns hier bewußt auf den einfachsten und zugleich wichtigsten Fall *nicht entarteter Energiestufen* η_j beschränken, welche als solche von jedem Einzelmolekül auf eine, und nur eine Weise erreicht werden können. Dies vorausgesetzt, handelt es sich nun um die Frage: Wieviel verschiedene, wenngleich ununterscheidbare Einzelmoleküle können *simultan* die nämliche Energiestufe besetzen? Innerhalb der logisch a priori gleichberechtigten Möglichkeiten zeichnen sich zwei zueinander gewissermaßen komplementäre durch ihre physikalische Bedeutung vor allen anderen aus:

1. In der Statistik nach *Bose* und *Einstein* gelten *alle* Besetzungszahlen N_j des entsprechend (I 10, 7) erweiterten Bereiches (I 10, 2) als zulässig:

$$0 \leqq N_j. \tag{I 10, 8}$$

2. In der Statistik von *Fermi* und *Dirac* kann jede Energiestufe durch höchstens nur *ein* Molekül besetzt werden:

$$0 \leqq N_j \leqq 1. \tag{I 10, 9}$$

Es wird sich allerdings später als notwendig erweisen, diese strenge Alternative mit Rücksicht auf den magnetischen Spin gewisser Elementarteilchen durch eine etwas schwächere Vorschrift zu ersetzen, welche dann zu der sogenannten „*spinmodifizierten*" *Fermi-Dirac*-Statistik führt.

c) Um die *Bose-Einstein*sche Statistik mathematisch zu erfassen, bilden wir mittels der komplexen Veränderlichen

$$z = x + i\,y \qquad [i = \sqrt{-1}] \tag{I 10, 10}$$

unter Verwendung des Zeichens $\varPi$ als Multiplikationssymbol die *erzeugende Funktion*

$$B\,E(z) = \prod_{(j)} \left[1 + e^{i z - \frac{\eta_j}{kT}} + e^{2\left(i z - \frac{\eta_j}{kT}\right)} + \ldots \right], \tag{I 10, 11}$$

welche innerhalb des gemeinsamen Konvergenzgebietes sämtlicher, je als Faktor auftretenden geometrischen Reihen in die Gestalt

$$B\,E(z) = \prod_{(j)} \left[1 - e^{i z - \frac{\eta_j}{kT}} \right]^{-1} \tag{I 10, 12}$$

gebracht werden kann. Da die Funktion $B\,E(z)$ die primitive Periode $2\,\pi$ besitzt, ist sie in eine *Fourier*sche Reihe entwickelbar, die als solche nach ganzen Potenzen von e^{iz} fortschreitet. Zu (I 10, 11) zurückkehrend erkennt man nun, daß zufolge der Angaben (I 10, 2) und (I 10, 3) der Koeffizient von e^{iNz} mit der Zustandssumme Z nach (I 10, 6) identisch ist; diese berechnet sich sonach als *Fourier*koeffizient N-ter Ordnung mittels des bestimmten Integrales

$$Z = \frac{1}{2\,\pi} \int_{-\pi}^{\pi} e^{-iNz}\,B\,E(z)\,dz. \tag{I 10, 13}$$

Um es auszuwerten, schreiben wir

$$e^{-iNz}\,B\,E(z) = e^{X(z)} \tag{I 10, 14}$$

also

$$X(z) = -i\,N\,z + \ln B\,E(z) = -i\,N\,z - \sum_{(j)} \ln \left[1 - e^{i z - \frac{\eta_j}{kT}} \right] \tag{I 10, 15}$$

und zerlegen die komplexe Funktion X(z) in ihren Realteil $\varPhi$ und ihren Imaginärteil $\varPsi$:

$$X = \varPhi + i\,\varPsi. \tag{I 10, 16}$$

Insbesondere gilt längs der Imaginärachse der komplexen z-Ebene die Darstellung

$$\Phi(0; y) = N\,y - \sum_{(j)}{}' \ln\left[1 - e^{-\left(y + \frac{\eta_j}{kT}\right)}\right]. \qquad (I\ 10,\ 17)$$

Wir entnehmen ihr folgende Eigenschaften der Funktion $\Phi(0; y)$:

1. Für $y \to (+\infty)$ konvergiert $\Phi(0; y)$ gegen $N\,y$ und wird wie diese lineare Funktion positiv unendlich.

2. Schreiten wir vom Nullpunkt der y-Achse aus in deren negativer Richtung fort, so treffen wir mit Rücksicht auf die Vereinbarung (I 10, 1) frühestens in

$$y_0 = -\frac{\eta_0}{kT} \qquad (I\ 10,\ 18)$$

einen positiv-unendlichen, logarithmischen Pol an.

Verstehen wir weiterhin unter dem Zeichen des natürlichen Logarithmus dessen *Hauptwert* mit dem zwischen $(-\pi)$ und $(+\pi)$ eingeschlossenen Imaginärteil, so haben wir die Aussage (I 10, 17) durch die Angabe

$$\Psi(0; y) = 0; \qquad y > y_0 \qquad (I\ 10,\ 19)$$

zu ergänzen, während $\Phi(0; y)$ längs des nämlichen Halbstrahles $y > y_0$ ein *Minimum* Φ_s durchläuft. Den Ort $(0; y_s)$ dieses Extremums hat man mittels der Relation

$$\left[\frac{d\Phi(0; y)}{dy}\right]_{y\,=\,y_s} = N - \sum_{(j)} \frac{1}{e^{y_s + \frac{\eta_j}{kT}} - 1} = 0 \qquad (I\ 10,\ 20)$$

zu bestimmen; die Ungleichung

$$\Phi_s'' = \left[\frac{d^2\Phi(0; y)}{dy^2}\right]_{y\,=\,ys} = \sum_{(j)} \frac{e^{y_s + \frac{\eta_j}{kT}}}{\left[e^{y_s + \frac{\eta_j}{kT}} - 1\right]^2} > 0 \qquad (I\ 10,\ 21)$$

bestätigt dann den oben behaupteten Charakter des Extremums als *Minimum.* Zufolge dieser analytischen Eigenschaft im Verein mit der Angabe (I 10, 19) erweist sich sonach $(0; y_s)$ als *Sattelpunkt* der Funktion Exp $[X(z)]$. Wir legen durch ihn eine parallel der x-Achse verlaufende *Paßstraße*, welche von dem in $x < 0$ gelegenen Tal des „Gebirges" $(\Phi; \Psi)$ zu dem in $x > 0$ gelegenen Tal hinüberführt. Längs dieses Weges gilt daher innerhalb einer hinreichend engen Umgebung $|x| < \varepsilon$ des Sattelpunktes die *Taylor*sche Entwicklung

$$X = \Phi_s - \frac{x^2}{2}\Phi_s''. \qquad (I\ 10,\ 22)$$

Unter Berufung auf den *Cauchy*schen Hauptsatz der Funktionentheorie dürfen wir nun den in (I 10, 13) zunächst längs der x-Achse verlaufenden Integrationsweg zwischen seinen festen Grenzen $(\mp\pi; 0)$ derart deformieren, daß er unter teilweiser Benutzung der Paßstraße über den Sattelpunkt hinwegführt, ohne daß durch diesen Prozeß das Resultat geändert wird. Wir ergänzen und verschärfen jetzt die Vorschrift (I 10, 7) durch die Anweisung, gleichzeitig mit der Anzahl N der Moleküle deren Herbergsraum V derart zu vergrößern, daß der — im allgemeinen ortsabhängige — Erwartungswert n der Teilchenkonzentration überall *beschränkt* bleibt;

gleichzeitig möge in den weiterhin zu behandelnden Systemen Φ_s'' mit N proportional ansteigen. Auf Grund dieser Voraussetzungen finden wir mit Benutzung von (I 10, 22) für die Zustandssumme Z die Näherungsdarstellung

$$Z = \frac{1}{2\pi} e^{\Phi_s} \int_{-\infty}^{\infty} e^{-\frac{x^2}{2}\Phi_s''} dx = \frac{e^{\Phi_s}}{\sqrt{2\pi \Phi_s''}} \qquad (I\ 10,\ 23)$$

und also, mit Rücksicht auf (I 10, 17),

$$\ln Z = N\,y_s - \sum_{(j)} \ln\left[1 - e^{-\left(y_s + \frac{\eta_j}{kT}\right)}\right] - \frac{1}{2}\ln\left(2\pi\,\Phi_s''\right). \qquad (I\ 10,\ 24)$$

Aus dem oben angenommenen asymptotischen Verhalten von Φ_s'' geht nun hervor, daß mit wachsender Molekülzahl N der letzte Posten des in (I 10, 24) rechterhand auftretenden Ausdruckes gegen dessen ersten vernachlässigt werden darf. In der hierdurch angezeigten Genauigkeit reduziert sich also (I 10, 24) auf die Angabe

$$\ln Z = N\,y_s - \sum_{(j)} \ln\left[1 - e^{-\left(y_s + \frac{\eta_j}{kT}\right)}\right]. \qquad (I\ 10,\ 25)$$

Aus ihr findet man den Erwartungswert

$$\langle F\rangle = -k\,T\,N\,y_s + k\,T\sum_{(j)} \ln\left[1 - e^{-\left(y_s + \frac{\eta_j}{kT}\right)}\right] \qquad (I\ 10,\ 26)$$

der *Freien Energie*, welche das System der N Moleküle im Zustande des thermodynamischen Gleichgewichtes auszeichnet. Auf Grund der Relation (I 1, 62) — in welcher aber, im Gegensatz zu der hier gemeinten Bedeutung des Symboles y_s, dieses gemäß (I 2, 25) das Verhältnis $[u^{(0)}/k\,T]$ bezeichnet! — ergibt sich aus (I 10, 26) für den Erwartungswert $\langle N_j\rangle$ der zur Energiestufe η_j gehörigen Besetzungszahl N_j die Aussage

$$\langle N_j\rangle = -k\,T\frac{\partial \ln Z}{\partial \eta_j} = \frac{\partial \langle F\rangle}{\partial \eta_j} = \frac{1}{e^{y_s + \frac{\eta_j}{kT}} - 1}. \qquad (I\ 10,\ 27)$$

Da deren Aufsummierung über den Wertevorrat der Ordnungsziffer j zu Gl. (I 10, 20) zurückführt, ist diese selbst als *Bilanz* der zwar *energetisch unterschiedlichen* Molekül*gruppen* zu deuten, deren *Einzelmitglieder* jedoch nichtsdestoweniger *individuell nicht voneinander unterschieden* werden können.

d) Zur *Fermi-Dirac*-Statistik übergehend, bezeichnen wir durch J die Anzahl der unterschiedlichen Energiestufen η_j, welche jedem Einzelmolekül zugänglich sind. Zufolge der grundlegenden Annahme (I 10, 9) können sonach die N insgesamt zu verteilenden Moleküle nur dann ausnahmslos auf diesen J „Energieplätzen" untergebracht werden, falls die Ungleichung

$$J \geqq N \qquad (I\ 10,\ 28)$$

erfüllt ist. Dies vorausgesetzt, bilden wir die [komplexe] *erzeugende Funktion*

$$F\,D(z) = \prod_{(j)} \left[1 + e^{iz - \frac{\eta_j}{kT}}\right], \qquad (I\ 10,\ 29)$$

welche bezüglich ihrer unabhängigen Veränderlichen $z = x + i\,y$ die primitive Periode 2π besitzt. Da in ihrer nach ganzen Potenzen von e^{iz}

fortschreitenden *Fourier*schen Reihe der Koeffizient von e^{iNz} mit der in (I 10, 6) definierten, *Fermi-Dirac*schen Zustandssumme Z des N-Molekül-Kollektivs identisch ist, finden wir für Z die Integraldarstellung

$$Z = \frac{1}{2\pi} \int_{-\pi}^{\pi} e^{-iNz}\, F\, D(z)\, dz. \qquad (I\ 10,\ 30)$$

Im Integranden setzen wir

$$e^{-iNz}\, F\, D(z) = e^{X(z)}; \qquad X(z) = \Phi + i\,\Psi = -i\,N\,z + \sum_{(j)} \ln\left[1 + e^{iz-\frac{\eta_j}{kT}}\right]$$
$$(I\ 10,\ 31)$$

und erhalten längs der Imaginärachse der komplexen z-Ebene

$$\Phi(0;y) = N\,y + \sum_{(j)} \ln\left[1 + e^{-y-\frac{\eta_j}{kT}}\right]; \qquad \Psi(0;y) = 0. \quad (I\ 10,\ 32)$$

Für $y \to (+\infty)$ konvergiert hiernach $\Phi(0;y)$ gegen N y und wird wie dieses Produkt positiv unendlich; für $y \to (-\infty)$ dagegen konvergiert $\Phi(0;y)$ gegen die Funktion $[N\,y - J(y + (\eta_j/k\,T))]$, welche dort bei allen endlichen Werten der absoluten Temperatur T wegen (I 10, 28) ebenfalls jede positive Schranke übersteigt. Aus diesen Grenzeigenschaften folgt notwendig die Existenz eines auf der y-Achse gelegenen *Minimums* der Funktion $\Phi(0;y)$, dessen Ort y_s aus der Relation

$$\left[\frac{d\Phi(0;g)}{dy}\right]_{y=y_s} = N - \sum_{(j)} \frac{1}{e^{y_s+\frac{\eta_j}{kT}}+1} = 0 \qquad (I\ 10,\ 33)$$

zu bestimmen ist; die dort gleichzeitig bestehende Ungleichung

$$\Phi_s'' = \left[\frac{d^2\Phi(0;y)}{dy^2}\right]_{y=y_s} = \sum_{(j)} \frac{e^{y_s+\frac{\eta_j}{kT}}}{\left[e^{y_s+\frac{\eta_j}{kT}}+1\right]^2} > 0 \qquad (I\ 10,\ 34)$$

bestätigt den Charakter des Extremums $\Phi_s = \Phi(0;y_s)$ als Minimum und zeichnet hierdurch den Ort $(0;y_s)$ als *Sattelpunkt* der komplexen Funktion Exp $[X(z)]$ aus. Längs der parallel zur x-Achse über diesen Sattelpunkt verlaufenden „Paßstraße" gilt daher für X eine Entwicklung der analytischen Gestalt (I 10, 22), so daß wir, unter den oben an diese Gleichung anschließenden Prämissen über das asymptotische Verhalten von Φ_s'' mit $N \to \infty$, formal abermals zu Gl. (I 10, 23) gelangen. Im Hinblick auf (I 10, 32) resultiert somit für die Zustandssumme Z der *Fermi-Dirac*schen Statistik eines sehr zahlreichen Molekül-Kollektivs die Darstellung

$$\ln Z = N\,y_s + \sum_{(j)} \ln\left[1 + e^{-y_s-\frac{\eta_j}{kT}}\right], \qquad (I\ 10,\ 35)$$

in welcher wir das zunächst noch auftretende, von Φ_s'' herrührende Zusatzglied gegen $(N\,y_s)$ vernachlässigen durften und daher nicht angeschrieben haben.

In der hierdurch angezeigten Genauigkeit findet sich der Erwartungswert

$$\langle F \rangle = -k\,T\,N\,y_s - k\,T \sum_{(j)} \ln\left[1 + e^{-y_s-\frac{\eta_j}{kT}}\right] \qquad (I\ 10,\ 36)$$

der *Freien Energie* des N-Molekül-Kollektivs, so daß für die Besetzungszahl N_j der Energiestufe η_j der Erwartungswert

$$\langle N_j \rangle = \frac{\partial \langle F \rangle}{\partial \eta_j} = \frac{1}{e^{y_s + \frac{\eta_j}{kT}} + 1} \qquad (\text{I } 10,\ 37)$$

resultiert; durch dessen Aufsummierung über alle Ordnungsziffern j kehrt man zu Gl. (I 10, 33) zurück, welche sich hiernach als *Molekülbilanz* erweist.

Im Einklang mit den Grundannahmen der *Fermi-Dirac*schen Statistik liefert das Verteilungsgesetz (I 10, 37) nach Vertauschung des Zeichens $\langle N_j \rangle$ mit dem Symbol w_j die Aussage

$$w_j = \frac{1}{e^{y_s + \frac{\eta_j}{kT}} + 1} \leqq 1, \qquad (\text{I } 10,\ 38)$$

so daß man den echten Bruch w_j als *Besetzungswahrscheinlichkeit* der Energiestufe η_j deuten darf; wir stellen ihr mittels der komplementären Definition

$$w_j{}^* = 1 - w_j = \frac{1}{1 + e^{-\left(y_s + \frac{\eta_j}{kT}\right)}} \qquad (\text{I } 10,\ 39)$$

die *Leerwahrscheinlichkeit* der nämlichen Energiestufe zur Seite. Um einer naheliegenden Mißdeutung dieser Begriffe vorzubeugen, haben wir zu betonen, daß sie lediglich die *Statistik der Energiestufe* η_j und nicht etwa diejenige der Moleküle beschreiben! Damit ist folgendes gemeint: Prüft man M-mal, ob irgend eines der N ja ununterscheidbaren Moleküle im Zeitpunkt der Beobachtung gerade die Energie η_j besitzt, so wird im Grenzfalle $M \to \infty$ die Antwort $(w_j\, M)$-mal positiv und $(w_j{}^*\, M)$-mal negativ ausfallen; w_j und $w_j{}^*$ messen somit auch den *Bruchteil der Zeit*, in welchem die Energiestufe η_j beziehentlich besetzt ist und leer bleibt.

e) In der spinmodifizierten *Fermi-Dirac*schen Statistik hat man die kanonischen Koordinaten jedes Einzelteilchens, welche als solche dessen Lage als *materieller Punkt* im sechsdimensionalen Phasenraum bereits erschöpfend beschreiben, durch die „*Spinkoordinaten*" s des sozusagen um seine Achse kreiselnden, räumlich ausgedehnten Teilchens zu ergänzen. Orientiert man sich an der Vektorrichtung eines homogenen Magnetfeldes der infinitesimal schwachen Intensität H, so gibt es nur zwei verschiedene Einstellungen des den Spin definierenden, dem Teilchen eingeprägten magnetischen Momentes: Parallel und antiparallel zum Feldvektor. Demgemäß ist s nur zweier unterschiedlicher Werte fähig, welche konventionell zu $(\pm \frac{1}{2})$ festgesetzt werden. Die *spektroskopische Erfahrung* an solchen Teilchen führt nun zu dem fundamentalen *Ausschließungsprinzip* von *Pauli*: Jeder durch seine Quantenzahl mit Einschluß der Spinkoordinate s gekennzeichnete Energiezustand kann von höchstens *einem* Teilchen besetzt werden. Im sechsdimensionalen Phasenraum allein der kanonischen Koordinaten gehören daher zu jeder Energiestufe η_j genau *vier verschiedene, physikalisch realisierbare Zustände*:

1. Die Stufe ist *unbesetzt*.
2. Die Stufe ist von einem *feldparallel spinnenden Teilchen* besetzt.
3. Die Stufe ist von einem *antiparallel zum Felde spinnenden Teilchen* besetzt.

4. Die Stufe ist *gleichzeitig* von einem *parallel* und einem *antiparallel* zum Felde spinnenden Teilchen besetzt.

Die quantitative Durchsicht dieser Analyse zeigt zunächst, daß die „*einwertige*" *Energiestufe* η_j nunmehr auf *zwei unterschiedliche Weisen* besetzt werden kann, so daß ihr das statistische Gewicht

$$g_j^{(1)} = 2 \tag{I 10, 40}$$

zukommt. Überdies aber können zwei gegenläufig spinnende Teilchen simultan je die Energie η_j erwerben, so daß das Teilchen*paar* die Gesamtenergie $(2\,\eta_j)$ führt; da indes die Partner nach Voraussetzung nicht voneinander unterschieden werden können, darf ungeachtet ihrer *gedanklichen* Vertauschungsmöglichkeit dem *Paarungszustand* doch nur das statistische Gewicht

$$g_j^{(2)} = 1 \tag{I 10, 41}$$

zuerkannt werden!

Im Lichte der Angaben (I 10, 40) und (I 10, 41) resultiert die Zustandssumme Z, welche gemäß (I 10, 6) für die spinmodifizierte *Fermi-Dirac*-Statistik verbindlich ist, aus der *Fourier*schen Reihe der erzeugenden Funktion

$$\mathrm{Sp}(z) = \prod_{(j)} \left[1 + 2\,e^{iz - \frac{\eta_j}{kT}} + e^{2iz - \frac{2\eta_j}{kT}} \right] = \prod_{(j)} \left[1 + e^{iz - \frac{\eta_j}{kT}} \right]^2 \tag{I 10, 42}$$

als Koeffizient von e^{iNz}:

$$Z = \frac{1}{2\pi} \int_{-\pi}^{\pi} e^{-iNz}\,\mathrm{Sp}(z)\,dz. \tag{I 10, 43}$$

Überträgt man die früher an (I 10, 30) ausgeführten Operationen sinngemäß auf das Integral (I 10, 43), so tritt zunächst anstelle der Gl. (I 10, 33) für die Ordinate y_s des Sattelpunktes die Bedingung

$$N = 2 \sum_{(j)} \frac{1}{e^{y_s + \frac{\eta_j}{kT}} + 1} \tag{I 10, 44}$$

während (I 10, 35) mit

$$\ln Z = N\,y_s + 2 \sum_{(j)} \ln \left[1 + e^{-y_s - \frac{\eta_j}{kT}} \right] \tag{I 10, 45}$$

und (I 10, 36) mit

$$\langle F \rangle = -kT\,N\,y_s - kT\,2 \sum_{(j)} \ln \left[1 + e^{-y_s - \frac{\eta_j}{kT}} \right] \tag{I 10, 46}$$

zu vertauschen ist; hieraus entnimmt man für die Besetzungszahl N_j der Energiestufe η_j — im Grenzfalle des infinitesimal schwachen Magnetfeldes — den Erwartungswert

$$\langle N_j \rangle = \frac{\partial \langle F \rangle}{\partial \eta_j} = \frac{2}{e^{y_s + \frac{\eta_j}{kT}} + 1}, \tag{I 10, 47}$$

welcher also gerade doppelt so groß wie die entsprechende Größe (I 10, 37) der ursprünglichen *Fermi-Dirac*-Statistik ausfällt. Insofern man sich nur auf eben dieses Ergebnis bezieht, darf man sich also mit der Vorstellung begnügen, daß jeder *Hamilton*sche Energiezustand η_j durch das infinitesimal schwache Magnetfeld in zwei zwar gleichnamige „*Bruderzustände*" aufgespalten wird, welche jedoch durch die Spinrichtungen der sie allenfalls besetzenden Elementarteilchen von einander unterschieden werden können; für jeden *einzelnen* dieser Zwillingszustände bleiben daher die Wahrscheinlichkeitsaussagen (I 10, 38) und (I 10, 39) erhalten.

I 11. Bose-Einsteinsche Gasstatistik.

a) Wir untersuchen die statistische Thermodynamik eines *idealen Gases* N gleicher materieller Punkte [Moleküle] je der Masse m, welche bei dem einheitlichen Wert T der absoluten Temperatur ein Gefäß vom Rauminhalte V erfüllen und dort dem konservativen Kraftfelde der ortsabhängig zu denkenden, doch zeitfreien potentiellen Energie η_{pot} je Molekül unterliegen.

Im vorliegenden Abschnitt beschränken wir uns durchaus auf den Gültigkeitsbereich der *Newton*schen Punktmechanik. Ein Molekül, welches im Punkte (x; y; z) eines relativ zum Gefäß ruhenden, *Kartesi*schen Bezugssystemes die beziehentlich achsenparallelen Impulskomponenten p_x, p_y und p_z aufweist, wird somit kinetisch mittels seiner *Hamilton*schen Funktion

$$\eta = \eta_{\mathrm{pot}}(x;y;z) + \frac{1}{2\,m}\left[p_x{}^2 + p_y{}^2 + p_z{}^2\right] \qquad (\text{I } 11,\ 1)$$

erschöpfend beschrieben. Im Gegensatz zu den sonst gleichen Prämissen der Ziffer I 9 gelten jedoch hier die Moleküle als *ununterscheidbar*, und überdies setzen wir voraus, daß sie hinsichtlich der Besetzungsmöglichkeit der ihnen zugänglichen Energiestufen der *Bose-Einstein*schen Statistik gehorchen.

Wir richten nun unsere Aufmerksamkeit auf das sechsdimensionale Hyperraum-Element der Seiten $\Delta p_x;\ldots;\Delta z$, dessen Maße als so klein gelten, daß sich in seinem Innern die *Hamilton*sche Funktion (I 11, 1) nicht merklich ändert. Unter Berufung auf die Aussage (I 8, 24) des *Liouville*schen Satzes kommt dann jenem Hyperelement das statistische Gewicht

$$g = \frac{\Delta p_x\,\Delta p_y\,\Delta p_z\,\Delta x\,\Delta y\,\Delta z}{h^3} \qquad (\text{I } 11,\ 2)$$

zu, so daß im Zustande des thermodynamischen Gleichgewichtes das Hyperelement gemäß (I 10, 27)

$$\Delta\langle N\rangle = \frac{1}{h^3}\,\frac{\Delta p_x\,\Delta p_y\,\Delta p_z\,\Delta x\,\Delta y\,\Delta z}{\mathrm{Exp}\left[y_s + \dfrac{\eta_{\mathrm{pot}}}{k\,T} + \dfrac{p_x{}^2 + p_y{}^2 + p_z{}^2}{2\,m\,k\,T}\right] - 1}, \qquad (\text{I } 11,\ 3)$$

Moleküle beherbergt. Um diese Aussage mit der entsprechenden der *Maxwell-Boltzmann*schen Theorie zu vergleichen, definieren wir die Zahl

$$A = e^{-\left(y_s + \frac{\eta_{\mathrm{pot}}}{k\,T}\right)} \qquad (\text{I } 11,\ 4)$$

als *Entartungsparameter*. Mit seiner Hilfe ergibt sich aus (I 11, 3) die auf das Element $(\Delta p_x\,\Delta p_y\,\Delta p_z)$ des Impulsraumes entfallende Teilkonzentration Δn der Moleküle zu

$$\Delta n = \frac{\Delta\langle N\rangle}{\Delta x\,\Delta y\,\Delta z} = \frac{1}{h^3}\,\frac{\Delta p_x\,\Delta p_y\,\Delta p_z}{\dfrac{1}{A}\,\mathrm{Exp}\left[\dfrac{p_x{}^2 + p_y{}^2 + p_z{}^2}{2\,m\,k\,T}\right] - 1}\cdot \qquad (\text{I } 11,\ 5)$$

Bezeichnet also p den absoluten Betrag des im Konfigurationsraum beliebig gerichteten Impulsvektors, so folgt aus (I 11, 5) durch Integration über den Bereich $0 \leq p < \infty$ [*Newton*sche Mechanik!] für die am Kontrollorte herrschende Gesamtkonzentration n die Darstellung

$$n = \frac{4\pi}{h^3} \int\limits_0^\infty \frac{p^2 \, dp}{\frac{1}{A} \operatorname{Exp}\left[\dfrac{p^2}{2\,m\,k\,T}\right] - 1} . \qquad (I\ 11,\ 6)$$

Wie aus den beiden letzten Gleichungen hervorgeht, ist der Entartungsparameter A durchaus auf den Bereich

$$0 \leq A < 1 \qquad (I\ 11,\ 7)$$

zu beschränken, da sowohl die Annahme $A < 0$ wie die Annahme $A > 1$ auf das physikalisch sinnlose Ergebnis negativer Konzentrationen führen würde. Insbesondere resultiert im Grenzfalle der durch

$$A \to (+\ 0) \qquad (I\ 11,\ 8)$$

definierten „*schwachen Entartung*" aus (I 11, 5) in Verbindung mit (I 11, 6) das „spezifische" Verteilungsgesetz

$$\lim_{A \to 0} \frac{\varDelta n}{n} = \frac{e^{-\dfrac{p_x^2 + p_y^2 + p_z^2}{2\,m\,k\,T}}}{4\pi \int\limits_0^\infty e^{-\dfrac{p^2}{2\,m\,k\,T}} p^2 \, dp} \varDelta p_x \, \varDelta p_y \, \varDelta p_z =$$

$$= \frac{e^{-\dfrac{p_x^2 + p_y^2 + p_z^2}{2\,m\,k\,T}}}{(2\pi\,m\,k\,T)^{3/2}} \varDelta p_x \, \varDelta p_y \, \varDelta p_z, \qquad (I\ 11,\ 9)$$

welches mit der Aussage (I 9, 17) der *Maxell-Boltzmann*-Statistik übereinstimmt; dagegen weichen bei „starker Entartung"

$$A \to 1, \qquad (I\ 11,\ 10)$$

die Verteilungsgesetze der verglichenen statistischen Gastheorien wesentlich voneinander ab.

b) Wir ergänzen die bisher ja nur formale Definition (I 11, 4) des Entartungsparameters A durch seine physikalische Deutung.

Im infinitesimal kleinen Konfigurationsraum-Element $\varDelta x \, \varDelta y \, \varDelta z$ befinden sich

$$\delta N = n \cdot \varDelta x \, \varDelta y \, \varDelta z \qquad (I\ 11,\ 11)$$

Moleküle je der merklich gleichen potentiellen Energie $\eta_{\mathrm{pot}} = \eta_{\mathrm{pot}}\,(x;\,y;\,z)$. Vom Erwartungswert $\langle \delta F \rangle$ der *Freien Energie* dieses Kollektivs durch Division mit δN zur durchschnittlichen Freien Energie f je Einzelmolekül übergehend, drücken wir die Konzentration n der kontrollierten Moleküle durch deren *spezifisches Volumen*

$$v = \frac{1}{n} \qquad (I\ 11,\ 12)$$

aus und erhalten nach Ersatz der in (I 10, 26) vorgeschriebenen Summation durch das über den Impulsraum zu erstreckende Integral gemäß (I 11, 2) mit Rücksicht auf die Definition (I 11, 4) des Entartungsparameters

$$f = -k\,T\,y_s + v\,k\,T\,\frac{4\pi}{h^3} \int\limits_0^\infty \ln\left[1 - A\,e^{-\dfrac{p^2}{2\,m\,k\,T}}\right] p^2 dp, \qquad (I\ 11,\ 13)$$

während Gl. (I 11, 6) auf Grund von (I 11, 12) die Gestalt

$$1 = v \frac{4\pi}{h^3} \int_0^\infty \frac{p^2 \, dp}{\frac{1}{A} e^{\frac{p^2}{2mkT}} - 1} \qquad (I\ 11,\ 14)$$

annimmt.

Aus der Freien Molekularenergie f berechnet sich der in (x; y; z) herrschende *Gasdruck* P mittels der aus (I 2, 41) und (I 2, 63) zu entnehmenden Vorschrift

$$P = - \frac{\partial f(T;v)}{\partial v}. \qquad (I\ 11,\ 15)$$

Bei ihrer Ausführung hat man zu beachten, daß der Entartungsparameter A kraft der Relation (I 11, 14) vom spezifischen Volumen v abhängt. Mit Rücksicht auf den Zusammenhang (I 11, 4) zwischen A und y_s gilt nun

$$\frac{\partial A}{\partial y_s} = - A. \qquad (I\ 11,\ 16)$$

Daher folgt aus (I 11, 13) und (I 11, 15) zunächst die Relation

$$P = - kT \frac{4\pi}{h^3} \int_0^\infty \ln\left[1 - A\, e^{-\frac{p^2}{2mkT}} \right] p^2 \, dp +$$

$$+ kT \frac{\partial y_s}{\partial v} \left[1 - v \frac{4\pi}{h^3} \int_0^\infty \frac{p^2 \, dp}{\frac{1}{A} e^{\frac{p^2}{2mkT}} - 1} \right], \qquad (I\ 11,\ 17)$$

welche sich jedoch vermöge (I 11, 14) auf die Angabe

$$P = - kT \frac{4\pi}{h^3} \int_0^\infty \ln\left[1 - A\, e^{-\frac{p^2}{2mkT}} \right] p^2 \, dp \qquad (I\ 11,\ 18)$$

reduziert; durch ihre Restitution in (I 11, 13) gelangen wir also zu der Gleichung

$$y_s = - \frac{f + P v}{kT} = \frac{\gamma}{k}, \qquad (I\ 11,\ 19)$$

in welcher γ gemäß (I 2, 46) die *Gibbs*sche *Funktion* je Molekül mißt und eben hierdurch die physikalische Bedeutung des bisher nur als *Sattelpunktsordinate* geometrisch eingeführten Parameters y_s anzeigt. Die Definition (I 11, 4) stiftet also schließlich den Zusammenhang

$$A = e^{-\left(\frac{\gamma}{k} + \frac{\eta_{pot}}{kT} \right)}, \qquad (I\ 11,\ 20)$$

so daß der mit der *Boltzmann*schen Konstanten k multiplizierte, natürliche *Logarithmus des Entartungsparameters* A dem *Wärmeanteil der Gibbsschen Funktion* je Molekül gleicht.

c) Auf den Fall (I 11, 8) der schwachen Entartung spezialisierend, finden wir aus Gl. (I 11, 6), indem wir den dort auftretenden Integranden nach Potenzen von A entwickeln und dann nur das lineare Glied beibehalten,

$$n = \frac{4\pi}{h^3} A \int_0^\infty e^{-\frac{p^2}{2mkT}} p^2 \, dp = A \left[\frac{2\pi m kT}{h^2} \right]^{3/2} \qquad (I\ 11,\ 21)$$

also, mit (I 11, 12)

$$A = \frac{1}{v}\left[\frac{h^2}{2\pi\,m\,k\,T}\right]^{3/2}. \qquad\qquad (I\ 11,\ 22)$$

In gleicher Genauigkeit führt also Gl. (I 11, 13) zu der Relation

$$f = -k\,T\,y_s - v\,k\,T\,\frac{4\pi}{h^3}\,A\int_0^\infty e^{-\frac{p^2}{2\,m\,k\,T}}\,p^2\,dp = -k\,T(y_s + 1), \qquad (I\ 11,\ 23)$$

welche mit Rücksicht auf (I 11, 4) die Darstellung

$$f = \eta_{\mathrm{pot}} - k\,T\left[\ln\,(e\,v) + \frac{3}{2}\ln\left(\frac{2\pi\,m\,k\,T}{h^2}\right)\right] \qquad (I\ 11,\ 24)$$

der Freien Molekularenergie nach sich zieht. Im schwach entarteten, *Bose-Einstein*schen Gase herrscht somit der *Druck*

$$P = -\frac{\partial f}{\partial v} = \frac{k\,T}{v} \qquad\qquad (I\ 11,\ 25)$$

[„Zustandsgleichung"] im Einklang mit der Aussage (I 9, 27) der *Maxwell-Boltzmann*schen Statistik. Ebenso finden wir mit Hilfe des *Gibbs-Helmholtz*schen Satzes für die mittlere *Molekularenergie* η den Ausdruck

$$\eta = -T^2\frac{\partial}{\partial T}\left[\frac{f}{T}\right] = \eta_{\mathrm{pot}} + \frac{3}{2}\,k\,T, \qquad (I\ 11,\ 26)$$

welcher inhaltlich mit der früheren Angabe (I 9, 28) identisch ist.

Die entscheidende Überlegenheit der *Bose-Einstein*schen statistischen Auffassung über jene von *Maxwell* und *Boltzmann* offenbart sich jedoch, sobald wir zur Formulierung des *Erwartungswertes* $\langle F\rangle$ *der Freien Energie* übergehen, welche die *Gesamtheit* der N Moleküle auszeichnet. Der Einfachheit halber beschränken wir uns hier auf ein *feldfreies System*, welches als solches durch die Eigenschaften

$$\eta_{\mathrm{pot}} = \eta_0 = \mathrm{const}; \qquad v = \frac{V}{N} \qquad (I\ 11,\ 27)$$

gekennzeichnet ist. Aus (I 11, 24) resultiert dann der Ausdruck

$$\langle F\rangle = N\cdot f = \eta_0\cdot N - k\,T\,N\left[\ln\left(e\,\frac{V}{N}\right) + \frac{3}{2}\ln\left(\frac{2\pi\,m\,k\,T}{h^2}\right)\right], \qquad (I\ 11,\ 28)$$

der nun in der Tat von den schweren methodischen Mängeln frei ist, welche bei der Diskussion der entsprechenden *Maxwell-Boltzmann*schen Formel unsere Kritik herausforderten.

Von der Freien Molekularenergie f gelangen wir vermittels (I 2, 46) zur *durchschnittlichen Gibbsschen Funktion* je Molekül

$$\gamma = \gamma(P;T) = \frac{f + P\cdot v}{T} = \frac{\eta_{\mathrm{Pot}}}{T} - k\left[\ln\left(\frac{k\,T}{P}\right) + \frac{3}{2}\ln\left(\frac{2\pi\,m\,k\,T}{h^2}\right)\right]. \qquad (I\ 11,\ 29)$$

Daher herrscht in einer isothermen, im statistischen Gleichgewicht befindlichen Gasatmosphäre des *Gibbs*schen Funktionswertes

$$\gamma = \gamma_0 = \mathrm{const.} \qquad\qquad (I\ 11,\ 30)$$

[Gl. (I 2, 68)] die Konzentrationsverteilung

$$n = \frac{P}{k\,T} = \left[\frac{2\pi\,m\,k\,T}{h^2}\right]^{3/2} e^{-\frac{\eta_{\mathrm{Pot}} - T\gamma_0}{k\,T}}. \qquad (I\ 11,\ 31)$$

Bezeichnet nun s die *durchschnittliche Molekularentropie*, so folgt aus der Definition der molekularen *Gibbs*schen Funktion γ zusammen mit der Kenntnis (I 11, 26) der mittleren Molekularenergie η im Falle des schwach entarteten *Bose-Einstein*schen Gases die Angabe

$$\gamma = \frac{\eta - \mathrm{T} \cdot \mathrm{s} + \mathrm{P} \cdot \mathrm{v}}{\mathrm{T}} = \frac{\eta_{\mathrm{Pot}}}{\mathrm{T}} - \mathrm{s} + \frac{5}{2}\,\mathrm{k}. \qquad \text{(I 11, 32)}$$

Man entnimmt ihr die Darstellung der Entropie

$$\mathrm{s} = \mathrm{s(P;T)} = \frac{\eta_{\mathrm{Pot}}}{\mathrm{T}} - \gamma + \frac{5}{2}\,\mathrm{k} = \mathrm{k}\left[\frac{5}{2}\ln \mathrm{T} - \ln \mathrm{P}\right] + \mathrm{a}, \qquad \text{(I 11, 33)}$$

in welcher

$$\mathrm{a} = \mathrm{k}\ln\left[\frac{\mathrm{e}^{5/2}\,\mathrm{k}^{5/2}(2\,\pi\,\mathrm{m})^{3/2}}{\mathrm{h}^3}\right] \qquad \text{(I 11, 34)}$$

die *chemische Konstante* des hier behandelten Gases definiert; ersichtlich wird sie bereits durch dessen *Molekulargewicht* vollständig bestimmt.

I 12. Statistik der Lichtquanten.

a) Jedes *Lichtquant* [Photon] wird durch die Frequenz ν [Kreisfrequenz $\omega = 2\,\pi\,\nu$] der ihm komplementär zugeordneten elektromagnetischen Welle, also durch deren physikalische *Farbe*, und durch seine relativ zur Lichtquelle bestehende *Polarisationsrichtung* definiert. Seine Schwingungsenergie

$$\eta_{\mathrm{s}} = \mathrm{h}\,\nu = \hbar\,\omega \qquad \text{(I 12, 1)}$$

[$\mathrm{h} = 2\,\pi\,\hbar = $ *Planck*sches Wirkungsquantum] ist zur Gänze kinetischer Natur; sie gleicht dem Produkte der *Photonenmasse* m_ν mit dem Quadrate der Lichtgeschwindigkeit c im leeren Raum

$$\eta_{\mathrm{s}} = \eta_{\mathrm{Kin}} = \mathrm{m}_\nu\,\mathrm{c}^2; \qquad \mathrm{m}_\nu = \frac{\mathrm{h}\,\nu}{\mathrm{c}^2}. \qquad \text{(I 12, 2)}$$

Daher berechnet sich der absolute Betrag p_ν des *Photon-Impulses* zu

$$\mathrm{p}_\nu = \frac{\eta_{\mathrm{Kin}}}{\mathrm{c}} = \frac{\mathrm{h}\,\nu}{\mathrm{c}}. \qquad \text{(I 12, 3)}$$

Wir richten jetzt unsere Aufmerksamkeit auf ein Kollektiv von N Photonen, welche sich im Innern eines starren Kastens vom Rauminhalt V befinden mögen. Indem wir weiterhin alle dort etwa am einzelnen Photon angreifenden Kräfte eingeprägter oder erst von ihm selbst geweckter Felder geflissentlich außer acht lassen, dürfen wir die potentielle Energie jenes Lichtquants gleich Null setzen; vermöge dieser Übereinkunft resultiert für die *Hamilton*sche Funktion η des Photons aus (I 12, 2) und (I 12, 3) der einfache Ausdruck

$$\eta = \mathrm{c}\,\mathrm{p}, \qquad \text{(I 12, 4)}$$

in welchem der Hinweis auf eine bestimmte „Farbe" ν nicht mehr explizit auftritt und daher unterdrückt werden durfte.

b) Auf Grund der *Planck-Einstein*schen Relation (I 12, 2) hat es die Statistik der Lichtquanten mit Teilchen zu tun, deren Masse in der Regel von einem zum andern *verschieden* ist; und überdies *ändert* sich nach Maßgabe eben jener fundamentalen Gleichung die Masse eines Photons immer dann, wenn es mit anderen Systemen *Energie austauscht*. Der radikalste

Prozeß solcher Art ist die *Emission* des Photons oder seine *Absorbtion*: Gleichzeitig mit seiner Masse wird ja hierbei das Photon als physikalisch existierendes Ding entweder geschaffen oder vernichtet; es unterliegt dem Stirb und Werde alles Lebendigen. Die Gesamtzahl N der Photonen innerhalb ihres Existenzgebietes V ist daher selbst dann nicht konstant, falls dieses, wie weiterhin vorausgesetzt wird, gegen die Außenwelt „lichtdicht" abgeschlossen ist. In einem derartigen System müssen daher bei der Berechnung der Zustandssumme *alle* ganzen Zahlen $N \geq 0$ als mögliche Menge der Photonenbevölkerung in Betracht gezogen werden, so daß die Anweisung (I 10, 13) durch

$$Z = \sum_{N=0}^{\infty} \frac{1}{2\pi} \cdot$$

$$\cdot \int_{-\infty}^{\infty} e^{-iNz}\, B\, E(z)\, dz$$

(I 12, 5)

zu ersetzen ist.

Um das hier auftretende Integral auszuwerten, rufen wir den *Cauchy*schen Hauptsatz der Funktionentheorie zu Hilfe und deformieren den ursprünglich in Richtung der positiven x-Achse von $(-\pi; 0)$ bis $(+\pi; 0)$ verlaufen den Integrationsweg entsprechend Abb. I 12, 1 derart, daß er, von $(-\pi; 0)$ ausgehend, zunächst in Richtung der negativen y-Achse nach $(-\pi; \bar{y} < 0)$ absteigt, dann parallel der x-Achse nach $(+\pi; \bar{y})$ hinüberzieht und von dort in Richtung der positiven y-Achse zu seinem Ziele $(+\pi; 0)$ führt. Zufolge der Periodizität des Integranden [reelle Periode 2π] heben nun die Streckenintegrale von $(-\pi; 0)$ bis $(-\pi; \bar{y})$ einerseits und von $(+\pi; \bar{y})$ bis $(+\pi; 0)$ einander auf.

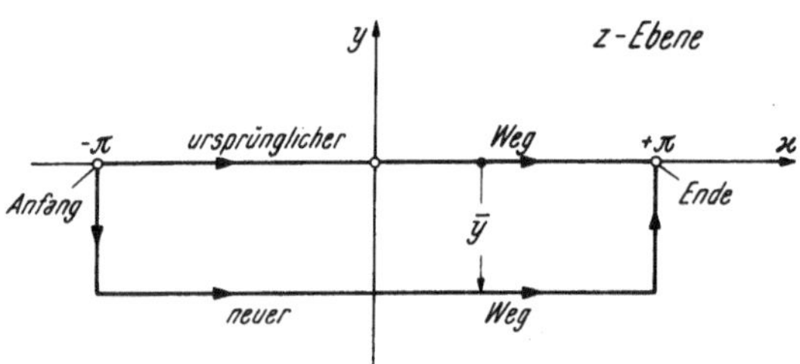

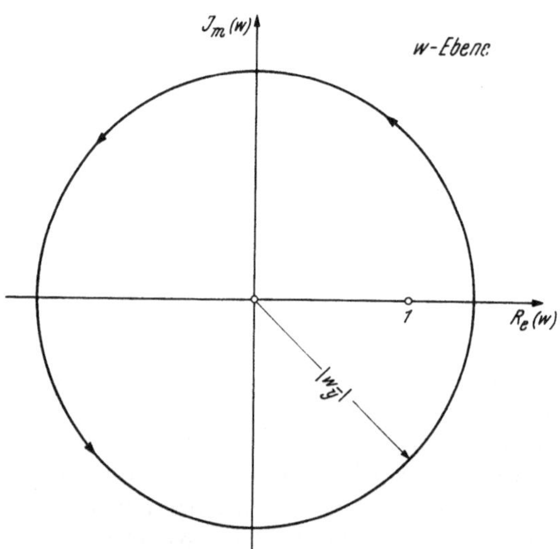

Abb. I 12, 1. Zur Berechnung des Integrales (I 12, 5).

Da längs des dann verbleibenden Weganteiles wegen $\bar{y} < 0$ für alle $N > 0$ gewiß $|e^{-iNz}| < 1$ ausfällt, dürfen wir jetzt in (I 12, 5) die Reihenfolge von Summation und Integration vertauschen und erhalten

$$Z = \frac{1}{2\pi} \int_{-\pi+i\bar{y}}^{+\pi+i\bar{y}} B\, E(z) \sum_{N=0}^{\infty} e^{-iNz}\, dz = \frac{1}{2\pi} \int_{-\pi+i\bar{y}}^{+\pi+i\bar{y}} \frac{B\, E(z)}{1 - e^{-iz}}\, dz. \qquad (I\ 12,\ 6)$$

Mittels der Substitution

$$e^{iz} = w \qquad (I\ 12,\ 7)$$

wird der in (I 12, 6) angegebene Integrationsweg in den Kreis vom Halbmesser

$$|w_{\bar{y}}| = e^{-\bar{y}} > 1 \qquad (I\ 12,\ 8)$$

um den Ursprung der komplexen w-Ebene nach Abb. I 12, 1 transformiert, welcher genau einmal im mathematisch-positiven Sinne umlaufen wird:

$$Z = \frac{1}{2\pi i} \oint \frac{B\,E\left(\frac{1}{i}\ln w\right)}{w-1}\,dw. \qquad (I\ 12,\ 9)$$

Da der Pol $w = 1$ des Integranden sicher im Innern des Kreises (I 12, 8) liegt, während ebendort $B\,E((1/i)\ln w)$ überall regulär bleibt, liefert der Residuensatz

$$Z = B\,E(0) = \prod_{(j)}\left[1 - e^{-\frac{\eta_j}{kT}}\right] = \prod_{(j)}\left[1 - e^{-\frac{h\nu_j}{kT}}\right]. \qquad (I\ 12,\ 10)$$

Mit Hilfe der Anweisung (I 10, 27) gelangen wir somit zur Kenntnis des Erwartungswertes $\langle N_j \rangle$ der Anzahl derjenigen Photonen, welche gerade die Energie $\eta_j = h\,\nu_j$ besitzen

$$\langle N_j \rangle = \frac{1}{e^{\frac{\eta_j}{kT}} - 1} = \frac{1}{e^{\frac{h\nu_j}{kT}} - 1}. \qquad (I\ 12,\ 11)$$

Durch ihre Summierung über alle Ordnungs-Ziffern j der unterschiedlichen Energiestufen η_j findet man die Gesamtzahl N aller Lichtquanten, welche bei gegebener Temperatur T und vorgeschriebener Gesamtenergie U im Gefäße tätig sind:

$$N = \sum_{(j)} \frac{1}{e^{\frac{\eta_j}{kT}} - 1}. \qquad (I\ 12,\ 12)$$

c) Die Gleichungen (I 12, 11) und (I 12, 12) gehen beziehentlich aus den Relationen (I 10, 37) und (I 10, 33) hervor, indem man dort

$$y_s = 0 \qquad (I\ 12,\ 13)$$

setzt. Ungeachtet dieses engen mathematischen Zusammenhanges beinhalten jedoch die verglichenen Formeln wesentlich verschiedene physikalische Aussagen: Das *Molekülgas* bestimmt durch die invariante Anzahl N seiner ja klassisch als unzerstörbar geltenden Moleküle sozusagen von sich aus den Parameter y_s oder, mit anderen Worten, die durchschnittliche *Gibbs*sche Funktion. Im *Lichtquantengas* dagegen, in welchem y_s gemäß (I 12, 13) identisch verschwindet, regelt erst der im Gefäß herrschende Zustand die Zahl N der jeweils existierenden Photonen. Auf Grund dieses Sachverhaltes liegt es nahe, die formale Vorschrift (I 12, 13) für den Übergang vom Molekülgas zum Lichtquantengas physikalisch zu interpretieren: Die *Gibbs*sche Funktion der Photonengesamtheit oder, genauer gesagt, der Wärmeanteil dieser Funktion verschwindet identisch. Dieser Satz, den wir weiter unten streng verifizieren werden, lehrt die *ausschließliche Existenzfähigkeit der Lichtquanten in ihrer gasförmigen Phase.*

d) Mit Rücksicht auf (I 12, 4) folgt aus (I 12, 10) die Angabe

$$\ln Z = \sum_{(j)} \ln\left[1 - e^{-\frac{c\cdot p_j}{kT}}\right]. \qquad (I\ 12,\ 14)$$

Zur Berechnung der hier auftretenden Summe konstruieren wir im Impulsraum die Kugelschale vom Halbmesser p und von der sehr schmalen Wandstärke Δp; sie spannt in Gemeinschaft mit dem dreidimensionalen Gefäßvolumen V im sechsdimensionalen Phasenraum das Hypervolumen $V \cdot 4\pi\, p^2\, \Delta p$ auf, welches laut Aussage der Gl. (I 8, 24) [*Liouville*scher Satz!]

$$g = \frac{V \cdot 4\pi\, p^2\, \Delta p}{h^3} \qquad\qquad (I\ 12,\ 15)$$

Zellen enthält. Nun sind einem jeden monochromatischen Lichtstrahl zwei, zueinander orthogonale Polarisationsrichtungen zuzuschreiben, deren elektromagnetische Felder sich unabhängig voneinander entwickeln können. Daher gleicht das statistische Gewicht g' der dem Impuls p entsprechend (I 12, 4) zugeordneten Energiestufe η dem Doppelten der Zellenzahl g:

$$g' = \frac{V \cdot 8\pi\, p^2\, \Delta p}{h^3}. \qquad\qquad (I\ 12,\ 16)$$

Die in (I 12, 14) zunächst vorgeschriebene Summation durch eine Integration ersetzend, finden wir somit für $\ln Z$ die Darstellung

$$\ln Z = \frac{V}{h^3}\, 8\pi \int_0^\infty p^2 \ln\left[1 - e^{-\frac{c\cdot p}{kT}}\right] dp. \qquad (I\ 12,\ 17)$$

In ihr substituieren wir $(c \cdot p)/(k\,T) = \varkappa$ und erhalten, nach Ausführung einer Teilintegration, unter Benutzung des Ergebnisses (I 6, 60),

$$\ln Z = 8\pi\, V \left(\frac{k\,T}{h\,c}\right)^3 \frac{1}{3} \int_0^\infty \frac{\varkappa^3\, d\varkappa}{e^\varkappa - 1} = 8\pi\, V \left(\frac{k\,T}{h\,c}\right)^3 \frac{\pi^4}{45}. \qquad (I\ 12,\ 18)$$

Im Zustande seines statistischen Gleichgewichtes zeichnet sich somit das Photonengas durch den Erwartungswert

$$\langle F \rangle = \langle F(T;V) \rangle = -\,k\,T \ln Z = -\,8\pi\, V \frac{(k\,T)^4}{(h\,c)^3} \frac{\pi^4}{45}, \qquad (I\ 12,\ 19)$$

seiner *Freien Energie* aus; man berechnet aus ihm die *Gesamtenergie*

$$U = -\,T^2 \frac{\partial}{\partial T}\left[\frac{\langle F \rangle}{T}\right] = 8\pi\, V \frac{(k\,T)^4}{(h\,c)^3} \cdot \frac{\pi^4}{15}\, A_{Str} \cdot T^4 \cdot V, \qquad (I\ 12,\ 20)$$

in welcher der Koeffizient A_{Str} eine *universelle Konstante* vom Zahlenwert

$$A_{Str} = 8\pi \frac{k^4}{h^3\, c^3} \cdot \frac{\pi^4}{15} = 0{,}756 \cdot 10^{-15} \frac{\text{Joule}}{m^3(^0K)^4} \qquad (I\ 12,\ 21)$$

definiert. Der *Strahlungsdruck* P des Photonengases ergibt sich gemäß

$$P = -\frac{\partial \langle F \rangle}{\partial V} = 8\pi \frac{(k\,T)^4}{(h\,c)^3} \cdot \frac{\pi^4}{45} = \frac{1}{3}\, A_{Str} \cdot T^4 \qquad (I\ 12,\ 22)$$

als eine vom Gefäßvolumen V unabhängige, *universelle Funktion der absoluten Temperatur*. Aus dem Vergleich von (I 12, 20) mit (I 12, 22) entspringt die Relation

$$P = \frac{1}{3}\frac{U}{V} = \frac{1}{3}\, u \qquad\qquad (I\ 12,\ 23)$$

zwischen dem Strahlungsdruck P und der *Energiedichte*

$$u = \frac{U}{V} = A_{Str}\,T^4 \qquad (I\ 12,\ 24)$$

und die nämliche Beziehung besteht zwischen dem Druck eines „klassischen" Molekülgases und der Dichte seiner kinetischen Energie.

Für den Erwartungswert $\langle S\rangle$ der *Entropie* resultiert aus (I 12, 19) die Funktion

$$\langle S\rangle = -\frac{\partial\langle F\rangle}{\partial T} = \frac{4}{3}\,k\left(\frac{k\,T}{h\,c}\right)^3\frac{\pi^4}{15}\,8\,\pi\,V, \qquad (I\ 12,\ 25)$$

welche vermöge ihrer *Grenzeigenschaft*

$$\lim_{T\to 0}\langle S\rangle = 0 \qquad (I\ 12,\ 26)$$

dem *Nernst*schen Wärmesatz genügt.

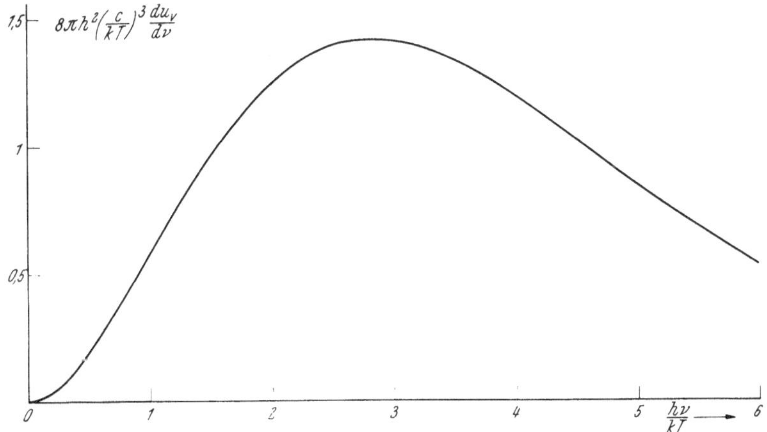

Abb. I 12, 2. Energiedichte je Frequenzeinheit als Funktion der (numerischen) Frequenz. [Statt $8\,\pi\,h^2$ lies $h^2/8\,\pi$]

Aus (I 12, 19) und (I 12,22) finden wir schließlich die Relation

$$-\frac{\langle F\rangle + P\cdot V}{T} = 0, \qquad (I\ 12,\ 27)$$

welche mit Rücksicht auf die Definitionen der *Gibbs*schen Funktion und des Thermodynamischen Potentiales den schon im Anschluß an (I 12, 13) vermuteten Satz bestätigt: *Die Gibbssche Funktion, und mit ihr das Thermodynamische Potential des Lichtquantengases, verschwindet identisch.*

e) Wir ersetzen den Impulsbetrag p_ν eines Photons gemäß (I 12, 3) durch dessen „Farbe" ν, so daß entsprechend der Abzählung (I 12, 16) die Anzahl

$$g' = \frac{8\,\pi\,V}{c^3}\cdot \nu^2\,\Delta\nu \qquad (I\ 12,\ 28)$$

von „Doppelzellen" je der Energiestufe $\eta = h\,\nu$ auf das schmale Frequenzband $\Delta\nu$ entfallen. Da nun laut (I 12, 11) immer gerade $\langle N_j\rangle$ Photonen je diese Energie mit sich führen, mißt [vgl. Abb. I 12, 2]

$$\Delta u_\nu = \frac{\eta\cdot g'}{V} = \frac{8\,\pi\,h}{c^3}\frac{\nu^3\,\Delta\nu}{e^{\frac{h\nu}{kT}}-1}, \qquad (I\ 12,\ 29)$$

denjenigen Anteil der Energiedichte u, welcher dem kontrollierten Frequenzband $\Delta\nu$ zukommt; in der Tat führt die Integration der Gleichung (I 12, 29) über das gesamte Spektrum $\nu \geqq 0$ mittels der Substitution $\varkappa = (h\,\nu/k\,T)$ auf die Bilanz

$$\int\limits_0^\infty du_\nu = \frac{8\,\pi\,h}{c^3} \int\limits_0^\infty \frac{\nu^3\,d\nu}{e^{\frac{h\nu}{kT}}-1} = 8\,\pi\,\frac{(k\,T)^4}{(h\,c)^3} \int\limits_{\varkappa=0}^\infty \frac{\varkappa^3\,d\varkappa}{e^\varkappa -1} = A_{Str}\,T^4 = u. \qquad (I\ 12,\ 30)$$

f) In der Angabe (I 12, 29) sind wir zu dem berühmten *Planck*schen *Gesetz der Hohlraumstrahlung* gelangt; es schildert gleichzeitig die spektrale Zusammensetzung der Strahlung des sogenannten *schwarzen Körpers*, welcher ideell alle auf ihn treffenden Lichtstrahlen zur Gänze absorbiert.

Häufig rechnet man das *Planck*sche Gesetz von den *Frequenzen ν* auf die zugehörigen *Vakuum-Wellenlängen*

$$\lambda = \frac{c}{\nu} \qquad (I\ 12,\ 31)$$

um; auf das schmale Intervall $\Delta\lambda$ entfällt dann die Energiedichte

$$\Delta u_\lambda = 8\,\pi\,h\,c \left(\frac{k\,T}{h\,c}\right)^5 \frac{\left(\dfrac{h\,c}{k\,T\,\lambda}\right)^5}{e^{\frac{h\,c}{k\,T\,\lambda}}-1}\,\Delta\lambda. \qquad (I\ 12,\ 32)$$

Durch die dimensionsfreie Größe

$$1 = \lambda\,\frac{k\,T}{h\,c} \qquad (I\ 12,\ 33)$$

die *numerische Wellenlänge* 1 definierend, bringen wir Gl. (I 12, 32) in die Gestalt

$$\lim_{\Delta\lambda\to 0} \frac{\Delta u_\lambda}{\Delta\lambda} = v(\lambda) = 8\,\pi\,h\,\tau \left(\frac{k\,T}{h\,c}\right)^5 \frac{\dfrac{1}{1^5}}{e^{\frac{1}{l}}-1}, \qquad (I\ 12,\ 34)$$

in welcher nunmehr die Funktion $v = v(l)$ die *Energiedichte je Einheit der numerischen Wellenlängen-Differenz* oder, kurz, die *spektrale Energiedichte* mißt; sie durchläuft entsprechend Abb. I 12, 3 bei der „optimalen" numerischen Wellenlänge

$$l_{opt} = \frac{1}{4,9651}\,, \qquad (I\ 12,\ 35)$$

welcher nach (I 12, 33) die „günstigste" *Vakuum-Wellenlänge*

$$\lambda_{opt} = \frac{h\,c}{k\,T}\,l_{opt} = \frac{2,88\cdot 10^{-3}\,(m)}{T\,(^0K)} \qquad (I\ 12,\ 36)$$

zugeordnet ist, den Höchstwert

$$v_{max} = 8\,\pi\,h\,c\cdot 21,20 \left(\frac{k\,T}{h\,c}\right)^5. \qquad (I\ 12,\ 37)$$

Die Aussagen (I 12, 36) und (I 12, 37) bilden den Inhalt der *Wien*schen *Strahlungsgesetze*:

1. Die *Wellenlänge des Optimums* ist der *absoluten Temperatur umgekehrt proportional*: Mit wachsender Temperatur wandert der Ort maximaler spektraler Energiedichte vom Infrarot durch den Bereich des sichtbaren Lichtes ins Ultraviolett [*Verschiebungsgesetz*].

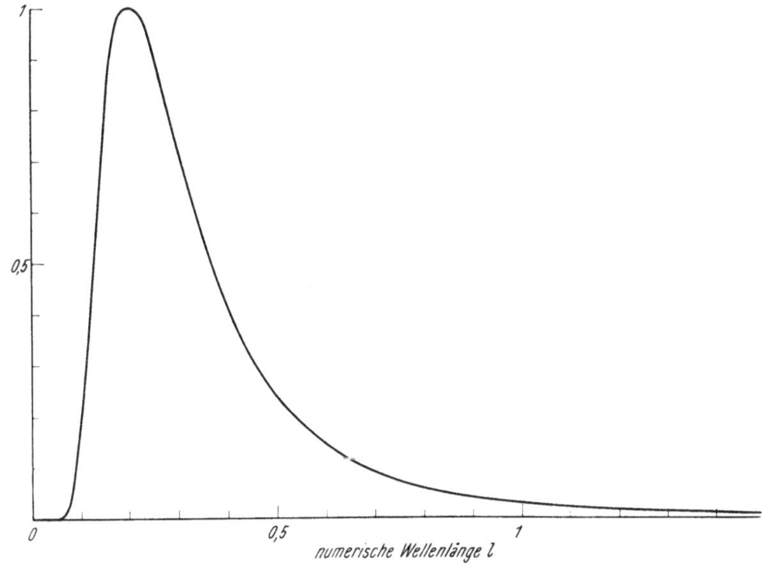

Abb. I 12, 3. Die Energiedichte $du/d\lambda$ als Funktion der Wellenlänge.

2. Das *Maximum der spektralen Energiedichte* ist der *fünften Potenz der absoluten Temperatur* proportional [*Intensitätsgesetz*].

g) In engstem Zusammenhang mit der räumlichen Energiedichte u des Photonengases steht die *spezifische Strahlungsleistung* Σ, welche jede Flächeneinheit der inneren Gefäßwände im Zustande des statistischen Gleichgewichtes empfängt und emittiert.

Entsprechend Abb. I 12, 4 errichten wir in einem beliebigen Punkt der kontrollierten Wand die ins Innere des Gefäßes gerichtete Normale n, die wir zur Polarachse eines Systemes von Kugelkoordinaten machen; r bezeichnet den Abstand des Aufpunktes von dem in der Gefäßwand liegenden Ursprung, ϑ den Polarwinkel des Aufpunktes und a sein Azimut gegen eine feste Meridianebene.

Wir richten nun unsere Aufmerksamkeit auf den Ring, welcher von den im Ursprung zentrierten, infinitesimal benachbarten Kugeln beziehentlich der Halbmesser r und (r + dr) zusammen mit den ebendort zentrierten, infinitesimal benachbarten Kegeln beziehentlich der Polarwinkel ϑ und $(\vartheta + d\vartheta)$ begrenzt wird; gemäß (I 12, 11) und (I 12, 28) enthält er

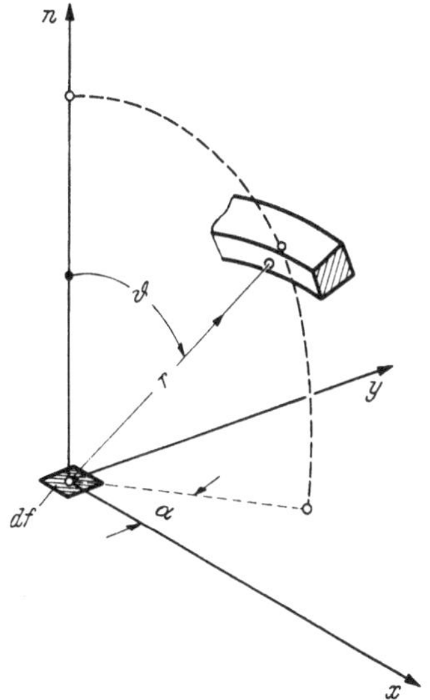

Abb. I 12, 4. Zur Berechnung der Strahlungsleistung.

$$d\Delta\langle N\rangle = \frac{8\pi}{c^3}\,\frac{\nu^2\,\Delta\nu}{e^{\frac{h\nu}{kT}}-1}\cdot 2\,\pi\,\mathrm{r}\sin\vartheta\cdot\mathrm{r}\cdot d\vartheta\cdot d\mathrm{r} \qquad (\text{I 12, 38})$$

„ν-Lichtquanten" des Frequenzbandes $\Delta\nu$.

Auf der kontrollierten Gefäßwand grenzen wir jetzt ein infinitesimal kleines Flächenelement $\Delta\mathrm{f}$ ab, welches den Ursprung des Polarkoordinaten-Systemes $(\mathrm{r};\vartheta;a)$ enthält; es erscheint von jedem, innerhalb des oben genannten Ringes liegenden Aufpunktes her unter dem nämlichen Raumwinkel

$$\Delta\Omega = \frac{\Delta\mathrm{f}\cdot\cos\vartheta}{\mathrm{r}^2}\,. \qquad (\text{I 12, 39})$$

Nun begeben wir uns in ein Ringelement der infinitesimal schmalen Azimutweite Δa, um während der Zeitspanne τ die Kinematik der dort vorbei fliegenden Photonen zu kontrollieren. Unter der Annahme, daß diese keine bestimmte Richtung bevorzugen, strebt dann von allen „gemusterten" Lichtquanten nur der „geometrische" Bruchteil

$$\frac{\Delta\Omega}{4\pi} = \frac{\Delta\mathrm{f}\cdot\cos\vartheta}{4\pi\,\mathrm{r}^2} \qquad (\text{I 12, 40})$$

auf das Flächenelement $\Delta\mathrm{f}$ zu. Sollen diese Energieträger jedoch innerhalb der beschränkten Epoche τ zu ihrem Ziele $\Delta\mathrm{f}$ gelangen, so muß ihr Flugweg

$$R = c\cdot\tau \qquad (\text{I 12, 41})$$

mindestens dem Abstand r des Ringelementes von $\Delta\mathrm{f}$ gleichen; umgekehrt können daher im Zeitraum τ nur diejenigen Photonen an der Bestrahlung von $\Delta\mathrm{f}$ teilnehmen, deren „Heimat" der in $\Delta\mathrm{f}$, also im Ursprung zentrierten Halbkugel

$$\mathrm{r}\leqq R;\qquad 0\leqq\vartheta<\frac{\pi}{2};\qquad 0\leqq a<2\pi \qquad (\text{I 12, 42})$$

angehört. Indem man nun zunächst die Gesamtheit aller hiernach aktionsfähigen ν-Lichtquanten aufsummiert und dann deren Anzahl mit τ teilt, findet man ihre je Zeiteinheit das Flächenelement $\Delta\mathrm{f}$ beaufschlagende Stromstärke $d\Delta\mathrm{J}_\nu$ zu

$$d\Delta\mathrm{J}_\nu = \frac{1}{\tau}\int\limits_{\vartheta=0}^{\frac{\pi}{2}}\int\limits_{\mathrm{r}=0}^{c\tau}\frac{\Delta\Omega}{4\pi}\,d\Delta\langle N\rangle = \frac{\Delta\mathrm{f}}{\tau}\cdot\frac{4\pi}{c^3}\,\frac{\nu^2\,\Delta\nu}{e^{\frac{h\nu}{kT}}-1}\int\limits_{\vartheta=0}^{\frac{\pi}{2}}\int\limits_{\mathrm{r}=0}^{c\tau}\sin\vartheta\cos\vartheta\,d\vartheta\,d\mathrm{r} =$$

$$\qquad (\text{I 12, 43})$$

$$= \Delta\mathrm{f}\frac{2\pi}{c^2}\,\frac{\nu^2\,\Delta\nu}{e^{\frac{h\nu}{kT}}-1}\,.$$

Da jedes von ihnen die Energie $h\,\nu$ mit sich führt, findet man schließlich durch Integration über das gesamte Frequenzspektrum

$$\sum = \frac{1}{\Delta\mathrm{f}}\int\limits_0^\infty h\,\nu\,d\Delta\mathrm{J}_\nu = \frac{2\pi h}{c^2}\int\limits_0^\infty\frac{\nu^3\,d\nu}{e^{\frac{h\nu}{kT}}-1} = a\,T^4, \qquad (\text{I 12, 44})$$

wobei abkürzend die *universelle Konstante*

$$a = 2\pi\cdot\frac{k^4}{h^3c^2}\cdot\frac{\pi^4}{15} = \frac{c}{4}\,A_{str} = 5{,}669\cdot 10^{-8}\,\frac{W}{m^2(^0K)^4} \qquad (\text{I 12, 45})$$

eingeführt wurde. Auf Grund der Voraussetzung des *statistischen Gleichgewichtes* regeln die nämlichen Formeln auch die Größe des *emittierten* Energiestromes je Flächeneinheit der Hohlraumstrahlung oder der „schwarzen" Strahlung bei der absoluten Temperatur T; diese, zur Absorbtion duale Deutung bildet den Inhalt des *Stefan-Boltzmann*schen Gesetzes.

h) Die Statistik des Photonengases erinnert sowohl formal wie auch hinsichtlich ihrer thermodynamischen Schlußfolgerungen an die *Debye*sche Theorie des spannungsfreien, festen Körpers [Ziffer I 6]. Der angezeigte Zusammenhang ist nicht zufällig: Er berührt die Wurzeln der Strahlungstheorie, welche seinerzeit *Max Planck*, noch vor *Einstein*s Konzeption der Photonen als korpuskulare Träger der Lichtenergie, zum Gesetze der spektralen Energieverteilung in der Hohlraumstrahlung führten; wir deuten den verbindenden Gedankengang in aller Kürze an:

1. Im Gegensatz zu dem *Tripel* synchroner elastischer Schwingungen [*zwei* transversale und *eine* longitudinale Welle] gibt es im elektromagnetischen Felde des leeren Raumes nur *zwei* synchrone, transversale und senkrecht zueinander polarisierte Lichtwellen. Wir haben daher jeden der früher mit *drei* Freiheitsgraden ausgestatteten, erregenden Oszillatoren durch einen von nur *zwei* Freiheitsgraden zu ersetzen, dessen Nullpunktsenergie durch η_0 bezeichnet werde; man denke etwa an das Zusammenspiel eines *Hertz*schen mit einem *Fitzgerald*schen Erreger. Hieraus fließen für die Umrechnung des Erwartungswertes ΔF der Freien Energie des festen Körpers, welche gemäß (I 6, 48) auf das Frequenzband $\Delta \nu$ entfällt, in die entsprechende Zustandsfunktion der Hohlraumstrahlung folgende Vorschriften:

(α) Man vertausche das Quadervolumen a b c mit dem Rauminhalt V des Gefäßes.

(β) Anstelle der aus (I 6, 43) berechneten mittleren Fortpflanzungsgeschwindigkeit $\bar{\vartheta}$ der Schallwellen tritt hier die für beide Polarisationsrichtungen einheitliche Ausbreitungsgeschwindigkeit c des Lichtes im leeren Raum.

(γ) Der „Freiheitsgrad-Faktor" 3 des Produktes $\nu^3 \Delta \nu$ ist durch den Faktor 2 zu ersetzen.

(δ) Innerhalb der geschweiften Klammer hat man statt $\frac{1}{2}$ h ν die Nullpunktsenergie η_0 anzuschreiben.

Durch Zusammenfassung aller dieser Änderungen gelangt man also von (I 6, 48) zu dem Ausdruck

$$\Delta F = \frac{V}{c^3} 4\pi \left\{ \eta_0 + k\,T \ln \left[1 - e^{-\frac{h\nu}{kT}} \right] \right\} 2\,\nu^2 \Delta \nu. \qquad \text{(I 12, 46)}$$

2. Während die elastischen Eigenschwingungen des festen Körpers nach *Debye* nur die unterhalb der Grenze ν_{gr} nach (I 6, 47) gelegenen Schwingungszahlen umfassen, ist das *elektromagnetische Frequenzspektrum* nach oben hin *unbegrenzt*. Wir schließen daher aus (I 12, 46) durch Integration über alle positiven Frequenzen ν auf den Erwartungswert

$$F = \frac{8\pi V}{c^3} \lim_{\nu_{gr} \to \infty} \int_0^{\nu_{gr}} \left\{ \eta_0 + k\,T \ln \left[1 - e^{-\frac{h\nu}{kT}} \right] \right\} \nu^2 \, d\nu \qquad \text{(I 12, 47)}$$

der Freien Energie des Lichtquanten-Gases. Hier tritt nun insofern eine unerwartete Schwierigkeit auf, als der von η_0 herrührende Term des Integrales mit $\nu_{gr} \to \infty$ maßlos anwächst! Um allen hieraus entstehenden Komplikationen aus dem Wege zu gehen, wird man zu der formalen Annahme

$$\eta_0 \to 0 \qquad (\text{I } 12,\ 48)$$

gezwungen, die indes einer überzeugenden physikalischen Begründung ermangelt und daher ohne Zweifel einen schwachen Punkt unseres Gedankenganges bildet. Stimmt man ihr aber ungeachtet der von dieser Kritik geweckten Bedenken zu, so reduziert sich (I 12, 47) auf die Aussage

$$F = \frac{8\pi V}{c^3} kT \int_{\nu=0}^{\infty} \nu^2 \ln\left[1 - e^{-\frac{h\nu}{kT}}\right] d\nu = -8\pi V \frac{(kT)^4}{(hc)^3} \frac{1}{3} \int_0^{\infty} \frac{\varkappa^3 d\varkappa}{e^\varkappa - 1} \qquad (\text{I } 12,\ 49)$$

die nun in der Tat mit (I 12, 19) inhaltlich identisch ist.

Führt man die vorstehenden Überlegungen im umgekehrten Sinne durch, so gelangt man bei der statistisch-thermodynamischen Beschreibung des festen Körpers zur Konzeption von *Schallquanten*, welche das Gebiet des festen Körpers als *Phononengas* erfüllen; doch mag es hier mit diesem Hinweis sein Bewenden haben.

I 13. Fermi-Diracsche Statistik des Elektronengases.

a) Ein Gefäß des Rauminhaltes V sei von N Elektronen je der Ruhmasse m_0 und der [invarianten] elektrischen Ladung $(-q_0)$ erfüllt, welche dort der jeweils wirksamen *Coulomb*kraft K des zeitfreien elektrischen Skalarpotentiales φ unterliegen:

$$K = q_0 \operatorname{grad} \varphi. \qquad (\text{I } 13,\ 1)$$

Gesucht wird der *statistische Gleichgewichtszustand* dieses Kollektivs im Gültigkeitsbereiche der *Newton*schen Mechanik.

b) Innerhalb des Elektronengases orientieren wir uns an Hand eines im Gefäß ruhenden Bezugssystemes der *Kartesi*schen Koordinaten x; y; z. Bezeichnen wir dann durch p_x; p_y; p_z die beziehentlich achsenparallelen Impulskomponenten des in (x; y; z) befindlichen Elektrons, so ergibt sich gemäß seiner potentiellen Energie

$$\eta_{\text{pot}} = -q_0 \varphi(x; y; z) \qquad (\text{I } 13,\ 2)$$

seine *Hamilton*sche Funktion η zu

$$\eta = \eta_{\text{pot}} + \frac{1}{2 m_0} [p_x{}^2 + p_y{}^2 + p_z{}^2] = \qquad (\text{I } 13,\ 3)$$

$$= -q_0 \varphi(x; y; z) + \frac{1}{2 m_0} [p_x{}^2 + p_y{}^2 + p_z{}^2].$$

Nun konstruieren wir im sechsdimensionalen Phasenraum der drei Konfigurationskoordinaten und der drei Impulskoordinaten das Hyperelement $(\Delta x\, \Delta y\, \Delta z\, \Delta p_x\, \Delta p_y\, \Delta p_z)$; sein statistisches Gewicht g gleicht auf Grund des *Liouville*schen Satzes dem Verhältnis des genannten Hypervolumens zum Hypervolumen h^3 der sechsdimensionalen Einheitszelle, so daß sich in dem kontrollierten Element gemäß (I 10, 47) durchschnittlich

$$\Delta \langle N \rangle = \frac{2}{h^3} \frac{\Delta x\, \Delta y\, \Delta z\, \Delta p_x\, \Delta p_y\, \Delta p_z}{e^{y_s + \frac{\eta}{kT}} + 1} \qquad (\text{I } 13,\ 4)$$

Elektronen aufhalten. Definieren wir jetzt den *Entartungsparameter* A des Elektronengases durch

$$A = e^{-\left(y_s + \frac{\eta_{pot}}{kT}\right)},\qquad\text{(I 13, 5)}$$

so ergibt sich zufolge (I 13, 3) aus (I 13, 4) die je Einheit des Konfigurationsraumes auf das Element $(\Delta p_x \Delta p_y \Delta p_z)$ des Impulsraumes entfallende Elektronenkonzentration Δn zu

$$\Delta n = \frac{\Delta \langle N \rangle}{\Delta x\, \Delta y\, \Delta z} = \frac{2}{h^3} \frac{\Delta p_x\, \Delta p_y\, \Delta p_z}{\frac{1}{A}\, e^{-\frac{p_x^2 p_y^2 p_z^2}{2 m_0 kT}} + 1}.\qquad\text{(I 13, 6)}$$

Sie unterscheidet sich von dem entsprechenden Ausdruck (I 11, 5) der *Bose-Einstein*schen Statistik, abgesehen von dem hier auftretenden „Spinfaktor" 2, wesentlich durch den Bau des Nenners: In der *Fermi-Dirac*schen Statistik erscheint der Posten (+ 1), im Gegensatz zu dem Posten (— 1) in der *Bose-Einstein*schen Statistik, neben dem beidemal formal gleich gebildeten Exponentialgliede. Nichtsdestoweniger schildern hiernach die verglichenen Verteilungsgesetze im Falle A $\ll$ 1 merklich ein und dasselbe, *Maxwell-Boltzmann*sche Verhalten des jeweils behandelten Teilchenkollektivs. Wie kann man dieses, angesichts der gedanklich doch so durchaus verschiedenen Grundlagen der *Bose-Einstein*schen und der *Fermi-Dirac*schen Statistik gewiß überraschende Ergebnis physikalisch verstehen? Bei schwacher Entartung finden die zu verteilenden Partikel einen solchen *Überfluß an wahlweise besetzbaren Zellen* vor, daß die meisten von ihnen leer bleiben und der Zugang gerade zu einer bestimmten Zelle nur äußerst selten von mehr als *einem* Teilchen gleichzeitig erbeten wird; daher braucht das in der *Fermi-Dirac*schen Statistik sozusagen als „Platzanweiser" angestellte *Pauli*-Prinzip so gut wie nie in den Verteilungsmechanismus einzugreifen.

Im Lichte der vorstehenden Überlegungen hat man physikalisch einschneidende Unterschiede zwischen den Aussagen der *Bose-Einstein*schen Statistik einerseits und der *Fermi-Dirac*schen Statistik andererseits erst im Falle der *starken Entartung* zu gewärtigen. Allein während in der *Bose-Einstein*schen Statistik der Entartungsparameter nicht über A = 1 hinausanwachsen kann, besteht in der *Fermi-Dirac*schen Statistik keine derartige Grenze: Wir werden ein *stark entartetes* Elektronengas durch die Angabe A $\gg$ 1 kennzeichnen, und der allerdings nur ideelle Prozeß A $\to$ ∞ führt zum Begriffe der *vollständigen Entartung*.

c) Um die physikalische Bedeutung des Entartungsparameters A in der *Fermi-Dirac*schen Statistik des Elektronengases aufzudecken, berechnen wir aus (I 13, 6) durch Integration über alle absoluten Beträge p $\geqq$ 0 des Impulses [*Newton*sche Mechanik!] die *Elektronenkonzentration*

$$n = \frac{8\pi}{h^3} \int_0^{\infty} \frac{p^2\, dp}{\frac{1}{A}\, e^{\frac{p^2}{2 m_0 kT}} + 1},\qquad\text{(I 13, 7)}$$

aus welcher wir sogleich das *spezifische Volumen*

$$v = \frac{1}{n}\qquad\text{(I 13, 8)}$$

je Elektron erschließen; wir benutzen es als „allgemeine Koordinate" der durchschnittlichen *Freien Energie* f je Elektron. Die letztgenannte Zustandsfunktion geht aus Gl. (I 10, 46) hervor, indem wir dort N = 1 setzen und statt der Summation eine Integration über den Impulsraum ausführen. Da nun auf die zwischen p und $(p + \Delta p)$ eingeschlossene Kugelschale des Impulsraumes nach dessen Multiplikation mit dem spezifischen Volumen v des Konfigurationsraumes

$$g = \frac{v \cdot 4\pi p^2 \Delta p}{h^3} \qquad (I\ 13,\ 9)$$

Zellen entfallen, findet man

$$f = -k\,T_s\,y_s - v\,\frac{8\pi k T}{h^3} \int\limits_0^\infty p^2 \ln\left[1 + A\,e^{-\frac{p^2}{2m_0 k T}}\right] dp. \qquad (I\ 13,\ 10)$$

Wegen $\partial A/\partial y_s = -A$ [vgl. (I 13, 5)] folgt daher aus (I 13, 10) für den *Druck* P des Elektronengases zunächst die Gleichung

$$P = -\frac{\partial f}{\partial v} = \qquad (I\ 13,\ 11)$$

$$= \frac{8\pi k T}{h^3} \int\limits_0^\infty p^2 \ln\left[1 + A\,e^{-\frac{p^2}{2m_0 k T}}\right] dp - k T\left[1 - v\,\frac{8\pi}{h^3} \int\limits_0^\infty \frac{p^2\,dp}{\frac{1}{A}\,e^{\frac{p^2}{2m_0 k T}} + 1}\right]\frac{\partial y_s}{\partial v},$$

welche sich jedoch vermöge (I 13, 7) und (I 13, 8) auf

$$P = \frac{8\pi k T}{h^3} \int\limits_0^\infty p^2 \ln\left[1 + A\,e^{-\frac{p^2}{2m_0 k T}}\right] dp \qquad (I\ 13,\ 12)$$

reduziert. Daher entnimmt man aus (I 13, 10) die Relation

$$y_s = -\frac{f + P \cdot v}{k T} = \frac{\gamma}{k}, \qquad (I\ 13,\ 13)$$

in welcher definitionsgemäß γ die durchschnittliche *Gibbssche Funktion* je Elektron bezeichnet; ihr *Wärmeanteil*

$$\gamma_{th} = \gamma + \frac{\eta_{Pot}}{T} = \gamma - \frac{q_0 \varphi}{T} \qquad (I\ 13,\ 14)$$

ist sonach durch die Angabe

$$A = e^{-\frac{\gamma_{th}}{k}} \qquad (I\ 13,\ 15)$$

mit dem Entartungsparameter A verknüpft.

d) Zur Berechnung der mittleren Elektronenenergie u übergehend, wenden wir den *Gibbs-Helmholtz*schen Satz auf (I 13, 10) an und finden mittels der aus (I 13, 5) fließenden Beziehung

$$\frac{\partial A}{\partial T} = \left[-\frac{\partial y_s}{\partial T} + \frac{\eta_{Pot}}{k T^2}\right] A \qquad (I\ 13,\ 16)$$

zunächst die Aussage

$$u = -T^2 \frac{\partial}{\partial T}\left[\frac{f}{T}\right] = \qquad (I\ 13,\ 17)$$

$$= k T^2 \frac{\partial y}{\partial T} + v\,\frac{8\pi k T^2}{h^3} \int\limits_0^\infty \frac{-\dfrac{\partial y_s}{\partial T} + \dfrac{\eta_{Pot}}{k T^2} + \dfrac{p^2}{2m_0 k T^2}}{\dfrac{1}{A}\,e^{\frac{p^2}{2m_0 k T}} + 1}\,p^2\,dp,$$

welche sich, unter erneuter Berufung auf (I 13, 7) und (I 13, 8), zu

$$u = \eta_{\text{Pot}} + \frac{v}{2\,m_0} \cdot \frac{8\,\pi}{h^3} \int_0^\infty \frac{p^4}{\frac{1}{A}\,e^{\frac{p^2}{2\,m_0\,kT}} + 1}\,dp \qquad (I\ 13,\ 18)$$

vereinfacht. Überdies läßt sich der Ausdruck (I 13, 12) durch Teilintegration in die Form

$$P = \frac{1}{3\,m_0}\frac{8\,\pi}{h^3} \int_0^\infty \frac{p^4}{\frac{1}{A}\,e^{\frac{p^2}{2\,m_0\,kT}} + 1}\,dp \qquad (I\ 13,\ 19)$$

bringen, mit deren Hilfe wir aus (I 13, 18) die thermodynamischen Relationen

$$u = \eta_{\text{Pot}} + \frac{3}{2}\,P\,v; \qquad P = \frac{2}{3}\,n(u - \eta_{\text{Pot}}) \qquad (I\ 13,\ 20)$$

erschließen.

Aus der *Gibbs*schen Funktion γ und der Energie u bilden wir die mittlere *Entropie*

$$s = \gamma + \frac{u + P \cdot v}{T} \qquad (I\ 13,\ 21)$$

je Elektron. Gemäß ihrer statistischen Konzeption hängt diese Zustandsfunktion gewiß nicht von der jeweiligen Größe der potentiellen Elektronenenergie η_{Pot} ab, die ja als solche keinerlei stochastischen Schwankungen unterliegt; in der Tat folgt aus (I 13, 21) mit Rücksicht auf (I 13, 14) und (I 13, 20) die Angabe

$$s = \gamma_{\text{th}} + \frac{5}{3}\frac{u - u_{\text{Pot}}}{T} = \gamma_{\text{th}} + \frac{5}{3}\frac{u_{\text{th}}}{T} \qquad (I\ 13,\ 22)$$

in welcher nun u_{th} den Durchschnittswert lediglich der *kinetischen* Elektronenenergie oder, mit anderen Worten, den Wärmeanteil der Energie je Elektron mißt.

e) Wir vertauschen die *Gibbs*sche Funktion γ je Elektron mit dem ebenso bezogenen Thermodynamischen Potential

$$\zeta = -\,T\,\gamma = f + P\,v, \qquad (I\ 13,\ 23)$$

welchem definitionsgemäß die physikalische Dimension einer *Energie* zukommt; die Differenz

$$\zeta_{\text{th}} = \zeta - \eta_{\text{Pot}} \qquad (I\ 13,\ 24)$$

beschreibt seinen *Wärmeanteil*.

Um diese Funktionen auf einfache Weise mit dem jeweiligen Werte der potentiellen Elektronenenergie η_{Pot} vergleichen zu können, welche ihrerseits ja wegen der Invarianz der Elektronenladung ($-\,q_0$) wesentlich schon gemäß (I 13, 2) durch Angabe des an jedem Orte von Mal zu Mal wirksamen elektrischen Skalarpotentiales φ beschrieben wird, rechnen wir das Thermodynamische Potential ζ mittels der sozusagen „universellen" Vorschrift

$$\zeta = -\,q_0\,\psi \qquad (I\ 13,\ 25)$$

formal auf eine *neue Zustandsfunktion* ψ um, welcher sonach die Dimension eines *elektrischen Skalarpotentiales* zukommt; wir stellen sie fortan als *elektrochemisches Potential* dem *elektrischen Potential* φ zur Seite. Ungeachtet der uniformen physikalischen Dimension der Funktionen ψ und φ ist jedoch zu betonen, daß das elektrochemische Potential ψ als Durchschnitt einer *stochastisch veränderlichen Größe* definiert ist, während das elektrische Potential φ — nach passender Wahl seiner Basis — *kausal determiniert* ist.

Zur Gleichgewichtsbedingung (I 2, 69) zurückkehrend, gelangen wir nunmehr zu dem wichtigen Satz: Gleich dem Thermodynamischen Potential ζ ist das *elektrochemische Potential* ψ innerhalb einer im thermodynamischen Gleichgewicht [T = const.] befindlichen „Elektronensphäre" *räumlich und zeitlich konstant*:

$$\psi = \psi(x; y; z) = \psi_0 = \text{const.} \qquad (I\ 13,\ 26)$$

Mit Hilfe der Definitionen (I 13, 23), (I 13, 24) und (I 13, 25) nimmt Gl. (I 13, 14) die Gestalt

$$\gamma_{\text{th}} = \frac{\zeta}{T} - \frac{q_0\varphi}{T} = \frac{q_0}{T}(\psi - \varphi) = -\frac{\zeta_{\text{th}}}{T} \qquad (I\ 13,\ 27)$$

an, so daß für den Entartungsparameter A nach (I 13, 15) die Darstellung

$$A = e^{-\frac{p_0}{kT}(\psi - \varphi)} = e^{\frac{\zeta_{\text{th}}}{kT}} \qquad (I\ 13,\ 28)$$

resultiert; falls sich also das Elektronengas in einem von Null verschiedenen, konservativen Kraftfelde des örtlich veränderlichen, elektrischen Skalarpotentiales $\varphi = \varphi(x; y; z)$ befindet, ändert sich vermöge der Gleichgewichtsbedingung (I 13, 26) auch der Entartungsparameter A mit φ von Ort zu Ort.

f) Wir stellen der allgemeinen Thermodynamik des Elektronengases den Fall seiner *vollständigen Entartung* [A → ∞] voraus, da er sich mit elementaren Mitteln übersehen läßt. Denn zunächst verlangt dieser Prozeß gemäß (I 13, 28), daß man gedanklich die Temperatur T bis auf den absoluten Nullpunkt erniedrigt [T → + 0], gleichzeitig aber die skalaren Potentiale φ und ψ der sie beide simultan erfassenden Ungleichung

$$q_0(\varphi - \psi) = \eta_0 > 0 \qquad (I\ 13,\ 29)$$

unterwirft. Mit Rücksicht auf (I 13, 3) und (I 13, 5) liefert dann Gl. (I 10, 38) für die Besetzungswahrscheinlichkeit w einer „Halbzelle" des Phasenraumes [*Pauli*-Prinzip!] die Alternative

$$w = \lim_{T \to 0} \frac{1}{e^{\frac{1}{kT}\left\{q_0(\psi - \varphi) + \frac{p^2}{2m_0}\right\}} + 1} = \lim \frac{1}{e^{\frac{1}{kT}\left\{\frac{p^2}{2m_0} - \eta_0\right\}} + 1} =$$

$$= \begin{cases} 1 & \text{für} \quad 0 \leqq \dfrac{p^2}{2m_0} < \eta_0 \\[2ex] 0 & \text{für} \quad \dfrac{p^2}{2m_0} > \eta_0 \end{cases} \qquad (I\ 13,\ 30)$$

so daß η_0 die *kinetische Höchstenergie* je Elektron mißt: Beim absoluten Nullpunkt der Temperatur sind die stets paarweise auftretenden „Bruderzustände" antiparallel spinnender Elektronen je der kinetischen Energie

$$0 \leqq \eta_{\text{kin}} < \eta_0 \qquad (I\ 13,\ 31)$$

entsprechend Abb. I 13, 1 *sämtlich besetzt*, alle Zustände größerer kinetischer Energie jedoch *leer*. Man bezeichnet deshalb die Energie η_0 selbst treffend als *Fermi-Kante* der besetzten Zustände; häufig empfiehlt es sich, ihren Wert mittels Division durch die absolute Größe q_0 der Elektronenladung auf das *Fermi-Potential*

$$\varphi_F = \frac{\eta_0}{q_0} \qquad (I\ 13,\ 32)$$

umzurechnen. Im Gleichgewichtszustande — doch nur in diesem! — unterscheidet sich das *Fermi*-Potential nach Maßgabe der Gl. (I 13, 29) vom elektrischen Skalarpotential φ lediglich um den festen Betrag ψ_0 des elektrochemischen Potentiales

$$\varphi_F = \varphi_F(x;y;z) = \varphi(x;y;z) - \psi_0. \qquad (I\ 13,\ 33)$$

Zu Gl. (I 13, 7) zurückkehrend, erhalten wir auf Grund der Alternative (I 13, 30) für die Konzentration n des vollständig entarteten Elektronengases die Angabe

$$n = \frac{8\pi}{h^3} \int_0^{\sqrt{2m_0\eta_0}} p^2\,dp =$$

$$= \frac{8\pi}{3\,h^3}(2\,m_0\,\eta_0)^{3/2}.$$

$$(I\ 13,\ 34)$$

Umgekehrt berechnet sich also aus der Elektronenkonzentration n die *Fermi*-Kante mittels der Relation

$$\eta_0 = \lim_{T\to 0} q_0(\varphi - \psi) =$$

$$= \left(\frac{3}{\pi}n\right)^{2/3}\frac{h^2}{8\,m_0}. \qquad (I\ 13,\ 35)$$

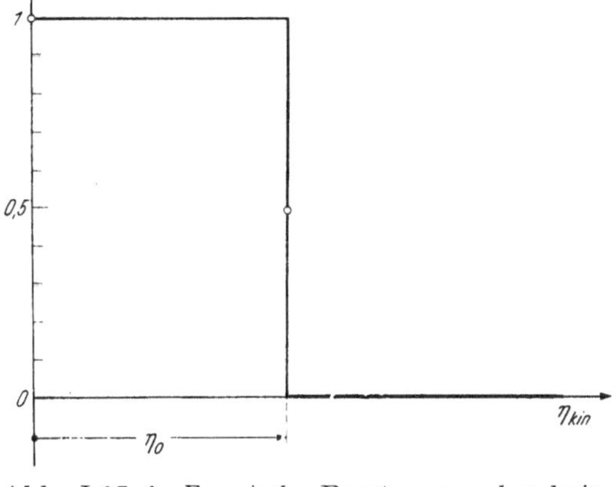

Abb. I 13, 1. *Fermi*sche Besetzungswahrscheinlichkeit im Falle vollständiger Entartung.

Für den *Nullpunktsdruck*
$P_0 = \lim_{T\to 0} P$ des vollständig entarteten Elektronengases finden wir aus (I 13, 19) mit Rücksicht auf (I 13, 30) die Formel

$$P_0 = \frac{8\pi}{h^3}\frac{1}{3\,m_0}\int_0^{\sqrt{2m_0\eta_0}} p^4\,dp = \frac{8\pi}{h^3}\frac{1}{3\,m_0}\frac{(2\,m_0\,\eta_0)^{5/2}}{5} = \frac{1}{5}\frac{h^2}{4\,m_0}\left(\frac{3}{\pi}\right)^{2/3}n^{5/3}.$$

$$(I\ 13,\ 36)$$

Aus ihr erschließen wir im Hinblick auf (I 13, 34) die Relation

$$\lim_{T\to 0}(P\,v) = \lim_{T\to 0}\frac{P}{n} = \frac{1}{5}\frac{h^2}{4\,m_0}\left(\frac{3}{\pi}\right)^{2/3}n^{2/3} = \frac{2}{5}\eta_0 = \frac{2}{5}\lim_{T\to 0}q_0(\varphi-\psi), \qquad (I\ 13,\ 37)$$

so daß im Verein mit (I 13, 20) für die *mittlere Energie* u des Einzelelektrons und deren thermischen Anteil u_{th} die Grenzgleichung

$$\lim_{T\to 0}(u - \eta_{Pot}) = \lim_{T\to 0}(u + q_0\varphi) = \lim_{T\to 0}u_{th} = \frac{3}{5}\eta_0 = \frac{3}{5}\left(\frac{3}{\pi}n\right)^{2/3}\frac{h^2}{8\,m_0}$$

$$(I\ 13,\ 38)$$

entsteht; da nun die ebenso bezogene *Entropie* s auf Grund des *Nernst*schen Wärmesatzes für $T \to 0$ verschwindet, folgt aus der Definition der durchschnittlichen Freien Elektronen-Energie f deren Grenzwert f_0 beim absoluten Nullpunkt der Temperatur zu

$$f_0 = \lim_{T \to 0} f = \lim_{T \to 0} [u - T \cdot s] = \lim_{T \to 0} u. \qquad (I\ 13,\ 39)$$

Die Existenz der endlichen, kinetischen Nullpunktsenergie $\lim\limits_{T \to 0} u_{th}$ gemäß (I 13, 38) mag zunächst unser Befremden erregen: Sollte man doch, an den Vorstellungskreis der Klassischen Physik gewöhnt, beim absoluten Nullpunkt der Temperatur völlige Bewegungslosigkeit der „erfrorenen" Elektronen erwarten! In der Tat wird der angezeigte, merkwürdige Bewegungseffekt erst im Lichte eines typisch nicht-klassischen Prinzipes verständlich: Der *Heisenberg*schen Ungenauigkeits-Relationen, die ja die *Planck*sche Konstante explizit enthalten. Der Zustand vollkommener Ruhe des Einzelelektrons würde nämlich eine maßlose Unbestimmtheit seines Ortes nach sich ziehen; dann aber könnte von einer wohldefinierten Konzentration n der Elektronen nicht mehr die Rede sein. Daß diese Auffassung in der Tat den physikalischen Kern der Formel (I 13, 38) trifft, mag an Hand einer Abschätzung gezeigt werden:

Das bloße Wissen um die Anwesenheit von n Elektronen je Einheit des Konfigurationsraumes beläßt in der Ortsbestimmung eines jeden einzelnen unter ihnen eine Unsicherheit, deren beziehentlich zu einer der drei Achsenrichtungen paralleler Betrag Δx; Δy; Δz seiner Größenordnung nach dem mittleren Abstand von Elektron zu Elektron gleichgesetzt werden darf:

$$\Delta x = \Delta y = \Delta z \approx \left(\frac{1}{n}\right)^{1/3}. \qquad (I\ 13,\ 40)$$

Hieraus folgen für die Impulskomponenten p_x; p_y; p_z, welche den Koordinaten x; y; z des jeweils kontrollierten Elektrons beziehentlich kanonisch konjugiert sind, die Ungenauigkeiten

$$\Delta p_x = \Delta p_y = \Delta p_z \approx \frac{h}{2\,\pi} n^{1/3}. \qquad (I\ 13,\ 41)$$

Da nun der Erwartungswert jeder der drei [oszillierenden] Impulskomponenten verschwindet, erhält man für die mittlere kinetische Energie des Einzelelektrons den ungefähren Betrag

$$\eta_{kin} \approx \frac{1}{2\,m_0} [\Delta p_x{}^2 + \Delta p_y{}^2 + \Delta p_z{}^2] = \frac{3}{\pi^2} n^{2/3} \frac{h^2}{8\,m_0}, \qquad (I\ 13,\ 42)$$

welcher sich in der Tat von der thermodynamischen Angabe (I 13, 38) nur um einen Zahlenfaktor der Größenordnung 1 unterscheidet.

Um ungeachtet ihrer quantentheoretischen Herkunft diese *Heisenberg*sche, sozusagen aus „Platzangst" geborene Nullpunktsunruhe der Elektronen mit klassischen Begriffen zu vergleichen, rechnen wir die kinetische Grenzenergie formal auf die ihr sozusagen äquivalente *Fermi*-Temperatur Θ um, indem wir

$$\eta_0 = \frac{3}{2} k\,\Theta; \qquad \Theta = \left(\frac{3}{\pi} n\right)^{2/3} \frac{h^2}{12\,m_0\,k} \qquad (I\ 13,\ 43)$$

setzen. Die *Fermi*-Temperatur vermag, den Begriff des Entartungsparameters ergänzend, ein anschauliches Kriterion für den Entartungsgrad eines tatsächlich auf der absoluten Temperatur T gehaltenen Elektronengases abzugeben: Die Ungleichung

$$T \ll \Theta \qquad\qquad \text{(I 13, 44)}$$

definiert den Fall der *starken Entartung*; umgekehrt befindet sich das Elektronengas unter der Bedingung

$$T \gg \Theta \qquad\qquad \text{(I 13, 45)}$$

im Zustande der nur *schwachen Entartung*.

g) In die Beschreibung der Eigenschaften des Elektronengases bei endlichen Werten seiner absoluten Temperatur gehen *bestimmte Integrale* der Gestalt

$$J_r = \int_0^\infty \frac{p^{2r}}{\dfrac{1}{A}\, e^{\frac{p^2}{2 m_0 k T}} + 1}\, 2\,p\,dp \qquad\qquad \text{(I 13, 46)}$$

mit reellem Exponenten $r > (-1)$ ein. Setzen wir abkürzend

$$\frac{1}{A} = e^{\frac{\gamma_{th}}{k}} = e^{-\frac{q_0}{kT}(\varphi - \psi)} = e^{-\xi_0}; \qquad \xi_0 = -\frac{\gamma_{th}}{k} = \frac{q_0}{kT}(\varphi - \psi) \qquad \text{(I 13, 47)}$$

und substituieren

$$\frac{p^2}{2\,m_0\,k\,T} = \xi, \qquad\qquad \text{(I 13, 48)}$$

so geht (I 13, 46) in

$$J_r = (2\,m_0\,k\,T)^{r+1}\, F_r(\xi_0) \qquad\qquad \text{(I 13, 49)}$$

über, wobei

$$F_r(\xi_0) = \int_0^\infty \frac{\xi^r}{e^{\xi - \xi_0} + 1}\, d\xi \qquad\qquad \text{(I 13, 50)}$$

als *Fermi*sches Normalintegral vom Range r bezeichnet werde. Es läßt sich allerdings nicht mittels bekannter Funktionen in geschlossener Form darstellen; wohl aber kann man es im Falle $\xi_0 \gg 1$ des stark entarteten Elektronengases in eine nach fallenden Potenzen von ζ_0 fortschreitende, rasch konvergierende Reihe entwickeln:

Wir führen in (I 13, 50) zunächst eine Teilintegration aus und erhalten

$$F_r(\xi_0) = \frac{\xi^{r+1}}{r+1}\frac{1}{e^{\xi - \xi_0} + 1}\Bigg|_0^\infty + \int_0^\infty \frac{\xi^{r+1}}{r+1}\frac{e^{\xi - \xi_0}}{[e^{\xi - \xi_0} + 1]^2}\, d\xi. \qquad \text{(I 13, 51)}$$

Der integralfreie Posten dieser Summe verschwindet zufolge der Voraussetzung $r > (-1)$. In dem somit allein verbleibenden Integral ist die Funktion

$$f(\xi) = \frac{e^{\xi - \xi_0}}{[e^{\xi - \xi_0} + 1]^2} \qquad\qquad \text{(I 13, 52)}$$

unter der Bedingung $\xi_0 \gg 1$ nur in einer schmalen Umgebung von $\xi = \xi_0$ merklich von Null verschieden. Mittels der weiteren Substitution

$$\xi - \xi_0 - 2\,\eta \qquad\qquad \text{(I 13, 53)}$$

verschieben wir diese Stelle in den Ursprung der neuen Integrationsvariablen η und gewinnen aus (I 13, 51)

$$F_r(\xi_0) = \frac{1}{r+1} \int\limits_{-\frac{\xi_0}{2}}^{\infty} [\xi_0 + 2\,\eta]^{r+1} \frac{e^{2\eta}}{[e^{2\eta}+1]^2} 2\,d\eta =$$

$$= \frac{1}{r+1} \cdot \frac{1}{2} \int\limits_{-\frac{\xi_0}{2}}^{\infty} \frac{[\xi_0 + 2\,\eta]^{r+1}}{\cosh^2 \eta}\, d\eta. \qquad (I\ 13,\ 54)$$

Da der Integrand für $|\eta| \gg 1$ sehr klein wird, darf man, unter Berufung auf die Voraussetzung $\xi_0 \gg 1$, die untere Grenze des Integrales (I 13, 54) mit nur geringfügigem Fehler durch $(-\infty)$ ersetzen, so daß man in der hierdurch angezeigten Genauigkeit

$$F_r(\xi_0) = \frac{1}{r+1} \cdot \frac{1}{2} \int\limits_{-\infty}^{\infty} \frac{[\xi_0 + 2\,\eta]^{r+1}}{\cosh^2 \eta}\, d\eta \qquad (I\ 13,\ 55)$$

findet. Wir bedienen uns nun der binomischen Entwicklung

$$[\xi_0 + 2\,\eta]^{r+1} = \xi_0^{r+1}\left[1 + \frac{r+1}{1!}\frac{2\,\eta}{\xi_0} + \frac{(r+1)\,r}{2!}\left(\frac{2\,\eta}{\xi_0}\right)^2 + \cdots\right], \qquad (I\ 13,\ 56)$$

welche wir in (I 13, 55) restituieren. Da sich dann bei der Integration alle in η ungeraden Potenzen annullieren, entsteht

$$F_r(\xi_0) = \frac{\xi_0^{r+1}}{r+1} \int\limits_0^{\infty}\left[1 + \frac{(r+1)\,r}{2!}\left(\frac{2\,\eta}{\xi_0}\right)^2 + \cdots\right]\frac{d\eta}{\cosh^2 \eta}. \qquad (I\ 13,\ 57)$$

Der Kürze halber begnügen wir uns mit der expliziten Berechnung der ersten zwei Glieder. Zunächst gilt

$$\int\limits_0^{\infty} \frac{d\eta}{\cosh^2 \eta} = \operatorname{tgh} \eta \,\Big|_0^{\infty} = 1. \qquad (I\ 13,\ 58)$$

Mit Hilfe der Relation

$$\frac{1}{\cosh^2 \eta} = \frac{d}{d\eta} \operatorname{tgh} \eta = \frac{d}{d\eta}\left[\frac{1-e^{-2\eta}}{1+e^{-2\eta}}\right] = \frac{d}{d\eta}\left[1 - 2(e^{-2\eta} - e^{-2\eta} + - \cdots)\right] =$$

$$= 2\left[2\,e^{-2\eta} - 4\,e^{-4\eta} + 6\,e^{-6\eta} - + \cdots\right] \qquad (I\ 13,\ 59)$$

erhalten wir dann weiter

$$\int\limits_0^{\infty} \frac{(2\,\eta)^2\, d\eta}{\cosh^2 \eta} = -2 \sum_{j=1}^{\infty}\int\limits_0^{\infty} (2\,\eta)^2 (-1)^j\, 2\,j\, e^{-2j\eta}\, d\eta =$$

$$\qquad (I\ 13,\ 60)$$

$$= -2 \sum_{j=1}^{\infty} (-1)^j \int\limits_0^{\infty} \frac{(2\,j\,\eta)^2}{j^2} e^{-2j\eta}\, d(2\,j\,\eta) = 2 \cdot 2!\left[\frac{1}{1^2} - \frac{1}{2^2} + \frac{1}{3^2} - + \cdots\right] =$$

$$= 2 \cdot 2!\,\frac{\pi^2}{12}.$$

Zufolge (I 13, 58) und (I 13, 60) resultiert aus (I 13, 57) die Angabe

$$F_r(\xi_0) = \frac{\xi_0^{r+1}}{r+1}\left[1 + \frac{\pi^2}{6}\frac{(r+1)\,r}{\xi_0^{\,2}} + \ldots\right], \qquad (I\ 13,\ 61)$$

so daß sich, in gleicher Genauigkeit, aus (I 13, 47), (I 13, 49) und (I 13, 50) für (I 13, 46) der Ausdruck

$$J_r = \frac{[2\,m_0\,q_0(\varphi - \psi)]^{r+1}}{r+1}\left[1 + \frac{\pi^2}{6}(r+1)\,r\left\{\frac{k\,T}{q_0(\varphi-\psi)}\right\}^2 + \ldots\right] \quad (I\ 13,\ 62)$$

findet.

h) Zur Physik des Elektronengases zurückkehrend, wenden wir die Näherungsformel (I 13, 62) zunächst auf die Relation (I 13, 7) an und erhalten, da jetzt $r = \tfrac{1}{2}$ zu setzen ist, für die Differenz $q_0(\varphi - \psi)$ die Gleichung

$$n = \frac{8\,\pi}{3\,h^3}\,[2\,m_0\,q_0(\varphi - \psi)]^{3/2}\left[1 + \frac{\pi^2}{8}\left\{\frac{k\,T}{q_0(\varphi-\psi)}\right\}^2 + \ldots\right]. \quad (I\ 13,\ 63)$$

Nachdem nun in der vorstehenden Entwicklung das Elektronengas als stark entartet vorausgesetzt wurde, ist in der rechtsseitig als Faktor auftretenden Summe des Ausdruckes (I 13, 63) der zweite Posten klein gegen 1. Mit Rücksicht auf (I 13, 35) darf man daher (I 13, 63) durch

$$n = \frac{8\,\pi}{3\,h^3}\,[2\,m_0\,q_0\,(\varphi - \psi)]^{3/2}\left[1 + \frac{\pi^2}{8}\left\{\frac{k\,T}{\eta_0}\right\}^2 + \ldots\right] \quad (I\ 13,\ 64)$$

approximieren und erhält, in gleicher Genauigkeit,

$$q_0(\varphi - \psi) = \eta_0\left[1 + \frac{\pi^2}{8}\left\{\frac{k\,T}{\eta_0}\right\}^2 + \ldots\right]^{-2/3} = \eta_0\left[1 - \frac{\pi^2}{12}\left\{\frac{k\,T}{\eta_0}\right\}^2 + \ldots\right].$$
$$(I\ 13,\ 65)$$

Im Verein mit (I 13, 19) und (I 13, 36) finden wir somit für die Temperaturabhängigkeit des Elektronengasdruckes P die Gleichung

$$P = \frac{8\,\pi}{h^3}\frac{1}{3\,m_0}\frac{1}{5}\,[2\,m_0\,\eta_0]^{5/2}\left[1 - \frac{\pi^2}{12}\left\{\frac{k\,T}{\eta_0}\right\}^2 + \ldots\right]\left[1 + \frac{5\,\pi^2}{8}\left\{\frac{k\,T}{\eta_0}\right\}^2 + \ldots\right] =$$
$$= P_0\left[1 + \frac{5\,\pi^2}{12}\left\{\frac{k\,T}{\eta_0}\right\}^2 + \ldots\right]. \qquad (I\ 13,\ 66)$$

Unter Berufung auf (I 13, 8) und (I 13, 13) folgt nunmehr für die *Gibbs*sche Funktion γ des Einzelelektrons die Entwicklung

$$\gamma = k\,y_s = \frac{q_0\varphi}{T} - \frac{\eta_0}{T}\left[1 - \frac{\pi^2}{12}\left\{\frac{k\,T}{\eta_0}\right\}^2 + \ldots\right], \qquad (I\ 13,\ 67)$$

sofern man in dieser Gleichung η_0 als Funktion des Druckes P darstellt. Um diese Vorschrift auszuführen, bilden wir zunächst aus (I 13, 36) zusammen mit (I 13, 66) die *Zustandsgleichung*

$$n = \frac{1}{v} = 5\left[\frac{8\,\pi\,m_0^{3/2}}{15\,h^3}\right]^{2/5} P^{3/5}\left[1 - \frac{1}{4}\left\{\frac{k\,T}{\eta_0}\right\}^2 + \ldots\right] \quad (I\ 13,\ 68)$$

des Elektronengases, mit deren Hilfe wir aus (I 13, 35) den Zusammenhang

$$\eta_0 = \frac{1}{2}\left[\frac{15\,h^2}{8\,\pi\,m_0^{3/2}}\right]^{2/5} P^{2/5}\left[1 - \frac{\pi^2}{6}\left\{\frac{k\,T}{\frac{1}{2}\left(\dfrac{15\,h^3}{8\,\pi\,m_0^{3/2}}\right)^{2/5} P^{2/5}}\right\}^2 + \ldots\right] \quad (I\ 13,\ 69)$$

erschließen. Für die *Gibbs*sche Funktion γ je Einzelelektron resultiert sonach aus (I 13, 67) die Entwicklung

$$\gamma = \frac{q_0\,\varphi}{T} - \frac{1}{2\,T}\left[\frac{15\,h^3}{8\,\pi\,m_0{}^{3/2}}\right]^{2/5} P^{2/5}\left[1 - \frac{\pi^2}{4}\left\{\frac{k\,T}{\dfrac{1}{2}\left(\dfrac{15\,h^3}{8\,\pi\,m_0{}^{3/2}}\right)^{2/5}P^{2/5}}\right\}^2 + \cdots\right].$$

(I 13, 70)

Hieraus entnimmt man zunächst die Identität

$$v = -T\frac{\partial\gamma}{\partial P} = \frac{2}{5}\frac{\eta_0}{P_0} = \frac{1}{n} \tag{I 13, 71}$$

und weiter berechnet sich die durchschnittliche Entropie s je Elektron zu

$$s = \frac{\partial}{\partial T}\,[\gamma\,T] = k\,\frac{\pi^2}{2}\left\{\frac{k\,T}{\eta_0}\right\} + \cdots \tag{I 13, 72}$$

im Einklang mit der Forderung $\lim\limits_{T\to 0} s = 0$ des *Nernst*schen Wärmesatzes.

Nach (I 13, 20) und (I 13, 66) entfällt auf jedes Elektron im Durchschnitt die Energie

$$u = -q_0\,\varphi + \frac{3}{2}\frac{P}{n} = -q_0\,\varphi + \frac{3}{5}\,\eta_0\left[1 + \frac{5\,\pi^2}{12}\left\{\frac{k\,T}{\eta_0}\right\}^2 + \cdots\right]. \tag{I 13, 73}$$

Daher besitzt das stark entartete Elektronengas bei festem Volumen nur die spezifische Molekularwärme

$$c_v = \frac{\partial u}{\partial T} = \frac{3}{2}\,k\,\frac{5\,\pi^2}{6}\cdot\frac{k\,T}{\eta_0}, \tag{I 13, 74}$$

welche auf Grund der Ungleichung $k\,T/\eta_0 \ll 1$ im Verhältnis $((5\,\pi^2/6)\cdot(k\,T/\eta_0))$ viel kleiner als diejenige eines „klassischen", einatomaren Molekülgases mit *Maxwell*scher Geschwindigkeitsverteilung ausfällt.

Durch Zusammenfassung von (I 13, 72) und (I 13, 73) gelangen wir zur Kenntnis der durchschnittlichen Freien Elektronen-Energie

$$f = u - T\cdot s = -q_0\,\varphi + \frac{3}{5}\,\eta_0\left[1 - \frac{5\,\pi^2}{12}\left\{\frac{k\,T}{\eta_0}\right\}^2 + \cdots\right], \tag{I 13, 75}$$

welche die Aussage (I 13, 10) für den Fall des stark entarteten Elektronengases explizit darstellt.

i) Der Vollständigkeit halber ergänzen wir die vorstehende Beschreibung der thermodynamischen Eigenschaften des hoch entarteten Elektronengases durch deren Analyse bei *schwacher Entartung*.

Zu Gl. (I 13, 7) zurückkehrend, denken wir uns ihren Integranden nach steigenden Potenzen des Entartungsparameters A entwickelt. Bei schwacher Entartung gilt nun definitionsgemäß

$$A \ll 1. \tag{I 13, 76}$$

Beschränken wir uns daher auf das Anfangsglied der genannten Entwicklung, so finden wir für die *Konzentration* n die Näherung

$$n = \frac{8\,\pi}{h^3}\,A\int_0^\infty p^2\,e^{-\frac{p^2}{2\,m_0\,k\,T}}\,dp = \frac{2}{h^3}\,A\,(2\,\pi\,m_0\,k\,T)^{3/2}. \tag{I 13, 77}$$

In derselben Genauigkeit resultiert aus (I 13, 12) für den *Druck* P des Elektronengases die Darstellung

$$P = \frac{8\,\pi\,k\,T}{h^3}\,A \cdot \int_0^\infty p^2\,e^{-\frac{p^2}{2m_0 k T}}\,dp = k\,T\,n, \qquad (I\ 13,\ 78)$$

dergemäß also das schwach entartete Elektronengas der *Zustandsgleichung idealer Gase* gehorcht.

Durch Elimination von n aus (I 13, 77) und (I 13, 78) folgt für den Entartungsparameter A die Gleichung

$$A = \frac{h^3}{2} \cdot \frac{P}{k\,T}\,\frac{1}{(2\,\pi\,m_0\,k\,T)^{3/2}}. \qquad (I\ 13,\ 79)$$

Sie liefert, in Gemeinschaft mit (I 13, 15), für den Wärmeanteil γ_th der *Gibbs*schen Funktion je Elektron den Ausdruck

$$\gamma_\text{th} = \gamma_\text{th}(P;T) = -\,k\ln A = -\,k\left[\ln P - \frac{5}{2}\ln T + \ln\frac{h^3}{2\,k^{5/2}(2\,\pi\,m_0)^{3/2}}\right].$$
$$(I\ 13,\ 80)$$

Durch Übertragung der Vorschrift (I 2, 50) auf das Einzelelektron berechnet sich somit der Erwartungswert s der *molekularen Entropie* des nur schwach entarteten Elektronengases zu

$$s = s(P;T) = -\frac{\partial}{\partial T}\,[T\,\gamma_\text{th}] = k\left[\frac{5}{2}\ln T - \ln P + \ln\frac{2\,e^{5/2}\,k^{5/2}(2\,\pi\,m_0)^{3/2}}{h^3}\right].$$
$$(I\ 13,\ 81)$$

Man beachte bei den Anwendungen dieser Gleichung, daß man ihren Geltungsbereich durchaus auf hinreichend hohe, absolute Temperaturen zu beschränken hat, da ja andernfalls die Annahme schwacher Entartung hinfällig wird.

I 14. Statistische Beschreibung des Atomfeldes.

a) Im periodischen System der chemischen Elemente trägt jedes Atom eine ganze, positive *Ordnungszahl* Z; sie mißt seine elektrische *Kernladung* Q in Einheiten der invarianten, positiven *Urladung* q_0, welche als solche das *Proton* kennzeichnet

$$Q = Z \cdot q_0. \qquad (I\ 14,\ 1)$$

Schließt man Z = 0 in die Reihe der Ordnungszahlen ein, so bildet zufolge der Definition (I 14, 1) das *Neutron* das chemische Element niedersten Ranges.

Als *Modell des Kernes* benutzen wir weiterhin einen quasiflüssigen, kugelförmigen „Tropfen" vom festen Halbmesser a. Für die folgenden Überlegungen bleibt die Kernstruktur außer Betracht; vielmehr richten wir unser Augenmerk ausschließlich auf die *Elektronenhülle*, welche als solche den Kern in Abständen

$$r \gg a \qquad (I\ 14,\ 2)$$

von dessen Zentrum umgibt. Dort ist das *elektrische Skalarpotential* $\varphi^{(0)}$ *des nackten Kernes*, solange wir an dessen Tropfenmodell festhalten, kugelsymmetrisch verteilt. Durch $\varDelta_0$ die sogenannte *absolute Dielektrizitätskonstante* des leeren Raumes [Zahlenwert $\varDelta_0 = 1/(4\,\pi \cdot 9 \cdot 10^9)$ F/m] und durch ε die *relative Dielektrizitätskonstante* des allenfalls das Atom beherbergenden Stoffes bezeichnend, wird daher $\varphi^{(0)}$ durch die Gleichung

$$\varphi^{(0)} = \frac{Q}{4\pi\,\varDelta_0\,\varepsilon} \cdot \frac{1}{r} = \frac{Z\,q_0}{4\pi\,\varDelta_0\,\varepsilon}\frac{1}{r} \qquad (I\ 14,\ 3)$$

beschrieben.

Im *neutralen Zustande* des Atomes bindet sein Kern genau Z Elektronen; ist jedoch die Anzahl Z_a solcher Außenelektronen von Z verschieden, so hat man es mit einem *Atomion* zu tun: Von der Kernladungszahl Z ausgehend, welche ja das Atom in chemischer Hinsicht charakterisiert, definieren wir durch

$$Z_a < Z \qquad (I\ 14,\ 4)$$

ein *positives* und durch

$$Z_a > Z \qquad (I\ 14,\ 5)$$

ein *negatives Atomion.*

b) Die Mechanik des Atomfeldes stellt sich die Aufgabe, die Lage der Z_a Außenelektronen unter dem Einfluß jener konservativen Kräfte aufzufinden, welche genetisch aus dem Zusammenspiel des „primären" Potentiales $\varphi^{(0)}$ allein des nackten Kernes mit dem „sekundären" Potentiale der Z_a Außenelektronen resultiert. Für die — im Rahmen der *Newton*schen Dynamik — strenge Formulierung dieser Frage ist, neben den Kraft-Ansätzen der *Maxwell-Lorentz*schen Theorie, die *Schrödinger*-Gleichung zuständig, welche das Informationsfeld der $(1 + Z_a)$-Körper-Gesamtheit des Kernes und seiner Trabanten regelt. Indessen kann man das Integral dieser Differentialgleichung nur für den Fall $Z_a = 1$ eines einzigen Außenelektrons in geschlossener, analytischer Form angeben; mit dieser Lösung beherrscht man das neutrale Wasserstoff-Atom, das einfach geladene, positive Helium-Atom, das doppelt-positiv geladene Lithium-Atom und so fort. Sobald man jedoch dieses Zweikörper-Problem verläßt, muß man sich mit schrittweisen Approximationen oder maschinellen Integrationsverfahren begnügen, die einen umso größeren Aufwand an Rechenarbeit verlangen, je höher die Anzahl Z_a der Außenelektronen ansteigt.

Gerade dann nun kann man die gestellte Aufgabe von der Seite der *Statistik* her in Angriff nehmen: Statt das *Informationsfeld* der Z_a *diskreten Außenelektronen* aufzusuchen, behandelt man deren *Gesamtheit* als sozusagen *kontinuierliches Gas*, welches als solches dem wohl *determinierten* Einfluß des oben genannten, konservativen Kraftfeldes unterliegt.

Um diese Auffassung mathematisch zu formulieren, beziehen wir uns auf ein relativ zum Atom ruhendes System der *Kartesi*schen Koordinaten $(x; y; z)$, dessen Ursprung vorerst beliebig festgesetzt werden mag. Im Zustande des thermodynamischen Gleichgewichtes bei der absoluten Temperatur T, den wir weiterhin voraussetzen, ist dann sowohl das *Thermodynamische Potential* ζ wie auch das ihm vermittels (I 13, 25) zugeordnete, *elektrochemische Potential* ψ von der laufenden Zeit unabhängig und räumlich konstant:

$$\zeta = -\,q_0\,\psi = -\,q_0\,\psi_0 = \text{const.} \qquad (I\ 14,\ 6)$$

Sei $\varphi = \varphi(x; y; z)$ das *elektrische Skalarpotential*, also $\eta_{\text{Pot}} = -\,q_0\,\varphi$ die potentielle Energie des jeweils am Punkte $(x; y; z)$ kontrollierten Elektrons, so mißt also

$$\zeta_{\text{th}} = \zeta - \eta_{\text{Pot}} = q_0(\varphi - \psi_0) \qquad (I\ 14,\ 7)$$

den *Wärmeanteil* des je Elektron bestimmten Thermodynamischen Potentiales ζ, welcher gemäß (I 13, 28) in den *Entartungsparameter* A der *Fermi*-schen Statistik des Elektronengases eingeht. Über diese allgemeine Angabe hinausgehend, wollen wir von nun ab das atomare Elektronengas als solches durch die Annahme verschwindend niedriger, absoluter Temperatur

$$T \to +0 \qquad\qquad (I\ 14,\ 8)$$

auszeichnen, so daß es als *vollständig entartet* anzusehen ist.

c) Wir stellen der Beschreibung des kugelsymmetrischen Atomes die Theorie eines allerdings nur fiktiven, zweidimensionalen Atommodelles voraus, welches, wie sich zeigen wird, ohne wesentliche Verluste an Einsicht in die physikalischen Eigenschaften der Atomhülle eine mathematisch sehr viel einfachere Behandlung ihrer Differentialgleichung gestattet:

Das „Atom" sei dauernd in der Schicht

$$z \leqq \frac{1}{2}\,l \qquad\qquad (I\ 14,\ 9)$$

eingeschlossen: In jeder ihr angehörigen Ebene z = const. ergänzen wir die rechtwinkeligen Koordinaten (x; y) des Aufpunktes mittels der Transformation

$$x = r \cos \alpha; \qquad y = r \sin \alpha, \qquad\qquad (I\ 14,\ 10)$$

durch dessen Polarkoordinaten r [Radialdistanz] und α [Azimut]. Dem „Atomkern" weisen wir den starren Zylinder

$$r < a \qquad\qquad (I\ 14,\ 11)$$

zu, dessen Inneres dem Eintritt der Elektronen verschlossen sei; er trage je Einheit seiner achsialen Länge den gleichförmigen Ladungsbelag

$$\lambda = \frac{q_0\,Z}{l}. \qquad\qquad (I\ 14,\ 12)$$

Die *Gestalt* sowohl des einzelnen Außenelektrons wie auch der Gesamtheit aller dieser Elektronen ist für die statistische Theorie des Atomes belanglos. Dagegen statten wir jedes von ihnen mit der weiterhin entscheidend wichtigen, *dynamischen Eigenschaft* eines stets senkrecht zur z-Achse weisenden *Impulsvektors* p aus, so daß also dessen z-Komponente p_z identisch verschwindet:

$$p_z = 0. \qquad\qquad (I\ 14,\ 13)$$

Der Ansatz der *Fermi*-Statistik erfordert somit einen nur *vierdimensionalen Phasenraum*: Zu den zwei Konfigurationskoordinaten x und y treten die ihnen beziehentlich kanonisch-konjugierten Impuls-Koordinaten p_x und p_y. Wir konstruieren nun mittels der je infinitesimal kurzen „Strecken" $\varDelta x$; $\varDelta y$; $\varDelta p_x$ und $\varDelta p_y$ das vierdimensionale Phasenraum-Element

$$\varDelta V = \varDelta x\,\varDelta y\,\varDelta p_x\,\varDelta p_y, \qquad\qquad (I\ 14,\ 14)$$

welches den „spinnenden" Elektronen insgesamt

$$2\,\frac{\varDelta V}{h^2} = \frac{2}{h^2}\,\varDelta x\,\varDelta y\,\varDelta p_x\,\varDelta p_y \qquad\qquad (I\ 14,\ 15)$$

„Zellen" zur Verfügung stellt; hier trägt der Faktor 2 den beiden, einander antiparallelen Spin-Orientierungen der sonst je „isotopen" Elektronen Rechnung [*Pauli*-Prinzip!]. Da jeder der genannten Zellen jeweils die kinetische Energie

$$\eta_{\text{Kin}} = \frac{p^2}{2\,m_0}; \qquad p^2 = p_x{}^2 + p_y{}^2 \qquad\qquad (I\ 14,\ 16)$$

zugeordnet ist, wird die *Besetzungswahrscheinlichkeit* w der einzelnen Zelle bei der vorerst noch beliebig wählbaren, absoluten Temperatur T durch den Bruch [Abb. I 14, 1]

$$w = \frac{1}{e^{\frac{1}{kT}\left[\frac{p^2}{2m_0} - \zeta_{th}\right]} + 1} = \frac{1}{e^{\frac{1}{kT}\left[\frac{p^2}{2m_0} - q_0(\varphi - \varphi_0)\right]} + 1} \qquad (I\ 14,\ 17)$$

gemessen. Aus (I 14, 15) und (I 14, 17) resultiert durch Integration über den unbegrenzten Impulsbereich

$$- \infty < p_x < \infty; \qquad - \infty < p_y < \infty \qquad (I\ 14,\ 18)$$

der *Newton*schen Mechanik die „Konzentration" N der Elektronen, welche die Einheit unseres ja nur *zwei*dimensionalen Konfigurationsraumes, also,

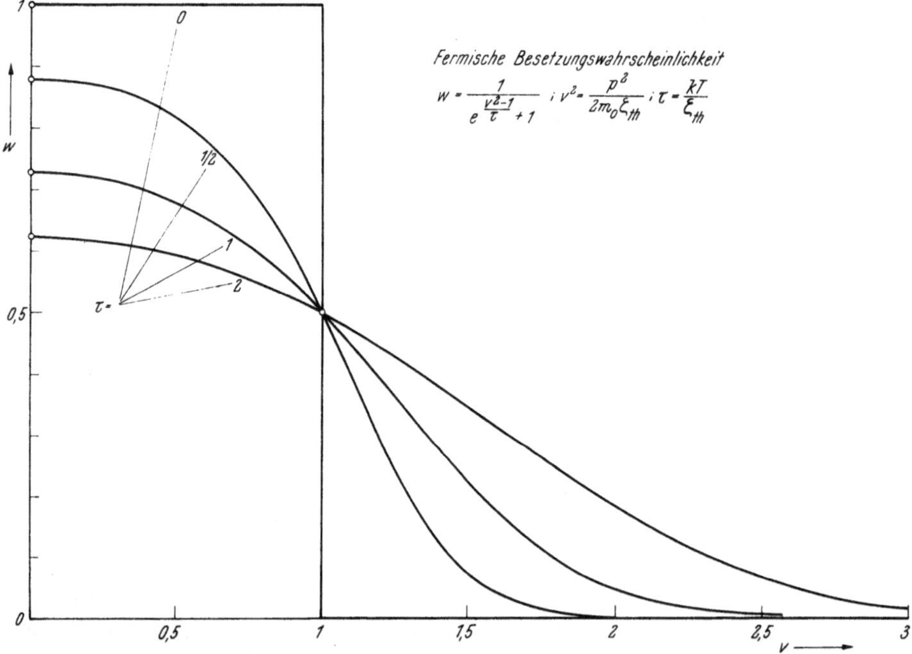

$$w = \frac{1}{e^{\frac{v^2-1}{\tau}} + 1} \; ; \; v^2 = \frac{p^2}{2m_0\zeta_{th}} \; ; \; \tau = \frac{kT}{\zeta_{th}}$$

Abb. I 14, 1. *Fermi*sche Besetzungswahrscheinlichkeit bei unterschiedlichen Temperaturen.

mit anderen Worten, die *Flächen*einheit aller Ebenen $\frac{1}{2}1 > |z| = $ const. erfüllen, zu

$$N = \frac{2}{h^2} \int\limits_{-\infty}^{\infty} \int\limits_{-\infty}^{\infty} \frac{dp_x\, dp_y}{e^{\frac{1}{kT}\left[\frac{p^2}{2m_0} - q_0(\varphi - \varphi)\right]} + 1}. \qquad (I\ 14,\ 19)$$

Zur Berechnung dieses bestimmten Doppelintegrales führen wir in der Impulsebene $(p_x; p_y)$ Polarkoordinaten p [„Impulsradius"] und β [„Impulsazimut"] ein, setzen also

$$p = \sqrt{p_x^2 + p_y^2}; \qquad \beta = \operatorname{arctg}\left(\frac{p_y}{p_x}\right), \qquad (I\ 14,\ 20)$$

sowie

$$dp_x \, dp_y = dp \cdot p \, d\beta. \qquad (I\ 14,\ 21)$$

Mittels der Substitution

$$u = 1 + e^{-\frac{1}{kT}\left[\frac{p^2}{2m_0} - q_0(\varphi - \psi)\right]} \qquad (I\ 14,\ 22)$$

liefert dann (I 14, 19) die Angabe

$$N = \frac{4\pi m_0 kT}{h^2} \ln\left[1 + e^{\frac{q_0(\varphi - \psi_0)}{kT}}\right], \qquad (I\ 14,\ 23)$$

welche sich im Grenzfalle (I 14, 8) der vollständigen Entartung auf

$$\lim_{T \to 0} N = \frac{4\pi m_0 q_0}{h^2}(\varphi - \psi_0) \qquad (I\ 14,\ 24)$$

reduziert. Aus ihr erschließen wir durch Division mit der Schichtstärke l unseres *zwei*dimensionalen Atommodelles die Elektronenkonzentration n seiner *drei*dimensionalen Raumeinheit

$$n = \frac{1}{l}\lim_{T \to 0} N = \frac{4\pi m_0 q_0}{h^2 l}(\varphi - \psi_0). \qquad (I\ 14,\ 25)$$

Von der Freiheit in der Wahl der Gleichgewichtskonstanten (I 14, 6) Gebrauch machend, dürfen wir ohne Beschränkung der Allgemeinheit verlangen, daß sich das elektrische Skalarpotential φ gerade an den Orten verschwindender Elektronenkonzentration n annulliere. Dieser Bedingung genügen wir durch die Übereinkunft

$$\psi_0 = 0 \qquad (I\ 14,\ 26)$$

für den ja ortsunabhängigen Wert des elektrochemischen Potentiales, so daß wir aus (I 14, 25) den linearen Zusammenhang

$$n = \frac{4\pi m_0 q_0}{h^2 l}\varphi \qquad (I\ 14,\ 27)$$

der [dreidimensionalen] Konzentration n mit dem elektrischen Skalarpotential φ entnehmen. Bei der Herleitung dieser Formel brauchten wir nun weder Lage und Gestalt des „Atomkernes" noch dessen positive elektrische Ladung in Rechnung zu stellen; daher darf die Relation (I 14, 27) fortan für *beliebige, zweidimensionale Potentialfelder des vollständig entarteten Elektronengases* in Anspruch genommen werden.

d) Im Einklang mit (I 14, 27) enthält die dreidimensionale Raumeinheit der zweidimensionalen Elektronengas-Schicht die elektrische Ladungsdichte

$$\varrho = -q_0 n = -\frac{4\pi m_0 q_0^2}{h^2 l}\varphi, \qquad (I\ 14,\ 28)$$

welche gemäß der *Poisson*schen Differentialgleichung

$$\nabla^2 \varphi = -\frac{\varrho}{\varDelta_0 \varepsilon} \qquad (I\ 14,\ 29)$$

die Quellen des elektrischen Skalarpotentiales φ bildet. Auf das zweidimensionale Atommodell im sonst leeren Raume $[\varepsilon = 1]$ spezialisierend, finden wir somit durch Substitution von (I 14, 28) in (I 14, 29) für φ die lineare, partielle Differentialgleichung

$$\frac{\partial^2 \varphi}{\partial x^2} + \frac{\partial^2 \varphi}{\partial y^2} = \frac{4\pi m_0 q_0^2}{h^2 l \varDelta_0}\varphi, \qquad (I\ 14,\ 30)$$

welche bei Benutzung der mittels (I 14, 10) eingeführten Polarkoordinaten
(r; a) in

$$\frac{\partial^2\varphi}{\partial r^2} + \frac{1}{r}\frac{\partial\varphi}{\partial r} + \frac{1}{r^2}\frac{\partial^2\varphi}{\partial a^2} = \frac{4\pi\,m_0\,q_0{}^2}{h^2\,l\,\varDelta_0}\varphi \qquad \text{(I 14, 31)}$$

übergeht.

e) Das Primärfeld des nackten, zylindrischen Atomkernes (I 14, 11) ist
symmetrisch um die z-Achse verteilt und entwickelt gemäß der Ladung
(I 14, 12) im Achsenabstand r die Stärke

$$E^{(0)} = \frac{\lambda}{2\pi\,\varDelta_0} \cdot \frac{1}{r} = \frac{q_0\,Z}{2\pi\,\varDelta_0\,l} \cdot \frac{1}{r} \qquad \text{(I 14, 32)}$$

eines radial nach außen weisenden Vektors. Daher zeichnet sich auch das
gesuchte Potential φ durch die nämlichen Symmetrie-Eigenschaften aus:
Seine Differentialgleichung (I 14, 31) reduziert sich auf die *Bessel*sche
Differentialgleichung der nullten Ordnung:

$$\frac{d^2\varphi}{dr^2} + \frac{1}{r}\frac{d\varphi}{dr} - \frac{4\pi\,m_0\,q_0{}^2}{h^2\,l\,\varDelta_0}\varphi = 0. \qquad \text{(I 14, 33)}$$

Welche *Randbedingungen* sind ihr aufzuerlegen?

1. Durch den Grenzübergang zu einem ideellen „Linienkern" verschwindend kleinen Halbmessers

$$a \to 0 \qquad \text{(I 14, 34)}$$

schließen wir die Umgebung der Kernachse — mit Ausnahme ihrer selbst! —
in das Existenzgebiet des Potentiales φ ein. Da dann dessen negativer
Gradient mit $r \to 0$ gegen $E^{(0)}$ konvergiert, gewinnen wir aus (I 14, 32) die
Vorschrift

$$\lim_{r\to 0}\left[-2\pi\,r\,\frac{d\varphi}{dr}\right] = \lim_{r\to 0}[2\pi\,r\,E^{(0)}] = \frac{q_0\,Z}{\varDelta_0\cdot l}. \qquad \text{(I 14, 35)}$$

2. Wir weisen den Z_a den Kern umlaufenden Außenelektronen nach
Wahl des *Grenzhalbmessers* $r_{gr} > 0$ das Zylindergebiet

$$|z| < \frac{1}{2}l; \qquad 0 < r < r_{gr} \qquad \text{(I 14, 36)}$$

als „Lebensraum" zu. In der hier beabsichtigten, statistischen Konzeption
dieser Außenelektronen löst sich allerdings deren individuelle Existenz in
den „Nebel" des entarteten Gases auf; nur die *Bilanz ihrer Gesamtladung*

$$\lim_{a\to 0}\int_a^{r_{gr}} \varrho \cdot 2\pi\,r \cdot l \cdot dr = -Z_a \cdot q_0 \qquad \text{(I 14, 37)}$$

erinnert durch den Charakter von Z_a als notwendig *ganzer, positiver Zahl*
[mit Einschluß der Null] an das sozusagen im Kollektiv untergegangene
Eigenleben jener Elektronen.

Nach Substitution von (I 14, 28) in Gl. (I 14, 37) nimmt diese zunächst
die Gestalt

$$\frac{4\pi\,m_0\,q_0{}^2}{h^2}\lim_{a\to 0}\int_a^{r_{gr}} 2\pi\,\varphi(r)\cdot r\,dr = Z_a \cdot q_0 \qquad \text{(I 14, 38)}$$

an, welche sich, nach Division durch q_0, mit Rücksicht auf die Differentialgleichung (I 14, 33) des elektrischen Skalarpotentiales φ in

$$\frac{2\,\pi\,\varDelta_0\,1}{q_0}\lim_{a\to 0}\int_a^{r_{gr}}\left[\frac{d^2\varphi}{dr^2}+\frac{1}{r}\frac{d\varphi}{dr}\right]r\,dr=\frac{2\,\pi\,\varDelta_0\,1}{q_0}\lim_{a\to 0}\int_a^{r_{gr}}\frac{d}{dr}\left(r\,\frac{d\varphi}{dr}\right)dr=$$

$$=\frac{2\,\pi\,\varDelta_0\,1}{q_0}\left[r_{gr}\left(\frac{d\varphi}{dr}\right)_{r_{gr}}-\lim_{a\to 0}a\left(\frac{d\varphi}{dr}\right)_{r=a}\right]=Z_a \qquad (I\ 14,\ 39)$$

umformen läßt. Bedienen wir uns nunmehr der Relation (I 14, 35), so resultiert aus (I 14, 39) die Randbedingung

$$-\frac{2\,\pi\,\varDelta_0\,1}{q_0}\,r_{gr}\left(\frac{d\varphi}{dr}\right)_{r_{gr}}=Z-Z_a. \qquad (I\ 14,\ 40)$$

In der *Bessel*schen Differentialgleichung (I 14, 33) mißt

$$r_0{}^2=\frac{h^2\,1\,\varDelta_0}{4\,\pi\,m_0\,q_0{}^2} \qquad (I\ 14,\ 41)$$

das Quadrat der sozusagen „*natürlichen" Längeneinheit* r_0 im zweidimensionalen Atomfelde; wir stellen ihr durch die Definition

$$\varphi_0=\frac{q_0\,Z}{2\,\pi\,\varDelta_0\,1} \qquad (I\ 14,\ 42)$$

die „*natürliche" Potentialeinheit* zur Seite. Das dimensionsfreie Verhältnis

$$R=\frac{r}{r_0} \qquad (I\ 14,\ 43)$$

mißt dann den „*numerischen Radialabstand"* des Aufpunktes, in welchem das „*numerische* [dimensionsfreie] *Potential"*

$$v=\frac{\varphi}{\varphi_0}=v(R) \qquad (I\ 14,\ 44)$$

auftritt. Nach ihrer Transformation auf die Veränderlichen v und R nimmt Gl. (I 14, 33) die von der jeweiligen Ordnungszahl Z freie *Normalform*

$$\frac{d^2v}{dR^2}+\frac{1}{R}\frac{dv}{dR}-v=0 \qquad (I\ 14,\ 45)$$

an. Gleichzeitig geht die Randbedingung (I 14, 35) in die ebenfalls von Z unabhängige Gestalt

$$\lim_{R\to 0}\left[R\,\frac{dv}{dR}\right]=-1 \qquad (I\ 14,\ 46)$$

über, während sich (I 14, 40) nach Einführung des *Ionisationsgrades*

$$j=\frac{Z-Z_a}{Z} \qquad (I\ 14,\ 47)$$

in die Forderung

$$\left[R\,\frac{dv}{dR}\right]_{R_{gr}}=-j \qquad \text{für} \qquad R_{gr}=\frac{r_{gr}}{r_0} \qquad (I\ 14,\ 48)$$

verwandelt.

f) Wir bezeichnen durch das Symbol $H_n^{(1)}(i\,R)$ die *Hankel*sche Zylinderfunktion n-ter Ordnung und erster Art vom rein imaginären Argumente $(i\,R)$

sowie durch $I_n(i\,R)$ die vom nämlichen Argumente abhängige *Bessel*sche Zylinderfunktion n-ter Ordnung. Mit Hilfe zweier, vorerst noch beliebiger Konstanten K_0 und L_0 lautet dann das allgemeine Integral der Gl. (I 14, 45)

$$v = K_0\,H_1^{(1)}(i\,R) + L_0\,I_0(i\,R), \qquad (I\ 14,\ 49)$$

aus welchem wir

$$\frac{dv}{dR} = -\,i\,[K_0\,H_1^{(1)}(i\,R) + L_0\,I_1(i\,R)] \qquad (I\ 14,\ 50)$$

bilden. Für hinreichend kleine R gelten nun die Entwicklungen

$$I_1(i\,R) = \frac{i\,R}{2} + \ldots; \qquad H_1^{(1)}(i\,R) = -\,\frac{2}{\pi\,R} + \ldots. \qquad (I\ 14,\ 51)$$

Daher finden wir aus (I 14, 46) und (I 14, 50) stets

$$i\,\frac{2}{\pi}\,K_0 = -\,1; \qquad K_0 = \frac{\pi}{2}\,i, \qquad (I\ 14,\ 52)$$

so daß (I 14, 49) in

$$v = \frac{\pi}{2}\,i\,H_0^{(1)}(i\,R) + L_0\,I_0(i\,R) \qquad (I\ 14,\ 53)$$

und (I 14, 50) in

$$\frac{dv}{dR} = \frac{\pi}{2}\,H_1^{(1)}(i\,R) - L_0\,i\,I_1(i\,R) \qquad (I\ 14,\ 54)$$

übergeht; von hier aus beschränken wir die Untersuchung auf folgende Sonderfälle:

1. Das *freie, neutrale Atom* wird durch die simultanen Angaben

$$j = 0 \qquad (I\ 14,\ 55)$$

und

$$R_{gr} \to \infty \qquad (I\ 14,\ 56)$$

beschrieben, welche vermöge (I 14, 48) die „uneigentliche" Grenzbedingung

$$\lim_{R \to \infty}\left[R\,\frac{dv}{dR}\right] = 0 \qquad (I\ 14,\ 57)$$

nach sich ziehen. Da diese nur von der *Hankel*schen Funktion $H_0^{(1)}(i\,R)$ erfüllt wird, reduziert sich (I 14, 53) auf die Aussage

$$v \to v_0 = \frac{\pi}{2}\,i\,H_0^{(1)}(i\,R), \qquad (I\ 14,\ 58)$$

welche durch Abb. I 14, 2 veranschaulicht wird. Um uns in diesem Potential-felde über die räumliche Verteilung der Elektronen zu orientieren, richten wir unser Augenmerk auf den Ring, welcher zwischen den infinitesimal benachbarten Zylindern der Halbmesser r und (r + dr) eingeschlossen ist, er enthält gemäß (I 14, 28), (I 14, 41) und (I 14, 42) im statistischen Mittel

$$dN = n \cdot l \cdot 2\pi\,r\,dr = Z\,v\,R\,dR \qquad (I\ 14,\ 59)$$

Außenelektronen, so daß die dimensionsfreie Funktion

$$\sigma(R) \to \sigma_0(R) = \frac{1}{Z}\,\frac{dN}{dR} = R\,v_0(R) \qquad (I\ 14,\ 60)$$

die *zylindrische Ladungsdichte* beschreibt. Nach Ausweis der Abb. I 14, 2 erreicht sie am „*numerischen Ladungshalbmesser*" R_L, welcher als Wurzel der transzendenten Gleichung

$$\left[\frac{d}{dR}(R\,v_0)\right]_{R_L} = \frac{\pi}{2}\left[i\,H_0^{(1)}(i\,R_L) + R_L\,H_1^{(1)}(i\,R_L)\right] = 0 \quad (I\ 14,\ 61)$$

zu

$$R_L = 0{,}6 \quad (I\ 14,\ 62)$$

resultiert, den *Höchstwert*

$$[\sigma_0]_{max} = \sigma_0(R_L) = 0{,}46. \quad (I\ 14,\ 63)$$

Der aus (I 14, 61) zusammen mit (I 14, 62) berechenbare, dimensionierte Halbmesser

$$r_L = r_0 \cdot R_L \quad (I\ 14,\ 64)$$

mag die *radiale Ausdehnung der Ladungswolke* messen; ungeachtet ihrer unterschiedlichen Ordnungszahlen Z besitzen also alle zweidimensionalen Atome gleichgroße Elektronenhüllen!

2. Das *eingezwängte, neutrale Atom* wird, unter Wahrung der Eigenschaft $j = 0$ nach Gl. (I 14, 55), durch einen fest vorgeschriebenen, endlichen Halbmesser r_{gr} seines zylindrischen „Lebensraumes" definiert. Mit Rücksicht auf (I 14, 48) gelangen wir somit zu der Randbedingung

$$\left[R\frac{dv}{dR}\right]_{R_{gr}} = 0, \quad (I\ 14,\ 65)$$

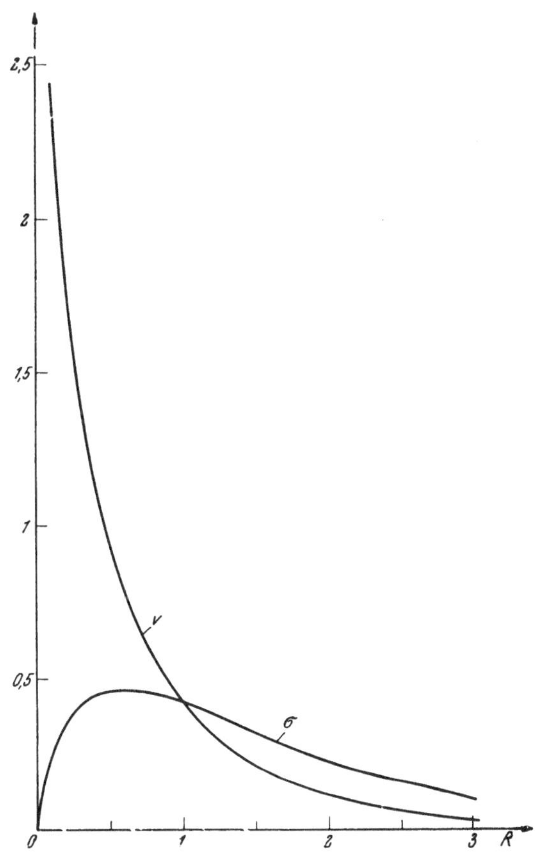

Abb. I 14, 2. Potential und Ladungsdichte im statistischen, zweidimensionalen Atommodell

welche vermöge (I 14, 54) die Angabe

$$L_0 = \frac{\pi}{2}\frac{H_1^{(1)}(i\,R_{gr})}{i\,I_1(i\,R_{gr})} \quad (I\ 14,\ 66)$$

liefert; durch ihre Substitution in (I 14, 53) findet sich das *numerische Randpotential*

$$v_{gr} = v(R_{gr}) = \frac{\pi}{2}\left[i\,H_0^{(1)}(i\,R_{gr}) + \frac{H_1^{(1)}(i\,R_{gr})\,I_0(i\,R_{gr})}{i\,I_1(i\,R_{gr})}\right] = \frac{1}{-i\,R_{gr}\,I_1(i\,R_{gr})}$$

$$(I\ 14,\ 67)$$

für $R_{gr} \to \infty$ gelangt man durch den Grenzübergang

$$\lim_{R_{gr}\to\infty} v_{gr} = 0 \quad (I\ 14,\ 68)$$

im Hinblick auf (I 14, 27) und (I 14, 44) zum freien, neutralen Atom zurück.

3. Das *freie, positive Ion* wird durch die simultanen Forderungen

$$j > 0 \qquad\qquad (I\ 14,\ 69)$$

und

$$n = 0 \qquad \text{für} \qquad r = r_{gr} \qquad (I\ 14,\ 70)$$

definiert. Unter erneuter Berufung auf (I 14, 27) und (I 14, 44) erschließen wir daher aus (I 14, 53) die Konstante

$$L_0 = -\frac{\pi}{2}\frac{i\,H_0^{(1)}(i\,R_{gr})}{I_0(i\,R_{gr})}. \qquad (I\ 14,\ 71)$$

Ihre Substitution in (I 14, 54) liefert mit Rücksicht auf die Relation (I 14, 48) für den numerischen Grenzhalbmesser R_{gr} des freien, positiven Ions die Bestimmungsgleichung

$$-R_{gr}\frac{\pi}{2}\left[H_1^{(1)}(i\,R_{gr}) + \frac{i\,H_0^{(1)}(i\,R_{gr})\,i\,I_1(i\,R_{gr})}{I_0(i\,R_{gr})}\right] = \frac{1}{I_0(i\,R_{gr})} = j, \qquad (I\ 14,\ 72)$$

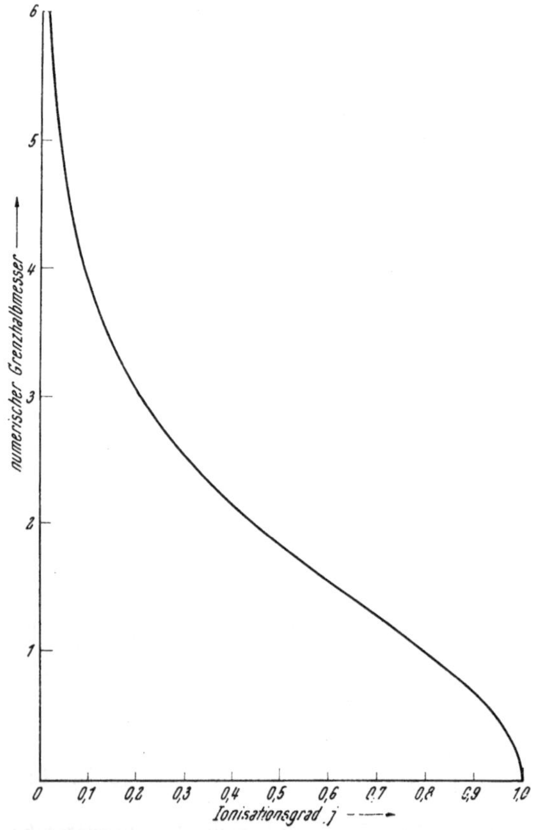

welche durch Abb. I 14, 3 graphisch gelöst wird. Im Grenzfalle $R_{gr} \to \infty$ kehrt man gemäß

$$\lim_{R_{gr}\to\infty} j = 0 \qquad (I\ 14,\ 73)$$

zum freien, neutralen Atom zurück, während die Aussage

$$\lim_{j\to 1} R_{gr} = 0 \qquad (I\ 14,\ 74)$$

den *nackten Atomkern* schildert.

4. Sei $R_{gr} > 0$ der zunächst als *endlich* vorausgesetzte numerische Halbmesser des zylindrischen Lebensraumes *negativer Ionen*

$$j < 0, \qquad (I\ 14,\ 75)$$

Abb. I 14, 3. Ausdehnung des zweidimensionalen Ions.

so finden wir aus (I 14, 48) und (I 14, 54) die Konstante

$$L_0 = \frac{R_{gr}\frac{\pi}{2}H_1^{(1)}(i\,R_{gr}) + j}{R_{gr}\,i\,I_0(i\,R_{gr})}. \qquad (I\ 14,\ 76)$$

Das numerische Potential v solcher Ionen wird also durch die Funktion

$$v(R) = \frac{\pi}{2}\left[i\,H_0^{(1)}(i\,R) + \frac{H_1^{(1)}(i\,R_{gr})}{i\,I_1(i\,R_{gr})}\,I_0(i\,R_{gr})\right] + \frac{j}{R_{gr}}\cdot\frac{I_0(i\,R)}{i\,I_1(i\,R_{gr})}\,; \qquad R \leqq R_{gr}$$

$$(I\ 14,\ 77)$$

dargestellt; ihr erster Posten beschreibt ersichtlich das Potential des neutralen Atomes, so daß der zweite Posten als *Zusatzpotential der Überschußelektronen* zu deuten ist. Am Mantel $R = R_{gr}$ des zylindrischen Ions resultiert das numerische Randpotential

$$v(R_{gr}) = \frac{j\,I_0(i\,R_{gr}) - 1}{R_{gr}\,i\,I_1(i\,R_{gr})}, \qquad (I\ 14,\ 78)$$

welches nach Abb. I 14, 4 stets positiv ausfällt und im Grenzfalle $R_{gr} \to \infty$ gegen Null konvergiert. Im Lichte dieses analytischen Ergebnisses könnte man vermeinen, daß das negative Ion in freiem Zustande existenzfähig sei. Doch ist diese Folgerung irrig: Für alle Ionisierungsgrade $j < 0$ findet sich ein „kritischer" numerischer Halbmesser $R_{kr} < R_{gr}$, in welchem die [radial gerichtete] elektrische Feldstärke verschwindet:

$$-\frac{dv}{dR} = 0 \qquad \text{für} \qquad R = R_{kr}. \qquad (I\ 14,\ 79)$$

Demnach werden die Außenelektronen nur innerhalb des Hohlzylinders $a/r_0 < R < R_{kr}$ gegen den Kern hin getrieben, während im Ringe $R_{kr} < R < R_{gr}$ die an den Elektronen angreifende, ponderomotorische Kraft radial nach außen gerichtet ist und daher ebendort einen zentrifugalen Konvektionsstrom erregt; dieser wird zwar innerhalb der Elektronensphäre durch den in $R_{kr} < R < R_{gr}$ zentripetalen Diffusionsstrom statistisch kompensiert: Die den Mantel $R = R_{gr}$ von innen her kreuzenden Elektronen dagegen verlassen das Mutterion für immer und ändern hierdurch dessen Gesamtladung so lange, bis es in den stabilen Zustand der Neutralität $j = 0$ zurückkehrt.

g) Wir wenden uns nun zur Untersuchung des kugelsymmetrischen Atomes der Ordnungszahl Z, dessen elektronische Sphäre der *drei*dimensionalen *Fermi*-Statistik unterliegt. Bezeichnet daher p den absoluten Betrag des nunmehr im Konfigurationsraum beliebig gerichteten Impulsvektors am Orte des elektrischen Skalarpotentiales φ und des elektrochemischen Potentiales $\psi = \psi_0$, so berechnet sich die ebendort herrschende Konzentration n des Elektronengases mit Rücksicht auf (I 14, 17) aus der Gleichung

$$n = \frac{8\,\pi}{h^3}\int\limits_0^\infty \frac{p^2\,dp}{e^{\frac{1}{kT}\left[\frac{p^2}{2\,m_0} - q_0(\varphi - \psi_0)\right]} + 1}. \qquad (I\ 14,\ 80)$$

Auf Grund der Annahme vollständiger Entartung des Elektronengases $[T \to 0]$ liefert nur der Impulsbereich

$$0 \leqq p < \sqrt{2\,m_0\,q_0(\varphi - \psi_0)} \qquad (I\ 14,\ 81)$$

einen endlichen Beitrag zum Integral (I 14, 80), so daß für die Konzentration n der Wert

$$n = \frac{8\,\pi}{3}\cdot\frac{1}{h^3}\,[2\,m_0\,q_0(\varphi - \psi_0)]^{3/2} \qquad (I\ 14,\ 82)$$

resultiert. Identifizieren wir von nun ab wiederum die Basis $\varphi = 0$ des elektrischen Skalarpotentiales mit den Orten $n = 0$ verschwindender Elektronenkonzentration, so annulliert sich beim Zustande des statistischen Gleichgewichtes innerhalb der gesamten Elektronen-Sphäre deren elektrochemisches Potential $\psi = \psi_0$, und Gl. (I 14, 82) reduziert sich auf

$$n = \frac{8\pi}{3} \left[\frac{2\,m_0\,q_0}{h^2} \right]^{3/2} \varphi^{3/2}. \qquad (I\ 14,\ 83)$$

Durch Multiplikation dieses Ausdruckes mit der invarianten Ladung $(-q_0)$ des Elektrons gelangen wir zur Kenntnis der *Raumladungsdichte*

$$\varrho = -q_0 \cdot n \qquad (I\ 14,\ 84)$$

des atomaren Elektronengases. Daher gehorcht das Skalarpotential φ der *Poisson*schen Gleichung

$$\nabla^2 \varphi = -\frac{\varrho_0}{\varDelta_0} = \frac{q_0\,n}{\varDelta_0\varepsilon}. \qquad (I\ 14,\ 85)$$

Bezeichnen wir von nun ab durch das Zeichen r wieder den Abstand des Aufpunktes vom Zentrum des Atomkernes, so geht (I 14, 85) mit Rücksicht auf die vorausgesetzte Kugelsymmetrie der Atomstruktur in die nichtlineare Differentialgleichung

$$\frac{1}{r}\frac{d^2(r\,\varphi)}{dr^2} =$$
$$= \frac{q_0}{\varDelta_0\varepsilon}\frac{8\pi}{3}\left[\frac{2\,m_0\,q_0}{h^2}\right]^{3/2}\varphi^{3/2} \qquad (I\ 14,\ 86)$$

zweiter Ordnung für φ über.

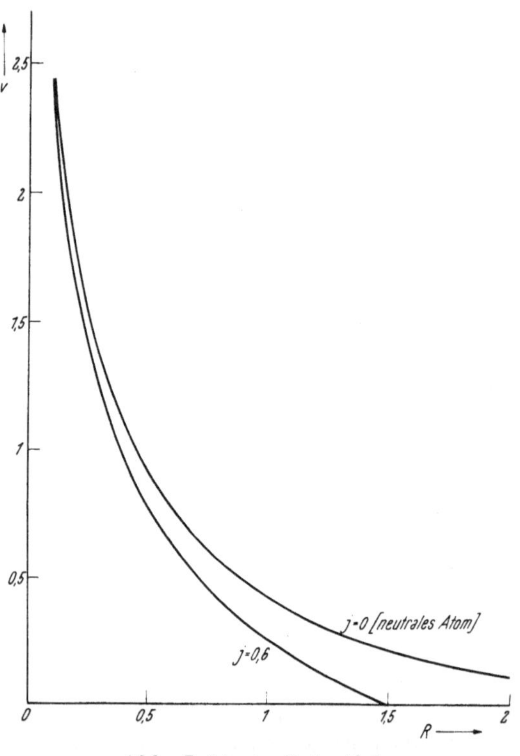

Abb. I 14, 4. Potential.

In ihr wählen wir einen vorerst noch beliebigen Halbmesser r_0 als Längeneinheit und definieren durch das Verhältnis

$$R = \frac{r}{r_0} \qquad (I\ 14,\ 87)$$

den dimensionsfreien, *numerischen Abstand* des Aufpunktes vom Kernzentrum; überdies bilden wir mit Hilfe von r_0 die Potentialeinheit

$$\varphi_0 = \frac{q_0\,Z}{4\pi\varDelta_0\varepsilon\,r_0} \qquad (I\ 14,\ 88)$$

welche zufolge (I 14, 3) als Potential des nackten Atomkernes auf der Kugel $r = r_0$ gedeutet werden kann. Die dimensionsfreie Hilfsfunktion

$$v = v(R) = \frac{r}{r_0} \cdot \frac{\varphi}{\varphi_0} = R\,\frac{\varphi}{\varphi_0} \qquad (I\ 14,\ 89)$$

genügt somit der Differentialgleichung

$$\frac{d^2v}{dR^2} = \frac{4\pi}{Z}\, r_0{}^2\, \frac{8\pi}{3}\left[\frac{2\,m_0\,q_0}{h^2}\right]^{3/2}\left[\frac{q_0\,Z}{4\pi\,\varDelta_0\,\varepsilon}\right]^{3/2}\frac{1}{\sqrt{r_0}}\cdot\frac{v^{3/2}}{\sqrt{R}}\,. \qquad (I\ 14,\ 90)$$

Bestimmt man in ihr r_0 aus

$$r_0 = \frac{3^{2/3}\,h^2\,4\pi\,\varDelta_0\,\varepsilon}{Z^{1/3}\,q_0{}^2\,m_0\,\pi^{4/3}\,2^{13/3}} \qquad (I\ 14,\ 91)$$

so verwandelt sich (I 14, 90) in die für alle Ordnungszahlen $Z \geqq 1$ einheitliche „Normalform"

$$\frac{d^2v}{dR^2} = \frac{v^{3/2}}{\sqrt{R}} \qquad (I\ 14,\ 93)$$

der Differentialgleichung des atomaren Elektronengases; sie wird nach *Thomas* und *Fermi* benannt.

Durch den Grenzübergang $a \to 0$ zu einem ideellen Kern verschwindend kleinen Halbmessers übergehend, schließen wir die Umgebung des Ursprunges mit Ausnahme dieses Punktes selbst in den Existenzbereich der Funktion v ein. Aus (I 14, 3) folgt dann zunächst die Aussage

$$\lim_{r\to 0}(r\,\varphi) = \lim_{r\to 0}(r\,\varphi^{(0)}) = \frac{Z\,q_0}{4\pi\,\varDelta_0\,\varepsilon}\,, \qquad (I\ 14,\ 94)$$

welche mit Rücksicht auf (I 14, 88) und (I 14, 89) in die Form

$$\lim_{r\to 0}\left[\frac{r}{r_0}\,\frac{4\pi\,\varDelta_0\,\varepsilon\,r_0}{Z\,q_0}\,\varphi\right] = \lim_{R\to 0} v = 1 \qquad (I\ 14,\ 95)$$

verwandelt wird.

h) Wir beschäftigen uns zunächst mit derjenigen Lösung $v = v_0$ der *Thomas-Fermi*schen Differentialgleichung, welche für das *neutrale Atom* $[Z_a = Z]$ zuständig ist; demgemäß haben wir die *Ladungsbilanz*

$$q_0\,Z + \lim_{a\to 0}\int_a^\infty \varrho\cdot 4\pi\,r^2\,dr = 0 \qquad (I\ 14,\ 96)$$

zu erfüllen. Setzt man $R_a = a/r_0$, so kann sie im Hinblick auf (I 14, 83), (I 14, 84), (I 14, 87), (I 14, 88) und (I 14, 89) in die Forderung

$$\lim_{R_a\to 0}\int_{R_a}^\infty v_0{}^{3/2}\,\sqrt{R}\,dR = 1 \qquad (I\ 14,\ 97)$$

umgeschrieben werden. Zufolge (I 14, 93) gilt nun für jede Lösung der *Thomas-Fermi*schen Differentialgleichung die Relation

$$v^{3/2}\,\sqrt{R} = R\,\frac{d^2v}{dR^2}\,, \qquad (I\ 14,\ 98)$$

so daß man aus (I 14, 97) durch Teilintegration

$$\int_{R_a}^\infty v_0{}^{3/2}\,\sqrt{R}\,dR = \int_{R_a}^\infty R\,\frac{d^2v_0}{dR^2}\,dR = R\,\frac{dv_0}{dR}\bigg|_{R_a}^\infty - \int_{R_a}^\infty \frac{dv}{dR}\,dR \qquad (I\ 14,\ 99)$$

findet. Es wird sich herausstellen, daß der Differentialquotient dv_0/dR für $R \to 0$ endlich bleibt, für $R \to \infty$ dagegen stärker als $1/R$ gegen Null kon-

*Fermi*sche Funktion $v_0(R)$ für das neutrale Atom.

R	v_0	R	v_0	R	v_0
0,000	1,000	1,60	0,298	11	0,0204
0,010	0,985	1,70	0,283	12	0,0172
0,020	0,972	1,80	0,268	13	0,0147
0,030	0,959	1,90	0,255	14	0,0126
0,040	0,947	**2,00**	**0,242**	15	0,0109
0,050	**0,935**	2,20	0,220	16	0,00950
0,060	0,924	2,40	0,201	17	0,00831
0,080	0,902	2,60	0,185	18	0,00731
0,100	**0,882**	2,80	0,171	19	0,00647
0,15	0,835	**3,00**	**0,158**	**20**	**0,00579**
0,20	0,793	3,20	0,140	25	0,00349
0,25	0,755	3,40	0,135	30	0,0022
0,30	0,721	3,60	0,125	35	0,0016 (?)
0,35	0,691	3,80	0,116	40	0,0011
0,40	0,660	**4,00**	**0,1080**	45	0,00079
0,45	0,631	4,50	0,0918	50	0,00061
0,50	**0,607**	5,00	0,0787	55	0,00049
0,60	0,562	5,50	0,0679	60	0,00039
0,70	0,521	6,00	0,0592	65	0,00031
0,80	0,485	6,50	0,0521	70	0,00026
0,90	0,453	7,00	0,0461	75	0,00022
1,00	**0,425**	7,50	0,0409	80	0,00018
1,10	0,398	8,00	0,0365	85	0,00015
1,20	0,375	8,50	0,0327	90	0,00012
1,30	0,353	9,00	0,0295	95	0,00011 (?)
1,40	0,333	9,50	0,0268	**100**	**0,00010 (?)**
1,50	**0,315**	**10,00**	**0,0244**		

vergiert. Dieses Ergebnis vorausnehmend, schließen wir aus (I 14, 99) auf

$$\lim_{R_a \to 0} \int_{R_a}^{\infty} v_0^{3/2} \sqrt{R}\, dR = \lim_{R_a \to 0} v_0(R_a) - \lim_{R \to \infty} v_0(R), \qquad \text{(I 14, 100)}$$

also, mit Rücksicht auf (I 14, 95) und (I 14, 97)

$$\lim_{R \to \infty} v_0(R) = 0. \qquad \text{(I 14, 101)}$$

Um nun zunächst das oben behauptete Verhalten von $v_0' = dv_0/dR$ für $R \to 0$ zu verifizieren, berufen wir uns auf den Verlauf der Funktionen $v_0(R)$ und $v_0'(R)$ gemäß Abb. I 14, 5 welcher durch numerische Integration der *Thomas-Fermi*schen Differentialgleichung gewonnen wurde; insbesondere gilt nach *Miranda* mit großer Genauigkeit

$$\lim_{R \to 0} v_0'(R) = -1,588\,046. \qquad \text{(I 14, 102)}$$

Es verbleibt uns die Aufgabe, den analytischen Charakter von $v_0(R)$ im Bereiche $R \gg 1$ kennen zu lernen. Zu diesem Zwecke machen wir den Ansatz

$$v = C \cdot R^\lambda, \qquad \text{(I 14, 103)}$$

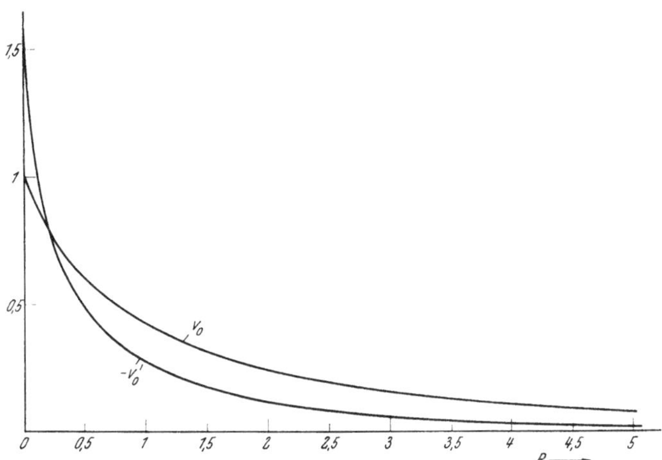

Abb. I 14, 5. Fermische Funktionen v_0 und v_0'.

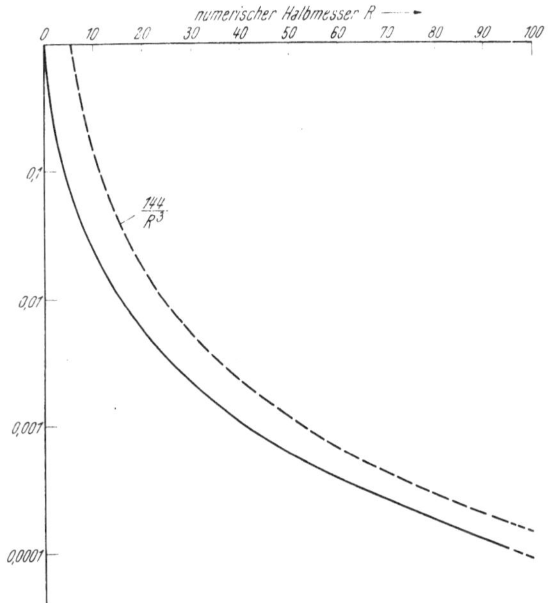

Abb. I 14, 6. Verhalten der Fermischen Funktion v_0 (R) für $R \gg 1$.

welcher die zwei noch unbekannten Konstanten C und λ enthält. Damit die dann aus (I 14, 93) entstehende Gleichung

$$C \cdot \lambda(\lambda - 1)\, R^{\lambda - 2} = C^{3/2}\, R^{1/2\,(3\lambda - 1)} \qquad \text{(I 14, 104)}$$

zur Identität werde, muß

$$\lambda = -3; \qquad C = 144 \qquad \text{(I 14, 105)}$$

gewählt werden, so daß aus (I 14, 103) die Angabe

$$v = \frac{144}{R^3} \qquad (I\ 14,\ 106)$$

hervorgeht. Dieses Partikularintegral der *Thomas-Fermi*schen Differentialgleichung verstößt allerdings gegen die Randbedingung (I 14, 95), so daß es für alle endlichen Werte der numerischen Zentraldistanz R von der gesuchten Funktion $v_0(R)$ des neutralen Atomes wesentlich abweicht. Nichtsdestoweniger besteht die Relation [Abb. I 14, 6]

$$\lim_{R \to \infty} \frac{v_0}{v} = 1, \qquad (I\ 14,\ 107)$$

welche den Übergang von (I 14, 100) zu (I 14, 101) nachträglich rechtfertigt.

Von der Funktion $v_0 = v_0(R)$ kehren wir durch Division mit R zu dem *numerischen Potential*

$$\frac{\varphi}{\varphi_0} = \frac{v_0(R)}{R} \qquad (I\ 14,\ 108)$$

des in Abb. I 14, 7 dargestellten Verlaufes zurück, während die dem gleichen Diagramme zu entnehmende Funktion

$$\sigma(R) = R^2 \left[\frac{v_0(R)}{R}\right]^{3/2} \qquad (I\ 14,\ 109)$$

die *sphärische Dichte der Elektronenladung* dimensionsfrei mißt; insbesondere tritt die maximale „Kugeldichte" dieser Art am numerischen Halbmesser

$$R_L = 0{,}388 \qquad (I\ 14,\ 110)$$

auf, dessen mit r_0 multiplizierter Wert

$$r_L = r_0\,R_L = 0{,}388 \cdot \frac{3^{2/3}\,h^2 \cdot 4\,\pi\,\varDelta_0\,\varepsilon}{q_0{}^2\,m_0\,\pi^{4/3}\,2^{13/3}} \cdot \frac{1}{Z^{1/3}} \qquad (I\ 14,\ 111)$$

als „*Ladungshalbmesser*" des neutralen Atomes bezeichnet werden mag. Seine funktionelle Abhängigkeit von der Ordnungszahl Z des jeweils vorliegenden Atomes wird gewiß unser Befremden erregen: Besagt sie doch, daß die Elektronenhülle sich umso mehr kontrahiert, je höher die Ordnungszahl Z ist! Mißt man dagegen die Größe des Atomes durch seinen Impakt mit einem in der Regel gleichfalls atomaren „Probekörper", so findet man, im Einklang mit der sozusagen gefühlsmäßigen Erwartung, einen mit wachsender Ordnungszahl Z monoton zunehmenden „*Wirkungshalbmesser*" des Atomes. Da sich dieses Beobachtungsergebnis zwanglos auf die Dynamik der elektrischen Feldkräfte zurückführen läßt, welche während des Impaktes zwischen den Stoßpartnern tätig sind, besteht zwischen der Angabe der mit wachsender Ordnungszahl schrumpfenden Elektronenhülle einerseits und des gleichzeitig anschwellenden Wirkungsquerschnittes andererseits kein gedanklicher Widerspruch.

i) Bisher haben wir uns an Hand der *Thomas-Fermi*schen Differentialgleichung mit der Struktur neutraler Atome beschäftigt. Wie hat man diese Theorie zu verallgemeinern, um sie der Statistik der $Z_a \neq Z$ Außenelektronen eines *Ions* anzupassen?

Sei zunächst der Grenzhalbmesser r_{gr} oder dessen dimensionsfreies Maß R_{gr} vorgegeben, so ist die Bilanz (I 14, 96) durch die Bedingung

$$q_0 Z_a + \lim_{a \to 0} \int_a^{r_{gr}} \varrho \cdot 4\pi\, r^2\, dr = 0 \qquad \text{(I 14, 112)}$$

zu ersetzen, welche nach ihrer Umrechnung auf numerische Größen in

$$\lim_{R_a \to 0} \int_{R_a}^{R_{gr}} v^{3/2} \sqrt{R}\, dR = \frac{Z_a}{Z} \qquad \text{(I 14, 113)}$$

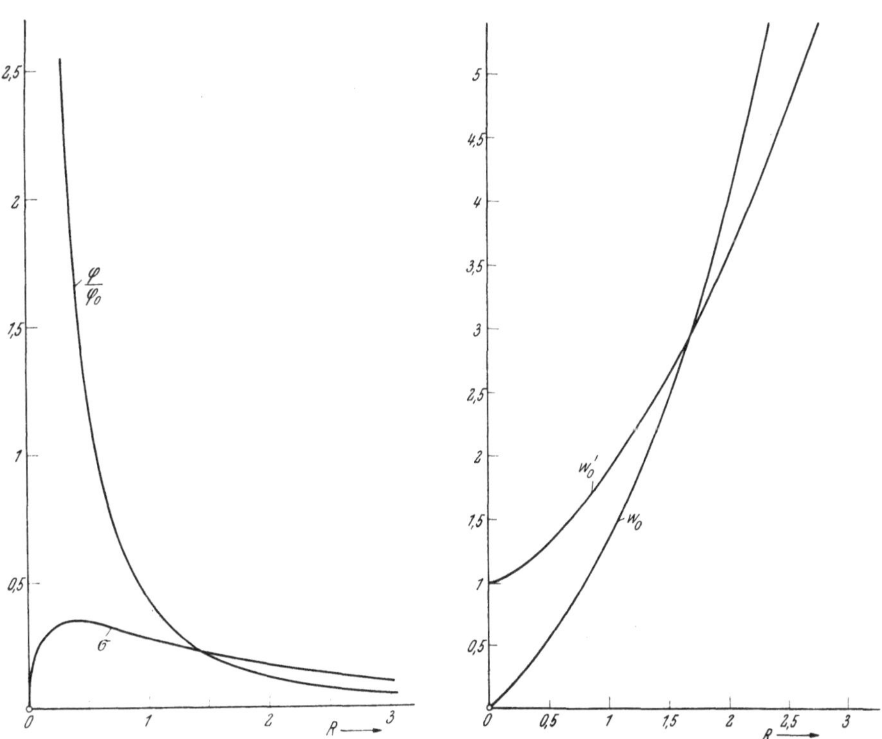

Abb. I 14, 7. Potential und sphärische Ladungsdichte im Thomas-Fermischen Atommodell.

Abb. I 14, 8. Das Fundamentalintegral der Störung und sein Differentialquotient.

übergeht; mit Rücksicht auf (I 14, 93) und (I 14, 95) nimmt sie die Gestalt der *Randbedingung*

$$-\left[R \frac{dv}{dR} - v \right]_{R_{gr}} = 1 - \frac{Z_a}{Z} = j \qquad \text{(I 14, 114)}$$

an, in welcher die Ziffer j den *Ionisationsgrad* definiert.

Durch (I 14, 95) zusammen mit (I 14, 114) ist die Lösung der *Thomas-Fermi*schen Differentialgleichung eindeutig bestimmt; wir wählen für sie den Ansatz

$$v(R) = v_0(R) + \Delta v(R). \qquad \text{(I 14, 115)}$$

Beschränken wir uns weiterhin auf die der „Grundlösung" $v_0(R)$ des neutralen Atomes benachbarten Integrale der Eigenschaft

$$|\Delta v| \ll v_0, \qquad (\text{I } 14,\ 116)$$

so liefert (I 14, 93), bis auf kleine Korrekturglieder höherer Ordnung, für die „Störung" Δv die *lineare* Differentialgleichung

$$\frac{d^2 \Delta v}{dR^2} = \frac{3}{2} \sqrt{\frac{v_0}{R}}\, \Delta v \qquad (\text{I } 14,\ 117)$$

zweiter Ordnung. Unter ihren Lösungen wählen wir dasjenige Fundamentalintegral $w_0 = w_0(R)$ aus, welches den Randbedingungen

$$w_0(0) = 0; \qquad \left[\frac{dw_0}{dR}\right]_0 = 1 \qquad (\text{I } 14,\ 118)$$

genügt; Abb. I 14,8 zeigt seinen durch numerische Integration ermittelten Verlauf einschließlich des Differentialquotienten $w_0'(R) = dw_0/dR$. Zu (I 14, 115) zurückkehrend, integrieren wir nunmehr mit Hilfe einer vorerst noch beliebigen Konstanten K die *Thomas-Fermi*sche Differentialgleichung durch die Funktion

$$v(R) = v_0(R) + K \cdot w_0(R), \qquad (\text{I } 14,\ 119)$$

welche zufolge der Eigenschaften $v_0(0) = 1$ und $w_0(0) = 0$ der Postenfunktionen die Randbedingung (I 14, 95) identisch befriedigt; daher liefert (I 14, 114) für K die Gleichung

$$-\left[R\frac{dv_0}{dR} - v_0\right]_{R_{gr}} - K\left[R\frac{dw_0}{dR} - w_0\right] = 0, \qquad (\text{I } 14,\ 120)$$

welcher wir die Angabe

$$K = -\frac{j + \left[R\dfrac{dv_0}{dR} - v_0\right]_{R_{gr}}}{\left[R\dfrac{dw_0}{dR} - w_0\right]_{R_{gr}}} \qquad (\text{I } 14,\ 121)$$

entnehmen. Wir behandeln folgende Sonderfälle:

1. Für das *eingezwängte, neutrale Atom* $[j = 0]$ gilt gemäß (I 14, 114)

$$R\frac{dv}{dR} - v = R^2 \frac{d}{dR}\left(\frac{v}{R}\right) = R^2\left(\frac{d}{dR}\right)\left(\frac{\varphi}{\varphi_0}\right) = 0 \quad \text{für} \quad R = R_{gr}, \ (\text{I } 14,\ 122)$$

so daß also an seinem Rande die elektrische Feldstärke verschwindet. Die zugehörige Funktion v wird zufolge (I 14, 119) und (I 14, 121) durch

$$v = v_0 - \left[\frac{R\, v_0' - v_0}{R\, w_0' - w_0}\right]_{R_{gr}} w_0 \qquad (\text{I } 14,\ 123)$$

beschrieben; Abb. I 14,9 veranschaulicht ihren Verlauf im Vergleich zum Verhalten des freien Atomes.

2. Für das freie, positive Ion $[j > 0;\ v(R_{gr}) = 0]$ ergibt sich aus (I 14, 119) die Angabe

$$K = -\frac{v_0(R_{gr})}{w_0(R_{gr})}, \qquad (\text{I } 14,\ 124)$$

welche im Verein mit (I 14, 121) auf den Zusammenhang

$$j = \frac{v_0\left[R\, w_0' - w_0\right] - w_0\left[R\, v_0' - v_0\right]}{w_0} \quad \text{für} \quad R = R_{gr} \ (\text{I } 14,\ 125)$$

zwischen dem Ionisationsgrad und dem numerischen Grenzhalbmesser R_{gr} führt; er wird durch Abb. I 14,10 veranschaulicht, während Abb. I 14,11 die mit (I 14, 124) aus (I 14, 119) berechnete Funktion $v = v(R)$ des freien, positiven Ions mit jener des freien, neutralen Atomes in Vergleich setzt.

3. Das *freie, negative Ion* $[j < 0]$ erweist sich, gleich seinem früher behandelten, zweidimensionalen Modell, als *unstabil*.

j) Das Versagen der bisher entwickelten Theorie für den Bestand freier, negativer Ionen bildet einen schweren Mangel in der Statistik des atomaren Elektronengases und verlangt deren Revision.

Wir richten unsere Aufmerksamkeit auf eines der Z_a Außenelektronen; seine potentielle Energie η_{Pot} enthält zwei Posten:

1. Die „*Primärenergie*" $\eta_{\mathrm{Pot}}^{(1)}$ des kontrollierten Elektrons im Potentialfelde $\varphi^{(0)}$ allein des nackten Kernes, welches von dessen Z Protonen erregt wird

$$\eta_{\mathrm{Pot}}^{(1)} = -\,q_0\,\varphi^{(0)} = -\,q_0\,\frac{q_0\,Z}{4\,\pi\,\varDelta_0\,\varepsilon}\cdot\frac{1}{r}\,;\qquad r > a. \qquad (I\ 14,\ 126)$$

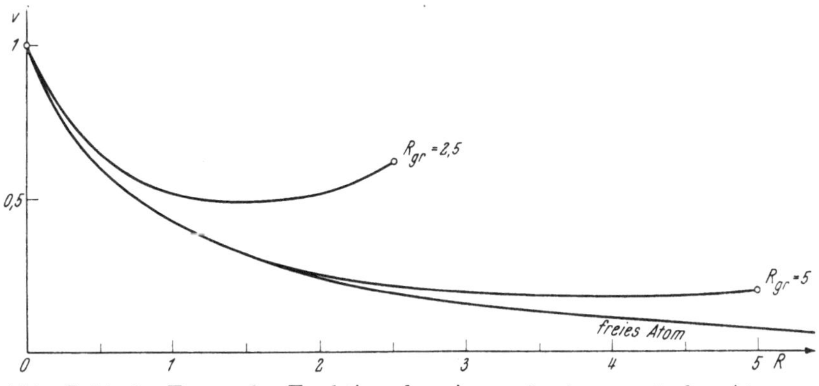

Abb. I 14, 9. Fᴇʀᴍɪsche Funktion des eingezwängten, neutralen Atomes.

2. Die „*Sekundärenergie*" $\eta_{\mathrm{Pot}}^{(2)}$ des kontrollierten Elektrons im Potentialfelde $\varphi^{(s)}$ allein des Elektronengases. In dem bisher benutzten Ansatz

$$\eta_{\mathrm{Pot}}^{(2)} = -\,q_0\,\varphi^{(s)} \qquad (I\ 14,\ 127)$$

ist auch das Eigenfeld des kontrollierten Elektrons selbst eingeschlossen. Da jedoch tatsächlich nur die Kräfte seiner $(Z_a - 1)$ Nachbarn an ihm angreifen, verkleinert sich die potentielle Sekundärenergie auf

$$\eta_{\mathrm{Pot}}^{(2)\,*} = -\,q_0\,\frac{Z_a - 1}{Z_a}\,\varphi^{(s)}. \qquad (I\ 14,\ 128)$$

Gemäß (I 14, 126) und (I 14, 128) ist also für die *Fermi*statistik des Elektronengases die potentielle Energie

$$\eta_{\mathrm{Pot}}^{*} = \eta_{\mathrm{Pot}}^{(1)} + \eta_{\mathrm{Pot}}^{(2)\,*} \qquad (I\ 14,\ 129)$$

maßgebend, welche ihrerseits als Produkt der Elektronenladung $(-\,q_0)$ mit dem „modifizierten" Potential

$$\varphi^{*} = \varphi^{(0)} + \frac{Z_a - 1}{Z_a}\,\varphi^{(s)} \qquad (I\ 14,\ 130)$$

resultiert. Im Zustande der vollständigen Entartung halten sich daher durchschnittlich

$$n = \frac{8\pi}{3}\left[\frac{2\,m_0\,q_0\,\varphi^*}{h^2}\right]^{3/2} \qquad\qquad \text{(I 14, 131)}$$

Elektronen in der Einheit des ihnen zugänglichen Konfigurationsraumes auf. Nun gehorcht dort das Primärpotential $\varphi^{(0)}$ der *Laplace*schen Gleichung

$$\nabla^2\varphi^{(0)} = 0, \qquad\qquad \text{(I 14, 132)}$$

während $\varphi^{(s)}$ mit der Konzentration n durch die *Poisson*sche Gleichung

$$\nabla^2\varphi^{(s)} = \frac{q_0\,n}{\varDelta_0\,\varepsilon} \qquad\qquad \text{(I 14, 133)}$$

genetisch verknüpft ist. Erweitern wir sie mit dem Verhältnis $(Z_a - 1)/Z_a$ und addieren die entstehende Relation zu (I 14, 132), so resultiert also mit Rücksicht auf (I 14, 130) und (I 14, 131) für das modifizierte Potential φ^* die *Fermi-Amaldi*sche Differentialgleichung

$$\nabla^2\varphi^* = \frac{q_0}{\varDelta_0\,\varepsilon}\,\frac{Z_a - 1}{Z_a}\,\frac{8\pi}{3}\left[\frac{2\,m_0\,q_0\,\varphi^*}{h^2}\right]^{3/2}. \qquad \text{(I 14, 134)}$$

In ihr definieren wir

$$r_0^* = \left[\frac{Z_a}{Z_a - 1}\right]^{2/3} r_0 = \left[\frac{Z_a}{Z_a - 1}\right]^{1/3}.$$

$$\frac{3^{2/3}\,h^2\,4\pi\,\varDelta_0\,\varepsilon}{Z^{1/3}\,q_0{}^2\,m_0\,\pi^{4/3}\,2^{13/3}} \qquad \text{(I 14, 135)}$$

als *modifizierte Längeneinheit* des statistischen Atomion-Modelles, der wir durch

$$\varphi_0^* = \frac{q_0\,Z}{4\pi\,\varDelta_0\,\varepsilon\,r_0^*} \qquad \text{(I 14, 136)}$$

die *modifizierte Potentialeinheit* zur Seite stellen. Die Funktion

$$v^* = \frac{r}{r_0^*}\cdot\frac{\varphi^*}{\varphi_0^*} = v^*(R^*); \qquad R^* = \frac{r}{r_0^*}, \qquad \text{(I 14, 137)}$$

genügt dann der *Thomas-Fermi*schen Differentialgleichung

$$\frac{d^2v^*}{dR^{*2}} = \frac{v^{*3/2}}{\sqrt{R^*}}. \qquad\qquad \text{(I 14, 138)}$$

Welche *Randbedingungen* sind ihr aufzuerlegen?

1. Für $R^* \to 0$ folgt aus (I 14, 126), (I 14, 136) und (I 14, 137) die Relation

$$\lim_{R^*\to 0} v^*(R^*) = \lim_{r\to 0}\frac{r}{r_0^*}\cdot\frac{\varphi^*}{\varphi_0^*} = \lim_{r\to 0}\frac{r}{r_0^*}\cdot\frac{\varphi^{(0)}}{\varphi_0^*} = 1. \qquad \text{(I 14, 139)}$$

Abb. I 14, 10. Größe des freien, positiven Ions als Funktion des Ionisationsgrades.

2. Die Z_a Außenelektronen erfüllen die Kugelschale

$$\frac{a}{r_0^*} = R_a^* < R^* < R_{gr}^* = \frac{r_{gr}}{r_0^*}. \qquad (I\ 14,\ 140)$$

Daher verlangt die Ladungsbilanz

$$q_0 Z_a - \int_a^{r_{gr}} q_0\, n\, 4\,\pi\, r^2\, dr = 0 \qquad (I\ 14,\ 141)$$

mit Rücksicht auf (I 14, 131), (I 14, 135), (I 14, 136) und (I 14, 138) das Bestehen der Gleichung

$$\int_{R_a^*}^{R_{gr}^*} v^{*3/2}\sqrt{R^*}\, dR^* = \int_{R_a^*}^{R_{gr}^*} R^* \frac{d^2 v^*}{dR^{*2}}\, dR^* = \left(R^* \frac{dv^*}{dR^*} - v^* \right)\Bigg|_{R_a^*}^{R_{gr}^*} = \frac{Z_a - 1}{Z_a}. \qquad (I\ 14,\ 142)$$

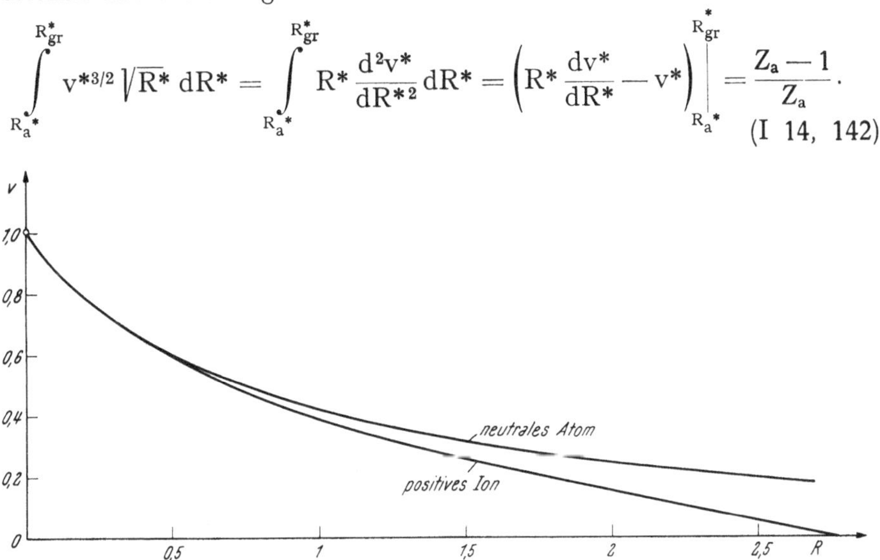

Abb. I 14, 11. FERMISCHE Funktion des neutralen und des positiven Ions.

Sie verwandelt sich mittels des Grenzüberganges $R_a^* \to 0$ in die Randbedingung

$$-\left[R^* \frac{dv^*}{dR^*} - v^* \right]_{R_{gr}^*} = 1 - \frac{Z_a - 1}{Z} = j + \frac{1}{Z} \qquad (I\ 14,\ 143)$$

Wie aus ihrem Vergleich mit (I 14, 114) hervorgeht, vertritt in der *Fermi-Amaldi*schen Theorie der *„modifizierte Ionisationsgrad"*

$$j^* = j + \frac{1}{Z} \qquad (I\ 14,\ 144)$$

die Rolle des wahren Ionisationsgrades j im ursprünglichen Atommodell von *Thomas* und *Fermi*. Unter den Konsequenzen dieses „Äquivalenzsatzes" seien die folgenden hervorgehoben:

1. Das *freie, neutrale Atom* erstreckt sich nur bis zu jenem endlichen, numerischen Grenzhalbmesser R_{gr}^*, welcher aus (I 14, 125) nach Vertauschung von j mit $1/Z$ und von R_{gr} mit R_{gr}^* hervorgeht. Im Gegensatz zu dem festen Werte des numerischen Ladungshalbmessers R_L gemäß der Aussage (I 14, 110) des *Thomas-Fermi*schen Atommodelles nimmt der

numerische Grenzhalbmesser R_{gr}^* des *Fermi-Amaldi*schen Modelles mit wachsender Ordnungszahl Z entsprechend Abb. I 14,12 stark zu; während hiernach der [dimensionierte] Radius der Elektronenhülle nach *Thomas* und *Fermi* mit ansteigendem Z wie $Z^{-1/3}$ abfällt, hat man nach *Fermi-Amaldi* einen mit Z langsam zunehmenden Grenzhalbmesser $r_{gr} = r_0^* R_{gr}^*$ in Rechnung zu stellen. Im Lichte dieser Erkenntnis werden wir einen engen Zusammenhang zwischen dem Grenzhalbmesser r_{gr} und dem stoßkinetischen Wirkungshalbmesser des neutralen Atomes annehmen dürfen.

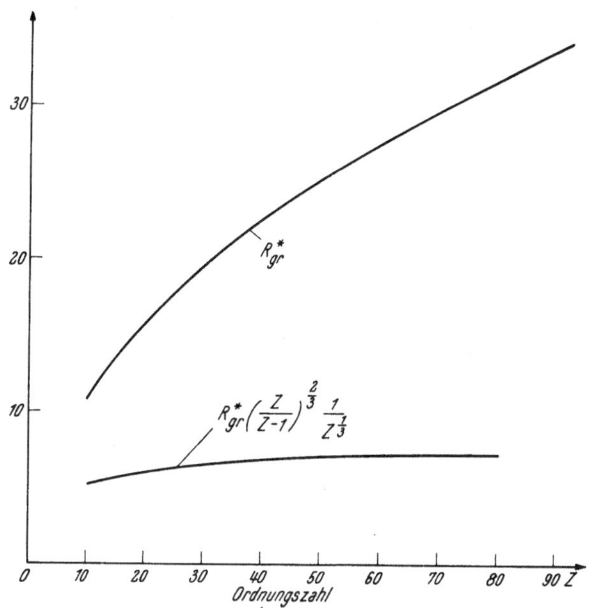

Abb. I 14, 12. Grenzhalbmesser des freien, neutralen Atomes nach FERMI-AMALDI.

2. Das *einfach-negativ geladene Ion* erwies sich im Rahmen der *Thomas-Fermi*schen statistischen Theorie als *instabil*. Nun korrespondiert den

$$Z_a = Z + 1 \qquad\qquad \text{(I 14, 145)}$$

Außenelektronen dieses Ions nach (I 14, 114) der Ionisationsgrad

$$j = -\frac{1}{Z}. \qquad\qquad \text{(I 14, 146)}$$

aus welchem sich zufolge (I 14, 144) der modifizierte Ionisationsgrad zu

$$j^* = 0 \qquad\qquad \text{(I 14, 147)}$$

berechnet. Auf Grund der *Fermi-Amaldi*schen Theorie ist somit das einfach-negativ geladene Ion als *stabil* anzusehen; seine Elektronenhülle ist unbegrenzt $[R_{gr}^* \to \infty]$.

Zweites Kapitel

Kontinuumstheorie der Metalle.

II 1. Klassische Vorstellungen über die Natur der Metalle.

a) In der *Faraday-Maxwell*schen Theorie des elektromagnetischen Feldes sind die Metalle phänomenologisch durch folgende Eigenschaften ausgezeichnet:

1. Das *Ohm*sche Gesetz lehrt, in seiner differentiellen Form, die Proportionalität des *elektrischen Stromdichtevektors* j mit dem *Vektor* E *der elektrischen Feldstärke*

$$j = \varkappa\, E. \qquad\qquad (\text{II } 1,\ 1)$$

Der durch diese Relation definierte Skalar $\varkappa$ heißt die *elektrische Leitfähigkeit*; sie ist, bei fester absoluter Temperatur T, eine das jeweilige Metall charakterisierende *Konstante*, welche — in dem hier durchgängig benutzten, *Giorgi*schen Maßsysteme — in der Einheit Siemens/Meter auszudrücken ist.

Falls im Metalle ein *stationärer Zustand* herrscht, kann E als negativer Gradient des elektrischen Skalarpotentiales φ dargestellt werden; das *Ohm*sche Gesetz (II 1, 1) nimmt dann die „stationäre" Gestalt

$$j = -\varkappa\, \mathrm{grad}\ \varphi \qquad\qquad (\text{II } 1,\ 2)$$

an.

2. Das *elektrische* Verhalten der Metalle findet seine Parallele in ihren *thermischen* Eigenschaften:

Man denke sich das Feld der absoluten Temperatur T [Skalar!] als bekannte Funktion des Ortes und der laufenden Zeit t in einem dem Metalle fest verbundenen Bezugssysteme vorgegeben. Dann tritt im Innern des Metalles ein *Energiestrom* auf, dessen vektorielle Dichte S je Flächeneinheit sich phänomenologisch als proportional zum *Temperaturgefälle* erweist:

$$S = -\lambda\, \mathrm{grad}\ T. \qquad\qquad (\text{II } 1,\ 3)$$

Der hierdurch erklärte Skalar λ heißt die *Wärmeleitfähigkeit* des Metalles; innerhalb hinreichend enger Temperaturintervalle wird auch sie als Materialkonstante gefunden, deren Zahlenwerte in der Einheit Watt/Meter-Grad Kelvin zu messen sind.

3. Über die formale Analogie zwischen der Gleichung (II 1, 2) der stationären elektrischen Strömung und dem Mechanismus (II 1, 3) der Energieströmung hinaus besteht ein fundamentaler Zusammenhang zwischen den gleichzeitig beobachteten Werten der thermischen und der elektrischen Leitfähigkeit an demselben Kontrollpunkt des jeweils untersuchten Metalles: Das Gesetz von *Wiedemann* und *Franz* besagt, daß ihr Verhältnis eine *lineare Funktion der absoluten Temperatur* ist:

$$\frac{\lambda}{\varkappa} = c \cdot T. \qquad\qquad (\text{II } 1,\ 4)$$

Nach Ausweis der Zahlentafel[1] 3 hängt überdies die Konstante c nur wenig von der Natur des Metalles ab:

Zahlentafel 3

Metall	10^8 c [Watt · Ohm/°K²]		Metall	10^8 c [Watt · Ohm/°K²]	
	T = 273 °K	T = 373° K		T = 273° K	T = 373° K
Ag	2,31	2,37	Mo	2,61	2,79
Au	2,35	2,40	Pb	2,47	2,56
Cd	2,42	2,43	Pt	2,51	2,60
Cu	2,23	2,33	Sn	2,52	2,49
Fe	2,88	3,00	W	3,04	3,20
Ir	2,49	2,49	Zn	2,31	2,33

4. Die genannten Regeln für die elektrische und die thermische Leitfähigkeit versagen im Gebiete sehr niedriger Absoluttemperatur.

b) Aufgabe der Theorie ist es, den geschilderten, phänomenologischen Tatbestand an Hand der Struktur der Metalle atomistisch zu begreifen. Bei der Konzeption eines hierzu geeigneten Modelles lassen wir uns von der Erfahrung leiten, daß der Transport des elektrischen Stromes bei festgehaltener Temperatur des Metalles weder dessen mechanische noch dessen chemische Eigenschaften merklich verändert. Auf Grund der Atomtheorie werden wir durch diesen Sachverhalt zu der Meinung geführt, daß der Elektrizitätstransport innerhalb des Metalles auf der Bewegung lediglich von *Elektronen* beruht, während die positiven Metallionen je an ihren Platz im Raumgitter des Metalles gebunden sind. Indem wir von nun an die Existenz eines derartigen Mechanismus voraussetzen, definieren wir durch ihn den Begriff des *Leiters erster Klasse*. Im Gegensatz zu diesem Typus ist in den *Leitern zweiter Klasse* der Elektrizitätstransport mit der Verrückung ponderabler Ionen von chemisch wohlbestimmter Art, also, kurz gesagt, mit einer *Materialwanderung* verbunden; durch diese Eigenschaft zeichnen sich die *Elektrolyte* aus, die somit einer von den Metallen grundsätzlich verschiedenen Untersuchung bedürfen.

c) Das für die Metalle charakteristische *Wiedemann-Franz*sche Gesetz legt die Annahme nahe, daß der nämliche, die Leiter erster Klasse als solche kennzeichnende Transport-Mechanismus der Elektronen auch für den Prozeß der *Wärmeleitung* verantwortlich ist; doch fungieren hierbei die Elektronen nicht als Träger der einheitlichen, invarianten elektrischen Elementarladung ($- q_0$), sondern führen, nach den Lehren der *Newton*schen Punktmechanik, gemäß ihrer Ruhmasse m_0 und dem jeweiligen absoluten Betrage v ihrer relativ zum Metalle herrschenden Geschwindigkeit die *kinetische Energie*

$$\eta_{\text{kin}} = \frac{1}{2}\, m_0\, v^2 \qquad\qquad (\text{II } 1,\ 5)$$

mit sich, deren Scharmittelwert $\langle \eta_{\text{kin}} \rangle$ mit der absoluten Temperatur nach Maßgabe der Gleichung

$$\langle \eta_{\text{kin}} \rangle = \langle \eta_{\text{kin}}(T) \rangle \qquad\qquad (\text{II } 1,\ 6)$$

[1] *H. Froehlich*, Elektronentheorie der Metalle, 163. Berlin, Springer, 1936. — *Ch. Kittel*, Introduction to Solid State Physics, 246. New York, Wiley, 1953.

funktionell verbunden ist. Allerdings zeigt ein Blick auf die oben zur Erläuterung des *Wiedemann-Franz*schen Gesetzes gegebene Zahlentafel, daß selbst im Bereiche hinreichend hoher absoluter Temperaturen von einem in Strenge universellen, temperaturunabhängigen Verhältnis der thermischen Leitfähigkeit zum Produkt der elektrischen Leitfähigkeit mit der absoluten Temperatur nicht die Rede sein kann. In der Tat wird Energie auch mittels elastischer Wellen durch das Metall übertragen, an deren Kinetik, atomistisch gesprochen, auch die positiven Metallionen vermöge der zwischen ihnen bestehenden Kräfte teilhaben. Man hat hiernach zu erwarten, daß die Berechnung der Wärmeleitfähigkeit auf der Grundlage allein des *elektronischen* Energietransportes eine *untere Grenze* der gesuchten Zahl liefert; nur mit dieser „Teil-Leitfähigkeit" beschäftigen wir uns weiterhin.

d) Es sei Z die Ordnungszahl des zu untersuchenden Metalles, A sein [mittleres] Atomgewicht und γ seine Dichte. Mit Hilfe der *Loschmidt*schen Zahl L finden wir aus diesen Angaben die *Konzentration* n_A *der Metall-Atome* je Raumeinheit zu

$$n_A = \frac{L}{A} \cdot \gamma. \qquad \text{(II 1, 7)}$$

In einem hinreichend kleinen Bereiche des Metalles bilden diese Atome ein einheitlich orientiertes *Raumgitter*. Denken wir uns dieses der Einfachheit halber als *kubisch*, so berechnet sich also der kleinste Abstand d benachbarter, ruhend gedachter Atomzentren zu

$$d = \sqrt[3]{\frac{1}{n_A}} = \sqrt[3]{\frac{A}{L}\frac{1}{\gamma}} \qquad \text{(II 1, 8)}$$

Der Konzentration n_A der Metallatome entspricht die *Elektronen-Konzentration*

$$n_{EL} = Z \cdot n_A = Z \cdot \frac{L}{A} \cdot \gamma. \qquad \text{(II 1, 9)}$$

Innerhalb der Gesamtheit dieser Elektronen haben wir *zwei Gruppen* zu unterscheiden:

1. Die Träger des elektrischen und des energetischen Stromes können ihren Platz im Metall mit Leichtigkeit wechseln: Sie definieren die sogenannten „*freien*" Elektronen. Sei V ihre Zahl je Metallatom, so gibt also

$$n_f = V\,n_A \qquad \text{(II 1, 10)}$$

ihre Konzentration je Raumeinheit des Metalles an.

2. Da das Metall, von etwaigen Oberflächen-Ladungen abgesehen, auch während der Wanderung der freien Elektronen als ganzes *elektrisch neutral* bleibt, entfallen auf jeden Atomkern

$$V' = Z - V \qquad \text{(II 1, 11)}$$

„gebundene" Elektronen; mit ihnen zusammen bildet der Kern ein *Ion*, dessen positive Ladung Q_j sich mittels der Protonenladung q_0 zu

$$Q_j = V \cdot q_0 \qquad \text{(II 1, 12)}$$

berechnet; V mißt somit die *elektrochemische Valenz* der positiven Ionen als Bausteine des Metalles.

e) Die Frage nach der Größe der Zahl V bildet eines der Grundprobleme in der Theorie der Metalle; doch liefert erst die *Wellenmechanik* die zu ihrer Lösung erforderlichen Hilfsmittel. Von unserem hier eingenommenen, klassischen Standpunkte aus muß man daher phänomenologisch vorgehen und die Valenz als Kennziffer des jeweils vorliegenden Metalles auffassen. Für die meisten chemisch reinen Metalle kommt man dann zu einer befriedigenden Übereinstimmung zwischen Theorie und Beobachtung, falls man je Metallatom *ein* freies Elektron in Rechnung stellt; es gibt jedoch auch Elemente, beispielsweise das Aluminium, für welche man besser $V = 2$ oder $V = 3$ ansetzt.

f) Während die *freien Metall-Elektronen* kinetisch als *materielle Punkte* verschwindend kleiner Abmessungen behandelt werden dürfen, hat man den *positiven Ionen* modellmäßig die Gestalt einer *Kugel* von bestimmtem Halbmesser R zuzuschreiben. Über die Größe von R gibt uns die *statistische Theorie des Atomes* [Ziffer I, 14] ausreichende Auskunft, ohne daß wir die Lösung der wellenmechanischen Gleichungen des Ions zu kennen brauchen. Allerdings beziehen sich die Aussagen dieser Statistik formal nur auf das einzelne, isolierte Ion; nichtsdestoweniger läßt sich der Einfluß der Nachbarschaft auf jenes Ion durch den Ansatz einer passend gewählten, relativen Dielektrizitätskonstanten ε hinreichend genau beschreiben.

II 2. Anisotrope Zustandsverteilung nach H. A. Lorentz.

a) Gegeben sei ein Gefäß, welches an einem bestimmten Orte zum Zeitpunkte t je Raumeinheit n Elektronen enthalte. Wir führen ein relativ zum Gefäß ruhendes, *Kartesi*sches Bezugssystem (x; y; z) ein. In der Sprache der klassischen Mechanik materieller Punkte, auf welche wir uns hier beschränken, wird dann der kinetische Zustand des einzelnen Elektrons neben seiner als unveränderlich geltenden Masse m_0 durch die drei *Ortskoordinaten* im Verein mit den drei beziehentlich achsenparallelen *Impuls-Komponenten* p_x; p_y; p_z definiert; diese sind ihrerseits mit den je gleichgerichteten Komponenten $(v_x; v_y; v_z)$ der Geschwindigkeit durch die Relationen

$$p_x = m_0 v_x; \qquad p_y = m_0 v_y; \qquad p_z = m_0 v_z \qquad (II\ 2,\ 1)$$

verknüpft.

Wir richten nun unser Augenmerk auf diejenige Gruppe Δn der Elektronen, welche zum Zeitpunkt t dem infinitesimal kleinen Bereiche

$$\left.\begin{array}{lll} x; x + \Delta x, & y; y + \Delta y, & z; z + \Delta z, \\ v_x; v_x + \Delta v_x, & v_y; v_y + \Delta v_y, & v_z; v_z + \Delta v_z \end{array}\right\} \qquad (II\ 2,\ 2)$$

des Hyperraumes der Konfigurations- und Geschwindigkeitskoordinaten angehören, dessen insgesamt sechs Achsen paarweise senkrecht aufeinander stehen. Das Verhältnis $\Delta n/n$ möge durch den Ansatz

$$\frac{\Delta n}{n} = f(x; y; z; v_x; v_y; v_z; t)\ \Delta x\ \Delta y\ \Delta z\ \Delta v_x\ \Delta v_y\ \Delta v_z \qquad (II\ 2,\ 3)$$

beschrieben werden. Gefragt wird nach der hierdurch definierten *Wahrscheinlichkeitsdichte* f der Zustandsverteilung im statistischen Gleichgewicht, falls die dynamischen Bedingungen des Systemes folgendermaßen vorgeschrieben sind:

1. In Richtung der positiven x-Achse wirkt ein mechanisches Kraftfeld, welches den Elektronen eine konstante *Beschleunigung* A_x parallel zu dieser Achse erteilt.

2. Je Einheit des Konfigurationsraumes enthält das Gefäß außer den kontrollierten Elektronen noch N *ruhende Kugeln* je des einheitlichen Halbmessers R, von deren Oberfläche die Elektronen im Falle des Zusammen-

stoßes *elastisch reflektiert* werden. Insbesondere möge jede derartige Kugel als Modell eines atomaren Systemes gelten, dessen Kern von einer Elektronenhülle umgeben ist; in nur leichter Verallgemeinerung der üblichen Terminologie bezeichnen wir eine solche Kugel weiterhin kurz als „*Molekül*".

3. Die Elektronen-Konzentration n sei so klein, daß Zusammenstöße der Elektronen untereinander nur überaus selten stattfinden; sie dürfen und sollen deshalb weiterhin außer acht bleiben.

b) Bei ihrer Bewegung durch das Gefäß hat man den Elektronen eine bestimmte, *mittlere freie Weglänge* l zuzuschreiben:

Wir begleiten gedanklich einen Strom von Z(0) Elektronen, welche die von der Randkurve S begrenzte „Startfläche" F der Ebene x = 0 [Abb II 2,1] gleichzeitig mit der einheitlichen, parallel zur positiven x-Achse gerichteten Geschwindigkeit $v_x > 0$ bei verschwindenden Werten von v_y und v_z verlassen; überdies sei vorübergehend $A_x = 0$ gesetzt. Welche Anzahl Z(x) dieser Elektronen erreicht *mindestens* die Ebene x > 0, ohne vorher einen Zusammenstoß mit einer der ruhenden Kugeln [„Moleküle"] erlitten zu haben?

Wir konstruieren parallel zur x-Achse jenen Zylinder, dessen Spur in der Ebene x = 0 mit der Randkurve S von F koinzidiert; er begrenzt zusammen mit den eng benachbarten Kontrollebenen x und (x + Δx) nach Abb. II 2, 2 den Kontrollraum vom Inhalt F · Δx, welcher (N · F · Δx) „Moleküle" enthält. Jedes von ihnen stellt dem andringenden Elektronen-

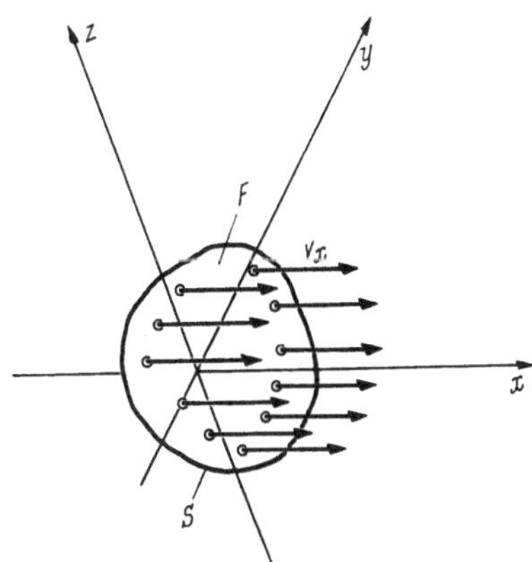

Abb. II 2, 1. Zur Kinematik freier Metallelektronen.

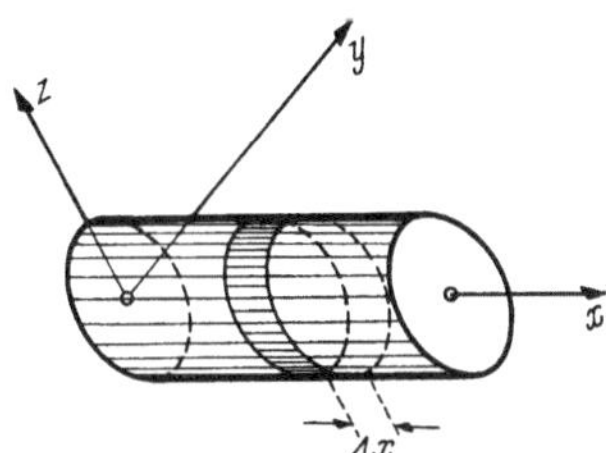

Abb. II 2, 2. Kontrollraum der Elektronenbewegung.

strom die undurchdringliche „*Sperrfläche*" der Größe πR^2 in den Weg: Die Gesamtheit der (N · F · Δx) Moleküle fängt von den Z(x) Elektronen, welche noch ohne Zusammenstoß bis zur Kontrollebene x gelangten, den Bruchteil

$$\left| \frac{\Delta Z}{Z(x)} \right| = \frac{(\pi R^2)(N\,F\,\Delta x)}{F} \qquad (II\ 2,\ 4)$$

ab. Ist nun der insgesamt kontrollierte Elektronenweg längs der x-Achse im Vergleich zu R hinreichend lang, so dürfen wir den *Differenzenquotienten* $\Delta Z/\Delta x$ approximativ durch den Differentialquotienten dZ/dx ersetzen und erschließen, da für $\Delta x > 0$ gewiß $\Delta Z < 0$ ausfällt, aus (II 2, 4) die Differentialgleichung

$$\frac{dZ}{dx} = -(\pi R^2)\,N \cdot Z \qquad (II\ 2,\ 5)$$

Mit Rücksicht auf die oben genannten „Anfangsbedingungen" in der Ebene $x = 0$ führt die Integration von (II 2, 5) zu der Angabe

$$Z(x) = Z(0)\, e^{-(\pi R^2)N\cdot x}. \tag{II 2, 6}$$

Die [infinitesimal kleine] Wahrscheinlichkeit $w(x)\,dx$ einer gerade zwischen x und $(x + dx)$ endenden „freien" Weglänge der Elektronen beträgt hiernach

$$w(x)\,dx = \frac{|dz|}{Z(0)} = e^{-(\pi R^2)N\cdot x}\cdot \pi R^2 \cdot N\,dx. \tag{II 2, 7}$$

Aus dieser kinematischen Relation berechnet man die *mittlere freie Weglänge* 1 aller gleichzeitig startenden Elektronen als *Erwartungswert* der stochastisch variablen Strecke x zu

$$1 = \langle x \rangle = \int_0^\infty x\,w(x)\,dx = \frac{1}{(\pi R^2)\,N}. \tag{II 2, 8}$$

Durch seine Restitution in (II 2, 7) gelangen wir zu der Aussage

$$w(x)\,dx = e^{-\frac{x}{1}}\cdot \frac{dx}{1}, \tag{II 2, 9}$$

welche als *Clausius*sches *Gesetz der Weglängen-Verteilung* bezeichnet wird.

c) Wir richten unsere Aufmerksamkeit auf die „Gruppe Δn" der Elektronen des sechsdimensionalen Bereiches (II 2, 2) und verfolgen ihr Schicksal während der überaus kurzen Zeitspanne Δt:

1. Von den Zusammenstößen zwischen den Elektronen und den Molekülen werde zunächst abgesehen. Dann ändern sich die sechs Koordinaten eines der Gruppe angehörigen Elektrons von den Anfangswerten

$$\left. \begin{array}{ccc} x; & y; & z \\ v_x; & v_y; & v_z \end{array} \right\} \tag{II 2, 10}$$

in die Endwerte

$$\left. \begin{array}{lll} x' = x + v_x\,\Delta t; & y' = y + v_y\,\Delta t; & z' = z + v_z\,\Delta t \\ v_x' = v_x + A_x\,\Delta t; & v_y' = v_y; & v_z' = v_z \end{array} \right\} \tag{II 2, 11}$$

Die Funktionaldeterminante der Transformation, welche gemäß (II 2, 11) zwischen den gestrichenen und den ungestrichenen Größen vermittelt, ist gleich 1. Daher erfüllt die Gruppe Δn nach Ablauf der Zeitspanne Δt im sechsdimensionalen Hyperraum das Volumenelement

$$\Delta x'\,\Delta y'\,\Delta z'\,\Delta v_x'\,\Delta v_y'\,\Delta v_z' = \Delta x\,\Delta y\,\Delta z\,\Delta v_x\,\Delta v_y\,\Delta v_z \tag{II 2, 12}$$

Da bei dem beschriebenen Prozeß die Anzahl Δn der Gruppen-Mitglieder erhalten bleibt, folgt aus (II 2, 3) die Gleichheit

$$f(x + v_x\,\Delta t; y + v_y\,\Delta t; z + v_z\,\Delta t; v_x + A_x\,\Delta t; v_y; v_z; t + \Delta t)\,\Delta x'\ldots\Delta v_z' =$$
$$= f(x; y; z; v_x; v_y; v_z; t)\,\Delta x\ldots\Delta v_z. \tag{II 2, 13}$$

2. Zufolge der Zusammenstöße der Elektronen mit den Molekülen ändert sich die Bilanz (13) in doppelter Hinsicht:

α) Es tritt ein *Verlust* $\delta_\alpha \Delta n$ an Elektronen ein, welche während der Kontrolldauer Δt die Gruppe verlassen; wir setzen formal

$$\delta_\alpha\,\Delta n = \alpha \cdot \Delta x\ldots\Delta v_z \cdot \Delta t. \tag{II 2, 14}$$

β) Durch Übergänge von anderen Elektronengruppen in gerade die Δn-Gruppe *vermehrt* sich deren Mitgliederzahl in der gleichen Zeitspanne um $\delta_\beta \Delta n$; wir schreiben

$$\delta_\beta\,\Delta n = \beta \cdot \Delta x\ldots\Delta v_z\,\Delta t. \tag{II 2, 15}$$

Mit Rücksicht auf diese beiden „Stoßeffekte" haben wir die frühere Angabe (II 2, 13) zu der *Teilchenbilanz*

$$f(x + v_x \, \Delta t; y + v_y \, \Delta t; z + v_z \, \Delta t; v_x + A_x \, \Delta t; v_y; v_z; t + \Delta t) \, \Delta x' \ldots \Delta v_z' -$$
$$- f(x; y; z; v_x; v_y; v_z; t) \, \Delta x \ldots \Delta v_z = (\beta - \alpha) \, \Delta x \ldots \Delta v_z \, \Delta t \quad (II \ 2, \ 16)$$

zu erweitern. Entwickelt man in ihr den ersten Posten der linken Seite nach Potenzen von Δt, teilt mit $\Delta x \ldots \Delta v_z \, \Delta t$ und führt dann den Grenzübergang $\Delta t \to 0$ durch, so folgt auf Grund der Relation (II 2, 12) aus (II 2, 16) für die gesuchte Wahrscheinlichkeitsdichte f die partielle Differentialgleichung

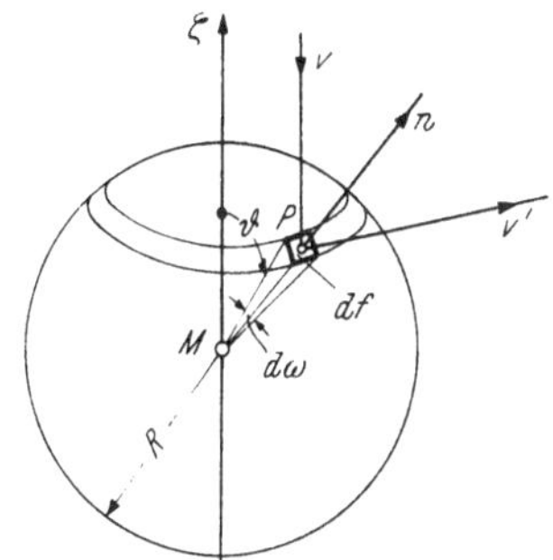

$$\frac{\partial f}{\partial x} v_x + \frac{\partial f}{\partial y} v_y + \frac{\partial f}{\partial z} v_z + \frac{\partial f}{\partial v_x} A_x + \frac{\partial f}{\partial t} = \beta - \alpha.$$

$$(II \ 2, \ 17)$$

Abb. III 2, 3. Stoßanalyse.

d) Die Integration der Gl. (II 2, 17) erfordert die explizite Kenntnis der bisher ja nur formal eingeführten Zahlen α und β.

1. Abb. II 2, 3 zeigt ein Elektron im Augenblick seines Zusammenstoßes mit einer der ruhenden Kugeln [einem „Molekül"]. Die drei Komponenten $(v_x; v_y; v_z)$ seiner Geschwindigkeit liefern den absoluten Betrag

$$v = \sqrt{v_x{}^2 + v_y{}^2 + v_z{}^2} \quad (II \ 2, \ 18)$$

des Geschwindigkeits-Vektors v.

Um den *Stoßpunkt* P des Elektrons auf der Kugeloberfläche zu beschreiben, legen wir durch das Kugelzentrum M die zu v antiparallele *Polarachse* ζ. Nunmehr konstruieren wir den Radiusvektor n von M nach P und grenzen in der Umgebung von P ein infinitesimal kleines Oberflächenelement df ab, welches von M aus unter dem Raumwinkel

$$d\omega = \frac{df}{R^2} \quad (II \ 2, \ 19)$$

erscheint. Nennen wir ϑ den Polarwinkel zwischen dem Vektor n und der ζ-Achse, so mißt

$$v_n = v \cos \vartheta, \quad (II \ 2, \ 20)$$

die normal zur Kugeloberfläche gerichtete Komponente der Geschwindigkeit v. Die nach Voraussetzung *elastische* Reflexion des stoßenden Elektrons an der Kugeloberfläche erteilt diesem die zu v_n entgegengesetzt gleiche Normalgeschwindigkeit

$$v_n{}' = - v_n. \quad (II \ 2, \ 21)$$

Seien nun a, b und c die Richtungskosinus des Vektors n beziehentlich gegen die x-, y- und z-Achse, so berechnen sich die *Kartesi*schen Geschwindigkeits-Komponenten v_x', v_y' und v_z' des Elektrons *nach* dem Stoße aus ihren Werten v_x, v_y und v_z *vor* dem Stoße mittels der Anweisungen

$$v_x' = v_x - (2 \, v \cos \vartheta) \cdot a; \quad v_y' = v_y - (2 \, v \cos \vartheta) \cdot b; \quad v_z' = v_z -$$
$$- (2 \, v \cos \vartheta) \, c. \quad (II \ 2, \ 22)$$

Sei der hierdurch definierte kinematische Vorgang als „$d\omega$-*Stoß erster Art*" bezeichnet; wie groß ist die *Wahrscheinlichkeit* seines Auftretens im Kollektiv der Δn-Gruppe während der Zeitspanne Δt?

Statt nur eines einzigen Elektrons der vektoriellen Geschwindigkeit v denken wir uns eine räumlich ausgebreitete Gesamtheit solcher Elektronen, welche also während der Dauer der Kontrolle entgegen der ζ-Achse sämtlich die einheitliche Strecke

$$|\Delta\zeta| = v\,\Delta t \qquad\qquad (II\ 2,\ 23)$$

durchfliegen. In jeder Flächeneinheit der Schicht, welche von den infinitesimal benachbarten Ebenen ζ und $(\zeta + \Delta\zeta)$ begrenzt wird, befinden sich nun

$$\Delta N = N \cdot |\Delta\zeta| \qquad\qquad (II\ 2,\ 24)$$

„Moleküle", deren jedes den $d\omega$-Stößen erster Art die Zielfläche

$$df_\vartheta = df\cos\vartheta = R^2\cos\vartheta\,d\omega \qquad\qquad (II\ 2,\ 25)$$

bietet; gemäß (II 2, 24) summieren sich also diese Flächen zu dem *Sperrquerschnitt*

$$\Delta F_\vartheta = df_\vartheta \cdot \Delta N = NR^2 \cdot v\cos\vartheta\,d\omega\,\Delta t. \qquad\qquad (II\ 2,\ 26)$$

auf. Da nun die Anzahl der getroffenen Moleküle von vornherein auf die Querschnittseinheit des einfallenden Elektronenstromes bezogen wurde, mißt bereits eben die Fläche (II 2, 26) selbst die oben gesuchte Wahrscheinlichkeit.

Sämtliche Elektronen der Δn-Gruppe sind als solche einander kinematisch gleichwertig. Daher berechnet sich der Erwartungswert der Anzahl von $d\omega$-Stößen erster Art während der Kontrolldauer Δt zu

$$\Delta F_\vartheta \cdot \Delta n = N\,R^2 \cdot v \cdot \cos\vartheta \cdot d\omega \cdot \Delta t \cdot \Delta n. \qquad\qquad (II\ 2,\ 27)$$

Durch Integration über alle Raumwinkel der Hemisphäre

$$0 \leqq \vartheta \leqq \frac{\pi}{2} \qquad\qquad (II\ 2,\ 28)$$

[die kugelförmigen „Moleküle" gelten ja als undurchdringlich!] findet man sonach

$$\delta_\alpha\,\Delta n = N\,R^2\,v\,\Delta x\ldots\Delta v_z\,\Delta t \iint\limits_{\text{Hemisphäre}} f(x;\ldots v_z;t)\cos\vartheta\,d\omega, \qquad (II\ 2,\ 29)$$

so daß durch Vergleich dieser Formel mit (II 2, 14) die Angabe

$$a = N\,R^2\,v \iint\limits_{\text{Hemisphäre}} f(x;\ldots v_z;t)\cos\vartheta\,d\omega \qquad\qquad (II\ 2,\ 30)$$

resultiert.

2. Aus der Relation (II 2, 22) folgt, im Einklang mit der Voraussetzung der elastischen Reflexion der Elektronen an der Kugeloberfläche, die Gleichheit

$$\sqrt{v_x'^2 + v_y'^2 + v_z'^2} = \sqrt{v_x^2 + v_y^2 + v_z^2} = v. \qquad\qquad (II\ 2,\ 31)$$

Von dem singulären Falle der „streifenden Inzidenz" [$\cos\vartheta = 0$] abgesehen, unterscheiden sich jedoch die Komponenten der Elektronen-Geschwindigkeit *nach* dem Stoße von ihren Werten *vor* dem Stoße: Denkt man sich in Abb. II 2, 3 die Richtungspfeile der Geschwindigkeits-Vektoren umgedreht, so liefert die Reflexion am Element df der Kugel-Oberfläche nunmehr die Kinematik jener „$d\omega$-*Stöße zweiter Art*", welche der Δn-Gruppe neue Mitglieder zuführt; ihre Anzahl $\delta_\beta\Delta n$ während der Kontrolldauer Δt

geht somit aus (II 2, 29) hervor, nachdem man dort die Komponenten v_x; v_y; v_z beziehentlich mit v_x'; v_y'; v_z' vertauscht hat

$$\delta_\beta \Delta n = N\,R^2\,v'\,\Delta x \ldots \Delta v_z' \cdot \Delta t \int\!\!\int_{\text{Hemisphäre}} f(x;\ldots v_z';t)\cos\vartheta\,d\omega. \qquad \text{(II 2, 32)}$$

Durch Vergleich dieser Relation mit (II 2, 15) findet man also mit Rücksicht auf (II 2, 31) die Angabe

$$\beta = N\,R^2\,v \int\!\!\int_{\text{Hemisphäre}} f(x;\ldots v_z;t)\cos\vartheta\,d\omega. \qquad \text{(II 2, 33)}$$

e) Wir beschränken uns weiterhin auf die Annahme eines nur *überaus schwachen Triebfeldes* in Richtung der x-Achse und setzen zudem voraus, daß der Zustand der Elektronen im Konfigurationsraum *lediglich von der x-Koordinate* abhänge. Im *stationären Zustande*

$$\frac{\partial f}{\partial t} = 0 \qquad \text{(II 2, 34)}$$

genügen wir diesen Bedingungen durch den Ansatz

$$f(x;y;z;v_x;v_y;v_x;t) = f_0(x;v) + v_x \cdot \sigma(x;v). \qquad \text{(II 2, 35)}$$

In ihm definiert die Wahrscheinlichkeitsdichte f_0 in jeder Ebene $x = \text{const.}$ eine *isotrope Geschwindigkeitsverteilung*, während die ihr überlagerte Funktion $v_x \cdot \sigma(x;v)$ eine nach der x-Achse orientierte *anisotrope Störung* schildert; die Voraussetzung des „schwachen" Triebfeldes werde durch die Ungleichung

$$|v_x\,\sigma(x;v)| \ll f_0(x;v) \qquad \text{(II 2, 36)}$$

erfaßt. Wir dürfen deshalb mit ausreichender Genauigkeit auf der linken Seite der Differentialgleichung (II 2, 17) überall f durch f_0 ersetzen:

$$\frac{\partial f}{\partial x}v_x + \frac{\partial f}{\partial y}v_y + \frac{\partial f}{\partial z}v_z + \frac{\partial f}{\partial v_x}A_x \to \frac{\partial f_0}{\partial x}v_x + \frac{\partial f_0}{\partial v}\frac{v_x}{v}A_x. \qquad \text{(II 2, 37)}$$

Dagegen fällt bei der Berechnung der Differenz $(\beta - \alpha)$ auf Grund der Gleichheit (II 2, 31) der isotrope Anteil f_0 heraus, so daß wir

$$\beta - \alpha = N\,R^2\,v \int\!\!\int_{\text{Hemisphäre}} (v_x' - v_x)\,\sigma(x,v)\cos\vartheta\,d\omega \qquad \text{(II 2, 38)}$$

und weiter, mit Rücksicht auf (II 2, 22)

$$\beta - \alpha = -2\,N\,R^2 v^2\,\sigma(x;v) \int\!\!\int_{\text{Hemisphäre}} a\cos^2\vartheta\,d\omega \qquad \text{II 2, 39)}$$

erhalten.

Zwecks Auswertung des in (II 2, 39) auftretenden Integrales rufen wir Abb. II 2, 4 zu Hilfe: In das Bezugssystem der Koordinaten (x; y; z) tragen wir von dessen Ursprung O aus den Vektor v der Geschwindigkeit ein, welcher die O zugewandte Halbkugel-Oberfläche des reflektierenden Moleküles in P treffe. Nun konstruieren wir vom Kugelzentrum M aus die antiparallel zu v gerichtete Polarachse ζ bis zu deren Schnittpunkt Z mit der Kugeloberfläche sowie den von M nach P weisenden Normalenvektor n. Des weiteren schicken wir von M aus den antiparallel zur x-Achse fortschreitenden Strahl bis zu seinem Schnittpunkt X mit der Kugeloberfläche. Schließlich führen wir von O aus den Strahl n' antiparallel zu n und schlagen um O als Zentrum die Kugel vom Halbmesser 1, welche den Vektor v im

Punkte 1_v, die positive x-Achse im Punkte 1_x und den Strahl n' im Punkte 1_n trifft. Bezeichnen wir im sphärischen Dreieck $1_n\,1_v\,1_x$ den bei 1_v gelegenen Winkel durch das Symbol ψ, so liefert der Kosinussatz der sphärischen Trigonometrie die Relation

$$\cos(1_x;1_n) = a = \cos\vartheta\,\cos(1_x;1_v) + \sin\vartheta\,\sin(1_x;1_v)\,\cos\psi. \qquad \text{(II 2, 40)}$$

Um jetzt die verschiedenen Stoßmöglichkeiten der zur Gruppe $\varDelta n$ gehörigen Elektronen zu erfassen, haben wir statt des nur *einen*, in O beginnenden Vektors v ein *Bündel* von $\varDelta n$ einander parallel gerichteten Vektoren v einzuführen. Jedem von ihnen entspricht ein anderer Punkt der reflektierenden Hemisphäre, während die Punkte X und Z konstruktionsgemäß je an ihren vorher bestimmten Plätzen verharren. Gleichzeitig bleibt

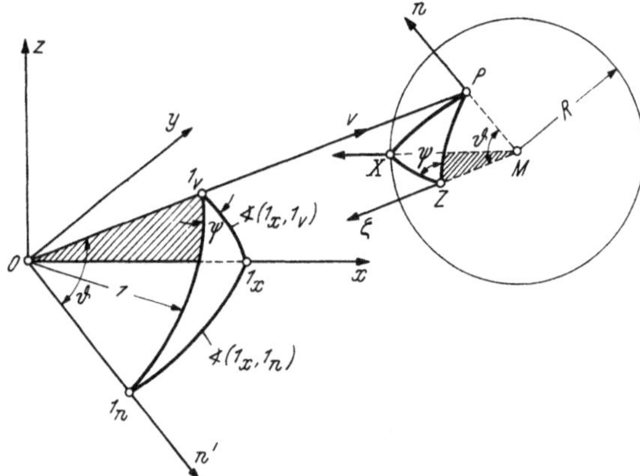

Abb. II 2, 4. Auswertung der Stoßbilanzen.

die Lage der Ebene M X Z im Konfigurationsraum erhalten, und die gleiche Eigenschaft zeichnet die Ebene O $1_x\,1_v$ aus. Der Winkel ψ stellt somit, für jeden festen Wert von ϑ, den *Meridianwinkel* der Ebene M P Z gegen die invariable Ebene M X Z dar, welcher als solcher von Null bis 2π kontinuierlich veränderlich ist. Nun drückt sich der Raumwinkel $d\omega$ mittels des Polarwinkels ϑ und des Meridianwinkels ψ durch die Formel

$$d\omega = \sin\vartheta\,d\vartheta\,d\psi \qquad \text{(II 2, 41)}$$

aus. Mit Rücksicht auf (II 2, 40) folgt also

$$\iint\limits_{\text{Hemisphäre}} a\cos^2\vartheta\,d\omega = \cos(1_x;1_v)\int\limits_{\psi=0}^{2\pi}\int\limits_{\vartheta=0}^{\frac{\pi}{2}}\cos^3\vartheta\,\sin\vartheta\,d\vartheta\,d\psi +$$

$$+ \sin(1_x;1_v)\int\limits_{\psi=0}^{2\pi}\int\limits_{\vartheta=0}^{\frac{\pi}{2}}\cos^2\vartheta\,\sin\vartheta\,\cos\psi\,d\vartheta\,d\psi = \frac{\pi}{2}\cos(1_x;1_v). \qquad \text{(II 2, 42)}$$

Durch Restitution dieses Ausdruckes in (II 2, 39) finden wir, mit Benutzung der in (II 2, 8) gegebenen Definition der mittleren freien Weglänge,

$$\beta - a = -2\,N\,R^2\,v^2\,\sigma(x;v)\,\frac{\pi}{2}\cos(1_x;1_v) = -\frac{v\,v_x\,\sigma(x;v)}{l} \qquad \text{(II 2, 43)}$$

Aus (II 2, 17) erschließen wir somit unter Beachtung von (II 2, 34) und (II 2, 37) die Gleichung

$$\frac{\partial f_0}{\partial x} v_x + \frac{\partial f_0}{\partial v} \cdot \frac{v_x}{v} \cdot A_x = -\frac{v\, v_x \sigma(x;v)}{l} \qquad \text{(II 2, 44)}$$

welche für die Störung $\sigma(x; v)$ die von v_x unabhängige Relation

$$\sigma(x;v) = -\frac{l}{v}\left[\frac{\partial f_0}{\partial x} + \frac{A_x}{v}\frac{\partial f_0}{\partial v}\right] \qquad \text{(II 2, 45)}$$

nach sich zieht. Durch ihre Restitution in Gl. (II 2, 35) gelangen wir demnach zu der von *H. A. Lorentz* herrührenden Beschreibung

$$f(x;y;z;v_x;v_y;v_z) = f_0(x;v) - \frac{v_x}{v}l\left[\frac{\partial f_0}{\partial x} + \frac{A_x}{v}\frac{\partial f_0}{\partial v}\right] \qquad \text{(II 2, 46)}$$

der stationären, anisotropen Zustandsverteilung.

f) Die Fragen, welche uns weiterhin hauptsächlich beschäftigen werden, sind die Werte der elektrischen Leitfähigkeit $\varkappa$ und der thermischen Leitfähigkeit λ, welche nach den Vorstellungen der klassischen Punktmechanik auf Grund des Transportmechanismus der sogenannten freien Metallelektronen zu erwarten sind.

Ausgehend von der Wahrscheinlichkeitsdichte f nach Gl. (II 2, 46) richten wir unsere Aufmerksamkeit auf die Gruppe derjenigen Elektronen, welche im Kollektiv der n freien Metallelektronen je Einheit des Konfigurationsraumes beziehentlich dem infinitesimal schmalen Bereiche $(v_x, v_x + dv_x; v_y, v_y + dv_y; v_z, v_z + dv_z)$ angehören, deren Anzahl dn also durch

$$dn = n \cdot f \cdot dv_x\, dv_y\, dv_z \qquad \text{(II 2, 47)}$$

gegeben ist. Spannen wir nun senkrecht zur x-Achse eine Kontrollfläche der Größe 1 auf, so wird diese je Zeiteinheit von

$$ds = v_x\, dn = n\, v_x\, f\, dv_x\, dv_y\, dv_z \qquad \text{(II 2, 48)}$$

Elektronen des untersuchten Geschwindigkeitsbereiches durchkreuzt; wir verfolgen die durch diesen Teilchenstrom verursachten Effekte:

1. Da jedes Elektron die invariante Ladung $(-q_0)$ mit sich führt, vermittelt der Vorgang (II 2, 48) in Richtung der x-Achse einen *elektrischen Strom* der infinitesimal schwachen Dichte

$$dj_x = -q_0\, ds = -q_0\, n\, v_x\, f\, dv_x\, dv_y\, dv_z. \qquad \text{(II 2, 49)}$$

Durch Integration über alle Geschwindigkeiten findet man hieraus die parallel der x-Achse orientierte Gesamt-Stromdichte

$$j_x = -q_0\, n \int\limits_{v_x=-\infty}^{\infty} \int\limits_{v_y=-\infty}^{\infty} \int\limits_{v_z=-\infty}^{\infty} v_x\, f\, dv_x\, dv_y\, dv_z. \qquad \text{(II 2, 50)}$$

2. Neben seiner elektrischen Ladung $(-q_0)$ trägt jedes Elektron der Gruppe (II 2, 47) die kinetische Energie

$$\eta_{\text{kin}} = \frac{1}{2} m_0 v^2 = \frac{1}{2} m_0(v_x{}^2 + v_y{}^2 + v_z{}^2) \qquad \text{(II 2, 51)}$$

mit sich, deren Erwartungswert $\langle \eta_{\text{kin}} \rangle$ funktionell mit der am Orte x herrschenden, absoluten Temperatur $T = T(x)$ verbunden ist. Indem wir daher die Energie (II 2, 51) als solche wesentlich thermischer Natur deuten, bewirkt der Teilchenstrom (II 2, 48) in Richtung der x-Achse den *Wärmestrom* der infinitesimal schwachen Dichte

$$dw_x = \frac{1}{2} m_0 \, v^2 \, ds = \frac{1}{2} m_0 \, n \, v^2 \, v_x \, f \, dv_x \, dv_y \, dv_z. \qquad (II\ 2,\ 52)$$

Aus ihr resultiert durch Integration über alle Geschwindigkeiten die parallel zur x-Achse orientierte Wärmestrom-Dichte

$$w_x = \frac{1}{2} m_0 \, n \int\limits_{v_x = -\infty}^{\infty} \int\limits_{v_y = -\infty}^{\infty} \int\limits_{v_z = -\infty}^{\infty} v^2 \, v_x \, f \, dv_x \, dv_y \, dv_z. \qquad (II\ 2,\ 53)$$

Da nun der isotrope Anteil f_0 der Verteilungsfunktion (II 2, 46) in jeder Ebene $x = $ const. auf Grund seiner Abhängigkeit lediglich von $v = \sqrt{v_x{}^2 + v_y{}^2 + v_z{}^2}$ die Symmetrieeigenschaft

$$f_0(v_x) = f_0(-v_x) \qquad (II\ 2,\ 54)$$

besitzt, annullieren sich in den Integralen (II 2, 50) und (II 2, 51) je die f_0 enthaltenden Anteile. Demnach reduziert sich die Gleichung der elektrischen Stromdichte auf

$$j_x = q_0 \, n \int\limits_{v_x = -\infty}^{\infty} \int\limits_{v_y = -\infty}^{\infty} \int\limits_{v_z = -\infty}^{\infty} \frac{v_x{}^2}{v} \, 1 \left[\frac{\partial f_0}{\partial x} + \frac{A_x}{v} \frac{\partial f_0}{\partial v} \right] dv_x \, dv_y \, dv_z \qquad (II\ 2,\ 55)$$

und jene der Wärmestromdichte auf

$$w_x = -\frac{1}{2} m_0 \, n \int\limits_{v_x = -\infty}^{\infty} \int\limits_{v_y = -\infty}^{\infty} \int\limits_{v_z = -\infty}^{\infty} v \, v_x{}^2 \, 1 \left[\frac{\partial f_0}{\partial n} + \frac{A_x}{v} \frac{\partial f_0}{\partial v} \right] dv_x \, dv_y \, dv_z.$$
$$(II\ 2,\ 56)$$

Wir führen jetzt im Geschwindigkeitsraum sphärische Koordinaten ein, deren Polarachse mit jener der Geschwindigkeit v_x koinzidiert; der zugehörige Polarwinkel ϑ wird dann durch

$$\frac{v_x}{v} = \cos \vartheta \qquad (II\ 2,\ 57)$$

geometrisch bestimmt. Mit Hilfe dieser Relation findet man aus (II 2, 55) die Darstellung

$$j_x = q_0 \, n \int\limits_{\vartheta = 0}^{\pi} \int\limits_{v = 0}^{\infty} v \cos^2 \vartheta \, 1 \left[\frac{\partial f_0}{\partial x} + \frac{A_x}{v} \frac{\partial f_0}{\partial v} \right] 2 \, \pi \sin \vartheta \, d\vartheta \, v^2 \, dv =$$
$$= \frac{4 \, \pi}{3} q_0 \, n \int\limits_0^{\infty} v^3 \, 1 \left[\frac{\partial f_0}{\partial x} + \frac{A_x}{v} \cdot \frac{\partial f_0}{\partial v} \right] dv \qquad (II\ 2,\ 58)$$

und ähnlich aus (II 2, 56)

$$w_x = -\frac{1}{2} m_0 \, n \int\limits_{\vartheta = 0}^{\pi} \int\limits_{v = 0}^{\infty} v^3 \cos^2 \vartheta \, 1 \left[\frac{\partial f_0}{\partial x} + \frac{A_x}{v} \frac{\partial f_0}{\partial v} \right] 2 \, \pi \sin \vartheta \, d\vartheta \, v^2 \, dv =$$
$$= -\frac{4 \, \pi}{3} \cdot \frac{1}{2} m_0 \, n \cdot \int\limits_0^{\infty} v^5 \, 1 \left[\frac{\partial f_0}{\partial x} + \frac{A_x}{v} \cdot \frac{\partial f_0}{\partial v} \right] dv. \qquad (II\ 2,\ 59)$$

Anknüpfend an die in Gl. (II 2, 8) gegebene Definition der mittleren freien Weglänge l werden wir sie im folgenden als *unabhängig vom Betrage* v *der Elektronengeschwindigkeit* ansehen; doch begeben wir uns durch diese einfache Annahme durchaus nicht der Möglichkeit, die mittlere freie Weglänge vermöge ihrer Abhängigkeit vom Halbmesser R des kugelförmigen Molekül-Modelles als Funktion der jeweils am Orte x herrschenden absoluten Temperatur T(x) anzusehen, und wir werden in Ziffer II, 6 eine entsprechende Untersuchung durchführen.

II 3. Die Drudesche Theorie der elektrischen und thermischen Leitfähigkeit der Metalle.

a) Die *Drude*sche Elektronentheorie der Metalle beruht auf den in Ziffer II, 1 genannten Grundvorstellungen über die mikroskopische Struktur dieser Stoffe. Zu ihnen tritt ergänzend die Hypothese, daß sich die freien Elektronen im Innern des Metalles wie ein *ideales Gas* verhalten. Insbesondere gehorchen sie daher im Zustande des statistischen Gleichgewichtes dem *Maxwell*schen Gesetze der Geschwindigkeits-Verteilung: Wir führen ein dem Metall starr verbundenes, *Kartesi*sches Bezugssystem der Koordinaten (x; y; z) ein; die Wahrscheinlichkeitsdichte f_0 für den Aufenthalt eines der freien Elektronen gerade im infinitesimal schmalen Bereiche $(v_x; v_x + dv_x; v_y, v_y + dv_y; v_z, v_z + dv_z)$ je der beziehentlich achsenparallelen Komponenten der Geschwindigkeit v beträgt dann gemäß (I 9, 18)

$$f_0(v) = \left[\frac{m_0}{2\,\pi\,k\,T}\right]^{3/2} \cdot e^{-\frac{m_0\,v^2}{2\,k\,T}}; \qquad v^2 = v_x{}^2 + v_y{}^2 + v_z{}^2. \qquad \text{(II 3, 1)}$$

Nach (II 3, 1) ist das *mittlere Geschwindigkeitsquadrat* mit der absoluten Temperatur T durch die Relation

$$\langle v^2 \rangle = \int_0^\infty v^2 f_0(v) \cdot 4\,\pi\,v^2\,dv = \frac{3\,k\,T}{m_0} \qquad \text{(II 3, 2)}$$

kinetisch verbunden.

b) Vom Blickpunkt der *Lorentz*schen Analyse der stationären, anisotropen Zustandsverteilung aus definiert f_0 nach Gl. (II 3, 1) lediglich die *isotrope Grundfunktion*; wir supponieren jetzt eine *doppelte Störung* des Gleichgewichtes:

1. Parallel zur x-Achse wirke ein *homogenes, elektrisches Feld* vom zeitfreien Betrage E seiner Stärke; es greift am einzelnen Elektron mit der *Coulomb*kraft

$$F_x = -\,q_0\,E \qquad \text{(II 3, 3)}$$

an, welche jenem Elektron die Beschleunigung

$$A_x = \frac{F_x}{m_0} = -\,\frac{q_0}{m_0} \cdot E \qquad \text{(II 3, 4)}$$

erteilt.

2. Die *absolute Temperatur* T — welche entsprechend (II 3, 2) mittels *allein der Grundfunktion* zu definieren ist! — sei eine vorgeschriebene Funktion der x-Koordinate, hingegen unabhängig von y und z

$$T = T(x). \qquad \text{(II 3, 5)}$$

Wir setzen abkürzend, nach Einführung der *Boltzmann*schen Konstanten k,

$$\beta = \beta(x) = \frac{1}{kT}\,; \qquad \frac{d\beta}{dx} = -\frac{1}{kT^2}\cdot\frac{dT}{dx} \qquad \text{(II 3, 6)}$$

so daß die Verteilungsfunktion (II 3, 1) die Gestalt

$$f_0 = \left[\frac{m_0\,\beta}{2\,\pi}\right]^{3/2} e^{-\frac{1}{2}\beta\,m_0\,v^2} \qquad \text{(II 3, 7)}$$

annimmt; aus ihr berechnen wir

$$\frac{\partial f_0}{\partial x} = \frac{\partial f_0}{\partial \beta}\cdot\frac{d\beta}{dx} = \left[\frac{3}{2}\frac{1}{\beta} - \frac{1}{2}\,m_0\,v^2\right]f_0\cdot\frac{d\beta}{dx} \qquad \text{(II 3, 8)}$$

sowie

$$\frac{\partial f_0}{\partial v} = -\,\beta\,m_0\,v\,f_0. \qquad \text{(II 3, 9)}$$

Nach (II 2, 46) resultiert somit als *Wahrscheinlichkeitsdichte der anisotropen Zustandsverteilung* die Funktion

$$f = f_0 - \frac{v_x}{v}\,l\left[\left(\frac{3}{2}\frac{1}{\beta} - \frac{1}{2}\,m_0\,v^2\right)\frac{d\beta}{dx} + q_0\,E\,\beta\right]f_0. \qquad \text{(II 3, 10)}$$

c) Wir fragen nach der *elektrischen Leitfähigkeit* $\varkappa$ des Metalles *bei fester Temperatur* T in seinem Innern: Wegen

$$\beta = \frac{1}{kT} = \text{const} \qquad \text{(II 3, 11)}$$

reduziert sich (II 3, 8) auf die Angabe

$$\frac{\partial f_0}{\partial x} = 0. \qquad \text{(II 3, 12)}$$

Wir tragen (II 3, 9) und (II 3, 12) in (II 2, 58) ein und finden nach Ersatz der Konzentration n durch n_f gemäß (II 1, 10) für die elektrische Stromdichte j_x die Gleichung

$$j_x = \frac{4\,\pi}{3}\,q_0\,n_f\int_0^\infty v^3\,l\left(-\frac{q_0}{m_0}\,E\right)(-\,\beta\,m_0\,f_0)\,dv = \qquad \text{(II 3, 13)}$$

$$= \frac{4\,\pi}{3}\cdot q_0{}^2\cdot n_f\cdot l\cdot E\cdot\beta\cdot\left[\frac{m_0\,\beta}{2\,\pi}\right]^{3/2}\int_0^\infty v^3\,e^{-\frac{1}{2}\beta\,m_0\,v^2}\,dv = \frac{4}{3}\,q_0{}^2\,n_f\,l\sqrt{\frac{\beta}{2\,\pi\,m_0}}\cdot E$$

also, mit Rücksicht auf (II 3, 6)

$$\varkappa = \frac{j_x}{E} = \frac{4}{3}\,q_0{}^2\,n_f\cdot\frac{1}{\sqrt{2\,\pi\,m_0\,kT}}\cdot \qquad \text{(II 3, 14)}$$

Bei der Diskussion dieser Formel behalten wir uns vor, die in sie eingehende mittlere freie Weglänge l als Funktion der absoluten Temperatur T anzusetzen [Ziffer II 6].

d) Wir wenden uns nunmehr zur Berechnung der *Wärmeleitfähigkeit* λ. Um diese Größe eindeutig zu definieren, schließen wir uns an die übliche Methode ihrer *Messung* an: Der *Wärmestrom* im Metalle wird bei ebendort gleichzeitig *verschwindendem elektrischen* Strome beobachtet.

Der Mechanismus des Ladungstransportes zeigt, daß der ungeachtet des *thermisch* verursachten Elektronendriftes geforderte *elektrische* „Leerlauf“

nur mittels eines *elektrischen Kompensationsfeldes* erzwungen werden kann, welches — wegen der negativen Ladung des Elektrons — dem Temperaturgefälle parallel gerichtet, mit diesem also sozusagen starr gekoppelt ist. Die hierdurch gekennzeichnete Art der Erregung elektrischer Felder in ungleichmäßig temperierten Metallen definiert phänomenologisch den *Thomson-Effekt*; wir führen deshalb für die Stärke des genannten elektrischen Kompensationsfeldes das Symbol E_{Thomson} ein und entnehmen aus (II 2, 58) die Bedingung

$$\int_0^\infty v^3 \left[\left(\frac{3}{2} \frac{1}{\beta} - \frac{1}{2} m_0 v^2 \right) \frac{d\beta}{dx} + q_0 E_{\text{Thomson}} \cdot \beta \right] e^{-\frac{1}{2}\beta m_0 v^2} dv = 0. \quad \text{(II 3, 15)}$$

Man entnimmt ihr mit Hilfe der drei bestimmten Integrale

$$\int_0^\infty v^3 e^{-\frac{1}{2}\beta m_0 v^2} dv = \frac{1}{2}\left[\frac{2}{\beta m_0} \right]^2; \qquad \int_0^\infty v^5 e^{-\frac{1}{2}\beta m_0 v^2} dv = \left[\frac{2}{\beta m_0} \right]^3;$$

$$\int_0^\infty v^7 e^{-\frac{1}{2}\beta m_0 v^2} dv = 3\left[\frac{2}{\beta m_0} \right]^4, \quad \text{(II 3, 16)}$$

im Hinblick auf (II 3, 6) für die *Thomson*-Feldstärke die Angabe

$$E_{\text{Thomson}} = \frac{1}{2} \frac{1}{q_0} \frac{1}{\beta^2} \frac{d\beta}{dx} = -\frac{1}{2 q_0} \frac{d\left(\frac{1}{\beta}\right)}{dx} = -\frac{k}{2 q_0} \frac{dT}{dx}, \quad \text{(II 3, 17)}$$

welche in die Gestalt der *universellen Relation*

$$\frac{E_{\text{Thomson}}}{-\dfrac{dT}{dx}} = \frac{k}{2 q_0} = 0.0431 \frac{\text{mV}}{{}^0\text{K}} \quad \text{(II 3, 18)}$$

gebracht werden kann. Im Lichte dieses Ergebnisses könnte man meinen, daß die Größe 1 der mittleren freien Weglänge der Elektronen, die ja als solche von der Geometrie des jeweils vorliegenden Metall-Raumgitters und den Abmessungen seiner positiven Ionen diktiert wird, keinerlei Einfluß auf die *Thomson*-Feldstärke ausüben sollte! Doch ist diese Behauptung unhaltbar: Die Relationen (II 3, 39) und (II 3, 42), deren wir uns in (II 3, 15) zu bedienen hatten, beruhen wesentlich auf dem kinematischen Ersatz der positiven Metallionen durch je eine starre Kugel des einheitlichen Halbmessers R, und daher ist auch die schließliche Angabe (II 3, 18) an eben dieses Modell gebunden. Da wir ihr zudem die *Drude*sche Auffassung der Metallelektronen zugrunde legten, die ihrerseits mit den Anschauungen der modernen Physik unvereinbar ist, dürfen wir der Relation (II 3, 18) höchstens den Wert einer orientierenden Aussage über die Größenordnung der jeweils zu erwartenden *Thomson*-Feldstärke zuerkennen.

Zur Berechnung des Wärmestromes zurückkehrend, finden wir durch Substitution von (II 3, 17) in (II 2, 59) mit Rücksicht auf die Beschleunigungsgleichung (II 3, 4) nach Ersatz von E durch E_{Thomson} und von n durch n_f die Wärmestromdichte

$$w_x = -\frac{4\pi}{3} \cdot \frac{1}{2} m_0 n_f 1 \frac{d\beta}{dx} \left[\frac{m_0 \beta}{2\pi} \right]^{3/2} \int_0^\infty v^5 \left[\frac{2}{\beta} - \frac{1}{2} m_0 v^2 \right] e^{-\frac{1}{2}\beta m_0 v^2} dv.$$

$$\text{(II 3, 19)}$$

Hieraus folgt mit Hilfe der Integralformeln (II 3, 16)

$$w_x = -\frac{4\,\pi}{3} \cdot \frac{1}{2} \cdot m_0 \cdot n_f \cdot 1 \cdot \frac{d\beta}{dx}\left[\frac{m_0\,\beta}{2\,\pi}\right]^{3/2}\left[\frac{2}{\beta}\left(\frac{2}{\beta\,m_0}\right)^3 - \frac{3}{2}\,m_0\left(\frac{2}{\beta\,m_0}\right)^4\right] =$$

$$= \frac{4\,\pi}{3} \cdot \frac{1}{2}\,m_0 \cdot n_f \cdot 1 \cdot \frac{1}{\beta} \cdot \frac{d\beta}{dx} \cdot \left[\frac{2}{\pi\,\beta\,m_0}\right]^{3/2} = -\frac{8}{3}\frac{n_f \cdot 1 \cdot k^2 \cdot T}{\sqrt{2\,\pi\,m_0\,k\,T}} \cdot \frac{dT}{dx} . \quad \text{(II 3, 20)}$$

Man entnimmt dieser Gleichung die Wärmeleitfähigkeit

$$\lambda = \frac{w_x}{-\dfrac{dT}{dx}} = \frac{8}{3}\frac{n_f\,1\,k^2 \cdot T}{\sqrt{2\,\pi\,m_0\,k\,T}} . \quad \text{(II 3, 21)}$$

e) Wir vergleichen die Aussagen (II 3, 14) und (II 3, 21) der *Drude*schen Theorie mit dem *Wiedemann-Franz*schen Gesetz, indem wir das Verhältnis

$$\left[\frac{\lambda}{\varkappa}\right]_{\text{Drude}} = c_{\text{Drude}} \cdot T; \qquad c_{\text{Drude}} = \frac{2\,k^2}{q_0^2} \quad \text{(II 3, 22)}$$

bilden; es stimmt formal mit (II 1, 4) überein. Um indes den Erkenntniswert dieser Gleichheit zu beurteilen, haben wir sie an Hand der Beobachtungen zahlenmäßig zu überprüfen: Zunächst finden wir mittels der universellen Konstanten k und q_0 aus (II 3, 22)

$$c_{\text{Drude}} = 2\left[\frac{1{,}3804 \cdot 10^{-23}}{1{,}6021 \cdot 10^{-19}}\right]^2 \approx 1.5 \cdot 10^{-8}\frac{\text{Watt Ohm}}{(^0\text{K})^2} . \quad \text{(II 3, 23)}$$

Dagegen lassen die Angaben der in Ziffer II 1 mitgeteilten Zahlentafel für die meisten Metalle etwa $c = 2{,}5 \cdot 10^{-8}$ Watt Ohm/$(^0\text{K})^2$ erwarten, so daß also diese empirische „Konstante" des *Wiedemann-Franz*schen Gesetzes ihren theoretischen Wert merklich übertrifft. Allerdings gebietet die historische Treue eine gewisse Korrektur dieses Vergleiches: Bei seinen ursprünglichen Überlegungen ließ *Drude* sowohl die doppelte Störung der *Maxwell*schen Geschwindigkeitsverteilung wie auch der stochastischen Streuung um die wahrscheinlichste Geschwindigkeit außer acht und gelangte auf Grund dieser einfachen Annahmen zu der von (II 3, 22) quantitativ verschiedenen Formel

$$c'_{\text{Drude}} = \frac{3\,k^2}{q_0^2} \approx 2{,}25 \cdot 10^{-8}\frac{\text{Watt Ohm}}{^0\text{K}^2} , \quad \text{(II 3, 24)}$$

welche dem oben genannten, durchschnittlichen Erfahrungswert bemerkenswert nahe kommt. Nichtsdestoweniger kann kein Zweifel darüber bestehen, daß das *Lorentz*sche Verfahren der sozusagen naiven, *Drude*schen Methode an mathematischer Strenge weit überlegen ist. Die relativ gute Übereinstimmung des von *Drude* auf theoretischem Wege erzielten Ergebnisses mit der Erfahrung ist daher dem Zusammenspiel verschiedener Ungenauigkeiten zuzuschreiben, die sich dank eines rechnerischen Zufalles zum großen Teile gegenseitig kompensieren.

f) Weit schwerer als die numerische Unstimmigkeit zwischen dem errechneten und dem gemessenen Wert des in das *Wiedemann-Franz*sche Gesetz eingehenden Temperaturkoeffizienten wiegt ein *grundsätzlicher Einwand*, welcher sich gegen die *Drude*sche Elektronentheorie der Metalle ins Feld führen läßt. Im Lichte der Gl. (II 3, 2) kommt ja dieser Theorie gemäß den Elektronen die mittlere kinetische Energie $\langle\eta_{\text{kin}}\rangle = \frac{3}{2}\,k\,T$ zu, welche sich thermodynamisch in einem Beitrag der Größe

$$V\frac{d\langle\eta_{\text{kin}}\rangle}{dT} = \frac{3}{2}\,k\,V \quad \text{(II 3, 25)}$$

[V = Valenz-Zahl der freien Metallelektronen je Atom] zur *spezifischen Atomwärme* des Metalles offenbaren müßte. Das experimentell wohl begründete Gesetz von *Dulong* und *Petit* [Ziffer I 6, g] gibt jedoch keine Rechenschaft von einem solchen elektronischen Effekt.

II 4. Die Sommerfeld-Fermische Theorie der metallischen Leitfähigkeit.

a) Im Gegensatz zu dem von *Drude* angenommenen Verhalten der sogenannten freien Metallelektronen als *ideales Gas* lehrt die *Fermi*statistik, daß sich diese Elektronen — unter technisch normalen Bedingungen des äußeren Druckes und der absoluten Temperatur — in *hochgradig entartetem* Zustande befinden.

Wir gehen vom thermisch-elektrischen Gleichgewicht des Metalles aus. Sei dann

$$\zeta = - q_0 \psi \qquad (II\ 4,\ 1)$$

das Thermodynamische Potential je Elektron und ψ das ebenso bezogene, elektrochemische Potential, während φ das elektrische Skalarpotential bezeichne, so mißt

$$\zeta_{th} = q_0(\varphi - \psi) \qquad (II\ 4,\ 2)$$

den rein thermischen Anteil des Thermodynamischen Potentiales, welcher seinerseits gemäß Gl. (I 13, 28) den Entartungsparameter A des *Fermi-Dirac*schen Verteilungsgesetzes (I 13, 6) bestimmt. Aus ihm entnehmen wir die isotrope Grundfunktion f_0 der Elektronen-Wahrscheinlichkeitsdichte im Geschwindigkeitsraum der drei paarweise aufeinander senkrechten Achsen v_x, v_y und v_z mittels der abzählenden Angabe

$$n_g \cdot f_0 = 2 \frac{m_0{}^3}{h^3} \frac{1}{e^{\frac{\eta_{kin} - \zeta_{th}}{kT}} + 1} = 2 \frac{m_0{}^3}{h^3} \frac{1}{e^{\beta(\eta_{kin} - \zeta_{th})} + 1} \qquad (II\ 4,\ 3)$$

mit den Abkürzungen

$$\eta_{kin} = \frac{1}{2} m_0 v^2 = \frac{1}{2} m_0(v_x{}^2 + v_y{}^2 + v_z{}^2); \qquad \beta = \frac{1}{kT} \cdot \qquad (II\ 4,\ 4)$$

b) *Sommerfeld* wandte das Verteilungsgesetz (II 4, 3) in dessen *Lorentz*scher Erweiterung für stationäre, anisotrope Zustände auf den Mechanismus der elektrischen und thermischen Leitfähigkeit der Metalle an.

Wir übernehmen aus Ziffer II 3 das ebendort benutzte, dem Metall fest verbundene Bezugssystem der *Kartesi*schen Koordinaten (x; y; z). Gleichzeitig mit der absoluten Temperatur T wird dann auch die Funktion ζ_{th} von x abhängig. Entnehmen wir daher aus (II 4, 3) und (II 4, 4) die Relationen

$$\frac{\partial f_0}{\partial v} = \frac{\partial f_0}{\partial \eta_{kin}} \cdot m_0 v; \qquad \frac{\partial f_0}{\partial \zeta_{th}} = - \frac{\partial f_0}{\partial \eta_{kin}}; \qquad \frac{\partial f_0}{\partial \beta} = \frac{\eta_{kin} - \zeta_{th}}{\beta} \frac{\partial f_0}{\partial \eta_{kin}} \qquad (II\ 4,\ 5)$$

so finden wir

$$\frac{\partial f_0}{\partial x} = \frac{\partial f_0}{\partial \zeta_{th}} \cdot \frac{d\zeta_{th}}{dx} + \frac{\partial f_0}{\partial \beta} \cdot \frac{d\beta}{dx} = - \frac{\partial f_0}{\partial \eta_{kin}} \left[\frac{d\zeta_{th}}{dx} - \frac{\eta_{kin} - \zeta_{th}}{\beta} \frac{d\beta}{dx} \right]. \qquad (II\ 4,\ 6)$$

Das parallel der positiven x-Achse wirksame elektrische Feld der Stärke E erteilt den Elektronen die Beschleunigung

$$A_x = - \frac{q_0}{m_0} E. \qquad (II\ 4,\ 7)$$

Aus den voranstehenden Gleichungen resultiert der Zusammenhang

$$\frac{\partial f_0}{\partial x} + \frac{A_x}{v}\frac{\partial f_0}{\partial v} = \frac{\partial f_0}{\partial \eta_{kin}}\left[\frac{\eta_{kin} - \zeta_{th}}{\beta}\frac{d\beta}{dx} - \frac{d\zeta_{th}}{dx} - q_0\,E\right]. \quad \text{(II 4, 8)}$$

An Hand der Differentialformeln

$$v^3\,dv = \frac{1}{4}\,d(v^4) = \frac{2\,\eta_{kin}\,d\eta_{kin}}{m_0{}^2}\,; \qquad v^5\,dv = \frac{1}{6}\,d(v^6) = \frac{4\,\eta_{kin}{}^2\,d\eta_{kin}}{m_0{}^3} \quad \text{(II 4, 9)}$$

liefern sonach die *Lorentz*schen Transportgleichungen (II 2, 58) und (II 2, 59) für die elektrische Stromdichte j_x die Integraldarstellung

$$j_x = \frac{8\,\pi}{3}\frac{q_0}{m_0{}^2}\,n_f\cdot \quad \text{(II 4, 10)}$$

$$\cdot 1\left[\int_0^\infty \frac{1}{\beta}\frac{d\beta}{dx}\frac{\partial f_0}{\partial \eta_{kin}}\,\eta_{kin}^2\,d\eta_{kin} - \int_0^\infty\left(\frac{\zeta_{th}}{\beta}\frac{d\beta}{dn} + \frac{d\zeta_{th}}{dx} + q_0\,E\right)\frac{\partial f_0}{\partial \eta_{kin}}\,\eta_{kin}\,d\eta_{kin}\right]$$

und für die Dichte w_x des Wärmestromes die Integraldarstellung

$$w_x = -\frac{8\,\pi}{3}\frac{1}{m_0{}^2}\cdot n_f\left[\int_0^\infty \frac{1}{\beta}\frac{d\beta}{dx}\cdot\frac{\partial f_0}{\partial \eta_{kin}}\cdot \eta_{kin}^3\cdot d\eta_{kin} - \right.$$

$$\left. -\int_0^\infty\left(\frac{\zeta_{th}}{\beta}\frac{d\beta}{dx} + \frac{d\eta_{kin}}{dx} + q_0\,E\right)\frac{\partial f_0}{\partial \eta_{kin}}\cdot \eta_{kin}^2\,d\eta_{kin}\right. \quad \text{(II 4, 11)}$$

c) Wir führen, bei positiven, ganzen Werten des Exponenten r, die Integrale

$$J_r = n_f\int_0^\infty \eta_{kin}^r\cdot\frac{\partial f_0}{\partial \eta_{kin}}\cdot d\eta_{kin} \quad \text{(II 4, 12)}$$

ein. Durch Teilintegration bringen wir sie, unter Benutzung des Ausdruckes (II 4, 3), in die Gestalt

$$J_r = n_f\cdot \eta_{kin}^r\cdot f_0\Big|_0^\infty - n_f\int_0^\infty r\,\eta_{kin}^{r-1}\cdot f_0\,d\eta_{kin} =$$

$$-2\frac{m_0{}^3}{h^3}\,r\int_0^\infty \frac{\eta_{kin}^{r-1}}{e^{\beta(\eta_{kin} - \zeta_{th})} + 1}\,d\eta_{kin}. \quad \text{(II 4, 13)}$$

Aus ihr entsteht mit den Substitutionen

$$\xi = \beta\,\eta_{kin}; \qquad \xi_0 = \beta\,\zeta_{th} \quad \text{(II 4, 14)}$$

bei Beachtung der in (I 13, 50) gegebenen Definition des *Fermi*schen Normalintegrales $F_r(\xi_0)$ vom Range r die Darstellung

$$J_r = -2\frac{m_0{}^3}{h^3}\cdot\frac{r}{\beta^r}\int_0^\infty \frac{\xi^{r-1}}{e^{\xi - \xi_0} + 1}\,d\xi = -2\frac{m_0{}^3}{h^3}\frac{r}{\beta^r}\,F_{r-1}(\xi_0). \quad \text{(II 4, 15)}$$

Im Falle starker Entartung des Elektronengases, den wir hier voraussetzen, entnehmen wir aus (I 13, 61) die Entwicklung

$$F_{r-1}(\xi_0) = \frac{\xi_0{}^r}{r}\left[1 + \frac{\pi^2}{6}\frac{r(r-1)}{\xi_0{}^2} + \cdots\right]. \quad \text{(II 4, 16)}$$

Mit Rücksicht auf (II 4, 4) und (II 4, 14) geht daher (II 4, 15) in die Angabe

$$J_r = -2 \frac{m_0^3}{h^3} \zeta_{th}^r \left[1 + \frac{\pi^2}{6} r(r-1) \cdot \left(\frac{kT}{\zeta_{th}} \right)^2 + \ldots \right] \qquad (II\ 4,\ 17)$$

über; in ihr ist gemäß (I 13, 65) die Funktion ζ_{th} mit der kinetischen Grenzenergie η_0 der Elektronen, welche diese beim absoluten Nullpunkt der Temperatur kennzeichnet, durch die Relation

$$\zeta_{th} = \eta_0 \left[1 - \frac{\pi^2}{12} \left(\frac{kT}{\eta_0} \right)^2 + \ldots \right]; \qquad \eta_0 = \lim_{T \to 0} \zeta_{th} = \frac{h^2}{8 m_0} \left(\frac{3 n_f}{\pi} \right)^{1/3} \qquad (II\ 4,\ 18)$$

verbunden.

d) Zum Ausdrucke (II 4, 10) der elektrischen Stromdichte zurückkehrend, finden wir mit Hilfe der Gleichungen (II 4, 12) und (II 4, 17)

$$j_x = \frac{8\pi}{3} \cdot \frac{q_0}{m_0^2} \cdot 1 \cdot 2 \frac{m_0^3}{h^3} \left[-\frac{1}{\beta} \frac{d\beta}{dx} \zeta_{th}^2 \left\{ 1 + \frac{\pi^2}{3} \cdot \left(\frac{kT}{\zeta_{th}^2} \right)^2 + \ldots \right\} + \right.$$

$$\left. + \left\{ \frac{\zeta_{th}}{\beta} \frac{d\beta}{dx} + \frac{d\zeta_{th}}{dx} + q_0 E \right\} \zeta_{th} \right] = \qquad (II\ 4,\ 19)$$

$$= \frac{8\pi}{3} \frac{q_0^2 1 2 m_0}{h^3} \zeta_{th} \left[E + \frac{1}{q_0} \left\{ \frac{d\zeta_{th}}{dx} - \frac{\pi^2}{3} \cdot \frac{k^2}{\zeta_{th}} \cdot T^2 \frac{1}{\beta} \frac{d\beta}{dx} \right\} + \ldots \right].$$

In einem *gleichmäßig temperierten* Metalle verschwinden sowohl $d\zeta_{th}/dx$ wie $d\beta/dx$, so daß sich dort (II 4, 19) auf

$$j_x = \frac{8\pi}{3} \frac{q_0^2 1 2 m_0}{h^3} \zeta_{th} \cdot E \qquad (II\ 4,\ 20)$$

reduziert; man entnimmt dieser Beziehung die Angabe

$$\varkappa = \frac{j_x}{E} = \frac{8\pi}{3} \cdot \frac{q_0^2 1 \cdot 2 m_0}{h^3} \zeta_{th} = n_f \cdot \frac{q_0^2 1}{\sqrt{2 m_0 \eta_0}} \cdot \frac{\zeta_{th}}{\eta_0} =$$

$$= n_f \cdot \frac{q_0^2 1}{\sqrt{2 m_0 \eta_0}} \left[1 - \frac{\pi^2}{12} \left(\frac{kT}{\eta_0} \right)^2 + \ldots \right] \qquad (II\ 4,\ 21)$$

der *elektrischen Leitfähigkeit*.

e) Zur Berechnung der *Wärmeleitfähigkeit* λ übergehend, soll diese, wie bei der Behandlung der gleichen Frage nach der *Drude*schen Theorie, bei gleichzeitig *verschwindendem elektrischen Strome* beobachtet werden. Zwecks Kompensation des im ungleichmäßig temperierten Metall thermisch erzwungenen Elektronendriftes ist dann die *Thomson*sche elektrische Feldstärke $E_{Thomson}$ erforderlich, deren Größe sich aus (II 4, 19) mit Rücksicht auf (II 4, 4) und (II 4, 18) zu

$$E_{Thomson} = -\frac{1}{q_0} \left[\frac{d\zeta_{th}}{dx} - \frac{\pi^2}{3} \cdot \frac{k^2}{\zeta_{th}} \cdot T^2 \cdot \frac{1}{\beta} \cdot \frac{d\beta}{dx} \right] = \qquad (II\ 4,\ 22)$$

$$= -\frac{1}{q_0} \cdot \frac{k^2}{\eta_0} \cdot \frac{\pi^2}{6} \cdot \frac{dT}{dx} + \ldots = -\frac{\pi^2}{9} \cdot \frac{k}{q_0} \cdot \frac{T}{\Theta} \cdot \frac{dT}{dx} + \ldots$$

berechnet; hierbei definiert

$$\Theta = \frac{2}{3} \frac{\eta_0}{k} = \frac{h^2}{8 m_0 k} \cdot \left(\frac{3}{\pi} n_f \right)^{2/3} \qquad (II\ 4,\ 23)$$

die in (I 13, 43) zur anschaulichen Beschreibung der Elektronen-Null-punktsenergie eingeführte Kenntemperatur des jeweils vorliegenden Me-talles. Die in (II 3, 18) zum Ausdruck gebrachte, universelle Gesetzmäßig-keit für das Verhältnis der *Thomson*-Feldstärke zum Temperaturgefälle [— dT/dx] läßt sich also im Lichte der *Fermi*-Statistik des hoch entarteten Elektronengases nicht aufrecht erhalten!

Für die Wärmestromdichte w_x finden wir aus (II 4, 11) und (II 4, 17) zunächst die allgemeine Darstellung

$$w_x = \frac{8\,\pi}{3} \cdot \frac{1}{m_0{}^2} \cdot 2 \cdot \frac{m_0{}^3}{h^3} \left[\zeta_{th}{}^3 \left\{ 1 + \frac{\pi^2}{6} \cdot 3 \cdot 2 \cdot \left(\frac{k\,T}{\zeta_{th}}\right)^2 \cdot \frac{1}{\beta} \cdot \frac{d\beta}{dx} + \ldots \right\} - \right.$$

$$\left. - \zeta_{th}{}^2 \left\{ 1 + \frac{\pi^2}{6} \cdot 2 \cdot 1 \cdot \left(\frac{k\,T}{\zeta}\right)^2 + \ldots \right\} \left\{ \frac{\zeta_{th}}{\beta} \cdot \frac{d\beta}{dx} + \frac{d\zeta_{th}}{dx} + q_0\,E \right\} \right] =$$

$$= \frac{8\,\pi}{3} \frac{1}{m_0{}^2} \cdot 2 \cdot \frac{m_0{}^3}{h^3} \left[\zeta_{th}{}^3 \cdot \frac{2}{3}\,\pi^2 \cdot \left(\frac{k\,T}{\zeta_{th}}\right)^2 \cdot \frac{1}{\beta} \cdot \frac{d\beta}{dx} - \zeta_{th}{}^2 \left(\frac{d\zeta_{th}}{dx} + q_0\,E\right) + \ldots \right].$$

$$\text{(II 4, 24)}$$

Indem wir in ihr voraussetzungsgemäß die elektrische Feldstärke E mit deren *Thomson*schen Werte zu identifizieren haben, reduziert sich (II 4, 24) auf die Relation

$$w_x = -\frac{8\,\pi}{3} \frac{1}{m_0{}^2} \cdot 2 \cdot \frac{m_0{}^3}{h^3} \cdot \frac{\pi^2}{3} \cdot \zeta_{th} \cdot k^2 \cdot T \cdot \frac{dT}{dx}. \qquad \text{(II 4, 25)}$$

Man entnimmt ihr die *Wärmeleitfähigkeit*

$$\lambda = \frac{w_x}{-\dfrac{dT}{dx}} = \frac{8\,\pi}{3} \cdot \frac{1}{m_0{}^2} \cdot 2 \cdot \frac{m_0{}^3}{h^3} \zeta_{th} \cdot k^2 \cdot T. \qquad \text{(II 4, 26)}$$

f) Das Verhältnis der thermischen zur elektrischen Leitfähigkeit ergibt sich aus (II 4, 26) und (II 4, 21) zu

$$\frac{\lambda}{\varkappa} = c_{\text{Sommerfeld}} \cdot T; \qquad c_{\text{Sommerfeld}} = \frac{\pi^2}{3} \cdot \frac{k^2}{q_0{}^2} = 2{,}45 \cdot 10^{-8}\,\frac{\text{Watt Ohm}}{(^0\text{K})^2}$$

$$\text{(II 4, 27)}$$

in recht guter Übereinstimmung mit dem Durchschnitt der Beobachtungs-werte gemäß der in Ziffer II 1 mitgeteilten Zahlentafel.

g) Was vermag die *Sommerfeld-Fermi*sche Theorie über den Beitrag der je V sogenannten freien Elektronen je Metallatom an dessen *Atomwärme* auszusagen?

Wir kehren zu Gl. (I 13, 74) zurück und erhalten mit Rücksicht auf (II 4, 23) für den gesuchten Teil der Atomwärme den Ausdruck

$$V \cdot c_v = V \cdot \frac{5\,\pi^2}{6} k \cdot \frac{T}{\Theta}. \qquad \text{(II 4, 28)}$$

Nun ist der hoch entartete Zustand des Elektronengases durch die Ungleichung

$$T \ll \Theta \qquad \text{(II 4, 29)}$$

definiert. Demgemäß bleibt die Elektronenwärme (II 4, 28) stets sehr klein gegen den Betrag 3 k der vom *Dulong-Petit*schen Gesetz verlangten Atom-wärme: Der thermodynamische Einwand, welcher gegen die *Drude*sche Elektronentheorie der Metalle erhoben werden mußte und sie zu Fall brachte, wird in der *Sommerfeld-Fermi*schen Theorie gegenstandslos.

II 5. Die thermoelektrischen Erscheinungen in Metallen.

a) Gegeben seien zwei je in sich homogene, voneinander jedoch verschiedene Metalle I und II. Wir setzen aus ihnen einen *linearen Leiterkreis* $O \to A \to B \to O'$ $[O' \neq O]$ zusammen, welcher in ein *vollkommen isolierendes Dielektrikum* eingebettet werde. Die Strecke $O\,A$ werde vom Metalle I gebildet; von A bis B führe ein Draht aus dem Metalle II, während die Strecke $B\,O'$ wiederum aus dem Metall I bestehe.

Wir setzen weiterhin voraus, daß die absoluten Temperaturen der „Klemmen" O und O' auf der einheitlichen Höhe $T_O = T_{O'}$ gehalten werden; dagegen mögen an den „Lötstellen" A und B beziehentlich die absoluten Temperaturen T_A und T_B herrschen, welche in der Regel sowohl voneinander wie auch von $T_O = T_{O'}$ verschieden sind.

Wir verbinden die Klemmen durch eine vollständig im Dielektrikum verlaufende *Kontrollkurve*, der wir in der Richtung $O' \to O$ einen positiven *Zählpfeil* zuweisen. Gefragt wird nach der „*Klemmenspannung*" $U = U_{O'O}$, welche längs dieser Kurve im Zustande des elektrisch-thermischen Gleichgewichtes auftritt.

b) Ungeachtet der Krümmung jedes der drei linearen Leiter identifizieren wir ihre jeweilige geometrische Mittellinie mit einer dort verlaufenden x-Achse, welche im Sinne $O \to A \to B \to O'$ positiv gezählt werde; die jeweils in diese Richtung weisende elektrische Feldstärke im Leiter werde durch E gemessen. Das *Kirchhoff*sche Spannungsgesetz oder, mit anderen Worten, die Zweite *Maxwell*sche Feldgleichung liefert dann für die gesuchte Klemmenspannung U die Relation

$$\int\limits_{O \to A \to B \to O'} E\,dx + U = 0. \qquad \text{(II 5, 1)}$$

c) Wir setzen voraus, daß die sogenannten freien Metallelektronen der *Fermi*-Statistik gehorchen. Da dann die „Leerlauf"-Feldstärke E durch den Ausdruck (II 4, 22) der *Thomson*-Feldstärke dargestellt wird, finden wir mittels (II 5, 1) die Berechnungsvorschrift

$$q_0\,U = -\,q_0 \int\limits_{O \to A \to B \to O'} E\,dx = \int\limits_{O \to A \to B \to O'} \left[\frac{d\zeta_{th}}{dx} + \frac{\pi^2}{3}\frac{k^2}{\zeta_{th}}T\cdot\frac{dT}{dx}\right] dx =$$

$$= \int\limits_{O \to A \to B \to O'} d\zeta_{th} + \frac{\pi^2}{6}k^2 \int\limits_{O \to A \to B \to O'} \frac{1}{\zeta_{th}}\cdot d(T^2). \qquad \text{(II 5, 2)}$$

Indem wir nun den Integrationsweg nach dem Schema

$$\int\limits_{O \to A \to B \to O'} = \int\limits_{O}^{A-0} + \int\limits_{A-0}^{A+0} + \int\limits_{A+0}^{B-0} + \int\limits_{B-0}^{B+0} + \int\limits_{B+0}^{O'} \qquad \text{(II 5, 3)}$$

unterteilen, wird die gesamte Klemmenspannung U in folgende fünf *thermische Teilspannungen* zerlegt:

(1) $U_{A-0,\,O}$: Längs des Metalles I stetig verteilte *Thomson*spannung, welche von der Temperaturdifferenz $T_A - T_O$ hervorgerufen wird.

(2) $U_{A+0,\,A-0}$: Sprungspannung an der Lötstelle A der Temperatur T_A.

(3) $U_{B-0,A+0}$:   Längs des Metalles II stetig verteilte *Thomson*spannung, welche von der Temperaturdifferenz $T_B - T_A$ hervorgerufen wird.

(4) $U_{B+0,B-0}$:   Sprungspannung an der Lötstelle B der Temperatur T_B.

(5) $U_{O',B+0}$:   Längs des Metalles II stetig verteilte *Thomson*spannung, welche von der Temperaturdifferenz $T_{O'} - T_A$ hervorgerufen wird.

Bei der expliziten Berechnung der durch (II 5, 3) angedeuteten Integrale hat man zu beachten, daß innerhalb jedes der beiden Metalle η_0 jeweils eine Materialkonstante darstellt, während sich die Temperatur ändert. Gerade umgekehrt darf die Temperatur an jeder Lötstelle als merklich konstant gelten, während man dort eine überaus brüske Änderung von η_0 in Rechnung zu stellen hat. Indem wir nun weiterhin geflissentlich alle Glieder außer acht lassen, welche die absolute Temperatur in höherer als der zweiten Potenz enthalten, finden wir somit aus (II 5, 2)

$$(1) \qquad q_0\, U_{A-0,0} = (\zeta_{th,I})_A - (\zeta_{th,I})_O + \frac{\pi^2}{6} k^2 \int_O^A \frac{d(T^2)}{\zeta_{th,I}} =$$

$$= (\zeta_{th,I})_A - (\zeta_{th,I})_O + \frac{\pi^2}{6} \frac{k^2}{\eta_{I,0}} (T_A^2 - T_O^2), \qquad \text{(II 5, 4)}$$

$$(2) \qquad q_0\, U_{A+0,A-0} = (\zeta_{th,II})_A - (\zeta_{th,I})_A, \qquad \text{(II 5, 5)}$$

$$(3) \qquad q_0\, U_{B-0,A+0} = (\zeta_{th,II})_B - (\zeta_{th,II})_A + \frac{\pi^2}{6} k^2 \int_A^B \frac{d(T^2)}{\zeta_{th,II}} =$$

$$= (\zeta_{th,II})_B - (\zeta_{th,II})_A + \frac{\pi^2}{6} \frac{k^2}{\eta_{II,0}} (T_B^2 - T_A^2), \qquad \text{(II 5, 6)}$$

$$(4) \qquad q_0\, U_{B+0,B-0} = (\zeta_{th,I})_B - (\zeta_{th,II})_B, \qquad \text{(II 5, 7)}$$

$$(5) \qquad q_0\, U_{O',B+0} = (\zeta_{th,I})_{O'} - (\zeta_{th,I})_B + \frac{\pi^2}{6} k^2 \int_B^{O'} \frac{d(T^2)}{\zeta_{th,I}} =$$

$$= (\zeta_{th,I})_{O'} - (\zeta_{th,I})_B + \frac{\pi^2}{6} \frac{k^2}{\eta_{I,0}} (T_{O'}^2 - T_B^2). \qquad \text{(II 5, 8)}$$

Bei der Summation dieser fünf Teilspannungen annullieren sich auf Grund der Voraussetzung $T_{O'} = T_O$ alle Glieder, welche ζ_{th} enthalten, und man erhält für die resultierende Thermospannung zwischen den Klemmen den von deren Temperatur unabhängigen Ausdruck

$$U = \frac{\pi}{6} \frac{k^2}{q_0} (T_B^2 - T_A^2) \left(\frac{1}{\eta_{II,0}} - \frac{1}{\eta_{I,0}} \right). \qquad \text{(II 5, 9)}$$

d) Um die Formel (II 5, 9) mit physikalischem Inhalt zu füllen, stelle man sich einen *Thermostaten* vor, welcher den „*Fixpunkt*" A dauernd auf der festen Temperatur T_A halte, während gleichzeitig der „*Meßpunkt*" B in Kontakt mit einem *Wärmebad* von sehr [„unendlich"] langsam veränderlicher Temperatur T_B stehe. Wir passen uns diesen Bedingungen an, indem wir durch

$$\varDelta T = T_B - T_A \qquad \text{(II 5, 10)}$$

die Temperatur*differenz* des Meßpunktes gegen die „Basis" T_A einführen. Aus (II 5, 9) entsteht dann die Relation

$$U = \frac{\pi\,k^2}{6\,q_0} \cdot \Delta T\,(2\,T_A + \Delta T)\left(\frac{1}{\eta_{II,0}} - \frac{1}{\eta_{I,0}}\right) \qquad \text{(II 5, 11)}$$

als Gleichung der theoretisch zu erwartenden „*Eichkurve*" des aus den Metallen I und II zusammengesetzten *Thermoelementes*. Solange insbesondere $\Delta T \ll 2\,T_A$ bleibt, hat man hiernach Proportionalität zwischen der zu messenden Temperaturdifferenz ΔT und der beobachtbaren Spannung U zu erwarten; dagegen ist für größere Temperaturdifferenzen ein in ΔT quadratisches Zusatzglied in Rechnung zu stellen.

Als *Beispiel* untersuchen wir die Eigenschaften eines *Platin-Eisen-*Thermoelementes. Die Daten seiner metallischen Partner lauten

$$\eta_{II,0} = \eta_{Pt,0} = 9{,}35 \cdot 10^{-19}\ \text{Joule} = 5{,}82\ \text{eV},$$
$$\eta_{I,0} = \eta_{Fe,0} = 11{,}0 \cdot 10^{-19}\ \text{Joule} = 6{,}84\ \text{eV}. \qquad \text{(II 5, 12)}$$

Falls sich nun der Thermostat auf der Temperatur des schmelzenden Eisens bei normalem Atmosphärendruck befindet, ergibt sich also als Thermospannung je Einheit der *Celsius*-Skala in der Umgebung ihres Nullpunktes der Wert

$$\frac{U}{\Delta T} = \frac{\pi^2}{6}\left(\frac{1{,}3804 \cdot 10^{-23}}{1{,}6021 \cdot 10^{-19}}\right)^2 \cdot 2 \cdot 273\left(\frac{1}{5{,}82} - \frac{1}{6{,}84}\right) = 0.175\,\frac{\mu\,\text{V}}{{}^0\text{C}} \cdot \qquad \text{(II 5, 13)}$$

Er stimmt seiner Größenordnung nach befriedigend mit jenen Thermospannungen überein, die sich erfahrungsgemäß durch Kombination zweier reiner Metalle zu einem Element der untersuchten Art erzielen lassen. Doch dürfen wir nicht verschweigen, daß die Darstellung (II 5, 11) in manchen Fällen sogar qualitativ versagt: Das Vorzeichen des in ΔT quadratischen Gliedes der Thermospannung kann das entgegengesetzte Vorzeichen des theoretisch vorausgesagten aufweisen, so daß U mit wachsender Temperaturdifferenz ΔT ein Maximum durchläuft; weitere, von der hier mitgeteilten Theorie nicht erfaßte Irregularitäten treten in der Umgebung des Schmelzpunktes eines der beiden Metalle auf. Als Grund dieser Unstimmigkeiten hat man wohl in erster Linie die *Extrapolation der Feldstärkengleichung* (II 4, 22) *auf die Umgebung der Kontakte* anzusehen, an denen sich sowohl die Konzentration der sogenannten freien Metallelektronen wie auch deren mittlere freie Weglänge l rasch ändert — in deutlichem Gegensatz zu den Prämissen der *Lorentz*schen Analyse der anisotropen, stationären Zustandsverteilung, in welcher ja jene Zahlen als Materialkonstanten angesetzt wurden!

e) Neben der integralen Thermospannung U nach Gl. (II 5, 11) suchen wir die Gesetzmäßigkeiten ihrer räumlichen Verteilung auf das je im *einheitlichen Metalle sich stetig ändernde Temperaturfeld* einerseits und die *sprunghafte Änderung der Stoffeigenschaften* an den Lötstellen andererseits. Um diese Fragen zu beantworten, kehren wir zu den oben mitgeteilten Teilspannungsformeln zurück, in welchen wir jedoch die Funktionen ζ_{th} mittels der Entwicklung (II 4, 18) je in ihrer Abhängigkeit von der absoluten Temperatur explizit darzustellen haben. Auf diesem Wege finden wir

$$\text{(1)} \qquad q_0\,U_{A-0,0} = \frac{\pi^2}{12}\frac{k^2}{\eta_{I,0}}\,(T_A{}^2 - T_0{}^2), \qquad \text{(II 5, 14)}$$

$$\text{(2)} \qquad q_0\,U_{A+0,A-0} = (\eta_{II,0} - \eta_{I,0}) - \frac{\pi^2}{12}\,k^2\,T_A{}^2\left(\frac{1}{\eta_{II,0}} - \frac{1}{\eta_{I,0}}\right), \qquad \text{(II 5, 15)}$$

$$(3) \qquad q_0\, U_{B-0,\,A+0} = \frac{\pi^2}{12}\frac{k^2}{\eta_{II,0}}\,(T_B{}^2 - T_A{}^2), \qquad \text{(II 5, 16)}$$

$$(4) \qquad q_0\, U_{B+0,\,B-0} = (\eta_{I,0} - \eta_{II,0}) - \frac{\pi^2}{12}\,k^2\,T_B{}^2\left(\frac{1}{\eta_{I,0}} - \frac{1}{\eta_{II,0}}\right), \qquad \text{(II 5, 17)}$$

$$(5) \qquad q_0\, U_{O',\,B+0} = \frac{\pi^2}{12}\frac{k^2}{\eta_{I,0}}\,(T_{O'}{}^2 - T_B{}^2). \qquad \text{(II 5, 18)}$$

Durch Vergleich dieser Teilspannungen mit der Summenspannung U zeigt sich zunächst, daß gerade nur die Hälfte des von der Differenz der Temperaturquadrate diktierten Gesamteffektes auf die *Lötstellen*, die andere Hälfte jedoch auf die ungleichmäßig temperierten *Leiterstrecken* entfällt. Überdies aber offenbaren die Gleichungen (II 5, 15) und (II 5, 17) eine neue Erscheinung der Metallelektronik: An der Grenze zweier einander berührender Metalle tritt je ein *Potentialsprung* auf, dessen Größe lediglich von der ebendort herrschenden, absoluten Temperatur [und nicht von einer Temperaturdifferenz!] abhängt; er definiert die dem jeweils vorgelegten Metallpaar zugeordnete *Galvani*spannung. In der Tat folgt die Existenz der *Galvani*spannung gerade aus der Annahme des thermodynamischen Gleichgewichtes, welche in der beiden „Ufern" ein und derselben Lötstelle einheitlichen Temperatur zum Ausdruck kommt; denn dann herrscht ja dort ein einheitliches Thermodynamisches Potential, und die Funktion

$$\zeta = \zeta_{th} - q_0\,\varphi \qquad \text{(II 5, 19)}$$

nimmt an den Lötstellen die Werte

$$(\zeta_I)_A = (\zeta_{th,\,I})_A - q_0\,\varphi_{A-0} = (\zeta_{th,\,II})_A - q_0\,\varphi_{A+0} = (\zeta_{II})_A \qquad \text{(II 5, 20)}$$

und

$$(\zeta_{II})_B = (\zeta_{th,\,II})_B - q_0\,\varphi_{B-0} = (\zeta_{th,\,I})_B - q_0\,\varphi_{B+0} = (\zeta_I)_B \qquad \text{(II 5, 21)}$$

an; diese Gleichheiten sind beziehentlich mit den Angaben (II 5, 5) und (II 5, 7) identisch. Bei der kritischen Durchsicht dieses Gedankenganges hat man allerdings zu beachten, daß er implizit die Annahme einer je bis unmittelbar an die Metallgrenze unveränderlichen Konzentration der freien Metallelektronen enthält, welche sich schon oben, bei der Berechnung der integralen Thermospannung, als eine übertriebene, und daher unzulängliche Idealisierung des nahe der Grenze sich tatsächlich ausbildenden Zustandes erwies. Nichtsdestoweniger haben wir nachdrücklich zu betonen, daß die mitgeteilte Konzeption der *Galvani*spannung als diese keinerlei Aussagen über den Mechanismus des allfälligen Elektronendurchtrittes an der Grenze selbst involviert, so daß sie insbesondere von der sogenannten *Austrittsarbeit* der Elektronen aus ihrem jeweiligen Muttermetall gänzlich unabhängig ist. Durch eben diese Eigenschaft unterscheidet sich die *Galvani*spannung wesentlich von der *Volta*spannung, welche zwischen den Oberflächen zweier, durch ein Vakuum voneinander getrennter Metalle manifest wird; wir kommen später [Ziffer II 9] auf die hierdurch angedeutete, überaus wichtige Frage nach der Relation zwischen diesen beiden Spannungen zurück.

f) Wir fragen nach der Gesamtheit aller *Galvani*spannungen längs einer in sich geschlossenen „Kette" der in Reihe geschalteten Metalle I; II;... N; N + I; ...Z, I, deren Lötstellen sich ausnahmslos auf der nämlichen, absoluten Temperatur T befinden.

Zwischen den Leitern N und (N + I) tritt die *Galvani*spannung $U_{N+I,N}$ auf, welche — in der von unseren Grundannahmen gebotenen Genauigkeit — der Gleichung

$$q_0\, U_{N+I,N} = \eta_{N+I,0} - \eta_{N,0} - \frac{\pi^2}{12} k^2\, T \cdot \left[\frac{1}{\eta_{N+I,0}} - \frac{1}{\eta_{N,0}} \right] \quad \text{(II 5, 22)}$$

zu entnehmen ist. Durch Summation über alle Z Lötstellen folgt hieraus, da ja nach Voraussetzung der Leiter (Z + I) mit dem Leiter I identisch ist, das *Gesetz der Galvanischen Spannungsreihe*

$$\sum_{N=I}^{Z} U_{N+I,N} = 0, \quad\quad\quad\quad \text{(II 5, 23)}$$

demgemäß also die Summe aller *Galvani*spannungen längs einer geschlossenen, gleichtemperierten metallischen Leiterkette verschwindet; dieser Satz wird von der Erfahrung durchaus bestätigt. Dagegen gelangt man zu völlig anderen Aussagen, sobald auch nur *eines* der Kettenglieder von einem sogenannten *Leiter Zweiter Klasse* gebildet wird: Es entsteht dann ein *Galvani*sches Element, und das System als ganzes befindet sich in der Regel nicht mehr im Zustande des elektrischen Gleichgewichtes.

g) Verbindet man die Klemmen O' und O des durch Trennung von O und O' gebildeten Thermoelementes unter Vermittlung eines passend gewählten, äußeren Widerstandes r mit einer stetig regelbaren Spannungsquelle, so fließt durch den nunmehr geschlossenen Kreis ein elektrischer Strom, dessen Stärke J nach Größe und Richtung beliebig eingestellt werden kann; er verursacht innerhalb des Thermoelementes drei Wärmeerscheinungen wesentlich verschiedener Genetik:

1. Der *Peltier*-Effekt.
Bei der Passage der Lötstellen A und B beziehentlich der absoluten Temperaturen T_A und T_B entwickelt der Strom während der Zeitspanne Δt beziehentlich die seiner Stärke J proportionalen *Peltier*wärmen $W_A^{(P)}$ und $W_A^{(P)}$, welche demnach bei Umkehr der Stromrichtung das Vorzeichen wechseln. Da sie den Lötstellen entquellen, hängt ihre Größe bei vorgegebener Kombination der das Thermoelement als solches konstituierenden Metalle I und II lediglich von den jeweiligen Temperaturen der Lötstellen ab:

$$W_A^{(P)} = W^{(P)}(T_A); \quad\quad W_B^{(P)} = W^{(P)}(T_B). \quad\quad \text{(II 5, 24)}$$

2. Der *Thomson*-Effekt.
In den Metallen I und II erregt der durchfließende, elektrische Strom J die je räumlich verteilten *Thomson*wärmen $W_I^{(Th)}$ und $W_{II}^{(Th)}$. Nach Voraussetzung werden nun die Klemmen O' und O des Thermoelementes stets auf der gleichen Temperatur gehalten, so daß deren Höhe selbst ohne Einfluß auf den *Thomson*-Effekt bleibt; vielmehr resultiert die *Thomson*wärme jedes Metalles als Funktion jener „Grenztemperaturen", welche jeweils simultan an den Lötstellen aufrecht erhalten werden. Im Einklang mit der festgesetzten Fortschrittsrichtung $O \to A \to B \to O'$ längs des Thermoelementes stellen wir daher die während der Zeitspanne Δt entwickelten *Thomson*wärmen in der analytischen Gestalt

$$W_I^{(Th)} = W_I^{(Th)}(T_A; T_B); \quad\quad W_{II}^{(Th)} = W_{II}^{(Th)}(T_B; T_A) \quad\quad \text{(II 5, 25)}$$

dar. Gleich den *Peltier*wärmen wechseln auch die *Thomson*wärmen je ihr Vorzeichen bei Richtungsumkehr des elektrischen Stromes.

3. Der *Joule*-Effekt.

Im *Ohm*schen Gesamtwiderstande R des geschlossenen Leiterkreises erzeugt der Strom J während der Zeitspanne Δt die *Joule*sche Wärme

$$W^{(j)} = R\, J^2\, \Delta t \qquad\qquad (\text{II } 5,\ 26)$$

welche also, in scharfem Gegensatz zum *Peltier*-Effekt und zum *Thomson*-Effekt, bei Umkehr der elektrischen Stromrichtung ihr Vorzeichen beibehält: Während sowohl die *Peltier*wärme wie die *Thomson*wärme ihre Entstehung *reversiblen* Vorgängen verdanken, entstammt die *Joule*sche Wärme einem *irreversiblen* Prozeß.

Bei dem Versuche, die vorgenannten Erscheinungen gesetzmäßig zu erfassen, entzieht sich der *Joule*-Effekt zufolge seiner Irreversibilität der definiten Beschreibung mittels der Zustandsfunktionen der phänomenologischen Thermodynamik. Doch können wir die angezeigte Schwierigkeit sozusagen experimentell überwinden, indem wir nur den äußeren Schließungswiderstand r hinreichend groß wählen; denn dann kann die *quadratisch* von der Stromstärke J abhängige *Joule*sche Wärme gegenüber den ja *linear* mit J verknüpften *Peltier*- und *Thomson*wärmen gewiß beliebig klein gehalten werden. Um diesen Gedankengang zu einer strengen, mathematischen Vorschrift zu verschärfen, haben wir den allerdings nur ideellen Grenzübergang $r \to \infty$ auszuführen, welcher die Stromstärke auf einen infinitesimal kleinen Betrag herabdrückt. Mit den dann allein verbleibenden *Peltier*- und *Thomson*-Effekten läßt sich also am Thermoelement ein in allen Teilen *reversibler* Prozeß durchführen, den wir folgendermaßen leiten:

1. Der Punkt A werde mit der „*Wärmebasis*" der festen Temperatur

$$T_A = \text{const} \qquad\qquad (\text{II } 5,\ 27)$$

in Kontakt gebracht; dagegen soll der Punkt B mit einem *regelbaren Thermostaten* in Berührung stehen, dessen Temperatur T_B jene des Punktes A um den infinitesimal kleinen Betrag ΔT übertreffe:

$$T_B = T_A + \Delta T. \qquad\qquad (\text{II } 5,\ 28)$$

2. Durch das Symbol $U = U(T)$ bezeichnen wir die unter den vorgenannten Bedingungen zwischen den Klemmen O' und O resultierende Thermospannung, die sich auf Grund der Voraussetzung eines nur verschwindend schwachen Stromes J nicht merklich von der Leerlaufspannung des Elementes unterscheidet; da sie definitionsgemäß im Falle $T_B = T_A$ verschwindet, haben wir entsprechend (II 5, 28) die nur infinitesimal niedrige Spannung

$$\Delta U = \left[\frac{dU}{dT}\right]_{T = T_A} \cdot \Delta T \qquad\qquad (\text{II } 5,\ 29)$$

in Rechnung zu stellen.

4. Entziehen wir dem Element während der Zeitspanne Δt den Strom J, so wird die Ladung

$$Q = J\, \Delta t \qquad\qquad (\text{II } 5,\ 30)$$

durch den geschlossenen Leiterkreis transportiert und also die Arbeit

$$W = Q \cdot \Delta U = Q \left[\frac{dU}{dT}\right]_{T = T_A} \cdot \Delta T \qquad\qquad (\text{II } 5,\ 31)$$

nach außen abgegeben. Um nichtsdestoweniger die an den Lötstellen A und B beziehentlich vorgeschriebenen Temperaturen T_A und T_B zu wahren, ergreifen wir folgende Maßnahmen:

α) Wir führen der Wärmebasis die *Peltier*wärme $W^{(P)}(T_A)$ zu, während wir gleichzeitig dem regelbaren Thermostaten die *Peltier*wärme

$$W^{(P)}(T_B) = W^{(P)}(T_A + \varDelta T)$$

entnehmen.

β) Sei

$$0 < \vartheta < 1, \qquad\qquad (\text{II 5, 32})$$

so können wir, auf Grund der Voraussetzung (II 5, 28), die *Thomson*wärmen (II 5, 25) in der analytischen Gestalt

$$\begin{aligned} W_I^{(Th)}(T_A; T_B) &= \tau_I(T_A + \vartheta_I\,\varDelta T)\cdot\varDelta T \\ W_{II}^{(Th)}(T_B; T_A) &= \tau_{II}(T_A + \vartheta_{II}\,\varDelta T)\cdot\varDelta T \end{aligned} \qquad (\text{II 5, 33})$$

bei in der Regel einheitlichen Vorzeichen der Faktorfunktionen τ_I und τ_{II} ansetzen. Sei nun der regelbare Thermostat verschiebbar, so führen wir zunächst durch Kontakt mit dem Metall I aus diesem die Wärme $W_I^{(Th)}$ reversibel in den Thermostaten über, bringen ihn dann in Kontakt mit dem Metall II und leiten ihm reversibel die Wärme $W_{II}^{(Th)}$ zu.

Durch die Gesamtheit der beschriebenen Handlungen hat sich der Zustand des Thermoelementes selbst in keiner Weise verändert. Daher liefert zuerst der *Erste Hauptsatz* der Thermodynamik die *Energiebilanz*

$$W^{(P)}(T_B) - W^{(P)}(T_A) + W_{II}^{(Th)}(T_B; T_A) - W_I^{(Th)}(T_A; T_B) = Q\,\varDelta U, \qquad (\text{II 5, 34})$$

welche mit Rücksicht auf (II 5, 28), (II 5, 29), (II 5, 31), (II 5, 32) und (II 5, 33) für $\varDelta T \to 0$ in die Relation

$$\frac{dW^{(P)}}{dT} + (\tau_{II} - \tau_I) = Q\cdot\frac{dU}{dT}; \qquad T = T_A \qquad (\text{II 5, 35})$$

übergeht. Da überdies der Prozeß *reversibel* geführt wurde, lehrt der *Zweite Hauptsatz* der Thermodynamik die *Invarianz der Gesamtentropie* aller an dem Vorgang beteiligten Systeme:

$$-\frac{W^{(P)}(T_B)}{T_B} + \frac{W^{(P)}(T_A)}{T_A} - \frac{W_{II}^{(Th)}(T_B; T_A)}{T_A + \vartheta_{II}\,\varDelta T} + \frac{W_I^{(Th)}(T_A; T_B)}{T_A + \vartheta_I\,\varDelta t} = 0. \quad (\text{II 5, 36})$$

Aus dieser Aussage entsteht durch die Operation $\varDelta T \to 0$ die Gleichung

$$-\frac{dW^{(P)}}{dT} + \frac{W^{(P)}}{T_A} - (\tau_{II} - \tau_I) = 0; \qquad T = T_A \qquad (\text{II 5, 37})$$

aus deren Verbindung mit (II 5, 35) für die *Peltier*wärme die Angabe

$$W^{(P)} = Q\cdot T\cdot\frac{dU}{dT}, \qquad\qquad (\text{II 5, 38})$$

in welcher nunmehr der Hinweis auf die Basistemperatur T_A unnötig wurde und daher unterdrückt werden durfte. Die Restitution des Ergebnisses (II 5, 38) in (II 5, 37) unterrichtet uns schließlich an Hand der Relation

$$\tau_{II} - \tau_I = \frac{dW^{(P)}}{dT} - \frac{W^{(P)}}{T} = T\cdot\frac{d}{dT}\left[\frac{W^{(P)}}{T}\right] = Q\,T\,\frac{d^2U}{dT^2} \qquad (\text{II 5, 39})$$

über die Differenz der *Thomson*wärmen der zusammenwirkenden Metalle je Einheit des Temperaturunterschiedes ihrer beiden Lötstellen.

In der allerdings nur beschränkten Genauigkeit der Gl. (II 5, 11) gilt

$$\frac{dU}{dT} = \frac{\pi^2}{3}T\left[\frac{1}{\eta_{II,0}} - \frac{1}{\eta_{I,0}}\right]; \qquad \frac{d^2U}{dT^2} = \frac{\pi^2}{3}\left[\frac{1}{\eta_{II,0}} - \frac{1}{\eta_{I,0}}\right]. \qquad (\text{II 5, 40})$$

Identifiziert man jetzt die Ladung Q mit dem Betrage q_0 der Elektronenladung, so findet man aus (II 5, 38) und (II 5, 40) die *Peltier*wärme je Elektron zu

$$W^{(P)} = \frac{\pi^2}{3} q_0 T^2 \left[\frac{1}{\eta_{II,0}} - \frac{1}{\eta_{I,0}} \right] \qquad (II\ 5,\ 41)$$

und ähnlich aus (II 5, 39) und (II 5, 40) die von dem Transport des Elektrons erregte Differenz der *Thomson*wärmen je Einheit des Temperaturunterschiedes der Lötstellen zu

$$\tau_{II} - \tau_I = \frac{\pi^2}{3} q_0 T \left[\frac{1}{\eta_{II,0}} - \frac{1}{\eta_{I,0}} \right] = \frac{W^{(P)}}{T}. \qquad (II\ 5,\ 42)$$

II. 6. Einfluß der molekularen Schwingungen auf den Temperaturgang der elektrischen Leitfähigkeit der Metalle.

a) Die *Sommerfeld-Fermi*sche Elektronentheorie der Metalle liefert für deren elektrische Leitfähigkeit $\varkappa$ gemäß Gl. (II 4, 21) den Ausdruck

$$\varkappa = n_f \frac{q_0^2 l}{\sqrt{2\,m_0\,\eta}} \left[1 - \frac{\pi^2}{12} \left(\frac{k\,T}{\eta_0} \right)^2 + \cdots \right]. \qquad (II\ 6,\ 1)$$

Wir halten weiterhin an der Voraussetzung einer für jedes Metall charakteristischen, temperaturunabhängigen Konzentration n_f der sogenannten freien Metallelektronen fest. In dem von *H. A. Lorentz* bei seiner Analyse der anisotropen Zustandsverteilung benutzten Modelle des Metalles definiert auch die mittlere freie Weglänge l der Elektronen eine Materialkonstante, sofern man von den in der Regel nur geringfügigen Änderungen der Raumgitterdimensionen mit der Temperatur und dem Drucke absieht. Auf Grund der Formel (II 6, 1) hat man also zu erwarten, daß die elektrische Leitfähigkeit der reinen Metalle von ihrem Anfangswert beim absoluten Nullpunkt der Temperatur zunächst nur sehr langsam mit dem Quadrate der absoluten Temperatur abnimmt. Diese Aussage der Theorie steht jedoch in krassem Widerstand zu den Beobachtungen:

1. Bei sehr niedrigen Werten der absoluten Temperatur T sinkt der spezifische Widerstand gewisser Metalle unter jede meßbare Größe ab; die Metalle sind jeweils in den Zustand der „*Supraleitfähigkeit*" versetzt worden.

2. Oberhalb des Bereiches der Supraleitfähigkeit verringert sich mit zunehmender, absoluter Temperatur T die elektrische Leitfähigkeit der reinen Metalle nahezu im umgekehrten Verhältnis.

b) Ohne vorerst die elementare Vorstellung kugelförmiger Hindernisse aufzugeben, welche als solche die freien Flugbahnen der Elektronen kinematisch begrenzen, zwingen doch die Ergebnisse der *Rutherford*schen Stoßversuche zur Annahme eines nur überaus kleinen Kerndurchmessers. Im Lichte dieses Befundes bedarf der Begriff des Wirkungsquerschnittes $(n\,\pi\,R^2)$ je Raumeinheit des Metalles der Deutung mittels der harmonischen Schwingungen der gitterbildenden Festkörperionen, deren jedem — in einem homogenen Metalle — die einheitliche Masse M zukommt. Sei ν die Eigenfrequenz eines solchen Ions bei der Schwingungsamplitude x_ν parallel der x-Achse eines körperfesten, *Kartesi*schen Bezugssystemes $(x; y; z)$, so mißt also

$$\eta_\nu = \frac{1}{2} M \cdot (2\,\pi\,\nu)^2 \cdot x_\nu^2 \qquad (II\ 6,\ 2)$$

die auf jenen Freiheitsgrad entfallende, kinetische Maximalenergie, die
ihrerseits, nach den Sätzen der klassischen Mechanik, der Gesamtenergie
dieser harmonischen Schwingung gleicht. Gemäß Gl. (I 4, 30) gibt nun die
Summe

$$u_\nu = \eta_0 + \frac{h\,\nu}{e^{\frac{h\nu}{kT}} - 1} \qquad \text{(II 6, 3)}$$

bei der absoluten Temperatur T des Metalles den Erwartungswert eben
jener Gesamtenergie mit Einschluß der „turbulenten", der „Platzangst"
entstammenden Nullpunktsenergie η_0 an. Daher führt der Vergleich der
Aussagen (II 6, 2) und (II 6, 3) zur Kenntnis des mittleren Amplituden-
quadrates

$$\langle x_\nu{}^2 \rangle = \frac{2}{M} \cdot \frac{1}{(2\,\pi\,\nu)^2} \cdot \frac{h\,\nu}{e^{\frac{h\nu}{kT}} - 1}. \qquad \text{(II 6, 4)}$$

Da dieselbe Relation auch für die harmonische Bewegung des kontrollierten Ions in Richtung der y-Achse gilt, resultiert für seinen Wirkungsquerschnitt die Angabe

$$\pi\,\langle R_\nu{}^2 \rangle = \pi\,[\langle x_\nu{}^2 \rangle + \langle y_\nu{}^2 \rangle] = \frac{1}{M\,\pi\,\nu^2} \cdot \frac{h\,\nu}{e^{\frac{h\nu}{kT}} - 1}. \qquad \text{(II 6, 5)}$$

Bedienen wir uns nunmehr der *Debye*schen Abbildung der Oszillatoren-
gesamtheit auf das Schallwellenspektrum, so sind gemäß Gl. (I 6, 44) jeder
Raumeinheit des Metalles

$$du_\nu = \frac{3}{\bar\vartheta^3}\,4\,\pi\,\nu^2\,d\nu \qquad \text{(II 6, 6)}$$

Einzeloszillatoren des infinitesimal schmalen Frequenzbereiches $d\nu$ zuzuordnen; ihnen kommt somit der Wirkungsquerschnitt

$$\pi\,\langle R_\nu{}^2 \rangle\,du = \frac{12}{M\,\bar\vartheta^3}\,\frac{h\,\nu}{e^{\frac{h\nu}{kT}} - 1}\,d\nu \qquad \text{(II 6, 7)}$$

zu. Durch seine Integration über den Frequenzbereich $0 \leqq \nu < \nu_{\mathrm{gr}}$ resultiert
für den Kehrwert der freien Weglänge l die Angabe

$$\frac{1}{l}\,\frac{12}{M\,\bar\vartheta^3} \int_0^{\nu_{\mathrm{gr}}} \frac{h\,\nu}{e^{\frac{h\nu}{kT}} - 1}\,d\nu, \qquad \text{(II 6, 8)}$$

welche mit Rücksicht auf die Definition (I 6, 50) der *Debye*-Tempera-
tur T_D in

$$\frac{1}{l} = \frac{12}{M\,\bar\vartheta^3}\,\frac{(k\,T)^2}{h} \int_0^{\frac{T_D}{T}} \frac{\varkappa\,d\varkappa}{e^\varkappa - 1} \qquad \text{(II 6, 9)}$$

übergeht; insbesondere findet man im Gebiet $T \gg T_D$ hoher Temperaturen

$$\frac{1}{l} = \frac{12}{M\,\bar\vartheta^3} \cdot \frac{(k\,T)^2}{h} \int_0^{\frac{T_D}{T}} (1 + \ldots)\,d\varkappa = \frac{12}{M\,\bar\vartheta^3}\,\frac{k\,T_D}{h}\,k\,T, \qquad \text{(II 6, 10)}$$

während für niedrige Temperaturen $(T \ll T_D)$ aus (II 6, 9) die Näherung

$$\frac{1}{l} \approx \frac{12}{M \, \bar{\vartheta}^3} \cdot \frac{(k\,T)^2}{h} \int\limits_0^\infty \frac{\varkappa \, d\varkappa}{e^\varkappa - 1} = \frac{12}{M \, \bar{\vartheta}^3} \cdot \frac{(k\,T)^2}{h} \cdot \frac{\pi^2}{6} \qquad \text{(II 6, 11)}$$

resultiert.

c) Wir gehen von der *Sommerfeld*schen Darstellung (II 6, 1) der elektrischen Leitfähigkeit $\varkappa$ zum spezifischen Widerstand

$$\varrho = \frac{1}{\varkappa} = \frac{\sqrt{2\,m_0\,\eta}}{n_f \cdot q_0^{\,2}} \cdot \frac{1}{l}\left[1 + \frac{\pi^2}{12}\left(\frac{k\,T}{\eta_0}\right)^2 + \cdots\right] \qquad \text{(II 6, 12)}$$

über. Sieht man von dem Korrekturposten $\pi^2/12\,((k\,T)/\eta_0)^2 \ll 1$ ab, so hat man also gemäß Gl. (II 6, 10) bei hinreichend stark anwachsender Temperatur T eine proportionale Zunahme des spezifischen Widerstandes ϱ zu erwarten, wie sie in der Tat von der Erfahrung bestätigt wird. Ungeachtet dieses gewiß bemerkenswerten Erfolges, welcher der vertieften Auffassung (II 6, 8) der freien Weglänge l zu danken ist, versagt diese jedoch im Bereiche tiefer Temperaturen oberhalb des Sprunges zur Supra-

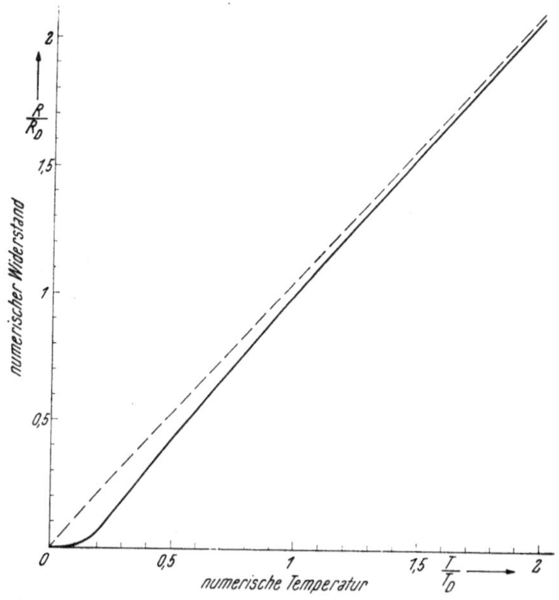

Abb. II 6, 1. Die *Grüneisen*sche Funktion.

leitfähigkeit: Während dort ϱ mit fallender Temperatur T entsprechend Gl. (II 6, 11) proportional zu T^2 abnehmen sollte, findet man bei vielen Metallen experimentell einen viel schärferen Rückgang, welcher etwa der fünften Potenz der absoluten Temperatur verhältnisgleich ist: Bezeichnet C eine vorerst phänomenologisch aufzufassende Konstante und T_D eine nahe der *Debye*-Temperatur gelegene, wenngleich mit dieser nicht identische Kenntemperatur des jeweils vorliegenden, reinen Metalles, so gilt nach *Grüneisen*[1] die Darstellung

---

[1] *Grüneisen* E. Am. Phys. **16**, 530 (1933).

$$\varrho = C \left(\frac{T}{T_D}\right)^5 \cdot 4 \int_0^{\frac{T_D}{T}} \frac{\varkappa^5 \, e^\varkappa}{(e^\varkappa - 1)^2} \, d\varkappa. \qquad (II\ 6,\ 13)$$

Um sie der numerischen Auswertung zu erschließen, definieren wir durch

$$g(x) = \frac{4}{x^4} \int_0^{\varkappa} \frac{\varkappa^5 \, e^\varkappa}{(e^\varkappa - 1)^2} \, d\varkappa \qquad (II\ 6,\ 14)$$

entsprechend Abb. 6, II 1 und Zahlentafel 4 die *Grüneisen*sche Funktion der unabhängigen Veränderlichen

$$x = \frac{T_D}{T}. \qquad (II\ 6,\ 15)$$

Durch Substitution von (II 6, 14) in (II 6, 13) ergibt sich für den spezifischen Widerstand die einfache Darstellung

$$\varrho = C \cdot \frac{g(x)}{x}, \qquad (II\ 6,\ 16)$$

welcher man durch die Wahl x = 1 den Wert

$$\varrho_D = C \cdot \frac{g(1)}{1} = C \cdot 0{,}9465 \qquad (II\ 6,\ 17)$$

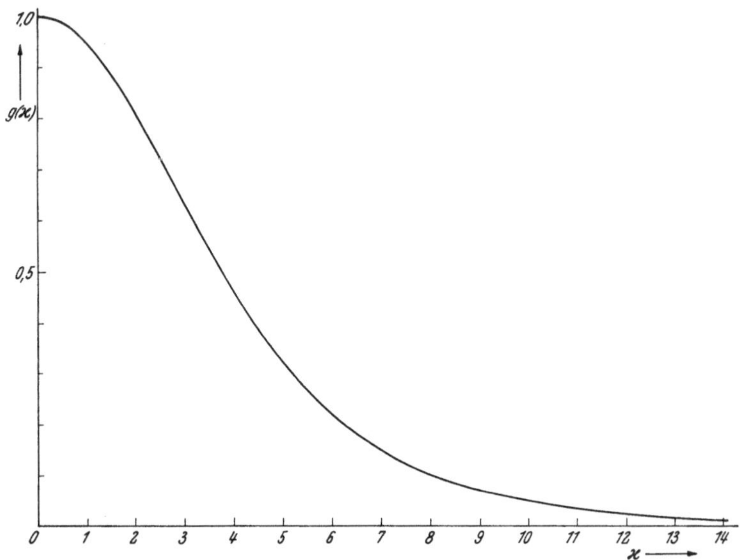

Abb. II 6, 2. Universelles Gesetz der Temperaturabhängigkeit der Widerstandes [nach *Grüneisen*]

des spezifischen Widerstandes bei der Temperatur T = T_D entnimmt. Die Verknüpfung der Gleichungen (II 6, 16) und (II 6, 17) führt dann auf die Relation

$$\frac{\varrho}{\varrho_D} = \frac{1}{0{,}9465} \cdot \frac{g(x)}{x}. \qquad (II\ 6,\ 18)$$

Da sie von der Konstanten C nicht mehr abhängt, darf sie als das Gesetz der Temperaturabhängigkeit des spezifischen Widerstandes aller Metalle entsprechend Abb. II 6, 2 universelle Gültigkeit beanspruchen; es über-

Zahlentafel 4. *Die Grüneisensche Widerstandsfunktion*

$$x = \frac{T}{T_D} \qquad g(x) = \frac{4}{x^4} \int_0^x \xi^5 \frac{e^\xi}{(e^\xi - 1)^2} \, d\xi; \qquad \varrho = C \frac{g(x)}{x}$$

x	g(x)	x	g(x)	x	g(x)	x	g(x)	x	g(x)	x	g(x)	x	g(x)	x	g(x)	x	g(x)
0,0	1,0000	2,0	0,8073	4,0	0,4608	6,0	0,2187	8,0	0,09909	10,0	0,04655	12,0	0,02353	15,0	0,009806	26	0,001089
0,1	0,9994	2,1	0,7905	4,1	0,4453	6,1	0,2103	8,1	0,09529	10,1	0,04490	12,1	0,02279	15,2	0,009302	28	0,0008097
0,2	0,9978	2,2	0,7733	4,2	0,4301	6,2	0,2021	8,2	0,09165	10,2	0,04332	12,2	0,02208	15,4	0,008831	30	**0,0006145**
0,3	0,9950	2,3	0,7559	4,3	0,4153	6,3	0,1943	8,3	0,08816	10,3	0,04181	12,3	0,02139	15,6	0,008389		
0,4	0,9912	2,4	0,7383	4,4	0,4008	6,4	0,1867	8,4	0,08480	10,4	0,04035	12,4	0,02073	15,8	0,007976	32	0,0004747
0,5	0,9862	2,5	0,7205	4,5	0,3867	6,5	0,1795	8,5	0,08159	10,5	0,03896	12,5	0,02009	**16**	**0,007584**	34	0,0003724
																36	0,0002963
0,6	0,9803	2,6	0,7026	4,6	0,3729	6,6	0,1725	8,6	0,07851	10,6	0,03762	12,6	0,01948	16,2	0,007218	38	0,0002387
0,7	0,9733	2,7	0,6846	4,7	0,3595	6,7	0,1658	8,7	0,07555	10,7	0,03633	12,7	0,01889	16,4	0,006873	40	**0,0001944**
0,8	0,9653	2,8	0,6666	4,8	0,3466	6,8	0,1593	8,8	0,07272	10,8	0,03509	12,8	0,01832	16,6	0,006549		
0,9	0,9563	2,9	0,6486	4,9	0,3340	6,9	0,1531	8,9	0,07000	10,9	0,03390	12,9	0,01777	16,8	0,006243	44	0,0001328
																48	0,00009375
1,0	**0,9465**	**3,0**	**0,6307**	**5,0**	**0,3217**	**7,0**	**0,1472**	**9,0**	**0,06740**	**11,0**	**0,03276**	**13,0**	**0,01725**	**17,0**	**0,005955**	**50**	**0,00007964**
1,1	0,9357	3,1	0,6128	5,1	0,3098	7,1	0,1414	9,1	0,06490	11,1	0,03167	13,2	0,01624	17,2	0,005683	52	0,00006806
1,2	0,9241	3,2	0,5950	5,2	0,2983	7,2	0,1359	9,2	0,06250	11,2	0,03061	13,4	0,01531	17,4	0,005427	56	0,00005061
1,3	0,9118	3,3	0,5775	5,3	0,2871	7,3	0,1306	9,3	0,06021	11,3	0,02960	13,6	0,01445	17,6	0,005185		
1,4	0,8986	3,4	0,5600	5,4	0,2763	7,4	0,1256	9,4	0,05800	11,4	0,02863	13,8	0,01364	17,8	0,004956	**60**	**0,00003841**
1,5	0,8848	3,5	0,5428	5,5	0,2658	7,5	0,1207	9,5	0,05589	11,5	0,02769	**14,0**	**0,01289**	**18**	**0,004740**	64	0,00002967
1,6	0,8704	3,6	0,5259	5,6	0,2557	7,6	0,11599	9,6	0,05386	11,6	0,02680	14,2	0,012185	19	0,003819	68	0,00002328
1,7	0,8554	3,7	0,5091	5,7	0,2460	7,7	0,11150	9,7	0,05192	11,7	0,02593	14,4	0,011528	20	0,003111	**70**	**0,00002073**
1,8	0,8398	3,8	0,4927	5,8	0,2366	7,8	0,10719	9,8	0,05005	11,8	0,02510	14,6	0,010915	22	0,002155		
1,9	0,8238	3,9	0,4766	5,9	0,2275	7,9	0,10306	9,9	0,04826	11,9	0,02430	14,8	0,010344	24	0,001500	72	0,00001852
																76	0,00001492
2,0	**0,8073**	**4,0**	**0,4608**	**6,0**	**0,2187**	**8,0**	**0,09909**	**10,0**	**0,04655**	**12,0**	**0,02353**	**15,0**	**0,009805**	**26**	**0,001089**	**80**	**0,00001215**

trägt sich sogleich auf den integralen Widerstand R eines Drahtes gegebener Abmessungen, sofern man von dessen Formänderungen zufolge thermischer Ausdehnung oder Kontraktion absieht. Wenngleich diese Angabe für eine große Reihe reiner Metalle in recht hohem Maße der Genauigkeit zutrifft, treten doch bei gewissen Stoffen starke Abweichungen auf; überdies mag noch einmal betont werden, daß auch das *Grüneisen*sche Gesetz keinerlei Hinweis auf die Erscheinung der Supraleitfähigkeit enthält.

d) Die Abhängigkeit der wesentlich empirischen Formeln *Grüneisens* von einer der *Debye*schen Ziffer nahe gelegenen Kenntemperatur der Metalle läßt einen engen Zusammenhang zwischen den elastischen Wellen des festen Körpers und dessen elektrischem Widerstande voraussehen. In der Tat gelingt es, einen solchen aus der Einwirkung des elektromagnetischen, nahezu schwarzen Strahlungsfeldes im Innern des festen Körpers auf die hindurchfliegenden Elektronen herzuleiten; doch mag es hier mit diesem Hinweis sein Bewenden haben.

II 7. Der Hall-Effekt.

a) Gegeben sei ein elektrisch leitender, homogener und isotroper Zylinder des festen Querschnittes S, welcher bei der gleichförmigen Absoluttemperatur T seines Innern den stationären Strom J führe. Die in diesem Leiter wirksame elektrische Feldstärke E ist dann wirbelfrei, so daß sie als negativer Gradient eines skalaren, zeitfreien Potentiales φ dargestellt werden kann

$$E = -\operatorname{grad} \varphi. \qquad (\text{II } 7, 1)$$

Wir ersetzen nun das wirkliche Material des Leiters vorübergehend durch einen allerdings nur fiktiven Stoff, dem wir, bei sonst unveränderten physikalischen Eigenschaften, eine verschwindend kleine magnetische Permeabilität zuschreiben; das in ihm auftretende magnetische Feld der Stärke H vermag somit keine merkliche Induktion B hervorzubringen

$$B = 0. \qquad (\text{II } 7, 2)$$

Die an den korpuskularen Elektrizitätsträgern des Stromes J angreifende ponderomotorische Kraft F reduziert sich dann auf das Produkt der jeweiligen, invarianten Ionenladung e mit der elektrischen Feldstärke E

$$F = \mathrm{e}\, E, \qquad (\text{II } 7, 3)$$

welche ihrerseits mit der Stromdichte

$$|j| = \left| \frac{\mathrm{J}}{\mathrm{S}} \right| \qquad (\text{II } 7, 4)$$

unter Vermittelung der skalaren Leitfähigkeit $\varkappa$ durch das *Ohm*sche Gesetz in seiner differentialen Form

$$j = \varkappa E \qquad (\text{II } 7, 5)$$

genetisch verbunden ist. Insbesondere bildet hiernach der Vektor E im Innern des stromführenden Leiters ein zu dessen Achse parallel weisendes Homogenfeld, so daß die Flächen jeweils konstanten Skalarpotentiales φ auf jener Achse senkrecht stehen: Längs des von je einer dieser Ebenen auf dem Zylindermantel ausgeschnittenen Profiles treten keine elektrischen Potentialdifferenzen auf.

Bei der Rückkehr von dem bisher behandelten, nur fiktiven, zum wirklichen Stromleiter haben wir nun dessen tatsächlich stets *endliche magnetische Durchlässigkeit* in Rechnung zu stellen. Unter bewußtem Verzicht auf Allgemeinheit beschränken wir uns der Kürze halber fortan auf Stoffe, welche sich durch eine *skalare Permeabilität* des festen, positiven Wertes μ auszeichnen. Durch das Symbol Π_0 die sogenannte absolute Permeabilität des leeren Raumes einführend, haben wir somit die Aussage (II 7, 2) durch die *magnetische Zustandsgleichung*

$$B = \Pi_0 \, \mu \, H \qquad \text{(II 7, 6)}$$

zu ersetzen. Sei daher v die *vektorielle Schwerpunktsgeschwindigkeit* eines Elektrizitätsträgers der Ladung e relativ zum Felde des Induktionsvektors B und $[v \, B]$ das äußere Produkt der genannten Vektoren, so erhöht sich die an jenem Ion angreifende ponderomotorische Kraft von ihrem *Coulomb*-schen Werte F nach Gl. (II 7, 3) um den Vektor der *Lorentz*-Kraft

$$F_{\text{Lorentz}} = \text{e} \, [v \, B] \qquad \text{(II 7, 7)}$$

auf die resultierende Kraft

$$F_{\text{r}} = \text{e} \, \{E + [v \, B]\}. \qquad \text{(II 7, 8)}$$

Wir nehmen weiterhin an, daß das Ion beziehentlich der Ladung $e = \pm \, \text{q}$ dem Zwange der Kraft F_{r} nach Maßgabe seiner jeweiligen skalaren *Beweg-lichkeit* $\beta_\pm$ folgt: Sein Geschwindigkeitsvektor $v_\pm$ berechnet sich aus der Gleichung

$$v_\pm = \pm \, \beta_\pm \, \frac{F_{\text{r}}}{\text{e}} = \pm \, \beta_\pm \, \{E + [v \, B]\}; \qquad \text{q} \gtrless 0, \qquad \text{(II 7, 9)}$$

so daß seine Richtung in der Regel von jener der elektrischen Feldstärke E abweicht. Mit dieser fundamentalen Erkenntnis ist nun dem *Ohm*schen Gesetz in seiner einfachen Gestalt (II 7, 5) der Boden entzogen: Der Zusammenhang zwischen der elektrischen Feldstärke E und der Stromdichte j kann nicht mehr mittels einer *skalaren Leitfähigkeit* beschrieben

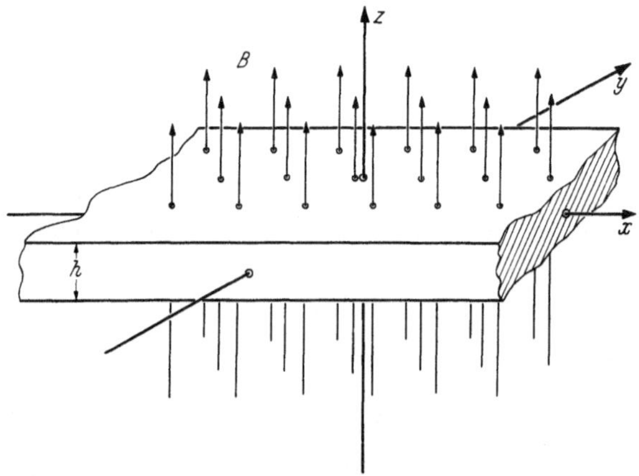

Abb. II 7, 1. Orientierung in der durchströmten Platte.

werden, sondern an deren Stelle tritt ein *Leitfähigkeitstensor*. Die Gesamtheit der physikalischen Erscheinungen, welche durch die Matrix-Komponenten dieses Tensors analytisch erfaßt werden, definiert in ihrer Abhängigkeit von der magnetischen Induktion B den *Hall-Effekt*.

b) Wir beschäftigen uns zunächst mit dem *unipolaren Hall-Effekt*, welcher durch *Wanderionen einheitlichen Vorzeichens* je ihrer individuellen Ladung q erregt wird. Der allgemeinen Analyse dieser Erscheinung schicken wir deren Beschreibung an Hand der *Drude*schen Elektronentheorie der

Metalle voraus; doch empfiehlt es sich aus methodischen Gründen, die Elektronen gedanklich durch Positronen der Ladung $q = + q_0$ zu ersetzen.

Um diese Aufgabe mit elementaren Hilfsmitteln bewältigen zu können, sei folgenden vereinfachenden Annahmen zugestimmt:

1. Von dem ursprünglich kontrollierten, linearen Stromleiter gehen wir zu einer seitlich unbegrenzten, planparallelen Platte der Stärke h über. In ihr orientieren wir uns gemäß Abb. II 7, 1 mittels des rechtsläufigen Bezugssystemes der *Kartesi*schen Koordinaten x; y; z; sein Ursprung liege in der zu den Flanken der Platte parallelen Mittelebene, deren Normale wir mit der z-Achse identifizieren.

2. Im stromlosen Zustande der Platte sei diese dem Einfluß eines von außen erregten, homogenen Magnetfeldes unterworfen, dessen Induktionsvektor B parallel der positiven z-Achse weise.

3. Die elektrische Strömung in der Platte deformiert das vorgenannte „Fremdfeld" des Vektors B durch das ihr genetisch verbundene, magnetische „Eigenfeld"; doch kann und soll dieses Feld durch passende Regelung der Plattenstromdichte so schwach im Vergleich zum Fremdfelde gehalten werden, daß es fortan ohne merklichen Fehler außer acht gelassen werden darf.

4. Wir bezeichnen durch j_x; j_y; j_z die beziehentlich achsenparallelen Komponenten der Stromdichte in der Platte. Die Halbräume $|z| > \frac{1}{2}$ h als vollkommene Isolatoren voraussetzend, zwingen sie der Plattenströmung die Randbedingung

$$j_z = 0 \qquad \text{für} \qquad |z| = \frac{1}{2} \text{h} \qquad \text{(II 7, 10)}$$

auf. Wir erfüllen sie durch die „Hauptlösung"

$$j_z = 0, \qquad \text{(II 7, 11)}$$

so daß sich die Kontinuitätsgleichung

$$\operatorname{div} j = 0 \qquad \text{(II 7, 12)}$$

der Strömung auf

$$\frac{\partial j_x}{\partial x} + \frac{\partial j_y}{\partial y} = 0 \qquad \text{(II 7, 13)}$$

reduziert. Unter Verzicht auf die Vorgabe bestimmter, im Endlichen gelegener Elektroden befriedigen wir die kinematische Forderung (II 7, 13) durch die Annahme der homogenen Stromdichte-Komponenten

$$j_x = \text{const}; \qquad j_y = \text{const}. \qquad \text{(II 7, 14)}$$

Nach allen diesen Vorbereitungen kehren wir nunmehr zu unserer eigentlichen Aufgabe zurück.

Im Hinblick auf die Homogenität und Isotropie der stromführenden Platte ziehen die Gleichungen (II 7, 11) und (II 7, 14) die Eigenschaften

$$E_x = \text{const}; \qquad E_y = \text{const}; \qquad E_z = \text{const} \qquad \text{(II 7, 15)}$$

der beziehentlich achsenparallelen Komponenten der elektrischen Feldstärke E nach sich. Durch $\varDelta_0$ die sogenannte absolute Dielektrizitätskonstante des leeren Raumes und durch ε die relative Dielektrizitätskonstante des Plattenleiters bezeichnend, stellen wir den Feldkomponenten (II 7, 15) die ihnen je zugeordneten Komponenten

$$D_x = \varDelta_0 \, \varepsilon \, E_x; \qquad D_y = \varDelta_0 \, \varepsilon \, E_y; \qquad D_z = \varDelta_0 \, \varepsilon \, E_z \qquad \text{(II 7, 16)}$$

des Vektors D der elektrischen Induktion zur Seite. Gemäß dessen aus (II 7, 15) und (II 7, 16) folgender Quellenfreiheit

$$\operatorname{div} D = 0 \qquad \text{(II 7, 17)}$$

bleibt also der Leiter während der Strömung seiner freien Elektrizitätsträger *quasineutral*: Die nämliche Zahl n mißt die Konzentration sowohl der Wanderionen wie ihrer ortsgebundenen Partner je entgegengesetzten Vorzeichens ihrer Ladung. Seien also v_x, v_y, v_z die beziehentlich achsenparallelen Komponenten des Wanderionen-Geschwindigkeitsvektors, so berechnen sich die entsprechenden Komponenten der Stromdichte mittels der Gleichungen

$$j_x = q_0 \, n \, v_x; \qquad j_y = q_0 \, n \, v_y; \qquad j_z = q_0 \, n \, v_z. \qquad \text{(II 7, 18)}$$

Da nun die magnetische Induktion B nach Voraussetzung parallel der positiven z-Achse weist, entnehmen wir, durch B den absoluten Betrag dieses Vektors bezeichnend, aus (II 7, 9) die Angaben

$$v_x = \beta \{E_x + v_y \, B\}; \qquad v_y = \beta \{E_y - v_x \, B\}; \qquad v_z = \beta \, E_z. \qquad \text{(II 7, 19)}$$

Zufolge (II 7, 11) und (II 7, 19) verschwindet somit die z-Komponente der elektrischen Feldstärke

$$E_z = 0 \qquad \text{(II 7, 20)}$$

gleichzeitig mit der entsprechenden Komponente der Ionengeschwindigkeit

$$v_z = 0. \qquad \text{(II 7, 21)}$$

Dagegen resultieren für die in der Regel endlich verbleibenden Komponenten v_x und v_y dieser Geschwindigkeit in Abhängigkeit von den Bestimmungsgrößen des elektromagnetischen Feldes die Relationen

$$v_x = \beta \frac{E_x + \beta \, B \, E_y}{1 + (\beta \, B)^2} \qquad \text{(II 7, 22)}$$

und

$$v_y = \beta \frac{E_y - \beta \, B \, E_x}{1 + (\beta \, B)^2} \qquad \text{(II 7, 23)}$$

deren Substitution in (II 7, 18) die Gleichungen

$$j_x = q_0 \, n \, \beta \, \frac{E_x + \beta \, B \, E_y}{1 + (\beta \, B)^2} \qquad \text{(II 7, 24)}$$

und

$$j_y = q_0 \, n \, \beta \, \frac{E_y - \beta \, B \, E_x}{1 + (\beta \, B)^2} \qquad \text{(II 7, 25)}$$

der Stromdichte-Komponenten liefert.

Kehrt man nun mittels des Grenzüberganges $(\beta \, B) \to 0$ vorübergehend zur „klassischen" Bewegung der lediglich von der *Coulomb*kraft (II 7, 3) angetriebenen Ionen zurück, so erkennt man in dem Produkt

$$\varkappa = q_0 \, n \, \beta \qquad \text{(II 7, 26)}$$

die skalare Leitfähigkeit, welche in das *Ohm*sche Gesetz (II 7, 5) eingeht. Bei endlichen Werten der magnetischen Induktion dagegen verlangt die Beschreibung der Ionenströmung gemäß (II 7, 24) und (II 7, 25) die Einführung eines *zweidimensionalen Tensors zweiter Stufe*, des *Leitfähigkeitstensors K*. Definieren wir seine gemischten Komponenten $K_l{}^m$, bei Benutzung der Summenkonvention, durch die Vektorgleichung

$$j_l = K_l{}^m \, E_m; \qquad \left.\begin{matrix} l \\ m \end{matrix}\right\} = \left\{\begin{matrix} x \\ y \end{matrix}\right. , \qquad \text{(II 7, 27)}$$

so lautet mit Rücksicht auf (II 7, 26) seine Matrix

$$[K] = \begin{bmatrix} \dfrac{\varkappa}{1+(\beta\,B)^2} & \dfrac{\varkappa\,\beta\,B}{1+(\beta\,B)^2} \\[2ex] -\dfrac{\varkappa\,\beta\,B}{1+(\beta\,B)^2} & \dfrac{\varkappa}{1+(\beta\,B)^2} \end{bmatrix}. \qquad (II\ 7,\ 28)$$

Ihr symmetrischer Anteil

$$[K_\mathrm{s}] = \begin{bmatrix} \dfrac{\varkappa}{1+(\beta\,B)^2} & 0 \\[2ex] 0 & \dfrac{\varkappa}{1+(\beta\,B)^2} \end{bmatrix} \qquad (II\ 7,\ 29)$$

unterrichtet uns über die in Richtung des elektrischen Feldvektors E gemessene *Längsleitfähigkeit*

$$\varkappa_\mathrm{L} = \frac{\varkappa}{1+(\beta\,B)^2}. \qquad (II\ 7,\ 30)$$

Dagegen schildert der antimetrische Tensor K_a der Matrix

$$[K_\mathrm{a}] = \begin{bmatrix} 0 & \dfrac{\varkappa\,\beta\,B}{1+(\beta\,B)^2} \\[2ex] -\dfrac{\varkappa\,\beta\,B}{1+(\beta\,B)^2} & 0 \end{bmatrix} \qquad (II\ 7,\ 31)$$

eine zu E senkrechte Strömung.

Durch $i = \sqrt{-1}$ die Einheit der imaginären Zahlen einführend, definieren wir mittels

$$\bar{E} = \mathrm{E_x} + i\,\mathrm{E_y} \qquad (II\ 7,\ 32)$$

die *komplexe elektrische Feldstärke* innerhalb des Plattenleiters, welcher wir in

$$\bar{\jmath} = \mathrm{j_x} + i\,\mathrm{j_y} \qquad (II\ 7,\ 33)$$

die ebendort auftretende *komplexe Stromdichte* zur Seite stellen. Aus (II 7, 24) und (II 7, 25) folgt dann im Verein mit (II 7, 30) das komplexe *Ohm*sche Gesetz

$$\bar{\jmath} = \bar{\varkappa}\,\bar{E} \qquad (II\ 7,\ 34)$$

in welchem die *komplexe Leitfähigkeit*

$$\bar{\varkappa} = \varkappa_\mathrm{L}\,[1 - i\,\beta\,B] \qquad (II\ 7,\ 35)$$

die Strömungseigenschaften des Plattenleiters zusammenfaßt: Zufolge der vom Magnetfelde bewirkten Deformation der Ionenbahnen fällt der absolute Betrag

$$|\bar{\varkappa}| = \frac{\varkappa}{\sqrt{1+(\beta\,B)^2}} \qquad (II,\ 7\ 36)$$

der komplexen Leitfähigkeit stets kleiner als jener der „magnetfreien", reellen Leitfähigkeit κ aus, und überdies weicht die Richtung des Stromdichtevektors von Vektor der elektrischen Feldstärke um den *Hallschen Spreizwinkel*

$$\delta = \arctg(\beta\,B) \qquad (II\ 7,\ 37)$$

ab. Durch

$$\bar{\jmath}^* = \varkappa_\mathrm{L}\,[1 + i\,\beta\,B]\,\bar{E} \qquad (II\ 7,\ 38)$$

die zu $\bar{\jmath}$ *konjugiert-komplexe Stromdichte* einführend, liefert das Produkt

$$\bar{E}\,\bar{\jmath}^* = \varkappa_L\,[1 + i\,\beta\,B]\,|\bar{E}|^2 \qquad \text{(II 7, 39)}$$

die *komplexe, spezifische Leistung* je Raumeinheit des Plattenleiters. Ihr Realteil

$$\mathrm{Re}\,[\bar{E}\,\bar{\jmath}^*] = \varkappa_L\,|\bar{E}|^2 = \frac{1}{\varkappa}\,|\bar{\jmath}|^2 \qquad \text{(II 7, 40)}$$

mißt die je Raumeinheit entwickelte *Joule*sche Wärme, während ihr Imaginärteil

$$\mathrm{Im}\,[\bar{E}\,\bar{\jmath}^*] = \varkappa_L\,\beta\,B\,|\bar{E}|^2 = \frac{1}{2}\,[j_x\,E_y - j_y\,E_x] \qquad \text{(II 7, 41)}$$

eine Art von spezifischer *Gleichstrom-Blindleistung* schildert, die allerdings mit der ebenso bezeichneten Größe der Wechselstromtechnik nur formal verwandt ist.

Wir kehren zu der reellen Darstellung des *Hall*-Effektes mittels der Gleichungen (II 7, 24) und (II 7, 25) zurück, welche wir mit Hilfe der Koeffizienten

$$a = \frac{1}{\beta\,B}\;; \qquad b = -\,\frac{1 + (\beta\,B)^2}{q_0\,n\,\beta^2\,B}\;,$$

$$c = \frac{q_0\,n}{B}\;; \qquad d = -\,\frac{1}{\beta\,B} \qquad \text{(II 7, 42)}$$

in die Gestalt der *Vierpolgleichungen*

$$\begin{aligned} E_x &= a\,E_y + b\,j_y \\ j_x &= c\,E_y + d j_y \end{aligned} \qquad \text{(II 7, 43)}$$

bringen. In ihnen dürfen wir etwa die Komponenten E_x; j_x als „*Primärveränderliche*" auffassen, welchen wir in E_y; j_y die „*Sekundärveränderlichen*" gegenüberstellen. Sei überdies die Primärseite als Eingang eines „allgemeinen Transformators" gedacht, dessen Ausgang durch die Sekundärseite gegeben ist, so empfiehlt es sich, mittels der Substitutionen

$$E_y{}' = E_y; \qquad j_y{}' = -\,j_y \qquad \text{(II 7, 44)}$$

die positiven Zählrichtungen beziehentlich der Feldstärke $E_y{}'$ und der Stromdichte $j_y{}'$ des sekundärseitig wirksamen „*Hallgenerators*" zu definieren. Im Einklang mit dieser Übereinkunft vertauschen wir den Satz der Koeffizienten (II 7, 42) mit den „gestrichenen" Vierpolkonstanten

$$a' = a = \frac{1}{\beta\,B}\;; \qquad b' = -\,b = \frac{1 + (\beta\,B)^2}{q_0\,n\,\beta^2\,B}\;,$$

$$c' = c = \frac{q_0\,n}{B}\;; \qquad d' = -\,d = \frac{1}{\beta\,B}\;, \qquad \text{(II 7, 45)}$$

so daß die Gleichungen (II 7, 43) in die Relationen

$$\begin{aligned} E_x &= a'\,E_y{}' + b'\,j_y{}' \\ j_x &= c'\,E_y{}' + d'\,j_y{}' \end{aligned} \qquad \text{(II 7, 46)}$$

übergehen; gemäß (II 7, 45) besitzt die Determinante ihrer Koeffizientenmatrix den Wert

$$\begin{vmatrix} a' & b' \\ c' & d' \end{vmatrix} = -\,1. \qquad \text{(II 7, 47)}$$

Im Gegensatz hierzu zeichnet sich die entsprechend gebildete Matrix jedes passiven Vierpoles, der allein aus reellen spezifischen Widerständen und Leitwerten netzartig aufgebaut ist, stets durch den Wert $(+1)$ ihrer Determinante aus. Ungeachtet des durch (II 7, 40) verbürgten, konservativen Charakters des vorgelegten *Hall*-Systemes läßt sich daher sein durch (II 7, 46) analytisch geschildertes Verhalten auf keine Weise mittels eines „äquivalenten Netzwerkes" der genannten Art erfassen, sondern eine solche Darstellung würde, falls beabsichtigt, die Einführung zusätzlicher Generatoren erfordern; sie erscheint daher nicht als zweckmäßig, so daß wir auf ihre explizite Angabe verzichten.

Unter der Gesamtheit der mit den Gleichungen (II 7, 46) vereinbaren Betriebszuständen des Vierpoles seien die folgenden als besonders wichtig hervorgehoben:

1. Im *Leerlauf*

$$\mathfrak{j}_y' = 0 \qquad\qquad (\text{II } 7,\ 48)$$

entwickelt der *Hall*generator die „elektromotorische Feldkraft" $E_{y,0}'$, welche als Funktion der Primärstromdichte $\mathfrak{j}_{x,0}$ durch die Gleichung

$$E_{y,0}' = \frac{1}{c'}\,\mathfrak{j}_{x,0} = \frac{B}{q_0\,n}\,\mathfrak{j}_{x,0} \qquad\qquad (\text{II } 7,\ 49)$$

dargestellt wird. Das aus ihr entnehmbare Verhältnis

$$R_H = \frac{E_{y,0}'}{B\,\mathfrak{j}_{x,0}} = \frac{1}{q_0\,n} \qquad\qquad (\text{II } 7,\ 50)$$

definiert eine feldunabhängige Kennzahl des Plattenleiters, welche als seine *Hallkonstante* bezeichnet wird; ihre Messung informiert uns also — bei bekannter Größe der [positiven] Ladung q_0 je Ion — über die jeweils im Plattenleiter herrschende Konzentration n der beweglichen Elektrizitätsträger. Falls dann diese fundamentale Materialzahl, und mit ihr die *Hall*konstante, als konstant vorausgesetzt werden kann, enthält die aus (II 7, 50) hervorgehende Umkehrformel

$$B = \frac{1}{R_H}\,\frac{E_{y,0}}{\mathfrak{j}_{x,0}} \qquad\qquad (\text{II } 7,\ 51)$$

implizit ein Verfahren zur *Messung der magnetischen Induktion*; es wird, etwa in Verbindung mit einem geeigneten Quotientenmeßwerk [Kreuzspule], zum Bau „*statischer*" *Fluxmeter* ausgenutzt.

Mit Rücksicht auf (II 7, 26) und (II 7, 49) findet man für die im Leerlauf des *Hallgenerators* auftretende Primärfeldstärke $E_{x,0}$ die Angabe

$$E_{x,0} = a'\,E_{y,0}' = \frac{1}{q_0\,n\,\beta}\,\mathfrak{j}_{x,0} = \frac{1}{\varkappa}\,\mathfrak{j}_{x,0}, \qquad\qquad (\text{II } 7,\ 52)$$

welche somit die Kenntnis der „magnetfreien", *Ohm*schen Leitfähigkeit vermittelt.

2. Beim *Kurzschluß*

$$E_y' = 0 \qquad\qquad (\text{II } 7,\ 53)$$

entquillt dem *Hall*generator die *Kurzschluß-Stromdichte*

$$\mathfrak{j}_{y,k}' = \frac{1}{d'}\,\mathfrak{j}_x = \beta\,B\,\mathfrak{j}_x. \qquad\qquad (\text{II } 7,\ 54)$$

Das feldfreie Verhältnis

$$\frac{\mathfrak{j}_{y,k}'}{B\,\mathfrak{j}_x} = \beta \qquad\qquad (\text{II } 7,\ 55)$$

unterrichtet uns also unmittelbar über die *Beweglichkeit* der Elektrizitätsträger, ohne daß es notwendig ist, die [einheitliche] Größe je ihrer individuellen Ladung q_0 zu bestimmen. Die Beobachtung der gleichzeitig auftretenden *Primärfeldstärke*

$$E_x = b'\, j_{y,k} = \frac{1 + (\beta\, B)^2}{q_0\, n\, B}\, j_x = \frac{j_x}{\varkappa_L} \qquad\qquad \text{(II 7, 56)}$$

führt dann mit Rücksicht auf (II 7, 30) zur Kenntnis der *Längsleitfähigkeit*.

d) Wir gehen zum *bipolaren Halleffekt* über, welcher durch die gleichzeitige Bewegung sowohl positiver Ionen je der Ladung $e_+ = +\,q_0$ wie negativer Ionen je der Ladung $e_- = -\,q_0$ im „Fremdfelde" der von außen erregten magnetischen Induktion B hervorgerufen wird. Durch n_+; n_- beziehentlich die Konzentrationen dieser antipolaren Elektrizitätsträger und durch v_+; v_- die Vektoren je ihrer Geschwindigkeit bezeichnend, berechnen sich die Vektoren j_+ und j_- ihrer Stromdichten aus den Gleichungen

$$j_+ = q_0\, n_+\, v_+; \qquad j_- = -\,q_0\, n_-\, v_-. \qquad\qquad \text{(II 7, 57)}$$

Behalten wir nun alle Voraussetzungen des vorangehenden Abschnittes unverändert auch für die hier zu behandelnde Aufgabe bei, so entstehen die Komponentengleichungen der Stromdichte j_+ aus (II 7, 24) und (II 7, 25) durch bloße Umbenennung der dort benutzten Symbole: Man erhält

$$j_{+,x} = q_0\, n_+\, \beta_+\, \frac{E_x + \beta_+\, B\, E_y}{1 + (\beta_+\, B)^2} \qquad\qquad \text{(II 7, 58)}$$

und

$$j_{+,y} = q_0\, n_+\, \beta_+\, \frac{E_y - \beta_+\, B\, E_x}{1 + (\beta_+\, B)^2}. \qquad\qquad \text{(II 7, 59)}$$

Um jedoch die Komponenten der Stromdichte j_- aufzufinden, hat man auf Grund der Angaben (II 7, 9) und (II 7, 57) gleichzeitig sowohl β_+ durch $(-\,\beta_-)$ wie auch $(+\,q_0)$ durch $(-\,q_0)$ zu ersetzen, so daß aus (II 7, 58) und (II 7, 59) beziehentlich die Gleichungen

$$j_{-,x} = q_0\, n_-\, \beta_-\, \frac{E_x - \beta_-\, B\, E_y}{1 + (\beta_-\, B)^2} \qquad\qquad \text{(II 7, 60)}$$

und

$$j_{-,y} = q_0\, n_-\, \beta_-\, \frac{E_y + \beta_-\, B\, E_x}{1 + (\beta_-\, B)^2} \qquad\qquad \text{(II 7, 61)}$$

hervorgehen.

Durch Addition von (II 7, 58) und (II 7, 60) einerseits, (II 7, 59) und (II 7, 61) andererseits gelangt man zur Kenntnis der Komponenten der Gesamtstromdichte

$$j_x = q_0 \left[\left\{ \frac{n_+\, \beta_+}{1 + (\beta_+\, B)^2} + \frac{n_-\, \beta_-}{1 + (\beta_-\, B)^2} \right\} E_y + \right.$$
$$\left. + \left\{ \frac{n_+\, \beta_+^2\, B}{1 + (\beta_+\, B)^2} - \frac{n_-\, \beta_-^2\, B}{1 + (\beta_-\, B)^2} \right\} E_y \right] \qquad\qquad \text{(II 7, 62)}$$

und

$$j_y = q_0 \left[\left\{ \frac{n_+\, \beta_+}{1 + (\beta_+\, B)^2} + \frac{n_-\, \beta_-}{1 + (\beta_-\, B)^2} \right\} E_y - \right.$$
$$\left. - \left\{ \frac{n_+\, \beta_+^2\, B}{1 + (\beta_+\, B)^2} - \frac{n_-\, \beta_-^2\, B}{1 + (\beta_-\, B)^2} \right\} E_x \right]. \qquad\qquad \text{(II 7, 63)}$$

Aus ihnen gewinnen wir, unter Benutzung von (II 7, 44), zwar wiederum die Vierpolgleichungen der allgemeinen Gestalt (II 7, 46); doch tritt an Stelle der Koeffizienten (II 7, 45) das System der „bipolaren" Koeffizienten

$$a' = \frac{\dfrac{n_+ \, \beta_+}{1 + (\beta_+ \, B)^2} + \dfrac{n_- \, \beta_-}{1 + (\beta_- \, B)^2}}{\dfrac{n_+ \, \beta_+{}^2 \, B}{1 + (\beta_+ \, B)^2} - \dfrac{n_- \, \beta_-{}^2 \, B}{1 + (\beta_- \, B)^2}} ; \qquad b' = \frac{1}{q_0} \frac{1}{\dfrac{n_+ \, \beta_+{}^2 \, B}{1 + (\beta_+ \, B)^2} - \dfrac{n_- \, \beta_-{}^2 \, B}{1 + (\beta_- \, B)^2}} ;$$

$$c' = q_0 \frac{\left[\dfrac{n_+ \, \beta_+}{1 + (\beta_+ \, B)^2} + \dfrac{n_- \, \beta_-}{1 + (\beta_- \, B)^2} \right]^2 + \left[\dfrac{n_+ \, \beta_+{}^2 \, B}{1 + (\beta_+ \, B)^2} - \dfrac{n_- \, \beta_-{}^2 \, B}{1 + (\beta_- \, B)^2} \right]^2}{\dfrac{n_+ \, \beta_+{}^2 \, B}{1 + (\beta_+ \, B)^2} - \dfrac{n_- \, \beta_-{}^2 \, B}{1 + (\beta_- \, B)^2}} ;$$

$$d' = \frac{\dfrac{n_+ \, \beta_+}{1 + (\beta_+ \, B)^2} + \dfrac{n_- \, \beta_-}{1 + (\beta_- \, B)^2}}{\dfrac{n_+ \, \beta_+{}^2 \, B}{1 + (\beta_+ \, B)^2} - \dfrac{n_- \, \beta_-{}^2 \, B}{1 + (\beta_- \, B)^2}} \qquad \text{(II 7, 64)}$$

Die Determinante ihrer Matrix befriedigt die Relation

$$\begin{vmatrix} a' & b' \\ c' & d' \end{vmatrix} = -1, \qquad \text{(II 7, 65)}$$

welche mit Gl. (II 7, 47) identisch ist und daher zu den bereits oben diskutierten netzwerktheoretischen Folgerungen führt.

Der Kürze halber beschränken wir die inhaltliche Deutung der Angaben (II 7, 64) auf folgende Sonderfälle:

1. Beim *Leerlauf* des *Hall*generators $[j_y' = 0]$ finden wir das Verhältnis

$$\frac{E_{y,0}'}{j_{x,0} \cdot B} = \left[\frac{E_y'}{j_x \cdot B} \right]_{j_y' = 0} = \qquad \text{(II 7, 66)}$$

$$= \frac{1}{q_0} \frac{\dfrac{n_+ \, \beta_+{}^2}{1 + (\beta_+ \, B)^2} - \dfrac{n_- \, \beta_-{}^2}{1 + (\beta_- \, B)^2}}{\left[\dfrac{n_+ \, \beta_+}{1 + (\beta_+ \, B)^2} + \dfrac{n_- \, \beta_-}{1 + (\beta_- \, B)^2} \right]^2 + \left[\dfrac{n_+ \, \beta_+{}^2 \, B}{1 + (\beta_+ \, B)^2} - \dfrac{n_- \, \beta_-{}^2 \, B}{1 + (\beta_- \, B)^2} \right]^2} ,$$

welches sich also, im Gegensatz zu dem festen Wert der in (II 7, 50) definierten *Hall*konstanten, als Funktion der magnetischen Induktion B erweist.

Nur im Grenzfalle $(\beta_- \, B) \to 0$ der Bewegung ausschließlich positiver Wanderionen wird (II 7, 66) gemäß

$$R_H^{(+)} = \lim_{\beta_- B \to 0} \frac{E_{y,0}'}{j_{x,0} \cdot B} = \frac{1}{q_0 \, n_+} \qquad \text{(II 7, 67)}$$

inhaltlich mit der Angabe (II 7, 50) identisch, während der umgekehrte Grenzfall $(\beta_+ \, B) \to 0$ der Bewegung allein negativer Wanderionen auf die *Hall*konstante

$$R_H^{(-)} = \lim_{\beta_+ B \to 0} \frac{E_{y,0}'}{j_{x,0} \cdot B} = - \frac{1}{q_0 \, n_-} \qquad \text{(II 7, 68)}$$

führt; die Messung der unipolaren *Hall*konstanten $R_H^{(+)}$ oder $R_H^{(-)}$ unterrichtet uns daher sowohl über das *Ladungsvorzeichen* der jeweils strömenden

Elektrizitätsträger wie über deren *räumliche Dichte*, so daß sie eines der wichtigsten Hilfsmittel der modernen experimentellen *Halbleiterforschung* bildet.

Zum allgemeinen Falle gleichzeitig wirksamer Wanderionen beiderlei Vorzeichens zurückkehrend, gelangen wir von (II 7, 66) erst durch den Prozeß $B \to 0$ zu der feldfreien Kennzahl

$$R_H = \lim_{B \to 0} \frac{E'_{y,0}}{j_{x,0} \cdot B} = \frac{1}{q_0} \frac{n_+ \, \beta_+{}^2 - n_- \, \beta_-{}^2}{[n_+ \, \beta_+ + n_- \, \beta_-]^2} , \qquad (II\ 7,\ 69)$$

welche also an die Stelle der, strenggenommenen, hier fehlenden *Hall*konstanten tritt.

2. Im Kurzschluß $(E_y' = 0)$ des *Hall*generators resultiert aus (II 7, 46) im Verein mit (II 7, 64) die Angabe

$$\frac{j'_{y,k}}{j_{x,k} \cdot B} = \left[\frac{j_y'}{j_x \cdot B} \right]_{E_y' = 0} = \frac{\dfrac{n_+ \, \beta_+{}^2}{1 + (\beta_+ \, B)^2} - \dfrac{n_- \, \beta_-{}^2}{1 + (\beta_- \, B)^2}}{\dfrac{n_+ \, \beta_+}{1 + (\beta_+ \, B)^2} + \dfrac{n_- \, \beta_-}{1 + (\beta_- \, B)^2}} . \qquad (II\ 7,\ 70)$$

Sie führt im Falle ausschließlich positiver Wanderionen $(\beta_- \, B \to 0)$ auf deren Beweglichkeit

$$\lim_{\beta_- \, B \to 0} \frac{j'_{y,k}}{j_{x,k} \cdot B} = \beta_+ \qquad (II\ 7,\ 71)$$

während sie im Falle ausschließlich negativer Wanderionen $(\beta_+ \, B \to 0)$ die Kenntnis der diesen zukommenden Beweglichkeit

$$\lim_{\beta_+ \, B \to 0} \frac{j_{y,k}}{j_{x,k} \cdot B} = \beta_- \qquad (II\ 7,\ 72)$$

vermittelt. Bei gleichzeitiger Strömung der Elektrizitätsträger beiderlei Vorzeichens ihrer jeweiligen Ladung liefert der Grenzübergang zu infinitesimal schwacher magnetischer Induktion mittels (II 7, 70) die Aussage

$$\lim_{B \to 0} \frac{j'_{y,k}}{j_{x,k} \cdot B} = \frac{n_+ \, \beta_+{}^2 - n_- \, \beta_-{}^2}{n_+ \, \beta_+ + n_- \, \beta_-} . \qquad (II\ 7,\ 73)$$

Durch ihre Verbindung mit (II 7, 69) gelangt man zu der Relation

$$\frac{1}{R_H} \left[\frac{j'_{y,k}}{j_{x,k} \cdot B} \right]^2 = q_0 \, [n_+ \, \beta_+{}^2 - n_- \, \beta_-{}^2]. \qquad (II\ 7,\ 74)$$

e) In der bisher entwickelten, elementaren Theorie des *Hall*effektes haben wir den beiderlei Elektrizitätsträgern unterschiedlichen Vorzeichens ihrer Ladung je einheitliche Geschwindigkeiten zugeschrieben. Diese einfache Annahme widerspricht jedoch dem tatsächlichen Verhalten dieser Ionen, deren individuelle Geschwindigkeiten vielmehr über die Umgebung ihres Erwartungswertes *statistisch verteilt* sind; es gilt, die hierfür maßgebenden Gesetze zu ermitteln und in die Theorie des *Hall*effektes einzuführen.

Wir kehren zu der in Ziffer II 2 behandelten *anisotropen Zustandsverteilung* der Elektrizitätsträger zurück. Der Kürze halber beschränken wir uns auf die Ionenbewegung in der planparallelen Platte. Im Lichte der Gl. (II 7, 8) haben wir dann, falls wir das bisher benützte Bezugssystem weiterhin beibehalten, in der Regel sowohl die Beschleunigung A_x der Ionen in x-Richtung wie auch deren Beschleunigung A_y in y-Richtung in

Rechnung zu stellen, so daß sich die sechs kinematischen Schwerpunkts-koordinaten

$$\begin{matrix} x & y & z \\ v_x & v_y & v_z \end{matrix} \qquad \text{(II 7, 75)}$$

eines zum Zeitpunkt t kontrollierten Ions während der infinitesimal kurzen Zeitspanne $\varDelta t$ in

$$\begin{aligned} x' &= x + v_x\,\varDelta t; & y' &= y + v_y\,\varDelta t; & z' &= z + v_z\,\varDelta t \\ v_x' &= v_x + A_x\,\varDelta t; & v_y' &= v_y + A_y\,\varDelta t; & v_z' &= v_z; \end{aligned} \qquad \text{(II 7, 76)}$$

verwandeln. Durch

$$f = f(x, y, z; v_x, v_y, v_z; t) \qquad \text{(II 7, 77)}$$

die in (II 7, 3) definierte Verteilungsfunktion n einheitlicher Elektrizitäts-träger einführend, verallgemeinern wir nun im Anschluß an *R. Gans* den *Lorentz*schen Ansatz (II 7, 35) der nur *eindimensional*-anisotropen Ver-teilung zu der *zweidimensional*-anisotropen Verteilung

$$f = f_0(x; v) + v_x\,\sigma(x; v) + v_y\,\tau(x; v) \qquad \text{(II 7, 78)}$$

in welcher

$$v = \sqrt{v_x{}^2 + v_y{}^2 + v_t{}^2} \qquad \text{(II 7, 79)}$$

den absoluten Betrag der beliebig gerichteten Korpuskulargeschwindigkeit des Ions bezeichnet; die „*Grundverteilung*" $f_0(x; v)$ schildert somit eine im „Geschwindigkeitsraum" der Koordinaten v_x; v_y; v_z isotrope Funktion, welche in x- und y-Richtung beziehentlich durch die mit v_x und v_y pro-portionalen Störungen nach Maßgabe der im Geschwindigkeitsraum gleich-falls isotropen Koeffizientenfunktionen $\sigma(x; v)$ und $\tau(y; v)$ „verzerrt" wird. Aus (II 7, 17) resultiert nun im Verein mit (II 7, 75) und (II 7, 76) für die Verteilungsfunktion f die *Stationaritätsbedingung*

$$\frac{\partial f}{\partial x}\,v_x + \frac{\partial f}{\partial y}\,v_y + \frac{\partial f}{\partial v_x}\,A_x + \frac{\partial f}{\partial v_y}\,A_y = \beta - \alpha, \qquad \text{(II 7, 80)}$$

in welcher die „Austauschdifferenz" $(\beta - \alpha)$, bei gegebener Größe λ der mittleren freien Weglänge, sich durch sinngemäße Ergänzung der Bilanz (II 7, 43) zu

$$\beta - \alpha = -\frac{v}{\lambda}\,[v_x\,\sigma(x; v) + v_y\,\tau(x; v)] \qquad \text{(II 7, 81)}$$

berechnet; daher entsteht aus (II 7, 80) die Gleichung

$$\frac{\partial f}{\partial x}\,v_x + \frac{\partial f}{\partial y}\,v_y + \frac{\partial f}{\partial x}\,A_x + \frac{\partial f}{\partial y}\,A_y = -\frac{v}{\lambda}[v_x\,\sigma(x; v) + v_y\,\tau(x; v)]. \qquad \text{(II 7, 82)}$$

Handelt es sich nun um eine nur *schwache Störung* der Isotropie im Ge-schwindigkeitsraum — und dieser Fall sei weiterhin vorausgesetzt — so gelten in hinreichender Genauigkeit die Näherungen

$$\frac{\partial f}{\partial x}\,v_x = \frac{\partial f_0}{\partial x}\,v_x; \qquad \frac{\partial f}{\partial y}\,v_y = \frac{\partial f_0}{\partial y}\,v_y, \qquad \text{(II 7, 83)}$$

sowie

$$\frac{\partial f}{\partial v_x} = \frac{\partial f_0}{\partial v}\cdot\frac{v_x}{v} + \sigma(x; v); \qquad \frac{\partial f}{\partial v_y} = \frac{\partial f_0}{\partial v}\cdot\frac{v_y}{v} + \tau(x; v). \qquad \text{(II 7, 84)}$$

Wir legen der Dynamik der Ionen innerhalb des Plattenleiters die *Newton*sche Mechanik zugrunde. Dann haben wir der invarianten Ladung e jedes individuellen Elektrizitätsträgers seine feste Masse m zur Seite zu stellen, so daß sich seine beziehentlich der x- und der y-Achse parallelen Beschleunigungskomponenten A_x und A_y aus

$$A_x = \frac{e}{m}\,[E_x + v_y\,B]; \qquad A_y = \frac{e}{m}\,[E_y - v_x\,B] \qquad \text{(II 7, 85)}$$

ergeben. Die Substitution von (II 7, 83), (II 7, 84) und (II 7, 85) in (II 7, 82) führt auf die Gleichung

$$v_x\left[\frac{\partial f_0}{\partial x} + \frac{e}{m}\,E_x\,\frac{1}{v}\,\frac{\partial f_0}{\partial v} - \frac{e}{m}\,B\,\tau + \frac{v}{\lambda}\,\sigma\right] + \qquad \text{(II 7, 86)}$$

$$+ v_y\left[\frac{\partial f_0}{\partial y} + \frac{e}{m}\,E_y\,\frac{1}{v}\,\frac{\partial f_0}{\partial v} + \frac{e}{m}\,B\,\sigma + \frac{v}{\lambda}\,\tau\right] + \sigma\,\frac{e}{m}\,E_x + \tau\,\frac{e}{m}\,E_y = 0.$$

Nun verschärfen wir die frühere Annahme der nur schwachen Anisotropie der Geschwindigkeitsverteilung zu der Bedingung, daß die Quadrate der durchschnittlichen Geschwindigkeitskomponente $\langle v_x \rangle$ und $\langle v_y \rangle$ stets klein gegenüber dem Erwartungswert $\langle v^2 \rangle$ der quadratischen Schwarmgeschwindigkeit bleiben:

$$\frac{\langle v_x \rangle^2}{\langle v^2 \rangle} \ll 1; \qquad \frac{\langle v_y \rangle^2}{\langle v^2 \rangle} \ll 1. \qquad \text{(II 7, 87)}$$

Vorbehaltlich des später zu erbringenden Beweises dürfen wir dann in (II 7, 86) die von v_x und v_y freien Posten gegen die übrigen vernachlässigen, so daß diese Gleichung in die beiden simultanen Forderungen

$$\frac{\partial f_0}{\partial x} + \frac{e}{m}\,E_x\,\frac{1}{v}\,\frac{\partial f_0}{\partial v} - \frac{e}{m}\,B\,\tau + \frac{v}{\lambda}\,\sigma = 0 \qquad \text{(II 7, 88)}$$

und

$$\frac{\partial f_0}{\partial y} + \frac{e}{m}\,E_y\,\frac{1}{v}\,\frac{\partial f_0}{\partial v} + \frac{e}{m}\,B\,\sigma + \frac{v}{\lambda}\,\tau = 0 \qquad \text{(II 7, 89)}$$

zerfällt. Um sie nach den unbekannten Funktionen σ und τ aufzulösen, führen wir durch

$$\Omega = \frac{e}{m}\,B \qquad \text{(II 7, 90)}$$

die *Zyklotron-Kreisfrequenz* der im homogenen Magnetfeld vom Induktionsbetrage B längs des Kreises vom Halbmesser

$$\varrho = \frac{v}{\Omega} \qquad \text{(II 7, 91)}$$

umlaufenden Ionen (e; m) ein und erhalten mittels der Abkürzungen

$$f_x = \frac{\partial f_0}{\partial x} + \frac{e}{m}\,E_x\,\frac{1}{v}\,\frac{\partial f_0}{\partial v} \qquad \text{(II 7, 92)}$$

und

$$f_y = \frac{\partial f_0}{\partial y} + \frac{e}{m}\,E_y\,\frac{1}{v}\,\frac{\partial f_0}{\partial v} \qquad \text{(II 7, 93)}$$

die Angaben

$$\sigma = -\frac{\lambda}{v}\,\frac{f_x + \dfrac{\lambda}{\varrho}\,f_y}{1 + \left(\dfrac{\lambda}{\varrho}\right)^2}, \qquad \text{(II 7, 94)}$$

sowie

$$\tau = -\frac{\lambda}{v}\,\frac{f_y - \dfrac{\lambda}{\varrho}\,f_x}{1 + \left(\dfrac{\lambda}{\varrho}\right)^2}, \qquad (\text{II } 7,\ 95)$$

Definitionsgemäß beschreibt nun das Verhältnis

$$\frac{\Delta n}{n\,\Delta x\,\Delta y\,\Delta z} = f \cdot \Delta v_x\,\Delta v_y\,\Delta v_z \qquad (\text{II } 7,\ 96)$$

die *Anwesenheits-Wahrscheinlichkeit* eines dem Konfigurationsvolumen $\Delta x\,\Delta y\,\Delta z$ angehörigen Ladungsträgers im Element $\Delta v_x\,\Delta v_y\,\Delta v_z$ des Geschwindigkeitsraumes. Von den Differenzen Δv_x, Δv_y, Δv_z beziehentlich zu den Differentialen dv_x, dv_y, dv_z übergehend, finden wir daher mittels (II 7, 78) im Verein mit (II 7, 94) und (II 7, 95) für die Erwartungswerte $\langle v_x\rangle$ und $\langle v_y\rangle$ der Geschwindigkeitskomponenten v_x und v_y die Dreifachintegrale

$$\langle v_x\rangle = \int\limits_{v_x=-\infty}^{\infty} \int\limits_{v_y=-\infty}^{\infty} \int\limits_{v_z=-\infty}^{\infty} v_x\,[f_0 + v_x\,\sigma + v_y\,\tau]\,dv_x\,dv_y\,dv_z, \qquad (\text{II } 7,\ 97)$$

sowie

$$\langle v_y\rangle =: \int\limits_{v_x=-\infty}^{\infty} \int\limits_{v_y=-\infty}^{\infty} \int\limits_{v_z=-\infty}^{\infty} v_y\,[f_0 + v_x\,\sigma + v_y\,\tau]\,dv_x\,dv_y\,dv_z. \qquad (\text{II } 7,\ 98)$$

Auf Grund ihrer Definition genügen nun die Funktionen f_0, σ und τ den Symmetrieeigenschaften

$$f_0(-v_x) = f_0(+v_x); \qquad f_0(-v_y) = f_0(+v_y), \qquad (\text{II } 7,\ 99)$$
$$\sigma(-v_x) = \sigma(+v_x); \qquad \sigma(-v_y) = \sigma(+v_y), \qquad (\text{II } 7,\ 100)$$

sowie

$$\tau(-v_x) = \tau(+v_x); \qquad \tau(-v_y) = \tau(+v_y), \qquad (\text{II } 7,\ 101)$$

so daß sich die Gleichungen (II 7, 97), (II 7, 98) auf

$$\langle v_x\rangle =: \int\limits_{v_x=-\infty}^{\infty} \int\limits_{v_y=-\infty}^{\infty} \int\limits_{y_z=-\infty}^{\infty} v_x{}^2\,\sigma(\mathbf{x};v)\,dv_x\,dv_y\,dv_z \qquad (\text{II } 7,\ 102)$$

und

$$\langle v_y\rangle = \int\limits_{v_x=-\infty}^{\infty} \int\limits_{v_y=-\infty}^{\infty} \int\limits_{v_z=-\infty}^{\infty} v_y{}^2\,\tau(\mathbf{x};v)\,dv_x\,dv_y\,dv_z \qquad (\text{II } 7,\ 103)$$

reduzieren. Unter nochmaliger Berufung auf die Annahme einer nur schwachen Anisotropie der Geschwindigkeitsverteilung dürfen wir, zu sphärischen Geschwindigkeitskoordinaten übergehend, innerhalb der von den Halbmessern v und $(v + dv)$ begrenzten Kugelschale die Quadrate $v_x{}^2$ und $v_y{}^2$ beziehentlich durch ihre dortigen Mittelwerte

$$\bar{v}_x{}^2 = \bar{v}_y{}^2 = \frac{1}{3}\,v^2 \qquad (\text{II } 7,\ 104)$$

ersetzen und erhalten aus (II 7, 102), (II 7, 103) die Angaben

$$\langle v_x \rangle = \frac{4\,\pi}{3} \int\limits_{v=0}^{\infty} v^4\, \sigma(x\,;v)\, dv, \qquad\qquad \text{(II 7, 105)}$$

sowie

$$\langle v_y \rangle = \frac{4\,\pi}{3} \int\limits_{v=0}^{\infty} v^4\, \tau(x\,;v)\, dv. \qquad\qquad \text{(II 7, 106)}$$

Fortan beschränken wir uns, wie früher, auf einen homogenen Plattenleiter, welcher überdies gleichförmig temperiert sei; die Grundverteilung f_0 zeichnet sich dann durch die simultanen Eigenschaften

$$\frac{\partial f_0}{\partial x} = 0\,; \qquad \frac{\partial f_0}{\partial y} = 0 \qquad\qquad \text{(II 7, 107)}$$

aus. Mit Rücksicht auf (II 7, 92) und (II 7, 93) liefern daher die Gleichungen (II 7, 94) und (II 7, 95) die Angaben

$$\sigma = -\,\lambda \frac{e}{m} \frac{1}{v^2} \frac{\partial f_0}{\partial v} \; \frac{E_x + \dfrac{\lambda}{\varrho}\, E_y}{1 + \left(\dfrac{\lambda}{\varrho}\right)^2}\,, \qquad\qquad \text{(II 7, 108)}$$

sowie

$$\tau = -\,\lambda \frac{e}{m} \frac{1}{v^2} \frac{\partial f_0}{\partial v} \; \frac{E_y - \dfrac{\lambda}{\varrho}\, E_x}{1 + \left(\dfrac{\lambda}{\varrho}\right)^2}\,. \qquad\qquad \text{(II 7, 109)}$$

Definieren wir jetzt die vom elektrischen Feld freien Funktionen L_1 und L_0 durch

$$L_1 = \frac{\lambda}{m} \cdot 4\,\pi \int\limits_{v=0}^{\infty} \frac{v^2}{1 + \left(\dfrac{\lambda}{\varrho}\right)^2} \frac{\partial f_0}{\partial v}\, dv \qquad\qquad \text{(II 7, 110)}$$

sowie, mit Rücksicht auf (II 7, 90), (II 7, 91)

$$\Omega\, L_0 = \Omega \frac{\lambda^2}{m} 4\,\pi \int\limits_{0}^{\infty} \frac{v}{1 + \left(\dfrac{\lambda}{\varrho}\right)^2} \frac{\partial f_0}{\partial v}\, dv, \qquad\qquad \text{(II 7, 111)}$$

so entstehen aus (II 7, 105), (II 7, 106), (II 7, 108) und (II 7, 109) die Relationen

$$\langle v_x \rangle = -\,\frac{e}{3}\, [L_1\, E_x + \Omega\, L_0\, E_y], \qquad\qquad \text{(II 7, 112)}$$

sowie

$$\langle v_y \rangle = -\,\frac{e}{3}\, [L_1\, E_y - \Omega\, L_0\, E_x]. \qquad\qquad \text{(II 7, 113)}$$

Aus ihnen ermitteln wir durch Multiplikation mit der Konzentration n der Ionen und deren individueller Ladung e die Komponenten der Stromdichte

$$j_x = - \frac{e^2 n}{3} [L_1 E_x + \Omega L_0 E_y], \qquad (II\ 7,\ 114)$$

$$j_y = - \frac{e^2 n}{3} [L_1 E_y - \Omega L_0 E_x]. \qquad (II\ 7,\ 115)$$

Da sie sich hiernach als lineare, homogene Funktionen der elektrischen Feldstärke-Komponenten erweisen, stimmen sie in dieser tensoranalytischen Eigenschaft mit den auf elementarem Wege berechneten Komponenten (II 7, 24), (II 7, 25) der Stromdichte überein, so daß wir auf die erneute Diskussion der hierdurch erfaßten *geometrischen* Zusammenhänge verzichten dürfen. Dagegen treten grundsätzliche *physikalische* Unterschiede zwischen dem Verhalten einer unipolaren Ionengesamtheit einheitlichen Wertes ihrer Geschwindigkeit und dem hier behandelten Kollektiv von Ladungsträgern auf, deren individuelle Geschwindigkeiten voneinander abweichen. Der Kürze halber erläutern wir diesen Sachverhalt lediglich am Falle

$$j_y = 0 \qquad (II\ 7,\ 116)$$

des leerlaufenden *Hall*generators: Aus Gleichung (II 7, 115) die *Kompensationsbedingung*

$$E_{x,0} = \frac{L_1}{\Omega L_0} E_{y,0} \qquad (II\ 7,\ 117)$$

entnehmend, bilden wir nach deren Substitution in (II 7, 114) das Verhältnis

$$\frac{E_{y,0}}{j_{x,0}} = - \frac{1}{e^2 n} \frac{3 \Omega L_0}{L_1{}^2 + \Omega^2 L_0{}^2}. \qquad (II\ 7,\ 118)$$

Während nun sein im Einklang mit den *Drude*schen Anschauungen nach (II 7, 50) auf elementarem Wege berechneter Wert stets dem Produkte der dort eingeführten, unipolaren *Hall*konstanten R_H mit dem beliebig wählbaren Betrage B der magnetischen Induktion gleicht, stellt die hier entwickelte *Gans-Lorentz*sche Theorie einen solchen einfachen Zusammenhang als strenges Gesetz in Abrede: Gemäß (II 7, 118) gelangt man erst durch den Grenzprozeß $\Omega \to 0$ oder, mit anderen Worten [vgl. Gl. (II 7, 90)], durch den Übergang zu verschwindend schwacher magnetischer Induktion, zu der feldfreien Festzahl

$$R_H = \lim_{\Omega \to 0} \frac{E_{y,0}}{B\, j_{x,0}} = - \frac{1}{e\, n\, m} \lim_{\Omega \to 0} \frac{3 L_0}{L_1{}^2}, \qquad (II\ 7,\ 119)$$

welche nunmehr die *Hall*konstante des jeweils kontrollierten Plattenleiters definiert.

Um die vorstehend angegebenen Formeln der Anwendung zu erschließen, müssen wir die jeweils zuständige *Grundverteilung* f_0 kennen; wir unterscheiden zwei Fälle:

1. Der Beschreibung des *Hall*effektes in *Metallen* ist die *Fermi-Dirac*sche Statistik der Elektronen $[e = - q_0;\ m = m_0]$ zugrunde zu legen. Wir führen durch

$$\eta = \frac{m_0}{2} v^2 \qquad (II\ 7,\ 120)$$

die *kinetische Energie* des Einzelelektrons ein, während ζ das *Thermodynamische Potential* des Elektronenkollektivs bei der *absoluten Tem-*

peratur T seines Gleichgewichtszustandes messe. Bezeichnet h das *Planck*sche Wirkungsquantum und k die *Boltzmann*sche Konstante, so lautet die *Fermi-Dirac*sche Verteilungsfunktion

$$f_0 = \frac{1}{n}\left(\frac{m_0}{h}\right)^3 \frac{2}{e^{\frac{\eta-\zeta}{kT}} + 1} . \qquad (II\ 7,\ 121)$$

Wir beschränken uns weiterhin auf den *hoch entarteten* Zustand der Metallelektronen. Das Thermodynamische Potential ζ darf dann in ausreichender Genauigkeit mit der sogenannten *Fermi-Kante* ζ_F vertauscht werden, welche im Grenzfalle $T \to 0$ der Verteilungsfunktion f_0 die Alternative

$$\lim_{T\to 0} \frac{n\,f_0}{2\left(\dfrac{m_0}{h}\right)^3} = \begin{matrix} 1 \\ 0 \end{matrix}\ ; \qquad \eta \lessgtr \zeta_F \qquad (II\ 7,\ 122)$$

entsprechend Abb. II 7, 2 diktiert; wir stellen ihr mittels der aus (II 7, 120) hervorgehenden Gleichung

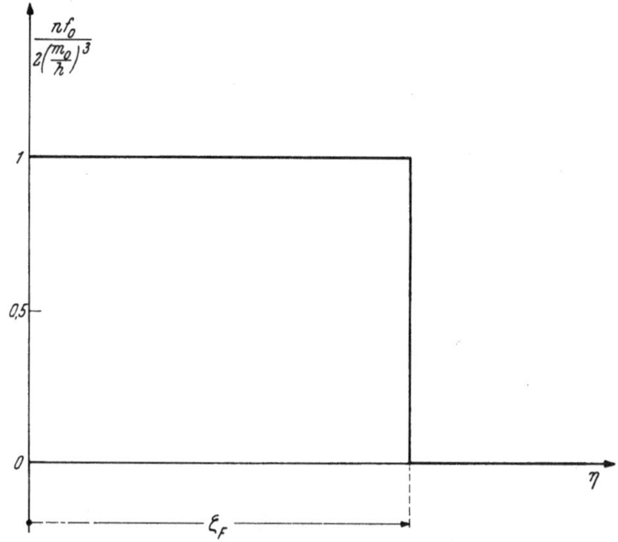

Abb. II 7, 2. *Fermi*sche Verteilung hochentarteter Metallelektronen.

$$\zeta_F = \frac{m_0}{2}\,v_F^2 \qquad (II\ 7,\ 123)$$

die *maximale Nullpunktsgeschwindigkeit* v_F der Elektronen zur Seite. Durch Integration über den Geschwindigkeitsraum folgt somit aus (II 7, 121) die Relation

$$\lim_{T\to 0} n = \left(\frac{m_0}{h}\right)^3 2 \cdot 4\,\pi \int_0^{v_F} v^2\,dv = \left(\frac{m_0}{h}\right)^3 \frac{8\,\pi}{3}\,v_F^3 \qquad (II\ 7,\ 124)$$

durch welche umgekehrt, bei vorgegebener Konzentration n der Elektronen, die Geschwindigkeit v_F zu

$$v_F = \frac{h}{m_0}\sqrt{\frac{3\,n}{8\,\pi}} \qquad (II\ 7,\ 125)$$

bestimmt wird.

Bei endlicher Temperatur T des hoch entarteten Elektronengases fällt nach Ausweis der Abb. II 7, 3 der Differentialquotient $\partial f_0/\partial\eta$ nur in einer schmalen Umgebung der *Fermi*-Kante merklich von Null verschieden aus; wegen

$$\frac{\partial f_0}{\partial v} = \frac{\partial f_0}{\partial \eta}\frac{d\eta}{dv} = m\, v\, \frac{\partial f_0}{\partial \eta} \qquad\text{(II 7, 126)}$$

leistet daher nur die Umgebung der Geschwindigkeit v_F einen merklichen Beitrag zu den Integralen (II 7, 110) und (II 7, 111). Durch

$$\varrho_F = \frac{v_F}{\Omega} \qquad\text{(II 7, 127)}$$

den v_F nach (II 7, 91) zugeordneten Kreishalbmesser einführend, finden wir daher bei Benutzung von (II 7, 121) und (II 7, 124) mit ausreichender Genauigkeit

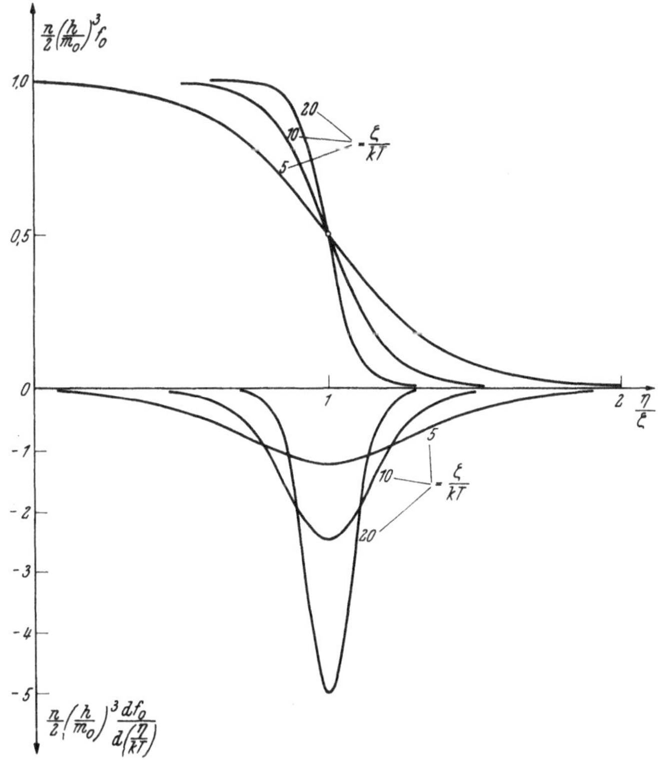

Abb. II 7, 3. *Fermi*sche Verteilungsfunktionen und ihr Differentialquotient.

$$L_1 \approx \frac{\lambda^2}{m_0}\, 4\,\pi\, \frac{v_F^2}{1+\left(\frac{\lambda}{\varrho_F}\right)^2} \int_0^\infty \frac{\partial f_0}{\partial v}\, dv = -\frac{\lambda}{m_0}\frac{3}{v_F}\frac{1}{1+\left(\frac{\lambda}{\varrho_F}\right)^2} \qquad\text{(II 7, 128)}$$

und

$$L_0 \approx \frac{\lambda^2}{m_0}\, 4\,\pi\, \frac{v_F}{1+\left(\frac{\lambda}{\varrho_F}\right)^2} \int_0^\infty \frac{\partial f_0}{\partial v}\, dv = -\frac{\lambda^2}{m_0}\frac{3}{v_F^2}\frac{1}{1+\left(\frac{\lambda}{\varrho_F}\right)^2}. \qquad\text{(II 7, 129)}$$

Die Substitution dieser Ausdrücke in (II 7, 118) liefert nun unter Berufung auf (II 7, 90)

$$\frac{E_{y,0}}{j_{x,0}} = -\frac{1}{e^2 n}\frac{\Omega}{m_0} = -\frac{1}{e\,n}B = \frac{1}{q_0\,n}B, \qquad \text{(II 7, 130)}$$

so daß das Verhältnis

$$\frac{E_{y,0}}{B\,j_{x,0}} = \frac{1}{q_0\,n} = R_H \qquad \text{(II 7, 131)}$$

sogar bei endlichen Beträgen der magnetischen Induktion mit dem Grenzwert (II 7, 19) übereinstimmt; überdies liefert die *Gans-Lorentz*sche Theorie, angewandt auf die *Fermi-Dirac*sche Elektronenstatistik, genau das Ergebnis der elementaren *Drude*schen Überlegungen. Dieses auf den ersten Blick gewiß unerwartete Resultat scheint den an (II 7, 118) anknüpfenden und zu (II 7, 119) führenden Restriktionen zu widersprechen; man darf jedoch nicht vergessen, daß die Angabe (II 7, 131) nur angenähert richtig ist, so daß grundsätzlich auch hier erst (II 7, 119) zu einer strengen Definition der *Hall*konstanten verhilft. Ungeachtet dieser Kritik bestätigen jedoch die Gleichungen (II 7, 108) und (II 7, 109) im Verein mit (II 7, 112), (II 7, 113), (II 7, 128) und (II 7, 129) die Berechtigung der von (II 7, 86) zu (II 7, 88), (II 7, 89) führenden Separation unter der Bedingung (II 7, 87).

2. Es wird sich später zeigen, daß die Wanderionen in *Halbleitern* wesentlich der *Maxwell-Boltzmann*schen Geschwindigkeitsverteilung gehorchen. Beschränken wir uns der Kürze halber auf Elektrizitätsträger *positiver Masse*

$$m > 0, \qquad \text{(II 7, 132)}$$

so wird demnach die Grundfunktion f_0 durch den Ausdruck

$$f_0 = \frac{1}{(2\,\pi\,m\,k\,T)^{3/2}}e^{-\frac{v^2}{2\,m\,k\,T}}; \qquad 0 \leq v < \infty \qquad \text{(II 7, 133)}$$

dargestellt; aus ihm entnehmen wir

$$\frac{\partial f_0}{\partial v} = -\frac{2\,\pi\,v}{(2\,\pi\,m\,k\,T)^{5/2}}e^{-\frac{v^2}{2\,m\,k\,T}}. \qquad \text{(II 7, 134)}$$

Im Einklang mit der Definition (II 7, 119) der unipolaren *Hall*konstanten bilden wir aus (II 7, 110)

$$\lim_{\Omega \to 0} L_1 = -\frac{\lambda}{m}4\,\pi \int_0^\infty \frac{2\,\pi\,v}{(2\,\pi\,m\,k\,T)^{5/2}}e^{-\frac{v^2}{2\,m\,k\,T}}v^2\,dv = -\frac{\lambda}{m}\frac{\cdot 4}{\sqrt{2\,\pi\,m\,k\,T}} \qquad \text{(II 7, 135)}$$

und aus (II 7, 111)

$$\lim_{\Omega \to 0} L_0 = -\frac{\lambda^2}{m}4\,\pi \int_0^\infty \frac{2\,\pi}{(2\,\pi\,m\,k\,T)^{5/2}}e^{-\frac{v^2}{2\,m\,k\,T}}v^2\,dv = -\frac{\lambda^2}{m}\frac{1}{m\,k\,T}, \qquad \text{(II 7, 136)}$$

so daß

$$R_H = -\frac{3\,\pi}{8}\frac{1}{e\,n} \qquad \text{(II 7, 137)}$$

resultiert; durch Vergleich dieses Ergebnisses mit der Angabe (II 7, 131) erkennt man, daß unter sonst gleichen Daten des Plattenleiters die jeweilige Geschwindigkeitsverteilung seiner Wanderionen einen nur geringfügigen Einfluß auf den Zahlenwert der *Hall*konstanten ausübt.

Obwohl wir uns in diesem Abschnitt geflissentlich auf den unipolaren *Hall*effekt beschränkt haben, lassen sich doch die gefundenen Sätze unschwer auf den bipolaren *Hall*effekt erweitern. Im Falle der *Fermi*statistik kommt man hierbei auf Gl. (II 7, 69) zurück, während im Falle der *Maxwell-Boltzmann*schen Statistik der Ausdruck (II 7, 69) erst nach Multiplikation mit $3\pi/8$ die *Hall*konstante liefert.

f) Aus der bisher als allseitig unbegrenzt vorausgesetzten Platte schneiden wir mittels der Ebenen $y = \pm \frac{1}{2}b$ einen parallel der x-Achse veraufenden linearen Leiter aus, dessen Querschnitt S das Gebiet

$$-\frac{1}{2}b < y < \frac{1}{2}b; \qquad -\frac{1}{2}h < z < \frac{1}{2}h \qquad \text{(II 7, 138)}$$

gleichmäßig erfüllt; unter Beschränkung auf den Fall der unipolaren Elektrizitätsbewegung im Plattenleiter ergänzen wir dessen früher mitgeteilte Daten [Konzentration n der Wanderionen je der Masse m und der Ladung e] durch die Angabe seiner [skalaren] Dielektrizitätskonstanten ε, welche als positive Konstante vorausgesetzt wird. Dagegen statten wir die gesamte Umgebung des linearen Leiters mit einem allerdings nur hypothetischen Stoffe aus, welchem wir gleichzeitig die Eigenschaften eines vollkommenen Isolators und eines dielektrisch „tauben" Materiales verschwindend kleiner Dielektrizitätskonstanten zuschreiben. Im Einklang mit dem Kontinuitätsgesetz der Elektrizität führt dann der lineare Leiter gewiß überall die gleiche Integralstromstärke J nach Maßgabe der Längsstromdichte j_x

$$J = \int\limits_{y=-(1/2)b}^{(1/2)b} \int\limits_{z=-(1/2)h}^{(1/2)h} j_x \, dx \, dy, \qquad \text{(II 7, 139)}$$

während die Querkomponenten j_y und j_z der Stromdichte an den beziehentlich senkrecht zu ihnen orientierten Leiterflanken verschwinden müssen:

$$j_y = 0 \quad \text{für} \quad y = \pm\frac{1}{2}b; \quad j_z = 0 \quad \text{für} \quad z = \pm\frac{1}{2}h. \quad \text{(II 7, 140)}$$

Der Einfachheit halber sei vorausgesetzt, daß die Wanderionen der *Fermi-Dirac*schen Statistik unterliegen. Im stationären Zustande des Systemes genügen wir dann den Bedingungen (II 7, 139) und (II 7, 140) durch die Aussagen:

1. Die Längsstromdichte j_x verteilt sich gleichförmig über den Leiterquerschnitt

$$j_x = \frac{1}{S} J. \qquad \text{(II 7, 141)}$$

2. Gemäß (II 7, 11) verschwindet die parallel zum Magnetfeld gerichtete Querkomponente j_z der Stromdichte identisch

$$j_z = 0. \qquad \text{(II 7, 142)}$$

3. Die senkrecht zum Magnetfeld weisende Querkomponente j_y der Stromdichte wird entsprechend (II 7, 130) durch die ebenso liegende Komponente

$$E_{y,0} = R_H \cdot B \cdot j_x = -\frac{1}{e\,n} B j_x \qquad \text{(II 7, 143)}$$

der elektrischen Feldstärke vollständig unterdrückt.

Diese Zusammenfassung der früher gefundenen Gesetzmäßigkeiten vermittelt uns zwar den sozusagen phänomenologischen Tatbestand des *Hall*-effektes im linearen Leiter; doch läßt sich uns über dessen *Genetik* im Dunkeln: Man denke sich den Strom J zum Zeitpunkt t = 0 plötzlich dem vorher stromfreien Leiter aufgezwungen und dann in unveränderter Stärke erhalten; wie entsteht im Leiter das kompensierende Querfeld $E_{y,0}$?

Wir setzen die *Ohm*sche Leitfähigkeit

$$\varkappa = |e|\, n\, \beta \qquad (II\ 7,\ 144)$$

des Leiters als so niedrig voraus, daß die Längsstromdichte j_x ungeachtet der unmittelbar nach dem Einschalten des Stromes J einsetzenden elektromagnetischen Ausgleichsvorgänge in jedem Augenblicke merklich gleichförmig über den Leiterquerschnitt verteilt bleibt

$$j_x = \begin{cases} 0 & t < 0 \\ \dfrac{1}{S}\,J & t > 0 \end{cases} \quad \text{für} \qquad . \qquad (II\ 7,\ 145)$$

Während wir nun die Annahme (II 7, 142) unverändert beibehalten dürfen, existiert die Komponente j_y der Stromdichte nur innerhalb des Leiters; dort möge sie als Funktion allein der laufenden Zeit t angesetzt werden

$$j_y = j_y(t); \qquad \begin{aligned} -\tfrac{1}{2} b < y < \tfrac{1}{2} b \\[4pt] -\tfrac{1}{2} h < z < \tfrac{1}{2} h \end{aligned} \qquad (II\ 7,\ 146)$$

An den sperrenden Flanken $y = \pm \tfrac{1}{2} b$ sammelt sich also eine *flächenhaft verteilte Ladung* an, deren Dichte $\pm\, \sigma$ der Kontinuitätsgleichung

$$j_y = \pm \frac{d\sigma}{dt} \qquad \text{für} \qquad y \to \pm \frac{1}{2} b \qquad (II\ 7,\ 147)$$

gehorcht. Bezeichnet nun $\varDelta_0$ die sogenannte Dielektrizitätskonstante des leeren Raumes, so treffen wir im Innern des Leiters das elektrische Querfeld

$$E_y = \frac{\sigma}{\varDelta_0 \cdot \varepsilon} \qquad (II\ 7,\ 148)$$

an; es genügt gemäß (II 7, 44), (II 7, 63) und (II 7, 64) der Differentialgleichung

$$j_x = \frac{e\,n}{B}\,E_y \pm \frac{\varDelta_0 \cdot \varepsilon}{\beta\,B}\,\frac{dE_y}{dt}; \qquad e \gtrless 0. \qquad (II\ 7,\ 149)$$

Ergänzen wir sie durch die Anfangsbedingung

$$E_y = 0 \qquad \text{für} \qquad t = 0, \qquad (II\ 7,\ 150)$$

so lautet mit Rücksicht auf (II 7, 67), (II 7, 68), (II 7, 144) und (II 7, 145) ihr Integral

$$E_y = j_x\, B\, R_H \left[1 - e^{-\frac{\varkappa}{\varDelta_0 \varepsilon} t} \right], \qquad (II\ 7,\ 151)$$

welches den exponentiellen Aufbau jenes Feldes nach Maßgabe der *Relaxationszeit*

$$\tau = \frac{\varDelta \cdot \varepsilon}{\varkappa} \qquad (II\ 7,\ 152)$$

ausspricht.

g) Wir kehren zum stationären Zustande des homogenen und isotropen Plattenleiters zurück. Während wir indes die frühere Voraussetzung des gleichförmigen Magnetfeldes vom Betrage B seiner parallel der positiven z-Achse weisenden Induktion unverändert beibehalten, lassen wir die zusätzliche Annahme der uniformen elektrischen Strömung im Plattenleiter fortan fallen. Welche partiellen Differentialgleichungen regeln dann die Struktur seines elektrischen Feldes?

Erweitert man die Gesetze des bipolaren *Hall*effektes von Elektrizitätsträgern beziehentlich einheitlicher Geschwindigkeit mit Hilfe der Gleichungen (II 7, 114) und (II 7, 115) auf Ionen statistisch verteilter Individualgeschwindigkeiten, so resultieren an jedem Orte $(x; y)$ des Bereiches $|z| < \frac{1}{2} h$ zwischen den Komponenten $(E_x; E_y' = E_y)$ der elektrischen Feldstärke und den Komponenten $(j_x; j_y' = - j_y)$ der Stromdichte die Relationen

$$E_x = a' \, E_y' + b' \, j_y'$$
$$j_x = c' \, E_y' + d' \, j_y' \qquad \text{(II 7, 153)}$$

deren Koeffizienten $(a'; b'; c'; d')$ vermöge ihrer Feldabhängigkeit allein von der magnetischen Induktion B im Rahmen der vorliegenden Aufgabe je eine ortsunabhängige Konstante definieren; überdies zeichnen sie sich entsprechend (II 7, 64) und (II 7, 65) durch die Eigenschaften

$$a' = d' \qquad \text{(II 7, 154)}$$

und

$$b' \, c' - a' \, d' = 1 \qquad \text{(II 7, 155)}$$

aus. Da nun der Zustand des Plattenleiters als *stationär* vorausgesetzt wurde, läßt sich die elektrische Feldstärke als negativer Gradient eines zeitfreien elektrischen Skalarpotentiales $\varphi = \varphi(x; y)$ darstellen

$$E_x = - \frac{\partial \varphi}{\partial x}; \qquad E_y' = E_y = - \frac{\partial \varphi}{\partial y}; \qquad - \frac{1}{2} h < z < \frac{1}{2} h, \qquad \text{(II 7, 156)}$$

während die Stromdichte der Kontinuitätsgleichung

$$\frac{\partial j_x}{\partial x} + \frac{\partial j_y}{\partial y} = \frac{\partial j_x}{\partial x} - \frac{\partial j_y'}{\partial y} = 0; \qquad - \frac{1}{2} h < z < \frac{1}{2} h \qquad \text{(II 7, 157)}$$

genügt; sie zieht mit Rücksicht aus die aus (II 7, 153) und (II 7, 155) hervorgehenden Beziehungen

$$j_x = \frac{1}{b'} \, [d' \, E_x + E_y']; \qquad j_y' = \frac{1}{b'} \, [E_x - a' \, E_y'] \qquad \text{(II 7, 158)}$$

die Aussage

$$\frac{1}{b'} \left[d' \, \frac{\partial E_x}{\partial x} + a' \, \frac{\partial E_y'}{\partial y} \right] = 0 \qquad \text{(II 7, 159)}$$

nach sich, welche im Verein mit (II 7, 154) das elektrische Feld als *quellenfrei* kennzeichnet

$$\frac{\partial E_x}{\partial x} + \frac{\partial E_y'}{\partial y} = 0. \qquad \text{(II 7, 160)}$$

Das Potential φ befriedigt daher die *Laplace*sche Gleichung

$$\frac{\partial^2 \varphi}{\partial x^2} + \frac{\partial^2 \varphi}{\partial y^2} = 0. \qquad \text{(II 7, 161)}$$

Unter nochmaliger Berufung auf (II 7, 154) folgt nun aus (II 7, 156), (II 7, 158) und (II 7, 160) die *Wirbelfreiheit auch der Stromdichte*

$$\frac{\partial j_x}{\partial y} - \frac{\partial j_y}{\partial x} = \frac{\partial j_x}{\partial y} + \frac{\partial j_y'}{\partial x} = \frac{1}{b'}\left[d'\frac{\partial E_x}{\partial y} + \frac{\partial E_y'}{\partial y} + \frac{\partial E_x}{\partial x} - a'\frac{\partial E_y'}{\partial x}\right] = 0.$$

$$\text{(II 7, 162)}$$

Daher können wir ihre Komponenten mittels der Vorschriften

$$j_x = -\frac{\partial \Phi}{\partial x}; \qquad j_y' = -j_y = \frac{\partial \Phi}{\partial y}; \qquad -\frac{1}{2}h < z < \frac{1}{2}h \qquad \text{(II 7, 163)}$$

von einem zeitfreien Skalarpotential $\Phi = \Phi(x; y)$ herleiten, welches gemäß (II 7, 157) ebenfalls der *Laplace*schen Gleichung genügt

$$\frac{\partial^2 \Phi}{\partial x^2} + \frac{\partial^2 \Phi}{\partial y^2} = 0. \qquad \text{(II 7, 164)}$$

Um den Zusammenhang zwischen dem „*Feldpotential*" φ und dem „*Strompotential*" Φ herzustellen, ergänzen wir das erstgenannte durch die „*Kraftfunktion*" $\psi = \psi(x; y)$ und das zweitgenannte durch die „*Fluß-funktion*" $\Psi = \Psi(x; y)$ beziehentlich zu den komplexen analytischen Funktionen

$$\chi = \varphi + i\,\psi; \qquad X = \Phi + i\,\Psi; \qquad i = \sqrt{-1} \qquad \text{(II 7, 165)}$$

der komplexen Veränderlichen

$$w = x + i\,y. \qquad \text{(II 7, 166)}$$

Zufolge der hiernach gleichzeitig bestehenden *Cauchy-Riemann*schen Gleichungen

$$\frac{\partial \varphi}{\partial x} = \frac{\partial \psi}{\partial y} = -E_x; \qquad \frac{\partial \psi}{\partial x} = -\frac{\partial \varphi}{\partial y} = E_y = E_y',$$

$$\frac{\partial \Phi}{\partial x} = \frac{\partial \Psi}{\partial y} = -j_x; \qquad \frac{\partial \Psi}{\partial x} = -\frac{\partial \Phi}{\partial y} = j_y = -j_y' \qquad \text{(II 7, 167)}$$

liefern dann die Relationen (II 7, 158) im Verein mit (II 7, 163) die Aussagen

$$-\frac{\partial \Phi}{\partial x} = -\frac{1}{b'}\left[d'\frac{\partial \varphi}{\partial x} - \frac{\partial \psi}{\partial x}\right]; \qquad \frac{\partial \Phi}{\partial y} = \frac{1}{b'}\left[-\frac{\partial \psi}{\partial y} + a'\frac{\partial \varphi}{\partial y}\right],$$

$$-\frac{\partial \Psi}{\partial y} = -\frac{1}{b'}\left[d'\frac{\partial \psi}{\partial y} + \frac{\partial \varphi}{\partial y}\right]; \qquad -\frac{\partial \Psi}{\partial x} = -\frac{1}{b'}\left[\frac{\partial \varphi}{\partial x} + a'\frac{\partial \psi}{\partial x}\right],$$

$$\text{(II 7, 168)}$$

welche wegen (II 7, 154) durch die Transformation

$$\Phi = \frac{1}{b'}\left[d' \cdot \varphi - \psi\right] = \frac{1}{b'}\left[a' \cdot \varphi - \psi\right],$$

$$\Psi = \frac{1}{b'}\left[a'\,\psi + \varphi\right] = \frac{1}{b'}\left[d'\,\psi + \varphi\right]$$

$$\text{(II 7, 169)}$$

oder deren mit Hilfe von (II 7, 155) gebildete Umkehrung

$$\varphi = \frac{1}{c'}\left[d' \cdot \Phi + \Psi\right] = \frac{1}{c'}\left[a'\,\Phi + \Psi\right],$$

$$\psi = \frac{1}{c'}\left[a'\,\Psi - \Phi\right] = \frac{1}{c'}\left[d'\,\Psi - \Phi\right]$$

$$\text{(II 7, 170)}$$

zur Identität werden; insbesondere fließt somit der Strom im Plattenleiter längs der Kurven

$$b' \cdot \Psi = a'\,\psi + \varphi = d'\,\psi + \varphi = \text{const.} \qquad \text{(II 7, 171)}$$

Als *Beispiel* behandeln wir die kreissymmetrische Strömung zwischen zwei je im Ursprung zentrierten Ringelektroden der Halbmesser r_1 und $r_2 > r_1$, welche beziehentlich die festen Potentiale $\varphi_1 = U$ und $\varphi_2 = 0$ führen. Vertauschen wir die Kartesischen Koordinaten $(x; y)$ mit den ebenen Polarkoordinaten [Abb. II 7, 4]

$$r = \sqrt{x^2 + y^2}; \qquad \vartheta = \operatorname{arc\,tg} \frac{y}{x}.$$

$$(II\ 7,\ 172)$$

so lautet das komplexe Feldpotential der vorgelegten Anordnung

$$\chi = \varphi + i\,\psi = \frac{U}{\ln \dfrac{r_2}{r_1}}\left[\ln \frac{r_2}{r} - i\,\vartheta\right].$$

$$(II\ 7,\ 173)$$

Gemäß (II 7, 171) wird demnach die Gesamtheit der Flußlinien durch die Bildungsvorschrift

$$b'\Psi = \frac{U}{\ln \dfrac{r_2}{r_1}}\left[\ln \frac{r_2}{r} - a'\,\vartheta\right] = \text{const}$$

$$(II\ 7,\ 174)$$

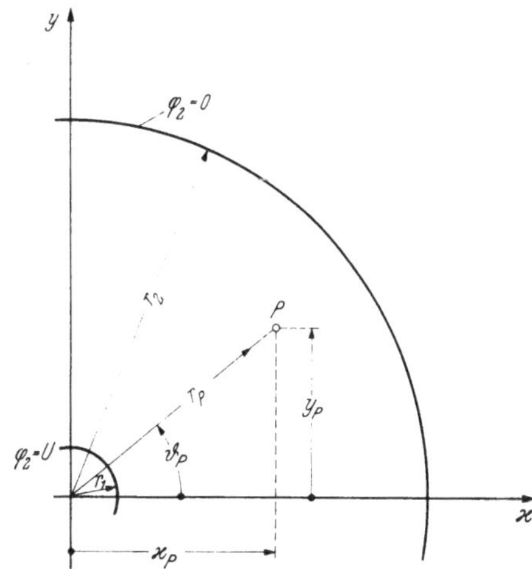

Abb. II 7, 4. Halleffekt zwischen Ringelektroden.

erfaßt. Bezeichnen wir durch ϑ_2 das Azimut einer individuellen Kurve dieser Schar auf der Elektrode $r = r_2$, so lautet also ihre Gleichung

$$\ln \frac{r_2}{r} = a'(\vartheta - \vartheta_2); \qquad \frac{r}{r_2} = e^{-a'(\vartheta - \vartheta_2)}, \qquad (II\ 7,\ 175)$$

welche durch die logarithmischen Spiralen der Abb. II 7, 5 veranschaulicht wird.

h) Während wir bisher das Eigenmagnetfeld des Stromes geflissentlich gegen das Fremdfeld vernachlässigt haben und hierdurch zur Beschreibung

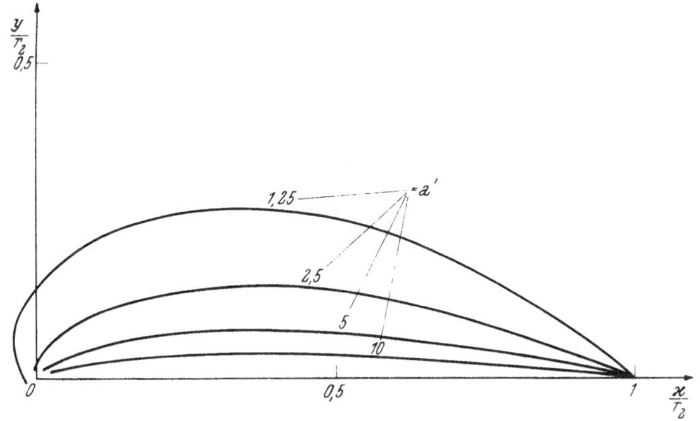

Abb. II 7, 5. Spiralströmung durch Halleffekt zwischen Ringelektroden.

des „äußeren" *Hall*effektes gelangten, fragen wir hier nach den Gesetzmäßigkeiten des „inneren" *Hall*effektes, welcher durch die *Lorentz*kraft allein des Eigenmagnetfeldes an den Wanderionen hervorgerufen wird.

Im stromlosen Zustande des Plattenleiters entfällt jede Raumeinheit seines Existenzbereiches die gleiche Anzahl n_0 positiver und negativer Elektrizitätsträger beziehentlich der individuellen Ladungen $\pm$ e. Der Kürze halber beschränken wir die beabsichtigte Untersuchung auf den unipolaren *Hall*effekt positiver Wanderionen [e > 0] der einheitlichen Beweglichkeit β [*Drude*sche Theorie!], welche am jeweiligen Kontrollort (x; y; z) des linearen Leiters $|x| < \infty$; $|y| < \frac{1}{2}$ b; $|z| < \frac{1}{2}$ h nach Abb. II 7, 6

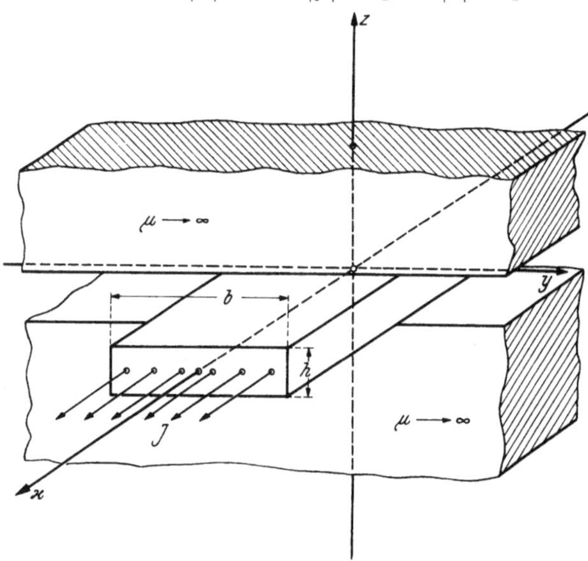

Abb. II 7, 6. Zur Beschreibung des inneren Halleffektes.

die Konzentration n aufweisen mögen. In Ergänzung dieser kinematischen Angaben schreiben wir dem Plattenleiter die skalaren, feldunabhängigen Werte ε seiner [relativen] Dielektrizitätskonstanten und μ seiner [relativen] Permeabilität zu, welchen wir die konventionellen Größen der absoluten Dielektrizitätskonstanten $\varDelta$ und der absoluten Permeabilität $\varPi$ des leeren Raumes zur Seite stellen, gleichzeitig denken wir uns die beiden Halbräume $|z| > \frac{1}{2}$ h von einem Stoffe unmeßbar hoher Permeabilität μ erfüllt, während die Flanken $|y| = \frac{1}{2}$ b; $|z| < \frac{1}{2}$ h das elektrische Feld innerhalb des linearen Leiters gegen die stromfreien Außengebiete der Platte $|z| < \frac{1}{2}$ h vollständig isolieren sollen.

Im stationären Zustande des Systemes möge der kontrollierte, lineare Leiter den Integralstrom J führen; seine von z unabhängige, parallel der x-Achse gerichtete Dichte j_x berechnet sich aus der entsprechenden Komponente E_x der elektrischen Feldstärke nach Maßgabe der Gleichung

$$j_x = e\, n\, \beta\, E_x. \tag{II 7, 176}$$

Unter den genannten Voraussetzungen weist das magnetische Feld im Gebiete $|z| < \frac{1}{2}$ h parallel der z-Achse, so daß die Komponente B_z der magnetischen Induktion B mit j_x durch das Durchflutungsgesetz

$$\frac{1}{\varPi_0\, \mu} \frac{dB_z}{dy} = j_x = e\, n\, \beta\, E_x \tag{II 7, 177}$$

verknüpft ist; sie erfaßt jedes individuelle Wanderion mit der in Richtung der y-Achse wirksamen *Lorentz*kraft

$$F_y = -e\, \beta\, E_x \cdot B_z. \tag{II 7, 178}$$

Da nun die Querkomponente j_y der Stromdichte j im stationären Zustande des Systemes verschwinden muß, bildet sich im linearen Leiter ein *elektrisches Querfeld* aus, dessen Stärke E_y sich aus der *Kompensationsbedingung*

$$F_y + e\,E_y = 0 \qquad\qquad (\text{II 7, 179})$$

zu

$$E_y = \beta\,E_x\,B \qquad\qquad (\text{II 7, 180})$$

bestimmt; die Verteilung seiner Quellen wird gemäß

$$\Delta_0 \cdot \varepsilon \cdot \frac{dE_y}{dy} = e(n - n_0) \qquad\qquad (\text{II 7, 181})$$

von der jeweils herrschenden *Dichte der Raumladung* diktiert. Durch

$$c = \frac{1}{\sqrt{\varepsilon\,\Delta_0\,\mu\,\Pi_0}} \qquad\qquad (\text{II 7, 182})$$

die Ausbreitungsgeschwindigkeit elektromagnetischer Wellen in einem Isolator der Dielektrizitätskonstanten ε und der Permeabilität μ bezeichnend, gewinnen wir aus (II 7, 177), (II 7, 180) und (II 7, 181) für die Konzentration n der Wanderionen die Gleichung

$$e(n - n_0) = \beta\,E_x\,\frac{dB_z}{dy} = e\,n\left(\frac{\beta\,E_x}{c}\right)^2, \qquad\qquad (\text{II 7, 183})$$

welcher wir die Angabe

$$n = \frac{n_0}{1 - \left(\dfrac{\beta\,E_x}{c}\right)^2} \qquad\qquad (\text{II 7, 184})$$

entnehmen; da nun die Konzentration n als solche gewiß stets *positiv* ausfallen muß, kann die geschilderte Bewegung der Wanderionen nur unter der einschränkenden Bedingung

$$\left(\frac{\beta\,E_x}{c}\right)^2 < 1 \qquad\qquad (\text{II 7, 185})$$

realisiert werden.

Zu (II 7, 181) zurückkehrend, finden wir für das Querfeld E_y die Differentialgleichung

$$\Delta_0 \cdot \varepsilon \cdot \frac{dE_y}{dy} = e\,n_0\,\frac{\left(\dfrac{\beta\,E_x}{c}\right)^2}{1 - \left(\dfrac{\beta\,E_x}{c}\right)^2}, \qquad\qquad (\text{II 7, 186})$$

während wegen rot $E = 0$ [stationärer Zustand!] das Längsfeld E_x über den gesamten Leiterquerschnitt gleichförmig verteilt ist:

$$E_x = \text{const.}; \qquad |y| < \frac{1}{2}b, \qquad |z| < \frac{1}{2}h. \qquad (\text{II 7, 187})$$

Mit Rücksicht auf die Symmetrie des Systemes wird daher (II 7, 186) durch die homogene, lineare Funktion

$$E_y = \frac{e\,n_0}{\Delta_0 \cdot \varepsilon}\,\frac{\left(\dfrac{\beta\,E_x}{c}\right)^2}{1 - \left(\dfrac{\beta\,E_x}{c}\right)^2}\,y \qquad\qquad (\text{II 7, 188})$$

integriert, so daß (II 7, 180) im Verein mit (II 7, 182) auf die Aussage

$$B_z = \Pi_0 \, \mu \, \frac{e \, n_0 \, \beta \, E_x}{1 - \left(\dfrac{\beta \, E_x}{c}\right)^2} \, y \qquad \text{(II 7, 189)}$$

führt. War nun der kontrollierte Leiter im stromlosen Zustande als ganzes *elektrisch neutral* — und dies sei weiterhin vorausgesetzt — so muß er diese Eigenschaft auch während der Bewegung der Ladungsträger beibehalten. Daher tritt ein eigentümlicher „*Hauteffekt*" auf: Entsprechend Abb. II 7, 7 erfüllen die *Wanderionen* zufolge ihrer Konzentration $n > n_0$ nur den „*Kern*" $|y| < \frac{1}{2} b'$ der gesamten Leiterbreite b, während umgekehrt die beiden „*Flanken*" $\frac{1}{2} b' < |y| < \frac{1}{2} b$ ausschließlich *immobile Ionen* der „eingeprägten" Konzentration n_0 beherbergen; aus der *Ladungsbilanz*

$$e \, [n - n_0] \, b' \, h = e \, n_0 \, [b - b'] \, h \qquad \text{(II 7, 190)}$$

resultiert mit Rücksicht auf (II 7, 184) und (II 7, 185) die einfache Gesetzmäßigkeit

$$0 < \frac{b'}{b} = 1 - \left(\frac{\beta \, E_x}{c}\right)^2 < 1. \qquad \text{(II 7, 191)}$$

Wie beeinflußt dieser innere *Hall*effekt die Gültigkeit des *Ohm*schen Gesetzes?

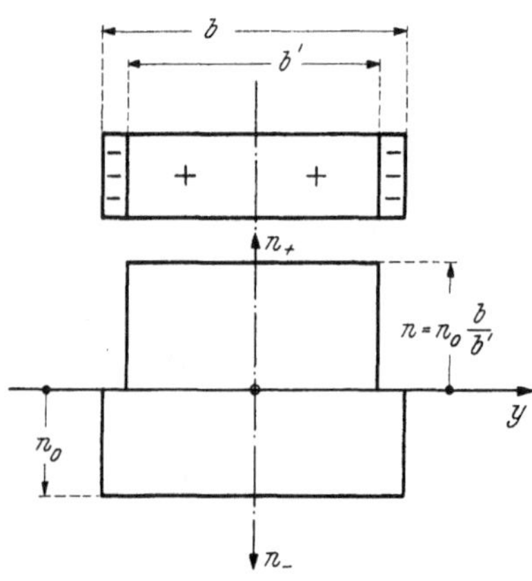

Abb. II 7, 7. „Hauteffekt" bei Gleichstrom.

Die Beantwortung der gestellten Frage kann von zwei wesentlich verschiedenen Gesichtspunkten aus erfolgen:

1. Im Lichte der Gleichungen (II 7, 176) und (II 7, 187) haben wir dem *Kerngebiet* die Leitfähigkeit

$$\varkappa = \frac{j_x}{E_x} = e \, n \, \beta = e \, n_0 \, \beta \, \frac{1}{1 - \left(\dfrac{\beta \, E_x}{c}\right)^2} \, ; \qquad |y| < \frac{1}{2} b' \qquad \text{(II 7, 192)}$$

zuzuschreiben, während im Bereiche der *Flanken*

$$\varkappa = \frac{j_x}{E_x} = 0 ; \qquad \frac{1}{2} b' < |y| < \frac{1}{2} b \qquad \text{(II 7, 193)}$$

resultiert: In seiner *differentiellen* Gestalt

$$j = \varkappa_0 \, E ; \qquad \varkappa_0 = e \, n_0 \, \beta \qquad \text{(II 7, 194)}$$

ist das *Ohm*sche Gesetz *ungültig*.

2. Der kontrollierte Leiter führt den Gesamtstrom

$$J = \int\limits_{y = -(1/2)\,b}^{(1/2)\,b} \int\limits_{z = -(1/2)\,h}^{(1/2)\,h} j_x(y; z) \, dy \, dz = e \, n_0 \, \beta \, E_x \, b \, h. \qquad \text{(II 7, 195)}$$

Da nun längs des Leiterabschnittes $\varDelta x = 1$ die Spannung

$$U = 1 \cdot E_x \qquad \text{(II 7, 196)}$$

auftritt, liefern die Gleichungen (II 7, 194), (II 7, 195) und (II 7, 196) die Relation

$$J = \varkappa_0 \frac{b\,h}{l}\,U = \frac{U}{R}, \qquad\qquad \text{(II 7, 197)}$$

in welcher

$$R = \frac{l}{\varkappa_0\,b\,h} \qquad\qquad \text{(II 7, 198)}$$

den *Ohm*schen Widerstand jenes Leiterabschnittes als *feldunabhängigen Festwert* definiert: Sie verbürgt die *Persistenz* des in seinem mathematischen Charakter doch gewiß *linearen, Ohm*schen Gesetzes in dessen *integraler* Form ungeachtet des nach (II 7, 192) wesentlich *nichtlinearen* Zusammenhanges zwischen der Longitudinalfeldstärke am Leiter und der von dieser erregten Kernstrom*dichte*! Bei der Beurteilung der Tragweite dieses bemerkenswerten Satzes darf man allerdings nicht vergessen, daß sein Beweis durchaus an die einschränkende Bedingung (II 7, 185) gebunden ist; indes sei der Kürze halber auf die Analyse der Strömung bei sehr starken Longitudinalfeldern der Eigenschaft $|\beta\,E_x| > c$ verzichtet, zumal eine solche Bewegung nach den Lehren der *speziellen Relativitätstheorie* prinzipiell nur in Stoffen der phänomenologischen Kennzahl $\varepsilon\,\mu < 1$ realisierbar wäre.

i) Wir ergänzen die vorangegangene Beschreibung des *stationären*, inneren *Hall*effektes durch dessen *Dynamik*: Zum Zeitpunkt $t = 0$ werde dem Mantel des bis dahin stromlosen Leiters plötzlich das weiterhin konstante elektrische Longitudinalfeld E_x aufgezwungen; wie gelangen dann die Wanderionen von ihrer anfangs gleichmäßigen Ruheverteilung mit der Konzentration n_0 zur Kernströmung mit der Konzentration $n > n_0$? Wir lassen weiterhin die Induktionswirkungen des zeitlich veränderlichen Magnetfeldes geflissentlich außer acht, so daß wir die Aussage (II 7, 187) zu

$$E_x(t) = \begin{matrix} 0; & t < 0 \\ E_x; & t > 0 \end{matrix}; \qquad |y| < \frac{1}{2}b; \qquad |z| < \frac{1}{2}h \qquad \text{(II 7, 199)}$$

verallgemeinern dürfen; dagegen ist die Konzentration n als eine vorerst unbekannte Funktion sowohl der laufenden Zeit t wie der Querkoordinate y anzusetzen:

$$n = n(t; y). \qquad\qquad \text{(II 7, 200)}$$

Demnach schildert für alle Zeiten $t > 0$ Gl. (II 7, 176) die Longitudinalstromdichte

$$j_x = j_x(t; y) = e\,n\,\beta\,E_x \qquad\qquad \text{(II 7, 201)}$$

mit welcher die Induktionskomponente $B_z = B_z(t; y)$ durch die Relation

$$\frac{1}{\Pi_0\,\mu}\frac{\partial B_z}{\partial y} = j_x = e\,n\,\beta\,E_x \qquad\qquad \text{(II 7, 202)}$$

genetisch verknüpft ist. Da somit auch das elektrische Querfeld E_y von t und y abhängig wird, haben wir die frühere *Quellengleichung* (II 7, 181) durch

$$\Delta_0\varepsilon\,\frac{\partial E_y}{\partial y} = e(n - n_0) \qquad\qquad \text{(II 7, 203)}$$

zu ersetzen, während die *Querstromdichte*

$$j_y = j_y(t; y) = e\,n\,\beta\,[E_y - B_z\,\beta\,E_x] \qquad\qquad \text{(II 7, 204)}$$

der *Kontinuitätsgleichung*

$$\frac{\partial j_y}{\partial y} = - \frac{\partial}{\partial t} \left[e(n - n_0) \right] = - e \frac{\partial n}{\partial t} \qquad \text{(II 7, 205)}$$

unterworfen ist.

Wir entnehmen aus (II 7, 203) die Relationen

$$n = n_0 + \frac{\Delta_0 \varepsilon}{e} \frac{\partial E_y}{\partial y} \; ; \qquad \frac{\partial n}{\partial t} = \frac{\Delta_0 \varepsilon}{e} \frac{\partial^2 E_y}{\partial y \, \partial t} \qquad \text{(II 7, 206)}$$

und erhalten durch deren Substitution in (II 7, 204) die Darstellung

$$j_y = \beta \left[e\, n_0 + \Delta_0 \varepsilon \frac{\partial E_y}{\partial y} \right] \left[E_y - B_z \beta E_x \right] \qquad \text{(II 7, 207)}$$

der Querstromdichte. Durch

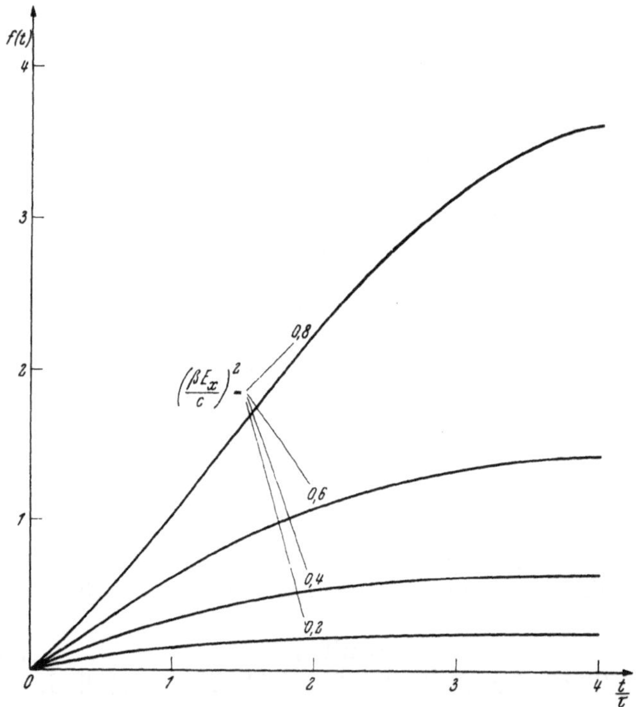

Abb. II 7, 8. Einschaltvorgang beim Halleffekt.

$$\tau = \frac{\Delta_0 \varepsilon}{\varkappa_0} = \frac{\Delta_0 \varepsilon}{\beta \, e \, n_0} \qquad \text{(II 7, 208)}$$

die *Relaxationszeit* des kontrollierten Leiters definierend, finden wir somit unter Benutzung von (II 7, 182) und (II 7, 202) aus (II 7, 205) die *partielle Differentialgleichung des elektrischen Querfeldes*

$$\frac{\partial^2 E_y}{\partial y \, \partial t} + \qquad \text{(II 7, 209)}$$

$$+ \beta \frac{\partial^2 E_y}{\partial y^2} \left[E_y \cdot B_z \beta E_x \right] + \beta \left[\frac{1}{\beta \tau} + \frac{\partial E_y}{\partial y} \right] \left[\frac{\partial E_y}{\partial y} - \left(\frac{\beta E_x}{c} \right)^2 \left(\frac{1}{\beta \tau} + \frac{\partial E_y}{\partial y} \right) \right] = 0.$$

Zu ihrer Lösung wählen wir den Ansatz

$$E_y = \frac{y}{\beta\,\tau}\, f(t) \qquad (II\ 7,\ 210)$$

in welchem f(t) eine dimensionslose Funktion allein der laufenden Zeit t bezeichnet; für sie entspringt aus (II 7, 209) die Differentialgleichung erster Ordnung

$$\frac{df}{dt} + \frac{1}{\tau}\,[1+f]\left[\left\{1-\left(\frac{\beta\,E_x}{c}\right)^2\right\}f - \left(\frac{\beta\,E_x}{c}\right)^2\right] = 0, \qquad (II\ 7,\ 211)$$

welche durch Trennung ihrer Veränderlichen in

$$\frac{dt}{\tau} = -\frac{df}{[1+f]\left[\left\{1-\left(\frac{\beta\,E_x}{c}\right)^2\right\}f - \left(\frac{\beta\,E_x}{c}\right)^2\right]} =$$

$$= \frac{df}{1+f} - \frac{\left\{1-\left(\frac{\beta\,E_x}{c}\right)^2\right\}df}{\left\{1-\left(\frac{\beta\,E_x}{c}\right)^2\right\}f - \left(\frac{\beta\,E_x}{c}\right)^2} \qquad (II\ 7,\ 212)$$

übergeht. Da nun der Aufbau des elektrischen Querfeldes E_y eben erst im Zeitpunkt t = 0 beginnt

$$E_y(t;y) = 0 \qquad \text{für} \qquad t = 0 \qquad (II\ 7,\ 213)$$

wird (II 7, 212) durch

$$\frac{t}{\tau} = \ln\frac{1+f}{1-\left\{\left(\frac{c}{\beta\,E_x}\right)^2 - 1\right\}f}\,; \qquad f = \frac{1-e^{-\frac{t}{\tau}}}{\left(\frac{c}{\beta\,E_x}\right)^2 - (1-e^{-\frac{t}{\tau}})} \qquad (II\ 7,\ 214)$$

integriert. Im Hinblick auf (II 7, 203), (II 7, 208) und (II 7, 210) ändert sich somit die Konzentration n der Wanderionen während des „Einschaltvorganges" nach Maßgabe der Gleichung

$$n = \frac{n_0}{1-\left(\frac{\beta\,E_x}{c}\right)^2(1-e^{-\frac{t}{\tau}})}, \qquad (II\ 7,\ 215)$$

welche durch die Abb. II 7, 9; 10; 11; 12 veranschaulicht wird; der Grenzwert

$$\lim_{t\to\infty} n = \frac{n_0}{1-\left(\frac{\beta\,E_x}{c}\right)^2} \qquad (II\ 7,\ 216)$$

stimmt, wie zu verlangen ist, mit der stationären Konzentration (II 7, 184) der Wanderionen überein. Im Einklang mit Abb. II ... ergibt sich aus (II 7, 215) die jeweilige Breite $b' = b'(t)$ des durchströmten Kerngebietes durch Vermittelung der zeitinvarianten *Neutralitätsbedingung*

$$n\,b' = n_0\,b \qquad (II\ 7,\ 217)$$

zu

$$b' = b\,\frac{n_0}{n} = b\left[1-\left(\frac{\beta\,E_x}{c}\right)^2(1-e^{-\frac{t}{\tau}})\right]. \qquad (II\ 7,\ 218)$$

Wir gehen zum „Ausschaltvorgang" des inneren *Hall*effektes nach *plötzlichem Kurzschluß*

$$E_x = 0 \qquad (II\ 7,\ 219)$$

des vorher stationär durchströmten Leiters über. Nach Wahl des Kurz-
schlußaugenblickes als Ursprung einer neuen Zeitzählung t′ gehorcht der

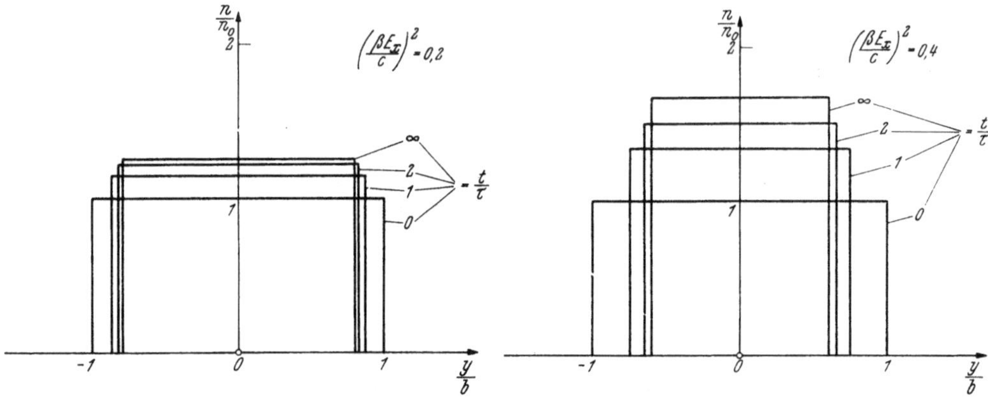

Abb. II 7, 9. Aufbau der Konzentrationsverteilung beim Halleffekt.

Abb. II 7, 10. Aufbau der Konzentrationsverteilung beim Halleffekt.

nunmehr durch das Symbol g = g(t′) bezeichnete zeitliche Ablauf des
elektrischen Querfeldes E_y der aus
(II 7, 211) im Falle (II 7, 219) nach
Vertauschung von f mit g und t
mit t′ hervorgehenden Differentialgleichung

$$\frac{dg}{dt'} + \frac{1}{\tau}\,[1 + g]\,g = 0, \quad (\text{II } 7, 220)$$

welche nach Trennung ihrer Veränderlichen die Gestalt

$$\frac{dt'}{\tau} = -\frac{dg}{[1+g]\cdot g} = \frac{dg}{1+g} - \frac{dg}{g}$$
$$(\text{II } 7, 221)$$

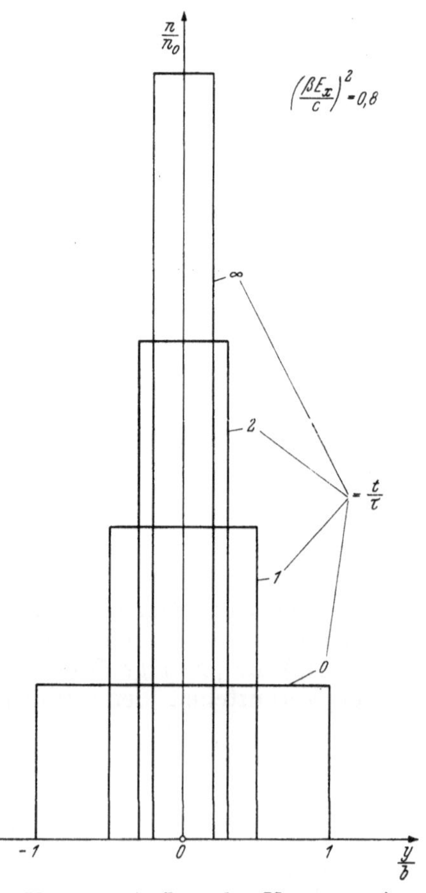

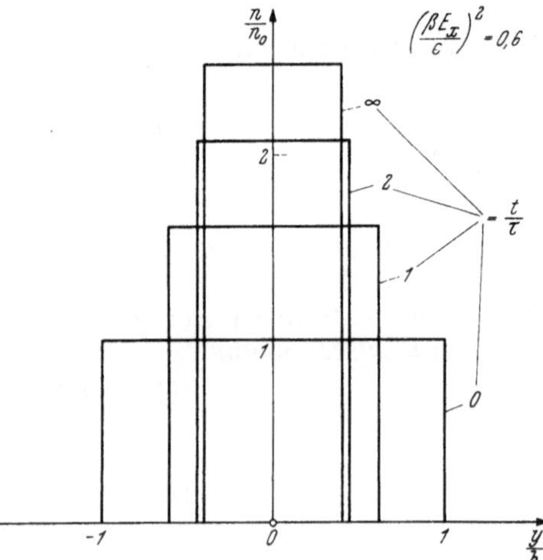

Abb. II 7, 11. Aufbau der Konzentrationsverteilung beim Halleffekt.

Abb. II 7, 12. Aufbau der Konzentrationsverteilung beim Halleffekt.

annimmt. Mit der aus (II 7, 214) zu entnehmenden *Anfangsbedingung*

$$g(0) = \lim_{t \to \infty} f(t) = \frac{1}{\left(\dfrac{c}{\beta\,E_x}\right)^2 - 1} \qquad (II\ 7,\ 222)$$

erhält man daher durch Integration

$$\frac{t'}{\tau} = \ln\left(\frac{\beta\,E_x}{c}\right)^2 \frac{1+g}{g}\,;\qquad g = \frac{\left(\dfrac{\beta\,E_x}{c}\right)^2 e^{-\frac{t'}{\tau}}}{1 - \left(\dfrac{\beta\,E_x}{c}\right)^2 e^{-\frac{t'}{\tau}}} \qquad (II\ 7,\ 223)$$

und demnach, entsprechend (II 7, 210), in

$$E_y = \frac{y}{\beta\,\tau}\,g(t')\,;\qquad t' \gqq 0 \qquad (II\ 7,\ 224)$$

die analytische Beschreibung des verlöschenden Querfeldes nach Abb. II 7, 13. Aus ihr resultiert unter Vermittelung von (II 7, 203) und (II 7, 208) für den zeitlichen Gang der Wanderionen-Konzentration n die Darstellung

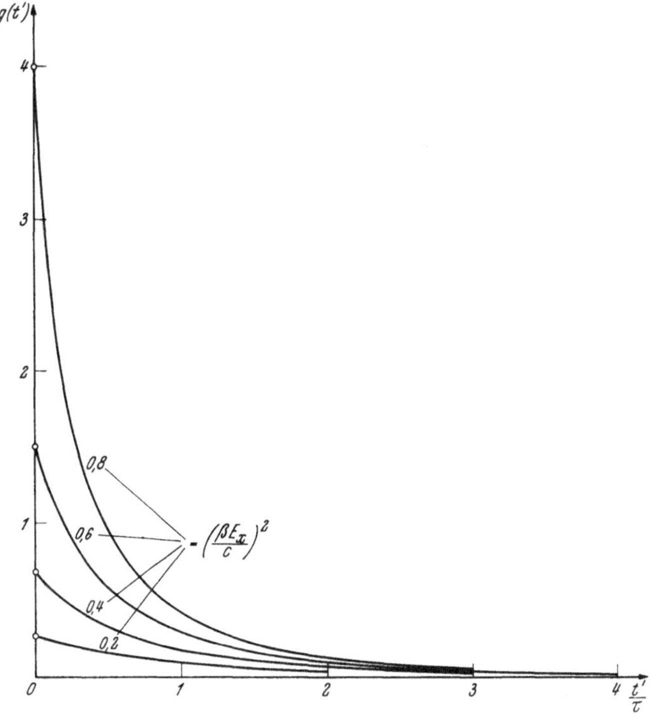

Abb. II 7, 13. Die Funktion g(*t*) nach Gl. (II 7, 223).

$$n = \frac{n_0}{1 - \left(\dfrac{\beta\,E_x}{c}\right)^2 e^{-\frac{t'}{\tau}}}\,, \qquad (II\ 7,\ 225)$$

welche gemäß Abb. II 7, 13; 14; 15; 16 die Rückkehr der vom inneren
*Hall*effekt erzwungenen Konzentrationsverteilung in deren Ruhezustand

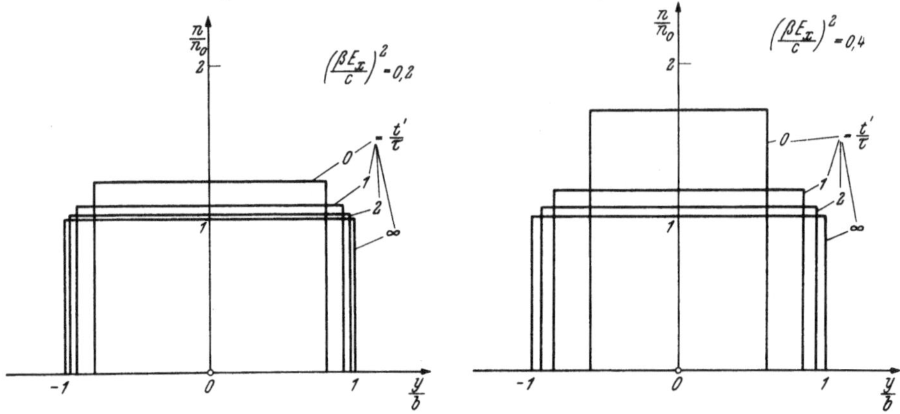

Abb. II 7, 14. Abbau der vom Halleffekt
erzwungenen Konzentrationsverteilung.

Abb. II 7, 15. Abbau der vom Halleffekt
erzwungenen Konzentrationsverteilung.

schildert. Unter nochmaliger Berufung auf die Neutralitätsbedingung
(II 7, 217) finden wir schließlich aus
(II 7, 225) die Angabe

$$b' = b\left[1 - \left(\frac{\beta E_x}{c}\right)^2 e^{-\frac{t'}{\tau}}\right]$$

$$(II\ 7,\ 226)$$

für den Abbau der *Hall*kontraktion
(II 7, 218), welcher im Kurzschluß-
augenblick einsetzt.

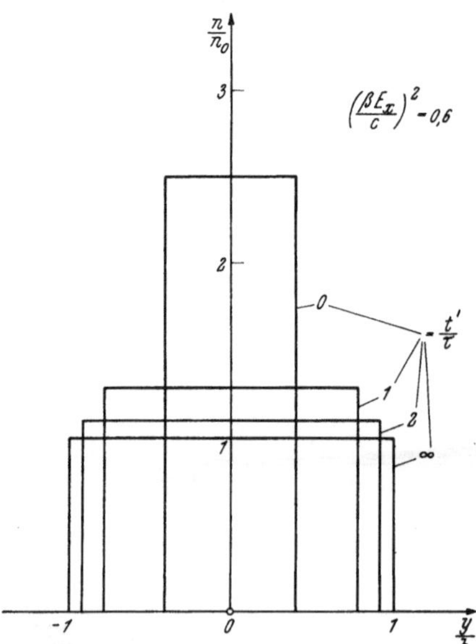

Abb. II 7, 16. Abbau der vom Halleffekt
erzwungenen Konzentrationsverteilung.

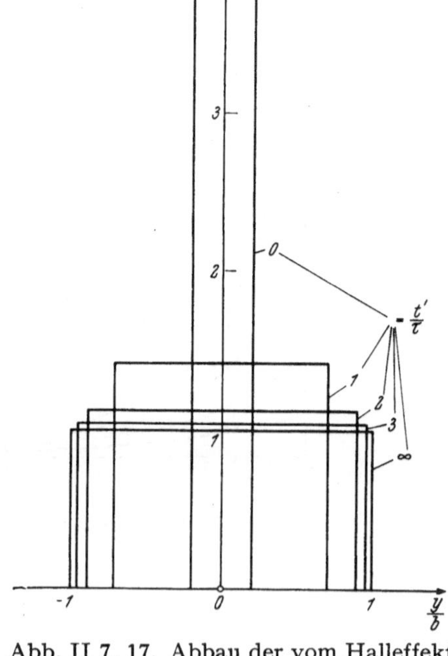

Abb. II 7, 17. Abbau der vom Halleffekt
erzwungenen Konzentrationsverteilung.

II 8. Klassische Theorie der Glühemission.

a) Gegeben sei eine Hochvakuum-Elektronenröhre, deren Glühkathode die einheitliche, absolute Temperatur T führt. Gefragt wird nach dem Betrage jener elektrischen Stromdichte j, welche von der Kathodenoberfläche bei ebendort verschwindender elektrischer Feldstärke in das angrenzende Vakuum emittiert wird; er definiert die *Sättigungs-Stromdichte*.

b) Wir ersetzen die Kathodenoberfläche ungeachtet ihrer jeweils tatsächlich gewählten geometrischen Gestalt durch eine allseitig unbegrenzte Ebene. Innerhalb des hierdurch gebildeten Existenzgebietes der Elektronenströmung orientieren wir uns an Hand eines *Kartesi*schen Bezugssystemes der Koordinaten x; y und z; sein Ursprung O liege in der Kathodenoberfläche, während die positive z-Achse senkrecht zur Kathodenoberfläche in den Entladungsraum hinein weise.

Die Klassische Theorie der Glühemission folgt den *Drude*schen Vorstellungen eines im Innern der Kathode befindlichen Gases freier Elektronen der fest vorgegebenen Konzentration n_f, welches den Gesetzen idealer Gase gehorcht. Demgemäß sind die Geschwindigkeiten der Elektronen innerhalb der Kathode nach dem *Maxwell*schen Gesetze verteilt: Die Anzahl Δn jener Gruppe von Elektronen, welche je Einheit des Konfigurationsraumes dem infinitesimal schmalen Intervall der beziehentlich achsenparallelen Komponenten v_x, $v_x + \Delta v_x$; v_y, $v_y + \Delta v_y$; v_z, $v_z + \Delta v_z$ der Geschwindigkeit v angehören, wird durch Gl. (I 9, 18) angegeben, nachdem in ihr die Teilchenmasse m mit der Ruhmasse m_0 der Elektronen identifiziert und n mit n_f vertauscht wurde:

$$\frac{\Delta n}{n_f} = \left[\frac{m_0}{2\pi k T}\right]^{3/2} \cdot e^{-\frac{m_0}{2kT}(v_x{}^2 + v_y{}^2 + v_z{}^2)} \Delta v_x \, \Delta v_y \, \Delta v_z. \qquad (II\ 8,\ 1)$$

c) Durch Integration über die senkrecht zur z-Achse gerichteten Komponenten der Geschwindigkeit berechnen wir die Teilkonzentration $\Delta_z n$ der Elektronen, deren parallel der z-Achse weisende Geschwindigkeitskomponente dem infinitesimal schmalen Bereich $(v_z; v_z + \Delta v_z)$ angehört, zu

$$\frac{\Delta_z n}{n_f} = \left[\frac{m_0}{2\pi k T}\right]^{3/2} \cdot \Delta v_z \cdot \int\limits_{v_x = -\infty}^{\infty} \int\limits_{v_y = -\infty}^{\infty} e^{-\frac{m_0}{2kT}(v_x{}^2 + v_y{}^2 + v_z{}^2)} dv_x \, dv_y =$$

$$= \sqrt{\frac{m_0}{2\pi k T}} \cdot e^{-\frac{m_0}{2kT}v_z{}^2} \Delta v_z. \qquad (II\ 8,\ 2)$$

Im Lichte dieser kinematischen Analyse könnte man zu der Meinung gelangen, daß *alle* innerhalb der Kathode umherschwirrenden Elektronen der Eigenschaft $v_z > 0$ die Kathode verlassen können. Im Rahmen der Klassischen Punktmechanik jedoch, auf deren Boden wir uns hier befinden, ist diese Mutmaßung falsch: Die Untersuchung des elektrischen Mikrofeldes, welches von der Ladung $(- q_0)$ des eben emittierten Elektrons erregt wird, führt — bei Vernachlässigung der erst später zu besprechenden dynamischen Nebeneffekte — mittels des *Thomson*schen Bildverfahrens zur Konzeption eines fiktiven „Positrons" der Ladung $(+ q_0)$, welches jeweils im Spiegelbilde des Elektrons relativ zur Kathodenoberfläche zu denken ist; die zwischen diesen antipolaren Elementarladungen wirksame, durch die atomare Feinstruktur der emittierenden Kathodenoberfläche modifizierte *Coulomb*kraft F(z) sucht das Elektron in seine Mutterelektrode zurückzuziehen. Bezeichnen wir daher mit v_z' die parallel der positiven z-Achse gerichtete Geschwindigkeitskomponente des kontrollierten Elektrons in der Entfernung $z > 0$ von der Kathodenoberfläche, so unterliegt es dort der *Newton*schen Beschleunigungsgleichung

$$m_0 \frac{dv_z'}{dt} = - F(z). \tag{II 8, 3}$$

Unter der Anfangsbedingung

$$v_z' = v_z > 0 \qquad \text{für} \qquad z = 0 \tag{II 8, 4}$$

folgt somit aus (II 8, 3)

$$\frac{1}{2} m_0 [v_z'^2 - v_z^2] = - \int_{z'=0}^{z} F(z') \, dz'. \tag{II 8, 5}$$

Das bestimmte Integral

$$\int_0^\infty F(z') \, dz' = q_0 U_K, \tag{II 8, 6}$$

definiert die *Austrittsarbeit* des Elektrons aus der Kathode, welche durch die Größe der Spannung U_K in Elektronenvolt gemessen wird; sie gelte fortan als bekannte Materialkonstante des emittierenden Körpers.

Gehen wir gedanklich zu einer Diode über, deren Anode sich in unmeßbar großem Abstande von der Kathode befindet und lassen das allenfalls für $z > 0$ bestehende elektrische „Primärfeld" dieses Elektrodenpaares geflissentlich außer acht, so resultiert aus (II 8, 6) als notwendige Bedingung aller physikalisch realisierbaren Elektronenbewegungen im Entladungsraum die Ungleichung

$$\lim_{z \to \infty} \frac{1}{2} m_0 v_z'^2 = \frac{1}{2} m_0 v_z^2 - q_0 U_K \geqq 0. \tag{II 8, 7}$$

Daher sind nur diejenigen, noch im Innern der Kathode befindlichen Elektronen emissionsfähig, welche mit einer Geschwindigkeitskomponente

$$v_z > \sqrt{2 \frac{q_0}{m_0} U_K} = v_{z,\text{min}} \tag{II 8, 8}$$

gegen die Kathodenoberfläche anstürmen. Zufolge dieser dynamischen Forderung finden wir aus (II 8, 2) für die Sättigungsstromdichte j oder, genauer gesagt, für deren antiparallel zur positiven z-Achse gerichtete Komponente $(- j_z)$, den Ausdruck

$$j = q_0 n_f \int_{v_{z,\text{min}}}^\infty v_z \, dn = q_0 n_f \sqrt{\frac{m_0}{2 \pi k T}} \int_{v_{z,\text{min}}}^\infty e^{-\frac{m_0}{2kT} v_z^2} v_z \, dv_z =$$

$$= q_0 n_f \sqrt{\frac{m_0}{2 \pi k T}} \frac{k T}{m_0} e^{-\frac{q_0 U_K}{k T}}. \tag{II 8, 9}$$

Definieren wir daher mittels

$$A_R = q_0 n_f \cdot \sqrt{\frac{k}{2 \pi m_0}} \, ; \qquad B_R = \frac{q_0 U_K}{k} \tag{II 8, 10}$$

zwei Materialkonstanten, welche als solche nach *Richardson* die glühelektrischen Eigenschaften der Kathode kennzeichnen, so nimmt Gl. (II 8, 9) die Gestalt

$$j = A_R \sqrt{T} \cdot e^{-\frac{B_R}{T}} \qquad\qquad (II\ 8,\ 11)$$

gemäß Abb. II 8, 1 an.

d) Welches Gesetz beschreibt die Geschwindigkeitsverteilung der bereits emittierten Elektronen?

Wir begleiten eine Gruppe (II 8, 2) nach (II 8, 7) emissionsfähiger Elektronen bei ihrem Auszug aus der Kathode in den Entladungsraum. Unter dem dynamischen Zwange der Bildkraft F verringert sich nun ihre parallel der positiven z-Achse weisende Geschwindigkeitskomponente von ihrem „Startwert" $v_z > v_{z,\min}$ beim Ansturm gegen die Kathodenoberfläche auf den Endwert

$$\lim_{z \to \infty} v_z' = \sqrt{v_z^2 - 2\frac{q_0}{m_0} U_K}$$
$$(II\ 8,\ 12)$$

im Entladungsraum; dem infinitesimal schmalen Intervall dv_z der Startgeschwindigkeit korrespondiert sonach das Intervall

$$dv_z' = \frac{v_z}{\sqrt{v_z^2 - 2\frac{q_0}{m_0} U_K}} dv_z$$
$$(II\ 8,\ 13)$$

der Endgeschwindigkeit. Da nun die *Anzahl* der kontrollierten Elektronen während ihrer Bewegung *invariant* ist — denn sie können ja weder geschaffen noch vernichtet werden! — zieht der kinematische Verzögerungsvorgang (II 8, 12) eine *Zunahme der Gruppenkonzentration* vom Startwerte dn innerhalb der Kathode auf den Endwert

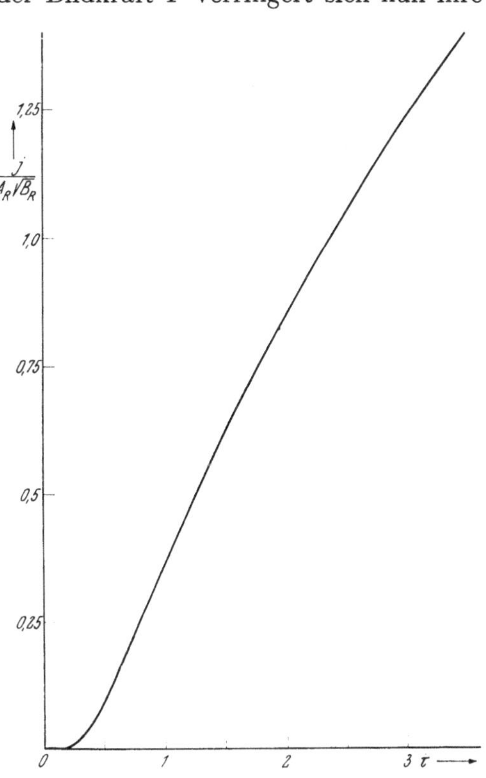

Abb. II 8, 1. Dichte des Glühelektronenstromes nach *Richardson* als Funktion von $\tau = T/B_R$.

$$dn' = \frac{v_z}{v_z'} dn = \frac{dv_z'}{dv_z} dn \qquad\qquad (II\ 8,\ 14)$$

nach sich: In $z \to \infty$ treffen wir im infinitesimal schmalen Intervall $(v_z'; v_z' + \varDelta v_z')$ der z-Komponente der Geschwindigkeit im Falle $v_z' > 0$, $\varDelta v_z' > 0$ die Elektronenkonzentration

$$\varDelta_z n' = n_f \sqrt{\frac{m_0}{2\pi kT}} e^{-\frac{m_0}{2kT}v_z^2} \varDelta v_z' =$$

$$= n_f \cdot e^{-\frac{q_0 U_K}{kT}} \sqrt{\frac{m_0}{2\pi kT}} e^{-\frac{m_0}{2kT}v_z'^2} \varDelta v_z' \qquad\qquad (II\ 8,\ 15)$$

an, während der Geschwindigkeits-Halbraum $v_z' < 0$ leer bleibt

$$\Delta_z n' = 0 \qquad \text{für} \qquad v_z' < 0. \qquad \text{(II 8, 16)}$$

Die innerhalb der Kathode bezüglich der z-Komponente der Geschwindigkeit symmetrische *Maxwell*-Verteilung hat sich in eine „einseitige" Verteilung im Entladungsraum verwandelt. Dort berechnet sich demnach die Gesamtzahl n' der Elektronen je Einheit des Konfigurationsvolumens gemäß (II 8, 15) und (II 8, 16) zu

$$n' = \int\limits_{v_z'=0}^{\infty} dn' = n_f\, e^{-\frac{q_0 U_K}{kT}} \sqrt{\frac{m_0}{2\,\pi\,k\,T}} \int\limits_0^{\infty} e^{-\frac{m_0}{2kT}v_z'^2}\, dv_z' = \frac{1}{2}\, n_f\, e^{-\frac{q_0 U_K}{kT}}$$
$$\text{(II 8, 17)}$$

Durch Restitution dieser Angabe in das Verteilungsgesetz (II 8, 15) nimmt dieses die Gestalt

$$\frac{\Delta_z n'}{n'} = 2 \sqrt{\frac{m_0}{2\,\pi\,k\,T}}\, e^{-\frac{m_0}{2kT}v_z'^2}\, \Delta v_z'; \qquad v_z' \gtreqqless 0 \qquad \text{(II 8, 18)}$$

an, welche sich von der Form (II 8, 2) des innerkathodischen Verteilungsgesetzes wesentlich unterscheidet: Mit Rücksicht auf (II 8, 16) ergibt sich für den Erwartungswert $\langle v_z' \rangle$ der parallel der positiven z-Achse gerichteten Komponente der Elektronengeschwindigkeit im Entladungsraum die endliche Größe

$$\langle v_z' \rangle = \int\limits_{-\infty}^{\infty} v_z'\, \frac{dn'}{n'} = \int\limits_{0}^{\infty} v_z'\, \frac{dn'}{n'} = 2 \sqrt{\frac{m_0}{2\,\pi\,k\,T}} \int\limits_0^{\infty} e^{-\frac{m_0}{2kT}v_z'^2}\, dv_z' = \sqrt{\frac{2\,k\,T}{\pi\,m_0}},$$
$$\text{(II 8, 19)}$$

während im Innern der Kathode der Erwartungswert $\langle v_z \rangle$ von v_z aus Symmetriegründen verschwindet. Die nunmehr aus (II 8, 9) und (II 8, 19) resultierende Elektronenkonzentration

$$\frac{j}{q_0 \langle v_z' \rangle} = \frac{1}{2}\, n_f\, e^{-\frac{q_0 U_K}{kT}} \qquad \text{(II 8, 20)}$$

stimmt, wie zu verlangen ist, mit dem Ergebnis der Abzählung (II 8, 17) überein.

e) Wir ergänzen die *kinematisch-statistische* Herleitung des *Richardson*-schen Emissionsgesetzes durch seine Entwicklung aus den Sätzen der *phänomenologischen Thermodynamik*, wobei wir uns zweier konzeptionell unterschiedlicher Methoden bedienen werden:

1. *Elektronenemission als Verdampfungsvorgang.*

Wir denken uns die Kathode von einer fiktiven Elektronen-*Flüssigkeit* [Index f] erfüllt, welche im *thermodynamischen Gleichgewicht* mit dem im Entladungsraum befindlichen Elektronen-*Gas* [Index g] steht. Der Anschaulichkeit halber mögen die *Gleichgewichtsbedingungen* an Hand eines virtuellen, reversiblen Prozesses sozusagen technologischer Natur formuliert werden:

Abb. II 8, 2 zeigt schematisch den Zylinder einer Kolbenmaschine, welcher beim *einheitlichen Druck* P und der gleichfalls *einheitlichen, absoluten Temperatur* T ein Gemisch der flüssigen und der gasförmigen Elektronenphasen enthält. Auf einer Seite ist dieser Zylinder durch eine nur für Elektronen des „Kondensates" durchlässige Wand von dem „Flüssigkeitskolben" K_f, auf der anderen Seite durch eine nur für Elektronen des

„Dampfes" durchlässige Wand von dem „Gaskolben" K_g getrennt. Wir führen nun folgende Eingriffe durch:

α) Mittels des Kolbens K_f drücken wir ein Elektron des Kondensates [spezifisches Volumen v_f, mittlere Energie u_f, mittlere Entropie s_f] in den Zylinder hinein.

β) Wir entnehmen einem Wärmebad der festen, absoluten Temperatur T die „*Verdampfungswärme*" Q, welche zur Überführung des Elektrons aus dem flüssigen in den gasförmigen Zustand aufzuwenden ist.

γ) Wir saugen mittels des Kolbens K_g ein Dampfelektron [spezifisches Volumen v_g, mittlere Energie u_g, mittlere Entropie s_g] aus dem Zylinder in den Entladungsraum.

Nach Abschluß dieser drei Aktionen herrscht im Zylinder wieder genau der Anfangszustand. Daher liefert der *Erste Hauptsatz* der Thermodynamik die *Energiebilanz*

$$Q + P\,v_f - P\,v_g = u_g - u_f = q_0\,U. \qquad \text{(II 8, 21)}$$

Da überdies der Prozeß in allen Teilen reversibel geleitet wurde, hat sich laut Aussage des *zweiten Hauptsatzes* der Thermodynamik die *Entropie* des Gesamtsystemes [Kolbenmaschine und Wärmebad] nicht geändert:

$$s_g - s_f - \frac{Q}{T} = 0. \qquad \text{(II 8, 22)}$$

Der Durchschnittswert γ der *Gibbs*schen *Funktion* je Elektron wird in deren Abhängigkeit von der „allgemeinen" Kraft

$$K = - P \qquad \text{(II 8, 23)}$$

und der absoluten Temperatur T durch die Gleichung

$$\gamma = \gamma(P;T) = s - \frac{u + P\,v}{T}$$

$$\text{(II 8, 24)}$$

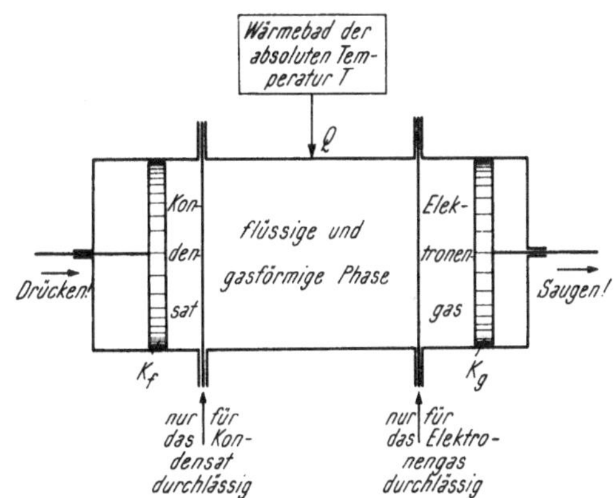

Abb. II 8, 2. Kolbenmaschine zur Durchführung der Elektronenemission.

definiert. Nach Elimination der Verdampfungswärme Q aus (II 8, 21) und (II 8, 22) findet man daher die *Gleichgewichtsbedingung*

$$\gamma_f(P;T) = \gamma_g(P;T). \qquad \text{(II 8, 25)}$$

Demnach resultiert der Druck P als Funktion allein der absoluten Temperatur

$$P = P(T). \qquad \text{(II 8, 26)}$$

Um diese „*Dampfdruck-Funktion*" explizit zu berechnen, bilden wir aus (II 8, 24) zunächst das vollständige Differential

$$d\gamma = ds - \frac{du + P\,dv + v\,dP}{T} + \frac{u + P\,v}{T^2}\,dT =$$

$$= -\frac{v}{T}\,dP + \frac{u + P\,v}{T^2}\,dT, \qquad \text{(II 8, 27)}$$

so daß aus (II 8, 25) die Relation

$$\frac{d\gamma_f}{dT} = -\frac{v_f}{T}\frac{dP}{dT} + \frac{u_f + P\,v_f}{T^2} = -\frac{v_g}{T}\frac{dP}{dT} + \frac{u_g + P\,v_g}{T^2} = \frac{d\gamma_g}{dT} \quad \text{(II 8, 28)}$$

resultiert; wir kleiden sie in die *Clausius-Clapeyron*sche Form

$$(v_g - v_f) \frac{dP}{dT} = \frac{(u_g - u_f) + P(v_g - v_f)}{T}. \tag{II 8, 29}$$

In ihr darf das spezifische Volumen v_f der flüssigen Phase gewiß gegen das weiter größere spezifische Volumen der Dampfphase vernachlässigt werden. Führen wir dann für das Verhalten des Dampfes die Zustandsgleichung

$$P\,v_g = k\,T \tag{II 8, 30}$$

idealer Gase ein, so entsteht aus (II 8, 29) mit Rücksicht auf (II 8, 21) die Differentialgleichung

$$\frac{T}{P} \cdot \frac{dP}{dT} = \frac{q_0\,U_K}{kT} + 1 \tag{II 8, 31}$$

der Dampfdruck-Funktion; ihre allgemeine Lösung lautet

$$\ln P = -\frac{q_0\,U_K}{k\,T} + \ln T + \text{const.} \tag{II 8, 32}$$

Schreiben wir const. $= \ln (k\,n_0)$, so finden wir aus (II 8, 32) nach Beseitigen der Logarithmen

$$P = k\,n_0\,T\,e^{-\frac{q_0 U_K}{kT}} \tag{II 8, 33}$$

[Abb. II 8, 3], so daß die Konzentration n_g der Elektronen in der Gasphase durch

$$n_g = \frac{1}{v_g} = \frac{P}{k\,T} = n_0\,e^{-\frac{q_0 U_K}{kT}} \tag{II 8, 34}$$

beschrieben wird. Geben wir nun durch den ideellen Grenzübergang $U_K \to 0$ den Unterschied zwischen den beiden Elektronenphasen vorübergehend auf $[n_g \to n_f]$, so erhalten wir aus (II 8, 34)

$$\lim_{U_K \to 0} n_g = n_f = n_0 \tag{II 8, 35}$$

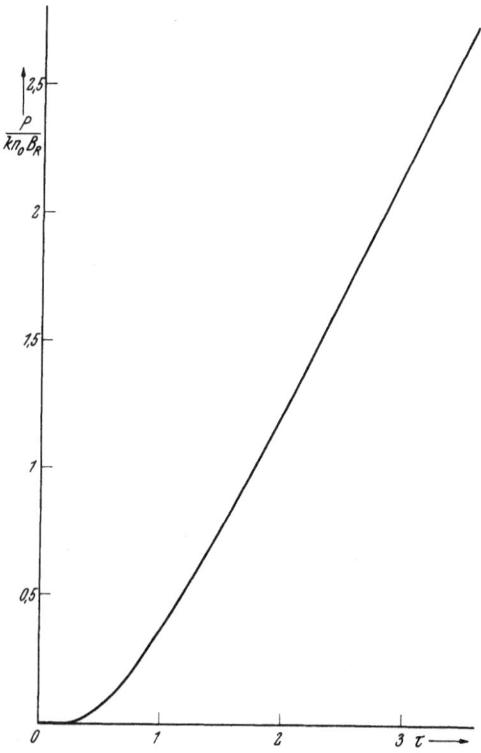

Abb. II 8, 3. Dampfdruck der Elektronen.

und sonach, zu endlichen Werten der Austrittsspannung U_K zurückkehrend, die Angabe

$$n_g = n_f \cdot e^{-\frac{q_0 U_K}{kT}}. \tag{II 8, 36}$$

Da n_f mit der Konzentration der freien Elektronen in der Kathode zu identifizieren ist, unterscheidet sich der Inhalt der Gleichung (II 8, 36) wesentlich von dem früheren Ergebnis (II 8, 17); wir kommen später auf den Grund dieser Unstimmigkeit zurück.

2. Elektronenemission als Gleichgewichtszustand einer gespannten Gasatmosphäre.

Statt den Emissionsvorgang als Verdampfungsvorgang des Elektronengases aus seinem Kondensat aufzufassen, werden wir ihn hier als thermodynamisches Gleichgewicht eines „einphasigen" Gases behandeln, welches dem konservativen Felde der Bildkraft F unterworfen ist.

Da wir nach Übereinkunft die Bildkraft in Richtung der negativen z-Achse positiv zählen, ist sie mit ihrem erzeugenden, elektrischen „Bildpotential" $\varphi = \varphi(z)$ durch die operative Vorschrift

$$F = -q_0 \frac{d\varphi}{dz} \, ; \qquad z > 0 \tag{II 8, 37}$$

verknüpft. Wählen wir daher die Kathode als Potentialbasis

$$\varphi = 0; \qquad z < 0, \tag{II 8, 38}$$

so folgt aus (II 8, 37) durch Integration die Angabe

$$q_0 \, \varphi(z) = -\int_0^z F(z') \, dz' \tag{II 8, 39}$$

welche vermöge (II 8, 6) die Relation

$$\lim_{z \to \infty} \varphi(z) = -U_K \tag{II 8, 40}$$

nach sich zieht.

Mit Hilfe der Kenntnis (II 8, 39) resultiert für das Thermodynamische Potential γ je Elektron in der Ebene z = const. der Ausdruck

$$\gamma = \frac{q_0 \, \varphi(z)}{T} + s - \frac{u + P\,v}{T} \, . \tag{II 8, 41}$$

Indem wir nun der Elektronengesamtheit die Eigenschaften eines idealen Gases zuschreiben, dessen Moleküle je nur ein Atom enthalten, kommt jedem Elektron die mittlere Energie

$$u = \frac{3}{2} k\,T \tag{II 8, 42}$$

zu, so daß sich die ebenso bezogene Enthalpie mit Rücksicht auf (II 8, 30) zu

$$u + P\,v = \frac{5}{2} k\,T \tag{II 8, 43}$$

berechnet. Die Definition der Entropie s führt daher auf die Differentialgleichung

$$ds = \frac{du + P\,dv}{T} = \frac{3}{2} k \frac{dT}{T} + \frac{P}{T}\left[k \frac{dT}{P} - k \frac{T\,dP}{P^2}\right] = \frac{5}{2} k \frac{dT}{T} - k \frac{dP}{P} \, , \tag{II 8, 44}$$

welche nach Wahl einer beliebigen Entropiekonstanten s_0 durch

$$s = s_0 + \frac{5}{2} k \ln T - k \ln T \tag{II 8, 45}$$

integriert wird.

Wir erinnern uns jetzt, daß das Gleichgewicht im Elektronengase durch den innerhalb seines Existenzbereiches einheitlichen Wert

$$\gamma(z) = \gamma_0 = \text{const} \tag{II 8, 46}$$

des Thermodynamischen Potentiales gewährleistet wird. Daher führen die Gleichungen (II 8, 41), (II 8, 43) und (II 8, 45) durch simultane Anwendung der Gleichgewichtsbedingung (II 8, 46) auf die Kathode [Druck P_0] und den Entladungsraum $z > 0$ [Druck $P(z)$] zu der Aussage

$$s_0 + \frac{5}{2}\,k\ln T - k\ln P_0 - \frac{5}{2}\,k = \frac{q_0\,\varphi(z)}{T} + s_0 + \frac{5}{2}\,k\ln T - k\ln P(z) - \frac{5}{2}\,k$$

$$(\text{II } 8,\ 47)$$

Aus ihr erschließen wir die „*Barometerformel*" des Elektronengases

$$\frac{P(z)}{P_0} = e^{\frac{q_0\varphi(z)}{kT}} \qquad (\text{II } 8,\ 48)$$

welche zusammen mit (II 8, 40) die Gleichung

$$\frac{P_\infty}{P_0} = \lim_{z\to\infty}\frac{P(z)}{P_0} = e^{-\frac{q_0 U_K}{kT}} \qquad (\text{II } 8,\ 49)$$

liefert; sie stimmt mit Rücksicht auf die Annahme der Zustandsgleichung (II 8, 30) inhaltlich mit dem Ergebnis (II 8, 36) überein.

Gerade dieser, auf den ersten Blick gewiß befriedigende Sachverhalt muß jedoch bei näherem Zusehen ernste Zweifel an der logischen Folgerichtigkeit der vorstehenden, thermodynamischen Überlegungen erwecken. Denn die Konzeption des Verdampfungs-Gleichgewichtes beruht ja auf der Voraussetzung eines im Zweiphasen-System einheitlichen Druckes, während andererseits das Feld der Bildkraft dem als solchem einphasigen Elektronengas einen örtlich veränderlichen Druck aufzwingt, dessen innerkathodischer Wert P_0 in der Regel den Druck $P_\infty = \lim P(z)$ des freien Elektronengases
$$z\to 0$$
im Entladungsraum erheblich übertrifft! Um den scheinbaren Widerspruch aufzuklären, erinnere man sich der *Molekulartheorie der Flüssigkeiten*: Unter dem Einfluß der intermolekularen, *van der Waals*schen Kräfte bildet sich an der freien Oberfläche der Flüssigkeit eine Art von Haut aus, innerhalb deren der Druck von seinem „äußeren", makroskopisch meßbaren Werte auf den weit höheren „Binnendruck" der Flüssigkeit ansteigt; die längs jener Haut auftretende *Oberflächenspannung* beschreibt die integrale Wirkung der *van der Waals*schen Kräfte. Bei der uns hier beschäftigenden Elektronenemission vertritt die *Bildkraft* die Rolle der intermolekularen Flüssigkeitskräfte. Anstelle der Kapillarhaut an der freien Grenze der Flüssigkeit hat man im elektrischen System eine *homogene elektrische Doppelschicht* vom Potentialsprunge $[-U_K]$ in Richtung Kathode-Entladungsraum einzusetzen; in ihr fällt der Elektronendruck P von seinem hohen Binnenwerte P_0 auf den Außenwert P_∞ ab.

f) Es verbleibt uns die Aufgabe, der angezeigten Unstimmigkeit zwischen den in sich konformen Ergebnissen (II 8, 36) und (II 8, 39) der *phänomenologischen Thermodynamik* einerseits und der Aussage (II 8, 17) der *Statistik* andererseits auf den Grund zu gehen: Die Existenz der endlichen Durchschnittsgeschwindigkeit $\langle v_z' \rangle$ nach Gl. (II 8, 19) oder, mit anderen Worten, die Annahme der „*einseitigen Maxwellverteilung*" nach (II 8, 16) und (II 8, 18), welche ja als solche erst gemäß (II 8, 20) die Entnahme einer *endlichen Sättigungsstromdichte* j aus der Kathodenoberfläche ermöglicht, widerspricht der Definition des thermodynamischen Gleichgewichtes! Vielmehr muß im Gleichgewichtszustande die *Elektronenverdampfung* aus der aktiven Kathodenoberfläche durch eine ebendort stattfindende

Elektronenkondensation ständig kompensiert werden, so daß die aus diesen gegenläufigen Bewegungsvorgängen resultierende Elektronenstromdichte im statistischen Mittel verschwindet. Um diesen Zustand zu erzwingen, müßte man in $z \to \infty$ einen *Elektronenspiegel* anordnen, welcher die in ihn einfallenden Elektronen ausnahmslos zur emittierenden Kathodenebene reflektiert. Da sich nun durch den vorgeschlagenen Mechanismus die Konzentration der Elektronen im Entladungsraum gerade auf das Doppelte ihres ursprünglichen Wertes erhöhen würde, sind also die vermeintlich einander widersprechenden Aussagen der statistisch-kinematischen Theorie der Elektronenemission einerseits und der phänomenologischen Thermodynamik dieses Prozesses andererseits tatsächlich miteinander durchaus vereinbar.

g) Wie kann man die *Richardson*schen Konstanten A_R und B_R der Gleichung (II 8, 11) für eine vorgelegte Glühkathode noch unbekannter Emissionseigenschaften experimentell bestimmen?

Wir schreiben das *Richardson*sche Emissionsgesetz in der Gestalt

$$\ln \frac{j}{\sqrt{T}} = \ln A_R - \frac{B_R}{T} \, . \tag{II 8, 50}$$

Gemessen wird die aktive Größe F der emittierenden Kathodenoberfläche, der ihr stationär entnommene, integrale Sättigungsstrom

$$J = j \cdot F \tag{II 8, 51}$$

und die absolute Kathodentemperatur T. Nachdem man dann gemäß (II 8, 51) die Sättigungsstromdichte j ermittelt hat, trägt man entsprechend Abb. II 8, 4 in einem orthogonalen, affinen Bezugssystem die Größe $\ln j/\sqrt{T}$

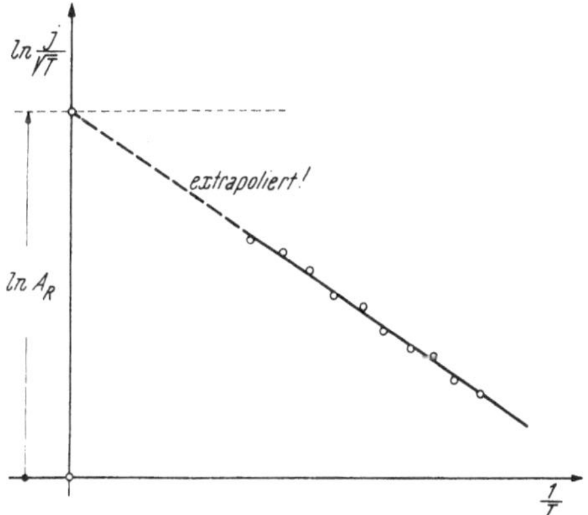

Abb. II 8, 4. Graphische Ermittlung der *Richardson*-Konstanten.

[Ordinate] als Funktion des Kehrwertes 1/T der absoluten Temperatur [Abszisse] auf. Laut Angabe der Gl. (II 8, 50) sollten nun sämtliche Meßpunkte auf einer „*Richardson*-Geraden" liegen; daher liefert umgekehrt die tatsächliche Lage jener Punkte ein praktisch allerdings nicht sehr scharfes Kriterium über das Zutreffen oder Nichtzutreffen des *Richardson*schen Emissionsmechanismus für die jeweils untersuchte Kathode. Falls nun die *Richardson*gerade existiert, kann man sie in das experimentell unzugängliche Gebiet 1/T → 0 hinein extrapolieren; sie schneidet dann auf der Ordinatenachse die Strecke $\ln A_R$ ab, während ihre Neigung gegen die Abszissenachse — bei Beachtung der für Abszisse und Ordinate gewählten Eichmaßstäbe — zur Kenntnis der Konstanten B_R führt.

II 9. Glühemission aus Metallen.

a) Die *Richardson*sche Theorie der Glühemission beruht auf der Annahme eines das Innere der Kathode erfüllenden Gases freier Elektronen, deren Geschwindigkeitsverteilung dem *Maxwell*schen Gesetze gehorcht. In metallischen Glühelektroden bleibt jedoch die technisch realisierbare, absolute Betriebstemperatur T stets niedrig gegen die als Maß der kinetischen Grenzenergie η_0 der Metallelektronen eingeführte Kenntemperatur Θ

$$T \ll \Theta = \frac{2}{3} \frac{\eta_0}{k} \qquad (\text{II } 9,\ 1)$$

Daher wird die Geschwindigkeitsverteilung dieser Elektronen durch das *Fermi*sche Gesetz bei hohen Werten des Entartungsparameters geschildert: Sei ζ das Thermodynamische Durchschnittspotential je Elektron bei der absoluten Temperatur T des Elektronenkollektivs und φ das elektrische Skalarpotential, also

$$\zeta_{\text{th}} = -\eta_{\text{Pot}} + \zeta = + q_0\, \varphi + \zeta \qquad (\text{II } 9,\ 2)$$

der rein thermische Anteil der Funktion ζ, so mißt gemäß (I 9, 3) und (I 13, 6) der Ausdruck

$$\Delta n = 2\, \frac{m_0^{\ 3}}{h^3}\, \frac{\Delta v_x\, \Delta v_y\, \Delta v_z}{e^{\beta(\eta_{\text{Kin}} - \zeta_{\text{th}})} + 1}, \qquad (\text{II } 9,\ 3)$$

mit

$$\beta = \frac{1}{k\,T}\,; \qquad \eta_{\text{Kin}} = \frac{m_0}{2}\,(v_x^{\ 2} + v_y^{\ 2} + v_z^{\ 2}) \qquad (\text{II } 9,\ 4)$$

die Anzahl der Elektronen, welche je Raumeinheit des relativ zum Metall ruhenden, *Kartesi*schen Bezugssystemes (x; y; z) dem infinitesimal schmalen Bereiche v_x, $v_x + \Delta v_x$; v_y, $v_y + \Delta v_y$; v_z, $v_z + \Delta v_z$ der beziehentlich achsenparallelen Komponenten der Geschwindigkeit v angehören.

b) Wir identifizieren den Halbraum $z < 0$ mit der Kathode; so daß deren emittierende Oberfläche mit der Ebene $z = 0$ zusammenfällt. Nach Wahl der Kathode als Potentialbasis

$$\varphi = 0; \qquad z < 0 \qquad (\text{II } 9,\ 5)$$

finden wir gemäß (II 9, 2)

$$\zeta = \zeta_{\text{th}}; \qquad z < 0. \qquad (\text{II } 9,\ 6)$$

Der Funktionswert ζ_{th} selbst berechnet sich zufolge der Voraussetzung des im Innern des Metalles hoch entarteten Elektronengases aus der dort herrschenden Elektronenkonzentration n_f mittels der Vorschrift (I 13, 35) zu

$$\lim_{T \to 0} \zeta_{\text{th}} = \eta_0 = \left[\frac{3}{\pi}\, n_f \right]^{2/3} \frac{h^2}{8\, m_0}. \qquad (\text{II } 9,\ 7)$$

c) Wir folgen zunächst den Vorstellungen der *Newton*schen Korpuskularmechanik. Richten wir dann unsere Aufmerksamkeit auf eines der eben emittierten Elektronen, so greift an diesem — neben der allenfalls noch wirksamen Zusatzkraft des zwischen Kathode und Anode ausgespannten elektrischen Feldes — die Bildkraft an, welche es in die Mutterelektrode zurückzuziehen sucht. Indem wir die hieraus entspringende Startbedingung (II 8, 8) in Rechnung stellen, resultiert aus (II 9, 3), (II 9, 4), (II 9, 6) und (II 9, 7) für die Sättigungsstromdichte j die Integraldarstellung

$$j = q_0\, 2\, \frac{m_0^{\ 3}}{h^3} \int\limits_{v_x = -\infty}^{\infty} \int\limits_{v_y = -\infty}^{\infty} \int\limits_{v_z = \sqrt{2 \frac{q_0}{m_0} U_K}}^{\infty} \frac{dv_x\, dv_y\, v_z\, dv_z}{e^{\beta\left[\frac{m_0}{2}(v_x^{\ 2} + v_y^{\ 2} + v_z^{\ 2}) - \eta_0 \right]} + 1}. \qquad (\text{II } 9,\ 8)$$

Um sie auszuwerten, vertauschen wir im Geschwindigkeitsraum die rechtwinkeligen Koordinaten v_x und v_y mit den ebenen Polarkoordinaten v_r [„Radiusvektor"] und α [„Azimut"]; mit Hilfe der geometrischen Relationen

$$v_x{}^2 + v_y{}^2 = v_r{}^2 \qquad (\text{II } 9,\ 9)$$

und

$$dv_x\, dv_y \rightarrow dv_r\, v_r\, d\alpha \qquad (\text{II } 9,\ 10)$$

verwandelt sich dann (II 9, 8) in

$$j = q_0 \cdot 4\,\pi\, \frac{m_0{}^3}{h^3} \int\limits_{v_r=0}^{\infty} \int\limits_{v_z = \sqrt{2\frac{q_0}{m_0}U_K}}^{\infty} \frac{v_r\, dv_r\, v_z\, dv_z}{e^{\beta\left[\frac{m_0}{2}(v_r{}^2 + v_z{}^2) - \eta_0\right]} + 1} \cdot \qquad (\text{II } 9,\ 11)$$

Mittels der Substitution

$$u = 1 + e^{-\beta\left[\frac{m_0}{2}(v_r{}^2 + v_z{}^2) - \eta_0\right]}, \qquad (\text{II } 9,\ 12)$$

läßt sich die Integration über v_r geschlossen durchführen:

$$\int\limits_{v_r=0}^{\infty} \frac{v_r\, dv_r}{e^{\beta\left[\frac{m_0}{2}(v_r{}^2 + v_z{}^2) - \eta_0\right]} + 1} = \frac{1}{\beta\, m_0} \ln\left\{1 + e^{-\beta\left[\frac{m_0}{2}v_z{}^2 - \eta_0\right]}\right\} \cdot \qquad (\text{II } 9,\ 13)$$

Daher verwandelt sich (II 9, 11) in

$$j = q_0 \cdot 4\,\pi \cdot \frac{m_0{}^3}{h^3} \frac{1}{\beta\, m_0} \int\limits_{\sqrt{2\frac{q_0}{m_0}U_k}}^{\infty} \ln\left\{1 + e^{-\beta\left[\frac{m_0}{2}v_z{}^2 - \eta_0\right]}\right\} v_z\, dv_z. \qquad (\text{II } 9,\ 14)$$

Für das verbleibende Integral erhält man nun mit der weiteren Substitution

$$w = \beta\left[\frac{m_0}{2}v_z{}^2 - \eta_0\right] = \frac{1}{k\,T}\left[\frac{m_0}{2}v_z{}^2 - \eta_0\right] \qquad (\text{II } 9,\ 15)$$

und Einführung der Emissionskonstanten

$$B_D = \frac{q_0\, U_K - \eta_0}{k} = \frac{q_0\, U_K}{k} - \frac{3}{2}\,\Theta \qquad (\text{II } 9,\ 16)$$

von der Dimension einer Temperatur die beständig konvergente Reihe

$$\int\limits_{\sqrt{2\frac{q_0}{m_0}U_K}}^{\infty} \ln\left\{1 + e^{-\beta\left[\frac{m_0}{2}v_z{}^2 - \eta_0\right]}\right\} v_z\, dv_z = \frac{k\,T}{m_0} \int\limits_{\frac{B_D}{T}}^{\infty} \ln\left[1 + e^{-w}\right] dw =$$

$$= \frac{k\,T}{m_0} \int\limits_{\frac{B_D}{T}}^{\infty} \left[e^{-w} - \frac{1}{2}e^{-2w} + \frac{1}{3}e^{-3w} - + \dots\right] dw =$$

$$= \frac{k\,T}{m_0}\left[e^{-\frac{B_D}{T}} - \frac{1}{2^2}e^{-2\frac{B_D}{T}} + \frac{1}{3^2}e^{-3\frac{B_D}{T}} - + \dots\right]. \qquad (\text{II } 9,\ 17)$$

Bezeichnet dann

$$A_D = q_0\, \frac{4\,\pi\, k^2\, m_0}{h^3} \qquad (\text{II } 9,\ 18)$$

die *universelle Konstante* vom Zahlenwerte

$$A_D = 1{,}6021 \cdot 10^{-19} \cdot \frac{4\,\pi\,(1{,}3804 \cdot 10^{-23})^2 \cdot 9{,}0 \cdot 10^{-31}}{(6{,}632 \cdot 10^{-34})^3} \approx 1{,}2 \cdot 10^6 \frac{\mathrm{Amp}}{\mathrm{m}^2(^0\mathrm{K})^2}$$

$$\text{(II 9, 19)}$$

so resultiert aus (II 9, 14) für die gesuchte Sättigungsstromdichte die Darstellung

$$j = A_D \cdot T^2 \left[e^{-\frac{B_D}{T}} - \frac{1}{2^2} e^{-2\frac{B_D}{T}} + \frac{1}{3^2} e^{-3\frac{B_D}{T}} - + \ldots \right]. \quad \text{(II 9, 20)}$$

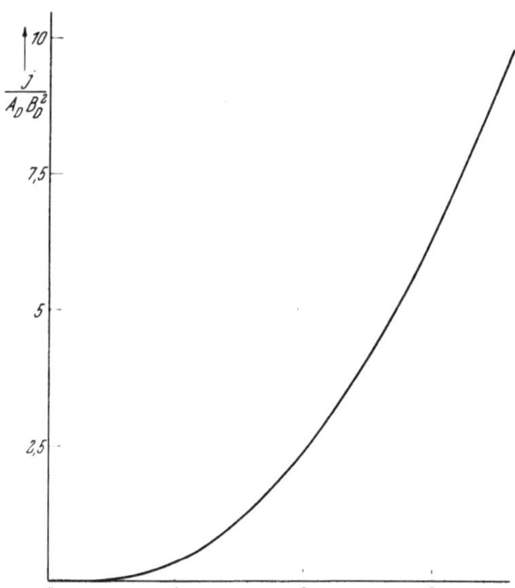

Abb. II 9, 1. Dichte des Glühelektronenstromes nach *Dushman* als Funktion von $\tau = T/B_R$.

In ihr gilt in der Regel

$$\frac{B_D}{T} \gg 1, \quad \text{(II 9, 21)}$$

so daß man sich mit dem Anfangsgliede der nach steigenden Potenzen von $e^{-B_D/T}$ fortschreitenden Reihe begnügen darf. In der hierdurch angezeigten Genauigkeit reduziert sich (II 9, 20) auf das Emissionsgesetz

$$j = A_D \cdot T^2\, e^{-\frac{B_D}{T}} \quad \text{(II 9, 22)}$$

[vgl. Abb. II 9, 1], welches in dieser Form zuerst von *Dushman* angegeben wurde; auf seinen Namen soll der Index „D" der Konstanten A_D und B_D hinweisen.

Das *Dushman*sche Emissionsgesetz mit jenem von *Richardson* vergleichend, heben wir folgende *Unterschiede* hervor:

α) Als *universelle Konstante* sollte die Emissionszahl A_D des *Dushman*schen Gesetzes für alle Metalle den in (II 9, 19) angegebenen Zahlenwert aufweisen, während die Emissionszahl A_R des *Richardson*schen Gesetzes — abgesehen von ihrer wesentlich anders gearteten, physikalischen Dimension — von dem jeweils aktiven Material der Kathode abhängig ist.

β) Während die Emissionszahl B_R der *Richardson*schen Theorie das Temperaturäquivalent der *gesamten* Austrittsarbeit angibt, schildert die *Dushman*sche Emissionszahl B_D nur den *Überschuß* der Austrittsarbeit über die Energie η_0 der innerkathodischen Elektronen in dessen Temperaturmaß. Daher ist B_D, streng genommen, sogar unter der Voraussetzung eines festen Wertes der Spannung U_K nicht konstant, sondern, entsprechend der aus Gl. (I 13, 69) zu entnehmenden Größe von η_0, durch ein dem Quadrate der absoluten Temperatur T proportionales Korrekturglied zu ergänzen; versteht man daher in (II 9, 22) unter dem Zeichen B_D nur den Grenzwert

$$B_{D,0} = \lim_{T \to 0} B_D \quad \text{(II 9, 23)}$$

so hat man dem *Dushman*schen Emissionsgesetz einen Exponentialfaktor hinzuzufügen, dessen Exponent nunmehr linear mit T ansteigt.

d) Welche *Geschwindigkeitsverteilung* beherrscht die bereits emittierten Elektronen?

Wir begleiten die Teilchengruppe (II 9, 3) auf ihrem Wege vom Innern des emittierenden Metalles nach $z \to \infty$. Da nun der Zusammenhang zwischen den Komponenten $(v_x; v_y; v_z)$ der innerkathodischen Elektronengeschwindigkeit v mit den Komponenten $(v_x'; v_y'; v_z')$ der Elektronengeschwindigkeit v' im Entladungsraume allein von der Bildkraft $F(z)$ diktiert wird, dürfen wir die Relationen (II 9, 12) und (II 9, 14) unverändert übernehmen und erhalten wegen

$$v_x' = v_x; \qquad v_y' = v_y \qquad \text{(II 9, 24)}$$

aus (II 9, 3) und (II 9, 4) für die Anzahl $\Delta n'$ der Elektronen, welche je Konfigurationseinheit des Entladungsraumes dem infinitesimal schmalen Geschwindigkeitsbereiche $(v_x', v_x' + \Delta v_x'; v_y', v_y' + \Delta v_y'; v_z', v_z' + \Delta v_z')$ angehören, die Angabe

$$\Delta n' = 2 \frac{m_0{}^3}{h^3} \frac{\Delta v_x' \, \Delta v_y' \, \Delta v_z'}{e^{\beta \left[\frac{m_0}{2} (v_x'^2 + v_y'^2 + v_z'^2) + q_0 U_K - \eta_0 \right]} + 1}. \qquad \text{(II 9, 25)}$$

Auf das infinitesimal schmale Intervall $[v_z' > 0, \ (v_z' + \Delta v_z') > 0]$ allein der Geschwindigkeitskomponente $v_z' > 0$ bei gleichzeitig beliebigen Werten der Komponenten v_x' und v_y' entfallen somit

$$\Delta_z n' = 2 \frac{m_0{}^3}{h^3} \Delta v_z' \int\limits_{v_x' = -\infty}^{\infty} \int\limits_{v_y' = -\infty}^{\infty} \frac{dv_x' \, dv_y'}{e^{\beta \left[\frac{m_0}{2} (v_x'^2 + v_y'^2 + v_z'^2) + q_0 U_K - \eta_0 \right]} + 1}.$$
$$\text{(II 9, 26)}$$

Elektronen. Bei der Berechnung dieses Integrales dürfen wir uns mit Rücksicht auf (II 9, 24) der Transformationen (II 9, 9) und (II 9, 10) bedienen und erhalten mit Hilfe der Substitution

$$u' = 1 + e^{-\beta \left[\frac{m_0}{2} (v_r^2 + v_z'^2) + q_0 U_K - \eta_0 \right]} \qquad \text{(II 9, 27)}$$

für $\Delta_z n'$ den Ausdruck

$$\Delta_z n' = 4 \pi \frac{m_0{}^3}{h^3} \frac{\Delta v_z'}{\beta m_0} \ln \left\{ 1 + e^{-\beta \left[\frac{m_0}{2} v_z'^2 + q_0 U_K - \eta_0 \right]} \right\}; \qquad v_z' \gtreqless 0, \ \text{(II 9, 28)}$$

während der Geschwindigkeits-Halbraum $v_z' < 0$ leer bleibt:

$$\Delta_z n' = 0; \qquad v_z' < 0. \qquad \text{(II 9, 29)}$$

Demnach resultiert im Entladungsraum die Elektronenkonzentration

$$n' = \int\limits_{v_z' = -\infty}^{\infty} d_z n' = \int\limits_{v_z' = 0}^{\infty} d_z n' =$$

$$= 4 \pi \frac{m_0{}^3}{h^3} \frac{1}{\beta m_0} \int\limits_0^{\infty} \ln \left\{ 1 + e^{-\beta \left[\frac{m_0}{2} v_z'^2 + q_0 U_K - \eta_0 \right]} \right\} dv_z'. \qquad \text{(II 9, 30)}$$

Mittels der Substitution

$$\beta \cdot \frac{m_0}{2} v_z'^2 = s^2 \qquad \text{(II 9, 31)}$$

bringen wir das in (II 9, 30) eingehende Integral in die Gestalt

$$\int\limits_0^\infty \ln\left\{1 + e^{-\beta\left[\frac{m_0}{2}v_z'^2 + q_0 U_K - \eta_0\right]}\right\} dv_z' = \sqrt{\frac{2}{m_0\beta}} \int\limits_0^\infty \ln\left\{1 + e^{-s^2}e^{-\beta[q_0 U_K \eta_0]}\right\} ds,$$

$$(\text{II } 9,\ 32)$$

welcher wir die beständig konvergente Reihenentwicklung

$$\int\limits_0^\infty \ln\left\{1 + e^{-\beta\left[\frac{m_0}{2}v_z'^2 + q_0 U_K - \eta_0\right]}\right\} dv_z' = \qquad (\text{II } 9,\ 33)$$

$$= \sqrt{\frac{\pi}{2\,m_0\,\beta}}\left\{e^{-\beta[q_0 U_K - \eta_0]} - \frac{1}{2^{3/2}}e^{-2\beta[q_0 U_K - \eta_0]} + \frac{1}{3^{3/2}}e^{-3\beta[q_0 U_K - \eta_0]} - + \cdots\right\}$$

entnehmen. Durch ihre Restitution in (II 9, 30) finden wir somit bei Beachtung von (II 9, 4), (II 9, 16) und (II 9, 18) die Darstellung

$$n' = \frac{A_D}{q_0}\cdot T^2\cdot\sqrt{\frac{\pi\,m_0}{2\,k\,T}}\left\{e^{-\frac{B_D}{T}} - \frac{1}{2^{3/2}}e^{-2\frac{B_D}{T}} + \frac{1}{3^{3/2}}e^{-3\frac{B_D}{T}} - + \cdots\right\},$$

$$(\text{II } 9,\ 34)$$

welche sich unter der Betriebsbedingung (II 9, 21) hinreichend niedriger Kathodentemperatur auf die Angabe

$$n' = \frac{A_D}{q_0}T^2\sqrt{\frac{\pi\,m_0}{2\,k\,T}}\,e^{-\frac{B_D}{T}} \qquad (\text{II } 9,\ 35)$$

reduziert. Aus (II 9, 28) und (II 9, 34) folgt das gesuchte Gesetz der Geschwindigkeitsverteilung

$$\frac{\Delta_z n'}{n'} = 2\sqrt{\frac{m_0}{2\,\pi\,k\,T}}\,\frac{\ln\left\{1 + e^{-\frac{B_D}{T}}e^{-\frac{m_0 v_z'^2}{2kT}}\right\}}{e^{-\frac{B_D}{T}} - \frac{1}{2^{3/2}}e^{-2\frac{B_D}{T}} + \frac{1}{3^{3/2}}e^{-3\frac{B_D}{T}} - + \cdots}\,\Delta v_z'$$

$$(\text{II } 9,\ 36)$$

das unter der oben genannten Betriebsbedingung in die Näherungsformel

$$\frac{\Delta_z n'}{n'} = 2\sqrt{\frac{m_0}{2\,\pi\,k\,T}}\,e^{-\frac{m_0 v_z'^2}{2kT}}\,\Delta v_z' \qquad (\text{II } 9,\ 37)$$

übergeht. Ihre, allerdings nur im Rahmen der angezeigten Approximation bestehende Übereinstimmung mit (II 8, 18) besagt: Ungeachtet ihrer Herkunft aus einem Teilchenkollektiv mit *Fermi*scher Geschwindigkeitsverteilung *vor* ihrer Emission aus dem Metalle genügen die Elektronen *nach* ihrer Emission, bei Entnahme des Sättigungsstromes, merklich der „einseitigen *Maxwell*verteilung" ihrer Geschwindigkeiten; umgekehrt vermag daher die experimentelle Vermessung des Geschwindigkeitsspektrums der bereits emittierten Elektronen keine bündige Auskunft über das Verteilungsgesetz der Geschwindigkeiten zu erteilen, welchem die innerkathodischen Elektronen unterworfen sind.

Im Lichte dieser Ergebnisse wird der Erwartungswert $\langle v_z'\rangle$ der parallel zur positiven z-Achse weisenden Geschwindigkeitskomponente der emittierten Elektronen praktisch stets durch Gl. (II 8, 19) beschrieben. Benutzt man dann, in gleicher Genauigkeit, für die Konzentration n' der

Elektronen im Entladungsraume die Näherung (II 9, 35), so führt die Berechnung der Sättigungsstromdichte j mittels der kinematischen Vorschrift

$$j = q_0 \, n' \, \langle v_z' \rangle \qquad (II\ 9,\ 38)$$

auf das *Dushman*sche Emissionsgesetz zurück.

e) Wie bei der Darstellung der *Richardson*schen Emissionstheorie möge auch die *statistisch*-kinematische Begründung des *Dushman*schen Gesetzes durch die Aussagen der *phänomenologischen Thermodynamik* ergänzt werden:

1. Zweiphasen-Gleichgewicht zwischen dem innerkathodischen, hochgradig entarteten Elektronengas [quasi-flüssiges Kondensat, Index f] mit dem Elektronendampf [quasi-ideales Gas, Index g].

Die zuständigen Gleichgewichtsbedingungen unterscheiden sich von jenen der *Richardson*schen Theorie lediglich durch die jeweils in Rechnung zu stellenden, spezifischen Eigenschaften der aneinander grenzenden Phasen; formal gesehen, müssen in jeder Theorie des Verdampfungsvorganges die Werte der *Gibbs*schen Funktion γ_f der flüssigen Phase und γ_g der Gasphase je Elementarteilchen einander gleichen.

Wir begeben uns zunächst ins Innere der Kathode. Den Begriff der hochgradigen Entartung durch den Grenzübergang $T \to 0$ verschärfend und präzisierend, entnehmen wir aus (I 13, 35) die Größe

$$\lim_{T \to 0} u_f = \frac{3}{5}\, \eta_0 \qquad (II\ 9,\ 39)$$

der im Mittel auf jedes innerkathodische Elektron entfallenden Energie, während unter den nämlichen Voraussetzungen das Produkt des Druckes P mit dem spezifischen Elektronenvolumen v_f der Zustandsgleichung

$$\lim_{T \to 0} P \cdot v_f = \frac{2}{5}\, \eta_0 \qquad (II\ 9,\ 40)$$

gehorcht. Da zudem die Entropie s je Elektron für $T \to 0$ verschwindet [*Nernst*scher Wärmesatz], resultiert für γ_f — indem wir nunmehr zu zwar im Verhältnis zur Kenntemperatur Θ der Kathode niedrigen, doch wesentlich endlichen Werten der absoluten Temperatur zurückkehren — die Näherungsdarstellung

$$\gamma_f = -\frac{\eta_0}{T}. \qquad (II\ 9,\ 41)$$

Zum quasi-idealen Elektronengase übergehend, finden wir dort je Elektron die mittlere Energie

$$u_g = \frac{3}{2}\, k\, T + q_0\, U_K \qquad (II\ 9,\ 42)$$

vor, so daß diesem Teilchen gemäß (I 13, 80) die *Gibbs*sche Funktion vom Werte

$$\gamma_g = \gamma_{g,\,th} - \frac{q_0\, U_K}{T} = k\left[\frac{5}{2}\ln T - \ln P + \ln \frac{2\, k^{5/2}(2\,\pi\, m_0)^{3/2}}{h^3}\right] - \frac{q_0\, U_K}{T}$$

$$(II\ 9,\ 43)$$

zukommt. Die allgemeine Gleichgewichtsbedingung

$$\gamma_f = \gamma_g \qquad (II\ 9,\ 44)$$

führt nunmehr auf Grund der expliziten Angaben (II 9, 41) und (II 9, 43) zur Kenntnis der *Dampfdruck-Funktion* P = P(T) des Verlaufes

$$P = \frac{2\,k^{5/2}(2\,\pi\,m_0)^{3/2}}{h^3}\,T^{5/2}\,e^{-\frac{q_0\,U_K - \eta_0}{kT}} = \frac{A_D}{q_0}\,T^2\,\sqrt{2\,\pi\,m_0\,k\,T}\;e^{-\frac{B_D}{T}} \qquad \text{(II 9, 45)}$$

welcher durch Abb. II 9, 2 veranschaulicht wird. Da nach Voraussetzung die Elektronen der Dampfphase der Zustandsgleichung

$$P\,v_g = k\,T \qquad \text{(II 9, 46)}$$

unterworfen sind, erschließen wir aus (II 9, 46) die Größe

$$n = \frac{1}{v_g} = \frac{P}{k\,T} = \frac{A_D}{q_0}\,T^2\,\sqrt{\frac{2\,\pi\,m_0}{k\,T}}\;e^{-\frac{B_D}{T}} \qquad \text{(II 9, 47)}$$

der Elektronenkonzentration im Entladungsraum, welche die Konzentration n' der Emissionsstromträger nach Gl. (II 9, 35) um den Faktor 2 übertrifft. Auf denselben, scheinbaren Widerspruch stießen wir bereits bei der Analyse der *Richardson*schen Emissionstheorie; er löst sich, indem wir, wie dort, auf den *Elektronen-Rückstrom* verweisen, welcher, den Sättigungsstrom ergänzend, im Zustande des thermodynamischen Gleichgewichtes die Verdampfung ursprünglich „flüssiger" Elektronen aus der Kathode durch gleichzeitige Kondensation „dampfförmiger" Elektronen des Entladungsraumes zu kompensieren hat.

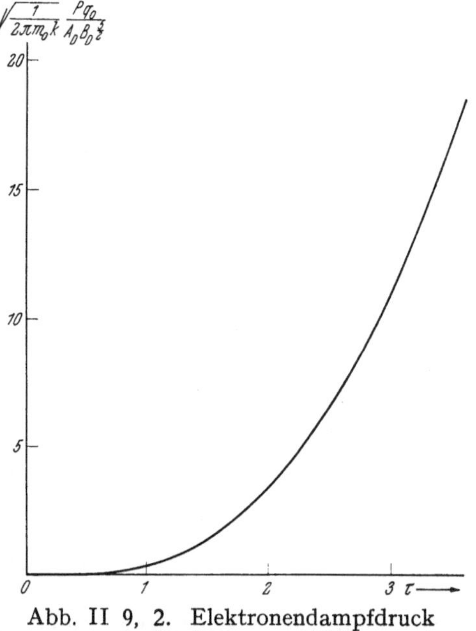

Abb. II 9, 2. Elektronendampfdruck nach *Dushman*: $\tau = T/B_D$.

2. **Mechanisch-thermodynamisches Gleichgewicht des einphasigen Elektronengases.**

Der genannte Zustand wird durch einen ortsunabhängigen Wert der *Gibbs*schen Funktion γ je Elektron gekennzeichnet, welcher zufolge der Relation

$$\zeta = -\,T \cdot \gamma \qquad \text{(II 9, 48)}$$

einen gleichfalls festen Wert des ebenso bezogenen Thermodynamischen Potentiales ζ nach sich zieht; diesen selbst finden wir aus (II 9, 6) und (II 9, 7), da die Kathode verabredungsgemäß als Basis des elektrischen Skalarpotentiales φ gewählt wurde, zu

$$\zeta = \zeta_{\text{Kathode}} = \zeta_{\text{th, Kathode}} \approx \eta_0 = \left[\frac{3}{\pi}\,n_f\right]^{2/3}\frac{h^2}{2\,m_0}\,. \qquad \text{(II 9, 49)}$$

Für $z \to \infty$ sinkt daher der Wärmeanteil des Thermodynamischen Potentiales ζ auf

$$\lim_{z \to \infty} \zeta_{\text{th}} = \zeta - q_0\,U_K \approx \eta_0 - q_0\,U_K \qquad \text{(II 9, 50)}$$

ab. Hand in Hand mit diesem Rückgang verringert sich der Entartungsparameter der *Fermi*statistik des Elektronengases in solchem Maße, daß wir uns auf den Ausdruck (I 13, 80) der *Gibbs*schen Funktion stützen dürfen. Er liefert uns mit Rücksicht auf (II 9, 48), (II 9, 49) und (II 9, 50) für den Druck P des Elektronengases in $z \to \infty$, der nunmehr von dem hohen Binnendruck [Nullpunktsdruck] der innerkathodischen Elektronen wesentlich verschieden ist, die Gleichung

$$\lim_{z \to \infty} \gamma_{\mathrm{th}} = \lim_{z \to \infty}\left[-\frac{\zeta}{T}\right] = \frac{q_0\,U_K - \eta_0}{T} =$$

$$= -k\left[\ln P - \frac{5}{2}\ln T + \ln \frac{h^3}{2\,k^{5/2}\,(2\,\pi\,m_0)^{3/2}},\right. \qquad \text{(II 9, 51)}$$

aus welcher die Angabe

$$P = \frac{2\,k^{5/2}(2\,\pi\,m_0)^{3/2}}{h^3} \cdot$$

$$\cdot\, T^{5/2}\, e^{-\frac{q_0\,U_K - \eta_0}{k\,T}}$$

(II 9, 52)

resultiert; sie ist mit (II 9, 45) identisch.

f) Vergleicht man die Thermodynamik der Elektronenverdampfung aus Metallen [*Dushman*] mit jener aus Körpern, deren innere, freie Elektronen dort der *Maxwell*schen Geschwindigkeitsverteilung gehorchen [*Richardson*], so fällt vor allem die besondere Rolle des *spezifischen Elektronenvolumens* im

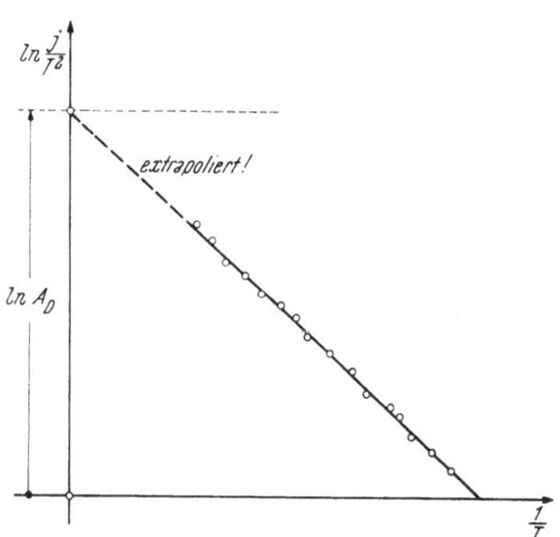

Abb. II 9, 3. Graphische Bestimmung der *Dushman*schen Konstanten A_D.

hoch entarteten Elektronenkollektiv auf: Während in der klassischen Theorie das spezifische Volumen v_f des Kondensates gegen das spezifische Dampfvolumen v_g vernachlässigt werden durfte, ist eine solche Schlußweise in der Thermodynamik *Fermi*scher Systeme durchaus unzulässig: Der Betrag des Produktes $P \cdot v_f$ konvergiert ja für $T \to 0$ gegen die kinetische Grenzenergie η_0 der Metallelektronen, die ihrerseits zufolge der *Heisenberg*schen Ungenauigkeitsrelationen notwendig positiv ausfällt.

g) Zum Zwecke seiner experimentellen Prüfung schreibt man das *Dushman*sche Gesetz der Glühemission in der phänomenologischen Gestalt

$$\ln \frac{j}{T^2} = \ln A_D{}' - \frac{B_D{}'}{T} \qquad \text{(II 9, 53)}$$

in welcher man zwar $A_D{}'$ und $B_D{}'$ je als eine Konstante aufzufassen hat, ohne jedoch von vornherein den universellen Charakter von $A_D{}'$ gemäß (II 9, 18) kategorisch zu verlangen. Für eine zu untersuchende Kathode sind deren absolute Oberflächentemperatur T sowie die Sättigungsstromdichte j gleichzeitig meßbar. Wir tragen nun in einem rechtwinkeligen, affinen Bezugssystem nach Abb. II 9, 3 den Ausdruck $\ln j/T^2$ [Ordinate] als Funktion von $1/T$ [Abszisse] auf. Falls das *Dushman*sche Gesetz zutrifft, müssen die Meßpunkte nach Auskunft der Gl. (II 9, 53) auf einer *Geraden* liegen; ihre Extrapolation in das experimentell unzugängliche Gebiet $1/T \to 0$ schneidet auf der Ordinatenachse die Strecke $\ln A_D$ ab, und ihre Neigung gegen die Abszissenachse liefert, unter Berücksichtigung der jeweils benutzten Eichmaßstäbe beider Achsen, die Emissionskonstante B_D.

Bei der Durchführung solcher Versuche an chemisch reinen Metallen erlebt man nun eine Überraschung: Die *Dushman*sche Emissionskonstante A_D liegt auffallend häufig, wenngleich durchaus nicht stets, in der Nähe des phänomenologischen Wertes

$$A_D' = 0{,}6 \cdot 10^6 \, \frac{\text{Amp}}{\text{m}^2 ({}^0\text{K})^2}, \qquad (\text{II } 9,\ 54)$$

erreicht also gerade nur die *Hälfte* ihrer nach (II 9, 19) zu erwartenden, universellen Größe A_D! Dieser merkwürdige Sachverhalt hat seine Geschichte: Als *Dushman* seine Theorie entwickelte, kannte man die beiden unterschiedlichen Spinrichtungen des Elektrons noch nicht, und daher fehlte in der *Fermi*statistik des Elektronengases jener Faktor 2, welcher der alternativen Einstellung des Spins parallel oder antiparallel zu einem richtenden Magnetfeld Rechnung trägt: Die ursprüngliche, „spinfreie" Emissionsformel *Dushman*s lieferte statt (II 9, 19) gerade die Angabe (II 9, 54). Obwohl sich nun, wie gesagt, das „alte" Gesetz besser der Erfahrung anpaßt als das neue, besteht doch auf Grund des *Pauli*prinzipes kein Zweifel darüber, daß nur die spinkorrigierte Formel theoretisch korrekt ist; es gilt, die hierdurch angezeigte Unstimmigkeit zwischen Theorie und Erfahrung aufzuklären.

h) In der *Klassischen Mechanik* definiert die Ungleichung

$$\frac{1}{2}\, m_0 v_z^2 > q_0 U_K, \qquad (\text{II } 9,\ 55)$$

die Gruppe aller derjenigen innerkathodischen Elektronen, deren Emission in das Vakuum $z > 0$ nach Erreichen der Grenzebene durch das *Kausalitätsprinzip* sichergestellt wird. Für die *wellenmechanische Auffassung* der Elektronenbewegung ist jedoch dieses sozusagen starre Prinzip nicht mehr bindend. Der Durchgang der gemäß (II 9, 55) wohl emissions*fähigen* Elektronen durch die in $z = 0$ zu denkende, homogene elektrische Doppelschicht vom „eingeprägten" Potentialsprunge

$$\varDelta \varphi = \lim_{\varepsilon \to 0} \left[\varphi(+\varepsilon) - \varphi(-\varepsilon) \right] = - U_K \qquad (\text{II } 9,\ 56)$$

des Bildkraftfeldes darf *nicht als zweifellos sicher* gelten, sondern für diesen Vorgang besteht nur eine gewisse *Transmissionswahrscheinlichkeit* $0 < w_T < 1$. Mit anderen Worten: Die Ungleichung (II 9, 55) spricht eine zwar *notwendige*, doch noch keineswegs *hinreichende* Emissionsbedingung aus; daher wird die auf dem Kausalitätsprinzip beruhende, in diesem Sinne „Klassische" Integraldarstellung (II 9, 8) der Sättigungsstromdichte in der Wellenmechanik hinfällig.

Bei der hiernach erforderlichen Berechnung der Transmissionswahrscheinlichkeit w_T lassen wir die Mikrostruktur des elektrischen Skalarpotentiales φ im Innern der Kathode geflissentlich außer Betracht. Da wir dann, ohne die Allgemeinheit zu beschränken,

$$\varphi = 0 \quad \text{für} \quad z < 0 \qquad (\text{II } 9,\ 57)$$

setzen dürfen, ist dem Entladungsraum zufolge (II 9, 56) das Skalarpotential

$$\varphi = - U_K \quad \text{für} \quad z > 0 \qquad (\text{II } 9,\ 58)$$

zuzuschreiben. Schreiben wir nach *Dirac* abkürzend $\hbar = h/(2\pi)$ [h = *Planck*sches Wirkungsquantum], so gehorcht also die komplexe Amplitude $\bar{\psi}$ des

Informationsfeldes, welches uns über die Anwesenheitswahrscheinlichkeit eines Elektrons der [klassischen] Gesamtenergie

$$\eta = \frac{m_0}{2}\left[v_x{}^2 + v_y{}^2 + v_z{}^2\right] - q_0\,\varphi \qquad \text{(II 9, 59)}$$

je Raumeinheit seines Existenzgebietes unterrichtet, innerhalb des Metalles der zeitfreien *Schrödinger*-Gleichung

$$\frac{\hbar^2}{2\,m_0}\left[\frac{\partial^2\bar\psi}{\partial x^2} + \frac{\partial^2\bar\psi}{\partial y^2} + \frac{\partial^2\bar\psi}{\partial z^2}\right] + \eta\cdot\bar\psi = 0; \qquad z < 0 \qquad \text{(II 9, 60)}$$

während für das Verhalten jenes Elektrons im Entladungsraum die ebenfalls zeitfreie *Schrödinger*-Gleichung

$$\frac{\hbar^2}{2\,m_0}\left[\frac{\partial^2\bar\psi}{\partial x^2} + \frac{\partial^2\bar\psi}{\partial y^2} + \frac{\partial^2\bar\psi}{\partial z^2}\right] + (\eta - q_0\,U_K)\,\bar\psi = 0; \qquad z > 0 \qquad \text{(II 9, 61)}$$

zuständig ist. Die Integrale der beiden letztgenannten, partiellen Differentialgleichungen müssen je in deren Existenzgebieten überall *beschränkt* bleiben, und überdies sind sie an der Grenze $z = 0$ durch die *Stetigkeitsbedingungen*

$$\lim_{\varepsilon\to 0}\bar\psi(x, y, -\varepsilon) = \lim_{\varepsilon\to 0}\bar\psi(x, y, +\varepsilon) \qquad \text{(II 9, 62)}$$

und

$$\lim_{\varepsilon\to 0}\left[\frac{\partial\bar\psi}{\partial z}\right]_{x,\,y,\,-\varepsilon} = \lim_{\varepsilon\to 0}\left[\frac{\partial\bar\psi}{\partial z}\right]_{x,\,y,\,+\varepsilon} \qquad \text{(II 9, 63)}$$

miteinander verknüpft.

Wir begeben uns nun zuerst in das Metall und beschreiben dort die Bewegung eines sozusagen emissionswilligen, gegen die Ebene $z = 0$ hin anstürmenden Elektrons mittels seiner ebenen *de Broglie*-Welle $\vec\psi$ von der komplexen Amplitude $\vec a$ und vom Ausbreitungsvektor K der je reellen, beziehentlich zu den Konfigurationsachsen parallelen Komponenten K_x, K_y und $K_z > 0$

$$\vec\psi = \vec a\,e^{i[x\,K_x + y\,K_y + z\,K_z]}; \qquad z < 0 \qquad \text{(II 9, 64)}$$

welcher wir die konjugiert-komplexe Welle

$$\vec\psi{}^* = \vec a{}^*\,e^{-i[x\,K_x + y\,K_y + z\,K_z]}; \qquad z < 0 \qquad \text{(II 9, 65)}$$

ergänzend zur Seite stellen; zufolge (II 9, 60) besteht dann zwischen den Komponenten des Ausbreitungsvektors K und der Gesamtenergie η des kontrollierten Elektrons die Relation

$$\eta = \frac{\hbar^2}{2\,m_0}\left[K_x{}^2 + K_y{}^2 + K_z{}^2\right]. \qquad \text{(II 9, 66)}$$

Aus (II 9, 64) und (II 9, 65) entnehmen wir den Vektor v, welcher die Korpuskulargeschwindigkeit jenes Elektrons beschreibt, mittels der Operation

$$v = \frac{\hbar}{2\,i\,m_0}\,\text{grad}\,\frac{\vec\psi}{\vec\psi{}^*} = \frac{\hbar}{m_0}\cdot K, \qquad \text{(II 9, 67)}$$

so daß die Angabe (II 9, 66) zufolge der Übereinkunft (II 9, 57) mit (II 9, 59) inhaltlich identisch ist.

Statt nun, wie zunächst vorgesehen war, die Funktion $\vec\psi$ nach passender Begrenzung ihres Existenzgebietes zu normieren, verknüpfen wir besser ihre komplexe Amplitude $\vec a$ an Hand der Gleichung

$$\vec j_z - \vec a\,\vec a{}^*\,q_0\,v_z = \vec a\,\vec a{}^*\cdot\frac{q_0\,\hbar}{m_0}\,K_z; \qquad z < 0, \qquad \text{(II 9, 68)}$$

mit der z-Komponente der elektrischen Konvektionsstromdichte, welche von dem kontrollierten Elektron oder, allgemeiner gesprochen, von einer Schar solcher, kinematisch einander gleichwertiger Elementarteilchen gegen die Grenzebene hin getragen wird. Bei ihrer Ankunft an eben dieser Fläche erregt die einfallende Welle $\vec{\psi}$ zwei neue Wellen:

1. In das Metall hinein wird eine ebene *de Broglie*-Welle $\overleftarrow{\psi}$ reflektiert; durch ϱ den diesen Vorgang quantitativ regelnden, vorerst allerdings noch unbekannten *Reflexionsfaktor* bezeichnend, stellen wir sie durch das mit (II 9, 64) in der Ebene $z = 0$ kohärente Integral

$$\overleftarrow{\psi} = \varrho \cdot \vec{a} \cdot e^{i[x K_x + y K_y - z K_z]}; \qquad z < 0 \qquad (II\ 9,\ 69)$$

der partiellen Differentialgleichung (II 9, 60) dar.

2. In den Entladungsraum dringt eine Welle $\vec{\psi}'$ ein, welche auf Grund der Stetigkeitsbedingungen (II 9, 62) und (II 9, 63) in der Ebene $z = 0$ gleichzeitig mit den im Metall verkehrenden Wellen $\vec{\psi}$ und $\overleftarrow{\psi}$ kohärieren muß; daher haben wir $\vec{\psi}'$ mittels einer allein von $z > 0$ abhängigen Faktorfunktion f(z) in der analytischen Gestalt

$$\vec{\psi}' = \vec{a}\, e^{i[x K_x + y K_y]} f(z); \qquad z > 0 \qquad (II\ 9,\ 70)$$

anzusetzen. Aus (II 9, 61) entspringt dann mit Rücksicht auf (II 9, 66) für f die gewöhnliche Differentialgleichung

$$\frac{d^2 f}{dz^2} + \left[K_z{}^2 - 2\frac{m_0\, q_0}{\hbar^2} U_K \right] \cdot f = 0. \qquad (II\ 9,\ 71)$$

Bei ihrer Integration sind zwei Fälle zu unterscheiden:

α) Es sei

$$K_z{}^2 - 2\frac{m_0\, q_0}{\hbar^2} U_K = \frac{2\, m_0}{\hbar^2}\left[\frac{1}{2} m_0\, v_z{}^2 - q_0\, U_K \right] < 0. \qquad (II\ 9,\ 72)$$

Da die Funktion f für alle Orte ihres Existenzbereiches $z > 0$ *beschränkt* bleiben soll, liefert (II 9, 71) nach Wahl der komplexen Amplitudenkonstanten τ die Lösung

$$f = \tau\, e^{-z\sqrt{2\frac{m_0\, q_0}{\hbar} U_K - K_z{}^2}}; \qquad z > 0 \qquad (II\ 9,\ 73)$$

aus welcher zufolge (II 9, 70) für $\vec{\psi}'$ die Darstellung

$$\vec{\psi}' = \tau \cdot \vec{a}\, e^{i[x K_x + y K_y]}\, e^{-z\sqrt{2\frac{m_0\, q_0}{\hbar^2} U_K - K_z{}^2}} \qquad (II\ 9,\ 74)$$

hervorgeht. Auf Grund dieser funktionellen Struktur verschwindet die z-Komponente der korpuskularen Elektronengeschwindigkeit v', welche der Welle $\vec{\psi}'$ zugeordnet ist:

$$v_z{}' = \frac{\hbar}{2\, i\, m_0} \frac{\partial}{\partial z} \ln \frac{\vec{\psi}'}{\vec{\psi}'^*} = \frac{\hbar}{m_0} \frac{\partial}{\partial z} [x K_x + y K_y] = 0. \qquad (II\ 9,\ 75)$$

Wir haben es demnach mit einer lediglich senkrecht der z-Achse gerichteten Elektronenströmung zu tun, die als solche keinen Beitrag zur Elektronenemission aus der Kathode zu stiften vermag und daher weiterhin außer Betracht bleiben darf.

β) Im Falle

$$K_z{}^2 - 2\frac{m_0\, q_0}{\hbar^2} U_K = \frac{2\, m_0}{\hbar^2}\left[\frac{1}{2} m_0\, v_z{}^2 - q_0\, U_K \right] > 0 \qquad (II\ 9,\ 76)$$

ist die Lösung der Gl. (II 9, 71) durch die Forderung ihrer Beschränktheit für alle $z > 0$ samt den Stetigkeitsbedingungen (II 9, 62) und (II 9, 63) noch nicht eindeutig festgelegt. Wir beseitigen diese Unbestimmtheit, indem wir zusätzlich verlangen: Für $z \to \infty$ soll $\vec{\psi}'$ in eine ebene *de Broglie*-Welle übergehen, deren Ausbreitungsvektor eine in Richtung der positiven z-Achse weisende, reelle Komponente besitzt. Vermöge dieser „*Ausstrahlungsbedingung*" finden wir als Gegenstück zu (II 9, 73) nunmehr

$$f = \tau\, e^{\,i\,z\sqrt{K_z{}^2 - 2\frac{m_0\,q_0}{\hbar^2}U_K}}, \qquad (II\ 9,\ 77)$$

so daß

$$\vec{\psi}' = \tau\,\vec{a}\; e^{\,i\left[x\,K_x + y\,K_y + z\sqrt{K_z{}^2 - 2\frac{m_0\,q_0}{\hbar^2}U_K}\right]}; \qquad z > 0 \qquad (II\ 9,\ 78)$$

resultiert. Im Lichte der Darstellung (II 9, 65) der einfallenden Welle darf daher τ als komplexer *Transmissionsfaktor* bezeichnet werden, welcher dem in Gl. (II 9, 69) eingehenden, komplexen Reflexionsfaktor ϱ ergänzend zur Seite tritt.

Auf Grund der Stetigkeitsbedingungen (II 9, 62) und (II 9, 63) entstehen aus (II 9, 65), (II 9, 69) und (II 9, 78) die Relationen

$$1 + \varrho = \tau \qquad (II\ 9,\ 79)$$

sowie, mit Benützung der Gl. (II 9, 67)

$$1 - \varrho = \tau\,\frac{\sqrt{K_z{}^2 - 2\dfrac{m_0\,q_0}{\hbar^2}U_K}}{K_z} = \tau\sqrt{1 - 2\frac{q_0\,U_K}{m_0\,v_z{}^2}} \qquad (II\ 9,\ 80)$$

welchen man die Angaben

$$\tau - \frac{2}{1 + \sqrt{1 - 2\dfrac{q_0\,U_K}{m_0\,v_z{}^2}}} \qquad (II\ 9,\ 81)$$

und

$$\varrho = \frac{1 - \sqrt{1 - 2\dfrac{q_0\,U_K}{m_0\,v_z{}^2}}}{1 + \sqrt{1 - 2\dfrac{q_0\,U_K}{m_0\,v_z{}^2}}} \qquad (II\ 9,\ 82)$$

entnimmt. Aus (II 9, 78) berechnen wir nun, unter abermaliger Berufung auf den Zusammenhang (II 9, 67) die z-Komponente v_z' der korpuskularen Elektronengeschwindigkeit im Entladungsraume zu

$$v_z' = \frac{\hbar}{2\,i\,m_0}\frac{\partial}{\partial z}\ln\frac{\vec{\psi}'}{\vec{\psi}'^{*}} = \frac{\hbar}{m_0}\sqrt{K_z{}^2 - 2\frac{m_0\,q_0}{\hbar^2}U_K} = u_z\sqrt{1 - 2\frac{q_0\,U_K}{m_0\,v_z{}^2}} \qquad (II\ 9,\ 83)$$

und ähnlich aus (II 9, 74) die z-Komponente v_z'' der Korpuskulargeschwindigkeit der reflektierten, in das Metall zurückflutenden Elektronen zu

$$v_z'' = \frac{\hbar}{2\,i\,m_0}\frac{\partial}{\partial z}\ln\frac{\overleftarrow{\psi}}{\overleftarrow{\psi}^{*}} = -\frac{\hbar}{m_0}K_z = -v_z. \qquad (II\ 9,\ 84)$$

In Analogie zu Gl. (II 9, 68) beschreibt daher

$$\vec{j}_z' = q_0(\tau\,\vec{a})\,(\tau\,\vec{a}^{*})\cdot v_z' = \frac{4\sqrt{1 - 2\dfrac{q_0\,U_K}{m_0\,v_z{}^2}}}{\left[1 + \sqrt{1 - 2\dfrac{q_0\,U_K}{m_0\,v_z{}^2}}\right]^2}\,\vec{j}_z, \qquad (II\ 9,\ 85)$$

die z-Komponente der elektrischen Konvektionsstromdichte im Entladungsraum, während

$$\overleftarrow{j}_z = q_0(\varrho\,\vec{a})\,(\varrho\,\vec{a}^*)\,v_z'' = -\left[\frac{1-\sqrt{1-2\dfrac{q_0\,U_K}{m_0\,v_z^{\,2}}}}{1+\sqrt{1-2\dfrac{q_0\,U_K}{m_0\,v_z^{\,2}}}}\right]^2\cdot\vec{j}_z, \quad \text{(II 9, 86)}$$

die z-Komponente der reflektierten Konvektionsstromdichte mißt. Im
Lichte dieser Relationen ist das Verhältnis

$$w_T = \frac{\vec{j}_z{}'}{\vec{j}_z} = \frac{4\sqrt{1-2\dfrac{q_0\,U_K}{m_0\,v_z^{\,2}}}}{\left[1+\sqrt{1-2\dfrac{q_0\,U_K}{m_0\,v_z^{\,2}}}\right]^2}, \quad \text{(II 9, 87)}$$

als *Transmissionswahrscheinlichkeit* der emissionsfähigen, innerkathodischen
Elektronen zu deuten, und das Verhältnis

$$w_r = \frac{-\overleftarrow{j}_z}{\vec{j}_z} = \left[\frac{1-\sqrt{1-2\dfrac{q_0\,U_K}{m_0\,v_z^{\,2}}}}{1+\sqrt{1-2\dfrac{q_0\,U_K}{m_0\,v_z^{\,2}}}}\right]^2. \quad \text{(II 9, 88)}$$

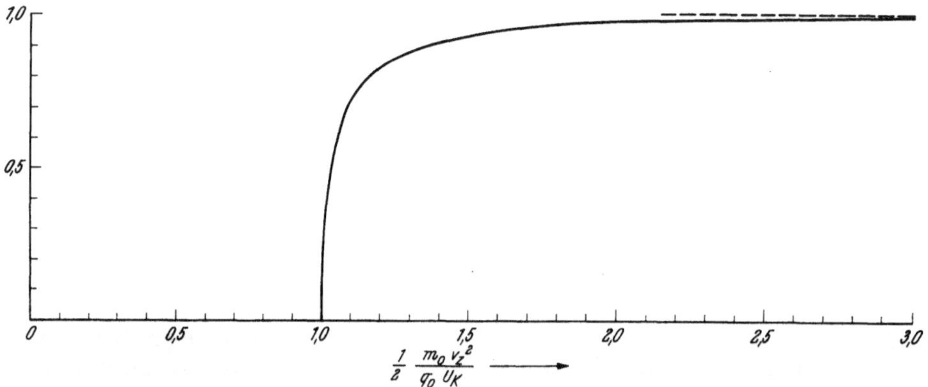

Abb. II 9, 4. Die Transmissionswahrscheinlichkeit emissionsfähiger Elektronen.

gibt deren *Reflexionswahrscheinlichkeit* an; diese beiden, ihrer gedanklichen
Herkunft nach wesentlich statistischen Maßzahlen genügen dem *Kirchhoff*-
schen Kontinuitätsgesetz

$$w_T + w_R = 1. \quad \text{(II 9, 89)}$$

Abb. II 9, 4 zeigt die Abhängigkeit der Transmissionswahrscheinlich-
keit w_T von dem Anteil $(\tfrac{1}{2}\,m_0\,v_z^{\,2})$ der auf die z-Komponente der Anlauf-
bewegung im Kathodeninnern entfallenden, kinetischen Elektronenenergie:
Im Gegensatz zu der vom klassischen Kausalitätsprinzip verbürgten Gewißheit der Emission aller zu diesem Vorgang kinetisch befähigter Elektronen ist seine wellenmechanische Wahrscheinlichkeit stets kleiner als 1
und konvergiert gegen diesen Wert erst im Grenzfalle $(\tfrac{1}{2}\,m_0\,v_z^{\,2})\to\infty$
[*Newton*sche Mechanik!].

Mit Rücksicht auf (II 9, 83) kann man die Formel (II 9, 87) der Transmissionswahrscheinlichkeit w_T in die Gestalt

$$w_T = \frac{4\,v_z\,v_z'}{[v_z + v_z']^2} \qquad \text{(II 9, 90)}$$

bringen, welche vermöge ihrer symmetrischen Abhängigkeit von den Geschwindigkeitskomponenten v_z und v_z' das *Reziprozitätsgesetz der Elektronenpassage* durch die Doppelschicht ausspricht: Da w_T gegen die Vertauschung von v_z und v_z' beziehentlich mit $(-v_z)$ und $(-v_z')$ invariant bleibt, ist die Emission eines Elektrons aus dem Metall in den Dampfraum ebenso wahrscheinlich wie die Kondensation eines vom Dampfraum herkommenden Elektrons im Metall; erst durch diese Gleichheit der genannten, gegenläufigen Prozesse wird das thermodynamische Gleichgewicht des Systemes statistisch aufrecht erhalten.

Wir kehren nunmehr zur Integraldarstellung (II 9, 14) der rein korpuskular aufgefaßten Emissionsstromdichte $j_{(Korp)}$ zurück, welche sich unter der weiterhin einzuhaltenden Betriebsbedingung (II 9, 21) auf

$$j_{(Korp)} = q_0 \cdot 4\,\pi\,\frac{m_0{}^3}{h^3} \int\limits_{\sqrt{2\frac{q_0}{m_0}U_K}}^{\infty} e^{-\beta\left[\frac{m_0}{2}v_z{}^2 - \eta_0\right]} v_z\,dv_z \qquad \text{(II 9, 91)}$$

reduziert. In der hierdurch angezeigten Genauigkeit finden wir die *wellenmechanisch korrigierte Emissionsstromdichte* $j_{(W)}$ durch Multiplikation des Integranden mit der Transmissionswahrscheinlichkeit:

$$j_{(W)} = q_0 \cdot 4\,\pi \cdot \frac{m_0{}^3}{h^3} \int\limits_{\sqrt{2\frac{q_0}{m_0}U_K}}^{\infty} w_T \cdot e^{-\beta\left[\frac{m_0}{2}v_z{}^2 - \eta_0\right]} v_z\,dv_z. \qquad \text{(II 9, 92)}$$

Daher definiert das Verhältnis

$$\varkappa = \frac{j_{(W)}}{j_{(Korp)}} = \frac{\displaystyle\int\limits_{\sqrt{2\frac{q_0}{m_0}U_K}}^{\infty} w_T\, e^{-\beta\frac{m_0}{2}v_z{}^2} v_z\,dv_z}{\displaystyle\int\limits_{\sqrt{2\frac{q_0}{m_0}U_K}}^{\infty} e^{-\beta\frac{m_0}{2}v_z{}^2} v_z\,dv_z} \qquad \text{(II 9, 93)}$$

den Faktor, mit welchem man die *Dushman*sche Gleichung (II 9, 22) zu multiplizieren hat, um sie den kinetischen Aussagen der Wellenmechanik anzupassen. Zum Zwecke seiner expliziten Berechnung substituieren wir zunächst

$$\frac{1}{2}\frac{m_0 v_z{}^2}{q_0 U_K} = \cosh^2 \beta \qquad \text{(II 9, 94)}$$

und erhalten im Hinblick auf (II 9, 87)

$$\varkappa = \frac{2\displaystyle\int_0^\infty e^{-\frac{q_0 U_K}{kT}\cosh^2\beta}\, e^{-2\beta}\sinh^2 2\beta\, d\beta}{\displaystyle\int_0^\infty e^{-\frac{q_0 U_K}{kT}\cosh^2\beta}\, \sinh 2\beta\, d\beta}\,. \qquad (II\ 9,\ 95)$$

Mit der Abkürzung

$$\mu = \frac{1}{2}\frac{q_0\, U_K}{k\, T} \qquad (II\ 9,\ 96)$$

liefert dann die weitere Substitution $2\,\beta = \gamma$ für $\varkappa$ die Darstellung

$$\varkappa = \frac{2\displaystyle\int_0^\infty e^{-\mu\cosh\gamma}\, e^{-\mu}\sinh^2\gamma\, d\gamma}{\displaystyle\int_0^\infty e^{-\mu\cosh\gamma}\sinh\gamma\, d\gamma} = 2\,\mu\, e^\mu\, [J_1 - J_2], \qquad (II\ 9,\ 97)$$

wobei die bestimmten Integrale

$$J_1 = \int_0^\infty e^{-\mu\cosh\gamma}\cosh\gamma(\cosh^2\gamma - 1)\, dy;$$

$$J_2 = \int_0^\infty e^{-\mu\cosh\gamma}\sinh\gamma(\cosh^2\gamma - 1)\, d\gamma \qquad (II\ 9,\ 98)$$

eingeführt wurden; wir berechnen beide getrennt.

$\alpha)$ Berechnung von J_1:

Bezeichnet man durch das Symbol $H_p^{(1)}(i\,\mu)$ die *Hankel*sche Zylinderfunktion erster Art und p-ter Ordnung vom rein imaginären Argumente $(i\,\mu)$, so gilt für $H_0^{(1)}(i\,\mu)$ die Integraldarstellung

$$\int_0^\infty e^{-\mu\cosh\gamma}\, d\gamma = \frac{\pi}{2}i\, H_0^{(1)}(i\,\mu). \qquad (II\ 9,\ 99)$$

Nach deren einmaliger Differentiation in Bezug auf μ findet sich daher die Gleichung

$$\int_0^\infty e^{-\mu\cosh\gamma}\cosh\gamma\, d\gamma = -\frac{d}{d\mu}\left[\frac{\pi}{2}i\, H_0^{(1)}(i\,\mu)\right] = -\frac{\pi}{2}H_1^{(1)}(i\,\mu) \qquad (II\ 9,\ 100)$$

welche ihrerseits durch zweimalige Differentiation nach μ auf die Relation

$$\int_0^\infty e^{-\mu\cosh\gamma}\cosh^3\gamma\, d\gamma = \frac{d^2}{d\mu^2}\left[-\frac{\pi}{2}H_1^{(1)}(i\,\mu)\right] \qquad (II\ 9,\ 101)$$

führt. Schreiben wir vorübergehend $[-(\pi/2)\,H_1^{(1)}(i\,\mu)] = Z_1(i\,\mu)$, so gehorcht die Funktion Z_1 der *Bessel*schen Differentialgleichung

$$\frac{d^2 Z_1}{d\mu^2} + \frac{1}{\mu}\frac{dZ_1}{d\mu} - \left(1 + \frac{1}{\mu^2}\right) Z_1 = 0. \qquad \text{(II 9, 102)}$$

Im Verein mit der Formel

$$\frac{dZ_1}{d\mu} = -\frac{Z_1}{\mu} + i\,Z_0, \qquad \text{(II 9, 103)}$$

erhält man also

$$\frac{d^2}{d\mu^2}\left[-\frac{\pi}{2}H_1^{(1)}(i\,\mu)\right] = \frac{\pi}{2}\left[\frac{i\,H_0^{(1)}(i\,\mu)}{\mu} - H_1^{(1)}(i\,\mu) - \frac{2}{\mu^2}H_1^{(1)}(i\,\mu)\right], \qquad \text{(II 9, 104)}$$

so daß

$$J_1 = \frac{\pi}{2}\left[\frac{i\,H_0^{(1)}(i\,\mu)}{\mu} - \frac{2}{\mu^2}H_1^{(1)}(i\,\mu)\right] \qquad \text{(II 9, 105)}$$

resultiert.

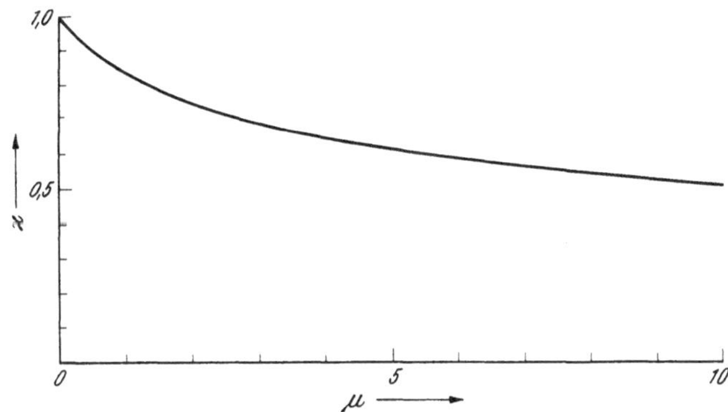

Abb. II 9, 5. Wellenmechanischer Korrekturfaktor des *Dushman*schen Emissionsformel.

β) Berechnung von J_2:

Man substituiere $\cosh\gamma = \lambda$ und findet auf elementarem Wege die Gleichung

$$\int_0^\infty e^{-\mu\cosh\gamma}\sinh\gamma\,d\gamma = \int_0^\infty e^{-\mu\lambda}\,d\lambda = \frac{e^{-\mu}}{\mu} \qquad \text{(II 9, 106)}$$

und weiter, durch deren zweimalige Differentiation in Bezug auf μ,

$$\int_0^\infty e^{-\mu\cosh\gamma}\sinh\gamma\cosh^2\gamma\,d\gamma = e^{-\mu}\left[\frac{1}{\mu} + \frac{2}{\mu^2} + \frac{2}{\mu^3}\right] \qquad \text{(II 9, 107)}$$

also

$$J_2 = \frac{2}{\mu^2}e^{-\mu}\left[1 + \frac{1}{\mu}\right]. \qquad \text{(II 9, 108)}$$

Durch Restitution der Integrale (II 9, 105) und (II 9, 108) in (II 9, 97) folgt somit der Korrekturfaktor

$$\varkappa = \pi\, e^{\mu}\left[i\, H_0^{(1)}(i\,\mu) - \frac{2}{\mu}\, H_1^{(1)}(i\,\mu)\right] - \frac{4}{\mu}\left[1 + \frac{1}{\mu}\right] \qquad \text{(II 9, 109)}$$

als Funktion allein des in (II 9, 96) definierten, dimensionslosen Parameters μ, welche durch Abb. II 9, 5 veranschaulicht wird. Beispielsweise findet man für eine Wolframkathode [$U_K = 4{,}52\,\text{V}$] bei der Betriebstemperatur $T = 3000^0\,\text{K}$ nach (II 9, 96)

$$\mu = \frac{1}{2} \cdot \frac{1{,}6021 \cdot 10^{-19} \cdot 4{,}52}{1{,}3804 \cdot 10^{-23} \cdot 3000} = 8{,}8$$

und hiermit, gemäß (II 9, 109)

$$\varkappa = \pi \cdot 6634 \cdot \left[0{,}00004000 + \frac{2}{8{,}8} \cdot 0{,}00004221\right] - \frac{4}{8{,}8}\left[1 + \frac{1}{8{,}8}\right] = 0{,}528,$$

so daß zusammen mit (II 9, 19) die „wirksame" Emissionskonstante

$$A_{D,\,w} = A_D \cdot \varkappa = 1{,}2 \cdot 0{,}528 \cdot 10^6 = 0{,}63 \cdot 10^6\, \frac{\text{Amp}}{\text{m}^2(^0\text{K})^2}$$

resultiert, welche dem „alten" Werte (II 9, 54) dieser Kennzahl bemerkenswert nahe kommt. Ungeachtet dieses Erfolges der wellenmechanisch korrigierten Theorie der Glühemission darf jedoch die Tatsache nicht verschwiegen werden, daß es reine Metalle gibt, deren entsprechend (II 9, 53) experimentell ermittelte Emissionszahlen A_D' nicht einmal der Größenordnung nach mit dem Werte (II 9, 54) übereinstimmen. Allerdings kann man nichtsdestoweniger die Theorie „retten", indem man die Austrittsarbeit der Elektronen aus ihrem Muttermetalle als lineare Funktion der absoluten Temperatur T ansetzt; um aber dann das Ergebnis der Rechnung dem empirischen Befund anzugleichen, wird man häufig zu numerischen Annahmen ad hoc gezwungen, für welche sich kaum ein überzeugender, physikalischer Mechanismus angeben läßt. Wir schließen hieraus, daß die *Dushman*sche Formel einschließlich ihrer wellenmechanischen Korrektur noch wesentlicher gedanklicher Ergänzungen bedarf, ehe man ihr den Rang einer erschöpfenden Beschreibung der Elektronenemission aus Metallen zuerkennen kann; einige hierzu geeignete Überlegungen werden in Ziffer II 14 mitgeteilt werden.

i) Unabhängig von jeder theoretischen Stellungnahme erhebt sich die reale Frage: Paßt sich die *Richardson*sche oder die *Dushman*sche Emissionsformel besser den Erfahrungstatsachen an?

Obwohl es auf den ersten Blick ein leichtes scheint, zwischen den konkurrierenden Formeln experimentell zu unterscheiden, ist dies tatsächlich recht schwierig: Der Einfluß des Exponentialfaktors auf die Dichte des Sättigungsstromes überwiegt so stark über jenen der Potenzfaktoren der Temperatur einschließlich des wellenmechanischen Korrekturfaktors, daß deren, in den verglichenen Formeln unterschiedlicher Rang innerhalb des relativ schmalen, für die Elektronenemission ausnutzbaren Temperaturintervalles kaum zum Ausdruck kommt. Immerhin darf man wohl sagen, daß für die Mehrzahl der chemisch reinen Metalle die phänomenologisch verallgemeinerte *Dushman*sche Formel genauer ist, während für Legierungen und legierungsähnlich zusammengesetzte Kathoden keine bindende Regel angegeben werden kann.

j) Als *Emissions-Ausbeute* ε einer Glühkathode definieren wir das Verhältnis ihres Sättigungs-Emissionsstromes J zu derjenigen Heizleistung P_K der Kathode, welche dieser Elektrode zuzuführen ist, um auf deren aktiver Oberfläche die absolute Temperatur T aufrecht zu erhalten.

Für reine Metalle, die dem wellenmechanisch korrigierten *Dushman*schen Emissionsgesetze gehorchen, sei folgenden Näherungsannahmen zugestimmt:

1. Die aktive Kathodenoberfläche verhalte sich merklich wie ein schwarzer Körper, welcher je Flächeneinheit den Energiestrom

$$\sum = \frac{c}{4}\, 8\,\pi \cdot \frac{k^4}{h^3\,c^3}\,\frac{\pi^4}{15}\,T^4 = a\,T^4; \qquad a = 5{,}669 \cdot 10^{-8}\,\frac{W}{m^2\,{}^0K^4}\cdot \qquad \text{(II 9, 110)}$$

[*Stefan-Boltzmann*sches Gesetz, Ziffer I 12, g] in die Umgebung abstrahlt.

2. Die *Rückstrahlung* der Umgebung [absolute Temperatur T_0] auf die Kathode bleibe unter Voraussetzung der Betriebsbedingung

$$T \gg T_0 \qquad \text{(II 9, 111)}$$

so geringfügig, daß sie außer Betracht gelassen werden darf.

3. Die *Verdampfungsleistung*,

$$\sum_{Em} = j\,U_K$$

$$\text{(II 9, 112)}$$

der Elektronen je Einheit der emittierenden Oberfläche sei gegenüber der Strahlung $\sum$ vernachlässigbar.

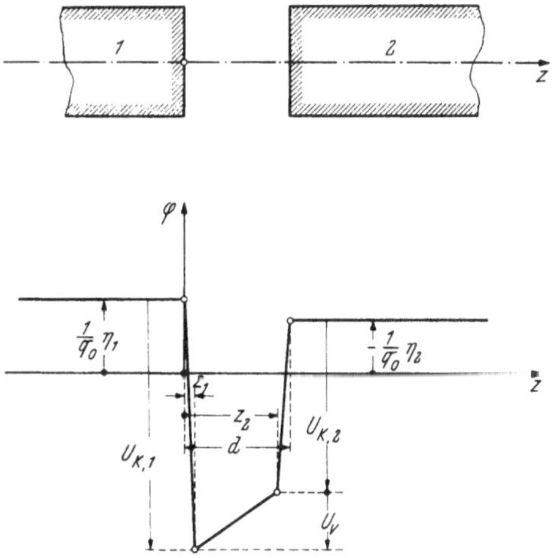

4. Von der *Verdampfung des Kathodenmateriales* und der von diesem Prozeß gebundenen Wärmeleistung sei abgesehen.

5. Die Abkühlung der Kathode durch *Wärmeleitung* in den mechanischen Befestigungselementen spiele im Vergleich zur Strahlung keine Rolle.

Abb. II 9, 6. Potentialverlauf an der Grenze zweier Metalle [schematisch].

Für die gesuchte Emissionsausbeute finden wir hiernach die Abschätzung

$$\varepsilon = \frac{J}{P_K} \approx \frac{j}{\sum} \qquad \text{(II 9, 113)}$$

welche mit Rücksicht auf (II 9, 16), (II 9, 18), (II 9, 93), (II 9, 96), (II 9, 109) und (II 9, 110) die Form

$$\varepsilon = \frac{30}{\pi^4}\,q_0\,m_0\left(\frac{c}{k}\right)^2 e^{-\frac{3}{2}\frac{\Theta}{T}} \cdot \frac{\varkappa(\mu)}{T^2}\,e^{-2\mu} = 21{,}2 \cdot e^{-\frac{3}{2}\frac{\Theta}{T}} \cdot \varkappa(\mu)\left(\frac{10^6}{T\,e^\mu}\right)^2 \frac{Amp}{Watt}$$

$$\text{(II 9, 114)}$$

annimmt; für das schon oben behandelte Beispiel der Wolfram-Glühkathode [$\Theta = 333^0\,K$] finden wir

$$\varepsilon = 21{,}2\,e^{-\frac{3}{2}\frac{333}{3000}} \cdot 0{,}528\left(\frac{10^6}{3000 \cdot 6634}\right)^2 \approx 24\,\frac{mA}{W}\cdot$$

k) Wir ergänzen die Theorie der Glühemission aus einem chemisch homogenen Metalle durch die Untersuchung des Thermodynamischen Gleichgewichtes zwischen zwei unterschiedlichen Metallen 1 und 2 bei der gemeinsamen, absoluten Temperatur T.

Im Anschluß an Abb. II 9, 6 sei angenommen, daß der Stoff 1 den Halbraum $z < 0$ und der Stoff 2 den Halbraum $z > d$ erfülle, während das „Zwischengebiet" $0 < z < d$ nur die dort verkehrenden Elektronen enthalte. Der Abstand d soll als so groß im Verhältnis zu den beziehentlichen Gitterkonstanten a_1 und a_2 der beiden Metalle vorausgesetzt werden, daß die an deren beiden Oberflächen stattfindenen Emissionsprozesse merklich unabhängig voneinander verlaufen. Zu ihrer Formulierung stützen wir uns zunächst auf die *Dushman*sche Emissionsgleichung in deren aus (II 9, 18) und (II 9, 22) hervorgehender „korpuskularmechanischen" Gestalt: Die aktive Oberfläche $z = 0$ des Metalles 1 entsendet die Sättigungsstromdichte

$$j_1 = A_D \cdot T^2 \cdot e^{-\frac{q_0 U_{K,1} - \eta_{0,1}}{kT}} \qquad \text{(II 9, 115)}$$

in das Zwischengebiet gegen das Metall 2 hin, und dessen aktive Oberfläche $z = d$ emittiert die Sättigungsstromdichte

$$j_2 = A_D \cdot T^2 \cdot e^{-\frac{q_0 U_{K,2} - \eta_{0,2}}{kT}} \qquad \text{(II 9, 116)}$$

in Richtung auf das Metall 1. Man könnte vermeinen, daß im Zustande des Thermodynamischen Gleichgewichtes das Metall 2 den Emissionsstrom des Metalles 1 absorbiere und umgekehrt, um durch diesen Austauschvorgang den Elektronenbestand jedes der beiden Metalle auf einem stationären Werte zu erhalten. Diese, für den vorausgesetzten Gleichgewichtszustand unerläßliche Bedingung wird jedoch von den „natürlichen" Sättigungsstromdichten (II 9, 115) und (II 9, 116) in der Regel nicht erfüllt. Sei beispielsweise

$$q_0 U_{K,2} - \eta_{0,2} < q_0 U_{K,1} - \eta_{0,1} \qquad \text{(II 9, 117)}$$

so fällt ja

$$j_1 < j_2 \qquad \text{(II 9, 118)}$$

aus. Solange diese Ungleichung besteht, reichert sich also das Metall 1 mit ebensovielen Elektronen an, wie sie dem Metall 2 verloren gehen. Auf Grund dieses Ladungstransportes bildet sich eine Spannung aus, welche vom Metall 2 gegen das Metall 1 gerichtet ist und daher, den Elektronenübergang von 1 nach 2 fördernd und jenen von 2 nach 1 hemmend, auf einen Ausgleich der gegenläufigen Elektronenströmungen hinarbeitet, bis bei deren schließlicher Kompensation Gleichgewicht eintritt.

Um diesen Vorgang mathematisch zu beschreiben, konstruieren wir entsprechend Abb. II 9, 6 die beiden beziehentlich der Kathode und der Anode infinitesimal benachbarten „Decken"

$$z = z_1 = \lim_{\varepsilon \to 0} \varepsilon \qquad \text{(II 9, 119)}$$

und

$$z = z_2 = \lim_{\varepsilon \to 0} (d - \varepsilon). \qquad \text{(II 9, 120)}$$

Zwischen ihnen entwickelt sich also die Potentialdifferenz

$$U_V = \varphi(z_2) - \varphi(z_1) \qquad \text{(II 9, 121)}$$

welche die *Voltaspannung* definiert; als Feldstärkenintegral zwischen den gleichzeitig dem *Vakuum* des Zwischengebietes angehörigen Decken ist sie scharf von der *Galvani*spannung

$$U_G = \varphi(\mathrm{d}) - \varphi(0) = \frac{1}{q_0}(\eta_1 - \eta_2) \qquad \text{(II 9, 122)}$$

zu unterscheiden, welche gemäß Ziffer II, 5 zwischen den *Metallen* auftritt. Um diesen überaus wichtigen Sachverhalt möglichst deutlich zu machen, ist in Abb. II 9, 6 der Gang des elektrischen Skalarpotentiales φ längs der z-Achse schematisch dargestellt worden, wobei ohne Beschränkung der Allgemeinheit $\varphi_1 = (1/q_0)\,\eta_1$ gesetzt werden durfte; die Austrittsspannungen $U_{K,1}$ und $U_{K,2}$ erscheinen hierbei je als steile Potentialänderungen beziehentlich in den „Grenzschichten" [Bildkraftzonen] $0 < z < z_1$ und $z_2 < z < \mathrm{d}$ der miteinander reagierenden Metalle. Solange wir nun, wie bisher, auf dem Boden der *klassischen Korpuskularmechanik* stehen bleiben, ist lediglich die *höchste Erhebung* des zwischen den Metallen sich erhebenden [negativen] Potentialgebirges, nicht jedoch dessen *Profil* für den Stromübergang vom einen zum anderen Metalle maßgebend; wir schließen dann:

(1) Die Stromdichte j_1 behält ihren Wert (II 9, 115) unverändert bei.

(2) Die Stromdichte j_2 verkleinert sich von ihrem Sättigungswerte (II 9, 116) nach Maßgabe des Anlaufstrom-Gesetzes auf

$$j_2{}^* = j_2\, e^{-\frac{q_0 U_V}{kT}} = A_D \cdot e^{-\frac{q_0(U_{K,2} + U_V) - \eta_{2,0}}{kT}}. \qquad \text{(II 9, 123)}$$

Die Kompensationsbedingung

$$j_1 = j_2{}^* \qquad \text{(II 9, 124)}$$

liefert somit für die gesuchte *Voltaspannung* die Gleichung

$$q_0 U_{K,1} - \eta_{1,0} = q_0(U_{K,2} + U_V) - \eta_{2,0} \qquad \text{(II 9, 125)}$$

welcher wir die Angabe

$$q_0 U_V = (q_0 U_{K,1} - \eta_{1,0}) - (q_0 U_{K,2} - \eta_{2,0}) = k(B_{D,1} - B_{D,2}) \qquad \text{(II 9, 126)}$$

entnehmen: Die *Volta*spannung gleicht der in Elektronenvolt ausgedrückten Differenz der beziehentlich die beiden Metalle kennzeichnenden, *Dushman*schen Austrittsarbeiten.

Ungeachtet ihrer gedanklich bestehenden Einfachheit ist die vorstehende Berechnung der *Volta*spannung folgenden schweren Einwänden ausgesetzt:

(1) Wir haben der Angabe der Sättigungsstromdichten das Emissionsgesetz (II 9, 22) zugrunde gelegt, welches zufolge seiner genetischen Bindung an die Betriebsbedingung (II 9, 21) nur approximative Gültigkeit beanspruchen darf.

(2) Statt des von Metall zu Metall individuell verschiedenen Wertes der phänomenologisch ermittelten, *Dushman*schen Emissionsziffer A_D' haben wir deren universellen Betrag A_D nach Gl. (II 9, 18) in Rechnung gestellt.

(3) Sowohl die Passage der Elektronen durch die je das Metall gegen das Vakuum abschließende, elektrische Doppelschicht wie ihre Bewegung durch das Potentialgebirge des Zwischengebietes müßten wellenmechanisch behandelt werden.

Im Lichte dieser Kritik ziehen wir es vor, die anschauliche, kinetische Berechnung der *Volta*spannung durch deren Auswertung mittels der zwar wesentlich formalen, dafür aber von allen Einzelheiten des Systemes freien *Gleichgewichtsforderung der Thermodynamik* zu ersetzen: Innerhalb des Elektronengases hängt der Wert ζ des Thermodynamischen Potentiales nicht vom Orte des Aufpunktes ab. Sei daher ζ_{th} der Wärmeanteil des Thermodynamischen Potentiales und $\eta_{Pot} = -q_0\,\varphi$ die potentielle Energie des jeweils kontrollierten Elektrons, so gilt hiernach

$$\zeta = \zeta_{th} + \eta_{Pot} = \zeta_{th} - q_0\,\varphi = \text{const.} \qquad \text{(II 9, 127)}$$

Auf Grund der Übereinkunft

$$\varphi_1 = 0 \qquad \text{(II 9, 128)}$$

[Kathode als Basis des elektrischen Skalarpotentiales] resultiert sonach bei hinreichend niedrigen Werten der absoluten Temperatur T oder, mit anderen Worten, bei hoher Entartung des Elektronengases je im Innern der beiden Metalle für ζ der Wert

$$\zeta = \zeta_{th,1} = \eta_{1,0}, \qquad \text{(II 9, 129)}$$

so daß der Gang des elektrischen Skalarpotentiales $\varphi = \varphi(z)$ längs der z-Achse der Gleichung

$$q_0\,\varphi(z) = \zeta_{th}(z) - \zeta = \zeta_{th}(z) - \eta_{1,0} \qquad \text{(II 9, 130)}$$

unterworfen ist; da insbesondere das Metall 2 durch die Angabe

$$\zeta_{th,2} = \eta_{2,0} \qquad \text{(II 9, 131)}$$

beschrieben wird, kehren wir in der Aussage

$$q_0\,\varphi_2 = -q_0\,U_G = \eta_{2,0} - \eta_{1,0} \qquad \text{(II 9, 132)}$$

zum Bildungsgesetz (II 9, 122) der *Galvani*spannung U_G zurück.

Vom Metall 1 her in das Zwischengebiet eindringend, finden wir nun in der Decke $z = z_1$ dieses Metalles das Potential

$$\varphi(z_1) = -U_{K,1} \qquad \text{(II 9, 133)}$$

vor. Laut Definition der *Volta*spannung U_V treffen wir daher an der Decke $z = z_2$ des Metalles 2 das Potential

$$\varphi(z_2) = -[U_{K,1} - U_V] \qquad \text{(II 9, 134)}$$

an, während für das Potential φ_2 des Metalles 2 die Gleichung

$$\varphi_2 = -[U_{K,1} - U_V - U_{K,2}] \qquad \text{(II 9, 135)}$$

resultiert; durch ihren Vergleich mit (II 9, 132) gelangen wir also zu der Aussage (II 9, 126) zurück, welche eben hierdurch auf eine sichere Grundlage gestellt wurde.

1) Angesichts der bisher nur vagen Angaben über die Lage der jeweils das Feld der *Volta*spannung begrenzenden Ebenen ist die verschärfte Analyse dieses für die Elektronik überaus wichtigen Begriffes unabweisbar. Allerdings bedarf die angezeigte Aufgabe einer Reihe idealisierender Annahmen, die als solche mehr oder minder von der Wirklichkeit abweichen, so daß man den folgenden Überlegungen nur den Rang einer *Modelltheorie* zuerkennen darf:

1. Innerhalb des Interelektrodenraumes berücksichtigen wir lediglich das sekundäre Potential des Einzelelektrons gegen die emittierende Oberfläche seiner Mutterelektrode als Basis. Außerhalb der jener Oberfläche unmittelbar benachbarten Atomkraftzone stimmt dieses Potential wesentlich mit dem „Quellpunktspotential" des Quasipositrons überein, welches mittels des *Thomson*schen Bilderverfahrens im Innern des Halbraumes „erzeugt" wird, der von dem [fortzudenkenden] Metall eingenommen wird; mit wachsendem Abstand von der geometrischen Grenzebene des Metalles konvergiert daher das genannte Potential rasch gegen die Austrittsspannung U_K.

2. Im Einklang mit der vorstehenden Anweisung lassen wir im Interelektrodenraum jenen Potentialanteil geflissentlich außer Betracht, welcher, gemäß der *Poisson*schen Differentialgleichung, von der dort im makroskopischen Sinne kontinuierlich verteilten Raumladung aller gleichzeitig anwesenden Elektronen herrührt. Durch diese allerdings recht einschneidende Übereinkunft befreien wir uns von dem tatsächlich wirksamen Einfluß jener Raumladung auf die *Volta*spannung, die zufolge ihrer Abhängigkeit sowohl von der Geometrie des Interelektrodengebietes wie auch von der dort herrschenden, absoluten Temperatur T analytisch nur schwer zu erfassen ist.

3. Wir ersetzen den in Wahrheit gekrümmten Verlauf der Potentialkurve entsprechend Abb. II 9, 6 in der Umgebung jeder der beiden geometrischen Elektrodenoberflächen durch je eine Gerade, welche beziehentlich im Abstande $2\,a_1$ und $2\,a_2$ bis zur Größe der Austrittsspannung abfällt; die Ebenen $z_1 = 2\,a_1$ und $z_2 = d - 2\,a_2$ dienen dann als „virtuelle" Elektroden der *Volta*spannung $U_V = (U_{K,1} - U_{K,2})$. Zwischen ihnen entwickelt sich ein merklich homogenes elektrisches Feld der „*Volta*feldstärke"

$$E_{\text{Volta}} = \frac{U_V}{d - 2(a_1 + a_2)},$$

$$(\text{II } 9,\ 136)$$

welches für $U_{K,1} \gtrless U_{K,2}$ in positiven

Richtung der negativen

z-Achse weist; es erregt die elektrische Induktion

$$D_{\text{Volta}} = \varDelta_0 \cdot E_{\text{Volta}}.$$

$$(\text{II } 9,\ 137)$$

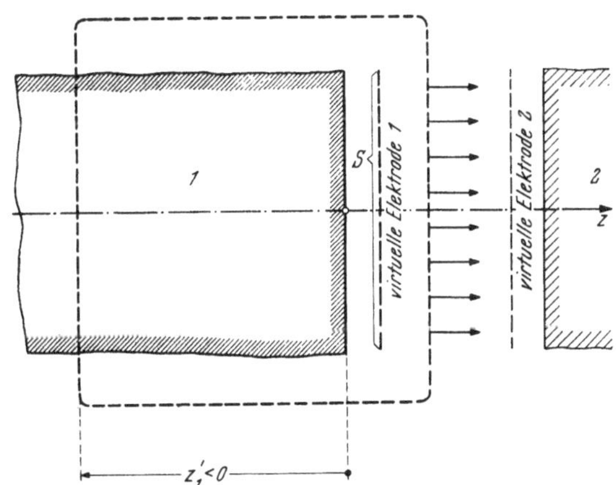

Abb. II 9, 7. Zur Messung der *Volta*spannung.

4. Wir bezeichnen durch S die [gemeinsame] Größe der virtuellen Elektroden und konstruieren eine lückenlos in sich geschlossene Fläche $\varSigma$, welche entsprechend Abb. II 9, 7 die virtuelle Elektrode 1 vollständig umschließt. Bei passender Wahl ihrer geometrischen Gestalt schneidet $\varSigma$ das Metall 1 in der Ebene $z = z_1' < 0$. Bei dem Grenzübergang $z' \to (-\infty)$ konvergiert nun zufolge der dort vorausgesetzten Quasineutralität des Metalles zugleich mit dem daselbst auftretenden elektrischen Makrofeld auch seine elektrische Induktion. Daher stiftet der *Gauß*sche Integralsatz zwischen der gesamten, innerhalb der Hülle $\varSigma$ enthaltenen Ladung Q_1 und der Induktion D_{Volta} die Relation

$$Q = S \cdot D_{\text{Volta}} = \frac{\varDelta_0\,S}{d - 2(a_1 - a_2)} \cdot U_V. \qquad (\text{II } 9,\ 138)$$

Sie dient als Grundlage eines Verfahrens zur *Messung der Voltaspannung*: Verändert man mittels eines passenden Antriebes den Abstand d der miteinander elektronisch reagierenden Metalloberflächen nach Maßgabe einer zeitlich periodischen Funktion, so bilden die virtuellen Elektroden eine Art von Kondensatormikrophon der Ruhekapazität

$$c_0 = \frac{\Delta_0 \cdot S}{d - 2(a_1 + a_2)}, \qquad\qquad (\text{II } 9,\ 139)$$

welches somit in der äußeren Verbindungsleitung jener Metalle einen von der *Volta*spannung gespeisten Wechselstrom erregt. Da indes die Kapazität C_0 in der Regel unbekannt ist, zieht man der Messung des Wechselstromes eine Nullmethode vor, bei welcher man die gesuchte *Volta*spannung durch die bekannte Spannung einer regelbaren Quelle kompensiert; man beachte, daß sich die gleichzeitig längs des Meßkreises wirksamen *Galvani*spannungen gegenseitig aufheben, sofern nur keine Temperaturunterschiede auftreten. Allerdings darf man sowohl aus theoretischen Gründen [Benutzung eines zu einfachen Modelles] wie auch zufolge praktischer Schwierigkeiten bei der Herstellung physikalisch und chemisch wohldefinierter Oberflächen nur ihrer Größenordnung nach verbindliche Ergebnisse erwarten.

II 10. Lichtelektrische Gesamtemission.

a) Beim Einfall elektromagnetischer Strahlung in die Oberfläche eines Metalles können aus diesem unter geeigneten Umständen Elektronen befreit werden; der aus ihrer Bewegung außerhalb des Metalles resultierende elektrische Strom definiert die von der erregenden Strahlung ausgelöste *lichtelektrische Gesamtemission*.

Die Grundbedingung für den Eintritt dieses Effektes wurde von *Einstein* an Hand seiner *Lichtquantenhypothese* aufgefunden: Die Energie W des einfallenden Photons gleicht dem Produkt seiner Frequenz [„Farbe"] ν mit der *Planck*schen Konstanten h

$$W = h \cdot \nu. \qquad\qquad (\text{II } 10,\ 1)$$

Sei nun $q_0 \, U_K$ die [*Richardson*sche] *Austrittsarbeit* eines Elektrons aus seinem Muttermetall und η_{Kin} die kinetische Energie eines ursprünglich im Metall ruhenden Elektrons nach seiner Emission, so lautet das *Einstein*sche photoelektrische Gesetz

$$h \, \nu = q_0 \, U_K + \eta_{Kin}. \qquad\qquad (\text{II } 10,\ 2)$$

Da — im Rahmen der klassischen Korpuskularmechanik — gewiß

$$\eta_{Kin} \gtreqless 0 \qquad\qquad (\text{II } 10,\ 3)$$

sein muß, ist gemäß (II 10, 2) für den Eintritt des photoelektrischen Effektes die *Mindestfrequenz*

$$\nu_{min} = \frac{q_0 \, U_K}{h} \qquad\qquad (\text{II } 10,\ 4)$$

erforderlich. Häufig zieht man es vor, diese Frequenz unter Vermittelung der Ausbreitungsgeschwindigkeit c des Lichtes im leeren Raume auf die Wellenlänge

$$\lambda_{max} = \frac{c}{\nu_{min}} = \frac{c \, h}{q_0 \, U_K} \qquad\qquad (\text{II } 10,\ 5)$$

umzurechnen, welche als *langwellige* oder *rote Grenze* der erregenden Strahlung bezeichnet wird. Da sich die Vakuumwellenlänge bequem messen läßt, gelangt man auf diesem Wege zur Kenntnis der für die Kristallelektronik so wichtigen Austrittsspannung U_K des jeweils bestrahlten Metalles oder, genauer gesprochen, des Grenzwertes dieser Spannung für den Fall der gegen Null konvergierenden Geschwindigkeit des eben emittierten Elektrons; allerdings bedarf die angedeutete Methode einer von der jeweiligen Temperatur der emittierenden Elektrode abhängigen Korrektur, auf welche wir später zurückkommen.

b) Wir beschäftigen uns zunächst mit der lichtelektrischen Gesamtemission aus der ebenen Oberfläche eines chemisch homogenen Metalles, welches auf der gleichförmigen, absoluten Temperatur T_K gehalten werde. Die genannte, aktive Oberfläche bilde die Kathode einer Hochvakuumröhre, welcher im festen Abstand d die Anode gegenüberstehe; auch sie werde auf einer gleichförmigen, absoluten Temperatur T_A erhalten, welche jedoch die Kathodentemperatur T_K merklich übertreffen möge

$$T_A > T_K. \qquad (II\ 10,\ 6)$$

Wir setzen voraus, daß die von ihrer Oberfläche gegen die Kathode hin ausgesandte elektromagnetische Strahlung als *schwarz* oder *grau* angesehen werden darf; ihr Spektrum umfaßt daher nach Maßgabe des *Planck*schen Gesetzes [Ziffer I 12] alle Wellenlängen oder, korpuskular gesprochen, Photonen aller Frequenzen. Die Gesamtheit der innerkathodischen, „freien" Metallelektronen von der Konzentration n durchmusternd, unterscheiden wir fortan zwei Gruppen wesentlich verschiedener energetischer Eigenschaften:

I. Bezeichne

$$0 \leqq \varepsilon < 1 \qquad (II\ 10,\ 7)$$

die — vorerst phänomenologisch aufzufassende — Wahrscheinlichkeit der auf Umwegen erfolgenden, schließlichen Absorption mindestens eines Lichtquants durch eines der kontrollierten Elektronen, so bleibt der Bruchteil

$$n_I = (1 - \varepsilon)\, n \qquad (II\ 10,\ 8)$$

aller Elektronen je Raumeinheit vom photoelektrischen Effekt auf ihre „Kameraden" unberührt; sie befinden sich daher im statistischen Gleichgewicht mit ihrem Muttermetall, so daß wir ihnen die absolute Temperatur

$$T_I = T_K \qquad (II\ 10,\ 9)$$

zuzuschreiben haben.

II. Der Bruchteil

$$n_{II} = \varepsilon \cdot n \qquad (II\ 10,\ 10)$$

der je Raumeinheit durchmusterten Elektronen wird zufolge der Absorption der Lichtquanten in ein höheres Energieniveau gebracht; solange sich jedoch diese Elektronen noch im Muttermetall aufhalten, befinden sie sich im thermodynamischen Gleichgewicht mit dem sie erregenden Strahler: Ihnen kommt die absolute Temperatur

$$T_{II} = T_A \qquad (II\ 10,\ 11)$$

zu.

Auf Grund der diskriminierenden Voraussetzung (II 10, 6) haben wir die Kinetik beider Elektronengruppen getrennt zu behandeln.

c) Wir beschäftigen uns zunächst mit der Gruppe I der nicht sensibilisierten Elektronen.

Die emittierende Oberfläche der Kathode möge mit der Ebene $z = 0$ eines *Kartesi*schen Koordinatensystemes koinzidieren, dessen positive z-Achse zur Anode hin weist. Für die Kinetik der noch innerhalb ihres Muttermetalles befindlichen Elektronen sind dann im wesentlichen dieselben Gesetze maßgebend, welche in Ziffer II 9 für die thermische Elektronenemission aus Metallen entwickelt wurde: Unter allen Plätzen des sechs-dimensionalen Phasenraumes weisen wir den Elektronen der Gruppe I den Bruchteil $(1 - \varepsilon)$ zu; für das thermodynamische Potential

$$\zeta_I = \zeta(T_K) \qquad (II\ 10,\ 12)$$

der genannten Elektronen liefert dann die „spinmodifizierte" *Fermi-Dirac*-statistik die Aussage

$$n_I = (1 - \varepsilon)\, n = \qquad (II\ 10,\ 13)$$

$$= (1 - \varepsilon)\, 2\, \frac{m_0^3}{h^3} \int\limits_{v_x = -\infty}^{\infty} \int\limits_{v_y = -\infty}^{\infty} \int\limits_{v_z = -\infty}^{\infty} \frac{dv_x\, dv_y\, dv_z}{e^{\frac{1}{kT_K}\left[\frac{1}{2}(v_x^2 + v_y^2 + v_z^2) - \zeta_I\right]} + 1}.$$

Unter der Annahme hinreichend niedriger Kathodentemperatur T_K gleicht das thermodynamische Potential ζ_I merklich der Nullpunktsenergie

$$\eta_I = \lim_{T_K \to 0} \zeta_I \qquad (II\ 10,\ 14)$$

und in diesem Grenzfalle vereinfacht sich Gl. (I 10, 13) zu der Relation

$$(1 - \varepsilon)\, n = (1 - \varepsilon)\, 2\, \frac{m_0^3}{h^3}\, \frac{4\,\pi}{3} \left(\frac{2\,\eta_I}{m_0}\right)^{3/2}. \qquad (II\ 10,\ 15)$$

Man entnimmt ihr die Angabe

$$\eta_I = \frac{h^2}{8\, m_0} \left(\frac{3}{\pi}\, n\right)^{2/3}. \qquad (II\ 10,\ 16)$$

Falls nun alle energetisch emissions*fähigen* Elektronen der Gruppe I die Kathode auch tatsächlich verlassen, resultiert aus der Bewegung dieser Ladungsträger der elektrische *Dunkelstrom*, dessen Dichte j_I — in der von (I 10, 14) gebotenen Genauigkeit — durch das Integral

$$j_I = (1 - \varepsilon)\, 2\, \frac{m_0^3}{h^3}\, q_0 \int\limits_{v_x = -\infty}^{\infty} \int\limits_{v_y = -\infty}^{\infty} \int\limits_{v_z = \sqrt{2\frac{q_0}{m_0}U_K}}^{\infty} \frac{dv_x\, dv_y\, v_z\, dv_z}{e^{\frac{1}{kT}\left[\frac{m_0}{2}(v_x^2 + v_y^2 + v_z^2) - \eta_I\right]} + 1}$$

$$(II\ 10,\ 17)$$

dargestellt wird. Die Integration bezüglich v_x und v_y läßt sich mittels der Substitutionen (II 10, 9), (II 10, 10) und (II 10, 12) geschlossen durch-führen und liefert, nachdem die früheren Bezeichnungen den hier benutzten angepaßt wurden,

$$j_I = (1 - \varepsilon)\, 2\, \frac{m_0^3}{h^3}\, q_0\, \frac{2\,k\,T_K}{m_0} \cdot \pi \cdot \int\limits_{\sqrt{2\frac{q_0}{m_0}U_K}}^{\infty} \ln\left\{1 + e^{-\frac{1}{kT}\left[\frac{m_0}{2}v_z^2 - \eta_I\right]}\right\} v_z\, dv_z.$$

$$(II\ 10,\ 18)$$

Wir definieren den numerischen Energieverlust a_I der Elektronen beim Verlassen der Kathode durch die dimensionsfreie Zahl

$$a_I = \frac{\eta_I - q_0\, U_K}{k\, T_K}. \qquad (II\ 10,\ 19)$$

Im Falle

$$-a_I \gg 1 \qquad (II\ 10,\ 20)$$

gilt innerhalb des gesamten, in (II 10, 18) auszuschreitenden Integrationsbereiches

$$u = e^{-\frac{1}{kT}\left[\frac{m_0}{2}v_z{}^2 - \eta_I\right]} \leqq e^{\alpha_I} \ll 1. \qquad \text{(II 10, 21)}$$

Daher darf man sich in der Potenzreihe

$$\ln(1+u) = \frac{u}{1} - \frac{u^2}{2} + \frac{u^3}{3} - + \ldots \qquad \text{(II 10, 22)}$$

mit dem Anfangsgliede begnügen und erhält, in der hierdurch gebotenen Genauigkeit, mit Rücksicht auf die Definition (II 10, 18) der *Dushman*schen Emissionskonstanten A_D aus (II 10, 18) die Angabe

$$j_I = (1-\varepsilon)\, A_D\, T_K{}^2\, e^{\alpha_I} = (1-\varepsilon)\, A_D\, T_K{}^2\, e^{-\frac{B_{D,I}}{T_K}}; \qquad B_{D,I} = \frac{q_0\, U_K - \eta_I}{k}. \qquad \text{(II 10, 23)}$$

Trifft jedoch die Ungleichung (II 10, 20) nicht zu, so definiere man die Funktion $f(\alpha)$ durch das Integral

$$f(\alpha) = \int\limits_0^{u_A} \ln(1+u)\,\frac{du}{u}; \qquad u_A = e^\alpha \qquad \text{(II 10, 24)}$$

und findet anstelle der Gl. (II 10, 23) die Darstellung

$$j_I = (1-\varepsilon)\, A_D\, T_K{}^2\, f(\alpha_I). \qquad \text{(II 10, 25)}$$

Um die Werte der Funktion $f(\alpha)$ kennen zu lernen, unterscheiden wir drei Fälle:

1. Im Bereiche

$$\alpha < 0; \qquad 0 \leqq u \leqq u_A < 1 \qquad \text{(II 10, 26)}$$

konvergiert die Potenzreihe (II 10, 22) überall, so daß

$$f(\alpha) = u_A - \frac{u_A{}^2}{2^2} + \frac{u_A{}^3}{3^2} - + \ldots = e^\alpha - \frac{e^{2\alpha}}{2^2} + \frac{e^{3\alpha}}{3^2} - + \ldots \qquad \text{(II 10, 27)}$$

resultiert.

2. Die Entwicklung (II 10, 27) konvergiert noch für $u_A \to 1$ $[\alpha \to 0]$ und liefert dann

$$f(0) = 1 - \frac{1}{2^2} + \frac{1}{3^2} - + \ldots = \frac{\pi^2}{12} \qquad \text{(II 10, 28)}$$

3. Im Falle $u_A > 1$ $[\alpha > 0]$ zerlegen wir das zu berechnende Integral in die beiden Posten

$$\int\limits_0^{u_A} \ln(1+u)\,\frac{du}{u} = \int\limits_0^1 \ln(1+u)\,\frac{du}{u} + \int\limits_1^{u_A} \ln(1+u)\,\frac{du}{u} =$$

$$= \frac{\pi^2}{12} + \int\limits_1^{u_A}\left[\ln u + \ln\left(1+\frac{1}{u}\right)\right]\frac{du}{u}. \qquad \text{(II 10, 29)}$$

Mittels der für $u > 1$ konvergenten Potenzreihe

$$\ln\left(1+\frac{1}{u}\right) = \frac{1}{u} - \frac{1}{2\,u^2} + \frac{1}{3\,u^3} - + \ldots \qquad \text{(II 10, 30)}$$

gewinnt man also im Hinblick auf (II 10, 28) die Entwicklung

$$\int\limits_1^{u_A} \ln(1+u)\,\frac{du}{u} = \frac{1}{2}\,[\ln u_A]^2 - \left(\frac{1}{u_A} - \frac{1}{2^2 u_A{}^2} + \frac{1}{3^2 u_A{}^3} - + \cdots\right) + \frac{\pi^2}{12},$$

$$(\text{II } 10, \, 31)$$

aus welcher gemäß (II 10, 29) die Angabe

$$f(a) = \frac{a^2}{2} - \left[e^{-a} - \frac{e^{-2a}}{2^2} + \frac{e^{-3a}}{3^2} - + \cdots\right]; \qquad a > 0 \qquad (\text{II } 10, \, 32)$$

resultiert.

Zahlentafel[1] 5. *Die Funktionen* $f(a)$ *und* $L(a)$

a	$L(a)$	$f(a)$	a	$L(a)$	$f(a)$	a	$L(a)$	$f(a)$	a	$L(a)$	$f(a)$
$-3{,}0$	$-1{,}3082$	$0{,}0492$	$2{,}0$	$0{,}5458$	$3{,}5140$	$7{,}0$	$1{,}4174$	$26{,}146$	$14{,}0$	$1{,}9985$	$99{,}655$
$-2{,}8$	$-1{,}2224$	$0{,}0599$	$2{,}2$	$0{,}5974$	$3{,}9573$	$7{,}2$	$1{,}4403$	$27{,}561$	$14{,}6$	$2{,}0343$	$108{,}22$
$-2{,}6$	$-1{,}1370$	$0{,}0729$	$2{,}4$	$0{,}6470$	$4{,}4361$	$7{,}4$	$1{,}4628$	$29{,}027$	$15{,}2$	$2{,}0689$	$117{,}19$
$-2{,}4$	$-1{,}0519$	$0{,}0887$	$2{,}6$	$0{,}6948$	$4{,}9522$	$7{,}6$	$1{,}4847$	$30{,}528$	$15{,}8$	$2{,}1020$	$126{,}47$
$-2{,}2$	$-0{,}9671$	$0{,}1079$	$2{,}8$	$0{,}7408$	$5{,}5055$	$7{,}8$	$1{,}5060$	$32{,}063$	$16{,}4$	$2{,}1339$	$136{,}11$
$-2{,}0$	$-0{,}8827$	$0{,}1310$	$3{,}0$	$0{,}7850$	$6{,}0954$	$8{,}0$	$1{,}5269$	$33{,}643$	$17{,}0$	$2{,}1648$	$146{,}15$
$-1{,}8$	$-0{,}7988$	$0{,}1589$	$3{,}2$	$0{,}8277$	$6{,}7251$	$8{,}2$	$1{.}5473$	$35{,}262$	$17{,}6$	$2{,}1946$	$156{,}53$
$-1{,}6$	$-0{,}7155$	$0{,}1925$	$3{,}4$	$0{,}8688$	$7{,}3927$	$8{,}4$	$1{,}5673$	$36{,}923$	$18{,}2$	$2{,}2234$	$167{,}26$
$-1{,}4$	$-0{,}6329$	$0{,}2328$	$3{,}6$	$0{,}9084$	$8{,}0984$	$8{,}6$	$1{,}5869$	$38{,}628$	$18{,}8$	$2{,}2513$	$178{,}36$
$-1{,}2$	$-0{,}5511$	$0{,}2811$	$3{,}8$	$0{,}9466$	$8{,}8430$	$8{,}8$	$1{,}6060$	$40{,}415$	$19{,}4$	$2{,}2784$	$189{,}85$
$-1{,}0$	$-0{,}4701$	$0{,}3388$	$4{,}0$	$0{,}9835$	$9{,}6272$	$9{,}0$	$1{,}6247$	$42{,}141$	$20{,}0$	$2{,}3046$	$201{,}65$
$-0{,}8$	$-0{,}3905$	$0{,}4069$	$4{,}2$	$1{,}0191$	$10{,}450$	$9{,}2$	$1{,}6431$	$43{,}964$	$20{,}8$	$2{,}3384$	$217{,}97$
$-0{,}6$	$-0{,}3119$	$0{,}4876$	$4{,}4$	$1{,}0536$	$11{,}313$	$9{,}4$	$1{,}6611$	$45{,}824$	$21{,}6$	$2{,}3709$	$234{,}91$
$-0{,}4$	$-0{,}2347$	$0{,}5825$	$4{,}6$	$1{,}0869$	$12{,}215$	$9{,}6$	$1{,}6787$	$47{,}720$	$22{,}4$	$2{,}4023$	$252{,}52$
$-0{,}2$	$-0{,}1589$	$0{,}6936$	$4{,}8$	$1{,}1192$	$13{,}158$	$9{,}8$	$1{,}6961$	$49{,}671$	$23{,}2$	$2{,}4326$	$270{,}87$
$0{,}0$	$-0{,}0849$	$0{,}8225$	$5{,}0$	$1{,}1503$	$14{,}135$	$10{,}0$	$1{,}7130$	$51{,}641$	$24{,}0$	$2{,}4619$	$289{,}67$
$+0{,}2$	$-0{,}0126$	$0{,}9714$	$5{,}2$	$1{,}1807$	$15{,}160$	$10{,}4$	$1{,}7461$	$55{,}731$	$25{,}0$	$2{,}4971$	$314{,}12$
$0{,}4$	$0{,}0578$	$1{,}1423$	$5{,}4$	$1{,}2101$	$16{,}222$	$10{,}8$	$1{,}7779$	$59{,}962$	$26{,}0$	$2{,}5310$	$339{,}62$
$0{,}6$	$0{,}1262$	$1{,}3372$	$5{,}6$	$1{,}2386$	$17{,}322$	$11{,}2$	$1{,}8087$	$64{,}373$	$27{,}0$	$2{,}5636$	$366{,}10$
$0{,}8$	$0{,}1926$	$1{,}5581$	$5{,}8$	$1{,}2663$	$18{,}463$	$11{,}6$	$1{,}8384$	$68{,}928$	$28{,}0$	$2{,}5951$	$393{,}64$
$1{,}0$	$0{,}2568$	$1{,}8063$	$6{,}0$	$1{,}2932$	$19{,}643$	$12{,}0$	$1{,}8671$	$73{,}638$	$29{,}0$	$2{,}6255$	$422{,}18$
$1{,}2$	$0{,}3189$	$2{,}0840$	$6{,}2$	$1{,}3194$	$20{,}864$	$12{,}4$	$1{,}8950$	$78{,}523$	$30{,}0$	$2{,}6548$	$451{,}65$
$1{,}4$	$0{,}3788$	$2{,}3922$	$6{,}4$	$1{,}3449$	$22{,}126$	$12{,}8$	$1{,}9220$	$83{,}560$	$32{,}0$	$2{,}7107$	$513{,}69$
$1{,}6$	$0{,}4365$	$2{,}7321$	$6{,}6$	$1{,}3697$	$23{,}426$	$13{,}2$	$1{,}9482$	$88{,}757$	$34{,}0$	$2{,}7632$	$579{,}70$
$1{,}8$	$0{,}4922$	$3{,}1060$	$6{,}8$	$1{,}3938$	$24{,}763$	$13{,}6$	$1{,}9737$	$94{,}124$	$36{,}0$	$2{,}8127$	$649{,}68$
$2{,}0$	$0{,}5458$	$3{,}5140$	$7{,}0$	$1{,}4174$	$26{,}146$	$14{,}0$	$1{,}9985$	$99{,}655$	$38{,}0$	$2{,}8595$	$723{,}60$
									$40{,}0$	$2{,}9040$	$801{,}68$
									$50{,}0$	$3{,}0975$	$1251{,}7$

[1] Teilweise nach *Simon* und *Suhrmann*, Der lichtelektrische Effekt und seine Anwendungen, 2. Auflage, S. 27. Springer-Verlag, Berlin-Göttingen-Heidelberg, 1958.

Wir ergänzen die Definition (II 10, 24) der Funktion $f(a)$ durch die Hilfsfunktion

$$L(a) = \log_{10} f(a). \qquad\qquad (\text{II } 10, \, 33)$$

Die Ergebnisse der vorstehenden Rechnungen sind in der Zahlentafel 5 zusammengefaßt worden, deren numerische Aussagen durch Abb. II 10, 1 und Abb. II 10, 2 veranschaulicht werden.

d) Zu den photosensibilisierten Metallelektronen [Gruppe II] übergehend, weisen wir ihnen den Bruchteil ε aller im sechsdimensionalen Phasenraum verfügbaren Plätze zu; überdies ersetzen wir ihr thermodynamisches Potential ζ_{II} nach dem Muster der Gl. (II 10, 14) durch die Nullpunktsenergie

$$\eta_{II} = \lim_{T_A \to 0} \zeta_{II}, \quad \text{(II 10, 34)}$$

die sich ihrerseits aus der Teilchenbilanz

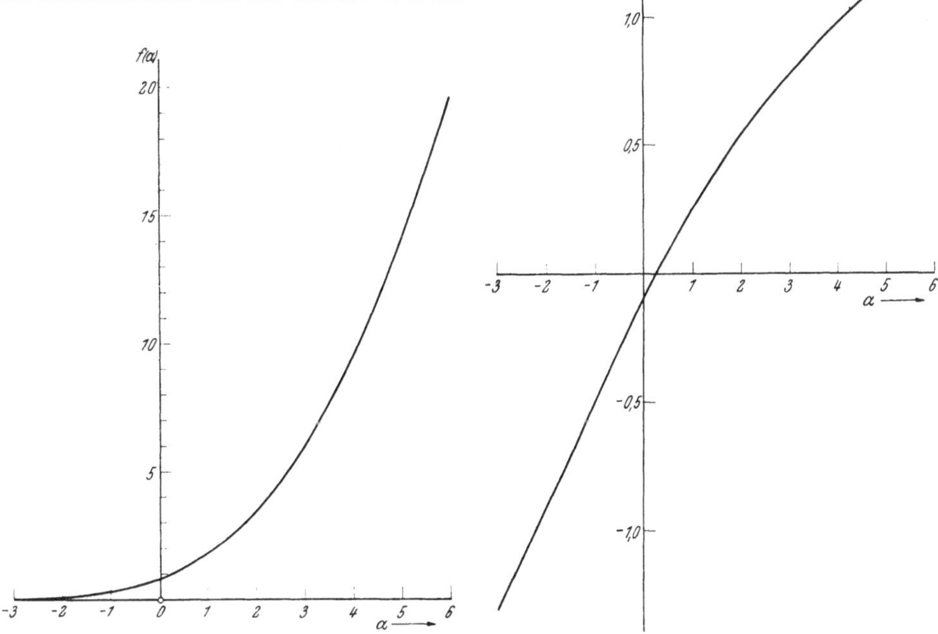

Abb. II 10, 1. Die Funktion f(α) nach Gl. (II 10, 32).

Abb. II 10, 2. Die Funktion L(α) nach Gl. (II 10, 33 II).

$$\varepsilon\, n = \varepsilon \cdot 2\, \frac{m_0^3}{h^3}\, \frac{4\,\pi}{3}\, \left(\frac{2\,\eta_{II}}{m_0}\right)^{3/2} \quad \text{(II 10, 35)}$$

zu

$$\eta_{II} = \frac{h^2}{8\, m_0} \cdot \left(\frac{3}{\pi}\, n\right)^{2/3} \quad \text{(II 10, 36)}$$

berechnet. Durch sinngemäße Wiederholung des zur Berechnung des Dunkelstromes führenden Gedankenganges finden wir daher nunmehr die Dichte j_{II} des Lichtstromes zu

$$j_{II} = \varepsilon\, A_D\, T_A^2\, f(a_{II}); \qquad a_{II} = \frac{\eta_{II} - q_0\, U_K}{k\, T_A}. \quad \text{(II 10, 37)}$$

Nachdem wir sowohl in Gl. (II 10, 25) wie auch in (II 10, 37) alle emissionsfähigen Elektronen in Rechnung gestellt haben, müssen wir die jeweils angegebenen Stromdichten nachträglich mit jenem Korrekturfaktor $\varkappa$ multiplizieren, welche nach Maßgabe der beziehentlich anzuwendenden Gl. (II 9, 109) die wellenmechanische Transmissionswahrscheinlichkeit der Elektronen bei der Passage der emittierenden Kathodenoberfläche erfaßt; doch darf der Kürze halber auf die explizite Angabe der hiernach resultierenden Formeln verzichtet werden.

e) Wir bringen die Anode der untersuchten Elektronenröhre auf die absolute Temperatur der Kathode und schreiben für die nunmehr gemeinsame Temperatur beider Elektroden

$$T_A = T_K = T. \qquad \text{(II 10, 38)}$$

Sie möge als so niedrig vorausgesetzt werden, daß sowohl die Glühemission beider Elektroden wie auch die von deren schwarzer [oder grauer] Strahlung herrührende Photoemission außer Betracht bleiben darf. Gleichzeitig soll jedoch die Kathode von einer merklich monochromatischen Lichtquelle der Frequenz v gleichförmig beleuchtet werden, und der Faktor ε messe die Wahrscheinlichkeit der Sensibilisierung der innerkathodischen Metallelektronen durch die einfallenden Photonen; wir nehmen an, daß ε nicht merklich von v abhänge.

Die vor dem Impakt mit dem Lichtquant eines der betroffenen Elektronen auszeichnende kinetische Energie

$$\eta_{\text{Kin}} = \frac{m_0}{2}\,(v_x{}^2 + v_y{}^2 + v_z{}^2) \qquad \text{(II 10, 39)}$$

wird durch den Impakt selbst auf das Niveau

$$\eta = \eta_{\text{Kin}} + h\,v \qquad \text{(II 10, 40)}$$

gehoben, während das Photon als solches der Vernichtung anheimfällt. Unter den sensibilisierten Elektronen werden daher nunmehr alle jene emissionsfähig, welche der kinetischen Austrittsbedingung

$$\frac{m_0}{2}\,v_z{}^2 + h\,v > q_0\,U_K \qquad \text{(II 10, 41)}$$

genügen. Lassen wir wiederum den wellenmechanischen Korrekturfaktor $\varkappa$ beiseite, so finden wir also, mit Benutzung der hier gewiß zulässigen Approximation (II 10, 14), die Dichte j $[= j_{\text{II}}]$ des lichtelektronischen Elektronenstromes an Hand des früher beschriebenen Integrationsverfahrens zu

$$j = \varepsilon \cdot 2\,\frac{m_0{}^3}{h^3}\,q_0 \int\limits_{v_x = -\infty}^{\infty} \int\limits_{v_y = -\infty}^{\infty} \int\limits_{v_z = \sqrt{2\frac{q_0}{m_0}U_K}}^{\infty} \frac{dv_x\,dv_y\,v_z\,dv_z}{e^{\frac{1}{kT}\left[\frac{m_0}{2}(v_x{}^2 + v_y{}^2 + v_z{}^2) + hv - \eta_I\right]} + 1} =$$

$$= \varepsilon\,A_D\,T^2\,f(a); \qquad a = \frac{h\,v - (q_0\,U_K - \eta_I)}{k\,T}. \qquad \text{(II 10, 42)}$$

Im Gegensatz zur Aussage des *Einstein*schen Gesetzes (II 10, 2) des photoelektrischen *Einzeleffektes* bricht also die *Gesamtemission* nicht bei der langwelligen Grenze (II 10, 5) ab, sondern überschreitet sie in Richtung auf „röteres" Licht; denn bei jeder absoluten Temperatur $T > 0$ können einige der sensibilisierten Elektronen — und nur sie werden hier in Rechnung gestellt! — zufolge ihrer um die thermische Energie vermehrten, kinetischen Eigenenergie schon bei grundsätzlich beliebig niedriger Lichtfrequenz v

die Kathode verlassen. Nichtsdestoweniger läßt sich die für die Kristallelektronik fundamentale Größe

$$W_D = q_0 U_K - \eta_I \qquad \text{(II 10, 43)}$$

der *Dushman*schen Austrittsarbeit mittels experimenteller Vermessung der
Gesamtemission j als Funktion der optischen Frequenz v unschwer be-
stimmen. Zu diesem Zwecke bedienen wir uns der Funktion L(a) nach
(II 10, 33) und bringen Gl. (II 10, 42) durch Logarithmieren in die Gestalt

$$\log_{10} \frac{j}{T^2} = \log_{10} \varepsilon + \log_{10} A_D + L \left(\frac{h\,v - W_D}{k\,T} \right). \qquad \text{(II 10, 44)}$$

In einem affinen, rechtwinkeligen Bezugssystem der Abszisse

$$X = \frac{h\,v}{k\,T} \qquad \text{(II 10, 45)}$$

und der Ordinate

$$Y = \log_{10} \frac{j}{T^2} \qquad \text{(II 10, 46)}$$

geht also die aus den Meßergeb-
nissen resultierende, graphische
Darstellung des Zusammenhanges
(II 10, 44) aus der im gleichen
Bezugssystem gezeichneten Kurve

$$Y = L(X) \qquad \text{(II 10, 47)}$$

entsprechend Abb. II 10, 3 durch
eine bloße Parallelverschiebung
um

$$\Delta X = \frac{W_D}{k\,T} \qquad \text{(II 10, 48)}$$

in Richtung der Abszissenachse
sowie um

$$\Delta Y = \log_{10} \varepsilon + \log_{10} A_D \qquad \text{(II 10, 49)}$$

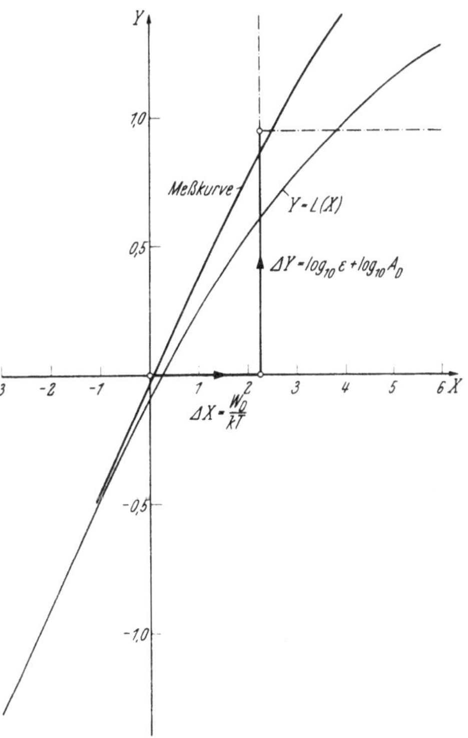

Abb. II 10, 3. Zur graphischen Ermittlung
der Austrittsarbeit und der Sensibilisierungswahrscheinlichkeit.

in Richtung der Ordinatenachse hervor. Um diese geometrische Relation
meßtechnisch nutzbar zu machen, empfiehlt sich die gleichzeitige Verwendung eines „festen" Bezugssystemes (X; Y) und eines mit diesem zwar
kongruenten, doch „beweglichen" Bezugssystemes (X'; Y'); in das erstgenannte trage man die Kurve Y = L(X) nach (II 10, 47) ein, in das bewegliche jedoch die Meßwerte (II 10, 45) und (II 10, 46), wobei man die
Zeichnung auf durchsichtigem Papier anfertige. Legt man nun das „ge-
strichene" System auf das „ungestrichene", so lassen sich — sofern die be-
lichtete Kathode den hier entwickelten Gesetzen der lichtelektrischen
Gesamtemission gehorcht — die beiden je in den unterschiedlichen Bezugs-
systemen dargestellten Kurven zur Deckung bringen; die dann resultierenden Koordinatendifferenzen zwischen den Nullpunkten jener Bezugssysteme vermitteln die zahlenmäßige Kenntnis der Ausdrücke (II 10, 48)

und (II 10, 49), also sowohl die gesuchte Austrittsarbeit W_D wie auch die Sensibilisierungswahrscheinlichkeit ε.

f) Welcher Mechanismus bestimmt die Größe der Sensibilisierungswahrscheinlichkeit?

Jedes der eben sensibilisierten Metallelektronen unterliegt einer sein weiteres Schicksal entscheidenden *Alternative:*

1. Einem in der Regel nur sehr kleinen Teil jener Elektronen gelingt es, das Muttermetall zu verlassen; ihre Gesamtheit bildet den vorher berechneten photoelektrischen Emissionsstrom.

2. Der großen Mehrzahl jener Elektronen ist nur eine beschränkte Lebensdauer vom Erwartungswerte $\langle \tau \rangle$ beschieden, nach deren Verlauf sie mit einem Atome des Metallgitters zusammenstoßen; wir nehmen an, daß sie hierbei den vordem nach Maßgabe der Gl. (II 10, 40) erworbenen „Lichtschatz" $h\,\nu$ wieder einbüßen, so daß sie in die Gruppe der nicht sensibilisierten Elektronen zurückkehren.

Wir lassen fortan die emittierten Elektronen außer Betracht. Richten wir dann unsere Aufmerksamkeit auf das Raumelement ΔV des Metalles, so verlieren die in ihm eingeschlossenen, sensibilisierten Elektronen während der Zeitspanne

$$\Delta t \gg \langle \tau \rangle \qquad\qquad (\text{II } 10,\ 50)$$

insgesamt die Energie

$$\Delta W = h\,\nu \cdot \varepsilon \cdot n \cdot \Delta V \cdot \frac{\Delta t}{\langle \tau \rangle}. \qquad\qquad (\text{II } 10,\ 51)$$

Sie muß im stationären Zustande des Systemes durch den Impakt der einfallenden Elektronen gedeckt werden. Um diesen Prozeß zu erfassen, bezeichnen wir durch S den zeitlichen Mittelwert des wesentlich in Richtung der negativen z-Achse weisenden *Poynting*schen Lichtvektors; er nimmt beim Eindringen der Strahlung ins Innere des Metalles nach Maßgabe des Gesetzes

$$S = S_0\, e^{z/\delta}; \qquad z \leqq 0 \qquad\qquad (\text{II } 10,\ 52)$$

exponentiell ab; in ihm hängt die „*Eindringtiefe*" δ in der Regel von der Frequenz ν des einfallenden Lichtes ab, erreicht jedoch im optischen Gebiet nur die Größenordnung einiger Gitterkonstanten des jeweils vorliegenden Metalles. Da sich hiernach die Sensibilisierung der Metallelektronen wesentlich auf die Nachbarschaft der emittierenden Ebene $z = 0$ beschränkt, charakterisieren wir den hier behandelten Vorgang als *Oberflächenemission.* Um uns dieser physikalischen Erkenntnis anzupassen, verstehen wir weiterhin unter der Sensibilisierungswahrscheinlichkeit ε schlechthin deren Grenzwert für $z \to 0$. Dementsprechend legen wir das Volumen ΔV in eben die aktivierende Grenzschicht, indem wir es bei der Dicke $|\Delta z| \ll \delta$ mit einer Fläche von der Größe der Einheit ausstatten. Da dort das einfallende Licht gemäß (II 10, 52) während der Zeitspanne Δt den Energiebetrag

$$S_0\, \frac{\Delta z \cdot 1}{\delta} \cdot \Delta t = S_0 \cdot \frac{\Delta V}{\delta} \cdot \Delta t \qquad\qquad (\text{II } 10,\ 53)$$

abgibt, gelangen wir im Hinblick auf (II 10, 51) zu der Bilanz

$$h\,\nu \cdot \varepsilon \cdot n\ \Delta V\, \frac{\Delta t}{\langle \tau \rangle} = S_0\, \frac{\Delta V}{\delta}\, \Delta t, \qquad\qquad (\text{II } 10,\ 54)$$

welcher wir die Angabe

$$\varepsilon = \frac{S_0}{h\,\nu} \cdot \frac{\langle\tau\rangle}{\delta\cdot n} \qquad\qquad \text{(II 10, 55)}$$

entnehmen. Um aus ihr die mittlere Lebensdauer $\langle\tau\rangle$ der Metallelektronen zu eliminieren, kehren wir vorübergehend zur elektrischen Konvektionsstromdichte j zurück, welche in dem unbelichteten Metall durch ein elektrisches Feld der vektoriellen Stärke E hervorgerufen wird. Da dieses Feld den Elektronen die Beschleunigung $(-(q_0/m_0)\,E)$ erteilt, erwerben diese Ladungsträger während der Zeitspanne $\langle\tau\rangle$ die gerichtete Geschwindigkeit

$$\vec{v} = -\frac{q_0}{m_0}\,E \cdot \langle\tau\rangle, \qquad\qquad \text{(II 10, 56)}$$

so daß

$$j = -q_0\,n\,\vec{v} = n\,\frac{q_0^2}{m_0}\,E\,\langle\tau\rangle \qquad\qquad \text{(II 10, 57)}$$

die Konvektionsstromdichte angibt. Kennt man also die *Ohm*sche Leitfähigkeit

$$\varkappa = \frac{j}{E} = n\,\frac{q_0^2}{m_0}\,\langle\tau\rangle, \qquad\qquad \text{(II 10, 58)}$$

so findet man durch ihre Substitution in (II 10, 55) für die gesuchte Wahrscheinlichkeit ε die Angabe

$$\varepsilon = \frac{S_0}{h\,\nu} \cdot \frac{m_0\,\varkappa}{\delta\cdot n^2\,q_0^2}. \qquad\qquad \text{(II 10, 59)}$$

Solange man sich auf die Gültigkeit der einfachen Absorptionsformel (II 10, 52) verlassen kann, erweist sich daher der lichtelektrische Gesamtemissionsstrom gemäß seiner durch Gl. (II 10, 42) bestimmten Dichte j der jeweiligen Beleuchtungsstärke S_0 der Kathode proportional: Die Röhre arbeitet bei Anwendung hinreichend hoher Anodenspannungen zum restlosen Abtransport aller emittierten Elektronen als *Photometer*. Indessen hängt die „Eichung" eines solchen Gerätes für die selektive Bestrahlung durch die „Farbe" ν einer weißen Lichtquelle der Eigenschaft

$$S_0(\nu) = \text{const} \qquad\qquad \text{(II 10, 60)}$$

von dem Frequenzgang des Produktes $(\nu\cdot\delta)$ ab; wir besprechen zwei Sonderfälle:

1. In einem gewissen Gebiete des Spektrums möge die Eindringtiefe δ umgekehrt proportional zu ν abnehmen; dort zieht also die Angabe $(\nu\cdot\delta) = \text{const.}$ die Aussage

$$\varepsilon = \text{const} \qquad\qquad \text{(II 10, 61)}$$

nach sich, welche wir dem oben angegebenen, graphischen Verfahren zur Ermittelung der *Dushman*schen Austrittsarbeit W_D zugrunde gelegt haben.

2. Falls man die Eindringtiefe innerhalb des untersuchten, optischen Spektralbereiches als konstant betrachten darf

$$\delta = \text{const} \qquad\qquad \text{(II 10, 62)}$$

verringert sich die Sensibilisierungswahrscheinlichkeit ε nach Maßgabe der Gl. (II 10, 59) im umgekehrten Verhältnis zur Frequenz ν. Wählen wir dann die „*Dushman*sche" Farbe

$$\nu_D = \frac{W_D}{h} \qquad\qquad \text{(II 10, 63)}$$

als sozusagen natürliche Frequenzeinheit des in das jeweils vorliegende Metall einfallenden Lichtes, so können wir Gl. (II 10, 59) in die Gestalt

$$\varepsilon = \varepsilon_0 \cdot \frac{\nu_D}{\nu} = \varepsilon_0 \frac{\lambda_D}{\lambda} \qquad \text{(II 10, 64)}$$

bringen, in welcher

$$\lambda = \frac{c}{\nu} \; ; \qquad \lambda_D = \frac{c}{\nu_D} \qquad \text{(II 10, 65)}$$

die den Frequenzen ν und ν_D beziehentlich zugeordneten Vakuumwellenlängen messen, während die Konstante

$$\frac{\varepsilon_0}{S_0} = \frac{1}{h \, \nu_D} \cdot \frac{m_0 \, \varkappa}{\delta \cdot n^2 \cdot q_0^2} \qquad \text{(II 10, 66)}$$

die Kathode photoelektrisch kennzeichnet.

g) Im Bereiche der merklich frequenzunabhängigen Eindringtiefe δ nach Gl. (II 10, 62) führt die Substitution der Gln. (II 10, 63) und (II 10, 65) in (II 10, 42) auf die Darstellung

$$j = \frac{S_0}{h \, \nu_D} \cdot \frac{m_0 \, \varkappa}{\delta n^2 q_0^2} A_D \cdot T^2 \cdot$$
$$\cdot \frac{\nu_D}{\nu} \cdot f\left[\frac{h \, \nu}{k \, T}\left(1 - \frac{\nu_D}{\nu}\right)\right] \qquad \text{(II 10, 67)}$$

der lichtelektrischen Emissionsstromdichte. In der Regel beobachtet man nun diese bei relativ niedrigen Werten der absoluten Kathodentemperatur T. Um uns diesen Versuchsbedingungen anzupassen, gehen

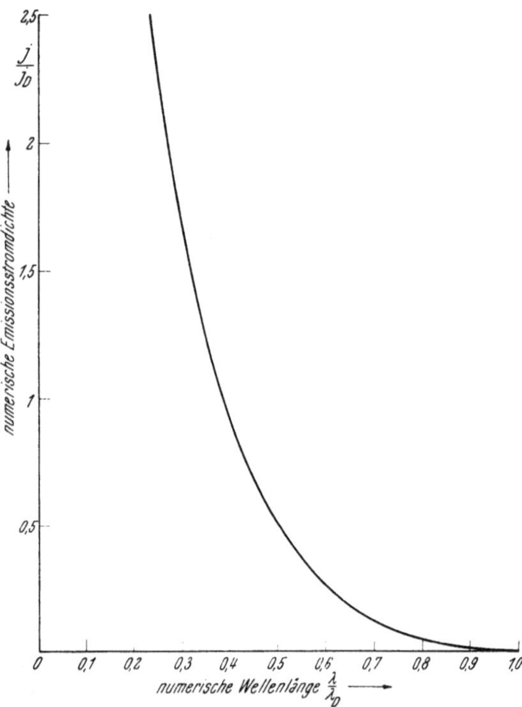

Abb. II 10, 4. Normalkurve für die Frequenzabhängigkeit der lichtelektrischen Gesamtemission aus Metallen.

wir in Gl. (II 10, 67) zur Grenze T → 0 über und erhalten im „kurzwelligen" Spektralbereiche

$$\frac{\nu_D}{\nu} = \frac{\lambda}{\lambda_D} < 1 \qquad \text{(II 10, 68)}$$

mit Rücksicht auf (II 10, 18) und (II 10, 32) die dimensionsfreie Aussage

$$\lim_{T \to 0} \frac{j}{j_D} = \left[\sqrt{\frac{\nu}{\nu_D}} - \sqrt{\frac{\nu_D}{\nu}}\right]^2 = \left[\sqrt{\frac{\lambda_D}{\lambda}} - \sqrt{\frac{\lambda}{\lambda_D}}\right]^2 , \qquad \text{(II 10, 69)}$$

in welcher abkürzend die Stromdichte

$$j_D = 2 \, \pi \frac{S_0 \, \nu_D \, m_0^2 \, \varkappa}{h^2 \, q_0 \, \delta \, n^2} \qquad \text{(II 10, 70)}$$

als „natürliche Einheit" eingeführt wurde; Abb. II 10, 4 veranschaulicht den Verlauf der nach (II 10, 69) zu erwartenden „Normalkurve" der lichtelektrischen Gesamtemission aus Metallen.

Das Verhältnis

$$\frac{j}{S_0} = 2\,\pi\,\frac{\nu_D\,m_0{}^2\,\varkappa}{h^2 \cdot q_0 \cdot \delta n^2}\left[\sqrt{\frac{\lambda_D}{\lambda}} - \sqrt{\frac{\lambda}{\lambda_D}}\right]^2 \qquad \text{(II 10, 71)}$$

definiert den Begriff der *Quantenausbeute*, welche bei Anwendung des *Giorgi*schen Maßsystemes in der Einheit 1 Coulomb/Joule ausgedrückt wird; in der physikalischen Praxis bevorzugt man allerdings häufig die Messung der einfallenden Energie in Kalorien.

Als *Zahlenbeispiel* behandeln wir die lichtelektrische Gesamtemission aus einer Silberelektrode der Daten

$$W_D = 4{,}7\,\text{eV} = 7{,}5 \cdot 10^{-19}\,\text{Joule}$$
$$\varkappa = 670000(\Omega\,\text{m})^{-1}$$
$$n = 5{,}9 \cdot 10^{28}\,\text{m}^{-3}$$

bei Bestrahlung durch eine Lichtquelle der Vakuumwellenlänge

$$\lambda = 2750\,\text{Å}$$

mit der Stärke

$$S_0 = 1{,}5 \cdot 10^{-3}\,\frac{\text{Watt}}{\text{m}^2}.$$

Auf Grund von Messungen wird die einfallende Strahlung im Innern des Metalles nach Maßgabe der Eindringtiefe

$$\delta = 171\,\text{Å}$$

absorbiert. Mit

$$\nu_D = \frac{W_D}{h} = 1{,}14 \cdot 10^{15}\,\text{Hz}; \qquad \lambda_D = 2870\,\text{Å}$$

finden wir daher aus (II 10, 70) die Stromdichte

$$j_D = 2\,\pi \cdot \frac{1{,}5 \cdot 10^{-3} \cdot 1{,}14 \cdot 10^{15} \cdot 81 \cdot 10^{-62} \cdot 6{,}7 \cdot 10^5}{44 \cdot 10^{-68} \cdot 1{,}60 \cdot 10^{-19} \cdot 171 \cdot 10^{-10} \cdot 35 \cdot 10^{56}} = 1{,}14\Big|\,\frac{\mu\,\text{A}}{\text{m}^2}\,,$$

so daß die Emissionsstromdichte

$$j = 1{,}14\left[\sqrt{\frac{2870}{2750}} - \sqrt{\frac{2750}{2870}}\right]^2 = 0{,}0228\,\frac{\mu\,\text{A}}{\text{m}^2}$$

zu erwarten ist; die Quantenausbeute ist dann durch

$$\frac{j}{S_0} = 0{,}015\,\frac{\text{m C b}}{\text{Joule}} = 0{,}64\,\frac{\text{m C b}}{\text{cal}}$$

gegeben.

II 11. Klassische Theorie des Schottky-Effektes.

a) Gegeben sei eine Hochvakuum-Diode, deren Kathode auf der festen, absoluten Temperatur T gehalten werde. Man sollte dann erwarten, daß die Emissionsstromdichte j ihren Sättigungswert

$$j_s = j_s(T) \qquad \text{(II 11, 1)}$$

selbst bei Anwendung beliebiger Anodenspannungen $U_a > 0$ nicht überschreiten kann. Tatsächlich aber beobachtet man bei hinreichend hohen

Anodenspannungen Emissionsstromdichten, deren Betrag j merklich über
j$_s$ hinausgeht. Es gilt, diesen von *Schottky* entdeckten und nach ihm benannten Effekt dem physikalischen Verständnis zu erschließen und quantitativ darzustellen.

b) Vorbehaltlich später zu ändernder Annahmen beziehen wir uns hier
auf eine parallelebene Diode nach Abb. II 11, 1. Innerhalb dieses Röhren-
modelles orientieren wir uns mittels der *Kartesi*schen Koordinaten (x; y; z);
ihr Ursprung liege in der aktiven, elektronen-emittierenden Kathodenoberfläche, und die positive z-Achse weise von der Kathode zur Anode. Hiernach
definiert der Halbraum z < 0 die Kathode, während die Anode den Halbraum z > d erfüllen möge; seien a$_K$ und a$_A$ beziehentlich die kleinsten Abstände je benachbarter Atome im Raumgitter
der Kathode und der Anode, so wird weiterhin das gleichzeitige Bestehen der beiden
Ungleichungen

$$d \gg a_K; \qquad d \gg a_A \qquad \text{(II 11, 2)}$$

vorausgesetzt.

Indem wir nun den Vorstellungen der
Klassischen Punktmechanik folgen, richten
wir unsere Aufmerksamkeit auf ein Elektron,
welches nach seiner Emission bereits den
Abstand z der Größe

$$0 < z \ll d \qquad \text{(II 11, 3)}$$

von der Kathodenoberfläche erreicht hat.
Es wird dort von einer normal zu den Elektroden weisenden Kraft F = F(z) ergriffen,
welche wir parallel zur positiven z-Achse als
positiv in Rechnung stellen; wir zerlegen
sie in zwei Komponenten:

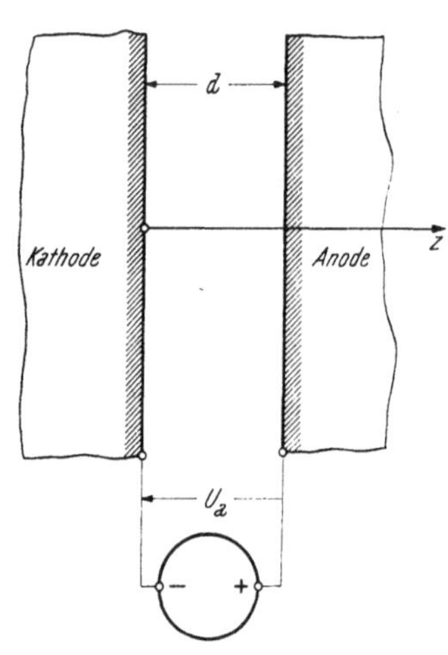

Abb. II 11, 1. Orientierung in
der parallelebenen Diode.

1. Die *Bildkraft*

$$F_B = - F_1(z) \qquad \text{(II 11, 4)}$$

sucht das Elektron zur Kathode zurückzuziehen. Zwecks Berechnung der
Bildkraft verschärfen wir Gl. (II 11, 3) zu der Voraussetzung

$$a_K \ll z \ll d, \qquad \text{(II 11, 5)}$$

welche wegen (II 11, 2) sicherlich stets erfüllt werden kann; die Bildkraft
reduziert sich dann merklich auf die *Coulomb*sche Wechselwirkung zwischen
dem kontrollierten Elektron und jenem virtuellen Positron, das im Spiegelbilde des Elektrons relativ zur ebenen Kathodenoberfläche zu denken ist,
während die Anode außer Spiel bleibt:

$$F_1(z) = \frac{q_0{}^2}{4 \pi \varDelta_0} \cdot \frac{1}{(2 z)^2}. \qquad \text{(II 11, 6)}$$

2. Die *Feldkraft*

$$F_F = F_2(z) \qquad \text{(II 11, 7)}$$

gleicht im Bereiche (II 11, 5) dem dort merklich konstanten Produkte des
absoluten Betrages q$_0$ der Elektronenladung mit der parallel zur negativen
z-Achse positiv gezählten Feldstärke E$_K$ an der Kathodenoberfläche

$$F_2 = q_0 E_K. \qquad \text{(II 11, 8)}$$

Aus den Komponenten (II 11, 6) und (II 11, 8) resultiert die Gesamtkraft

$$F(z) = -F_1 + F_2 = -\frac{q_0{}^2}{4\,\pi\,\varDelta_0} \cdot \frac{1}{(2\,z)^2} + q_0\,E_K \qquad (II\ 11,\ 9)$$

deren räumlicher Verlauf unter der weiterhin stets zu wahrenden Voraussetzung

$$E_K > 0 \qquad (II\ 11,\ 10)$$

in Abb. II 11, 2 graphisch dargestellt ist; sie annulliert sich im kritischen Abstande

$$z_{kr} = \frac{1}{2}\,\sqrt{\frac{q_0}{4\,\pi\,\varDelta_0} \cdot \frac{1}{E_K}} \qquad (II\ 11,\ 11)$$

von der Kathodenoberfläche, welcher also mit wachsendem E_K beliebig klein wird. Verlangt man nunmehr, daß der Gleichgewichtspunkt (II 11, 11)

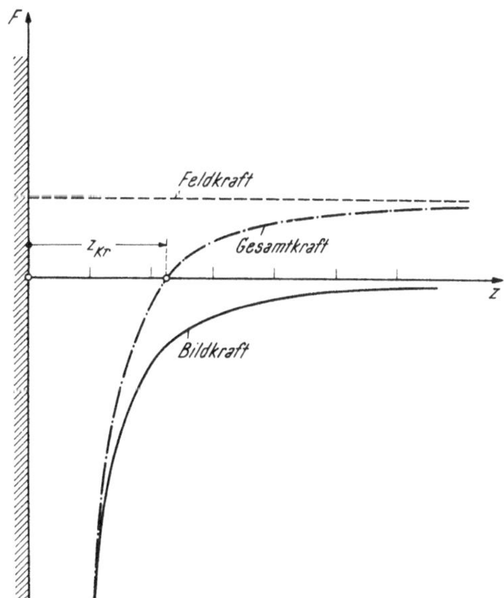

Abb. II 11, 2. Kräftespiel am emitierten Elektron.

in den Bereich (II 11, 5) falle, so hat man E_K, die Angabe (II 11, 10) verschärfend, der Ungleichung

$$\frac{q_0{}^2}{4\,\pi\,\varDelta_0} \cdot \frac{1}{(2\,d)^2} \ll q_0\,E_K \ll \frac{q_0{}^2}{4\,\pi\,\varDelta_0} \cdot \frac{1}{(2\,a_K)^2} \qquad (II\ 11,\ 12)$$

zu unterwerfen, welche fortan den Bereich der *Schottky*-Feldkraft definiert.

c) Wir kehren vorübergehend zum Falle verschwindender Kathodenfeldstärke [$E_K = 0$] zurück. Verstehen wir dann unter dem Zeichen $F_1{}^* = F_1{}^*(z)$ jene „korrigierte" Bildkraft, welche sich lediglich im Atomkraftbereich $0 \leq z \leq a_K$ wesentlich von der *Coulomb*kraft (II 11, 6) unterscheidet und insbesondere für $z \to 0$ beschränkt bleibt, so wird die Austrittsarbeit $q_0\,U_K$ des Elektrons aus der Kathode durch das Integral

$$q_0\,U_K = \int\limits_{0}^{\infty} F_1{}^*(z)\,dz \qquad (II\ 11,\ 13)$$

dargestellt.

Nun sei $E_K > 0$ eine *Schottky*-Feldkraft.

Da nun in $z > a_K$ die korrigierte Bildkraft $F_1{}^*$ nicht mehr merklich von F_1 abweicht, wird dort die Gesamtkraft hinreichend genau durch Gl. (II 11, 9) beschrieben: Im Bereiche $z_{kr} < z < d$ treibt sie das kontrollierte Elektron der Anode zu, so daß für dessen Emission aus der Kathode nunmehr nur noch die Austrittsarbeit

$$q_0 U_K{}^* = \int_0^{z_{kr}} [F_1{}^*(z) - F_2]\, dz \qquad (II\ 11,\ 14)$$

aufzuwenden ist; gemäß (II 11, 13) und (II 11, 14) bewirkt also die Feldkraft die Ersparnis

$$q_0\, \Delta U_K = q_0\, [U_K - U_K{}^*] = \int_{z_{kr}}^{\infty} F_1{}^*(z)\, dz + \int_0^{z_{kr}} F_2\, dz. \qquad (II\ 11,\ 15)$$

Da man in dem ersten Posten der hier auftretenden Integralsumme $F_1{}^*(z)$ mit $F_1(z)$ vertauschen darf, findet man mit (II 11, 6) und (II 11, 11) hinreichend genau

$$\int_{z_{kr}}^{\infty} F_1{}^*(z)\, dz \approx \int_{z_{kr}}^{\infty} F_1(z)\, dz = \frac{q_0{}^2}{4\,\pi\,\Delta_0}\,\frac{1}{4\,z_{kr}} = \frac{q_0}{2}\sqrt{\frac{q_0}{4\,\pi\,\Delta_0}\,E_K} \qquad (II\ 11,\ 16)$$

und weiter, mit Rücksicht auf (II 11, 8)

$$\int_0^{z_{kr}} F_2\, dz = q_0\, E_K \cdot z_{kr} = \frac{q_0}{2}\sqrt{\frac{q_0}{4\,\pi\,\Delta_0}\,E_K}. \qquad (II\ 11,\ 17)$$

Nach (II 10, 15) erniedrigt also der *Schottky*-Effekt die Austrittsspannung U_K um den Betrag

$$\Delta U_K = \sqrt{\frac{q_0}{4\,\pi\,\Delta_0}\,E_K}. \qquad (II\ 11,\ 18)$$

d) Sowohl in der Theorie der Glühemission von *Richardson* wie in jener von *Dushman* kommt, ungeachtet ihrer konzeptionellen Unterschiede, der Einfluß der Spannung U_K auf die Sättigungsstromdichte j_s wesentlich durch den Exponentialfaktor $e^{-q_0 U_K/kT}$ zum Ausdruck. Da nun j_s selbst durch die Bedingung $E_K = 0$ definiert ist, folgt aus (II 11, 18) die durch den *Schottky*-Effekt $[E_K > 0]$ verstärkte Stromdichte j im Verhältnis zur Sättigungsstromdichte j_s mittels der Gleichung

$$\frac{j}{j_s} = e^{\frac{q_0 \Delta U_K}{kT}} = e^{\frac{q_0}{kT}\sqrt{\frac{q_0}{4\pi\Delta_0}E_K}}, \qquad (II\ 11,\ 19)$$

deren Inhalt durch Abb. II 11, 3 und die folgende *Zahlentafel* veranschaulicht wird in welcher

$$\varepsilon = \frac{q_0}{kT}\sqrt{\frac{q_0}{4\,\pi\,\Delta_0}\,E_K}$$

gesetzt ist.

ε	$\sqrt{\varepsilon}$	$e^{\sqrt{\varepsilon}}$	ε	$\sqrt{\varepsilon}$	$e^{\sqrt{\varepsilon}}$	ε	$\sqrt{\varepsilon}$	$e^{\sqrt{\varepsilon}}$
0	0	1,000						
0,1	0,316	1,371	0,6	0,776	2,172	1,2	1,098	2,998
0,2	0,447	1,563	0,7	0,837	2,309	1,4	1,182	3,261
0,3	0,548	1,730	0,8	0,895	2,447	1,6	1,263	3,571
0,4	0,633	1,884	0,9	0,950	2,586	1,8	1,342	3,827
0,5	0,707	2,027	1	1,000	2,718	2,0	1,414	4,112

e) Die praktische Anwendung der Aussage (II 11, 19) wäre einfach, falls an der emittierenden Kathodenoberfläche eine homogene Feldstärke E_K herrschte. Tatsächlich muß man jedoch diejenige „mikroskopische" Feinstruktur der Kathodenoberfläche in Rechnung stellen, welche sowohl deren vorangegangene technologische Bearbeitung wie auch deren natürliche Veränderungen durch den Betrieb der Röhre widerspiegelt: Vorsprünge und Rißkanten können die Feldstärke lokal um viele Größenordnungen über jenen ideellen Wert hinaus erhöhen, der unter sonst gleichen Betriebsbedingungen an der im geometrischen Sinne völlig glatten Kathodenoberfläche auftreten würde, und eben diese vergrößerten Feldstärken gehen entsprechend (II 10, 19) in den *Schottky*-Effekt der jeweiligen Lokalstromdichten ein. Wir schildern diesen Sachverhalt pauschal durch die „*mittlere Spitzenwirkung*" $\langle \sigma \rangle$ der genannten Unregelmäßigkeiten, welche wir an Hand der durchschnittlichen Emissionsstromdichte $\langle j \rangle$ und der mittleren Sättigungs-

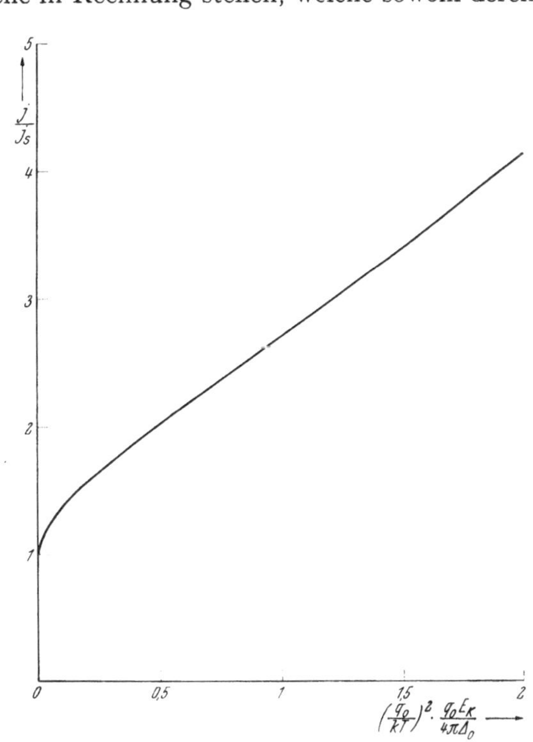

Abb. II 11, 3. Verstärkung der Emissionsstromdichte durch den Schottky-Effekt.

stromdichte $\langle j_s \rangle$ der aktiven Kathodenoberfläche durch die Gleichung

$$\frac{\langle j \rangle}{\langle j_s \rangle} = e^{\frac{q_0}{kT}\sqrt{\frac{q_0}{4\pi\varDelta_0}E_K\langle\sigma\rangle}} \qquad (II\ 11,\ 20)$$

phänomenologisch definieren.

f) Da man die jeweilige Feinstruktur der Kathodenoberfläche im Beobachtungszeitpunkte in der Regel nicht genau kennt, muß man die Spitzenwirkung $\langle \sigma \rangle$ experimentell zu ermitteln suchen. Als Vorbereitung eines solchen Versuches konstruieren wir auf theoretischem Wege den Zusammenhang zwischen der meßbaren Spannung U_a der Anode gegen die Kathode und der ideellen Feldstärke E_K an der glatt gedachten Kathodenoberfläche; dabei bleibe der Kürze halber die zwischen diesen beiden Elektroden im Entladungsraum wirksame *Volta*spannung außer Betracht.

Im Rahmen der hier beabsichtigten Genauigkeit dürfen wir die Startgeschwindigkeit der Elektronen an der emittierenden Kathodenoberfläche vernachlässigen. In der Kontrollebene $0 < z < d$ ist dann die Elektronengeschwindigkeit $v = v(z)$ senkrecht zu den Elektroden gerichtet; setzen wir ihren absoluten Betrag als klein gegen die Lichtgeschwindigkeit im leeren Raume voraus, so berechnet dieser sich aus dem obendort herrschenden Skalarpotential $\varphi = \varphi(z)$ mittels der Energiebilanz der *Newton*schen Punktmechanik zu

$$v(z) = \sqrt{2\frac{q_0}{m_0}\,\varphi(z)}. \qquad (\text{II } 11,\ 21)$$

Daher unterliegt φ der *Poisson*schen Differentialgleichung

$$\frac{d^2\varphi}{dz^2} = \frac{\langle j \rangle}{\varDelta_0 \cdot v(z)} = \frac{\langle j \rangle}{\varDelta_0 \sqrt{2\dfrac{q_0}{m_0}\,\varphi}} \qquad (\text{II } 11,\ 22)$$

unter den Randbedingungen

$$\varphi = 0 \qquad \text{für} \qquad z = 0 \qquad (\text{II } 11,\ 23)$$

und

$$\frac{d\varphi}{dz} = E_K \qquad \text{für} \qquad z = 0. \qquad (\text{II } 11,\ 24)$$

Mittels der Identität

$$\frac{d^2\varphi}{dz^2} = \frac{d}{d\varphi}\left[\frac{1}{2}\left(\frac{d\varphi}{dz}\right)^2\right] \qquad (\text{II } 11,\ 25)$$

gewinnen wir aus (II 11, 22) unter Beachtung von (II 11, 23) und (II 11, 24) durch einmalige Integration die Aussage

$$\frac{1}{2}\left(\frac{d\varphi}{dz}\right)^2 = \frac{2\langle j \rangle}{\varDelta_0 \cdot \sqrt{2\dfrac{q_0}{m_0}}}\sqrt{\varphi} + \frac{1}{2}E_K{}^2 \qquad (\text{II } 11,\ 26)$$

und also durch nochmalige Integration

$$z = \int_0^{\varphi} \frac{d\varphi'}{\sqrt{\dfrac{4\langle j \rangle}{\varDelta_0 \sqrt{2\dfrac{q_0}{m_0}}}\sqrt{\varphi'} + E_K{}^2}} = 4\frac{E_K{}^3}{16\langle j \rangle}\varDelta_0{}^2\, 2\frac{q_0}{m_0} \cdot$$

$$\cdot\left[\frac{1}{3}\left(1 + \frac{4\langle j \rangle\sqrt{\varphi}}{\varDelta_0 \sqrt{2\dfrac{q_0}{m_0}}\,E_K{}^2}\right)^{3/2} - \left(1 + \frac{4\langle j \rangle\sqrt{\varphi}}{\varDelta_0 \sqrt{2\dfrac{q_0}{m_0}}\,E_K{}^2}\right)^{1/2} + \frac{2}{3}\right] \cdot \quad (\text{II } 11,\ 27)$$

Für $z = d$ wird φ mit der Anodenspannung U_a identisch:

$$d = 4\frac{E_K{}^3}{16\langle j \rangle} \cdot \varDelta_0{}^2 \cdot 2\frac{q_0}{m_0} \cdot$$

$$\cdot\left[\frac{1}{3}\left(1 + \frac{4\langle j \rangle\sqrt{U_a}}{\varDelta_0 \sqrt{2\dfrac{q_0}{m_0}}\,E_K{}^2}\right)^{3/2} - \left(1 + \frac{4\langle j \rangle\sqrt{U_a}}{\varDelta_0 \sqrt{2\dfrac{q_0}{m_0}}\,E_K{}^2}\right)^{1/2} + \frac{2}{3}\right] \cdot \quad (\text{II } 11,\ 28)$$

Im Grenzfalle $E_K \to 0$ geht $\langle j \rangle$ definitionsgemäß in die Sättigungsstromdichte $\langle j_s \rangle$ über. Die entsprechende Anodenspannung als *Sättigungsspannung* U_s bezeichnend, finden wir nun aus (II 11, 28) die Relation

$$\lim_{E_K \to 0} d = \frac{2}{3} \Delta_0^{1/2} \left(2 \frac{q_0}{m_0} \right)^{1/4} \frac{U_s^{3/4}}{\langle j_s \rangle^{1/2}} \; ; \qquad \langle j_s \rangle = \frac{4}{9} \Delta_0 \frac{\sqrt{2 \frac{q_0}{m_0}}}{d^2} U_s^{3/2} \qquad \text{(II 11, 29)}$$

welche, wie zu verlangen ist, das *Child-Langmuir*sche Raumladungsgesetz beinhaltet.

Indem wir $\langle j_s \rangle$ und U_s als sozusagen natürliche Einheit beziehentlich der Stromdichte $\langle j \rangle$ und der Anodenspannung U_a benutzen, führen wir das *numerische Kathodenfeld*

$$\varepsilon_K = \frac{E_K \cdot d}{U_s} \qquad \text{(II 11, 30)}$$

die *numerische Anodenspannung*

$$u_a = \frac{U_a}{U_s} \qquad \text{(II 11, 31)}$$

und die mittlere, *numerische Emissionsstromdichte*

$$\langle i \rangle = \frac{\langle j \rangle}{\langle j_s \rangle} \qquad \text{(II 11, 32)}$$

ein, so daß (II 11, 20) die Gestalt

$$\langle i \rangle = e^{\frac{q_0}{kT} \sqrt{\frac{q_0}{4 \pi \Delta_0} U_s} \sqrt{\varepsilon_K \langle \sigma \rangle}} \qquad \text{(II 11, 33)}$$

annimmt, während sich (II 11, 28) in die Aussage

$$\frac{81}{64} \frac{\varepsilon_K^3}{\langle i \rangle^2} \left[\frac{1}{3} \left(1 + \frac{16}{9} \frac{\langle i \rangle}{\varepsilon_K^2} \sqrt{u_a} \right)^{3/2} - \left(1 + \frac{16}{9} \frac{\langle i \rangle}{\varepsilon_K^2} \sqrt{u_a} \right)^{1/2} + \frac{2}{3} \right] = 1 \qquad \text{(II 11, 34)}$$

verwandelt; wir besprechen an Hand dieser Gleichungen zwei einfach übersehbare Grenzfälle:

(1) Unter der Voraussetzung

$$\langle i \rangle \frac{\sqrt{u_a}}{\varepsilon_K^2} \gg 1 \qquad \text{(II 11, 35)}$$

gelangen wir mittels der Entwicklung

$$\frac{81}{64} \frac{\varepsilon_K^3}{\langle i \rangle^2} \left[\frac{1}{3} \cdot \frac{64}{27} \cdot \frac{\langle i \rangle^{3/2}}{\varepsilon_K^2} u_a^{3/4} + \ldots \right] = 1 \; ; \qquad \langle i \rangle = u_a^{3/2} + \ldots \qquad \text{(II 11, 36)}$$

auf die dimensionsfrei geschriebene *Child-Langmuir*sche Formel (II 11, 29) zurück.

(2) Im Bereiche des *Schottky*-Effektes dürfen wir gemäß (II 11, 30) und (II 11, 31)

$$\langle i \rangle \frac{\sqrt{u_a}}{\varepsilon_K^2} \gg 1 \qquad \text{(II 11, 37)}$$

voraussetzen; aus (II 11, 34) entsteht dann

$$\frac{81}{64} \frac{\varepsilon_K^3}{\langle i \rangle^2} \left[\frac{1}{3} \left(1 + \frac{8}{3} \frac{\langle i \rangle}{\varepsilon_K^2} \sqrt{u_a} + \frac{2}{3} \frac{\langle i \rangle^2}{\varepsilon_K^4} u_a + \ldots \right) - \right. \qquad \text{(II 11, 38)}$$

$$\left. - \left(1 + \frac{8}{9} \frac{\langle i \rangle}{\varepsilon_K^2} \sqrt{u_a} - \frac{2}{3} \frac{\langle i \rangle^2}{\varepsilon_K^4} u_a + \ldots \right) + \frac{2}{3} \right] = 1 \; ; \qquad \varepsilon_K = \frac{9}{16} u_a + \ldots$$

und also, falls wir nur das zuletzt explizit angeschriebene Glied beibehalten, nach (II 11, 33)

$$\langle i \rangle = e^{\frac{3}{4}\frac{q_0}{kT}\sqrt{\frac{q_0}{4\pi\varDelta_0}U_a\langle\sigma\rangle}}. \tag{II 11, 39}$$

Wir vertauschen in dieser Gleichung das Verhältnis der mittleren Stromdichten $\langle j \rangle$ und $\langle j_s \rangle$ mit jenem beziehentlich der Gesamtströme J und J_s und erhalten durch Logarithmieren die Relation

$$\ln J = \ln J_s + \frac{3}{4}\frac{q_0}{kT}\sqrt{\frac{q_0}{4\pi\varDelta_0}U_a\langle\sigma\rangle}. \tag{II 11, 40}$$

Mit ihr ist das Ziel erreicht: Wir konstruieren aus den gleichzeitig gemessenen Werten des Stromes J und der Anoden- spannung U_a den funktionellen Zusammenhang von $\ln J$ [Ordinate] und $\sqrt{U_a}$ [Abszisse]. Nach Ausweis der Gl. (II 11, 40) konvergiert diese Kurve mit wachsender Anodenspannung gegen eine *Gerade*; deren Schnitt mit der Ordinatenachse bestimmt auf dieser mittels der Strecke $\ln J_s$ die Größe des „wahren" Sättigungsstromes, während die Neigung jener Geraden gegen die Abszissenachse — bei Wahl gleicher Eichmaßstäbe längs beider Achsen — durch den Ausdruck

$$\frac{3}{4}\frac{q_0}{kT}\sqrt{\frac{q_0}{4\pi\varDelta_0}}\langle\sigma\rangle$$

nach Messung der absoluten Kathodentemperatur T die gesuchte, mittlere Spitzenwirkung $\langle\sigma\rangle$ zu berechnen gestattet.

g) Im üblichen Arbeitsbereiche von Hochvakuum-Elektronenröhren spielt der *Schottky*-Effekt eine nur untergeordnete Rolle. Dagegen greift er in den Mechanismus von Glimm- und Bogenentladungen entscheidend ein: In diesen Strömungen bildet sich in unmittelbarer Nachbarschaft der Kathode eine überaus hohe Feldstärke E_K aus, welche dort in dem sogenannten *Kathodenfall* des elektrischen Skalarpotentiales manifest wird und daher sehr hohe Emissionsstromdichten zu erregen vermag. Ebenso deutet die Phänomenologie der *Elektroluminiszenz* auf die Rolle des *Schottky*-Effektes bei der Anregung der im Leuchtphosphor photoaktiven Ionen hin.

II 12. Das elektrostatische Feld in Metallen.

a) In der *Faraday-Maxwell*schen Elektrodynamik wird das elektrische Verhalten jedes homogenen, isotropen Stoffes durch die gleichzeitigen Angaben seiner [relativen], skalaren *Dielektrizitätskonstanten* ε und seiner ebenfalls skalaren *Leitfähigkeit* $\varkappa$ erschöpfend beschrieben. Insbesondere ist der Vektor E der jeweils wirksamen elektrischen Feldstärke mit dem ebendort auftretenden Vektor j der elektrischen Leitungsstromdichte durch das differentielle *Ohm*sche Gesetz

$$j = \varkappa E \tag{II 12, 1}$$

linear verknüpft; aus ihm findet sich die spezifische Leistung

$$p = (j E) = \varkappa(E)^2, \tag{II 12, 2}$$

welche laut Aussage des *Joule*schen Gesetzes je Raumeinheit des durchströmten Stoffes und je Einheit der laufenden Zeit t in Wärme umgesetzt wird.

Auf den *stationären Zustand* des Systemes spezialisierend, können wir auf Grund der dann vom Induktionsgesetz verbürgten Wirbelfreiheit des elektrischen Feldvektors diesen gewiß als negativen Gradienten eines elektrischen Skalarpotentiales φ darstellen

$$E = -\operatorname{grad} \varphi. \qquad (\text{II } 12,\ 3)$$

Verschärfen wir nun die bisherige Annahme des *stationären* Zustandes zur Voraussetzung eines *elektrostatischen* Feldes, so zieht dessen konservativer Charakter die Forderung

$$p = \varkappa(E)^2 = 0 \qquad (\text{II } 12,\ 4)$$

nach sich, welche folgende *Alternative* enthält:

(1) Ein Feld endlicher Stärke kann nur in *Isolatoren* auftreten:

$$E \neq 0; \qquad \varkappa = 0. \qquad (\text{II } 12,\ 5)$$

(2) Jede, selbst noch so geringfügige elektrische *Leitfähigkeit* führt zur Vernichtung der elektrischen Feldstärke:

$$E = 0; \qquad \varkappa \neq 0, \qquad (\text{II } 12,\ 6)$$

so daß, gemäß (II 12, 3), im Innern jedes Leiters ein ortsunabhängiges Potential herrschen sollte:

$$\varphi = \text{const.} \qquad (\text{II } 12,\ 7)$$

Bezüglich der *Isolatoren* lehrt die Erfahrung die Existenz von Stoffen, welche der Beschreibung (II 12, 5) sehr nahe kommen; insbesondere repräsentiert der *leere Raum* einen allerdings nur ideellen „Stoff" dieser Art. Dagegen sind uns unter den mannigfachen *Leitern* der Elektrizität keine Stoffe bekannt, welche sich in annehmbarer Genauigkeit entsprechend den einfachen Voraussagen (II 12, 6) und (II 12, 7) verhalten, und wir brauchen hier nur auf die Erscheinungen der *Galvani*spannung und der *Volta*spannung hinzuweisen, um uns von dieser Behauptung zu überzeugen: In diesen, für die Elektronik überaus wichtigen Fragen versagt die klassische Elektrostatik; wie hat man deren Aussagen zu korrigieren?

b) Im vorliegenden Abschnitt beschränken wir uns auf das elektrostatische Feld innerhalb eines chemisch reinen Metalles vom Atomgewicht A und der Dichte γ, welchem wir makroskopisch die Gestalt eines rechtkantigen Blockes der Länge a, der Breite b und der Höhe c zuschreiben. Ungeachtet seiner jeweils vorgegebenen Mikrostruktur werden wir diesen Quader fortan mit einem idealen, störungsfreien Einkristall identifizieren, welchen wir überdies modellmäßig durch ein *kubisches Raumgitter* der Konstanten

$$d = \sqrt[3]{\frac{A}{\gamma L}} \qquad (\text{II } 12,\ 8)$$

[L = *Avogadro*sche Zahl] darstellen; mit ihrer Hilfe verschärfen wir die bisher lediglich geometrischen Angaben beziehentlich der Kantenlängen a, b und c zur Voraussetzung je ganzzahliger Verhältnisse

$$\lambda = \frac{a}{d}; \qquad \mu = \frac{b}{d}; \qquad \nu = \frac{c}{d},$$
$$(\text{II } 12,\ 9)$$

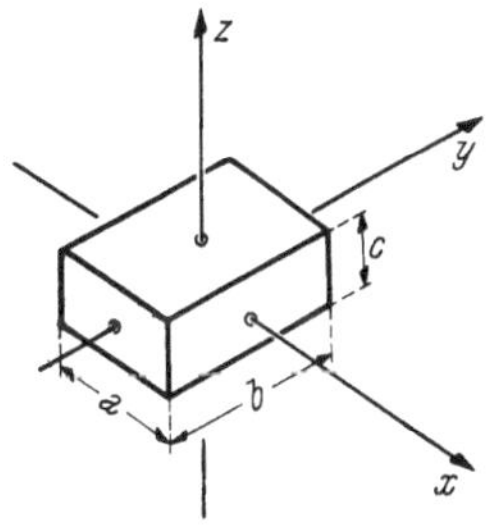

Abb. II 12, 1. Orientierung im Metall.

so daß die Grenzflächen des Metallblockes mit je einer „Gitterebene" des Modellkristalles zusammenfallen.

Innerhalb des Metalles und in dessen Umgebung orientieren wir uns an Hand eines ruhenden Bezugssystemes der *Kartesi*schen Koordinaten (x; y; z), welche beziehentlich den Kanten a, b und c parallel gerichtet seien; sein Ursprung O möge entsprechend Abb. II 12, 1 im Zentrum des Kristalles liegen. Nehmen wir nun

$$\lambda \gg 1; \qquad \mu \gg 1; \qquad \nu \gg 1 \qquad \text{(II 12, 10)}$$

an, so können wir innerhalb des Metallblockes zwei Zonen wesentlich verschiedener physikalischer Eigenschaften unterscheiden:

(1) Das *Zentralgebiet* werde durch die Angaben

$$\left|\frac{x}{d}\right| \ll \frac{1}{2}\lambda; \qquad \left|\frac{y}{d}\right| \ll \frac{1}{2}\mu; \qquad \left|\frac{z}{d}\right| \ll \frac{1}{2}\nu \qquad \text{(II 12, 11)}$$

definiert. In ihm wird der *zeitliche Erwartungswert* des elektrischen Feldes — und nur von diesem kann im Rahmen seiner statischen Auffassung die Rede sein — durch ein bezüglich x, y und z dreifach periodisches, zeitfreies elektrisches Skalarpotential φ je der einheitlichen, primitiven Wellenlänge d beschrieben, welches als *Mikropotential* bezeichnet werden möge; wir können es sonach analytisch bereits durch die abzählbare Gesamtheit seiner dreifach unendlich vielen *Fourier*-Koeffizienten erschöpfend darstellen, welche ihrerseits dem jeweils vorliegenden Metalle — nach dessen „stilisierender" Anpassung an sein kubisches Raumgitter — von der Natur seiner Atome her „eingeprägt" sind und daher das Metall ein für allemal kennzeichnen.

Da das Mikropotential in die *Schrödinger*-Gleichung der Metallelektronen eingeht, regelt es deren Kinetik mittels der Gesamtheit der physikalisch zulässigen Lösungen, deren explizite Kenntnis jedoch für die gegenwärtige Aufgabe entbehrlich ist; sie wird uns in Kapitel III ausführlich beschäftigen. Vielmehr dürfen wir uns hier mit der Angabe eines passend gewählten, räumlichen *Potentialmittelwertes* begnügen, den wir als solchen dem gesamten Zentralgebiet zuschreiben.

(2) Unter den Voraussetzungen (II 12, 10) definieren die Ungleichungen

$$1 \ll \left|\frac{x}{d}\right| \leq \frac{1}{2}\lambda; \qquad 1 \ll \left|\frac{y}{d}\right| \leq \frac{1}{2}\mu; \qquad 1 \ll \left|\frac{z}{d}\right| \leq \frac{1}{2}\nu \qquad \text{(II 12, 12)}$$

das *Randgebiet* des metallischen Blockes. Obwohl auch hier, von Sekundäreffekten abgesehen, das Raumgitter der Atomkerne nicht wesentlich von jenem des Zentralgebietes abweicht, bildet sich doch eine ausgesprochen *unperiodische Verteilung* des elektrischen Skalarpotentiales φ aus; sie offenbart sich in einer meßbaren Differenz des auf den Grenzflächen des Quaders gemittelten Potentiales gegen dessen durchschnittlichen Zentralwert; die Gesamtheit dieser beobachtbaren Potentialdifferenzen mag im funktionalen Begriffe des *Makropotentiales* zusammengefaßt werden.

Wir vereinigen nun die beiden, vordem gedanklich getrennten Gebiete zu einem einheitlichen Bereich, für den wir, in hinreichender Genauigkeit, die Gültigkeit der *Fermi-Sommerfeld*schen Elektronentheorie annehmen. Sei Z die Ordnungszahl der Metallatome im periodischen System der chemischen Elemente, so möge jedes Einzelatom Z' „Leuchtelektronen" $[1 \leq Z' < Z]$ enthalten, welche als solche durch nur relativ schwache Kräfte an den Kern gefesselt sind; sie vermögen sich daher nach dem Zusammentritt der Einzelatome zum Metallverband mit Leichtigkeit je von ihrem Mutteratom zu lösen. Die Gesamtheit der nach diesem Dissoziationsvorgange verbleibenden Atomrümpfe bildet ein Raumgitter positiver Ionen der „eingeprägten" Konzentration

$$N = \frac{L \gamma}{A} \qquad \text{(II 12, 13)}$$

deren jedes die invariante Ladung

$$Q = q_0 \, Z' \qquad \text{(II 12, 14)}$$

beherbergt. Dagegen durchschwärmen die freien Elektronen ihren gesamten Lebensraum innerhalb und außerhalb des Metalles als Gas der Konzentration n, welche sich im allgemeinen von Ort zu Ort ändert; welche Gesetze regeln ihre Verteilung?

Zufolge der Voraussetzung des elektrostatischen Feldes muß innerhalb des Gases der freien Elektronen *statistisches Gleichgewicht* herrschen. Zu der Annahme einer einheitlichen, absoluten Temperatur

$$T = \text{const} \qquad \text{(II 12, 15)}$$

tritt somit die Forderung eines räumlich unveränderlichen *Thermodynamischen Potentiales*

$$\zeta = \zeta(x; y; z) = \zeta_0 = \text{const.} \qquad \text{(II 12, 16)}$$

Durch diesen fundamentalen Satz wird das *elektrische Skalarpotential* φ in Metallen seiner dort klassisch beherrschenden Stellung als Festwert gemäß Gl. (II 12, 7) entkleidet; diese kommt vielmehr dem *Elektrochemischen Potential*

$$\psi(x; y; z) = -\frac{\zeta(x; y; z)}{q_0} = -\frac{\zeta_0}{q_0} = \psi_0 \qquad \text{(II 12, 17)}$$

zu, während das elektrische Skalarpotential als eine vorerst unbekannte Ortsfunktion

$$\varphi = \varphi(x; y; z) \qquad \text{(II 12, 18)}$$

aufzufassen ist.

c) Aus dem Wärmeanteil

$$\zeta_{th} = \zeta_{th}(x; y; z) = \zeta + q_0 \, \varphi = \zeta_0 + q_0 \, \varphi(x; y; z) \qquad \text{(II 12, 19)}$$

des Thermodynamischen Potentiales folgt gemäß der *Fermi*statistik die Gleichgewichtskonzentration n der freien Metallelektronen zu

$$
\begin{aligned}
n &= 2\left(\frac{m_0}{h}\right)^3 \int\limits_{-\infty}^{\infty} \int\limits_{-\infty}^{\infty} \int\limits_{-\infty}^{\infty} \frac{dv_x \, dv_y \, dv_z}{\mathrm{Exp}\left[\dfrac{\dfrac{1}{2} m_0(v_x{}^2 + v_y{}^2 + v_z{}^2) - (\zeta_0 + q_0 \varphi)}{k\,T}\right] + 1} = \\[2ex]
&= 2\left(\frac{m_0}{h}\right)^3 \cdot 4\pi \int\limits_{0}^{\infty} \frac{v^2 \, dv}{\mathrm{Exp}\left[\dfrac{\dfrac{1}{2} m_0 v^2 - (\zeta_0 + q_0 \varphi)}{k\,T}\right] + 1} \cdot \qquad \text{(II 12, 20)}
\end{aligned}
$$

Als *quasineutral* bezeichnen wir jene Gebiete des Metalles, in welchen bei der Mittelung über ein zwar „physikalisch" hinreichend großes, gleichzeitig aber „mathematisch" genügend kleines Raumelement der Erwartungswert der algebraisch aufsummierten elektrischen Ladung verschwindet. Die dort herrschende, „*eingeprägte*" *Konzentration* n_e der freien Elektronen berechnet sich somit aus der Bilanz

$$-q_0 \, n_e + Q \cdot N = 0 \qquad \text{(II 12, 21)}$$

unter Berufung auf (II 12, 13) und (II 12, 14) zu

$$n_e = Z' \cdot \frac{L \cdot \gamma}{A}.$$

(II 12, 22)

Bei allen technisch realisierbaren Temperaturen T fällt nun diese Konzentration so hoch aus, daß sich das Gas der freien Metallelektronen im Zustande starker Entartung befindet. Auf Grund dieses Sachverhaltes gelangen wir zu einer dort gewiß ausreichend genauen Beschreibung des gesuchten elektrostatischen Feldes, indem wir durch den ideellen Prozeß

$$T \to + 0$$

(II 12, 23)

zum *vollständig entarteten* Elektronengas übergehen. Obwohl dieses Gedankenexperiment vermöge seiner Bindung an den hohen Wert (II 12, 22) der eingeprägten Elektronenkonzentration zunächst auf die quasineutralen Gebiete des Metalles beschränkt ist, werden wir es fortan auf den gesamten vorgegebenen Block anwenden. Aus (II 12, 20) folgt dann, daß keines der freien Metallelektronen die Grenzgeschwindigkeit

$$v_{gr} = \sqrt{2 \frac{\zeta_0 + q_0\, \varphi}{m_0}}$$

(II 12, 24)

überschreiten kann; dort reduziert sich somit (II 12, 20) auf die Angabe

$$n = 2 \left(\frac{m_0}{h}\right)^3 \cdot 4\,\pi \cdot \int_0^{v_{gr}} v^2\, dv = \frac{8\,\pi}{3} \left(\frac{m_0}{h}\right)^3 \left[2 \frac{\zeta_0 + q_0\, \varphi}{m_0}\right]^{3/2}.$$

(II 12, 25)

Da nun entweder im Thermodynamischen Potential ζ oder im elektrischen Skalarpotential φ eine additive Konstante physikalisch belanglos bleibt, dürfen wir fortan ohne Beschränkung der Allgemeinheit

$$\zeta_0 = 0$$

(II 12, 26)

setzen. Zufolge dieser Übereinkunft vereinfacht sich (II 12, 25) zu der Relation

$$n = \frac{8\,\pi}{3} \left(\frac{m_0}{h}\right)^3 \left[2 \frac{q_0}{m_0}\, \varphi\right]^{3/2}$$

(II 12, 27)

mit deren Hilfe wir der eingeprägten Elektronenkonzentration n_e das *eingeprägte, elektrische Potential* φ_e zuordnen:

$$n_e = \frac{8\,\pi}{3} \cdot \left(\frac{m_0}{h}\right)^3 \left[2 \frac{q_0}{m_0}\, \varphi_e\right]^{3/2} = \frac{\pi}{3} \left[8 \frac{m_0\, q_0}{h^2}\, \varphi_e\right]^{3/2}; \qquad \varphi_e = \frac{1}{8} \frac{h^2}{m_0\, q_0} \left[\frac{3}{\pi}\, n_e\right]^{2/3}.$$

(II 12, 28)

Führen wir also n_e und φ_e beziehentlich als „natürliche Einheiten" der Konzentration und des elektrischen Potentiales im Metalle ein, so lassen sich die Gleichungen (II 12, 27) und (II 12, 28) zu den dimensionsfreien Aussagen

$$\frac{n}{n_e} = \left[\frac{\varphi}{\varphi_e}\right]^{3/2}; \qquad \frac{\varphi}{\varphi_e} = \left[\frac{n}{n_e}\right]^{2/3}$$

(II 12, 29)

nach Abb. II 12, 2 zusammenfassen, welche als solche *einheitlich für alle Metalle* gelten.

d) Aus der Raumladungsdichte

$$\varrho_+ = N \cdot Q = n_e\, q_0$$

(II 12, 30)

der unbeweglichen, positiven Ionen und der Raumladungsdichte

$$\varrho_- = -\,n\,q_0 \qquad\qquad (II\ 12,\ 31)$$

der freien Metallelektronen resultiert die „makroskopische" Raumladungsdichte

$$\varrho = \varrho_+ + \varrho_- = N\,Q - n\,q_0 = (n_e - n)\,q_0. \qquad (II\ 12,\ 32)$$

Bezeichnen wir durch $\varDelta_0$ die sogenannte absolute Dielektrizitätskonstante des leeren Raumes und durch ε die relative Dielektrizitätskonstante des Metalles, so unterliegt das elektrische Skalarpotential φ der *Poisson*schen Gleichung

$$\nabla^2\varphi = -\,\frac{\varrho}{\varDelta_0\varepsilon}\,. \qquad (II\ 12,\ 33)$$

Stellen wir nun der in (II 12, 28) definierten Potentialeinheit φ_e durch die Definition

$$L_e{}^2 = \frac{\varDelta_0 \cdot \varepsilon \cdot \varphi_e}{2\,q_0\,n_e} \qquad (II\ 12,\ 34)$$

das Quadrat der natürlichen Längeneinheit L_e im Kristall zur Seite, so geht (II 12, 33) mit Rücksicht auf (II 12, 32) in die dimensionsfreie Gestalt

$$L_e{}^2\,\nabla^2\left(\frac{\varphi}{\varphi_e}\right) = \frac{1}{2}\left[\frac{n}{n_e} - 1\right] \qquad (II\ 12,\ 35)$$

über.

e) Mittels des Grenzprozesses

$$\lambda \to \infty; \qquad \mu \to \infty; \qquad \nu \to \infty \qquad (II\ 12,\ 36)$$

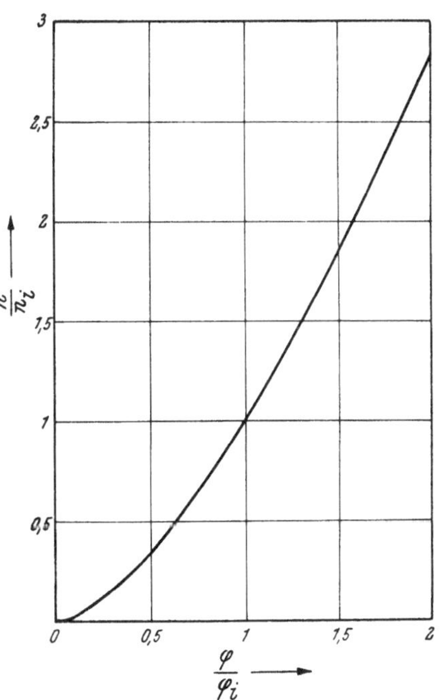

Abb. II 12, 2. Dimensionsfreie Relation zwischen Konzentration und Potential.

gelangen wir zu einem ideellen, allseitig unbegrenzten Metallblock, welcher längs der Ebene $z = 0$ durchschnitten werde. Denken wir uns jetzt den Halbkörper $z < 0$ beseitigt, so reduziert sich das zu bestimmende Potentialfeld auf das Gebiet $z > 0$.

Der Einfachheit halber beschränken wir uns weiterhin auf ebene Felder, welche als solche nur von der z-Koordinate abhängen. Nach Einführung der dimensionsfreien, „numerischen" Koordinate

$$\zeta = \frac{z}{L_e} \qquad\qquad (II\ 12,\ 37)$$

und des gleichfalls dimensionsfreien, „numerischen" Potentiales

$$\varPhi = \frac{\varphi}{\varphi_e} \qquad\qquad (II\ 12,\ 38)$$

verwandelt sich dann (II 12, 35) in die gewöhnliche Differentialgleichung zweiter Ordnung

$$\frac{d^2\Phi}{d\zeta^2} = \frac{1}{2}\left[\frac{n}{n_e} - 1\right], \qquad\qquad \text{(II 12, 39)}$$

bei deren Lösung wir *drei Fälle* zu unterscheiden haben:

1. Im Kontrollgebiet herrscht *Elektronenüberschuß*

$$\frac{n}{n_e} > 1. \qquad\qquad \text{(II 12, 40)}$$

2. Im Kontrollgebiet herrscht *Elektronenmangel*

$$0 < \frac{n}{n_e} < 1. \qquad\qquad \text{(II 12, 41)}$$

3. Die freien Elektronen sind aus dem Kontrollgebiet *völlig verdrängt* worden

$$\frac{n}{n_e} = 0. \qquad\qquad \text{(II 12, 42)}$$

Ungeachtet der unterschiedlichen Voraussetzungen (II 12, 40) und (II 12, 41) resultiert in beiden Fällen aus (II 12, 39) mit Rücksicht auf (II 12, 29) und (II 12, 38) für Φ die gleiche, nichtlineare Differentialgleichung

$$\frac{d^2\Phi}{d\zeta^2} = \frac{1}{2}\left[\Phi^{3/2} - 1\right], \qquad\qquad \text{(II 12, 43)}$$

während im Falle (II 12, 42) das numerische Potential Φ der linearen Differentialgleichung

$$\frac{d^2\Phi}{d\zeta^2} = -\frac{1}{2} \qquad\qquad \text{(II 12, 44)}$$

unterliegt.

Die Behandlung der Gl. (II 12, 44) zurückstellend, ergänzen wir (II 12, 43) durch Angabe der *Randbedingungen*

$$\lim_{\Phi \to 1} \frac{d\Phi}{d\zeta} = 0 \qquad\qquad \text{(II 12, 45)}$$

und

$$\lim_{\zeta \to 0} \Phi = \Phi_0 = \left[\frac{n_0}{n_e}\right]^{2/3} > 0 \qquad\qquad \text{(II 12, 46)}$$

in deren letztgenannter also

$$n_0 = \lim_{\zeta \to 0} n \qquad\qquad \text{(II 12, 47)}$$

den Grenzwert der freien Elektronenkonzentration n an der „Front" $\zeta = 0$ des Kristalles angibt, falls man sich dieser von *innen* her nähert.

Mit Benutzung der Identität

$$\frac{d^2\Phi}{d\zeta^2} = \frac{d\Phi}{d}\left[\frac{1}{2}\Phi'^2\right]; \qquad \Phi' = \frac{d\Phi}{d\zeta} \qquad\qquad \text{(II 12, 48)}$$

liefert (II 12, 43) unter Berufung auf (II 12, 45) durch einmalige Integration

$$\Phi'^2 = \frac{3}{5} + \frac{2}{5}\Phi^{5/2} - \Phi = f(\Phi). \qquad\qquad \text{(II 12, 49)}$$

Von nun an gabelt sich der Gedankengang:

1. Im Gebiete des Elektronenüberschusses $n/n_e > 1$ gilt gemäß (II 12, 29) und (II 12, 38) auch $\Phi > 1$, so daß dort nach Ausweis der Abb. II 12, 3 die in (II 12, 49) definierte Funktion $f(\Phi)$ mit wachsendem numerischem Potential Φ monoton ansteigt. Im Verein mit (II 12, 45) schließen wir hieraus, daß das numerische Potential Φ von seinem Randwerte $\Phi_0 = \Phi_{\zeta=0} > 1$ an nach dem Metallinnern zu monoton absinkt: Aus (II 12, 49) finden wir nach Trennung der Veränderlichen das Integral

$$\zeta = \int\limits_{\Phi}^{\Phi_0} \frac{\mathrm{d}\bar{\Phi}}{\sqrt{\dfrac{3}{5} + \dfrac{2}{5}\bar{\Phi}^{5/2} - \bar{\Phi}}}, \qquad \text{(II 12, 50)}$$

welches auf Grund numerischer Berechnung in Abb. II 12, 4 für unterschiedliche Randwerte Φ_0 graphisch dargestellt ist; in jedem Falle nähert es sich von $\Phi > 1$ her dem Grenzwerte

$$\lim_{\zeta \to 0} \Phi = 1, \qquad \text{(II 12, 51)}$$

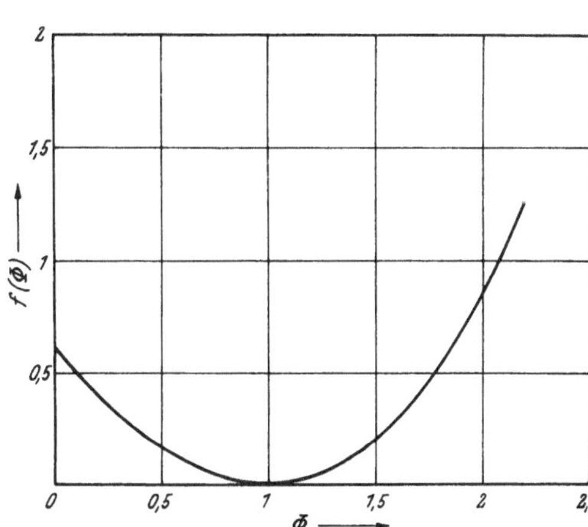

Abb. II 12, 3. Die Funktion $f(\Phi)$ nach Gl. (II 12, 49.).

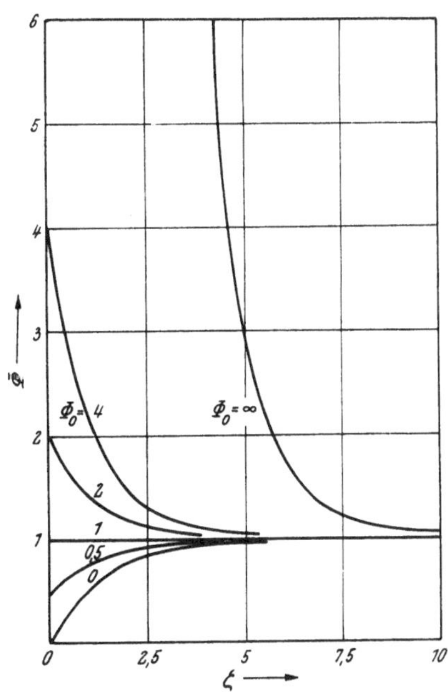

Abb. II 12, 4. Räumlicher Verlauf des Potentials bei unterschiedlichen Randwerten.

so daß ebendort der Kristall quasineutral ist.

2. Im Gebiete $0 < n/n_e < 1$ des Elektronenmangels unterliegt auch das numerische Potential Φ der Ungleichung $0 < \Phi < 1$, so daß wir an Hand der Abb. II 12, 3 abermals auf den gleichzeitig positiv-definiten Wert der Funktion $f(\Phi)$ nach (II 12, 49) schließen; unter erneuter Berufung auf (II 12, 45) finden wir nunmehr, daß Φ gegen das Innere des Metalles hin monoton ansteigt, so daß aus (II 12, 49) das Integral

$$\zeta = \int\limits_{\Phi_0}^{\Phi} \frac{\mathrm{d}\bar{\Phi}}{\sqrt{\dfrac{3}{5} + \dfrac{2}{5}\bar{\Phi}^{2/5} - \bar{\Phi}}} \qquad \text{(II 12, 52)}$$

resultiert. Seine numerische Berechnung für eine Reihe unterschiedlich vorgegebener Randwerte $0 < \Phi_0 < 1$ liefert Abb. II 12, 4; wiederum erweist sich das Metall für $\zeta \to \infty$ als quasineutral.

Sowohl im Falle des Überschusses freier Elektronen im Metalle wie deren Mangels fällt der Randwert Φ_0 des numerischen Potentiales positiv aus. Um daher im Metalle elektrostatische Felder der Eigenschaft $\Phi_0 < 0$ realisieren zu können, haben wir eine *Randschicht* der vorerst noch unbekannten [numerischen] Wandstärke δ zuzulassen, welche von freien Elektronen völlig entblößt ist. Für das numerische Potential des Bereiches $0 \leq \zeta \leq \delta$ ist daher die Differentialgleichung (II 12, 44) zuständig, während das Feld in $\zeta \geq \delta$ nach wie vor der Differentialgleichung (II 12, 43) unterliegt. Gemäß (II 12, 29) konvergiert nun Φ in $\zeta > \delta$ für $\zeta \to \delta$ gegen Null; daher findet man den räumlichen Verlauf des numerischen Potentiales aus (II 12, 52), indem man $\Phi_0 = 0$ setzt und überdies den Ursprung des Bezugssystemes um δ verschiebt:

$$\zeta = \delta + \int_0^{\Phi} \frac{d\bar{\Phi}}{\sqrt{\dfrac{3}{5} + \dfrac{2}{5}\,\bar{\Phi}^{5/2} - \bar{\Phi}}}\,,$$

$$\text{(II 12, 53)}$$

Für $\zeta \to \delta$ konvergiert somit der Gradient $d\Phi/d\zeta$ gegen den Grenzwert

$$\lim_{\zeta \to \delta} \frac{d\Phi}{d\zeta} = \sqrt{\frac{3}{5}}\,.$$

$$\text{(II 12, 54)}$$

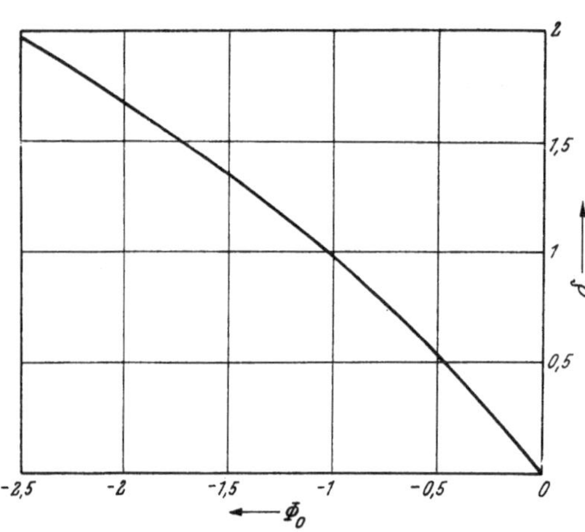

Abb. II 12, 5. Randwert des Potentials und Stärke der Randschicht der Elektronenleere.

In der Ebene $\zeta = \delta$ muß nun sowohl das in $\zeta \leq \delta$ herrschende numerische Potential Φ wie auch dessen Gradient $d\Phi/d\zeta$ stetig in die entsprechenden Größen des Bereiches $\zeta \geq \delta$ übergehen. Wir genügen dieser Forderung durch das auf die Randschicht $0 \leq \zeta \leq \delta$ zu beschränkende Integral

$$\Phi = -\frac{1}{4}(\delta - \zeta)^2 - \sqrt{\frac{3}{5}}(\delta - \zeta) \qquad \text{(II 12, 55)}$$

der Differentialgleichung (II 12, 44), welchem wir den Randwert

$$\Phi_0 = -\frac{1}{4}\delta^2 - \sqrt{\frac{3}{5}}\,\delta < 0 \qquad \text{(II 12, 56)}$$

des numerischen Potentiales entnehmen; ist dieses vorgegeben, so ergibt sich umgekehrt aus (II 12, 56) die numerische Wandstärke

$$\delta = 2\sqrt{\frac{3}{5}}\left[\sqrt{1 - \frac{5}{3}\Phi_0} - 1\right] > 0 \qquad \text{(II 12, 57)}$$

entsprechend Abb. II 12, 5.

Aus (II 12, 55) bilden wir den Gradienten

$$\frac{d\Phi}{d\zeta} = \frac{1}{2}(\delta - \zeta) + \sqrt{\frac{3}{5}} \qquad \text{(II 12, 58)}$$

welcher an der Front $\zeta = 0$ des Kristalles den Wert

$$\left[\frac{\mathrm{d}\Phi}{\mathrm{d}\zeta}\right]_0 = \frac{1}{2}\delta + \sqrt{\frac{3}{5}} = \sqrt{\frac{3}{5} - \Phi_0} > \sqrt{\frac{3}{5}} \qquad \text{(II 12, 59)}$$

annimmt.

f) Um uns mit dem quantitativen Inhalt der vorstehenden Überlegungen vertraut zu machen, mögen die in sie eingehenden, „natürlichen" Einheiten für chemisch reines Kupfer [$A = 63{,}8$; $\gamma = 8{,}8 \cdot 10^3$ kg/m³] berechnet werden: Aus (II 12, 8) folgt

$$d = $$

$$= \sqrt[3]{\frac{63{,}8}{8{,}8 \cdot 10^3 \, 0{,}602 \cdot 10^{27}}} =$$

$$= 2{,}28 \cdot 10^{-10}\,\text{m},$$

so daß gemäß (II 12, 13)

$$\frac{1}{d^3} = N =$$

$$= \frac{0{,}602 \cdot 10^{27} \cdot 8{,}8 \cdot 10^3}{63{,}8} =$$

$$= 0{,}083 \cdot 10^{30}\,\text{m}^{-3}$$

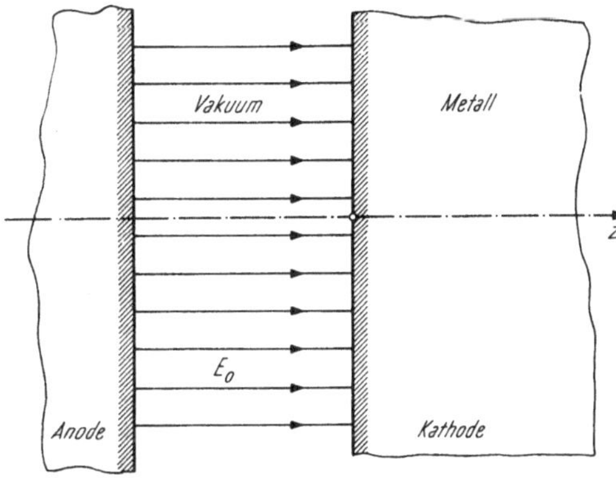

Abb. II 12, 6. Orientierung im Zweielektronensystem.

die eingeprägte Konzentration der positiven Ionen mißt; sie gleicht jener der freien Elektronen [$n_e = N$], falls der Einfachheit halber $Z' = 1$ angenommen wird. Aus (II 12, 28) resultiert dann für die Potentialeinheit φ_e der Wert

$$\varphi_e = \frac{6{,}63^2 \cdot 10^{-68}}{8 \cdot 9{,}1 \cdot 10^{-31} \cdot 1{,}60 \cdot 10^{-19}}\left(\frac{3}{\pi} \cdot 0{,}083 \cdot 10^{30}\right)^{2/3} = 6{,}18\,\text{V}.$$

Mit der allerdings nicht willkürfreien Annahme $\varepsilon = 1$ ergibt sich schließlich aus (II 12, 34) das Quadrat

$$L_e^2 = \frac{1 \cdot 6{,}18}{4\,\pi \cdot 9 \cdot 10^9 \cdot 2 \cdot 1{,}60 \cdot 10^{-19} \cdot 0{,}083 \cdot 10^{30}} = 0{,}206 \cdot 10^{-20}\,\text{m}^2.$$

der natürlichen Längeneinheit, so daß diese selbst zu

$$L_e = 0{,}455 \cdot 10^{-10}\,\text{m} = 0{,}2\,d$$

gefunden wird.

g) Die Grenzfläche $\zeta = 0$ des den Halbraum $\zeta > 0$ erfüllenden Metalles bilde die negative Elektrode eines Systemes zweier planparalleler Platten nach Abb. II 12, 6, zwischen denen ein homogenes elektrisches Feld der Stärke E_0 ausgespannt sei. Messen wir diese in der „natürlichen" Einheit

$$E_e = \frac{\Phi_e}{L_e}, \qquad \text{(II 12, 60)}$$

welche als „eingeprägte" Feldstärke bezeichnet werden mag, so unterliegt die dielektrische Induktion an der Grenze des Metalles gegen das Vakuum der *Stetigkeitsbedingung*

$$-\varDelta_0\,\varepsilon \lim_{\zeta \to 0}\frac{\mathrm{d}\Phi}{\mathrm{d}\zeta} = -\varDelta_0\,\varepsilon\,\frac{L_e}{\Phi_0}\lim_{z \to 0}\frac{\mathrm{d}\varphi}{\mathrm{d}z} = \varDelta_0 \cdot \frac{E_0}{E_e}. \qquad \text{(II 12, 61)}$$

Aus ihr ergibt sich mit Rücksicht auf (II 12, 49) für das numerische Randpotential $\Phi_0 > 1$ die Gleichung

$$\sqrt{\frac{3}{5} + \frac{2}{5} \, \Phi_0{}^{5/2}} - \Phi_0 = \frac{1}{\varepsilon} \frac{E_0}{E_e} \, . \qquad \text{(II 12, 62)}$$

Nach Ausweis der Abb. II 12, 7 nimmt also sowohl das numerische Randpotential Φ_0 selbst wie auch die mit ihm durch

$$n_0 = \lim_{\zeta \to 0} n = n_e \, \Phi_0{}^{3/2} \qquad \text{(II 12, 63)}$$

verknüpfte Randkonzentration der freien Metallelektronen mit steigendem

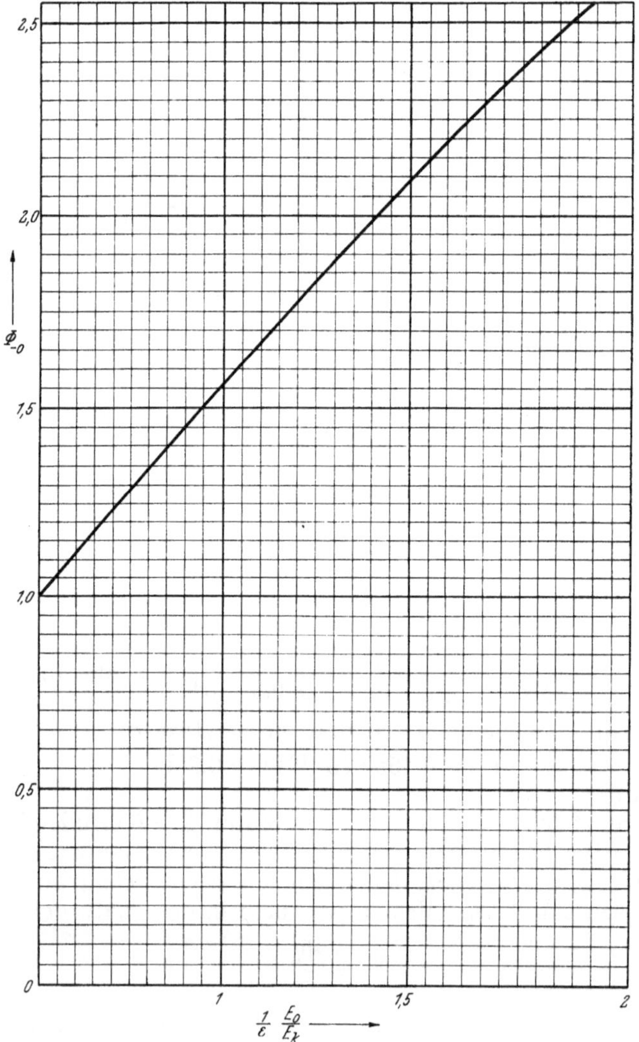

Abb. II 12, 7. Das Randpotential als Funktion der Feldstärke.

Betrage des Feldstärkenverhältnisses E_0/E_e monoton zu. Die hierdurch verursachte Ortsbeschränkung jedes Einzelelektrons zieht nun, im Einklang mit den *Heisenberg*schen Ungenauigkeitsrelationen, eine mit wachsender Randfeldstärke E_0 immer krasser ausgeprägte „Platzangst" nach sich, welche sich gemäß (II 12, 24), (II 12, 26) und (II 12, 38) in der *Grenzgeschwindigkeit*

$$\lim_{z \to 0} v_{gr} = \sqrt{2\,\frac{q_0}{m_0}\,\varphi_0} = \sqrt{2\,\frac{q_0}{m_0}\,\varphi_e}\,\sqrt{\varPhi_0} \qquad \text{(II 12, 64)}$$

der unmittelbar an der Front $z = 0$ des Metalles befindlichen, freien Elektronen kinematisch offenbart. Sei daher U_K die in Elektronenvolt gemessene *Austrittsarbeit* der Elektronen aus ihrem Wirtsmetall, so beschreibt die Ungleichung

$$\frac{1}{2}\,m_0\,v_{gr}^2 \gtrless q_0\,U_K \qquad \text{(II 12, 65)}$$

die *Feldemission* jener „Frontelektronen". Da sie entsprechend (II 12, 64) beim numerischen Randpotential

$$\varPhi_0 = \frac{U_K}{\varphi_e} \qquad \text{(II 12, 66)}$$

einsetzt, definiert die hiermit aus (II 12, 62) hervorgehende Relation

$$E_{kr} = [E_0]_{\varPhi_0 = \frac{U_K}{\varphi_e}} = \varepsilon\,E_e\,\sqrt{\frac{3}{5} + \frac{2}{5}\left(\frac{U_K}{\varphi_e}\right)^{5/2} - \frac{U_K}{\varphi_e}} \qquad \text{(II 12, 67)}$$

die *Anfangsfeldstärke* E_{kr} *des Vakuumdurchschlages*; im Rahmen der Elektrostatik der Metalle bedarf daher diese Erscheinung zu ihrer Erklärung nicht des wellenmechanischen Tunneleffektes durch einen klassisch undurchdringlichen Potentialwall, sondern folgt zwanglos aus der Integration der *Poisson*schen Differentialgleichung in Verbindung mit der *Fermi-Dirac*schen Statistik der Metallelektronen. Sei etwa $U_K/\varphi_e = 1{,}5$, so erhält man mit den früher angegebenen Zahlenwerten für Kupfer die Anfangsfeldstärke

$$E_{kr} = 1\,\frac{6{,}18}{0{,}455 \cdot 10^{-10}}\,\sqrt{\frac{3}{5} + \frac{2}{5} \cdot (1{,}5)^{5/2} - 1{,}5} = 6 \cdot 10^{10}\,\frac{V}{m}$$

Man beobachtet Emissionsfeldstärken der Größenordnung 10^9 V/m; der Unterschied gegen den theoretisch gefundenen Wert erklärt sich unschwer aus der technologisch kaum vermeidbaren mikroskopischen Spitzenwirkung auf der Oberfläche des emittierenden Metalles.

II 13. Grundgesetze der Sekundärelektronenemission aus Metallen.

a) Wir richten einen Strom von Elektronen gegebener, nach Größe und Richtung einheitlicher Geschwindigkeit gegen die ebene Grenzfläche eines Metalles. Die Erfahrung zeigt, daß dann in der Regel diese Grenzfläche ihrerseits Elektronen zu emittieren beginnt, welche wir als „*Sekundärelektronen*" von den einfallenden „*Primärelektronen*" unterscheiden. Allerdings dürfen wir dieser Klassifizierung nur eine vorwiegend terminologische Bedeutung zuerkennen; denn es ist durchaus möglich, daß tatsächlich die Sekundärelektronen mit Primärelektronen identisch sind, wie folgende innermetallische Prozesse zeigen:

1. Das Primärelektron wird durch die Kräfte der positiven Metallionen oder der sogenannten freien Metallelektronen derart umgelenkt, daß es das Metall auf der Einfallsseite wieder verläßt.

2. Das Primärelektron wird zwar im Metall bis nahe zum Stillstand abgebremst, durch die dann einsetzende Rückdiffusion jedoch wieder an die Grenze des Metalles transportiert und dort emittiert.

Im Lichte dieser Erscheinungen ist nur der Überschuß der emittierten Elektronen über die vorgenannten Rückläufer als „wahre" Sekundäremission zu bezeichnen. Da jedoch die Elektronen nicht individualisierbar sind, kennt man keine Methoden, die es gestatten würden, die Genetik jedes der emittierten Elektronen festzustellen.

Indem wir uns hiernach mit der früher genannten, summarischen Kennzeichnung der Elektronen zu begnügen haben, definieren wir den Sekundäremissionsfaktor σ des Metalles als das Verhältnis der je Zeiteinheit die Grenzfläche des Metalles verlassenden Elektronen zur Zahl der während der nämlichen Zeitspanne dort einfallenden Elektronen; gesucht wird die Abhängigkeit des Faktors σ von den kinetischen Eigenschaften der Primärelektronen einerseits und von den physikalischen Daten des Metalles andererseits.

b) Bei der Analyse des Emissionsvorganges orientieren wir uns an Hand eines *Kartesi*schen Bezugssystemes (x; y; z), in welchem der Halbraum $x > 0$ von dem Metall eingenommen werde. Die Primärelektronen mögen entsprechend Abb. II 13, 1 vom Halbraume $x < 0$ her unter dem Winkel $\alpha < \pi/2$ gegen die normal zur Grenzfläche des Metalles weisende, negative x-Achse mit der Geschwindigkeit v_0 einfallen.

Wir stellen uns zunächst, ungeachtet aller grundsätzlichen Bedenken, auf den Boden der *Newton*schen Korpuskularmechanik. Es ist dann gestattet, das jeweils kontrollierte Elektron gedanklich bei seinem Eindringen in das Metall zu begleiten, ohne den Kontakt mit ihm zu verlieren: An seinem Einfallspunkte in das Metall beginnend, messen wir durch s den Elektronenweg längs der sich entwickelnden Bahnkurve, während v(s) den absoluten Betrag der Elektronengeschwindigkeit am Orte s bezeichne;

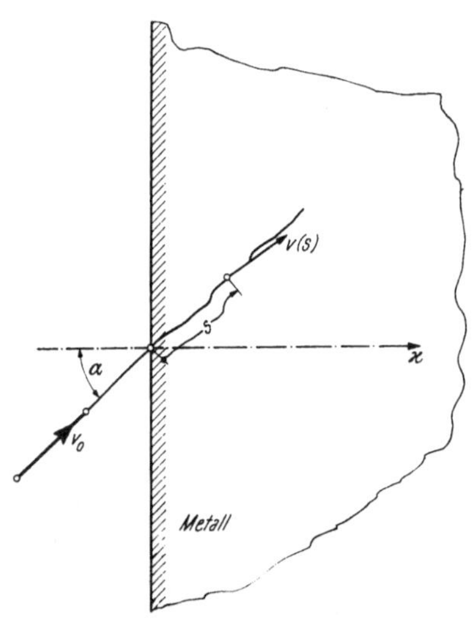

Abb. II 13, 1. Zur Kinematik der Primärelektronen.

dort kommt also dem Elektron die kinetische Energie

$$\frac{1}{2} m_0 [v(s)]^2 = \eta_{kin}(s) \qquad (II\ 13,\ 1)$$

zu, welche mittels der Relation

$$\eta_{kin}(s) = q_0\, U(s) \qquad (II\ 13,\ 2)$$

auf die äquivalente „Voltenergie" umgerechnet werden kann.

Während nun das kontrollierte, „aktive" Elektron auf seiner Bahn $s > 0$ fortschreitet, verringert sich seine kinetische Energie von ihrem Anfangswert [*im* Metall!]

$$\eta_0 = \eta_{kin}(0) = \frac{1}{2} m_0\, v_0{}^2 = q_0\, U_0 \qquad (II\ 13,\ 3)$$

auf den Wert η_{kin} (s) $< \eta_0$ durch die Wechselwirkung des einfallenden Elektrons mit den „passiven" Elektrizitätsträgern des Metalles, unter welchen den sogenannten freien Elektronen die entscheidende Rolle zufällt; welches Gesetz regelt diesen dynamischen Prozeß?

c) Wir beschäftigen uns zunächst mit dem Energieaustausch zwischen einem aktiven Elektron der bekannten Einfallsgeschwindigkeit v_0 und nur einem, anfangs gemäß Abb. II 13,2 im vorgegebenen Abstande δ von der Einfallsgeraden im sonst leeren Raume ruhenden, passiven Elektron.

Zur Lösung dieser Aufgabe begeben wir uns mittels einer passenden *Galilei*-Transformation vorübergehend in den *Schwerpunkt* O der mit einander agierenden Elektronen, welche hierdurch relativ zu unserem neuen Standpunkt zu kinematisch völlig gleichberechtigten Partnern werden. In ihrer gemeinsamen, invariablen Bahnebene möge die Lage des tatsächlich passiven Elektrons zum Zeitpunkte t entsprechend Abb. II 13,3 durch seine *Zentraldistanz* r und sein Azimut a beschrieben werden, so daß wir ebendann das aktive Elektron am „konjugierten" Orte (r; $a + \pi$) antreffen werden [Definition des Schwerpunktes!]; daher dürfen wir uns bei der kommenden Analyse der resultierenden Bewegung auf die Bahn etwa des passiven Elektrons allein beschränken.

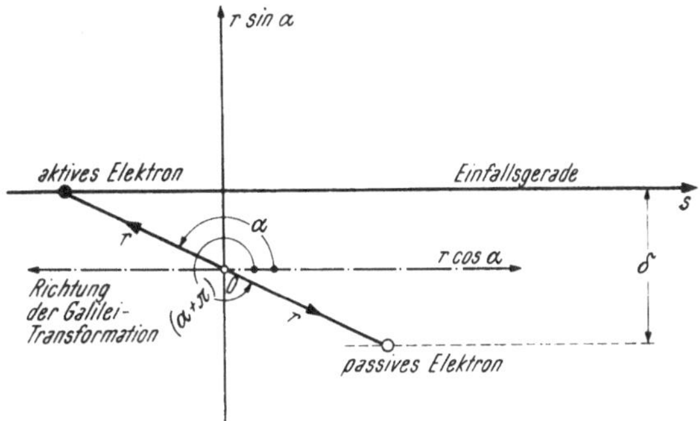

Abb. II 13, 2. Lokalisierung der Elektronen relativ zu ihrem Schwerpunkt.

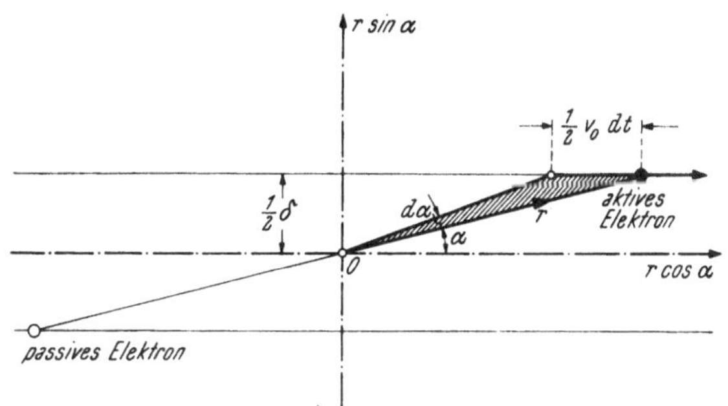

Abb. II 13, 3. Ermittlung der Flächenkonstante der KEPLER-Bewegung.

Da die potentielle, elektrische Wechselwirkungsenergie der beiden Elektronen durch

$$W_{Pot} = \frac{q_0{}^2}{4\,\pi\,\varDelta_0(2\,r)} \qquad (II\ 13,\ 4)$$

dargestellt wird, schildert

$$L = 2\frac{m_0}{2}\left(\dot{r}^2 + r^2\,\dot{a}^2\right) - \frac{q_0{}^2}{4\,\pi\,\varDelta_0(2\,r)} \qquad (II\ 13,\ 5)$$

die *Lagrange*sche Funktion des mechanischen Zweikörper-Systemes. Im Einklang mit dem in ihrem Bau zum Ausdruck kommenden Charakter des Azimutes a als *verborgener Koordinate* oder, einfacher gesagt, mit Rücksicht auf die aus (II 13, 4) hervorgehende Natur der *Coulomb*schen Abstoßung zwischen den beiden Elektronen als *Zentralkraft* gehorcht die gesuchte Bahn dem *Flächensatz*

$$r^2 \, \dot{a} = \text{const.} \qquad\qquad \text{(II 13, 6)}$$

Da nun relativ zum Schwerpunkt O den beiden Elektronen je der gleiche, absolute Betrag

$$v_0{}' = \frac{1}{2} v_0 \qquad\qquad \text{(II 13, 7)}$$

ihrer Anfangsgeschwindigkeit zukommt, entnimmt man aus Abb. II 13, 3 sogleich die *Flächenkonstante*

$$r^2 \, \dot{a} = \lim_{r \to \infty} (r^2 \, \dot{a}) = \frac{v_0 \, \delta}{4}. \qquad\qquad \text{(II 13, 8)}$$

Mit Rücksicht auf (II 13, 4) und (II 13, 7) lautet nun das *Energieintegral* der Bewegungsgleichungen

$$2 \frac{m_0}{2} (\dot{r}^2 + r^2 \cdot \dot{a}^2) + \frac{q_0{}^2}{4 \, \pi \, \varDelta_0 (2 \, r)} = 2 \frac{m_0}{2} \left(\frac{v_0}{2}\right)^2. \qquad\qquad \text{(II 13, 9)}$$

Es liefert mit Hilfe der Relation

$$\dot{r} = \frac{dr}{dt} = \frac{dr}{da} \cdot \frac{da}{dt} = \dot{a} \frac{dr}{da} \qquad\qquad \text{(II 13, 10)}$$

im Verein mit den Angaben (II 13, 3) und (II 13, 8) die Differentialgleichung

$$\left(\frac{dr}{da}\right)^2 \cdot \frac{\delta^2}{4 \, r^4} + \frac{\delta^2}{4 \, r^2} + \frac{q_0{}^2}{4 \, \pi \, \varDelta_0 \, r \, \eta_0} = 1 \qquad\qquad \text{(II 13, 11)}$$

der gesuchten Elektronenbahn; nach Substitution der dimensionsfreien Veränderlichen

$$p = \frac{\delta}{2 \, r} \qquad\qquad \text{(II 13, 12)}$$

geht (II 13, 11) in die Differentialgleichung

$$\left(\frac{dp}{da}\right)^2 + p^2 + 2 \frac{q_0{}^2}{4 \, \pi \, \varDelta_0 \, \delta \eta_0} \, p = 1 \qquad\qquad \text{(II 13, 13)}$$

über, welche nach Trennung ihrer Variabeln — bei passender Verfügung über die Integrationskonstante — durch

$$a = \arcsin \frac{p + \dfrac{q_0{}^2}{4 \, \pi \, \varDelta_0 \, \delta \eta_0}}{\sqrt{1 + \left(\dfrac{q_0{}^2}{4 \, \pi \, \varDelta_0 \, \delta \eta_0}\right)^2}} \qquad\qquad \text{(II 13, 14)}$$

gelöst wird. Vermittels (II 13, 12) zur Zentraldistanz r des passiven Elektrons vom Schwerpunkt O zurückkehrend, gelangen wir also in der Angabe

$$r = \frac{\dfrac{1}{2} \delta}{-\dfrac{q_0{}^2}{4 \, \pi \, \varDelta_0 \, \delta \eta_0} + \sin a \sqrt{1 + \left(\dfrac{q_0{}^2}{4 \, \pi \, \varDelta_0 \, \delta \, \eta_0}\right)^2}} \qquad\qquad \text{(II 13, 15)}$$

zur Kenntnis seiner Bahn, welche wir durch die konjugierte Bahn des aktiven Elektrons zu dem in Abb. II 13, 4 dargestellten *Hyperbelpaar* ergänzen; die Elektronen können sich demnach einander nur bis auf den *relativen Mindestabstand*

$$\frac{2\,r_{min}}{\delta} = \left[\frac{2\,r}{\delta}\right]_{a=\frac{\pi}{2}} = \frac{1}{-\dfrac{q_0{}^2}{4\,\pi\,\varDelta_0\,\delta\eta_0} + \sqrt{1 + \left(\dfrac{q_0{}^2}{4\,\pi\,\varDelta_0\,\delta\eta_0}\right)^2}} > 1 \qquad \text{(II 13, 16)}$$

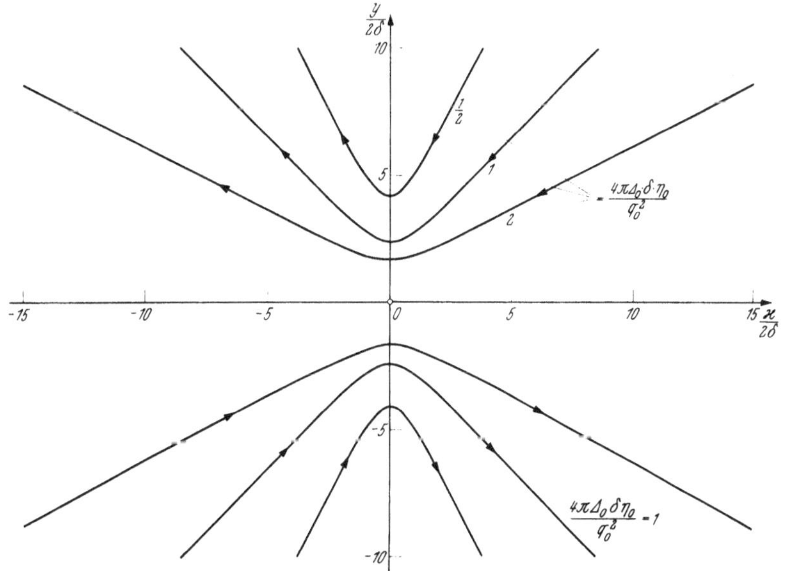

Abb. II 13, 4. *Kepler*sche Hyperbelbahnen der miteinander agierenden Elektronen.

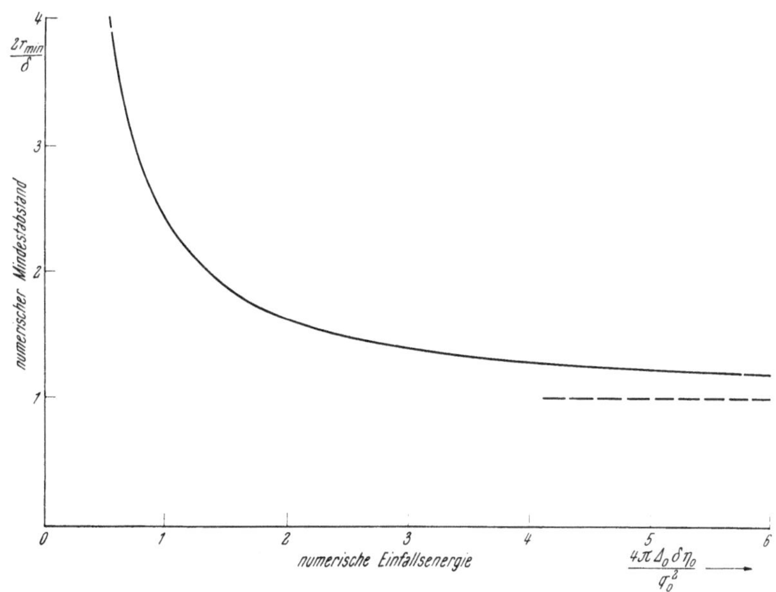

Abb. II 13, 5. Mindestabstand der einander begegnenden Elektronen als Funktion
der Einfallsenergie des Primärelektrons.

nähern [Abb. II 13, 5] und erleiden bei ihrer Begegnung je die *Winkelablenkung*

$$\beta = 2 \arcsin \frac{\dfrac{q_0{}^2}{4\,\pi\,\varDelta_0\,\delta\eta_0}}{\sqrt{1 + \left(\dfrac{q_0{}^2}{4\,\pi\,\varDelta_0\,\delta\eta_0}\right)^2}} \qquad \text{(II 13, 17)}$$

[Abb. II 13, 6] ihrer relativ zum Schwerpunkt gemessenen Anfangsbahn. Das passive Elektron fliegt dann also mit der Geschwindigkeit

$$v_\parallel{}' = \frac{1}{2}\,v_0 \cos\beta = \frac{1}{2}\,v_0\, \frac{1 - \left(\dfrac{q_0{}^2}{4\,\pi\,\varDelta_0\,\delta\eta_0}\right)^2}{1 + \left(\dfrac{q_0{}^2}{4\,\pi\,\varDelta_0\,\delta\eta_0}\right)^2} \qquad \text{(II 13, 18)}$$

antiparallel zur Einfallsrichtung des aktiven Elektrons und entfernt sich

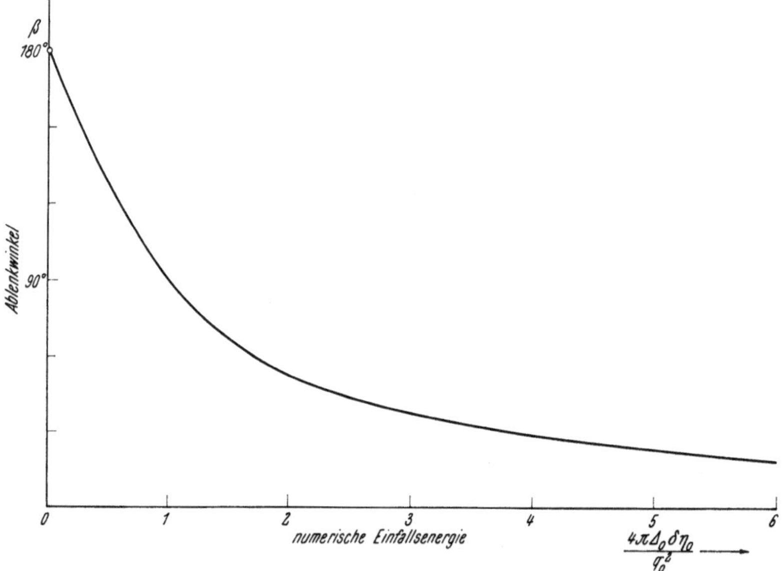

Abb. II 13, 6. Winkelablenkung bei der Begegnung zweier Elektronen als Funktion der Einfallsenergie des Primärelektrons.

zugleich von dieser Geraden mit der senkrecht zu ihr weisenden Geschwindigkeit

$$v_\perp{}' = \frac{1}{2}\,v_0 \sin\beta = v_0\, \frac{\dfrac{q_0}{4\,\pi\,\varDelta_0\,\delta\eta_0}}{1 + \left(\dfrac{q_0{}^2}{4\,\pi\,\varDelta_0\,\delta\eta_0}\right)^2}\,. \qquad \text{(II 13, 19)}$$

Um jetzt zu dem ursprünglichen, im Metall verankerten Bezugssystem zurückzukehren, heben wir die früher bewerkstelligte *Galilei*-Transformation wieder auf, indem wir dem Schwerpunkt O der miteinander agierenden Elektronen relativ zum Metall die gleichförmige Geschwindigkeit $\frac{1}{2}\,v_0$ in der Einfallsrichtung des aktiven Elektrons erteilen. Durch diesen kinematischen Prozeß erhöht sich die in der gleichen Richtung liegende Kom-

ponente der Geschwindigkeit des passiven Elektrons von ihrem „Relativ-
wert" (II 13, 18) auf den „Absolutwert"

$$v_\parallel = \frac{1}{2}\, v_0 - v_\parallel' = v_0\, \frac{\left(\dfrac{q_0{}^2}{4\,\pi\,\varDelta_0\,\delta\eta_0}\right)^{\!2}}{1 + \left(\dfrac{q_0{}^2}{4\,\pi\,\varDelta_0\,\delta\eta_0}\right)^{\!2}},\qquad \text{(II 13, 20)}$$

während die „relative" Geschwindigkeitskomponente $v_\perp'$ nach Gl. (II 13, 19)
unverändert in die „absolute" Komponente $v_\perp$ der Geschwindigkeit übergeht:

$$v_\perp = v_\perp'. \qquad \text{(II 13, 21)}$$

Durch das einfallende Elektron wird sonach das passive Elektron von
seinem ursprünglichen Ruheplatz im Metall mit der aus $v_\parallel$ und $v_\perp$ resultierenden Geschwindigkeit v des quadratischen Betrages

$$v^2 = v_\parallel{}^2 + v_\perp{}^2 = v_0{}^2\, \frac{\left(\dfrac{q_0{}^2}{4\,\pi\,\varDelta_0\,\delta\eta_0}\right)^{\!2}}{1 + \left(\dfrac{q_0{}^2}{4\,\pi\,\varDelta_0\,\delta\eta_0}\right)^{\!2}} \qquad \text{(II 13, 22)}$$

vertrieben, so daß es [Erhaltung der Gesamtenergie η_0 beider Elektronen!]
dem einfallenden Elektron die Energie

$$\varDelta\eta = \frac{1}{2}\, m_0\, v^2 = \eta_0\, \frac{\left(\dfrac{q_0{}^2}{4\,\pi\,\varDelta_0\,\delta\eta_0}\right)^{\!2}}{1 + \left(\dfrac{q_0{}^2}{4\,\pi\,\varDelta_0\,\delta\eta_0}\right)^{\!2}} = \frac{\eta_0}{1 + \left(\dfrac{4\,\pi\,\varDelta_0\,\eta_0}{q_0{}^2}\right)^{\!2}\delta^2} \qquad \text{(II 13, 23)}$$

entzieht.

d) Statt nur eines einzelnen, passiven Elektrons enthält das Metall
gemäß Gl. (II 13, 22) deren

$$n_e = Z' \cdot \frac{L \cdot \gamma}{A} \qquad \text{(II 13, 24)}$$

je Raumeinheit; wie hat man das Ergebnis (II 13, 23) dieser Sachlage anzupassen?

Wir richten unsere Aufmerksamkeit auf ein hinreichend kurzes Element
$\varDelta s$ der Bahn des einfallenden Elektrons, dessen kinetische Energie somit
von seinem Anfangswert η_0 zufolge der Wechselwirkung mit den bereits
hinter ihm liegenden Metallelektronen bis auf den vorerst allerdings noch
unbekannten Wert $\eta_{\mathrm{kin}}(s)$ abgesunken ist. Nun konstruieren wir den in $\varDelta s$
zentrierten Hohlzylinder vom Innenhalbmesser δ und von der infinitesimal
dünnen Wandstärke $d\delta$, welches also

$$dn = n_e\, \varDelta s \cdot 2\,\pi\,\delta \cdot d\delta \qquad \text{(II 13, 25)}$$

freier Metallelektronen beherbergt; jedes von ihnen spielt zwar die Rolle
eines „passiven" Elektrons, welches jedoch nur noch dem Angriff des „ge-
schwächten" aktiven Elektrons der „lokalen" Energie $\eta_{\mathrm{kin}}(s) < \eta_0$ ausgesetzt ist. Indem wir daher in (II 13, 23) η_0 durch $\eta_{\mathrm{kin}}(s)$ ersetzen und den
auf die Qualität der Energie als Bewegungsenergie hinweisenden Index der
Kürze halber fortan unterdrücken, resultiert für die Energie $d\varDelta\,\eta_s$, welche
auf die Gruppe (II 13, 25) der freien Metallelektronen übertragen wird, die
Angabe

$$\mathrm{d}\varDelta\eta_{\mathrm{s}} = \mathrm{n}_{\mathrm{e}} \cdot \varDelta\mathrm{s} \frac{\eta(\mathrm{s})}{1 + \left[\dfrac{4\,\pi\,\varDelta_0\eta(\mathrm{s})}{\mathrm{q}_0{}^2}\right]^2 \cdot \delta^2} \cdot 2\,\pi\,\delta\,\mathrm{d}\delta. \qquad \text{(II 13, 26)}$$

Um von ihr zur Kenntnis der Energie $\varDelta\eta_{\mathrm{s}}$ zu gelangen, welche auf die Gesamtheit aller Metallelektronen des Bahnelementes $\varDelta\mathrm{s}$ entfällt, hätte man nun über die Zylinderhalbmesser $\delta \geqq 0$ zu integrieren; hierbei aber ereignet sich eine „mathematische Katastrophe": Das Integral

$$\int\limits_0^\infty \frac{2\delta\,\mathrm{d}\delta}{1 + \left[\dfrac{4\,\pi\,\varDelta_0\eta(\mathrm{s})}{\mathrm{q}_0{}^2}\right]^2 \delta^2} = \left[\frac{\mathrm{q}_0{}^2}{4\,\pi\,\varDelta_0\eta(\mathrm{s})}\right]^2 \ln\left\{1 + \left[\frac{4\,\pi\,\varDelta_0\eta(\mathrm{s})}{\mathrm{q}_0{}^2}\right]^2 \delta^2\right\}\Bigg|_0^\infty$$

$$\text{(II 13, 27)}$$

divergiert! Im Lichte dieses Ergebnisses sollte man meinen, daß das einfallende Elektron sogleich im Metalle stecken bleibt — in striktem Gegensatz zur experimentellen Erfahrung.

e) Da die zu (II 13, 27) führende mathematische Deduktion als solche unanfechtbar ist, haben wir den Grund des offensichtlichen Fehlschlusses in einer mangelhaften physikalischen Konzeption des untersuchten Vorganges zu suchen. In der Tat haben wir der potentiellen Wechselwirkungsenergie (II 13, 4) zwischen den miteinander agierenden Elektronen deren elektrostatisches Feld im Vakuum unterlegt, während in Wahrheit ein elektrodynamisches Feld vorliegt, das überdies durch die im Metall sich ausbildenden elektrischen Raumladungen deformiert wird. Indem wir uns jedoch fortan auf Einfallsgeschwindigkeiten beschränken, deren absoluter Betrag klein gegen die Ausbreitungsgeschwindigkeit des Lichtes im Vakuum bleibt, dürfen wir das tatsächlich elektrodynamische Feld durch ein quasistatisches ersetzen, das als solches in jedem Zeitpunkt durch die elektrische Ladungsverteilung allein vollständig bestimmt wird. Um es aufzufinden, greifen wir auf die Elektrostatik der Metalle [Ziffer II, 12] zurück: Durch n die jeweils auftretende Konzentration der freien Elektronen in einem Metall der relativen Dielektrizitätskonstanten ε bezeichnend, entnehmen wir dem genannten Abschnitt die partielle Differentialgleichung (II 12, 33) des elektrischen Skalarpotentiales φ

$$\nabla^2\varphi = \frac{\mathrm{q}_0\mathrm{n}_{\mathrm{e}}}{\varDelta_0\,\varepsilon}\left[\frac{\mathrm{n}}{\mathrm{n}_{\mathrm{e}}} - 1\right] = \frac{\mathrm{q}_0\mathrm{n}_{\mathrm{e}}}{\varDelta_0\,\varepsilon}\left[\left(\frac{\varphi}{\varphi_{\mathrm{e}}}\right)^{3/2} - 1\right], \qquad \text{(II 13, 28)}$$

so daß das Potential

$$\varphi = \varphi_{\mathrm{e}} = \frac{1}{8}\frac{\mathrm{h}^2}{\mathrm{m}_0\,\mathrm{q}_0}\left[\frac{3}{\pi}\,\mathrm{n}_{\mathrm{e}}\right]^{2/3} \qquad \text{(II 13, 29)}$$

[vergleiche Gl. (II 12, 28)] die quasineutralen Gebiete des Metalles definiert. Wir nehmen nun an, daß das einfallende Elektron den durch (II 13, 29) gekennzeichneten Zustand des statistischen Raumladungsgleichgewichtes nur um das Maß $\delta\varphi$ vom absoluten Betrage

$$|\delta\varphi| \ll \varphi_{\mathrm{e}} \qquad \text{(II 13, 30)}$$

zu stören vermag, so daß dann im Metalle das Potential

$$\varphi = \varphi_{\mathrm{e}} + \delta\varphi \qquad \text{(II 13, 31)}$$

resultiert; mittels der binomischen Entwicklung

$$\left(\frac{\varphi}{\varphi_{\mathrm{e}}}\right)^{3/2} = \left(1 + \frac{\delta\varphi}{\varphi_{\mathrm{e}}}\right)^{3/2} = 1 + \frac{3}{2}\frac{\delta\varphi}{\varphi_{\mathrm{e}}} + \dots \qquad \text{(II 13, 32)}$$

entsteht dann aus (II 13, 28), falls unter Berufung auf (II 13, 30) nur die in (II 13, 32) explizit angeschriebenen Glieder beibehalten werden, mit Benutzung der durch (II 12, 34) definierten Längeneinheit L_e, für die Potentialstörung $\delta\varphi$ die lineare Differentialgleichung

$$\nabla^2 \delta\varphi = \frac{q_0 n_e}{\Delta_0 \varepsilon} \cdot \frac{3}{q} \frac{\delta\varphi}{\varphi_e} = \frac{3}{4} \frac{\delta\varphi}{L_e^2}. \qquad (II\ 13,\ 33)$$

Sei ϱ der Abstand eines im Metall gelegenen Aufpunktes vom jeweiligen Ort des einfallenden Elektrons, so bildet die Funktion

$$\delta\varphi = -\frac{q_0}{4\pi\,\Delta_0\,\varepsilon\,\varrho}\,e^{-\frac{\sqrt{3}}{2}\frac{\varrho}{L_e}} \qquad (II\ 13,\ 34)$$

ein kugelsymmetrisches Partikularintegral der Gl. (II 13, 33): Es schildert die Potentialstörung, welche das einfallende Elektron in einem allerdings nur ideellen, nach allen Seiten unbegrenzten Metallkörper hervorrufen würde; nichtsdestoweniger werden wir Gl. (II 13, 34) fortan auch für die Potentialstörung in dem tatsächlich eben begrenzten Metallkörper als näherungsweise gültig ansehen, indem wir die lediglich nahe der Grenzebene auftretenden Oberflächenerscheinungen geflissentlich außer acht lassen. In der hierdurch angezeigten Genauigkeit wird somit die quasistatische Wechselwirkungsenergie W_{Pot} zwischen dem einfallenden Elektron und einem im Abstande ϱ von ihm befindlichen Metallelektron durch den Ausdruck

$$W_{Pot} = \frac{q_0^2}{4\pi\,\Delta_0\,\varepsilon\,\varrho}\,e^{-\frac{\sqrt{3}}{2}\frac{\varrho}{L_e}} \qquad (II\ 13,\ 35)$$

gemessen. In dem früher benutzten, im Schwerpunkt O beider Elektronen zentrierten Bezugssystem der ebenen Polarkoordinaten $(r; a)$ lautet somit die *Lagrange*sche Funktion des Elektronenpaares

$$L = m_0(\dot{r}^2 + r^2\,\dot{a}^2) - \frac{q_0^2}{4\pi\,\Delta_0\,\varepsilon(2\,r)}\,e^{-\sqrt{3}\cdot\frac{r}{L_e}}. \qquad (II\ 13,\ 36)$$

Da in ihr das Azimut a nicht explizit auftritt, unterliegt die relativ zum Schwerpunkt beobachtete Bewegung wiederum dem Flächenintegral (II 13, 6) mit der durch (II 13, 8) bestimmten Flächenkonstanten, während das Energieintegral (II 13, 9) nunmehr durch die Bilanz

$$m_0(\dot{r}^2 + r^2\,\dot{a}^2) + \frac{q_0^2}{4\pi\,\Delta_0\,\varepsilon(2\,r)}\,e^{-\sqrt{3}\frac{r}{L_e}} = m_0\frac{v_0^2}{4} \qquad (II\ 13,\ 37)$$

zu ersetzen ist; sie führt, nach Elimination der Winkelgeschwindigkeit $\dot{a}$ mittels (II 13, 8), an Hand der Angabe (II 13, 3) mit Rücksicht auf den Zusammenhang (II 13, 10) auf die Differentialgleichung

$$\left(\frac{dr}{da}\right)^2 \cdot \frac{\delta^2}{4\,r^4} + \frac{\delta^2}{4\,r^2} + \frac{q_0^2}{4\pi\,\Delta_0\,\varepsilon\,r\,\eta_0}\,e^{-\sqrt{3}\frac{r}{L_e}} = 1 \qquad (II\ 13,\ 38)$$

der konjugierten Elektronenbahnen, welche nach Substitution der dimensionsfreien Veränderlichen $p = \delta/2\,r$ in

$$\left(\frac{dp}{da}\right)^2 + p^2 + 2\frac{q_0^2}{4\pi\,\Delta_0\,\varepsilon\,\delta\eta_0} \cdot p \cdot e^{-\frac{\sqrt{3}}{2}\frac{\delta}{L_e}\cdot\frac{1}{p}} = 1 \qquad (II\ 13,\ 39)$$

übergeht. Hieraus ergibt sich an Hand der kinematischen Bedingung $(dp/da) = 0$ für das Verhältnis des kleinsten Abstandes $(2\,r_{min})$ der miteinander agierenden Elektronen zur Distanz δ oder, mit anderen Worten, für den Maximalwert

$$p_{max} = \frac{\delta}{2\,r_{min}} \qquad (II\ 13,\ 40)$$

die transzendente Gleichung

$$p_{max}^2 + 2\,\frac{q_0{}^2}{4\,\pi\,\varDelta_0\cdot\varepsilon\cdot\delta\cdot\eta_0}\,p_{max}\,e^{-\frac{\sqrt{3}}{2}\frac{\delta}{L_e}\frac{1}{p_{max}}} = 1, \qquad (II\ 13,\ 41)$$

welche nach dem Muster der Abb. II 13, 7 unschwer graphisch gelöst werden kann. Dem etwa auf diesem Wege ermittelten Kleinstabstand der Elektronen das Azimut $a = \pi/2$ zuordnend, gewinnen wir dann aus (II 13, 39) die Integraldarstellung

$$\frac{\pi}{2} - a = \pm \int\limits_{\bar{p}=p}^{p_{max}} \frac{d\bar{p}}{\sqrt{1 - \left(\bar{p}^2 + 2\,\dfrac{q_0{}^2}{4\,\pi\,\varDelta_0\cdot\varepsilon\cdot\delta\cdot\eta_0}\,\bar{p}\,e^{-\frac{\sqrt{3}}{2}\frac{\delta}{L_e}\frac{1}{\bar{p}}}\right)}} \ ; \qquad a \lessgtr \frac{\pi}{2}$$

$$(II\ 13,\ 42)$$

der *Bahngleichung*, so daß der *Ablenkwinkel* β durch

$$\beta = \pi - 2 \int\limits_{0}^{p_{max}} \frac{dp}{\sqrt{1 - \left(p^2 + 2\,\dfrac{q_0{}^2}{4\,\pi\,\varDelta_0\,\varepsilon\cdot\delta\cdot\eta_0}\,p\,e^{-\frac{\sqrt{3}}{2}\frac{\delta}{L_e}\frac{1}{p}}\right)}} \qquad (II\ 13,\ 43)$$

gemessen wird.

f) Obgleich die Angaben (II 13, 41) und (II 13, 43) grundsätzlich die Berechnung der auf das passive Elektron übertragenen Energie $\varDelta\eta$ ermöglichen, sind sie doch praktisch zu diesem Zwecke wenig geeignet, weil sich weder die Lösung der transzendenten Gleichung für p_{max} noch das für β maßgebende Integral (II 13, 43) mittels bekannter Funktionen geschlossen ausdrücken lassen. Solange wir uns also keiner maschinellen Rechenmethoden bedienen wollen, haben wir nach einem passenden Näherungsverfahren Ausschau zu halten.

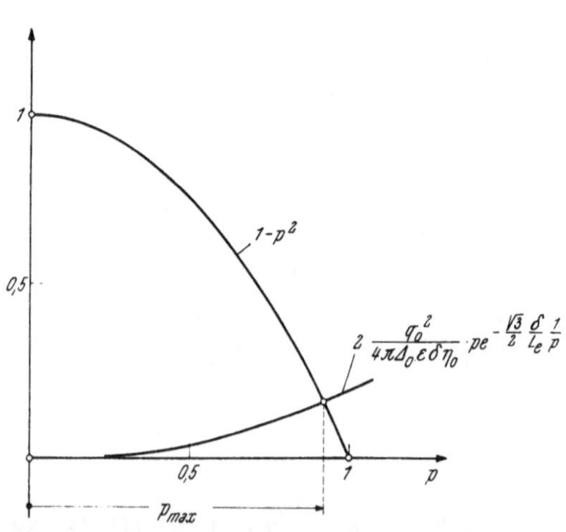

Abb. II 13. 7. Lösung der transzendenten Gleichung (II 13, 41).

Wir beschränken uns vorerst auf Elektronenbahnen der kinematischen Eigenschaft

$$\frac{\delta}{L_e} \gg 1. \qquad (II\ 13,\ 44)$$

Da dann zufolge (II 13, 41) p_{max} sicher nahe der Einheit liegt, finden wir in ausreichender Näherung

$$p_{max} = 1 - \frac{q_0{}^2}{4\,\pi\,\varDelta_0\cdot\varepsilon\cdot\delta\cdot\eta_0}\,e^{-\frac{\sqrt{3}}{2}\frac{\delta}{L_e}}. \qquad \text{(II 13, 45)}$$

Zu dem in (II 13, 43) auftretenden Integral zurückkehrend, substituieren wir mittels

$$p = \frac{p_{max}}{\cosh\gamma} \qquad \text{(II 13, 46)}$$

anstelle von p die Veränderliche γ und erhalten mit Rücksicht auf (II 13, 41), zunächst noch in voller Strenge,

$$\int\limits_0^{p_{max}} \ldots \mathrm{d}p = p_{max}\cdot \qquad \text{(II 13, 47)}$$

$$\cdot\int\limits_0^{\infty} \frac{\text{tgh}\,\gamma\,\mathrm{d}\gamma}{\sqrt{\sinh^2\gamma + 2\dfrac{q_0{}^2}{4\,\pi\,\varDelta_0\,\varepsilon\cdot\delta\cdot\eta_0}\cdot p_{max}\left[e^{-\frac{\sqrt{3}}{2}\frac{\delta}{L_e}\frac{1}{p_{max}}} - e^{-\frac{\sqrt{3}}{2}\frac{\delta}{L_e}\frac{\cosh\gamma}{p_{max}}}\cdot\cosh\gamma\right]}}$$

so daß ersichtlich der Hauptbeitrag zu dem gesuchten Integrale von dem Bereiche $0 \leqq \gamma \ll 1$ geliefert wird. Dort nun gilt die Entwicklung

$$e^{-\frac{\sqrt{3}}{2}\frac{\delta}{L_e}\frac{1}{p_{max}}} - e^{-\frac{\sqrt{3}}{2}\frac{\delta}{L_e}\frac{\cosh\gamma}{p_{max}}}\cdot\cosh\gamma =$$

$$= e^{-\frac{\sqrt{3}}{2}\frac{\delta}{L_e}\frac{1}{p_{max}}}\left[1-\left(1-\frac{\sqrt{3}}{4}\frac{\delta}{L_e}\frac{\gamma^2}{p_{max}}+\ldots\right)\left(1+\frac{\gamma^2}{2}+\ldots\right)\right]=$$

$$= e^{-\frac{\sqrt{3}}{2}\frac{\delta}{L_e}\frac{1}{p_{max}}}\left[\frac{\sqrt{3}}{4}\frac{\delta}{L_e}\frac{1}{p_{max}}-\frac{1}{2}\right]\gamma^2+\ldots. \qquad \text{(II 13, 48)}$$

In ihr dürfen wir auf Grund der Voraussetzung (II 13, 44) den Subtrahenden $(\tfrac{1}{2})$ gegen den Posten $(\sqrt{3}/4\cdot\delta\,L_e\cdot 1/p_{max})$ vernachlässigen sowie p_{max} mit der Einheit vertauschen. Ersetzen wir schließlich γ^2 durch $\sinh^2\gamma$, so gelangen wir von (II 13, 47) mit Hilfe der Formel

$$\int\limits_0^{\infty} \frac{\mathrm{d}\gamma}{\cosh\gamma} = \frac{\pi}{2} \qquad \text{(II 13, 49)}$$

für den Ablenkwinkel β zu der Abschätzung

$$\beta = \pi\left[1-\frac{1}{\sqrt{1+2\dfrac{q_0{}^2}{4\,\pi\,\varDelta_0\,\varepsilon\,L_e\,\eta_0}\dfrac{\sqrt{3}}{4}\,e^{-\frac{\sqrt{3}}{2}\frac{\delta}{L_e}}}}\right] \approx$$

$$\approx \frac{q_0{}^2}{4\,\pi\,\varDelta_0\,\varepsilon\,L_e\,\eta_0}\cdot\frac{\pi\sqrt{3}}{4}\cdot e^{-\frac{\sqrt{3}}{2}\frac{\delta}{L_e}} \qquad \text{(II 13, 50)}$$

Wegen $\beta \ll \pi/2$ bewegt sich also — im „Schwerpunktssysteme" $(r; a)$ — das passive Elektron nach dem Vorübergang des aktiven Elektrons mit der Geschwindigkeit

$$v_{\parallel}{}' = \frac{v_0}{2}\cos\beta \approx \frac{v_0}{2}\left[1-\frac{\beta^2}{2}\right] \qquad \text{(II 13, 51)}$$

antiparallel zu dessen Einfallsgeraden, senkrecht zu dieser jedoch mit der Geschwindigkeit

$$v_\perp' = \frac{v_0}{2} \sin \beta \approx \frac{v_0}{2}\,\beta. \qquad \text{(II 13, 52)}$$

Relativ zum metallfesten Bezugssystem wird hiernach das passive Elektron von seinem ursprünglichen Ruheplatz mit der nur sehr kleinen Geschwindigkeit

$$v_\| = \frac{v_0}{2} - v_\|' = \frac{v_0}{2}\,\frac{\beta^2}{2} \qquad \text{(II 13, 53)}$$

parallel der Einfallsgeraden des aktiven Elektrons vertrieben, senkrecht zu dieser Richtung jedoch mit der Geschwindigkeit

$$v_\perp = v_\perp' = \frac{v_0}{2}\,\beta, \qquad \text{(II 13, 54)}$$

so daß es dem einfallenden Elektron die Energie

$$\Delta\eta = \frac{m_0}{2}\,[v_\|{}^2 + v_\perp{}^2] \approx \frac{m_0}{2}\,v_\perp{}^2 = \eta_0 \cdot \frac{\beta^2}{4} = \frac{1}{\eta_0}\left[\frac{q_0{}^2}{4\,\pi\,\varDelta_0\,\varepsilon\,L_e}\right]^2 \cdot \frac{3\,\pi^2}{64}\,e^{-\sqrt{3}\,\frac{\delta}{L_e}}$$

$$\text{(II 13, 55)}$$

entzieht. Nachdem das einfallende Elektron also im Metall schon den Weg s zurückgelegt hat, wobei sich ja seine kinetische Energie von η_0 auf $\eta(s)$ verringerte, verliert es längs des anschließenden Bahnelementes $\varDelta s$ an die Gesamtheit der $[n_e \cdot \varDelta s \cdot 2\,\pi\,\delta \cdot d\delta]$ freien Metallelektronen des Hohlzylinders der Radien $(\delta; \delta + d\delta)$ den Energiebetrag

$$d\varDelta\eta_s = n_e\,\varDelta s \cdot \frac{1}{\eta(s)}\left[\frac{q_0{}^2}{4\,\pi\,\varDelta_0\,\varepsilon\,L_e}\right]^2 \cdot \frac{3\,\pi^2}{64}\,e^{-\sqrt{3}\,\frac{\delta}{L_e}} \cdot 2\,\pi\,\delta \cdot d\delta. \qquad \text{(II 13, 56)}$$

Da er seinem funktionellen Bau nach für $\delta \to 0$ verschwindet, dürfen wir die Relation (II 13, 56) bei der Integration über die Umgebung der Einfallsbahn ungeachtet der früher ausgesprochenen Beschränkung (II 13, 44) bis zum zentral gelegenen Bahnelement selbst extrapolieren und gelangen hierdurch zu der Angabe

$$\text{Zahlentafel 6.} \qquad 1 - \left(\frac{W}{W_0}\right)^2 = \frac{x}{x_{\text{grenz}}}$$

W/W_0	$(W/W_0)^2$	x/x_{grenz}	W/W_0	$(W/W_0)^2$	x/x_{grenz}
0	0	1,000			
0,1	0,01	0,99	0,6	0,36	0,64
0,2	0,04	0,96	0,7	0,49	0,51
0,3	0,09	0,91	0,8	0,64	0,36
0,4	0,16	0,84	0,9	0,81	0,19
0,5	0,25	0,75	1	1	0,00

$$\varDelta\eta_s = \int\limits_{\delta=0}^{\infty} d\varDelta\eta_s = \frac{1}{2}\,\frac{a}{\eta(s)} \cdot \varDelta s \qquad \text{(II 13, 57)}$$

in welcher abkürzend die *Metallkonstante*

$$a = n_e \left[\frac{q_0{}^2}{4\,\pi\,\varDelta_0\,\varepsilon\,L_e}\right]^2 \cdot \frac{3\,\pi^3}{16} \cdot \int_0^\infty e^{-\sqrt[3]{3}\,\frac{\delta}{L_e}} \cdot \delta \cdot d\delta = n_e \cdot \frac{\pi^3}{16} \cdot \left[\frac{q_0{}^2}{4\,\pi\,\varDelta_0\,\varepsilon}\right]^2$$

$$(\text{II } 13,\ 58)$$

von der physikalischen Dimension einer *quadratischen Energie je Längeneinheit* eingeführt wurde.

g) Aus der Relation (II 13, 57) folgt für die kinetische Energie $\eta(s)$ des einfallenden Elektrons die Differentialgleichung

$$-\frac{d\eta(s)}{ds} = \lim_{\varDelta s \to 0} \frac{\varDelta\eta_s}{\varDelta s} = \frac{1}{2}\frac{a}{\eta(s)},$$

$$(\text{II } 13,\ 59)$$

welcher wir auf Grund der Anfangsbedingung $\eta(0) = \eta_0 = q\,U_0$ das Gesetz

$$\eta_0{}^2 - \eta^2(s) = a \cdot s \qquad (\text{II } 13,\ 60)$$

der *Energieabnahme* entnehmen, es wird nach *Whiddington* benannt, der es aus *Messungen* erschloß. Die kinetische Energie des Primärelektrons erschöpft sich also nach Durchlaufen der *Reichweite*

$$s_{max} = \frac{\eta_0{}^2}{a} = \frac{16}{\pi^3}\frac{1}{n_e}\left[\frac{4\,\pi\,\varDelta_0\,\varepsilon}{q_0{}^2}\right]^2 \eta_0{}^2$$

$$(\text{II } 13,\ 61)$$

mit deren Kenntnis man dem *Whiddington*schen Gesetz die dimensionsfreie Gestalt

$$\eta(s) = \eta_0 \sqrt{1 - \frac{s}{s_{max}}}$$

$$(\text{II } 13,\ 62)$$

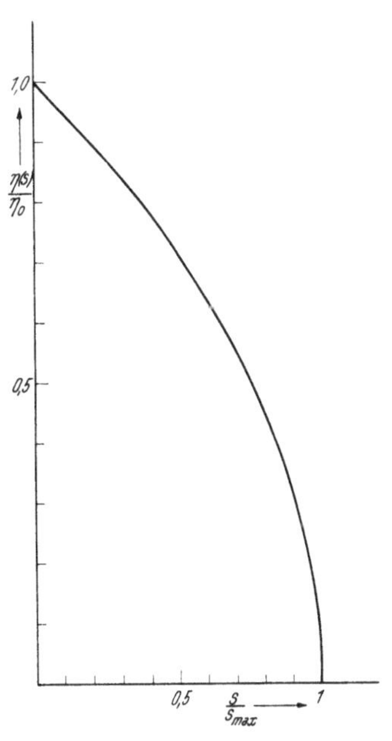

Abb. II 13, 8. *Whiddingtonsches Gesetz.*

[Abb. II 13, 8] verleihen kann.

Bei dem Vergleich der theoretischen Voraussagen mit der Erfahrung muß man allerdings von vornherein auf beträchtliche Unterschiede gefaßt sein. Denn von der Seite der Theorie her beruhen die vorstehenden Angaben nicht allein auf einem zweifellos zu einfachen Modell des Metalles, sondern auch die mathematische Behandlung der Aufgabe verdient nur den Rang einer Abschätzung; und ebenso müssen wir vor einer Überbewertung der Meßergebnisse warnen, in welche ja die äußerst schwer bestimmbare Bogenlänge s der regellos gekrümmten Bahn entscheidend eingreift.

h) Wir wenden uns jetzt der *Aktivierung der Sekundärelektronen* im Innern des Metalles zu, welche wir gedanklich in zwei, wesentlich voneinander unabhängige Teilprozesse zerlegen:

1. Zufolge der Energieabgabe des einfallenden Primärelektrons an die freien Metallelektronen werden deren $\varDelta N$ längs des Bahnelementes $\varDelta s$ in den „*emissionsfähigen Zustand*" versetzt: Bezeichnen wir durch U_K die in Elektronenvolt gemessene *Austrittsarbeit* des jeweils beaufschlagten Metalles und lassen alle Prozesse des internen Energieaustausches allein zwischen

den freien Metallelektronen bewußt außer Betracht, so wird deren Emissionsfähigkeit durch die Ungleichung

$$\Delta\eta > q_0\,U_K \qquad\qquad (II\ 13,\ 63)$$

garantiert. Im Lichte der Angabe (II 13, 55) ist jedoch diese Bedingung
für die Metallelektronen des „Fernbereiches" (II 13, 44) nicht erfüllbar,
so daß wir weiterhin nur diejenigen unter den freien Metallelektronen in
Betracht zu ziehen haben, welche sich ursprünglich in engster Nachbarschaft
der „aktivierenden" Bahn des Primärelektrons aufhielten; für die auf
jedes von diesen übertragene Energie $\Delta\eta$ aber ist nunmehr Gl. (II 13, 23)

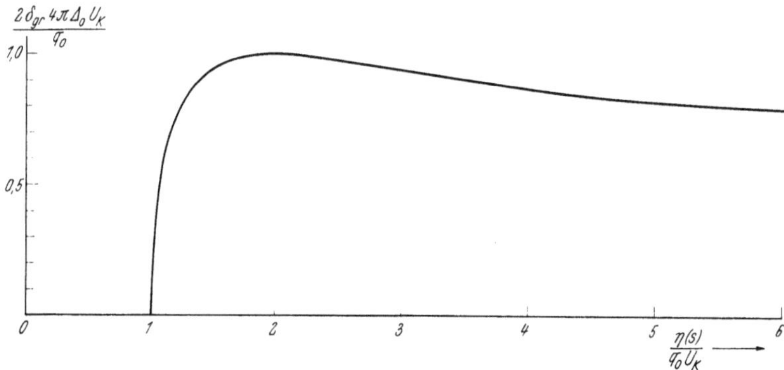

Abb. II 13, 9. Grenzhalbmesser der emissionsfähigen Metallelektronen als Funktion
der jeweils verfügbaren [numerischen] Primär-Elektronenenergie.

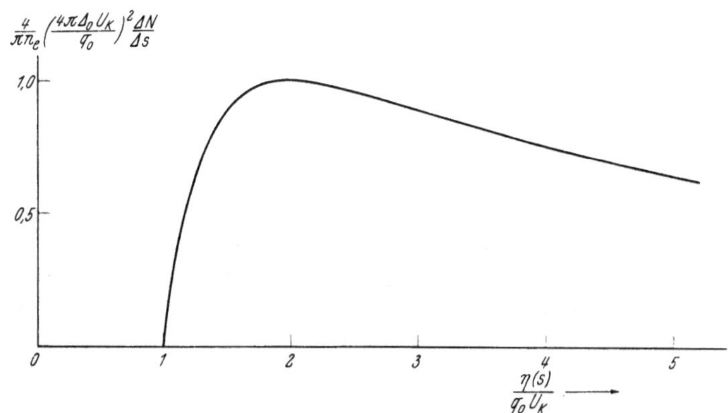

Abb. II 13, 10. Dichte der emissionsfähigen Metallelektronen längs der Bahn des
Primärelektrons, als Funktion der Energie des Primärelektrons.

zuständig, nachdem in ihr sinngemäß η_0 mit $\eta(s)$ vertauscht wurde. Daher
folgt der „Grenzhalbmesser" δ_{gr} des in Δs zentrierten, von emissionsfähigen
Metallelektronen erfüllten Zylinders aus der Forderung

$$\frac{\eta(s)}{1+\left[\dfrac{4\,\pi\,\Delta_0\,\eta(s)}{q_0{}^2}\right]\delta_{gr}{}^2} = q_0\,U_K \qquad\qquad (II\ 13,\ 64)$$

zu

$$\delta_{\mathrm{gr}} = \frac{q_0}{4\,\pi\,\varDelta_0\,U_K}\sqrt{\frac{q_0\,U_K}{\eta(s)}}\sqrt{1-\frac{q_0\,U_K}{\eta(s)}} \qquad \text{(II 13, 65)}$$

gemäß Abb. II 13, 9, so daß sich diese Elektronen in der Dichte

$$\frac{\varDelta N}{\varDelta s} = n_e\cdot\pi\,\delta_{\mathrm{gr}}{}^2 = n_e\,\pi\left[\frac{q_0}{4\,\pi\,\varDelta_0\,U_K}\right]^2\cdot\frac{q_0\,U_K}{\eta(s)}\left[1-\frac{q_0\,U_K}{\eta(s)}\right] \qquad \text{(II 13, 66)}$$

nach Art einer Perlschnur längs der Bahn des Primärelektrons aufreihen [Abb. II 13, 10]. In Verbindung mit (II 13, 62) resultiert aus (II 13, 66) für die *örtliche Verteilung* der Elektronendichte die Angabe

$$\frac{\varDelta N}{\varDelta s} = n_e\,\pi\left[\frac{q_0}{4\,\pi\,\varDelta_0\,U_K}\right]^2\cdot\left(\frac{q_0\,U_K}{\eta_0}\right)\cdot$$
$$\cdot\frac{1}{\sqrt{1-\dfrac{s}{s_{\max}}}}\left[1-\left(\frac{q_0\,U_K}{\eta_0}\right)\frac{1}{\sqrt{1-\dfrac{s}{s_{\max}}}}\right],$$
$$\text{(II 13, 67)}$$

welche sich unter der betrieblich meist zutreffenden Voraussetzung

$$\eta_0 \gg q_0\,U_K \qquad \text{(II 13, 68)}$$

auf

$$\frac{\varDelta N}{\varDelta s} = n_e\,\pi\left[\frac{q_0}{4\,\pi\,\varDelta_0\,U_K}\right]^2\left(\frac{q_0\,U_K}{\eta_0}\right)\cdot\frac{1}{\sqrt{1-\dfrac{s}{s_{\max}}}}$$
$$\text{(II 13, 69)}$$

entsprechend Abb. II 13, 11 reduziert.

2. Wir richten unsere Aufmerksamkeit auf eines der aktivierten, emissionsfähigen Metallelektronen — die ja im Rahmen der klassischen Physik als individualisierbar gelten! — und fragen nach seinem Schicksal: Kann es sein Muttermetall verlassen oder bleibt es, nach einer mehr oder minder langen Irrfahrt, in ihm stecken? Solange sich das kontrollierte Elektron noch im Innern des Metalles aufhält, ist es

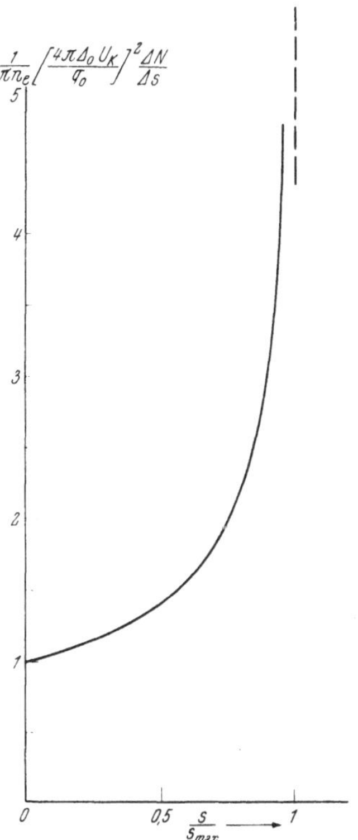

Abb. II 13, 11. Örtliche Verteilung der Dichte der emissionsfähigen Metallelektronen längs der Bahn des Primärelektrons.

fortgesetzten Zusammenstößen mit dessen Gitterbausteinen ausgesetzt, so daß es immer nur eine gewisse Strecke s′ frei durchfliegen kann; sei l deren Mittelwert, so wird die Wahrscheinlichkeit $\varDelta$w eines gerade auf das infinitesimal schmale Intervall (s′; s′ + $\varDelta$s′) entfallenden, freien Flugweges durch das *Clausius*sche Verteilungsgesetz

$$\varDelta w = e^{-\frac{s'}{l}}\frac{\varDelta s'}{l} \qquad \text{(II 13, 70)}$$

[vgl. Gl. (II 2, 29)] beschrieben. Wir nehmen nun der Einfachheit halber an, daß das kontrollierte Elektron das Metall nur dann verlassen kann, falls es den gesamten Weg von seinem „Geburtsort" bis zur Grenze des Metalles frei durchfliegt. Bezeichnet x die kürzeste Länge einer solchen Bahn und ϑ den jeweiligen Startwinkel des kontrollierten Elektrons gegen sie, so ist hiernach die Emission jenes Elektrons an die kinematische Bedingung

$$s' > \frac{x}{\cos \vartheta} \qquad (\text{II } 13,\ 71)$$

gebunden; gemäß (II 13, 70) wird sie jedoch nur mit der Wahrscheinlichkeit

$$w(x;\vartheta) = \frac{1}{l} \int\limits_{\frac{x}{\cos \vartheta}}^{\infty} e^{-\frac{s'}{l}}\,ds' = e^{-\frac{x}{l\cos \vartheta}} \qquad (\text{II } 13,\ 72)$$

erfüllt. Da in ihr der Winkel ϑ von den unvorhersehbaren, mikroskopischen Krümmungen der Bahn des Primärelektrons diktiert wird, haben wir uns mit dem Ansatz seiner isotropen Verteilung nach allen Richtungen zu begnügen: Auf den infinitesimal schmalen Bereich $(\vartheta;\vartheta + d\vartheta)$ entfällt die Startwahrscheinlichkeit

$$dw = \frac{(2\,\pi \sin \vartheta)\,d\vartheta}{4\,\pi} = \frac{1}{2} \sin \vartheta \cdot d\vartheta; \qquad 0 \leq \vartheta \leq \pi. \qquad (\text{II } 13,\ 73)$$

Indessen vermögen nur die Startrichtungen der Hemisphäre $0 \leq \vartheta < \pi/2$ die an sich emissionsfähigen Metallelektronen an die emittierende Grenzebene heranzuführen. Unter Berufung auf die Verbindungsregel der Wahrscheinlichkeitsrechnung schildert somit

$$w(x) = \int\limits_{0}^{\frac{\pi}{2}} w(x;\vartheta)\,dw =$$

$$= \frac{1}{2} \int\limits_{0}^{\frac{\pi}{2}} e^{-\frac{x}{l\cos \vartheta}} \cdot \sin \vartheta\,d\vartheta$$

$$(\text{II } 13,\ 74)$$

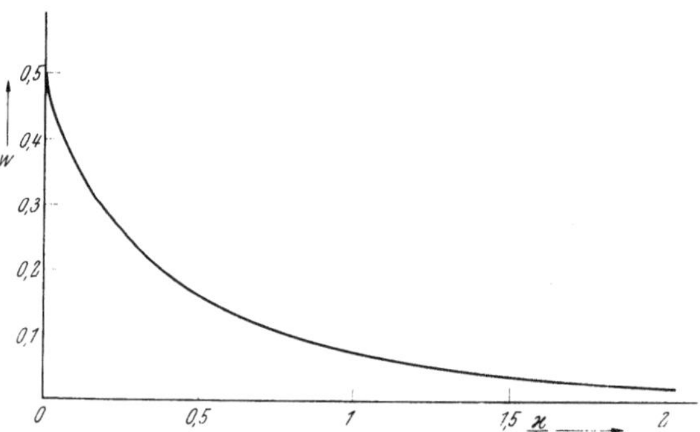

Abb. II 13, 12. Emissionswahrscheinlichkeit der Sekundärelektronen.

die *Emissionswahrscheinlichkeit* eines im Abstand x von der Metallgrenze aktivierten Metallelektrons. Um ihren expliziten Wert kennen zu lernen, bedienen wir uns der Substitution

$$u = \frac{x}{l\cos \vartheta} \qquad (\text{II } 13,\ 75)$$

und erhalten mit Benutzung des Symboles E i des Exponentialintegrales aus (II 13, 74)

$$w(x) = \frac{1}{2}\left[e^{-\frac{x}{l}} + \frac{x}{l}\,\text{E i}\left(-\frac{x}{l}\right) \right] \qquad (\text{II } 13,\ 76)$$

entsprechend Abb. II 13, 12 und Zahlentafel 7.

i) Zu dem einfallenden Primärelektron zurückkehrend, ersetzen wir dessen tatsächlich regellos gekrümmte Bahn innerhalb des Metalles durch

Zahlentafel 7.

$$w(x) = \frac{1}{2}\left[e^{-\frac{x}{\lambda}} + \frac{x}{\lambda}\,Ei\left(-\frac{x}{\lambda}\right)\right]$$

$\dfrac{x}{\lambda}$	$e^{-x/\lambda}$	$Ei\left(-\dfrac{x}{\lambda}\right)$	$\dfrac{x}{\lambda}\,Ei\left(-\dfrac{x}{\lambda}\right)$	$e^{-\frac{x}{\lambda}} + \dfrac{x}{\lambda}\,Ei\left(-\dfrac{x}{\lambda}\right)$	$w(x)$
0	1,0000	$-\infty$	0,0000	1,0000	0,5000
0,1	0,9048	$-1,8229$	$-0,1823$	0,7225	0,3613
0,2	0,8187	$-1,2227$	$-0,2445$	0,5742	0,2771
0,3	0,7408	$-0,9057$	$-0,2717$	0,4691	0,2346
0,4	0,6703	$-0,7024$	$-0,2810$	0,3893	0,1947
0,5	0,6065	$-0,5598$	$-0,2795$	0,3270	0,1635
0,6	0,5488	$-0,4544$	$-0,2726$	0,2762	0,1381
0,7	0,4966	$-0,3738$	$-0,2617$	0,2349	0,1175
0,8	0,4493	$-0,3106$	$-0,2485$	0,2008	0,1004
0,9	0,4066	$-0,2602$	$0,2342$	0,1724	0,0862
1	0,3679	$-0,2194$	$-0,2194$	0,1485	0,07425
1,2	0,3012	$-0,1584$	$-0,1901$	0,1111	0,0555
1,4	0,2466	$-0,1162$	$-0,1627$	0,0839	0,04195
1,6	0,2019	$-0,08631$	$-0,13810$	0,0628	0,0314
1,8	0,1653	$-0,06471$	$-0,11648$	0,0488	0,0244
2	0,1353	$-0,04890$	$-0,09780$	0,0375	0,01875

eine *Gerade*, welche — sofern wir die elektronenoptische Strahlenbrechung an der Grenzebene mit Rücksicht auf die frühere Voraussetzung $\eta_0 \gg q_0\,U_K$ [*Eintritts*arbeit des Primärelektrons!] außer acht lassen — unter dem vorgegebenen Einfallswinkel α gegen die ins Innere des Metalles weisende Normale geneigt ist. Allerdings verzichten wir mit dieser kinematischen „Stilisierung" der Aufgabe grundsätzlich auf die Erfassung der rückdiffundierenden Primärelektronen; stimmen wir ihr ungeachtet dieses schwerwiegenden Mangels zu, so erreicht das kontrollierte Primärelektron die im Abstand x von der Grenze gelegene Ebene nach Durchlaufen des Weges

$$s = \frac{x}{\cos\alpha}. \qquad\qquad (II\ 13,\ 77)$$

Bei der Passage der infinitesimal dünnen Metallschicht (x; x + dx) aktiviert also das Primärelektron zwar gemäß (II 13, 69) die Anzahl

$$dN = n_e \cdot \pi \cdot \left[\frac{q_0}{4\,\pi\,\varDelta_0\,U_K}\right]^2 \cdot \left(\frac{q_0\,U_K}{\eta_0}\right) \cdot \frac{ds}{\sqrt{1 - \dfrac{s}{s_{max}}}}; \qquad ds = \frac{dx}{\cos\alpha}$$

$$(II\ 13,\ 78)$$

freier Metallelektronen; doch können von diesen entsprechend (II 13, 76) nur

$$dN' = dN \cdot w(x) = dN \cdot w(s \cdot \cos\alpha) \qquad (II\ 13,\ 79)$$

ihre Muttersubstanz verlassen. Die Anzahl σ aller durch jenes Primärelektron zur Emission gebrachten Sekundärelektronen gleicht daher dem Integral

$$\sigma = \int\limits_0^{s_{max}} dN' = n_e \cdot \pi \cdot \left[\frac{q_0}{4\,\pi\,\varDelta_0\,U_K}\right]^2 \cdot \left(\frac{q_0\,U_K}{\eta_0}\right) \cdot \frac{1}{2} \int\limits_0^{s_{max}} \left[e^{-\frac{s\cos\alpha}{l}} + \right.$$

$$\left. + \frac{s\cos\alpha}{l}\,E\,i\left(-\frac{s\cos\alpha}{l}\right)\right]\frac{ds}{\sqrt{1-\dfrac{s}{s_{max}}}}\,. \qquad (II\ 13,\ 80)$$

Entnehmen wir nun aus (II 13, 61) den Zusammenhang

$$\eta_0 = \sqrt{a\,s_{max}} = \frac{\pi}{4} \cdot \frac{q_0^2}{4\,\pi\,\varDelta_0\,\varepsilon}\sqrt{\pi\,n_e\,s_{max}} \qquad (II\ 13,\ 81)$$

und substituieren

$$v = \sqrt{\frac{s_{max}\cdot\cos\alpha}{l}}\sqrt{1-\frac{s}{s_{max}}}\,, \qquad (II\ 13,\ 82)$$

so entsteht aus (II 13, 80) das nunmehr von den jeweiligen physikalischen

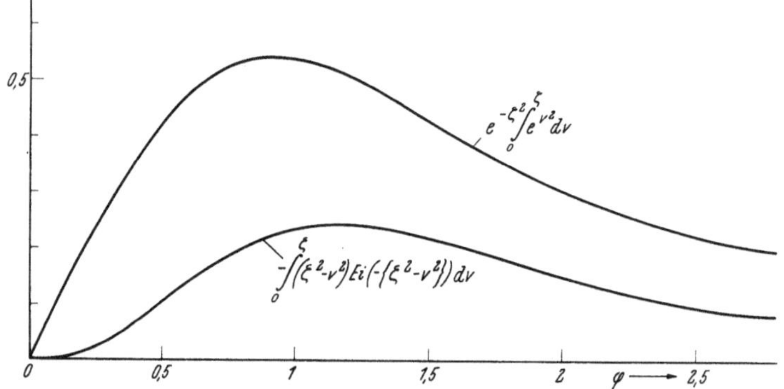

Abb. II 13, 13. Die Posten der Funktion $F(\zeta)$ nach Gl. (II 13, 86).

Daten des Metalles formal unabhängige, in diesem Sinne „universelle" *Gesetz der integralen Sekundäremission*

$$\sigma \cdot \frac{q_0\,U_K}{\eta_n}\sqrt{\cos\alpha} = F\left(\frac{\eta_0}{\eta_n}\sqrt{\cos\alpha}\right) \qquad (II\ 13,\ 83)$$

in welchem

$$\eta_n = \frac{\pi}{4}\frac{q_0^2}{4\,\pi\,\varDelta_0\,\varepsilon}\sqrt{\pi\,l\,n_e} \qquad (II\ 13,\ 84)$$

die Rolle einer „natürlichen" Energieeinheit der Metallelektronen spielt, während die Funktion F der dimensionsfreien Veränderlichen

$$\zeta = \frac{\eta_0}{\eta_n}\sqrt{\cos\alpha} \qquad (II\ 13,\ 85)$$

[„numerische Energie"] durch

$$F(\zeta) = e^{-\zeta^2}\int\limits_0^{\zeta} e^{v^2}dv + \int\limits_0^{\zeta}(\zeta^2 - v^2)\,E_i(-\{\zeta^2 - v^2\})\,dv \qquad (II\ 13,\ 86)$$

definiert ist. Abb. II 13, 13 zeigt die teils mittels bekannter Zahlentafeln, teils durch numerische Integration ermittelten Posten der Funktion $F(\zeta)$, aus welchen diese selbst gemäß Abb. II 13, 14 resultiert; sie erreicht bei der „optimalen" [numerischen] Energie

$$\zeta_{opt} \approx 0{,}685 \qquad \text{(II 13, 87)}$$

ihren Höchstwert

$$F_{max} \approx 0{,}340. \qquad \text{(II 13, 88)}$$

Mit Hilfe dieser Angaben erhalten wir nunmehr durch die graphische Darstellung des Verhältnisses (F/F_{max}) in seiner Abhängigkeit vom Ver-

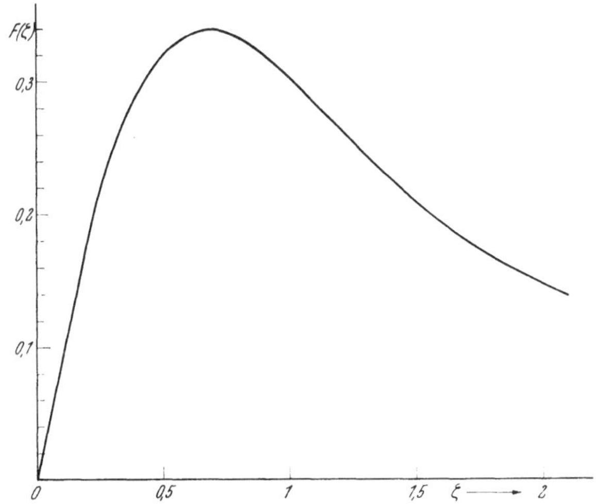

Abb. II 13, 14. Die Funktion $F(\zeta)$ nach Gl. (II 13, 86).

hältnis (ζ/ζ_{opt}) nach Abb. II 13, 15 die „*Normalkurve*" der integralen Sekundärelektronen-Emission; in dieser Form ist die Theorie des unmittelbaren Vergleiches mit den Beobachtungsergebnissen fähig. Ungeachtet der

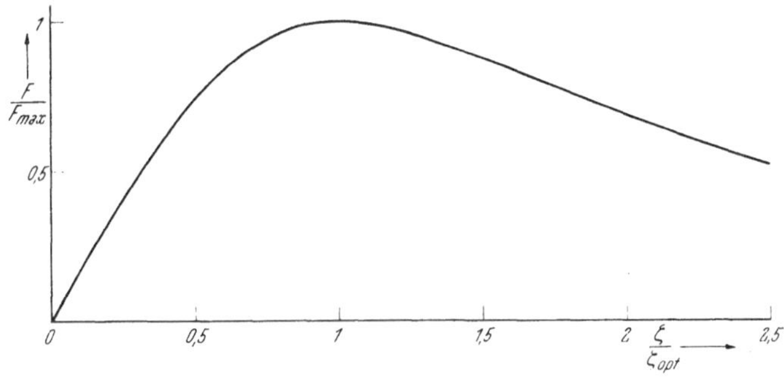

Abb. II 13, 15.   „Normalkurve" der integralen Sekundär-Elektronenemission.

unverkennbaren Ähnlichkeit im qualitativen Verlauf der verglichenen Kurven dürfen doch die zwischen ihnen bestehenden quantitativen Unterschiede durchaus nicht übersehen werden; insbesondere geht die beobachtete Sekundäremission im Falle hoher Einfallsenergien des Primärelektrons über die theoretisch zu erwartende Rate stark hinaus. Die angezeigte Unstimmigkeit ist zu einem erheblichen Teil auf die einschneidenden Vereinfachungen physikalischer und mathematischer Art zurückzuführen, welchen wir während der theoretischen Entwicklung zustimmten; insbesondere dürfte der Rückdiffusion der Primärelektronen, die wir ja außer Spiel gelassen haben, tatsächlich eine merkliche Rolle in der integralen Emissionsausbeute zufallen.

Um die Abhängigkeit der integralen Sekundäremission vom Einfallswinkel α des Primärelektrons kennen zu lernen, kleiden wir Gl. (II 13, 83) in die Gestalt

$$\sigma \frac{q_0 U_K}{\eta_0} = \frac{1}{\zeta} F(\zeta) \qquad\qquad (II\ 13,\ 89)$$

in welcher nun zufolge (II 13, 85) das Quadrat der dimensionsfreien Veränderlichen ζ mit dem Kosinus des Einfallswinkels α durch die lineare Relation

$$\zeta^2 = \left(\frac{\eta_n}{\eta_0}\right)^2 \cdot \cos \alpha \qquad\qquad (II\ 13,\ 90)$$

verknüpft ist. Nach Abb. II 13, 16 fällt somit, bei fester Anfangsenergie

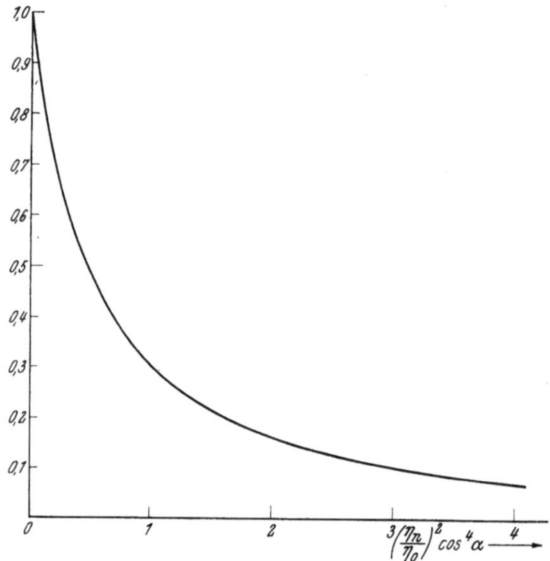

Abb. II 13, 16. Abhängigkeit der Sekundärelektronen-Ausbeute vom Einfallswinkel der Primärelektronen. [Statt $\cos^4 \alpha$ lies $\cos \alpha$].

des Primärelektrons, die Emissionsausbeute bei *streifender Inzidenz* am größten aus.

II 14. Elektrodynamik der Austrittsarbeit.

a) Sowohl bei der Emission freier Elektrizitätsträger aus festen Körpern wie bei ihrer Absorbtion treten mechanische Kräfte auf, welche in die Kinetik jener Ionen entscheidend eingreifen. Solange die Grenze zwischen dem Vakuum und dem jeweils vorliegenden festen Körper als *eben* gelten darf und man überdies von der „atomaren Rauhigkeit" der festen Oberfläche absieht, welche von deren Gitterstruktur diktiert wird, kann man diesen dynamischen Effekt sowohl im Grenzfalle eines vollkommen leitenden wie auch eines vollkommen isolierenden Körpers auf die *Coulomb*kraft zwischen dem kontrollierten Ion und einer fiktiven Punktladung zurückführen, welche aus jener des Ions durch eine verallgemeinerte Art von Spiegelung an der Grenzfläche hervorgeht und daher treffend als *Bildkraft* bezeichnet wird.

Die angedeutete, elementare Methode zur Berechnung der am kontrollierten Ion angreifenden, ponderomotorischen Kraft versagt jedoch, falls sich der feste Körper phänomenologisch durch eine endliche elektrische Leitfähigkeit $\varkappa$ bei gleichzeitig endlichem Werte seiner relativen Dielektrizitätskonstanten ε auszeichnet, so daß wir dann die Aufgabe auf neuer Grundlage zu behandeln haben.

b) Das jeweils kontrollierte Ion führe die invariante Ladung q mit sich. In seinem Existenzgebiete orientieren wir uns an Hand des ruhenden Bezugssystemes der Zylinderkoordinaten z [Achse], r [Radialabstand] und a [Azimut]; sein Ursprung O liege entsprechend Abb. II 14, 1 in der als Ebene vorausgesetzten Grenzfläche zwischen dem festen Körper und dem Vakuum, und die z-Achse weise senkrecht zu dieser Grenzebene in das Vakuum hinein.

Wir ergänzen nun die phänomenologische Beschreibung des festen Körpers mittels der schon oben genannten, elektrischen Bestimmungsgrößen $\varkappa$ und ε durch die allerdings nur fiktive Annahme einer verschwindend kleinen [relativen] Permeabilität μ

$$\mu \to 0. \qquad (\text{II } 14, 1)$$

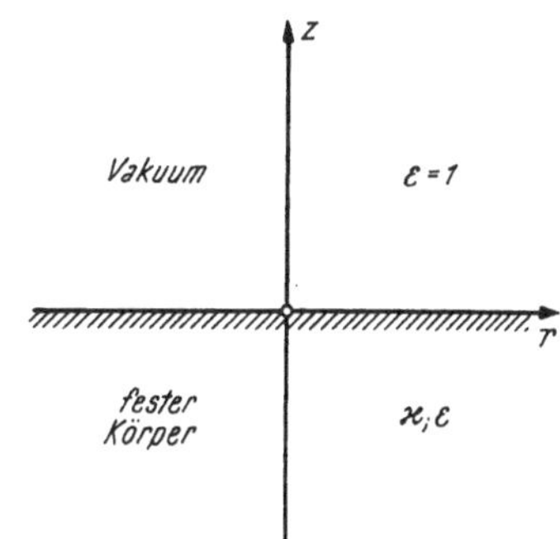

Abb. II 14, 1. Orientierung an der Grenze zwischen dem festen Körper und dem Vakuum.

Zum leeren Raume übergehend, haben wir ihm, im Einklang mit der Begriffswelt der phänomenologischen Elektrodynamik, die sogenannte [absolute] Dielektrizitätskonstante $\varDelta_0$ und die sogenannte [absolute] Permeabilität $\varPi_0$ zuzuschreiben, aus welchen sich die Ausbreitungsgeschwindigkeit c des Lichtes im leeren Raum mittels der Relation

$$c = \frac{1}{\sqrt{\varDelta_0 \varPi_0}} \qquad (\text{II } 14, 2)$$

berechnet. Ungeachtet ihres universellen Charakters und der hieraus folgenden Invarianz von c [spezielle Relativitätstheorie!] werden wir, um die Theorie zu vereinfachen, den leeren Raum durch ein „fiktives Vakuum" der hypothetischen Eigenschaft $\varPi_0 \to 0$ ersetzen, welches seinem wahren Vorbild in elektrischer Hinsicht gleicht.

c) In den anschließenden Entwicklungen werden wir das Schicksal des jeweils kontrollierten Ions nur solange verfolgen, als es sich als „freier" Ladungsträger im sonst leeren Raum bewegt; demgemäß haben wir die *Emission* eines Ions aus dem festen Körper als „Geburt" des Ions, die Absorbtion eines Ions hingegen als seinen „Tod" aufzufassen. Innerhalb der in diesem Sinne verstandenen *Lebenszeit* — welche als solche von der „ewigen" *Existenz* des Ions deutlich zu unterscheiden ist! — behandeln wir das Ion als *materiellen Punkt*. Im Einklang mit den Definitionen der

*Newton*schen Mechanik wird dann seine Kinematik in Abhängigkeit von der laufenden Zeit t durch Angabe seiner Ortskoordinaten

$$z_j = z_j(t); \qquad r_j = r_j(t); \qquad a_j = a_j(t) \qquad \text{(II 14, 3)}$$

sowie der entsprechenden Komponenten

$$\dot{z}_j = \frac{dz_j}{dt}; \qquad \dot{r}_j = \frac{dr_j}{dt}; \qquad \dot{a}_j = \frac{da_j}{dt} \qquad \text{(II 14, 4)}$$

der Geschwindigkeit vom absoluten Betrage

$$v = \sqrt{\dot{z}_j{}^2 + \dot{r}_j{}^2 + r^2\,\dot{a}_j{}^2} \qquad \text{(II 14, 5)}$$

eindeutig beschrieben. Der Kürze halber beschränken wir uns weiterhin auf senkrecht zur Grenzebene $z = 0$ gerichtete Bahnen, welche von dem jeweils kontrollierten Ion mit der gleichförmigen Geschwindigkeit v durchlaufen werden; aus Symmetriegründen dürfen wir jede solche Bahn mit dem Halbstrahl $z \geq 0$ der Systemachse identifizieren. Der „Lebenslauf" eines im Augenblick $t = 0$ emittierten Ions kann dann durch die „Prognose"

$$z_j = v \cdot t; \qquad r_j = 0 \qquad \text{für} \qquad 0 \leq t \qquad \text{(II 14, 6)}$$

beschrieben werden, während die „Geschichte" eines im Zeitpunkt $t = 0$ absorbierten Ions durch die Angaben

$$z_j = -v\,t; \qquad r_j = 0 \qquad \text{für} \qquad 0 \geq t \qquad \text{(II 14, 7)}$$

geschildert wird.

d) Auf Grund unserer Annahmen über die fiktiven magnetischen Eigenschaften sowohl des festen Körpers wie auch des leeren Raumes annulliert sich hier wie dort die magnetische Induktion. Daher ist der Vektor E der elektrischen Feldstärke überall wirbelfrei, so daß er als Gradient eines orts- und zeitabhängigen elektrischen Skalarpotentiales $\varphi = \varphi(z; r; a; t)$ dargestellt werden kann

$$E = -\operatorname{grad} \varphi. \qquad \text{(II 14, 8)}$$

Die zeitliche Änderung dieses Feldes weckt im Vakuum die *Maxwell*sche *Verschiebungsstromdichte*

$$j_V = -\,\varDelta_0\,\frac{\partial E}{\partial t} = -\,\varDelta_0\operatorname{grad}\frac{\partial \varphi}{\partial t}; \qquad z > 0 \qquad \text{(II 14, 9)}$$

während ebendort die Dichte j_L der *Leitungsströmung* verschwindet

$$j_L = 0; \qquad z > 0. \qquad \text{(II 14, 10)}$$

Die Quellenfreiheit der Gesamtstromdichte

$$\operatorname{div} j = \operatorname{div}(j_V + j_L) = 0 \qquad \text{(II 14, 11)}$$

wird also im Vakuum gewährleistet, falls dort das Potential in jedem Augenblick der *Laplace*schen Gleichung

$$\operatorname{div}\operatorname{grad} \varphi = \nabla^2\varphi = 0; \qquad z > 0 \qquad \text{(II 14, 12)}$$

unterworfen wird; sie reduziert sich mit Rücksicht auf die Zylindersymmetrie des Feldes auf

$$\frac{\partial^2\varphi}{\partial z^2} + \frac{\partial^2\varphi}{\partial r^2} + \frac{1}{r}\,\frac{\partial\varphi}{\partial r} = 0; \qquad z > 0. \qquad \text{(II 14, 13)}$$

Im festen Körper dagegen zieht die zeitliche Änderung der elektrischen Feldstärke die *Maxwell*sche *Verschiebungsstromdichte*

$$j_V = -\,\varDelta_0\,\varepsilon\,\frac{\partial E}{\partial t} = -\,\varDelta_0 \cdot \varepsilon\operatorname{grad}\frac{\partial \varphi}{\partial t}; \qquad z < 0 \qquad \text{(II 14, 14)}$$

nach sich, welche dort durch die *Leitungsstromdichte*

$$\mathrm{j_L} = \varkappa \cdot \mathrm{E} = -\varkappa \operatorname{grad} \varphi; \qquad z < 0 \qquad (\text{II } 14,\ 15)$$

zur Gesamtstromdichte

$$\mathrm{j} = \mathrm{j_V} + \mathrm{j_L} = -\left[\varDelta_0\, \varepsilon\, \frac{\partial}{\partial t} + \varkappa\right] \operatorname{grad} \varphi; \qquad z < 0 \qquad (\text{II } 14,\ 16)$$

ergänzt wird; ihre gemäß (II 14, 11) zu verlangende Quellenfreiheit wird wiederum verbürgt, falls das Potential in jedem Augenblick der nunmehr für den Halbraum $z < 0$ zuständigen *Laplace*schen Gleichung

$$\frac{\partial^2 \varphi}{\partial z^2} + \frac{\partial^2 \varphi}{\partial r^2} + \frac{1}{r}\, \frac{\partial \varphi}{\partial r} = 0; \qquad z < 0 \qquad (\text{II } 14,\ 17)$$

genügt.

An der Grenzebene $z = 0$ sind die für $z \gtrless 0$ unterschiedlichen Potentialfunktionen $\varphi = \varphi(z; r; t)$ durch die *Stetigkeitsbedingungen*

$$\lim_{\delta \to 0} \varphi(\delta; r; t) = \lim_{\delta \to 0} \varphi(-\delta; r; t); \qquad \delta > 0 \qquad (\text{II } 14,\ 18)$$

miteinander verknüpft; überdies müssen dort die z-Komponenten der *Gesamtstromdichte* j einander gleichen

$$\lim_{\delta \to 0}\left[\varDelta_0 \cdot \frac{\partial^2 \varphi}{\partial t\, \partial z}\right]_{z=\delta} = \lim_{\delta \to 0}\left[\varDelta_0\, \varepsilon\, \frac{\partial^2 \varphi}{\partial t\, \partial z} + \varkappa\, \frac{\partial \varphi}{\partial z}\right]_{z=-\delta}; \qquad \delta > 0. \qquad (\text{II } 14,\ 19)$$

Zu diesen physikalischen Angaben treten als „uneigentliche" Randbedingungen die mathematischen Forderungen

$$\lim_{r \to \infty} \varphi = 0 \qquad \text{für} \qquad z \gtrless 0 \qquad (\text{II } 14,\ 20)$$

und

$$\lim_{z \to -\infty} \varphi = 0 \qquad (\text{II } 14,\ 21)$$

im Verein mit der für die Fälle der Emission und der Absorbtion unterschiedlich zu formulierenden „*Quellengleichung*" [*Gauss*scher Integralsatz]

$$-\iint\limits_{(S)} \varDelta_0\, \frac{\partial \varphi}{\partial n}\, \mathrm{dS} = \begin{cases} 0 & \text{für } t \lesssim 0 \quad \begin{matrix}\text{Emission}\\ \text{Absorbtion}\end{matrix} \\[2ex] q & \text{für } t \gtrless 0 \quad \begin{matrix}\text{Emission}\\ \text{Absorbtion}\end{matrix} \end{cases} \qquad (\text{II } 14,\ 22)$$

in welcher S eine ganz im Vakuum gelegene, das Ion einschließende Hüllfläche und n die jeweils von deren Elementen dS nach außen weisende Normale bedeuten.

e) Wir beschäftigen uns zuerst mit dem Emissionsvorgange nach Gl. (II 14, 6). Unter seinem *Primärpotential* $\varphi^{(\mathrm{p})}$ verstehen wir jenes virtuelle Feld, welches nach Beseitigung des festen Körpers entstehen würde; gemäß (II 14, 13), (II 14, 20) und (II 14, 22) wird es also durch die Angaben

$$\varphi^{(\mathrm{p})} = \begin{cases} 0 & ;\quad t < 0 \\[2ex] \dfrac{q}{4\,\pi\,\varDelta_0} \cdot \dfrac{1}{\sqrt{(z - z_\mathrm{j})^2 + r^2}} = \dfrac{q}{4\,\pi\,\varDelta_0} \cdot \dfrac{1}{\sqrt{(z - v\,t)^2 + r^2}}; & \quad t > 0 \end{cases}$$

$$(\text{II } 14,\ 23)$$

beschrieben. Durch das Symbol $\mathrm{J_0}$ die *Bessel*sche Zylinderfunktion nullter Ordnung bezeichnend, bedienen wir uns nun der Integraldarstellung

$$\frac{1}{\sqrt{(z - v\,t)^2 + r^2}} = \int_0^\infty J_0(l\,r)\,e^{\mp(z - v\,t)l}\,dl; \qquad (z - v\,t) \gtrless 0. \qquad \text{(II 14, 24)}$$

Nun begeben wir uns in die komplexe

$$p = a + i\,b \qquad [i = \sqrt{-1}] \qquad \text{(II 14, 25)}$$

Ebene; in ihr kann die Zeitfunktion

$$T(t) = \begin{cases} 0 & \text{für} \quad t < 0 \\ e^{-l\,v\,t} & \text{für} \quad t > 0 \end{cases}; \qquad l > 0 \qquad \text{(II 14, 26)}$$

durch das längs der b-Achse zu erstreckende Integral

$$T(t) = \frac{1}{2\,\pi\,i} \int_{-i\infty}^{i\infty} \frac{e^{pt}}{l\,v + p}\,dp \qquad \text{(II 14, 27)}$$

für $t \lessgtr 0$ einheitlich formuliert werden. Richten wir nun unsere Aufmerksamkeit lediglich auf den jeweils hinter dem fliegenden Ion zurückbleibenden Halbraum $(z - v\,t) < 0$, so wird dort also das Primärpotential des Emissionsvorganges durch das Doppelintegral

$$\varphi^{(p)} = \frac{q}{4\,\pi\,\varDelta_0}\,\frac{1}{2\,\pi\,i} \int_{p = -i\infty}^{i\infty} e^{pt}\,dp \int_{l=0}^{\infty} \frac{e^{lz}}{l\,v + p}\,J_0(l\,r)\,dl; \qquad z - v\,t < 0$$

$$\text{(II 14, 28)}$$

beschrieben.

Die Restitution des vorher gedanklich beseitigten festen Körpers an den ihm zukommenden Platz zieht folgende Veränderungen des Potentialfeldes nach sich:

(1) Im Halbraum $z > 0$ ist das Primärpotential $\varphi^{(p)}$ durch ein quellenfreies *Sekundärpotential* $\varphi^{(s)}$ zu ergänzen, welches der *Laplace*schen Gleichung genügt; wir setzen es in der Gestalt

$$\varphi^{(s)} = \frac{q}{4\,\pi\,\varDelta_0} \cdot \frac{1}{2\,\pi\,i} \int_{p = -i\infty}^{i\infty} e^{pt}\,dp \int_{l=0}^{\infty} e^{-lz}\,f(p;l)\,J_0(l\,r)\,dl; \qquad z > 0$$

$$\text{(II 14, 29)}$$

an, welche, bei zunächst willkürlicher Wahl der Amplitudendichte $f(p;l)$, in der Grenzebene $z = 0$ mit dem Primärpotential geometrisch „kohäriert".

(2) Innerhalb des festen Körpers $[z < 0]$ wird das Primärpotential $\varphi^{(p)}$ durch ein von ihm verschiedenes Gesamtpotential φ abgelöst. Durch $g(p;l)$ eine weitere, gleichfalls vorerst willkürliche Amplitudendichte bezeichnend, lösen wir die *Laplace*sche Gleichung (II 14, 17) unter den Bedingungen (II 14, 20) und (II 14, 21) mittels Ansatzes

$$\varphi = \frac{q}{4\,\pi\,\varDelta_0} \cdot \frac{1}{2\,\pi\,i} \int_{p = -i\infty}^{i\infty} e^{pt}\,dp \int_{l=0}^{\infty} e^{+lz}\,g(p;l)\,J_0(l\,r)\,dl; \qquad z < 0$$

$$\text{(II 14, 30)}$$

dessen Bau wiederum die geometrische Kohärenz des Festkörper-Potentiales φ mit den Komponenten (II 14, 28) und (II 14, 29) des Vakuum-Potentiales längs der Grenzebene $z = 0$ verbürgt.

Mit Hilfe der Integraldarstellungen (II 14, 28), (II 14, 29) und (II 14, 30) liefern die Stetigkeitsbedingungen (II 14, 18) und (II 14, 19) für f(p; l) und g(p; l) die Gleichungen

$$\frac{1}{l\,v + p} + f(p;l) = g(p;l) \qquad \text{(II 14, 31)}$$

sowie

$$\frac{1}{l\,v + p} - f(p;l) = \left(\frac{\varkappa}{\varDelta_0\,p} + \varepsilon\right) g(p;l) \qquad \text{(II 14, 32)}$$

welchen man die Angaben

$$f(p;l) = -\frac{1}{l\,v + p} \cdot \frac{\varkappa + p\,\varDelta_0(\varepsilon - 1)}{\varkappa + p\,\varDelta_0(\varepsilon + 1)} \qquad \text{(II 14, 33)}$$

und

$$g(p;l) = \frac{1}{l\,v + p} \cdot \frac{2\,p\,\varDelta_0}{\varkappa + p\,\varDelta_0(\varepsilon + 1)} \qquad \text{(II 14, 34)}$$

entnimmt.

Für die Elektrodynamik der Austrittsarbeit ist die Rückwirkung des festen Körpers auf das ihn erregende Ion von entscheidender Bedeutung, so daß wir uns fortan auf das Sekundärpotential $\varphi^{(s)}$ beschränken dürfen; wir schreiben es mit Benutzung der Identität

$$\frac{\varkappa + p\,\varDelta_0(\varepsilon - 1)}{\varkappa + p\,\varDelta_0(\varepsilon + 1)} = 1 - \frac{2}{\varepsilon + 1}\,\frac{p\,\varDelta_0(\varepsilon + 1)}{\varkappa + p\,\varDelta_0(\varepsilon + 1)} \qquad \text{(II 14, 35)}$$

als Summe

$$\varphi^{(s)} = -\frac{q}{4\,\pi\,\varDelta_0}\,\frac{1}{2\,\pi\,i}\int\limits_{p=-i\infty}^{i\infty} e^{pt}\,dp \int\limits_{l=0}^{\infty} \frac{e^{-lz}\,J_0(lr)}{l\,v + p}\,dl +$$

$$+\frac{q}{4\,\pi\,\varDelta_0}\cdot\frac{2}{\varepsilon + 1}\cdot\frac{1}{2\,\pi\,i}\int\limits_{p=-i\infty}^{i\infty} e^{pt}\,dp \int\limits_{l=0}^{\infty} \frac{e^{-lz}\,J_0(lr)}{l\,v + p}\,\frac{p\,\varDelta_0(\varepsilon + 1)}{\varkappa + p\,\varDelta_0(\varepsilon + 1)}\,dl; \quad z > 0.$$

$$\text{(II 14, 36)}$$

Ihr erster Posten liefert zunächst durch Auswertung des Zeitintegrales die sekundäre Potentialkomponente

$$\varphi_1^{(s)} = \begin{cases} 0 & \text{für} \quad t < 0 \\[2ex] -\dfrac{q}{4\,\pi\,\varDelta_0}\displaystyle\int\limits_{l=0}^{\infty} e^{-l(z + v\,t)}\,J_0(l\,r)\,dl & \text{für} \quad t > 0 \end{cases}$$

$$\text{(II 14, 37)}$$

und also weiter, nachdem in (II 14, 24) der Exponent $(-v\,t)$ mit $(+v\,t)$ vertauscht wurde,

$$\varphi_1^{(s)} = \begin{cases} 0 & \text{für} \quad t < 0 \\[2ex] -\dfrac{q}{4\,\pi\,\varDelta_0}\,\dfrac{1}{\sqrt{(z + v\,t)^2 + r^2}} & \text{für} \quad t > 0. \end{cases}$$

$$\text{(II 14, 38)}$$

Im Lichte der Gl. (II 14, 7) schildert also $\varphi_1^{(s)}$ das Feld eines erst im Augenblick $t = 0$ instantan gebildeten, virtuellen *Antijons* der weiterhin invarianten Ladung $(-q)$; es befindet sich zum Zeitpunkte $t > 0$ immer gerade in jenem Punkte, welcher aus dem gleichzeitigen Orte des wirklichen Ions durch dessen Spiegelung an der Grenzebene $z = 0$ hervorgeht. Die Potentialkomponente $\varphi_1^{(s)}$ definiert somit das „klassische" Bildfeld, welches im leeren Raum nach Ersatz des festen Körpers durch einen vollständigen Leiter $[\varkappa \to \infty]$ resultieren würde, so daß die spezifische Wirkung der nur endlichen Leitfähigkeit des festen Körpers daher erst im zweiten Posten der Summe (II 14, 36) zum Ausdruck kommt, welcher durch $\varphi_2^{(s)}$ bezeichnet werde. In ihm gilt zunächst für alle

$$1 \neq \frac{\varkappa}{\mathrm{v}\, \varDelta_0(\varepsilon + 1)} = \mathrm{l}_0 \qquad\qquad \text{(II 14, 39)}$$

die Zeitgleichung

$$\Phi(\mathrm{t}) = \frac{1}{2\,\pi\,\mathrm{i}} \int\limits_{\mathrm{p}=-\mathrm{i}\infty}^{\mathrm{i}\infty} \frac{\mathrm{e}^{\mathrm{p}\,\mathrm{t}}}{\mathrm{l}\,\mathrm{v} + \mathrm{p}} \frac{\mathrm{p}\,\varDelta_0(\varepsilon + 1)}{\varkappa + \mathrm{p}\,\varDelta_0(\varepsilon + 1)}\, \mathrm{dp} =$$

$$= \begin{cases} 0 & \text{für} \quad \mathrm{t} < 0 \\[2ex] \dfrac{\varkappa}{\varkappa - \mathrm{l}\,\mathrm{v}\,\varDelta_0(\varepsilon + 1)}\, \mathrm{e}^{-\frac{\varkappa}{\varDelta_0(\varepsilon + 1)}\,\mathrm{t}} - \dfrac{\mathrm{l}\,\mathrm{v}\,\varDelta_0(\varepsilon + 1)}{\varkappa - \mathrm{l}\,\mathrm{v}\,\varDelta_0(\varepsilon + 1)}\, \mathrm{e}^{-\mathrm{l}\,\mathrm{v}\,\mathrm{t}} & \text{für} \quad \mathrm{t} > 0. \end{cases}$$

$$\text{(II 14, 40)}$$

Um nun ungeachtet der Singularität (II 14, 39) die nach der Veränderlichen l vorgeschriebene Integration auszuführen, ergänzen wir l durch die mit der imaginären Einheit i multiplizierte Veränderliche m zu der komplexen Variabeln

$$\mathrm{s} = \mathrm{l} + \mathrm{i}\,\mathrm{m}, \qquad \text{(II 14 41)}$$

und umgehen in der komplexen s-Ebene jene Singularität durch den entsprechend Abb. II 14, 2 in der Halbebene $\mathrm{m} > 0$ gelegenen Halbkreis vom Radius $\varDelta\mathrm{s}$

$$\mathrm{s} = \mathrm{l}_0 + \varDelta\mathrm{s}\,\mathrm{e}^{\mathrm{i}\,\delta}; \qquad \varDelta\mathrm{s} < \mathrm{l}_0;$$

$$\pi > \vartheta > 0. \qquad \text{(II 14, 42)}$$

Für $\varphi_2^{(s)}$ resultiert dann die Integralsumme

Abb. II 14, 2. Zur Berechnung des Integrals (II 14, 40).

$$\varphi_2^{(s)} = \frac{\mathrm{q}}{4\,\pi\,\varDelta_0} \cdot \frac{2}{\varepsilon + 1}\, [\mathrm{J_I} + \mathrm{J_{II}} + \mathrm{J_{III}}]$$

$$\text{(II 14, 43)}$$

mit

$$\mathrm{J_I} = \int\limits_{\mathrm{l}=0}^{\mathrm{l}_0 - \varDelta\mathrm{s}} \Phi(\mathrm{t})\, \mathrm{J}_0(\mathrm{l}\,\mathrm{r})\, \mathrm{e}^{-\mathrm{l}\,\mathrm{z}}\, \mathrm{dl}; \qquad \mathrm{z} > 0 \qquad \text{(II 14, 44)}$$

$$\mathrm{J_{II}} = \int\limits_{\delta=\pi}^{0} \Phi(\mathrm{t})\, \mathrm{J}_0(\{\mathrm{l}_0 + \varDelta\mathrm{s}\,\mathrm{e}^{\mathrm{i}\,\vartheta}\}\,\mathrm{r})\, \mathrm{e}^{-(\mathrm{l}_0 + \varDelta\mathrm{s}\,\mathrm{e}^{\mathrm{i}\,\vartheta})\,\mathrm{z}} \cdot \varDelta\mathrm{s} \cdot \mathrm{e}^{\mathrm{i}\,\vartheta}\,\mathrm{i}\,\mathrm{d}\vartheta; \qquad \mathrm{z} > 0$$

$$\text{(II 14, 45)}$$

$$\cdot \; J_{III} = \int\limits_{l_0 + \varDelta s}^{\infty} \varPhi(t)\, J_0(l\,r)\, e^{-lz}\, dl; \qquad z > 0. \qquad \text{(II 14, 46)}$$

Da diese drei Integrale zufolge (II 14, 40) für $t < 0$ verschwinden, dürfen wir uns weiterhin auf den Bereich $t > 0$ beschränken.

Wir richten unser Augenmerk zunächst auf J_{II} und gelangen mit Rücksicht auf (II 14, 39) und (II 14, 40) zu der Darstellung

$$J_{II} = - \int\limits_{\vartheta = \pi}^{0} \frac{e^{-\frac{\varkappa}{\varDelta_0(\varepsilon+1)}t}}{v\,\varDelta_0(\varepsilon+1)} \left[\varkappa - \{\varkappa + \varDelta s \cdot e^{i\vartheta} \cdot v\,\varDelta_0(\varepsilon+1)\, e^{-\varDelta s e^{i\vartheta} \cdot vt}\}\right] \times$$

$$\times\, J_0(\{l_0 + \varDelta s\, e^{i\vartheta}\} r)\, e^{-\frac{\varkappa}{\varDelta_0(\varepsilon+1)}\frac{z}{v}}\, e^{-(\varDelta s e^{i\vartheta})z}\, i\, d\vartheta \qquad \text{(II 14, 47)}$$

welcher wir die Aussage

$$\lim_{\varDelta s \to 0} J_{II} = 0 \qquad \text{(II 14, 48)}$$

entnehmen. Zur Berechnung von J_I und J_{III} definieren wir durch

$$M = \frac{v\,\varDelta_0(\varepsilon+1)}{\varkappa} = \frac{1}{l_0} \qquad \text{(II 14, 49)}$$

die „natürliche Längeneinheit" des untersuchten Potentialfeldes, so daß

$$\zeta = \frac{z}{M} > 0 \qquad \text{(II 14, 50)}$$

den dimensionsfrei gemessenen Abstand des Aufpunktes von der Grenzebene $z = 0$ und

$$\varrho = \frac{r}{M} \geqq 0 \qquad \text{(II 14, 51)}$$

seinen ebenso ermittelten Abstand von der Systemachse bezeichnet; wir stellen diesen geometrischen Maßzahlen in

$$\tau = \frac{v\,t}{M} \qquad \text{(II 14, 52)}$$

die dimensionsfrei ausgedrückte Zeit zur Seite. Substituieren wir dann anstelle von l die Veränderliche

$$\varLambda = l \cdot M \qquad \text{(II 14, 53)}$$

so nimmt (II 14, 40) für $\tau > 0$ die Gestalt

$$\varPhi(t) \to \bar{\varPhi}(\tau) = \frac{1}{1-\varLambda}\, [e^{-\tau} - \varLambda\, e^{-\varLambda\tau}] \qquad \text{(II 14, 54)}$$

an, so daß aus (II 14, 43) mit Rücksicht auf (II 14, 48) die Angabe

$$\varphi_2^{(s)} = \frac{q}{4\,\pi\,\varDelta_0\,M}\frac{2}{\varepsilon+1} \lim_{\varDelta s \to 0}\left[\left(\int\limits_{\varLambda=0}^{1-\frac{\varDelta s}{M}} + \int\limits_{\varLambda=1+\frac{\varDelta s}{M}}^{\infty}\right)\cdot\right.$$

$$\left.\cdot\left(\frac{e^{-\tau} - \varLambda\, e^{-\varLambda\tau}}{1-\varLambda}\, J_0(\varLambda\,\varrho)\, e^{-\varLambda\zeta}\, d\varLambda\right)\right] \qquad \text{(II 14, 55)}$$

resultiert. Unter Benutzung der ständig konvergenten Potenzreihe

$$J_0(\Lambda \varrho) = \sum_{n=0}^{\infty} (-1)^n \frac{\left(\frac{1}{2}\Lambda \varrho\right)^{2n}}{(n!)^2} \tag{II 14, 56}$$

entsteht daher aus (II 14, 55) die Entwicklung

$$\varphi_2^{(s)} = \frac{q}{4\pi \Delta_0 M} \frac{2}{\varepsilon + 1} \sum_{n=0}^{\infty} (-1)^n \frac{\left(\frac{1}{2}\varrho\right)^{2n}}{(n!)^2} \frac{\partial^{2n}}{\partial \zeta^{2n}} (\Psi_1 + \Psi_2) \tag{II 14, 57}$$

in welcher Ψ_1 und Ψ_2 beziehentlich die Funktionen

$$\Psi_1 = \lim_{\Delta s \to 0} \left[\left(\int_{\Lambda=0}^{1-\frac{\Delta s}{M}} + \int_{\Lambda=1+\frac{\Delta s}{M}}^{\infty} \right) \frac{e^{-\tau}}{1-\Lambda} e^{-\Lambda \zeta} d\Lambda \right. \tag{II 14, 58}$$

und

$$\Psi_2 = \lim_{\Delta s \to 0} \left[\left(\int_{\Lambda=0}^{1-\frac{\Delta s}{M}} + \int_{\Lambda=1+\frac{\Delta s}{M}}^{\infty} \right) \frac{\Lambda e^{-\Lambda \tau}}{1-\Lambda} e^{-\Lambda \zeta} d\Lambda \right] \tag{II 14, 59}$$

bezeichnen. Um sie auf numerisch bekannte Funktionen zurückzuführen, bedienen wir uns des durch

$$\overline{E}\,i(x) = -\lim_{\xi \to 0} \left[\int_{-\varkappa}^{-\xi} \frac{e^{-u}}{u} du + \int_{+\xi}^{\infty} \frac{e^{-u}}{u} du \right] \tag{II 14, 60}$$

definierten *Exponentialintegrales* positiv-reeller Argumente x. Mittels der Substitution

$$u = -(1-\Lambda)\,\zeta \tag{II 14, 61}$$

entsteht dann aus (II 14, 58)

$$\Psi_1 = - \left[e^{-(\tau+\zeta)} \overline{E}\,i(\zeta) \right] \tag{II 14, 62}$$

während die Substitution

$$u' = -(1-\Lambda)(\zeta+\tau) \tag{II 14, 63}$$

in (II 14, 59) auf

$$\Psi_2 = - \left[e^{-(\tau+\zeta)} \overline{E}\,i(\tau+\zeta) - \frac{1}{\tau+\zeta} \right] \tag{II 14, 64}$$

führt. Der Ort des „erregenden" Ions wird nun gemäß (II 14, 6), (II 14, 50), (II 14, 51) und (II 14, 52) durch

$$\zeta = \tau; \qquad \varrho = 0 \tag{II 14, 65}$$

beschrieben, so daß dort entsprechend (II 14, 57) das Potential

$$\varphi_{2,\,\text{Ion}}^{(s)} = \frac{q}{4\pi \Delta_0 M} \cdot \frac{2}{\varepsilon+1} \left[\frac{1}{2\zeta} - e^{-2\zeta} \{ \overline{E}\,i(2\zeta) - \overline{E}\,i(\zeta) \} \right] \tag{II 14, 66}$$

auftritt; wir vergleichen es mit dem nach (II 14, 38) klassisch zu erwartenden „Bildpotential"

$$\varphi_{1,\text{Ion}}^{(s)} = -\frac{q}{4\pi\,\Delta_0}\cdot\frac{1}{2\,z} = -\frac{q}{4\pi\,\Delta_0\,M}\cdot\frac{1}{2\,\zeta} \qquad (\text{II } 14,\ 67)$$

an Hand des Verhältnisses [Abb. II 14, 3]

$$\frac{\varphi_{2,\text{Ion}}^{(s)}}{\varphi_{1,\text{Ion}}^{(s)}} = -\frac{2}{\varepsilon+1}\,[1 - 2\,\zeta\,e^{-2\zeta}\{\overline{\text{E}}\,\text{i}(2\,\zeta) - \overline{\text{E}}\,\text{i}(\zeta)\}]. \qquad (\text{II } 14,\ 68)$$

Wir wenden uns nunmehr der Ermittelung der am kontrollierten Ion angreifenden Kraft F_{Ion} zu. Aus Symmetriegründen vermag die elektrische Feldstärke des Primärpotentiales $\varphi^{(p)}$ nach (II 14, 23) auf dessen zentral gelegene Quelle q keine ponderomotorische Kraft auszuüben, so daß F_{Ion} aus dem Produkt der Ladung q allein mit der jeweils am Ionenorte herrschenden Sekundärfeldstärke hervorgeht

$$F_{\text{Ion}} = q\,E_{\text{Ion}}^{(s)} = -q\,\frac{\partial\varphi^{(s)}}{\partial z} \qquad \text{für} \qquad z = v\,t;\qquad r = 0. \qquad (\text{II } 14,\ 69)$$

Wir bilden zunächst aus (II 14, 38) die vom „Antijon" $(-q)$ herrührende Komponente

$$E_1^{(s)} = -\left[\frac{\partial\varphi^{(s)}}{\partial z}\right]_{r=0} = -\frac{q}{4\pi\,\Delta_0}\cdot$$
$$\cdot\frac{1}{(z+v\,t)^2} = -\frac{q}{4\pi\,\Delta_0\,M^2}\cdot$$
$$\cdot\frac{1}{(\zeta+\tau)^2} \qquad (\text{II } 14,\ 70)$$

der längs der Systemachse wirksamen Sekundärfeldstärke; sie geht am Orte des wirklichen Ions in die klassische Bildkraft-Feldstärke

$$E_1^{(s)} = -\frac{q}{4\pi\,\Delta_0\,M^2}\cdot\frac{1}{(2\,\zeta)^2},$$
$$(\text{II } 14,\ 71)$$

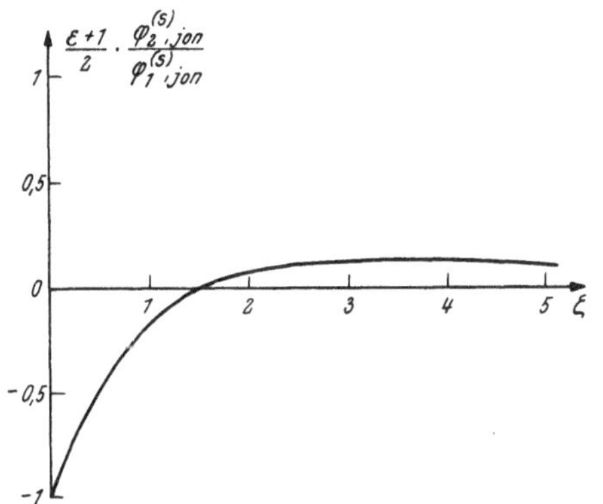

Abb. II 14, 3. Vergleich des Potentials mit dem Bildpotential.

über, welche nach ihrer Multiplikation mit q in der Tat gerade die *Coulomb*-kraft zwischen dem wirklichen Ion und dem virtuellen Antijon schildert.

Der Komponente $\varphi_2^{(s)}$ des Sekundärpotentiales entspringt gemäß (II 14, 57) die Achsenfeldstärke

$$E_2^{(s)} = -\left[\frac{\partial\varphi_2^{(s)}}{\partial z}\right]_{r=0} = -\frac{1}{M}\left[\frac{\partial\varphi_2^{(s)}}{\partial\zeta}\right]_{\varrho=0} = -\frac{q}{4\pi\,\Delta_0\,M^2}\frac{\partial}{\partial z}(\Psi_1 + \Psi_2). \qquad (\text{II } 14,\ 72)$$

Mit Rücksicht auf (II 14, 60), (II 14, 62) und (II 14, 64) erhält man also

$$E_2^{(s)} = \frac{q}{4\pi\,\Delta_0\,M^2}\frac{2}{\varepsilon+1}\cdot$$
$$\cdot\left[\frac{1}{(\tau+\zeta)^2} - e^{-(\tau+\zeta)}\{\overline{\text{E}}\,\text{i}(\tau+\zeta) - \overline{\text{E}}\,\text{i}(\zeta)\} + \frac{1}{\tau+\zeta} - \frac{e^{-\tau}}{\zeta}\right], \qquad (\text{II } 14,\ 73)$$

so daß sich am Ionenorte die Feldstärke

$$E_{2,\text{Ion}}^{(s)} = \frac{q}{4\pi\,\Delta_0\,M^2}\frac{2}{\varepsilon+1}\left[\frac{1}{(2\,\zeta)^2} - e^{-2\zeta}\{\overline{\text{E}}\,\text{i}(2\,\zeta) - \overline{\text{E}}\,\text{i}(\zeta)\} + \frac{1}{2\,\zeta} - \frac{e^{-\zeta}}{\zeta}\right]$$
$$(\text{II } 14,\ 74)$$

zu (II 14, 71) addiert; das Verhältnis [Abb. II 14, 4]

$$\frac{E^{(s)}_{2,\,\text{Ion}}}{E^{(s)}_{1,\,\text{Ion}}} = -\frac{2}{\varepsilon + 1}\,[1 + 2\,\zeta(1 - 2\,\zeta\,e^{-2\zeta}\{\overline{E\,i}(2\,\zeta) - \overline{E\,i}(\zeta)\} \cdot 4\,\zeta\,e^{-\zeta}]$$

$$(II\ 14,\ 75)$$

schildert demnach die relative Änderung der klassischen Bildkraft als Funktion des jeweiligen [numerischen] Ionenabstandes ζ von der Grenzebene $\zeta = 0$. Erklärt man durch

$$v_n = \frac{\varkappa \cdot z}{\varDelta_0(\varepsilon + 1)}$$

$$(II\ 14,\ 76)$$

eine den Achsenpunkt $(z;\,0)$ kennzeichnende, „natürliche" Ionengeschwindigkeit, so mißt das Verhältnis

$$\frac{1}{\zeta} = \frac{M}{z} = \frac{v}{v_n}$$

$$(II\ 14,\ 77)$$

die jeweilige Geschwindigkeit v individuell verschiedener Ionen an jenem Achsenpunkt in der Einheit v_n; daher beschreibt Gl. (II 14, 75) auch den

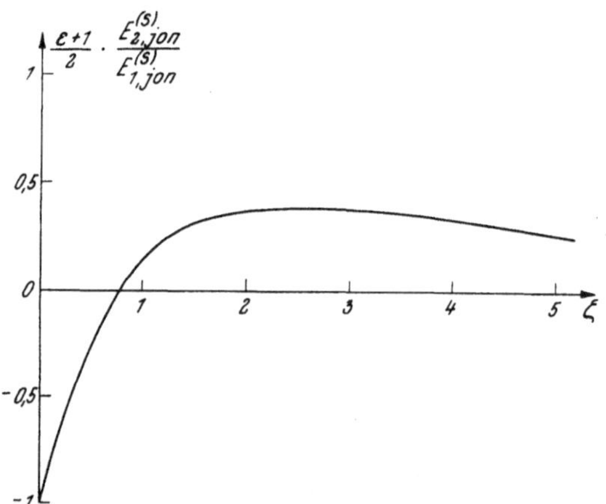

Abb. II 14, 4. Relative Änderung der klassischen Bildkraft.

Gang der relativen Änderung der Bildkraft mit der Ionengeschwindigkeit, sofern man die unabhängige Veränderliche ζ mit $1/\zeta$ vertauscht.

Bei der achsialen Verschiebung des kontrollierten Ions von der Anfangslage $z = z_0 > 0$ bis in unermeßlich große Entfernung $(z \to \infty)$ von der Startebene hat man die Arbeit

$$W_a = -\int_{z_0}^{\infty} F_{\text{Ion}}\,dz$$

$$(II\ 14,\ 78)$$

aufzuwenden; sie definiert, nach passender Anpassung der Distanz z_0 an die mikrokristallinen Daten des festen Körpers, die *Austrittsarbeit* des emittierten Ions. Mit Rücksicht auf (II 14, 69) finden wir für sie die Darstellung

$$W_a = q\,U$$

$$(II\ 14,\ 79)$$

in welcher

$$U_a = \int\limits_{z_0}^{\infty} E_{\text{Ion}}^{(s)}\, dz \qquad (II\ 14,\ 80)$$

die *Austrittsspannung* oder, mit anderen Worten, die auf Elektronenvolt umgerechnete Austrittsarbeit bezeichnet. Setzt man

$$\zeta_0 = \frac{z_0}{M} \qquad (II\ 14,\ 81)$$

so erhält man im Hinblick auf (II 14, 71) und (II 14, 74)

$$U_a = U_1 + U_2 \qquad (II\ 14,\ 82)$$

mit

$$U_1 = -\int\limits_{z_0}^{\infty} E_{1,\ \text{Ion}}^{(s)}\, dz = \frac{q}{4\,\pi\,\varDelta_0\,M} \cdot \frac{1}{4\,\zeta_0} \qquad (II\ 14,\ 83)$$

und

$$U_2 = -\int\limits_{z_0}^{\infty} E_{2,\ \text{Ion}}^{(s)}\, dz = \qquad (II\ 14,\ 84)$$

$$= -\frac{q}{4\,\pi\,\varDelta_0\,M} \cdot \frac{2}{\varepsilon+1} \cdot \int\limits_{\zeta_0}^{\infty} \left[\frac{1}{(2\,\zeta)^2} - e^{-2\,\zeta}\{\overline{E\,i}(2\,\zeta) - \overline{E\,i}(\zeta)\} + \frac{1}{2\,\zeta} - \frac{e^{-\zeta}}{\zeta} \right] d\zeta =$$

$$= -\frac{q}{4\,\pi\,\varDelta_0\,M}\,\frac{2}{\varepsilon+1} \left[\frac{1}{4\,\zeta_0} - \frac{1}{2}\, e^{-2\,\zeta_0}\{\overline{E\,i}(2\,\zeta_0) - \overline{E\,i}(\zeta_0)\} + \frac{1}{2}\,E\,i(-\zeta_0) \right]$$

wobei durch das Symbol

$$-E\,i(-x) = \int\limits_{x}^{\infty} \frac{e^{-u}}{u}\, du \qquad (II\ 14,\ 85)$$

das Exponentialintegral für negativ-reelle Werte seines Argumentes x eingeführt wurde. Ihrer Herleitung nach beschreibt U_1 die Arbeit der klassischen Bildkraft; daher mißt das Verhältnis

$$\frac{U_2}{U_1} = -\frac{2}{\varepsilon+1}\,[1 - 2\,\zeta_0\, e^{-2\,\zeta}\{\overline{E\,i}(2\,\zeta_0) - \overline{E\,i}(\zeta_0)\} + 2\cdot\zeta_0\,E\,i(-\zeta_0)]$$

$$(II\ 14,\ 86)$$

die relative Änderung dieser Arbeit bei der Emission des Ions aus dem festen Körper, welche ersichtlich im Falle $\varepsilon = 1$ am größten ausfällt. Abb. II 14, 5 zeigt den dann resultierenden Gang der Austrittsspannung U_a im Verhältnis zu deren klassischem Werte U_1

$$\frac{U_a}{U_1} = 1 + \frac{U_2}{U_1} \qquad (II\ 14,\ 87)$$

mit der jeweiligen [relativen] Emissionsgeschwindigkeit

$$\frac{1}{\zeta_0} = \frac{v}{v_{n,0}}\,; \qquad v_{n,0} = \left[\frac{\varkappa\,z_0}{\varDelta_0(\varepsilon+1)} \right]_{\varepsilon=1} = \frac{\varkappa\,z_0}{2\,\varDelta_0} \qquad (II\ 14,\ 88)$$

des kontrollierten Ions. Im Lichte dieses Ergebnisses erweist sich somit die Annahme einer konstanten Austrittsarbeit, die ja als solche die Emissionseigenschaften des festen Körpers charakterisieren sollte, als eine lediglich für „niedrige" Ionengeschwindigkeiten des Bereiches $0 < v/v_{n,0} \ll 1$ zulässige Näherung. Im Falle hochleitfähiger Metalle erweist sich allerdings die Geschwindigkeit $v_{n,0}$ nach (II 14, 88) als so groß, daß bei der Glühemission die weitaus überwiegende Mehrzahl aller emittierten Elektronen dem angezeigten Geschwindigkeitsbereiche angehören, und dasselbe gilt für den *Schottky*effekt; dagegen hat man die Geschwindigkeitsabhängigkeit der Austrittsarbeit von Metallen sowohl bei der Feldemission von Metall-

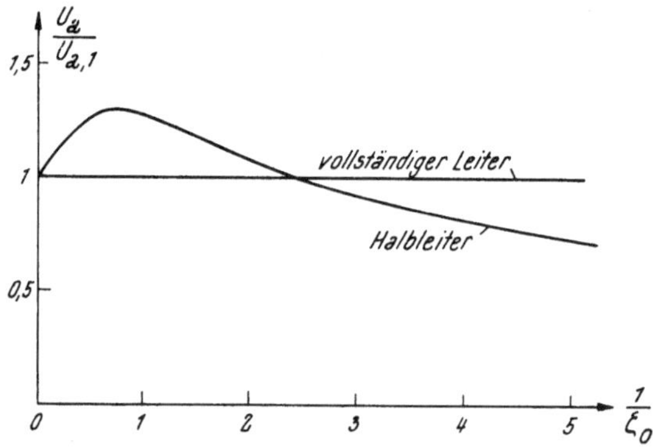

Abb. II 14, 5. Relative Änderung der Austrittsarbeit $u_2/u_1 = u_a/u_{a,1}$ als Funktion der numerischen Innengeschwindigkeit.

elektronen wie auch bei ihrer Photoemission durch hochfrequentes [ultraviolettes] Licht aller Arten in Rechnung zu stellen. Im Falle nur halbleitender fester Körper schließlich macht sich die Geschwindigkeitsabhängigkeit der Austrittsarbeit schon bei relativ niedrigen Ionengeschwindigkeiten bemerkbar.

f) Zur Ionenabsorbtion übergehend, beschreiben wir gemäß (II 14, 17) und (II 14, 22) das Primärpotential $\varphi^{(p)}$ eines längs der Systemachse in die Grenzebene $z = 0$ einfallenden Ions durch

$$\varphi^{(p)} = \begin{cases} \dfrac{q}{4\pi\,\varDelta_0} \cdot \dfrac{1}{\sqrt{(z+vt)^2 + r^2}}\,; & t < 0 \\[2mm] 0\,; & t > 0 \end{cases} \qquad \text{(II 14, 89)}$$

Stellen wir nun die Zeitfunktion

$$\bar{T}(t) = \begin{cases} e^{lvt}\,; & t < 0 \\ 0\,; & t > 0 \end{cases} \qquad \text{(II 14, 90)}$$

durch das längs der Imaginärachse der komplexen $p = (a + i\,b)$-Ebene erstreckte Integral

$$\bar{T}(t) = \frac{1}{2\pi i} \int\limits_{-i\infty}^{i\infty} \frac{e^{pt}}{lv - p}\, dp \qquad \text{(II 14, 91)}$$

dar, so resultiert für $\varphi^{(p)}$, nachdem in (II 14, 24) der Exponent $(-vt)$ des Integranden mit $(+vt)$ vertauscht wurde, innerhalb des *vor* dem kontrollierten Ion gelegenen Raumgebietes $z < z_j$ das Doppelintegral

$$\varphi^{(p)} = \frac{q}{4\pi\,\varDelta_0}\frac{1}{2\pi i} \int\limits_{p=-i\infty}^{i\infty} e^{pt}\, dp \int\limits_{l=0}^{\infty} \frac{e^{lz}}{lv - p}\, J_0(lr)\, dl. \qquad \text{(II 14, 92)}$$

Die Störung dieses Primärfeldes durch den festen Körper schildern wir mit Hilfe der vorerst noch unbekannten Amplitudendichte $\bar{f}(p; l)$ durch den Ansatz

$$\varphi^{(s)} = \frac{q}{4\,\pi\,\varDelta_0}\,\frac{1}{2\,\pi\,i}\int\limits_{p=-i\infty}^{i\infty} \cdot e^{pt}\,dp \int\limits_{l=0}^{\infty} \bar{f}(p;l)\cdot e^{-lz}\,J_0(l\,r)\,dl; \qquad z > 0 \tag{II 14, 93}$$

des Sekundärpotentiales $\varphi^{(s)}$, während das Gesamtpotential φ im festen Körper unter Vermittelung der gleichfalls noch unbekannten Amplitudendichte $\bar{g}(p; l)$ durch

$$\varphi = \frac{q}{4\,\pi\,\varDelta_0}\cdot\frac{1}{2\,\pi\,i}\int\limits_{p=-i\infty}^{i\infty} e^{pt}\,dp \int\limits_{l=0}^{\infty} \bar{g}(p;l)\,e^{lz}\,J_0(l\,r)\,dl; \qquad z < 0 \tag{II 14, 94}$$

dargestellt werde. Die Stetigkeitsbedingungen (II 14, 18) und (II 14, 19) ziehen nun die Relationen

$$\frac{1}{l\,v - p} + \bar{f} = \bar{g} \tag{II 14, 95}$$

und

$$\frac{1}{l\,v - p} - \bar{f} = \left(\frac{\varkappa}{p\,\varDelta_0} + \varepsilon\right)\bar{g} \tag{II 14, 96}$$

nach sich, welchen wir die Angaben

$$\bar{f} = -\frac{1}{l\,v - p}\cdot\frac{\varkappa + p\,\varDelta_0(\varepsilon - 1)}{\varkappa + p\,\varDelta_0(\varepsilon + 1)} \tag{II 14, 97}$$

und

$$\bar{g} = \frac{1}{l\,v - p}\frac{2\,p\,\varDelta_0}{\varkappa + p\,\varDelta_0(\varepsilon + 1)} \tag{II 14, 98}$$

entnehmen.

Unter Benutzung der Identität (II 14, 35) zerlegen wir das Sekundärpotential $\varphi^{(s)}$ gemäß

$$\varphi^{(s)} = \varphi_1^{(s)} + \varphi_2^{(s)} \tag{II 14, 99}$$

in die Komponenten

$$\varphi_1^{(s)} = -\frac{q}{4\,\pi\,\varDelta_0}\,\frac{1}{2\,\pi\,i}\int\limits_{p=-i\infty}^{i\infty} e^{pt}\,dp \int\limits_{l=0}^{\infty} \frac{1}{l\,v - p}\,e^{-lz}\,J_0(l\,r)\,dl; \qquad z > 0 \tag{II 14, 100}$$

und

$$\varphi_2^{(s)} = \frac{q}{4\,\pi\,\varDelta_0}\frac{2}{\varepsilon + 1}\frac{1}{2\,\pi\,i}\int\limits_{p=-i\infty}^{i\infty} e^{pt}\,dp\,\cdot$$

$$\cdot\int\limits_{l=0}^{\infty} \frac{1}{l\,v - p}\frac{p\,\varDelta_0(\varepsilon + 1)}{\varkappa + p\,\varDelta_0(\varepsilon + 1)}\,e^{-lz}\,J_0(l\,r)\,dl; \qquad z > 0. \tag{II 14, 101}$$

Mit Rücksicht auf (II 14, 24) findet man nun aus (II 14, 100)

$$\varphi_1^{(s)} = \begin{cases} -\dfrac{q}{4\,\pi\,\varDelta_0}\dfrac{1}{\sqrt{(z - v\,t)^2 + r^2}} & \text{für} \quad z > 0; \quad t < 0 \\[2ex] 0 & \text{für} \quad z > 0; \quad t > 0 \end{cases} \tag{II 14, 102}$$

Diese Komponente des Sekundärpotentiales schildert also das Feld eines „Antijons" der Ladung $(-q)$, welches sich für alle Zeiten $t < 0$ im jeweiligen Spiegelbilde $z = v\,t < 0$ des wirklichen Ions bezüglich der Ebene $z = 0$ befindet, im Augenblicke $t = 0$ jedoch der Vernichtung anheimfällt.

Zur Berechnung der Potentialkomponente $\varphi_2{}^{(s)}$ übergehend, finden wir für die Zeitabhängigkeit des in (II 14, 101) eingehenden Integranden die Alternative

$$\Phi^*(t) = \frac{1}{2\pi i} \int\limits_{p=-i\infty}^{i\infty} \frac{e^{pt}}{l v - p \varkappa + p\,\varDelta_0(\varepsilon+1)}\,\frac{p\,\varDelta_0(\varepsilon+1)}{} \cdot$$

$$\cdot\, dp = \begin{cases} e^{lvt} \cdot \dfrac{l v\,\varDelta_0(\varepsilon+1)}{\varkappa + l v\,\varDelta_0(\varepsilon+1)} & ; \quad t < 0 \\[3mm] -\,e^{-\frac{\varkappa}{\varDelta_0(\varepsilon+1)}\,t}\,\dfrac{\varkappa}{\varkappa + l v\,\varDelta_0(\varepsilon+1)} & ; \quad t > 0 \end{cases} \qquad \text{(II 14, 103)}$$

welche mit (II 14, 49), (II 14, 50), (II 14, 52) und (II 14, 53) in die Gestalt

$$\Phi^*(t) \to \bar{\Phi}^*(\tau) = \begin{cases} e^{\varLambda\tau}\,\dfrac{\varLambda}{1+\varLambda} & ; \quad \tau < 0 \\[3mm] -\,e^{-\tau}\,\dfrac{1}{1+\varLambda} & ; \quad \tau > 0 \end{cases} \qquad \text{(II 14, 104)}$$

gebracht werden kann.

(1) Während der „Lebenszeit" $\tau < 0$ des kontrollierten Ions folgt aus (II 14, 51) und (II 14, 101) für $\varphi_2{}^{(s)}$ die Darstellung

$$\varphi_2{}^{(s)} = \frac{q}{4\pi\,\varDelta_0\,M} \cdot \frac{2}{\varepsilon+1} \int\limits_{\varLambda=0}^{\infty} e^{\varLambda(\tau-\zeta)}\,J_0(\varLambda\varrho)\,\frac{\varLambda}{1+\varLambda}\,d\varLambda. \qquad \text{(II 14, 105)}$$

Auf die Systemachse $[\varrho = 0]$ spezialisierend, substituieren wir anstelle von $\varLambda$ die Integrationsvariable

$$u = (\zeta - \tau)\,(1 + \varLambda) \qquad \text{(II 14, 106)}$$

und erhalten

$$\varphi_2{}^{(s)} = \frac{q}{4\pi\,\varDelta_0\,M} \cdot \frac{2}{\varepsilon+1} \left\{ \frac{1}{\zeta-\tau} + e^{(\zeta-\tau)}\,\mathrm{E\,i}\{-(\zeta-\tau)\} \right\}. \qquad \text{(II 14, 107)}$$

Da nun das Ion den Punkt $\zeta > 0$ der Systemachse zur numerischen Zeit

$$\tau = -\zeta < 0 \qquad \text{(II 14, 108)}$$

erreicht, tritt dann ebendort die Potentialkomponente

$$\varphi_{2,\,\mathrm{Ion}}^{(s)} = \frac{q}{4\pi\,\varDelta_0\,M} \cdot \frac{2}{\varepsilon+1} \left[\frac{1}{2\,\zeta} + e^{2\zeta}\,\mathrm{E\,i}(-2\,\zeta) \right] \qquad \text{(II 14, 109)}$$

auf; ihr Verhältnis zum „Bildpotential" $\varphi_{1,\,\mathrm{Ion}}^{(s)}$ wird durch die Gleichung

$$\frac{\varphi_{2,\,\mathrm{Ion}}^{(s)}}{\varphi_{1,\,\mathrm{Ion}}^{(s)}} = -\,\frac{2}{\varepsilon+1} \cdot [1 + 2\,\zeta\,e^{2\zeta}\,\mathrm{E\,i}(-2\,\zeta)] \qquad \text{(II 14, 110)}$$

[vgl. Abb. II 14, 6] beschrieben.

Im Einklang mit (II 14, 99) resultiert die Sekundärfeldstärke $E^{(s)}$ längs der positiven z-Achse aus den Komponenten

$$E_1{}^{(s)} = -\left[\frac{\partial\varphi_1{}^{(s)}}{\partial z}\right]_{r=0} = -\,\frac{q}{4\pi\,\varDelta_0}\,\frac{1}{(z-v\,t)^2} = -\,\frac{q}{4\pi\,\varDelta_0\,M^2}\,\frac{1}{(\zeta-\tau)^2}$$

$$\text{(II 14, 111)}$$

und

$$E_2^{(s)} = -\frac{1}{M}\left[\frac{\partial \varphi_2^{(s)}}{\partial \zeta}\right]_{\varrho=0} = \qquad\text{(II 14, 112)}$$

$$= \frac{q}{4\,\pi\,\varDelta_0\,M^2}\cdot\frac{2}{\varepsilon+1}\left[\frac{1}{(\zeta-\tau)^2} - \frac{1+(\zeta-\tau)\,e^{\zeta-\tau}\,\mathrm{E\,i}\{-(\zeta-\tau)\}}{\zeta-\tau}\right],$$

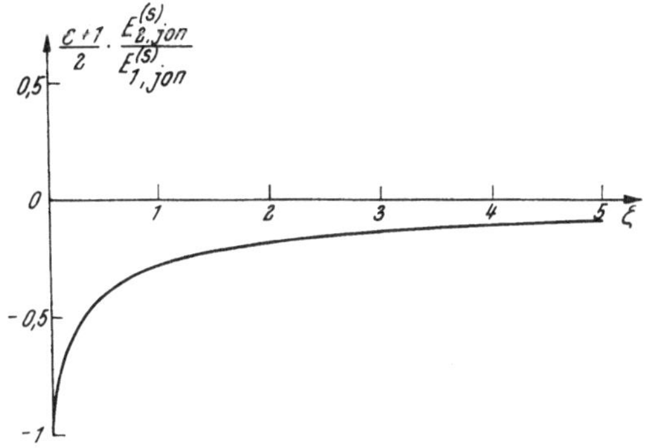

Abb. II 14, 6. Änderung des Bildpotentials am einfallenden Ion [statt E lies φ].

so daß am Ion die ponderomotorische Kraft

$$F_{\mathrm{Ion}} = q\,[E_1^{(s)} + E_2^{(s)}]_{\tau=-\zeta} = \qquad\text{(II 14, 113)}$$

$$= -\frac{q^2}{4\,\pi\,\varDelta_0\,M^2}\left[\frac{1}{(2\,\zeta)^2} - \frac{2}{\varepsilon+1}\left\{\frac{1}{(2\,\zeta)^2} - \frac{1+2\,\zeta\,e^{2\zeta}\,\mathrm{E\,i}(-2\,\zeta)}{2\,\zeta}\right\}\right]$$

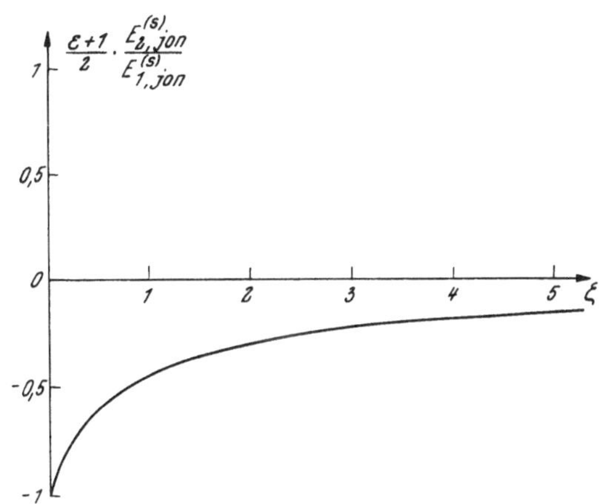

Abb. II 14, 7. Änderung der *Coulomb*kraft am einfallenden Ion.

angreift. Zufolge der spezifischen Wirkung des festen Körpers wird also die *Coulomb*kraft zwischen dem einfallenden Ion und seinem virtuellen Spiegelbilde nach Maßgabe des Verhältnisses

$$\frac{\mathrm{E}_{s,\,\mathrm{Ion}}^{(2)}}{\mathrm{E}_{s,\,\mathrm{Ion}}^{(1)}} = -\frac{2}{\varepsilon+1}\left[1-2\,\zeta\left\{1+2\,\zeta\,\mathrm{E\,i}(-2\,\zeta)\right\}\right] \qquad (\mathrm{II}\ 14,\ 114)$$

abgeschwächt [Abb. II 14, 7].

Unter der *Eintrittsarbeit* $\mathrm{W_e}$ des einfallenden Ions verstehen wir das Integral

$$\mathrm{W_e} = \int\limits_{\infty}^{z_0} \mathrm{F_{Ion}}\,\mathrm{d}z = -\int\limits_{z_0}^{\infty} \mathrm{F_{Ion}}\,\mathrm{d}z \qquad (\mathrm{II}\ 14,\ 115)$$

welchem wir in

$$\mathrm{U_e} = \int\limits_{\infty}^{z_0} \mathrm{E_{Ion}}\,\mathrm{d}z = -\int\limits_{z_0}^{\infty} \mathrm{E_{Ion}}\,\mathrm{d}z \qquad (\mathrm{II}\ 14,\ 116)$$

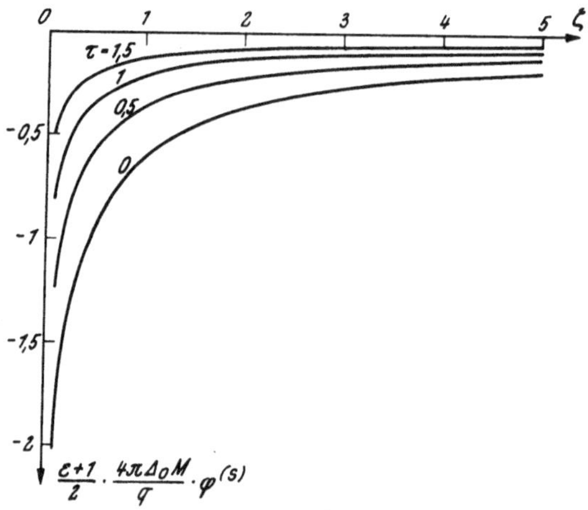

Abb. II 14, 8. Zeitliche Entwicklung des Potentials nach der Absorption des einfallenden Ions.

die *Eintrittsspannung* $\mathrm{U_e}$ zur Seite stellen. Mit Benutzung von (II 14, 81) resultiert aus (II 14, 113) die Angabe

$$\mathrm{U_e} = \frac{q}{4\,\pi\,\varDelta_0\,M}\left[\int\limits_{\zeta_0}^{\infty}\frac{\mathrm{d}\zeta}{4\,\zeta^2} - \frac{2}{\varepsilon+1}\int\limits_{\zeta_0}^{\infty}\left\{\frac{1}{4\,\zeta^2} - \frac{1}{2\,\zeta} - e^{2\zeta}\,\mathrm{E\,i}(-2\,\zeta)\right\}\mathrm{d}\zeta\right] =$$

$$= \frac{q}{4\,\pi\,\varDelta_0\,M}\left[\frac{1}{4\,\zeta_0} - \frac{2}{\varepsilon+1}\left\{\frac{1}{4\,\zeta_0} + \frac{1}{2}\,e^{2\,\zeta_0}\,\mathrm{E\,i}(-2\,\zeta_0)\right\}\right] = \left[\frac{\varphi_{1,\,\mathrm{Ion}}^{(s)} + \varphi_{2,\,\mathrm{Ion}}^{(s)}}{2}\right]_{\zeta_0},$$

$$(\mathrm{II}\ 14,\ 117)$$

so daß das Verhältnis

$$\left[\frac{\varphi_{2,\,\mathrm{Ion}}}{\varphi_{1,\,\mathrm{Ion}}}\right]_{\zeta_0} = 1 - \frac{2}{\varepsilon+1}\left\{1 + 2\,e^{2\,\zeta_0}\,\mathrm{E\,i}(-2\,\zeta_0)\right\} \qquad (\mathrm{II}\ 14,\ 118)$$

die Änderung der Eintrittsarbeit zufolge der spezifischen Eigenschaften des festen Körpers im Maßstabe der „klassischen" Eintrittsarbeit des Ions in den vollkommenen Leiter darstellt.

(2) Obwohl nach der Absorbtion des einfallenden Ions $[\tau > 0]$ sowohl sein Primärpotential $\varphi^{(p)}$ wie der Anteil $\varphi_1^{(s)}$ seines Sekundärpotentiales im nunmehr leeren Raum verschwinden, verbleibt dort doch gemäß (II 14, 101) und (II 14, 103) die „*Nachwirkung*"

$$\varphi^{(s)} = -\frac{q}{4\,\pi\,\varDelta_0\,M}\,\frac{2}{\varepsilon+1}\,e^{-\tau}\int\limits_{\varLambda=0}^{\infty} e^{-\varLambda\zeta}\,J_0(\varLambda\,\varrho)\,\frac{1}{1+\varLambda}\,d\varLambda. \qquad \text{(II 14, 119)}$$

Definitionsgemäß vermag sie das einfallende Ion nicht mehr zu beeinflussen, so daß sich ihre Untersuchung im Rahmen der Elektrodynamik der ponderomotorischen Kräfte auf die Elektrizitätsträger zu erübrigen scheint. Doch ist diese Meinung voreilig: Die Absorbtion des einfallenden

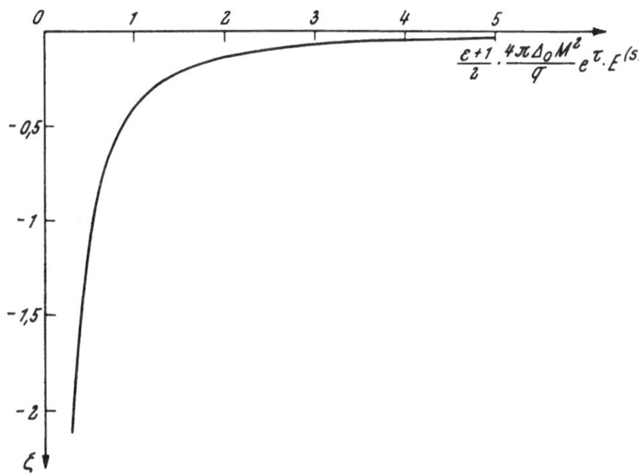

Abb. II 14, 9. Nachwirkungsfeldstärke bei der Absorption des einfallenden Ions.

Ions der Ladung q kann unter geeigneten Umständen die Emission „*sekundärer*" *Ionen* nach sich ziehen, deren individuelle Ladung q' gleich oder ungleich q ausfällt; sie gelte weiterhin als bekannt. Im Lichte dieser Erscheinung hat man daher nach der mechanischen Kraft F' zu fragen, mit welcher das Nachwirkungsfeld an einem der jeweils emittierten Sekundärionen angreift.

Der Kürze halber beschränken wir uns wiederum auf die Systemachse $[\varrho = 0]$, substituieren in (II 14, 119) die Veränderliche

$$u = \zeta(1+\varLambda) \qquad \text{(II 14, 120)}$$

und erhalten für das Nachwirkungspotential die Angabe

$$[\varphi^{(s)}]_{\varrho=0} = \frac{q}{4\,\pi\,\varDelta_0\,M}\cdot\frac{2}{\varepsilon+1}\,e^{-\tau}\,e^{\zeta}\,\mathrm{E\,i}(-\zeta); \qquad \tau>0,\quad \zeta>0 \qquad \text{(II 14, 121)}$$

welche durch Abb. II 14, 8 veranschaulicht wird; aus ihr berechnet sich die achsiale Nachwirkungs-Feldstärke zu

$$[E^{(s)}]_{\varrho=0} = -\frac{1}{M}\left[\frac{\partial\varphi^{(s)}}{\partial\zeta}\right]_{\varrho=0} = -\frac{q}{4\,\pi\,\varDelta_0\,M^2}\cdot\frac{2}{\varepsilon+1}\,e^{-\tau}\left[\frac{1}{\zeta}+e^{-\zeta}\,\mathrm{E\,i}(-\zeta)\right]$$

$$\text{(II 14, 122)}$$

des in Abb. II 14, 9 dargestellten räumlichen Verlaufes. Das am Ort $\zeta = \zeta_0$ gebildete Zeitintegral

$$\int_0^\infty F' \, dt = \int_0^\infty q' \, [E^{(s)}]_{\varrho=0} \, dt = q' \frac{M}{v} \int_0^\infty [E^{(s)}]_{\varrho=0} \cdot d\tau =$$

$$= -\frac{q\,q'}{2\,\pi} \frac{\varkappa}{[\varDelta_0(\varepsilon+1)\,v]^2} \left[\frac{1}{\zeta_0} + e^{-\zeta_0} \, E\,i(-\zeta_0) \right] \qquad \text{(II 14, 123)}$$

schildert somit den *zusätzlichen Impuls*, welcher dem Sekundärion durch das Nachwirkungsfeld erteilt wird.

Drittes Kapitel

Das Einzelelektron im Kristall.

III 1. Das Wasserstoff-Atom

a) Es sei ein „leichtes" Wasserstoff-Atom vorgelegt. Sein *Kern* besteht lediglich aus einem *Proton* der Ruhmasse M_0 und der invariablen, elektrischen Ladung $(+ q_0)$, um welches ein Elektron der Ruhmasse m_0 und der abermals invariablen, elektrischen Ladung $(— q_0)$ kreist. Gefragt wird nach dem *Informationsfelde* dieses Atomes.

Wir bedienen uns vorerst der Terminologie der *Newton*schen Korpuskularmechanik. Der *Schwerpunkt* des Protons und des Elektrons wird mit dem Ursprung O eines *Inertialsystemes* der *Kartesischen* Koordinaten $(\bar{x}; \bar{y}; \bar{z})$ identifiziert. Zwischen den Koordinaten $(X_0; Y_0; Z_0)$ des Protons einerseits und den Koordinaten $(x_0; y_0; z_0)$ des Elektrons andererseits bestehen dann vermöge der Definition des Schwerpunktes in jedem Augenblick der laufenden Zeit t die Beziehungen

$$M_0 X_0 + m_0 x_0 = 0; \qquad M_0 Y_0 + m_0 y_0 = 0; \qquad M_0 Z_0 + m_0 z_0 = 0,$$
$$\text{(III 1, 1)}$$

so daß die Differenzen

$$x = x_0 — X_0 = x_0 \left(1 + \frac{m_0}{M_0}\right); \qquad y = y_0 — Y_0 = y_0 \left(1 + \frac{m_0}{M_0}\right);$$

$$z = z_0 — Z_0 = z_0 \left(1 + \frac{m_0}{M_0}\right) \qquad \text{(III 1, 2)}$$

die *Lage des Elektrons relativ zu jener des Protons* beschreiben; daher wird die potentielle, elektrische *Wechselwirkungsenergie* zwischen diesen Elementarteilchen durch das Gesetz

$$\eta_{\text{Pot}} = — \frac{q_0{}^2}{4 \pi \varDelta_0} \frac{1}{\sqrt{x^2 + y^2 + z^2}} \qquad \text{(III 1, 3)}$$

dargestellt, in welchem $\varDelta_0$ die sogenannte Dielektrizitätskonstante des leeren Raumes bezeichnet. Unsere Aufmerksamkeit von nun ab etwa nur auf das Elektron richtend, ersetzen wir seine Eigenmasse m_0 durch die „reduzierte" Masse

$$\mu_0 = m_0 \frac{M}{m_0 + M} \qquad \text{(III 1, 4)}$$

und erhalten für die komplexe Amplitude $\bar{u}$ seines Informationsfeldes im stationären Zustande von der Gesamtenergie η die zeitfreie *Schrödinger*-Gleichung

$$\frac{\partial^2 \bar{u}}{\partial x^2} + \frac{\partial^2 \bar{u}}{\partial y^2} + \frac{\partial^2 \bar{u}}{\partial z^2} + \frac{2 \mu_0}{\hbar^2} (\eta — \eta_{\text{Pot}}) \, \bar{u} = 0. \qquad \text{(III 1, 5)}$$

b) Neben den *Kartesi*schen Koordinaten $(\bar{x}; \bar{y}; \bar{z})$ führen wir mittels der Relationen

$$\bar{x} = \bar{r} \sin \bar{\vartheta} \cos \bar{a}; \qquad \bar{y} = \bar{r} \sin \bar{\vartheta} \sin \bar{a}; \qquad \bar{z} = r \cos \bar{\vartheta} \qquad \text{(III 1, 6)}$$

die gleichfalls in O zentrierten, *sphärischen Koordinaten* $\bar{r}$ [Zentraldistanz], $\bar{\vartheta}$ [Polarwinkel] und $\bar{a}$ [Azimut] ein; ihnen stellen wir durch die Definitionen

$$r = \sqrt{x^2 + y^2 + z^2}; \qquad \cos \vartheta = \frac{z}{r}; \qquad \text{tg } a = \frac{y}{x} \qquad \text{(III 1, 7)}$$

die *sphärischen Koordinaten des Elektrons relativ zum Kern* zur Seite. Nach Transformation des *Laplace*schen Operators auf diese Koordinaten verwandelt sich die *Schrödinger*-Gleichung (III 1, 5) mit Rücksicht auf (III 1, 3) in die partielle Differentialgleichung

$$\frac{1}{r^2} \frac{\partial}{\partial r}\left(r^2 \cdot \frac{\partial \bar{u}}{\partial r}\right) + \frac{1}{r^2 \sin \vartheta} \frac{\partial}{\partial \vartheta}\left(\sin \vartheta \cdot \frac{\partial \bar{u}}{\partial \vartheta}\right) + \frac{1}{r^2 \sin^2 \vartheta} \frac{\partial^2 \bar{u}}{\partial a^2} +$$

$$+ \frac{2 \mu_0}{\hbar^2}\left(\eta + \frac{q_0^2}{4 \pi \varDelta_0} \cdot \frac{1}{r}\right) \bar{u} = 0. \qquad \text{(III 1, 8)}$$

Zu ihrer Lösung wählen wir den *Produktansatz*

$$\bar{u} = R(r) \cdot F(\vartheta; a). \qquad \text{(III 1, 9)}$$

Durch seine Substitution in (III 1, 8) entsteht zunächst die Gleichung

$$\frac{1}{r^2} \frac{d}{dr}\left(r^2 \frac{dR}{dr}\right) F + \frac{R}{r^2} \frac{1}{\sin \vartheta} \frac{\partial}{\partial \vartheta}\left(\sin \vartheta \frac{\partial F}{\partial \vartheta}\right) + \frac{R}{r^2} \frac{1}{\sin^2 \vartheta} \frac{\partial^2 F}{\partial a^2} +$$

$$+ \frac{2 \mu_0}{\hbar^2}\left(\eta + \frac{q_0^2}{4 \pi \varDelta_0} \cdot \frac{1}{r}\right) R \cdot F = 0, \qquad \text{(III 1, 10)}$$

welche nach Division mit $(R \cdot F/r^2)$ die Gestalt

$$\frac{1}{R} \frac{d}{dr}\left(r^2 \cdot \frac{dR}{dr}\right) + \frac{2 \mu_0}{\hbar^2}\left(\eta \, r^2 + \frac{q_0^2}{4 \pi \varDelta_0} \cdot r\right) +$$

$$+ \frac{1}{\sin \vartheta} \frac{1}{F} \frac{\partial}{\partial \vartheta}\left(\sin \vartheta \frac{\partial F}{\partial \vartheta}\right) + \frac{1}{\sin^2 \vartheta} \frac{1}{F} \cdot \frac{\partial^2 F}{\partial a^2} = 0 \qquad \text{(III 1, 11)}$$

annimmt. Nach Wahl einer Separationskonstanten k zerfällt (III 1, 11) in die beiden, durch k miteinander gekoppelten Forderungen

$$\frac{1}{\sin \vartheta} \frac{\partial}{\partial \vartheta}\left(\sin \vartheta \frac{\partial F}{\partial \vartheta}\right) + \frac{1}{\sin^2 \vartheta} \frac{\partial^2 F}{\partial a^2} + k \, F = 0 \qquad \text{(III 1, 12)}$$

und

$$\frac{d}{dr}\left(r^2 \cdot \frac{dR}{dr}\right) + \left[\frac{2 \mu_0}{\hbar^2}\left(\eta \, r^2 + \frac{q_0^2}{4 \pi \varDelta_0} r\right) - k\right] R = 0. \qquad \text{(III 1, 13)}$$

c) Wir beschäftigen uns zunächst mit der partiellen Differentialgleichung (III 1, 12), welche die *allgemeinen Kugelflächenfunktionen* $F = F(\vartheta; a)$ definiert. Um deren Eigenschaften kennen zu lernen, bedienen wir uns eines homogenen Polynomes v vom l-ten Grade in den Veränderlichen $(x; y; z)$, welches der *Laplace*schen Gleichung

$$\nabla^2 v = 0 \qquad \text{(III 1, 14)}$$

genüge, und erklären nunmehr durch

$$v = r^l F_1(\vartheta; a) \qquad \text{(III 1, 15)}$$

die Kugelflächenfunktionen l-ter Ordnung $F_l(\vartheta; \alpha)$. Zufolge der Voraussetzung (III 1, 14) gilt dann die Relation

$$\nabla^2 v = \frac{1}{r^2} \frac{\partial}{\partial r}\left(r^2 \frac{\partial v}{\partial r}\right) + \frac{1}{r^2 \sin \vartheta} \frac{\partial}{\partial \vartheta}\left(\sin \vartheta \cdot \frac{\partial v}{\partial \vartheta}\right) + \frac{1}{r^2 \sin^2 \vartheta} \frac{\partial^2 v}{\partial \alpha^2} = 0,$$

$$\text{(III 1, 16)}$$

so daß $F_l(\vartheta; \alpha)$ der partiellen Differentialgleichung

$$\frac{1}{\sin \vartheta} \frac{\partial}{\partial \vartheta}\left(\sin \vartheta \cdot \frac{\partial F_l}{\partial \vartheta}\right) + \frac{1}{\sin^2 \vartheta} \frac{\partial^2 F_l}{\partial \alpha^2} + l(l+1) F_l = 0 \qquad \text{(III 1, 17)}$$

genügt; sie stimmt mit (III 1, 12) überein, falls man dort die Separationskonstante k der „*Quantisierungsvorschrift*"

$$k = l(l+1) \qquad \text{(III 1, 18)}$$

unterwirft.

d) Wieviel überall endliche, linear von einander unabhängige Kugelflächenfunktionen l-ter Ordnung lassen sich bilden?

Wir ersetzen vorübergehend die *Kartesi*schen Koordinaten (x; y; z) durch die Veränderlichen

$$\psi = x + iy; \qquad \chi = x - iy; \qquad \zeta = z; \qquad (i = \sqrt{-1}). \quad \text{(III 1, 19)}$$

Mittels der Relationen

$$\frac{\partial}{\partial x} = \frac{\partial}{\partial \psi} + \frac{\partial}{\partial \chi}; \qquad \frac{\partial}{\partial y} = i\frac{\partial}{\partial \psi} - i\frac{\partial}{\partial \chi}; \qquad \frac{\partial}{\partial z} = \frac{\partial}{\partial \zeta} \qquad \text{(III 1, 20)}$$

und den hieraus folgenden Unrechnungsformeln

$$\frac{\partial^2}{\partial x^2} = \frac{\partial^2}{\partial \psi^2} + 2\frac{\partial^2}{\partial \psi \, \partial \chi} + \frac{\partial^2}{\partial \chi^2}; \qquad \frac{\partial^2}{\partial y^2} = -\frac{\partial^2}{\partial \psi^2} + 2\frac{\partial^2}{\partial \psi \, \partial \chi} - \frac{\partial^2}{\partial \chi^2}; \qquad \frac{\partial^2}{\partial z^2} = \frac{\partial^2}{\partial \zeta^2}$$

$$\text{(III 1, 21)}$$

verwandelt sich (III 1, 14) in die Forderung

$$\nabla^2 v = 4 \frac{\partial^2 v}{\partial \psi \, \partial \chi} + \frac{\partial^2 v}{\partial \zeta^2} = 0. \qquad \text{(III 1, 22)}$$

Die gesuchten, auf jeder Kugel r = const. endlichen Lösungen dieser Gleichung mögen als Potenzpolynome l-ten Grades angesetzt werden:

$$v = \psi^m \cdot \zeta^n \left[a_0 + a_1 \psi \cdot \chi \, \zeta^{-2} + a_2 \psi^2 \chi^2 \cdot \zeta^{-4} + \ldots\right]. \quad \text{(III 1, 23)}$$

Seine Exponenten m und n sind der Bedingung

$$m + n = l \qquad \text{(III 1, 24)}$$

zu unterwerfen, und das Polynom ist mit der letzten, nicht negativen Potenz von ζ abzubrechen. Diese Vorschriften können für jede ganze Zahl $l \geqq 0$ genau durch die Werte

$$m = 0; 1; 2; \ldots l, \qquad \text{(III 1, 25)}$$

also auf $(l + 1)$ verschiedene Weisen befriedigt werden. Hat man sich für eine dieser Möglichkeiten entschieden, so folgt durch Substitution von (III 1, 23) in (III 1, 16) die Gleichung

$$4 a_1(m+1) \psi^m \zeta^{n-2} + 4 a_2(m+2) 2 \psi^{m+1} \cdot \chi \cdot \zeta^{n-4} + \ldots +$$
$$+ a_0(n)(n-1) \psi^m \zeta^{n-2} + a_1(n-2)(n-3) \psi^{m+1} \chi \zeta^{n-4} + \ldots = 0.$$

$$\text{(III 1, 26)}$$

Sie wird durch die je zweigliedrigen Rekursionsformeln

$$4 a_1(m+1) + a_0(n)(n-1) = 0,$$
$$4 a_2(m+2) + a_1(n-2)(n-3) = 0 \qquad \text{(III 1, 27)}$$

$$\vdots \qquad\qquad \vdots \qquad\qquad \vdots$$

gelöst, welche sämtliche Koeffizienten a_k [$k > 0$] eindeutig auf a_0 zurückführen.

Vertauscht man nunmehr (III 1, 23) mit dem Ansatz

$$v = \chi^m \cdot \zeta^n \left[\bar{a}_0 + \bar{a}_1 \chi \cdot \psi \cdot \zeta^{-2} + \bar{a}_2 \chi^2 \psi^2 \cdot \zeta^{-4} + \ldots \right], \quad \text{(III 1, 28)}$$

so findet man mittels des vorstehend angewandten Verfahrens gemäß (III 1, 25) wiederum $(l + 1)$ Polynome l-ten Grades, welche je die *Laplace*sche Gleichung befriedigen; in ihnen unterscheidet sich jedoch die Lösung $m = 0$ nur durch die Wahl von $\bar{a}_0$ von der entsprechenden, nach Festsetzung von a_0 aus (III 1, 23) hervorgehenden Lösung, so daß diese beiden Integrale tatsächlich von einander linear abhängig sind. Wir gelangen sonach zu dem Satz: Zu jeder ganzen Zahl $l \geqq 0$ gehören genau $(2l + 1)$ von einander linear unabhängige Kugelflächenfunktionen l-ter Ordnung, welche je auf der gesamten Kugelfläche $r = \text{const.}$ eindeutig und stetig bleiben.

e) Durch Substitution der Vorschrift (III 1, 18) in (III 1, 12) erhalten wir für die Kugelflächenfunktionen l-ter Ordnung [Symbol F_l] die partielle Differentialgleichung

$$\frac{1}{\sin\vartheta} \frac{\partial}{\partial\vartheta} \left(\sin\vartheta \cdot \frac{\partial F_l}{\partial\vartheta} \right) + \frac{1}{\sin^2\vartheta} \frac{\partial^2 F_l}{\partial a^2} + l(l + 1)\, F_l = 0. \quad \text{(III 1, 29)}$$

Um zunächst die azimutale *Eindeutigkeit* und *Stetigkeit* ihrer Lösungen zu gewährleisten, setzen wir jede von ihnen, nach Wahl der ganzen, positiven oder negativen „*Quantenzahl*" m [einschließlich $m = 0$] als *Drehfeld* an und schreiben der Deutlichkeit halber

$$F_l \rightarrow F_l^m = e^{ima} \cdot \Theta_l^m(\vartheta). \quad \text{(III 1, 30)}$$

Seine lediglich vom Polarwinkel ϑ abhängige Amplitude Θ_l^m genügt dann mit Rücksicht auf (III 1, 29) der gewöhnlichen Differentialgleichung zweiter Ordnung

$$\frac{1}{\sin\vartheta} \frac{d}{d\vartheta} \left[\sin\vartheta \cdot \frac{d\Theta_l^m}{d\vartheta} \right] - \frac{m^2}{\sin^2\vartheta} \Theta_l^m + l(l + 1)\, \Theta_l^m = 0, \quad \text{(III 1, 31)}$$

welche mittels der Substitutionen

$$\cos\vartheta = \mu; \qquad \Theta_l^m(\vartheta) = P_l^m(\mu) \quad \text{(III 1, 32)}$$

in

$$\frac{d}{d\mu} \left[(1 - \mu^2) \frac{dP_l^m}{d\mu} \right] + \left[l(l + 1) - \frac{m^2}{1 - \mu^2} \right] P_l^m = 0 \quad \text{(III 1, 33)}$$

übergeht.

Wir setzen zunächst

$$m \geqq 0 \quad \text{(III 1, 34)}$$

voraus und versuchen die Integration der Gleichung (III 1, 33) mittels des Produktansatzes

$$P_l^m(\mu) = (1 - \mu^2)^{\frac{m}{2}}\, M_l^m(\mu). \quad \text{(III 1, 35)}$$

Auf Grund der Relationen

$$\frac{dP_l^m}{d\mu} = (1 - \mu^2)^{\frac{m}{2}} \cdot \frac{dM_l^m}{d\mu} - m\,\mu(1 - \mu^2)^{\frac{m}{2} - 1} \cdot M_l^m \quad \text{(III 1, 36)}$$

und

$$\frac{\mathrm{d}}{\mathrm{d}\mu}\left[(1-\mu^2)\frac{\mathrm{d}P_l{}^m}{\mathrm{d}\mu}\right] = (1-\mu^2)^{\frac{m}{2}+1}\cdot\frac{\mathrm{d}^2 M_l{}^m}{\mathrm{d}\mu^2} - \qquad\text{(III 1, 37)}$$

$$-(m+1)\cdot 2\,\mu\cdot(1-\mu^2)^{\frac{m}{2}}\cdot\frac{\mathrm{d}M_l{}^m}{\mathrm{d}\mu} + m(1-\mu^2)^{\frac{m}{2}}\left[\frac{m\,\mu^2}{1-\mu^2}-1\right]M_l{}^m$$

resultiert dann aus (III 1, 33) für die Funktion $M_l{}^m$ die Differentialgleichung

$$(1-\mu^2)\frac{\mathrm{d}^2 M_l{}^m}{\mathrm{d}\mu^2} - 2(m+1)\cdot\mu\cdot\frac{\mathrm{d}M_l{}^m}{\mathrm{d}\mu} + [l(l+1)-m(m+1)]\,M_l{}^m = 0.$$

$$\text{(III 1, 38)}$$

Durch ihre Differentiation nach μ entsteht für die Ableitung

$$\dot{M}_l{}^m = \frac{\mathrm{d}M_l{}^m}{\mathrm{d}\mu} \qquad\text{(III 1, 39)}$$

die Differentialgleichung

$$(1-\mu^2)\frac{\mathrm{d}^2\dot{M}_l{}^m}{\mathrm{d}\mu^2} - 2(m+2)\,\mu\cdot\frac{\mathrm{d}\dot{M}_l{}^m}{\mathrm{d}\mu} + [l(l+1)-(m+1)(m+2)\,M_l{}^m = 0.$$

$$\text{(III 1, 40)}$$

Ihr Vergleich mit (III 1, 35) liefert, bei geeigneter Verfügung über die einstweilen ja noch frei wählbaren multiplikativen Konstanten, die Formel

$$\dot{M}_l{}^m = \frac{\mathrm{d}M_l{}^m}{\mathrm{d}\mu} = M_l{}^{m+1}, \qquad\text{(III 1, 41)}$$

durch deren m-malige Anwendung auf $M_l{}^0$ wir zu der Relation

$$M_l{}^m = \frac{\mathrm{d}_m M_l{}^0}{\mathrm{d}\mu^m} \qquad\text{(III 1, 42)}$$

gelangen. Nach (III 1, 38) genügt nun die Funktion $M_l{}^0$ der Differential-gleichung

$$\frac{\mathrm{d}}{\mathrm{d}\mu}\left[(1-\mu^2)\frac{\mathrm{d}M_l{}^0}{\mathrm{d}\mu}\right] + l(l+1)\,M_l{}^0 = 0, \qquad\text{(III 1, 43)}$$

deren für alle reellen $|\mu|\leq 1$ endlichen und stetigen Lösungen die *Legendre*-schen „zonalen" Kugelfunktionen l-ter Ordnung [Symbol $P_l(\mu)$] definieren; sie werden mittels der Bildungsvorschrift

$$M_l{}^0(\mu) = P_l(\mu) = \frac{1}{2^l\cdot l!}\,\frac{\mathrm{d}^l(\mu^2-1)^l}{\mathrm{d}\mu^l} \qquad\text{(III 1, 44)}$$

je in der Gestalt eines Polynomes l-ten Grades explizit dargestellt. Demnach führt die Differentialrelation (III 1, 42) auf genau $(l+1)$ von einander linear unabhängige Funktionen $M_l{}^m$, aus welchen wir gemäß (III 1, 35) die ebensovielen, wesentlich von einander verschiedenen Funktionen $P_l{}^m$ herleiten; diese sind also unter Vermittlung von (III 1, 44) durch die Angaben

$$P_l{}^m = \frac{1}{2^l l!}\,(1-\mu^2)^{\frac{m}{2}}\,\frac{\mathrm{d}^{l+m}(\mu^2-1)^l}{\mathrm{d}\mu^{l+m}} \qquad\text{(III 1, 45)}$$

den zonalen Kugelfunktionen l-ter Ordnung

$$P_l(\mu) = P_l{}^0(\mu) \qquad\text{(III 1, 46)}$$

sozusagen genetisch zugeordnet. Ihre Darstellung (III 1, 45) bleibt auch in dem früher durch die Festsetzung (III 1, 34) ausgeschlossenen Fall negativer Quantenzahlen m sinnvoll, sofern man etwa auftretende negative

Werte des Differentiationsindex $(1 + m)$ als Vorschrift $(1 + m)$facher Integration interpretiert. Indessen erweisen sich die aus diesem Prozeß hervorgehenden Funktionen für alle $m < (-1)$ in den Polen $\mu = \pm 1$ der Einheitskugel als singulär, so daß sie gegen die früher verlangte Bedingung ihrer lückenlosen Stetigkeit auf der gesamten Kugeloberfläche verstoßen. Die Quantenzahl m ist daher der Ungleichung

$$-1 \leqq m \leqq 1 \qquad \text{(III 1, 47)}$$

zu unterwerfen, welche genau $(2\,1 + 1)$ unterschiedliche Werte für m zuläßt. Allerdings sind die paarweise zusammengehörigen Funktionen $P_1{}^m(\mu)$ und $P_1{}^{-m}(\mu)$ nicht unabhängig von einander: Der *Jacobi*sche Satz[1] lehrt den Zusammenhang

$$\frac{P_1{}^{-m}(\mu)}{P_1{}^m(\mu)} = (-1)^m \cdot \frac{(1-m)!}{(1+m)!}. \qquad \text{(III 1, 48)}$$

Nichtsdestoweniger sind die $(2\,1 + 1)$ Kugelflächenfunktionen, welche durch Substitution von (III 1, 32) in (III 1, 30) hervorgehen

$$F_1{}^m(\mu\,; a) = P_1{}^m(\mu)\, e^{i\,m\,a}; \qquad -1 \leqq m \leqq 1 \qquad \text{(III 1, 49)}$$

mit Rücksicht auf den durch m jeweils eindeutig diktierten kinematischen Charakter des die Polarachse umkreisenden Drehfeldes von einander linear unabhängig.

f) Wir fragen nach der Radialstruktur R der Informationsamplitude $\bar{u}$, welche nach (III 1, 13) und (III 1, 18) der Differentialgleichung zweiter Ordnung

$$\frac{d}{dr}\left(r^2 \cdot \frac{dR}{dr}\right) + \left[\frac{2\,\mu_0}{\hbar^2}\left(\eta\, r^2 + \frac{q_0{}^2}{4\,\pi\,\varDelta_0}\, r\right) - 1(1 + 1)\right] R = 0 \qquad \text{(III 1, 50)}$$

gehorcht. Für sehr große Abstände des Elektrons vom Kern konvergiert diese Gleichung gegen

$$\frac{d^2R}{dr^2} + \frac{2\,\mu_0}{\hbar^2}\,\eta \cdot R = 0, \qquad \text{(III 1, 51)}$$

welcher man folgende *Alternative* entnimmt:

1. Sei

$$\eta > 0, \qquad \text{(III 1, 52)}$$

so führt die Integration der „asymptotischen" Gleichung (III 1, 51), nach Wahl zweier Integrationskonstanten C_+ und C_-, auf die Lösung

$$R = C_+\, e^{i\frac{r}{\hbar}\sqrt{2\mu_0\eta'}} + C_-\, e^{-i\frac{r}{\hbar}\sqrt{2\mu_0\eta}}; \qquad i = \sqrt{-1}. \qquad \text{(III 1, 53)}$$

Ihr erster Posten schildert eine expandierende, ihr zweiter Posten eine sich kontrahierende Kugelwelle, deren jeder eine radiale Bewegung des Elektrons zugeordnet ist; wir lassen Vorgänge dieser Art einschließlich ihrer möglichen Kombinationen weiterhin außer Betracht, da es sich herausstellen wird, daß nur die *Zustände niedriger Gesamtenergie* von wesentlicher Bedeutung für die Kristallelektronik sind.

2. Im Falle

$$\eta < 0 \qquad \text{(III 1, 54)}$$

---

[1] Vgl. z. B. *F. Ollendorff*, Berechnung magnetischer Felder, S. 14. Wien, Springer 1952.

liefert (III 1, 51), nach Wahl der Integrationskonstanten K_+ und K_-, die allgemeine Lösung

$$R = K_+ \, e^{\frac{r}{\hbar}\sqrt{-2\mu_0\eta}} + K_- \, e^{-\frac{r}{\hbar}\sqrt{-2\mu_0\eta}}. \qquad (III\ 1,\ 55)$$

Nun werde das untersuchte Atom als *frei* vorausgesetzt: Sein Elektron kann sich beliebig weit vom Kern entfernen. Auf Grund der statistischen Deutung des Produktes ($\bar{u}\,\bar{u}^*$) als Aufenthaltswahrscheinlichkeit des Elektrons je Einheit seines Lebensraumes ist dann

$$\lim_{r \to \infty} R(r) = 0 \qquad (III\ 1,\ 56)$$

zu verlangen. Da diese Bedingung nur mit $K_+ = 0$ vereinbar ist, reduziert sich (III 1, 55) auf die Aussage

$$R = K_- \, e^{-\frac{r}{\hbar}\sqrt{-2\mu_0\eta}}. \qquad (III\ 1,\ 57)$$

Je größer also der Abstand r des Kontrollpunktes vom Kern gewählt wird, desto unwahrscheinlicher ist es, das Elektron dort noch anzutreffen: Es ist dauernd an das Proton gebunden.

g) Um die *Schrödinger*gleichung des Wasserstoffes im Falle $\eta < 0$ zu vereinfachen, führen wir den Halbmesser

$$r_0 = \frac{\hbar}{2\sqrt{-2\mu_0\eta}} \qquad (III\ 1,\ 58)$$

als sozusagen natürliche Längeneinheit ein und definieren durch das Verhältnis

$$\varrho = \frac{r}{r_0} \qquad (III\ 1,\ 59)$$

die dimensionsfreie, „numerische" Zentraldistanz des Aufpunktes. Mit Hilfe der weiteren, dimensionslosen Größe

$$A = \frac{2\mu_0}{\hbar^2} \frac{q_0{}^2}{4\pi\varDelta_0} r_0 = \frac{q_0{}^2}{4\pi\varDelta_0\hbar} \sqrt{-\frac{1}{2}\frac{\mu_0}{\eta}}, \qquad (III\ 1,\ 60)$$

nimmt dann (III 1, 50) die Gestalt

$$\frac{d^2R}{d\varrho^2} + \frac{2}{\varrho}\frac{dR}{d\varrho} + \left[-\frac{1}{4} + \frac{A}{\varrho} - \frac{l(l+1)}{\varrho^2}\right]R = 0 \qquad (III\ 1,\ 61)$$

an. Um das Integral dieser Gleichung für $\varrho \to \infty$ der aus (III 1, 57) zusammen mit (III 1, 58) und (III 1, 59) hervorgehenden „asymptotischen" Lösung anzupassen, setzen wir es in der Produktform

$$R = e^{-\frac{1}{2}\varrho}\,w(\varrho) \qquad (III\ 1,\ 62)$$

an. Aus

$$\frac{dR}{d\varrho} = -\frac{1}{2}e^{-\frac{1}{2}\varrho}w + e^{-\frac{1}{2}\varrho}\frac{dw}{d\varrho} \qquad (III\ 1,\ 63)$$

und

$$\frac{d^2R}{d\varrho^2} = \frac{1}{4}e^{-\frac{1}{2}\varrho}\cdot w - e^{-\frac{1}{2}\varrho}\cdot\frac{dw}{d\varrho} + e^{-\frac{1}{2}\varrho}\cdot\frac{d^2w}{d\varrho^2} \qquad (III\ 1,\ 64)$$

folgt somit für w die Differentialgleichung

$$\frac{d^2w}{d\varrho^2} + \left[\frac{2}{\varrho} - 1\right]\frac{dw}{d\varrho} + \left[\frac{A-1}{\varrho} - \frac{l(l+1)}{\varrho^2}\right]w = 0, \qquad (III\ 1,\ 65)$$

zu deren Lösung wir uns der *Sommerfeld*schen Polynommethode bedienen: Es sei

$$w = \varrho^{\gamma} \cdot \sum a_k \cdot \varrho^k; \qquad k = 0; 1; 2; \ldots \qquad \text{(III 1, 66)}$$

bei vorerst noch unbekannten Werten sowohl des Potenzexponenten γ wie auch der Koeffizienten a_k. Durch Substitution von (III 1, 66) in (III 1, 65) finden wir dann zunächst für das Anfangsglied der Entwicklung die Aussage

$$\gamma(\gamma - 1) + 2\gamma - l(l+1) = 0, \qquad \text{(III 1, 67)}$$

aus welcher für γ die zwei Wurzeln

$$\gamma_1 = 1; \qquad \gamma_2 = -(l+1) \qquad \text{(III 1, 68)}$$

entspringen. Unter abermaligem Hinweis auf die Interpretation des Produktes $(\bar{u}\,\bar{u}^*)$ als Aufenthaltswahrscheinlichkeit des Elektrons je Einheit seines Lebensraumes könnte man geneigt sein, nur der mit γ_1 gebildeten Lösung physikalische Realität zuzuerkennen, während das aus γ_2 hervorgehende Integral wegen seines singulären Verhaltens für $\varrho \to 0$ als unzulässig erscheint. Indessen ist dieser Schluß im Falle $l = 0$, also $\gamma_2 = -1$, in der genannten Form übereilt: Wir dürfen billigerweise nur verlangen, daß die über den gesamten Lebensraum des Elektrons integrierte Anwesenheitsdichte den Wert 1 [Gewißheit] liefert; die Konvergenz dieses Integrales wird jedoch durch die für $\gamma_2 = -1$ in $\varrho \to 0$ auftretende Singularität allein noch nicht gefährdet!

Zu (III 1, 66) zurückkehrend, bringen wir nun den Koeffizienten der Potenz ϱ^{k-1} bei beliebigen Werten des Exponenten γ durch die Forderung

$$a_{k+1}(\gamma + k + 1)(\gamma + k) + a_{k+1} \cdot 2(\gamma + k + 1) - a_k(\gamma + k) +$$
$$+ a_k(A - 1) - a_{k+1} l(l+1) = 0, \qquad \text{(III 1, 69)}$$

welche die *Rekursionsformel*

$$a_{k+1} = a_k \frac{1 + \gamma + k - A}{(\gamma + k + 1)(\gamma + k + 2) - l(l+1)} \qquad \text{(III 1, 70)}$$

zur Berechnung des Koeffizienten a_{k+1} aus a_k nach sich zieht. Sie reduziert sich im Falle $\gamma = \gamma_1 = 1$ auf die Relation

$$a_{k+1} = a_k \frac{1 + 1 + k - A}{(k+1)(2l+k+2)}, \qquad \text{(III 1, 71)}$$

deren Nenner für alle $k \geqq 0$ positiv ausfällt und daher gewiß zu beschränkten Werten aller a_{k+1} führt, sofern nur a_0 beschränkt ist. Dagegen findet sich aus (III 1, 70) für $\gamma = \gamma_2 = -(l+1)$ die Formel

$$a_{k+1} = a_k \frac{k - l - A}{(k - 2l)(k+1)}, \qquad \text{(III 1, 72)}$$

deren Nenner für $k = 2l$ verschwindet. Da nun aus den früher erörterten Gründen γ_2 dem einzigen Werte $\gamma_2 = -1$ gleichzusetzen ist, welcher gemäß (III 1, 68) der Quantenzahl $l = 0$ korrespondiert, garantieren erst die beiden Zusatzbedingungen

$$l = 0; \qquad A = 0 \qquad \text{(III 1, 73)}$$

die Möglichkeit einer aus (III 1, 72) hervorgehenden, für alle positiven, ganzen k einschließlich der Null beschränkten Zahlenfolge

$$a_0; \qquad a_1; \qquad a_2 = a_1 \cdot \frac{1}{2}; \qquad a_3 = a_2 \cdot \frac{1}{3}; \qquad \ldots \qquad \text{(III 1, 74)}$$

Wir entnehmen ihr vermöge (III 1, 63) die Funktion

$$w = \frac{1}{\varrho}\left[a_0 + a_1\left\{\frac{\varrho}{1} + \frac{\varrho^2}{1 \cdot 2} + \frac{\varrho^3}{1 \cdot 2 \cdot 3} + \dots\right\}\right] = \frac{1}{\varrho}\,[a_0 + a_1 \cdot e^\varrho].$$

$$\text{(III 1, 75)}$$

Damit nun die aus ihr nach (III 1, 59) gebildete Radialfunktion R, wie verlangt, für $\varrho \to \infty$ gegen Null konvergiere, haben wir

$$a_1 = 0 \qquad\qquad \text{(III 1, 76)}$$

zu wählen, so daß sich R auf

$$R = \frac{a_0}{\varrho}\,e^{-\frac{1}{2}\varrho} \qquad\qquad \text{(III 1, 77)}$$

reduziert.

Im Lichte der Gleichungen (III 1, 58) und (III 1, 60) zeigt sich allerdings, daß dieses Integral der zeitfreien *Schrödinger*gleichung mit den klassischen Eigenschaften des Elektrons nicht vereinbar ist. Definiert man jedoch einen *hypothetischen Kerntrabanten* durch den doppelten Grenzprozeß

$$\lim_{\substack{\mu_0 \to 0 \\ \eta \to -\infty}} \frac{q_0^2}{4\,\pi\,\Delta_0\,\hbar}\sqrt{-\frac{1}{2}\frac{\mu_0}{\eta}} = 0; \qquad \lim_{\substack{\mu_0 \to 0 \\ \eta \to -\infty}} \frac{\hbar}{2\sqrt{-2\,\mu_0\,\eta}} = r_0, \quad \text{(III 1, 78)}$$

so schildert (III 1, 77) den Radialbestandteil der Wahrscheinlichkeitswelle eines in sich neutralen „Atomes", welches wegen $\eta \to (-\infty)$ *nicht ionisierbar* ist; ihre Intensität a_0 bestimmt sich aus der Normierungsvorschrift

$$\int\limits_0^\infty R\,R^*\,4\,\pi\varrho^2\,d\varrho = 4\,\pi\,a_0\,a_0^*\int\limits_0^\infty e^{-\varrho}\,d\varrho = 1 \qquad \text{(III 1, 79)}$$

zu

$$a_0\,a_0^* = \frac{1}{4\,\pi}. \qquad\qquad \text{(III 1, 80)}$$

Demnach nimmt die Wahrscheinlichkeit, den hypothetischen Kerntrabanten bei seiner Beobachtung zwischen den infinitesimal benachbarten Kugeln der numerischen Halbmesser ϱ und $(\varrho + d\varrho)$ aufzufinden, wesentlich [vom Faktor ϱ abgesehen] exponentiell mit der Zentraldistanz ab. Vielleicht darf man den Inbegriff dieser Angaben als sozusagen klassischen Hinweis auf die Existenz des *Neutrons* deuten, der allerdings relativistisch ergänzt und vertieft werden muß.

h) Zum eigentlichen Wasserstoffatom zurückkehrend, haben wir bei der Darstellung seiner Radialstruktur $R(\varrho)$ nunmehr endgültig von der Wurzel $\gamma = \gamma_1 = 1$ auszugehen, so daß für die Koeffizienten a_k der Potenzreihe (III 1, 66) die Rekursionsformel (III 1, 71) zuständig ist; wir unterscheiden zwei Fälle:

1. Bei zunächst beliebigem Werte der Zahl A nähert sich (III 1, 71) mit wachsendem k der Vorschrift

$$\lim \frac{a_{k+1}}{a_k}(k+1) = 1, \qquad\qquad \text{(III 1, 81)}$$

so daß $w(\varrho)$ asymptotisch gegen die Funktion

$$\varrho \cdot \sum_{k=0}^{\infty} a_0 \cdot \frac{\varrho^k}{k!} = a_0 \cdot \varrho \cdot e^\varrho \qquad\qquad \text{(III 1, 82)}$$

konvergiert. Da dann jedoch R(ϱ) mit $\varrho \to \infty$ unbeschränkt zunimmt, verstößt dieses Verhalten der Lösung gegen ihre beabsichtigte Deutung als erzeugende Funktion der statistischen Aufenthaltsdichte des Elektrons je Einheit seines Lebensraumes.

2. Um die angezeigte „Katastrophe" der Funktion R(ϱ) für $\varrho \to \infty$ auszuschließen, muß die formal unendliche Reihe (III 1, 66) tatsächlich nach einer *endlichen* Zahl von Gliedern *abbrechen*. Wir erzwingen diese Degeneration der Reihe zum Polynom, indem wir die Konstante A der *Quantisierungsvorschrift*

$$A = 1 + l + k = n \qquad\qquad \text{(III 1, 83)}$$

unterwerfen, in welcher nunmehr n die notwendig stets ganze und positive „*radiale Quantenzahl*" [unter Ausschluß der Null!] definiert. Gemäß (III 1, 60) und (III 1, 83) ist also das Wasserstoffatom nur der *diskreten Energiewerte*

$$\eta = \eta_\mathrm{n} = - \frac{\mu_0}{2} \left(\frac{q_0{}^2}{4\,\pi\,\varDelta_0\,\hbar}\right)^2 \cdot \frac{1}{\mathrm{n}^2} \qquad\qquad \text{(III 1, 84)}$$

fähig, deren Gesamtheit das *Termschema* des Atomes liefert. Die *Differenzen* je zweier unterschiedlicher Terme sind einer doppelten Deutung fähig: Sei n' > n, so mißt

$$\varDelta\mathrm{W}_{\mathrm{n}';\,\mathrm{n}} = \eta_{\mathrm{n}'} - \eta_\mathrm{n} = \frac{\mu_0}{2} \left(\frac{q_0{}^2}{4\,\pi\,\varDelta_0\,\hbar}\right)^2 \left[\frac{1}{\mathrm{n}^2} - \frac{1}{\mathrm{n}'^2}\right] \qquad \text{(III 1, 85)}$$

die Arbeit, welche zur Überführung des Elektrons vom Zustande n in den Zustand n' aufzuwenden ist. Der umgekehrte Prozeß führt zur Emission eines Photons von der Farbe [Frequenz] ν nach dem *Bohr*schen Gesetz

$$\nu = \frac{\varDelta\mathrm{W}_{\mathrm{n}';\,\mathrm{n}}}{2\,\pi\,\hbar}, \qquad\qquad \text{(III 1, 86)}$$

welches die berühmte *Balmer*sche Formel auf die Gesamtheit aller denkbaren Spektrallinien des Wasserstoffatomes verallgemeinert; allerdings erscheinen in der Regel nur einige von ihnen in endlicher Intensität.

Der Grenzfall n' $\to \infty$; n = 1 liefert gemäß (III 1, 85) die Kenntnis der *Ionisierungsarbeit* des Wasserstoffatomes

$$\mathrm{W_j} = \eta_\infty - \eta_1 = \frac{\mu_0}{2} \left(\frac{q_0{}^2}{4\,\pi\,\varDelta_0\,\hbar}\right)^2. \qquad\qquad \text{(III 1, 87)}$$

Wir drücken sie, durch Division mit dem absoluten Betrage q_0 der Elektronenladung, in der äquivalenten *Ionisierungsspannung* $\mathrm{U_j}$ aus

$$\mathrm{U_j} = \frac{\mathrm{W_j}}{q_0} = \frac{\mu_0}{2\,q_0} \left(\frac{q_0{}^2}{4\,\pi\,\varDelta_0\,\hbar}\right)^2 \qquad\qquad \text{(III 1, 88)}$$

und erhalten zahlenmäßig

$$\mathrm{U_j} = 13.59\ \text{Volt} \qquad\qquad \text{(III 1, 89)}$$

oder, mit anderen Worten

$$\mathrm{W_j} = 13.59\ \text{eV.} \qquad\qquad \text{(III 1, 90)}$$

3. Durch Einsetzen von (III 1, 83) in (III 1, 65) entsteht für die Funktion w = w(ϱ) die Differentialgleichung

$$\frac{\mathrm{d^2w}}{\mathrm{d}\varrho^2} + \left(\frac{2}{\varrho} - 1\right)\frac{\mathrm{dw}}{\mathrm{d}\varrho} + \left[\frac{\mathrm{n} - 1}{\varrho} - \frac{l(l+1)}{\varrho^2}\right]\mathrm{w} = 0. \qquad \text{(III 1, 91)}$$

Schreiben wir nun (III 1, 66) mit $\gamma = \gamma_1 = 1$ in der Form

$$w = \varrho^l \cdot L(\varrho), \qquad \text{(III 1, 92)}$$

so entspringt mit Hilfe der Relationen

$$\frac{dw}{d\varrho} = \varrho^l \cdot \frac{dL}{d\varrho} + l\,\varrho^{l-1} \cdot L \qquad \text{(III 1, 93)}$$

und

$$\frac{d^2w}{d\varrho^2} = \varrho^l \cdot \frac{d^2L}{d\varrho^2} + 2\,l\,\varrho^{l-1} \cdot \frac{dL}{d\varrho} + l(l-1)\,\varrho^{l-2} \cdot L \qquad \text{(III 1, 94)}$$

aus (III 1, 91) für $L = L(\varrho)$ die lineare Differentialgleichung zweiter Ordnung

$$\varrho\frac{d^2L}{d\varrho^2} + [2(l+1) - \varrho]\frac{dL}{d\varrho} + [n - 1 - l]\,L = 0. \qquad \text{(III 1, 95)}$$

Wir führen nun die *Laguerre*schen Polynome i-ter Ordnung [Symbol $L_i(\varrho)$] durch die Bildungsvorschrift

$$L_i(\varrho) = e^\varrho \frac{d^i}{d\varrho^i} (\varrho^i\, e^{-\varrho}) \qquad \text{(III 1, 96)}$$

ein; sie genügen ihrerseits der Differentialgleichung

$$\varrho \cdot \frac{d^2L_i}{d\varrho^2} + (1 - \varrho)\frac{dL_i}{d\varrho} + i\, L_i = 0. \qquad \text{(III 1, 97)}$$

Ordnen wir jeder der Funktionen L_i die Polynome

$$L_i^j = \frac{d^j L_i}{d\varrho^j} \qquad \text{(III 1, 98)}$$

zu, so geht die für L_i^j zuständige Differentialgleichung aus (III 1, 97) durch j-fache Differentiation hervor:

$$\varrho \cdot \frac{d^2L_i^j}{d\varrho^2} + (j + 1 - \varrho)\frac{dL_i^j}{d\varrho} + (i - j)\,L_i^j = 0. \qquad \text{(III 1, 99)}$$

Sie wird bei der Wahl

$$i = l + n; \qquad j = 2l + 1 \qquad \text{(III 1, 100)}$$

mit (III 1, 95) identisch: Das aus (III 1, 66) und (III 1, 71) durch die Quantisierungsvorschrift (III 1, 83) entstehende Polynom läßt sich in die geschlossene Gestalt

$$\varrho^l \sum a_k\, \varrho^k = a_0\, \varrho^l\, L_{l+n}^{2l+1}(\varrho) \qquad \text{(III 1, 101)}$$

bringen.

j) Auf Grund der vorstehenden Entwicklungen wird der durch die Quantenzahlen $(l; m; n)$ charakterisierte Zustand des Wasserstoffatomes durch die Wahrscheinlichkeitswelle

$$\bar{u} = a_0 \cdot e^{ima} \cdot P_l^m(\mu)\, e^{-\frac{1}{2}\varrho} \cdot \varrho^l \cdot L_{l+n}^{2l+1}(\varrho) \qquad \text{(III 1, 102)}$$

beschrieben, deren Amplitude a_0 der Normierungsvorschrift

$$r_0^3 \int\limits_{a=0}^{2\pi} \int\limits_{\mu=-1}^{1} \int\limits_{\varrho=0}^{\infty} \bar{u}\,\bar{u}^*\, da\, d\mu\, \varrho^2\, d\varrho = 1 \qquad \text{(III 1, 103)}$$

zu unterwerfen ist. Zum Zwecke ihrer Auswertung bedienen wir uns der Relationen

$$\int_0^{2\pi} e^{ima} \cdot (e^{ima})^* \, da = 2\,\pi, \qquad (\text{III } 1,\ 104)$$

sowie

$$\int_{-1}^{+1} [P_l^m(\mu)]^2 \, d\mu = \frac{2}{2\,l+1} \frac{(l+m)!}{(l-m)!} \qquad (\text{III } 1,\ 105)$$

und

$$\int_0^\infty e^{-\varrho} \cdot \varrho^{2l} \, [L_{l+n}^{2l+1}(\varrho)]^2 \; \varrho^2 \, d\varrho = \frac{2\,n\,[(n+1)!]^3}{(n-l-1)!}. \qquad (\text{III } 1,\ 106)$$

Entnehmen wir überdies aus (III 1, 58) und (III 1, 84) den Zusammenhang

$$r_0 = \frac{4\,\pi\,\varDelta_0\,\hbar^2}{2\,q_0{}^2\,\mu_0} \cdot n, \qquad (\text{III } 1,\ 107)$$

so resultiert aus (III 1, 103) die Angabe

$$a_0\,a_0{}^* = \left(\frac{2\,q_0{}^2\,\mu_0}{4\,\pi\,\varDelta_0\,\hbar^2}\right)^3 \cdot \frac{1}{n^3} \cdot \frac{1}{2\,\pi} \cdot \frac{2\,l+1}{2} \cdot \frac{(l-m)!}{(l+m)!} \frac{(n-l-1)!}{2\,n\,[(n+1)!]^3}. \qquad (\text{III } 1,\ 108)$$

Spezialisiert man diese Sätze auf den *Grundzustand*

$$l = 0; \qquad m = 0; \qquad n = 1 \qquad (\text{III } 1,\ 109)$$

des Wasserstoffatomes, so folgt aus (III 1, 107) die Aussage

$$r_0(1) = \frac{1}{2}\,b; \qquad b = \frac{4\,\pi\,\varDelta_0\,\hbar^2}{q_0{}^2 \cdot \mu_0}, \qquad (\text{III } 1,\ 110)$$

in welcher wir die Strecke b der Länge

$$b = 0.529 \cdot 10^{-10}\,\text{m} \qquad (\text{III } 1,\ 111)$$

als *Bohr*schen *Radius* der „Grundbahn" bezeichnen. Damit ist folgendes gemeint: Im *Bohr*schen Atommodell, welches sich auf das engste an den Gedankenkreis der klassischen Punktmechanik anschließt, wird dem Elektron im Zustande seiner tiefsten Energie eine *Kreisbahn* vom Halbmesser r zugeschrieben, welche das Elektron mit der kreisförmigen Winkelgeschwindigkeit ω durchläuft. Die entsprechende Zentripetalbeschleunigung rührt von der *Coulomb*kraft des Kernes auf das Elektron her

$$\mu_0\,r\,\omega^2 = \frac{q_0{}^2}{4\,\pi\,\varDelta_0} \cdot \frac{1}{r^2}. \qquad (\text{III } 1,\ 112)$$

Zu dieser klassischen Bewegungsgleichung, die als solche mit *beliebigen* Werten des Halbmessers r vereinbar ist, tritt nun in der *Bohr*schen Theorie die scharf aussondernde *Quantisierungsvorschrift*: Das Produkt der [kontravarianten] Änderung $2\,\pi$ des Azimutes während eines vollen Umlaufes mit der [kovarianten] Zirkularkomponente $(\mu_0\,r^2\,\omega)$ des Impulses gleicht dem *Planck*schen Wirkungsquantum $h = 2\,\pi\,\hbar$

$$2\,\pi \cdot \mu_0\,r^2\,\omega = 2\,\pi\,\hbar. \qquad (\text{III } 1,\ 113)$$

Durch Elimination der Winkelgeschwindigkeit ω aus (III 1, 112) und (III 1, 113) findet sich somit die Angabe

$$r = \frac{4\,\pi\,\varDelta_0\,\hbar^2}{q_0{}^2\,\mu} = b, \qquad\qquad \text{(III 1, 114)}$$

welche den oben eingeführten Begriff des *Bohr*schen Radius erklärt und rechtfertigt.

k) In der *Elektronik der Halbleiter* spielen häufig *Fremdatome* eine wichtige Rolle, welche in genau vorbestimmter Menge den Atomen des Wirtskristalles zugesetzt werden. Unter diesen Fremdatomen bezeichnet man als „*Spender*" *wasserstoffähnliche Atome*, deren je mit dem elektrischen Elementarquant q_0 einfach-positiv geladener „*Rumpf*" von einem „*Leucht-elektron*" umkreist wird; gleichzeitig zeichnet sich der „reine" Halbleiter durch eine [relative] makroskopische *Dielektrizitätskonstante* $\varepsilon > 1$ aus. Daher kann man das Informationsfeld, welches jeweils das Verhalten des Leuchtelektrons eines jener Spender statistisch beschreibt, näherungsweise der Wahrscheinlichkeitswelle eines Wasserstoffatomes gleichsetzen, sobald man nur in deren analytischer Darstellung die sogenannte Dielektrizitäts-konstante $\varDelta_0$ des leeren Raumes mit dem Produkt $\varDelta_0\,\varepsilon$ vertauscht. Um diese wesentlich ja auf *Kontinuums*vorstellungen beruhende Anweisung auch im Gebiete der *atomaren Kristallphysik* zu rechtfertigen, kehren wir zu Gl. (III 1, 114) zurück, aus welcher wir gemäß der genannten Um-rechnungsvorschrift die „Längeneinheit"

$$r_0{}^{(\varepsilon)}(1) = \varepsilon \cdot r_0(1) = \frac{\varepsilon}{2}\,b, \qquad\qquad \text{(III 1, 115)}$$

des für den Grundzustand des kontrollierten Leuchtelektrons zuständigen Informationsfeldes finden. Da nun in den technologisch wichtigsten Halb-leitern die [relative] Dielektrizitätskonstante Werte von der Größen-ordnung $\varepsilon \approx 10$ erreicht, umfaßt die mit dem Halbmesser $r = r_0{}^{(\varepsilon)}$ um das Zentrum des Spenderatomes konstruierte Kugel eine sehr große Zahl von Kristallatomen des Halbleiters, so daß dieser sich gegenüber dem Leucht-atom des Spenders in der Tat merklich wie ein Kontinuum verhält.

In der von diesen allerdings nur abschätzenden Überlegungen gewährten Genauigkeit verkleinert sich die Ionisierungsspannung des Spenderatomes vom Werte (III 1, 88) des freien Wasserstoffatomes auf die Ionisierungs-spannung

$$U_j{}^{(\varepsilon)} = \frac{\mu_0}{2\,q_0}\left(\frac{q_0{}^2}{4\,\pi\,\varDelta_0\,\varepsilon\,\hbar}\right)^2 = \frac{1}{\varepsilon^2}\,U_j, \qquad\qquad \text{(III 1, 116)}$$

deren Betrag somit zahlenmäßig nur einige Zehntel Volt erreicht! Wir werden später zeigen, daß eben zufolge dieses „dielektrischen" Schwächungs-effektes auf die *Coulomb*kräfte in der Regel die Spenderatome schon bei Zimmertemperatur *hochgradig ionisiert* sind.

III 2. Das eindimensionale Modell der Kristallelektronen.

a) Die Theorie der Metalle nach *Drude* und *Sommerfeld* beruht auf der Vorstellung einer jeweils fest vorgegebenen, „eingeprägten" Zahl freier Elektronen, welche zwischen den positiv geladenen Metallionen nach den statistisch-thermodynamischen Gesetzen eines Gases umherschwirren. Un-geachtet bedeutender Teilerfolge dieser bestechend einfachen Konzeption für das Verständnis der Metallphysik läßt sie uns doch über die Grundfrage der Elektronik des festen Körpers im Unklaren: Welcher Mechanismus gestattet den Elektronen, sich vom elektrischen Anziehungsfelde je ihrer Mutteratome zu lösen, um erst durch diesen Vorgang zu „freien" Elektronen zu werden?

Um diese Frage beantworten zu können, haben wir das *Informationsfeld* jener Elektronen aufzusuchen. Die allgemeine Bearbeitung dieser Aufgabe, deren wichtigste Teile uns später beschäftigen werden, erfordert recht umfangreiche Untersuchungen vorwiegend geometrischer Natur; um daher zu einer ersten Einsicht in das physikalische Verhalten der Elektronen zu gelangen, werden wir hier den wirklichen Aufbau des jeweils vorliegenden festen Körpers bewußt außer acht lassen, indem wir ihn durch ein *Modell* ersetzen, welches einer elementaren mathematischen Behandlung zugänglich ist.

b) Im Anschluß an Abb. III 2, 1 beschreiben wir das gesuchte Informationsfeld an Hand eines *Kartesi*schen Bezugssystemes der Koordinaten

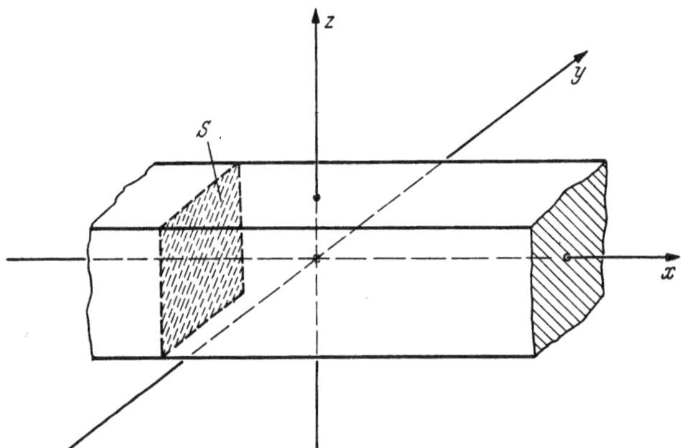

Abb. III 2, 1. Orientierung im eindimensionalen Kristallmodell.

x, y und z. In ihm werde das Modell des festen Körpers durch einen parallel der x-Achse gewachsenen, „eindimensionalen" Kristall dargestellt, den wir durch folgende virtuelle Eigenschaften definieren:

1. Der Kristall besitze senkrecht zur x-Achse den gleichförmigen, in der Achse zentrierten Quadratquerschnitt der endlichen Größe S.

2. Innerhalb des Kristalles seien elektrische Raumladungen abwechselnden Vorzeichens nach einer nur von x abhängigen, periodischen Funktion der *primitiven Wellenlänge* a verteilt; diese vertritt in unserem Modell den Begriff der *Gitterkonstante* eines realen, kubischen Kristalles.

3. Bezeichnet L eine ganze, positive Zahl unter Ausschluß der Null, so soll das Modell den Bereich

$$-L \cdot a \leqq x \leqq L \cdot a \qquad \text{(III 2, 1)}$$

als „Block" lückenlos erfüllen. Deuten wir in ihm die Ebenen

$$x = l \cdot a \qquad \text{(III 2, 2)}$$

für alle ganzzahligen $|l| \leqq L$ [mit Einschluß der Null] als scheidende *Grenzwände* zwischen je benachbarten „Zellen" des Kristalles, so enthält also der Block insgesamt 2 L Zellen; diese sind zwar definitionsgemäß in geometrischer und elektrischer Hinsicht miteinander identisch, nichtsdestoweniger aber vermöge ihrer je festen Lage innerhalb des Blockes *individualisierbar*.

4. Unter der weiterhin zu wahrenden Voraussetzung, daß der Mantel des Kristallblockes keine Oberflächenladungen trägt, korrespondiert der im Innern des Blockes — in dessen stationären Zustand — periodischen Raumladungsverteilung gemäß der *Poisson*schen Differentialgleichung eine

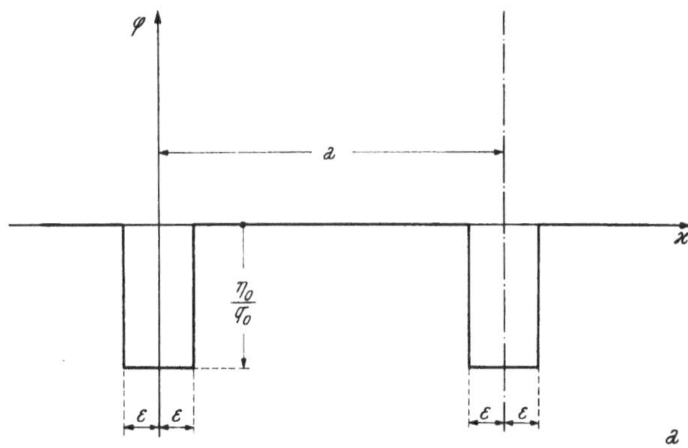

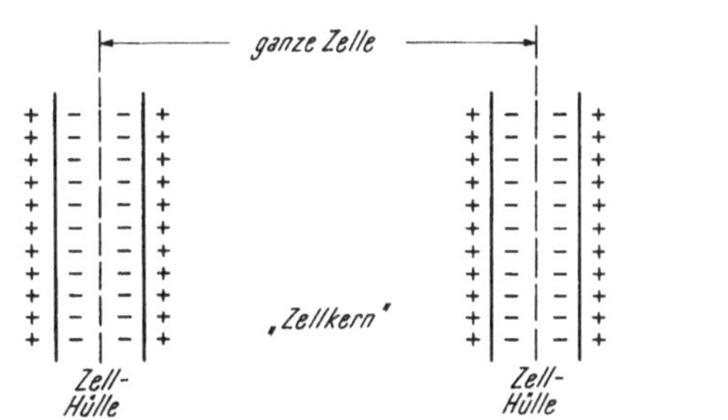

Abb. III 2, 2. Potential und Ladungsverteilung in einer „Zelle" des eindimensionalen Kristallmodelles.

gleichfalls periodische Verteilung des elektrischen Skalarpotentiales φ, welches somit der Funktionalgleichung

$$\varphi(x) = \varphi(x + 1\,a) \qquad (III\ 2,\ 3)$$

genügt. Um für sie einen möglichst einfachen Ansatz zu finden, werden wir bei der Konstruktion unseres Modelles die wahre elektrische Feinstruktur der wirklichen Kristallatome gänzlich außer acht lassen, indem wir das Innere jeder Zelle als quasineutrales Gebiet auffassen, welchem wir fortan das Potential $\varphi = 0$ zuschreiben wollen. Dagegen beschreiben wir die Zellenwände modellmäßig durch je ein Paar gemäß Abb. III 2, 2 b an den Orten

$$x = \left(1 + \frac{1}{2}\right) a \pm \varepsilon; \qquad 0 < \varepsilon \ll a \qquad (III\ 2,\ 4)$$

angeordneter, elektrisch homogener Doppelschichten des einheitlichen Potentialsprunges

$$|\varDelta\varphi| = \varphi_0. \qquad\qquad (\text{III } 2, 5)$$

Die einander zugekehrten Seiten jedes dieser Doppelschichtenpaare mögen — im Sinne der phänomenologischen Potentialtheorie! — negative Flächenladungen, die einander abgewandten Seiten dagegen positive Flächenladungen tragen. Dann wird die in (III 2, 3) allgemein skizzierte Potentialfunktion $\varphi(\text{x})$ durch die in Abb. III 2, 2 a gezeichnete *Rechteckwelle* dargestellt: Im „*Kerngebiet*"

$$l\,a + \varepsilon < \text{x} < (l + 1)\,a - \varepsilon \qquad\qquad (\text{III } 2, 6)$$

einer jeden der dem Block angehörigen Kristallzellen verschwindet sonach die potentielle Energie η_{Pot} eines dort befindlichen Kontrollelektrons

$$\eta_{\text{Pot}} = 0; \qquad l\,a + \varepsilon < \text{x} < (l + 1)\,a - \varepsilon. \qquad\qquad (\text{III } 2, 7)$$

Innerhalb der von den Wänden eingenommenen „*Hüllgebiete*"

$$|\text{x} - l\,a| < \varepsilon \qquad\qquad (\text{III } 2, 8)$$

einer jeden Kristallzelle dagegen kommt jenem Elektron die potentielle Energie

$$\eta_{\text{Pot}} = \eta_0 = q_0\,\varphi_0 > 0 \qquad\qquad (\text{III } 2, 9)$$

zu, deren entschieden positiver Charakter den aktiven, geradezu nach Art eines Stacheldrahtzaunes wirksamen Widerstand der Wände gegen das Eindringen von außen her anlaufender Elektronen anschaulich ausdrückt.

Um einem naheliegenden Irrtum vorzubeugen, müssen wir vor der Deutung des Kerngebietes als Modell des Atomkernes dringend warnen; denn dieser ist ja im Rahmen der gegenwärtigen Untersuchung in Gemeinschaft mit den Elektronen der wirklichen Kristallatome zu einem *quasineutralen Plasma* verschmolzen worden, so daß von einer Beschreibung der Mikrostruktur des Atomkernes hier durchaus keine Rede sein kann!

c) Die zeitfreie *Schrödingergleichung* für die komplexe Wahrscheinlichkeitsamplitude $\bar{\text{u}}$ des kontrollierten Elektrons [Ladung $(-\,q_0)$, Ruhmasse m_0] lautet

$$\frac{d^2\bar{\text{u}}}{d\text{x}^2} + \frac{2\,m_0}{\hbar^2}\,[\eta - \eta_{\text{Pot}}]\,\bar{\text{u}} = 0, \qquad\qquad (\text{III } 2, 10)$$

wobei η die *feste Gesamtenergie* des Elektrons oder, mit anderen Worten, den Wert seiner *Hamilton*schen Funktion im Sinne der *Newton*schen Punktmechanik mißt.

Im Einklang mit der nicht-analytischen Darstellung (III 2, 7) und (III 2, 9) der potentiellen Energie zerfällt die *Schrödinger*gleichung (III 2, 10) in zwei je nur abschnittsweise gültige Gleichungen: In den „Kerngebieten" gilt

$$\frac{d^2\bar{\text{u}}}{d\text{x}^2} + \frac{2\,m_0}{\hbar^2}\,\eta \cdot \bar{\text{u}} = 0; \qquad l\,a + \varepsilon < \text{x} < (l + 1)\,a - \varepsilon, \qquad (\text{III } 2, 11)$$

während in den Hüllgebieten $\bar{\text{u}}$ der Gleichung

$$\frac{d^2\bar{\text{u}}}{d\text{x}^2} + \frac{2\,m_0}{\hbar^2}\,(\eta - \eta_0)\,\bar{\text{u}} = 0; \qquad |\text{x} - l\,a| < \varepsilon \qquad (\text{III } 2, 12)$$

unterliegt. Ihre Lösungen sind an den Grenzen ihrer jeweiligen Existenzgebiete durch die „mikroskopischen" Stetigkeitsbedingungen

$$\bar{\text{u}} \qquad \text{stetig in} \qquad |\text{x} - l\,a| = \varepsilon \qquad\qquad (\text{III } 2, 13)$$

und

$$\frac{d\bar{u}}{dx} \quad \text{stetig in} \quad |x - 1\,a| = \varepsilon \qquad \text{(III 2, 14)}$$

mit einander verknüpft. Zu ihnen treten die für den Kristall als ganzes verbindlichen, makroskopischen Bedingungen: Zunächst verlangt die statistische Deutung von $\bar{u}$, in Gemeinschaft mit der konjugiert-komplexen Ergänzung $\bar{u}^*$, als erzeugende Funktion der Wahrscheinlichkeitsdichte $(\bar{u}\,\bar{u}^*)$ des Elektronenaufenthaltes je Einheit des Kristallraumes die Normierung

$$S \int\limits_{x=-La}^{La} \bar{u}\,\bar{u}^*\,dx = 1. \qquad \text{(III 2, 15)}$$

Statt uns jedoch dieser Bedingung in der angegebenen Form zu bedienen, ziehen wir es vor, durch den allerdings nur virtuellen Prozeß

$$L \to \infty, \qquad \text{(III 2, 16)}$$

den vorgegebenen Kristall vorübergehend in einen beiderseits unbegrenzten Block zu verwandeln; die Angabe (III 2, 15) ist dann durch die Forderung

$$|\bar{u}| \quad \text{beschränkt für alle} \quad x \qquad \text{(III 2, 17)}$$

zu ersetzen.

d) Wir suchen zunächst die *Mikrostruktur* des Informationsfeldes innerhalb der l-ten Kristallzelle der Erstreckung

$$l\,a < x < (l + 1)\,a. \qquad \text{(III 2, 18)}$$

1. Für den Bereich $(l\,a + \varepsilon) < x < [(l + 1)\,a - \varepsilon]$ des „Kernes" ist Gl. (III 2, 11) zuständig. Unter der Voraussetzung

$$\eta > 0 \qquad \text{(III 2, 19)}$$

der untersuchten Elektronenbewegung erhalten wir mittels zweier, vorerst beliebiger Integrationskonstanten K_l^+ und K_l^- die allgemeine Lösung jener Gleichung als Superposition zweier gegenläufiger *de Broglie*-Wellen in der Form

$$\bar{u} = K_l^+\, e^{\,i\,\frac{x - \left(l + \frac{1}{2}\right)a}{h}\sqrt{2m_0\eta}} + K_l^-\, e^{-i\,\frac{x - \left(l + \frac{1}{2}\right)a}{h}\sqrt{2m_0\eta}}. \qquad \text{(III 2, 20)}$$

Aus ihr berechnen wir

$$\frac{1}{i}\,\frac{h}{\sqrt{2m_0\eta}}\,\frac{d\bar{u}}{dx} = K_l^+\, e^{\,i\,\frac{x - \left(l + \frac{1}{2}\right)a}{h}\sqrt{2m_0\eta}} - K_l^-\, e^{-i\,\frac{x - \left(l + \frac{1}{2}\right)a}{h}\sqrt{2m_0\eta}}. \qquad \text{(III 2, 21)}$$

2. Im Bereiche $[(l + 1)\,a - \varepsilon] < x < [(l + 1)\,a + \varepsilon]$ des Hüllengebietes haben wir es mit Gl. (III 2, 12) zu tun. Um dort den Abwehrcharakter der trennenden Zellwände zu formulieren, müssen wir

$$\eta_0 - \eta > 0 \qquad \text{(III 2, 22)}$$

annehmen; denn unter eben dieser Voraussetzung können die andringenden Elektronen jenes Gebiet nur durch einen wellenmechanischen Tunnel durchdringen, während ihnen der Zugang „klassisch" verschlossen ist! Nach Wahl zweier Konstanten H_l^+ und H_l^- finden wir sonach im Tunnel die Wahrscheinlichkeitsamplitude

$$\bar{u} = H_l^+\, e^{\,\frac{x - (l+1)\,a}{h}\sqrt{2m_0(\eta_0 - \eta)}} + H_l^-\, e^{-\frac{x - (l+1)\,a}{h}\sqrt{2m_0(\eta_0 - \eta)}} \qquad \text{(III 2, 23)}$$

vor; aus ihr bilden wir

$$\frac{\hbar}{\sqrt{2\,m_0(\eta_0-\eta)}}\frac{d\bar u}{dx}=H_l^+\,e^{\frac{x-(l+1)\,a}{\hbar}\sqrt{2\,m_0(\eta_0-\eta)}}-H_l^-\,e^{-\frac{x-(l+1)\,a}{\hbar}\sqrt{2\,m_0(\eta_0-\eta)}}.$$

(III 2, 24)

An der Grenze $x=[(l+1)\,a-\varepsilon]$ stiften die Stetigkeitsbedingungen (III 2, 13) und (III 2, 14) mit Rücksicht auf (III 2, 20) und (III 2, 23) den Zusammenhang

$$K_l^+\,e^{i\frac{\frac{a}{2}-\varepsilon}{\hbar}\sqrt{2\,m_0\,\eta}}+K_l^-\,e^{-i\frac{\frac{a}{2}-\varepsilon}{\hbar}\sqrt{2\,m_0\,\eta}}=$$
$$=H_l^+\,e^{-\frac{\varepsilon}{\hbar}\sqrt{2\,m_0(\eta_0-\eta)}}+H_l^-\,e^{\frac{\varepsilon}{\hbar}\sqrt{2\,m_0(\eta_0-\eta)}},$$

(III 2, 25)

während aus (III 2, 21) und (III 2, 24) die Gleichheit

$$i\sqrt{\frac{\eta}{\eta_0-\eta}}\left[K_l^+\,e^{i\frac{\frac{a}{2}-\varepsilon}{\hbar}\sqrt{2\,m_0\,\eta}}-K_l^-\,e^{-i\frac{\frac{a}{2}-\varepsilon}{\hbar}\sqrt{2\,m_0\,\eta}}\right]=$$
$$=H_l^+\,e^{-\frac{\varepsilon}{\hbar}\sqrt{2\,m_0(\eta_0-\eta)}}-H_l^-\,e^{\frac{\varepsilon}{\hbar}\sqrt{2\,m_0(\eta_0-\eta)}}$$

(III 2, 26)

folgt. Aus (III 2, 25) und (III 2, 26) entnimmt man die Angaben

$$H_l^+=\frac{1}{2}e^{\frac{\varepsilon}{\hbar}\sqrt{2\,m_0(\eta_0-\eta)}}\left[\left(1+i\sqrt{\frac{\eta}{\eta_0-\eta}}\right)e^{i\frac{\frac{a}{2}-\varepsilon}{\hbar}\sqrt{2\,m_0\,\eta}}K_l^++\right.$$
$$\left.+\left(1-i\sqrt{\frac{\eta}{\eta_0-\eta}}\right)e^{-i\frac{\frac{a}{2}-\varepsilon}{\hbar}\sqrt{2\,m_0\,\eta}}K_l^-\right]$$

(III 2, 27)

und

$$H_l^-=\frac{1}{2}e^{\frac{\varepsilon}{\hbar}\sqrt{2\,m_0(\eta_0-\eta)}}\left[\left(1-i\sqrt{\frac{\eta}{\eta_0-\eta}}\right)e^{i\frac{\frac{a}{2}-\varepsilon}{\hbar}\sqrt{2\,m_0\,\eta}}K_l^++\right.$$
$$\left.+\left(1+i\sqrt{\frac{\eta}{\eta_0-\eta}}\right)e^{-i\frac{\frac{a}{2}-\varepsilon}{\hbar}\sqrt{2\,m_0\,\eta}}K_l^-\right].$$

(III 2, 28)

3. Im Kerngebiet $[(l+1)\,a+\varepsilon]<x<[(l+2)\,a-\varepsilon]$ des Kristalles gehorcht $\bar u$ wieder der Differentialgleichung (III 2, 12). Dort finden wir daher aus (III 2, 20), nach Ersatz von l durch $(l+1)$, die Wahrscheinlichkeitswelle

$$\bar u=K_{l+1}^+\,e^{i\frac{x-\left(l+\frac{3}{2}\right)a}{\hbar}\sqrt{2\,m_0\,\eta}}+K_{l+1}^-\,e^{-i\frac{x-\left(l+\frac{3}{2}\right)a}{\hbar}\sqrt{2\,m_0\,\eta}}$$

(III 2, 29)

und berechnen aus ihr

$$\frac{1}{i}\frac{\hbar}{\sqrt{2\,m_0\,\eta}}\frac{d\bar u}{dx}=K_{l+1}^+\,e^{i\frac{x-\left(l+\frac{3}{2}\right)a}{\hbar}\sqrt{2\,m_0\,\eta}}-K_{l+1}^-\,e^{-i\frac{x-\left(l+\frac{3}{2}\right)a}{\hbar}\sqrt{2\,m_0\,\eta}}.$$

(III 2, 30)

An der Grenze $x=[(l+1)\,a+\varepsilon]$ verlangen wir nach (III 2, 13) mit (III 2, 23) und (III 2, 29)

$$H_l^+\,e^{\frac{\varepsilon}{\hbar}\sqrt{2\,m_0(\eta_0-\eta)}}+H_l^-\,e^{-\frac{\varepsilon}{\hbar}\sqrt{2\,m_0(\eta_0-\eta)}}=$$
$$=K_{l+1}^+\,e^{-i\frac{\frac{a}{2}-\varepsilon}{\hbar}\sqrt{2\,m_0\,\eta}}+K_{l+1}^-\,e^{i\frac{\frac{a}{2}-\varepsilon}{\hbar}\sqrt{2\,m_0\,\eta}}$$

(III 2, 31)

und weiter nach (III 2, 14) gemäß (III 2, 24) und (III 2, 30)

$$\frac{1}{i}\sqrt{\frac{\eta_0-\eta}{\eta}}\left[H_1^+\,e^{\frac{\varepsilon}{\hbar}\sqrt{2m_0(\eta_0-\eta)}}-H_1^-\,e^{-\frac{\varepsilon}{\hbar}\sqrt{2m_0(\eta_0-\eta)}}\right]=$$

$$=K_{l+1}^+\,e^{-i\frac{\frac{a}{2}-\varepsilon}{\hbar}\sqrt{2m_0\eta}}-K_{l+1}^-\,e^{i\frac{\frac{a}{2}-\varepsilon}{\hbar}\sqrt{2m_0\eta}}. \qquad \text{(III 2, 32)}$$

Aus (III 2, 31) und (III 2, 32) resultieren die Angaben

$$K_{l+1}^+=\frac{1}{2}e^{i\frac{\frac{a}{2}-\varepsilon}{\hbar}\sqrt{2m_0\eta}}\left[\left(1-i\sqrt{\frac{\eta_0-\eta}{\eta}}\right)e^{\frac{\varepsilon}{\hbar}\sqrt{2m_0(\eta_0-\eta)}}H_1^+ +\right.$$

$$\left.+\left(1+i\sqrt{\frac{\eta_0-\eta}{\eta}}\right)e^{-\frac{\varepsilon}{\hbar}\sqrt{2m_0(\eta_0-\eta)}}H_1^-\right] \qquad \text{(III 2, 33)}$$

und

$$K_{l+1}^-=\frac{1}{2}e^{-i\frac{\frac{a}{2}-\varepsilon}{\hbar}\sqrt{2m_0\eta}}\left[\left(1+i\sqrt{\frac{\eta_0-\eta}{\eta}}\right)e^{\frac{\varepsilon}{\hbar}\sqrt{2m_0(\eta_0-\eta)}}H_1^+ +\right.$$

$$\left.+\left(1-i\sqrt{\frac{\eta_0-\eta}{\eta}}\right)e^{-\frac{\varepsilon}{\hbar}\sqrt{2m_0(\eta_0-\eta)}}\right]. \qquad \text{(III 2, 34)}$$

Durch ihre Verbindung mit (III 2, 27) und (III 2, 28) gelangen wir schließlich zu den *linearen Kettenrelationen*

$$K_{l+1}^+=A\cdot K_l^+ + B\,K_l^- \qquad \text{(III 2, 35)}$$

und

$$K_{l+1}^-=C\,K_l^+ + D\,K_l^-, \qquad \text{(III 2, 36)}$$

in welchen abkürzend

$$A=e^{i\frac{a-2\varepsilon}{\hbar}\sqrt{2m_0\eta}}\left[\cosh\left\{\frac{2\varepsilon}{\hbar}\sqrt{2m_0(\eta_0-\eta)}\right\}-\right.$$

$$\left.-\frac{i}{2}\left(\sqrt{\frac{\eta_0-\eta}{\eta}}-\sqrt{\frac{\eta}{\eta_0-\eta}}\right)\sinh\left\{\frac{2\varepsilon}{\hbar}\sqrt{2m_0(\eta_0-\eta)}\right\}\right], \qquad \text{(III 2, 37)}$$

$$B=-\frac{i}{2}\left(\sqrt{\frac{\eta_0-\eta}{\eta}}+\sqrt{\frac{\eta}{\eta_0-\eta}}\right)\sinh\left\{\frac{2\varepsilon}{\hbar}\sqrt{2m_0(\eta_0-\eta)}\right\}, \qquad \text{(III 2, 38)}$$

$$C=\frac{i}{2}\left(\sqrt{\frac{\eta_0-\eta}{\eta}}+\sqrt{\frac{\eta}{\eta_0-\eta}}\right)\sinh\left\{\frac{2\varepsilon}{\hbar}\sqrt{2m_0(\eta_0-\eta)}\right\}, \qquad \text{(III 2, 39)}$$

$$D=e^{-i\frac{a-2\varepsilon}{\hbar}\sqrt{2m_0\eta}}\left[\cosh\left\{\frac{2\varepsilon}{\hbar}\sqrt{2m_0(\eta_0-\eta)}\right\}+\right.$$

$$\left.+\frac{i}{2}\left(\sqrt{\frac{\eta_0-\eta}{\eta}}-\sqrt{\frac{\eta}{\eta_0-\eta}}\right)\sinh\left\{\frac{2\varepsilon}{\hbar}\sqrt{2m_0(\eta_0-\eta)}\right\}\right] \qquad \text{(III 2, 40)}$$

gesetzt wurde. Die *Determinante* der transformierenden Matrix

$$[M]=\begin{bmatrix}A & B\\ C & D\end{bmatrix} \qquad \text{(III 2, 41)}$$

ergibt den Wert

$$\begin{vmatrix}A & B\\ C & D\end{vmatrix}=1. \qquad \text{(III 2, 42)}$$

e) In (III 2, 35) und (III 2, 36) sind wir zu einem Paar *simultaner Differenzengleichungen* gelangt, welche das „makroskopische" Verhalten des Kristallmodelles als Funktion der nur *ganzzahliger* Werte fähigen Zellenvariablen l beschreiben. Statt jedoch dieses System unmittelbar zu lösen, ersetzen wir seine Beschreibung mittels der Amplituden K_l^+ und K_l^- durch Angabe ihrer *Summe*

$$\sum_l = K_l^+ + K_l^- \qquad \text{(III 2, 43)}$$

und ihrer *Differenz*

$$\Delta_l = K_l^+ - K_l^-. \qquad \text{(III 2, 44)}$$

Führen wir dann die Koeffizienten

$$\alpha = \frac{1}{2}(A + B + C + D) = \cos\left\{\frac{a - 2\,\varepsilon}{\hbar}\sqrt{2\,m_0\,\eta}\right\}\cosh\left\{\frac{2\,\varepsilon}{\hbar}\sqrt{2\,m_0(\eta_0 - \eta)}\right\} +$$

$$+ \frac{1}{2}\left[\sqrt{\frac{\eta_0 - \eta}{\eta}} - \sqrt{\frac{\eta}{\eta_0 - \eta}}\right]\sin\left\{\frac{a - 2\,\varepsilon}{\hbar}\sqrt{2\,m_0\,\eta}\right\}\sinh\left\{\frac{2\,\varepsilon}{\hbar}\sqrt{2\,m_0(\eta_0 - \eta)}\right\},$$

$$\text{(III 2, 45)}$$

$$\beta = \frac{1}{2}(A - B + C - D) = i\left(\sin\left\{\frac{a - 2\,\varepsilon}{\hbar}\sqrt{2\,m_0\,\eta}\right\}\cosh\left\{\frac{2\,\varepsilon}{\hbar}\sqrt{2\,m_0(\eta_0 - \eta)}\right\} +\right.$$

$$+ \left[\sqrt{\frac{\eta_0 - \eta}{\eta}}\sin^2\left\{\frac{a - 2\,\varepsilon}{2\,\hbar}\sqrt{2\,m_0\,\eta}\right\} + \qquad \text{(III 2, 46)}\right.$$

$$\left.\left. + \sqrt{\frac{\eta}{\eta_0 - \eta}}\cos^2\left\{\frac{a - 2\,\varepsilon}{2\,\hbar}\sqrt{2\,m_0\,\eta}\right\}\right]\sinh\left\{\frac{2\,\varepsilon}{\hbar}\sqrt{2\,m_0(\eta_0 - \eta)}\right\}\right),$$

$$\gamma = \frac{1}{2}(A + B - C - D) = i\left(\sin\left\{\frac{a - 2\,\varepsilon}{\hbar}\sqrt{2\,m_0\,\eta}\right\}\cosh\left\{\frac{2\,\varepsilon}{\hbar}\sqrt{2\,m_0(\eta_0 - \eta)}\right\} -\right.$$

$$- \left[\sqrt{\frac{\eta_0 - \eta}{\eta}}\cos^2\left\{\frac{a - 2\,\varepsilon}{2\,\hbar}\sqrt{2\,m_0\,\eta}\right\} + \qquad \text{(III 2, 47)}\right.$$

$$\left.\left. + \sqrt{\frac{\eta}{\eta_0 - \eta}}\sin^2\left\{\frac{a - 2\,\varepsilon}{2\,\hbar}\sqrt{2\,m_0\,\eta}\right\}\right]\sinh\left\{\frac{2\,\varepsilon}{\hbar}\sqrt{2\,m_0(\eta_0 - \eta)}\right\}\right),$$

$$\delta = \frac{1}{2}(A - B - C + D) = \alpha \qquad \text{(III 2, 48)}$$

mit der Determinante

$$\mu = \begin{vmatrix} \alpha & \beta \\ \gamma & \delta \end{vmatrix} = 1 \qquad \text{(III 2, 49)}$$

ein, so entstehen aus (III 2, 35) und (III 2, 36) für Σ_l und Δ_l die Differenzengleichungen

$$\sum_{l+1} = \alpha \sum_l + \beta\,\Delta_l \qquad \text{(III 2, 50)}$$

und

$$\Delta_{l+1} = \gamma \sum_l + \delta\,\Delta_l. \qquad \text{(III 2, 51)}$$

Zu ihrer Lösung machen wir, nach Wahl zweier vorerst willkürlicher Konstanten Σ und Δ, den „kohärenten" Ansatz

$$\left.\begin{aligned} \Sigma_l &= \Sigma \cdot e^{i\varkappa l} \\[2mm] \Delta_l &= \Delta \cdot e^{i\varkappa l} \end{aligned}\right\} \qquad [i = \sqrt{-1}], \qquad \text{(III 2, 52)}$$

in welchem der — einstweilen noch unbekannte — Exponent $\varkappa$ die *makroskopische Ausbreitungsziffer* der Wahrscheinlichkeitswellen definiert. Um $\varkappa$ aufzufinden, tragen wir (III 2, 52) in (III 2, 50) und (III 2, 51) ein und erhalten für die Wellenstärken Σ und Δ die zwei linearen, homogenen Gleichungen

$$(e^{i\varkappa} - a)\,\Sigma \qquad - \beta\,\Delta = 0. \qquad \text{(III 2, 53)}$$

und

$$-\gamma\,\Sigma \qquad + (e^{i\varkappa} - \delta)\,\Delta = 0. \qquad \text{(III 2, 54)}$$

Sollen sie eine von Null verschiedene Lösung besitzen — und nur eine solche ist ja mit der physikalischen Deutung der Wahrscheinlichkeitswellen vereinbar! —, so muß die Determinante des in (III 2, 53) und (III 2, 54) eingehenden Koeffizientensystemes verschwinden. Diese Bedingung liefert nunmehr, mit Rücksicht auf (III 2, 49) für die gesuchte Ausbreitungsziffer $\varkappa$, die Angabe

$$\cos \varkappa = \frac{a + \delta}{2}. \qquad \text{(III 2, 55)}$$

Aus (III 2, 53) und (III 2, 54) resultiert dann für das Verhältnis der Differenzstärke Δ zur Summenstärke Σ mit Rücksicht auf (III 2, 48) die Relation

$$\frac{\Delta}{\Sigma} = \sqrt{\frac{e^{i\varkappa} - a}{\beta}\,\frac{\gamma}{e^{i\varkappa} - \delta}} = \sqrt{\frac{\gamma}{\beta}}, \qquad \text{(III 2, 56)}$$

f) Um die Voraussetzung (III 2, 22) für die Wirksamkeit der Zellenwände als solcher ein für allemal zu garantieren, führen wir einen doppelten Grenzübergang aus: Wir lassen gedanklich die potentielle Energie η_0 maßlos zunehmen, während gleichzeitig die Wanddicke $2\,\varepsilon$ derart schrumpfe, daß der Quotient

$$\lim_{\eta_0 \to \infty;\, 2\varepsilon \to 0} \frac{\eta_0 \cdot 2\,\varepsilon}{a} = \eta_s \qquad \text{(III 2, 57)}$$

für die eben hierdurch definierte „Energieschwelle" η_s einen endlichen Wert liefert. Aus (III 2, 45), (III 2, 48) und (III 2, 55) folgt dann zunächst

$$\cos \varkappa = \cos\left\{\frac{a}{\hbar}\sqrt{2\,m_0\,\eta}\right\} + \frac{m_0\,a^2\,\eta_s}{\hbar^2}\,\frac{\sin\left\{\frac{a}{\hbar}\sqrt{2\,m_0\,\eta}\right\}}{\frac{a}{\hbar}\sqrt{2\,m_0\,\eta}}, \qquad \text{(III 2, 58)}$$

während aus (III 2, 56) auf Grund der Gleichungen (III 2, 46) und (III 2, 47) das Verhältnis

$$\left(\frac{\Delta}{\Sigma}\right)^2 = \frac{\sin\left\{\frac{a}{\hbar}\sqrt{2\,m_0\,\eta}\right\} - \dfrac{m_0\,a^2\,\eta_s}{\hbar^2}\dfrac{1 + \cos\left\{\frac{a}{\hbar}\sqrt{2\,m_0\,\eta}\right\}}{\frac{a}{\hbar}\sqrt{2\,m_0\,\eta}}}{\sin\left\{\frac{a}{\hbar}\sqrt{2\,m_0\,\eta}\right\} + \dfrac{m_0\,a^2\,\eta_s}{\hbar^2}\dfrac{1 - \cos\left\{\frac{a}{\hbar}\sqrt{2\,m_0\,\eta}\right\}}{\frac{a}{\hbar}\sqrt{2\,m_0\,\eta}}} \qquad \text{(III 2, 59)}$$

resultiert.

Zufolge der *Heisenberg*schen Ungenauigkeitsrelationen definiert der Impulsbetrag

$$|p| = \frac{\hbar}{a} \qquad \text{(III 2, 60)}$$

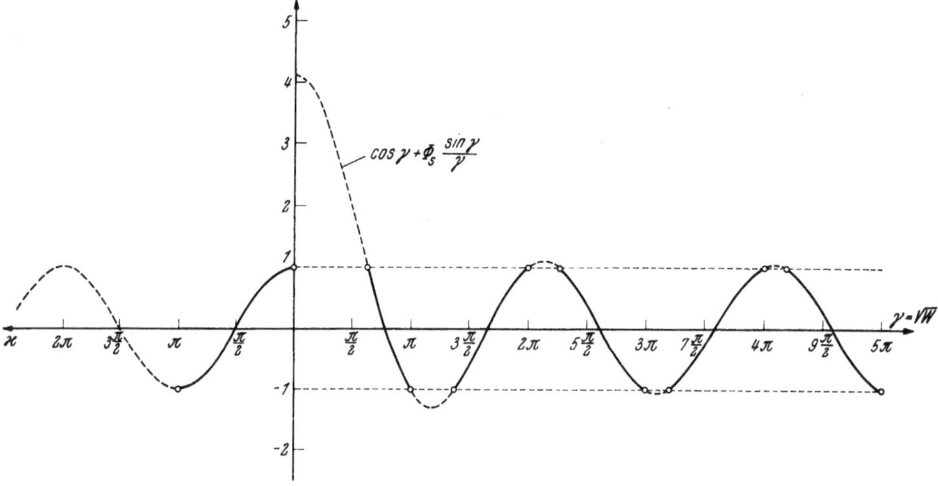

Abb. III 2, 3. Graphische Ermittlung der Ausbreitungsziffer. [Statt γ lies $\check{\gamma}$].

die „Platzangst" des je an eine bestimmte Kristallzelle der linearen Ausdehnung a gebundenen Elektrons, so daß in unserem Kristallmodell der Ausdruck

$$\eta_A = \frac{1}{2\,m_0}|p|^2 = \frac{\hbar^2}{2\,m_0\,a^2} \qquad \text{(III 2, 61)}$$

die *Nullpunktsenergie* des kontrollierten Elektrons kennzeichnet. Führt man sie als sozusagen *natürliche Energieeinheit* ein, so mißt also das Verhältnis

$$\Phi_s = \frac{1}{2}\frac{\eta_s}{\eta_A} \qquad \text{(III 2, 62)}$$

den dimensionsfreien, „numerischen" Widerstand der Zellwand, während das gleichfalls dimensionsfreie Verhältnis

$$W = \frac{\eta}{\eta_A} \qquad \text{(III 2, 63)}$$

die „numerische" Gesamtenergie des kontrollierten Elektrons angibt; mit Hilfe dieser Größen nimmt die Bestimmungsgleichung (III 2, 58) der makroskopischen Ausbreitungsziffer $\varkappa$ die Gestalt

$$\cos \varkappa = \cos \sqrt{\overline{W}} + \varPhi_s \frac{\sin \sqrt{\overline{W}}}{\sqrt{\overline{W}}} \qquad \text{(III 2, 64)}$$

an.

g) Mit der grundlegenden Forderung (III 2, 17) sind lediglich *reelle* Werte der Ausbreitungsziffer $\varkappa$ vereinbar, da andernfalls die Wellen (III 2, 52) entweder für $l \to (+\infty)$ oder für $l \to (-\infty)$ divergieren. Daher sind nur diejenigen Werte der numerischen Elektronenenergie W physikalisch zulässig, welche gemäß (III 2, 64) der Ungleichung

$$|\cos \varkappa| \leqq 1 \qquad \text{(III 2, 65)}$$

genügen. In Abb. III 2, 3 ist nun $\cos \varkappa$ als Funktion des Hilfswinkels

$$\check{\gamma} = \sqrt{\overline{W}} \qquad \text{(III 2, 66)}$$

graphisch dargestellt worden, wobei ohne Beschränkung der Allgemeinheit $\check{\gamma} \geqq 0$ vorausgesetzt werden durfte. Dagegen ist zu betonen, daß durch (III 2, 64) jedem der nunmehr gewiß positiven Werte von $\check{\gamma}$ stets ein *Paar entgegengesetzt gleicher Ausbreitungsziffern* $\varkappa$ zugeordnet wird, deren $\genfrac{}{}{0pt}{}{\text{positive}}{\text{negative}}$ der $\genfrac{}{}{0pt}{}{\text{parallel}}{\text{antiparallel}}$ zur positiven x-Achse wandernden Wahrscheinlichkeitswelle entspricht; überdies beachte man, daß der gemeinsame Wert $|\varkappa|$ der genannten Ausbreitungsziffern, nach Ausweis der Abb. III 2, 3, nur mod 2π definiert ist, vorerst also *unendlich vieldeutig* bleibt.

Um die angezeigte Unbestimmtheit zu beheben, verabreden wir, die makroskopische Ausbreitungsziffer $\varkappa$ von nun ab in den Bereich

$$-\pi \leqq \varkappa \leqq \pi \qquad \text{(III 2, 66)}$$

einzuschließen; die Gesamtheit der aus dieser Übereinkunft hervorgehenden Werte von $\varkappa$ bezeichnen wir fortan als *beschränkte Ausbreitungsziffern*. Um eine naheliegende, irrtümliche Deutung dieser Definition auszuschließen, weisen wir darauf hin, daß der Übergang von einer gegebenen Ausbreitungsziffer $\varkappa$ zu einer von ihr um ein ganzzahliges Vielfache von 2π verschiedenen Ausbreitungsziffer sowohl auf die Kinematik der Wellen (III 2, 52) wie auch auf deren Energetik (III 2, 64) keinerlei Einfluß ausübt: Ungeachtet der in (II 2, 66) ausgesprochenen *algebraischen Beschränkung* der Ausbreitungsziffer erfassen wir dennoch mittels des angegebenen Bereiches alle *physikalisch zulässigen* Zustände der Kristallelektronen, sofern wir nur der numerischen Energie W sämtliche ihr zugänglichen Werte erteilen. Umgekehrt liefern alle Winkel $\check{\gamma}$ der Eigenschaft

$$\left| \cos \check{\gamma} + \varPhi_s \frac{\sin \check{\gamma}}{\check{\gamma}} \right| > 1 \qquad \text{(III 2, 67)}$$

„*verbotene*" Energiebereiche, in welchen das kontrollierte Elektron keines stationären Zustandes fähig ist. Das Gebiet der „erlaubten" Elektronenenergie W zerfällt daher, entsprechend Abb. III 2, 4, in getrennte *Bänder*, deren jeweilige *Grenzwinkel* $\check{\gamma} = \check{\gamma}_{gr} \geqq 0$ der Gleichung

$$\left| \cos \check{\gamma}_{gr} + \varPhi_s \cdot \frac{\sin \check{\gamma}_{gr}}{\check{\gamma}_{gr}} \right| = 1 \qquad \text{(III 2, 68)}$$

genügen; sie wird gewiß von der Folge

$$\check{\gamma}_{gr} = n \cdot \pi; \qquad n = 1; 2; 3; \ldots \qquad \text{(III 2, 69)}$$

erfüllt, in welcher n die *Ordnungszahl* des Energiebandes definieren mag. Setzen wir nun in der Umgebung von $\check{\gamma}_{\mathrm{rg}} = \mathrm{n}\,\pi$

$$\check{\gamma} = \mathrm{n}\,\pi + \check{\delta}, \qquad\qquad \text{(III 2, 70)}$$

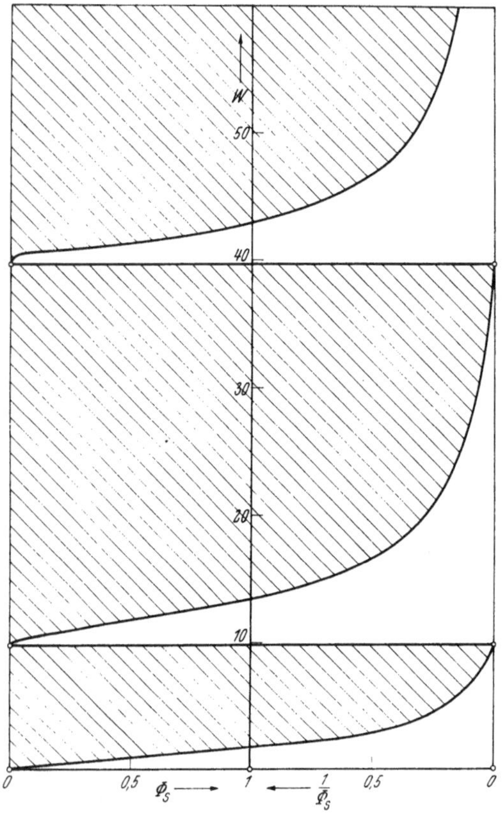

so finden wir in voller Strenge

$$\cos\check{\gamma} + \Phi_{\mathrm{s}} \cdot \frac{\sin\check{\gamma}}{\check{\gamma}} = (-1)^{\mathrm{n}} \cdot$$

$$\cdot \left[\cos\check{\delta} + \Phi_{\mathrm{s}} \cdot \frac{\sin\check{\delta}}{\mathrm{n}\,\pi + \check{\delta}}\right].$$

$$\text{(III 2, 71)}$$

Bei hinreichend kleinem $\hat{\delta}$ befinden wir uns daher sicher in einem der verbotenen Energiegebiete. Weisen wir ihm die Ordnungszahl (n — 1) zu, so besteht zwischen seiner oberen Grenze $\check{\gamma}^{\mathrm{gr}} = (\mathrm{n} - 1)\,\pi + \hat{\delta}_{\mathrm{gr}}$ und dem numerischen Wandwiderstand Φ_{s} die Gleichung

$$\Phi_{\mathrm{s}} = [(\mathrm{n} - 1)\,\pi + \hat{\delta}_{\mathrm{gr}}] \cdot$$

$$\cdot \frac{1 - \cos\check{\delta}_{\mathrm{gr}}}{\sin\check{\delta}_{\mathrm{gr}}} =$$

$$= [(\mathrm{n} - 1)\,\pi + \check{\delta}_{\mathrm{gr}}]\,\mathrm{tg}\frac{\check{\delta}_{\mathrm{gr}}}{2},$$

$$\text{(III 2, 72)}$$

Abb. III 2, 4. Energiebänder.

welche vermöge (III 2, 66) und (III 2, 70) in

$$\Phi_{\mathrm{s}} = \sqrt{\mathrm{W}}\,\mathrm{tg}\left(\frac{1}{2}\sqrt{\mathrm{W}}\right) \qquad \text{für} \quad \mathrm{n} = 1; 3; 5; \ldots$$

$$\text{(III 2, 73)}$$

$$\Phi_{\mathrm{s}} = -\sqrt{\mathrm{W}}\,\mathrm{cotg}\left(\frac{1}{2}\sqrt{\mathrm{W}}\right) \qquad \text{für} \quad \mathrm{n} = 2; 4; 6; \ldots$$

entsprechend Abb. III 2, 5 übergeht.

h) Wir erweitern die bisher auf ein „einfarbiges" Kontrollelektron der numerischen Energie W, also der Kreisfrequenz

$$\omega = \frac{\eta_{\mathrm{A}} \cdot \mathrm{W}}{\hbar} = \frac{\hbar}{2\,\mathrm{m}_0\,\mathrm{a}^2}\mathrm{W} \qquad\qquad \text{(III 2, 74)}$$

abgestimmten Überlegungen auf das Informationsfeld einer *Gruppe* elektronischer Wahrscheinlichkeitswellen, deren numerische Energie W sich innerhalb eines der „erlaubten" Bänder nach Maßgabe der Vorschrift

$$\overline{\mathrm{W}} - \varDelta\mathrm{W} < \mathrm{W} < \overline{\mathrm{W}} + \varDelta\mathrm{W}; \qquad 0 < \varDelta\mathrm{W} \ll \overline{\mathrm{W}} \qquad \text{(III 2, 75)}$$

in einer schmalen Umgebung von $\overline{\mathrm{W}}$ *kontinuierlich* ändere, während $\bar{\mathrm{C}} = \bar{\mathrm{C}}(\omega)$ die gleichfalls stetig variable, komplexe *Amplitudendichte* der

Zahlentafel 8. *Energiebänder*

$\dfrac{2}{\pi}\dfrac{1}{2}\sqrt{W}$	γ°	tg $\breve{\gamma}$	$\sqrt{W}$	Φ_s	W	
0	0	0	0	0	0	
0,1	9	0,1563	$0,1\,\pi$	0,0492	0,0993	
0.2	18	0,3040	$0,2\,\pi$	0,2035	0,393	
0.3	27	0,5095	$0,3\,\pi$	0,478	0,888	
0,4	36	0,7250	$0,4\,\pi$	0,909	1,575	
0,5	45	. 1,0000	$0,5\,\pi$	1,572	2,460	Erster
0,6	54	1,382	$0,6\,\pi$	2,605	3,540	Streifen
0,7	63	1,965	$0,7\,\pi$	4,385	4,52	
0,8	72	3,087	$0,8\,\pi$	7,78	6,30	
0,9	81	6,402	$0,9\,\pi$	18,04	7,98	
1	90	∞	π	∞	9,85	
	γ°	$-\cot\breve{\gamma}$	$\sqrt{W}$	Φ_s	W	
1	90	0	$1\,\pi$	0	9,85	
1,05	94,5	0,0785	$1,05\,\pi$	0,259	10,90	
1,1	99	0,1583	$1,1\,\pi$	0,545	11,95	
1,2	108	0,3240	$1,2\,\pi$	1,223	14,20	
1,3	117	0,5095	$1,3\,\pi$	2,075	16,70	
1,4	126	0,7250	$1,4\,\pi$	3,180	19,35	
1,5	135	1,0000	$1,5\,\pi$	4,71	22,25	Zweiter
1,6	144	1,382	$1,6\,\pi$	6,94	25,25	Streifen
1,7	153	1,965	$1,7\,\pi$	10,50	28,5	
1,8	162	3,087	$1,8\,\pi$	17,46	31,9	
1,9	171	6,402	$1,9\,\pi$	38,15	35,6	
2	180	∞	$2\,\pi$	∞	39,6	
	γ°	$-\cot\gamma$	$\sqrt{W}$	Φ_s	W	
2,05	184,5	0,0785	$2,05\,\pi$	0,505	41,4	
2,1	189	0,1583	$2,1\,\pi$	1,042	43,3	
2,15	193,5	0,2397	$2,15\,\pi$	1,615	45,6	
2,2	198	0,3240	$2,2\,\pi$	2,235	47,7	Dritter
2,3	207	0,5095	$2,3\,\pi$	3,685	52,2	Streifen
2,4	216	0,7250	$2,4\,\pi$	5,460	56,7	
2,5	225	1,0000	$2,5\,\pi$	7,840	61,5	

Gruppe je Einheit der Kreisfrequenz bezeichne. Gemäß (III 2, 52) und (III 2, 59) resultiert dann für die Wahrscheinlichkeitswelle einer Gruppe, welche, in der Richtung der positiven x-Achse fortschreitend, doch nur in den „Gitterebenen"

$$\varkappa_1 = 1 \cdot a \qquad (III\ 2,\ 76)$$

konstatiert werden kann, die Integraldarstellung

$$\sum_1 = \int\limits_{\overline{W}-\Delta W}^{\overline{W}+\Delta W} \bar{C}(W)\, e^{-i\left[\frac{\eta_A}{\hbar}Wt - \varkappa l\right]}\, dW, \qquad \text{(III 2, 77)}$$

in welcher Gl. (III 2, 64) den funktionellen Zusammenhang

$$\varkappa = \varkappa(W) = \varkappa(\overline{W} + \delta W); \qquad -\Delta W \leqq \delta W \leqq \Delta W \quad \text{(III 2, 78)}$$

herstellt. Innerhalb des schmalen Energiebereiches (III 2, 75) dürfen wir uns nun bei der Entwicklung von $\varkappa(\overline{W} + \delta W)$ nach Potenzen der numerischen Energiedifferenz δW in die Reihe

$$\varkappa(\overline{W} + \delta W) = \varkappa(\overline{W}) +$$

$$+ \frac{\delta W}{1!}\,\varkappa'(\overline{W}) + \cdots$$

$$\text{(III 2, 79)}$$

auf die beiden, vorstehend niedergeschriebenen Anfangsglieder beschränken und finden in der hierdurch angezeigten Genauigkeit aus (III 2, 77) die Wellengruppe

$$\sum_1 = e^{-i\left[\frac{\eta_A}{\hbar}\overline{W}t - \varkappa(\overline{W})l\right]} \cdot$$

$$\int\limits_{-\Delta W}^{\Delta W} \bar{C}(\overline{W} + \delta W) \cdot$$

$$\cdot e^{-i\left[\frac{\eta_A}{\hbar}t - \varkappa'(\overline{W})l\right]\delta W} \cdot d\delta W.$$

$$\text{(III 2, 80)}$$

Wir richten unser Augenmerk zunächst auf ihre *Phase*

$$\check{\varphi} = \frac{\eta_A}{\hbar}\overline{W}\cdot t - \varkappa(\overline{W})\,l.$$

$$\text{(III 2, 81)}$$

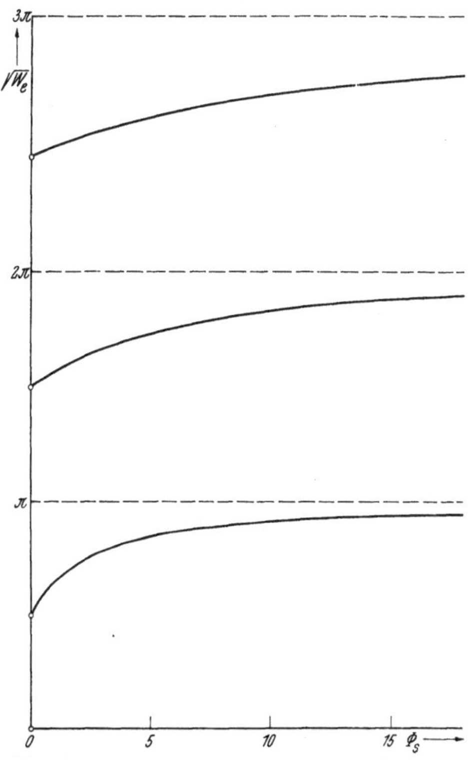

Abb. III 2, 5. Zusammenhang zwischen Φ_s und W an der oberen Bandgrenze.

Sie bleibt beim Fortschritt von l zu $(l+1)$ invariant, falls währenddessen die Zeitspanne

$$\Delta t_{ph} = \frac{\hbar}{\eta_A} \cdot \varkappa(\overline{W}) = \frac{2\,m_0\,a^2}{\hbar}\,\varkappa(\overline{W}) \qquad \text{(III 2, 82)}$$

verstreicht. Daher berechnet sich die *makroskopische Phasengeschwindigkeit* V_{ph} zu

$$V_{ph} = \frac{a}{\Delta t_{ph}} = \frac{\eta_A}{\hbar} \cdot \frac{a}{\varkappa(\overline{W})} = \frac{\hbar}{2\,m_0\,a\cdot\varkappa(\overline{W})}. \qquad \text{(III 2, 83)}$$

Dagegen wird die *Aufenthaltswahrscheinlichkeit* des kontrollierten Elektrons je Raumeinheit eines an der „Gitterebene" $x = l\,a$ gelegenen Kristallelementes durch das Produkt

$$\int\limits_{-\varDelta W}^{\varDelta W} \bar{C}(\overline{W} + \delta W)\, e^{-i\left[\frac{\eta_A}{\hbar}t - \varkappa'(\overline{W})\, l\right]\delta W}\, d\delta W \cdot$$

$$\cdot \int\limits_{-\varDelta W}^{\varDelta W} \bar{C}^*(\overline{W} + \delta W)\, e^{i\left[\frac{\eta_A}{\hbar}t - \varkappa'(\overline{W})\, l\right]\delta W}\, d\delta W \qquad \text{(III 2, 84)}$$

festgelegt; sie bleibt also beim Fortschritt von l zu (l + 1) konstant, falls inzwischen die Zeit

$$\varDelta t_{gr} = \frac{\hbar}{\eta_A} \cdot \varkappa'(\overline{W}) = \frac{2\, m_0\, a^2}{\hbar}\, \varkappa'(\overline{W}) \qquad \text{(III 2, 85)}$$

vergeht: Das Verhältnis

$$V_{gr} = \frac{a}{\varDelta t_{gr}} = \frac{\hbar}{2\, m_0\, a\, \varkappa'(\overline{W})} = \frac{\hbar}{2\, m_0\, a} \cdot \left[\frac{dW}{d\varkappa}\right]_{\overline{W}} \qquad \text{(III 2, 86)}$$

definiert die *makroskopische Gruppengeschwindigkeit* des „Wellenpaketes" (III 2, 77). Daher bestehen die allen Energiebändern gemeinsamen Gesetzmäßigkeiten

$$V_{gr} = 0 \quad \text{für} \quad \varkappa = 0 \qquad \text{(III 2, 87)}$$

und

$$V_{gr} = \quad \text{für} \quad \varkappa = \pm\, \pi, \qquad \text{(III 2, 88)}$$

so daß sowohl in der Mitte dieser Bänder wie an ihren Rändern die Wahrscheinlichkeitswellen in ihren makroskopisch kinematischen Eigenschaften an *stehende Wellen* erinnern. Bei Ausschluß dieser Grenzfälle findet man in allen Energiebändern ungerader Ordnungszahl [n = 1; 3; ...] für $\varkappa \lessgtr 0$ auch $\varkappa' \lessgtr 0$, so daß Phasen- und Gruppengeschwindigkeit gleichgerichtet sind; dagegen gelten unter den nämlichen Prämissen in allen Energiebändern gerader Ordnungszahl [n = 2; 4; ...] die Ungleichungen $\varkappa' \lessgtr 0$ für $\varkappa \gtrless 0$, so daß die verglichenen Geschwindigkeiten einander entgegen weisen. Indessen haben wir den vorwiegend formalen Charakter dieser Angaben zu betonen. Gibt man die ja keineswegs logisch zwangsläufige, sondern nur methodisch zweckmäßige Beschränkung (III 2, 66) auf, so wird mit der Ausbreitungsziffer $\varkappa$ auch die makroskopische Phasengeschwindigkeit unendlich vieldeutig, und nicht einmal ihr Vorzeichen liegt fest! Im Lichte dieser Erkenntnis erweist sich der Begriff der Phasengeschwindigkeit als physikalisch minderwertig, und wir werden gut tun, die Kinematik der hier untersuchten Elektronenwellen allein nach ihrer Gruppengeschwindigkeit zu beurteilen.

i) Wir denken uns das Kristallmodell durch ein antiparallel der positiven x-Achse gerichtetes elektrisches Feld erregt; der Betrag E seiner Feldstärke wird als so klein vorausgesetzt, daß es den stationären Zustand des jeweils kontrollierten Elektrons nicht merklich zu stören vermag.

Das Elektron werde durch das „Wellenpaket" (III 2, 77) dargestellt, an welchem somit die nunmehr in Richtung der positiven x-Achse weisende *Coulomb*kraft

$$F_x = q_0\, E \qquad \text{(III 2, 89)}$$

angreift. Sie leistet während der infinitesimal kurzen Zeitspanne dt längs des Wegelementes V_{gr} dt die Arbeit

$$F_x \cdot V_{gr} \cdot dt - F_x \cdot \frac{\hbar}{2\, m_0\, a\, \varkappa'(\overline{W})} \cdot dt = F_x \cdot \frac{\hbar}{2\, m_0\, a} \cdot \frac{d\overline{W}}{d\varkappa} \cdot dt \qquad \text{(III 2, 90)}$$

und erhöht hierdurch die Energie $\eta_A \cdot \overline{W}$ des Wellenpaketes „adiabatisch" um den Betrag

$$\eta_A \cdot d\overline{W} = \frac{\hbar^2}{2\,m_0\,a^2}\,d\overline{W} = \frac{\hbar^2}{2\,m_0\,a^2}\,\frac{d\overline{W}}{d\varkappa}\,d\varkappa. \qquad (III\ 2,\ 91)$$

Der Vergleich von (III 2, 90) mit (III 2, 91) führt auf die Relation

$$F_x = \frac{\hbar}{a} \cdot \frac{d\varkappa}{dt}, \qquad (III\ 2,\ 92)$$

so daß

$$p_x = \frac{\hbar}{a}\,\varkappa \qquad (III\ 2,\ 93)$$

die Rolle des parallel der x-Achse gerichteten *Impulses* spielt; sein Wert wird sonach, gleich jenem der Ausbreitungsziffer $\varkappa$, erst durch die Übereinkunft (III 2, 66) festgelegt.

Der *dynamischen* Verknüpfung (III 2, 92) stellen wir den aus (III 2, 86) hervorgehenden *kinematischen* Zusammenhang

$$\frac{dV_{gr}}{dt} = \frac{d}{dt}\left(\frac{\hbar}{2\,m_0\,a} \cdot \frac{d\overline{W}}{d\varkappa}\right) = \frac{\hbar}{2\,m_0\,a}\,\frac{d^2\overline{W}}{d\varkappa^2} \cdot \frac{d\varkappa}{dt} \qquad (III\ 2,\ 94)$$

zur Seite, welcher im Verein mit (III 2, 92) die Aussage

$$\frac{dV_{gr}}{dt} = \left(\frac{1}{2\,m_0}\,\frac{d^2\overline{W}}{d\varkappa^2}\right) F_x \qquad (III\ 2,\ 95)$$

liefert. Dagegen lautet die *Newton*sche Beschleunigungsgleichung eines am Orte x befindlichen, materiellen Punktes von der Elektronenruhmasse m_0 durch die Kraft F_x

$$\frac{d^2x}{dt^2} = \frac{1}{m_0}\,F_x. \qquad (III\ 2,\ 96)$$

Ungeachtet des gedanklich so tiefgreifenden Unterschiedes zwischen der wellenmechanischen Kinetik nach Gl. (III 2, 95) und der klassischen Auffassung (III 2, 96) erzwingen wir deren formale Gleichheit, indem wir durch

$$\frac{1}{m^*} = \frac{1}{2\,m_0}\,\frac{d^2\overline{W}}{d\varkappa^2} \qquad (III\ 2,\ 97)$$

die *wirksame Masse* des Elektrons oder, genauer gesagt, seines mit der mittleren numerischen Energie $\overline{W}$ ausgestatteten *Wellenpaketes* im periodischen Mikropotentialfeld des eindimensionalen Kristallmodelles definieren; folgende Sonderfälle seien hervorgehoben:

1. Bei verschwindendem numerischen Widerstande Φ_s der Wände bezeichnen wir das kontrollierte Elektron als *frei*. Aus (III 2, 64) erschließen wir nun die Gleichung

$$\lim_{\Phi_s \to 0} \cos\varkappa = \cos\sqrt{\overline{W}}, \qquad (III\ 2,\ 98)$$

welche — unter Verzicht auf die hier unnötige Einschränkung (III 2, 66) — für $W = \overline{W}$ die Darstellung

$$\overline{W} = \varkappa^2 \qquad (III\ 2,\ 99)$$

liefert. Aus (III 2, 97) resultiert somit die Aussage

$$\frac{1}{m^*} = \frac{1}{2\,m_0} \cdot 2 = \frac{1}{m_0}, \qquad (III\ 2,\ 100)$$

welche die kinetische Identität der freien Kristallelektronen mit materiellen Punkten der trägen Masse m_0 lehrt und eben hierdurch den Begriff der dynamischen Freiheit präzisiert.

2. Die untere Grenze des niedersten Energiebandes [Ordnungszahl $n = 1$]: Wir bezeichnen durch $W_1^{(0)}$ die zur beschränkten Ausbreitungsziffer $\varkappa = 0$ gehörige numerische Energie des genannten Bandes; sie genügt zufolge (III 2, 64) der Gleichung

$$1 = \cos \sqrt{W_1^{(0)}} + \Phi_s \frac{\sin \sqrt{W_1^{(0)}}}{\sqrt{W_1^{(0)}}} . \qquad \text{(III 2, 101)}$$

Im Energiebereiche

$$\overline{W} = W_1^{(0)} + \delta W; \quad \delta W \ll \pi^2$$
$$\text{(III 2, 102)}$$

dürfen wir uns bei der Entwicklung von $\cos \varkappa$ nach Potenzen von $\varkappa$ auf die ersten beiden Glieder beschränken und finden aus (III 2, 64) mit Rücksicht auf (III 2, 101) die Näherung

$$\varkappa^2 = \frac{\delta W}{W_1^{(0)}} \cdot$$
$$\cdot \left[\sqrt{W_1^{(0)}} \sin \sqrt{W_1^{(0)}} + \Phi_s \cdot \right.$$
$$\left. \cdot \left(\frac{\sin \sqrt{W_1^{(0)}}}{\sqrt{W_1^{(0)}}} - \cos \sqrt{W_1^{(0)}} \right) \right] .$$
$$\text{(III 2, 103)}$$

Nach Ausweis der Abb. III 2, 6 fällt nun die Funktion

$$f(W) = \frac{\sin \sqrt{\overline{W}}}{\sqrt{\overline{W}}} - \cos \sqrt{\overline{W}}$$
$$\text{(III 2, 104)}$$

im Bereiche $0 < \sqrt{\overline{W}} < 4,5$ positiv aus.

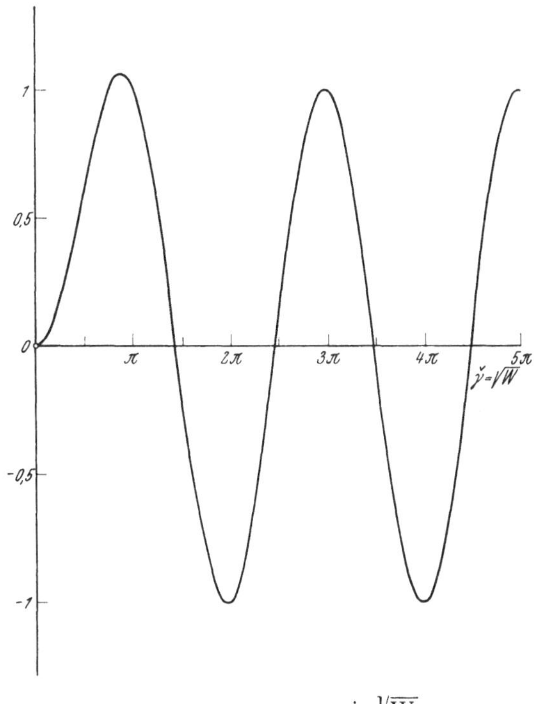

Abb. III 2, 6. Die Funktion $\dfrac{\sin \sqrt{\overline{W}}}{\sqrt{\overline{W}}} - \cos \sqrt{\overline{W}}$.

Da im niedersten Energiebande $0 < \sqrt{W_1^{(0)}} < \pi$ ist, folgt aus III (2, 103) die Ungleichung

$$\frac{d^2 \overline{W}}{d\varkappa^2} = \frac{d^2 \delta W}{d\varkappa^2} = \frac{2 W_1^{(0)}}{\sqrt{W_1^{(0)}} \sin \sqrt{W_1^{(0)}} + \Phi_s \, f(W_1^{(0)})} > 0, \qquad \text{(III 2, 105)}$$

so daß für die wirksame Elektronenmasse m^* ein zwar in der Regel von m_0 verschiedener, gewiß jedoch *positiver* Wert resultiert.

3. Der obere Rand des niedersten Energiebandes [Ordnungszahl $n = 1$] ist durch $\varkappa = \pm \pi$ definiert. Die zugehörige, numerische Elektronenenergie $W_1^{(\pi)}$ berechnet sich gemäß (III 2, 64) aus der Gleichung

$$-1 = \cos \sqrt{W_1^{(\pi)}} + \Phi_s \frac{\sin \sqrt{W_1^{(\pi)}}}{\sqrt{W_1^{(\pi)}}} \qquad \text{(III 2, 106)}$$

zu

$$W_1^{(\pi)} = \pi^2. \qquad \text{(III 2, 107)}$$

Sei nun in der Umgebung des untersuchten Bandrandes

$$\overline{W} = \pi^2 + \delta W; \qquad |\delta W| \ll \pi^2 \qquad \text{(III 2, 108)}$$

und, im Einklang mit (III 2, 66),

$$\varkappa = \pm\,(\pi - \delta\varkappa); \qquad 0 \leqq \delta\varkappa \ll \pi \qquad \text{(III 2, 109)}$$

vorausgesetzt, so liefert (III 2, 64) zusammen mit (III 2, 104) und (III 2, 106) im Falle $\Phi_s > 0$ die Gleichung

$$(\delta\varkappa)^2 = -\frac{\delta W}{W_1^{(\pi)}}\,[\sqrt{W_1^{(\pi)}}\,\sin\sqrt{W_1^{(\pi)}} + \Phi_s \cdot f(W_1^{(\pi)})] = -\frac{\delta W}{\pi^2}\,\Phi_s. \qquad \text{(III 2, 110)}$$

Mit

$$\frac{d^2\overline{W}}{d\varkappa^2} = \frac{d^2\delta W}{d\varkappa^2} = -\frac{2\,\pi^2}{\Phi_s} < 0 \qquad \text{(III 2, 111)}$$

resultiert hiernach nunmehr für die wirksame Elektronenmasse m* ein *negativer* Wert: Die Gruppenbeschleunigung des kontrollierten Wellenpaketes weist entgegengesetzt zu der an ihm angreifenden *Coulomb*kraft! Wer sich dieses zunächst sonderbar anmutende Verhalten des Elektrons im periodischen Mikropotentialfelde unseres eindimensionalen Kristallmodelles an einem klassischen Beispiel veranschaulichen will, mag an das Eindrücken einer starren Kugel in ein elastisches Polster denken, sofern man die Reaktionskraft des Polsters geflissentlich außer acht läßt.

4. Man überzeugt sich leicht, daß die vordem für das niederste Energieband durchgeführten Überlegungen allgemein gelten: Stets entspricht dem unteren Bandrande [minimale Energie] ein positiver, dem oberen Bandrande [maximale Energie] hingegen ein negativer Wert der wirksamen Elektronenmasse.

j) In der Umgebung

$$\varkappa = \varkappa_0 + \delta\varkappa; \qquad |\varkappa| \leqq \pi \qquad \text{(III 2, 112)}$$

eines vorerst beliebigen Wertes $\varkappa_0$ der beschränkten Ausbreitungsziffer $\varkappa$ kann die numerische Elektronenenergie $W = W(\varkappa)$ in die nach Potenzen von $\delta\varkappa$ fortschreitende Reihe

$$W = W(\varkappa_0) + \frac{\delta\varkappa}{1!}\left[\frac{dW}{d\varkappa}\right]_{\varkappa_0} + \frac{(\delta\varkappa)^2}{2!}\left[\frac{d^2W}{d\varkappa^2}\right]_{\varkappa_0} + \cdots \qquad \text{(III 2, 113)}$$

entwickelt werden. Wir erweitern sie mit der in Gl. (III 2, 61) definierten Energieeinheit $\eta_A = (\hbar^2/2\,m_0\,a^2)$, vertauschen die Differenz $\delta\varkappa = \varkappa - \varkappa_0$ der beschränkten Ausbreitungsziffer durch die ihr gemäß (III 2, 93) korrespondierende Impulsdifferenz

$$\delta p_x = \frac{\hbar}{a} \cdot \delta\varkappa \qquad \text{(III 2, 114)}$$

und erhalten mit Rücksicht auf (III 2, 86) und (III 2, 97)

$$\eta = \eta_A \cdot W = \eta_A \cdot W(\varkappa_0) + \delta p \cdot \frac{\hbar}{2\,m_0 a} \cdot \left[\frac{dW}{d\varkappa}\right]_{\varkappa_0} + \frac{(\delta p_x)^2}{2} \cdot \frac{1}{2\,m_0}\left[\frac{d^2W}{d\varkappa^2}\right]_{\varkappa_0} + \cdots =$$

$$= \eta_A \cdot W(\varkappa_0) + \delta p \cdot V_{gr} + \frac{1}{2}\frac{(\delta p_x)^2}{m*} + \cdots. \qquad \text{(III 2, 115)}$$

Da sich nun die Gruppengeschwindigkeit V_{gr} an den energetischen Rändern

$$W(\varkappa_0) = W_{Rand}; \qquad |\varkappa| = \begin{cases} 0 \\ \pi \end{cases} \qquad \text{(III 2, 116)}$$

jedes Bandes annulliert, reduziert sich dort die Entwicklung (III 2, 115) auf die einfache Aussage

$$\eta - \eta_{Rand} = \frac{1}{2} \cdot \frac{(\delta p_x)^2}{m^*} + \dots; \qquad \eta_{Rand} = \eta_A \cdot W_{Rand}. \qquad \text{(III 2, 117)}$$

Bei Beschränkung auf ihr explizit angeschriebene Anfangsglied gleicht sie formal dem *Hamilton*schen Ausdruck für die kinetische Energie eines materiellen Punktes der Masse m^* und des Impulses δp_x; diese Erkenntnis mag uns zu einem tieferen Verständnis der Gl. (III 2, 95) verhelfen, in welcher ja primär der Kehrwert der Masse statt dieser selbst auftritt!

k) Wir verfolgen das Schicksal eines Kristallelektrons, welches in seinem anfangs stationären Zustande am unteren Energierande eines Bandes von der *Coulomb*kraft F_x nach Gl. (III 2, 89) ergriffen und dann adiabatisch beschleunigt wird. Da auf Grund dieser Angaben die wirksame Masse m^* des kontrollierten Elektrons zunächst positiv ist, fällt auch seine Beschleunigung positiv aus, so daß seine Energie zunimmt. Bei der Annäherung an den oberen Energierand seines Bandes wird jedoch die wirksame Masse des Elektrons negativ, so daß es nunmehr verzögert wird, bis nach Richtungsumkehr der Gruppengeschwindigkeit das Wellenpaket in seinen Anfangsort zurückgeworfen wird und von dort aus seine Bewegung im entgegengesetzten Sinne beginnt. Um diesen *Pendelvorgang* quantitativ zu beschreiben, bringen wir Gl. (III 2, 92) unter Benutzung von (III 2, 89) in die Gestalt

$$dt = \frac{\hbar}{q_0 \cdot a} \cdot \frac{1}{E} \cdot d\varkappa. \qquad \text{(III 2, 118)}$$

Setzen wir nun vorübergehend die Ausbreitungsziffer $\varkappa$ über ihre in (III 2, 66) festgelegten Grenzen hinaus fort, ohne jedoch das Energieband des kontrollierten Elektrons zu verlassen, so kehrt es dann immer genau in seinen Anfangszustand zurück, falls sich $\varkappa$ um ein ganzes Vielfaches von 2π geändert hat. Demnach berechnet sich die *primitive Periodendauer* T der Schwingung zu

$$T = \int_{\varkappa=0}^{2\pi} dt = \frac{2\pi\hbar}{q_0 \, a \, E} \cdot \qquad \text{(III 2, 119)}$$

Die innere Nähe dieser Formel zu *Planck*'s ursprünglicher Quantenhypothese verdient unsere Aufmerksamkeit: Ersetzen wir das Produkt $2\pi\hbar$ durch die *Planck*sche Konstante h und führen die Pendelfrequenz $f = 1/T$ ein, so geht Gleichung (III 2, 119) in die Aussage

$$h\,f = \eta_E \qquad \text{(III 2, 120)}$$

über, in welcher

$$\eta_E = q_0 \, a \, E \qquad \text{(III 2, 121)}$$

die Energie mißt, welche dem Elektron jedesmal beim Durchlaufen einer Kristallzelle zugeführt oder entzogen wird.

l) Es darf nicht verschwiegen werden, daß die vorstehende Behandlung des Elektrons unter dem Einfluß der *Coulomb*kraft F_x nach (III 2, 89) nur

für den Grenzfall verschwindend kleiner elektrischer Feldstärke [E → 0]
strenge Gültigkeit beanspruchen darf. Denn sobald *endliche* Feldstärken E
ins Spiel treten, überlagert sich dementsprechend (III 2, 3) längs der
x-Achse des eindimensionalen Kristallmodelles periodischen „Eigen-
potentiale" $\varphi(x)$ das von E herrührende, aufgezwungene „Fremdpotential"

$$\Delta\varphi = - E \cdot x \qquad\qquad \text{(III 2, 122)}$$

ausgesprochen nichtperiodischen Charakters. Demnach ist die ursprüngliche
*Schrödinger*gleichung (III 2, 10) für das Informationsfeld der Kristallelektronen nunmehr auf die Gleichung

$$\frac{d^2\bar{u}}{dx^2} + \frac{2\,m_0}{\hbar^2}\,[\eta + q_0\,\{\varphi(x) - E \cdot x\}]\,\bar{u} = 0 \qquad \text{(III 2, 123)}$$

zu erweitern; sie aber führt, nach ihrer „mikroskopischen" Integration
längs jeweils nur einer einzelnen Zelle des Kristallmodelles, nicht mehr auf
lineare Differenzengleichungen mit *ortsunabhängigen* Koeffizienten nach dem
Muster der Relationen (III 2, 50), (III 2, 51), so daß auch dem an sie anknüpfenden, einfachen Lösungsansatz (III 2, 52) der Boden entzogen ist.

Im Lichte dieser tiefgreifenden Kritik haben wir die Kinetik der Kristallelektronen im Fremdfelde später noch einmal aufzunehmen. Es wird sich
dabei zeigen, daß bei Anwendung hinreichend starker Felder innerhalb des
Kristalles *Elektronenbewegungen durchbruchsähnlichen Charakters* zu erwarten sind, welchen im Rahmen der Kristallelektronik eine überragende
Bedeutung zukommt.

III 3. Geometrie der Raumgitter.

a) Gegeben sei ein *Kartesi*sches Bezugssystem der Koordinaten $x_1 = x^1$;
$x_2 = x^2$; $x_3 = x^3$. Von seinem Ursprung O aus konstruieren wir drei feste
Grundvektoren a_1; a_2; a_3; wir verlangen ihre wechselseitige *lineare Unab-
hängigkeit*: Die von der Vektordreiheit aufgespannte, parallel-epipedische
Basiszelle besitze das stets *endliche* Volumen

$$T_0 = ([a_1 \cdot a_2]\,a_3) = ([a_3\,a_1]\,a_2) = ([a_2\,a_3]\,a_1) \neq 0. \qquad \text{(III 3, 1)}$$

Nun wählen wir drei reelle, ganze Zahlen g^j [j = 1; 2; 3] mit Einschluß
der Null. Dann erzeugt die Gesamtheit der Vektoren

$$g = a_1\,g^1 + a_2\,g^2 + a_3\,g^3 = a_j\,g^j \qquad\qquad \text{(III 3, 2)}$$

[wir bedienen uns hier wie weiterhin der abkürzenden *Summenkonvention*
der Tensorrechnung!] des Bereiches

$$-\infty < g^j < \infty \qquad\qquad \text{(III 3, 3)}$$

das dreifach-periodische *Raumgitter* der diskret angeordneten *Gitterpunkte*
$G = G(g^1; g^2; g^3) = G(g)$ nach Abb. III 3, 1.

b) Wir ergänzen das Tripel der *Grundvektoren* a_j durch die Dreiheit der
zu ihnen beziehentlich „*reziproken*" *Vektoren*

$$b^1 = \frac{[a_2\,a_3]}{T_0}; \qquad b^2 = \frac{[a_3\,a_1]}{T_0}; \qquad b^3 = \frac{[a_1\,a_2]}{T_0}, \qquad \text{(III 3, 4)}$$

so daß zwischen den Grundvektoren und den reziproken Vektoren die
Orthogonalitätsrelationen

$$(a_j\,b^k) = \delta_j{}^k = \begin{cases} 0 & \text{für} \quad j \neq k \\ 1 & \text{für} \quad j = k \end{cases} \qquad (j; k = 1; 2; 3) \qquad \text{(III 3, 5)}$$

bestehen. Mit Hilfe dreier reeller, ganzer Zahlen h_k (k = 1; 2; 3) einschließlich der Null definiert die Gesamtheit der Vektoren

$$h = b^1 h_1 + b^2 h_2 + b^3 h_3 = b^k h_k \qquad \text{(III 3, 6)}$$

des Bereiches

$$-\infty < h_k < \infty \qquad \text{(III 3, 7)}$$

das *reziproke Raumgitter*; seine Gitterpunkte $H = H(h_1; h_2; h_3) = H(h)$ fallen mit Ausnahme des Ursprunges in der Regel nirgends mit jenen des Grundgitters zusammen.

c) Der Vektor

$$B = b^1 B_1 + b^2 B_2 + b^3 B_3 = b^k B_k \qquad \text{(III 3,8)}$$

möge gleichzeitig den drei Bedingungen

$$(a_1 B) = c_1; \qquad (a_2 B) = c_2;$$
$$(a_3 B) = c_3 \qquad \text{(III 3, 9)}$$

genügen, in welchen indes die Produkte c_j je nur reeller, *ganzzahliger* Werte [mit Einschluß der Null] fähig sein sollen.

Durch skalare Multiplikation des Vektors B mit einem der Grundvektoren a_j finden wir nun mit Rücksicht auf die Orthogonalitätsrelationen (III 3, 5) die Angaben

$$(a_j B) = (a_j b^k) B_k = \delta_j{}^k B_k = B_j. \qquad \text{(III 3, 10)}$$

Aus dem Vergleiche von (III 3, 9) mit (III 3, 10) folgen die Aussagen

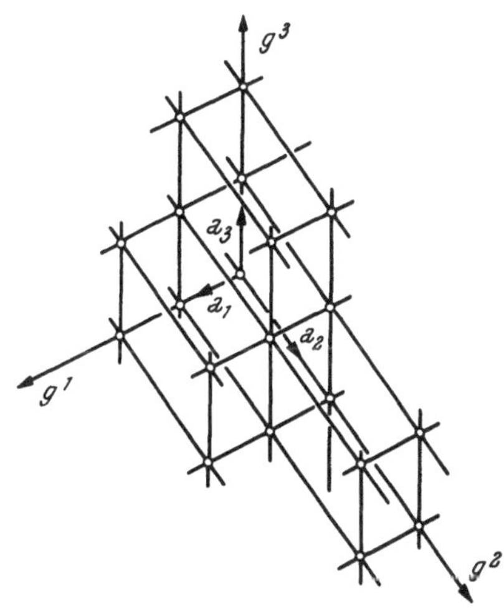

Abb. III 3, 1. Raumgitter.

$$B_1 = c_1; \qquad B_2 = c_2; \qquad B_3 = c_3, \qquad \text{(III 3, 11)}$$

so daß auf Grund der vorausgesetzten *Ganzzahligkeit* der c_j der Vektor B gewiß dem *reziproken Raumgitter* angehört.

d) Jeder Vektor h der Art (III 3, 6) definiert durch seine räumliche Orientierung relativ zum System der Grundvektoren b^j einen „Speer", welcher längs seiner geradlinig gedachten Wurfbahn die Gesamtheit der auf h senkrecht stehenden Ebenen durchbohrt. Da nun die Richtung des Vektors h durch seine Multiplikation mit einem positiv-reellen Skalar nicht geändert wird, ist die genannte Ebenenschar auch orthogonal zu jenem neuen Vektor

$$\eta = b^k \eta_k \qquad \text{(III 3, 12)}$$

orientiert, dessen Komponenten η_k aus den je „gleichnamigen" Komponenten h_k von h durch Division mit dem *größten gemeinsamen Teiler* $N_{(h)}$ der Zahlen $(h_1; h_2; h_3)$ hervorgehen

$$\eta_k = \frac{h_k}{N_{(h)}}. \qquad \text{(III 3, 13)}$$

Die Dreiheit der nunmehr gewiß *teilerfremden*, ganzen Zahlen η_k definiert die *Miller*schen *Indizes* der kontrollierten Ebenenschar.

Es sei nun

$$r = a_j u^j \qquad \text{(III 3, 14)}$$

der „Radiusvektor", welcher vom Ursprung O des Bezugssystemes zu einem Punkte führt, welcher auf einer jener Ebenen liegt. Die *Individualität* der jeweils gewählten Ebene kann und mag durch den *Lotvektor*

$$\mathfrak{p} = a_j\, p^j \qquad\qquad (III\ 3,\ 15)$$

gekennzeichnet werden, welcher in Richtung des Vektors η vom Ursprung auf diese Ebene gefällt ist. Dann lautet die Gleichung dieser Ebene

$$(\eta\, r) = (\eta\, \mathfrak{p}) \qquad\qquad (III\ 3,\ 16)$$

oder

$$\eta_j\, u^j = \eta_k\, p^k. \qquad\qquad (III\ 3,\ 17)$$

e) Unter den *unzählig* vielen Ebenen der Art (III 3, 17), welche sich durch den Wert ihrer „individuellen" Konstanten

$$C = \eta_k\, p^k \qquad\qquad (III\ 3,\ 18)$$

„namentlich" voneinander unterscheiden, heben wir von nun ab diejenige *abzählbar*-unendliche Schar hervor, welche durch *Gitterpunkte* G(g) verlaufen; die dann *doppelt-periodische* Verteilung aller in einer solchen Ebene liegenden Gitterpunkte rechtfertigt die Auszeichnung dieser Ebenen als Gesamtheit der dem Vektor η zugeordneten *Netzebenen*. Da nun die Komponenten η_k als ganze Zahlen vorausgesetzt wurden und auch die Koordinaten

$$u^j = g^j \qquad\qquad (III\ 3,\ 19)$$

der Gitterpunkte definitionsgemäß sicher ganzzahlig sind, resultiert die Konstante (III 3, 18) für jede Netzebene als ganze, positive oder negative Zahl N [einschließlich der Null], welche wir als *Ordnungszahl* der jeweils kontrollierten Netzebene bezeichnen; insbesondere enthält die Netzebene N = 0 den Ursprung des Bezugssystemes.

f) Sei $\mathfrak{p}_{(N)}$ der Lotvektor auf die Netzebene der Ordnungszahl N, so folgt nach (III 3, 18)

$$N = \eta_k\, p^k_{(N)}. \qquad\qquad (III\ 3,\ 20)$$

Nun gilt konstruktionsgemäß

$$\mathfrak{p}_{(N)} = |\mathfrak{p}_{(N)}| \cdot \frac{\eta}{|\eta|}. \qquad\qquad (III\ 3,\ 21)$$

Wir bringen den Vektor η in die zu (III 3, 12) kontragrediente Gestalt

$$\eta = a_j\, \eta^j, \qquad\qquad (III\ 3,\ 22)$$

deren [kontravariante] Komponenten η^k sich vermöge (III 3, 5) aus den [kovarianten] Komponenten η_l mittels der Vorschriften

$$\eta^k = (b^k\, \eta) = (b^k\, b^l)\, \eta_l; \qquad (k;l = 1;2;3) \qquad (III\ 3,\ 23)$$

berechnen, und finden den Zusammenhang

$$(\eta)^2 = (a_j\, \eta^j\, b^k\, \eta_k) = (a_j\, b^k)\, \eta_k\, \eta^j = \delta_j{}^k\, \eta_k\, \eta^j = \eta_k\, \eta^k. \qquad (III\ 3,\ 24)$$

Entnehmen wir dann aus (III 3, 21) die Angabe

$$p^k_{(N)} = |\mathfrak{p}_{(N)}| \cdot \frac{\eta^k}{|\eta|}, \qquad\qquad (III\ 3,\ 25)$$

so führt (III 3, 20) mit Rücksicht auf (III 3, 24) zu der Aussage

$$N = |\mathfrak{p}_{(N)}| \frac{\eta_k\, \eta^k}{|\eta|} = |\mathfrak{p}_{(N)}| \cdot \frac{(\eta)^2}{|\eta|} = |\mathfrak{p}_{(N)}| \cdot |\eta| \qquad (III\ 3,\ 26)$$

oder also

$$|\mathfrak{p}_{(N)}| = \frac{N}{|\eta|}. \qquad\qquad \text{(III 3, 27)}$$

Hieraus ergibt sich der *Abstand* d je zweier *benachbarter Netzebenen* zu

$$d = |p_{(N+1)}| - |p_{(N)}| = \frac{N+1}{|\eta|} - \frac{N}{|\eta|} = \frac{1}{|\eta|}. \qquad \text{(III 3, 28)}$$

g) Wir suchen die *Achsenabschnitte* $\Lambda^j_{(N)}$, in welchen die Netzebene der Ordnungszahl N beziehentlich die Achse des [verlängerten] Grundvektors a_j trifft.

Die [kontravarianten] Koordinaten des Treffpunktes lauten

$$u^j = A_N{}^i; \qquad u^k = u^l = 0; \qquad [j \neq k \neq l]. \qquad \text{(III 3, 29)}$$

Daher findet man aus (III 3, 14), (III 3, 17) und (III 3, 10) die einfache Angabe

$$A^j_{(N)} = \frac{N}{\eta_j}. \qquad\qquad \text{(III 3, 30)}$$

Die drei Achsenabschnitte genügen hiernach für jede, dem Speer η zugehörige Netzebene bei beliebiger Ordnungszahl $N \neq 0$ dem „*Gesetz der rationalen Indizes*"

$$\frac{1}{A^1_{(N)}} : \quad \frac{1}{A^2_{(N)}} : \quad \frac{1}{A^3_{(N)}} = \eta_1 : \quad \eta_2 : \quad \eta_3. \qquad \text{(III 3, 31)}$$

Die nämliche geometrische Eigenschaft zeichnet erfahrungsgemäß alle Ebenen aus, welche als *Grenzflächen fehlerfreier, natürlicher Kristalle* auftreten, sofern wir hier von den unvermeidlichen Fehlordnungserscheinungen thermodynamischen Ursprunges absehen. Man wird durch diesen Tatbestand umgekehrt zur physikalischen *Konzeption der Kristallstruktur* als der eines dreifach-periodischen Raumgitters hingeführt; die seinem reziproken Gitter zugehörigen Netzebenen sind, nach Ermittelung der jeweils zuständigen Ordnungszahl N, mit den Kristall-Grenzflächen zu identifizieren.

III 4. Wellen-Interferenzen im Raumgitter.

a) Gegeben sei ein Oszillator, welcher je Zeiteinheit

$$f = \frac{\omega}{2\pi} \qquad\qquad \text{(III 4, 1)}$$

einfach-harmonischer Wellen von vorerst beliebig gedachter Natur ausstrahle. Diese Wellen mögen in einen ideellen, fehlerfreien Kristall einfallen, dessen Raumgitter von dem Gerüst der aneinander gereihten Grundvektoren a_j [j = 1; 2; 3] gebildet wird; er besitze, als „Torso" des allseitig unbegrenzten, mathematischen Raumgitters, die in der Regel zwar sehr große, aber doch gewiß stets *endliche* Anzahl Z kongruenter Basiszellen. Gesucht wird das System der „*Sekundärwellen*", welche, als „Störung" der einfallenden „Primärwelle", vom Kristalle hervorgerufen werden.

b) Im Existenzgebiete der Wellen orientieren wir uns mittels des im allgemeinen schiefwinkeligen Bezugssystemes der kontravarianten Koordinaten u^j, dessen Achsen von dem Tripel der Grundvektoren a_j aufgespannt werden. In ihm möge der Oszillator am „Quellpunkte" P ruhen, dessen

Entfernung vom Ursprung O des Bezugssystemes als sehr groß im Vergleich mit den linearen Abmessungen des Kristalles vorausgesetzt wird; dieser selbst möge eine gewisse Umgebung T von O lückenlos erfüllen. Innerhalb des Kristalles dürfen dann die einfallenden Primärwellen als merklich *eben* angesehen werden, so daß sie sich durch folgende kinematischen Eigenschaften auszeichnen:

1. Die Flächen je fester *Schwingungsphase* bilden ein System einander paralleler Ebenen, deren gemeinsame Normale die *Fortpflanzungsrichtung* der Wellen definiert.

2. Längs der angezeigten Richtung besitzt die *Phasengeschwindigkeit* der Wellen eine feste Größe vom absoluten Betrage v.

Wir konstruieren jetzt mit Hilfe der reziproken Vektoren b^k [k = 1; 2; 3] nach (III 3, 4) in der Strahlrichtung $P \to O$ den Einheitsvektor

$$1^s = b^1 \sigma_1 + b^2 \sigma_2 + b^3 \sigma_3, \qquad \text{(III 4, 2)}$$

dessen kovariante Komponenten σ_k also der *Normierungsbedingung*

$$(1^s)^2 = (b^j b^k) \sigma_j \sigma_k = 1; \qquad (j; k = 1; 2; 3) \qquad \text{(III 4, 3)}$$

[Summenkonvention!] genügen. Durch seine skalare Multiplikation mit dem Radiusvektor

$$r = a_j u^j \qquad \text{(III 4, 4)}$$

steigen wir zu der Invarianten

$$s = (1^s r) = (b^j \sigma_j \cdot a_k u^k) = \delta_k^j \sigma_j u^k = \sigma_j u^j \qquad \text{(III 4, 5)}$$

herab, welche die orthogonale Projektion des Radiusvektors r auf die Strahlrichtung 1^s mißt. Im Einklang mit dieser geometrischen Deutung von s lautet der Gradient dieser skalaren Ortsfunktion

$$\operatorname{grad} s = b^j \sigma_j = 1^s, \qquad \text{(III 4, 6)}$$

so daß jede der Ebenen

$$s = \text{const} \qquad \text{(III 4, 7)}$$

auf 1^s senkrecht steht. Mittels der in (III 4, 1) eingeführten Kreisfrequenz ω kann somit die einfallende Welle als Funktion des Ortes r und der laufenden Zeit t durch den komplexen Ausdruck

$$A\, e^{-i\omega t} \cdot e^{i\frac{\omega}{v} s} = A\, e^{-i\omega\left[t - \frac{1}{v}(1^s r)\right]}; \qquad (i = \sqrt{-1}) \qquad \text{(III 4, 8)}$$

dargestellt werden, welcher die oben genannten Eigenschaften der ebenen, einfach-harmonischen Welle analytisch zusammenfaßt; ihre komplexe Amplitude A ist, im Einklang mit der jeweils zur Beschreibung der Wellenintensität gewählten Größe, entweder als Skalar oder als Vektor einzusetzen.

c) Der Einfachheit halber nehmen wir an, daß der Kristall T die Form eines dem Grundgitter eingelagerten Parallelepipedes der je geradzahligen Kantenlängen

$$\varDelta u^j = 2 L^j \qquad \text{(III 4, 9)}$$

[L^j positiv-ganzzahlig!] aufweise. Legen wir dann den Ursprung O unseres Bezugssystemes in das Zentrum des Kristalles, so fällt er auf Grund dieser Voraussetzung mit einem Gitterpunkt zusammen.

Wir richten jetzt unsere Aufmerksamkeit auf einen im Innern von T befindlichen Gitterpunkt, dessen Lage durch den *Gittervektor*

$$l = a_j l^j; \qquad -L^j \leq l^j \leq L^j \qquad \text{(III 4, 10)}$$

[l^j ganzzahlig mit Einschluß der Null!] beschrieben werde. Die Projektion dieses Gittervektors auf die Strahlrichtung l^s findet sich gemäß (III 4, 5) zu

$$s_{(l)} = (l^s\, l) = \sigma_j\, l^j \qquad\qquad \text{(III 4, 11)}$$

[Summenkonvention!], so daß die Primärwelle (III 4, 8) am kontrollierten Gitterpunkt die Größe

$$A \cdot e^{-i\omega t}\, e^{i\frac{\omega}{v}\sigma_j l^j} \qquad\qquad \text{(III 4, 12)}$$

aufweist. Ihr gegenüber wirkt nun jener Gitterpunkt als Zentrum einer *Störwelle*, deren kugelförmige Front vom Störungsherd aus mit der radialen Phasengeschwindigkeit v expandiert. Bei hinreichend schwacher Intensität $|A|$ der einfallenden Welle ist diese Sekundärwelle, auf Grund des *Taylor*schen Entwicklungssatzes, gewiß der Primärwelle proportional. Daher darf man die Sekundärwelle mit Hilfe einer sowohl von $|A|$ wie von l unabhängigen „Beugungsfunktion" β in der Form

$$\beta \cdot A \cdot e^{-i\omega t}\, e^{i\frac{\omega}{v}(\sigma_j l^j + \sqrt{(r-l)^2})} \qquad\qquad \text{(III 4, 13)}$$

ansetzen. Allerdings verlangt die explizite Angabe von β die genaue Kenntnis des atomaren Kristallbaues. Solange man sich jedoch auf den geometrischen Einfluß der Kristallstruktur auf die Gesamtheit aller Sekundärwellen beschränkt, darf man auf die angezeigte, ergänzende Untersuchung wesentlich physikalischen Charakters verzichten und sich mit den oben genannten formalen Eigenschaften der Funktion β begnügen.

d) Wir beobachten die Sekundärwellen in Aufpunkten, deren Abstände jeweils vom Ursprung des Bezugssystemes groß gegen die linearen Abmessungen des beugenden Kristalles sind. Diese Versuchsbedingung drückt sich in der für alle dem Bereiche T angehörigen Gitterpunkte bestehenden Ungleichung

$$|l| \ll |r| \qquad\qquad \text{(III 4, 14)}$$

aus. Unter Vernachlässigung des in 1 quadratischen Gliedes gilt also

$$(r-l)^2 \approx (r)^2 - 2(r\, l) \qquad\qquad \text{(III 4, 15)}$$

und in gleicher Genauigkeit, mittels binomischer Entwicklung

$$\sqrt{(r-l)^2} = |r|\left\{1 - \frac{(r\, l)}{(r)^2}\right\}. \qquad\qquad \text{(III 4, 16)}$$

Führen wir den vom Ursprung in Richtung zum Aufpunkt weisenden Einheitsvektor l^s mittels seiner kovarianten Komponenten ϱ_j ein

$$l^r = \frac{r}{|r|} = b^j\, \varrho_j; \qquad (b^j\, b^k)\, \varrho_j\, \varrho_k = 1, \qquad\qquad \text{(III 4, 17)}$$

so können wir (III 4, 16) in die Gestalt

$$\sqrt{(r-l)^2} = |r| - (l^r\, l) = |r| - \varrho_j\, l^j \qquad\qquad \text{(III 4, 18)}$$

umschreiben. Gemäß (III 4, 13) treffen wir also im Aufpunkte die vom Gitterpunkte l ausgehende Sekundärwelle in der Größe

$$\beta A\, e^{-i\omega\left(t - \frac{|r|}{v}\right)}\, e^{+i\frac{\omega}{v}(\sigma_j - \varrho_j) l^j} \qquad\qquad \text{(III 4, 19)}$$

an. Aus ihr folgt durch Summation über sämtliche, gemäß (III 4, 10) dem Kristall angehörigen Gitterpunkte die resultierende Sekundärwelle

$$\beta A \cdot e^{-i\omega\left(t - \frac{|r|}{v}\right)} \sum_{l^j = -L^j}^{L^j} e^{i\frac{\omega}{v}(\sigma_j - \varrho_j) l^j}. \qquad\qquad \text{(III 4, 20)}$$

Nach Auswertung der drei geometrischen Reihen [j = 1; 2; 3] erhält man das dreifache Produkt [Symbol Π]

$$\beta\,A\,e^{-i\omega\left(t-\frac{|r|}{v}\right)}\;\Pi\;\frac{\sin\left[\dfrac{1}{2}\dfrac{\omega}{v}(\sigma_j-\varrho_j)(2\,L^j+1)\right]}{\sin\left[\dfrac{1}{2}\dfrac{\omega}{v}(\sigma_j-\varrho_j)\right]}. \qquad \text{(III 4, 21)}$$

Für jeden realen Kristall sind nun die drei Zahlen L^j je sehr groß. Die für einen einzelnen der Indizes j gebildete Funktion

$$f\left\{\frac{1}{2}\frac{\omega}{v}(\sigma_j-\varrho_j)\right\}=\frac{\sin\left[\dfrac{1}{2}\dfrac{\omega}{v}(\sigma_j-\varrho_j)(2\,L^j+1)\right]}{\sin\left[\dfrac{1}{2}\dfrac{\omega}{v}(\sigma_j-\varrho_j)\right]} \qquad \text{(III 4, 22)}$$

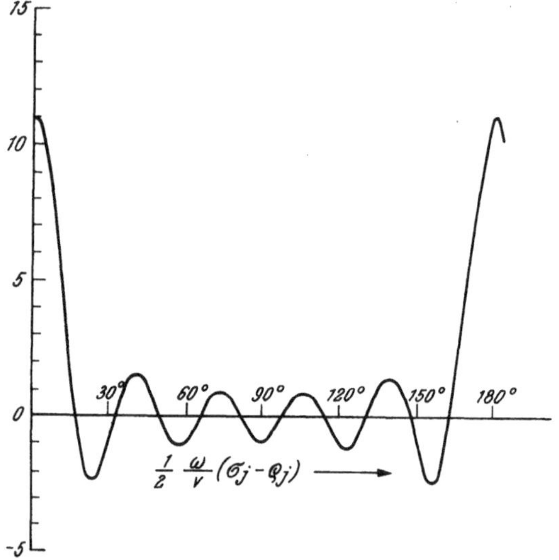

Abb. III 4, 1. Die Funktion $f\left(\dfrac{1}{2}\dfrac{\omega}{v}(\sigma_j-\varrho_j)\right)$ nach Gl. (III 4, 22) im Falle $L^j = 5$.

erreicht dann entsprechend Abb. III 4, 1 scharfe Maxima ihres absoluten Betrages

$$|f_{max}| = 2\,L^j + 1 \qquad \text{(III 4, 23)}$$

wenn immer ihr Argument einen der Werte

$$\frac{1}{2}\frac{\omega}{v}(\sigma_j-\varrho_j)=\pi\,h_j \qquad \text{(III 4, 24)}$$

bei *ganzzahligem* h_j [mit Einschluß der Null] annimmt. Auf Grund dieses Sachverhaltes hat man, mit Rücksicht auf die Voraussetzung sehr großer Zahlen L_j, nur dann merkliche Intensitäten der resultierenden Beugungswelle, nämlich von der Amplitude

$$\beta\,|A|\cdot(2\,L^1+1)(2\,L^2+1)(2\,L^3+1)\approx\beta\,|A|\cdot\frac{T}{T_0} \qquad \text{(III 4, 25)}$$

zu erwarten, falls man die Bedingung (III 4, 24) *gleichzeitig* für j = 1; 2; 3 erfüllt!

Wir führen die der Frequenz f und der Phasengeschwindigkeit v zugeordnete *Wellenlänge* λ ein

$$\lambda=\frac{v}{f}=2\,\pi\,\frac{v}{\omega}, \qquad \text{(III 4, 26)}$$

so daß

$$k=1^s\cdot\frac{2\,\pi}{\lambda}=\frac{\omega}{v}\,b^j\,\sigma_j \qquad \text{(III 4, 27)}$$

den *Ausbreitungsvektor der einfallenden Welle* und

$$k' = 1^{\mathfrak{r}} \cdot \frac{2\,\pi}{\lambda} = \frac{\omega}{\mathrm{v}}\,b^{\mathrm{j}}\,\varrho_{\mathrm{j}} \qquad\qquad \text{(III 4, 28)}$$

den *Ausbreitungsvektor der gebeugten Welle* mißt; beide Vektoren besitzen die *gleiche Norm*

$$(k)^2 = \left(\frac{\omega}{\mathrm{v}}\right)^2 = (k')^2. \qquad\qquad \text{(III 4, 29)}$$

Die drei aus (III 4, 24) beziehentlich durch die Wahl j = 1; 2; 3 hervorgehenden Anweisungen lassen sich vektoriell zu der Vorschrift

$$\frac{1}{2\,\pi}\,k - \frac{1}{2\,\pi}\,k' = h \qquad\qquad \text{(III 4, 30)}$$

zusammenfassen; in ihr definiert h einen Vektor ganzzahliger, kovarianter Komponenten, so daß er dem *reziproken Gitter* angehört.

e) Die geometrische Forderung (III 4, 30) wird für den zur Einfallsrichtung parallel gerichteten „*Hauptstrahl*" $k' = k$ zur Identität, da sich nunmehr h auf den *Nullvektor* reduziert. Ist jedoch die Richtung der sekundären Welle von jener der primären im wörtlichen Sinne abgebeugt, so enthält Gl. (III 4, 30) im Verein mit der Nebenbedingung (III 4, 29) *drei kinematische Bindungen* zwischen den strukturellen Daten des Raumgitters und dem Ausbreitungsvektor der primären Welle; wir erläutern diesen Zusammenhang auf drei unterschiedlichen Wegen:

1. Nach dem Vorgang von *Ewald* ist in Abb. III 4, 2 ein Schnitt durch das reziproke Raumgitter dargestellt. Wir tragen von dessen Ursprung O aus den der Einfallsrichtung parallel weisenden Vektor

$$\overrightarrow{O\,Q} = \frac{1}{2\,\pi}\,k$$

$$\text{(III 4, 31)}$$

von der Länge $|\overrightarrow{O\,Q}| = 1/\lambda$ auf und konstruieren um Q als Zentrum die Kugel vom Halbmesser $1/\lambda$. Eine Sekundärwelle merklicher Intensität kommt dann gemäß Gl. (III 4, 30) nur unter der Bedingung zustande, daß diese Kugel einen Punkt H = H(h_1; h_2; h_3) = H(h) des reziproken Gitters trifft, und der Vektor

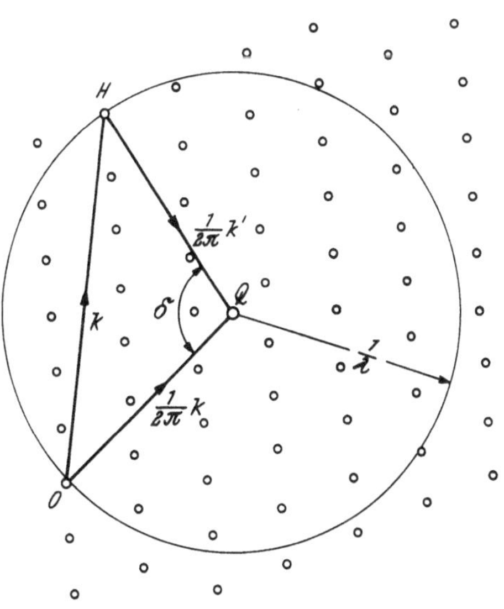

Abb. III 4, 2. Beugung am Raumgitter nach *Ewald*.

$$\overrightarrow{H\,Q} = \frac{1}{2\,\pi}\,k' \quad \text{(III 4, 32)}$$

legt die zugehörige Richtung der Beugungswelle fest. Bezieht man sich nun auf einen bestimmten Vektor $h = \overrightarrow{O\,H}$, so bleibt die Relation (III 3, 30) erhalten, falls man die ganze Konstruktion um die Achse O H dreht. Während dieser kinematischen Operation beschreibt der Vektor $\overrightarrow{O\,Q}$ einen

Kegel mit der Spitze in O, und der Vektor $\overrightarrow{H\,Q}$ einen Kegel mit der Spitze in H; die Gesamtheit der hierdurch erfaßten Einfalls- und Beugungsrichtung wird in ein und derselben, durch das Zahlentripel $(h_1; h_2; h_3)$ definierten Interferenzerscheinung manifest.

2. Mit *Bragg* führen wir den Winkel δ zwischen der einfallenden und der gebeugten Welle ein und erhalten aus (III 4, 30) durch Übergang zur Norm [Quadrieren!] mit Rücksicht auf (III 4, 27) und (III 4, 28) die Angabe

$$(h)^2 = |h|^2 = \left(\frac{k-k'}{2\pi}\right)^2 = \left(\frac{l^s - l^r}{\lambda}\right)^2 = \frac{2 - 2\cos\delta}{\lambda^2} = \frac{4\sin^2\dfrac{\delta}{2}}{\lambda^2}. \qquad \text{(III 4, 33)}$$

Sei nun $N_{(h)}$ der größte gemeinsame Teiler der drei Zahlen $(h_1; h_2; h_3)$, so daß also das Tripel der Zahlen η_k nach (III 3, 13) die *Miller*schen Indizes der dem Vektor $h = N_{(h)} \cdot \eta = N_{(h)}\, b^k\, \eta_k$ zugeordneten Netzebenen definiert; dann gilt zufolge (III 3, 28), mit Einführung des Abstandes d benachbarter Netzebenen,

$$|h|^2 = N_{(h)}^2 |\eta|^2 = \frac{N_{(h)}^2}{d^2} \qquad \text{(III 4, 34)}$$

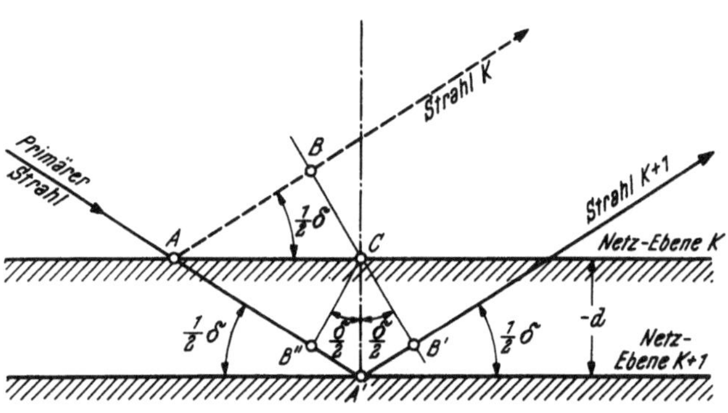

Abb. III 4, 3. Vielfachspiegelung nach *Bragg*.

und damit nimmt Gl. (III 4, 33) die Gestalt

$$\lambda N_{(h)} = 2\,d \cdot \sin\frac{\delta}{2} \qquad \text{(III 4, 35)}$$

an. Wir behaupten, daß diese Aussage als *Vielfachspiegelung* des einfallenden Strahles an der Gesamtheit der zum Vektor $\eta = b^k\,\eta_k$ orthogonalen Netzebenen zu deuten ist. Zum Beweise dieses Satzes stützen wir uns auf Abb. III 4, 3. Es bezeichne A den Ort, in welchem der primäre Strahl unter dem Einfallswinkel $(\pi - \delta)/2$ die Netzebene etwa der Ordnungszahl K trifft. Im Einklang mit den elementaren Gesetzen der Spiegelung verläßt diesen Punkt eine Beugungswelle (K), deren Winkel gegen das Einfallslot ebenfalls $(\pi - \delta)/2$ beträgt, während die — um die Beugungswelle geschwächte! — Primärwelle ihren Weg ins Innere des Raumgitters hinein fortsetzt. Im Punkte A' der Nachbarnetzebene [Ordnungszahl $(K + 1)$] wiederholt sich das gleiche Spiel wie in A: Eine weitere Beugungswelle $(K + 1)$ wird parallel zur Beugungswelle (K) reflektiert. Wir errichten nun in A' das Lot auf der Netzebene $(K + 1)$, welches die Netzebene (K) im Punkte C trifft; es gilt hiernach $A' \to C = d$. Durch C legen wir jetzt die gemeinsame Wellenebene der beiden reflektierten Strahlen, welche die Welle (K) im Punkte B und die Welle (K + 1) in B′ trifft; schließlich bezeichne B″ den zu B relativ zu A′ C symmetrisch gelegenen Punkt auf A → A′. Dann ist der Weg der Welle (K + 1) von A bis B′ ersichtlich länger als der Weg der Welle (K) von A bis B; die Differenz beträgt

$$(A \to A' \to B') - (A \to B) = (A \to B'') + (B'' \to A' \to B') - (A \to B) =$$

$$= (B'' \to A' \to B') = 2\,\mathrm{d} \sin \frac{\delta}{2} \cdot \qquad \text{(III 4, 36)}$$

Die *Bragg*sche Bedingung (III **4**, 35) verlangt also die Gleichheit dieser Weglängendifferenz mit dem $N_{(h)}$-fachen der Wellenlänge λ, wobei die ganze Zahl $N_{(h)}$ die *Ordnung* der Reflexion definiert; in der Tat kommen dann, und nur dann, alle Sekundärwellen wesentlich phasengleich am Beobachtungsorte an.

3. Wir kehren zu Gl. (III 4, 30) zurück und bilden aus ihr durch Quadrieren die Relation

$$\left(\frac{k'}{2\,\pi}\right)^2 = \left(\frac{k}{2\,\pi}\right)^2 -$$

$$- 2\left(\frac{k}{2\,\pi} \cdot h\right) + (h)^2.$$

$$\text{(III 4, 37)}$$

Mit Rücksicht auf die Gleichheit (III 4, 29) können wir (III 4, 37) in die Form

$$\left(\frac{k}{2\,\pi}\frac{h}{2}\right) = \left(\frac{h}{2}\right)^2$$

$$\text{(III 4, 38)}$$

kleiden: Sie definiert als geometrischen Ort aller mit $1/(2\,\pi)$ multiplizierten Ausbreitungsvektoren k, deren Wellen am Raumgitter reflektiert werden, diejenige Ebene, welche die

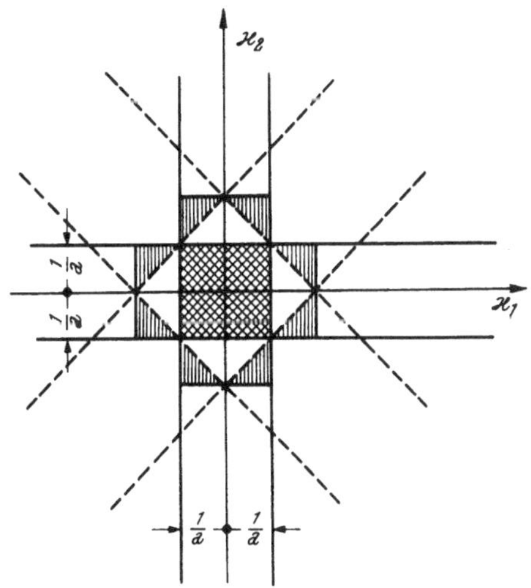

Abb. III, 4, 4. Konstruktion der ersten drei *Brillouin*schen Zonen in der Ebene $x_3 = 0$.

Mitte des Vektors h senkrecht schneidet. Durch die Gesamtheit aller dieser Ebenen, welche jeden unterschiedlichen Punkten H = H(h) des reziproken Gitters zugeordnet sind, wird der Bezugsraum in abzählbare *Zonen* eingeteilt; sie werden nach *Brillouin* benannt, von dem diese anschauliche Konstruktion angegeben wurde. Umgekehrt sind daher alle jene Primärwellen nicht reflexionsfähig, deren mit $1/(2\,\pi)$ multiplizierter Ausbreitungsvektor k in das *Innere* einer *Brillouin*schen Zone fällt. Abb. III 4, 4 zeigt die Lage der *Brillouin*schen Zonen vermittels der Spur ihrer trennenden Grenzen in der Ebene $x_3 = x^3 = 0$ eines kubischen Raumgitters, dessen Basisvektoren sämtlich den gleichen Betrag a der dann sogenannten „Gitterkonstanten" aufweisen und beziehentlich den *Kartesi*schen Einheits-Achsenvektoren $\mathit{1}_1 = \mathit{1}^1$; $\mathit{1}_2 = \mathit{1}^2$; $\mathit{1}_3 = \mathit{1}^3$ parallel gerichtet sind.

III 5. Das eingeprägte Gitterpotential.

a) Neben dem Gittervektor g eines dreidimensionalen Raumgitters der Grundvektoren a_j [j = 1; 2; 3], welcher ja definitionsgemäß nur *unstetiger* Änderungen fähig ist, erklären wir einen Vektor

$$z = a_1\,\zeta^1 + a_2\,\zeta^2 + a_3\,\zeta^3 = a_j\,\zeta^j \qquad \text{(III 5, 1)}$$

[Summenkonvention!], dessen kontravariante Komponenten ζ^j im Bereiche

$$0 \leqq \zeta^j < 1 \qquad \text{(III 5, 2)}$$

stetig veränderlich seien. Der Existenzbereich der drei Variabeln ζ^j definiert eine *Zelle* des Raumgitters, so daß z selbst als „*Zellenvektor*" zur Kennzeichnung innerer Zellenpunkte mit Einschluß des Zellenursprunges dient. Der resultierende Vektor

$$z_{(g)} = g + z = a_j(g^j + \zeta^j) \qquad \text{(III 5, 3)}$$

erfaßt demnach die Gesamtheit der inneren Punkte der Zelle von „Namen" g, welche gerade im Gitterpunkte $G = G(g)$ entspringt.

b) Wir ergänzen die kraft ihrer Definition sichergestellte *geometrische* Identität der Zellen durch die [ideelle] Voraussetzung, daß sie auch in *physikalischer* Hinsicht einander völlig gleichen. Sei also insbesondere eine physikalische Eigenschaft des Raumgitters durch den Skalar S in Abhängigkeit vom Radiusvektor

$$r = a_j\,u^j \qquad \text{(III 5, 4)}$$

beschreibbar, so gehorcht S für beliebige Gittervektoren g der *Funktionalgleichung*

$$S(r) = S(r + g). \qquad \text{(III 5, 5)}$$

Sie definiert S als dreifach-periodische „*Gitterfunktion*" mit den Perioden

$$\varDelta u^j = 1; \qquad [j = 1; 2; 3] \qquad \text{(III 5, 6)}$$

in den kontravarianten Komponenten von r.

c) Wir wählen drei reelle, ganze Zahlen $(m_1; m_2; m_3)$ mit Einschluß der Null und bilden den Vektor

$$m = b^1\,m_1 + b^2\,m_2 + b^3\,m_3 = b^j\,m_j \qquad \text{(III 5, 7)}$$

des reziproken Raumgitters. Durch innere Multiplikation von m mit dem Radiusvektor r erhalten wir den Skalar

$$\sigma(m) = (m\,r) = m_j\,u^j. \qquad \text{(III 5, 8)}$$

Zufolge dieser Definition ändert jeder der Schritte (III 5, 6) den Wert von $\sigma(m)$ um eine *ganze* Zahl einschließlich der Null. Daher bildet

$$F^m = e^{i2\pi\sigma(m)} = e^{i2\pi(m\,r)}; \qquad (i = \sqrt{-1}) \qquad \text{(III 5, 9)}$$

eine dreifach-periodische Funktion von r gerade der Perioden (III 5, 6); den konjugiert-komplexen Wert von F^m bezeichnen wir durch

$$F_m = (F^m)^* = e^{-i2\pi(m\,r)}. \qquad \text{(III 5, 10)}$$

Nun sei

$$F^n = e^{i2\pi\sigma(n)} = e^{i2\pi(n\,r)} \qquad \text{(III 5, 11)}$$

eine zweite derartige Funktion. Unter dem *inneren Produkt* von F^m mit F^n [in dieser Reihenfolge!] verstehen wir den Ausdruck

$$(F^m;\,F^n) = (F^m)^* \cdot F^n = F_m \cdot F^n = e^{i2\pi(\{n-m\}r)}. \qquad \text{(III 5, 12)}$$

Durch seine Integration über den Bereich einer Zelle folgen somit die *Orthogonalitätsrelationen*

$$\int\limits_{u^1=0}^{1}\int\limits_{u^2=0}^{1}\int\limits_{u^3=0}^{1} F_m \cdot F^n \, du^1 \, du^2 \, du^3 = \delta_m{}^n = \begin{cases} 0 & \text{für } n \neq m \\ 1 & \text{für } n = m \end{cases}. \qquad \text{(III 5, 13)}$$

d) Auf Grund ihrer Periodizitäts-Eigenschaften läßt sich die Gitterfunktion $S = S(r)$ in die nach den Funktionen F^n fortschreitende, dreifache *Fourier*-Reihe

$$S(r) = \sum_n{}' S_n F^n = \sum_n{}' S_n e^{i 2\pi(nr)} \qquad \text{(III 5, 14)}$$

entwickeln. Zur Berechnung ihrer Koeffizienten S_n erweitern wir (III 5, 14) mit F_m und erhalten durch Integration der entstehenden Gleichheit über den Bereich einer Zelle zunächst

$$\int\limits_{u^1=0}^{1}\int\limits_{u^2=0}^{1}\int\limits_{u^3=0}^{1} S(r)\, e^{-i 2\pi(mr)} \, du^1 \, du^2 \, du^3 =$$

$$= \int\limits_{u^1=0}^{1}\int\limits_{u^2=0}^{1}\int\limits_{u^3=0}^{1} \sum_n{}' S_n F_m F^n \, du^1 \, du^2 \, du^3. \qquad \text{(III 5, 15)}$$

Nun werde vorausgesetzt, daß rechterhand die Reihenfolge der Summation und der Integration vertauscht werden darf. Zufolge (III 5, 13) reduziert sich dann die Reihe auf den Posten $n = m$, so daß

$$S_m = \int\limits_{u^1=0}^{1}\int\limits_{u^2=0}^{1}\int\limits_{u^3=0}^{1} S(r)\, e^{-i 2\pi(mr)} \, du^1 \, du^2 \, du^3 \qquad \text{(III 5, 16)}$$

resultiert.

e) Aus der Darstellung (III 5, 14) der skalaren Gitterfunktion S findet man für den Vektor

$$G = -\operatorname{grad} S \qquad \text{(III 5, 17)}$$

die *Fourier*sche Reihe

$$G = -2\pi i \sum_n{}' S_n \cdot n \cdot e^{i 2\pi(nr)}. \qquad \text{(III 5, 18)}$$

Daher sind die kovarianten Komponenten G_k des Vektors G der Gleichung

$$G_k = -\frac{\partial S}{\partial u^k} = -2\pi i \sum_n{}' S_n\, n_k\, e^{i 2\pi(nr)}; \qquad (k = 1; 2; 3) \qquad \text{(III 5, 19)}$$

zu entnehmen, während die kontravarianten Komponenten G^j des nämlichen Vektors mittels der Formeln

$$G^j = (b^j\, b^k)\, G_k = -2\pi i \sum_n{}' S_n (b^j\, b^k)\, n_k\, e^{i 2\pi(nr)}; \qquad (j; k = 1; 2; 3)$$

$$\text{(III 5, 20)}$$

zu berechnen sind; in ihnen brauchte zufolge der Summenkonvention der Vektorrechnung der Hinweis auf die über den Wertevorrat $(1; 2; 3)$ des Index k tatsächlich auszuführende Summierung formal nicht explizit vermerkt zu werden.

Aus der Gesamtheit der kontravarianten Komponenten G^j des Vektors G ergibt sich nun dessen *Quellendichte* nach der Anweisung

$$\operatorname{div} G = \frac{\partial G^j}{\partial u^j} = 4\,\pi^2 \sum_{n}{}' S_n(b^j\,b^k)\,n_j\,n_k\,e^{i\,2\,\pi(n\,r)}, \qquad \text{(III 5, 21)}$$

in welcher sowohl die den Index j wie die den Index k betreffende Summierungsvorschrift wiederum unterdrückt werden durfte. Da nun die Norm des Vektors $n = b^j\,n_j$ durch

$$(n)^2 = (b^j\,b^k)\,n_j\,n_k \qquad \text{(III 5, 22)}$$

[Summenkonvention!] definiert ist, kann man also (III 5, 21) in die einfache Gestalt

$$\operatorname{div} G = 4\,\pi^2 \sum_{n}{}' S_n(n)^2\,e^{i\,2\,\pi(n\,r)} \qquad \text{(III 5, 23)}$$

umschreiben.

f) Wir identifizieren S zunächst mit dem zeitfreien, dem Gitter sozusagen von den es bildenden Atomen „eingeprägten" *elektrischen Skalarpotential*

$$\varphi = \varphi(r) = \sum_{n}{}' \Phi_n\,e^{i\,2\,\pi(n\,r)}, \qquad \text{(III 5, 24)}$$

dessen *Fourier*-Koeffizienten Φ_n gemäß (III 5, 16) mittels der Formeln

$$\Phi_n{}' = \int\limits_{u^1=0}^{1}\int\limits_{u^2=0}^{1}\int\limits_{u^3=0}^{1} \varphi(r)\,e^{-i\,2\,\pi(n\,r)}\,du^1\,du^2\,du^3 \qquad \text{(III 5, 25)}$$

zu bestimmen sind. Gemäß (III 5, 18) wird somit die *elektrische Feldstärke* E durch die *Fourier*sche Reihe

$$E = -\,2\,\pi\,i \sum_{n}{}' \Phi_n \cdot n \cdot e^{i\,2\,\pi(n\,r)} \qquad \text{(III 5, 26)}$$

geschildert, während die *Quellendichte* dieses Vektors durch

$$\operatorname{div} E = 4\,\pi^2 \sum_{n}{}' \Phi_n(n)^2\,e^{i\,2\,\pi(n\,r)} \qquad \text{(III 5, 27)}$$

gemessen wird. Mit ihr ist die *Raumladungsdichte* ϱ unter Vermittelung der sogenannten Dielektrizitätskonstanten $\varDelta_0$ des leeren Raumes durch die Aussage

$$\varrho = \varDelta_0 \cdot \operatorname{div} E \qquad \text{(III 5, 28)}$$

genetisch verknüpft. Zufolge (III 5, 27) wird daher die Raumladungsverteilung im Gitterinnern durch die dreifach-periodische Funktion

$$\varrho = \sum_{n}{}' \varrho_n\,e^{i\,2\,\pi(n\,r)} \qquad \text{(III 5, 29)}$$

beschrieben, deren *Fourier*-Koeffizienten ϱ_n mit jenen des Skalarpotentiales φ durch die Relationen

$$\varrho_n = 4\,\pi^2\,\varDelta_0 \cdot \Phi_n \cdot (n)^2 \qquad \text{(III 5, 30)}$$

verbunden sind. Falls nun umgekehrt das Raumladungsfeld

$$\varrho = \varrho(r) \qquad \text{(III 5, 31)}$$

primär vorgegeben ist, folgt aus (III 5, 16), nach Ersatz von S durch ϱ, die Angabe

$$\varrho_n = \int\limits_{u^1=0}^{1} \int\limits_{u^2=0}^{1} \int\limits_{u^3=0}^{1} \varrho(r)\, e^{-i2\pi(nr)}\, du^1\, du^2\, du^3, \qquad \text{(III 5, 32)}$$

so daß man vermöge (III 5, 30) auf die *Fourier*-Koeffizienten

$$\Phi_n = \frac{1}{4\,\pi^2\,\varDelta_0}\frac{\varrho_n}{(n)^2} \qquad \text{(III 5, 33)}$$

des elektrischen Skalarpotentiales φ zurückschließt. Diese Relation würde nun im Falle eines endlichen Wertes

$$\varrho_0 = \int\limits_{u^1=0}^{1} \int\limits_{u^2=0}^{1} \int\limits_{u^3=0}^{1} \varrho(r)\, du^1\, du^2\, du^3 \qquad \text{(III 5, 34)}$$

der mittleren Raumladungsdichte sozusagen zu einer ,,*Potentialkatastrophe*'' führen: Mit $\varrho_0 \neq 0$, aber $(n)^2 = 0$ würde ja der absolute Betrag des durchschnittlichen Potentiales Φ_0 über jedes angebbare Maß anwachsen! Um einer solchen, physikalisch sinnlosen Konsequenz aus dem Wege zu gehen, werden wir also zu der Voraussetzung

$$\varrho_0 = 0 \qquad \text{(III 5, 35)}$$

gezwungen: Nur in einem als ganzes *elektrisch neutralen Raumgitter* läßt sich ein dreifach-periodisches, elektrisches Skalarpotential realisieren.

g) Mit (III 5, 35) resultiert aus (III 5, 33) für Φ_0 die unbestimmte Angabe 0/0; in der Tat entbehrt die Frage nach dem durchschnittlichen Potentialwert Φ_0 eines unbegrenzten Raumgitters des physikalischen Inhaltes, da man dann Φ_0 nach Belieben wählen darf.

Indessen ändert sich diese Sachlage, sobald man von dem ja nur *mathematisch* konstruierbaren, dreifach-periodischen Raumgerüst der Basisvektoren zu einem *realen Kristalle* übergeht, welcher als solcher eine notwendig nur *endliche* Zahl $Z > 1$ von Gitterzellen enthält; diese mögen einen einzigen, lückenlosen *Block* vom Volumen

$$T = Z \cdot T_0 \qquad \text{(III 5, 36)}$$

[T_0 = Zellenvolumen] bilden, während sich außerhalb dieses Körpers keinerlei elektrische Ladungen befinden sollen. Denn nunmehr ist es sinnvoll, den Kristall in eine etwa in dessen Schwerpunkt zentrierte Kugel vom Halbmesser R einzuschließen und durch die Forderung

$$\lim_{R \to \infty} \varphi = 0 \qquad \text{(III 5, 37)}$$

auf der Kugeloberfläche die Potentialbasis eindeutig zu definieren.

Unter allen Kugeln, welche den Kristall vollständig enthalten, gibt es eine kleinste vom endlichen Halbmesser R_0 und der Hüllfläche F_0; sei dann δ ein passend gewählter Mittelwert der drei die Basiszelle kennzeichnenden Raumdiagonalen, so fällt gewiß

$$R_0 \geqq \frac{1}{2}\,\delta \qquad \text{(III 5, 38)}$$

aus.

Nun lassen wir den Kristall wachsen, indem wir seiner Oberfläche Mikrozelle auf Mikrozelle hinzufügen. Dieser sozusagen organische Prozeß möge derart geleitet werden, daß sich die Gestalt des [lückenlosen!] Kristallblockes mehr und mehr der ihn umschließenden Kugelfläche F_0 anpasse. Aus dem dann streng gültigen Grenzgesetz

$$\lim_{R_0 \to \infty} \frac{\frac{4}{3}\pi R_0{}^3}{T_0 \cdot Z} = 1 \qquad \text{(III 5, 39)}$$

kann somit die Mikrozellenzahl Z eines endlichen Kristalles vom Halbmesser

$$R_0 \gg \frac{1}{2}\delta \qquad \text{(III 5, 40)}$$

zu

$$Z \approx \frac{4}{3}\pi \frac{R_0{}^3}{T_0} \qquad \text{(III 5, 41)}$$

„asymptotisch" abgeschätzt werden; von allen diesen Zellen bilden jedoch nur

$$z \approx \frac{4\pi R_0{}^2 \cdot \delta}{T_0} \qquad \text{(III 5, 42)}$$

die äußerste Schicht des Kristallblockes, seine „Haut". Aus der Relation

$$\frac{z}{Z} \approx \frac{3\,\delta}{R_0} = \sqrt[3]{36\,\pi}\,\frac{\delta}{\sqrt[3]{T_0}} \cdot \frac{1}{\sqrt[3]{Z}} \qquad \text{(III 5, 43)}$$

folgern wir somit die Angabe

$$\lim_{z \to \infty} \frac{z}{Z} = 0. \qquad \text{(III 5, 44)}$$

Sie besagt, daß mit wachsender Größe des Kristallblockes seine Oberflächeneffekte gegenüber den volumengebundenen Wirkungen mehr und mehr zurücktreten. Insbesondere darf man sich hiernach vorstellen, daß in einem Kristallblock der Abmessungen (III 5, 40) die Raumladungsverteilung ϱ seiner $(Z - z)$ „Körperzellen" nicht merklich von der „eingeprägten" Funktion (III 5, 29) abweiche, während die z „Hautzellen" einen Teil ihrer Elektronen in das angrenzende Vakuum emittieren mögen. In der hierdurch angezeigten Genauigkeit bezieht sich also die Angabe des Durchschnittspotentiales Φ_0 durchaus nur auf die Gesamtheit der $(Z - z)$ Körperzellen, so daß wir es durch das über nur eine von ihnen zu erstreckende Integral

$$\Phi_0 = \int_{\zeta^1 = 0}^{1} \int_{\zeta^2 = 0}^{1} \int_{\zeta^3 = 0}^{1} \varphi \, d\zeta^1 \, d\zeta^2 \, d\zeta^3 \qquad \text{(III 5, 45)}$$

darstellen können. Sei nun

$$T' = (Z - z)\,T_0 \qquad \text{(III 5, 46)}$$

das Teilvolumen allein der „Körperzellen", so läßt sich zufolge deren physikalischer Identität die Berechnungsvorschrift (III 5, 45) ohne Änderung ihres sachlichen Inhaltes in

$$\Phi_0 = \frac{1}{Z - z} \iiint_{(T')} \varphi \, du^1 \, du^2 \, du^3 \qquad \text{(III 5, 47)}$$

umschreiben. Nun wissen wir, daß der Oberflächeneffekt der „Hautzellen" einschließlich ihrer schon in die Umgebung des Kristallblockes eindringenden Elektronensphäre durch Wahl von Kristallen der Abmessungen (III 5, 40) entsprechend (III 5, 44) beliebig klein gegen den Volumeneffekt gemacht werden kann. Unter der Voraussetzung (III 5, 40) sind wir deshalb berechtigt, den Ausdruck (III 5, 47) durch das über den gesamten Bezugsraum zu erstreckende Integral

$$\Phi_0 = \frac{1}{Z} \int\limits_{u^1=-\infty}^{\infty} \int\limits_{u^2=-\infty}^{\infty} \int\limits_{u^3=-\infty}^{\infty} \varphi \, du^1 \, du^2 \, du^3 \qquad \text{(III 5, 48)}$$

„asymptotisch" zu approximieren.

Sei jetzt r' der Radiusvektor vom Ursprung O zu dem Raumelement $du^1 \, du^2 \, du^3$ des infinitesimal kleinen Volumens

$$dT = T_0 \, du^1 \, du^2 \, du^3, \qquad \text{(III 5, 49)}$$

so gelangen wir von dort durch Addition des Vektors

$$r'' = r - r' \qquad \text{(III 5, 50)}$$

zum Aufpunkte $P = P(r)$. Sein Potential $\varphi = \varphi(r)$ wird somit auf Grund der Übereinkunft (III 5, 37) durch das Integral

$$\varphi = \frac{T_0}{4\,\pi\,\varDelta_0} \int\limits_{u^1=-\infty}^{\infty} \int\limits_{u^2=-\infty}^{\infty} \int\limits_{u^3=-\infty}^{\infty} \frac{\varrho}{|r''|} \, du^1 \, du^2 \, du^3 \qquad \text{(III 5, 51)}$$

[*Green*scher Satz!] dargestellt; da indes sein Integrand nur innerhalb des Kristallbereiches T wesentlich von Null verschieden ist, dürfen wir es in ausreichender Genauigkeit durch das Integral

$$\varphi = \frac{T_0}{4\,\pi\,\varDelta_0} \iiint\limits_{(T)} \frac{\varrho}{|r''|} \, du^1 \, du^2 \, du^3 \qquad \text{(III 5, 52)}$$

ersetzen, welches seinerseits, unter Vernachlässigung des genetisch an die Hautzellen gebundenen Beitrages, mit

$$\varphi = \frac{T_0}{4\,\pi\,\varDelta_0} \iiint\limits_{(T')} \frac{\varrho}{|r''|} \, du^1 \, du^2 \, du^3 \qquad \text{(III 5, 53)}$$

vertauscht werden darf.

Wir beschäftigen uns zunächst mit dem Verhalten dieses Potentiales in den außerhalb der Kugelfläche F_0 gelegenen Aufpunkten

$$|r| > R_0 \geqq |r'|. \qquad \text{(III 5, 54)}$$

Dort gilt die binomische Entwicklung

$$\frac{1}{|r''|} = \frac{1}{\sqrt{(r)^2 - 2(r\,r') + (r')^2}} = \frac{1}{|r|}\left[1 + \frac{(r\,r')}{(r)^2} + \cdots\right], \qquad \text{(III 5, 55)}$$

durch deren Substitution in (III 5, 53) wir zu der Darstellung

$$\varphi = \frac{T_0}{4\,\pi\,\varDelta_0|r|} \iiint\limits_{(T')} \varrho\left[1 + \frac{(r\,r')}{(r)^2} + \cdots\right] du^1 \, du^2 \, du^3 \qquad \text{(III 5, 56)}$$

gelangen. Auf Grund der vorausgesetzten, physikalisch einheitlichen Struktur aller $(Z - z)$ „Körperzellen" des Kristalles folgt nun aus (III 5, 34) und (III 5, 35)

$$T_0 \iiint\limits_{(T')} \varrho \, du^1 \, du^2 \, du^3 = T' \int\limits_{\zeta^1=0}^{1} \int\limits_{\zeta^2=0}^{1} \int\limits_{\zeta^3=0}^{1} \varrho \, d\zeta^1 \, d\zeta^2 \, d\zeta^3 = 0, \qquad \text{(III 5, 57)}$$

so daß die Entwicklung (III 5, 56) mit dem Glied

$$\varphi_1 = \frac{T_0}{4 \, \pi \, \varDelta_0 |r|^3} \left(r \iiint\limits_{(T')} \varrho \, r^1 \, du^1 \, du^2 \, du^3 \right) \qquad \text{(III 5, 58)}$$

beginnt. In ihm definiert das über nur eine Körperzelle des Kristall-Raumgitters erstreckte Integral

$$\mu = T_0 \int\limits_{\zeta^1=0}^{1} \int\limits_{\zeta^2=0}^{1} \int\limits_{\zeta^3=0}^{1} \varrho \, r' \, d\zeta^1 \, d\zeta^2 \, d\zeta^3, \qquad \text{(III 5, 59)}$$

deren *elektrisches Ladungsmoment*. Wir zeigen, daß dieser Vektor nicht von der jeweiligen Wahl des Ursprunges O abhängt, sondern die Basiszelle des Kristalles in invarianter Weise kennzeichnet. Denn gehen wir mittels der Transformation

$$\bar{r}' = r_0 + r', \qquad \text{(III 5, 60)}$$

bei beliebiger Wahl des Verrückungsvektors r_0 zu einem neuen Ursprung $\bar{O}$ über, so berechnet sich das auf $\bar{O}$ bezogene Moment $\bar{\mu}$ der kontrollierten Basiszelle, unter erneuter Berufung auf (III 5, 34) und (III 5, 35), zu

$$\bar{\mu} = T_0 \int\limits_{\zeta^1=0}^{1} \int\limits_{\zeta^2=0}^{1} \int\limits_{\zeta^3=0}^{1} \varrho \, \bar{r} \, d\zeta^1 \, d\zeta^2 \, d\zeta^3 = \qquad \text{(III 5, 61)}$$

$$= T_0 \cdot r_0 \cdot \int\limits_{\zeta^1=0}^{1} \int\limits_{\zeta^2=0}^{1} \int\limits_{\zeta^3=0}^{1} \varrho \, d\zeta'^1 \, d\zeta^2 \, d\zeta^3 + T_0 \int\limits_{\varphi^1=0}^{1} \int\limits_{\varphi^2=0}^{1} \int\limits_{\varphi^3=0}^{1} \varrho \, r' \, d\zeta^1 \, d\zeta^2 \, d\zeta^3 = \mu.$$

Zufolge dieses wesentlich geometrischen Satzes im Verein mit der physikalischen Identität der $(Z - z)$ Kristall-Körperzellen resultiert aus (III 5, 58) der Ausdruck

$$\varphi_1 = \frac{(Z - z) \, (r \, \mu)}{4 \, \pi \, \varDelta_0 \, |r|^3} \approx \frac{Z \cdot (r \, \mu)}{4 \, \pi \, \varDelta_0 \, |r|^3}, \qquad \text{(III 5, 62)}$$

in dessen letzter Umformung (III 5, 44) benutzt wurde; er definiert das elektrische Skalarpotential eines *Dipoles* vom vektoriellen Gesamtmoment

$$M = Z \cdot \mu. \qquad \text{(III 5, 63)}$$

Legen wir daher durch den Ursprung O die Parallele zu M und markieren deren Schnittpunkte mit der Kugelfläche F_0, so herrscht zwischen den so gebildeten „Polen" der Kugel die Spannung $\delta\varphi$ vom absoluten Betrage

$$|\delta\varphi| = \frac{|M|}{4 \, \pi \, \varDelta_0 \, R_0^3} \cdot 2 \, R_0, \qquad \text{(III 5, 64)}$$

welche im Kugelinnern die mittlere elektrische Feldstärke E vom absoluten Betrage

$$|E| = \frac{|\delta\varphi|}{2 \, R_0} = \frac{|M|}{4 \, \pi \, \varDelta_0 \, R_0^3} \frac{|\mu| \cdot Z}{4 \, \pi \, \varDelta_0 \, R_0^3} \approx \frac{|\mu|}{3 \, \varDelta_0 \, T_0} \qquad \text{(III 5, 65)}$$

erregt. Da seine Existenz der Voraussetzung einer innerhalb des Kristallbereiches T' dreifach-periodischen Potentialfunktion widerspricht, haben wir die *Neutralitätsbedingung* (III 5, 35) der innerkristallinen Basiszellen durch die zusätzliche Forderung

$$\mu = 0 \qquad \qquad \text{(III 5, 66)}$$

ihrer *Polarisationsfreiheit* zu verschärfen; insbesondere gehören hiernach *Elektrete* wie auch *piezoelektrisch erregte* Kristalle nicht der hier behandelten Klasse an, so daß sie anderer Untersuchungsmethoden bedürfen.

Da auf Grund der weiterhin zur Voraussetzung erhobenen Kristalleigenschaft (III 5, 66) die Entwicklung (III 5, 56) des Potentiales nur *Mullipolfelder* von höherer als zweiter Ordnung enthält, können wir nunmehr (III 5, 37) durch die Angaben

$$\lim_{R \to \infty} \iint_{(F)} R\, \varphi \, dF = 0 \qquad \qquad \text{(III 5, 67)}$$

und

$$\lim_{|r'| \to \infty} \iint_{(F)} (r'\, \mathrm{grad}\, d\varphi)\, dF = 0 \qquad \qquad \text{(III 5, 68)}$$

vervollständigen.

Wir kehren nach diesen Vorbereitungen zur Darstellung (III 5, 48) des Durchschnittspotentiales Φ_0 zurück. Um das dort auftretende Integral auszuwerten, bedienen wir uns des Hilfsvektors

$$V = \varphi \cdot r' \qquad \qquad \text{(III 5, 69)}$$

und gelangen mittels der Identität

$$\mathrm{div}\, V = \varphi \, \mathrm{div}\, r' + (r'\, \mathrm{grad}\, \varphi) = 3\, \varphi + (r'\, \mathrm{grad}\, \varphi) \qquad \text{(III 5, 70)}$$

zu der Umformung

$$\Phi_0 = \frac{1}{Z} \int\int\int_{u^j = -\infty}^{\infty} \varphi \, du^1\, du^2\, du^3 = \qquad \qquad \text{(III 5, 71)}$$

$$= \frac{1}{3Z} \int\int\int_{u^j = -\infty}^{\infty} [\mathrm{div}\, (\varphi\, r') - (r'\, \mathrm{grad}\, \varphi)]\, du^1\, du^2\, du^3; \qquad [j = 1; 2; 3].$$

Mit Rücksicht auf (III 5, 67) führt der *Gauss*sche Integralsatz zu der Aussage

$$\int\int\int_{u^j = -\infty}^{\infty} \mathrm{div}\, (\varphi\, r')\, du^1\, du^2\, du^3 = \lim_{R \to \infty} \iint_{(F)} R\, \varphi\, dF = 0, \qquad \text{(III 5, 72)}$$

so daß sich (III 5, 71) auf die Angabe

$$\Phi_0 = -\frac{1}{3Z} \int\int\int_{u^j = -\infty}^{\infty} (r'\, \mathrm{grad}\, \varphi)\, du^1\, du^2\, du^3 \qquad \text{(III 5, 73)}$$

reduziert. Führen wir in sie den weiteren Hilfsvektor

$$W = (r')^2\, \mathrm{grad}\, \varphi \qquad \qquad \text{(III 5, 74)}$$

von der Quellendichte

$$\mathrm{div}\, W = 2\, (r'\, \mathrm{grad}\, \varphi) + (r')^2\, \nabla^2\, \varphi \qquad \qquad \text{(III 5, 75)}$$

ein, so entsteht aus (III 5, 73) die Differenz

$$\Phi_0 = -\frac{1}{6Z}\left[\int\!\!\int\!\!\int_{u^j=-\infty}^{\infty} \operatorname{div}\{(r')^2\operatorname{grad}\varphi\}\,du^1\,du^2\,du^3 - \right.$$

$$\left. - \int\!\!\int\!\!\int_{u^j=-\infty}^{\infty} (r')^2\,V^2\varphi\,du^1\,du^2\,du^3, \right], \qquad \text{(III 5, 76)}$$

deren erster Posten durch abermalige Anwendung des *Gauss*schen Integralsatzes mit Rücksicht auf (III 5, 68) zum Verschwinden gebracht wird. Mit Benutzung der *Poisson*schen Differentialgleichung

$$V^2\varphi = -\frac{\varrho}{\varDelta_0} \qquad \text{(III 5, 77)}$$

resultiert somit aus (III 5, 76) die Darstellung

$$\Phi_0 = -\frac{1}{6Z\varDelta_0}\int\!\!\int\!\!\int_{u^j=-\infty}^{\infty} (r')^2\cdot\varrho\,du^1\,du^2\,du^3. \qquad \text{(III 5, 78)}$$

Wir zeigen, daß das über eine Basiszelle des Kristalles erstreckte Integral

$$\Theta = \int\!\!\int\!\!\int_{\zeta^j=0}^{1} (r')^2\,\varrho\,d\zeta^1\,d\zeta^2\,d\zeta^3 \qquad \text{(III 5, 79)}$$

von der Wahl des Koordinatenursprunges O unabhängig ist. Denn mittels der Transformation (III 5, 60) findet man zunächst das auf den neuen Ursprung $\bar{O}$ bezogene Integral

$$\bar{\Theta} = \int\!\!\int\!\!\int_{\zeta^j=0}^{1} (r_0 + r')^2\,\varrho\,d\zeta^1\,d\zeta^2\,d\zeta^3 = (r_0)^2\int\!\!\int\!\!\int_{\zeta^j=0}^{1} \varrho\,d\zeta^1\,d\zeta^2\,d\zeta^3 +$$

$$+ 2\left(r\int\!\!\int\!\!\int_{\zeta^j=0}^{1} r'\,\varrho\,d\zeta^1\,d\zeta^2\,d\zeta^3\right) + \int\!\!\int\!\!\int_{\zeta^j=0}^{1} (r')^2\,\varrho\,d\zeta^1\,d\zeta^2\,d\zeta^3. \qquad \text{(III 5, 80)}$$

In der rechterhand auftretenden Summe annullieren sich wegen (III 5, 35) und (III 5, 66) die ersten beiden Posten, so daß in der Tat $\bar{\Theta} = \Theta$ resultiert; wir bezeichnen diese Größe fortan als *Kugelmoment* je Basiszelle. Unter nochmaliger Berufung auf die physikalische Identität aller „Körperzellen" des Kristallblockes folgt somit, bei Vernachlässigung des Oberflächeneffektes seiner „Hautzellen", aus (III 5, 78) die einfache Relation

$$\Phi_0 = -\frac{\Theta}{6\,\varDelta_0}. \qquad \text{(III 5, 81)}$$

III 6. Elektronenwellen im dreifach-periodischen Potentialfeld.

a) Wir beschäftigen uns im folgenden mit dem Informationsfelde der Elektronen eines virtuellen, idealen Kristalles, dessen Raumgitter weder durch thermische Fehlordnungsprozesse noch durch die Anwesenheit von Fremdatomen gestört sei.

Da das gesuchte Informationsfeld über den simultanen Zustand aller dem Kristall angehörigen Elektronen Auskunft erteilen soll, bedarf es zu seiner mathematischen Beschreibung einer in der Regel komplexen Wahrscheinlichkeitswelle in einem Hyperraum, dessen Dimensionenzahl der dreifachen Anzahl der Elektronen gleicht; und erst die Kenntnis eben dieser Welle würde uns die Berechnung des im Raumgitter resultierenden elektrischen Potentialfeldes ermöglichen, welches nun seinerseits, vermittels seines funktionellen Eingreifens in die *Schrödinger*gleichung, rückwärts die Struktur des „erzeugenden" Informationsfeldes diktiert!

Mangels einer umfassenden, analytischen Lösung des vorstehend angedeuteten self-consistent-Problems werden wir uns weiterhin mit einer Näherung begnügen: Ungeachtet der pausenlosen, stochastischen Schwarmbewegung der Elektronen soll das an jedem einzelnen von ihnen angreifende elektrische Feld E zu jedem Zeitpunkt t merklich dem negativen Gradienten des stationären, „eingeprägten" Skalarpotentiales φ gleichen, welches — nach geeigneten Annahmen über die Verteilung der Elektronen je in den Basiszellen des Kristalles — der dann entstehenden dreifach-periodischen Raumladung genetisch zugeordnet ist.

b) Wir orientieren uns im Kristall an Hand des schiefwinkligen Bezugssystemes der beziehentlich den Grundvektoren a_j der Basiszelle zugeordneten (kontravarianten) Koordinaten u^j, in welchem der Ursprung O mit einem Gitterpunkt koinzidiere. Ist dann

$$r = a_j\, u^j; \qquad (j = 1; 2; 3) \qquad\qquad \text{(III 6, 1)}$$

der Radiusvektor vom Ursprung O zum Aufpunkt P und

$$n = b^k\, n_k; \qquad (k = 1; 2; 3) \qquad\qquad \text{(III 6, 2)}$$

ein dem reziproken Gitter angehöriger Vektor der ganzzahligen (kovarianten) Komponenten n_k einschließlich der Null, so wird also die Potentialfunktion $\varphi = \varphi(r)$ durch die dreifache *Fourier*sche Reihe

$$\varphi(r) = \sum_n \Phi_n\, e^{i2\pi(nr)}; \qquad (i = \sqrt{-1}) \qquad \text{(III 6, 3)}$$

dargestellt, deren Koeffizienten Φ_n fortan als bekannt gelten; insbesondere dürfen und wollen wir, solange wir uns durchaus auf das Innere des Kristalles beschränken, durch Übereinkunft

$$\Phi_0 = 0 \qquad\qquad \text{(III 6, 4)}$$

festsetzen.

c) Zufolge des konservativen Charakters des „eingeprägten" Potentialfeldes φ bleibt die Gesamtenergie η eines Elektrons während seiner Bewegung konstant. Daher genügt die komplexe Amplitude $\bar{U} = \bar{U}(r)$ der dieser Bewegung zugeordneten Wahrscheinlichkeitswelle der zeitfreien *Schrödinger*gleichung

$$-\frac{\hbar^2}{2\,m_0}\, \nabla^2\bar{U} - [q_0\, \varphi(r) + \eta]\, \bar{U} = 0. \qquad \text{(III 6, 5)}$$

Um ihre Lösungen zu normieren, schneiden wir aus dem allseitig unbegrenzten Raumgitter nach Wahl dreier ganzer Zahlen $L^j > 0$ das parallelepipedische „*Grundgebiet*"

$$-L^j \leqq u^j \leqq L^j; \qquad (j = 1; 2; 3) \qquad\qquad \text{(III 6, 6)}$$

aus. Es enthält

$$Z = 2\,L^1 \cdot 2\,L^2 \cdot 2\,L^3 \qquad\qquad \text{(III 6, 7)}$$

kongruenter Basiszellen je des Rauminhaltes $T_0 = (a_1 [a_2 \, a_3])$, umfaßt also das Volumen

$$T = Z \cdot T_0, \qquad \text{(III 6, 8)}$$

welches von nun ab mit einem *realen Kristall* identifiziert werde; die auf ihn angewandte *Normierungsvorschrift* lautet dann

$$T_0 \int\limits_{u^1 = -L^1}^{L^1} \int\limits_{u^2 = -L^2}^{L^2} \int\limits_{u^3 = -L^3}^{L^3} \bar{U}^* \, \bar{U} \, du^1 \, du^2 \, du^3 = 1. \qquad \text{(III 6, 9)}$$

Wir ergänzen sie durch folgende Angaben über das Verhalten der Wahrscheinlichkeitswellen an den Grenzen des Grundgebietes.

Den Grundvektoren $a_1; a_2; a_3$ als „*Mikrovektoren*" des primär vorgegebenen Raumgitters stellen wir die aus ihnen beziehentlich durch „richtungshaltende" Streckung hervorgehenden „*Makrovektoren*"

$$A_1 = a_1 \cdot 2 \, L^1; \qquad A_2 = a_2 \cdot 2 \, L^2; \qquad A_3 = a_3 \cdot 2 \, L^3 \quad \text{(III 6, 10)}$$

des „Kristallgitters" zur Seite; die Gesamtheit seiner Gittervektoren G wird dann nach Wahl dreier ganzer Zahlen G^j (mit Einschluß der Null) durch

$$G = A_1 \, G^1 + A_2 \, G^2 + A_3 \, G^3 = A_j \, G^j \qquad \text{(III 6, 11)}$$

für alle G^j des Bereiches

$$- \infty < G^j < \infty \qquad \text{(III 6, 12)}$$

dargestellt. Mit ihrer Hilfe kann das ja willkürlich geschaffene Grundgebiet nichtsdestoweniger als ein sozusagen organischer Bestandteil des gesamten, unbegrenzten Raumgitters gedeutet werden, falls man den Wahrscheinlichkeitswellen die *makroskopische Periodizitätsbedingung*

$$\bar{U}(r) = \bar{U}(r + G) \qquad \text{(III 6, 13)}$$

auferlegt. Um sie identisch für alle unterschiedlichen Kristallvektoren G zu erfüllen, haben wir die Forderung (III 6, 13) mit Hilfe des „*primitiven*" Kristallvektors

$$G_0 = A_1 + A_2 + A_3 \qquad \text{(III 6, 14)}$$

zu der *Funktionalgleichung*

$$\bar{U}(r) = \bar{U}(r + G_0) \qquad \text{(III 6, 15)}$$

zu verschärfen.

d) Wir kehren durch die Setzung

$$\varphi(r) = 0 \qquad \text{(III 6, 16)}$$

vorübergehend zur *Wellenmechanik freier Elektronen* im geometrischen Existenzgebiet des Kristalles zurück. Die durch das Symbol $\bar{U}_f$ bezeichnete komplexe Amplitude ihrer Wahrscheinlichkeitswellen unterliegt somit der partiellen Differentialgleichung

$$\frac{\hbar^2}{2 \, m_0} \nabla^2 \bar{U}_f + \eta \, \bar{U}_f = 0. \qquad \text{(III 6, 17)}$$

Sie wird durch ebene *de Broglie*-Wellen der komplexen Amplitude $\bar{C}$ und des Ausbreitungsvektors k befriedigt

$$\bar{U}_f = \bar{C} \, e^{i(k \, r)} \qquad \text{(III 6, 18)}$$

falls k mit der Gesamtenergie η des Elektrons durch die Relation

$$\eta = \frac{\hbar^2}{2 \, m_0} (k)^2 \qquad \text{(III 6, 19)}$$

verknüpft wird. Daher genügen wir der Normierungsvorschrift (III 6, 9) mit Rücksicht auf (III 6, 6) und (III 6, 8) durch die von k unabhängige Gleichung

$$T_0\,\bar{C}*\,\bar{C}\,Z = \bar{C}*\,\bar{C}\,T = 1.\qquad\text{(III 6, 20)}$$

Um nun die Periodizitätsbedingung (III 6, 15) zu erfüllen, bedienen wir uns der drei beziehentlich zu a_1; a_2; a_3 reziproken Vektoren b^1; b^2; b^3 und stellen den Ausbreitungsvektor k gemäß

$$k = b^1\,\mathrm{k}_1 + b^2\,\mathrm{k}_2 + b^3\,\mathrm{k}_3 = b^j\,\mathrm{k}_j\qquad\text{(III 6, 21)}$$

mittels seiner kovarianten Komponenten k_j dar. Die durch Substitution von (III 6, 18) in (III 6, 15) hervorgehende Funktionalgleichung

$$\mathrm{e}^{\mathrm{i}(k\,r)} = \mathrm{e}^{\mathrm{i}(k\,\{r\,+\,G_0\})}\qquad\text{(III 6, 22)}$$

spaltet sich dann nach Wahl dreier ganzer Zahlen N_1; N_2; N_3 (mit Einschluß der Null) in die drei gleichzeitig einzuhaltenden *Quantisierungs-Vorschriften*

$$\mathrm{k}_1 \cdot 2\,\mathrm{L}^1 = 2\,\pi\,N_1;\qquad \mathrm{k}_2 \cdot 2\,\mathrm{L}^2 = 2\,\pi\,N_2;\qquad \mathrm{k}_3 \cdot 2\,\mathrm{L}^3 = 2\,\pi\,N_3 \qquad\text{(III 6, 23)}$$

auf, welche die Komponenten k_j des Ausbreitungsvektors k nach Maßgabe der diskreten Folge

$$\mathrm{k}_1 = 2\,\pi\frac{N_1}{2\,\mathrm{L}^1};\qquad \mathrm{k}_2 = 2\,\pi\frac{N_2}{2\,\mathrm{L}^2};\qquad \mathrm{k}_3 = 2\,\pi\frac{N_3}{2\,\mathrm{L}^3}\qquad\text{(III 6, 24)}$$

festlegen; ihr entspricht zufolge (III 6, 19) ein *Linienspektrum der Gesamtenergie η*.

Im Lichte der Gleichungen (III 6, 23) liefert immer eine Änderung der Quantenzahlen N_j beziehentlich um den Schritt

$$\varDelta N_1 = 2\,\mathrm{L}^1\,\nu_1;\qquad \varDelta N_2 = 2\,\mathrm{L}^2\,\nu_2;\qquad \varDelta N_3 = 2\,\mathrm{L}^3\,\nu_3 \qquad\text{(III 6, 25)}$$

bei ganzzahligem ν_j (einschließlich der Null) eine Gruppe von Wahrscheinlichkeitswellen, deren jeweils nur an den Kristallgrenzen (III 6, 6) beobachteten, sozusagen makroskopischen „Kristallphasen" sich voneinander nur formal, nämlich um ein ganzzahliges Vielfache von $2\,\pi$ unterscheiden, bei einer allein ihre *Kinematik* erfassenden Registrierung also miteinander zusammenfallen; nichtsdestoweniger sind jedoch diese Wellen *energetisch* in der Regel durchaus voneinander verschieden. Wir passen uns diesem Sachverhalte an, indem wir den Ausbreitungsvektor k mittels der Anweisung

$$k = k^0 + 2\,\pi\,\nu = b^j(\mathrm{k}_j{}^0 + 2\,\pi\,\nu_j)\qquad\text{(III 6, 26)}$$

in die Posten k^0 und ν zerlegen. Die kovarianten Komponenten $\mathrm{k}_j{}^0$ des sogenannten „*beschränkten Ausbreitungsvektors*" k^0 dürfen dann ohne Verluste bei der Abzählung der zulässigen Quantenzustände ein- für allemal etwa dem „*Hauptbereich*"

$$-\,\pi \leqq \mathrm{k}_j \leqq \pi\qquad\text{(III 6, 27)}$$

entnommen werden, welcher nun wegen

$$-\,\mathrm{L}^j \leqq N_j \leqq \mathrm{L}^j\qquad\text{(III 6, 28)}$$

laut Aussage der Gleichungen (III 6, 24) nur noch genau $(2\,\mathrm{L}^j + 1)$ unterschiedliche Werte von $\mathrm{k}_j{}^0$ enthält.

Durch Substitution der Vorschrift (III 6, 26) in Gl. (III 6, 19) wird das *Spektrum der Gesamtenergie η* in eine dreifach-unendliche Schar von *Energiebändern* aufgespalten; sie können mittels des „*Bandvektors*" ν der ganzzahligen, kovarianten Komponenten ν_j abgezählt werden, welcher somit dem *reziproken Gitter* angehört. Es muß jedoch gesagt werden, daß es sich bei der vorgenannten Aufteilung des Energiespektrums in Bänder nicht um eine physikalische Erkenntnis, sondern nur um eine *ordnende Übereinkunft* handelt, welche als solche durchaus nicht verbindlich ist und gelegentlich besser durch eine andere ersetzt werden mag.

Jedes der definierten Energiebänder umfaßt gemäß (III 6, 28) gerade

$$Z' = (2\,L^1 + 1)\,(2\,L^2 + 1)\,(2\,L^3 + 1) \qquad \text{(III 6, 29)}$$

voneinander verschiedene, beschränkte Ausbreitungsvektoren. Ersichtlich gibt Z' die Zahl der Gitterpunkte des Grundgebietes (III 6, 6) an, welche ihrerseits — im Falle eines einatomigen „Baustoffes" — der *Anzahl der Kristallatome* gleicht. Zufolge des *Pauli*schen *Ausschließungsprinzipes*, ergänzt durch Berücksichtigung der beiden antiparallelen Richtungen des Elektronenspins, sind nun jedem Quantenzustand des dreidimensional lagebestimmten Elektrons höchstens *zwei Wahrscheinlichkeitswellen* seines Informationsfeldes zuzuordnen: Jedes Energieband bietet nur

$$Z'' = 2\,Z' \qquad \text{(III 6, 30)}$$

Elektronen je einen zulässigen *"Quantenplatz"*. Allerdings kann es vorkommen, daß mehrere, durch den Wert ihres Bandvektors v voneinander unterschiedene Bänder sich *energetisch überlappen*; die Angabe (III 6, 30) ist dann sinngemäß auf die *Summe der Elektronenplätze* aller jeweils vereinigten Bänder zu verallgemeinern.

e) Welche Wirkung übt das tatsächlich vorhandene, eingeprägte Potentialfeld $\varphi = \varphi(r)$ der dreifach-periodischen Struktur (III 6, 3) und (III 6, 4) auf die Bewegung der bisher ja als frei betrachteten Kristallelektronen aus?

Wir behaupten, daß sich der gesuchte Einfluß als *Amplitudenmodulation* der ebenen *de Broglie*-Wellen (III 6, 18) nach Maßgabe einer dreifachperiodischen *Gitterfunktion* auffassen läßt. Dementsprechend ersetzen wir die vordem feste Amplitude $\bar C$ dieser Wellen durch das Produkt

$$\bar C = \bar C_0\,\bar\psi(r;k), \qquad \text{(III 6, 31)}$$

in welchem nunmehr $\bar C_0$ als Konstante gelte, während der *modulierende Faktor* $\bar\psi$ vorerst noch unbekannt ist; definitionsgemäß unterliegt er der Funktionalgleichung

$$\bar\psi(r;k) = \bar\psi(r+g;k), \qquad \text{(III 6, 32)}$$

in welcher der Vektor g dem *Mikrogitter* der Grundvektoren $a_1;a_2;a_3$ angehört.

Zum Beweise gehen wir von der Wahrscheinlichkeitswelle $\bar U$ aus, die aus (III 6, 18) im Verein mit (III 6, 31) hervorgeht

$$\bar U = \bar C_0\,\bar\psi(r;k)\,e^{i(kr)}. \qquad \text{(III 6, 33)}$$

Wir bilden zunächst im dreidimensionalen Konfigurationsraum ihren Gradienten

$$\operatorname{grad}\bar U = [\operatorname{grad}\bar\psi + i\,k\,\bar\psi]\,\bar C_0\,e^{i(kr)} \qquad \text{(III 6, 34)}$$

und sodann dessen Quellendichte

$$\operatorname{div}\operatorname{grad}\bar U = \nabla^2\bar U = [\nabla^2\bar\psi + 2\,i(k\operatorname{grad}\bar\psi) - (k)^2\,\bar\psi]\,\bar C_0\,e^{i(kr)}. \qquad \text{(III 6, 35)}$$

Aus (III 6, 5) resultiert dann mit Rücksicht auf (III 6, 3) für die Struktur $\bar\psi$ der Amplitudenmodulation die partielle Differentialgleichung

$$\nabla^2 \bar{\psi} + 2\,\mathrm{i}(k\,\mathrm{grad}\,\bar{\psi}) - (k)^2\,\bar{\psi} + \frac{2\,m_0}{\hbar^2}\left[q_0 \sum_n \Phi_n\,\mathrm{e}^{\mathrm{i}2\,\pi(\mathrm{n}\,r)} + \eta\right]\bar{\psi} = 0.$$

$$(\text{III } 6,\ 36)$$

Im Einklang mit der Angabe (III 6, 32) besitzt $\bar{\psi}$ gewiß die Gestalt der dreifachen *Fourier*-Reihe

$$\bar{\psi} = \sum_m \bar{\Psi}_m\,\mathrm{e}^{\mathrm{i}2\,\pi(m\,r)}, \qquad (\text{III } 6,\ 37)$$

deren Koeffizienten Ψ_m wir zu bestimmen haben: Mit

$$\mathrm{grad}\,\bar{\psi} = 2\,\pi\,\mathrm{i} \sum_m \bar{\Psi}_m \cdot m \cdot \mathrm{e}^{\mathrm{i}2\,\pi(m\,r)} \qquad (\text{III } 6,\ 38)$$

und

$$\nabla^2\bar{\psi} = -\,4\,\pi^2 \sum_m \bar{\Psi}_m (m)^2\,\mathrm{e}^{\mathrm{i}2\,\pi(m\,r)} \qquad (\text{III } 6,\ 39)$$

folgt aus (III 6, 36) die Aussage

$$-\sum_m (k + 2\,\pi\,m)^2 \cdot \bar{\Psi}_\mathrm{m} \cdot \mathrm{e}^{\mathrm{i}2\,\pi(m\,r)} + \frac{2\,m_0}{\hbar^2}\left[q_0 \sum_n \Phi_n\,\mathrm{e}^{\mathrm{i}2\,\pi(n\,r)} + \eta\right] \cdot$$

$$\cdot \sum_m \bar{\Psi}_m\,\mathrm{e}^{\mathrm{i}2\,\pi(m\,r)} = 0. \qquad (\text{III } 6,\ 40)$$

Sie kann nur dann für alle r zutreffen, falls jeder Koeffizient von $\mathrm{e}^{\mathrm{i}2\,\pi(m\,r)}$ einzeln verschwindet; dies geschieht unter den Bedingungen

$$\left[\eta - \frac{\hbar^2}{2\,m_0}(k + 2\,\pi\,m)^2\right]\bar{\Psi}_\mathrm{m} + q_0 \sum_n \Phi_n \cdot \bar{\Psi}_{m-n} = 0, \qquad (\text{III } 6,\ 41)$$

welche ein abzählbares, dreifach-unendliches System homogener, linearer Gleichungen für die *Fourier*-Koeffizienten Ψ_m definieren; sollen sie eine von Null verschiedene Lösung besitzen — und nur eine solche taugt ja für die Darstellung des gesuchten Informationsfeldes! — so muß die Determinante ihrer Koeffizienten verschwinden. Mit Rücksicht auf die Übereinkunft (III 6, 4) erhalten wir also

$$\det\left\{\dots q_0\,\Phi_{-1} \qquad \eta - \frac{\hbar^2}{2\,m_0}(k + 2\,\pi\,m)^2 \qquad q_0\,\Phi_1 \dots\right\} = 0. \qquad (\text{III } 6,\ 42)$$

Dies ist eine Gleichung für die Gesamtenergie η des Elektrons als Funktion seines Ausbreitungsvektors k. Der Bau der Determinante läßt nun unmittelbar erkennen, daß die Vertauschung eines beliebig vorgegebenen Ausbreitungsvektors k mit dem ihm nach (III 6, 26) zugeordneten, beschränkten Ausbreitungsvektor k^0 stets durch eine passende *Umnumerierung* der *Fourier*-Koeffizienten Φ_n kompensiert werden kann. Im Lichte dieses Sachverhaltes darf man in der Gesamtheit der abzählbaren, dreifach-unendlich vielen Wurzeln

$$\eta = \eta(k) \qquad (\text{III } 6,\ 43)$$

der Gl. (III 6, 42) den Wertevorrat des Argumentvektors k ohne Verlust an Vollständigkeit auf jenen des *beschränkten* Ausbreitungsvektors k^0 reduzieren. Das Energiespektrum zerfällt dann wiederum in einzelne Bänder, welche etwa durch die Forderung ihres beziehentlichen Anschlusses an die im Grenzfalle $\varphi(r) \to 0$ nach dem Bandvektor ν fortschreitenden Bänder numerisch geordnet werden können. Zu jedem solchen „*Eigenwert*" η gehört ein Koeffizientensystem $\bar{\psi}_m$ [für alle m], in welchem lediglich eine multiplikative Amplitudenkonstante unbestimmt bleibt; die Restitution eines derartigen Systemes in Gl. (III 6, 37) führt dann zur Kenntnis des modulierenden Faktors $\bar{\psi} = \bar{\psi}(r; k)$ als „*Eigenfunktion*" der partiellen Differentialgleichung (III 6, 36).

f) Ungeachtet der durchsichtigen mathematischen Methodik des vorstehend geschilderten Lösungsganges ist doch an seine praktische Verwendung etwa zur zahlenmäßigen Berechnung der Eigenwerte und der Eigenfunktionen nicht zu denken, es sei denn, man bediene sich maschineller Hilfsmittel. Solange wir indessen diesen Weg seines Mangels an allgemein gültigen Ergebnissen halber ausschließen — und diesen Standpunkt nehmen wir weiterhin ein —, haben wir also den vorstehend entwickelten Gang der Lösung wesentlich nur als *Existenzbeweis* für die Integrale (III 6, 33) der *Schrödinger*gleichung (III 6, 5) aufzufassen; sie wurden, in der angegebenen Gestalt, von *Bloch* in die Elektronentheorie der Kristalle eingeführt und sollen daher fortan nach ihm benannt werden.

In ihrer Abhängigkeit sowohl von einem bestimmten Werte des gemäß (III 6, 27) beschränkten Ausbreitungsvektors $k^0 = k_N{}^0$ [mit dem vektorähnlichen Namenssymbol N des Quantenzahlentripels $N_1; N_2; N_3$] wie auch von dem Bandvektor ν der kovarianten Komponenten $\nu_1; \nu_2; \nu_3$ mag eine *Bloch*funktion durch das Symbol

$$\bar{U}_{\nu; N} = e^{i(k_N{}^0 r)} \, \bar{\psi}_\nu(r; k_N{}^0) \qquad \text{(III 6, 44)}$$

bezeichnet werden. Wir ergänzen sie durch die konjugiert-komplexe Funktion

$$\bar{U}^{\nu; N} = (\bar{U}_{\nu; N})^* = e^{-i(k_N{}^0 r)} \, \bar{\psi}_\nu{}^*(r; k_N{}^0) \qquad \text{(III 6, 45)}$$

und behaupten: Die Gesamtheit der *Bloch*funktionen eines Kristalles bildet ein [vollständiges] *Orthogonalsystem* der Eigenschaften

$$\iiint\limits_{[T]} \bar{U}^{\nu'; N'} \cdot \bar{U}_{\nu; N} \cdot dT = \delta_{\nu; N}^{\nu'; N'} = \begin{cases} 0 \ \text{für} \ (\nu'; N') \neq (\nu; N) \\ 1 \ \text{für} \ (\nu'; N') = (\nu; N) \end{cases}. \qquad \text{(III 6, 46)}$$

Beim Beweise beschränken wir uns der Kürze halber auf Kristallsysteme, deren *Energieterme*

$$\eta = \eta(k) = \eta_\nu(k_N{}^0) \qquad \text{(III 6, 47)}$$

sämtlich *voneinander verschieden* ausfallen, so daß also *keine Entartung* vorliegt. Gemäß (III 6, 5) bestehen dann gleichzeitig die beiden *Schrödinger*gleichungen

$$-\frac{\hbar^2}{2\,m_0} \nabla^2 \bar{U}_{\nu; N} - [q_0\, \varphi(r) + \eta_\nu(k_N{}^0)]\, \bar{U}_{\nu; N} = 0 \qquad \text{(III 6, 48)}$$

und

$$-\frac{\hbar^2}{2\,m_0} \nabla^2 \bar{U}^{\nu'; N'} - [q_0\, \varphi(r) + \eta_{\nu'}(k_{N'}{}^0)]\, \bar{U}^{\nu'; N'} = 0. \qquad \text{(III 6, 49)}$$

Wir erweitern die erste mit $\bar{U}^{\nu'; N'}$, die zweite mit $\bar{U}_{\nu, N}$, subtrahieren die entstehenden Gleichungen und gelangen zu der Relation

$$-\frac{\hbar^2}{2\,m_0} [\bar{U}^{\nu'; N'} \cdot \nabla^2 \bar{U}_{\nu; N} - \bar{U}_{\nu; N} \cdot \nabla^2 \bar{U}^{\nu'; N'}] -$$

$$- [\eta_\nu(k_N{}^0) - \eta_{\nu'}(k_{N'}{}^0)]\, \bar{U}_{\nu; N} \cdot \bar{U}^{\nu'; N'} = 0, \qquad \text{(III 6, 50)}$$

welche mittels der Identität

$$\bar{U}_{\nu';N'} \cdot \nabla^2 \bar{U}_{\nu;N} - \bar{U}_{\nu;N} \cdot \nabla^2 \bar{U}_{\nu';N'} = \text{div}\,[\bar{U}_{\nu';N'}\,\text{grad}\,\bar{U}_{\nu;N} - \bar{U}_{\nu;N} \cdot \text{grad}\,\bar{U}_{\nu';N'}]$$

$$\text{(III 6, 51)}$$

in die Aussage

$$-\frac{\hbar^2}{2\,m_0}\,\text{div}\,[\bar{U}_{\nu';N'} \cdot \text{grad}\,\bar{U}_{\nu;N} - \bar{U}_{\nu;N} \cdot \text{grad}\,\bar{U}_{\nu';N'}] =$$

$$= [\eta_\nu(k_N{}^0) - \eta_{\nu'}(k_{N'}{}^0)]\,\bar{U}_{\nu;N} \cdot \bar{U}_{\nu';N'} \qquad \text{(III 6, 52)}$$

übergeht. Durch Anwendung des *Gauß*schen Integralsatzes auf den parallelepipedischen Kristallbereich T verwandelt sich das Raumintegral über die Quellen des Vektors $[\bar{U}_{\nu';N'} \cdot \text{grad}\,\bar{U}_{\nu;N} - \bar{U}_{\nu;N}\,\text{grad}\,\bar{U}_{\nu';N'}]$ in das Flächenintegral seiner Normalkomponente über die geschlossene Hülle von T, welches seinerseits wegen der dortselbst herrschenden, makroskopischen Periodizität (III 6, 13) verschwindet. Da nun für $(\nu; N) \neq (\nu'; N')$ auch $\eta_\nu(k_N{}^0) \neq \eta_{\nu'}(k_{N'}{}^0)$ ausfällt — denn sonst wäre ja das System der Eigenfunktionen entartet! — folgen im Verein mit der Normierung (III 6, 9) aus (III 6, 52) die zu beweisenden Orthogonalitätsrelationen (III 6, 46). Auf Grund der Darstellungen (III 6, 44) und (III 6, 45) können jene Relationen in die Gestalt

$$\iiint\limits_{[T]} e^{i(\{k_N{}^0 - k_{N'}{}^0\}\,r)}\,\bar{\psi}_{\nu'}{}^*(r;\,k_{N'}{}^0)\,\bar{\psi}_\nu(r;\,k_N{}^0)\,dT = \delta_{\nu;N}^{\nu';N'} \qquad \text{(III 6, 53)}$$

gebracht werden. Spezialisiert man in dieser Gleichung auf zwei Eigenfunktionen eines zwar einheitlichen Wertes ihres beschränkten Ausbreitungsvektors, also

$$N = N', \qquad \text{(III 6, 54)}$$

welche jedoch unterschiedlichen Energiebändern angehören

$$\nu \neq \nu', \qquad \text{(III 6, 55)}$$

so verschärft sich (III 6, 53) zur *Orthogonalität der amplitudenmodulierenden Funktionen*

$$\iiint\limits_{(T)} \bar{\psi}_{\nu'}{}^*(r;\,k_N{}^0)\,\bar{\psi}_\nu(r;\,k_N{}^0)\,dT = \delta_{\nu\nu'} = \begin{cases} 0 \ \text{für} \ \nu' \neq \nu \\ 1 \ \text{für} \ \nu' = \nu \end{cases} \qquad \text{(III 6, 56)}$$

identisch für alle Zahlentripel $N = (N_1; N_2; N_3)$ des Bereiches (III 6, 28).

g) Durch den Grenzübergang

$$L^j \to \infty; \qquad (j = 1; 2; 3) \qquad \text{(III 6, 57)}$$

verwandelt sich das *diskrete* Eigenwert-Spektrum des Ausbreitungsvektors k in ein *kontinuierliches* Spektrum. Wir dürfen dann innerhalb jedes Bandes ν die Energie η nach (III 6, 47) als skalare, *differenzierbare* Funktion von k auffassen, welche als solche im abstrakten, dreidimensionalen „k-Raum" dargestellt sein möge; in diesem dürfen und sollen die Zahlen k_1, k_2 und k_3, ungeachtet ihrer geometrischen Bedeutung im reziproken Mikrogitter des Kristalles und von ihr unabhängig, beziehentlich mit den Koordinaten eines *Kartesi*schen Bezugssystemes identifiziert werden. Schreiben wir dann (III 6, 24) in der Gestalt

$$N_1 = \frac{2\,L^1}{2\,\pi} \cdot k_1; \qquad N_2 = \frac{2\,L^2}{2\,\pi}\,k_2; \qquad N_3 = \frac{2\,L^3}{2\,\pi}\,k_3, \qquad \text{(III 6, 58)}$$

so korrespondieren dem infinitesimalen Volumen

$$dV = dk_1 \, dk_2 \, dk_3 \qquad \text{(III 6, 59)}$$

des k-Raumes die Anzahl

$$dZ = \frac{2\,L^1\,2\,L^2\,2\,L^3}{(2\,\pi)^3} \, dk_1 \, dk_2 \, dk_3 \qquad \text{(III 6, 60)}$$

unterschiedlicher Zahlentripel N, von welchen der Anteil

$$dz = \frac{dZ}{T} = \frac{dZ}{T_0 \cdot 2\,L^1 \cdot 2\,L^2 \cdot 2\,L^3} = \frac{1}{T_0} \frac{dk_1 \, dk_2 \, dk_3}{(2\,\pi)^3} \qquad \text{(III 6, 61)}$$

auf die Raumeinheit des Kristalles entfällt; dort zählt also mit Rücksicht auf das *Pauli*prinzip der Ausdruck

$$dz' = 2\,dz = \frac{2}{T_0} \frac{dk_1 \, dk_2 \, dk_3}{(2\,\pi)^3} \qquad \text{(III 6, 62)}$$

die Summe der Plätze, welche innerhalb des k-Raumbereiches (III 6, 59) den Elektronen zur Verfügung stehen.

Wir konstruieren nun im k-Raum die Schar der je lückenlosen, in sich geschlossenen „*Isoenergie*"-Flächen

$$\eta(k) = \text{const.} \qquad \text{(III 6, 63)}$$

Welches Volumen ΔV des k-Raumes enthält die „*Energieschale*", welche von den infinitesimal benachbarten Isoenergieflächen der Energiedifferenz $d\eta$ begrenzt wird?

Sei dk der gleichfalls unendlich kleine Zuwachs, welchen der Ausbreitungsvektor k beim Übergang von einem Punkte der Fläche η zu einem in dessen Umgebung gelegenen Punkte der Fläche $(\eta + d\eta)$ erfährt, so entspringt aus (III 6, 47) der geometrische Zusammenhang

$$d\eta = (\text{grad}_k \, \eta \cdot dk), \qquad \text{(III 6, 64)}$$

in welchem das Symbol grad_k auf die *Gradientenbildung im k-Raume* hinweist; hiernach mißt

$$|dk| = \frac{|d\eta|}{|\text{grad}_k \, \eta|} \qquad \text{(III 6, 65)}$$

die „Wandstärke" der untersuchten Energieschale am Endpunkte des Ausbreitungsvektors k [im k-Raum!]. Sei weiter $d\sigma$ das ebendort gelegene Element der Isoenergiefläche $S = S(\eta)$, so finden wir durch Integration über sie das gesuchte Volumen ΔV zu

$$\Delta V = |d\eta| \cdot \iint\limits_{(S)} \frac{d\sigma}{|\text{grad}_k \, \eta|}. \qquad \text{(III 6, 66)}$$

Nach Maßgabe der Gl. (III 6, 62) sind also mit der gegebenen Energiedifferenz $d\eta$ gerade

$$dz'' = \frac{2}{T_0} \cdot \frac{\Delta V}{(2\,\pi)^3} \qquad \text{(III 6, 67)}$$

unterschiedliche Wahrscheinlichkeitswellen je Einheit des Kristallvolumens vereinbar, so daß das Verhältnis

$$\varepsilon = \lim_{d\eta \to 0} \frac{dz''}{d\eta} = \frac{1}{4\,\pi^3\,T_0} \iint\limits_{(S)} \frac{d\sigma}{|\text{grad}_k \, \eta|} \qquad \text{(III 6, 68)}$$

die *Quantenzustandsdichte* der Elektronenkonzentration je Einheit der Energiedifferenz definiert.

h) Wir kehren zu der skalaren, zeitfreien *Schrödinger*gleichung (III 6, 5) in ihrer mit Rücksicht auf (III 6, 43) inhaltlich verschärften Form

$$-\frac{\hbar^2}{2\,m_0}\,\nabla^2\bar{U} - [q_0\,\varphi(r) + \eta(k)]\,\bar{U} = 0 \qquad \text{(III 6, 69)}$$

zurück. Unter erneuter Berufung auf die Stetigkeit von k und $\eta(k)$ beim Grenzübergang (III 6, 57) gelangen wir von (III 6, 69) durch Gradientenbildung im k-Raum zu der nunmehr *vektoriellen* Aussage

$$\bar{U}\,\mathrm{grad}_k\,\eta = -\left\{\frac{\hbar^2}{2\,m_0}\,\nabla^2 + [q_0\,\varphi(r) + \eta(k)]\right\}\mathrm{grad}_k\,\bar{U}. \qquad \text{(III 6, 70)}$$

Wir erweitern sie mit $\bar{U}^*$, integrieren die entstehende Relation über das Grundgebiet und erhalten mit Rücksicht auf die Normierung (III 6, 9) der Funktion $\bar{U}$ zunächst die Gleichung

$$\mathrm{grad}_k\,\eta = -\lim_{L^j\to\infty}\int_{-L^1}^{L^1}\int_{-L^2}^{L^2}\int_{-L^3}^{L^3}\bar{U}^*\left\{\frac{\hbar^2}{2\,m_0}\,\nabla^2 + [q_0\,\varphi + \eta]\right\}\cdot$$

$$\cdot\,\mathrm{grad}_k\,\bar{U}\,du^1\,du^2\,du^3. \qquad \text{(III 6, 71)}$$

Auf Grund der Darstellung (III 6, 33) gilt nun

$$\mathrm{grad}_k\,\bar{U} = i\,r\,\bar{U} + \bar{C}_0\,e^{i(kr)}\,\mathrm{grad}_k\,\bar{\psi}, \qquad \text{(III 6, 72)}$$

so daß sich (III 6, 71) in

$$\mathrm{grad}_k\,\eta = -\lim_{L^j\to\infty}\int_{-L^1}^{L^1}\int_{-L^2}^{L^2}\int_{-L^3}^{L^3}\bar{U}^*\left\{\frac{\hbar^2}{2\,m_0}\,\nabla^2 + [q_0\,\varphi + \eta]\right\}\cdot$$

$$\cdot\,\{i\,r\,\bar{U} + \bar{C}_0\,e^{i(kr)}\,\mathrm{grad}_k\,\bar{\psi}\}\,du^1\,du^2\,du^3 \qquad \text{(III 6, 73)}$$

umformen läßt; wir werten das rechterhand auftretende, bestimmte Integral in folgenden Schritten aus:

1. Von dem im Konfigurationsraum gebildeten Hilfsvektor

$$V = r\cdot\bar{U} \qquad \text{(III 6, 74)}$$

steigen wir zu dem ebendort definierten Tensor zweiter Stufe

$$\Gamma = \mathrm{Grad}\,V = \nabla(r\,\bar{U}) \qquad \text{(III 6, 75)}$$

auf; seine gemischten Komponenten lauten

$$\Gamma_l^j = \frac{\partial V^j}{\partial u^l} = \delta_l^j\bar{U} + \frac{\partial\bar{U}}{\partial u^l}\,u^j; \qquad \delta_l^j = \begin{cases}0 & \text{für } j \neq l \\ 1 & \text{für } j = l\end{cases} \qquad \text{(III 6, 76)}$$

und also seine kontravarianten Komponenten

$$\Gamma^{lj} = (b^l\,b^m)\,\Gamma_m^{\ j} = (b^l\,b^j)\,\bar{U} + (b^l\,b^m)\,\frac{\partial\bar{U}}{\partial u^m}\cdot u^j; \qquad \left.\begin{matrix}j\\l\\m\end{matrix}\right\} = \begin{cases}1\\2\\3\end{cases}\cdot \qquad \text{(III 6, 77)}$$

Die Divergenz des Tensors Γ führt auf den Vektor

$$W = \mathrm{Div}\,\Gamma = \nabla^2(\bar{U}\,r) \qquad \text{(III 6, 78)}$$

der kontravarianten Komponenten

$$W^j = \frac{\partial\Gamma^{lj}}{\partial u^l} = (b^l\,b^j)\,\frac{\partial\bar{U}}{\partial u^l} + (b^j\,b^m)\,\frac{\partial\bar{U}}{\partial u^m} + (b^l\,b^m)\,\frac{\partial^2\bar{U}}{\partial u^m\,\partial u^l}\cdot u^j. \qquad \text{(III 6, 79)}$$

Die Aussagen (III 6, 78) und (III 6, 79) lassen sich zu der vektoriellen Identität

$$\nabla^2(r\,\bar{U}) = 2\,\mathrm{grad}\,\bar{U} + r\,\nabla^2\bar{U} \qquad\text{(III 6, 80)}$$

zusammenfassen. Durch ihre Substitution in (III 6, 73) entsteht daher mit Rücksicht auf (III 6, 69) die Relation

$$-\int_{-L^1}^{L^1}\int_{-L^2}^{L^2}\int_{-L^3}^{L^3} \bar{U}^*\left\{\frac{\hbar^2}{2\,m_0} + [q_0\,\varphi + \eta]\right\}\mathrm{i}\,r\,\bar{U}\,du^1\,du^2\,du^3 = \qquad\text{(III 6, 81)}$$

$$= \frac{\hbar^2}{\mathrm{i}\,m_0}\int_{-L^1}^{L^1}\int_{-L^2}^{L^2}\int_{-L^3}^{L^3} \bar{U}^*\,\mathrm{grad}\,\bar{U}\,du^1\,du^2\,du^3 = \frac{\hbar}{m_0}\langle P\rangle = \hbar\langle v\rangle,$$

in welcher $\langle P\rangle$ den Erwartungswert des *Impulsvektors* und $\langle v\rangle$ jenen der *korpuskularen Elektronengeschwindigkeit* mißt.

2. Ungeachtet seiner *vektoriellen* Struktur im *k-Raum* dürfen wir den Ausdruck

$$\mathrm{S} = \bar{\mathrm{C}}_0\,\mathrm{e}^{\mathrm{i}(k\,r)}\,\mathrm{grad}_k\,\bar{\psi} \qquad\text{(III 6, 82)}$$

im *Konfigurationsraum* des Radiusvektors r als *skalare Funktion* auffassen. Im gleichen, übertragenen Sinne definiert die Differenz

$$X = \bar{\mathrm{U}}^*\,\mathrm{grad}\,\mathrm{S} - \mathrm{S}\,\mathrm{grad}\,\bar{\mathrm{U}}^* \qquad\text{(III 6, 83)}$$

im Konfigurationsraume einen Vektor, welcher zufolge seines funktionellen Baues in seiner Abhängigkeit vom Radiusvektor r des jeweils gewählten Aufpunktes die primitive „Makroperiode" G_0 des „Kristallgitters" aufweist

$$X(r) = X(r + G_0). \qquad\text{(III 6, 84)}$$

Wir richten nun unsere Aufmerksamkeit auf ein Paar kongruenter Oberflächenelemente des parallelepipedischen „Kristalles", welche einander beziehentlich im „Abstande" A^j eines der Makrovektoren (III 6, 10) gegenüberstehen. Die dort jeweils nach außen weisenden Normalkomponenten $X^{(n)}$ des Vektors X sind zufolge (III 6, 84) einander entgegengesetzt gleich; daher verschwindet das über die lückenlose Hülle des „Grundgebietes" erstreckte Flächenintegral von $X^{(n)}$, so daß der *Gauß*sche Integralsatz die Aussage

$$\int_{-L^1}^{L^1}\int_{-L^2}^{L^2}\int_{-L^3}^{L^3} \mathrm{div}\,X\,du^1\,du^2\,du^3 = 0 \qquad\text{(III 6, 85)}$$

liefert. Mit Rücksicht auf die für (III 6, 59) gültige Identität

$$\mathrm{div}\,X = \bar{\mathrm{U}}^*\,\nabla^2\mathrm{S} - \mathrm{S}\cdot\nabla^2\bar{\mathrm{U}}^* \qquad\text{(III 6, 86)}$$

folgt somit aus (III 6, 85) die Gleichung

$$\int_{-L^1}^{L^1}\int_{-L^2}^{L^2}\int_{-L^3}^{L^3} \bar{\mathrm{U}}^*\,\nabla^2\mathrm{S}\,du^1\,du^2\,du^3 = \int_{-L^1}^{L^1}\int_{-L^2}^{L^2}\int_{-L^3}^{L^3} \mathrm{S}\,\nabla^2\bar{\mathrm{U}}^*\,du^1\,du^2\,du^3.$$

$$\text{(III 6, 87)}$$

Ihre Substitution in (III 6, 73) führt zusammen mit (III 6, 82) auf die Relation

$$\int\limits_{-L^1}^{L^1}\int\limits_{-L^2}^{L^2}\int\limits_{-L^3}^{L^3} \bar{U}^*\left\{\frac{\hbar^2}{2\,m_0}\,\nabla^2 + [q_0\,\varphi + \eta]\right\}\cdot\bar{C}_0\,e^{i(k\,r)}\,\mathrm{grad}_k\,\bar{\psi}\;du^1\,du^2\,du^3 =$$

$$= \int\limits_{-L^1}^{L^1}\int\limits_{-L^2}^{L^2}\int\limits_{-L^3}^{L^3} \bar{C}_0\,e^{i(k\,r)}\,\mathrm{grad}_k\,\bar{\psi}\left\{\frac{\hbar^2}{2\,m_0}\,\nabla^2 + [q_0\,\varphi + \eta]\right\}\bar{U}^*\;du^1\,du^2\,du^3,$$

$$(\text{III } 6,\ 88)$$

welche den *Hermite*schen Charakter des *Hamilton*schen Operators $\{\hbar^2/(2\,m_0)\,\nabla^2 + [q_0\,\varphi + \eta]\}$ ausspricht. Da nun die zeitfreie *Schrödinger*-gleichung gegen die Vertauschung von $\bar{U}$ und $\bar{U}^*$ invariant ist, führt ein Blick auf die rechte Seite der Gl. (III 6, 88) zu der Aussage

$$\int\limits_{-L^1}^{L^1}\int\limits_{-L^2}^{L^2}\int\limits_{-L^3}^{L^3} \bar{U}^*\left\{\frac{\hbar^2}{2\,m_0}\,\nabla^2 + [q_0\,\varphi + \eta]\right\}\bar{C}_0\,e^{i(k\,r)}\,\mathrm{grad}_k\,\bar{\psi}\;du^1\,du^2\,du^3 = 0.$$

$$(\text{III } 6,\ 89)$$

Im Verein mit (III 6, 81) erschließt man sonach aus (III 6, 73) den wichtigen Satz

$$\langle v \rangle = \frac{1}{\hbar}\,\mathrm{grad}_k\,\eta, \qquad\qquad (\text{III } 6,\ 90)$$

welcher inhaltlich mit der Deutung der korpuskularen Elektronengeschwindigkeit als Gruppengeschwindigkeit der *de Broglie*-Wellen (III 6, 18) übereinstimmt.

i) Durch Vertauschung der Wahrscheinlichkeitsamplitude (III 6, 33) mit ihrer konjugiert-komplexen *Bloch*-Funktion

$$\bar{U}^* = \bar{C}_0^*\,\bar{\psi}^*(r;k)\,e^{-i(k\,r)} \qquad\qquad (\text{III } 6,\ 91)$$

geht (III 6, 36) in die Gleichung

$$\nabla^2\bar{\psi}^* - 2\,i(k\,\mathrm{grad}\,\bar{\psi}^*) - (k)^2\bar{\psi}^* + \frac{2\,m_0}{\hbar^2}\left[q_0\,\sum_n \Phi_n^*\,e^{-i2\pi(n\,r)} + \eta\right]\bar{\psi}^* = 0$$

$$(\text{III } 6,\ 92)$$

über, welche ihrer Herkunft nach gewiß zu dem nämlichen Eigenwert η der Energie gehört. Zufolge der Realität des elektrischen Skalarpotentiales $\varphi = \varphi(r)$ gehorchen nun seine *Fourier*koeffizienten der Relation

$$\Phi_{-n} = \Phi_n^*. \qquad\qquad (\text{III } 6,\ 93)$$

Daher kann man durch bloße Umbenennung der in die nach n fortschreitenden Summe eingehenden Indizes (III 6, 92) in die Gestalt

$$\nabla^2\bar{\psi}^* - 2\,i(k\,\mathrm{grad}\,\bar{\psi}^*) - (k)^2\,\bar{\psi}^* + \frac{2\,m_0}{\hbar^2}\left[q_0\,\sum_n \Phi_n\,e^{i2\pi(n\,r)} + \eta\right]\bar{\psi}^* = 0$$

$$(\text{III } 6,\ 94)$$

bringen; aus dem Vergleich von (III 6, 94) mit (III 6, 36) entnimmt somit die Symmetrieeigenschaft

$$\eta(k) = \eta(-k) \qquad\qquad (\text{III } 6,\ 95)$$

des Energiespektrums, welche sich nach Einführung des beschränkten Ausbreitungsvektors k^0 in der Form

$$\eta_\nu(k^0) = \eta_\nu(-k^0) \qquad\qquad (\text{III } 6,\ 96)$$

auf die Terme (III 6, 47) des Energiebandes ν überträgt. Hält man in dieser Relation den Bandvektor ν fest, kehrt jedoch vorübergehend zum unbeschränkten Ausbreitungsvektor k zurück, so kann man sie mit Rücksicht auf (III 6, 42) und (III 6, 26) zu der Funktionalgleichung

$$\eta_\nu(k) = \eta_\nu(k + 2\,\pi\,\nu) \qquad \text{(III 6, 97)}$$

erweitern, welche die dreifache Periodizität von η_ν im k-Raum anzeigt. Führen wir jetzt den Grenzübergang (III 6, 57) aus, so ist in der infinitesimal schmalen Umgebung dk des Ausbreitungsvektors k die *Taylor*sche Entwicklung

$$\eta_\nu(k + dk) = \eta_\nu(k) + (dk\,\mathrm{grad}_k\,\eta_\nu(k)) + \ldots \qquad \text{(III 6, 98)}$$

statthaft. Aus ihr folgt insbesondere für k = 0 mit Rücksicht auf (III 6, 96) die Gleichheit

$$\eta_\nu(dk) = \eta_\nu(0) \pm (dk\,\mathrm{grad}_k\,\eta_\nu(0)) + \ldots = \eta_\nu(-dk), \qquad \text{(III 6, 99)}$$

welcher wir die Aussage

$$\mathrm{grad}_k\,\eta_\nu(0) = 0 \qquad \text{(III 6, 100)}$$

entnehmen. Ähnlich liefert die Wahl $k = \pi\,\nu$ unter Berufung auf (III 6, 96) und (III 6, 97) die Beziehung

$$\eta_\nu(\pi\,\nu + dk) = \eta_\nu(\pi\,\nu) + (dk\,\mathrm{grad}_k\,\eta_\nu(\pi\,\nu)) + \ldots =$$
$$= \eta_\nu(-\pi\,\nu = dk) = \qquad \text{(III 6, 101)}$$
$$= \eta_\nu(\pi\,\nu - dk) = \eta_\nu(\pi\,\nu) + (dk\,\mathrm{grad}_k\,\eta_\nu(\pi\,\nu)) + \ldots$$

aus welcher wir die Angabe

$$\mathrm{grad}_k\,\eta_\nu(\pi\,\nu) = 0 \qquad \text{(III 6, 102)}$$

erschließen. Im Hinblick auf (III 6, 26) und (III 6, 27) lehren also die Gleichungen (III 6, 100) und (III 6, 101) zusammen mit (III 6, 90) den Satz: Die Korpuskulargeschwindigkeit $\langle v \rangle$ der Elektronen verschwindet sowohl in der ausbreitungsvektoriellen „Mitte" jedes Energiebandes wie auch an dessen Rändern, so daß sich dort die Wahrscheinlichkeitswellen kinematisch wie stehende Wellen verhalten. In der Regel wird sich allerdings die in diesem verstandene „Mitte" des Energiebandes für jede Komponente des Ausbreitungsvektors an einem anderen Orte des k-Raumes befinden; die obigen Aussagen beschränken sich dann auf jeweils eine Komponente der korpuskularen Elektronengeschwindigkeit, so daß die resultierende Richtung der Elektronenbewegung von jener des Ausbreitungsvektors völlig verschieden ausfallen kann.

III 7. Wellenmechanik fast freier Kristallelektronen.

a) Im vorigen Abschnitt konnten wir zwar den Existenzbeweis der *Bloch*funktionen für die Wahrscheinlichkeitswellen der Kristallelektronen erbringen, doch führten diese Überlegungen nicht zu expliziten Aussagen über die Lage der jeweils erlaubten Energiebänder und deren innere Struktur. Um diese Lücke auszufüllen, haben wir uns deshalb nach passenden Näherungslösungen der *Schrödinger*gleichung umzusehen, welche für das Informationsfeld der Kristallelektronen zuständig ist.

b) In engstem Anschluß an die *Sommerfeld*sche Theorie der Metallelektronen beschäftigen wir uns hier mit der Wellenmechanik hoch angeregter „Valenzelektronen" im kristallinen Raumgitter, welche — in der

Sprache des korpuskularen, *Bohr*schen Atommodelles — ihren Atomkern in weitem Abstande umkreisen und daher nur locker an ihn gebunden sind.

Diese Voraussetzung kommt zufolge der Übereinkunft (III 6, 4) in der Ungleichung

$$|q_0 \, \varphi(r)| = \left| q_0 \sum_n \Phi_n \, e^{i 2 \pi (n r)} \right| \ll \eta \qquad \text{(III 7, 1)}$$

zum Ausdruck, welche die potentielle Energie

$$\eta_{\text{Pot}} = - q_0 \varphi(r) \qquad \text{(III 7, 2)}$$

des kontrollierten Einzelelektrons als nur *schwache Störung* seiner sonst kräftefreien Bewegung kennzeichnet. Bringen wir daher die *Schrödinger*gleichung (III 6, 5) in die Gestalt

$$-\frac{\hbar^2}{2 \, m_0} \, \nabla^2 \bar{U} - \eta \cdot \bar{U} = q_0 \, \varphi(r) \, \bar{U}, \qquad \text{(III 7, 3)}$$

so wird das wellenmechanische Verhalten der Kristallelektronen in erster Näherung durch die partielle Differentialgleichung

$$-\frac{\hbar^2}{2 \, m_0} \, \nabla^2 \bar{U}_0 - \eta \, \bar{U}_0 \qquad \text{(III 7, 4)}$$

beherrscht, welche aus (III 7, 3) durch den Prozeß

$$\varphi(r) \to 0 \qquad \text{(III 7, 5)}$$

hervorgeht. In der hierdurch angezeigten Genauigkeit wird somit die Bewegung des kontrollierten Elektrons durch die ebene *de Broglie*-Welle

$$\bar{U}_0 = C \cdot e^{i (k r)} \qquad \text{(III 7, 6)}$$

dargestellt, deren Ausbreitungsvektor k mit der Gesamtenergie η des Elektrons durch die Relation

$$\eta = \frac{\hbar^2}{2 \, m_0} \, (k)^2 \qquad \text{(III 7, 7)}$$

verknüpft ist.

Gemäß Gl. (III 6, 6) identifizieren wir nun den Kristall mit dem parallelepipedischen Gebiete T, welches, vom Raumgitter der Grundvektoren $a_1; a_2; a_3$ aufgespannt, genau Z Mikrozellen je des einheitlichen Volumens T_0 enthält. Unterwerfen wir von jetzt an die Welle (III 7, 6) den makroskopischen Periodizitätsbedingungen (III 6, 13), so kann der Ausbreitungsvektor k nicht mehr willkürlich vorgegeben werden, sondern er ist der diskreten Mannigfaltigkeit (III 6, 24) zu entnehmen: Fassen wir die drei ganzen Zahlen $N_1; N_2; N_3$ abkürzend in dem vektorähnlichen Symbol N zusammen, so ist

$$k = k_N \qquad \text{(III 7, 8)}$$

zu wählen, während die zugehörige Amplitude

$$\bar{C} = \bar{C}_N \qquad \text{(III 7, 9)}$$

durch die für alle N einheitlichen Angaben

$$T_0 \, \bar{C}_N \, \bar{C}_N{}^* \cdot Z = |\bar{C}_N|^2 \cdot T = 1 \qquad \text{(III 7, 10)}$$

normiert werden möge.

c) Wir ergänzen die aus (III 7, 6) gemäß (III 7, 8) und (III 7, 9) hervorgehende Welle

$$\bar{U}_N = \bar{C}_N \cdot e^{i (k_N r)} \qquad \text{(III 7, 11)}$$

durch die zu ihr konjugiert-komplexe Welle

$$\bar{\mathrm{U}}^N = \bar{\mathrm{U}}_N^* = \bar{\mathrm{C}}_N^*\, e^{-i(k_N r)}. \qquad \text{(III 7, 12)}$$

Die Gesamtheit der Funktionen dieser Art, welche mit dem dreifachen Spektrum von N vereinbar sind, bildet ein *vollständiges Orthogonalsystem*. Denn aus (III 6, 24) folgen in Gemeinschaft mit (III 7, 10) die *Orthogonalitätsrelationen*

$$\iiint\limits_{(T)} \bar{\mathrm{U}}^M \cdot \bar{\mathrm{U}}_N \cdot d\mathrm{T} = \delta_N{}^M = \begin{cases} 0 \ \text{für}\ M \neq N \\ 1 \ \text{für}\ M = N \end{cases}. \qquad \text{(III 7, 13)}$$

d) Zu Gl. (III 7, 3) zurückkehrend, setzen wir ihre Lösung $\bar{\mathrm{U}}$ als Summe der „*Grundwelle*" $\bar{\mathrm{U}}_0 \to \bar{\mathrm{U}}_N$ und der „Störwelle" $\bar{\psi}$ an:

$$\bar{\mathrm{U}} = \bar{\mathrm{U}}_0 + \bar{\psi} = \bar{\mathrm{U}}_N + \bar{\psi}, \qquad \text{(III 7, 14)}$$

wobei

$$|\bar{\psi}| \ll |\bar{\mathrm{U}}_N| \qquad \text{(III 7, 15)}$$

vorausgesetzt wird und $\bar{\mathrm{U}}_N$ der partiellen Differentialgleichung

$$-\frac{\hbar^2}{2\,m_0}\, \nabla^2 \bar{\mathrm{U}}_N - \eta_N \cdot \bar{\mathrm{U}}_N = 0 \qquad \text{(III 7, 16)}$$

mit

$$\eta_N = \frac{\hbar^2}{2\,m_0}\,(k_N)^2 \qquad \text{(III 7, 17)}$$

gehorcht; gleichzeitig möge sich die Gesamtenergie η des kontrollierten Elektrons von ihrem „Grundwerte" $\eta = \eta_0 \to \eta_N$ um den vorerst allerdings noch unbekannten Betrag ε auf die Summe

$$\eta = \eta_N + \varepsilon \qquad \text{(III 7, 18)}$$

erhöhen, in welcher

$$|\varepsilon| \ll \eta_N \qquad \text{(III 7, 19)}$$

gelte. Durch Substitution von (III 7, 14) und (III 7, 17) in (III 7, 3) erhält man dann, falls nur Glieder höchstens ersten Grades von $\bar{\psi}$ und ε beibehalten werden, die Gleichung

$$-\frac{\hbar^2}{2\,m_0}\, \nabla^2 \bar{\mathrm{U}}_N - \eta_N \cdot \bar{\mathrm{U}}_N - \frac{\hbar^2}{2\,m_0}\, \nabla^2 \bar{\psi} - \eta_N\, \bar{\psi} = [q_0\, \varphi(r) + \varepsilon]\, \bar{\mathrm{U}}_N, \qquad \text{(III 7, 20)}$$

welche sich wegen (III 7, 16) auf

$$-\frac{\hbar^2}{2\,m_0}\, \nabla^2 \bar{\psi} - \eta_N \cdot \bar{\psi} = [q_0\, \varphi(r) + \varepsilon]\, \bar{\mathrm{U}}_N \qquad \text{(III 7, 21)}$$

reduziert. In ihr setzen wir die rechterhand auftretende Funktion mittels der noch unbestimmten Koeffizienten $a_N{}^M$ als dreifache *Fourier*reihe an

$$[q_0\, \varphi(r) + \varepsilon]\, \bar{\mathrm{U}}_N = \sum_M a_N{}^M \cdot \bar{\mathrm{U}}_M. \qquad \text{(III 7, 22)}$$

Erweitern wir sie mit $\bar{\mathrm{U}}^{N'}$ und integrieren dann über den Kristallbereich T, so finden wir mit Hilfe der *Matrixkomponenten*

$$\Phi_N{}^{N'} = \iiint\limits_{(T)} \bar{\mathrm{U}}^{N'}\, \varphi(r)\, \bar{\mathrm{U}}_N\, d\mathrm{T} \qquad \text{(III 7, 23)}$$

des elektrischen Skalarpotentiales $\varphi = \varphi(r)$ auf Grund der Orthogonalitätsrelationen (III 7, 13) für $a_N{}^M$ die Gleichung

$$a_N{}^M = \mathrm{q}_0\, \Phi_N{}^M + \varepsilon \cdot \delta_N{}^M. \qquad \text{(III 7, 24)}$$

Mit Rücksicht auf (III 6, 3) ergibt sich nun für das Matrixelement
(III 7, 23) unter der Annahme, daß die Prozesse der Integration und der
Summation miteinander vertauscht werden dürfen, zunächst die Dar-
stellung

$$\Phi_N{}^{N'} = \sum_n \int\!\!\int\!\!\int_{(T)} \bar{C}_N{}^* \cdot \bar{C}_N\, \Phi_n \cdot e^{i(\{k_N - k_{N'} + 2\pi n\}r)}\, dT. \qquad \text{(III 7, 25)}$$

In ihr bezeichnet n einen Vektor des reziproken Mikrogitters, welcher
sich als solcher durch stets ganzzahlige Werte [einschließlich der Null]
seiner kovarianten Komponenten auszeichnet. Nun liefert das Integral

$$J = \int\!\!\int\!\!\int_{(T)} e^{i(\{k_N - k_{N'} + 2\pi n\}r)}\, dT \qquad \text{(III 7, 26)}$$

nur unter der vektoriellen Bedingung

$$\frac{1}{2\pi}\,k_{N'} - \frac{1}{2\pi}\,k_N = n \qquad \text{(III 7, 27)}$$

den endlichen Betrag $J = T$, während es andernfalls verschwindet. Diese
Auswahlregel überträgt sich auf (III 7, 25): Im Falle (III 7, 27) resultiert
das Matrixelement

$$\Phi_N{}^{N'} = \bar{C}_N{}^* \cdot \bar{C}_N \cdot T \cdot \Phi_n = \Phi_n, \qquad \text{(III 7, 28)}$$

während es sich sonst annulliert. Da überdies für $N' = N$ aus (III 7, 27)

$$n = 0 \qquad \text{(III 7, 29)}$$

folgt, erschließt man aus (III 7, 28) mit Rücksicht auf (III 6, 4) die Angabe

$$\Phi_N{}^N = 0, \qquad \text{(III 7, 30)}$$

welche gemäß (III 7, 24) die Gleichung

$$a_N{}^N = 0 + \varepsilon \cdot \delta_N{}^N = \varepsilon \qquad \text{(III 7, 31)}$$

nach sich zieht.

Vermöge des Zusammenhanges (III 7, 21) erregt nun jede der in die
Funktion (III 7, 22) eingehenden Komponentenwellen $\bar{U}_M$ bei endlichem
„Gewichte" $a_N{}^M$ ihrer Matrixkomponente eine ihr geometrisch ähnliche
Teilwelle $\bar{\psi}_M$ in der „Störung" $\bar{\psi}$. Dieser Vorgang kommt in dem genetischen
Ansatz

$$\bar{\psi} = \sum_M \bar{\psi}_M = \sum_M \beta_N{}^M\, \bar{U}^M \qquad \text{(III 7, 32)}$$

zum Ausdruck, dessen *Fourier*-Koeffizienten $\beta_N{}^M$ wir zu ermitteln haben.
Unter der Annahme, daß die Prozesse der Summation und der Differentiation hier miteinander vertauscht werden dürfen, finden wir aus (III 7, 32)
mit Rücksicht auf (III 7, 16) die Relation

$$-\frac{\hbar^2}{2\,\mathrm{m}_0}\, \nabla^2\bar{\psi} = -\frac{\hbar^2}{2\,\mathrm{m}_0} \sum_M \beta_N{}^M\, \nabla^2\bar{U}_M = \sum_M \beta_N{}^M\, \eta_M\, \bar{U}_M. \qquad \text{(III 7, 33)}$$

Ihre Substitution in (III 7, 21) liefert zusammen mit (III 7, 22) die
Gleichung

$$\sum_M [\beta_N{}^M(\eta_M - \eta_N) - a_N{}^M]\, \bar{U}_M = 0. \qquad \text{(III 7, 34)}$$

Sie kann, da die Wellen $\bar{U}_M$ definitionsgemäß sämtlich von Null verschieden sind, nur dadurch für alle Punkte des Kristallgebietes gleichzeitig erfüllt werden, daß jeder Posten der angegebenen Reihe einzeln verschwindet:

$$\beta_N{}^M(\eta_M - \eta_N) - a_N{}^M = 0. \qquad \text{(III 7, 35)}$$

Bei der Diskussion dieser Gleichung unterscheiden wir folgende Fälle:

1. *Resonanz* liegt für diejenige Komponente der Störung vor, deren Ausbreitungsvektor k_M mit dem Ausbreitungsvektor k_N der ungestörten *de Broglie*-Welle übereinstimmt:

$$k_M = k_N. \qquad \text{(III 7, 36)}$$

Mit Rücksicht auf (III 7, 31) führt somit Gl. (III 7, 35) zu der Aussage

$$\beta_N{}^N \cdot 0 = \varepsilon, \qquad \text{(III 7, 37)}$$

welche für alle $\varepsilon \neq 0$ zu der „*Resonanzkatastrophe*" $|\beta_N{}^N| \to \infty$ Anlaß geben würde! Um einen solchen, physikalisch gewiß irrealen Vorgang aus dem formalen Gang der Störungsrechnung mit Sicherheit auszuschließen, werden wir also zu der Folgerung

$$\varepsilon = 0 \qquad \text{(III 7, 38)}$$

gezwungen: Die Gesamtenergie η des kontrollierten Elektrons bleibt ungeachtet der Störung seiner Wahrscheinlichkeitswelle durch das Mikropotential der Kristallatome in ihrer ursprünglichen Größe erhalten. Dagegen hat man den nach (III 7, 37) und (III 7, 38) unbestimmt bleibenden Koeffizienten $\beta_N{}^N$ in der Regel als von Null verschieden anzunehmen, so daß sich die Amplitude $\bar{C}_N$ der ungestörten Welle in

$$\bar{C}_N{}' = \bar{C}_N\,[1 + \beta_N{}^N] \qquad \text{(III 7, 39)}$$

verwandelt; allerdings kann man diese resultierende Amplitude $\bar{C}_N{}'$ erst nach Kenntnis aller übrigen Komponenten der Störung $\bar{\psi}$ auf Grund der Normierungsvorschrift

$$\iiint_{(T)} \bar{U}^* \, \bar{U} \, dT = \iiint_{(T)} \left[\bar{U}_N + \sum_M \beta_N{}^M \, \bar{U}_M \right]^* \cdot \left[\bar{U}_N + \sum_M \beta_N{}^M \bar{U}_M \right] dT = 1$$

$$\text{(III 7, 40)}$$

berechnen, welche mit Hilfe der Orthogonalitätsrelationen (III 7, 13) im Hinblick auf (III 7, 10) die einfache Gestalt

$$|1 + \beta_N{}^N|^2 + \sum_{M \neq N} |\beta_N{}^M|^2 = 1 \qquad \text{(III 7, 41)}$$

annimmt.

2. *Normale Dispersion* erleiden alle Elektronenwellen, deren Ausbreitungsvektoren k_N und k_M $[M = N']$ der Auswahlregel (III 7, 27) unter der einschränkenden Nebenbedingung

$$|\eta_{N'} - \eta_N| \geqq \eta_N \qquad \text{(III 7, 42)}$$

gehorchen. Denn für solche Elektronenwellen entnimmt man aus (III 7, 24) und (III 7, 28), wegen (III 7, 38) das Matrixelement

$$a_N{}^M = q_0 \, \Phi_n; \qquad \left[n = \frac{1}{2\,\pi} (k_M - k_N) \right], \qquad \text{(III 7, 43)}$$

so daß nach (III 7, 32) und (III 7, 35) die Komponente

$$\bar{\psi}_M = \beta_N{}^M \, \bar{U}_M = \frac{a_N{}^M}{\eta_M - \eta_N} \cdot \bar{U}_M = \frac{q_0 \, \Phi_n}{\eta_M - \eta_N} \, \bar{U}_M \qquad \text{(III 7, 44)}$$

immer dann in endlicher Größe erregt wird, falls der *Fourier*-Koeffizient Φ_n des elektrischen Skalarpotentiales $\varphi(r)$ von Null verschieden ist. Da nun gemäß (III 7, 38) die Gesamtenergie η des jeweils kontrollierten Elektrons mit η_N identisch ist, wird durch die Voraussetzung (III 7, 1) die Eigenschaft

$$|\beta_N{}^M| = \left| \frac{q_0\,\Phi_n}{\eta_{N'} - \eta_N} \right| \ll 1 \qquad \text{(III 7, 45)}$$

der Störwellen verbürgt, welche — in nur äußerlich anderer Gestalt — entsprechend (III 7, 15) als Grundlage der Störungsrechnung verlangt wurde.

e) Falls bei der Dispersion der Elektronen die Ausbreitungsvektoren k_N der einfallenden und $k_{N'}$ der gebeugten Welle nicht allein der Auswahlregel (III 7, 27) genügen, sondern sich überdies durch annähernde Gleichheit beziehentlich ihrer Gesamtenergien η_N und $\eta_{N'}$ auszeichnen, versagt das bisher benutzte Verfahren zur Lösung der *Schrödinger*gleichung. Denn da dann

$$|\eta_{N'} - \eta_N| \ll \eta_N \qquad \text{(III 7, 46)}$$

ausfällt, können aus Gl. (III 7, 44) — nach Ersatz des Zeichens M durch N' — für die *Fourier*-Koeffizienten $\beta_N{}^{N'}$ der Störwellen $\bar{\varphi}_{N'}$ Werte sehr großen, absoluten Betrages resultieren, deren Auftreten der grundlegenden, die Theorie der schwachen Störungen als solche definierenden Ungleichung (III 7, 15) widerspricht!

Bei der Suche nach der physikalischen Ursache dieser Schwierigkeit hilft uns die angezeigte Angleichung der Energien η_N und $\eta_{N'}$ auf die Spur: Wir werden zu der Vermutung gedrängt, daß an Stelle der Absplitterung vieler, je relativ schwacher Störwellen vom einfallenden „Hauptstrahl" dieser wesentlich als *ganzes abgebeugt* wird. In der Tat: Verschärfen wir (III 7, 46) vorübergehend zu der Gleichheit

$$\frac{\hbar^2}{2\,m_0}(k_{N'})^2 = \eta_{N'} = \eta_N = \frac{\hbar^2}{2\,m_0}(k_N)^2, \qquad \text{(III 7, 47)}$$

so spricht sie zusammen mit (III 7, 27) die geometrischen Gesetze (III 4, 29), (III 4, 30) der selektiven Welleninterferenzen im Raumgitter der Basisvektoren $a_1; a_2; a_3$ aus; der Vektor

$$h = -n \qquad \text{(III 7, 48)}$$

des reziproken Gitters weist normal zu jenem Satz von Netzebenen, an welchen die einfallende Elektronenwelle durch *Bragg*sche Vielfachspiegelung reflektiert wird.

Im Lichte dieses Zusammenhanges haben wir daher in der zeitfreien *Schrödinger*gleichung, welche ja nur den stationären Zustand der statistischen Elektronenbewegung zu schildern vermag, als „Grundprozeß" $[\varphi(r) \to 0]$ sogleich die *Koexistenz* der einfallenden Welle $\bar{U}_N$ mit der reflektierten Welle $\bar{U}_{N'}$ anzusetzen: In der Funktion

$$\bar{U}_0 = \bar{D}_N \bar{U}_N + \bar{D}_{N'} \bar{U}_{N'} \qquad \text{(III 7, 49)}$$

messen $\bar{D}_N$ und $\bar{D}_{N'}$ beziehentlich die vorerst noch unbekannten *Teilamplituden* dieser Wellen, und die *Normierungsvorschrift* verlangt

$$\iiint\limits_{(T)} \bar{U}_0{}^* \cdot \bar{U}_0\, dT = [\bar{D}_N{}^* \cdot \bar{D}_N + \bar{D}_{N'}{}^* \cdot \bar{D}^{N'}]\, T = 1. \qquad \text{(III 7, 50)}$$

Führen wir die *Durchschnittsenergie*

$$\bar{\eta} = \frac{1}{2}[\eta_N + \eta_{N'}] = \frac{\hbar^2}{4\,m_0}[(k_N)^2 + (k_{N'})^2] \qquad \text{(III 7, 51)}$$

und die *Energiedifferenz*

$$\Delta\bar\eta = \frac{1}{2}\,[\eta_N - \eta_{N'}] = \frac{\hbar^2}{4\,m_0}\,[(k_N)^2 - (k_{N'})^2] \qquad \text{(III 7, 52)}$$

ein, so gilt nach (III 7, 46)

$$|\Delta\bar\eta| \ll |\bar\eta|. \qquad \text{(III 7, 53)}$$

Nun sei die Lösung der *Schrödinger*gleichung (III 7, 3) als Summe der Grundwelle $\bar U_0$ nach (III 7, 49) und der schwachen Störung $\bar\psi$ darstellbar

$$\bar U = \bar U_0 + \bar\psi; \qquad |\bar\psi| \ll |\bar U_0|, \qquad \text{(III 7, 54)}$$

während sich die Gesamtenergie η des kontrollierten Elektrons von der in (III 7, 51) genannten Durchschnittsenergie $\bar\eta$ um einen nur geringen Betrag ε unterscheide

$$\eta = \bar\eta + \varepsilon; \qquad |\varepsilon| \ll |\bar\eta|. \qquad \text{(III 7, 55)}$$

Behalten wir dann in (III 7, 3) lediglich die höchstens ersten Potenzen von $\bar\psi$ und ε bei, so finden wir zunächst

$$-\frac{\hbar^2}{2\,m_0}\,\nabla^2\,[\bar D_N\,\bar U_N + \bar D_{N'}\,\bar U_{N'} + \bar\psi] - \bar\eta\,[\bar D_N\,\bar U_N + \bar D_{N'}\,\bar U_{N'} + \bar\psi] =$$

$$= [q_0\,\varphi + \varepsilon]\,[\bar D_N\,\bar U_N + \bar D_{N'}\,\bar U_{N'}]. \qquad \text{(III 7, 56)}$$

Da nun die Wellen $\bar U_N$ und $\bar U_{N'}$ beziehentlich den Differentialgleichungen

$$-\frac{\hbar^2}{2\,m_0}\,\nabla^2\bar U_N = (\bar\eta + \Delta\bar\eta)\,\bar U_N \qquad \text{(III 7, 57)}$$

und

$$-\frac{\hbar^2}{2\,m_0}\,\nabla^2\bar U_{N'} = (\bar\eta - \Delta\bar\eta)\,\bar U_{N'} \qquad \text{(III 7, 58)}$$

genügen, reduziert sich (III 7, 56) auf die Gleichung

$$-\frac{\hbar^2}{2\,m_0}\,\nabla^2\bar\psi - \bar\eta\,\bar\psi = (q_0\,\varphi + \varepsilon - \Delta\bar\eta)\,\bar D_N\,\bar U_N + (q_0\,\varphi + \varepsilon + \Delta\bar\eta)\,\bar D_{N'}\,\bar U_{N'}.$$

$$\text{(III 7, 59)}$$

Der Kürze halber übergehen wir die aus ihr hervorgehende Berechnung der Störwelle $\bar\psi$, da es für uns hauptsächlich auf die Kenntnis der Energie-änderung ε ankommt:

Auf Grund der Voraussetzung (III 7, 53) bleibt der absolute Betrag des Produktes $(\Delta\bar\eta \cdot \bar\psi)$ stets von zweiter Ordnung klein gegenüber dem absoluten Betrage des Produktes $(\bar\eta \cdot \bar U_0)$. Da nun die Differentialgleichung (III 7, 59), ihrer Herleitung nach, nur bis zu Gliedern höchstens der ersten Ordnung von $\bar\psi$, ε und $\Delta\bar\eta$ Gültigkeit beansprucht, dürfen wir in ihr ohne merkliche Änderung ihres sachlichen Inhaltes das Produkt $(\bar\eta\,\bar\psi)$ nach freiem Ermessen entweder durch $(\eta_N \cdot \bar\psi)$ oder durch $(\eta_{N'}\,\bar\psi)$ ersetzen. Bei der ersten Wahl verwandelt sich Gl. (III 7, 59) in

$$-\frac{\hbar^2}{2\,m_0}\,\nabla^2\bar\psi - \eta_N \cdot \bar\psi = (q_0\,\varphi + \varepsilon - \Delta\bar\eta)\,\bar D_N\,\bar U_N + (q_0\,\varphi + \varepsilon + \Delta\bar\eta)\,\bar D_{N'}\,\bar U_{N'}.$$

$$\text{(III 7, 60)}$$

Denkt man sich beide Seiten dieser Gleichung nach dem Orthogonal-system der *de Broglie*-Wellen $\bar U_M$ entwickelt, so entgeht man der für $M = N$ drohenden „Resonanzkatastrophe" der Störwelle $\bar\psi$ nur durch die Forderung

$$\int\!\!\!\int\limits_{(\mathrm{T})}\!\!\!\int \bar{U}^N\,[(q_0\,\varphi + \varepsilon - \varDelta\bar{\eta})\,\bar{D}_N\,\bar{U}_N + (q_0\,\varphi + \varepsilon + \varDelta\bar{\eta})\,\bar{D}_{N'}\,\bar{U}_{N'}]\,dT = 0,$$

$$(\text{III 7, 61})$$

welche sich mittels der Orthogonalitätsrelationen (III 7, 13) zusammen mit (III 7, 31) und (III 7, 43) auf

$$\bar{D}_N(\varepsilon - \varDelta\bar{\eta}) + \bar{D}_{N'}\cdot q_0\,\Phi_n = 0 \qquad (\text{III 7, 62})$$

reduziert. Entscheidet man sich hingegen für den Ersatz von $(\bar{\eta}\cdot\bar{\psi})$ durch $(\eta_{N'}\cdot\bar{\psi})$, so findet man auf demselben Wege die Bedingung

$$\bar{D}_N\cdot q_0\,\Phi_n + \bar{D}_{N'}(\varepsilon + \varDelta\bar{\eta}) = 0 \qquad (\text{III 7, 63})$$

als „Rettung" vor der Resonanzkatastrophe.

In (III 7, 62) und (III 7, 63) sind wir zu zwei linearen, homogenen Gleichungen für die Teilamplituden $\bar{D}_N$ und $\bar{D}_{N'}$ gelangt, von denen gemäß (III 7, 50) wenigstens eine endlich ausfallen muß. Dies ist nur dann möglich, wenn die Determinante ihrer Koeffizienten verschwindet: In

$$\begin{vmatrix} \varepsilon - \varDelta\bar{\eta} & q_0\,\Phi_n \\ q_0\,\Phi_n & \varepsilon + \varDelta\bar{\eta} \end{vmatrix} = \varepsilon^2 - (\varDelta\bar{\eta})^2 - (q_0\,\Phi_n)^2 = 0 \qquad (\text{III 7, 64})$$

gelangen wir zu einer *quadratischen Gleichung* für den gesuchten Wert ε der Energiestörung; ihre Lösung ist *zweideutig*

$$\varepsilon = \pm\sqrt{(\varDelta\bar{\eta})^2 + (q_0\,\Phi_n)^2}. \qquad (\text{III 7, 65})$$

Im Lichte der Gl. (III 7, 55) erweist sich somit der Energiebereich

$$\bar{\eta} - |\varepsilon| < \eta < \bar{\eta} + |\varepsilon| \qquad (\text{III 7, 66})$$

für die Kristallelektronen als *unzugänglich*: Er trennt als „*verbotenes Gebiet*" zwei benachbarte Energiebänder.

III 8. Wellenmechanik stark gebundener Kristallelektronen.

a) Im vorangegangenen Abschnitt haben wir uns mit der Wellenmechanik fast freier Kristallelektronen beschäftigt, deren Bewegung durch das elektrische Potential des kristallinen Mikrogitters nur wenig gestört wird. Demgegenüber fragen wir hier nach dem Informationsfelde von Kristallelektronen, welche — in *Bohr*scher Terminologie — den Kern ihres jeweiligen Mutteratomes in nur geringem Abstande umkreisen und daher durch starke Kräfte an den Kern gebunden sind.

Wir identifizieren die Lage der unterschiedlichen Atomkerne mit den Endpunkten G der Gittervektoren g, welche im System der Grundvektoren $a_1; a_2; a_3$ durch die Gesamtheit der ganzzahligen, kontravarianten Komponenten g^j [j = 1; 2; 3] definiert werden, und richten unsere Aufmerksamkeit auf das in G_I zentrierte Atom vom „Namen" g_I; die Umgebung seines Kernes wird durch den Vektor

$$z = a_j\,\zeta^j = r - g_I = a_j(u^j - g^j) \qquad (\text{III 8, 1})$$

[Summenkonvention!] beschrieben.

Nun denken wir uns das kontrollierte Atom vorübergehend aus dem Kristallverbande gelöst; das Feld seines elektrischen Skalarpotentiales φ_I wird dann durch Angabe der Funktion

$$\varphi_I = \varphi_I(r) = \varphi(z) \qquad (\text{III 8, 2})$$

im Verein mit der Bedingung

$$\lim_{|z|\to\infty}\varphi(z) = 0 \qquad (\text{III 8, 3})$$

erschöpfend beschrieben. Sei also η die Gesamtenergie eines zu diesem Atom gehörigen Elektrons, so gehorcht dessen komplexe Wahrscheinlichkeitsamplitude $\bar{U}_I$ der zeitfreien *Schrödinger*gleichung

$$-\frac{\hbar^2}{2\,m_0}\,\nabla^2\bar{U}_I - (\eta + q_0\,\varphi_1)\,\bar{U}_I = 0. \qquad \text{(III 8, 4)}$$

In Ziffer III 1 haben wir diese Gleichung für den Fall des Wasserstoffatomes behandelt, dessen Potentialfunktion $\varphi(z)$ sich auf das Feld einer Punktquelle reduziert; im Bereiche negativer Gesamtenergie η besitzt dann (III 8, 4) nur für das abzählbare Linienspektrum der scharf bestimmten Energiestufen $\eta = \eta_{l;\,m;\,n}$ [l; m; n = Quantenzahlen] Lösungen, welche im unbegrenzt gedachten Existenzgebiete der Elektronenbewegung überall regulär bleiben und als solche physikalisch realisierbare Dauerzustände des Atomes schildern. Diese grundsätzliche Erkenntnis auf verwickeltere Potentialfunktionen $\varphi(z)$ verallgemeinernd, verstehen wir fortan der Kürze halber unter dem Zeichen η schlechthin einen solchen Eigenwert der Energie, während $\bar{U}_I$ die für das genannte Gebiet normierte, eben der Energie η zugehörige Eigenfunktion angebe. Wie erinnerlich, nähert sich $|\bar{U}_I|$ mit wachsendem Abstande $|z|$ des Aufpunktes vom Atomkern asymptotisch einer fallenden Exponentialfunktion an, so daß dort die Aufenthaltswahrscheinlichkeit des kontrollierten Elektrons je Einheit des Konfigurationsraumes sehr klein wird; diese wichtige Aussage überträgt sich auf beliebige, je eines Elektrons beraubter Atome, da deren Potentialfeld mit wachsendem Abstand vom Kern gegen das Feld eines einfachpositiv geladenen Quellpunktes konvergiert.

b) Wir tragen das vorher isolierte Atom wieder an seinen ursprünglichen Platz im Mikrogitter des Kristalles zurück. Demgemäß resultiert nunmehr das Potential φ des kontrollierten Elektrons am Aufpunkte r aus den Beiträgen sämtlicher Kristallatome: In der alle [besetzten] Gitterpunkte umfassenden Summe

$$\varphi = \varphi(r) = \sum_g \varphi_g(r) + \Delta\varphi \qquad \text{(III 8, 5)}$$

bezeichnet $\varphi_g(r)$ nach Übereinkunft das Potential des zwar isoliert gedachten, tatsächlich jedoch am Gitterpunkte G befindlichen Atomes; daher mißt das Zusatzpotential $\Delta\varphi$ jene Modulation des Potentiales, welche von dem Unterschied der [statistischen] Ladungsverteilung im kristallgebundenen Atome gegenüber jener des isolierten Atomes herrührt. Als dreifachperiodische Funktion im Mikrogitter ist φ gemäß (III 5, 24) durch die *Fourier*sche Reihe

$$\varphi(r) = \sum_n \Phi_n\,\mathrm{e}^{\mathrm{i}\,2\,\pi(n\,r)} \qquad \text{(III 8, 6)}$$

darstellbar, in welcher $n = b^j\,n_j$ einen Vektor ganzzahliger [kovarianter] Komponenten n_j im reziproken Mikrogitter bezeichnet.

Es hat nunmehr keinen Sinn, dem jeweils kontrollierten Elektron ein bestimmtes Mutteratom ein für allemal zuzuweisen, sondern das gesamte Mikrogitter ist zu seinem, in allen Regionen sozusagen gleichberechtigten Lebensraum geworden. Sei dann $\bar{\eta}$ die resultierende, vorerst noch unbekannte Gesamtenergie dieses Elektrons, so gehorcht die komplexe Amplitude $\bar{U}$ seiner Wahrscheinlichkeitswelle der zeitfreien *Schrödinger*-gleichung

$$-\frac{\hbar^2}{2\,m_0}\,\nabla^2\bar{U} - \left[\bar{\eta} + q_0\left(\sum_g \varphi_g + \varDelta\varphi\right)\right]\bar{U} = 0 \qquad \text{(III 8, 7)}$$

deren Lösung wir für das parallelepipedische Gebiet T nach (III 6, 6) normieren; überdies legen wir ihr an den Grenzen dieses „Kristalles" die makroskopischen Periodizitätsbedingungen (III 6, 13) auf. Dann ist $\bar{U}$ stets in der *Bloch*schen Gestalt

$$\bar{U} = \bar{\psi}(r)\,e^{i(kr)} \qquad \text{(III 8, 8)}$$

darstellbar, in welcher die kovarianten Komponenten k_j des Ausbreitungs-vektors k das diskrete Linienspektrum (III 6, 24) bilden; dagegen besitzt die Funktion $\bar{\psi} = \bar{\psi}(r)$ die Periode des Mikrogitters, so daß sie für alle Vektoren g der Funktionalgleichung

$$\bar{\psi}(r) = \bar{\psi}(r + g) \qquad \text{(III 8, 9)}$$

genügt.

c) Wir definieren nunmehr die Gesamtheit der stark gebundenen Elektronen durch die während überwiegend langer Zeiträume ihrer Bewegung bestehende Ungleichung

$$|\varDelta\varphi| \ll \left|\sum_g \varphi_g\right|. \qquad \text{(III 8, 10)}$$

Daher reduziert sich Gl. (III 8, 7) hinreichend genau auf die Forderung

$$-\frac{\hbar^2}{2\,m_0}\,\nabla^2\bar{U} - [\bar{\eta} + q_0\,\varphi]\,\bar{U} = 0; \qquad \psi = \sum_g \varphi_g. \qquad \text{(III 8, 11)}$$

Wir versuchen sie durch die lineare Kombination der Eigenfunktionen $\bar{U}_g$ der isoliert gedachten Atome

$$\bar{U} = \bar{U}(r) = \sum_g c_g\,\bar{U}_g(r) \qquad \text{(III 8, 12)}$$

zu befriedigen, deren Koeffizienten c_g wir nun zu bestimmen haben.

Schreiben wir

$$\bar{U}^g = \bar{U}_g{}^*, \qquad \text{(III 8, 13)}$$

so genügen die Funktionen $\bar{U}_g$ wegen ihres früher angezeigten, raschen Abfalles ihrer Intensität mit wachsendem Abstande vom jeweils „erzeugenden" Atomkern den allerdings nur angenähert richtigen „Quasi-Orthogonalitätsrelationen"

$$\iiint\limits_{(T)} \bar{U}^{g'}\,\bar{U}_g\,dT = \delta_g{}^{g'} = \begin{cases} 0 & \text{für } g' \neq g \\ 1 & \text{für } g' = g \end{cases} \qquad \text{(III 8, 14)}$$

Wir verschärfen sie zu den für „kernnahe" Elektronen gültigen Aussagen

$$\lim_{r \to g} \bar{U}(r) = c_g\,\bar{U}_g(r) = c_g\,\bar{U}_g(g + z) \qquad \text{(III 8, 15)}$$

und

$$\lim_{r' \to g'} \bar{U}(r') = c_{g'}\,\bar{U}_{g'}(r) = c_{g'}\,\bar{U}_{g'}(g' + z'). \qquad \text{(III 8, 16)}$$

Wählt man insbesondere

$$z = z', \qquad \text{(III 8, 17)}$$

so folgt aus dem einheitlichen Bau aller Kristallatome unter der zusätzlichen Annahme ihres auch wellenmechanisch einheitlichen Grundzustandes die Angabe

$$\bar{U}_g(g + z) = \bar{U}_{g'}(g' + z'), \qquad \text{(III 8, 18)}$$

welche in Verbindung mit (III 8, 8) und (III 8, 9) die Gleichung

$$\frac{c_g \bar{U}_g}{c_{g'} \bar{U}_{g'}} = \frac{c_g}{c_{g'}} = \frac{\bar{\psi}(g + z)\, e^{i(k\{g + z\})}}{\bar{\psi}(g' + z')\, e^{i(k\{g' + z'\})}} = e^{i(k\{g - g'\})} \qquad \text{(III 8, 19)}$$

nach sich zieht; in ihr identifizieren wir g' mit dem Nullvektor und erhalten die Relation

$$c_g = c_0\, e^{i(kg)}, \qquad \text{(III 8, 20)}$$

welche uns vermöge (III 8, 12) zur Kenntnis der Eigenfunktion

$$\bar{U}(r) = c_0 \sum_g{}' e^{i(kg)}\, \bar{U}_g(r) \qquad \text{(III 8, 21)}$$

verhilft.

d) Wir substituieren (III 8, 21) in die *Schrödinger*gleichung (III 8, 11) und finden unter der Voraussetzung, daß die Reihenfolge von Summation und Differentiation vertauscht werden darf

$$-\frac{\hbar^2}{2\,m_0} c_0 \sum_g{}' e^{i(kg)}\, \nabla^2 \bar{U}_g - [\bar{\eta} + q_0\, \varphi]\, c_0 \sum_g{}' e^{i(kg)} \bar{U}_g = 0. \qquad \text{(III 8, 22)}$$

Nun gilt nach (III 8, 4)

$$-\frac{\hbar^2}{2\,m_0} \nabla^2 \bar{U}_g = [\eta + q_0\, \varphi_g]\, \bar{U}_g, \qquad \text{(III 8, 23)}$$

so daß Gl. (III 8, 22), nach Kürzen mit c_0, in die Aussage

$$\sum_g{}' [(\eta + q_0\, \varphi_g) - (\bar{\eta} + q_0\, \varphi)]\, e^{i(kg)}\, \bar{U}_g = 0 \qquad \text{(III 8, 24)}$$

übergeht; sie liefert für die *Energiestörung*

$$\varepsilon = \bar{\eta} - \eta \qquad \text{(III 8, 25)}$$

die Gleichung

$$\varepsilon \sum_g{}' e^{i(kg)}\, \bar{U}_g = q_0 \sum_g{}' (\varphi_g - \varphi)\, e^{i(kg)}\, \bar{U}_g. \qquad \text{(III 8, 26)}$$

Wir erweitern sie mit $\bar{U}^{g'}$, integrieren dann über den Kristallbereich T und erhalten zufolge (III 8, 14) die Relation

$$\varepsilon \sum_g{}' e^{i(k\{g - g'\})} \cdot \delta_g{}^{g'} = \varepsilon = q_0 \sum_g{}' e^{i(k\{g - g'\})} \iiint\limits_{(T)} \bar{U}^{g'}(\varphi_g - \varphi)\, \bar{U}_g\, dT. \qquad \text{(III 8, 27)}$$

Die Posten der rechterhand auftretenden Summe bedürfen einer unterschiedlichen physikalischen Deutung:

1. Die Wahl $g = g'$ liefert das „*Coulomb*-Integral"

$$J_c = q_0 \iiint\limits_{(T)} \bar{U}^g(\varphi_g - \varphi)\, \bar{U}_g\, dT. \qquad \text{(III 8, 28)}$$

In ihm definiert das Produkt

$$\Delta\eta_{\text{Pot}} = q_0(\varphi_g - \varphi) \qquad \text{(III 8, 29)}$$

im Einklang mit den Lehren der klassischen Elektrostatik die *potentielle Zusatzenergie* des gleichsam zum Atom g gehörigen Elektrons in der Feldsphäre aller äußeren Kristallatome und

$$w = \bar{U}^g\, \bar{U}_g \tag{III 8, 30}$$

die ebendort gemessene Dichte seiner Aufenthaltswahrscheinlichkeit. Daher kann das *Coulomb*-Integral in

$$J_c = \int\!\!\!\int\limits_{(T)}\!\!\!\int \Delta\eta_{\text{Pot}} \cdot w \cdot dT = \langle \Delta\eta_{\text{Pot}} \rangle \tag{III 8, 31}$$

umgeformt werden: Es gibt den *Erwartungswert* jener potentiellen Zusatzenergie an, welcher sich, wie zu verlangen ist, als unabhängig von der Lage g des jeweils gewählten Kristallatomes erweist. Da überdies die Wahrscheinlichkeitsdichte w mit wachsendem Abstand $|z|$ des Elektrons vom Kern seines „Heimatatomes" rasch abnimmt, liefert nur dessen engste Umgebung einen merklichen Beitrag zum *Coulomb*-Integral.

2. Die Annahme $g \neq g'$ führt auf einen typisch quantenmechanischen, als solchen der klassischen Mechanik verschlossenen Begriff, das *Austausch-Integral*

$$J_g^{g'} = q_0 \int\!\!\!\int\limits_{(T)}\!\!\!\int \bar{U}^{g'}(\varphi_g - \varphi)\, \bar{U}_g\, dT = \int\!\!\!\int\limits_{(T)}\!\!\!\int \bar{U}^{g'} \Delta\eta_{\text{Pot}}\, \bar{U}_g\, dT. \tag{III 8, 32}$$

Seine Herkunft erklärt sich aus der *Koexistenz der Wahrscheinlichkeitswellen* $\bar{U}_g$ und $\bar{U}_{g'}$, dergemäß das kontrollierte Elektron „*gleichzeitig*" den Atomen g und g' angehört; oder, anders ausgedrückt: Die nur gedanklich durch ihre Bindung beziehentlich an die Atome g und g' diskriminierten, physikalisch jedoch ununterscheidbaren Elektronen tauschen ihre Plätze untereinander aus. Denn achtet man im Augenblick nur auf die Wellen $\bar{U}_g$ und $\bar{U}_{g'}$, so korrespondiert ihrer Summe

$$\bar{U} = c_g\, \bar{U}_g + c_{g'}\, \bar{U}_{g'} \tag{III 8, 33}$$

bei Benutzung des Zeichens $c^g = (c_g)^*$ die Wahrscheinlichkeitsdichte

$$w = \bar{U}^*\, \bar{U} = (c^g\, \bar{U}^g + c^{g'}\, \bar{U}^{g'})\,(c_g\, \bar{U}_g + c_{g'}\, \bar{U}_{g'}) =$$

$$= |c_g|^2 \cdot |\bar{U}_g|^2 + c^g c_{g'}\, \bar{U}^g \bar{U}_{g'} + c^{g'} c_g\, \bar{U}^{g'} \bar{U}_g + |c_{g'}|^2\, |\bar{U}_{g'}|^2, \tag{III 8, 34}$$

in welcher die vom Produkt beider Wahrscheinlichkeitswellen abhängigen Posten von der *Interferenz* jener Wellen herrühren; in der Tat ist ein solcher Effekt mit der klassischen Konzeption des elektrostatischen Feldes, das ja als solches jeder Schwingung ermangelt, grundsätzlich unvereinbar.

Obwohl nun der absolute Betrag des Produktes $\bar{U}^{g'}\, \bar{U}_g$ mit wachsendem Abstand $|g' - g|$ der miteinander in Wechselwirkung tretenden Atome g und g' rasch sehr klein wird, gilt dies nicht für die potentielle Energiedifferenz $\Delta\eta_{\text{Pot}}$. Wir müssen daher in der Summe (III 8, 27) neben dem *Coulomb*-Integral J_c die insgesamt *sechs Austausch-Integrale* in Rechnung stellen, welche sich auf die *Nachbaratome*

$$g' = g \pm a_j; \qquad j = 1; 2; 3 \tag{III 8, 35}$$

von g im Mikrogitter des Kristalles erstrecken, dürfen uns jedoch — innerhalb der hier beabsichtigten Genauigkeit — mit eben diesen begnügen.

Von nun an beschränken wir uns auf die sogenannten s-Zustände der Atome, deren Eigenfunktionen $\bar{U}_g$ *kugelsymmetrisch* um ihren jeweiligen Atomkern verteilt sind. Aus Symmetriegründen werden dann die Austausch-Integrale $J_g^{g \pm a_j}$ je für $j = 1; 2; 3$ paarweise einander gleich; bezeichnen wir diese ihre gemeinsamen Werte durch die Symbole $J_1; J_2; J_3$, so resultiert also aus (III 8, 27), (III 8, 28) und (III 8, 32) für die Energiestörung ε die Formel

$$\varepsilon = J_c + 2 \left[J_1 \cdot \cos (k \, a_1) + J_2 \cdot \cos (k \, a_2) + J_3 \cdot \cos (k \, a_3) \right] =$$
$$= J_c + 2 \left[J_1 \cdot \cos k_1 + J_2 \cdot \cos k_2 + J_3 \cdot \cos k_3 \right], \qquad \text{(III 8, 36)}$$

in welcher $k_1; k_2; k_3$ beziehentlich die kovarianten Komponenten des Ausbreitungsvektors k messen. Jeder der vordem einheitlichen s-Terme der Gesamtenergie η des Elektrons in den isoliert gedachten Atomen spaltet also bei deren Zusammentritt zum Kristall entsprechend (III 6, 24), (III 6, 28) und (III 6, 29) in genau Z' diskrete Energiestufen auf, welche wir mittels des beschränkten Ausbreitungsvektors k^0 gemäß (III 6, 26) vollständig abzählen und ordnen:

$$\bar{\eta} = \bar{\eta}(k^0). \qquad \text{(III 8, 37)}$$

Ihr Wertevorrat gehört dem Bande

$$\eta + J_c - 2 \left[|J_1| + |J_2| + |J_3| \right] \leqq \bar{\eta} \leqq \eta + J_c + 2 \left[|J_1| + |J_2| + |J_3| \right]$$
$$\text{(III 8, 38)}$$

an, so daß dessen Breite $\Delta\bar{\eta}$ von den Austausch-Integralen mittels

$$\Delta\bar{\eta} = 4 \left[|J_1| + |J_2| + |J_3| \right] \qquad \text{(III 8, 39)}$$

bestimmt wird.

III 9. Die Modulation der Elektronenfrequenz.

a) Von der Bewegung der Elektronen allein im eingeprägten, dreifachperiodischen Mikropotentialfeld ihres Wirtskristalles gehen wir zu ihrer Dynamik im zusätzlichen, „makroskopischen" elektrischen Feld der gleichförmigen, stationären Vektorstärke E über. Der konservative Charakter eines solchen Feldes findet in der klassischen Punktmechanik des Elektrons seinen Ausdruck im *Energieintegral*: Die Gesamtenergie η des Elektrons als Summe seiner potentiellen Energie η_{Pot} und seiner kinetischen Energie η_{Kin} bleibt während der Bewegung konstant:

$$\eta = \eta_{\text{Pot}} + \eta_{\text{Kin}} = \text{const.} \qquad \text{(III 9, 1)}$$

In der Wellenmechanik ist diesem festen Energiewert die unveränderliche Kreisfrequenz

$$\omega = \frac{\eta}{\hbar} \qquad \text{(III 9, 2)}$$

zugeordnet, in welcher allerdings, ebenso wie in η, eine additive Konstante unbestimmt bleibt.

Durch die Verbindung von (III 9, 1) und (III 9, 2) werden wir zu der Aufspaltung

$$\omega = \omega_{\text{Pot}} + \omega_{\text{Kin}} \qquad \text{(III 9, 3)}$$

mit

$$\omega_{\text{Pot}} = \frac{\eta_{\text{Pot}}}{\hbar}; \qquad \omega_{\text{Kin}} = \frac{\eta_{\text{Kin}}}{\hbar} \qquad \text{(III 9, 4)}$$

gedrängt: Erst das Zusammenspiel der veränderlichen „potentiellen" Kreisfrequenz ω_{Pot} mit der gleichzeitig variablen „kinetischen" Kreisfrequenz führt zum festen „Kombinationston" ω der Gesamtenergie. Ausgehend von der Auffassung der potentiellen Energie als einer sozusagen unangreifbaren, dem Lebensraum des Elektrons eingeprägten Ortsfunktion darf man daher den von ihr im Laufe der Zeit t erzwungenen Gang von $\omega_{\text{Kin}} = \omega_{\text{Kin}}(t)$ treffend als *Modulation der* [kinetischen] *Elektronenfrequenz*; bezeichnen, es gilt, ihren Gesetzen nachzuspüren!

b) Indem wir vorerst das dreifach-periodische Mikropotential des Kristallgitters geflissentlich außer acht lassen, steigen wir zur Bewegung freier Elektronen im homogenen elektrischen Felde herab.

Wir orientieren uns an einem relativ zu diesem Felde ruhenden Bezugssystem der *Kartesi*schen Koordinaten (x; y; z); seinem Ursprung O dürfen wir, ohne die Allgemeinheit zu beschränken, ein für allemal den Basiswert

$$\eta_{\text{Pot}}(0) = \eta_{\text{B}} \qquad (\text{III } 9,\ 5)$$

der potentiellen Energie zuschreiben. Mit Hilfe der beziehentlich achsenparallelen Einheitsvektoren 1_{x}; 1_{y}; 1_{z} konstruieren wir nun den Radiusvektor

$$r = 1_{\text{x}} \cdot \text{x} + 1_{\text{y}} \cdot \text{y} + 1_{\text{z}} \cdot \text{z} \qquad (\text{III } 9,\ 6)$$

vom Ursprung O zum Aufpunkt P = P(x; y; z). Daher mißt das skalare Produkt

$$\varphi = -\,(E \cdot r) \qquad (\text{III } 9,\ 7)$$

die elektrische Potentialdifferenz des Aufpunktes gegen den Ursprung, so daß dem in P gedachten Elektron die potentielle Energie

$$\eta_{\text{Pot}} = \eta_{\text{B}} - \text{q}_0\,\varphi = \eta_{\text{B}} + \text{q}_0(E \cdot r) \qquad (\text{III } 9,\ 8)$$

zukommt. Die Wahrscheinlichkeitswelle u = u(x; y; z; t), welche das Informationsfeld des kontrollierten, freien Elektrons beschreibt, gehorcht also der *zeitabhängigen Schrödingcr*gleichung

$$-\frac{\hbar^2}{2\,\text{m}_0}\,\nabla^2\text{u} + [\eta_{\text{B}} + \text{q}_0(E\,r)]\,\text{u} + \frac{\hbar}{\text{i}}\frac{\partial\text{u}}{\partial\text{t}} = 0. \qquad (\text{III } 9,\ 9)$$

Wir beschäftigen uns weiterhin mit denjenigen ihrer Lösungen, welche für alle der Beobachtung erschlossenen Zeitpunkte überall *beschränkt* bleiben.

c) Durch die Voraussetzung

$$E = 0 \quad \text{für} \quad \text{t} < 0 \qquad (\text{III } 9,\ 10)$$

reduziert sich die Dynamik des Elektrons vor Beginn der hier geübten Zeitrechnung auf eine bloße Trägheitsbewegung vom festen Werte η_0 ihrer Gesamtenergie: Die Wahrscheinlichkeitswelle

$$\text{u}_0 = \lim_{E \to 0} \text{u} \qquad (\text{III } 9,\ 11)$$

unterliegt nach (III 9, 9) und (III 9, 10) der partiellen Differentialgleichung

$$-\frac{\hbar^2}{2\,\text{m}_0}\,\nabla^2\text{u}_0 + \eta_{\text{B}}\,\text{u}_0 + \frac{\hbar}{\text{i}}\frac{\partial\text{u}_0}{\partial\text{t}} = 0, \qquad (\text{III } 9,\ 12)$$

deren überall endliche Lösungen durch ebene *de Broglie*-Wellen

$$\text{u}_0 = \bar{\text{C}}_0\,\text{e}^{\text{i}(k_0 r)}\,\text{e}^{-\text{i}\frac{\eta_0}{\hbar}\cdot\text{t}} \qquad (\text{III } 9,\ 13)$$

der festen, komplexen Amplitude $\bar{\text{C}}_0$ und des gleichfalls unveränderlichen, reellen Ausbreitungsvektors k_0 dargestellt werden. Durch Restitution von (III 9, 13) in (III 9, 12) findet man dann den Zusammenhang

$$\frac{\hbar^2}{2\,\text{m}_0}(k_0)^2 + \eta_{\text{B}} - \eta_0 = 0. \qquad (\text{III } 9,\ 14)$$

Nun definiert der Vektor

$$p_0 = \frac{\hbar}{i}\,\mathrm{grad}\,\ln u_0 = \hbar\,k_0 \qquad\qquad \text{(III 9, 15)}$$

den *Impuls* des kontrollierten Elektrons, so daß die Differenz

$$\eta_0 - \eta_\mathrm{B} = \frac{\hbar^2}{2\,m_0}\,(k_0)^2 = \frac{1}{2\,m_0}\,(p_0)^2 \qquad\qquad \text{(III 9, 16)}$$

die *kinetische Elektronenenergie* mißt. Von dem Impuls zur Geschwindigkeit

$$v_0 = \frac{p_0}{m_0} \qquad\qquad \text{(III 9, 17)}$$

übergehend, beschreibt somit der Vektor

$$j = -\,q_0\,\bar C_0\,\bar C_0{}^*\,v_0 = -\,\frac{q_0}{m_0}\,\bar C_0\,\bar C_0{}^*\,p_0 \qquad\qquad \text{(III 9, 18)}$$

nach passender Normierung die *Stromdichte* einer homogenen Elektronenbewegung; umgekehrt führt also deren Kenntnis zusammen mit jener des Impulsvektors p_0 oder des Ausbreitungsvektors k_0 auf den absoluten Betrag der komplexen Amplitude $\bar C_0$.

d) Wir kehren zum Falle einer endlichen Feldstärke $E \neq 0$ zurück, welche genau zum Zeitpunkt t = 0 eingeschaltet werde

$$E \neq 0 \quad \text{für}\quad t \geqq 0. \qquad\qquad \text{(III 9, 19)}$$

Der Übergang von der vorangegangenen Trägheitsbewegung des kontrollierten Elektrons zu seiner künftigen Beschleunigung möge den *Stetigkeitsbedingungen der Punktmechanik*

$$\eta_\mathrm{Kin} = \eta_\mathrm{Kin,0} \quad \text{für}\quad t = 0 \qquad\qquad \text{(III 9, 20)}$$

und

$$v = v_0 \quad \text{für}\quad t = 0 \qquad\qquad \text{(III 9, 21)}$$

unterliegen. Da nun die gesuchte Wahrscheinlichkeitswelle für alle $t \geqq 0$ der unverkürzten Gl. (III 9, 9) genügt, ersetzen wir Gl. (III 9, 13) durch den Ansatz

$$u = \bar C \cdot e^{i(k(t)\cdot r)} \cdot e^{-\frac{i}{\hbar}\int_0^t \eta(t')\,dt'} \;; \qquad t \geqq 0 \qquad\qquad \text{(III 9, 22)}$$

in welchem nur die komplexe Amplitude $\bar C$ als konstant gelte, während sowohl der Ausbreitungsvektor $k = k(t)$ wie die Energie $\eta = \eta(t)$ als vorerst unbekannte Funktionen der laufenden Zeit $t \geqq 0$ aufzufassen sind. Um sie aufzufinden, bilden wir

$$\nabla^2 u = -\,(k(t))^2 \cdot u, \qquad\qquad \text{(III 9, 23)}$$

sowie

$$\frac{\partial u}{\partial t} = i\left\{(\dot k\,r) - \frac{1}{\hbar}\,\eta(t)\right\}u; \qquad \dot k = \frac{dk}{dt}. \qquad\qquad \text{(III 9, 24)}$$

Durch Restitution von (III 9, 23) und (III 9, 24) in (III 9, 9) gelangen wir, nach Kürzen mit u, zu der Forderung

$$\frac{\hbar^2}{2\,m_0}\,(k(t))^2 + [\eta_\mathrm{B} + q_0(E\,r)] + \hbar(\dot k\,r) - \eta(t) = 0. \qquad \text{(III 9, 25)}$$

Sie wird befriedigt, falls man gleichzeitig das Bestehen der Gleichungen

$$q_0(E\,r) + \hbar(\dot{k}\,r) = 0 \qquad (III\ 9,\ 26)$$

und

$$\eta(t) = \eta_B + \frac{\hbar^2}{2\,m_0}(k(t))^2 \qquad (III\ 9,\ 27)$$

verlangt. Wir erfüllen zunächst (III 9, 26) durch die Relation

$$q_0\,E + \hbar\,\dot{k} = 0, \qquad (III\ 9,\ 28)$$

welche dem vorher nur auf wesentlich *kinematischem* Wege eingeführten Impulsvektor

$$p = \hbar\,k \qquad (III\ 9,\ 29)$$

erst jetzt seine *dynamische* Bedeutung

$$\dot{p} = \frac{dp}{dt} = -\,q_0\,E \qquad (III\ 9,\ 30)$$

erteilt. Als Integral dieser Differentialgleichung wählen wir mit Rücksicht auf (III 9, 21) den Ausdruck

$$p = \hbar\,k = \hbar\,k_0 - q_0\,E \cdot t. \qquad (III\ 9,\ 31)$$

Durch seine Substitution in (III 9, 27) gelangen wir zu der Aussage

$$\eta(t) - \eta_B = \frac{1}{2\,m_0}(\hbar\,k_0 - q_0\,E\,t)^2. \qquad (III\ 9,\ 32)$$

Die linke Seite dieser Gleichung schildert die kinetische Elektronenenergie, welche sich sonach, im Einklang mit (III 9, 20), für $t \geqq 0$ von ihrem Anfangswerte (III 9, 16) aus stetig ändert; die nämliche Eigenschaft zeichnet die kinetische Kreisfrequenz

$$\omega_{Kin} = \frac{1}{2\,m_0\,\hbar}(\hbar\,k_0 - q_0\,Et)^2 \qquad (III\ 9,\ 33)$$

aus. Dagegen findet man die Gesamtenergie η aus der Gleichung

$$\eta = -\,\frac{\hbar}{i}\,\frac{\partial \ln u}{\partial t} = -\,\hbar\left\{(\dot{k}\,r) - \frac{1}{\hbar}\,\eta(t)\right\} \qquad (III\ 9,\ 34)$$

mit Benutzung der Ergebnisse (III 9, 31) und (III 9, 32) zu

$$\eta = q_0(E\,r) + \frac{1}{2\,m_0}(\hbar\,k_0 - q_0\,E\,t)^2. \qquad (III\ 9,\ 35)$$

Die Flächen fester „Kombinationsfrequenz" $\omega = \eta/\hbar$ sind also die Ebenen

$$q_0(E\,r) = \eta - \frac{1}{2\,m_0}(\hbar\,k_0 - q_0\,E\,t)^2, \qquad (III\ 9,\ 36)$$

welche bei jeder „Momentaufnahme" zu einem Zeitpunkt $t \geqq 0$ mit den Äquipotentialflächen $\varphi =$ const. des elektrischen Feldes (III 9, 7) koinzidieren. Wählen wir insbesondere im Augenblick $t = 0$ einen der Ebene $\eta =$ const. angehörigen Punkt r_0, welcher also gemäß (III 9, 36) der Gleichung

$$q_0(E\,r_0) = \eta - \frac{\hbar^2}{2\,m_0} \cdot (k_0)^2 \qquad (III\ 9,\ 37)$$

genügt, so gehört [neben anderen] der Punkt

$$r = r_0 + \frac{\hbar\,k_0}{m_0}\,t - \frac{1}{2}\,\frac{q_0\,E}{m_0} \cdot t^2 \qquad (III\ 9,\ 38)$$

für alle Zukunft jener Ebene an; da er den Raum mit der vektoriellen Geschwindigkeit

$$v = \frac{dr}{dt} = \frac{\hbar\,k_0}{m_0} - \frac{q_0\,E}{m_0}\cdot t \qquad\qquad \text{(III 9, 39)}$$

durchwandert, besteht mit Rücksicht auf (III 9, 31) die Relation

$$v = \frac{p}{m_0} \qquad\qquad \text{(III 9, 40)}$$

auf Grund deren man den kontrollierten Punkt als geometrischen Repräsentanten eines Elektrons auffassen darf. Die „Kombinationsfrequenz" $\omega = \eta/\hbar$ bleibt daher *für jedes individuelle Elektron* während seines „Lebensweges" $t \geqq 0$ *invariant*; ein Beobachter hingegen, welcher sich *an einem festen Ort* des Bezugssystemes postiert, wird dort eine *gleitende Frequenz* konstatieren, welche die Folge der *jeweils vor seinem Auge vorbeiströmenden Elektronen* charakterisiert! Allerdings bleibt bei diesem Bericht die Frage offen, was sich energetisch im „Schaltaugenblick" $t = 0$ abspielt: Gemäß Gl. (III 9, 20) springt ja die Gesamtenergie η des gerade dann im Punkte $P = P(r)$ befindlichen Elektrons um den Betrag $q_0(E\,r)$ der potentiellen Feldenergie, ohne daß der Mechanismus dieses Vorganges klar zu Tage tritt. In der Tat ist ja das „Einschalten" des elektrischen Feldes ein dynamischer Prozeß, der sich erst bei Berücksichtigung des ihm genetisch verbundenen *magnetischen Feldes* dem physikalischen Verständnis voll erschließt; daher entzieht er sich der hier durchgeführten elementaren Behandlung, bei welcher geflissentlich nur der elektrische Feldanteil in Rechnung gestellt wurde!

e) Wie aus (III 9, 23) in Verbindung mit (III 9, 27) hervorgeht, befriedigt die Lösung $u = u(x; y; z; t)$ der *zeitabhängigen Schrödinger*gleichung (III 9, 9) des *beschleunigten* Elektrons die partielle Differentialgleichung

$$-\frac{\hbar^2}{2\,m_0}\,\nabla^2 u + (\eta_B - \eta)\,u = 0, \qquad\qquad \text{(III 9, 41)}$$

welche in ihrer formalen Gestalt der *zeitunabhängigen Schrödinger*gleichung der *kräftefreien* Elektronenbewegung gleicht. Auf Grund dieses gewiß bemerkenswerten Ergebnisses hat man also lediglich in der Wahrscheinlichkeitswelle der Trägheitsbewegung den Ausbreitungsvektor k und die Gesamtenergie η beziehentlich als Funktionen der laufenden Zeit t anzusetzen, um zur Wahrscheinlichkeitswelle der beschleunigten Elektronenbewegung aufzusteigen. Ist diese einfache Anweisung auf die Beschleunigung freier Elektronen durch ein homogenes elektrisches Kraftfeld beschränkt, oder erfaßt sie auch die Frequenzmodulation der Kristallelektronen, die gleichzeitig dem eingeprägten, dreifach-periodischen Mikrofeld und dem ihm überlagerten, homogenen Makrofeld ausgesetzt sind?

Bezeichnen wir, wie früher, durch

$$\varphi(r) = \sum_n \Phi_n\,e^{i\,2\,\pi(nr)}; \quad i = \sqrt{-1} \qquad\qquad \text{(III 9, 42)}$$

das Mikropotential, so unterliegt die Wahrscheinlichkeitswelle U des kontrollierten Elektrons unter dem Einfluß des resultierenden elektrischen Feldes der *zeitabhängigen Schrödinger*gleichung

$$\frac{\hbar^2}{2\,m_0}\,\nabla^2 U - q_0\,[\varphi(r) - (E\,r)]\,U + \frac{\hbar}{i}\,\frac{\partial U}{\partial t} = 0. \qquad\qquad \text{(III 9, 43)}$$

Im Falle $E = 0$ möge die Lösung für ein Elektron der festen Gesamtenergie η durch die Wahrscheinlichkeitswelle

$$U = \bar{U}\, e^{-i\frac{\eta}{\hbar} t} \qquad (III\ 9,\ 44)$$

dargestellt werden, deren komplexe Amplitude $\bar{U}$ also der *zeitfreien Schrödinger*gleichung

$$-\frac{\hbar^2}{2\,m_0} \nabla^2 \bar{U} - [\eta + q_0\,\varphi(r)]\,\bar{U} = 0 \qquad (III\ 9,\ 45)$$

gehorcht. Die Funktion $\bar{U}$ geht somit aus der ebenen *de Broglie*-Welle vom Ausbreitungsvektor k durch Modulation ihrer Amplitude mit dem mikrogitterperiodischen Faktor $\bar{\psi} = \bar{\psi}(r; k)$ hervor:

$$\bar{U} = e^{i(kr)} \cdot \bar{\psi}(r; k). \qquad (III\ 9,\ 46)$$

Normieren wir diese *Bloch*-Funktion in dem durch (III 6, 6) beschriebenen, parallelepipedischen Grundgebiet T des Kristalles und legen ihr an den Grenzen dieses Gebietes die Periodizitätsbedingungen (III 6, 13) auf, so sind die kovarianten Komponenten k_j [$j = 1; 2; 3$] des Ausbreitungsvektors k dem Linienspektrum der Elektronen zu entnehmen, welchem seinerseits die diskreten Energieterme

$$\eta = \eta(k) \qquad (III\ 9,\ 47)$$

zugeordnet sind. Für das folgende empfiehlt es sich indessen, diese Terme mittels des Vektors v in die Energiebänder eben des Namens v zu gruppieren und gleichzeitig durch das Symbol $k_N{}^0$ jenen beschränkten Ausbreitungsvektor zu kennzeichnen, dessen vektorähnlicher Dreifachindex N durch die Angaben (III 6, 28) umgrenzt ist. Auf Grund dieser ordnenden Übereinkunft bringen wir (III 9, 46) in die Gestalt

$$\bar{U}_{v;N} = e^{i(k_N{}^0 r)} \cdot \bar{\psi}_v(r; k_N{}^0) \qquad (III\ 9,\ 48)$$

und schreiben statt (III 9, 47)

$$\eta = \eta_{v;N} = \eta_v(k_N{}^0), \qquad (III\ 9,\ 49)$$

so daß (III 9, 45) die Aussage

$$-\frac{\hbar^2}{2\,m_0} \nabla^2 \bar{U}_{v;N} - [\eta_{v;N} + q_0\,\varphi(r)]\,\bar{U}_{v;N} = 0 \qquad (III\ 9,\ 50)$$

liefert.

Wir kehren nunmehr zu dem eigentlich uns hier beschäftigenden Problem zurück: Der Wahrscheinlichkeitswelle des kontrollierten Elektrons unter dem Zwange eines zusätzlichen, homogenen elektrischen Feldes, welches zum Zeitpunkt $t = 0$ in der Stärke E „eingeschaltet" worden sei und weiterhin konstant gehalten werde. Als Wegweiser zur Behandlung dieser Aufgabe dient uns die wellenmechanische Analyse des beschleunigten, freien Elektrons: Wir betrachten den beschränkten Ausbreitungsvektor k^0, und mit ihm die Energie η nach (III 9, 49), je als Funktionen der laufenden Zeit $t > 0$

$$k_N{}^0 = k_N{}^0(t); \qquad \eta_{v;N} = \eta_v(k_N{}^0(t)) \qquad (III\ 9,\ 51)$$

und ersetzen die aus (III 9, 48) und (III 9, 49) nach der Vorschrift (III 9, 44) hervorgehende, „*monochromatische*" Wahrscheinlichkeitswelle durch die *frequenzmodulierte* Welle

$$U_{v;N} = e^{i(k_N{}^0(t) \cdot r)} \cdot \bar{\psi}_v(r; k_N{}^0(t))\, e^{-\frac{i}{\hbar} \int_0^t \eta_{v;N}(t')\,dt'} \qquad (III\ 9,\ 52)$$

Während nun, wie weiterhin vorausgesetzt werden soll, in der Vergangenheit $t < 0$ gerade nur die *eine* Elektronenwelle (III 9, 48), (III 9, 49) existierte, haben wir für $t > 0$ die Möglichkeit in Betracht zu ziehen, daß das schlagartige Einschalten des Feldes E simultan *alle* physikalisch zulässigen Wellen $(v'; N')$ je nach Maßgabe ihrer beziehentlich *zeitabhängigen Intensitäten*

$$\bar{C}_{v';N'} = \bar{C}_{v';N'}(t) \tag{III 9, 53}$$

zu erregen vermag; erst aus dem Zusammenspiel dieser Wellen resultiert die Information

$$U = \sum_{v'} \sum_{N'} \bar{C}_{v';N'}\, U_{v';N'} \tag{III 9, 54}$$

über die Bewegung des Elektrons unter den Anfangsbedingungen

$$U = U_{v;N}; \qquad \frac{\hbar}{i} \frac{\partial U}{\partial t} = \eta_{v;N} \quad \text{für} \quad t = 0. \tag{III 9, 55}$$

Mit Rücksicht auf (III 9, 48) und (III 9, 52) folgt nun aus (III 9, 54)

$$\nabla^2 U = \sum_{v'} \sum_{N'} \bar{C}_{v';N'} \cdot e^{-\frac{i}{\hbar}\int_0^t \eta_{v';N'}(t')\,dt'} \cdot \nabla^2 \bar{U}_{v';N'} \tag{III 9, 56}$$

und

$$\frac{\partial U}{\partial t} = \sum_{v'} \sum_{N'} \bar{C}_{v';N'} \cdot e^{-\frac{i}{\hbar}\int_0^t \eta_{v';N'}(t')\,dt'} \left[i(\dot{k}_{N'}{}^0 \cdot r) - \frac{i}{\hbar} \eta_{v';N'} \right] \bar{U}_{v';N'} +$$

$$+ \sum_{v'} \sum_{N'} \bar{C}_{v';N'} \cdot e^{-\frac{i}{\hbar}\int_0^t \eta_{v';N'}(t')\,dt'} \cdot (\dot{k}_{N'}{}^0 \operatorname{grad}_k \bar{\psi}_{v'}) \cdot e^{i(k_{N'}{}^0 r)} +$$

$$+ \sum_{v'} \sum_{N'} \dot{\bar{C}}_{v';N'} \cdot e^{-\frac{i}{\hbar}\int_0^t \eta_{v';N'}(t')\,dt'} \cdot \bar{U}_{v';N'} \tag{III 9, 57}$$

$$\left[\dot{k}^0 = \frac{dk^0}{dt}; \qquad \dot{\bar{C}}_{v';N'} = \frac{d\bar{C}_{v';N'}}{dt} \right].$$

Durch Substitution dieser Ausdrücke in (III 9, 43) ergibt sich dann mit Rücksicht auf (III 9, 50) die Gleichung

$$\sum_{v'} \sum_{N'} \dot{\bar{C}}_{v';N'}\, e^{-\frac{i}{\hbar}\int_0^t \eta_{v';N'}(t')\,dt'} [\hbar(\dot{k}_{N'}{}^0 \cdot r) + q_0(E\,r)]\, \bar{U}_{v';N'} +$$

$$+ \sum_{v'} \sum_{N'} \bar{C}_{v';N'}\, e^{-\frac{i}{\hbar}\int_0^t \eta_{r';N'}(t')\,dt'} \cdot (\dot{k}_{N'}{}^0 \operatorname{grad}_k \bar{\psi}_{v'})\, e^{i(k_{N'}{}^0 r)} +$$

$$+ \sum_{v'} \sum_{N'} \dot{\bar{C}}_{v';N'}\, e^{-\frac{i}{\hbar}\int_0^t \eta_{v';N'}(t')\,dt'} \cdot \bar{U}_{v';N'} = 0. \tag{III 9, 58}$$

In ihr wählen wir, die Zusammenhänge (III 9, 29) und (III 9, 30) verallgemeinernd,

$$\dot{p}_{N'} = \hbar\, \dot{k}_{N'} = -\, q_0\, E.$$

(III 9, 59)

Bezeichnen wir daher durch $p_{N'}{}^{(0)}$ die stationären Impulsvektoren im Falle verschwindenden Beschleunigungsfeldes, so finden wir für $t > 0$ die Relationen

$$\hbar\, k_{N'} = p_{N'} = p_{N'}^{(0)} - q_0 \cdot E\, t,$$

(III 9, 60)

welche zusammen mit (III 9, 51) die Kenntnis der Funktionen $\eta_{v';\,N'}$ jedes Energiebandes v' in Abhängigkeit von der laufenden Zeit $t > 0$ vermitteln.

Durch Substitution von (III 9, 59) in (III 9, 58) gelangen wir zu der Gleichung

$$\sum_{v'}\sum_{N'} \dot{C}_{v';\,N'}\, e^{-\frac{i}{\hbar}\int_0^t \eta_{v',\,N'}(t')\,dt'} \cdot U_{v';\,N'} =$$

(III 9, 61)

$$= \sum_{v'}\sum_{N'} \bar{C}_{v';\,N'}\, e^{-\frac{i}{\hbar}\int_0^t \eta_{v';\,N'}(t')\,dt'} \cdot \left(\frac{q_0\, E}{\hbar}\, \mathrm{grad}_k\, \bar{\psi}_{v'}\right) \cdot e^{i(k_{N'}{}^0 \cdot r)}.$$

Sei nun $\bar{U}_{v;\,N} = (\bar{U}_{v;\,N})^*$, so gilt wegen (III 9, 48) und (III 9, 69) die Umformung

$$\bar{U}^{v;\,N} \cdot \bar{U}_{v';\,N'} = e^{i(\{k_{N'}{}^0 - k_N{}^0\}r)} \cdot \bar{\psi}_v{}^*(r;\,k_N{}^0) \cdot \bar{\psi}_{v'}(r;\,k_{N'}{}^0) =$$

$$= e^{i(\{k_{N'}{}^0(0) - k_N{}^0(0)\}r)} \cdot \bar{\psi}_v(r;\,k_N{}^0) \cdot \bar{\psi}_{v'}(r;\,k_{N'}{}^0).$$

(III 9, 62)

Der erste Faktor des rechterhand auftretenden Produktes besitzt zufolge der Quantisierung (III 6, 24) des Ausbreitungsvektors $k^{(0)}$ die Makroperiode G_0 des Kristalles nach (III 6, 14) während die Funktionen $\bar{\psi}$, gemäß ihrer in (III 6, 32) gegebenen Definition, für beliebige Werte des Ausbreitungsvektors k sogar schon mikrogitterperiodische Struktur aufweisen. Im Lichte dieses Sachverhaltes übertragen sich die *Orthogonalitätseigenschaften* (III 6, 56), deren Gültigkeit früher nur für die gequantelten, jeweils festen Werte der Ausbreitungsvektoren beansprucht werden durfte, unverändert auf die beziehentlich mit den zeitabhängigen Amplituden (III 9, 53) multiplizierten Wahrscheinlichkeitswellen (III 9, 52). Erweitern wir daher Gl. (III 9, 61) mit $U_{v;\,N} = (U^{v;\,N})^*$ und integrieren dann über den Kristallbereich T, so finden wir die Gleichung

$$\frac{d\bar{C}_{v;\,N}}{dt} = \iiint_{(T)} \sum_{v'}\sum_{N'} \bar{C}_{v';\,N'} \cdot e^{-\frac{i}{\hbar}\int_0^t (\eta_{v';\,N'} - \eta_{v;\,N})\,dt'} \times$$

$$\times\, \bar{\psi}_v{}^*\left(\frac{q_0\, E}{\hbar}\, \mathrm{grad}_k\, \bar{\psi}_{v'}\right) e^{i(\{k_{N'}{}^0(0) - k_N{}^0(0)\}r)} \cdot dT.$$

(III 9, 63)

Wir nehmen an, daß in ihr die Reihenfolge der Summation und der Integration vertauscht werden darf. Auf Grund der Mikrogitterperiodizität der Funktionen $\bar{\psi}_v{}^*$ und $\mathrm{grad}_k\, \bar{\psi}_{v'}$ verschwinden dann innerhalb der Summe alle Posten, deren beschränkte Ausbreitungsvektoren $k^{0(0)}$ voneinander verschieden sind, so daß sich (III 9, 63), mit $N' = N$, auf die Aussage

$$\frac{d\bar{C}_{v;N}}{dt} = \sum_{v'} \bar{C}_{v';N} \cdot e^{-\frac{i}{\hbar}\int_0^t (\eta_{v';N} - \eta_{v;N})\,dt'} \cdot \iiint\limits_{(T)} \bar{\psi}_v{}^* \left(\frac{q_0 E}{\hbar}\,\mathrm{grad}_k\,\bar{\psi}_{v'}\right) dT$$

$$\text{(III 9, 64)}$$

reduziert. Da man in ihr nicht allein für v', sondern auch für v sämtliche Bandvektoren in Rechnung zu stellen hat, regt also das beschleunigende Feld E selbst dann Wahrscheinlichkeitswellen in *allen Energiebändern* an, falls sich nur das kontrollierte Elektron zum Einschaltzeitpunkt t = 0 mit Gewißheit in einem dieser Bänder aufhielt!

f) Obwohl auf Grund der Gl. (III 9, 64) an der Möglichkeit des Elektronensprunges von einem Band zum anderen bei Erhaltung des beschränkten Ausbreitungsvektors nicht zu zweifeln ist, wird sich doch später herausstellen, daß ein solcher Vorgang bei nicht extrem hohen Beträgen der elektrischen Feldstärke nur überaus selten auftritt; daher darf man während hinreichend kurzer Zeitspannen von dieser Erscheinung gänzlich absehen. Innerhalb des hierdurch vorgezeichneten Rahmens liefert dann der Zusammenhang (III 9, 59), der ja gerade auf der Annahme eines stetig veränderbaren Ausbreitungsvektors beruht und eben deshalb auch auf jeden Zeitpunkt der frequenzmodulierten Elektronenbewegung angewandt werden darf, für den *kinematisch* definierten Erwartungswert

$$\langle a \rangle = \frac{d}{dt}\langle v \rangle = \left\langle \frac{dv}{dt}\right\rangle \qquad \text{(III 9, 65)}$$

der *Korpuskularbeschleunigung* mit Rücksicht auf (III 6, 90) das *dynamische* Gesetz

$$\langle a \rangle = \frac{1}{\hbar}\frac{d\,\mathrm{grad}_k\,\eta}{dt} = (\mathrm{Grad}_k\,\mathrm{grad}_k\,\eta)\,\frac{1}{\hbar}\frac{dk}{dt} =$$
$$= -\left(\frac{1}{\hbar^2}\,\mathrm{Grad}_k\,\mathrm{grad}_k\,\eta\right) q_0\,E. \qquad \text{(III 9, 66)}$$

In ihm repräsentiert

$$\Theta = \frac{1}{\hbar^2}\,\mathrm{Grad}_k\,\mathrm{grad}_k\,\eta \qquad \text{(III 9, 67)}$$

im k-Raum einen *symmetrischen Tensor zweiter Stufe* mit den kontravarianten Komponenten [Dimension: 1/Masse · Länge²]

$$\Theta^{jl} = \frac{1}{\hbar^2}\frac{\partial^2 \eta}{\partial k_j\,\partial k_l}; \qquad \left.\begin{matrix} j \\ l \end{matrix}\right\} = \left\{\begin{matrix} 1 \\ 2 \\ 3 \end{matrix}\right. . \qquad \text{(III 9, 68)}$$

Bilden wir den zu Θ reziproken, also gleichfalls symmetrischen Tensor zweiter Stufe [Dimension: Masse · Länge²]

$$M = [\Theta]^{-1}, \qquad \text{(III 9, 69)}$$

so kann man (III 9, 66) in die Gestalt

$$(M \cdot \langle a \rangle) = -q_0 E \qquad \text{(III 9, 70)}$$

bringen, welche zufolge ihrer deutlichen Analogie mit der *Newton*schen Gleichung für die Beschleunigung eines materiellen Punktes die Bezeichnung von M als *Massentensor* des kontrollierten Kristallelektrons rechtfertigt. Um ihn explizit herzustellen, kehren wir zu dem Tensor Θ zurück, welchem wir auf Grund seiner Symmetrie stets die *Diagonalform* erteilen können:

Wir identifizieren seine *Hauptachsen* mit jenen eines in den k-Raum eingebetteten *Kartesi*schen Koordinatensystemes $(K_1; K_2; K_3)$ und bezeichnen durch $(\vartheta^1; \vartheta^2; \vartheta^3)$ die entsprechend bezogenen *Eigenwerte* von Θ; diese resultieren als Wurzeln der in ϑ kubischen *Säkulargleichung*

$$\begin{vmatrix} \Theta^{11} - \vartheta & \Theta^{12} & \Theta^{13} \\ \Theta^{21} & \Theta^{22} - \vartheta & \Theta^{23} \\ \Theta^{31} & \Theta^{32} & \Theta^{33} - \vartheta \end{vmatrix} = 0, \qquad \text{(III 9, 71)}$$

deren Bau die Invarianz der drei Ausdrücke

$$a = \vartheta^1 + \vartheta^2 + \vartheta^3; \qquad \beta = \vartheta^1 \vartheta^2 + \vartheta^2 \vartheta^3 + \vartheta^3 \vartheta^1; \qquad \gamma = \vartheta^1 \vartheta^2 \vartheta^3$$
$$\text{(III 9, 72)}$$

gegen Koordinatentransformationen im k-Raum verbürgt. Da nun im Hauptachsen-System auch der Massentensor in der Diagonalform erscheint, wird er dort durch Angabe seiner beziehentlich der K_1-, K_2- und K_3-Achse zugeordneten, kovarianten Komponenten

$$M_1 = \frac{1}{\vartheta^1}; \qquad M_2 = \frac{1}{\vartheta^2}; \qquad M_3 = \frac{1}{\vartheta^3} \qquad \text{(III 9, 73)}$$

erschöpfend beschrieben, welche die *Hauptmassen* des kontrollierten Elektrons definieren. Zufolge (III 9, 72) wird durch die mittlere Hauptmasse

$$\langle M \rangle = \frac{1}{3} \cdot [M_1 + M_2 + M_3] = \frac{1}{3} \frac{\beta}{\gamma} \qquad \text{(III 9, 74)}$$

eine gegenüber Transformationen im k-Raum invariante Kennzahl erklärt, welche man als *wirksame Masse* des Elektrons bezeichnen mag.

III 10. Der Zener-Effekt.

a) In Ziffer III 9 haben wir mittels der Integration der zeitabhängigen *Schrödinger*gleichung der Kristallelektronen gezeigt, daß unter der Wirkung eines elektrischen Makrofeldes der homogenen Vektorstärke E ein Elektron aus einem der für seinen stationären Zustand „erlaubten" Energiebänder in ein anderes solches Band überführt werden kann; diese physikalisch wie technisch gleichwichtige Erscheinung wird als *innere Feldemission* bezeichnet. Um jedoch von dem prinzipiellen Nachweis ihrer Existenz zu ihren quantitativen Gesetzmäßigkeiten zu gelangen, werden wir uns, unter Verzicht auf Allgemeinheit, lediglich mit dem eindimensionalen Modell des Kristalles nach Ziffer III 2 beschäftigen, welches einer relativ einfachen mathematischen Behandlung zugänglich ist.

b) Wir kehren vorübergehend zu dem Fall $E \to 0$ verschwindender Makrofeldstärke [Index 0] zurück und stellen diejenigen wellenmechanischen Eigenschaften des Kristallmodelles zusammen, welche es beim doppelten Grenzübergang zu Zellwänden entschieden positiver, unbeschränkt anwachsender potentieller Energie $[\eta_0 \to \infty]$ bei gleichzeitig gegen Null konvergierender Wanddicke $[2\varepsilon \to 0]$ auszeichnen:

1. Der Widerstand jeder solchen Wand gegen die Tunnelpassage eines Elektrons wird durch den Grenzwert

$$\eta_s = \lim_{\eta_0 \to \infty; \, 2\varepsilon \to 0} \frac{\eta_0 \cdot 2\varepsilon}{a} \qquad \text{(III 10, 1)}$$

gemessen.

2. Als „natürliche" Einheit der Energie dient die „Nullpunktsenergie"

$$\eta_A = \frac{\hbar^2}{2\,m_0\,a^2} \qquad \text{(III 10, 2)}$$

eines in seine „Stammzelle" eingeschlossenen Kristallelektrons; demnach gibt

$$\Phi_s = \frac{\eta_s}{\eta_A} \qquad \text{(III 10, 3)}$$

den dimensionsfreien, numerischen Wandwiderstand an.

3. Die wirklichen, je zwischen benachbarten Trennwänden eingeschlossenen Kristallatome werden modellmäßig durch ein quasineutrales Plasma dargestellt, welchem verabredungsgemäß das elektrische Skalarpotential

$$\varphi_0 = \lim_{E \to 0} \varphi = 0 \qquad \text{(III 10, 4)}$$

zugeschrieben wird.

4. Das jeweils kontrollierte Einzelelektron besitzt die feste Gesamtenergie $\eta > 0$; sie wird mittels der Einheit η_A nach (III 10, 2) durch das Verhältnis

$$W = \frac{\eta}{\eta_A} > 0 \qquad \text{(III 10, 5)}$$

[„numerische Energie"] dimensionsfrei ausgedrückt.

5. Das Informationsfeld des kontrollierten Elektrons wird „makroskopisch" durch die simultan auftretenden Wahrscheinlichkeitswellen Σ_l und Δ_l als Funktion der nur ganzzahliger Werte fähigen Zellenvariablen l beschrieben. Σ_l und Δ_l genügen den linearen Differenzengleichungen

$$\Sigma_{l+1} = a\,\Sigma_l + \beta\,\Delta_l \qquad \text{(III 10, 6)}$$

und

$$\Delta_{l+1} = \gamma\,\Sigma_l + \delta \cdot \Delta_l \qquad \text{(III 10, 7)}$$

deren Koeffizienten — im Grenzfalle $\eta_0 \to \infty$; $2\,\varepsilon \to 0$ — durch

$$a = \cos \sqrt{W} + \Phi_s \frac{\sin \sqrt{W}}{\sqrt{W}} = \delta, \qquad \text{(III 10, 8)}$$

$$\beta = i \left[\sin \sqrt{W} + \Phi_s \frac{\sin^2\left(\frac{1}{2}\sqrt{W}\right)}{\frac{1}{2}\sqrt{W}} \right] \qquad \text{(III 10, 9)}$$

$$\gamma = i \left[\sin \sqrt{W} - \Phi_s \frac{\cos^2\left(\frac{1}{2}\sqrt{W}\right)}{\frac{1}{2}\sqrt{W}} \right] \qquad \text{(III 10, 10)}$$

dargestellt werden.

6. Bestimmt man die Exponenten $\pm\varkappa$ [mod $2\,\pi$] aus der Gleichung

$$\cos \varkappa = \frac{a + \delta}{2} = \cos \sqrt{W} + \Phi_s \frac{\sin \sqrt{W}}{\sqrt{W}} \qquad \text{(III 10, 11)}$$

und setzt abkürzend

$$Z^2 = \frac{\beta}{\gamma} = \frac{1 + \Phi_s \dfrac{\mathrm{tg}\left(\dfrac{1}{2}\sqrt{\overline{W}}\right)}{\sqrt{\overline{W}}}}{1 - \Phi_s \dfrac{\mathrm{cotg}\left(\dfrac{1}{2}\sqrt{\overline{W}}\right)}{\sqrt{\overline{W}}}}. \qquad \text{(III 10, 12)}$$

so lautet die allgemeine Lösung der Gleichungen (III 10, 6) und (III 10, 7), nach Wahl zweier beliebiger Amplituden Σ^+ und Σ^-

$$\Sigma_l = \Sigma^+ e^{i \varkappa l} + \Sigma^- e^{-i \varkappa l}; \qquad i = \sqrt{-1} \qquad \text{(III 10, 13)}$$

zusammen mit

$$Z \cdot \Delta_l = \Sigma^+ e^{i \varkappa l} - \Sigma^- e^{-i \varkappa l}; \qquad i = \sqrt{-1}. \qquad \text{(III 10, 14)}$$

c) Wir wenden uns jetzt unserer eigentlichen Aufgabe zu: Ein homogenes elektrisches Makrofeld vom absoluten Betrage E seiner Feldstärke sei in Richtung der negativen x-Achse des eindimensionalen Kristallmodelles tätig. Wie beeinflußt es die Bewegung des kontrollierten Einzelelektrons?

Da es uns freisteht, die Basis des elektrischen Makropotentiales $\varphi = \varphi(x)$ in den Ursprung der x-Achse zu verlegen, wird $\varphi(x)$ durch die Angabe

$$\varphi(x) = E \cdot x \qquad \text{(III 10, 15)}$$

beschrieben. Demgemäß erniedrigt sich die potentielle Energie jenes Elektrons während seiner Wanderung vom Ursprung bis zum Orte x > 0 um

$$\Delta \eta_{\mathrm{Pot}} = - q_0 E \cdot x. \qquad \text{(III 10, 16)}$$

Im Lichte der zeitfreien *Schrödinger*gleichung stimmt daher das Informationsfeld des Elektrons am Orte x mit dem Informationsfeld eines am Ursprung befindlichen Elektrons überein, welchem jedoch statt der Gesamtenergie η die Gesamtenergie

$$\eta' = \eta - \Delta \eta_{\mathrm{Pot}} = \eta + q_0 E \cdot x \qquad \text{(III 10, 17)}$$

zukommt.

Von nun ab beschränken wir den absoluten Betrag E der Makrofeldstärke durch die Forderung, daß die in der Einheit η_A gemessene Änderung der potentiellen Elektronenenergie $\eta_{\mathrm{Pot}} = \eta_{\mathrm{Pot}}(x)$ innerhalb einer Kristallzelle stets klein gegen den numerischen Widerstand Φ_s je Trennwand bleibe.

$$\left| \frac{\eta_{\mathrm{Pot}}(x + a) - \eta_{\mathrm{Pot}}(x)}{\eta_A} \right| = \frac{q_0 E a}{\eta_A} \ll \Phi_s. \qquad \text{(III 10, 18)}$$

Man darf dann die „mikroskopische" Änderung des elektrischen Skalarpotentiales φ längs der Zellenerstreckung a außer acht lassen, so daß das Makropotential φ_l der Zelle l $a < x < (l + 1)$ a durch den Mittelwert

$$\varphi_l = E a \left(l + \frac{1}{2}\right) \qquad \text{(III 10, 19)}$$

dargestellt wird; aus ihm bilden wir unter Vermittlung der Gleichung (III 10, 17) die numerische Gesamtenergie

$$W_l = \left[\frac{\eta'}{\eta_A}\right]_{x = a(l + 1/2)} = \frac{\eta + q_0 E a \left(l + \dfrac{1}{2}\right)}{\eta_A} \qquad \text{(III 10, 20)}$$

als Funktion der Zellenvariabeln l. In der von diesem Näherungsverfahren gebotenen Genauigkeit bleiben die Differenzengleichungen (III 10, 6) und (III 10, 7) des makroskopischen Informationsfeldes $(\Sigma_l; \Delta_l)$ in Kraft, sofern man ihre bisher längs der Achse des eindimensionalen Kristallmodelles räumlich unveränderlichen Koeffizienten $(\alpha; \beta; \gamma; \delta)$ nach (III 10, 8); (III 10, 9) und (III 10, 10) mittels Ersatz von W durch W_l in strukturell bekannte Funktionen $(\alpha_l; \beta_l; \gamma_l; \delta_l)$ der Zellenvariablen l verwandelt:

$$\Sigma_{l+1} = \alpha_l \cdot \Sigma_l + \beta_l \, \Delta_l \qquad \text{(III 10, 21)}$$

und

$$\Delta_{l+1} = \gamma_l \Sigma_l + \delta_l \, \Delta_l. \qquad \text{(III 10, 22)}$$

Zu ihrer Lösung machen wir die simultanen Ansätze

$$\Sigma_l = S_l \, e^{i[\varkappa_0 + \varkappa_1 + \ldots + \varkappa_{l-1}]}, \qquad \text{(III 10, 23)}$$

sowie

$$\Delta_l = D_l \, e^{i[\varkappa_0 + \varkappa_1 + \ldots + \varkappa_{l-1}]}. \qquad \text{(III 10, 24)}$$

In ihnen bezeichnen S_l und D_l zwei je von l abhängige *Amplitudenfunktionen*, während $\varkappa_l$ die gleichfalls als Funktion der Zellenvariablen aufzufassende *Ausbreitungsziffer* definiert.

Durch Substitution der Wahrscheinlichkeitswellen (III 10, 23) und (III 10, 24) in die Gleichungen (III 10, 21) und (III 10, 22) gelangen wir zu den Relationen

$$S_{l+1} \, e^{i\varkappa_l} = \alpha_l \, S_l + \beta_l \, D_l \qquad \text{(III 10, 25)}$$

und

$$D_{l+1} \, e^{i\varkappa_l} = \gamma_l \, S_l + \delta_l \cdot D_l. \qquad \text{(III 10, 26)}$$

Zufolge der einschränkenden Bedingung (III 10, 18) mögen sich nun die Amplituden S_l und D_l nur so langsam mit l ändern, daß wir von den Näherungen

$$S_{l+1} \approx S_l \qquad \text{(III 10, 27)}$$

und

$$D_{l+1} \approx D_l \qquad \text{(III 10, 28)}$$

Gebrauch machen dürfen. Da nun in jeder physikalisch sinnvollen Angabe des Informationsfeldes mindestens eine der beiden Amplitudenfunktionen von Null verschieden ausfallen muß, liefern die Gleichungen (III 10, 25) und (III 10, 26) — allerdings nur in der durch (III 10, 27) und (III 10, 28) gebotenen Näherung! — die Aussagen

$$\cos \varkappa_l = \cos \sqrt{W_l} + \Phi_s \frac{\sin \sqrt{W_l}}{\sqrt{W_l}} \qquad \text{(III 10, 29)}$$

und

$$\left(\frac{D_e}{S_e}\right)^2 = \frac{1}{Z_l^2} = \frac{1 + \Phi_s \dfrac{\mathrm{tg}\left(\dfrac{1}{2}\sqrt{W_l}\right)}{\sqrt{W_l}}}{1 - \Phi_s \dfrac{\mathrm{cotg}\left(\dfrac{1}{2}\sqrt{W_l}\right)}{\sqrt{W_l}}}. \qquad \text{(III 10, 30)}$$

Im Einklang mit der aus (III 10, 29) zu entnehmenden *Zweideutigkeit* der mod 2π bestimmten Ausbreitungsziffer $\varkappa_l$ entsprechen der Relation

(III 10, 30) als Näherungslösung des Gleichungssystemes (III 10, 25), (III 10, 26) die beiden, voneinander linear unabhängigen Funktionenpaare

$$\Sigma_l^+ = S_l^+\, e^{i[\varkappa_0 + \varkappa_1 + \dots + \varkappa_{l-1}]} \tag{III 10, 31}$$

$$\Delta_l^+ = D_l^+\, e^{i[\varkappa_0 + \varkappa_1 + \dots + \varkappa_{l-1}]} \tag{III 10, 32}$$

und

$$\Sigma_l^- = S_l^-\, e^{-i[\varkappa_0 + \varkappa_1 + \dots + \varkappa_{l-1}]} \tag{III 10, 33}$$

$$\Delta_l^- = D_l^-\, e^{-i[\varkappa_0 + \varkappa_1 + \dots + \varkappa_{l-1}]}. \tag{III 10, 34}$$

Nun fällt, auf Grund der Voraussetzung (III 10, 5), im Bereiche $l \geqq 0$ der Zellenvariablen gemäß (III 10, 20) stets $W > 0$ aus. Daher genügen wir, unter Berufung auf (III 10, 18) und (III 10, 20), den Annahmen (III 10, 27) und (III 10, 28) indem wir, nach Wahl zweier vorerst willkürlicher, je mit l nur sehr langsam veränderlichen Amplitudenfunktionen G_l^+ und G_l^- der Eigenschaften

$$G_{l+1}^+ \approx G_l^+ \tag{III 10, 35}$$

und

$$G_{l+1}^- \approx G_l^- \tag{III 10, 36}$$

die Verfügungen

$$S_l^+ = G_l^+\, \sqrt{\gamma_l} = G_l^+\, \sqrt{\,i\left(\sin\sqrt{W_l} - \Phi_s\,\frac{\cos^2\left(\frac{1}{2}\sqrt{W_l}\right)}{\frac{1}{2}\sqrt{W_l}}\right)}, \tag{III 10, 37}$$

$$D_l^+ = G_l^+\, \sqrt{\beta_l} = G_l^+\, \sqrt{\,i\left(\sin\sqrt{W_l} + \Phi_s\,\frac{\sin^2\left(\frac{1}{2}\sqrt{W_l}\right)}{\frac{1}{2}\sqrt{W_l}}\right)} \tag{III 10, 38}$$

und

$$S_l^- = G_l^-\, \sqrt{\gamma_l} = G_l^-\, \sqrt{\,i\left(\sin\sqrt{W_l} - \Phi_s\,\frac{\cos^2\left(\frac{1}{2}\sqrt{W_l}\right)}{\frac{1}{2}\sqrt{W_l}}\right)} \tag{III 10, 39}$$

$$D_l^- = -\,G_l^-\, \sqrt{\beta_l} = -\,G_l^-\, \sqrt{\,i\left(\sin\sqrt{W_l} + \Phi_s\,\frac{\sin^2\left(\frac{1}{2}\sqrt{W_l}\right)}{\frac{1}{2}\sqrt{W_l}}\right)} \tag{III 10, 40}$$

treffen.

Wir stellen der makroskopischen Beschreibung des Informationsfeldes gemäß (III 10, 23) und (III 10, 24) dessen Feinstruktur innerhalb der Zellen des eindimensionalen Kristallmodelles zur Seite. Dort werden die in

Richtung der positiven x-Achse fortschreitenden Wahrscheinlichkeitswellen durch die Amplitude

$$K_1^+ = \frac{1}{2}\,[\Sigma_1 + \varDelta_1] \qquad\qquad \text{(III 10, 41)}$$

bestimmt, während die Amplitude der rücklaufenden Wahrscheinlichkeiten aus

$$K_1^- = \frac{1}{2}\,[\Sigma_1 - \varDelta_1] \qquad\qquad \text{(III 10, 42)}$$

zu ermitteln ist; der absolute Betrag v_1 ihrer „mikroskopischen" Fortpflanzungsgeschwindigkeit ist für alle Zellen der Eigenschaft $\eta_1 \geqq 0$ durch

$$v_1 = \sqrt{2\,\frac{\eta_1}{m_0}} = \frac{\hbar}{m_0\,a}\,\sqrt{W_1} \qquad\qquad \text{(III 10, 43)}$$

gegeben. Demnach findet man die jeweils im Zentrum der Zelle $l > 0$ auftretenden Amplituden j_l^+ der Elektronenstromstärke in Richtung der positiven x-Achse und j_l^- in entgegengesetzter Richtung mittels der Gleichungen

$$j_l^+ = \frac{q_0\,\hbar}{2\,m_0\,a}\,\sqrt{W_l}\,[\Sigma_1 + \varDelta_1] = \frac{q_0\,\hbar}{2\,m_0\,a}\,\sqrt{W_l}\cdot \qquad \text{(III 10, 44)}$$

$$\cdot\{G_l^+\,(\sqrt{\gamma_1} + \sqrt{\beta_1})\,e^{\,i\,[\varkappa_0 + \varkappa_1 + \cdots + \varkappa_{l-1}]} + G_l^-\,(\sqrt{\gamma_1} - \sqrt{\beta_1})\,e^{\,-\,i\,[\varkappa_0 + \varkappa_1 + \cdots + \varkappa_{l-1}]}\}$$

und

$$j_l^- = \frac{q_0\,\hbar}{2\,m_0\,a}\,\sqrt{W_l}\,[\Sigma_1 - \varDelta_1] = \frac{q_0\,\hbar}{2\,m_0\,a}\,\sqrt{W_l}\cdot \qquad \text{(III 10, 45)}$$

$$\cdot\{G_l^+\,(\sqrt{\gamma_1} - \sqrt{\beta_1})\,e^{\,i\,[\varkappa_0 + \varkappa_1 + \cdots + \varkappa_{l-1}]} + G_l^-\,(\sqrt{\gamma_1} + \sqrt{\beta_1})\,e^{\,-\,i\,[\varkappa_0 + \varkappa_1 + \cdots + \varkappa_{l-1}]}\}.$$

d) Wir setzen fortan voraus, daß die numerische „Ursprungsenergie"

$$W_0 = \frac{\eta}{\eta_A} \qquad\qquad \text{(III 10, 46)}$$

des kontrollierten Elektrons in das „Valenzband" [Index II] des Energiespektrums des makrofeldfreien Kristallmodelles falle, während das zugehörige, benachbarte „Leitungsband" [Index I] zunächst leer sei. Nun begeben wir uns — bei eingeschaltetem elektrischen Makrofelde! — längs der positiven x-Achse des Kristalles fortschreitend in eine Zelle $l > 0$, deren numerische Energie W_1 mit Sicherheit in das Leitungsband fällt. Welche Wahrscheinlichkeit w besteht für das anfangs am Ursprung der x-Achse kontrollierte Elektron, bis in jene Zelle zu gelangen, wobei es die „verbotene" Zone zwischen dem Valenzband der maximalen numerischen Energie

$$W_{\mathrm{II,\,max}} = \frac{\eta_{\mathrm{II,\,max}}}{\eta_A} \qquad\qquad \text{(III 10, 47)}$$

und dem Leitungsband der minimalen numerischen Energie

$$W_{\mathrm{I,\,min}} = \frac{\eta_{\mathrm{I,\,min}}}{\eta_A} \qquad\qquad \text{(III 10, 48)}$$

mittels eines wellenmechanischen „Tunnels" oder, vielleicht treffender gesagt, mittels eines „Fahrstuhls" zu durchqueren hat?

Wir richten unser Augenmerk auf eine sicher dem Leitungsband angehörige Zelle $l = l_{\mathrm{I}}$ der numerischen Energie

$$W_{l_{\mathrm{I}}} > W_{\mathrm{I,\,min}} \qquad\qquad \text{(III 10, 49)}$$

und setzen voraus, daß im Kerngebiete $l_I \, a < x < (l_I + 1) \, a$ jener „Auf-zelle" lediglich Elektronen beobachtet werden können, welche in Richtung der positiven x-Achse fortschreiten. Zufolge dieser sozusagen experimentellen Bedingung gilt

$$j_{l_I}{}^- = 0, \qquad \text{(III 10, 50)}$$

so daß wir der Darstellung (III 10, 45) die Relation

$$G_{l_I}{}^- = - G_{l_I}{}^+ \, \frac{\sqrt{\gamma_{l_I}} - \sqrt{\beta_{l_I}}}{\sqrt{\gamma_{l_I}} + \sqrt{\beta_{l_I}}} \, e^{2i[\varkappa_0 + \varkappa_1 + \cdots + \varkappa_{l_I - 1}]} \qquad \text{(III 10, 51)}$$

entnehmen; durch ihre Substitution in (III 10, 44) gelangen wir zur Kenntnis des „Vorwärtsstromes" $j_{l_I}{}^+$, der die Aufzelle in Richtung der positiven x-Achse durchfließt

$$j_{l_I}{}^+ = \frac{q_0 \, \hbar}{2 \, m_0 \, a} \sqrt{W_{l_I}} \, \frac{4 \sqrt{\beta_{l_I} \cdot \gamma_{l_I}}}{\sqrt{\beta_{l_I}} + \sqrt{\gamma_{l_I}}} \, e^{i[\varkappa_0 + \varkappa_1 + \cdots + \varkappa_{l_I - 1}]} \cdot G_{l_I}{}^+. \qquad \text{(III 10, 52)}$$

Nun verlangen wir, daß sich das Verhältnis der Amplitudenfunktion $G_I{}^-$ zur Amplitudenfunktion $G_I{}^+$ längs des Kristalles nicht ändere

$$\frac{G_I{}^-}{G_I{}^+} = \frac{G_{l_I}{}^-}{G_{l_I}{}^+}. \qquad \text{(III 10, 53)}$$

Demnach finden wir aus (III 10, 44) für den Vorwärtsstrom $j_0{}^+$ in der Ursprungszelle $0 < x < a$ die Angabe

$$j_0{}^+ = \frac{q_0 \, \hbar}{2 \, m_0 \, a} \sqrt{W_0} \cdot \qquad \text{(III 10, 54)}$$

$$\cdot \frac{(\sqrt{\beta_0} + \sqrt{\gamma_0})(\sqrt{\beta_{l_I}} + \sqrt{\gamma_{l_I}}) - (\sqrt{\beta_0} - \sqrt{\gamma_0})(\sqrt{\beta_{l_I}} - \sqrt{\gamma_{l_I}}) \, e^{2i[\varkappa_0 + \varkappa_1 + \cdots + \varkappa_{l_I - 1}]}}{\sqrt{\beta_{l_I}} + \sqrt{\gamma_{l_I}}} \, G_0{}^+.$$

Um den physikalischen Inhalt der Gleichungen (III 10, 52) und (III 10, 54) zu verstehen, haben wir die in Ziffer III 2 durchaus auf *reelle* Werte der Ausbreitungsziffer $\varkappa$ beschränkte Berechnung dieser Zahl auf *komplexe* Werte zu erweitern. Wir setzen deshalb

$$\varkappa = \lambda + i \, \mu, \qquad \text{(III 10, 55)}$$

bezeichnen durch $l_{II, max}$ den „Namen" der Kristallzelle, für welche

$$W(l_{II, max}) = W_{II, max} \qquad \text{(III 10, 56)}$$

und ähnlich durch $l_{I, min}$ den Namen der Zelle, für welche

$$W(l_{I, min}) = W_{I, min} \qquad \text{(III 10, 57)}$$

ausfällt, und unterscheiden nun drei Fälle:

1. Da alle Zellen des Bereiches $0 \leqq l < l_{II, max}$ dem „Valenzband" angehören, gilt dort

$$\left. \begin{aligned} \cos \lambda_l &= \cos \sqrt{W_l} + \Phi_s \frac{\sin \sqrt{W_l}}{\sqrt{W_l}} \\ \mu_l &= 0 \end{aligned} \right\} \quad \text{für} \quad 0 \leqq l < l_{II, max}. \qquad \text{(III 10, 58)}$$

2. Der Bereich $l_{II, max} < l < l_{I, min}$ der Kristallzellen definiert das „verbotene" Gebiet des makrofeldfreien Energiespektrums; daher findet man nunmehr

$$\left. \begin{aligned} \lambda_l &= 0 \quad \text{oder} \quad \pi \, [\mathrm{mod} \, 2 \, \pi] \\ \cosh \mu_l &= \left| \cos \sqrt{W_l} + \Phi_s \frac{\sin \sqrt{W_l}}{\sqrt{W_l}} \right| \end{aligned} \right\} \quad \text{für} \quad l_{II, max} < l < l_{I, min}. \qquad \text{(III 10, 59)}$$

3. Die Zellen $l_{I, min} < l \leqq l_I$ fallen in das „Leitungsband"; daher wird wiederum

$$\left. \begin{aligned} \cos \lambda_l &= \cos \sqrt{W_l} + \Phi_s \frac{\sin \sqrt{W_l}}{\sqrt{W_l}} \\ \mu_l &= 0 \end{aligned} \right\} \quad \text{für} \quad l_{I, min} < l < l_I. \quad \text{(III 10, 60)}$$

Wir schreiben, zusammenfassend und abkürzend

$$(\lambda_0 + \lambda_1 + \ldots + \lambda_{II, max-1}) + (\lambda_{I, min} + \ldots + \lambda_{l_I}) = L \quad \text{(III 10, 61)}$$

und

$$L' = L \; [\text{mod} \; \pi], \quad \text{(III 10, 62)}$$

sowie

$$\mu_{l_{II, max}} + \ldots + \mu_{l_{I, min}} = M. \quad \text{(III 10, 63)}$$

Mit Beachtung der Relation

$$a_l^2 - \beta_l \cdot \gamma_l = 1 \quad \text{für} \quad l_0 \leqq l \leqq l_I, \quad \text{(III 10, 64)}$$

also

$$\sqrt{\beta_{l_I} \gamma_{l_I}} = \sqrt{a_{II}^2 - 1} = i \sin \lambda_{l_I} \quad \text{(III 10, 65)}$$

nehmen dann die Gleichungen (III 10, 52) und (III 10, 54) beziehentlich die Gestalt

$$j_{l_I}^+ = \frac{q_0 \hbar}{2 m_0 a} \sqrt{W_{l_I}} \; \frac{4 i \sin \lambda_{l_I}}{\sqrt{\beta_{l_I}} + \sqrt{\gamma_{l_I}}} \, e^{iL'} \, e^{-M} \cdot G_{l_I}^+ \quad \text{(III 10, 66)}$$

und

$$j_0^+ = \frac{q_0 \hbar}{2 m_0 a} \cdot \quad \text{(III 10, 67)}$$

$$\cdot \sqrt{W_0} \frac{(\sqrt{\beta_0} + \sqrt{\gamma_0})(\sqrt{\beta_{l_I}} + \sqrt{\gamma_{l_I}}) - (\sqrt{\beta_0} - \sqrt{\gamma_0})(\sqrt{\beta_{l_I}} - \sqrt{\gamma_{l_I}}) \, e^{2iL} \, e^{-2M}}{\sqrt{\beta_{l_I}} + \sqrt{\gamma_{l_I}}}$$

an. Durch das Symbol * den konjugiert-komplexen Funktionswert bezeichnend, definieren wir jetzt die gesuchte Wahrscheinlichkeit w durch das Verhältnis

$$w = \frac{j_{l_I}^+ (j_{l_I}^+)^*}{j_0^+ \cdot (j_0^+)^*} \quad \text{(III 10, 68)}$$

und erhalten aus (III 10, 66) und (III 10, 67) die Angabe

$$w = \frac{W_{l_I}}{W_0} \frac{(4 \sin \lambda_{l_I})^2 \cdot e^{-2M}}{N} \cdot \frac{G_{l_I}^+ (G_{l_I}^+)^*}{G_0^+ (G_0^+)^*} \quad \text{(III 10, 69)}$$

mit

$$N = \{(\sqrt{\beta_0} + \sqrt{\gamma_0})(\sqrt{\beta_{l_I}} + \sqrt{\gamma_{l_I}}) - (\sqrt{\beta_0} - \sqrt{\gamma_0})(\sqrt{\beta_{l_I}} - \sqrt{\gamma_{l_I}}) \, e^{2iL} \, e^{-2M}\} \times$$

$$\times \{(\sqrt{\beta_0} + \sqrt{\gamma_0})^* (\sqrt{\beta_{l_I}} + \sqrt{\gamma_{l_I}})^* - (\sqrt{\beta_0} - \sqrt{\gamma_0})^* (\sqrt{\beta_{l_I}} - \sqrt{\gamma_{l_I}})^* \, e^{-2iL} \, e^{-2M}\}.$$

$$\text{(III 10, 70)}$$

e) Ehe wir uns der allgemeinen Diskussion der Formel (III 10, 69) zuwenden, behandeln wir den Sonderfall

$$\Phi_s \to 0 \quad \text{(III 10, 71)}$$

verschwindenden [numerischen] Widerstandes der zwischen je zwei Nachbarzellen unseres Kristallmodelles trennenden Wände. Die Angaben (III 10, 8), (III 10, 9) und (III 10, 10) reduzieren sich dann auf

$$\lim_{\Phi_\mathrm{s}\to 0}\alpha=\lim_{\Phi_\mathrm{s}\to 0}\delta=\lim_{\Phi_\mathrm{s}\to 0}\cos\varkappa=\cos\sqrt{W};\qquad \lim_{\Phi_\mathrm{s}\to 0}\varkappa=\sqrt{W} \qquad (III\ 10,\ 72)$$

und

$$\lim_{\Phi_\mathrm{s}\to 0}\beta=\lim_{\Phi_\mathrm{s}\to 0}\gamma=\mathrm{i}\sin\sqrt{W}=\mathrm{i}\sin\varkappa. \qquad (III\ 10,\ 73)$$

Da überdies zufolge (III 10, 55) und (III 10, 59)

$$\lim_{\Phi_\mathrm{s}\to 0}\mu=0;\qquad \lim_{\Phi_\mathrm{s}\to 0}\varkappa=\lambda \qquad (III\ 10,\ 74)$$

wird, entnehmen wir aus (III 10, 63) die Aussage

$$\lim_{\Phi_\mathrm{s}\to 0}M=0. \qquad (III\ 10,\ 75)$$

Demnach liefert (III 10, 70) zusammen mit (III 10, 72) und (III 10, 74) den Grenzwert

$$\lim_{\Phi_\mathrm{s}\to 0}N=16\,\left|\sin\sqrt{W_0}\sin\sqrt{W_{l_I}}\right|=16\,\left|\sin\lambda_0\sin\lambda_{l_I}\right|, \qquad (III\ 10,\ 76)$$

so daß aus (III 10, 69) die Formel

$$\lim_{\Phi_\mathrm{s}\to 0}w=\frac{W_{l_I}}{W_0}\left|\frac{\sin\lambda_{l_I}}{\sin\lambda_0}\right|\left|\frac{G_{l_I}{}^{+}}{G_0{}^{+}}\right|^2 \qquad (III\ 10,\ 77)$$

resultiert.

Physikalisch gesprochen, bedeutet nun der Grenzübergang (III 10, 71) die Bewegung freier Elektronen im homogenen elektrischen Felde, deren Informationsfeld, mittels der Wahrscheinlichkeitswelle $\bar{u}$ ausgedrückt, der zeitfreien *Schrödinger*gleichung

$$\frac{\mathrm{d}^2\bar{u}}{\mathrm{d}x^2}+\frac{2\,\mathrm{m_0}}{\hbar^2}\,[\eta+\mathrm{q_0\,E\,x}]\,\bar{u}=0 \qquad (III\ 10,\ 78)$$

gehorcht. Ihre Lösung ist bekannt[1]: Bei Ausschluß einer etwa in $x_{l_I}=(l_I+\tfrac{1}{2})\,a>0$ beobachtbaren rücklaufenden Welle tritt, sofern das kontrollierte Elektron mit positiver Gesamtenergie $\eta>0$ ausgestattet ist, in allen Ebenen $x>(-\eta/\mathrm{q_0\,E})$ lediglich eine *fortschreitende Welle* auf, welche — im wesentlichen mittels *Hankel*scher Zylinderfunktionen der Ordnung $p=\tfrac{1}{3}$ — die klassischen Gesetze des freien Falles in einer der ponderomotorischen Kraft des vorgegebenen elektrischen Feldes angepaßten Form wellenmechanisch widerspiegelt. Da die mit ihr kinematisch verbundene, elektrische Konvektionsströmung die *Kirchhoff*sche Kontinuitätsgleichung erfüllt, findet man an Hand der früher gegebenen Definition der Wahrscheinlichkeit w eines Elektronenüberganges von der Ebene $x=0$ zur Ebene $x=x_{l_I}>0$ die Aussage

$$w=1 \qquad (III\ 10,\ 79)$$

der *Gewißheit*. Da dieses Ergebnis sachlich mit der formalen Angabe (III 10, 72) übereinstimmen muß, haben wir dort also

$$\left|\frac{G_{l_I}{}^{+}}{G_0{}^{+}}\right|^2=\frac{W_0}{W_{l_I}}\left|\frac{\sin\lambda_0}{\sin\lambda_{l_I}}\right| \qquad (III\ 10,\ 80)$$

zu setzen.

---

[1] Vgl. z. B. *F. Ollendorff*, Innere Elektronik Bd. III Ziffer III,3, Wien, Springer 1961.

f) Wir nehmen an, daß der Ausdruck (III 10, 80) auch im Falle $\Phi_s > 0$ näherungsweise gültig bleibt; in der hierdurch gebotenen Genauigkeit verwandelt sich (III 10, 69) in die Aussage

$$w = \frac{16 \, |\sin \lambda_0| \, |\sin \lambda_{l_I}| \, e^{-2M}}{N}. \qquad (III\ 10,\ 81)$$

Um uns nun von der mehr oder minder zufälligen Lage der numerischen Anfangsenergie W_0 des kontrollierten Elektrons im „Valenzband" und der numerischen Endenergie W_{l_I} im „Leitungsband" zu befreien, treffen wir die Wahl

$$\cos \lambda_l = 0 \quad \text{für} \quad l = \begin{cases} l_0 \\ l_I \end{cases}, \qquad (III\ 10,\ 82)$$

also

$$|\sin \lambda_0| = 1; \qquad |\sin \lambda_{l_I}| = 1. \qquad (III\ 10,\ 83)$$

Gemäß (III 10, 8) folgt dann der jeweilige Wert der numerischen Energie W aus der Gleichung

$$\cos \sqrt{W_l} + \Phi_s \frac{\sin \sqrt{W_l}}{\sqrt{W_l}} = 0 \quad \text{für} \quad l = \begin{cases} l_0 \\ l_I \end{cases} \qquad (III\ 10,\ 84)$$

Nach (III 10, 9) ergibt sich hiermit

$$\beta_l = i \sin \sqrt{W_l} \left[1 + \Phi_s \frac{\operatorname{tg}\left(\frac{1}{2}\sqrt{W_l}\right)}{\sqrt{W_l}} \right] = i \operatorname{tg}\left(\frac{1}{2}\sqrt{W_l}\right) \quad \text{für} \quad l = \begin{cases} l_0 \\ l_I \end{cases}$$
$$(III\ 10,\ 85)$$

und

$$\gamma_l = i \sin \sqrt{W_l} \left[1 - \Phi_s \frac{\operatorname{cotg}\left(\frac{1}{2}\sqrt{W_l}\right)}{\sqrt{W_l}} \right] = i \operatorname{cotg}\left(\frac{1}{2}\sqrt{W_l}\right) \quad \text{für} \quad l = \begin{cases} l_0 \\ l_I \end{cases}$$
$$(III\ 10,\ 86)$$

Unter Berufung auf (III 10, 64) findet man daher

$$(\sqrt{\beta_l} \mp \sqrt{\gamma_l})^2 = 2i\left[\frac{1}{\sin \sqrt{W_l}} \mp \sin \lambda_l\right] \quad \text{für} \quad l = \begin{cases} l_0 \\ l_I \end{cases} \qquad (III\ 10,\ 87)$$

und sonach

$$N = 4\left[\left|\frac{1}{\sin \sqrt{W_0}} + \sin \lambda_0\right| \left|\frac{1}{\sin \sqrt{W_{l_I}}} + \sin \lambda_{l_I}\right| - \right.$$

$$- \operatorname{cotg}\sqrt{W_0} \operatorname{cotg}\sqrt{W_{l_I}} \cdot 2 \cdot \cos(2L) \cdot e^{-2M} +$$

$$\left. + \left|\frac{1}{\sin \sqrt{W_0}} - \sin \lambda_0\right| \left|\frac{1}{\sin \sqrt{W_{l_I}}} - \sin \lambda_{l_I}\right| e^{-4M}\right]. \qquad (III\ 10,\ 88)$$

Sei $n \geqq 1$ eine ganze, positive Ordnungszahl, so befriedigen wir (III 10, 82) durch

$$\lambda_0 = (2n - 1)\frac{\pi}{2}; \qquad \lambda_{l_I} = (2n + 1)\frac{\pi}{2} \qquad (III\ 10,\ 89)$$

und erhalten

$$\sin \lambda_0 = (-1)^{n-1}; \qquad \sin \lambda_{l_I} = (-1)^n. \qquad (III\ 10,\ 90)$$

Mit

$$\sqrt{W_0} = \lambda_0 + \varepsilon_0; \qquad \sqrt{W_{1_I}} = \lambda_{1_I} + \varepsilon_{1_I} \qquad \text{(III 10, 91)}$$

entsteht dann aus (III 10, 88)

$$N = 4\left[\left(\frac{1}{\cos \varepsilon_0} + 1\right)\left(\frac{1}{\cos \varepsilon_{1_I}} + 1\right) - 2\,\mathrm{tg}\,\varepsilon_0\,\mathrm{tg}\,\varepsilon_{1_I}\cdot\cos(2\,L)\cdot e^{-2\,M} + \right.$$
$$\left. + \left(\frac{1}{\cos \varepsilon_0} - 1\right)\left(\frac{1}{\cos \varepsilon_{1_I}} - 1\right)e^{-4\,M}\right], \qquad \text{(III 10, 92)}$$

so daß man für die gesuchte Wahrscheinlichkeit w nach (III 10, 81) die Angabe

$$w = \frac{\cos \varepsilon_0 \cos \varepsilon_{1_I}}{e^{2\,M}\cos^2\dfrac{\varepsilon_0}{2}\cos^2\dfrac{\varepsilon_{1_I}}{2} - \dfrac{1}{2}\sin \varepsilon_0 \sin \varepsilon_{1_I}\cdot\cos(2\,L) + e^{-2\,M}\sin^2\dfrac{\varepsilon_0}{2}\sin^2\dfrac{\varepsilon_{1_I}}{2}}$$

$$\text{(III 10, 93)}$$

findet. Häufig darf man in ihr

$$\varepsilon_0 \ll \lambda_0; \qquad \varepsilon_{1_I} \ll \lambda_{1_I} \qquad \text{(III 10, 94)}$$

annehmen; mit Rücksicht auf (III 10, 89) reduziert sich dann (III 10, 93) bis auf Glieder mindestens vom zweiten Grade in ε_1 auf die einfache Formel

$$w \approx e^{-2\,M}. \qquad \text{(III 10, 95)}$$

g) Es verbleibt uns die Aufgabe, die in (III 10, 93) Zahlen L und M explizit zu berechnen. Durch

$$\Delta W = W_{1+1} - W_1 = \frac{q_0\,E\,a}{\eta_A} \qquad \text{(III 10, 96)}$$

den Zuwachs der numerischen Gesamtenergie W von Zelle zu Zelle gemäß (III 10, 20) bezeichnend, schreiben wir (III 10, 61) und (III 10, 63) beziehentlich in der Gestalt

$$L = \frac{\eta_A}{q_0\,E\,a}\left[(\lambda_0 + \lambda_1 + \ldots + \lambda_{II,\,max}-1)\,\Delta W + (\lambda_{I,\,min} + \ldots + \lambda_{1_I})\,\Delta W\right]$$

$$\text{(III 10, 97)}$$

und

$$M = \frac{\eta_A}{q_0\,E\,a}\left[(\mu_{II,\,max} + \ldots + \mu_{I,\,min})\,\Delta W\right]. \qquad \text{(III 10, 98)}$$

Nun verschärfen wir die Ungleichung (III 10, 18) zu der allerdings wesentlich mathematisch aufzufassenden Vorschrift einer nur infinitesimal schwachen elektrischen Makrofeldstärke

$$\frac{q_0\,E\,a}{\eta_A} \to 0. \qquad \text{(III 10, 99)}$$

Da dann die Anzahl der jeweils in (III 10, 97) und (III 10, 98) zu summierenden Posten über alle Maße anwächst, während ΔW infinitesimal klein wird, verwandeln sich die als Faktor von $(\eta_A/q_0\,E\,a)$ auftretenden Ausdrücke in die Integrale

$$J_L = \int\limits_{W_0}^{W_{II,\,max}} \lambda(W)\,dW + \int\limits_{W_{I,\,min}}^{W_{1_I}} \lambda(W)\,dW, \qquad \text{(III 10, 100)}$$

sowie

$$J_M = \int\limits_{W_{II,\,max}}^{W_{I,\,min}} \mu(W)\,dW, \qquad (III\ 10,\ 101)$$

welche ihrerseits an Hand der Gleichungen (III 10, 58) und (III 10, 59) mittels graphischer oder numerischer Verfahren unschwer ausgewertet werden können und daher als bekannt gelten dürfen. Falls man sich auf die Näherung (III 10, 95) beschränkt, schildert also die Gleichung

$$w = e^{-2\frac{\eta_A}{q_0\,E\,a}J_M} = e^{-\frac{h^2}{q_0\,m_0\,a^3\,E}J_M} \qquad (III\ 10,\ 102)$$

den Gang der Übergangswahrscheinlichkeit mit der Feldstärke nach Abb. III 10, 1; bei genauerer Untersuchung dieser Wahrscheinlichkeit ent-

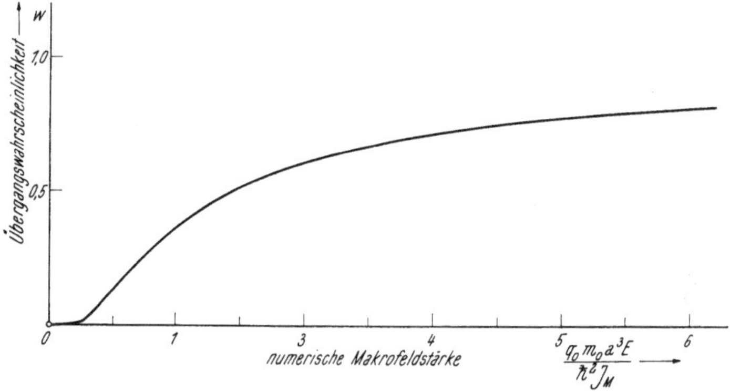

Abb. III 10, 1. Gang der Übergangswahrscheinlichkeit mit der Feldstärke.

sprechend (III 10, 93) treten jedoch schwache Oszillationen auf, welche von der Interferenz der hin- und rücklaufenden Elektronenwellen am Ursprung des Kristalles herrühren.

Um uns über die Größenordnung des Integrales J_M zu orientieren, begeben wir uns in die bei

$$W_{II,\,max}^{(n)} = (\pi\,n)^2 \qquad (III\ 10,\ 103)$$

beginnende, „verbotene" Zone n-ter Ordnung und setzen dort

$$W = W_{II,\,max}^{(n)} + \Delta W^{(n)}. \qquad (III\ 10,\ 104)$$

Entwickeln wir nun (III 10, 59) nach Potenzen von $\mu = \mu_1$ und $\Delta W^{(n)}$

$$1 + \frac{\mu^2}{2} + \ldots = 1 - \frac{1}{2}\left(\frac{\Delta W^{(n)}}{2\,\pi\,n}\right)^2 + \ldots + \frac{\Phi_s}{2}\frac{\Delta W^{(n)}}{(\pi\,n)^2} + \ldots, \qquad (III\ 10,\ 105)$$

so dürfen wir uns unter der Voraussetzung

$$\Phi_s \ll W_{II,\,max}^{(n)} = (\pi\,n)^2 \qquad (III\ 10,\ 106)$$

mit den in (III 10, 105) explizit angeschriebenen Gliedern begnügen und erhalten für $\mu = \mu(W)$ die Angabe

$$\mu = \frac{1}{\pi\,n}\sqrt{\Phi_s \cdot \Delta W^{(n)} - \frac{1}{4}(\Delta W^{(n)})^2}. \qquad (III\ 10,\ 107)$$

Aus ihr folgt mittels der Bedingung $\mu = 0$ die Breite

$$\Delta W_0^{(n)} = 4\,\Phi_s \qquad (III\ 10,\ 108)$$

der verbotenen Zone, so daß gemäß (III 10, 101)

$$J_M^{(n)} = \int\limits_{W_{II,\,max}^{(n)}}^{W_{II,\,max}^{(n)}+\Delta W_0^{(n)}} \mu(W)\,dW = \qquad\text{(III 10, 109)}$$

$$= \frac{1}{\pi\,n}\int\limits_0^{\Delta W_0^{(n)}} \sqrt{\Phi_s\cdot\Delta W^{(n)} - \frac{1}{4}(\Delta W^{(n)})^2}\;d\,\Delta W^{(n)} = \frac{(\Delta W_0^{(n)})^2}{16\,n}$$

resultiert. Durch Substitution dieser Angabe in (III 10, 102) finden wir somit

$$w^{(n)} = e^{-\dfrac{h^2}{q_0\,m_0\,a^3\,E}\cdot\dfrac{(\Delta W_0^{(n)})^2}{16\,n}}. \qquad\text{(III 10, 110)}$$

Häufig zieht man es vor, statt der numerischen Energiedifferenz $\Delta W_0^{(n)}$ deren dimensioniertes Maß

$$\Delta\eta^{(n)} = \eta_A\cdot\Delta W_0^{(n)} \qquad\text{(III 10, 111)}$$

einzuführen und überdies die *Dirac*sche Konstante $\hbar$ durch die *Planck*sche Konstante $h = 2\,\pi\,\hbar$ zu ersetzen. Mit Rücksicht auf (III 10, 2) nimmt dann Gl. (III 10, 110) die Gestalt

$$w^{(n)} = e^{-\dfrac{m_0\,a}{q_0\,E}\cdot\dfrac{1}{n}\cdot\left[\dfrac{\Delta\eta^{(n)}}{2\hbar}\right]^2} = e^{-\dfrac{m_0\,a}{q_0\,E}\cdot\dfrac{\pi^2}{n}\cdot\left[\dfrac{\Delta\eta^{(n)}}{h}\right]^2} \qquad\text{(III 10, 112)}$$

an; sie stimmt — im Falle $n = 1$ der energetisch niedrigsten, verbotenen Zone — mit der von *Zener* entwickelten Formel für die Wahrscheinlichkeit des Elektronenüberganges vom Valenzband in das Leitungsband überein.

h) Im Lichte des *Zener*schen Ergebnisses hat man in einem Reinhalbleiter bei hinreichend niedriger, absoluter Temperatur einen sehr steilen Stromanstieg zu erwarten, sobald man bei langsam gesteigerter elektrischer Makrofeldstärke E die „kritische" Größenordnung

$$E_{kr}^{(1)} = \frac{\pi^2\,m_0\,a}{1\cdot q_0}\left[\frac{\Delta\eta^{(1)}}{h}\right]^2 \qquad\text{(III 10, 113)}$$

erreicht. Dieser sogenannte *Zenereffekt* wird in der Tat beobachtet und in der Technik zur Konstruktion spannungsstabilisierender Kristalldioden [„*Zener*dioden"] ausgenutzt. Es darf allerdings nicht verschwiegen werden, daß die vorstehend mitgeteilte, wellenmechanische Theorie dieser Erscheinung der inneren Feldemission nicht den einzig möglichen Weg zu deren physikalischem Verständnis öffnet, und wir werden in Ziffer III 11 eine wesentlich klassisch-elektrodynamische Methode zur Untersuchung der vom *Zener*effekt vorausgesagten Vorgänge des elektrischen Durchschlages von Halbleitern kennen lernen, und auch sie ist der Ergänzung durch die Annahme *Townsend*scher Elektronenlawinen zugänglich. Ungeachtet der von diesen Bemerkungen diktierten Zurückhaltung dient der *Zener*effekt als sozusagen heuristisches Prinzip für die technische Entwicklung kristallelektronischer Geräte, deren Arbeitsweise von der Wirkung extrem starker elektrischer Makrofelder beherrscht wird; unter ihnen sei die *Tunneldiode* [Ziffer IV 10] hervorgehoben.

Als *Zahlenbeispiel* behandeln wir ein Kristallmodell der Daten

$$a = 5\,\text{Å} = 5\cdot10^{-10}\,\text{m}$$
$$\Delta\eta^{(1)} = 0{,}1\,\text{eV} = 16\cdot10^{-21}\,\text{Joule}$$

und erhalten aus (III 10, 113) für die kritische Feldstärke die Angabe

$$E_{kr} = \frac{9\cdot10^{-31}\cdot5\cdot10^{-10}\cdot\pi^2}{1{,}60\cdot10^{-19}}\left[\frac{16\cdot10^{-21}}{6{,}63\cdot10^{-34}}\right]^2 \approx 16\,\frac{\text{M V}}{\text{m}}$$

III 11. Elektrodynamik der Wechselwirkung von Kristallelektronen und Kristallionen.

a) In den vorangegangenen Abschnitten haben wir die Bewegung der Kristallelektronen als *Wellenmechanik von „Einzelgängern"* dargestellt: Es wurde vorausgesetzt, daß die Wahrscheinlichkeitswelle des jeweils kontrollierten Elektrons das eingeprägte, dreifach-periodische elektrische Potentialfeld des kristallinen Mikrogitters nicht merklich zu stören vermag.

Ungeachtet der Reichweite dieser grundsätzlich so einfachen Konzeption in der Kristallphysik müssen wir uns darüber klar sein, daß sie sowohl die kinetische Wechselwirkung des wandernden Ladungsträgers mit seinen beweglichen Nachbaren wie auch die von ihm geweckte Polarisation der wesentlich ortsgebundenen Gitterbausteine verschweigt; doch sind beide Erscheinungen von ausschlaggebender Bedeutung für die Eigenschaften des Kristalles, und wir haben ihnen nachzugehen.

b) Da die wellenmechanische Behandlung der vorstehend umschriebenen Aufgabe an Hand des für sie zuständigen Informationsfeldes auf analytisch unüberwindliche Schwierigkeiten stößt, werden wir hier die phänomenologischen Feldgleichungen der *Faraday-Maxwell*schen Elektrodynamik als adäquaten Ausdruck des Geschehens im Kristall ansehen. Der Einfachheit halber ersetzen wir indessen den tatsächlich vorgegebenen Kristall durch einen homogenen und isotropen Körper der [skalaren] elektrischen Leitfähigkeit $\varkappa$ und der gleichfalls skalaren, relativen Dielektrizitätskonstante ε, den wir überdies mit der allerdings nur ideellen Eigenschaft verschwindender [relativer] Permeabilität μ ausstatten; in ihm orientieren wir uns an Hand des Bezugssystemes der Zylinderkoordinaten z (Achse), r (Radialdistanz) und a (Azimut). Nun richten wir unsere Aufmerksamkeit auf ein individuelles Elektron der invarianten *Ladung* $(- q_0)$ und der — relativistisch veränderlichen — *Masse* m, welches wir vorerst als materiellen Punkt im Sinne der Korpuskularmechanik auffassen; seine dann stets genau meßbare Geschwindigkeit v gelte als *gleichförmig*. Identifizieren wir die dann gewiß geradlinige Elektronenbahn mit der Achse des Bezugssystemes und wählen den Augenblick der Elektronenpassage durch dessen Ursprung als Nullpunkt der laufenden Zeit t, so schildern die Angaben

$$z_e = v\,t; \qquad r_e = 0 \qquad [-\infty < t < \infty] \qquad (\text{III } 11, 1)$$

den Ort $(z_e; r_e)$ des kontrollierten Elektrons für alle Zeiten.

c) Laut Aussage der *Bloch*schen Theorie durchwandert die Wahrscheinlichkeitswelle des jeweils kontrollierten Einzelelektrons den gesamten Kristall mit konstanter Amplitude, sofern es nur dem Innern eines der „erlaubten" Energiebänder angehört. Um diese grundlegende Angabe der Quantenmechanik in die Sprache der kausal-definiten Korpuskularmechanik zu übersetzen, statten wir den Kristall mit dem von jeglicher Materie freien, virtuellen „*Kanal*"

$$r < r_0; \qquad -\infty < z < \infty \qquad (\text{III } 11, 2)$$

des vorerst noch willkürlich wählbaren, festen Halbmessers r_0 aus; das Innere des Kanales wird also phänomenologisch durch die Eigenschaften

$$\varkappa_0 = 0; \qquad \varepsilon_0 = 1 \qquad (\text{III } 11, 3)$$

beschrieben, während seine [relative] Permeabilität wiederum gleich Null gesetzt werde.

Wir vertauschen die bisher in $(z_e; r_e)$ konzentriert gedachte *Punktladung* des Elektrons vorübergehend mit einer *Linienladung*, welche längs der Strecke

$$z_e - \delta < z < z_e + \delta; \qquad [\delta > 0] \qquad \text{(III 11, 4)}$$

der Achse in der gleichförmigen Dichte

$$\lambda = \frac{-q_0}{2\,\delta} \qquad \text{(III 11, 5)}$$

stetig verteilt sei, außerhalb dieser Strecke jedoch identisch verschwinde; sie wird somit durch das *Fourier*sche Integral

$$\lambda(z\,; t) = \frac{1}{2\,\pi} \int\limits_{-\infty}^{\infty} e^{-ilz}\, dl \int\limits_{z_e - \delta}^{z_e + \delta} \frac{-q_0}{2\,\delta}\, e^{ilz'}\, dz' = \qquad \text{(III 11, 6)}$$

$$= -\frac{q_0}{2\,\pi} \int\limits_{-\infty}^{\infty} \frac{\sin l\,\delta}{l\,\delta}\, e^{-il(z - v\,t)}\, dl = -\frac{q_0}{\pi} \int\limits_{0}^{\infty} \frac{\sin l\,\delta}{l\,\delta} \cos\{l(z - v\,t)\}\, dl$$

in ein *kontinuierliches Spektrum harmonischer Ladungswellen* der Wellenzahl l zerlegt, welche sämtlich mit der einheitlichen Phasengeschwindigkeit v in Richtung der positiven z-Achse fortschreiten. Eine etwa in der Ebene $z = \text{const.}$ im Kanal aufgespannte Kontrollfläche wird daher von dem „eingeprägten" *Konvektionsstrom*

$$J(z\,; t) = v \cdot \lambda(z\,; t) = -\frac{q_0\, v}{\pi} \int\limits_{0}^{\infty} \frac{\sin l\,\delta}{l\,\delta} \cos\{l(z - v\,t)\}\, dl \qquad \text{(III 11, 7)}$$

durchflossen; gesucht wird das von ihm im Raume $r > r_0$ des sonst unbegrenzt gedachten Kristalles geweckte elektrische Feld.

d) Nachdem die relative Permeabilität sowohl in dem hier eingeführten Substitut des wahren Kristalles wie auch innerhalb des Kanales $r < r_0$ voraussetzungsgemäß verschwindet, annulliert sich überall die *magnetische Induktion*. Daher erweist sich der Vektor E der elektrischen Feldstärke als *wirbelfrei*, so daß er als negativer Gradient des *skalaren Potentiales* φ dargestellt werden kann

$$E = -\operatorname{grad} \varphi. \qquad \text{(III 11, 8)}$$

Bezeichnet Δ_0 die sogenannte Dielektrizitätskonstante des leeren Raumes, so tritt nun innerhalb des Kanales gemäß (III 11, 3) neben dem eingeprägten Konvektionsstrom (III 11, 7) ein *Maxwell*scher *Verschiebungsstrom* der *Dichte*

$$j_V = \Delta_0\, \varepsilon_0\, \frac{\partial E}{\partial t} = -\Delta_0 \cdot \operatorname{grad} \frac{\partial \varphi}{\partial t}; \qquad r < r_0 \qquad \text{(III 11, 9)}$$

auf, während sich ebendort die *Leitungsstromdichte* j_L annulliert

$$j_L = \varkappa_0\, E = -\varkappa_0 \operatorname{grad} \varphi = 0; \qquad r < r_0. \qquad \text{(III 11, 10)}$$

Im Kristall dagegen gesellt sich zu der Verschiebungsstromdichte

$$j_V = \Delta_0 \cdot \varepsilon \cdot \frac{\partial E}{\partial t} = -\Delta_0 \cdot \varepsilon \cdot \operatorname{grad} \frac{\partial \varphi}{\partial t}; \qquad r > r_0 \qquad \text{(III 11, 11)}$$

die Leitungsstromdichte

$$j_L = \varkappa\, E = -\varkappa \operatorname{grad} \varphi; \qquad r > r_0. \qquad \text{(III 11, 12)}$$

Hier wie dort genügt die *Gesamtstromdichte*

$$j = j_\mathrm{V} + j_\mathrm{L} \qquad\qquad (\text{III } 11,\ 13)$$

der Kontinuitätsgleichung

$$\operatorname{div} j = 0. \qquad\qquad (\text{III } 11,\ 14)$$

Die Annahme einer je gleichförmigen Leitfähigkeit enthält implizite innerhalb des Kanales einerseits, im Kristalle andererseits — nicht jedoch an deren gemeinsamer Grenze! — die Voraussetzung der *Quasineutralität*, an welcher wir weiterhin strikt festhalten. Innerhalb der genannten Gebiete gehorcht daher das Potential φ der *Laplace*schen Gleichung

$$\nabla^2\varphi = \frac{\partial^2\varphi}{\partial z^2} + \frac{\partial^2\varphi}{\partial r^2} + \frac{1}{r}\frac{\partial\varphi}{\partial r} + \frac{1}{r^2}\frac{\partial^2\varphi}{\partial a^2} = 0; \qquad r \lessgtr r_0, \quad (\text{III } 11,\ 15)$$

so daß die wesentlich kinematische Forderung (III 11, 14) sogar für den Verschiebungsstrom und den Leitungsstrom einzeln erfüllt ist.

Wir ergänzen diese allgemeinen Angaben durch die *Randbedingungen*, welche der Funktion φ aufzuerlegen sind:

1. Die Radialkomponente $\mathrm{D_r}$ der elektrischen Induktion

$$D = \varDelta_0 \cdot \varepsilon_0 \cdot E = \varDelta_0 \cdot E \qquad\qquad (\text{III } 11,\ 16)$$

im Kanal ist mit der dort linienhaft in der Dichte λ gemäß (III 11, 6) längs der Achse verteilten Ladung genetisch verknüpft

$$\lim_{r\to 0} \int_{a=0}^{2\pi} \mathrm{D_r} \cdot \mathrm{r} \cdot \mathrm{d}a = -\varDelta_0 \lim_{r\to 0} \int_{a=0}^{2\pi} \mathrm{r} \cdot \frac{\partial\varphi}{\partial\mathrm{r}} \cdot \mathrm{d}a = \lambda(z;t). \quad (\text{III } 11,\ 17)$$

2. An der Grenze $\mathrm{r} = \mathrm{r_0}$ bleibt das Potential φ stetig

$$\lim_{\varDelta\mathrm{r}\to 0} \varphi(\mathrm{r_0} - \varDelta\mathrm{r}) = \lim_{\varDelta\mathrm{r}\to 0} \varphi(\mathrm{r_0} + \varDelta\mathrm{r}); \qquad [\varDelta\mathrm{r} > 0]. \quad (\text{III } 11,\ 18)$$

3. Die Radialkomponente $\mathrm{j_r}$ der Gesamtstromdichte durchfließt den Grenzzylinder $\mathrm{r} = \mathrm{r_0}$ stetig

$$\lim_{\varDelta\mathrm{r}\to 0}\left[-\varDelta_0 \frac{\partial^2\varphi}{\partial\mathrm{r}\,\partial t}\right]_{\mathrm{r_0}-\varDelta\mathrm{r}} = \lim_{\varDelta\mathrm{r}\to 0}\left[-\varDelta_0 \cdot \varepsilon \cdot \frac{\partial^2\varphi}{\partial\mathrm{r}\,\partial t} - \varkappa\frac{\partial\varphi}{\partial t}\right]_{\mathrm{r_0}+\varDelta\mathrm{r}}; \qquad [\varDelta\mathrm{r} > 0].$$

$$(\text{III } 11,\ 19)$$

4. Mit wachsendem Radialabstande r des Aufpunktes von der Systemachse soll das Potential gegen Null konvergieren

$$\lim_{\mathrm{r}\to\infty} \varphi = 0. \qquad\qquad (\text{III } 11,\ 20)$$

e) Aus Symmetriegründen hängt das Potential φ nicht vom Azimut a ab, so daß sich die *Laplace*sche Gleichung (III 11, 15) auf

$$\frac{\partial^2\varphi}{\partial z^2} + \frac{\partial^2\varphi}{\partial\mathrm{r}^2} + \frac{1}{\mathrm{r}}\frac{\partial\varphi}{\partial\mathrm{r}} = 0; \qquad \mathrm{r} \lessgtr \mathrm{r_0} \qquad (\text{III } 11,\ 21)$$

reduziert.

Unter dem *Primärpotential* $\varphi^{(\mathrm{p})}$ verstehen wir jenes Potential, welches aus φ durch den virtuellen Prozeß

$$\varepsilon \to \varepsilon_0 = 1; \qquad \varkappa \to \varkappa_0 = 0 \qquad (\text{III } 11,\ 22)$$

hervorgeht. Da hierdurch der gesamte Raum frei von Materie wird, verwandeln sich die Randbedingungen (III 11, 18) und (III 11, 19) in Identitäten. Durch die Symbole $\mathrm{H_n^{(1)}}$ und $\mathrm{H_n^{(2)}}$ beziehentlich die *Hankel*schen Zylinderfunktionen n-ter Ordnung der Arten 1 und 2 bezeichnend, genügen wir nun der *Laplace*schen Gleichung (III 11, 21) unter der Bedingung

(III 11, 20) nach Wahl einer zunächst noch unbekannten Amplitudenfunktion a = a(l) durch das Integral

$$\varphi^{(p)} = -\frac{q_0}{\pi} \int_0^\infty a(l) \, i \, H_0^{(1)}(i \, l \, r) \cos\{l(z - v \, t)\} \, dl; \qquad [i = \sqrt{-1}],$$

$$(III \ 11, \ 23)$$

dessen Konvergenz — ebenso wie jene der später zu entwickelnden Integrale — weiterhin vorausgesetzt wird. Die Radialkomponente $E_r^{(p)}$ der elektrischen Primärfeldstärke berechnet sich also zu

$$E_r^{(p)} = -\frac{\partial \varphi^{(p)}}{\partial r} = -\frac{q_0}{\pi} \int_0^\infty a(l) \, [-H_1^{(1)}(i \, l \, r)] \cos\{l(z - v \, t)\} \, l \, dl.$$

$$(III \ 11, \ 24)$$

Mit Hilfe der Formel

$$\lim_{r \to 0} 2 \, \pi \, r \, [-H_1^{(1)}(i \, l \, r)] \cdot l = 4 \qquad (III \ 11, \ 25)$$

liefert demnach (III 11, 6) im Verein mit (III 11, 17) die Relation

$$4 \, \varDelta_0 \cdot a(l) = \frac{\sin \delta l}{\delta l}; \qquad a(l) = \frac{1}{4 \, \varDelta_0} \cdot \frac{\sin \delta l}{\delta l}, \qquad (III \ 11, \ 26)$$

so daß das Primärpotential durch

$$\varphi^{(p)} = -\frac{q_0}{4 \, \pi \, \varDelta_0} \int_0^\infty \frac{\sin \delta l}{\delta l} \, i \, H_0^{(1)}(i \, l \, r) \cdot \cos\{l(z - v \, t)\} \, dl \qquad (III \ 11, \ 27)$$

dargestellt wird.

Zu unserer ursprünglichen Aufgabe zurückkehrend, ergänzen wir zunächst die *Hankel*schen Zylinderfunktionen jeweils der n-ten Ordnung durch die *Bessel*schen Funktionen n-ter Ordnung

$$J_n = \frac{1}{2} \, [H_n^{(1)} + H_n^{(2)}] \qquad (III \ 11, \ 28)$$

und die *Neumann*schen Funktionen derselben Ordnung

$$N_n = \frac{1}{2 \, i} \, [H_n^{(1)} - H_n^{(2)}]. \qquad (III \ 11, \ 29)$$

Nun rufen wir vier Amplitudenfunktionen c(l); s(l); C(l); S(l) zu Hilfe, mittels derer wir die gesuchte Lösung in folgender Form ansetzen:

1. Wir begeben uns in das Innere des Kanales $r < r_0$. Da wir dort die Randbedingung (III 11, 17) bereits durch das Primärpotential erfüllt haben, kann sich das gesuchte Gesamtpotential φ von $\varphi^{(p)}$ nur um ein Sekundärpotential $\varphi^{(s)}$ unterscheiden, welches in $0 \leqq r < r_0$ ausnahmslos stetig ist; da es überdies die *Laplace*sche Gleichung (III 11, 21) befriedigen muß, werden wir also auf die Integraldarstellung

$$\varphi^{(s)} = -\frac{q_0}{4 \, \pi \, \varDelta_0} \int_0^\infty J_0(i \, l \, r) \cdot \qquad (III \ 11, \ 30)$$

$$\cdot \, [c(l) \cos\{l(z - v \, t)\} + s(l) \sin\{l(z - v \, t)\}] \, dl; \qquad r < r_0$$

geführt. Aus (III 11, 27) und (III 11, 30) resultiert die Radialkomponente

$$E^r = -\frac{\partial(\varphi^{(p)} + \varphi^{(s)})}{\partial r} = -\frac{q_0}{4\,\pi\,\varDelta_0} \cdot \int_0^\infty \frac{\sin \delta l}{\delta l} \cdot$$

$$\cdot\,[-H_1^{(1)}(i\,l\,r)]\cos\{l(z-v\,t)\}\,l\,dl + \qquad\qquad \text{(III 11, 31)}$$

$$+\frac{q_0}{4\,\pi\,\varDelta_0}\cdot\int_0^\infty i\,J_1(i\,l\,r)\,[c(l)\cos\{l(z-v\,t)\} + s(l)\sin\{l(z-v\,t)\}]\,l\,dl$$

der elektrischen Feldstärke; sie erregt gemäß (III 11, 9), (III 11, 10) und (III 11, 13) die radiale Gesamtstromdichte

$$j^r = \varDelta_0\frac{\partial E^r}{\partial t} = -\frac{q_0\,v}{4\,\pi}\int_0^\infty \left[\frac{\sin \delta l}{\delta l}\,[-H_1^{(1)}(i\,l\,r)] + i\,J_1(i\,l\,r)\,c(l)\right]\cdot$$

$$\cdot\,\sin l(z-v\,t)\,l^2\,dl + \frac{q_0\,v}{4\,\pi}\int_0^\infty i\,J_1(i\,l\,r)\,s(l)\cos\{l(z-v\,t)\}\,l^2\,dl. \quad \text{(III 11, 32)}$$

2. In den Kristall $r > r_0$ übergehend, löschen wir dort das Primärpotential $\varphi^{(p)}$ und wählen im Hinblick auf (III 11, 20) die Lösung

$$\varphi = -\frac{q_0}{4\,\pi\,\varDelta_0}\cdot \qquad\qquad \text{(III 11, 33)}$$

$$\cdot\int_0^\infty i\,H_0^{(1)}(i\,l\,r)\,[C(l)\cos\{l(z-v\,t)\} + S(l)\sin\{l(z-v\,t)\}]dl; \quad r > r_0$$

der *Laplace*schen Gleichung (III 11, 21) als Ansatz des Gesamtpotentiales; es erzeugt die Radialkomponente

$$E^r = -\frac{\partial\varphi}{\partial r} = -\frac{q_0}{4\,\pi\,\varDelta_0}\cdot \qquad\qquad \text{(III 11, 34)}$$

$$\cdot\int_\infty^0 [-H_1^{(1)}(i\,l\,r)]\,[C(l)\cdot\cos\{l(z-v\,t)\} + S(l)\sin\{l(z-v\,t)\}]\,l\,dl$$

der elektrischen Feldstärke, welche ihrerseits gemäß (III 11, 11), (III 11, 12) und (III 11, 13) die Radialkomponente

$$j^r = \left(\varkappa + \varDelta_0\,\varepsilon\,\frac{\partial}{\partial t}\right)E^r = -\frac{q_0}{4\,\pi\,\varDelta_0}\cdot \qquad\qquad \text{(III 11, 35)}$$

$$\cdot\int_\infty^0 [-H_1^{(1)}(i\,l\,r)]\,\{\varkappa\,S(l) + l\,\varDelta_0\cdot\varepsilon\cdot v\cdot C(l)\}\sin\{l(z-v\,t)\}\,l\,dl -$$

$$-\frac{q_0}{4\,\pi\,\varDelta_0}\int_0^\infty [-H_1^{(1)}(i\,l\,r)]\,\{\varkappa\,C(l) - l\,\varDelta_0\cdot\varepsilon\cdot v\cdot S(l)\}\cos\{l(z-v\,t)\}\,l\,dl$$

der Gesamtstromdichte nach sich zieht.

Um nun die vier noch unbekannten Amplitudenfunktionen zu bestimmen, bedienen wir uns der Stetigkeitsbedingungen (III 11, 18) und (III 11, 19). Das gemeinsame Argument $(i\,l\,r_0)$ der unterschiedlichen

Zylinderfunktionen der Kürze halber unterdrückend, finden wir dann die vier Forderungen

$$\frac{\sin \delta \cdot 1}{\delta \cdot 1} \cdot i\, H_0^{(1)} + J_0 \cdot c(1) = i\, H_0^{(1)} \cdot C(1), \qquad \text{(III 11, 36)}$$

$$J_0 \cdot s(1) = i\, H_0^{(1)} \cdot S(1), \qquad \text{(III 11, 37)}$$

$$\frac{\sin \delta \cdot 1}{\delta \cdot 1} \left\{ -H_1^{(1)} + i\, J_1 \cdot c(1) \right\} = -H_1^{(1)} \left\{ \frac{\varkappa}{1 \cdot \varDelta_0 \cdot v} \cdot S(1) + \varepsilon\, C(1) \right\} \cdot$$
$$\text{(III 11, 38)}$$

$$-i\, J_1 \cdot s(1) = -H_1^{(1)} \left\{ \frac{\varkappa}{1 \cdot \varDelta_0 \cdot v}\, C(1) - \varepsilon\, S(1) \right\} \cdot \qquad \text{(III 11, 39)}$$

In ihnen dürfen wir den Grenzübergang $\delta \to 0$ zum ,,Punktelektron'' ausführen und erhalten mit Hilfe der Determinante

$$D = J_0\, H_1^{(1)} \cdot \frac{\varkappa}{1 \cdot \varDelta_0 \cdot v} + \frac{1 \cdot \varDelta_0 \cdot v}{\varkappa} \left\{ \varepsilon + \frac{i\, J_1 \cdot i\, H_0^{(1)}}{J_0\, H_1^{(1)}} \right\} \left\{ \varepsilon\, J_0\, H_1^{(1)} - J_1\, H_0^{(1)} \right\}$$
$$\text{(III 11, 40)}$$

die Angaben

$$S(1) = \frac{J_0\, H_1^{(1)} + i\, H_0^{(1)}\, i\, J_1}{D} = -\frac{2}{\pi \cdot 1 \cdot r_0}\, \frac{1}{D}, \qquad \text{(III 11, 41)}$$

$$C(1) = S(1) \cdot \frac{1 \cdot \varDelta_0 \cdot v}{\varkappa} \left\{ \varepsilon + \frac{i\, J_1 \cdot i\, H_0^{(1)}}{J_0\, H_1^{(1)}} \right\}, \qquad \text{(III 11, 42)}$$

$$s(1) = S(1) \cdot \frac{i\, H_0^{(1)}}{J_0}, \qquad \text{(III 11, 43)}$$

$$c(1) = \frac{i\, H_0^{(1)}}{J_0} \left\{ C(1) - 1 \right\}. \qquad \text{(III 11, 44)}$$

In den später zu berechnenden Integralen kommt es hauptsächlich auf den Bereich

$$0 \leq 1 \ll \frac{1}{r_0} \qquad \text{(III 11, 45)}$$

der Wellenzahl 1 an. Mit Rücksicht auf das dort jeweils maßgebliche Verhalten der unterschiedlichen Zylinderfunktionen vereinfachen sich daher die vorstehenden Funktionen in ausreichender Genauigkeit zu

$$D = H_1^{(1)} \frac{(1\, \varDelta_0\, \varepsilon\, v)^2 + \varkappa^2}{1\, \varDelta_0\, v\, \varkappa} = -\frac{2}{\pi\, 1\, r_0} \frac{(1\, \varDelta_0\, \varepsilon\, v)^2 + \varkappa^2}{1\, \varDelta_0\, v\, \varkappa}, \quad \text{(III 11, 46)}$$

sowie

$$S(1) = \frac{1\, \varDelta_0\, v\, \varkappa}{(1\, \varDelta_0\, \varepsilon\, v)^2 + \varkappa^2}, \qquad \text{(III 11, 47)}$$

$$C(1) = \frac{(1\, \varDelta_0\, v)^2 \cdot \varepsilon}{(1\, \varDelta_0\, \varepsilon\, v)^2 + \varkappa^2}, \qquad \text{(III 11, 48)}$$

$$s(1) = \frac{1\, \varDelta_0\, v\, \varkappa}{(1\, \varDelta_0\, \varepsilon\, v)^2 + \varkappa^2}\, i\, H_0^{(1)}(i\, 1\, r_0), \qquad \text{(III 11, 49)}$$

$$c(1) = -\frac{\varepsilon(\varepsilon - 1)\,(1\, \varDelta_0\, v)^2 + \varkappa^2}{(1\, \varDelta_0\, \varepsilon\, v)^2 + \varkappa^2}\, i\, H_0^{(1)}(i\, 1\, r_0). \qquad \text{(III 11, 50)}$$

Im gleichen Grade der Genauigkeit liefert daher Gl. (III 11, 33) für das Potential im Kristall die Integraldarstellung

$$\varphi = -\frac{q_0\,v}{4\,\pi}\int\limits_0^\infty \frac{1\,\varDelta_0\,\varepsilon\,v\,\cos\{l(z-v\,t)\} + \varkappa\,\sin\{l(z-v\,t)\}}{(1\,\varDelta_0\,\varepsilon\,v)^2 + \varkappa^2}\,i\,H_0^{(1)}(i\,l\,r)\,l\,dl.$$

$$(III\ 11,\ 51)$$

Insbesondere ergibt sich im Grenzfalle $\varkappa \to 0$ [Isolator] das relativ zur wandernden Ebene $z = z_e$ elektrostatische Feld der Punktladung $(-q_0)$

$$\lim_{\varkappa \to 0}\varphi = -\frac{q_0}{4\,\pi\,\varDelta_0\,\varepsilon}\int\limits_0^\infty \cos\{l(z-v\,t)\}\,i\,H_0^{(1)}(i\,l\,r)\,dl = -\frac{q_0}{4\,\pi\,\varDelta_0\,\varepsilon}\frac{1}{\sqrt{(z-v\,t)^2+r^2}}$$

$$(III\ 11,\ 52)$$

während der allerdings nur ideelle Grenzfall $\varepsilon \to 0$ des unpolarisierbaren Kristalles mittels der Gleichung

$$\lim_{\varepsilon \to 0}\varphi = -\frac{q_0\,v}{4\,\pi\,\varkappa}\int\limits_0^\infty \sin\{l(z-v\,t)\}\,i\,H_0^{(1)}(i\,l\,r)\,l\,dl =$$

$$= \frac{q_0\,v}{4\,\pi\,\varkappa}\frac{\partial}{\partial z}\frac{1}{\sqrt{(z-v\,t)^2+r^2}} = -\frac{q_0\,v}{4\,\pi\,\varkappa}\frac{z-v\,t}{[(z-v\,t)^2+r^2]^{3/2}} \quad (III\ 11,\ 53)$$

die Strömung schildert, welche einer mit der gleichförmigen Geschwindigkeit v längs der z-Achse fortschreitenden Doppelquelle von der Momentenstärke $(-q_0\,v)$ entspringt.

f) Um die Strömung im Kristall bei endlichen Werten sowohl seiner Leitfähigkeit wie seiner relativen Dielektrizitätskonstanten kennen zu lernen, versuchen wir, aus Gl. (III 11, 51) eine explizite Beschreibung des Potentiales φ in der Umgebung des Kanales herzuleiten. Zu diesem Zwecke begeben wir uns in die komplexe

$$p = k + i\,l; \qquad [i = \sqrt{-1}] \qquad\qquad (III\ 11,\ 54)$$

Ebene und schreiben

$$\varphi = -\frac{q_0\,v}{4\,\pi}[\varPhi_\mathrm{I} + \varPhi_\mathrm{II}], \qquad\qquad (III\ 11,\ 55)$$

wobei abkürzend die Integrale

$$\varPhi_\mathrm{I} = \frac{1}{2}\int\limits_0^\infty \frac{e^{i\,l(z-v\,t)}}{1\,\varDelta_0\,\varepsilon\,v + i\,\varkappa}\,i\,H_0^{(1)}(i\,l\,r)\,l\,dl = \frac{1}{2}\int\limits_0^{i\,\infty}\frac{e^{p(z-v\,t)}}{p\,\varDelta_0\,\varepsilon\,v - \varkappa}\,H_0^{(1)}(p\,r)\,p\,dp$$

$$(III\ 11,\ 56)$$

und

$$\varPhi_\mathrm{II} = \frac{1}{2}\int\limits_0^\infty \frac{e^{-i\,l(z-v\,t)}}{1\,\varDelta_0\,\varepsilon\,v - i\,\varkappa}\,i\,H_0^{(1)}(i\,l\,r)\,l\,dl = \frac{1}{2}\int\limits_0^{i\,\infty}\frac{e^{-p(z-v\,t)}}{p\,\varDelta_0\,\varepsilon\,v + \varkappa}\,H_0^{(1)}(p\,r)\,p\,dp$$

$$(III\ 11,\ 57)$$

eingeführt wurden. Von nun an haben wir zwei Fälle analytisch wesentlich verschiedenen Charakters zu behandeln:

1. Es werde

$$z - v\,t > 0 \qquad\qquad (III\ 11,\ 58)$$

vorausgesetzt, so daß also der Aufpunkt *vor* der wandernden Ebene $z = z_e$ liegt. Unter Benutzung der Relation

$$i\,H_0^{(1)}(i\,l\,r) = -\,i\,H_0^{(2)}(-\,i\,l\,r) \qquad \text{(III 11, 59)}$$

erhalten wir dann mittels der konformen Abbildung

$$p' = k' + i\,l' = -\,p \qquad \text{(III 11, 60)}$$

in der p'-Ebene für Φ_I die Darstellung

$$\Phi_\mathrm{I} = -\frac{1}{2} \int_0^{i\infty} \frac{e^{p(z-vt)}}{p\,\Delta_0\,\varepsilon\,v - \varkappa}\,H_0^{(2)}(-p\,r)\,p\,dp =$$

$$= \frac{1}{2} \int_0^{-i\infty} \frac{e^{-p'(z-vt)}}{p'\,\Delta_0\,\varepsilon\,v + \varkappa}\,H_0^{(2)}(p'\,r)\,p'\,dp'. \qquad \text{(III 11, 61)}$$

Da zufolge (III 11, 58) der letztangegebene Integrand mit $|p'| \to \infty$ in der Halbebene $k' > 0$ verschwindet, dürfen wir den ursprünglich längs der

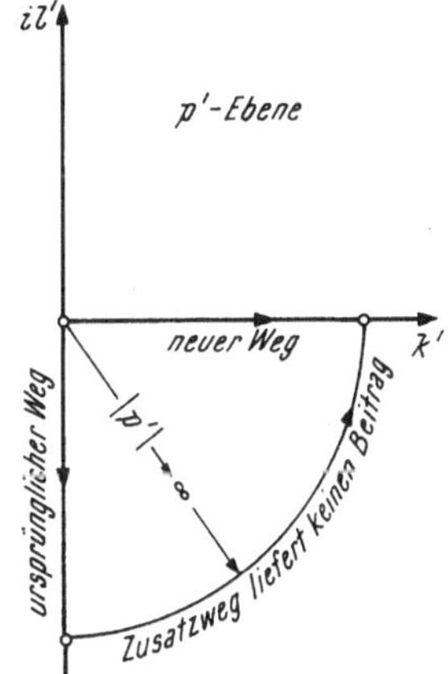

Abb. III 11, 1. Zur Berechnung des Integrales (III 11, 61).

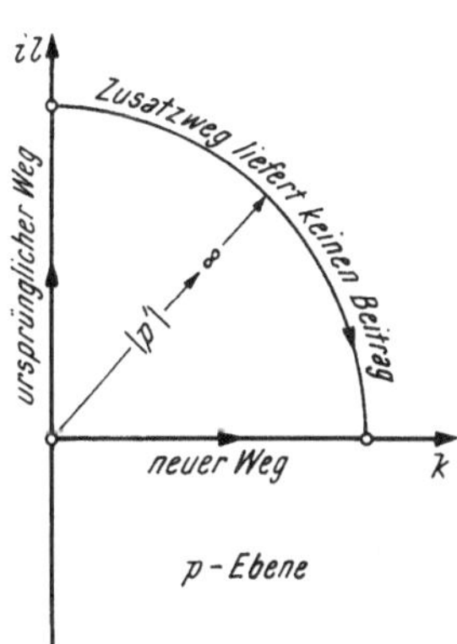

Abb. III 11, 2. Zur Berechnung des Integrales (III 11, 63).

negativ-imaginären Achse der p'-Ebene verlaufenden Integrationsweg entsprechend Abb. III 11, 1 in deren positiv-reelle Achse verlegen und finden

$$\Phi_\mathrm{I} = \frac{1}{2} \int_0^{\infty} \frac{e^{-k'(z-vt)}}{k'\,\Delta_0\,\varepsilon\,v + \varkappa}\,H_0^{(2)}(k'\,r)\,k'\,dk'. \qquad \text{(III 11, 62)}$$

Die nämliche Überlegung liefert in der p-Ebene entsprechend Abb. III 11, 2 für Φ_II die Darstellung

$$\Phi_\mathrm{II} = \frac{1}{2} \int_0^{\infty} \frac{e^{-k(z-vt)}}{k\,\Delta_0\,\varepsilon\,v + \varkappa}\,H_0^{(1)}(k\,r)\,k\,dk. \qquad \text{(III 11, 63)}$$

Vertauschen wir die beziehentlich in (III 11, 62) und (III 11, 63) benutzten Zeichen k' und k der Integrationsvariablen mit dem einheitlichen Symbol γ, so erhalten wir aus (III 11, 55) im Hinblick auf (III 11, 28) für das Potential des Kristalles die Darstellung

$$\varphi = -\frac{q_0\,v}{4\,\pi} \int_0^{\infty} \frac{e^{-\gamma(z-vt)}}{\gamma\,\Delta_0\,\varepsilon\,v + \varkappa}\,J_0(\gamma\,r)\,\gamma\,d\gamma; \qquad z - v\,t > 0; \qquad r > r_0. \qquad \text{(III 11, 64)}$$

In ihr ersetzen wir die Strecken $(z - v\,t)$ und r beziehentlich durch ihre, in der sozusagen natürlichen Längeneinheit

$$M = \frac{\varDelta_0\,\varepsilon\,v}{\varkappa} \qquad\qquad \text{(III 11, 65)}$$

gemessenen, dimensionsfreien Werte

$$\zeta = \frac{z - v\,t}{M} > 0; \qquad \varrho = \frac{r}{M} \qquad\qquad \text{(III 11, 66)}$$

schreiben

$$\gamma\,M = \Gamma \qquad\qquad \text{(III 11, 67)}$$

und finden

$$\varphi = -\frac{q_0}{4\,\pi\,\varDelta_0\,\varepsilon\,M} \int\limits_0^\infty \frac{e^{-\zeta M}}{\Gamma + 1}\, J_0(\varrho\,\Gamma)\,\Gamma\,d\Gamma. \qquad\qquad \text{(III 11, 68)}$$

Mittels der Potenzreihe

$$J_0(\varrho\,\Gamma) = \sum_{\nu = 0}^\infty (-1)^\nu \frac{\left(\frac{1}{2}\,\varrho\,\Gamma\right)^{2\nu}}{(\nu!)^2} \qquad\qquad \text{(III 11, 69)}$$

der *Bessel*schen Funktion nullter Ordnung geht daher (III 11, 68) in die Summe

$$\varphi = -\frac{q_0}{4\,\pi\,\varDelta_0\,\varepsilon\,M} \sum_{\nu = 0}^\infty \frac{(-1)^\nu}{(\nu!)^2} \cdot \left(\frac{\varrho}{2}\right)^{2\nu} \cdot \frac{d^{2\nu}}{d\zeta^{2\nu}} \int\limits_0^\infty \frac{e^{-\zeta\Gamma}}{\Gamma + 1}\,\Gamma\,d\Gamma \qquad \text{(III 11, 70)}$$

über. Um das hier verbleibende, bestimmte Integral

$$f(\zeta) = \int\limits_0^\infty \frac{e^{-\zeta\Gamma}}{\Gamma + 1}\,\Gamma\,d\Gamma \qquad\qquad \text{(III 11, 71)}$$

auf tabulierte Funktionen zurückzuführen, substituieren wir anstelle von Γ die Veränderliche

$$u = \zeta(\Gamma + 1). \qquad\qquad \text{(III 11, 72)}$$

Mittels der Definition

$$-\operatorname{E\,i}(-x) = \int\limits_x^\infty \frac{e^{-u}}{u}\,du \qquad\qquad \text{(III 11, 73)}$$

des *Exponential-Integrales* E i von negativ-reellem Argumente x entsteht dann aus (III 11, 71)

$$f(\zeta) = \frac{e^\zeta}{\zeta}\left[\int\limits_\zeta^\infty e^{-u}\,du - \zeta \int\limits_\zeta^\infty \frac{e^{-u}}{u}\,du\right] = \frac{1 + \zeta\,e^\zeta\,\operatorname{E\,i}(-\zeta)}{\zeta} \qquad \text{(III 11, 74)}$$

entsprechend Abb. III 11, 3. Aus (III 11, 73) und (III 11, 74) entnimmt man die Relationen

$$\frac{df}{d\zeta} = -\frac{1}{\zeta^2} + f(\zeta); \qquad \frac{d^2f}{d\zeta^2} = \frac{2}{\zeta^3} - \frac{1}{\zeta^2} + f(\zeta); \ \ldots \qquad \text{(III 11, 75)}$$

durch deren Restitution in (III 11, 70) die für hinreichend kleine [numerische] Radialabstände ϱ und für genügend große [numerische] Abstände $\zeta > 0$ des Aufpunktes von der wandernden Ebene $z = z_e$ brauchbare Entwicklung

$$\varphi = -\frac{q_0}{4\pi\,\Delta_0\,\varepsilon\,M}\left[f(\zeta) - \frac{\varrho^2}{4}\left\{\frac{2}{\zeta^3} - \frac{1}{\zeta^2} + f(\zeta)\right\} + - \dots\right] \quad \text{(III 11, 76)}$$

entsteht.

2. Wir gehen zum Falle

$$z - v\,t < 0$$

$$\text{(III 11, 77)}$$

über, so daß nunmehr der Aufpunkt *hinter* der wandernden Ebene $z = z_e$ liegt. Gemäß (III 11, 56) verschwindet daher jetzt der Integrand von Φ_I für $|p| \to \infty$ in der Halbebene $k > 0$. Nun konstruieren wir entsprechend Abb. III 11, 4 um den Pol

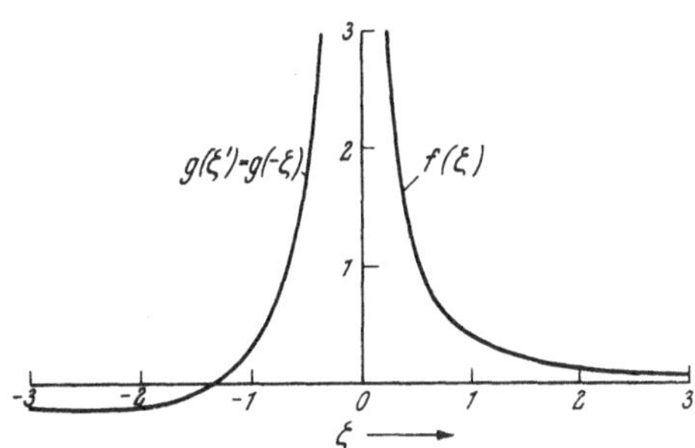

Abb. III 11, 3. Die Funktionen $f(\zeta)$ nach (III 11, 74) und $g(\zeta')$ nach (III 11, 92).

$$p_0 = k_0 + i\,l_0; \qquad k_0 = \frac{\varkappa}{\Delta_0\,\varepsilon\,v} = \frac{1}{M}; \qquad l_0 = 0 \quad \text{(III 11, 78)}$$

als Zentrum den in $l > 0$ gelegenen Halbkreis

$$p = p_0 + \Delta p_0\,e^{i\vartheta}; \qquad \pi \geq \vartheta \geq 0; \qquad \Delta p_0 < k_0 \quad \text{(III 11, 79)}$$

und erhalten, unter Berufung auf den *Cauchy*schen Hauptsatz der Funktionentheorie,

$$\Phi_I = \frac{1}{2}\int\limits_0^{k_0 - \Delta p_0} \frac{e^{k(z - v\,t)}}{k\,\Delta_0\,\varepsilon\,v - \varkappa}\,H_0^{(1)}(k\,r)\,k\,dk +$$

$$+ \frac{1}{2}\frac{e^\zeta}{\Delta_0\,\varepsilon\,v}\int\limits_{+\pi}^{0} e^{\Delta p_0\,e^{i\vartheta}}\,H_0^{(1)}(\{k_0 + \Delta p_0\,e^{i\vartheta}\}\,r)\,(k_0 + \Delta p_0\,e^{i\vartheta})\,i\,d\vartheta +$$

$$+ \frac{1}{2}\int\limits_{k_0 + \Delta p_0}^{\infty} \frac{e^{k(z - v\,t)}}{k\,\Delta_0\,\varepsilon\,v - \varkappa}\,H_0^{(1)}(k\,r)\,k\,dk. \quad \text{(III 11, 80)}$$

Zur Berechnung von Φ_{II} gemäß (III 11, 57) ziehen wir die konforme Abbildung (III 11, 60) heran

$$\Phi_{II} = \frac{1}{2}\int\limits_0^{i\infty} \frac{e^{-p(z - v\,t)}}{p\,\Delta_0\,\varepsilon\,v + \varkappa}\,H_0^{(1)}(p\,r)\,p\,dp = \frac{1}{2}\int\limits_0^{-i\infty} \frac{e^{p'(z - v\,t)}}{p'\,\Delta_0\,\varepsilon\,v - \varkappa}\,H_0^{(2)}(p'\,r)\,p'\,dp'.$$

$$\text{(III 11, 81)}$$

In der p'-Ebene zeichnen wir entsprechend Abb. III 11, 5 den Halbkreis

$$p' = p_0 + \Delta p_0\,e^{i\vartheta'}; \qquad -\pi \leq \vartheta' \leq 0 \quad \text{(III 11, 82)}$$

und finden, durch abermalige Anwendung des *Cauchy*schen Satzes

$$\Phi_{II} = \frac{1}{2}\int\limits_0^{k_0 - \Delta p_0} \frac{e^{k'(z - v\,t)}}{k'\,\Delta_0\,\varepsilon\,v - \varkappa}\,H_0^{(2)}(k'\,r)\,k'\,dk' +$$

$$+ \frac{1}{2} \frac{e^{\zeta}}{\varDelta_0 \varepsilon \, \mathrm{v}} \int\limits_{-\pi}^{0} e^{\varDelta p_0 \, e^{i\,\vartheta'}} H_0^{(2)}(\{k_0 + \varDelta p_0 \, e^{i\,\vartheta'}\} \, r) \, (k_0 + \varDelta p_0 \, e^{i\,\vartheta'}) \, i \, d\vartheta' +$$

$$+ \frac{1}{2} \int\limits_{k_0 + \varDelta p_0}^{\infty} \frac{e^{k'(z-\mathrm{v}t)}}{k' \varDelta_0 \, \varepsilon \, \mathrm{v} - \varkappa} H_0^{(2)}(k' \, r) \, k' \, dk'. \qquad \text{(III 11, 83)}$$

Führen wir jetzt den Grenzübergang

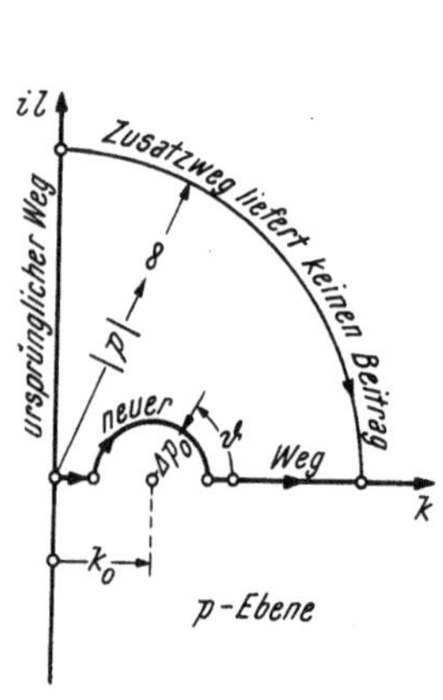

Abb. III 11, 4. Zur Berechnung
des Integrales (III 11, 80).

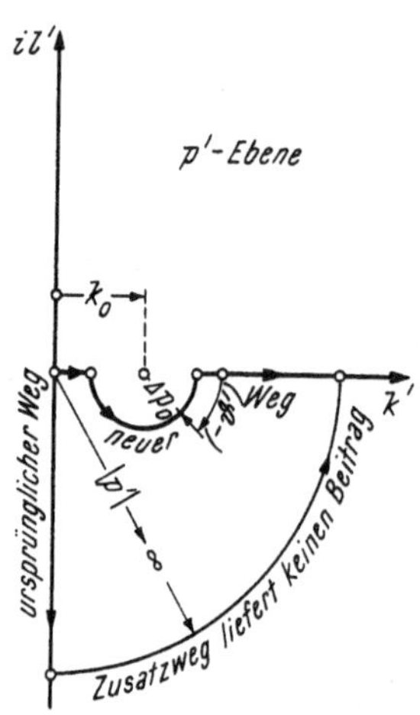

Abb. III 11, 5. Zur Berechnung
des Integrales (III 11, 81).

$$\varDelta p_0 \to 0 \qquad\qquad \text{(III 11, 84)}$$

aus, vertauschen, wie oben, k und k′ mit dem einheitlichen Symbol γ und bedienen uns der Relationen (III 11, 28) und (III 11, 29), so folgt aus (III 11, 55), (III 11, 78), (III 11, 80) und (III 11, 83)

$$\varphi = -\frac{q_0 \, \mathrm{v}}{4 \, \pi} \left[\lim_{\varDelta p_0 \to 0} \left\{ \int\limits_0^{k_0 - \varDelta p_0} \frac{e^{\gamma(z-\mathrm{v}t)}}{\gamma \, \varDelta_0 \, \varepsilon \, \mathrm{v} - \varkappa} J_0(\gamma \, r) \, \gamma \, d\gamma + \right.\right.$$

$$\left.\left. + \int\limits_{k_0 - \varDelta p_0}^{\infty} \frac{e^{\gamma(z-\mathrm{v}t)}}{\gamma \, \varDelta_0 \, \varepsilon \, \mathrm{v} - \varkappa} J_0(\gamma \, r) \, \gamma \, d\gamma \right\} + \frac{\varkappa}{\varDelta_0 \, \varepsilon \, \mathrm{v}} \, \pi \cdot \frac{e^{\frac{\varkappa}{\varDelta_0 \varepsilon \mathrm{v}}(z-\mathrm{v}t)}}{\varDelta_0 \, \varepsilon \, \mathrm{v}} N_0\left(\frac{\varkappa}{\varDelta_0 \, \varepsilon \, \mathrm{v}} r\right); \right.$$

$$z - \mathrm{v}t < 0; \qquad r > r_0. \qquad \text{(III 11, 85)}$$

Wir setzen hier, (III 11, 66) ergänzend,

$$\zeta' = -\frac{z - \mathrm{v}t}{M} > 0 \qquad\qquad \text{III 11, 86)}$$

und erhalten mit (III 11, 67) aus (III 11, 85) die Darstellung

$$\varphi = -\frac{q_0}{4 \, \pi \, \varDelta_0 \, \varepsilon \, M} \left[\lim_{\varDelta p_0 \to 0} \left\{ \int\limits_0^{1 - \frac{\varDelta p_0}{k_0}} \frac{e^{-\zeta' \Gamma}}{\Gamma - 1} J_0(\varrho \, \Gamma) \, \Gamma \, d\Gamma + \right.\right.$$

$$\left.\left. + \int\limits_{1 + \frac{\varDelta p_0}{k_0}}^{\infty} \frac{e^{-\zeta' \Gamma}}{\Gamma - 1} J_0(\varrho \, \Gamma) \, \Gamma \, d\Gamma \right\} + \pi \, e^{-\zeta'} N_0(\varrho) \right] \qquad \text{(III 11, 87)}$$

des Kristallpotentiales; sie verwandelt sich mit Hilfe der Potenzreihe (III 11, 69) in

$$\varphi = -\frac{q_0}{4\,\pi\,\varDelta_0\,\varepsilon\,M}\cdot\left[\sum_{\nu=0}^{\infty}\frac{(-1)^{\nu}}{(\nu!)^2}\cdot\left(\frac{\varrho}{2}\right)^{2\nu}\cdot\frac{d^{2\nu}}{d\zeta'^{2\nu}}\lim\left\{\int_{\infty}^{1-\frac{\varDelta p_0}{k_0}}\frac{e^{-\zeta'\Gamma}}{\Gamma-1}\,\Gamma\,d\Gamma+\right.\right.$$

$$\left.\left.+\int_{1+\frac{\varDelta p_0}{k_0}}^{\infty}\frac{e^{-\zeta'\Gamma}}{\Gamma-1}\,\Gamma\,d\Gamma\right\}+\pi\,e^{-\zeta'}\,N_0(\varrho)\right]. \qquad \text{(III 11, 88)}$$

Zur Berechnung der Funktion

$$g(\zeta') = \lim_{\varDelta p_0\to 0}\left\{\int_0^{1-\frac{\varDelta p_0}{k_0}}\frac{e^{-\zeta'\Gamma}}{\Gamma-1}\,\Gamma\,d\Gamma+\int_{1+\frac{\varDelta p_0}{k_0}}^{\infty}\frac{e^{-\zeta'\Gamma}}{\Gamma-1}\,\Gamma\,d\Gamma\right\} \qquad \text{(III 11, 89)}$$

substituieren wir anstelle von Γ die Veränderliche

$$u' = -\zeta'(\Gamma-1) \qquad \text{(III 11, 90)}$$

und erhalten auf Grund der Definition

$$\overline{E\,i}(x) = \lim_{\xi\to 0}\left\{\int_{-\infty}^{-\xi}\frac{e^{u'}}{u'}\,du'+\int_{\xi}^{x}\frac{e^{u'}}{u'}\,du'\right\}; \qquad \xi>0;\quad x>0 \qquad \text{(III 11, 91)}$$

des Exponential-Integrales $\overline{E\,i}$ vom positiv-reellen Argumente x aus (III 11, 89)

$$g(\zeta') = \frac{1-\zeta'\,e^{-\zeta'}\,\overline{E\,i}(\zeta')}{\zeta'} \qquad \text{(III 11, 92)}$$

entsprechend Abb. III 11, 3. Aus (III 11, 91) und (III 11, 92) resultieren die Beziehungen

$$\frac{dg}{d\zeta'} = -\frac{1}{\zeta'^2}-g(\zeta'); \qquad \frac{d^2g}{d\zeta'^2} = \frac{2}{\zeta'^3}+\frac{1}{\zeta'^2}+g(\zeta');\quad\ldots \qquad \text{(III 11, 93)}$$

durch deren Einsetzen in (III 11, 88) die für hinreichend kleine [numerische] Radialabstände ϱ und für genügend große [numerische] Abstände $\zeta'>0$ des Aufpunktes von der wandernden Ebene $z=z_e$ brauchbare Entwicklung

$$\varphi = -\frac{q_0}{4\,\pi\,\varDelta_0\,\varepsilon\,M}\left[g(\zeta')-\frac{\varrho^2}{4}\left\{\frac{2}{\zeta'^3}+\frac{1}{\zeta'^2}+g(\zeta')\right\}+\ldots+\pi\,e^{-\zeta'}\,N_0(\varrho)\right] \qquad \text{(III 11, 94)}$$

des Kristallpotentiales entsteht.

g) Die in (III 11, 94) auftretende Komponente

$$\varphi_{st} = -\frac{q_0}{4\,\pi\,\varDelta_0\,\varepsilon\,M}\,\pi\cdot e^{-\zeta'}\,N_0(\varrho); \qquad \zeta'>0 \qquad \text{(III 11, 95)}$$

des Kristallpotentiales genügt schon für sich allein der *Laplace*schen Gleichung. Wir behaupten, daß sie ungeachtet ihrer in (III 11, 86) angezeigten Abhängigkeit von der laufenden Zeit t ein wesentlich elektrostatisches Feld beschreibt und deshalb als *quasistatisches Potential* bezeichnet werden darf.

Zum Beweise dieses Satzes bilden wir zunächst die achsial weisende Komponente der quasistatischen elektrischen Feldstärke und erhalten mit Rücksicht auf (III 11, 86)

$$\mathrm{E^z_{st}} = -\frac{\partial \varphi_{st}}{\partial z} = \frac{1}{\mathrm{M}}\frac{\partial \varphi_{st}}{\partial \zeta'} = \frac{q_0}{4\,\pi\,\varDelta_0\,\varepsilon\,\mathrm{M^2}}\,\pi\cdot\mathrm{e}^{-\zeta'}\,\mathrm{N_0}(\varrho). \qquad \text{(III 11, 96)}$$

Sie erregt die ebenso gerichteten Komponenten

$$\mathrm{j^z_{st(V)}} = \varDelta_0\,\varepsilon\,\frac{\partial \mathrm{E^z_{st}}}{\partial t} = \frac{\varDelta_0\cdot\varepsilon\cdot\mathrm{v}}{\mathrm{M}}\cdot\frac{\partial \mathrm{E^z_{st}}}{\partial \zeta'} = -\varkappa\frac{q_0}{4\,\pi\,\varDelta_0\,\varepsilon\,\mathrm{M^2}}\cdot\pi\cdot\mathrm{e}^{-\zeta'}\mathrm{N_0}(\varrho)$$

$$\text{(III 11, 97)}$$

der Verschiebungsstromdichte und

$$\mathrm{j^z_{st(L)}} = \varkappa\,\mathrm{E^z_{st}} = \varkappa\frac{q_0}{4\,\pi\,\varDelta_0\,\varepsilon\,\mathrm{M^2}}\cdot\pi\cdot\mathrm{e}^{-\zeta'}\mathrm{N_0}(\varrho) \qquad \text{(III 11, 98)}$$

der Leitungsstromdichte, welche einander zu verschwindender Achsialkomponente der Gesamtstromdichte ergänzen

$$\mathrm{j^z_{st}} = \mathrm{j^z_{st(V)}} + \mathrm{j^z_{st(L)}} = 0. \qquad \text{(III 11, 99)}$$

Ähnlich finden wir aus (III 11, 95) für die Radialkomponente der quasistatischen elektrischen Feldstärke mit Rücksicht auf (III 11, 66) den Ausdruck

$$\mathrm{E^r_{st}} = -\frac{\partial \varphi_{st}}{\partial r} = -\frac{1}{\mathrm{M}}\cdot\frac{\partial \varphi_{st}}{\partial \varrho} = -\frac{q_0}{4\,\pi\,\varDelta_0\,\varepsilon\,\mathrm{M^2}}\cdot\pi\cdot\mathrm{e}^{-\zeta'}\mathrm{N_1}(\varrho), \qquad \text{(III 11, 100)}$$

so daß

$$\mathrm{j^r_{st(V)}} = \varDelta_0\,\varepsilon\cdot\frac{\partial \mathrm{E^r_{st}}}{\partial t} = \frac{\varDelta_0\cdot\varepsilon\cdot\mathrm{v}}{\mathrm{M}}\cdot\frac{\partial \mathrm{E^r_{st}}}{\partial \zeta'} = \varkappa\frac{q_0}{4\,\pi\,\varDelta_0\,\varepsilon\,\mathrm{M^2}}\,\pi\,\mathrm{e}^{-\zeta'}\,\mathrm{N_1}(\varrho)$$

$$\text{(III 11, 101)}$$

die von ihr hervorgerufene Komponente der Verschiebungsstromdichte und

$$\mathrm{j^r_{st(L)}} = \varkappa\,\mathrm{E^r_{st}} = -\varkappa\frac{q_0}{4\,\pi\,\varDelta_0\,\varepsilon\,\mathrm{M^2}}\cdot\pi\cdot\mathrm{e}^{-\zeta'}\mathrm{N_1}(\varrho) \qquad \text{(III 11, 102)}$$

jene der Leitungsstromdichte in Richtung wachsenden Radialabstandes mißt; wiederum kompensieren beide Stromanteile einander zu verschwindender Radialkomponente der Gesamtstromdichte

$$\mathrm{j^r_{st}} = \mathrm{j^r_{st(V)}} + \mathrm{j^r_{st(L)}} = 0. \qquad \text{(III 11, 103)}$$

Im Lichte der Aussagen (III 11, 99) und (III 11, 103) erweist sich also das Feld der Potentialkomponente φ_{st} als *stromfrei* und offenbart in eben dieser Eigenschaft seinen quasistatischen Charakter, der oben behauptet wurde.

Wir ergänzen diese Überlegungen durch eine Analyse der Ladungen, welche das Elektron im Kristall influenziert.

Zunächst richten wir unsere Aufmerksamkeit auf jenen Teil der Kanalwandung, welcher jeweils *vor* dem fliegenden Elektron liegt. Die dort herrschende radiale Induktion $\mathrm{D^r}$ ergibt sich aus (III 11, 76) zu

$$\mathrm{D^r} = -\varDelta_0\,\varepsilon\,\frac{\partial \varphi}{\partial r} = -\frac{\varDelta_0\,\varepsilon}{\mathrm{M}}\,\frac{\partial \varphi}{\partial \varrho} = -\frac{q_0}{4\,\pi\,\mathrm{M^2}}\left[\frac{\varrho}{2}\left\{\frac{2}{\zeta^3} - \frac{1}{\zeta^2} + \mathrm{f}(\zeta) + \cdots\right]_{\varrho=\varrho_0=\frac{r_0}{\mathrm{M}}}\right.$$

$$\text{(III 11, 104)}$$

Nun werde die Elektronengeschwindigkeit v als so groß vorausgesetzt, daß der [numerische] Kanalhalbmesser ϱ_0 der Ungleichung

$$\varrho_0 = \frac{r_0}{M} = r_0 \frac{\varkappa}{\varDelta_0 \cdot \varepsilon \cdot v} \ll 1 \qquad \text{(III 11, 105)}$$

genügt. Bei Ausschluß der engsten Umgebung des Elektrons kommt dann gemäß (III 11, 104) an dem kontrollierten Teil der Kanalwandung nur eine sehr schwache Radialinduktion zustande. Wenden wir nunmehr den *Gauß*schen Integralsatz auf den „vorderen Halbkanal" $\zeta > 0$ an, so gelangen wir zu dem Schlusse: Im Falle hinreichend großer Fluggeschwindigkeiten vermag das Elektron den vorwärts gelegenen Kristallbereich nicht merklich zu influenzieren.

Wenden wir uns jetzt zu dem jeweils hinter dem fliegenden Elektron gelegenen Teil der Kanalwandung, so haben wir uns an die Potentialdarstellung (III 11, 94) zu halten und finden für die Radialinduktion die Summe

$$D^r = -\frac{\varDelta_0\,\varepsilon}{M}\frac{\partial\varphi}{\partial\varrho} = -\frac{\varDelta_0\,\varepsilon}{M}\frac{\partial(\varphi - \varphi_{\mathrm{st}})}{\partial\varrho} - \frac{\varDelta_0\,\varepsilon}{M}\frac{\partial\varphi_{\mathrm{st}}}{\partial\varrho} =$$

$$= -\frac{q_0}{4\,\pi\,M^2}\left[\frac{\varrho}{2}\left\{\frac{2}{\zeta'^3} + \frac{1}{\zeta'^2} + g(\zeta')\right\} - + \cdots\right] -$$

$$- \frac{q_0}{4\,\pi\,M^2}\,\pi\,\mathrm{e}^{-\zeta'}\,N_1(\varrho); \qquad \left[\varrho = \varrho_0 = \frac{r_0}{M}\right]. \qquad \text{(III 11, 106)}$$

Nun gilt für hinreichend kleine ϱ die Entwicklung

$$N_1(\varrho) = -\frac{2}{\pi}\cdot\frac{1}{\varrho} + \cdots. \qquad \text{(III 11, 107)}$$

Bei abermaligem Ausschluß der unmittelbaren Umgebung des Elektrons fällt daher, unter der Voraussetzung (III 11, 105), der absolute Betrag des zweiten Postens der Summe (III 11, 106) sehr groß gegen jenen des ersten Postens aus, so daß wir (III 11, 106) hinreichend genau durch

$$D^r \approx -\frac{q_0}{4\,\pi\,M^2}\cdot\pi\cdot\mathrm{e}^{-\zeta'}\,N_1(\varrho) \approx \frac{q_0}{2\,\pi\,M^2}\frac{\mathrm{e}^{-\zeta'}}{\varrho} \quad \text{für} \quad \varrho = \varrho_0 \quad \text{(III 11, 108)}$$

approximieren dürfen. Auf Grund des *Gauß*schen Integralsatzes ist somit jeder Längeneinheit des Kanalabschnittes $\zeta' > 0$ die Ladung

$$\lambda' = 2\,\pi\,r_0\,D^r = 2\,\pi\,M\,\varrho_0\,D^r = \frac{q_0}{M}\mathrm{e}^{-\zeta'} \qquad \text{(III 11, 109)}$$

genetisch zuzuordnen, so daß der hintere Halbkristall die Influenzladung

$$q' = \int\limits_{z=-\infty}^{0} \lambda'\,\mathrm{d}z = M\int\limits_{0}^{\infty} \lambda'\,\mathrm{d}\zeta' = +\,q_0 \qquad \text{(III 11, 110)}$$

enthält: Sie kompensiert genau die influenzierende Elektronenladung! Bei hinreichend rascher Bewegung des Elektrons krümmen sich also die ihm entspringenden Feldlinien rückwärts und folgen ihrer Quelle wie der Schweif eines Kometen seinem Kopfe, wobei ihre Senkendichte je Einheit der Schweiflänge mit wachsendem Abstand vom Elektron exponentiell abfällt.

h) Das vom Elektron im Kristall geweckte elektrische Feld sucht die Elektronenbewegung mit einer antiparallel der z-Achse wirkenden *Brems-*

kraft F zu hemmen. Zur Berechnung dieser Kraft bedienen wir uns des *Energieprinzipes*: Um ungeachtet des Bremswiderstandes die nach Voraussetzung ja gleichförmige Bewegung des Elektrons aufrecht zu erhalten, muß man dieses mit der Antriebskraft

$$F' = F \qquad \text{(III 11, 111)}$$

in Richtung der z-Achse vorwärts ziehen; die hierbei aufgewandte Leistung

$$P = F' \cdot v \qquad \text{(III 11, 112)}$$

wird durch Vermittelung der im Kristall erregten elektrischen Ströme in *Joule*sche Wärme verwandelt. Bezeichnen wir durch φ_0 das Kristallpotential an der Kanalwandung und durch $j^r{}_0$ die ebendort gemessene Radialkomponente der Gesamtstromdichte, so finden wir also

$$P = \int\limits_{z=-\infty}^{\infty} \varphi_0 \, j^r{}_0 \, 2\,\pi\,r_0 \, dz. \qquad \text{(III 11, 113)}$$

Zu Gl. (III 11, 51) zurückkehrend, berechnen wir zunächst die Radialkomponente der elektrischen Feldstärke

$$E^r = -\frac{\partial \varphi}{\partial r} = \qquad \text{(III 11, 114)}$$

$$= \frac{q_0\,v}{4\,\pi} \int\limits_{0}^{\infty} \frac{1\,\varDelta_0 \cdot \varepsilon \cdot v \cos\{l(z-v\,t)\} + \varkappa \sin\{l(z-v\,t)\}}{(1 \cdot \varDelta_0 \cdot \varepsilon \cdot v)^2 + \varkappa^2}\, H_1{}^{(1)}(i\,l\,r)\,l^2\,dl$$

und aus ihr die Radialkomponente der Gesamtstromdichte

$$j^r = \left(\varkappa + \varDelta_0 \cdot \varepsilon \frac{\partial}{\partial t}\right) E^r = \frac{q_0\,v}{4\,\pi} \int\limits_{0}^{\infty} \sin\{l(z-v\,t)\}\, H_1{}^{(1)}(i\,l\,r)\,l^2\,dl. \qquad \text{(III 11, 115)}$$

Auf Grund ihrer Antimetrie in bezug auf das Argument $\{l(z-v\,t)\}$ geht in das Produktintegral (III 11, 113) nur der ebenso antimetrische Anteil

$$\varphi^{(a)} = -\frac{q_0\,v}{4\,\pi} \int\limits_{0}^{\infty} \frac{\varkappa \sin\{l(z-v\,t)\}}{(1\,\varDelta_0\,\varepsilon\,v)^2 + \varkappa^2}\, i\,H_0{}^{(1)}(i\,l\,r)\,l\,dl \qquad \text{(III 11, 116)}$$

des Potentiales φ leistungsbildend ein.

Um nun jenes Integral auszuwerten, machen wir von folgendem Sonderfall des *Parseval*schen Satzes Gebrauch: Es seien $a_1 = a_1(x)$ und $a_2 = a_2(x)$ zwei je reelle Funktionen des reellen Argumentes x, welche gleichzeitig die Eigenschaften der Antimetrie

$$a_1(-x) = -a_1(x); \qquad a_2(-x) = -a_2(x) \qquad \text{(III 11, 117)}$$

aufweisen; daher sind sie der *Fourier*schen Integraldarstellungen

$$a_1(x) = \int\limits_{0}^{\infty} \sigma_1(l) \sin\{l\,x\}\, dl; \qquad a_2(x) = \int\limits_{0}^{\infty} \sigma_2(l) \sin\{l\,x\}\, dl \qquad \text{(III 11, 118)}$$

fähig, deren Spektraldichten $\sigma_1(l)$ und $\sigma_2(l)$ sich aus den Ausgangsfunktionen $a_1(x)$ und $a_2(x)$ nach den Vorschriften

$$\sigma_1(l) = \frac{2}{\pi} \int\limits_{0}^{\infty} a_1(x') \sin\{l\,x'\}\, dx'; \qquad \sigma_2(l) = \frac{2}{\pi} \int\limits_{0}^{\infty} a_2(x') \sin\{l\,x'\}\, dx'$$

$$\text{(III 11, 119)}$$

berechnen. Nun bilden wir — unter der Annahme seiner Existenz — das Integral

$$\Pi = \int_{-\infty}^{\infty} a_1(x)\, a_2(x)\, dx = 2 \int_0^{\infty} a_1(x)\, a_2(x)\, dx. \qquad \text{(III 11, 120)}$$

Ersetzen wir in ihm etwa a_2 durch die aus (III 11, 118) zu entnehmende *Fourier*darstellung, so entsteht zunächst

$$\Pi = 2 \int_{x=0}^{\infty} \int_{l=0}^{\infty} a_1(x)\, \sigma_2(l)\, \sin\{l\,x\}\, dl\, dx \qquad \text{(III 11, 121)}$$

und wenn wir hier die Integration nach x ausführen und beachten, daß die Integrationsvariable x' der Spektraldarstellungen (III 11, 119) ohne Änderung des Ergebnisses in x umbenannt werden darf,

$$\Pi = \pi \int_{l=0}^{\infty} \sigma_1(l)\, \sigma_2(l)\, dl. \qquad \text{(III 11, 122)}$$

Bei der Anwendung dieses Satzes auf (III 11, 113) haben wir gemäß (III 11, 115) und (III 11, 116)

$$\sigma_1 = \frac{q_0\,v}{4\,\pi}\, H_1^{(1)}(i\,l\,r_0)\, l^2; \qquad \sigma_2 = -\frac{q_0\,v}{4\,\pi}\, \frac{\varkappa}{(l\,\varDelta_0\,\varepsilon\,v)^2 + \varkappa^2}\, \cdot i \cdot H_0^{(1)}(i\,l\,r_0)\, l$$

$$\text{(III 11, 123)}$$

zu substituieren und erhalten für die Leistung P den Ausdruck

$$P = 2\,\pi\,r_0 \left(\frac{q_0\,v}{4\,\pi}\right)^2 \pi \int_0^{\infty} \frac{\varkappa}{(l\,\varDelta_0\,\varepsilon\,v)^2 + \varkappa^2}\, i\, H_0^{(1)}(i\,l\,r_0)\, [-H_1^{(1)}(i\,l\,r_0)]\, l^3\, dl,$$

$$\text{(III 11, 124)}$$

welcher sich mit

$$\varLambda = l \cdot r_0 \qquad \text{(III 11, 125)}$$

in

$$P = \frac{1}{8} \left(\frac{q_0}{\varDelta_0\,\varepsilon\,r_0}\right)^2 (\varkappa\,r_0) \cdot \int_0^{\infty} \frac{i\, H_0^{(1)}(i\,\varLambda)\, [-\varLambda\, H_1^{(1)}(i\,\varLambda)]}{\varrho_0^2 + \varLambda^2}\, \varLambda^2\, d\varLambda$$

$$\text{(III 11, 126)}$$

verwandelt. Wir setzen abkürzend

$$\psi(\varrho_0) = \int_0^{\infty} \frac{i\, H_0^{(1)}(i\,\varLambda)\, [-\varLambda\, H_1^{(1)}(i\,\varLambda)]}{\varrho_0^2 + \varLambda^2}\, \varLambda^2\, d\varLambda. \qquad \text{(III 11, 127)}$$

Abb. III 11, 6 zeigt den mittels numerischer Integration ermittelten Verlauf dieser Funktion; für $\varrho_0 \to 0$ konvergiert sie gegen den Festwert

$$\lim_{\varrho_0 \to 0} \psi(\varrho_0) = \psi_0 = \int_0^{\infty} i\, H_0^{(1)}(i\,\varLambda)\, [-\varLambda\, H_1^{(1)}(i\,\varLambda)]\, d\varLambda = 0{,}5 \quad \text{(III 11, 128)}$$

während ihr asymptotisches Verhalten für $\varrho_0 \gg 1$ durch die Näherung

$$\psi(\varrho_0) \approx \frac{1}{\varrho_0^2} \int_0^{\infty} i\, H_0^{(1)}(i\,\varLambda)\, [-\varLambda\, H_1^{(1)}(i\,\varLambda)]\, \varLambda^2\, d\varLambda = \frac{0{,}17}{\varrho_0^2} \quad \text{(III 11, 129)}$$

beschrieben wird.

Bringen wir jetzt die Definition des dimensionsfreien, numerischen Kanalhalbmessers ϱ_0 in die Gestalt

$$\frac{1}{v} = \frac{\Delta_0\,\varepsilon}{\varkappa\,r_0}\,\varrho_0, \qquad\qquad \text{(III 11, 130)}$$

so resultiert aus (III 11, 112) für die gesuchte Bremskraft die Darstellung

$$F = F' = \frac{1}{8}\,\frac{q_0{}^2}{\Delta_0\,\varepsilon\,r_0{}^2}\cdot\varrho_0\,\psi(\varrho_0) \qquad\qquad \text{(III 11, 131)}$$

Abb. III 11, 7 veranschaulicht ihren Verlauf in Abhängigkeit vom Kehrwert des numerischen Kanalhalbmessers

$$\frac{1}{\varrho_0} = \frac{\Delta_0\,\varepsilon}{\varkappa\,r_0}\cdot v, \qquad\qquad \text{(III 11, 132)}$$

welcher im Lichte dieser Gleichung ein *dimensionsfreies Maß der Elektronengeschwindigkeit* liefert. Bei hinreichend niedrigen Werten dieser

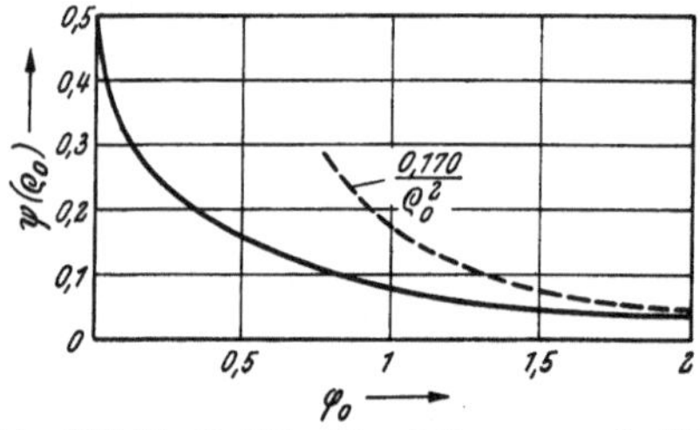

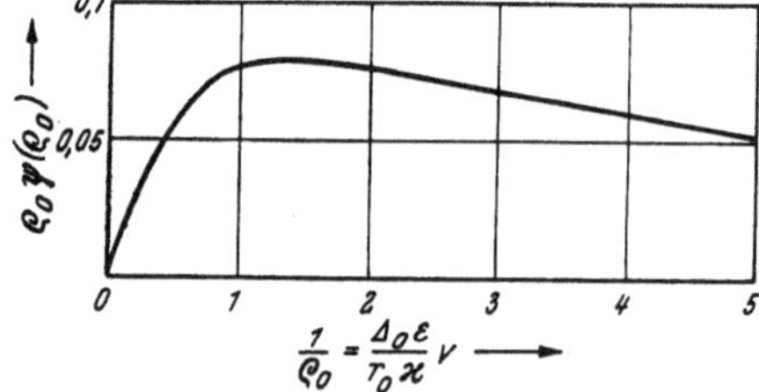

Abb. III 11, 6. Die Funktion ψ nach Gl. (III 11, 117). Statt φ_0 (Abszisse] lies ϱ_0.

Abb. III 11, 7. Verlauf der Bremskraft als Funktion der Geschwindigkeit.

[numerischen] Geschwindigkeit besteht somit Proportionalität zwischen ihr und der Bremskraft; das Verhältnis

$$\beta = \lim_{v\to 0}\left|\frac{q_0\,v}{F}\right| = 8\,\frac{\varkappa\,r_0{}^3}{q_0}\lim_{\varrho_0\to\infty}\frac{1}{\varrho_0{}^2\,\psi(\varrho_0)} = \frac{8}{0,17}\cdot\frac{\varkappa\,r_0{}^3}{q_0} \qquad \text{(III 11, 133)}$$

definiert die *Beweglichkeit* des Elektrons, welche hiernach nur mit der Leitfähigkeit $\varkappa$ seines Wirtskristalles, nicht jedoch mit dessen [relativer] Dielektrizitätskonstante ε verknüpft ist. Dieses Ergebnis stimmt mit den Aussagen der *Drude-Sommerfeld*schen *Elektronentheorie der Metalle* wohl überein: Sei n die — dort als fest vorgegeben geltende — Dichte der „freien" Elektronen je Raumeinheit, so errechnet sich die elektrische Leitfähigkeit $\varkappa$ aus der Gleichung

$$\varkappa = q_0\cdot n\cdot\beta, \qquad\qquad \text{(III 11, 134)}$$

sofern man allerdings über alle gleichzeitig vorkommenden Elektronengeschwindigkeiten mittelt. Unter bewußtem Verzicht auf diese statistische Verfeinerung liefert der Vergleich von (III 11, 133) mit (III 11, 134) die Relation

$$\frac{8}{0,17}\,r_0{}^3 = \frac{1}{n};\qquad r_0 = \sqrt[3]{\frac{0,17}{8}}\cdot\sqrt[3]{\frac{1}{n}} = 0,277\,\sqrt[3]{\frac{1}{n}}. \qquad \text{(III 11, 135)}$$

Sie besagt, daß der — bisher willkürlich angenommene — Kanalhalbmesser r_0 bis auf einen Zahlenfaktor der Größenordnung 1 dem mittleren Abstand zwischen je zwei benachbarten freien Metallelektronen gleich zu setzen ist.

Diese so einfache Beschreibung der Elektronenkinetik in Kristallen mittels einer konstanten Beweglichkeit versagt jedoch, sobald sich die [numerische] Geschwindigkeit $(1/\varrho_0)$ des kontrollierten Elektrons von unten her der Größe 1 nähert: Nach Ausweis der Abb. III 11, 7 nimmt dann die Bremskraft F′ *langsamer als proportional* der [numerischen] Geschwindigkeit zu; bei dem „kritischen" Werte

$$\left(\frac{1}{\varrho_0}\right)_{kr} = \frac{\varDelta_0\,\varepsilon}{\varkappa\,r_0}\cdot v_{kr} \approx 1{,}3, \qquad \text{(III 11, 136)}$$

entsprechend der *kritischen Geschwindigkeit*

$$v_{kr} = 1{,}3\cdot\frac{\varkappa\,r_0}{\varDelta_0\,\varepsilon}, \qquad \text{(III 11, 137)}$$

erreicht die Bremskraft den *Höchstwert*

$$F'_{max} \approx \frac{1}{8}\,\frac{q_0{}^2}{\varDelta_0\,\varepsilon\,r_0{}^2}\cdot 0.08 = 0{,}01\,\frac{q_0{}^2}{\varDelta_0\,\varepsilon\,r_0{}^2}. \qquad \text{(III 11, 138)}$$

Falls also das kontrollierte Elektron durch ein stationäres elektrisches Feld der vektoriellen Stärke E angetrieben wird

$$|F| = q_0\,|E| = |F'|, \qquad \text{(III 11, 139)}$$

so verlangt die gleichförmige Bewegung jenes Elektrons die Beschränkung der Feldstärken auf den Bereich

$$|E| < |E_{max}| = \frac{|F'_{max}|}{q_0} = 0{,}01\,\frac{q_0}{\varDelta_0\,\varepsilon\,r_0{}^2}, \qquad \text{(III 11, 140)}$$

während die Beanspruchung des Kristalles mit Feldstärken

$$|E| > |E_{max}| \qquad \text{(III 11, 141)}$$

dem Elektron eine dauernd anwachsende Geschwindigkeit erteilen würde: Die Feldstärke E_{max} definiert den *Durchbruch* des Kristalles. Beschreibt man den gleichen Sachverhalt mittels der *Strom-Spannungskennlinie* des Kristalles, so erkennt man im Gang der Bremskraft mit der numerischen Geschwindigkeit $(1/\varrho_0)$ für

$$\left(\frac{1}{\varrho_0}\right) > \left(\frac{1}{\varrho_0}\right)_{kr} \qquad \text{(III 11, 142)}$$

eine *fallende Charakteristik*, welche an das Verhalten der *Tunneldioden* [Ziffer IV 10] erinnert. Ebenso sei auf die enge, innere Verwandtschaft der Bremskraft-Geschwindigkeitskurve mit der wohlbekannten Abhängigkeit des Drehmoments eines dreiphasigen Induktionsmotors von dessen Schlüpfung hingewiesen.

i) Wir wenden die vorstehenden Überlegungen auf das Beispiel eines kristallinischen Halbleiters an, welcher sich durch die Daten

$$\varkappa = 10^2\,\frac{1}{\varOmega\text{m}}; \qquad \varepsilon = 16; \qquad n = 10^{24}\,\frac{1}{\text{m}^3}$$

[Germanium] auszeichnet. Aus (III 11, 135) findet sich dann der Kanalhalbmesser

$$r_0 = 0{,}277\cdot 10^{-8}\,\text{m},$$

während für die kritische Elektronengeschwindigkeit nach (III 11, 137) der Wert

$$v_{kr} = 1{,}3\cdot\frac{10^2\cdot 0{,}277\cdot 10^{-8}}{16}\cdot 4\,\pi\cdot 9\cdot 10^9 = 2{,}54\cdot 10^3\,\frac{\text{m}}{\text{sec}}$$

resultiert. Endlich berechnet man aus (III 11, 140) die Durchbruchsfeldstärke

$$|E_{\max}| = 0{,}01 \cdot \frac{1{,}60 \cdot 10^{-19} \cdot 4\,\pi \cdot 9 \cdot 10^{9}}{16 \cdot 0{,}277^{2} \cdot 10^{-16}} = 1{,}475 \cdot 10^{6}\,\frac{\mathrm{V}}{\mathrm{m}}\,,$$

so daß eine „Sperrschicht" der Dicke

$$d = 10^{-6}\,\mathrm{m} = 10^{4}\,\mathrm{\mathring{A}}$$

von der Spannung

$$|U_{\max}| = d \cdot |E_{\max}| = 1{,}475\,\mathrm{V}$$

durchschlagen werden würde.

Viertes Kapitel

Kollektive Kristallelektronik.

IV 1. Innere Elektronenemission in Reinhalbleitern.

a) Wir beschäftigen uns im folgenden mit dem thermodynamischen Gleichgewichte der Elektronen in einem ideellen, chemisch homogenen Kristalle, dessen Mikrogitter von den Basisvektoren $(a_1; a_2; a_3)$ störungsfrei aufgespannt wird.

Als bekannt gilt die Gesamtenergie η des Einzelelektrons in Abhängigkeit von seinem beschränkten Ausbreitungsvektor k^0 im ν-ten Energiebande

$$\eta = \eta_\nu(k^0). \qquad (IV\ 1,\ 1)$$

Der Einfachheit halber werde angenommen, daß die je durch ihren „Namen" ν individualisierten Bänder sich nirgends energetisch überlappen, also stets durch „verbotene" Zonen endlicher Breite voneinander getrennt sind.

b) Als Ausgang der beabsichtigten Untersuchung dient das Verhalten des Kristalles beim Nullpunkt der absoluten Temperatur T

$$T \to 0. \qquad (IV\ 1,\ 2)$$

Auf Grund der *Fermi*statistik besetzen dann die Kristallelektronen innerhalb aller ihnen quantenmechanisch erlaubten Zustände lediglich die energetisch tiefsten, diese aber lückenlos. Wir erinnern uns nun, daß jedes diskrete Energieband den „spinnenden" Elektronen dem *Pauli*prinzip gemäß je Kristallatom genau zwei Plätze zur Verfügung stellt. Schließen wir also festen Wasserstoff von der weiteren Behandlung aus — er kristallisiert nicht als atomarer, sondern als molekularer Wasserstoff —, so ist hiernach gewiß mindestens *ein* Energieband voll besetzt. Welche *kollektive Elektronenströmung* kommt in einem solchen Band zustande?

Wir begeben uns in den k^0-Raum und richten dort unsere Aufmerksamkeit auf das quaderförmige Element der je infinitesimal kurzen Kanten $dk_1^0; dk_2^0; dk_3^0$, welches zur Gänze dem Würfel

$$-\pi \leqq k_j^0 \leqq \pi; \qquad j = 1; 2; 3 \qquad (IV\ 1,\ 3)$$

angehört. Bezeichnen wir nun, um Verwechslungen mit dem Symbol der absoluten Temperatur auszuschließen, durch

$$\tau_0 = (a_1\ [a_2\ a_3]) \qquad (IV\ 1,\ 4)$$

das Volumen je Mikrogitterzelle, so enthält das Element (IV 1, 3) des k^0-Raumes entsprechend (III 6, 62) — nachdem man T_0 durch τ_0 ersetzt hat — je Konfigurationsraumeinheit des Kristalles

$$dz' = \frac{2}{\tau_0} \frac{dk_1^0\, dk_2^0\, dk_3^0}{(2\,\pi)^3} \qquad (IV\ 1,\ 5)$$

Elektronen. Bei der Analyse ihrer Bewegung unterscheiden wir zwei Fälle:

1. Im *makroskopisch feldfreien* Zustande des Kristalles durchwandert jedes Elektron der Gruppe (IV 1, 5) mit der Korpuskulargeschwindigkeit

$$\langle v \rangle = \frac{1}{\hbar}\,\mathrm{grad}_{k^0}\,\eta \qquad (IV\ 1,\ 6)$$

seinen Wirtskörper. Daher transportiert jene Gruppe als ganzes die infinitesimal schwache, elektrische Konvektionsstromdichte

$$dj = -\,q_0\,\langle v \rangle\,dz' = -\,\frac{q_0}{\hbar}\,\frac{1}{4\,\pi^3\,\tau_0}\,\mathrm{grad}_{k^0}\,\eta \cdot dk_1{}^0\,dk_2{}^0\,dk_3{}^0 \qquad (IV\ 1,\ 7)$$

aus deren Integration über den Bereich des Würfels (IV 1, 3) die Gesamtstromdichte

$$j = -\,\frac{q_0}{\hbar} \cdot \frac{1}{4\,\pi^3\,\tau_0}\int\limits_{k_1{}^0=-\pi}^{\pi}\int\limits_{k_2{}^0=-\pi}^{\pi}\int\limits_{k_3{}^0=-\pi}^{\pi}\mathrm{grad}_{k^0}\,\eta \cdot dk_1{}^0\,dk_2{}^0\,dk_3{}^0 \qquad (IV\ 1,\ 8)$$

resultiert. Insbesondere folgt aus dieser Gleichung etwa für die parallel zum Basisvektor a_1 weisende, kontravariante Komponente j^1 der Stromdichte [Dimension Stromstärke geteilt durch Länge!] der Ausdruck

$$j^1 = -\,\frac{q_0}{\hbar}\,\frac{1}{4\,\pi^3\,\tau_0}\int\limits_{k_1{}^0=-\pi}^{\pi}\int\limits_{k_2{}^0=-\pi}^{\pi}\int\limits_{k_3{}^0=-\pi}^{\pi}\frac{\partial\eta}{\partial k_1{}^0}\,dk_1{}^0\,dk_2{}^0\,dk_3{}^0. \qquad (IV\ 1,\ 9)$$

Führt man in ihm zunächst die Integration bezüglich $k_1{}^0$ aus und beachtet dann die Periodizität (III 6, 97) der Energiefunktion, so ergibt sich

$$j^1 = 0. \qquad (IV\ 1,\ 10)$$

Da die nämliche Schlußweise auch auf die kontravarianten Komponenten j^2 und j^3 der Stromdichte anwendbar ist, gelangen wir, zusammenfassend, zu der vektoriellen Aussage

$$j = 0. \qquad (IV\ 1,\ 11)$$

Zufolge ihrer Herleitung aus dem stationären Quantenzustande der Kristallelektronen beansprucht diese Gleichung für jeden Kontrollaugenblick t in demselben Maße strenge Gültigkeit, als man der Korpuskulargeschwindigkeit $\langle v \rangle$ die Qualität einer physikalisch genau bestimmbaren Größe zuerkennt; nimmt man diesen Standpunkt ein, so schließt Gl. (IV 1, 11) die Möglichkeit spontaner Stromschwankungen innerhalb des vollbesetzten Energiebandes aus, die sich nach außen als *Rauschen* bemerkbar machen würden.

2. Vom Zeitpunkt t = 0 ab möge der Kristall dem Eingriff eines homogenen elektrischen Makrofeldes ausgesetzt werden, dessen vektorielle Stärke E weiterhin konstant gehalten werde. Wie wir wissen, können dann einzelne Elektronen aus dem nach Voraussetzung ja lückenlos gefüllten Bande in energetisch höher gelegene Bänder überführt werden, sofern diese nur ganz oder teilweise leer sind; doch bleibt, bei Ausschluß übermäßig starker, den *Zener*effekt einleitender Felder, die Wahrscheinlichkeit eines solchen Prozesses derart gering, daß wir innerhalb nicht zu langer Zeitspannen die Sprünge der Elektronen von Band zu Band außer acht lassen dürfen. In der hierdurch angezeigten Näherung, die man durch die symbolisch aufzufassende Vorschrift

$$|E| \to 0 \qquad (IV\ 1,\ 12)$$

andeuten mag, beschränkt sich also die Wirkung des makroskopischen elektrischen Feldes auf die *Beschleunigung* der Kristallelektronen: Nach

(III 9, 66) und (III 9, 67) erfahren die Elektronen der Gruppe (IV 1, 5) je Einheit der laufenden Zeit $t > 0$ im Mittel den Geschwindigkeitszuwachs

$$\langle a \rangle = - q_0 \, \Theta \cdot E, \qquad (IV\ 1,\ 13)$$

wobei Θ den symmetrischen Tensor zweiter Stufe

$$\Theta = \frac{1}{\hbar^2} \operatorname{Grad}_{k^0} \operatorname{grad}_{k^0} \eta \qquad (IV\ 1,\ 14)$$

der kontravarianten Komponenten

$$\Theta^{jl} = \frac{1}{\hbar^2} \frac{\partial^2 \eta}{\partial k_j{}^0 \, \partial k_l{}^0}; \qquad \left.\begin{matrix} j \\ l \end{matrix}\right\} = 1; 2; 3 \qquad (IV\ 1,\ 15)$$

im Konfigurationsraum bezeichnet. Da somit bis zum Kontrollaugenblick $t > 0$ die Korpuskulargeschwindigkeit der Elektronengruppe (IV 1, 5) von ihrem in Gl. (IV 1, 6) gegebenen „Anfangswert" $\langle v \rangle$ um

$$\langle \varDelta v \rangle = \langle a \rangle \cdot t \qquad (IV\ 1,\ 16)$$

angewachsen ist, liefert die gleichzeitige Beschleunigung aller Elektronen des untersuchten Bandes die Zusatzstromdichte

$$\varDelta j = \frac{q_0{}^2 E \cdot t}{4 \, \pi^3 \, \tau_0} \int\limits_{k_1{}^0 = -\pi}^{\pi} \int\limits_{k_2{}^0 = -\pi}^{\pi} \int\limits_{k_3{}^0 = -\pi}^{\pi} \Theta \cdot dk_1{}^0 \, dk_2{}^0 \, dk_3{}^0. \quad (IV\ 1,\ 17)$$

Insbesondere berechnet sich hiernach die parallel zu a_1 weisende, kontravariante Komponente $\varDelta j^1$ dieser Zusatzstromdichte, welche von den kovarianten Feldkomponenten $E_1; E_2; E_3$ verursacht wird, mittels der Anweisung

$$\varDelta j^1 = \frac{q_0{}^2 \, t}{4 \, \pi^3 \, \tau_0 \, \hbar^2} \int\limits_{k_1{}^0 = -\pi}^{\pi} \int\limits_{k_2{}^0 = -\pi}^{\pi} \int\limits_{k_3{}^0 = -\pi}^{\pi} \cdot \qquad (IV\ 1,\ 18)$$

$$\cdot \left[E_1 \cdot \frac{\partial^2 \eta}{\partial k_1{}^{02}} + E_2 \frac{\partial^2 \eta}{\partial k_1{}^0 \, \partial k_2{}^0} + E_3 \frac{\partial^2 \eta}{\partial k_1{}^0 \, \partial k_3{}^0} \right] dk_1{}^0 \, dk_2{}^0 \, dk_3{}^0.$$

Führt man abermals zuerst die Integration über $k_1{}^0$ aus und beachtet die Periodizität (III 6, 97), so folgt aus (IV 1, 18)

$$\varDelta j^1 = 0 \qquad (IV\ 1,\ 19)$$

und weiter, da ebenso $\varDelta j^2 = 0$ und $\varDelta j^3 = 0$ gilt, durch vektorielle Zusammenfassung dieser Aussagen

$$\varDelta j = 0. \qquad (IV\ 1,\ 20)$$

Ungeachtet seines Reichtums an beweglichen Elektronen trägt also das vollbesetzte Energieband nichts zur elektrischen Leitfähigkeit des Kristalles bei! Dieses auf den ersten Blick gewiß höchst überraschende Ergebnis der Theorie erschließt sich jedoch im Lichte der *Fermi*statistik der physikalischen Anschauung: Da ja das Energieband nach Voraussetzung lückenlos gefüllt ist und wir durch die Vorschrift (IV 1, 12) Elektronenübergänge von Band zu Band nachdrücklich ausgeschlossen haben, kann das beschleunigende Makrofeld bestenfalls einen *Platzwechsel* zweier Elektronen im k-Raum erzwingen, welcher sich jedoch wegen der Ununterscheidbarkeit der Elektronen der Wahrnehmung entzieht; daher müssen sich mit und ohne makroskopisches Feld stets ebensoviele Elektronen in einer Richtung wie in der gerade entgegengesetzten bewegen, und eben diese Kompensation spiegelt sich in den Gleichungen (IV 1, 11) und

(IV 1, 20) wider. Es mag jedoch der Deutlichkeit halber wiederholt werden, daß diese Folgerungen nur im Grenzfalle (IV 1, 12) strenge Gültigkeit beanspruchen dürfen.

c) Von nun an ergänzen und verschärfen wir die Annahme des beim Nullpunkt der absoluten Temperatur vollbesetzten [untersten] Energiebandes durch die Voraussetzung, daß ebendann sämtliche energetisch höher gelegenen Bänder völlig elektronenleer seien. Der Kristall repräsentiert sich also gegenüber nicht zu starken elektrischen Makrofeldern als *Isolator*, der als solcher erst bei Anwendung sehr hoher Elektrodenspannungen durchschlagen werden kann.

Wir lassen nunmehr die Annahme $T \to 0$ fallen. Welche statistische Elektronenverteilung stellt sich in einem makrofeldfreien Kristall der vorstehend geschilderten Nullpunktseigenschaften bei endlichem, gleichförmigem Werte

$$T > 0 \qquad (IV\ 1,\ 21)$$

seiner absoluten Temperatur ein?

Während wir bisher das durchschnittliche Mikropotential Φ_0 des homogenen Kristalles gemäß der Übereinkunft (III 6, 4) gleich Null setzten, empfiehlt es sich hier, mit Rücksicht auf später notwendige Verallgemeinerungen, seinen [konstanten] Wert vorerst nicht festzulegen. Solange immer dann von den Mikroschwankungen des elektrischen Skalarpotentiales innerhalb der Zellen des kristallinischen Raumgitters nicht die Rede ist, dürfen wir, ohne uns der Gefahr von Irrtümern auszusetzen, das Symbol Φ_0 mit dem Zeichen φ vertauschen. Die gesamte „*Kristallenergie*" η des Einzelelektrons, die früher als Eigenwert seiner zeitfreien *Schrödinger*gleichung im Falle $\Phi_0 = \varphi = 0$ ermittelt wurde, erhöht sich daher nunmehr auf

$$\bar{\eta} = \eta - q_0\,\varphi. \qquad (IV\ 1,\ 22)$$

Zu der Angabe

$$\varphi = \mathrm{const} \qquad (IV\ 1,\ 23)$$

als Kennzeichen des *elektrischen* Gleichgewichtes im Kristall gesellt sich die Eigenschaft

$$\psi = \mathrm{const} \qquad (IV\ 1,\ 24)$$

des elektrochemischen Potentiales als Bedingung des *thermodynamischen* Gleichgewichtes.

d) Wir bezeichnen durch den Bandvektor I das niedrigste, bei der absoluten Temperatur $T \to 0$ gänzlich leere Energieband und durch

$$\eta_I = \eta_I(k^0) \qquad (IV\ 1,\ 25)$$

die in ihm auf die Basis $\varphi = \Phi_0 = 0$ bezogene, *Schrödinger*sche Gesamtenergie des Einzelelektrons in ihrer Abhängigkeit vom beschränkten Ausbreitungsvektor k^0. Auf Grund der *Fermi*statistik mißt dann

$$w_I = \frac{1}{e^{\frac{1}{kT}\,[\eta_I - q_0(\varphi - \psi)]} + 1} \qquad (IV\ 1,\ 26)$$

[k = *Boltzmann*sche Konstante] die *Besetzungswahrscheinlichkeit* eines dem Band I angehörigen Platzes bei der absoluten Temperatur $T > 0$; daher haben wir gemäß (IV 1, 5) und (IV 1, 26) je Raumeinheit des Kristalles

$$n_I = \frac{2}{(2\pi)^3\,\tau_0} \int\limits_{k_1^0 = -\pi}^{\pi} \int\limits_{k_2^0 = -\pi}^{\pi} \int\limits_{k_3^0 = -\pi}^{\pi} \frac{dk_1^0\,dk_2^0\,dk_3^0}{e^{\frac{1}{kT}\,[\eta_I - q_0(\varphi - \psi)]} + 1} \qquad (IV\ 1,\ 27)$$

„Band I-Elektronen" zu erwarten.

Gehen wir jetzt, bei festem Bandvektor I, vom *beschränkten* Ausbreitungsvektor k^0 zum *unbeschränkten* Ausbreitungsvektor k über, so erweist sich zufolge (III 6, 97) die aus (IV 1, 25) durch den Prozeß $k^0 \to k$ hervorgehende Energiefunktion — wir behalten der Kürze halber ihr früheres Symbol unverändert bei —

$$\eta_I = \eta_I(k) \qquad (IV\ 1,\ 28)$$

als *dreifach-periodisch*. Im Lichte dieser Eigenschaft steht es uns frei, den Ursprung des k-Raumes so zu wählen, daß ebendort die Energie η_I ihren *Kleinstwert* annimmt:

$$\eta_I(0) = \eta_{I,\,min}. \qquad (IV\ 1,\ 29)$$

Nun bedienen wir uns des symmetrischen Tensors zweiter Stufe

$$\Theta_I = \frac{1}{\hbar^2}\,(Grad_k\ grad_k\ \eta_I)_{k\,=\,0} \qquad (IV\ 1,\ 30)$$

im k-Raum. Transformieren wir ihn dort von seinem ursprünglichen Bezugssystem $(k_1;\ k_2;\ k_3)$ auf das System $(K_1;\ K_2;\ K_3)$ seiner drei paarweise zueinander orthogonalen *Hauptachsen*, so gilt in der Umgebung von $k = 0$ für η_I die Entwicklung

$$\eta_I = \eta_{I,\,min} + \frac{\hbar^2}{2}\left[\frac{K_1{}^2}{M_{I,1}} + \frac{K_2{}^2}{M_{I,2}} + \frac{K_3{}^2}{M_{I,3}}\right] + \ldots. \qquad (IV\ 1,\ 31)$$

In ihr messen $M_{I,1};\ M_{I,2};\ M_{I,3}$ die je positiven *Hauptmassen* eines Elektrons, welche mit den Eigenwerten $\vartheta_I{}^1;\ \vartheta_I{}^2;\ \vartheta_I{}^3$ des Tensors Θ_I beziehentlich durch die Relationen

$$M_{I,1} = \frac{1}{\vartheta_I{}^1} \geq 0;\qquad M_{I,2} = \frac{1}{\vartheta_I{}^2} \geq 0;\qquad M_{I,3} = \frac{1}{\vartheta_I{}^3} \geq 0 \quad (IV\ 1,\ 32)$$

verknüpft sind. Da nun im k-Raum definitionsgemäß auch die Achsen $k_1;\ k_2;\ k_3$ paarweise aufeinander senkrecht stehen, ist die Funktionaldeterminante ihrer Transformation auf die Achsen $K_1;\ K_2;\ K_3$ — bei deren „gleichläufiger" Bezifferung — gleich 1, und überdies enthält der Würfel

$$-\pi \leq K_j \leq \pi;\qquad j = 1;\ 2;\ 3 \qquad (IV\ 1,\ 33)$$

des Hauptachsen-Systemes gleich dem Würfel (IV 1, 29) des ursprünglichen Systemes alle den Elektronen des Bandes I zugänglichen Energieterme physikalisch unterscheidbarer Zustände, und jeden von ihnen genau einmal. Auf Grund dieses kinematischen Sachverhaltes kann Gl. (IV 1, 27) ohne Änderung ihres Inhaltes in die neue Gestalt

$$n_I = \frac{2}{(2\,\pi)^3\,\tau_0} \int\limits_{K_1{}^0\,=\,-\pi}^{\pi} \int\limits_{K_2{}^0\,=\,-\pi}^{\pi} \int\limits_{K_3{}^0\,=\,-\pi}^{\pi} \cdot \qquad (IV\ 1,\ 34)$$

$$\frac{dK_1\,dK_2\,dK_3}{Exp\left\{\dfrac{1}{k\,T}\left[\eta_{I,\,min} - q_0(\varphi - \psi) + \dfrac{\hbar^2}{2}\left(\dfrac{K_1{}^2}{M_{I,1}} + \dfrac{K_2{}^2}{M_{I,2}} + \dfrac{K_3{}^2}{M_{I,3}}\right) + \ldots\right]\right\} + 1}$$

gebracht werden, welche analytisch einfacher zu handhaben ist.

e) Durch den Bandvektor II bezeichnen wir jenes höchste, bei der absoluten Temperatur $T \to 0$ nach Voraussetzung lückenlos gefüllte Energieband des Kristalles, welches dem Bande I benachbart ist, und durch

$$\eta_{II} = \eta_{II}(k^0) \qquad (IV\ 1,\ 35)$$

die im Bande II auf die Basis $\varphi = \Phi_0 = 0$ bezogene, *Schrödinger*sche Gesamtenergie des Einzelelektrons in ihrer Abhängigkeit vom beschränkten Ausbreitungsvektor k^0. Statt nun, wie es bisher geschah, der Statistik der Elektronen nachzugehen, werden wir schneller und einfacher die Zahl $n_{II}{}^*$ jener „komplementären" Plätze im Bande II registrieren, welche je Raumeinheit des Kristalles bei der absoluten Temperatur $T > 0$ durch *„innere Emission"* der „Band II-Elektronen" in höhere Energiebänder *freiwerden*. Die für diesen Räumungsprozeß maßgebende *Leerwahrscheinlichkeit* $w_{II}{}^*$ wird von der *Fermi*statistik zu

$$w_{II}{}^* = 1 - \frac{1}{e^{\frac{1}{kT}[\eta_{II} - q_0(\varphi - \psi)]} + 1} = \frac{1}{1 + e^{-\frac{1}{kT}[\eta_{II} - q_0(\varphi - \psi)]}} \qquad (IV\ 1,\ 36)$$

[$k = $ *Boltzmann*sche Konstante] angegeben; daher finden wir, bei erneuter Benutzung von (IV 1, 5) und (IV 1, 26)

$$n_{II}{}^* = \frac{2}{(2\pi)^3\,\tau_0} \int\limits_{k_1{}^0 = -\pi}^{\pi} \int\limits_{k_2{}^0 = -\pi}^{\pi} \int\limits_{k_3{}^0 = -\pi}^{\pi} \frac{dk_1{}^0\,dk_2{}^0\,dk_3{}^0}{1 + e^{-\frac{1}{kT}[\eta_{II} - q_0(\varphi - \psi)]}}. \qquad (IV\ 1,\ 37)$$

Wir ersetzen jetzt, bei festem Bandvektor II, den *beschränkten* Ausbreitungsvektor k^0 durch den *unbeschränkten* Ausbreitungsvektor k und erhalten in der hierdurch aus (IV 1, 35) hervorgehenden, der Kürze halber ebenso bezeichneten Energie

$$\eta_{II} = \eta_{II}(k) \qquad (IV\ 1,\ 38)$$

gemäß (III, 6, 97) eine dreifach-periodische Funktion. Daher dürfen wir jetzt den Ursprung des k-Raumes so wählen, daß dort die Energie η_{II} ihren *Höchstwert* annimmt

$$\eta_{II}(0) = \eta_{II,\,max}. \qquad (IV\ 1,\ 39)$$

Nun transformieren wir den symmetrischen Tensor zweiter Stufe

$$\Theta_{II} = \frac{1}{\hbar^2}\,(\text{Grad}_k\,\text{grad}_k\,\eta_{II})_{k=0} \qquad (IV\ 1,\ 40)$$

auf das System seiner *Hauptachsen* $(K_1;\ K_2;\ K_3)$ und erhalten in der Umgebung von $k = 0$ für η_{II} die Entwicklung

$$\eta_{II} = \eta_{II,\,max} + \frac{\hbar^2}{2}\left[\frac{K_1{}^2}{M_{II,\,1}} + \frac{K_2{}^2}{M_{II,\,2}} + \frac{K_3{}^2}{M_{II,\,3}}\right] + \ldots =$$

$$= \eta_{II,\,max} - \frac{\hbar^2}{2}\left[\frac{K_1{}^2}{M_{II,\,I}^*} + \frac{K_2{}^2}{M_{II,\,2}^*} + \frac{K_3{}^2}{M_{II,\,3}^*}\right] + \ldots. \qquad (IV\ 1,\ 41)$$

In ihr definieren $M_{II,1};\ M_{II,2};\ M_{II,3}$ die *negativen* Hauptmassen eines Elektrons. Ihnen stehen die beziehentlich entgegengesetzt gleichen, also *positiven* Komplementär-Hauptmassen $M_{II,1}^*;\ M_{II,2}^*;\ M_{II,3}^*$ gegenüber, welche mit den Eigenwerten $\vartheta_{II}{}^1;\ \vartheta_{II}{}^2;\ \vartheta_{II}{}^3$ des Tensors Θ_{II} durch die Relationen

$$M_{II,1}^* = -M_{II,1} = -\frac{1}{\vartheta_{II}{}^1} \geqq 0; \qquad M_{II,2}^* = -M_{II,2} = -\frac{1}{\vartheta_{II}{}^2} \geqq 0;$$

$$M_{II,3}^* = -M_{II,3} = -\frac{1}{\vartheta_{II}{}^3} \geqq 0 \qquad (IV\ 1,\ 42)$$

verbunden sind. Auf dem gleichen Wege, der früher von (IV 1, 27) zu (IV 1, 34) führte, kann daher (IV 1, 37) in

$$n_{II}^* = \frac{2}{(2\pi)^3 \tau_0} \int\limits_{K_1=-\pi}^{\pi} \int\limits_{K_2=-\pi}^{\pi} \int\limits_{K_3=-\pi}^{\pi} \cdot \qquad \text{(IV 1, 43)}$$

$$\cdot \frac{dK_1\, dK_2\, dK_3}{1 + \mathrm{Exp}\left\{-\dfrac{1}{kT}\left[\eta_{II,\,max} - q_0(\varphi - \psi) - \dfrac{\hbar^2}{2}\left(\dfrac{K_1^{\,2}}{M_{II,\,1}^*} + \dfrac{K_2^{\,2}}{M_{II,\,2}^*} + \dfrac{K_3^{\,2}}{M_{II,\,3}^*}\right) + \cdots \right]\right\}}$$

umgeformt werden.

f) Durch den Eintritt der n_I Elektronen (IV 1, 34) in das anfangs leere Energieband I einerseits, die Räumung der vorher besetzten n_{II}^* Plätze (IV 1, 43) im Energieband II andererseits ist der beim absoluten Nullpunkt der Temperatur T *isolierende* Kristall zu einem für alle Temperaturen $T > 0$ dem Elektrizitätstransport geöffneten *Halbleiter* geworden, in welchem eine elektrische Makrofeldstärke E von endlicher Größe einen *elektronischen Konvektionsstrom* endlicher Dichte j zur Folge hat. Ungeachtet dieses in beiden Bändern wesentlich *einheitlichen Leitungsmechanismus* empfiehlt es sich häufig, im Bande II das Augenmerk nicht auf die große Masse der einander drängenden Elektronen zu richten, sondern die scheinbaren Bewegungen der relativ wenigen, jeweils freien Plätze zu verfolgen. Vom Standpunkte des Elektrizitätstransportes ist jeder solche leere Platz einem virtuellen Ladungsträger äquivalent, welcher, in dieser Hinsicht einem *Positron* gleichend, die invariante Ladung $(+ q_0)$ durch den Kristall führt.

Wir vertiefen und präzisieren diese Auffassung, indem wir die Energieformel (IV 1, 41) in

$$\eta_{II}^* = -\eta_{II} = -\eta_{II,\,max} - \frac{\hbar^2}{2}\left[\frac{K_1^{\,2}}{M_{II,\,1}} + \frac{K_2^{\,2}}{M_{II,\,2}} + \frac{K_3^{\,2}}{M_{II,\,3}}\right] - \cdots =$$

$$= -\eta_{II,\,max} + \frac{\hbar^2}{2}\left[\frac{K_1^{\,2}}{M_{II,\,1}^*} + \frac{K_2^{\,2}}{M_{II,\,2}^*} + \frac{K_3^{\,2}}{M_{II,\,3}^*}\right] + \cdots \qquad \text{(IV 1, 44)}$$

umschreiben. Denn dann verwandelt sich die *Leerwahrscheinlichkeit* (IV 1, 36) des Energieplatzes η_{II} in die Verhältniszahl

$$w_{II}^* = \frac{1}{e^{\frac{1}{kT}[\eta_{II}^* + q_0(\varphi - \psi)]} + 1} \qquad \text{(IV 1, 45)}$$

welche, in der Terminologie der *Fermi*statistik, die *Besetzungswahrscheinlichkeit* des Energieplatzes η_{II}^* durch ein Elementarteilchen der Ladung $(+ q_0)$ und der Hauptmassen $M_{II,\,1}^*$; $M_{II,\,2}^*$; $M_{II,\,3}^*$ mißt; nach (IV 1, 42) sind diese Hauptmassen beziehentlich mit den Komplementär-Hauptmassen eines Einzelelektrons am Energieplatz η_{II} identisch, dessen negative Hauptmassen selbst also je entgegengesetzt den Komplementär-Hauptmassen gleichen. Man darf hiernach die wandernden, leeren Plätze geradezu als eine besondere Art materieller Teilchen in die Kristallelektronik einführen, welche vermöge ihrer Eigenschaften die Elektronen dual ergänzen. In der englischen Sprache findet man für sie den Ausdruck *holes*, in der deutschen Fachliteratur werden sie als *Löcher*, manchmal als *Defektelektronen* oder *Fehlelektronen* bezeichnet; wir werden, diese Vorschläge sprachlich vervollständigend, gelegentlich die sozusagen materialisierten Lücken innerhalb des sonst vollen Bandes seiner jeweils tatsächlich anwesenden Elektronenbevölkerung als *Absentonen* gegenüberstellen.

Die zunächst so sonderbare, ja gewagte Konzeption des Absentons als materielles Teilchen bewährt sich auch wellenmechanisch, solange wir das [veränderliche] skalare Potential φ innerhalb des kristallinischen Mikrogitters als eine nur von dessen ruhenden Radiusvektoren r abhängige, eingeprägte Funktion auffassen dürfen, welche als solche nicht vom Bewegungszustand der Ladungsträger abhängt. Um dies einzusehen, kehren wir zur zeitfreien *Schrödinger*gleichung für die komplexe Wahrscheinlichkeitsamplitude $\bar{U}$ eines Kristallelektrons zurück

$$\frac{\hbar^2}{2\,m_0}\,\nabla^2\bar{U} + [\eta + q_0\,\varphi(r)]\,\bar{U} = 0. \qquad \text{(IV 1, 46)}$$

Von ihr gelangen wir zur zeitfreien *Schrödinger*gleichung des Defektelektrons, indem wir in (IV 1, 46) die Gesamtenergie η des Elektrons mit der Absentonenenergie η^* vertauschen und gleichzeitig die Elektronenmasse $(+\,m_0)$ durch die Absentonenmasse $(-\,m_0)$ und die Elektronenladung $(-\,q_0)$ durch die Ladung $(+\,q_0)$ des Fehlelektrons ersetzen

$$\frac{\hbar^2}{2\,m_0}\,\nabla^2\bar{U} + [-\eta^* + q_0\,\varphi(r)]\,\bar{U} = 0. \qquad \text{(IV 1, 47)}$$

Nach Ausweis der Gleichungen (IV 1, 46) und (IV 1, 47) beschreibt also ein und dieselbe Wahrscheinlichkeitswelle sowohl die Bewegung des Elektrons wie jene des Absentons, sofern man die ihnen beziehentlich zugeordneten Eigenwerte der Gesamtenergie durch die Relation

$$\eta^* = -\eta \qquad \text{(IV 1, 48)}$$

miteinander verknüpft; sie bestätigt und verallgemeinert die Anweisung (IV 1, 44).

g) Wir beschäftigen uns vorübergehend mit einem nur *zweidimensionalen Halbleiter*, welchen wir durch die Eigenschaft

$$\frac{\partial\eta}{\partial k_j} = 0 \qquad \text{(IV 1, 49)}$$

seines kristallelektronischen Energiespektrums definieren; darin gleiche der Index j einer der drei Zahlen 1, 2 oder 3. Entscheiden wir uns etwa für j = 3, so reduziert sich die Matrix $[\Theta]$ des symmetrischen Tensors zweiter Stufe $\Theta = 1/\hbar^2\,\text{Grad}_k\,\text{grad}_k\,\eta$ auf

$$\frac{1}{\hbar^2}\left\{\begin{matrix} \dfrac{\partial^2\eta}{\partial k_1{}^2} & \dfrac{\partial^2\eta}{\partial k_1\,\partial k_2} & 0 \\[2ex] \dfrac{\partial^2\eta}{\partial k_2\,\partial k_1} & \dfrac{\partial^2\eta}{\partial k_2{}^2} & 0 \\[2ex] 0 & 0 & 0 \end{matrix}\right\}. \qquad \text{(IV 1, 50)}$$

Daher gibt $\vartheta = 0$ einen seiner Eigenwerte an, welchen wir ohne Beschränkung der Allgemeinheit mit ϑ^3 identifizieren dürfen:

$$\vartheta^3 = 0. \qquad \text{(IV 1, 51)}$$

Unter den Kristallen dieser Gruppe behandeln wir weiterhin der Kürze halber nur die symmetrischen, welche als solche der Zusatzbedingung

$$\vartheta^1 = \vartheta^2 \qquad \text{(IV 1, 52)}$$

genügen; sie zieht die funktionellen Angaben

$$\frac{\partial^2 \eta}{\partial k_1{}^2} = \frac{\partial^2 \eta}{\partial k_2{}^2}; \qquad \frac{\partial^2 \eta}{\partial k_1\,\partial k_2} = \frac{\partial^2 \eta}{\partial k_2\,\partial k_1} = 0 \qquad \text{(IV 1, 53)}$$

nach sich. Daher folgen aus dem Tensor Θ_I die Eigenschaften

$$M_{\mathrm{I},1} = M_{\mathrm{I},2}(= M_\mathrm{I}); \qquad M_{\mathrm{I},3} \to \infty \qquad \text{(IV 1, 54)}$$

und ebenso aus dem Tensor Θ_II die Eigenschaften

$$M_{\mathrm{II},1}^* = M_{\mathrm{II},2}^*(= M_\mathrm{II}^*); \qquad M_{\mathrm{II},3} \to \infty, \qquad \text{(IV 1, 55)}$$

während die jeweilige Lage des aus K_1 und K_2 gebildeten, orthogonalen Achsenkreuzes innerhalb der zu $k_3 = K_3$ senkrechten Ursprungsebene des k-Raumes für beide Tensoren unbestimmt bleibt und demgemäß nach Gutdünken festgesetzt werden kann.

Zu (IV 1, 34) zurückkehrend, begnügen wir uns weiterhin mit den dort in der Entwicklung der Exponentialfunktion explizit angeschriebenen Gliedern. Dann nimmt der Wert der stets positiven Funktion

$$f_\mathrm{I}(K_1; K_2) = \mathrm{Exp}\left\{\frac{1}{k\,T}\left[\eta_{\mathrm{I,min}} - q_0(\varphi - \psi) + \frac{\hbar^2}{2}\frac{K_1{}^2 + K_2{}^2}{M_\mathrm{I}}\right]\right\}, \qquad \text{(IV 1, 56)}$$

mit wachsendem Betrage des in der Ebene $K_3 = 0$ des k-Raumes radial weisenden Ausbreitungsvektors

$$K_\varrho = \sqrt{K_1{}^2 + K_2{}^2} \qquad \text{(IV 1, 57)}$$

so stark ab, daß wir ohne merkliche Einbuße an Genauigkeit die Integrationsgrenzen $(\pm\,\pi)$ der Veränderlichen K_1 und K_2 beziehentlich nach $(\pm\,\infty)$ verlegen dürfen, während der Wertevorrat von K_3 zwischen $(\pm\,\pi)$ beschränkt bleibt. In der hierdurch angezeigten Näherung finden wir somit für die Elektronenkonzentration im sogenannten elektronischen „*Leitungsbande*" I die Integraldarstellung

$$n_\mathrm{I} = \frac{2}{(2\,\pi)^3\,\tau_0}\cdot 2\,\pi\int\limits_{K_1 = -\infty}^{\infty}\int\limits_{K_2 = -\infty}^{\infty} \cdot \qquad \text{(IV 1, 58)}$$

$$\cdot\;\frac{dK_1\,dK_2}{\mathrm{Exp}\left\{\dfrac{1}{k\,T}\left[\eta_{\mathrm{I,min}} - q_0(\varphi - \psi) + \dfrac{\hbar^2}{2}\dfrac{K_1{}^2 + K_2{}^2}{M_\mathrm{I}}\right]\right\} + 1}\;\cdot$$

Aus ihr erhält man mittels (IV 1, 57)

$$n_\mathrm{I} = \frac{1}{2\,\pi\,\tau_0}\int\limits_{K_\varrho = 0}^{\infty}\frac{2\,K_\varrho\,dK_\varrho}{\mathrm{Exp}\left\{\dfrac{1}{k\,T}\left[\eta_{\mathrm{I,min}} - q_0(\varphi - \psi) + \dfrac{\hbar^2}{2}\dfrac{K_\varrho{}^2}{M_\mathrm{I}}\right]\right\} + 1} =$$

$$= \frac{1}{\pi\,\tau_0}\frac{M_\mathrm{I}\,k\,T}{\hbar^2}\ln\left\{1 + e^{-\frac{1}{k\,T}\left[\eta_{\mathrm{I,min}} - q_0(\varphi - \psi)\right]}\right\}. \qquad \text{(IV 1, 59)}$$

Gehen wir jetzt in das sogenannte elektronische „*Valenzband*" II über, so berechnet sich aus (IV 1, 43) zusammen mit (IV 1, 44) und (IV 1, 45) die dort herrschende Konzentration n_II^* der Fehlelektronen (Absentonen) ebenfalls mittels (IV 1, 59), nachdem man nur in dieser $\eta_{\mathrm{I,min}}$ durch $\eta_{\mathrm{II,max}}$ sowie $(-q_0)$ durch $(+q_0)$ und M_I durch M_II^* ersetzt hat:

$$n_\mathrm{II}^* = \frac{1}{\pi\,\tau_0}\frac{M_\mathrm{II}^*\,k\,T}{\hbar^2}\ln\left\{1 + e^{-\frac{1}{k\,T}\left[\eta_{\mathrm{II,max}} + q_0(\varphi - \psi)\right]}\right\} =$$

$$= \frac{1}{\pi\,\tau_0}\frac{M_\mathrm{II}^*\,k\,T}{\hbar^2}\ln\left\{1 + e^{\frac{1}{k\,T}\left[\eta_{\mathrm{II,max}} - q_0(\varphi - \psi)\right]}\right\}. \qquad \text{(IV 1, 60)}$$

Durch Umkehrung der Gleichungen (IV 1, 59) und (IV 1, 60) gewinnt man die Angaben

$$\eta_{I,\,min} = q_0(\varphi - \psi) + k\,T \ln \frac{1}{\mathrm{Exp}\left\{\dfrac{\hbar^2}{M_I\,k\,T}\,\pi\,\tau_0\,n_I\right\} - 1} \qquad (IV\ 1,\ 61)$$

und

$$\eta_{II,\,max} = q_0(\varphi - \psi) - k\,T \ln \frac{1}{\mathrm{Exp}\left\{\dfrac{\hbar^2}{M_{II}{}^*\,k\,T}\,\pi\,\tau_0\,n_{II}\right\} - 1}, \qquad (IV\ 1,\ 62)$$

aus welchen durch Elimination von $q_0(\varphi - \psi)$ die Relation

$$\eta_{I,\,min} - \eta_{II,\,max} = k\,T \cdot \qquad (IV\ 1,\ 63)$$

$$\cdot \left[\ln \frac{1}{\mathrm{Exp}\left\{\dfrac{\hbar^2}{M_I\,k\,T}\,\pi\,\tau_0\,n_I\right\} - 1} + \ln \frac{1}{\mathrm{Exp}\left\{\dfrac{\hbar^2}{M_{II}{}^*\,k\,T}\,\pi\,\tau_0\,n_{II}\right\} - 1}\right]$$

hervorgeht. Sie nimmt bei hinreichend hohen Werten der absoluten Temperatur T die Gestalt des *Massenwirkungsgesetzes* an

$$n_I \cdot n_{II}{}^* = \frac{M_I\,M_{II}{}^*}{(\pi\,\tau_0)^2} \cdot \left(\frac{k\,T}{\hbar^2}\right)^2 e^{-\frac{\eta_{I,\,min} - \eta_{II,\,max}}{k\,T}}, \qquad (IV\ 1,\ 64)$$

dessen rechte Seite bezüglich aller bei fester absoluter Temperatur T möglichen Konzentrationsänderungen der je Raumeinheit des Kristalles miteinander reagierenden n_I Elektronen und $n_{II}{}^*$ Absentonen die Rolle der regelnden *Gleichgewichtskonstanten* spielt. Um die physikalische Bedeutung dieser wichtigen Größe für die Kristallelektronik zu erfassen, geben wir die bisherige Voraussetzung eines im Halbleiter einheitlichen Durchschnittswertes des elektrischen Skalarpotentiales auf; vielmehr möge dieser sich entsprechend dem jeweiligen Ladungszustande des Kristalles von Mikrozelle zu Mikrozelle ändern, wobei wir weiterhin unter dem [veränderlichen] Makropotential φ eine passend gewählte Approximationsfunktion an die tatsächlich ja mosaikartig verteilte Gesamtheit jener Zellen-Durchschnittswerte verstehen. Die *Poisson*sche Differentialgleichung verknüpft dann den räumlichen Verlauf des Makropotentiales mit der analog gebildeten Makrodichte der *Raumladung*. Insbesondere kann hiernach die Gleichgewichtskonstante mit dem Quadrate jener „*eingeprägten*" *Konzentration*

$$n_e = n_e(T) \qquad (IV\ 1,\ 65)$$

der antipolaren Ladungsträger identifiziert werden, welche deren Dichte in den elektrisch *quasineutralen Raumelementen* $[\varrho = 0]$ des Halbleiters kennzeichnet [Abb. IV 1, 1]

$$n_I \cdot n_{II}{}^* = n_e{}^2; \qquad n_e = \frac{\sqrt{M_I\,M_{II}{}^*}}{\pi\,\tau_0} \cdot \frac{k\,T}{\hbar^2} \cdot e^{-\frac{\eta_{I,\,min} - \eta_{II,\,max}}{2\,k\,T}}. \qquad (IV\ 1,\ 66)$$

Unter den nämlichen Prämissen vereinfachen sich die Gleichungen (IV 1, 59) und (IV 1, 60) bei hinreichend hoher absoluter Temperatur T beziehentlich zu

$$n_I = \frac{1}{\pi\,\tau_0} \frac{M_I\,k\,T}{\hbar^2} e^{-\frac{1}{k\,T}[\eta_{I,\,min} - q_0(\varphi - \psi)]} = n_e \sqrt{\frac{M_I}{M_{II}{}^*}}\, e^{-\frac{1}{k\,T}\left[\frac{1}{2}(\eta_{I,\,min} + \eta_{II,\,max}) - q_0(\varphi - \psi)\right]}$$

$$(IV\ 1,\ 67)$$

und

$$n_{II}{}^* = \frac{1}{\pi\,\tau_0}\frac{M_{II}{}^*\,kT}{\hbar^2}\,e^{+\frac{1}{kT}[\eta_{II,\,max}-q_0(\varphi-\psi)]} = n_e\left]\sqrt{\frac{M_{II}{}^*}{M_I}}\,e^{+\frac{1}{kT}\left[\frac{1}{2}(\eta_{I,\,min}+\eta_{II,\,max})-q_0(\varphi-\psi)\right]}\right.$$

$$(IV\ 1,\ 68)$$

Von nun ab wählen wir die quasineutralen Gebiete des Reinhalbleiters als Basis seines elektrischen Makropotentiales:

$$\varphi = 0 \quad \text{für} \quad n_I = n_{II}{}^*. \qquad (IV\ 1,\ 69)$$

Diese Übereinkunft zieht für das elektrochemische Potential ψ die Bestimmungsgleichung

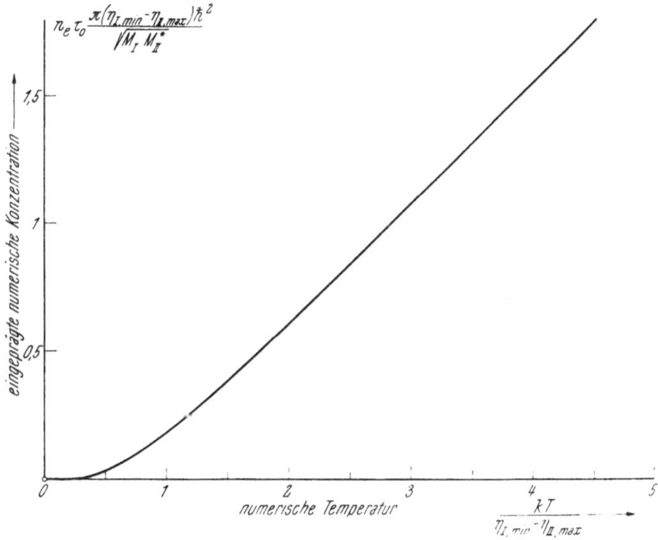

Abb. IV 1, 1. Temperaturabhängigkeit der eingeprägten Konzentration im zweidimensionalen Reinhalbleiter.

$$M_I\,e^{-\frac{1}{kT}(\eta_{I,\,min}+q_0\psi)} = M_{II}{}^*\,e^{+\frac{1}{kT}(\eta_{II,\,max}+q_0\psi)} \qquad (IV\ 1,\ 70)$$

nach sich, welcher wir die Angabe

$$q_0\,\psi = kT\ln\left]\sqrt{\frac{M_I}{M_{II}{}^*}} - \frac{1}{2}(\eta_{I,\,min}+\eta_{II,\,max})\right. \qquad (IV\ 1,\ 71)$$

entnehmen.

Im Gegensatz zur Genetik des elektrischen Makropotentiales φ, welches sich auch im Zustande des elektrischen Gleichgewichtes im Halbleiter von Ort zu Ort entsprechend der jeweils dort herrschenden Raumladungsdichte ändern muß [*Poisson*sche Gleichung!], verlangt nun das thermodynamische Gleichgewicht des Systemes einen überall streng einheitlichen Wert seines elektrochemischen Potentiales ψ. Durch Substitution von (IV 1, 71) in (IV 1, 67) folgt somit für die Konzentration n_I der Elektronen das Verteilungsgesetz

$$n_I - \bar{n}_I\,e^{\frac{q_0(\varphi-\psi)}{kT}} = n_e\,c^{\frac{q_0\varphi}{kT}}; \qquad \bar{n}_I = n_e\,e^{\frac{q_0\psi}{kT}} = \frac{M_I}{\pi\,\tau_0}\frac{kT}{\hbar^2}\,e^{-\frac{\eta_{I,\,min}}{kT}} \quad (IV\ 1,\ 72)$$

und ebenso durch Substitution von (IV 1, 71) in (IV 1, 68) das Verteilungsgesetz der Absentonen-Konzentration

$$n_{II}{}^* = \bar{n}_{II}{}^* \, e^{-\frac{q_0(\varphi - \psi)}{kT}} = n_e \, e^{-\frac{q_0\varphi}{kT}}; \qquad \bar{n}_{II}{}^* = n_e \, e^{-\frac{q_0\psi}{kT}} = \frac{M_{II}{}^* \, kT}{\pi \, \tau_0 \, \hbar^2} \, e^{\frac{\eta_{II,\,max}}{kT}}.$$

$$(IV\ 1,\ 73)$$

Die Aussagen (IV 1, 72) und (IV 1, 73) schildern beziehentlich die
„*Barometergleichungen*" eines idealen Gases von Elektronen [Ladung $(-q_0)$]
und Absentonen [Ladung $(+q_0)$] im Felde des Makropotentiales φ; in
ihm hängen die „Eigenkonzentrationen" $\bar{n}_I$ und $\bar{n}_{II}{}^*$ je nur von den Eigenschaften ihres Energiebandes ab. Innerhalb des Gültigkeitsbereiches dieser
einfachen Relationen wird somit die Statistik der antipolaren Träger-
kollektive merklich durch die *Maxwell-Boltzmann*schen Gesetze beschrieben.

h) Wir gehen jetzt zur inneren Elektronenemission in *dreidimensionalen
Reinhalbleitern* über; doch beschränken wir uns der Kürze halber auf
symmetrische Kristalle, welche wir als solche durch die tensoriellen Eigenschaften

$$M_{I,1} = M_{I,2} = M_{I,3}(= M_I) \tag{IV 1, 74}$$

des Leitungsbandes und

$$M_{II,1}^* = M_{II,2}^* = M_{II,3}^*(= M_{II}^*) \tag{IV 1, 75}$$

des Valenzbandes definieren. Indem wir uns dann in den Gleichungen
(IV 1, 34) und (IV 1, 43) mit den ebendort explizit angeschriebenen
Gliedern begnügen, dürfen wir die Integrationsgrenzen $(\mp \pi)$ der drei
hauptachsenparallelen Komponenten des Ausbreitungsvektors beziehentlich nach $(\mp \infty)$ verlegen. Führen wir nunmehr im k-Raum durch

$$K_r{}^2 = K_1{}^2 + K_2{}^2 + K_3{}^2 \tag{IV 1, 76}$$

den „Abstand" K_r des Aufpunktes vom Ursprung ein, so ergibt sich aus
(IV 1, 34) für die Elektronenkonzentration n_I des Leitungsbandes die
Darstellung

$$n_I = \frac{2}{(2\,\pi)^3 \, \tau_0} \cdot 4\,\pi \int\limits_0^\infty \frac{K_r{}^2 \, dK_r}{e^{\frac{1}{kT}\left[\eta_{I,\,min} - q_0(\varphi - \psi) + \frac{\hbar^2 K_r{}^2}{2\,M_I}\right]} + 1} . \tag{IV 1, 77}$$

Wir substituieren

$$\frac{\hbar^2 \, K_r{}^2}{2\,M_I \, kT} = \varkappa^2 \tag{IV 1, 78}$$

und bringen (IV 1, 77) mit Hilfe der Funktion

$$y = f(x) = \frac{4}{\sqrt{\pi}} \int\limits_0^\infty \frac{\varkappa^2 \, d\varkappa}{e^{x + \varkappa^2} + 1} \tag{IV 1, 79}$$

in die Gestalt

$$n_I = \frac{1}{\tau_0} \frac{1}{4\,\pi^{3/2}} \left(\frac{2\,M_I \, kT}{\hbar^2}\right)^{3/2} \cdot f\left[\frac{\eta_{I,\,min} - q_0(\varphi - \psi)}{kT}\right]. \tag{IV 1, 80}$$

Auf dem gleichen Wege folgt für die Konzentration $n_{II}{}^*$ der Fehlelektronen
im Valenzbande die Angabe

$$n_{II}{}^* = \frac{1}{\tau_0} \frac{1}{4\,\pi^{3/2}} \left(\frac{2\,M_{II}{}^* \, kT}{\hbar^2}\right)^{3/2} \cdot f\left[\frac{\eta_{II,\,max} - q_0(\varphi - \psi)}{-kT}\right], \tag{IV 1, 81}$$

so daß es sich nun nur noch um die explizite Berechnung der Funktion y = f(x) nach (IV 1, 79) handelt. Wir unterziehen uns dieser Aufgabe in drei Schritten:

1. Für $x \geq 0$ gilt die Entwicklung

$$f(x) = \frac{4}{\sqrt{\pi}} \int\limits_0^\infty e^{-(x+\varkappa^2)} \cdot$$

$$\varkappa^2 \left[1 - e^{-(x+\varkappa^2)} + e^{-2(x+\varkappa^2)} - + \ldots \right] d\varkappa =$$

$$= \frac{e^{-x}}{1^{3/2}} - \frac{e^{-2x}}{2^{3/2}} + \frac{e^{-3x}}{3^{3/2}} - \; - + \ldots,$$

(IV 1, 82)

welche für $x \gg 1$ überaus rasch konvergiert.

2. Im Falle x = 0 reduziert sich (IV 1, 82) auf die Reihe

$$f(0) = \frac{1}{1^{3/2}} - \frac{1}{2^{3/2}} + \frac{1}{3^{3/2}} - + \ldots,$$

(IV 1, 83)

welche sich mit Hilfe der *Riemann*schen ζ-Funktion[1] geschlossen summieren läßt

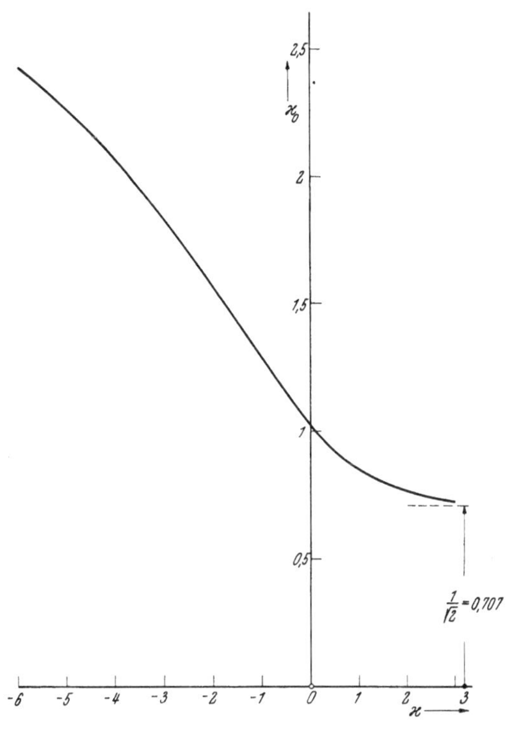

Abb. IV 1, 2. Zusammenhang zwischen $\varkappa_0$ und $\varkappa$.

$$f(0) = \left(1 - \frac{1}{\sqrt{2}} \right) \zeta\left(\frac{3}{2} \right) = 0{,}2929 \cdot 2{,}612 = 0{,}7651. \qquad \text{(IV 1, 84)}$$

3. Für x < 0 bringen wir y durch partielle Integration in die Form

$$f(x) = \frac{4}{\sqrt{\pi}} \int\limits_0^\infty \frac{\varkappa^2 \, d\varkappa}{e^{x+\varkappa^2} + 1} = - \frac{4}{\sqrt{\pi}} \int\limits_0^\infty \frac{\varkappa^3}{3} \frac{d}{d\varkappa} \left(\frac{1}{e^{x+\varkappa^2} + 1} \right) d\varkappa \qquad \text{(IV 1, 85)}$$

Die Funktion

$$F(\varkappa) = - \frac{d}{d\varkappa} \left(\frac{1}{e^{x+\varkappa^2} + 1} \right) = \frac{2\varkappa \, e^{x+\varkappa^2}}{(e^{x+\varkappa^2} + 1)^2} \qquad \text{(IV 1, 86)}$$

verschwindet sowohl für $\varkappa = 0$ wie für $\varkappa \to \infty$, durchläuft also gewiß bei einem noch zu bestimmenden Argument $\varkappa = \varkappa_0 > 0$ ein Maximum: Aus der Bedingung

$$\frac{dF(\varkappa)}{d\varkappa} = 0 \quad \text{für} \quad \varkappa = \varkappa_0 \qquad \text{(IV 1, 87)}$$

folgt mit Rücksicht auf (IV 1, 86) der Zusammenhang

$$x = \ln \frac{2\varkappa_0^2 + 1}{2\varkappa_0^2 - 1} - \varkappa_0^2, \qquad \text{(IV 1, 88)}$$

---

[1] *Jahnke-Emde*, Funktionentafeln, S. 269. Dover, New York, 1945.

welcher im Bereich $\varkappa_0 > 0$ durch Abb. IV 1, 2 dargestellt wird. Mittels seiner Umkehrung

$$\varkappa_0 = G(x) > 0 \qquad (IV\ 1,\ 89)$$

ergibt sich somit aus (IV 1, 85) die Abschätzung

$$f(x) = -\frac{4}{\sqrt{\pi}}\,\frac{\varkappa_0{}^3}{3}\int\limits_0^\infty \frac{d}{d\varkappa}\left(\frac{1}{e^{x+\varkappa^2}+1}\right)d\varkappa = \frac{4}{\sqrt{\pi}}\,\frac{1}{3}\,[G(x)]^3\frac{1}{e^x+1}, \qquad (IV\ 1,\ 90)$$

welche zusammen mit (IV 1, 82) und (IV 1, 84) zu dem in Abb. IV 1, 3 gezeichneten Verlaufe der Funktion $y = f(x)$ führt. Im Hinblick auf die

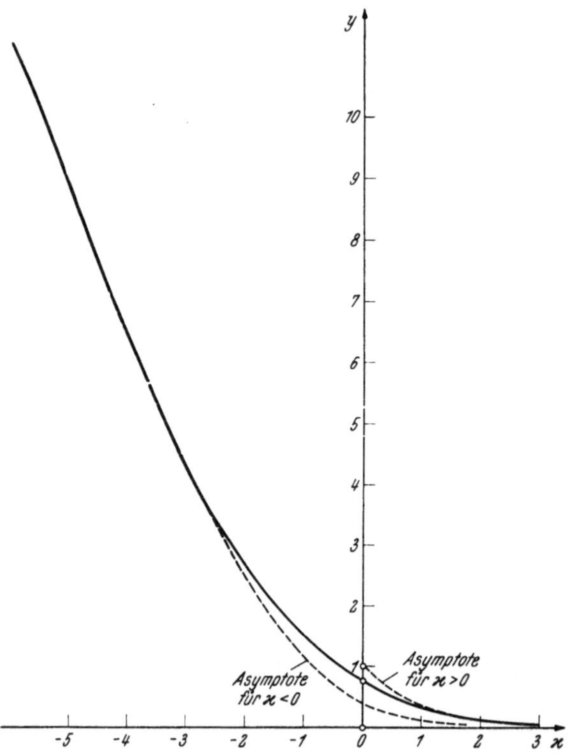

Abb. IV 1, 3. Die Funktion $y = f(x)$ nach Gl. IV 1, 79) vgl. Abb. IV 7, 1.

Relationen (IV 1, 80) und (IV 1, 81) folgen demnach für hinreichend schwache Konzentrationen n_I und $n_{II}{}^*$ der antipolaren Ladungsträger an Hand der mitgeteilten Kurve $y = f(x)$ die Angaben

$$x_I = \frac{\eta_{I,\,min} - q_0(\varphi - \psi)}{k\,T} \gg 1 \quad \text{für} \quad y_I = n_I\,\tau_0\,4\,\pi^{3/2}\left(\frac{\hbar^2}{2\,M_I\,k\,T}\right)^{3/2} \ll 1$$

$$x_{II} = \frac{q_0(\varphi - \psi) - \eta_{II,\,max}}{k\,T} \gg 1 \quad \text{für} \quad y_{II} = n_{II}{}^* \cdot \tau_0\,4\,\pi^{3/2}\left(\frac{\hbar^2}{2\,M_{II}{}^*\,k\,T}\right)^{3/2} \ll 1,$$

$$(IV\ 1,\ 91)$$

so daß wir uns dann mit dem Anfangsgliede der Entwicklung (IV 1, 82) begnügen dürfen. In der hierdurch angezeigten Genauigkeit gelangen wir also zu den inneren Emissionsgleichungen

$$n_I = \frac{1}{\tau_0} \frac{1}{4\,\pi^{3/2}} \left(\frac{2\,M_I\,k\,T}{\hbar^2}\right)^{3/2} e^{-\frac{\eta_{I,\,min} - q_0(\varphi - \psi)}{k\,T}} \qquad \text{(IV 1, 92)}$$

und

$$n_{II}{}^* = \frac{1}{\tau_0} \frac{1}{4\,\pi^{3/2}} \left(\frac{2\,M_{II}{}^*\,k\,T}{\hbar^2}\right)^{3/2} e^{-\frac{q_0(\varphi - \psi) - \eta_{II,\,max}}{k\,T}} \qquad \text{(IV 1, 93)}$$

deren Multiplikation auf das *Massenwirkungsgesetz*

$$n_I \cdot n_{II}{}^* = \left(\frac{1}{\tau_0 \cdot 4\,\pi^{3/2}}\right)^2 \left(\frac{2\,\sqrt{M_I\,M_{II}{}^*}\,k\,T}{\hbar^2}\right)^3 e^{-\frac{\eta_{I,\,min} - \eta_{II,\,max}}{k\,T}} = n_e^2$$

$$\text{(IV 1, 94)}$$

führt. Aus der rechterhand angegebenen „Gleichgewichtskonstanten"
folgt für die „eingeprägte" Konzentration n_e der antipolaren Ladungsträger

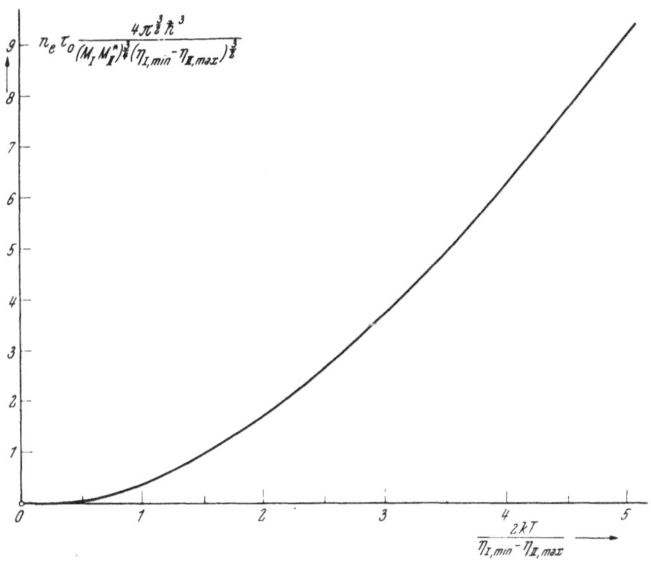

Abb. IV 1, 4. Die eingeprägte Konzentration der antipolaren Ladungsträger im
Reinhalbleiter als Funktion der Temperatur.

in den quasineutralen Gebieten $[n_I = n_{II}{}^* = n_e]$ des Reinhalbleiters der
Ausdruck [Abb. IV 1, 4]

$$n_e = \frac{1}{\tau_0} \frac{1}{4\,\pi^{3/2}} \left(\frac{2\,\sqrt{M_I\,M_{II}{}^*}\,k\,T}{\hbar^2}\right)^{3/2} e^{-\frac{\eta_{I,\,min} - \eta_{II,\,max}}{2\,k\,T}}, \qquad \text{(IV 1, 95)}$$

mit dessen Hilfe sich für die Elektronenkonzentration n_I des Leitungsbandes nach (IV 1, 92) die Gleichung

$$n_I = n_e \left(\frac{M_I}{M_{II}{}^*}\right)^{3/4} \cdot e^{-\frac{1}{k\,T}\left[\frac{1}{2}(\eta_{I,\,min} + \eta_{II,\,max}) - q_0(\varphi - \psi)\right]} \qquad \text{(IV 1, 96)}$$

und für die Konzentration $n_{II}{}^*$ der Fehlelektronen im Valenzbande nach
(IV 1, 93) die Gleichung

$$n_{II}{}^* = n_e \left(\frac{M_{II}{}^*}{M_I}\right)^{3/4} \cdot e^{+\frac{1}{k\,T}\left[\frac{1}{2}(\eta_{I,\,min} + \eta_{II,\,max}) - (q_0\varphi - \psi)\right]} \qquad \text{(IV 1, 97)}$$

ergibt. Die Wahl

$$\varphi = 0 \quad \text{für} \quad n_I = n_{II}* \qquad \text{(IV 1, 98)}$$

der elektrischen Makropotentialbasis liefert für das elektrochemische Potential ψ die Angabe

$$q_0 \psi = k\,T \ln \left(\frac{M_I}{M_{II}*}\right)^{3/4} - \frac{1}{2}\,(\eta_{I,\,min} + \eta_{II,\,max}), \qquad \text{(IV 1, 99)}$$

mittels derer (IV 1, 96) und (IV 1, 97) beziehentlich in die „Barometerformeln"

$$n_I = \bar{n}_I\, e^{\frac{q_0(\varphi - \psi)}{k\,T}} = n_e\, e^{\frac{q_0\,\varphi}{k\,T}}; \qquad \bar{n}_I = n_e\, e^{\frac{q_0\,\psi}{k\,T}} = \frac{1}{\tau_0}\,\frac{1}{4\,\pi^{3/2}}\cdot\left(\frac{2\,M_I\,kT}{\hbar^2}\right)^{3/2} e^{-\frac{q_0\,\eta_{I,\,min}}{k\,T}}$$

$$\text{(IV 1, 100)}$$

und

$$n_{II}* = \bar{n}_{II}*\, e^{-\frac{q_0(\varphi - \psi)}{k\,T}} = n_e\, e^{-\frac{q_0\,\varphi}{k\,T}};$$

$$\bar{n}_{II} = n_e\, e^{-\frac{q_0\,\psi}{k\,T}} = \frac{1}{\tau_0}\,\frac{1}{4\,\pi^{3/2}}\cdot\left(\frac{2\,M_{II}*\,k\,T}{\hbar^2}\right)^{3/2} e^{+\frac{q_0\,\eta_{II,\,max}}{k\,T}} \qquad \text{(IV 1, 101)}$$

übergehen; in ihnen hängen die „Eigenkonzentrationen" $\bar{n}_I$ der Elektronen und $\bar{n}_{II}*$ der Absentonen beziehentlich nur von den Eigenschaften der Energiebänder I und II ab.

i) Ungeachtet der physikalisch so einleuchtenden Aussagen (IV 1, 72), (IV 1, 73) einerseits und (IV 1, 100), (IV 1, 101) andererseits dürfen wir eine grundsätzliche, gedankliche Unschärfe in der Herleitung dieser Gleichungen nicht verschweigen: Das von Ort zu Ort veränderliche Makropotential φ bildet ja definitionsgemäß die Basis des für sich allein dreifachperiodischen Mikrogitterpotentiales, so daß das aus beiden Anteilen resultierende elektrische Skalarpotential innerhalb des Kristalles nun in der Regel nicht mehr als periodisch angesehen werden kann; damit aber ist der Lösung der *Schrödinger*gleichung durch *Bloch*funktionen der Boden entzogen, so daß wir die aus deren Eigenschaften gewonnenen Angaben über die Struktur des Energiespektrums im Kristall nicht mehr als streng bindend ansehen dürfen! Im Lichte dieser Kritik kann also der Übergang vom gleichförmigen Durchschnittspotential des neutralen Halbleiters zum räumlich veränderlichen Makropotential nur den Rang einer näherungsweise zutreffenden Verallgemeinerung beanspruchen; wir werden ihr umsomehr Vertrauen schenken dürfen, je langsamer sich, im Sinne der symbolischen Vorschrift (IV 1, 12), das Makropotential von Zelle zu Zelle des Mikrogitters ändert, während an Sprungstellen des Makropotentiales die auf dem Begriffe der Kristallenergie beruhende Darstellung (IV 1, 22) gänzlich versagt. Innerhalb des Stetigkeitsgebietes des Makropotentiales, doch nur dort, ergibt sich somit die Makrodichte ϱ der Raumladung hinreichend genau zu

$$\varrho = q_0(n_{II}* - n_I) = -2\,q_0\,n_e \sinh\frac{q_0\,\varphi}{k\,T}. \qquad \text{(IV 1, 102)}$$

Bezeichnet also $\varDelta_0$ die sogenannte Dielektrizitätskonstante des leeren Raumes und ε die relative Dielektrizitätskonstante des Kristalles, so genügt, in der angezeigten Näherung, das Makropotential φ selbst der *Poisson*schen Differentialgleichung

$$\nabla^2\varphi = \frac{2\,q_0\,n_e}{\varDelta_0 \cdot \varepsilon}\,\sinh\frac{q_0\,\varphi}{k\,T} \qquad \text{(IV 1, 103)}$$

des Reinhalbleiters im Gleichgewichtszustande.

IV 2. Fremdatom-Halbleiter.

a) Von den bisher behandelten, chemisch homogenen Halbleiterkristallen gehen wir zu einem inhomogenen Systeme über, in welchem an den Orten

$$r = a_j \, u^j \tag{IV 2, 1}$$

seiner kontravarianten Konfigurationskoordinaten u^j [$j = 1; 2; 3$] je Raumeinheit die technologisch regelbare Anzahl

$$N = N(r) \tag{IV 2, 2}$$

der ursprünglichen, einheitlichen Kristallatome durch *Fremdatome* anderer Valenz ersetzt wurden.

Um uns nicht in Allgemeinheiten zu verlieren, erläutern wir die Folgen einer solchen Mikrosubstitution an dem technisch recht wichtigen Beispiele des *Germanium*-Kristalles. Die Atome dieses chemischen Elementes [Symbol: Ge] sind *vierwertig*; sie bilden — im ideellen Falle der Störungsfreiheit! — ein Mikrogitter von der Struktur des *Diamanten* [Symbol: C]: Jedes Atom streckt seinen vier Nachbarn je eine „Elektronenhand" entgegen, und die Bruderhände schließen sich paarweise zu je einer *kovalenten Bindung*. Beim Nullpunkt der absoluten Temperatur [$T \to 0$] erfüllt die Gesamtheit dieser „*Valenz-Elektronen*" das eben nach ihnen so benannte Valenzband im Energiespektrum des Kristalles lückenlos, während das energetisch nächst höher gelegene Leitungsband leer bleibt. Daher repräsentiert das Germanium einen *Reinhalbleiter*, welcher als solcher bei absoluten Temperaturen $T > 0$ den Gesetzen der inneren Elektronenemission nach Ziffer IV 1 gehorcht.

Nun werde an Stelle einer vorbestimmten Anzahl der Germaniumatome die gleiche Zahl von *Fremdatomen je abweichender Valenz* in das nichtsdestoweniger *unverzerrt* zu denkende Mikrogitter des Kristalles eingebracht. Vorbehaltlich später erforderlicher Verallgemeinerungen unterscheiden wir bei dieser Mikrosubstitution zwei *Hauptfälle*, die einander *dual ergänzen*:

1. Die — untereinander gleichen — Fremdatome seien nach dem Beispiel des *Phosphors* [Symbol: P], des *Arsens* [As] oder des *Antimons* [Sb] je *fünfwertig*. Die *Coulomb*kräfte, welche in einem solchen, zunächst isoliert gedachten Atom seine im Sinne des *Bohr*schen Modelles „äußersten" Elektronen binden, werden bei der Einführung des Atomes in das Germanium etwa nach Maßgabe der phänomenologischen [relativen] Dielektrizitätskonstanten ε dieses Kristalles geschwächt [Ziffer III 1, k]. Daher kann das Fremdatom, bei passender energetischer Lage seiner durch die Einbettung in das Dielektrikum des Wirtskörpers modifizierten Spektralterme, das für dessen mechanischen Zusammenhalt sozusagen überzählige, fünfte Elektron in das Leitungsband des Germaniumkristalles entsenden. Ist dies geschehen, so bezeichnen wir das elektronenspendende Fremdatom als „*Donator*" [Geber], welcher nun selbst, nach der Abgabe des genannten Elektrons, im Wirtskörper als elektrisch *positives Ion* vom Ladungsbetrage eines *Protons* zurückbleibt. Ungeachtet dieser Ähnlichkeit mit den Fehlelektronen unterscheiden sich jedoch die verglichenen Elektrizitätsträger in kinematischer Hinsicht wesentlich voneinander: Die Donatoren sind, im Gegensatz zu den frei beweglichen Absentonen, merklich an den ihnen anfangs zugewiesenen Platz im Mikrogitter des Wirtskristalles gebunden, so daß sie während nicht übermäßig langer Zeiträume als immobil gelten dürfen; daher beteiligen sich die Donatoren

zwar aktiv am Aufbau des innerkristallinen *Raumladungsfeldes* [*Poisson*-sche Gleichung!], liefern jedoch praktisch keinen Beitrag zur konvektiven elektrischen *Strömung*. Für die elektrische *Leitfähigkeit* des Kristalles haben wir somit, neben den Elektronen und Fehlelektronen des im reinen Germanium stattfindenden Prozesses der inneren Emission, lediglich die aus den Donatoren befreiten, *negativen Zusatzladungen* [Symbol: n] in Rechnung zu stellen; durch diesen Sachverhalt rechtfertigt sich die übliche Bezeichnung eines durch Donatoren „verunreinigten" Kristalles von der strukturellen Art des Germaniums als *n-Typ-Halbleiter*.

2. Falls das an Stelle eines Germaniumatomes substituierte Fremdatom nach dem Beispiel von Aluminium [Symbol: Al], Gallium [Ga] oder Indium [In] nur *dreiwertig* ist, sucht es sich nach seiner Einführung in das Mikrogitter des Wirtskristalles die ihm dort fehlende Bindung zu einem der vier Nachbaratome durch Adsorption eines vierten „Außenelektrons" zu verschaffen. Dies gelingt ihm, bei passender Lage seiner durch die dielektrische Umgebung modifizierten, energetischen Spektralterme, mittels *Entnahme* jenes Elektrons aus dem nächst niedrigeren, beim Nullpunkt der absoluten Temperatur lückenlos gefüllten Valenzbande der Germaniumelektronen. Bei diesem Vorgange spielt also das Fremdatom die Rolle eines „*Akzeptors*" [Empfängers], welcher sich dadurch selbst in ein *negatives Ion* vom Ladungsbetrage des adsorbierten Elektrons verwandelt; seine *Stabilität* darf nach den Überlegungen der Ziffer I 14, j als erwiesen gelten. Gleich den Donatoren sind auch die Akzeptoren wesentlich an ihren Platz im Mikrogitter des Germaniumkristalles gefesselt, so daß sie, nach der Adsorption des Valenzelektrons, unmittelbar nur auf das Raumladungsfeld, nicht aber auf die Strömung einwirken können. Daher beeinflußt dieser Prozeß auch die Leitfähigkeit des Kristalles, indem er in dessen Valenzbande Löcher schafft oder, mit anderen Worten, sozusagen Absentonen „emittiert". Mit Rücksicht auf das *positive* Vorzeichen [Symbol: p] dieser beweglichen Ladungsträger kennzeichnet man daher einen durch Akzeptoren „verunreinigten" Kristall von der Bauart des Germaniums als *p-Typ-Halbleiter*.

b) Wir beschäftigen uns zunächst mit dem thermisch-elektrischen *Gleichgewicht* in einem n-Typ-Halbleiter, der am Orte r [fester Radiusvektor] seines Existenzgebietes je Raumeinheit

$$N_D = N_D(r) \qquad \text{(IV 2, 3)}$$

untereinander je gleichartiger Donatoren enthält; ebendort herrsche das [veränderliche] elektrische Makropotential

$$\varphi = \varphi(r), \qquad \text{(IV 2, 4)}$$

während

$$\psi = \text{const} \qquad \text{(IV 2, 5)}$$

das elektrochemische Potential des kontrollierten Systemes [Gleichgewichtszustand!] messe.

Wir richten vorübergehend unsere Aufmerksamkeit auf nur *eines* dieser Fremdatome und bezeichnen durch η_D die auf das Makropotential $\varphi(r)$ als Basis bezogene „Kristallenergie" des überzähligen Valenzelektrons im Donator nach dessen Einbettung in den Wirtskristall. Für die *Besetzungswahrscheinlichkeit* w eben dieses Energieplatzes bei der absoluten Temperatur T liefert dann die *Fermi*statistik die Aussage

$$w = \frac{1}{e^{\frac{1}{kT}[\eta_D - q_0(\varphi - \psi)]} + 1}, \qquad \text{(IV 2, 6)}$$

so daß umgekehrt

$$1 - \mathrm{w} = \cfrac{1}{1 + e^{-\frac{1}{\mathrm{k\,T}}[\eta_\mathrm{D} - \mathrm{q_0}(\varphi - \psi)]}}, \qquad \text{(IV 2, 7)}$$

die *Räumungswahrscheinlichkeit* jenes [ursprünglichen] Platzes oder, mit anderen Worten, die *Ionisierungswahrscheinlichkeit* des kontrollierten Donators angibt. Nun wenden wir das *Bernoulli*sche Theorem der wiederholten Alternative auf das Kollektiv der $\mathrm{N_D}$ „Ionisierungsversuche" an: Von stochastischen Schwankungen abgesehen, haben wir je Raumeinheit des Kristalles

$$\mathrm{n_D} = \mathrm{N_D}(1 - \mathrm{w}) = \cfrac{\mathrm{N_D}}{1 + e^{-\frac{1}{\mathrm{k\,T}}[\eta_\mathrm{D} - \mathrm{q_0}(\varphi - \psi)]}} \qquad \text{(IV 2, 8)}$$

positive, immobile Ionen je vom Ladungsbetrage des Protons zu erwarten. Ihre Summenladung $(+\,\mathrm{q_0\,n_D})$ addiert sich zu jener der Elektronen $(-\mathrm{q_0\,n_I})$ des Leitungsbandes [$\mathrm{n_I}$ = Elektronenkonzentration] und der Fehlelektronen $(+\,\mathrm{q_0\,n_{II}}^*)$ des Valenzbandes [$\mathrm{n_{II}}^*$-Absentonenkonzentration] je Raumeinheit.

Von jetzt an beschränken wir uns auf „isotrope" Wirtskristalle der tensoriellen Eigenschaften (IV 1, 74) und (IV 1, 75). Man beachte nun, daß dann die Angaben (IV 1, 95), (IV 1, 100) und (IV 1, 101) schon allein aus den Gesetzmäßigkeiten der *Fermi*statistik — unter den Voraussetzungen (IV 1, 91) — folgen, so daß sie keinerlei zusätzlichen Voraussetzungen über die Genetik der jeweils abgezählten Ladungsträger enthalten oder solcher bedürftig sind; daher können wir jene Angaben unverändert in die gegenwärtige Untersuchung übernehmen. Wählen wir überdies als Basis $\varphi = 0$ des elektrischen Makropotentiales jene Gebiete des Kristalles, welche im Grenzfalle $\mathrm{N_D} \to 0$ [Reinhalbleiter] quasineutral werden, so ergibt sich für die Dichte ϱ der Makroraumladung im n-Typ-Halbleiter die Aussage

$$\varrho = -\,2\,\mathrm{q_0\,n_e}\sinh\frac{\mathrm{q_0}\,\varphi}{\mathrm{k\,T}} + \cfrac{\mathrm{q_0\,N_D}}{1 + e^{-\frac{1}{\mathrm{k\,T}}[\eta_\mathrm{D} - \mathrm{q_0}(\varphi - \psi)]}}, \qquad \text{(IV 2, 9)}$$

während für den Wert (IV 2, 5) des elektrochemischen Potentiales Gl. (IV 1, 99) in Kraft bleibt; daher entsteht aus (IV 2, 9) die Relation

$$\varrho = \varrho(\varphi) = -\,2\,\mathrm{q_0\,n_e}\sinh\frac{\mathrm{q_0}\,\varphi}{\mathrm{k\,T}} + \cfrac{\mathrm{q_0\,N_D}}{1 + \left(\dfrac{\mathrm{M_{II}}^*}{\mathrm{M_I}}\right)^{3/4} e^{-\frac{1}{\mathrm{k\,T}}\left[\eta_\mathrm{D} - \frac{1}{2}(\eta_{\mathrm{I,\,min}} + \eta_{\mathrm{II,\,max}}) - \mathrm{q_0}\,\varphi\right]}},$$

$$\text{(IV 2, 10)}$$

mit deren Hilfe die *Poisson*sche Potentialgleichung

$$\nabla^2\varphi = -\,\frac{\varrho(\varphi)}{\varDelta_0\,\varepsilon} \qquad \text{(IV 2, 11)}$$

resultiert. Insbesondere gehorcht hiernach das Makropotential $\varphi = \varphi_0$ in den makroskopisch raumladungsfreien Gebieten des n-Typ-Halbleiters [$\mathrm{N_D} > 0$] der *Bedingung der Quasineutralität*

$$2\,\mathrm{n_e}\sinh\frac{\mathrm{q_0}\,\varphi_0}{\mathrm{k\,T}} = \cfrac{\mathrm{N_D}}{1 + \left(\dfrac{\mathrm{M_{II}}^*}{\mathrm{M_I}}\right)^{3/4} e^{-\frac{1}{\mathrm{k\,T}}\left[\eta_\mathrm{D} - \frac{1}{2}(\eta_{\mathrm{I,\,min}} + \eta_{\mathrm{II,\,max}}) - \mathrm{q_0}\,\varphi\right]}}. \qquad \text{(IV 2, 12)}$$

Wir bringen sie mit Benutzung der Beziehungen (IV 1, 95), (IV 1, 100) und (IV 1, 101) nach Einführung der dimensionsfreien, numerischen Temperatur der Donatoren

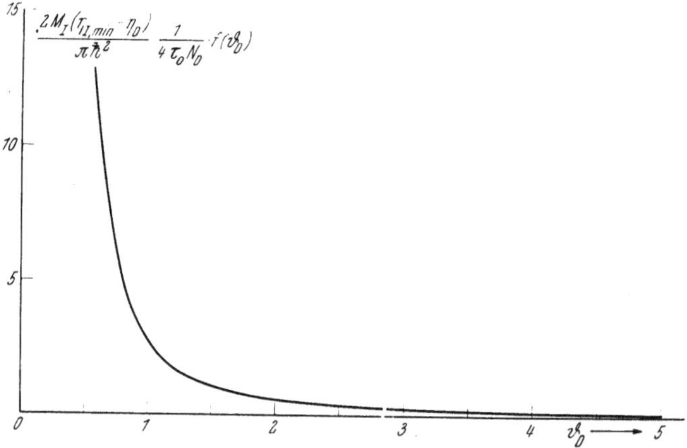

Abb. IV 2, 1. Die Funktion $f(\vartheta)$ nach Gl. (IV 2, 16).

$$\vartheta_D = \frac{k\,T}{\eta_{I,\min} - \eta_D} \qquad (IV\ 2,\ 13)$$

unter der Voraussetzung

$$\eta_{I,\min} > \eta_D \qquad (IV\ 2,\ 14)$$

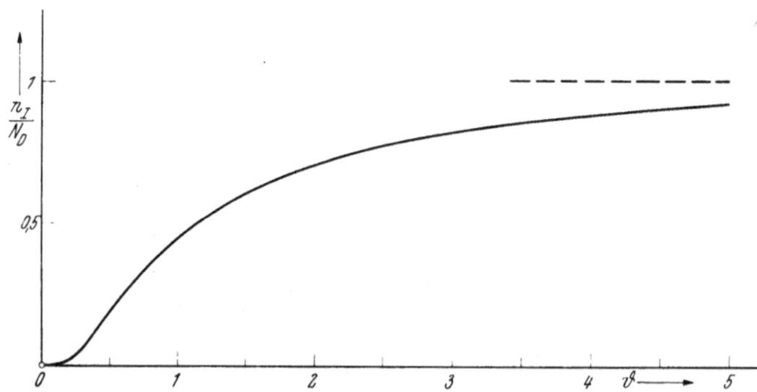

Abb. IV 2, 2. Innere Emission der Donatoren als Funktion der [numerischen] Temperatur.

in die wesentlich auf die Emissionstätigkeit der Donatoren zugeschnittene Gestalt

$$n_I - n_{II}{}^* = \frac{N_D}{1 + \left[\dfrac{\pi\,\hbar^2}{2\,M_I(\eta_{I,\min} - \eta_D)}\right]^{3/2} 4\,\tau_0\,n_I\,\vartheta_D{}^{-\frac{3}{2}}\,e^{\frac{1}{\vartheta_D}}} \cdot \qquad (IV\ 2,\ 15)$$

Setzen wir abkürzend

$$f(\vartheta_D) = \left[\frac{\pi\,\hbar^2}{2\,M_I(\eta_{I,\min} - \eta_D)}\right]^{3/2} 4\,\tau_0\,N_D\,\vartheta_D{}^{-\frac{3}{2}}\,e^{\frac{1}{\vartheta_D}}, \qquad (IV\ 2,\ 16)$$

[Abb. IV 2, 1] und schließen durch den (mathematischen) Grenzübergang

$$n_{II}{}^* \to 0 \qquad (IV\ 2,\ 17)$$

vorübergehend die Mitwirkung der Absentonen an der makroskopischen Kompensation der Elektronenladungen aus, so erhalten wir aus (IV 2, 15) für den Temperaturgang der Elektronenkonzentration n_I in deren Verhältnis zur Konzentration N_D der Donatoren die Angabe

$$\frac{n_I}{N_D} = \frac{1}{2\,f(\vartheta_D)}\,[\sqrt{1 + 4\,f(\vartheta_D)} - 1], \qquad (IV\ 2,\ 18)$$

welche als *innere Emissionsgleichung* allein der *Donatoren* bezeichnet werden mag; Abb. IV 2, 2 veranschaulicht ihren physikalischen Inhalt: Mit

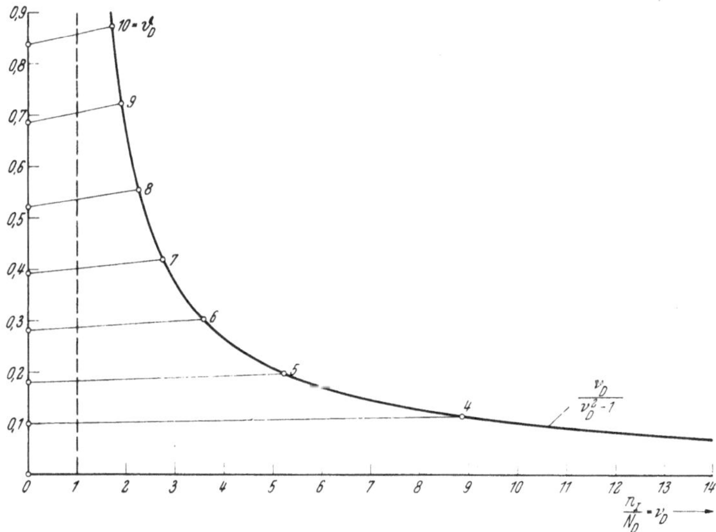

Abb. IV 2, 3. Graphische Lösung der Gl. (IV 2, 21).

wachsender (numerischer) Temperatur ϑ_D nähert sich die Elektronenkonzentration n_I dem *Sättigungswert*

$$\lim_{\vartheta_D \to \infty} n_I = N_D, \qquad (IV\ 2,\ 19)$$

weil dann die Emissionsfähigkeit der Donatoren *erschöpft* ist.

Zum allgemeinen Falle $n_{II}{}^* \neq 0$ zurückkehrend, führen wir das Konzentrationsverhältnis

$$\nu_D = \left[\frac{n_I}{n_e}\right]_{\varphi = \varphi_0} = e^{\frac{q_0\,\varphi_0}{kT}} > 1 \qquad (IV\ 2,\ 20)$$

der Elektronen des Leitungsbandes zur eingeprägten Trägerkonzentration ein und erhalten durch Substitution von (IV 2, 20) in (IV 2, 12) für ν_D die kubische Gleichung

$$\frac{\nu_D}{\nu_D{}^2 - 1} = \frac{n_e}{N_D}\left\{1 + \nu_D\left(\frac{M_{II}{}^*}{M_I}\right)^{3/4} e^{-\frac{1}{kT}\left[\eta_D - \frac{1}{2}(\eta_{I,\,min} + \eta_{II,\,max})\right]}\right\} =$$

$$= \frac{n_e}{N_D}\left\{1 + \frac{n_e}{N_D} \cdot \nu_D \cdot f(\vartheta_D)\right\}. \qquad (IV\ 2,\ 21)$$

Sie kann nach dem Muster der Abb. IV 2, 3 graphisch unschwer gelöst werden, es sei denn, man bevorzugt die algebraische Berechnung ihrer Wurzeln.

Um die in Gl. (IV 2, 21) enthaltenen Aussagen zu ordnen, ergänzen wir die Voraussetzung (IV 2, 14) durch die in der Regel erfüllte Annahme

$$\eta_D - \frac{1}{2}\left(\eta_{I,\,min} + \eta_{II,\,max}\right) > 0. \qquad (IV\ 2,\ 22)$$

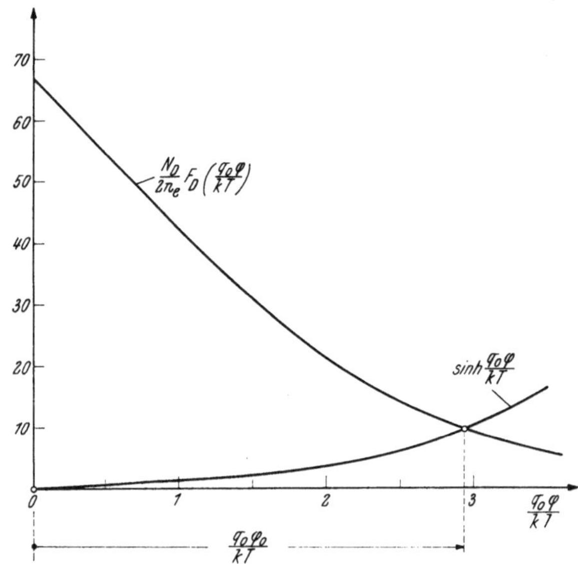

Abb. IV 2, 4. Graphische Lösung des transzendenten Gl. (IV 2, 24).

Führen wir dann den *Donator-Entartungsparameter*

$$A_D = e^{\frac{1}{kT}\left[\eta_D - \frac{1}{2}(\eta_{I,\,min} + \eta_{II,\,max})\right]} > 1 \qquad (IV\ 2,\ 23)$$

der *Fermi-Dirac*statistik ein, so nimmt Gl. (IV 2, 12) die ein wenig einfachere Gestalt

$$2\,n_e \sinh \frac{q_0\,\varphi_0}{k\,T} = N_D\,F_D\left(\frac{q_0\,\varphi_0}{k\,T}\right)$$

$$F_D\left(\frac{q_0\,\varphi}{k\,T}\right) = \frac{1}{1 + \left(\dfrac{M_{II}{}^*}{M_I}\right)^{3/4} \dfrac{1}{A_D} e^{\frac{q_0\,\varphi}{k\,T}}} \qquad (IV\ 2,\ 24)$$

an; im Anschluß an ihre in Abb. IV 2, 4 für ein willkürliches Beispiel gegebene, graphische Lösung mögen folgende, rechnerisch leicht übersehbare Sonderfälle hervorgehoben werden:

1. Bei hinreichend niedriger Absoluttemperatur T wird die eingeprägte Konzentration n_e so klein, daß

$$\nu_D = e^{\frac{q_0\,\varphi_0}{k\,T}} \gg A_D > 1 \qquad (IV\ 2,\ 25)$$

ausfällt. Sofern also M_I und $M_{II}{}^*$ von gleicher Größenordnung sind, hat man das Kollektiv der Donatoren als nur schwach entartet anzusehen. Daher kann man nun die in (IV 2, 24) eingehende, *Fermi*sche Verteilungs-funktion F_D hinreichend genau durch

$$F_D \approx \left(\frac{M_I}{M_{II}{}^*}\right)^{3/4} A_D \, e^{-\frac{q_0 \varphi}{kT}} \qquad (IV\ 2,\ 26)$$

approximieren, so daß wir aus (IV 2, 21) für $v_D \gg 1$ die Näherungsgleichung

$$v_D{}^2 - 1 \approx v_D{}^2 \approx \frac{N_D}{n_e} \left(\frac{M_I}{M_{II}{}^*}\right)^{3/4} A_D \qquad (IV\ 2,\ 27)$$

mit der ja notwendig positiven Lösung

$$v_D = \sqrt{\frac{N_D}{n_e} \left(\frac{M_I}{M_{II}{}^*}\right)^{3/4} A_D} \qquad (IV\ 2,\ 28)$$

erhalten. Auf Grund der Angabe (IV 1, 95) und der Relationen (IV 2, 20) und (IV 2, 23) haben wir sonach im Leitungsbande die Elektronen-konzentration

$$n_I = n_e\, v_D = \sqrt{\frac{N_D}{\tau_0\, 4\, \pi^{3/2}} \left(\frac{2\, M_I\, k\, T}{\hbar^2}\right)^{3/4}} \, e^{-\frac{\eta_{I,\,min} - \eta_D}{2kT}} \qquad (IV\ 2,\ 29)$$

zu erwarten, welche mit der Quadratwurzel aus der Donatorenkonzentra-tion N_D ansteigt; nach Maßgabe des Massenwirkungsgesetzes (IV 1, 94) bleibt die gleichzeitig auftretende Konzentration

$$n_{II}{}^* = \frac{n_e{}^2}{n_I} = \frac{n_e}{v_D} \qquad (IV\ 2,\ 30)$$

der Absentonen im Valenzband wegen $v_D \gg 1$ überaus klein, so daß sie außer acht bleiben darf, und in der Tat geht für numerische Temperaturen $\vartheta \ll 1$ die auf den Grenzfall $n_{II}{}^* \to 0$ bezogene Gl. (IV 2, 18) in (IV 2, 29) über.

2. Bei hoher Absoluttemperatur T wird, im Gegensatz zu (IV 2, 25),

$$v_D = e^{\frac{q_0 \varphi_0}{kT}} \ll A_D, \qquad (IV\ 2,\ 31)$$

so daß sich das Kollektiv der Donatoren im Zustande fast vollständiger Entartung befindet. Daher darf man die *Fermi*sche Verteilungsfunktion F_D in nunmehr hinreichender Genauigkeit mit der Einheit vertauschen, so daß sich die kubische Gleichung (IV 2, 21) auf die nur quadratische Gleichung

$$v_D - \frac{1}{v_D} = \frac{N_D}{n_e} \qquad (IV\ 2,\ 32)$$

reduziert; ihre (notwendig positive) Lösung lautet

$$v_D = \frac{1}{2}\frac{N_D}{n_e} + \sqrt{\left(\frac{1}{2}\frac{N_D}{n_e}\right)^2 + 1}. \qquad (IV\ 2,\ 33)$$

Demnach resultiert im Leitungsbande die Elektronenkonzentration

$$n_I = \frac{1}{2} N_D + \sqrt{\left(\frac{1}{2} N_D\right)^2 + n_e{}^2}, \qquad (IV\ 2,\ 34)$$

während im Valenzbande die Absentonenkonzentration

$$n_{II}{}^* = -\frac{1}{2} N_D + \sqrt{\left(\frac{1}{2} N_D\right)^2 + n_e{}^2} \qquad (IV\ 2,\ 35)$$

auftritt. Im Lichte dieser Formeln unterscheiden wir zwei Unterfälle:

I. Solange die eingeprägte Trägerkonzentration n_e, welche als solche in den donatorfreien, quasineutralen Gebieten des Halbleiters bei der absoluten Temperatur T erscheint, klein gegen die Konzentration N_D der Donatoren bleibt

$$n_e \ll N_D, \qquad \text{(IV 2, 36)}$$

befindet sich der Kristall im Zustande

$$n_I \approx N_D; \qquad n_{II}{}^* \approx 0, \qquad \text{(IV 2, 37)}$$

welche wir schon in Gl. (IV 2, 19) als Erschöpfung der donatorischen Emissionsfähigkeit kennen lernten: Sämtliche Donatoren haben sich in [immobile] positive Ionen verwandelt, während die von ihnen gespendeten Elektronen als bewegliche Elektrizitätsträger das Leitungsband bevölkern; das Valenzband bleibt von diesem Vorgang merklich unberührt.

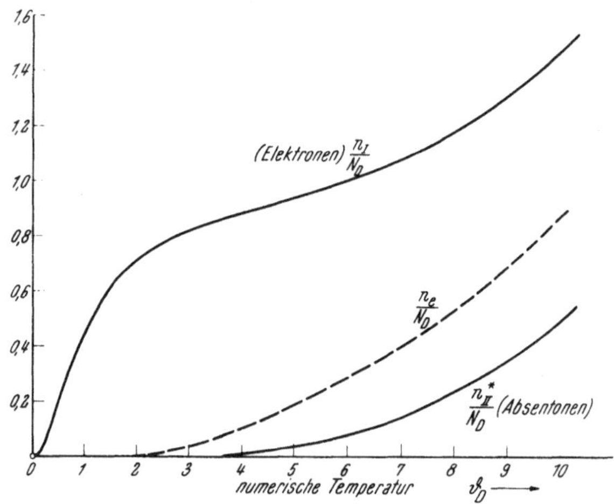

Abb. IV 2, 5. Gang der mobilen Trägerkonzentrationen des quasineutralen n-Typ Halbleiters in Abhängigkeit von der [numerischen] Temperatur.

II. Falls die absolute Temperatur T so hoch getrieben wird, daß die eingeprägte Trägerkonzentration n_e entsprechend Gl. (I 1, 95) die Konzentration N_D der Donatoren weit übertrifft

$$n_e \gg N_D, \qquad \text{(IV 2, 38)}$$

folgern wir aus (IV 2, 34) und (IV 2, 35) die Angaben

$$n_I \approx n_e \approx n_{II}{}^*, \qquad \text{(IV 2, 39)}$$

welchen den quasineutralen Reinhalbleiter kennzeichnen; die zusätzliche Emission der Donatoren ist bedeutungslos geworden.

Abb. IV 2, 5 zeigt, zusammenfassend, den Gang der mobilen Trägerkonzentrationen n_I und $n_{II}{}^*$ des quasineutralen n-Typ-Halbleiters in Abhängigkeit von dessen numerischer Temperatur ϑ_I.

c) Zum p-Typ-Halbleiter übergehend, nehmen wir am Orte des festen Radiusvektors r je Raumeinheit

$$N_A = N_A(r) \qquad \text{(IV 2, 40)}$$

Akzeptoren an. Wir bezeichnen durch η_A die auf das Makropotential $\varphi = \varphi(r)$ als Basis bezogene Kristallenergie des dem Fremdatom ursprünglich fehlenden Elektrons nach dessen Adsorption zum Akzeptor. Da dann die Besetzungswahrscheinlichkeit w dieses Energietermes bei der absoluten Temperatur T durch die *Fermi*statistik zu

$$w = \frac{1}{e^{\frac{1}{kT}[\eta_A - q_0(\varphi - \psi)]} + 1} \qquad (IV\ 2,\ 41)$$

bestimmt wird, hat man auf Grund des *Bernoulli*schen Wahrscheinlichkeitssatzes, angewandt auf den N_A-fach wiederholten Adsorptionsversuch der Akzeptoren, je Raumeinheit des Kristalles

$$n_A = N_A \cdot w = \frac{N_A}{e^{\frac{1}{kT}[\eta_A - q_0(\varphi - \psi)]} + 1} \qquad (IV\ 2,\ 42)$$

immobile, negative Ionen an den Plätzen der Akzeptoren zu erwarten; in Gemeinschaft mit den n_I Elektronen des Leitungsbandes und den $n_{II}{}^*$ Fehlelektronen des Valenzbandes je Raumeinheit des Kristalles erregen sie die makroskopische Raumladungsdichte

$$\varrho = -\,2\,q_0\,n_e \sinh \frac{q_0\,\varphi}{k\,T} - \frac{q_0\,N_A}{e^{\frac{1}{kT}[\eta_A - q_0(\varphi - \psi)]} + 1}. \qquad (IV\ 2,\ 43)$$

Auf Grund der Wahl der Potentialbasis $\varphi = 0$ in den akzeptorfreien Gebieten $[N_A \to 0]$ des quasineutralen Kristalles haben wir den notwendig festen Wert ψ des elektrochemischen Potentiales [Bedingung des thermodynamischen Gleichgewichtes!] wiederum aus Gl. (IV 1, 99) zu entnehmen, so daß sich (IV 2, 43) in die Angabe

$$\varrho = \varrho(\varphi) = -\,2\,q_0\,n_e \sinh \frac{q_0\,\varphi}{k\,T} - \frac{q_0\,N_A}{1 + \left(\dfrac{M_I}{M_{II}{}^*}\right)^{3/4} e^{\frac{1}{kT}\left[\eta_A - \frac{1}{2}(\eta_{I,\,min} + \eta_{II,\,max}) - q_0\,\varphi\right]}}$$

$$(IV\ 2,\ 44)$$

verwandelt; sie geht in die *Poisson*sche Differentialgleichung des Makropotentiales ein

$$\nabla^2\varphi = -\,\frac{\varrho(\varphi)}{\varDelta_0 \cdot \varepsilon}. \qquad (IV\ 2,\ 45)$$

In den quasineutralen Bezirken des p-Typ-Halbleiters gehorcht somit dessen Makropotential $\varphi = \varphi_0$ der *Neutralitätsbedingung*

$$2\,n_e \sinh \frac{q_0\,\varphi_0}{k\,T} = -\,\frac{N_A}{1 + \left(\dfrac{M_I}{M_{II}{}^*}\right)^{3/4} e^{\frac{1}{kT}\left[\eta_A - \frac{1}{2}(\eta_{I,\,min} + \eta_{II,\,max}) - q_0\,\varphi_0\right]}}.$$

$$(IV\ 2,\ 46)$$

Wir führen durch

$$\vartheta_A = \frac{k\,T}{\eta_A - \eta_{II,\,max}} \qquad (IV\ 2,\ 47)$$

die unter der Voraussetzung

$$\eta_A - \eta_{II,\,max} > 0 \qquad (IV\ 2,\ 48)$$

stets positive, numerische Temperatur der Akzeptoren ein und setzen abkürzend

$$f(\vartheta_A) = \left[\frac{\pi\,\hbar^2}{2\,M_{II}{}^*(\eta_A - \eta_{II,\,max})}\right] 4\,\tau_0\,N_A\,\vartheta_A{}^{-\frac{3}{2}}\,e^{\frac{1}{\vartheta_A}}. \qquad (IV\ 2,\ 49)$$

Mit Hilfe der Relationen (IV 1, 95), (IV 1, 100) und (IV 1, 101) nimmt dann (IV 2, 46) die Gestalt

$$n_{II}{}^* - n_I = \frac{N_A}{1 + \dfrac{n_{II}{}^*}{N_A} \cdot f(\vartheta_A)} \qquad (IV\ 2,\ 50)$$

an, welche durch den (gedanklichen) Grenzübergang

$$n_I \to 0 \qquad (IV\ 2,\ 51)$$

in die innere Elektronen-Adsorptionsgleichung der Akzeptoren oder, wenn man so sagen will, in die „Emissionsgleichung" der allein von den Akzeptoren herrührenden Absentonen

$$\frac{n_{II}{}^*}{N_A} = \frac{1}{1 + \dfrac{n_{II}{}^*}{N_A} f(\vartheta_A)} \qquad (IV\ 2,\ 52)$$

übergeht. Ihre (positive) Lösung

$$\frac{n_{II}{}^*}{N_A} = \frac{1}{2\,f(\vartheta_A)}\,[\sqrt{1 + 4\,f(\vartheta_A)} - 1] \qquad (IV\ 2,\ 53)$$

stimmt formal — nach Ersatz von $n_{II}{}^*$ durch n_I, von N_A durch N_D und von ϑ_A durch ϑ_D — mit Gl. (IV 2, 18) überein, welche über den Temperaturgang der inneren Elektronenemission durch die Donatoren Auskunft erteilt; daher wird ihr physikalischer Inhalt, nachdem man die genannten Substitutionen vorgenommen hat, durch Abb. IV 2, 5 beschrieben, dessen erneute Diskussion sich erübrigt.

Um den Fall $n_I \neq 0$ zu behandeln, kehren wir zu Gl. (IV 2, 46) zurück, welche sogleich zu der Aussage

$$\frac{q_0\,\varphi_0}{k\,T} < 0 \qquad (IV\ 2,\ 54)$$

führt. Das Verhältnis

$$\nu_A = \frac{n_{II}{}^*}{n_e} = e^{-\frac{q_0\,\varphi_0}{k\,T}} > 1 \qquad (IV\ 2,\ 55)$$

der Absentonenkonzentration im Valenzbande zur eingeprägten Trägerkonzentration des Reinhalbleiters genügt der kubischen Gleichung

$$\frac{\nu_A}{\nu_A{}^2 - 1} = \frac{n_e}{N_A}\left\{1 + \nu_A\left(\frac{M_I}{M_{II}{}^*}\right)^{3/4} e^{\frac{1}{kT}\left[\eta_A - \frac{1}{2}(\eta_{I,\,min} + \eta_{II,\,max})\right]}\right\}, \qquad (IV\ 2,\ 56)$$

welche graphisch oder rechnerisch gelöst werden kann. Um uns über den physikalischen Inhalt dieses Ergebnisses zu unterrichten, ergänzen wir die Voraussetzung (IV 2, 48) durch die Annahme

$$\frac{1}{2}(\eta_{I,\,min} + \eta_{II,\,max}) - \eta_A > 0 \qquad (IV\ 2,\ 57)$$

und definieren durch

$$A_A = e^{\frac{1}{kT}\left[\frac{1}{2}(\eta_{I,\,min} + \eta_{II,\,max}) - \eta_A\right]} > 1 \qquad (IV\ 2,\ 58)$$

den Akzeptor-Entartungsparameter, mit dessen Hilfe Gl. (IV 2, 46) die Gestalt

$$2\,n_e \sinh\frac{q_0\,\varphi_0}{k\,T} = -\,N_A\,F_A\left(\frac{q_0\,\varphi_0}{k\,T}\right),$$

$$F_A\left(\frac{q_0\,\varphi}{k\,T}\right) = \frac{1}{1 + \left(\dfrac{M_I}{M_{II}*}\right)^{3/4}\dfrac{1}{A_A}\,e^{-\frac{q_0\,\varphi}{k\,T}}} \qquad \text{(IV 2, 59)}$$

annimmt; ihr Vergleich mit (IV 2, 24) führt, wegen (IV 2, 54) und (IV 2, 55), zu folgenden Aussagen:

1. Bei hinreichend niedriger Absoluttemperatur T, welche der Ungleichung

$$\nu_A = e^{-\frac{q_0\,\varphi_0}{k\,T}} \gg A_A > 1 \qquad \text{(IV 2, 60)}$$

genügt, ist das Kollektiv der Akzeptoren nur schwach entartet, so daß man die *Fermi*sche Verteilungsfunktion F_A durch

$$F_A \approx \left(\frac{M_{II}*}{M_I}\right)^{3/4} A_A\,e^{\frac{q_0\,\varphi}{k\,T}} \qquad \text{(IV 2, 61)}$$

approximieren darf; in der hierdurch gebotenen Genauigkeit ergibt sich

$$\nu_A = \sqrt{\frac{N_A}{n_e}\left(\frac{M_{II}*}{M_I}\right)^{3/4} A_A}. \qquad \text{(IV 2, 62)}$$

Demgemäß „erscheinen" im Valenzbande Absentonen in der Konzentration

$$n_{II}* = n_e\,\nu_A = \sqrt{\frac{N_A}{\tau_0\,4\,\pi^{3/2}}\left(\frac{2\,M_{II}*\,k\,T}{\hbar^2}\right)^{3/4}}\,e^{-\frac{\eta_A - \eta_{II,\,max}}{k\,T}}, \qquad \text{(IV 2, 63)}$$

während nach Maßgabe des Massenwirkungsgesetzes (IV 1, 94) auf Grund der Ungleichung (IV 2, 60) die Elektronenkonzentration n_I im Leitungsbande

$$n_I = \frac{n_e^2}{n_{II}*} = \frac{n_e}{\nu_A} \qquad \text{(IV 2, 64)}$$

so klein ausfällt, daß sie außer acht bleiben darf.

2. Bei hoher Absoluttemperatur T, welche der Bedingung

$$\nu_A = e^{-\frac{q_0\,\varphi_0}{k\,T}} \ll A_A \qquad \text{(IV 2, 65)}$$

gehorcht, ist das Kollektiv der Akzeptoren so stark entartet, daß man seine *Fermi*sche Verteilungsfunktion F_A merklich der Einheit gleichsetzen darf; die kubische Gleichung (IV 2, 56) reduziert sich dann auf die quadratische Gleichung

$$\nu_A - \frac{1}{\nu_A} = \frac{N_A}{n_e}, \qquad \text{(IV 2, 66)}$$

deren notwendig positive Lösung

$$\nu_A = \frac{1}{2}\frac{N_A}{n_e} + \sqrt{\left(\frac{1}{2}\frac{N_A}{n_e}\right)^2 + 1} \qquad \text{(IV 2, 67)}$$

lautet. Ihr entspricht im Valenzbande die Konzentration

$$n_{II}* = n_e\,\nu_A = \frac{1}{2}\,N_A + \sqrt{\left(\frac{1}{2}\,N_A\right) + n_e^2} \qquad \text{(IV 2, 68)}$$

der Fehlelektronen, und im Leitungsbande die Konzentration

$$n_I = \frac{n_e}{\nu_A} = -\frac{1}{2}\,N_A + \sqrt{\left(\frac{1}{2}\,N_A\right)^2 + n_e^2} \qquad \text{(IV 2, 69)}$$

der Elektronen. Diese Formeln enthalten folgende *Unterfälle*:

I. Solange die eingeprägte Trägerkonzentration n_e klein gegen die Akzeptorkonzentration N_A bleibt

$$n_e \ll N_A, \qquad (IV\ 2,\ 70)$$

befindet sich der Kristall im Zustande

$$n_I \approx 0; \qquad n_{II}^* \approx N_A \qquad (IV\ 2,\ 71)$$

der *Erschöpfung des akzeptorischen Adsorptionsvermögens*: Sämtliche Akzeptoren haben sich in *immobile, negative Ionen* verwandelt, während die Konzentration der beweglichen Absentonen im Valenzbande einem *festen Sättigungswerte* gleicht.

II. Treibt man die absolute Temperatur T so hoch, daß die eingeprägte Trägerkonzentration n_e gemäß (IV 1, 95) die Akzeptorenkonzentration N_A weit übertrifft

$$n_e \gg N_A \qquad (IV\ 2,\ 72)$$

so erschließen wir aus (IV 2, 68) und (IV 2, 69) das elektrische Verhalten

$$n_{II}^* \approx n_e \approx n_I \qquad (IV\ 2,\ 73)$$

des Kristalles, welches, gleich (IV 2, 39), den *quasineutralen Reinhalbleiter* kennzeichnet: Die Adsorptionstätigkeit der Akzeptoren ist gegenüber der gleichzeitig wirksamen, inneren Elektronenemission aus dem Valenzbande in das Leitungsband bedeutungslos geworden.

Nach alledem ergänzen der n-Typ-Halbleiter und der p-Typ-Halbleiter einander wie rechte und linke Hand: Die elektrischen Eigenschaften des einen gehen aus jenen des anderen durch eine Art von *Spiegelung* hervor, bei welcher sowohl die Fremdatome selbst wie auch die jeweils mit ihnen reagierenden Energiebänder wechselweise ihre Rollen tauschen.

d) Auf Grund der vorangegangenen Überlegungen könnte man auf den Gedanken verfallen, die Gesamtzahl beweglicher elektrischer Ladungsträger im Kristalle durch die simultane Einführung von N_D Donatoren und N_A Akzeptoren je Raumeinheit des ursprünglich reinen Stoffes steigern zu wollen; führt diese Maßnahme zu dem erhofften Erfolge?

Behalten wir auch hier die frühere Wahl der Makropotentialbasis $\varphi = 0$ in den quasineutralen Gebieten des reinen Kristalles $[N_D \to 0; N_A \to 0]$ bei, so finden wir aus den Gleichungen (IV 1, 99), (IV 1, 102), (IV 2, 8), (IV 2, 24), (IV 2, 42) und (IV 2, 59) die makroskopische Raumladungsdichte

$$\varrho = -\,2\,q_0\,n_e \sinh \frac{q_0\,\varphi}{k\,T} + q_0\,N_D\,F_D\!\left(\frac{q_0\,\varphi}{k\,T}\right) - q_0\,N_A\,F_A\!\left(\frac{q_0\,\varphi}{k\,T}\right).$$
$$(IV\ 2,\ 74)$$

Aus dieser Angabe resultiert für das Potential $\varphi = \varphi_0$, welches in den quasineutralen Gebieten des mit beiden Fremdatomarten ausgestatteten Kristalles auftritt, die Gleichung

$$2\,n_e \sinh \frac{q_0\,\varphi_0}{k\,T} = N_D\,F_D\!\left(\frac{q_0\,\varphi_0}{k\,T}\right) - N_A\,F_A\!\left(\frac{q_0\,\varphi_0}{k\,T}\right), \qquad (IV\ 2,\ 75)$$

bei deren Lösung wir folgende Alternative in Rechnung zu stellen haben:

(1) Im Falle überwiegender Konzentration der Donatoren

$$N_D > N_A \qquad (IV\ 2,\ 76)$$

bringen wir Gl. (IV 2, 75) in die Gestalt

$$\frac{2\,n_e}{N_D} \sinh \frac{q_0\,\varphi_0}{k\,T} = F_D\!\left(\frac{q_0\,\varphi_0}{k\,T}\right) - \frac{N_A}{N_D}\,F_A\!\left(\frac{q_0\,\varphi_0}{k\,T}\right). \qquad (IV\ 2,\ 77)$$

Ihre graphische Lösung nach Abb. IV 2, 6 zeigt, daß die Hinzufügung der Akzeptoren zu einem vorher lediglich Donatoren enthaltenden Wirtskristall den [positiven] Wert des numerischen Gleichgewichtspotentiales $(q_0\,\varphi_0/k\,T)$ erniedrigt; an Hand der Relation

$$n_I + n_{II}^* = 2\cosh\frac{q_0\,\varphi_0}{k\,T} \qquad (IV\ 2,\ 78)$$

erkennt man somit, daß der Rückgang des numerischen Potentiales die Gesamtzahl der je Raumeinheit verfügbaren, mobilen Elektrizitätsträger verkleinert!

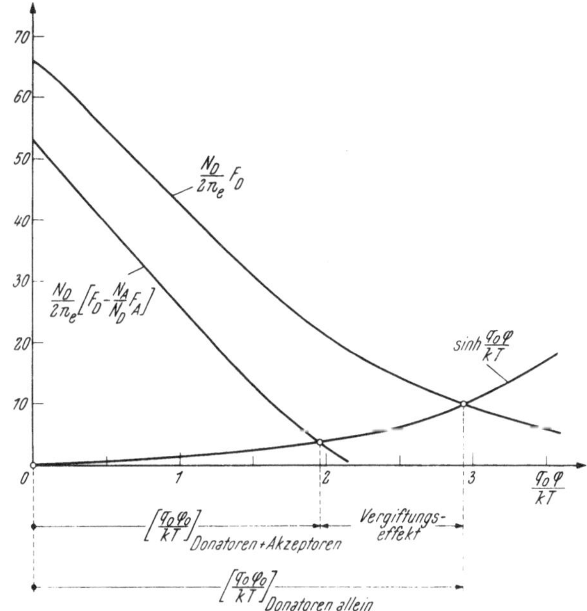

Abb. IV 2, 6. Vergiftung eines mit Donatoren ausgestatteten Kristalles durch Akzeptoren.

2. Falls die Akzeptoren überwiegen

$$N_A > N_D, \qquad (IV\ 2,\ 79)$$

schreiben wir Gl. (IV 2, 75) in der Gestalt

$$\frac{2\,n_e}{N_A}\sinh\frac{q_0\,\varphi_0}{k\,T} = \frac{N_D}{N_A}F_D\left(\frac{q_0\,\varphi_0}{k\,T}\right) - F_A\left(\frac{q_0\,\varphi_0}{k\,T}\right), \qquad (IV\ 2,\ 80)$$

deren graphische Lösung in Abb. IV 2, 7 gegeben ist. Sofern man von einem anfangs nur mit Akzeptoren ausgestatteten Kristall ausgeht, zeigt sich, daß das nunmehr negative numerische Gleichgewichtspotential $(q_0\,\varphi_0/k\,T)$ durch den Hinzutritt der Donatoren zwar angehoben wird, wobei jedoch sein absoluter Betrag $|q_0\,\varphi_0/k\,T|$ sinkt; nach Ausweis der Gl. (IV 2, 78) nimmt daher auch in diesem Falle die Anzahl beweglicher Elektrizitätsträger je Raumeinheit ab!

Zusammenfassend haben wir festzustellen: Ein n-Typ-Halbleiter wird durch Zugabe von Akzeptoren, ein p-Typ-Halbleiter durch Zugabe von Donatoren elektrisch geschädigt; befinden sich an ein und demselben Orte ihres Wirtskristalles gleichzeitig Donatoren und Akzeptoren, so „vergiften" die in der Minderheit anwesenden Fremdatome der einen Art die innere Emissionstätigkeit der majorisierenden, antipolaren Fremdatome.

e) Es ist hier der Ort, den Einfluß jener Störungen des idealen Kristallgefüges auf die innere Emission mobiler Elektrizitätsträger zu untersuchen, welche durch die *statistische Thermodynamik der Fehlordnungserscheinungen* nach Ziffer I 3 beschrieben werden, und welche daher grundsätzlich unvermeidbar sind: Der *Gitterlücken* und der *Besetzung eines Zwischengitterplatzes* durch ein Atom des Wirtskristalles; wir besprechen beide Störungen getrennt.

I. Um die ionenkinetische Natur einer Gitterlücke kennen zu lernen, bedienen wir uns eines zwar konzeptionell gewagten, doch im Prinzip recht einfachen Gedankenexperimentes: Wir bilden ein virtuelles „Antiatom"

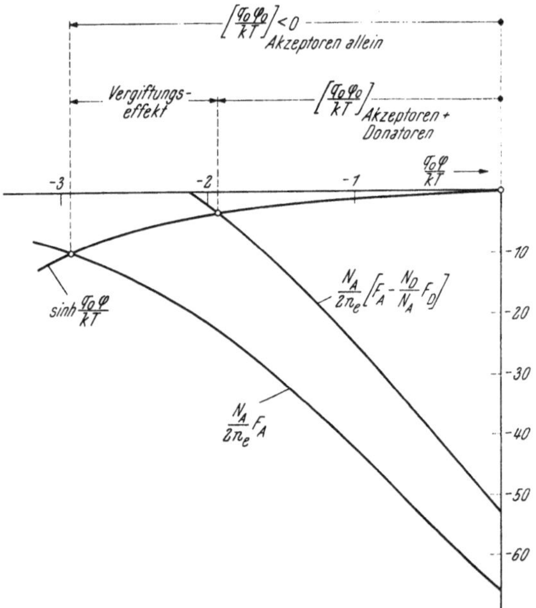

Abb. IV 2, 7. Vergiftung eines mit Akzeptoren ausgestatteten Kristalles durch Donatoren.

des Wirtskristalles, welches sowohl bezüglich der Masse je seiner Elementarteilchen wie auch bezüglich je deren elektrischer Ladung das in allen Vorzeichen umgekehrte Spiegelbild des wahren Atomes darstelle. Wird nun dieses Antiatom genau an die Stelle gebracht, die im ungestörten Kristall tatsächlich von einem wirklichen Atom besetzt ist, so liefert die zwar nicht korpuskular, doch wellenmechanisch mögliche Superposition der Informationsfelder der beiden, gedanklich ja koinzidierenden Elementargebilde eine Gitterlücke. Während nun das wahre Atom mit seinen Nachbarn im Gleichgewicht steht und durch deren chemische Bindungen abgesättigt ist, befindet sich das Antiatom isoliert in einem Körper der makroskopischen, relativen Dielektrizitätskonstanten ε. Daher können wir, in hier ausreichender Genauigkeit, auf eines der nur lose gebundenen „Leuchtpositronen" des Antiatomes die Wellenmechanik des Wasserstoffatomes [im

Medium der relativen Dielektrizitätskonstanten ε] anwenden: Sei W_{jon} die Ionisierungsarbeit eines Leuchtelektrons des einzelnen, im leeren Raume befindlichen, wahren Atomes, so genügt bereits der Einsatz der Arbeit $1/\varepsilon^2 \, W_{jon}$, um jenes Leuchtpositron von seinem Mutter-Antiatom zu trennen und als mobilen Elektrizitätsträger in den Kristall zu entsenden. Zusammenfassend erkennt man also, daß die *Gitterlücke* einem *Akzeptor äquivalent* ist.

II. Wandert eines der Wirtsatome von seinem angestammten Platze im ungestörten Gitter auf einen Zwischenplatz, so befindet es sich dort in wesentlich derselben Lage, die vordem für das Antiatom geschildert wurde: Es ist sozusagen einsam in den Körper der makroskopischen, relativen Dielektrizitätskonstanten ε eingelagert. Daher hat man nur die Arbeit $1/\varepsilon^2 \, W_{jon}$ aufzuwenden, um eines seiner Valenzelektronen von dessen Mutteratom zu trennen: Das Atom am *Gitterzwischenplatz* spielt die Rolle eines *Donators*.

f) Für die technische Anwendung der Fremdatom-Halbleiter ist die Größe der *inneren Emissionsarbeit* für die Befreiung der jeweils aktiven, beweglichen Ladungsträger von entscheidender Bedeutung. Im Lichte der Gleichungen (IV 2, 13) und (IV 2, 16) [Exponentialfaktor!] ist sie für Donatoren durch

$$W_D = \eta_{I,\,min} - \eta_D \qquad \text{(IV 2, 81)}$$

gegeben, während sie für Akzeptoren nach (IV 2, 47) und (IV 2, 49) durch

$$W_A = \eta_A - \eta_{II,\,max} \qquad \text{(IV 2, 82)}$$

gemessen wird. Durch passende Wahl des Wirtskristalles einerseits und der Fremdatome andererseits kann nun der Betrag dieser Arbeiten so klein gemacht werden, daß sie mit der durchschnittlichen, thermischen Energie

$$W_{th} = \frac{3}{2} \, k\,T \, . \qquad \text{(IV 2, 83)}$$

vergleichbar werden, welcher bei normaler Raumtemperatur auf jedes „Molekül" eines einatomaren, idealen Gases entfällt. Daher reicht eben diese Temperatur dann schon zur Aktivierung der inneren Trägeremission hin, ohne daß es zu diesem Zwecke einer besonderen Heizung nach dem Muster der Kathode einer Hochvakuum-Elektronenröhre bedarf. Allerdings ziehen die ohne den Einsatz regelnder Hilfsmittel kaum vermeidbaren Änderungen der im Halbleiter jeweils herrschenden Betriebstemperatur häufig unerwünschte Schwankungen der inneren Trägeremission nach sich.

IV 3. Elektrostatik der Kristalldiode.

a) Die Kristalldiode entsteht aus der organischen Verbindung zweier kristalliner Halbleiter von entgegengesetztem Typus ihrer jeweils elektrisch aktiven, immobilen Fremdatome, welche meist in räumlich verschiedene Gebiete ein und desselben Wirtskörpers eingebettet sind.

Wir beschäftigen uns im folgenden mit dem makroskopischen elektrischen Felde einer parallelebenen Kristalldiode in deren stromlosem Zustande. Um ihren Aufbau zu beschreiben, bedienen wir uns eines im Kristall ruhenden Bezugssystemes der *Kartesi*schen Koordinaten (x; y; z), in welchem die Diode das Gebiet [Abb. IV 3, 1]

$$-\frac{1}{2}\,l < x < \frac{1}{2}\,l \qquad \text{(IV 3, 1)}$$

lückenlos erfülle. Seine Symmetrieebene $x = 0$ soll ein für allemal von Fremdatomen jeglicher Art freigehalten werden. Dagegen möge der Bereich

$$-\frac{1}{2}\,l < x < 0 \qquad\qquad \text{(IV 3, 2)}$$

Akzeptoren einheitlicher Art, und nur solche, in der lediglich von x abhängigen Dichte

$$N_A = N_A(x) \qquad\qquad \text{(IV 3, 3)}$$

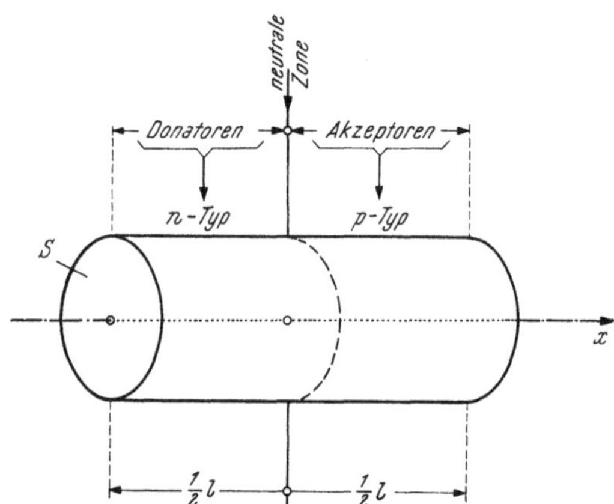

Abb. IV 3, 1. Schema der Kristalldiode.

beherbergen, während in das Gebiet

$$0 < x < \frac{1}{2}\,l \qquad \text{(IV 3, 4)}$$

des Wirtskristalles Donatoren einheitlicher Art, und ausschließlich diese, in der ebenfalls nur von x abhängigen Dichte

$$N_D = N_D(x) \qquad \text{(IV 3, 5)}$$

eingebracht worden seien. Da wir hiernach, in Richtung der positiven x-Achse fortschreitend, von einem p-Typ-Halbleiter zu einem Halbleiter vom n-Typ gelangen, werden wir eine Kristalldiode der beschriebenen Art treffend als *p-n-Paar* kennzeichnen.

Um die Diode in einen äußeren Stromkreis einordnen zu können, rüsten wir die Grenzebenen

$$x = \mp\frac{1}{2}\,l \qquad\qquad \text{(IV 3, 6)}$$

mit je einer *Metallelektrode* aus, deren Natur wir einstweilen offen lassen; doch sollen sie gegen die jeweiligen Nachbarschichten der Diode beziehentlich die merklich unveränderlichen *Galvani*-Spannungen

$$U_q^{(-)} = U_q\left(-\frac{1}{2}\right); \qquad U_q^{(+)} = U_q\left(+\frac{1}{2}\right) \qquad \text{(IV 3, 7)}$$

entwickeln, über deren Größe wir allerdings erst später zu bestimmten Aussagen gelangen werden.

b) Wir setzen zunächst voraus, daß sich das untersuchte System im *thermisch-elektrischen Gleichgewichtszustande* befindet. Seine dann gleichförmige, absolute Temperatur T sei so hoch gewählt, daß merklich sowohl alle Akzeptoren wie alle Donatoren ionisiert sind. Mit Rücksicht auf die angenommenen Struktureigenschaften (IV 3, 3) und (IV 3, 5) gehorcht dann das makroskopische elektrische Skalarpotential φ im p-Teil der Kristalldiode gemäß (IV 2, 39) und (IV 2, 40) der *Poisson*schen Gleichung

$$\frac{d^2\varphi}{dx^2} = \frac{2\,q_0\,n_e}{\varDelta_0\,\varepsilon}\sinh\frac{q_0\,\varphi}{k\,T} + \frac{q_0\,N_A(x)}{\varDelta_0\,\varepsilon}; \qquad -\frac{1}{2}\,l < x < 0, \quad \text{(IV 3, 8)}$$

während für den n-Teil der Diode nach (IV 2, 10) und (IV 2, 11) die *Poisson*sche Gleichung

$$\frac{d^2\varphi}{dx^2} = \frac{2\,q_0\,n_e}{\varDelta_0\,\varepsilon}\sinh\frac{q_0\,\varphi}{k\,T} - \frac{q_0\,N_D(x)}{\varDelta_0\,\varepsilon}\,;\qquad 0 < x < \frac{1}{2}\,l \qquad (IV\ 3,\ 9)$$

zuständig ist.

In (IV 3, 8) und (IV 3, 9) werden die Funktionen $N_A(x)$ und $N_D(x)$ durch den technologischen Herstellungsprozeß der Kristalldiode diktiert, der als solcher gewiß nicht in allgemein gültiger Gestalt analytisch formuliert werden kann. Wir müssen daher unsere Zuflucht zu einem *Modell* nehmen, das wir entsprechend Abb. IV 3, 2 mit den allerdings stark idealisierten, symmetrischen Fremdatom-Verteilungen

$$N_A = N_D = 0$$

$$\text{für}\qquad |x| < \frac{1}{2}\,d \ll \frac{1}{2}\,l$$

$$(IV\ 3,\ 10)$$

und

$$N_A = N_D(= N) = \text{const} \neq 0$$

$$\text{für}\qquad \frac{1}{2}\,d < |x| < \frac{1}{2}\,l$$

$$(IV\ 3,\ 11)$$

ausstatten. Dagegen bleibt auf Grund unserer Voraussetzungen gleichzeitig mit der absolu-

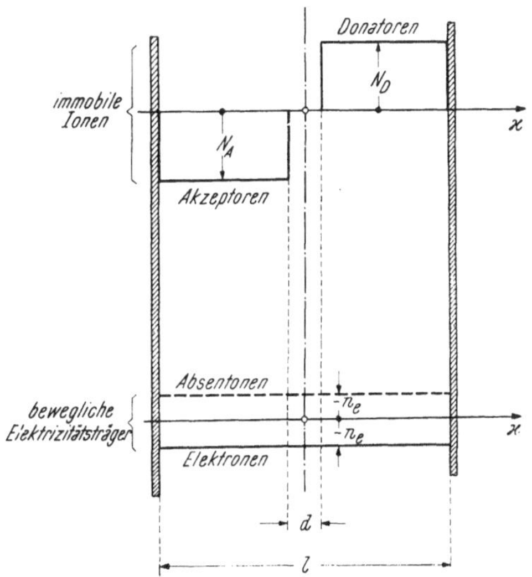

Abb. IV 3, 2. Idealisierte Ionenverteilung in der Diode.

ten Temperatur T auch die eingeprägte Trägerkonzentration $n_e = n_e(T)$ innerhalb des einheitlichen Wirtskörpers der gesamten Kristalldiode nach Maßgabe der Gleichung (IV 1, 66) konstant

$$n_e = n_e(T) = \text{const}\quad\text{für}\quad -\frac{1}{2}\,l < x < \frac{1}{2}\,l. \qquad (IV\ 3,\ 12)$$

Wir benutzen weiterhin die „*Wärmespannung*"

$$U_{th} = \frac{k\,T}{q_0} \qquad (IV\ 3,\ 13)$$

als sozusagen natürliche Einheit des Makropotentiales φ, so daß das dimensionsfreie Verhältnis

$$u = \frac{\varphi}{U_{th}} \qquad (IV\ 3,\ 14)$$

das *numerische Potential* mißt. Durch

$$x_0 = \frac{1}{q_0}\sqrt{\frac{\varDelta_0\,\varepsilon\,k\,T}{2\,n_e}} \qquad (IV\ 3,\ 15)$$

die natürliche Längeneinheit der Kristalldiode definierend, beschreiben wir durch das gleichfalls dimensionsfreie Verhältnis

$$\xi = \frac{x}{x_0}\,;\qquad -\frac{1}{2}\,\lambda = -\frac{1}{2}\frac{l}{x_0} < \xi < \frac{1}{2}\frac{l}{x_0} = \frac{1}{2}\,\lambda \qquad (IV\ 3,\ 16)$$

die *numerische Ortskoordinate* der senkrecht zur Achse der Diode orientierten Kontrollebenen. Innerhalb der Übergangszone

$$-\frac{1}{2}\,\delta = -\frac{1}{2}\frac{d}{x_0} < \xi < \frac{1}{2}\frac{d}{x_0} = \frac{1}{2}\,\delta \qquad (IV\ 3,\ 17)$$

genügt dann das numerische Potential u der Differentialgleichung

$$\frac{d^2u}{d\xi^2} = \sinh u. \qquad (IV\ 3,\ 18)$$

Dagegen ist es in den antipolaren Fremdatom-Gebieten den Gleichungen

$$\frac{d^2u}{d\xi^2} = \sinh u \mp v \quad \text{für} \quad \pm\frac{\delta}{2} \lessgtr \xi \lessgtr \pm\frac{\lambda}{2} \qquad (IV\ 3,\ 19)$$

zu unterwerfen, in welche

$$v = \frac{1}{2}\frac{N}{n_e} \qquad (IV\ 3,\ 20)$$

die Dichte der Fremdatome dimensionsfrei mißt.

Aus Symmetriegründen geht das numerische Potential u des p-Bereiches $(-\tfrac{1}{2}\lambda) < \xi < 0$ aus jenem des n-Bereiches $0 < \xi < \tfrac{1}{2}\lambda$ durch „elektrische Spiegelung"

$$u(-\xi) = -u(\xi) \qquad (IV\ 3,\ 21)$$

an der Ebene $\xi = 0$ hervor. Da überdies u innerhalb seines Existenzbereiches überall *stetig* bleiben muß — denn an einer etwa auftretenden Sprungstelle des elektrischen Makropotentiales würde ja der absolute Betrag der Feldstärke über jedes Maß anwachsen! — verschwindet u in der Ursprungsebene

$$u = 0 \quad \text{für} \quad \xi = 0. \qquad (IV\ 3,\ 22)$$

Auf Grund der Angaben (IV 3, 21) und (IV 3, 22) dürfen wir uns fortan mit der Analyse des numerischen Potentiales allein des n-Gebietes $0 \leqq \xi < \tfrac{1}{2}\lambda$ begnügen, da diese Funktion uns im Verein mit (IV 3, 13) und (IV 3, 14) über die Feldstruktur der gesamten Diode erschöpfende Auskunft erteilt. Um uns überdies von dem Einfluß der metallischen Elektroden auf die Vorgänge im Innern des Kristalles zu befreien, gehen wir durch den allerdings nur ideell durchführbaren Prozeß

$$\lambda \to \infty \qquad (IV\ 3,\ 23)$$

zu einer nach beiden Seiten ihrer Achse unbegrenzten Diode über. Verlangen wir, daß nichtsdestoweniger das elektrische Makrofeld längs der gesamten Kristalldiode beschränkt bleibe, so haben wir die Dilatation (IV 3, 23) so zu leiten, daß der endliche Grenzwert

$$u_\infty = \lim_{\xi \to \infty} u \qquad (IV\ 3,\ 24)$$

existiert, und überdies der numerische Gradient $u' = du/d\xi$ mit wachsendem Abstand von der Ursprungsebene gegen Null konvergiert

$$\lim_{\xi \to \infty} u' = 0. \qquad (IV\ 3,\ 25)$$

Zwischen der in $\xi = \tfrac{1}{2}\lambda$ liegenden Grenzebene des Kristalles und seiner Symmetrieebene $\xi = 0$ besteht also die numerische Potentialdifferenz

$$\varDelta u = u_\infty. \qquad (IV\ 3,\ 26)$$

Durch ihre Multiplikation mit der Potentialeinheit (IV 3, 13) finden wir somit die [elektrostatische!] Spannung

$$\varDelta U = \frac{kT}{q_0}\cdot u_\infty, \qquad (IV\ 3,\ 27)$$

welche man treffend als *Diffusionsspannung* des Halbkristalles bezeichnet: Das ihr genetisch verbundene, elektrische Makrofeld erregt im n-Gebiete einen in Richtung der positiven ξ-Achse fließenden Konvektionsstrom von Elektronen, welcher die gleichzeitig ebendort im entgegengesetzten Sinne wirksame Diffusion dieser Elementarteilchen genau kompensiert. Da nun die äußere Spannung zwischen den metallischen Elektroden der Diode in deren hier vorausgesetztem, thermisch-elektrischen Gleichgewichtszustande verschwinden muß, ruft die Diffusionsspannung (IV 3, 27) quer zur Ebene $\xi = \frac{1}{2}\lambda$ [x $= \frac{1}{2}$l] die *Galvani*spannung

$$U_q\left(\frac{1}{2}\right) = -\,\varDelta U \qquad (IV\ 3,\ 28)$$

hervor.

c) Um die innere Struktur des bisher nur in seinen integralen Eigenschaften beschriebenen Makrofeldes kennen zu lernen, beschränken wir uns zunächst auf kleine Potentiale, welche als solche überall im Kristall der Ungleichung

$$|u| \ll 1 \qquad (IV\ 3,\ 29)$$

gehorchen sollen; wir dürfen uns dann in der Potenzreihe

$$\sinh u = u + \frac{u^3}{3!} + \frac{u^5}{5!} + \cdots \qquad (IV\ 3,\ 30)$$

mit dem Anfangsgliede begnügen. In der hierdurch angezeigten Genauigkeit reduziert sich die nichtlineare Differentialgleichung (IV 3, 18) des numerischen Potentiales in der Übergangszone auf die nunmehr lineare Differentialgleichung

$$\frac{d^2u}{d\xi^2} = u \quad \text{für} \quad |\xi| < \frac{1}{2}\delta \qquad (IV\ 3,\ 31)$$

und ähnlich geht die für das n-Gebiet zuständige, aus (IV 3, 19) zu entnehmende Gleichung in die lineare Differentialgleichung

$$\frac{d^2u}{d\xi^2} = u - \nu \quad \text{für} \quad \xi > \frac{1}{2}\delta \qquad (IV\ 3,\ 32)$$

über, sofern (IV 3, 23) beachtet wird.

Wir beschäftigen uns zunächst mit dem Potential der Übergangszone. Kennt man den numerischen Ursprungsgradienten

$$u_0{}' = \left[\frac{du}{d\xi}\right]_{\xi=0}, \qquad (IV\ 3,\ 33)$$

so lautet mit Rücksicht auf (IV 3, 22) das Integral der Gl. (IV 3, 31)

$$u = u_0{}' \sinh \xi \quad \text{für} \quad |\xi| < \frac{\delta}{2}. \qquad (IV\ 3,\ 34)$$

Daher trifft man in der Ebene $\xi = \frac{1}{2}\delta$ das numerische Grenzpotential

$$u_{\frac{\delta}{2}} = u_0{}' \sinh \frac{\delta}{2} \qquad (IV\ 3,\ 35)$$

an, und ebendort tritt der numerische Grenzgradient

$$u'_{\frac{\delta}{2}} = \left[\frac{du}{d\xi}\right]_{\xi=\frac{\delta}{2}} = u_0{}' \cosh \frac{\delta}{2} \qquad (IV\ 3,\ 36)$$

auf.

In das mit Donatoren ausgestattete Gebiet $\xi > \delta/2$ des Kristalles fortschreitend, haben wir auf Grund der Bedingungen (IV 3, 24) und (IV 4, 25) die Differentialgleichung (IV 3, 32), nach Wahl einer vorerst noch beliebigen Konstanten c, durch das Partikularintegral

$$u = u_\infty - c\,e^{-\xi} \quad \text{für} \quad \xi > \frac{\delta}{2} \qquad (IV\ 3,\ 37)$$

mit

$$u_\infty = \nu \qquad (IV\ 3,\ 38)$$

zu lösen, welchem der numerische Gradient

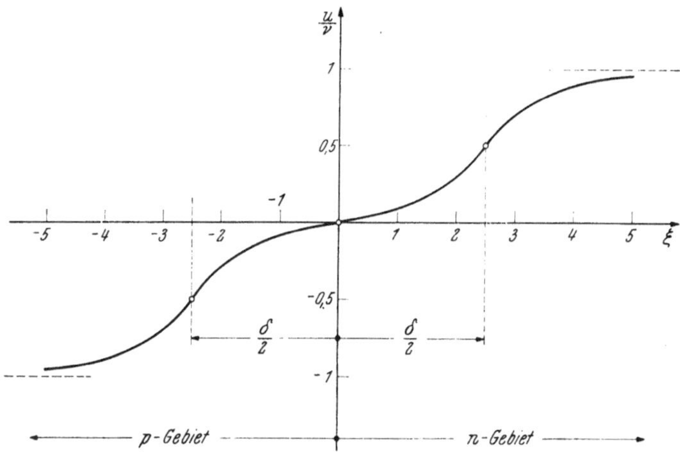

Abb. IV 3, 3. Verlauf des elektrostatischen Makropotentiales in der p-n-Kristalldiode.

$$u' = c\cdot e^{-\xi} \quad \text{für} \quad \xi > \frac{\delta}{2} \qquad (IV\ 3,\ 39)$$

zugeordnet ist. Schließen wir nun das Auftreten flächenhaft verteilter Ladungen in der Ebene $\xi = \delta/2$ aus, so müssen dort sowohl das Makropotential wie seine Makrofeldstärke *stetig* bleiben. Aus (IV 3, 35) und (IV 3, 37) erschließen wir somit im Hinblick auf (IV 3, 38) die Gleichheit

$$u_0{}' \sinh\frac{\delta}{2} = \nu - c\,e^{-\frac{\delta}{2}}, \qquad (IV\ 3,\ 40)$$

während aus (IV 3, 36) und (IV 3, 39) die Relation

$$u_0{}' \cosh\frac{\delta}{2} = c\,e^{-\frac{\delta}{2}} \qquad (IV\ 3,\ 41)$$

entspringt; wir entnehmen diesen Gleichungen die Angaben

$$c = u_0{}'\,e^{\frac{\delta}{2}} \cosh\frac{\delta}{2}, \qquad (IV\ 3,\ 42)$$

sowie

$$\nu = u_0{}' \sinh\frac{\delta}{2} + u_0{}' \cosh\frac{\delta}{2} = u_0{}'\,e^{\frac{\delta}{2}}. \qquad (IV\ 3,\ 43)$$

Nun darf vermöge unserer Kenntnis der technologisch festgesetzten Konzentration N der Fremdatome einerseits und der von der Betriebstemperatur T der Diode diktierten, eingeprägten Trägerkonzentration n_e

andererseits das Verhältnis $v = (N/2\,n_e)$ als jeweils gegeben gelten. Es empfiehlt sich dann, den numerischen Ursprungsgradienten $u_0{}'$ mittels Gl. (IV 3, 43) aus den voranstehenden Gleichungen zu eliminieren; auf diesem Wege gelangen wir zu den Darstellungen

$$u = v\,e^{-\frac{\delta}{2}}\sinh\xi \quad \text{für} \quad |\xi| < \frac{\delta}{2} \qquad (IV\ 3,\ 44)$$

und

$$u = v\left[1 - \cosh\frac{\delta}{2}\cdot e^{-\xi}\right] \quad \text{für} \quad \xi > \frac{\delta}{2} \qquad (IV\ 3,\ 45)$$

des numerischen Potentiales u im n-Teil des Kristalles; sie werden durch Abb. IV 3, 3 der Anschauung erschlossen. Nach (IV 3, 44) und (IV 3, 45)

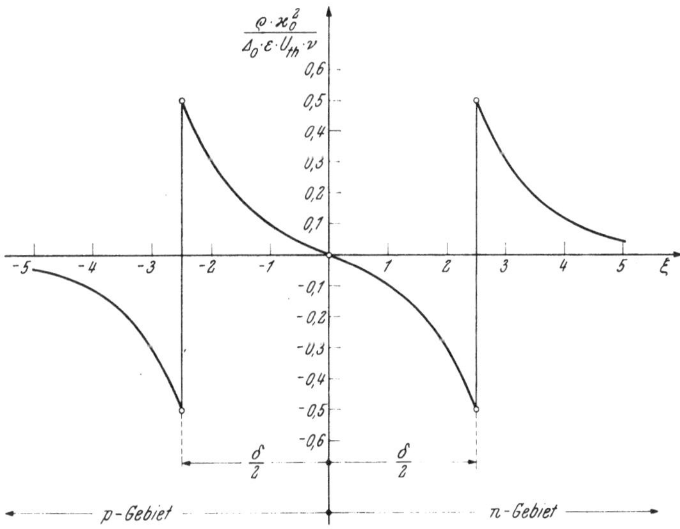

Abb. IV 3, 4. Raumladungsverteilung im statischen Felde der p-n-Kristalldiode.

findet man mittels der *Poisson*schen Gleichung für den räumlichen Verlauf der Ladungsdichte ϱ im n-Gebiete der Diode die Angabe

$$\varrho = -\varDelta_0\cdot\varepsilon\cdot\frac{d^2\varphi}{dx^2} = -\varDelta_0\cdot\varepsilon\cdot\frac{U_{th}}{x_0{}^2}\cdot\frac{d^2u}{d\xi^2} = \qquad (IV\ 3,\ 46)$$

$$= \varDelta_0\cdot\varepsilon\cdot\frac{U_{th}}{x_0{}^2}\cdot v\cdot\begin{cases}(-1)\cdot e^{-\frac{\delta}{2}}\cdot\sinh\xi; & 0 \leqq \xi < \dfrac{\delta}{2} \\[2ex] \cosh\dfrac{\delta}{2}\cdot e^{-\xi}; & \xi > \dfrac{\delta}{2}\end{cases},$$

aus welcher durch Vorzeichenumkehr bei gleichzeitiger Spiegelung der ξ-Achse an ihrem Ursprung die Ladungsverteilung auch im p-Gebiete des Kristalles [Abb. IV 3, 4] hervorgeht.

d) Lassen wir die Beschränkung (IV 3, 29) auf nur kleine Beträge des numerischen Potentiales u fallen, so haben wir — für das durch die Voraussetzungen (IV 3, 10) und (IV 3, 11) gekennzeichnete Modell der Kristalldiode — die Differentialgleichungen (IV 3, 18) und (IV 3, 19) zu integrieren.

Unter Benutzung der Identität

$$\frac{d^2u}{d\xi^2} = \frac{1}{2}\frac{d(u')^2}{du}; \qquad u' = \frac{du}{d\xi} \qquad\qquad \text{(IV 3, 47)}$$

folgt nun aus (IV 3, 18) zunächst für die Ableitung u' des numerischen Potentiales in der Übergangszone die Differentialgleichung erster Ordnung

$$\frac{1}{2}\frac{d(u')^2}{du} = \sinh u. \qquad\qquad \text{(IV 3, 48)}$$

Ihre Integration liefert, falls man wiederum den numerischen Ursprungsgradienten u_0' nach (IV 3, 33) kennt, die Relation

$$\frac{1}{2}\left[(u')^2 - (u_0')^2\right] = \cosh u - 1 = 2\sinh^2\frac{u}{2}. \qquad\qquad \text{(IV 3, 49)}$$

Aus ihr entsteht durch Trennung der Variablen für die numerische Koordinate ξ die Darstellung

$$\xi = \int\limits_0^u \frac{du^*}{\sqrt{\left(2\sinh\dfrac{u^*}{2}\right)^2 + (u_0')^2}}, \qquad\qquad \text{(IV 3, 50)}$$

welche mit der Substitution

$$2\sinh\frac{u^*}{2} = u_0'\cdot y; \qquad du^* = \frac{u_0'\cdot dy}{\sqrt{1 + \left(\dfrac{u_0'}{2}\right)^2\cdot y^2}} \qquad\qquad \text{(IV 3, 51)}$$

in das Elliptische Integral

$$\xi = \int\limits_0^{\frac{2}{u_0'}\sinh\frac{u}{2}} \frac{dy}{\sqrt{\left[1 + \left(\dfrac{u_0'}{2}\right)^2\cdot y^2\right][1 + y^2]}} \qquad\qquad \text{(IV 3, 52)}$$

übergeht; bei seiner Berechnung sind zwei Fälle zu unterscheiden:

1. Es sei

$$0 < u_0' < 2. \qquad\qquad \text{(IV 3, 53)}$$

Mit der Substitution

$$y = \operatorname{tg}\beta; \qquad dy = \frac{d\beta}{\cos^2\beta} \qquad\qquad \text{(IV 3, 54)}$$

findet man dann

$$\int \frac{du^*}{\sqrt{\left(2\sinh\dfrac{u^*}{2}\right)^2 + (u_0')^2}} = \int \frac{d\beta}{\sqrt{1 - \left[1 - \left(\dfrac{u_0'}{2}\right)^2\right]\sin^2\beta}}.$$

$$\text{(IV 3, 55)}$$

Bezeichnet also $F(k; \alpha)$ das *Legendre*sche Elliptische Normalintegral erster Gattung vom Modul k und vom Argumentwinkel α, so wird für alle ξ des Bereiches $0 \leq \xi < \frac{1}{2}\delta_{\max} = F(\arccos u_0'/2; \pi/2)$ [Abb. IV 3, 5] aus (IV 4, 52) die Aussage

$$\xi = F\left(\arccos\frac{u_0'}{2}; \operatorname{arctg}\left\{\frac{2}{u_0'}\sinh\frac{u}{2}\right\}\right) \qquad\qquad \text{(IV 3, 56)}$$

gewonnen, welche durch Abb. IV 3, 6 veranschaulicht wird. Mit Hilfe der zum Modul

$$k_1 = \arccos \frac{u_0{}'}{2} \qquad \text{(IV 3, 57)}$$

gehörigen, *Jacobi*schen Funktionen sn $(k_1; v)$ [Sinusamplitude] und cn $(k_1; v)$ [Kosinusamplitude] läßt sich die Auflösung der Gl. (IV 3, 56) nach u in die geschlossene Form

$$u = 2 \operatorname{arsinh}\left[\frac{u_0{}'}{2} \cdot \frac{\operatorname{sn}(k_1; \xi)}{\operatorname{cn}(k_1; \xi)}\right] \qquad \text{(IV 3, 58)}$$

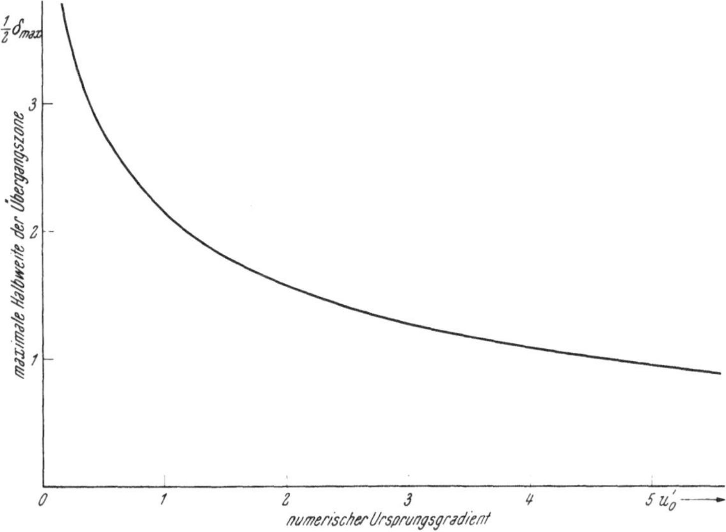

Abb. IV 3, 5. Zusammenhang zwischen dem Grenzgradienten und der Weite der Übergangszone.

bringen. Insbesondere trifft man hiernach in der Ebene $\xi = \tfrac{1}{2}\delta$ das numerische Grenzpotential

$$u_{\frac{\delta}{2}} = 2 \operatorname{arsinh}\left[\frac{u_0{}'}{2} \cdot \frac{\operatorname{sn}\left(k_1; \dfrac{\delta}{2}\right)}{\operatorname{cn}\left(k_1; \dfrac{\delta}{2}\right)}\right] \qquad \text{(IV 3, 59)}$$

an, und gemäß (IV 4, 49) tritt ebendort der numerische Grenzgradient

$$u'_{\frac{\delta}{2}} = u_0{}' \cdot \sqrt{1 + \left[\frac{\operatorname{sn}\left(k_1; \dfrac{\delta}{2}\right)}{\operatorname{cn}\left(k_1; \dfrac{\delta}{2}\right)}\right]^2} \qquad \text{(IV 3, 60)}$$

auf.

2. Im Falle

$$u_0{}' > 2 \qquad \text{(IV 3, 61)}$$

führt die Substitution

$$y = \frac{2}{u_0{}'} \operatorname{tg} \gamma; \qquad dy = \frac{2}{u_0{}'} \frac{d\gamma}{\cos^2 \gamma} \qquad \text{(IV 3, 62)}$$

auf die Umformung

$$\int \frac{\mathrm{d}u^*}{\sqrt{\left(2\sinh\dfrac{u^*}{2}\right)^2 + (u_0')^2}} = \frac{2}{u_0'}\int \frac{\mathrm{d}\gamma}{\sqrt{1 - \left[1 - \left(\dfrac{2}{u_0'}\right)^2\right]\sin^2\gamma}}, \qquad \text{(IV 3, 63)}$$

so daß (IV 4, 52) für alle ξ des Bereiches $0 < \xi < \frac{1}{2}\,\delta_{\max} = 2/u_0'\,\mathrm{F}$ (arccos $2/u_0'$; $\pi/2$) [Abb. IV 3, 5] die Angabe

$$\xi = \frac{2}{u_0'}\,\mathrm{F}\left(\arccos\frac{2}{u_0'}; \qquad \operatorname{arctg}\left\{\sinh\frac{u}{2}\right\}\right) \qquad \text{(IV 3, 64)}$$

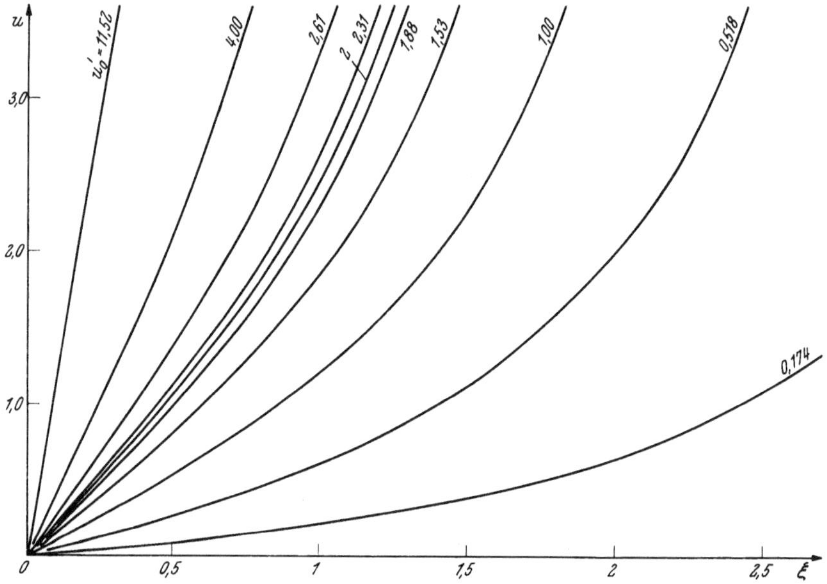

Abb. IV 3, 6. Gang des numerischen Potentiales im nichtlinearen Gebiet; $0 < \xi < \dfrac{1}{2}\,\delta$.

entsprechend Abb. IV 3, 6 liefert. Nach Einführung des Moduls

$$k_2 = \arccos\frac{2}{u_0'} \qquad \text{(IV 3, 65)}$$

lautet die Auflösung der Gl. (IV 4, 64) nach u

$$u = 2\,\operatorname{artgh}\left\{\operatorname{sn}\left(k_2; \frac{u_0'}{2}\,\xi\right)\right\}. \qquad \text{(IV 3, 66)}$$

Man entnimmt ihr das numerische Grenzpotential

$$u_{\frac{\delta}{2}} = 2\,\operatorname{artgh}\left\{\operatorname{sn}\left(k_2; \frac{u_0'}{2}\,\frac{\delta}{2}\right)\right\} \qquad \text{(IV 3, 67)}$$

sowie, unter Berufung auf (IV 4, 49), den numerischen Grenzgradienten

$$u'_{\frac{\delta}{2}} = u_0'\sqrt{1 + \left[\frac{2}{u_0'}\,\frac{\operatorname{sn}\left(k_2; \dfrac{u_0'}{2}\dfrac{\delta}{2}\right)}{\operatorname{cn}\left(k_2; \dfrac{u_0'}{2}\dfrac{\delta}{2}\right)}\right]^2}. \qquad \text{(IV 3, 68)}$$

Im Sonderfalle

$$u_0' \to 2; \qquad k_1 \to 0; \qquad k_2 \to 0 \qquad \text{(IV 3, 69)}$$

gehen die Darstellungen (IV 3, 58) und (IV 3, 66) in die einheitliche Gleichung

$$\lim_{u_0'=2} u = 2 \operatorname{arsinh}(\operatorname{tg} \xi) = 2 \operatorname{artgh}(\sin \xi) = \ln \frac{1 + \sin \xi}{1 - \sin \xi} \qquad \text{(IV 3, 70)}$$

über, welche für $\xi = \tfrac{1}{2}\delta$ die Angabe

$$\lim_{u_0' \to 2} u_{\frac{\delta}{2}} = \ln \frac{1 + \sin \dfrac{\delta}{2}}{1 - \sin \dfrac{\delta}{2}} \qquad \text{(IV 3, 71)}$$

enthält; ebenso liefern die Gleichungen (IV 3, 60) und (IV 3, 68) für $u_0' \to 2$ die Relation

$$\lim_{u_0' \to 2} u'_{\frac{\delta}{2}} = u_0' \sqrt{1 + \operatorname{tg}^2 \frac{\delta}{2}} = \frac{u_0'}{\cos \dfrac{\delta}{2}} = \frac{2}{\cos \dfrac{\delta}{2}}. \qquad \text{(IV 3, 72)}$$

Gehen wir nunmehr zu Gl. (IV 3, 19) über, so erhalten wir, mit abermaliger Benutzung der Identität (IV 3, 48), für den numerischen Potentialgradienten in dem mit Donatoren ausgestatteten Kristallgebiete die Differentialgleichung erster Ordnung

$$\frac{1}{2} \frac{d(u')^2}{du} = \sinh u - v. \qquad \text{(IV 3, 73)}$$

Im Hinblick auf (IV 4, 24) und (IV 3, 25) entnehmen wir ihr sogleich die Relation

$$u_\infty = \operatorname{arsinh} v, \qquad \text{(IV 3, 74)}$$

so daß entsprechend (IV 4, 27)

$$\Delta U = \frac{k\,T}{q_0} \cdot \operatorname{arsinh} v \qquad \text{(IV 3, 74)}$$

die *Diffusionsspannung* des n-Gebietes der Kristalldiode mißt; sie darf somit fortan als gegeben gelten.

Unter erneuter Berücksichtigung der Bedingungen (IV 3, 24) und (IV 3, 25) finden wir durch Integration der Gl. (IV 3, 73) in

$$\frac{1}{2}(u')^2 = (\cosh u - \cosh u_\infty) - (u - u_\infty)\sinh u_\infty \qquad \text{(IV 3, 75)}$$

eine Relation zwischen dem numerischen Potentialgradienten u' und dem numerischen Potential u selbst, welche an der Grenze $\xi = \delta/2$ $[u = u_{\delta/2}]$ zwischen der Übergangszone und dem mit Donatoren ausgestatteten Kristallgebiet die Gestalt

$$\frac{u'_{\frac{\delta}{2}}}{2} = \sqrt{\left(u_\infty - u_{\frac{\delta}{2}}\right)\frac{\sinh u_\infty}{2} - \left(\sinh^2 \frac{u_\infty}{2} - \sinh^2 \frac{u_{\frac{\delta}{2}}}{2}\right)} \qquad \text{(IV 3, 76)}$$

annimmt. Sei nun $u_0' < 2$, so ergibt sich hieraus mit Hilfe der Gleichungen (IV 3, 59) und (IV 3, 60) der Zusammenhang

$$\operatorname{arsinh}\left[\frac{u_0'}{2} \frac{\operatorname{sn}\left(k_1; \dfrac{\delta}{2}\right)}{\operatorname{cn}\left(k_1; \dfrac{\delta}{2}\right)}\right] + \left(\frac{u_0'}{2}\right)\frac{1}{\sinh u_\infty} = \frac{1}{2}\left[u_\infty - \operatorname{tgh}\frac{u_\infty}{2}\right]; \qquad u_0' < 2 \qquad \text{(IV 3, 77)}$$

zwischen dem numerischen Ursprungsgradienten $u_0' < 2$ und dem numerischen Potential u_∞, welcher bei vorgegebener, numerischer Weite δ der Übergangszone nach dem Muster der Abb. IV 3, 6 unschwer graphisch ausgewertet werden kann. Im Falle $u_0' > 2$ folgt dagegen durch Substitution der Angaben (IV 3, 67) und (IV 3, 68) in (IV 3, 76) die Relation

$$\operatorname{artgh}\left[\operatorname{sn}\left(k_2; \frac{u_0'}{2} \cdot \frac{\delta}{2}\right)\right] +$$
$$+ \left(\frac{u_0'}{2}\right)^2 \frac{1}{\sinh u_\infty} =$$
$$= \frac{1}{2}\left[u_\infty - \operatorname{tgh}\frac{u_\infty}{2}\right]; \qquad u_0' > 2,$$

$$\text{(IV 3, 78)}$$

welche auf wesentlich demselben Wege graphisch gelöst wird. Der numerische Ursprungsgradient $u_0' = 2$ wird realisiert, falls man das numerische Potential u_∞ mit der numerischen Weite δ der Übergangszone durch die Bedingung

$$\frac{1}{2}\ln\frac{1 + \sin\dfrac{\delta}{2}}{1 - \sin\dfrac{\delta}{2}} =$$
$$= \frac{1}{2}\left(u_\infty - \operatorname{tgh}\frac{u_\infty}{2}\right) - \frac{1}{\sinh u_\infty}$$

$$\text{(IV 3, 79)}$$

entsprechend Abb. IV 3, 7 verknüpft ist.

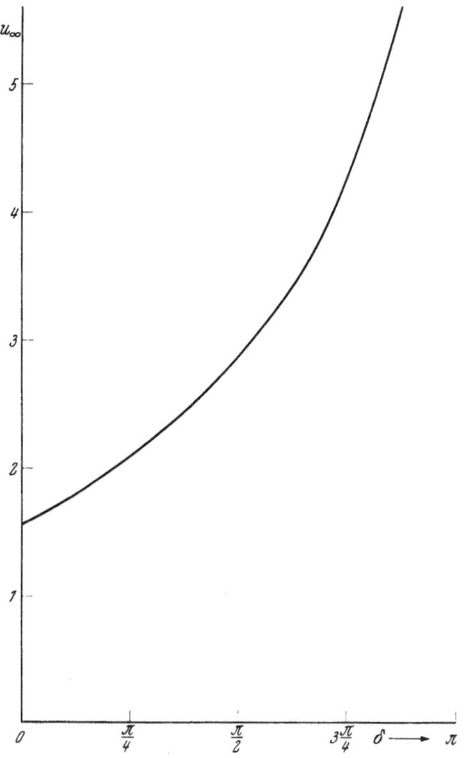

Abb. IV 3, 7. Zusammenhang zwischen u_∞ und δ im Sonderfalle $u_0' = 2$.

Um uns über den räumlichen Verlauf des numerischen Potentiales u im Gebiete $\xi \geqq \delta/2$ zu unterrichten, kehren wir zu Gl. (IV 4, 75) zurück, aus welcher wir nach Trennung der Veränderlichen für die numerische Ortskoordinate ξ die Integraldarstellung

$$\xi - \frac{\delta}{2} = \frac{1}{2}\int_{u^* = u_{\frac{\delta}{2}}}^{u} \frac{du^*}{\sqrt{(u_\infty - u^*)\dfrac{\sinh u_\infty}{2} - \left(\sinh^2\dfrac{u_\infty}{2} - \sinh^2\dfrac{u^*}{2}\right)}}$$

$$\text{(IV 3, 80)}$$

erhalten; allerdings läßt sie sich nicht mittels bekannter Funktionen geschlossen auswerten, doch beherrscht man sie unschwer mittels graphischer oder numerischer Methoden. Falls insbesondere

$$\Delta u = u_\infty - u^* \ll u_\infty \qquad \text{(IV 3, 81)}$$

ausfällt, brauchen wir in der Entwicklung

$$(u_\infty - u^*)\frac{\sinh u_\infty}{2} - \left(\sinh^2\frac{u_\infty}{2} - \sinh^2\frac{u^*}{2}\right) = \frac{\Delta u^2}{4} \cdot \cosh u_\infty + \ldots$$

$$\text{(IV 3, 82)}$$

nur das explizit angegebene Anfangsglied beizubehalten; aus (IV 3, 80) folgt dann

$$\xi - \frac{\delta}{2} = \int\limits_{u_\infty - u}^{\frac{u_\infty - u_\delta}{2}} \frac{d\Delta u}{\Delta u \sqrt{\cosh u_\infty}} = \frac{1}{\sqrt{\cosh u_\infty}} \ln \frac{\frac{u_\infty - u_\delta}{2}}{u_\infty - u} \quad (IV\ 3,\ 83)$$

oder

$$u_\infty - u = \left(u_\infty - u_{\frac{\delta}{2}}\right) e^{-\left(\xi - \frac{\delta}{2}\right)\sqrt{\cosh u_\infty}}. \quad (IV\ 3,\ 84)$$

Abb. IV 3, 8 zeigt den nach (IV 3, 56) und (IV 3, 84) unter Beachtung des Zusammenhanges (IV 3, 77) berechneten Verlauf des numerischen Potentiales u im n-Bereich der Kristalldiode; ungeachtet seiner qualitativen Ähnlichkeit mit der Aussage der „linearisierten" Darstellungen

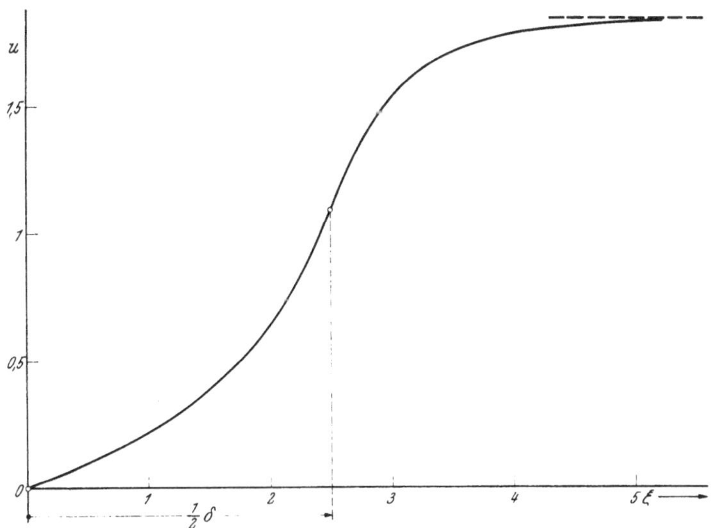

Abb. IV 3, 8. Gang des numerischen Potentiales im nichtlinearen, elektrostatischen Felde einer Kristalldiode im Falle $\delta = 5$.

(IV 3, 44) und (IV 3, 45) bestehen doch unverkennbare Unterschiede: Je höher die relative Konzentration ν der Donatoren gewählt wird, desto mehr drängt sich die Raumladung in der Umgebung der Ebenen $\xi = \pm \frac{1}{2}\delta$ zusammen [Abb. IV 3, 9].

e) Zufolge seines Gehaltes an elektrischen Ladungen bildet der Kristall einen *Kondensator*; welches ist seine Kapazität C?

Wir erteilen dem Kristall den endlichen, gleichförmigen Querschnitt S. Auf dem Mantel des entstehenden Körpers sammeln sich dann flächenhaft verteilte Ladungen, welche außerhalb des Kristalles ein elektrostatisches Feld erregen; lassen wir dieses jedoch weiterhin bewußt außer acht, so entfällt auf das infinitesimal kurze Element dx des Kristalles die „makroskopische" Freie Energie

$$dF = \frac{1}{2}\Delta_0 \cdot \varepsilon \cdot S \left(\frac{d\varphi}{dx}\right)^2 dx, \quad (IV\ 3,\ 85)$$

so daß der gesamte Kristall die Freie Energie

$$F = \lim_{1 \to \infty} \frac{1}{2} \Delta_0 \cdot \varepsilon \cdot S \int_{-\frac{1}{2}1}^{\frac{1}{2}1} \left(\frac{d\varphi}{dx}\right)^2 dx = \Delta_0 \varepsilon \frac{S}{x_0} U_{th}^2 \int_0^\infty (u')^2 d\xi \tag{IV 3, 86}$$

beherbergt. Definieren wir nun die gesuchte Kapazität C durch die Gleichung

$$F = \frac{1}{2} C \cdot \lim_{1 \to \infty} \left[\varphi\left(\frac{1}{2}\right) - \varphi\left(-\frac{1}{2}\right)\right]^2 = 2\, C\, U_{th}^2\, u_\infty^2, \tag{IV 3, 87}$$

so liefert ihr Vergleich mit (IV 3, 86) die Berechnungsformel

$$C = \frac{1}{2} \Delta_0 \cdot \varepsilon \cdot \frac{S}{x_0} \cdot \frac{1}{u_\infty^2} \int_0^\infty (u')^2 d\xi. \tag{IV 3, 88}$$

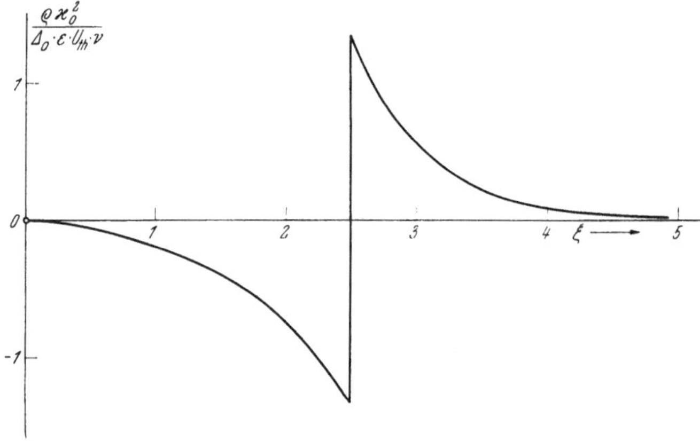

Abb. IV 3, 9. Raumladungsverteilung im nichtlinearen Gebiet der Kristalldiode; $\delta = 5$.

Im Falle einer nur überaus schwachen numerischen Konzentration der Fremdatome

$$\nu \to 0 \tag{IV 3, 89}$$

entnehmen wir aus (IV 3, 44)

$$u' = \nu\, e^{-\frac{\delta}{2}} \cosh \xi \quad \text{für} \quad 0 < \xi < \frac{\delta}{2} \tag{IV 3, 90}$$

und aus (IV 4, 45)

$$u' = \nu \cdot \cosh \frac{\delta}{2} e^{-\xi} \quad \text{für} \quad \frac{\delta}{2} < \xi. \tag{IV 3, 91}$$

Daher findet man

$$\int_0^\infty (u')^2 d\xi = \nu^2\left[e^{-\delta} \int_0^{\frac{\delta}{2}} \cosh^2 \xi\, d\xi + \cosh^2 \frac{\delta}{2} \int_{\frac{\delta}{2}}^\infty e^{-2\xi}\, d\xi\right] =$$

$$= \nu^2\left[e^{-\delta} \frac{1}{4}(\delta + \sinh \delta) + \frac{1}{2} e^{-\delta} \cosh^2 \frac{\delta}{2}\right] = \frac{\nu^2}{4}\left[1 + e^{-\delta}(1 + \delta)\right]. \tag{IV 3, 92}$$

Mit Rücksicht auf (IV 4, 38) resultiert somit aus (IV 4, 88) und (IV 4, 92) die Kapazität

$$\lim_{\nu \to 0} C = \left(\varDelta_0 \cdot \varepsilon \cdot \frac{S}{x_0} \right) \cdot \frac{1}{8} \left[1 + e^{-\delta}(1 + \delta) \right] \qquad (IV\ 3,\ 93)$$

deren Abhängigkeit von der numerischen Weite δ der Übergangszone durch Abb. IV 3, 10 beschrieben wird. Jedem fertiggestellten Kristall ist hiernach, sofern nur die numerische Konzentration ν der Fremdatome hinreichend niedrig gehalten wird, eine feste, statische Kapazität zu eigen; man be-

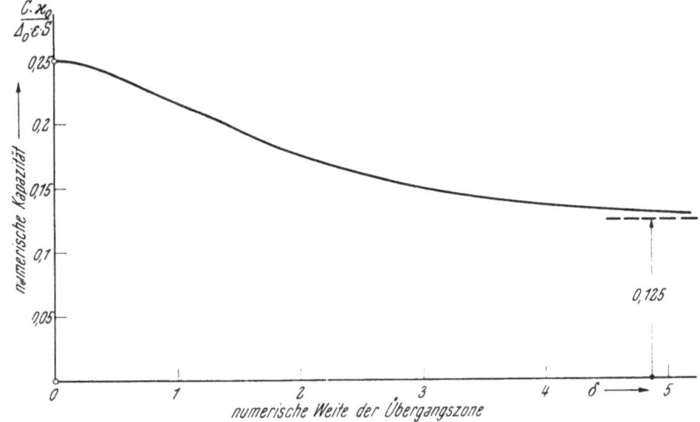

Abb. IV 3, 10. Abhängigkeit der Kapazität von der Weite der Übergangszone.

achte jedoch, daß die Längeneinheit x_0 gemäß Gl. (IV 3, 15) stark von der absoluten Temperatur T abhängt, und die gleiche Betriebseigenschaft überträgt sich im Lichte der Formel (IV 3, 93) auf den Wert der Kapazität C.

Hat man es mit einem Kristall hoher numerischer Konzentration $\nu \gg 1$ der Fremdatome zu tun, so muß man in der von Fremdatomen freien Übergangszone $|\xi| < \frac{1}{2} \delta$ das numerische Potential u im Falle $u_0' < 2$ durch Gl. (IV 3, 58) und im Falle $u_0' > 2$ durch Gl. (IV 3, 64) darstellen, während für das von Donatoren besetzte Gebiet $\xi > \frac{1}{2} \delta$ keine mittels bekannter Funktion geschlossen ausdrückbare Beschreibung von u existiert. Man ist deshalb bei der Berechnung der statischen Kristallkapazität C auf numerische oder graphische Verfahren angewiesen; der Kürze halber werden wir uns hier mit der Besprechung des Sonderfalles $\delta \to 0$ begnügen, der bereits alles für uns wesentliche erkennen läßt.

Zu Gl. (IV 3, 75) zurückkehrend, schreiben wir den numerischen Gradienten u' in der Gestalt

$$u' = 2 \sqrt{ \frac{1}{2} (u_\infty - u) \sinh u_\infty - \left(\sinh^2 \frac{u_\infty}{2} - \sinh^2 \frac{u}{2} \right) }, \qquad (IV\ 3,\ 94)$$

so daß (IV 3, 88), nach Ersatz der Variablen ξ durch u, für die Berechnung der gesuchten Kapazität C die Anweisung

$$\lim_{\delta \to 0} C = \varDelta_0 \, \varepsilon \, \frac{S}{x_0} \frac{1}{u_\infty{}^2} \int_0^{u_\infty} \sqrt{ \frac{1}{2} (u_\infty - u) \sinh u_\infty - \left(\sinh^2 \frac{u_\infty}{2} - \sinh^2 \frac{u}{2} \right) } \, du$$

$$(IV\ 3,\ 95)$$

liefert. Für $u_\infty \to 0$ findet man, da dann $\sinh u_\infty$ mit u_∞ und $\sinh u$ mit u vertauscht werden darf, sogleich

$$\lim_{u_\infty \to 0} \frac{1}{u_\infty{}^2} \int\limits_0^{u_\infty} \sqrt{\frac{1}{2}(u_\infty - u)\sinh u_\infty - \left(\sinh^2 \frac{u_\infty}{2} - \sinh^2 \frac{u}{2}\right)} \, du = \frac{1}{4}$$

$$(\text{IV } 3,\ 96)$$

in Übereinstimmung mit der unter sonst gleichen Bedingungen aus (IV 3, 93) zu entnehmenden Angabe; bei numerischen Diffusionsspannungen $u_\infty \gg 1$ dagegen entfällt der Hauptbeitrag zu dem in (IV 3, 95)

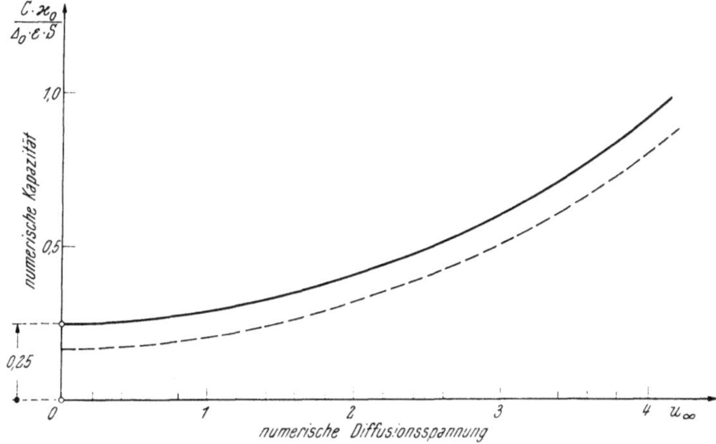

Abb. IV 3, 11. Abhängigkeit der statischen Kapazität von der Diffussionsspannung.

eingehenden Integral auf die Umgebung von $u = 0$, so daß man durch Vernachlässigung des im Integranden auftretenden Postens $\sinh^2(u/2)$ gegen $\sinh^2(u_\infty/2)$ zu der Abschätzung

$$\frac{1}{u_\infty{}^2} \cdot \int\limits_0^{u_\infty} \sqrt{\frac{1}{2}(u_\infty - u)\sinh u_\infty - \left(\sinh^2 \frac{u_\infty}{2} - \sinh^2 \frac{u}{2}\right)} \, du \approx$$

$$\approx \frac{1}{u_\infty{}^2} \cdot \int\limits_0^{u_\infty - \mathrm{tgh}\frac{u_\infty}{2}} \sqrt{\frac{1}{2}\sinh u_\infty} \sqrt{\left(u_\infty - \mathrm{tgh}\frac{u_\infty}{2}\right) - u} \, du =$$

$$= \sqrt{\frac{2}{9}\frac{\sinh u_\infty}{u_\infty}} \left(1 - \frac{1}{u_\infty}\mathrm{tgh}\frac{u_\infty}{2}\right)^{3/2} \qquad (\text{IV } 3,\ 97)$$

gelangt. Hiernach ist also die Kristallkapazität C bei gegebener, absoluter Betriebstemperatur der Diode keine Konstante, sondern nimmt mit wachsender numerischer Diffusionsspannung u_∞ nach Maßgabe der Abb. IV 3, 11 monoton zu.

g) Um einem naheliegenden Irrtum vorzubeugen, haben wir zu betonen, daß die vorstehend definierte, statische Kristallkapazität nur einen *Teil* der *gesamten Diodenkapazität* bildet: Um diese zu finden, muß man der in

(IV 3, 86) angegebenen, Freien Energie des sozusagen nackten Kristalles diejenige Freie Energie hinzufügen, welche auf das *Galvani*feld der Elektroden entfällt; da dieses jedoch nicht allein von der Natur des Kristalles bestimmt wird, sondern erst von dessen Wechselwirkung mit den jeweils für die Elektroden benutzten Metallen, verlangt die Berechnung jener Freien Energie des *Galvani*feldes eine gesonderte Behandlung.

IV 4. Der Kontakt Halbleiter-Metall.

a) Bei der mechanischen Berührung eines kristallinischen Halbleiters mit einem festen Metall verbleibt zwischen diesen Körpern selbst bei Anwendung merklicher Druckkräfte eine dünne *Trennschicht*, welche als solche weder Atome dieses noch jenes Stoffes enthält; doch dringen in dieses „Niemands-

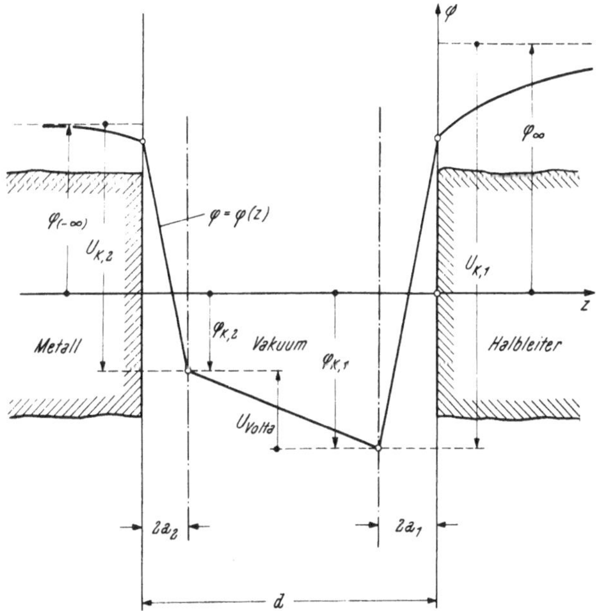

Abb. IV 4, 1. Schema des Potentialverlaufes am Kontakt Halbleiter-Metall.

land" von beiden Grenzflächen her Elektronen ein, welche durch ihre räumliche Verteilung und ihre Bewegung die elektrischen Eigenschaften des Kontaktes bestimmen.

Um die genannten Erscheinungen einer einfachen, analytischen Behandlung zugänglich zu machen, ersetzen wir die jeweils vorgegebenen Grenzflächen der Trennschicht ungeachtet ihrer jeweiligen technologischen Gestaltung und ihrer atomaren Feinstruktur durch zwei planparallele Ebenen, die einander gemäß Abb. IV 4, 1 im Abstande d gegenüberstehen. Innerhalb dieses Systemes orientieren wir uns an Hand der relativ zu ihm ruhenden, *Kartesi*schen Koordinaten (x; y; z); der Halbleiter [Index 1] möge den Bereich z > 0 lückenlos erfüllen, während das Metall [Index 2] das gesamte Gebiet z < (— d) einnehme.

b) Wir beschäftigen uns zunächst mit dem thermisch-elektrischen Gleichgewichtszustand des Systemes bei der überall gleichförmigen, absoluten Temperatur

$$T = \text{const.} \qquad (IV\ 4,\ 1)$$

Der Einfachheit halber seien die Kristallgitter der miteinander in Wechselwirkung tretenden Festkörper als *kubisch* angenommen, und die entsprechenden Gitterkonstanten werden beziehentlich durch a_1 und a_2 gemessen. Setzen wir nunmehr das gleichzeitige Bestehen der Ungleichungen

$$d \gg a_1 \qquad (IV\ 4,\ 2)$$

und

$$d \gg a_2 \qquad (IV\ 4,\ 3)$$

voraus, so dürfen wir uns der Modellvorstellungen bedienen, die wir in Ziffer II 9, 1 für den elektrischen Mechanismus des Kontaktes zwischen zwei unterschiedlichen Metallen entwickelt haben: Wir konstruieren die „virtuellen Elektroden"

$$z = z_1 = -2\,a_1 \qquad (IV\ 4,\ 4)$$

des Halbleiters und

$$z = z_2 = -[d - 2\,a_2] \qquad (IV\ 4,\ 5)$$

des Metalles, mit deren Hilfe wir den gesamten Lebensraum

$$-\infty < z < \infty \qquad (IV\ 4,\ 6)$$

der Elektronen in drei nebeneinander liegende Bezirke zerschneiden. Um sie nicht nur geometrisch, sondern auch physikalisch zu charakterisieren, ziehen wir das lediglich von der z-Koordinate abhängige, elektrische Skalarpotential

$$\varphi = \varphi(z) \qquad (IV\ 4,\ 7)$$

heran und führen durch U_{K_1} und U_{K_2} die *Richardson*schen *Austrittsspannungen* eines einzelnen Elektrons als Äquivalent der Arbeit ein, welche zu seiner Verbringung aus dem Festkörper in den sonst leeren Raum aufzuwenden ist; wir fassen sie — im Grenzfalle verschwindend kleiner Emissionsgeschwindigkeit jenes Elektrons im Sinne der Ziffer II 4! — als *bekannte Kennziffern des Kontaktes* auf und können nunmehr diskrimieren:

1. Im erweiterten Wirkungsbereiche

$$-2\,a_1 < z < \infty \qquad (IV\ 4,\ 8)$$

des Halbleiters ändert sich das elektrische Skalarpotential φ nach Maßgabe der integralen Aussage

$$U_{K,1} = \lim_{z \to \infty} \varphi(z) - \varphi(-2\,a_1). \qquad (IV\ 4,\ 9)$$

2. Im erweiterten Wirkungsbereiche

$$-\infty < z < -(d - 2\,a_2) \qquad (IV\ 4,\ 10)$$

des Metalles erleidet das elektrische Skalarpotential die Änderung

$$U_{K,2} = \lim_{z \to (-\infty)} \varphi(z) - \varphi\,[-(d - 2\,a_2)]. \qquad (IV\ 4,\ 11)$$

3. Innerhalb der „Zwischenzone"

$$-(d - 2\,a_2) < z < (-2\,a_1) \qquad (IV\ 4,\ 12)$$

ist das Feld merklich frei von quasikontinuierlich verteilten Raumladungen; daher wird dort der Verlauf des elektrischen Skalarpotentiales φ durch eine *lineare Funktion* der z-Koordinate beschrieben.

In striktem Gegensatz zu den vorstehend angezeigten, räumlichen Änderungen des elektrischen Skalarpotentiales φ zieht die Voraussetzung des thermisch-elektrischen Gleichgewichtes neben der Angabe (IV 4, 1) der gleichförmigen Temperatur einen festen Wert

$$\psi = \psi_0 = \text{const;} \qquad -\infty < z < \infty \qquad (IV\ 4,\ 13)$$

nach sich.

c) Es liege ein „massenisotroper" *Reinhalbleiter* vor. Bezeichnen wir durch $(v_x; v_y; v_z)$ die beziehentlich achsenparallelen Komponenten der vektoriellen Korpuskulargeschwindigkeit v eines seiner Ladungsträger, so liefert die an Hand des *Pauliprinzipes* spinmodifizierte *Fermi-Dirac*statistik für die Konzentration n_I der Elektronen des Leitungsbandes die Aussage

$$n_I = 2\frac{M_I^3}{h^3} \int\limits_{v_x=-\infty}^{\infty} \int\limits_{v_y=-\infty}^{\infty} \int\limits_{v_z=-\infty}^{\infty} \frac{dv_x\, dv_y\, dv_z}{e^{\frac{1}{kT}\left[\frac{1}{2}M_I(v_x^2+v_y^2+v_z^2)+\eta_{I,\min}-q_0(\varphi-\psi)\right]}+1},$$

(IV 4, 14)

während die Konzentration $n_{II}{}^*$ der Absentonen [Fehlelektronen] des Valenzbandes der Angabe

$$n_{II}{}^* = 2\frac{M_{II}{}^{*3}}{h^3} \int\limits_{v_x=-\infty}^{\infty} \int\limits_{v_y=-\infty}^{\infty} \int\limits_{v_z=-\infty}^{\infty} \cdot$$

$$\cdot\ \frac{dv_x\, dv_y\, dv_z}{e^{-\frac{1}{kT}\left[-\frac{1}{2}M_{II}{}^*(v_x^2+v_y^2+v_z^2)+\eta_{II,\max}-q_0(\varphi-\psi)\right]}+1}$$

(IV 4, 15)

zu entnehmen ist. Beschränken wir uns nun auf so schwache Konzentrationen, daß die „Gase" der antipolaren Ladungsträger nicht merklich entartet sind, so folgen aus (IV 4, 14) und (IV 4, 15) in ausreichender Genauigkeit die Näherungen

$$n_I = 2\frac{M_I^{3/2}}{h^3}(2\,\pi\,kT)^{3/2}\, e^{-\frac{1}{kT}[\eta_{I,\min}-q_0(\varphi-\psi)]}$$

(IV 4. 16)

und

$$n_{II}{}^* = 2\frac{M_{II}{}^{*3/2}}{h^3}(2\,\pi\,kT)^{3/2}\, e^{+\frac{1}{kT}[\eta_{II,\max}-q_0(\varphi-\psi)]}.$$

(IV 4, 17)

Wir wählen, wie früher, das quasineutrale Gebiet $[n_I = n_{II}{}^*]$ des Halbleiters als Basis $\varphi = 0$ des elektrischen Skalarpotentiales und gelangen hierdurch zu der Bestimmungsgleichung

$$q_0\,\psi = k\,T \ln\left(\frac{M_I}{M_{II}{}^*}\right)^{3/4} - \frac{\eta_{I,\min}+\eta_{II,\max}}{2}$$

(IV 4, 18)

des gemäß (IV 4, 13) konstanten elektro-chemischen Potentiales. Seine Restitution in die Gleichungen (IV 4, 16) und (IV 4, 17) führt mit Hilfe der *eingeprägten Konzentration*

$$n_e = 2\frac{(M_I M_{II}{}^*)^{3/4}}{h^3}(2\,\pi\,kT)^{3/2}\, e^{-\frac{\eta_{I,\min}-\eta_{II,\max}}{2kT}}$$

(IV 4, 19)

beider Trägerarten zu den Relationen

$$n_I = n_e \cdot e^{\frac{q_0\varphi}{kT}}$$

(IV 4, 20)

und

$$n_{II}{}^* = n_e \cdot e^{-\frac{q_0\varphi}{kT}}$$

(IV 4, 21)

welche, wie zu verlangen ist, mit den Ergebnissen der in Ziffer IV 1 durchgeführten wellenmechanischen Überlegungen übereinstimmen.

Nach (IV 4, 20) und (IV 4, 21) gehorcht das elektrische Skalarpotential φ im Innern des Reinhalbleiters der *Poisson*schen Differentialgleichung

$$\frac{d^2\varphi}{dz^2} = 2\,\frac{q_0\,n_e}{\varDelta_0\cdot\varepsilon}\,\sinh\frac{q_0\,\varphi}{k\,T}\,, \qquad (IV\ 4,\ 22)$$

welche wir durch die *Feldforderung*

$$\lim_{\varphi\to 0}\frac{d\varphi}{dz} = 0 \qquad (IV\ 4,\ 23)$$

und die *Randbedingung*

$$\varphi = \varphi_0 < 0 \quad \text{für} \quad z = 0 \qquad (IV\ 4,\ 24)$$

ergänzen. Nach Einführung der „natürlichen Längeneinheit"

$$l_0 = \frac{1}{q_0}\sqrt{\frac{k\,T\cdot\varDelta_0\cdot\varepsilon}{2\,n_e}} \qquad (IV\ 4,\ 25)$$

des Reinhalbleiters finden wir mit Rücksicht auf (IV 4, 23) durch einmalige Integration aus (IV 4, 22) die Angabe

$$\left(\frac{d\varphi}{dz}\right)^2 = \frac{2}{l_0{}^2}\left(\frac{k\,T}{q_0}\right)^2\cdot$$

$$\cdot\left[\cosh\frac{q_0\,\varphi}{k\,T} - 1\right] =$$

$$= \frac{1}{l_0{}^2}\left[\frac{2\,k\,T}{q_0}\sinh\frac{q_0\,\varphi}{2\,k\,T}\right]^2\cdot \qquad (IV\ 4,\ 26)$$

Sie liefert mittels nochmaliger Integration unter Beachtung der Gl. (IV 5, 24) in

$$\frac{z}{l_0} = \ln\frac{\operatorname{tgh}\dfrac{q_0\,\varphi_0}{4\,k\,T}}{\operatorname{tgh}\dfrac{q_0\,\varphi}{4\,k\,T}} \qquad (IV\ 4,\ 27)$$

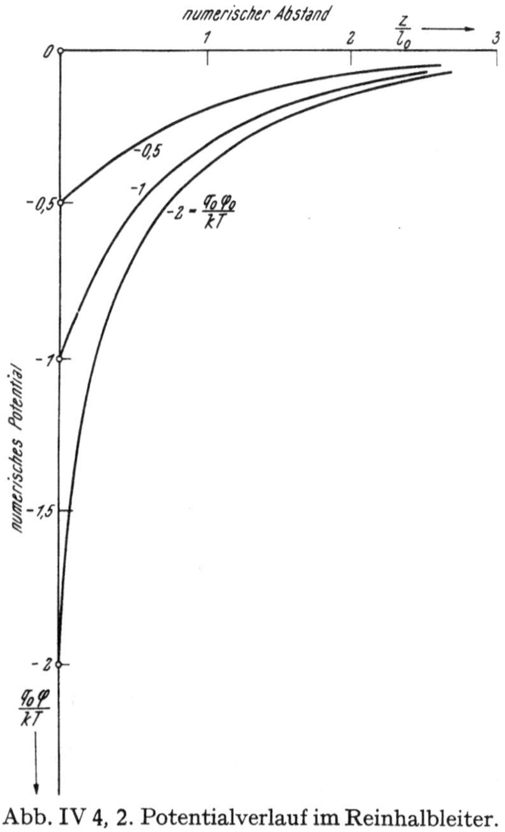

Abb. IV 4, 2. Potentialverlauf im Reinhalbleiter.

oder

$$\frac{q_0\,\varphi}{2\,k\,T} = \ln\frac{1 + e^{-\frac{z}{l_0}}\cdot\operatorname{tgh}\dfrac{q_0\,\varphi_0}{4\,k\,T}}{1 - e^{-\frac{z}{l_0}}\cdot\operatorname{tgh}\dfrac{q_0\,\varphi_0}{4\,k\,T}} \qquad (IV\ 4,\ 28)$$

die durch Abb. IV 4, 2 veranschaulichte Auskunft über den räumlichen Potentialverlauf innerhalb des Reinhalbleiters.

Dagegen müssen wir uns in der erweiterten Atomkraftzone

$$-2\,a_1 < z < 0 \qquad (IV\ 4,\ 29)$$

mangels einer genauen Kenntnis des von der „atomaren Rauhigkeit" der Halbleiteroberfläche modulierten Potentialverlaufes mit einer Abschätzung begnügen: Er möge hinreichend genau durch die Gerade

$$\varphi = \varphi_0 + [U_{K,1} + \varphi_0]\frac{z}{2\,a_1}; \qquad -2\,a_1 < z < 0 \qquad \text{(IV 4, 30)}$$

mit dem homogenen Gradienten

$$\frac{d\varphi}{dz} = \frac{U_{K,1} + \varphi_0}{2\,a_1} \qquad\qquad \text{(IV 4, 31)}$$

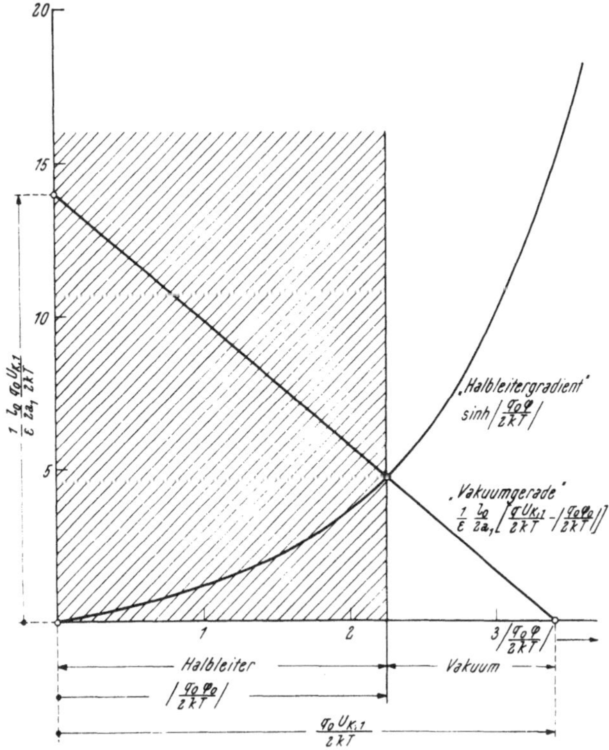

Abb. IV 4, 3. Abschätzung des Potentialverlaufes in der erweiterten Atomkraftzone.

beschrieben werden. Im Hinblick auf (IV 4, 24) und (IV 4, 26) zieht sonach die an der Ebene $z = 0$ zu verlangende Stetigkeit der elektrischen Induktion die Gleichung

$$\varDelta_0 \frac{U_{K,1} + \varphi_0}{2\,a_1} = -\varDelta_0 \frac{\varepsilon}{l_0}\left[\frac{2\,k\,T}{q_0}\sinh\frac{q_0\,\varphi_0}{2\,k\,T}\right] \qquad \text{(IV 4, 32)}$$

für das numerische Randpotential $(q_0\,\varphi_0)/(2\,k\,T)$ nach sich; mittels der Schreibweise

$$\sinh\left|\frac{q_0\,\varphi_0}{2\,k\,T}\right| = \frac{1}{\varepsilon}\frac{l_0}{2\,a_1}\left[\frac{q_0\,U_{K,1}}{2\,k\,T} - \left|\frac{q_0\,\varphi_0}{2\,k\,T}\right|\right] \qquad \text{(IV 4, 33)}$$

unterrichtet sie uns an Hand der Abb. IV 4, 3 sowohl über den absoluten Betrag jenes Potentiales wie auch über die Aufteilung der gesamten *Richardson*schen Spannung $U_{K,1}$ auf die Vakuumstrecke $2\,a_1$ nach (IV 4, 24) einerseits und das Innere des Halbleiters andererseits.

Im Gegensatz zu den Bindungen, welche den Elektronen im Halbleiter durch das dort herrschende, dreifach-periodische elektrische Mikrofeld auferlegt sind, dürfen wir die im Vakuum befindlichen Elektronen zufolge der Voraussetzungen (IV 4, 2) und (IV 4, 3) als *frei* ansehen. Daher kommt ihnen dort die Ruhmasse m_0 zu, und ihre Gesamtenergie η wird, mit Rücksicht auf das negative Vorzeichen der Elektronenladung, durch

$$\eta = \frac{1}{2} m_0(v_x{}^2 + v_y{}^2 + v_z{}^2) - q_0\,\varphi \qquad (IV\ 4,\ 34)$$

gemessen. Im Einklang mit dem regelnden Verteilungsmechanismus der spinmodifizierten *Fermi-Dirac*statistik resultiert demnach für die Konzentration n der Elektronen im Vakuum die Angabe

$$n = 2\,\frac{m_0{}^3}{h^3} \int\limits_{v_x=-\infty}^{\infty} \int\limits_{v_y=-\infty}^{\infty} \int\limits_{v_z=-\infty}^{\infty} \frac{dv_x\,dv_y\,dv_z}{e^{\frac{1}{kT}\left[\frac{1}{2}m_0(v_x{}^2+v_y{}^2+v_z{}^2)-q_0(\varphi-\psi)\right]}+1} \approx$$

$$\approx 2\,\frac{m_0{}^{2/3}}{h^3}\,(2\,\pi\,k\,T)^{3/2}\,e^{\frac{q_0(\varphi-\psi)}{kT}}, \qquad (IV\ 4,\ 35)$$

welche sich vermöge der Gleichgewichtsbedingung (IV 4, 13) mit Rücksicht auf die Übereinkunft (IV 4, 18) in

$$n = 2\,\frac{m_0{}^{3/2}}{h^3}\left(\frac{M_{II}{}^*}{M_I}\right)^{3/2}(2\,\pi\,k\,T)^{3/2}\,e^{-\frac{\eta_{I,\,min}+\eta_{II,\,max}}{2\,kT}}\,e^{\frac{q_0\,\varphi}{kT}} \qquad (IV\ 4,\ 36)$$

verwandelt; sie läßt sich durch Substitution der eingeprägten Trägerkonzentration n_e nach Gl. (IV 5, 19) in die Gestalt

$$n = n_e\left(\frac{m_0}{M_I}\right)^{3/2}\,e^{\frac{q_0\,\varphi+\eta_{I,\,min}}{kT}} \qquad (IV\ 4,\ 37)$$

bringen, welche die Herkunft der Vakuumelektronen ausschließlich aus dem Leitungsbande des Reinhalbleiters deutlich erkennen läßt.

Auf Grund der vereinbarten Basis herrscht in der Ebene $z = z_1 = (-2\,a_1)$ der virtuellen Halbleiterelektrode das elektrische Skalarpotential

$$\varphi_{K,1} = -U_{K,1}. \qquad (IV\ 4,\ 38)$$

Stellen wir nun der *Richardson*schen Austrittsspannung $U_{K,1}$ die von ihr energetisch wesentlich verschiedene *Dushman*sche Austrittsspannung

$$U_{D,1} = U_{K,1} - \frac{\eta_{I,\,min}+\eta_{II,\,max}}{2\,q_0} - \frac{k\,T}{q_0}\ln\left(\frac{M_{II}{}^*}{M_I}\right)^{3/4} \qquad (IV\ 4,\ 39)$$

als allerdings explizit von der absoluten Temperatur abhängige Funktion zur Seite, so resultiert aus (IV 4, 36) für die Elektronenkonzentration $n_{K,1}$ an der virtuellen Elektrode die Darstellung

$$n_{K,1} = 2\,\frac{m_0{}^{3/2}}{h^3}\,(2\,\pi\,k\,T)^{3/2}\,e^{-\frac{q_0\,U_{D,1}}{kT}}. \qquad (IV\ 4,\ 40)$$

Dagegen finden wir durch Substitution des Potentiales (IV 4, 38) in Gl. (IV 4, 37) die mit (IV 4, 40) inhaltlich identische Angabe

$$n_{K,1} = n_e\,e^{-\frac{q_0\,U_I}{kT}}, \qquad (IV\ 4,\ 41)$$

in welcher die gleichfalls temperaturabhängige Spannung

$$U_{I,1} = U_{K,1} - \frac{\eta_{I,\,min}}{q_0} - \frac{k\,T}{q_0}\ln\left(\frac{m_0}{M_I}\right)^{3/2} \qquad (IV\ 4,\ 42)$$

die *Bordspannung* des Leitungsbandes gegen das Vakuum definiert.

d) Wie übertragen sich die vorstehenden Überlegungen auf einen Fremd-atom-Halbleiter?

1. Es sei ein n-Typ Halbleiter der gleichförmigen Donatorenkonzen-tration N_D vorgelegt; dank passender Wahl seiner absoluten Betriebs-temperatur T seien merklich alle Donatoren ionisiert, so daß in den quasi-neutralen Gebieten des Halbleiters $[z \to \infty]$ die Bilanz

$$q_0 \, N_D = \lim_{z \to \infty} q_0 \, [n_I - n_{II}{}^*] \qquad \text{(IV 4, 43)}$$

der antipolaren Trägerladungen besteht.

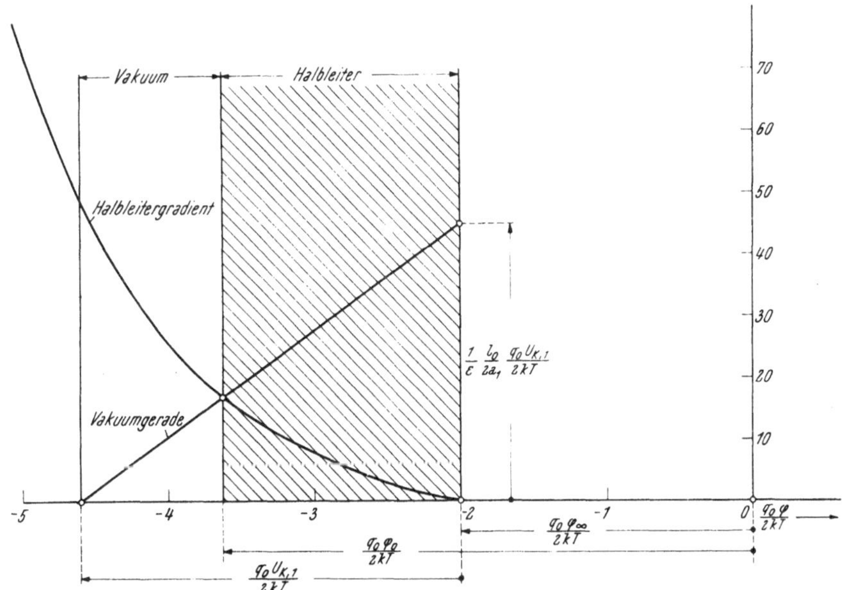

Abb. IV 4, 4. Graphische Ermittelung des [numerischen] Randpotentiales $q_0 \, \varphi_0 / 2 \, k \, T$.
Beachte Gl. (IV 4, 38).

Behalten wir das elektrochemische Potential ψ nach (IV 4, 18) bei, so bleiben — unter Beschränkung auf hinreichend niedrige Konzentrationen n_I und $n_{II}{}^*$ — die Angaben (IV 4, 19), (IV 4, 20) und (IV 4, 21) in Kraft; daher genügt das [makroskopische] elektrische Skalarpotential φ im Innern des n-Typ Halbleiters der *Poisson*schen Differentialgleichung

$$\frac{d^2\varphi}{dz^2} = -\frac{N_D \, q_0}{\Delta_0 \, \varepsilon} + 2 \frac{n_e \, q_0}{\Delta_0 \, \varepsilon} \sinh \frac{q_0 \, \varphi}{k \, T} \, . \qquad \text{(IV 4, 44)}$$

Für $z \to \infty$ konvergiert φ wegen der dort durch (IV 5, 43) verbürgten Quasineutralität gegen den Grenzwert φ_∞, welcher gemäß (IV 5, 44) der Relation

$$2 \frac{n_e \, q_0}{\Delta_0 \, \varepsilon} \sinh \frac{q_0 \, \varphi_\infty}{k \, T} = \frac{N_D \, q_0}{\Delta_0 \, \varepsilon} \qquad \text{(IV 4, 45)}$$

zu entnehmen ist. Mit ihrer Hilfe geht Gl. (IV 4, 44), bei Benutzung der natürlichen Längeneinheit l_0 nach (IV 4, 25), in die Gestalt

$$\frac{d^2\varphi}{dz^2} = \frac{1}{l_0{}^2} \frac{k \, T}{q_0} \left[\sinh \frac{q_0 \, \varphi}{k \, T} - \sinh \frac{q_0 \, \varphi_\infty}{k \, T} \right] \qquad \text{(IV 4, 46)}$$

über, aus welcher man durch einmalige Integration unter der Bedingung

$$\lim_{\varphi \to \varphi_\infty} \frac{\mathrm{d}\varphi}{\mathrm{d}z} = 0 \qquad \text{(IV 4, 47)}$$

das Quadrat

$$\left(\frac{\mathrm{d}\varphi}{\mathrm{d}z}\right)^2 = \frac{1}{l_0^2}\left(\frac{2\,\mathrm{k}\,\mathrm{T}}{q_0}\right)^2\left[\sinh^2\frac{q_0\,\varphi}{2\,\mathrm{k}\,\mathrm{T}} - \sinh^2\frac{q_0\,\varphi_\infty}{2\,\mathrm{k}\,\mathrm{T}} + \frac{q_0(\varphi_\infty - \varphi)}{2\,\mathrm{k}\,\mathrm{T}}\sinh\frac{q_0\,\varphi_\infty}{\mathrm{k}\,\mathrm{T}}\right]$$

$$\text{(IV 4, 48)}$$

der [makroskopischen] elektrischen Feldstärke im Halbleiter findet. Daher resultiert für das *Randpotential* $\varphi_0 < \varphi_\infty$ an der Grenzebene $z = 0$ aus der

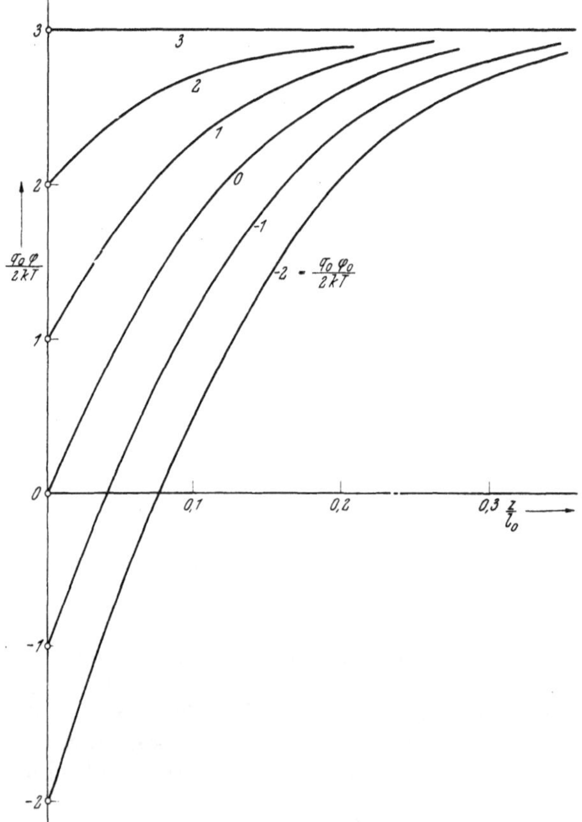

Abb. IV 4, 5. Räumlicher Potentialverlauf im Halbleiter für $u_\infty = 3$.

dort zu verlangenden Stetigkeit der elektrischen Induktion die transzendente Gleichung

$$\frac{1}{\varepsilon}\frac{l_0}{2\,a_1}\left[\frac{q_0\,U_{K,1}}{2\,\mathrm{k}\,\mathrm{T}} - \frac{q_0(\varphi_\infty - \varphi_0)}{2\,\mathrm{k}\,\mathrm{T}}\right] = \qquad \text{(IV 4, 49)}$$

$$= \sqrt{\sinh^2\frac{q_0\,\varphi_0}{2\,\mathrm{k}\,\mathrm{T}} - \sinh^2\frac{q_0\,\varphi_\infty}{2\,\mathrm{k}\,\mathrm{T}} + \frac{q_0(\varphi_\infty - \varphi_0)}{2\,\mathrm{k}\,\mathrm{T}}\sinh\frac{q_0\,\varphi_\infty}{\mathrm{k}\,\mathrm{T}}},$$

welche nach dem Muster der Abb. IV 4, 4 graphisch gelöst werden kann. Bei nunmehr als gegeben anzusehendem Randpotential liefert Gl. (IV 4, 48) für den räumlichen Verlauf des Potentiales innerhalb des Halbleiters die Integraldarstellung

$$\frac{z}{l_0} = \int\limits_{u=\frac{q_0\varphi_0}{2kT}}^{\frac{q_0\varphi}{2kT}} \frac{du}{\sqrt{\sinh^2 u - \sinh^2 u_\infty + (u_\infty - u)\sinh(2u_\infty)}}\ ;\qquad u_\infty = \frac{q_0\,\varphi_\infty}{2\,kT}\,.$$

$$\text{(IV 4, 50)}$$

Abb. IV 4, 5 zeigt das Ergebnis ihrer numerischen Auswertung für das Beispiel eines n-Typ Halbleiters der Eigenschaft $u_\infty = 3$, welche nach Maßgabe der Relation (IV 4, 45) dem Verhältnis $N_D/n_e = 2\sinh(2u_\infty) = 403{,}4$ der Donatorenkonzentration N_D zur eingeprägten Trägerkonzentration n_e entspricht.

Für die im Vakuum befindlichen Elektronen bleibt der Energieansatz (IV 4, 34) unverändert bestehen; da wir überdies die Bestimmung (IV 4, 18) des elektrochemischen Potentiales ψ in die Statistik des Fremdatom-Halbleiters übernommen haben, wird die Konzentration n der Vakuum-elektronen wiederum durch die Gleichungen (IV 4, 36) und (IV 4, 37) beschrieben, welche wir früher für den Fall des Reinhalbleiters entwickelt haben. Nichtsdestoweniger offenbart sich der wesentliche physikalische Unterschied zwischen den verglichenen Halbleitertypen auf das deutlichste an Hand der Elektronenkonzentration $n_{K,1}$, welche jeweils in der Ebene $z = z_1 = (-2\,a_1)$ der virtuellen Elektrode auftritt: Zufolge der verein-barten Potentialbasis ist ja die für den Reinhalbleiter verbindliche Angabe (IV 4, 38) im Falle des Fremdatom-Halbleiters durch

$$\varphi_{K,1} = \varphi_\infty - U_{K,1} \qquad\qquad \text{(IV 4, 51)}$$

zu ersetzen. Bedienen wir uns nun zuerst der Darstellung (IV 4, 36), so kommen wir zwar formal auf Gl. (IV 4, 40) zurück; doch bedeutet in ihr das Zeichen $U_{D,1}$ die *Dushman*sche Austrittsspannung

$$U_{D,1} = U_{K,1} - \varphi_\infty - \frac{\eta_{I,\min} + \eta_{II,\max}}{2\,q_0} + \frac{kT}{q_0}\ln\left(\frac{M_I}{M_{II}{}^*}\right)^{3/4}, \qquad \text{(IV 4, 52)}$$

welche sich eben durch den Posten $(-\varphi_\infty)$ wesentlich von (IV 4, 39) unter-scheidet und vermöge (IV 4, 45) implizit von der jeweiligen Donatoren-konzentration abhängt. Dagegen führt die Substitution des Potentiales (IV 4, 51) in (IV 4, 37) mit Rücksicht auf (IV 4, 42) zu der Formel

$$n_{K,1} = n_e\, e^{\frac{q_0\varphi_\infty}{kT}} \cdot e^{\frac{q_0 U_I}{kT}}\,. \qquad\qquad \text{(IV 4, 53)}$$

In ihr mißt nach (IV 5, 20)

$$n_{I,\infty} = n_e\, e^{\frac{q_0\varphi_\infty}{kT}} \qquad\qquad \text{(IV 4, 54)}$$

die im quasineutralen Gebiet $[z \to \infty]$ des Halbleiters herrschende Elek-tronenkonzentration $n_{I,\infty}$ des Leitungsbandes, so daß aus (IV 5, 53) die Relation

$$n_{K,1} = n_{I,\infty}\, e^{-\frac{q_0 U_I}{kT}} \qquad\qquad \text{(IV 4, 55)}$$

hervorgeht, welche die Definition (IV 4, 42) der Bordspannung gegen das Vakuum begrifflich vertieft und verallgemeinert; denn im Reinhalbleiter gleicht der Grenzwert $n_{I,\infty}$ der eingeprägten Trägerkonzentration n_e.

Technologisch gesehen, wird im allgemeinen die Donatorenkonzen-tration N_D so eingeregelt, daß sie bei der gewählten Betriebstemperatur T groß gegen die eingeprägte Trägerkonzentration n_e ausfällt; aus (IV 4, 43) und (IV 4, 45) folgt dann die Näherung

$$n_{I,\infty} \approx N_D. \tag{IV 4, 56}$$

Während also die Elektronenkonzentration an der virtuellen Elektrode des Reinhalbleiters seiner stark temperaturabhängigen, eingeprägten Trägerkonzentration n_e proportional ist, wächst unter sonst gleichen Umständen die Elektronenkonzentration an der virtuellen Elektrode des n-Typ Halbleiters merklich im Verhältnis zu dessen jeweilig festgesetzten Donatorenkonzentration N_D an.

2. Wir fragen nach der Potentialverteilung am Rande eines p-Typ Halbleiters der gleichförmigen Akzeptorenkonzentration N_A; dank passender Wahl seiner absoluten Betriebstemperatur T mögen sich merklich alle Fremdatome durch Aufnahme von Elektronen des Valenzbandes in negative Ionen verwandelt haben, so daß

$$- q_0 N_A = \lim_{z \to \infty} q_0 \left[n_I - n_{II}^* \right] \tag{IV 4, 57}$$

die Trägerbilanz des quasineutralen Halbleitergebietes schildert. Unter Wahrung des elektrochemischen Potentiales ψ nach (IV 4, 18) zusammen mit der früher vereinbarten Basis des elektrischen Makropotentiales φ genügt dieses also im Innern des p-Typ Halbleiters der *Poisson*schen Differentialgleichung

$$\frac{d^2 \varphi}{dz^2} = \frac{N_A q_0}{\varDelta_0 \varepsilon} + 2 \frac{n_e q_0}{\varDelta_0 \varepsilon} \sinh \frac{q_0 \varphi}{kT}, \tag{IV 4, 58}$$

aus welcher das im quasineutralen Gebiet $[z \to \infty]$ herrschende Potential φ_∞ mittels der Relation

$$2 \frac{n_e q_0}{\varDelta_0 \varepsilon} \sinh \frac{q_0 \varphi_\infty}{kT} = - \frac{N_A q_0}{\varDelta_0 \varepsilon} \tag{IV 4, 59}$$

hervorgeht. Unter Benutzung von (IV 5, 25) verwandelt sich daher (IV 5, 58) in die Gleichung

$$\frac{d^2 \varphi}{dz^2} = \frac{1}{l_0^2} \frac{kT}{q_0} \left[\sinh \frac{q_0 \varphi}{kT} - \sinh \frac{q_0 \varphi_\infty}{kT} \right]. \tag{IV 4, 60}$$

Sie stimmt zwar formal mit (IV 4, 46) überein, unterscheidet sich aber von dieser Gleichung inhaltlich durch das Vorzeichen von φ_∞; dasselbe gilt daher sowohl für die zur Ermittelung des Randpotentiales φ_0 führende Bedingung (IV 5, 49) wie auch für die Integraldarstellung (IV 5, 50) des makroskopischen Potentiales im Innern des Halbleiters. Man hat hiernach das Randpotential φ_0 mittels der in Abb. IV 4, 4 angezeigten Methode graphisch zu bestimmen; nachdem es bekannt ist, wird der räumliche Verlauf des Potentiales im Innern des Halbleiters durch Abb. IV 4, 6 beschrieben, welches durch numerische Integration für den Fall $u_\infty = -2$, also $N_A/n_e = 2 \left| \sinh (2 u_\infty) \right| = 54{,}58$ gewonnen wurde.

Für die Berechnung der Elektronenkonzentration n im Vakuum dürfen wir uns zufolge der getroffenen Vereinbarungen der Gleichungen (IV 4, 36) und (IV 4, 37) bedienen. Da überdies das Potential $\varphi_{K,1}$ an der virtuellen Elektrode des Halbleiters durch die Relation (IV 4, 51) bestimmt wird und auch die Grenzaussage (IV 4, 54) von der jeweiligen Natur des Halbleiters unabhängig ist, finden wir für die an jener Elektrode auftretende Elektronenkonzentration $n_{K,1}$ wiederum die aus (IV 4, 40) mit (IV 4, 52) hervorgehende Angabe oder die Berechnungsformel (IV 4, 55). In der Regel übertrifft nun die Konzentration N_A der Akzeptoren die bei der gewählten Betriebstemperatur T sich einstellende, eingeprägte Trägerkonzentration um ein vielfaches

$$\frac{N_A}{n_e} \gg 1. \qquad (IV\ 4,\ 61)$$

Aus (IV 4, 59) folgt dann in ausreichender Genauigkeit die Relation

$$\frac{n_{I,\infty}}{n_e} = e^{\frac{q_0 \varphi_\infty}{kT}} \approx \frac{n_e}{N_A}. \qquad (IV\ 4,\ 62)$$

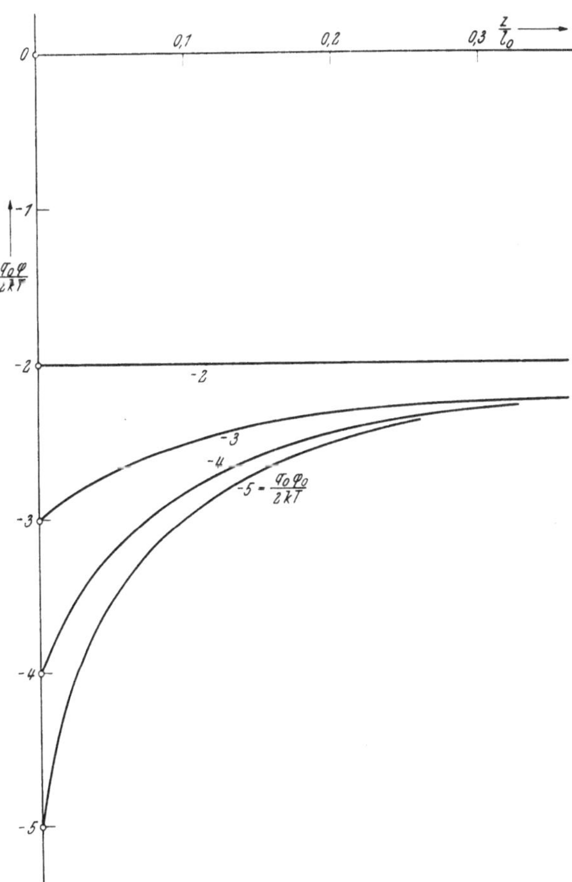

Abb. IV 4, 6. Potentialverteilung am Rande des p-Typ-Halbleiters; $u_\infty = -2$.

Wie ihr Vergleich mit (IV 4, 56) zeigt, fällt also die Elektronenkonzentration auf der virtuellen Elektrode eines p-Typ Halbleiters viel kleiner aus als die unter sonst gleichen Umständen auf der virtuellen Elektrode eines n-Typ Halbleiters auftretende Elektronenkonzentration; in der Tat beherbergt ja das Leitungsband des p-Typ Halbleiters, aus welchem jene Elektronen stammen, unter den vorausgesetzten Betriebsbedingungen nur eine äußerst geringe Zahl negativer Ladungsträger.

e) Die Ergebnisse des vorigen Abschnittes ändern sich von Grund auf, sofern man das Vakuum durch ein hypothetisches Medium ersetzt, welches im Zustande seines thermisch-elektrischen Gleichgewichtes eine gleichförmige Konzentration sowohl von Elektronen wie von Absentonen zuläßt. Um dieses Medium als solches physikalisch zu kennzeichnen, denken wir uns einen homogenen Halbleiter, welcher sich durch die Mindestenergie $\bar{\eta}_{I,\,min}$ seines Leitungsbandes und die Höchstenergie $\bar{\eta}_{II,\,max}$ seines Valenzbandes auszeichne; durch den Grenzübergang zu verschwindender Breite der verbotenen Energiezone definieren wir dann an Hand des mathematischen Prozesses der „Einschachtelung"

$$\bar{\eta}_{I,\,min} > \eta_0 > \bar{\eta}_{II,\,max} \quad \text{für} \quad (\bar{\eta}_{I,\,min} - \bar{\eta}_{II,\,max}) \longrightarrow 0 \qquad (\text{IV 4, 63})$$

den Begriff der *energetischen Trennfuge* λ_0. Mit ihrer Hilfe dürfen wir die Gesamtenergie η eines Elektrons am Orte des elektrischen Skalarpotentiales φ unseres hypothetischen Mediums in der Gestalt

$$\eta = \eta_0 + \frac{1}{2}\, m_0(v_x{}^2 + v_y{}^2 + v_z{}^2) - q_0\,\varphi \qquad (\text{IV 4, 64})$$

ansetzen, während die Gesamtenergie η^* eines ebendort befindlichen Absentons durch

$$\eta^* = -\eta_0 + \frac{1}{2}\, m_0(v_x{}^2 + v_y{}^2 + v_z{}^2) + q_0\,\varphi \qquad (\text{IV 4, 65})$$

entsprechend einer *positiven* Quasimasse m_0 gegeben sei. Nach Maßgabe der spinmodifizierten *Fermi-Dirac*statistik resultiert somit — bei Beschränkung auf hinreichend schwache Trägerkonzentrationen — im Aufpunkt die Dichte

$$n = 2\,\frac{m_0{}^3}{h^3}\int\limits_{v_x=-\infty}^{\infty}\int\limits_{v_y=-\infty}^{\infty}\int\limits_{v_z=-\infty}^{\infty}\frac{dv_x\,dv_y\,dv_z}{e^{\frac{1}{kT}\left[-\frac{1}{2}m_0(v_x{}^2+v_y{}^2+v_z{}^2)+\eta_0-q_0(\psi-\varphi)\right]}+1}\approx$$

$$\approx 2\,\frac{m_0{}^{3/2}}{h^3}(2\,\pi\,kT)^{3/2}\,e^{\frac{q_0\varphi-\eta_0}{kT}}\,e^{-\frac{q_0\psi}{kT}} \qquad (\text{IV 4, 66})$$

der Elektronen und die Dichte

$$n^* = 2\,\frac{m_0{}^3}{h^3}\int\limits_{v_x=-\infty}^{\infty}\int\limits_{v_y=-\infty}^{\infty}\int\limits_{v_z=-\infty}^{\infty}\frac{dv_x\,dv_y\,dv_z}{e^{\frac{1}{kT}\left[\frac{1}{2}m_0(v_x{}^2+v_y{}^2+v_z{}^2)-\eta_0+q_0(\varphi-\psi)\right]}+1}\approx$$

$$\approx 2\,\frac{m_0{}^{3/2}}{h^3}(2\,\pi\,kT)^{3/2}\,e^{-\frac{q_0\varphi-\eta_0}{kT}}\,e^{\frac{q_0\psi}{kT}} \qquad (\text{IV 4, 67})$$

der Absentonen. Mit Rücksicht auf (IV 4, 13) und (IV 4, 18) entstehen aus (IV 4, 66) und (IV 4, 67) die Angaben

$$n = 2\,\frac{m_0{}^{3/2}}{h^3}\left(\frac{M_{II}{}^*}{M_I}\right)^{3/4}(2\,\pi\,kT)^{3/2}\,e^{\frac{\eta_{I,\,min}+\eta_{II,\,max}}{2kT}}\,e^{\frac{q_0\varphi-\eta_0}{kT}} \qquad (\text{IV 4, 68})$$

und

$$n^* = 2\,\frac{m_0{}^{3/2}}{h^3}\left(\frac{M_{II}{}^*}{M_I}\right)^{3/4}(2\,\pi\,kT)^{3/2}\,e^{-\frac{\eta_{I,\,min}+\eta_{II,\,max}}{2kT}}\,e^{-\frac{q_0\varphi-\eta_0}{kT}}. \qquad (\text{IV 4, 69})$$

Sei nun

$$\varphi = \varphi_{K,1} \qquad (\text{IV 4, 70})$$

das notwendig eindeutige elektrische Skalarpotential der virtuellen Elektrode $z = z_1 = (-2\,a_1)$, so mißt

$$U_{K,1} = \varphi_\infty - \varphi_{K,1} \qquad (\text{IV 4, 71})$$

die *Richardson*sche Spannung des Elektronenübertrittes vom Halbleiter in das hypothetische Medium und

$$U_{K,1}^{*} = \varphi_{K,1} - \varphi_{\infty} = -U_{K,1} \qquad (IV\ 4,\ 72)$$

die sinngemäß ebenso zu deutende *Richardson*sche Spannung des Absentonenübertrittes.

Nunmehr gabelt sich unser Gedankengang:

1. Als *Dushman*sche Übertrittsspannung $U_{D,1}$ der Elektronen definieren wir

$$U_{D,1} = U_{K,1} - \varphi_{\infty} + \frac{\eta_0}{q_0} - \frac{\eta_{I,min} + \eta_{II,max}}{2\,q_0} + \frac{k\,T}{q_0} \ln\left(\frac{M_I}{M_{II}^{*}}\right)^{3/4} \qquad (IV\ 4,\ 73)$$

und als *Dushman*sche Übertrittsspannung $U_{D,1}^{*}$ der Absentonen die Größe

$$U_{D,1}^{*} = -U_{D,1}. \qquad (IV\ 4,\ 74)$$

Für die an der virtuellen Elektrode auftretenden Trägerkonzentrationen $n_{K,1}$ und $n_{K,1}^{\infty}$ ergeben sich dann aus (IV 4, 68) und (IV 4, 69) zusammen mit (IV 4, 71) und (IV 4, 72) die Angaben

$$n_{K,1} = 2\,\frac{m_0^{3/2}}{h^3}\,(2\,\pi\,k\,T)^{3/2}\,e^{-\frac{q_0\,U_{D,1}}{kT}} \qquad (IV\ 4,\ 75)$$

und

$$n_{K,1}^{*} = 2\,\frac{m_0^{3/2}}{h^3}\,(2\,\pi\,k\,T)^{3/2}\,e^{-\frac{q_0\,U_{D,1}^{*}}{kT}}. \qquad (IV\ 4,\ 76)$$

2. Wir ergänzen die in (IV 4, 54) genannte Konzentration $n_{I,\infty}$ der Elektronen im quasineutralen Gebiete des Halbleiters durch die ebendort auftretende Absentonenkonzentration

$$n_{II,\infty}^{*} = n_e\,e^{-\frac{q_0\,\varphi_{\infty}}{kT}} \qquad (IV\ 4,\ 77)$$

und bilden, die in (IV 4, 42) für den Übergang der Elektronen in das Vakuum maßgebliche Definition sinngemäß verallgemeinernd, die Bordspannung

$$U_{I,1} = U_{K,1} - \frac{\eta_{I,min} - \eta_0}{q_0} - \frac{k\,T}{q_0} \ln\left(\frac{m_0}{M_I}\right)^{3/2} \qquad (IV\ 4,\ 78)$$

des Leitungsbandes und die Bordspannung

$$U_{II,1} = U_{K,1}^{*} + \frac{\eta_{II,max} - \eta_0}{q_0} - \frac{k\,T}{q_0} \ln\left(\frac{m_0}{M_{II}^{*}}\right)^{3/2} \qquad (IV\ 4,\ 79)$$

des Valenzbandes relativ zu dem hier behandelten, hypothetischen Medium; beide Spannungen gehorchen der Relation

$$U_{I,1} + U_{II,1} = -\frac{\eta_{I,min} - \eta_{II,max}}{q_0} - k\,T \ln \frac{m_0^3}{(M_I\,M_{II}^{*})^{3/2}}. \qquad (IV\ 4,\ 80)$$

Im Hinblick auf (IV 4, 19) finden wir dann aus (IV 4, 68), (IV 4, 69) und (IV 4, 71) die beziehentlich mit (IV 4, 75) und (IV 4, 76) inhaltlich identischen Angaben

$$n_{K,1} = n_{I,\infty}\,e^{-\frac{q_0\,U_{I,1}}{kT}} \qquad (IV\ 4,\ 81)$$

und

$$n_{K,1}^{*} = n_{II,\infty}^{*}\, e^{-\frac{q_0 U_{II,1}}{kT}}, \qquad\qquad (IV\ 4,\ 82)$$

welche die physikalische Bedeutung der Bordspannungen $U_{I,1}$ und $U_{II,1}$ als maßgebliche Exponentialfaktoren der die Trägerkonzentrationen regelnden Barometerformeln in helles Licht setzen.

f) Wir gehen zur Elektrode 2 über, deren Verhalten wir vorerst das *Sommerfeld*sche Modell eines Metalles nach Ziffer II 4 zugrunde legen. Hiernach gehorcht die Konzentration n_2 der als merklich frei zu betrachtenden Metallelektronen der spinmodifizierten *Fermi-Dirac*statistik

$$n = 2\,\frac{m_0^{3}}{h^{3}} \int\limits_{v_x=-\infty}^{\infty} \int\limits_{v_y=-\infty}^{\infty} \int\limits_{v_z=-\infty}^{\infty} \frac{dv_x\,dv_y\,dv_z}{e^{\frac{1}{kT}\left[\frac{1}{2}\,m_0(v_x^2+v_y^2+v_z^2)-q_0(\varphi-\psi)\right]}+1}\ .$$

$$(IV\ 4,\ 83)$$

Da nun das Elektronengas im Innern des [festen] Metalles bei allen mit diesem Zustand verträglichen, technisch realisierbaren Temperaturen hochgradig entartet ist, liefert nur der Geschwindigkeitsbereich

$$v_x^2 + v_y^2 + v_z^2 \leqq 2\,\frac{q_0}{m_0}\,(\varphi-\psi) \qquad\qquad (IV\ 4,\ 84)$$

einen merklichen Beitrag zu dem Integral (IV 4, 83). Diese Überlegung durch den — auf die Metallelektronen beschränkten! — Grenzübergang zu verschwindend niedriger absoluter Temperatur verschärfend, gelangen wir sonach zu der Angabe

$$n \approx \lim_{T\to 0} n = \frac{8\,\pi}{3}\,\frac{m_0^{3/2}}{h^{3}}\,[2\,q_0(\varphi-\psi)]^{3/2}. \qquad\qquad (IV\ 4,\ 85)$$

Sie verwandelt sich zufolge der Gleichgewichtsbedingung (IV 4, 13), wenn wir jetzt wieder endliche Werte der absoluten Temperatur T in Rechnung stellen, mit Rücksicht auf die Übereinkunft (IV 4, 18) in die Aussage

$$n = \frac{8\,\pi}{3}\,\frac{m_0^{3/2}}{h^{3}}\left[2\,q_0\,\varphi + (\eta_{I,\min} + \eta_{II,\max}) - k\,T \ln\left(\frac{M_I}{M_{II}^{*}}\right)^{3/2}\right]^{3/2}. \quad (IV\ 4,\ 86)$$

Bezeichnet nun

$$n_{(-\infty)} = \lim_{z\to(-\infty)} n \qquad\qquad (IV\ 4,\ 87)$$

die in dem quasineutralen Gebiet des Metalles von dessen Mikrostruktur diktierte Elektronendichte, so tritt also dort das makroskopische elektrische Skalarpotential

$$\varphi_{(-\infty)} = \lim_{z\to(-\infty)} \varphi = \qquad\qquad (IV\ 4,\ 88)$$

$$= \frac{1}{2\,q_0}\left[\left(\frac{3\,n_{(-\infty)}}{\pi}\right)^{2/3}\frac{h^2}{4\,m_0} - (\eta_{I,\min} + \eta_{II,\max}) + k\,T \ln\left(\frac{M_I}{M_{II}^{*}}\right)^{3/2}\right]$$

auf.

Nachdem wir das im Metallinnern für $\varphi \neq \varphi_{(-\infty)}$ resultierende elektrostatische Feld bereits in Ziffer II 19 untersucht haben, erübrigt sich hier seine erneute Behandlung. Vielmehr begeben wir uns sogleich auf die virtuelle Elektrode $z = z_2 = -[d - 2 a_2]$ des Metalles, auf welcher wir das elektrische Skalarpotential

$$\varphi_{K,2} = \varphi_{(-\infty)} - U_{K,2} \qquad (IV\ 4,\ 89)$$

antreffen. Da dort das Elektronengas nur noch schwach entartet ist, finden wir für seine Konzentration $n_{K,2}$ aus (IV 4, 83) die Angabe

$$n_{K,2} = 2\,\frac{m_0^{3/2}}{h^3}\,(2\,\pi\,k\,T)^{3/2}\,e^{\frac{q_0(\varphi_{K,2} - \psi)}{k\,T}}, \qquad (IV\ 4,\ 90)$$

welche uns die Kenntnis der *Dushman*schen Austrittsspannung

$$U_{D,2} = \psi - \varphi_{K,2} = U_{K,2} - \frac{1}{2\,q_0}\left(\frac{3\,n_{(-\infty)}}{\pi}\right)^{2/3} \cdot \frac{h^2}{4\,m_0} \qquad (IV\ 4,\ 91)$$

verschafft. Im Anschluß an Abb. IV 4, 1 definieren wir die *Volta*spannung U_{Volta} zwischen dem Halbleiter und dem Metall durch

$$U_{Volta} = \varphi_{K,2} - \varphi_{K,1}. \qquad (IV\ 4,\ 92)$$

Aus Gl. (IV 5, 52) einerseits und Gl. (IV 4, 88) in Verbindung mit Gl. (IV 5, 91) andererseits resultiert dann die einfache und wichtige Relation

$$U_{Volta} = U_{D,1} - U_{D,2}. \qquad (IV\ 4,\ 93)$$

Ersetzen wir das Vakuum durch das früher eingeführte, hypothetische Medium der energetischen Trennfuge η_0, so werden die in ihm auftretenden Konzentrationen n und n* beziehentlich der antipolaren Ladungsträger durch die Gleichungen (IV 4, 68) und (IV 4, 69) beschrieben. Um sie mit den Vorgängen innerhalb des Metalles genetisch zu verknüpfen, ergänzen wir das ursprüngliche, *Sommerfeld*sche Metallmodell durch die Vorstellung von Absentonen, die sich in ihm neben den Elektronen merklich frei bewegen können. Wir bilden dann das Paar der komplementären *Richardson*-spannungen

$$U_{K,2} = \varphi_{(-\infty)} - \varphi_{K,2} \qquad (IV\ 4,\ 94)$$

und

$$U_{K,2}^* = \varphi_{K,2} - \varphi_{(-\infty)} = -U_{K,2}. \qquad (IV\ 4,\ 95)$$

Nach dem Muster der Gleichungen (IV 5, 75) und (IV 5, 76) gelangen wir damit zu den Angaben

$$n_{K,2} = 2\,\frac{m_0^{3/2}}{h^3}\,(2\,\pi\,k\,T)^{3/2}\,e^{-\frac{q_0 U_{D,2}}{k\,T}} \qquad (IV\ 4,\ 96)$$

und

$$n_{K,2}^\infty = 2\,\frac{m_0^{3/2}}{h^3}\,(2\,\pi\,k\,T)^{3/2}\,e^{-\frac{q_0 U_{D,2}^*}{k\,T}}, \qquad (IV\ 4,\ 97)$$

in welchen die *Dushman*schen Übertrittsspanungen $U_{D,2}$ und $U_{D,2}^*$ der Anweisung

$$U_{D,2} = U_{K,2} - \varphi_{(-\infty)} + \frac{\eta_0}{q_0} - \frac{\eta_{I,min} + \eta_{II,max}}{2\,q_0} + \frac{k\,T}{q_0}\ln\left(\frac{M_I}{M_{II}^*}\right)^{3/4} =$$

$$= U_{K,2} - \frac{1}{2\,q_0}\left(\frac{3\,n_{(-\infty)}}{\pi}\right)^{2/3}\frac{h^2}{4\,m_0} + \frac{\eta_0}{q_0} = -U_{D,2}^* \qquad (IV\ 4,\ 98)$$

zu entnehmen sind, im Verein mit (IV 4, 73) resultiert aus ihr die formal mit (IV 4, 93) übereinstimmende Gleichheit

$$U_{Volta} = (\varphi_\infty - U_{K,1}) - (\varphi_{(-\infty)} - U_{K,2}) = U_{D,1} - U_{D,2}. \qquad (IV\ 4,\ 99)$$

g) Auf Grund der vorstehenden Ergebnisse gehorchen in dem von den virtuellen Elektroden begrenzten Zwischengebiete

$$- (d - 2\, a_2) < z < (- 2\, a_1), \qquad (IV\ 4,\ 100)$$

sowohl die Elektronen wie die Absentonen merklich der *Maxwell-Boltzmann*schen Geschwindigkeitsverteilung: Wir kontrollieren eine Gruppe N gleicher, in dem genannten Bereiche befindlicher Elektrizitätsträger; dann mißt

$$dw = \left(\frac{m_0}{2\,\pi\,k\,T}\right)^{1/2} e^{-\frac{m_0 v_z^2}{2\,k\,T}} \left| dv_z \right| \qquad (IV\ 4,\ 101)$$

die Wahrscheinlichkeit einer dem infinitesimal schmalen Intervall dv_z der Geschwindigkeitskomponente v_z bei beliebigen Werten der Geschwindigkeitskomponenten v_x und v_y angehörigen Augenblicksgeschwindigkeit v.

Wir richten nunmehr unsere Aufmerksamkeit ausschließlich auf jene, nur noch die Anzahl $\tfrac{1}{2}$ N umfassende Teilgruppe der kontrollierten Ionen, welche bei der Beobachtung eine positive z-Komponente der Geschwindigkeit besitzen. In dieser neuen Durchmusterung tritt dann die oben genannte Geschwindigkeit mit der Wahrscheinlichkeit

$$d\vec{w} = \frac{N}{\tfrac{1}{2}\,N}\,dw = 2\,dw; \qquad v_z > 0 \qquad (IV\ 4,\ 102)$$

[Teilungsregel!] auf; mit ihrer Hilfe berechnen wir den Erwartungswert $\vec{v}_z$ der „einseitig gerichteten" Korpuskulargeschwindigkeit

$$\vec{v}_z = \int\limits_{v_z=0}^{\infty} v_z\, d\vec{w} = 2 \left(\frac{m_0}{2\,\pi\,k\,T}\right)^{1/2} \int\limits_{0}^{\infty} e^{-\frac{m_0 v_z^2}{2\,k\,T}} v_z\, dv_z = \left(\frac{2\,k\,T}{\pi\,m_0}\right)^{1/2}.$$
$$(IV\ 4,\ 103)$$

Mit Hilfe dieses kinematischen Begriffes kann man den Zustand des thermischen Gleichgewichtes von Elektronen der gleichförmigen Konzentration n als Kompensation zweier Ströme zwar gleicher absoluter Stärke, doch entgegengesetzter Flußrichtung auffassen: Parallel der positiven z-Achse entwickeln die Elektronen die Stromdichte

$$\vec{j} = - q_0 \frac{n}{2} \cdot \vec{v}_z \qquad (IV\ 4,\ 104)$$

parallel der negativen z-Achse jedoch die Stromdichte

$$\overleftarrow{j} = q_0 \frac{n}{2} \vec{v}_z. \qquad (IV\ 4,\ 105)$$

Ebenso läßt sich das thermische Gleichgewicht von Absentonen der gleichförmigen Konzentration n* als Kompensation der parallel der positiven z-Achse fließenden Stromdichte

$$\vec{j}^* = q_0 \frac{n^*}{2} \vec{v}_z \qquad (IV\ 4,\ 106)$$

durch die parallel der negativen z-Achse gerichtete Stromdichte

$$\overleftarrow{j}^* = - q_0 \frac{n^*}{2} \vec{v}_z \qquad (IV\ 4,\ 107)$$

kinematisch deuten. Nunmehr unterscheiden wir zwei **Fälle:**

1. Ist das Zwischengebiet leer, so können es nur *Elektronen* passieren. Bedienen wir uns zur Darstellung ihrer Konzentration $n_{K,\nu}$ beziehentlich an den virtuellen Elektroden $\nu = 1$ und $\nu = 2$ der Gleichungen (IV 4, 40) und (IV 4, 91), so finden wir für die ebendort auftretenden Elektronenstromdichten $\overrightarrow{j}_{z,\nu}$ und $\overleftarrow{j}_{z,\nu}$ die komplementären Formeln

$$\overrightarrow{j}_{z,\nu} = -A_D \cdot T^2 \cdot e^{-\frac{q_0 U_{D,\nu}}{kT}} = -\overleftarrow{j}_{z,\nu}, \qquad (IV\ 4,\ 108)$$

in welchen

$$A_D = q_0 \frac{4\,\pi\,k^2\,m_0}{h^3} \qquad (IV\ 4,\ 109)$$

die universelle *Dushman*sche Konstante der Glühelektronenemission aus Metallen [Ziffer II 9] bezeichnet.

2. Falls das Zwischengebiet von dem hypothetischen Medium der energetischen Trennfuge η_0 erfüllt ist, haben wir in ihm mit der *simultanen Anwesenheit* von Elektronen und Absentonen zu rechnen. Im Hinblick auf (IV 4, 75) und (IV 4, 81) erkennt man jedoch, daß ungeachtet der veränderten Größe der jeweils maßgeblichen *Dushman*schen Spannungen die Darstellungen (IV 4, 109) der Elektronenstromdichten in Kraft bleiben. Auf demselben Wege findet man für die Absentonenstromdichten $\overrightarrow{j}_{z,\nu}^{\,*}$ und $\overleftarrow{j}_{z,\nu}^{\,*}$ mit Rücksicht auf (IV 4, 106) und (IV 4, 107) die Formeln

$$\overrightarrow{j}_{z,\nu}^{\,*} = A_D \cdot T^2 e^{-\frac{q_0 U_{D,\nu}^{*}}{kT}} = -\overleftarrow{j}_{z,\nu}^{\,*}. \qquad (IV\ 4,\ 110)$$

Aus (IV 4, 108) und (IV 4, 110) berechnet man zufolge der Relationen (IV 4, 72) und (IV 4, 95) die aus der gleichzeitigen Bewegung der antipolaren Elektrizitätsträger resultierenden Stromdichten

$$[\overrightarrow{j}_{z,\nu}]_{res} = A_D \cdot T^2 \cdot 2 \sinh \frac{q_0\, U_{D,\nu}}{k\,T} = -\,[\overleftarrow{j}_{z,\nu}]_{res}, \qquad (IV\ 4,\ 111)$$

welche also mit dem Vorzeichen der *Dushman*schen Übertrittsspannungen ihr Zeichen wechseln; daher zeigt das Bildungsgesetz (IV 4, 73) der Übergangsspannung $U_{D,1}$ den entscheidenden Einfluß der jeweiligen Natur des Halbleiters auf die Strömung im hypothetischen Medium des Zwischengebietes an.

h) Wir verlassen nunmehr die Voraussetzung des thermisch-elektrischen Gleichgewichtes und fragen nach dem *stationären Zustand* des Systemes unter dem Einfluß einer zeitfreien Spannung U zwischen dem Halbleiter und dem Metall; dabei dürfen wir ohne Beschränkung der Allgemeinheit das im quasineutralen Gebiete des Metalles bestehende Potential $\varphi_{(-\infty)}$ auf seinem früheren Werte festhalten, während das Potential φ_∞ des quasineutralen Halbleitergebietes um eben den Betrag U auf

$$\varphi_\infty{}' = \varphi_\infty + U \qquad (IV\ 4,\ 112)$$

angehoben wird. Ungeachtet dieses Eingriffes mögen sich die *Richardson*schen Spannungen nicht ändern. Während dann an der virtuellen Elektrode des Halbleiters das Potential von seinem früheren Werte $\varphi_{K,1}$ auf

$$\varphi_{K,1}{}' = \varphi_{K,1} + U \qquad (IV\ 4,\ 113)$$

ansteigt, bleibt das Potential $\varphi_{K,2}{}'$ an der virtuellen Elektrode des Metalles auf seinem Ruheniveau liegen

$$\varphi_{K,2}{}' = \varphi_{K,2}. \qquad (IV\ 4,\ 114)$$

Um das nunmehr entstehende Strömungsfeld zu beschreiben, bedienen wir uns im Anschluß an das in Abb. IV 4, 7 gezeichnete Potentialprofil des stationären Zustandes derselben elementaren Überlegungen, welche in der Theorie der planparallelen *Hochvakuumdiode* zur Darstellung ihrer Kennlinie im *Anlaufgebiete* führen.

Im Sinne des genannten Programmes gehen wir von der Annahme aus, daß sich zwischen den virtuellen Elektroden keinerlei Materie befinde; wir

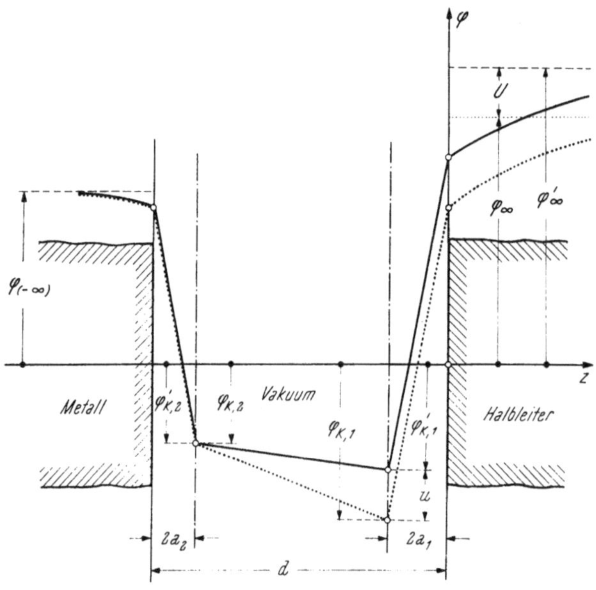

Abb. IV **4, 7**. Potentialverteilung zwischen Metall und Halbleiter [schematisch].

haben es sonach dort ausschließlich mit der Bewegung von Elektronen zu tun, bei deren Analyse wir zwei Fälle unterscheiden:

1. Es sei

$$\varphi'_{K,1} < \varphi'_{K,2}. \qquad (IV\ 4,\ 115)$$

Die in $z = z_1 = (-\ 2\ a_1)$ gelegene, virtuelle Elektrode des Halbleiters trennt dann den gesamten Interelektrodenraum $(-\ d) < z < 0$ in zwei Gebiete unterschiedlicher Wirksamkeit.

α) Im erweiterten Atomkraftbereich $(-\ 2\ a_1) < z < 0$ des Halbleiters stimmt die Stromdichte $\overleftarrow{j}_{z,1}$ der gegen das Potentialminimum anlaufenden Elektronen merklich mit jenem des Gleichgewichtszustandes überein. Da sich die für diese Strömung verantwortliche Potentialdifferenz $(\varphi_\infty - \varphi_{K,1})$ durch den Eingriff der Spannung U nicht verändert hat, finden wir aus (IV 4, 108) die Angabe

$$\overleftarrow{j}_{z,1} = A_D \cdot T^2 \cdot e^{-\frac{q_0 U_{D,1}}{kT}}. \qquad (IV\ 4,\ 116)$$

β) Im Gebiete $(-\ d) < z < (-\ 2\ a_1)$ laufen die vom Metall emittierten Elektronen von der festen Basis $\varphi_{(-\infty)}$ gegen das Potentialminimum $\varphi'_{K,1}$ an; daher mißt

$$\overrightarrow{j}_{z,1} = -\ A_D\ T^2\ e^{-\frac{q_0 U_{D,1}}{kT}}\ e^{\frac{q_0 U}{kT}} \qquad (IV\ 4,\ 117)$$

die Dichte ihres Stromes. Aus (IV 4, 116) und (IV 4, 117) resultiert die Aussage

$$\mathbf{j}_z = \mathbf{j}_{z,1} = \overset{\leftarrow}{\mathbf{j}}_{z,1} + \overset{\rightarrow}{\mathbf{j}}_{z,1} = -A_D\, T^2\, e^{-\frac{q_0 U_{D,1}}{kT}}\left[e^{\frac{q_0 U}{kT}} - 1\right], \qquad \text{(IV 4, 118)}$$

deren graphische Darstellung nach Abb. IV 4, 8 die Kennlinie des Kontaktes definiert und dessen Gleichrichtereigenschaften zum Ausdruck bringt.

2. Falls

$$\varphi'_{K,1} > \varphi_{K,1} \qquad \text{(IV 4, 119)}$$

ausfällt, spielt die in $z = z_2 = -(d - 2\,a_2)$ gelegene virtuelle Elektrode des Metalles dieselbe Rolle, die vordem der virtuellen Elektrode des Halb-

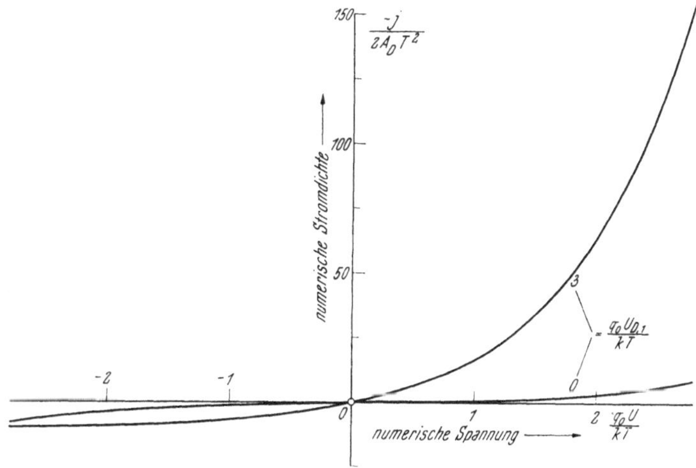

Abb. IV 4, 8. Kennlinie des Kontaktes Metall-Halbleiter nach Gl. (IV 4, 118) [Elektronenleitung].

leiters zukam. Daher finden wir durch sinngemäße Umdeutung der früheren Resultate jetzt die Angaben

$$\overset{\leftarrow}{\mathbf{j}}_{z,2} = A_D \cdot T^2\, e^{-\frac{q_0 U_{D,2}}{kT}}\, e^{-\frac{q_0 U}{kT}} \qquad \text{(IV 4, 120)}$$

und

$$\overset{\rightarrow}{\mathbf{j}}_{z,2} = -A_D\, T^2\, e^{-\frac{q_0 U_{D,2}}{kT}}, \qquad \text{(IV 4, 121)}$$

durch deren Zusammenfassung wir zur Kenntnis der resultierenden Elektronenstromdichte

$$\mathbf{j}_z = \mathbf{j}_{z,2} = \overset{\leftarrow}{\mathbf{j}}_z + \overset{\rightarrow}{\mathbf{j}}_z = -A_D\, T^2\, e^{-\frac{q_0 U_{D,2}}{kT}}\left[1 - e^{-\frac{q_0 U}{kT}}\right] \qquad \text{(IV 4, 122)}$$

gelangen. Von der numerischen Differenz zwischen den *Dushman*schen Spannungen $U_{D,1}$ und $U_{D,2}$ abgesehen, unterscheiden sich die Kennliniengleichungen (IV 4, 118) und (IV 4, 122) durch das jeweils in Rechnung zu stellende *Vorzeichen der Spannung* U wesentlich voneinander: Den Ungleichungen (IV 4, 115) einerseits und (IV 4, 119) andererseits entsprechen zwei zueinander *komplementäre Gleichrichter*, bei welchen Sperr- und Durchlaßrichtung wechselseitig vertauscht sind; in der Tat zeichnet die Eigenschaft (IV 4, 115) unter den üblichen Betriebsbedingungen einen p-Typ

Halbleiter, die Eigenschaft (IV 4, 119) dagegen einen n-Typ Halbleiter beziehentlich bei seinem Kontakte mit einem festen Metall aus.

Viele experimentelle Anzeichen deuten darauf hin, daß bei fortgesetzter Verkleinerung des trennenden Abstandes d zwischen Halbleiter und Metall das schließlich verbleibende, von den virtuellen Elektroden mehr oder

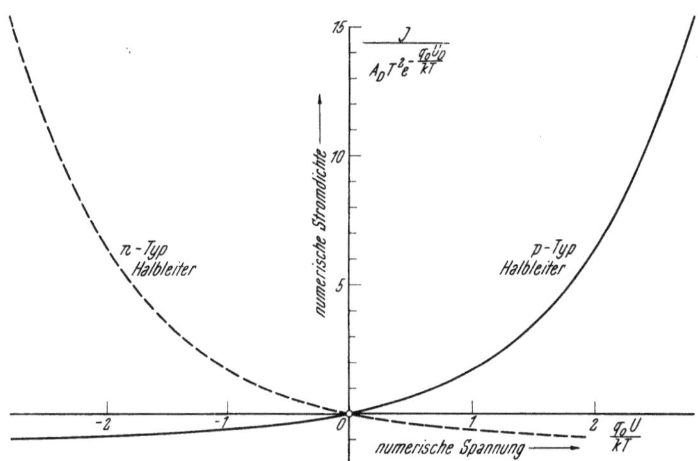

Abb. IV 4, 9. Komplementäre Gleichrichter.

minder scharf begrenzte Zwischengebiet die Qualitäten des früher eingeführten, hypothetischen Mediums der energetischen Trennfuge η_0 offenbart; welchen Einfluß übt es auf die Kennlinie des Kontaktes aus?

Von den durch das Verhältnis η_0/q_0 diktierten, numerischen Änderungen der *Dushman*schen Spannungen abgesehen, bleibt die früher gegebene Darstellung der Elektronenstromdichten in Kraft; aus ihnen folgen sogleich die jeweils simultan auftretenden Stromdichten j_z^* der Absentonen, indem man $(- q_0)$ mit $(+ q_0)$ vertauscht und überdies die Richtung der Trägerbewegung umkehrt. Dieser Vorschrift gemäß hat man zunächst unter der Voraussetzung (IV 4, 115) die Angabe (IV 4, 118) durch

$$j_z^* = A_D T^2 e^{\frac{q_0 U_{D,1}}{kT}} \left[e^{-\frac{q_0 U}{kT}} - 1 \right] \qquad \text{(IV 4, 123)}$$

zu ergänzen, so daß die Stromdichte

$$j = - A_D \cdot T^2 \cdot 2 \left[\sinh \frac{q_0 (U - U_{D,1})}{kT} - \sinh \frac{q_0 U_{D,1}}{kT} \right] \qquad \text{(IV 4, 124)}$$

resultiert; Abb. IV 4, 9 zeigt ihre Abhängigkeit von der Spannung U. Ähnlich findet man unter der Voraussetzung (IV 5, 119) im Hinblick auf Gl. (IV 5, 122) die Absentonenstromdichte

$$j_z^* = A_D \cdot T^2 e^{\frac{q_0 U_{D,2}}{kT}} \left[1 - e^{\frac{q_0 U}{kT}} \right], \qquad \text{(IV 4, 125)}$$

welche zusammen mit der Elektronenbewegung die Gesamtstromdichte

$$j = - A_D T^2 2 \left[\sinh \frac{q_0 (U + U_{D,2})}{kT} - \sinh \frac{q_0 U_{D,2}}{kT} \right] \qquad \text{(IV 4, 126)}$$

erregt; der Vergleich dieser Formel mit Gl. (IV 4, 124) führt auf die Komplementarität der Fälle (IV 4, 115) und (IV 4, 119) zurück. Im Lichte dieses Ergebnisses erkennt man, daß ein Kontakt der Eigenschaften $U_{D,1} = 0$ [unter der Bedingung (IV 4, 115)] oder $U_{D,2} = 0$ [unter der Bedingung (IV 4, 119)] keine bevorzugte Stromrichtung aufweist und deshalb als *Ohm*scher Widerstand aufgefaßt werden kann, dessen Wert allerdings explizit von der Spannung abhängt und sich mit deren Zunahme wesentlich verringert [Abb. IV 4, 10].

i) Die vorstehend wiedergegebenen, elementaren Überlegungen bedürfen als solche sowohl von der theoretischen wie von der experimentellen

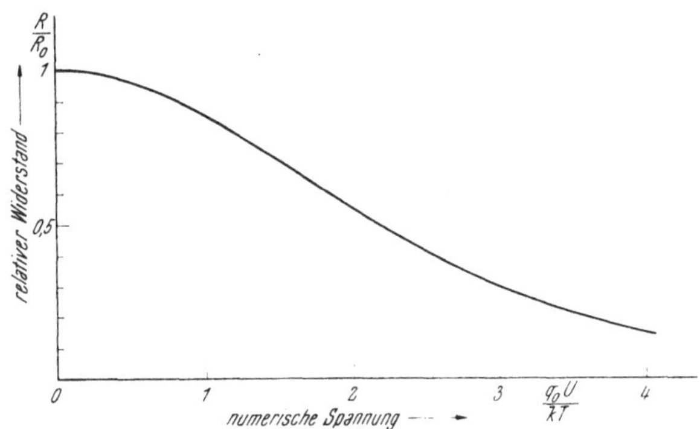

Abb. IV 4, 10. Widerstand eines nicht gleichrichtenden Kontaktes zwischen Metall und Halbleiter.

Seite her der *prüfenden Ergänzung*, deren wichtigste Punkte im folgenden zusammengestellt seien:

1. Es liegt Grund zu der Annahme vor, daß sich eine „*reine*" *Metalloberfläche* im Kontakt mit einem Halbleiter *nicht realisieren* läßt; vielmehr mag jene Oberfläche eben zufolge der Nachbarschaft des Halbleiters Atome dieses Körpers adsorbieren, die bei dessen Sublimation emittiert wurden, so daß im Laufe der Zeit unaufhörliche, kaum kontrollierbare Änderungen des Oberflächenzustandes zu erwarten sind.

2. Sowohl auf die am Kontakt liegende Grenzschicht des Metalles wie auf jene des Halbleiters wirken nur „*einseitige*" *Gitterkräfte*, so daß die dort resultierende Feinstruktur von der je dreifach periodischen Kristallstruktur im Innern der Kontaktstücke merklich abweicht. Diese *mechanische Deformation* mag von einer *elektrischen Polarisation der Randschicht* begleitet sein, welche das dort sich einstellende elektrische Skalarpotential modifiziert.

3. Um das elektrische Feld des Interelektrodengebietes zu beschreiben, muß man die dort sich ansammelnden *Raumladungen* in Rechnung stellen.

4. Während die Energieansätze unserer elementaren Darstellung sowohl innerhalb der Kontaktstücke wie im Zwischengebiet auf den Aussagen der *Schrödinger*gleichung beruhen, welche für jeden Teilbereich ohne Rücksicht auf dessen Nachbarschaft integriert wurde, sind tatsächlich diese Lösungen durch die *Stetigkeitsbedingungen der Wahrscheinlichkeitswellen* an den Grenzen zwischen den unterschiedlichen Gebieten des Kontaktsystemes miteinander verknüpft; insbesondere ist die strenge Behandlung des hierdurch angedeuteten Problemes der Wellenmechanik unerläßlich, sofern man sich über die Natur des hypothetischen Zwischenmediums unter-

richten will, und es scheint, daß man sich zu diesem Zwecke der *Dirac*schen, relativistischen Formulierung für das Informationsfeld des Elektrons zu bedienen haben wird.

5. Die Arbeitsspannung U ändert nicht allein das Potentialprofil des Interelektrodengebietes ab, sondern greift vermittels der Trägerströmung tief in die Ladungsverteilung über die unterschiedlichen Gebiete des Kontaktes ein; insbesondere unterliegt das elektrische Makrofeld des Halbleiters, im Gegensatz zu der hier gegebenen, elementaren Behandlung, dem Einfluß der Arbeitsspannung einschneidenden Änderungen, welche in einer Deformation des früher angegebenen Kennlinienverlaufes manifest werden.

6. Während wir uns hier auf die Untersuchung parallelebener Kontaktflächen beschränkt haben, verbleiben tatsächlich selbst bei der technologisch sorgfältigsten Bearbeitung dieser Flächen lokale Unebenheiten, welche das elektrische Feld ihrer Umgebung stark verzerren und hierdurch zu wesentlichen Änderungen der Trägerverteilung in den Kontaktstücken führen. Die hierdurch hervorgerufenen Nebenerscheinungen greifen in den Mechanismus des Stromüberganges durch sogenannte *Spitzenkontakte* ein, zu deren Konstruktion eine scharf zugeschliffene Metallnadel unter passendem Druck in Berührung mit einer mehr oder minder ebenen Halbleiteroberfläche gebracht wird; Systeme dieser Art bilden vermöge ihrer nur sehr kleinen Kapazität ein hervorragend wichtiges Bauelement kristallelektronischer Höchstfrequenzgeräte, für deren theoretische Behandlung sonach die Ergebnisse der voranstehenden Überlegungen den sachgemäßen Ausgangspunkt liefern.

IV. 5. Reaktionsdynamik der Fremdatome.

a) Der in Ziffer IV 3 durchgeführten *räumlichen* Analyse der *zeitlich stationären* Trägerverteilung in Fremdatom-Halbleitern stellen wir hier die *Genetik* der Ionen bei homogener Verteilung gegenüber; hierbei haben wir zwei, in der Regel gleichzeitige Vorgänge wesentlich verschiedener physikalischer Natur zu unterscheiden:

I. Reaktionen zwischen je einer Art der beweglichen, antipolaren Elektrizitätsträger einerseits mit den ortsfesten Fremdatomen andererseits.

II. Reaktionen lediglich zwischen den antipolaren, beweglichen Elektrizitätsträgern.

Im vorliegenden Abschnitt beschäftigen wir uns nur mit den erstgenannten, einfacheren Prozessen, während wir die Untersuchung der zweitgenannten auf Ziffer IV 6 verschieben.

b) Es sei ein Fremdatom-Halbleiter vom n-Typ vorgelegt, dessen Donatoren der Raumeinheit des Wirtskristalles in der gleichförmigen, zeitlich unveränderlichen Dichte N_D eingelagert sind. Als bekannt gelten die Eigenschaften dieses Systemes in seinem thermisch-elektrischen *Gleichgewichtszustande* [Index 0] bei der absoluten Temperatur T:

I. Mit η_D bezeichnen wir die *Schrödinger*sche Gesamtenergie je „Leuchtelektron" der schon im Wirtskristall [relative Dielektrizitätskonstante ε] befindlichen Donatoren, mit φ_0 das elektrische Makropotential des jeweils kontrollierten Raumelementes und mit ψ das innerhalb des gesamten Kristalles unveränderliche, elektrochemische Potential. Dann berechnet sich der Erwartungswert $N_{D,0}^{(0)}$ der *elektrisch neutral* bleibenden Donatoren-konzentration auf Grund der *Fermi*statistik mittels der Angabe

$$N_{D,0}^{(0)} = N_D \frac{1}{e^{\frac{1}{kT}\left[\eta_D - q_0(\varphi_0 - \psi)\right]} + 1} \qquad \text{(IV 5, 1)}$$

und also der Erwartungswert $N_{D,0}^{(+)}$ der ebendort sich einstellenden Konzentration *positiv ionisierter* Donatoren zu

$$N_{D,0}^{(+)} = N_D - N_{D,0}^{(0)} = N_D \frac{1}{1 + e^{-\frac{1}{kT}\left[\eta_D - q_0(\varphi_0 - \psi)\right]}}. \qquad \text{(IV 5, 2)}$$

II. Nach Einführung des *Donator-Entartungsparameters*

$$A_D = e^{\frac{1}{kT}\left[\eta_D - \frac{1}{2}(\eta_{I,\,min} + \eta_{II,\,max})\right]} \qquad \text{(IV 5, 3)}$$

werde die absolute Temperatur T so gewählt, daß sie der Ungleichung

$$e^{\frac{q_0\varphi_0}{kT}} \ll A_D \qquad \text{(IV 5, 4)}$$

unterliegt; auf Grund der Ergebnisse der Ziffer IV 2 sind dann fast alle Donatoren ionisiert

$$N_{D,0}^{(+)} \approx N_D \qquad \text{(IV 5, 5)}$$

und nur der geringfügige Anteil

$$N_{D,0}^{(0)} \approx N_D\, e^{-\frac{1}{kT}\left[\eta_D - q_0(\varphi_0 - \psi)\right]} \ll N_D \qquad \text{(IV 5, 6)}$$

verbleibt im neutralen Zustande.

III. Wir setzen den Wirtskristall als „massenisotrop" voraus: Die Trägheitseigenschaften der Elektronen mögen durch die wirksame Masse M_I nach (IV 1, 74) und jene der Absentonen durch die wirksame Quasimasse $M_{II}{}^*$ nach (IV 1, 75) beschrieben werden. Sei dann

$$n_e = n_e(T) = \frac{1}{\tau_0}\frac{1}{4\,\pi^{3/2}}\left(\frac{2\sqrt{M_I\,M_{II}{}^*}\,k\,T}{\hbar^2}\right)^{3/2} e^{-\frac{\eta_{I,\,min} - \eta_{II,\,max}}{2\,kT}} \qquad \text{(IV 5, 7)}$$

gemäß (IV 1, 95) die eingeprägte Konzentration dieser antipolaren, beweglichen Elektrizitätsträger, so werde, in Ergänzung der Ungleichung (IV 5, 4), weiterhin

$$\frac{n_e}{N_D} \ll 1 \qquad \text{(IV 5, 8)}$$

angenommen. Je Raumeinheit des Wirtskristalles finden sich dann in dessen Leitungsbande

$$n_{I,0} = n_e\, e^{\frac{q_0\varphi_0}{kT}} \qquad \text{(IV 5, 9)}$$

Elektronen, und in seinem Valenzbande

$$n_{II,0}^{*} = n_e\, e^{-\frac{q_0\varphi_0}{kT}} \qquad \text{(IV 5, 10)}$$

Fehlelektronen vor; diese beiden Konzentrationen gehorchen dem *Massenwirkungsgesetz*

$$n_{I,0} \cdot n_{II,0}^{*} = n_e^2. \qquad \text{(IV 5, 11)}$$

Falls insbesondere die Gleichgewichtskonzentration $n_{I,0}$ der Elektronen merklich jener der ionisierten Donatoren gleicht

$$n_{I,0} \approx N_{D,0}^{(+)} \approx N_D, \qquad \text{(IV 5, 12)}$$

folgt aus (IV 5, 8) und (IV 5, 11) für die Gleichgewichtskonzentration der Absentonen die Abschätzung

$$n_{II,0}^* = \frac{n_e^2}{n_{I,0}} \approx \frac{n_e^2}{N_D} \ll n_e \ll N_D. \qquad \text{(IV 5, 13)}$$

Demnach verhält sich das kontrollierte Gebiet des Fremdatom-Halbleiters merklich *quasineutral*.

c) Wir orientieren uns innerhalb des Kristalles an Hand eines relativ zu diesem ruhenden, *Kartesi*schen Bezugssystemes der rechtsläufigen Koordinaten (x; y; z), und bezeichnen durch (v_x; v_y; v_z) die jeweils achsenparallelen Komponenten der korpuskularen Elektronengeschwindigkeit. Da nun die Existenz der *Barometergleichung* zeigt, daß das statistische Verhalten der Elektronengesamtheit merklich dem *Maxwell-Boltzmann*schen gleicht, gehorchen ihre Individuen der *Maxwell*schen Geschwindigkeitsverteilung: Im dreidimensionalen „Geschwindigkeitsraume" der paarweise zueinander orthogonalen Achsen begrenzen wir durch die sechs Ebenen $v = v_x$; $v = v_x + dv_x$; $v = v_y$; $v = v_y + dv_y$; $v = v_z$; $v = v_z + dv_z$ den Quader der je infinitesimal kurzen Kanten dv_x; dv_y; dv_z, also des Volumens $dv_x\,dv_y\,dv_z$; von den insgesamt je Einheit des Konfigurationsraumes kontrollierten $n_{I,0}$ Elektronen besitzt der Bruchteil

$$\frac{dn_{I,0}}{n_{I,0}} = \left(\frac{M_I}{2\,\pi\,k\,T}\right)^{3/2} e^{-\frac{M_I}{2\,k\,T}(v_x^2 + v_y^2 + v_z^2)} dv_x\,dv_y\,dv_z \qquad \text{(IV 5, 14)}$$

einen Vektor v ihrer Korpuskulargeschwindigkeit, dessen Spitze in den Quader ($dv_x\,dv_y\,dv_z$) hineinfällt. Bilden wir den absoluten Betrag

$$v = \sqrt{v_x^2 + v_y^2 + v_z^2} \qquad \text{(IV 5, 15)}$$

dieser Geschwindigkeit, so mißt also das Verhältnis

$$\frac{\Delta n_{I,0}}{n_{I,0}} = \left(\frac{M_I}{2\,\pi\,k\,T}\right)^{3/2} e^{-\frac{M_I v^2}{2\,k\,T}} 4\,\pi\,v^2\,\Delta v \qquad \text{(IV 5, 16)}$$

denjenigen Bruchteil der Elektronenzahl $n_{I,0}$, welcher auf das infinitesimal schmale Intervall Δv der beliebig gerichteten Geschwindigkeit v entfällt; hiernach definiert das bestimmte Integral — wir vertauschen das Zeichen Δv mit dv —

$$\langle v \rangle = \int_0^\infty v\,\frac{\Delta n_{I,0}}{n_{I,0}} = \left(\frac{M_I}{2\,\pi\,k\,T}\right)^{3/2} \int_0^\infty e^{-\frac{M_I v^2}{2\,k\,T}} 4\,\pi\,v^3\,dv = \sqrt{\frac{8}{\pi}\frac{k\,T}{M_I}} \qquad \text{(IV 5, 17)}$$

den Erwartungswert der [korpuskularen] Elektronengeschwindigkeit.

d) Hätten wir es mit einem fehlerfreien Reinkristall beim absoluten Nullpunkt der Temperatur zu tun, so würde die Bewegung jedes Einzelelektrons wellenmechanisch durch seine *Bloch*funktion im dreifach-periodischen, eingeprägten Mikropotentialfeld jenes Kristalles hinreichend genau beschrieben werden. Diese sozusagen ideale Kinematik wird jedoch in dem hier behandelten Fremdatom-Halbleiter durch zwei Gruppen von Erscheinungen wesentlich verschiedenen physikalischen Charakters gestört:

I. Bei endlicher Höhe der absoluten Temperatur T führen die in den Gitterpunkten des Kristalles befindlichen Atome *unregelmäßige Bewegungen* aus, welche als solche die vordem „starre", periodische Struktur des elektrischen Mikropotentiales zeitlich und räumlich stören; unter ihnen haben wir insbesondere jene Wanderungen hervorzuheben, welche ein Atom von seinem angestammten Platz im Kristall entweder, unter Hinterlassung eine *Gitterlücke*, an die Oberfläche des Kristalles oder an einen in dessen Bauplan ursprünglich nicht vorgesehenen *Zwischengitterplatz* verbringen.

II. Die in den Reinkristall eingeführten *Fremdatome* erregen je in ihrer Nachbarschaft elektrische Mikrofelder, deren Struktur von jener der Wirtskristallatome in charakteristischer, von der jeweiligen chemischen Ordnungszahl der verglichenen Atome diktierten Weise deutlich abweicht; der angezeigte Unterschied der genannten Mikrofelder wird wiederum als vorwiegend *räumlich unregelmäßige Störung* des Reinkristalles manifest.

e) Die von den ionisierten Donatoren herrührenden, lokalen elektrischen Felder greifen vermöge ihrer ponderomotorischen Kräfte in das Lebensschicksal der frei beweglichen Elektronen ein: Falls sich ein solches dem Zentrum eines jener raumfesten, positiven Ionen zu stark nähert, wird es in dessen „Bannkreis" eingefangen, geht also der Gemeinschaft der beweglichen, negativen Ladungsträger verloren; gleichzeitig kehrt der hierbei tätige Donator als nunmehr neutrales Fremdatom in seinen technologischen Ausgangszustand zurück.

Um den beschriebenen Prozeß quantitativ zu erfassen, sei folgenden vereinfachenden Annahmen zugestimmt:

1. Der ionisierte Donator darf in Bezug auf sein Einfangsvermögen durch ein in seinem Zentrum fixiertes Proton ersetzt werden.

2. Der — noch zu bestimmende — wirksame Halbmesser R des Bannkreises sei so klein im Vergleich zum minimalen Abstand benachbarter Wirtskristallatome, daß deren Einfluß auf den 'Einfangprozeß außer Betracht bleiben darf; dieser spielt sich sozusagen im leeren Raume ab.

Auf Grund dieser Voraussetzungen wird die Kinetik des untersuchten Vorganges von der Theorie der relativistischen *Kepler*bewegung[1] geliefert: Bezeichnet c die Ausbreitungsgeschwindigkeit des Lichtes im leeren Raum, so mißt

$$R = \frac{q_0{}^2}{4\,\pi\,\varDelta_0}\,\frac{1}{M_I \cdot v \cdot c} \qquad \text{(IV 5, 18)}$$

den gesuchten Wirkungshalbmesser des Bannkreises, also

$$S = \pi\,R^2 = \pi\left(\frac{q_0{}^2}{4\,\pi\,\varDelta_0}\right)^2 \frac{1}{M_I{}^2\,v^2\,c^2} \qquad \text{(IV 5, 19)}$$

seinen Querschnitt. Um uns über dessen Größenordnung zu orientieren, führen wir mittels der Ruhmasse m_0 des Elektrons die natürliche Spannungseinheit

$$U_0 = \frac{m_0\,c^2}{q_0} = 0{,}512\ \text{M V} \qquad \text{(IV 5, 20)}$$

der Elektronik ein und ersetzen das Quadrat der Korpuskulargeschwindigkeit des Einzelelektrons durch den auf die Elektronengesamtheit bezogenen Erwartungswert

$$\langle v^2 \rangle = \frac{3\,k\,T}{M_I}. \qquad \text{(IV 5, 21)}$$

Damit liefert (IV 5, 19) die Abschätzung

$$S \approx \frac{\pi}{3}\,\frac{m_0}{M_I}\,\frac{q_0{}^3}{(4\,\pi\,\varDelta_0)^2\,U_0\,k\,T}. \qquad \text{(IV 5, 22)}$$

---

[1] *F. Ollendorff*, Innere Elektronik des Einzelelektrons I, S. 552. Wien, Springer 1955.

Beispielsweise finden wir bei der absoluten Temperatur $T = 300^0$ K unter der Annahme $M_I = 3\,m_0$ aus (IV 5, 17) als Erwartungswert der Elektronengeschwindigkeit

$$\langle v \rangle = \sqrt{\frac{8}{\pi} \cdot \frac{1}{3} \cdot \frac{1{,}381 \cdot 10^{-23} \cdot 300}{9 \cdot 10^{-31}}} = 0{,}625 \cdot 10^4 \,\frac{m}{sec} \qquad \text{(IV 5, 23)}$$

und aus (IV 5, 22) als Fläche des Bannkreises

$$S \approx \frac{\pi}{3} \cdot \frac{1}{3} \frac{(1{,}602 \cdot 10^{-19})^3}{\left(\dfrac{1}{9 \cdot 10^9}\right)^2 \cdot 0{,}512 \cdot 10^6} \cdot \frac{1}{1{,}381 \cdot 10^{-23} \cdot 300} = 0{,}545 \cdot 10^{-22}\,m^2.$$
$$\text{(IV 5, 24)}$$

Wir richten nun unsere Aufmerksamkeit auf jene „v-Gruppe" von Elektronen, welche im Augenblick t den Kristall mit der merklich einheitlichen, vektoriellen Korpuskulargeschwindigkeit v durchwandern. Um das Los dieser Teilchen während der kurzen Zeitspanne Δt zu verfolgen, konstruieren wir eine *Stromröhre* vom festen Querschnitt F, deren Achse σ parallel zum Geschwindigkeitsvektor v weise. Es sei nun $N_I(\sigma)$ diejenige Zahl von Elektronen der v-Gruppe, welche, nachdem sie im Augenblick $t = 0$ an der Ebene $\sigma = 0$ starteten, im Zeitpunkt $t > 0$ gerade die Kontrollebene $\sigma > 0$ erreicht haben. Denkt man sich jetzt die lokalen Kraftfelder der positiv ionisierten Donatoren vorübergehend annulliert, so würden sich jene Elektronen nach Verlauf der Zeitspanne $\Delta t > 0$ ausnahmslos in der Ebene

$$\sigma + \Delta\sigma = \text{const.} \qquad \Delta\sigma = v \cdot \Delta t \qquad \text{(IV 5, 25)}$$

anfinden. Tatsächlich enthält jedoch der von den Ebenen σ und $(\sigma + \Delta\sigma)$ begrenzte Abschnitt der Stromröhre die Anzahl

$$\Delta D^{(+)} = N_{D,0}^{(+)} \cdot F \cdot \Delta\sigma \qquad \text{(IV 5, 26)}$$

positiv ionisierter Donatoren, welche dem Strom der N_I voranstrebenden Elektronen insgesamt den resultierenden Einfangquerschnitt

$$S \cdot \Delta D^{(+)} = F \cdot N_{D,0}^{(+)} \cdot S \cdot \Delta\sigma \qquad \text{(IV 5, 27)}$$

in den Weg stellen: Die Zahl $N_I(\sigma)$ der wandernden Elektronen verringert sich längs des Röhrenabschnittes $\Delta\sigma$ nach Maßgabe der Wahrscheinlichkeit

$$\frac{\Delta N_I}{N_I} = -\frac{S\,\Delta D^{(+)}}{F} = -N_{D,0}^{(+)} \cdot S \cdot \Delta\sigma. \qquad \text{(IV 5, 28)}$$

Wir fassen von nun ab N_I als Funktion der laufenden Zeit t auf. Kürzen wir dann die Bilanz (IV 5, 28) mit Δt und gehen zur [mathematischen] Grenze $\Delta t \to 0$ über, so gelangen wir mit Rücksicht auf (IV 5, 25) zu der Aussage

$$\frac{1}{N_I}\frac{dN_I}{dt} = \lim_{\Delta t \to 0} \frac{1}{N_I} \cdot \frac{\Delta N_I}{\Delta t} = -S \cdot N_{D,0}^{(+)} \cdot v. \qquad \text{(IV 5, 29)}$$

In der Gestalt

$$\frac{dN_I}{dt} = -r_{D;\,v} \cdot N_I \cdot N_{D,0}^{(+)}; \qquad r_{D;\,v} = S \cdot v \qquad \text{(IV 5, 30)}$$

spricht sie das [statistische] *Rekombinations-Gesetz* der Elektronen von der Korpuskulargeschwindigkeit v mit den positiv ionisierten Donatoren des n-Typ-Halbleiters aus, welches die *Paarungsgeschwindigkeit* der antipolaren Elektrizitätsträger durch die *Rekombinationszahl* $r_{D;\,v}$ kennzeichnet. Faßt man sie als *phänomenologische Konstante* auf, welche etwa aus Messungen entnommen wird, so ist das Rekombinationsgesetz nicht an die idealisierenden Annahmen gebunden, welche oben zur Berechnung des Einfangquerschnittes S eingeführt wurden; stützt man sich jedoch gerade auf die Angabe (IV 5, 19), so findet man mit Rücksicht auf die *Maxwell*sche Geschwindigkeitsverteilung (IV 5, 16) der Elektronen für den *Erwartungswert* $r_D = \langle r_{D;v} \rangle$ *der Rekombinationszahl* die Angabe

$$r_D = \langle r_{D;v} \rangle - \pi \left(\frac{q_0^2}{4\pi\Delta_0}\right)^2 \frac{1}{M_I^2 c^2} \left(\frac{M_I}{2\pi kT}\right)^{3/2} \cdot 4\pi \int\limits_0^\infty e^{-\frac{M_I v^2}{2kT}} v \, dv =$$

$$= \pi \left(\frac{q_0^2}{4\pi\Delta_0}\right)^2 \frac{1}{M_I^2 c^2} 2 \sqrt{\frac{M_I}{2\pi kT}} = \frac{q_0^3}{(4\pi\Delta_0)^2 U_0} \left(\frac{m_0}{M_I}\right)^{3/2} \sqrt{\frac{2\pi}{m_0 kT}} \cdot$$

(IV 5, 31)

e) Mit Hilfe des Ausdruckes (IV 5, 31) oder, besser und allgemeiner, des phänomenologischen Wertes der gemittelten Rekombinationszahl r_D, dürfen wir das ursprünglich je auf die Elektronen lediglich der v-Gruppe beschränkte Gesetz (IV 5, 29) integral auf die Gesamtheit aller jener Elektronen ausdehnen, welche etwa zum Zeitpunkt $t = t_0$ im Kristalle registriert werden konnten. Nun ist es gewiß richtig, daß die Elektronen des dort befindlichen Kollektivs physikalisch nicht individualisierbar sind. Dessen ungeachtet wollen wir uns hier, alle begrifflichen Bedenken im Augenblick zurückstellend, jene $n_I = n_I(t_0)$ „gemusterten" Elektronen, und nur sie, durch ein besonderes Kennzeichen [„roter Anstrich"] von allen später hinzukommenden unterschieden denken. Identifizieren wir die nunmehr kontrollierbare Elektronengruppe mit jener, die sich zum Registrierungszeitpunkte je Raumeinheit des ruhenden Kristalles vorfindet

$$n_I(t_0) = n_{I,0}, \qquad (IV\ 5,\ 32)$$

so gehorcht also deren Zahl $n_I(t)$ für $t \geqq t_0$ der Relation

$$\frac{dn_I}{dt} = - r_D \cdot N_{D,0}^{(+)} \cdot n_I. \qquad (IV\ 5,\ 33)$$

In der Genauigkeit der Näherung (IV 5, 12) geht sie in die homogene, lineare Differentialgleichung

$$\frac{dn_I}{dt} = - r_D \cdot N_D \cdot n_I \qquad (IV\ 5,\ 34)$$

über; mit Rücksicht auf die Anfangsbedingung (IV 5, 32) wird das Integral dieser Gleichung durch

$$n_I = n_{I,0} \, e^{- r_D N_D (t - t_0)}; \qquad t \geqq t_0 \qquad (IV\ 5,\ 35)$$

dargestellt: Die Mitgliederzahl der kontrollierten Elektronengruppe stirbt nach einer Exponentialfunktion der *Zeitkonstanten*

$$\tau_D^{(I)} = \frac{1}{r_D N_D} \qquad (IV\ 5,\ 36)$$

[Relaxationszeit] aus.

Um der Statistik dieses Vorganges nachzugehen, bringen wir (IV 5, 34) mit Benutzung der Definition (IV 5, 36) in die Gestalt

$$\frac{dn_I}{n_I} = - \frac{dt}{\tau_D^{(I)}} \cdot \qquad (IV\ 5,\ 37)$$

Die rechte Seite dieser Bilanz ist als *Wahrscheinlichkeit einer Lebensdauer* zu deuten, welche gerade in das infinitesimal kurze, von den Zeitpunkten $(t - t_0) \geqq 0$ und $(t + dt - t_0) > (t - t_0)$ begrenzte Intervall fällt; die *mittlere Lebensdauer* aller Elektronen der kontrollierten Gruppe berechnet sich zu

$$\langle t - t_0 \rangle = \int\limits_{t=t_0}^{\infty} (t - t_0) \frac{dn_I}{n_{I,0}} = \int\limits_{t=t_0}^{\infty} (t - t_0)\, e^{-\frac{t - t_0}{\tau_D^{(I)}}} \cdot \frac{dt}{\tau_D^{(I)}} = \tau_D^{(I)}, \qquad (IV\ 5,\ 38)$$

gleicht somit der Zeitkonstanten, nach welcher die Gruppe ausstirbt.

Sei beispielsweise ein Fremdatom-Kristall der Donatorenkonzentration $N_D = 10^{22}\ m^{-3}$ vorgegeben, so findet man unter der Annahme $M_I = 3\ m_0$ bei der absoluten Temperatur $T = 300^0\ K$ aus (IV 6, 31) die gemittelte Rekombinationszahl

$$r_D = \frac{(1{,}602 \cdot 10^{-19})^3}{\left(\dfrac{1}{9 \cdot 10^9}\right)^2 \cdot 0{,}512 \cdot 10^6} \cdot \left(\frac{1}{3}\right)^{3/2} \sqrt{\frac{2\,\pi}{9 \cdot 10^{-31} \cdot 1{,}381 \cdot 10^{-23}\ 300}} =$$

$$= 5{,}27 \cdot 10^{-6} \frac{m^3}{sec}, \qquad (IV\ 5,\ 39)$$

so daß laut (IV 5, 36) die Elektronen die mittlere Lebensdauer

$$\tau_D^{(I)} = \frac{1}{5{,}27 \cdot 10^{-6} \cdot 10^{22}} = 1{,}9 \cdot 10^{-5}\ sec \qquad (IV\ 5,\ 40)$$

erreichen.

f) Ehe wir diesen Gegenstand verlassen, haben wir die zwar gedanklich mögliche, physikalisch jedoch undurchführbare und daher wesentlich unzulässige Definition der vorher kontrollierten, „rot angestrichenen" Elektronengruppe mit einer anderen zu vertauschen, welche diesem schweren Einwande nicht ausgesetzt ist. Um den verlangten, begrifflichen Reinigungsprozeß durchzuführen, durchmustern wir zum Zeitpunkt $t = t_0$ die Zahl $N_D^{(+)}$ der positiv ionisierten Donatoren, welche sich gerade dann je Raumeinheit des ruhenden Kristalles vorfinden

$$N_D^{(+)}(t_0) = N_{D,0}^{(+)}. \qquad (IV\ 5,\ 41)$$

Da nun jedem solchen Ladungsträger im Gitter des Wirtskristalles ein wesentlich fester Platz zukommt, welcher etwa durch seine drei *Kartesischen* Ortskoordinaten ein für allemal eindeutig gekennzeichnet wird, benennt deren Tripel den eben dort „verwurzelten" Ladungsträger. Wir verabreden nun, einen dieser Donatoren aus der Liste der $N_D^{(+)}(t)$ anfangs registrierten positiven Ionen immer dann, und zwar endgültig, zu streichen, falls er sich erstmalig in einem Zeitpunkt $t > t_0$ gepaart hat; demnach besteht für alle $t \geqq t_0$ die Relation — wir greifen noch einmal auf die „rot angestrichene" Gruppe der n_I Elektronen je Raumeinheit des Kristalles zurück —

$$\frac{dN_D^{(+)}}{dt} = \frac{dn_I}{dt}. \qquad (IV\ 5,\ 42)$$

Damit ist das dialektische Ziel unserer Überlegung erreicht: Die Absterbeordnung der beweglichen, nicht individualisierbaren n_I-Gruppe ist auf jene der unbeweglichen, individualisierbaren $N_D^{(+)}$-Gruppe zurückgeführt.

Um uns diesem veränderten Standpunkte anzupassen, konstruieren wir um den Kern eines bestimmten, positiv ionisierten Donators als Zentrum die Kugel des durch Gl. (IV 5, 18) definierten Halbmessers R; durch $d\Sigma$ bezeichnen wir ein infinitesimal kleines Element ihrer Oberfläche. Entsprechend Abb. IV 5, 1 machen wir nun das etwa im Schwerpunkte von $d\Sigma$ errichtete Lot zur Polarachse ζ der sphärischen Koordinaten ϱ [Zentraldistanz], ϑ [Polarwinkel] und α [Azimut]. Sei dann

$$\nu_I = \nu_I(v) \qquad \text{(IV 5, 43)}$$

die Konzentration der Elektronen merklich einheitlichen Absolutbetrages ihrer Korpuskulargeschwindigkeit v, so enthält der von den infinitesimal benachbarten Kugeln beziehentlich der Halbmesser ϱ und $(\varrho + d\varrho) > \varrho$ zusammen mit den im Halbraum $0 \leq \vartheta \leq \pi/2$ gelegenen, infinitesimal benachbarten Kegeln beziehentlich der Polarwinkel ϑ und $(\vartheta + d\vartheta)$ begrenzte Ring die Anzahl

$$dN_I = 2\,\pi\,\varrho^2 \cdot d\varrho \cdot \sin\vartheta \cdot d\vartheta \cdot \nu_I(v) \qquad \text{(IV 5, 44)}$$

von Elektronen jener Art. Da nun von jedem ihrer momentanen Plätze aus das Flächenelement $d\Sigma$ unter dem Raumwinkel

$$d\Omega = \frac{\cos\vartheta \cdot d\Sigma}{\varrho^2} \qquad \text{(IV 5, 45)}$$

erscheint, tritt eine gerade gegen $d\Sigma$ zielende Flugrichtung mit der isotopen Wahrscheinlichkeit

$$W = \frac{d\Omega}{4\,\pi} = \frac{\cos\vartheta \cdot d\Sigma}{4\,\pi\,\varrho^2} \qquad \text{(IV 5, 46)}$$

auf. Indessen können während der Zeitspanne Δt nur diejenigen der aufliegenden Elektronen die Fläche $d\Sigma$ erreichen, die anfangs von deren Schwerpunkt den Abstand

$$0 \leq \varrho \leq v \cdot \Delta t \qquad \text{(IV 5, 47)}$$

besaßen. Daher mißt das Doppelintegral

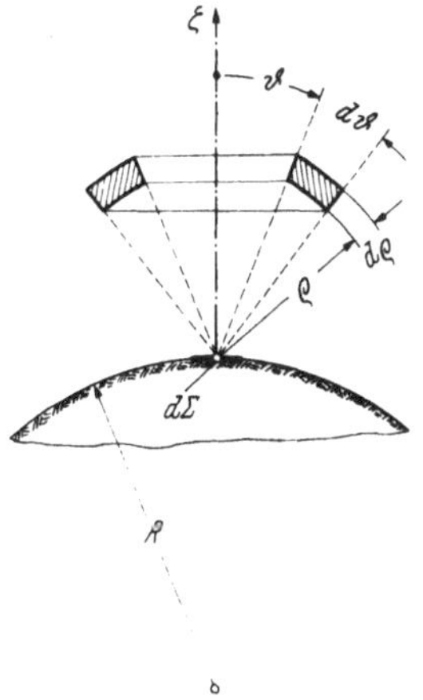

Abb. IV 5, 1. Zur Berechnung der Relaxationszeit der Donatoren.

$$\int\limits_{\varrho=0}^{v\Delta t} \int\limits_{\vartheta=0}^{\frac{\pi}{2}} W\,dN_I = \nu_I(v)\,\frac{d\Sigma}{2}\int\limits_{\varrho=0}^{v\Delta t} d\varrho \cdot \sin\vartheta \cdot \cos\vartheta \cdot d\vartheta =$$

$$= \nu_I(v)\,\frac{1}{4}\,d\Sigma \cdot v \cdot \Delta t \qquad \text{(IV 5, 48)}$$

den Erwartungswert der Elektronen von der Geschwindigkeit v, welche in der Kontrollzeit Δt die Fläche $d\Sigma$ treffen. Aus ihm folgt durch Integration über die gesamte Kugelfläche

$$\iint d\Sigma = 4\,\pi\,R^2 \qquad \text{(IV 5, 49)}$$

die *Neutralisierungswahrscheinlichkeit* $W_v^{(+)}$ des positiv ionisierten Donators durch seine Wiedervereinigung mit einem Elektron der Korpuskulargeschwindigkeit v zu

$$W_v^{(+)} = \nu_I(v) \cdot \pi\,R^2 \cdot v \cdot \Delta t = \nu_I(v) \cdot r_{D;v}\,\Delta t. \qquad \text{(IV 5, 50)}$$

In diesem Ausdruck ersetzen wir $\nu_I(v)$ durch die Konzentration $n_{I,0}$ aller Elektronen sowie die Rekombinationszahl $r_{D;v}$ durch deren Erwartungswert $\langle r_{D;v} \rangle = r_D$ nach (IV 5, 31) und gelangen zum Erwartungswert

$$W^{(+)} = \langle W_v^{(+)} \rangle = n_{I,0} \cdot r_D \cdot \Delta t \qquad \text{(IV 5, 51)}$$

der Neutralisierungswahrscheinlichkeit. Durch Anwendung des *Bernoulli*schen Theoremes der $N_D^{(+)}$-fach wiederholten Alternative: Paarung oder Nicht-Paarung, auf das Kollektiv der positiv ionisierten Donatoren je Raumeinheit des Kristalles folgt somit für deren Verminderung $\Delta N_D^{(+)}$ während der Zeitspanne Δt die Angabe

$$\Delta N_D^{(+)} = - W^{(+)} \cdot N_D^{(+)} = - r_D \cdot N_D^{(+)} \cdot n_{I,0}\, \Delta t, \qquad \text{(IV 5, 52)}$$

aus welcher nach Kürzen mit Δt und dem anschließend durchzuführenden Grenzübergang $\Delta t \to 0$ die Differentialgleichung

$$\lim_{\Delta t \to 0} \frac{\Delta N_D^{(+)}}{\Delta t} = \frac{dN_D^{(+)}}{dt} = - r_D \cdot N_D^{(+)} \cdot n_{I,0} \qquad \text{(IV 5, 53)}$$

hervorgeht. In ihr verallgemeinern wir die ursprüngliche Annahme (IV 5, 12) zu der Voraussetzung einer zwar zeitlich unveränderlichen, ihrem Betrage nach jedoch beliebigen Elektronenkonzentration $n_{I,0}$. Mit Rücksicht auf die Anfangsbedingung (IV 5, 41) lautet demnach das Integral der Gl. (IV 5, 53)

$$N_D^{(+)} = N_{D,0}^{(+)} \cdot e^{-\frac{t-t_0}{\tau^{(+)}}}; \qquad t \geq t_0, \qquad \text{(IV 5, 54)}$$

in welchem nunmehr

$$\tau_D^{(+)} = \frac{1}{r_D \cdot n_{I,0}} \qquad \text{(IV 5, 55)}$$

die Zeitkonstante [Relaxationszeit] des Neutralisierungsprozesses der positiv ionisierten Donatoren oder, mit anderen Worten, deren mittlere Lebensdauer definiert; kehrt man jetzt wieder zu (IV 5, 12) zurück, so wird, im Einklang mit dem „Synchronismus" (IV 5, 42), die Aussage (IV 5, 55) inhaltlich mit (IV 5, 36) identisch.

g) Wir gelangen zu einer neuen Statistik der positiv ionisierten Donatoren, wenn wir zum Zeitpunkt t ihre Gesamtkonzentration $N_D^{(+)}(t)$ kontrollieren, ohne jedoch nach der Vergangenheit des einzelnen, individuellen Donators zu fragen. Denn dann haben wir neben der bisher allein betrachteten Paarung eines solchen mit einem der beweglichen Elektronen die Möglichkeit der *erneuten Dissoziation* des nunmehr neutralen Fremdatomes in Rechnung zu stellen, und jeder Emissionsprozeß dieser Art ist als „Geburt" eines positiv ionisierten Donators zu buchen. Wir beschreiben die Anzahl solcher Ereignisse während der Zeitspanne Δt je Raumeinheit des Kristalles durch den phänomenologischen Ansatz $g_D \cdot \Delta t$, in welchem der Koeffizient g_D die „*Geburtsrate*" definiert. Anstelle der Statistik (IV 6, 52) lediglich der „Sterbefälle" gibt daher die durch den Geburtenzugang ergänzte Bilanz

$$\Delta N_D^{(+)} = g_D \cdot \Delta t - N_D^{(+)}\, n_{I,0} \cdot r_D \cdot \Delta t \qquad \text{(IV 5, 56)}$$

über den zeitlichen Gang der Konzentration aller positiv ionisierten Donatoren Auskunft; sie verwandelt sich durch Kürzen mit Δt und den anschließend auszuführenden Grenzübergang $\Delta t \to 0$ in die Differentialgleichung

$$\frac{dN_D^{(+)}}{dt} = g_D - N_D^{(+)} \cdot n_{I,0} \cdot r. \qquad \text{(IV 5, 57)}$$

Aus ihr finden wir insbesondere unter den Bedingungen des statistischen Gleichgewichtes $[N_D^{(+)} \to N_{D,0}^{(+)} = \text{const}; g_D \to g_{D,0}]$ die Angabe

$$g_{D,0} = r_D \cdot N_{D,0}^{(+)} \cdot n_{I,0}, \qquad \text{(IV 5, 58)}$$

welche die Kenntnis der nunmehr maßgeblichen, *stationären Geburtenrate* $g_{D,0}$ auf jene der Rekombinationszahl r_D zusammen mit den Gleichgewichtskonzentrationen der miteinander reagierenden, antipolaren Elektrizitätsträger zurückführt.

h) So fruchtbar auch die Relation (IV 5, 58) zur numerischen Ermittelung der stationären Geburtenrate $g_{D,0}$ werden mag, stellt sie doch den physikalischen Mechanismus der Dissoziation in einem etwas schiefen Lichte dar: Weder die Konzentration $n_{I,0}$ der Elektronen noch die Konzentration $N_{D,0}^{(+)}$ der bereits ionisierten Donatoren können ja für die Dissoziation der noch neutralen Donatoren unmittelbar verantwortlich gemacht werden, sondern nur deren eigene Konzentration. Wie werden wir diesem genetischen Sachverhalte gerecht?

Wir kehren von dem in (IV 5, 58) formulierten Gleichgewichtszustande zu beliebigen dynamischen Vorgängen zurück und stellen der *Neutralisierungswahrscheinlichkeit* (IV 5, 51) der positiv *ionisierten* Donatoren die *Ionisierungswahrscheinlichkeit* $W^{(0)}$ der *neutralen* Donatoren gegenüber, welche wir für die sehr kurze Dauer Δt mittels einer vorerst noch unbekannten Konstanten γ_D in der Gestalt

$$W^{(0)} = \gamma_D \cdot \Delta t \qquad \text{(IV 5, 59)}$$

ansetzen; es wird sich später erweisen, daß γ_D, bei vorgegebener absoluter Temperatur T, nur von der energetischen Lage der Donatoren relativ zum Leitungsbande des Wirtskristalles abhängt.

Aus der Liste der $N_{D,0}^{(0)}$ neutralen Donatoren, welche je Raumeinheit des Kristalles im Zeitpunkt t_0 durchgemustert wurden, streichen wir bis zum Zeitpunkt $t > t_0$ alle jene, und zwar endgültig, welche inzwischen mindestens einmal ihr Leuchtelektron abgegeben haben. Die Zahl $N_D^{(0)}(t)$ der dann noch in der Liste geführten, je durch das Tripel ihrer Ortskoordinaten stets individualisierbaren neutralen Donatoren verringert sich also während der Zeitspanne Δt entsprechend dem *Bernoulli*schen Theorem der $N_D^{(0)}$-fach wiederholten Alternative: Ionisation oder Verbleiben im neutralen Zustand, nach Maßgabe der Bilanz

$$\Delta N_D^{(0)} = - W^{(0)} N_D^{(0)} = - \gamma_D \cdot N_D^{(0)} \cdot \Delta t, \qquad \text{(IV 5, 60)}$$

so daß wir nach Kürzen mit Δt und dem anschließenden Grenzübergang $\Delta t \to 0$ zu der Differentialgleichung

$$\frac{dN_D^{(0)}}{dt} = - \gamma_D \cdot N_D^{(0)}; \qquad N_D^{(0)}(t_0) = N_{D,0}^{(0)} \qquad \text{(IV 5, 61)}$$

gelangen. Ihr der angegebenen Anfangsbedingung angepaßtes Integral

$$N_D^{(0)} = N_{D,0}^{(0)} \cdot e^{-\gamma_D(t - t_0)}; \qquad t \geqq t_0 \qquad \text{(IV 5, 62)}$$

liefert in der Angabe

$$\tau_D^{(0)} = \frac{1}{\gamma_D} \qquad \text{(IV 5, 63)}$$

die Zeitkonstante [Relaxationszeit] des Absterbens der neutralen Donatoren oder, mit anderen Worten, ihre mittlere Lebensdauer.

Lassen wir die Frage nach der jeweiligen Vergangenheit dieser Teilchen fallen, registieren also zum Zeitpunkt $t > t_0$ alle dann je Raumeinheit anwesenden neutralen Donatoren, so hat man die Statistik (IV 5, 60) ihrer „Sterbefälle" durch den Geburtenzugang während der Zeitspanne Δt zu ergänzen. Da nun jede Wiedervereinigung eines ionisierten Donators mit einem Elektron zur „Geburt" eines neutralen Donators führt, gelangen wir zu der Aussage

$$\Delta N_D^{(0)} = - \gamma_D \cdot N_D^{(0)} \cdot \Delta t + r_D \cdot N_D^{(+)} n_{I,0} \cdot \Delta t, \qquad \text{(IV 5, 64)}$$

von welcher wir durch Kürzen mit Δt und den anschließenden Grenzprozeß $\Delta t \to 0$ mit Rücksicht auf (IV 5, 63) zu der Differentialgleichung

$$\frac{dN_D^{(0)}}{dt} = - \frac{N_D^{(0)}}{\tau_D^{(0)}} + r_D \cdot N_D^{(+)} \cdot n_{I,0} \qquad \text{(IV 5, 65)}$$

übergehen. Auf den Fall des Gleichgewichtes $[N_D^{(0)} \to N_{D,0}^{(0)}]$ spezialisierend, finden wir somit für die Zeitkonstante $\tau_D^{(0)}$ die Darstellung

$$\tau_D^{(0)} = \frac{1}{\gamma_D} = \frac{N_{D,0}^{(0)}}{N_{D,0}^{(+)} \cdot n_{I,0} \cdot r_D}, \qquad \text{(IV 5, 66)}$$

welche sich mit Rücksicht auf (IV 5, 1), (IV 5, 2) und (IV 5, 6) zunächst in

$$\tau_D^{(0)} = \frac{e^{-\frac{1}{kT}[\eta_D + q_0 \psi]}}{r_D \cdot n_e} \qquad \text{(IV 5, 67)}$$

umformen läßt. Aus (IV 1, 71) entnehmen wir nun für das elektrochemische Potential ψ des „massenisotropen" Kristalles den Ausdruck

$$q_0 \psi = kT \ln \left(\frac{M_I}{M_{II}*}\right)^{3/4} - \frac{1}{2} [\eta_{I,min} - \eta_{II,max}]. \qquad \text{(IV 5, 68)}$$

Unter Berufung auf (IV 5, 7) resultiert daher aus (IV 5, 67) die Angabe

$$\gamma_D = \frac{1}{\tau_D^{(0)}} = \frac{1}{\tau_0} \frac{1}{4\,\pi^{3/2}} M_I^{3/2} \left(\frac{2\,kT}{\hbar^2}\right)^{3/2} e^{-\frac{1}{kT}[\eta_{I,min} - \eta_D]}. \qquad \text{(IV 5, 69)}$$

Sie enthält den oben angekündigten Nachweis, daß der Koeffizient γ_D, und mit ihm die Zeitkonstante $\tau_D^{(0)}$ nur von der energetischen Lage der Donatoren relativ zum Leitungsbande des Wirtskristalles abhängt.

i) Von dem gewonnenen Standpunkte aus wird die „*dynamische Geburtenrate*" g_D jeweils durch das Verhältnis

$$g_D = \frac{N_D^{(0)}}{\tau_D^{(0)}} \qquad \text{(IV 5, 70)}$$

diktiert. Mit Rücksicht auf (IV 5, 55) können wir daher (IV 5, 57) in

$$\frac{dN_D^{(+)}}{dt} = \frac{N_D^{(0)}}{\tau_D^{(0)}} - \frac{N_D^{(+)}}{\tau_D^{(+)}} \qquad \text{(IV 5, 71)}$$

umformen, während (IV 5, 65) die duale Gestalt

$$\frac{dN_D^{(0)}}{dt} = \frac{N_D^{(+)}}{\tau_D^{(+)}} - \frac{N_D^{(0)}}{\tau_D^{(0)}} \qquad \text{(IV 5, 72)}$$

annimmt. Durch Addition von (IV 5, 71) und (IV 5, 72) gelangen wir zu der Gleichung

$$\frac{d}{dt} [N_D^{(+)} + N_D^{(0)}] = 0, \qquad \text{(IV 5, 73)}$$

deren Integral das *Erhaltungsgesetz der Donatorenkonzentration*

$$N_D^{(+)} + N_D^{(0)} = N_D = \text{const.} \qquad \text{(IV 5, 74)}$$

ausspricht. Durch Elimination von $N_D^{(0)}$ folgt daher aus (IV 5, 71) für $N_D^{(+)}$ allein die Differentialgleichung

$$\frac{dN_D^{(+)}}{dt} = \frac{N_D}{\tau_D^{(0)}} - \left(\frac{1}{\tau_D^{(0)}} + \frac{1}{\tau_D^{(+)}}\right) N_D^{(+)}. \qquad \text{(IV 5, 75)}$$

Ebenso führt die Elimination von $N_D^{(+)}$ aus (IV 5, 72) auf die Differentialgleichung allein der Konzentration $N_D^{(0)}$

$$\frac{dN_D^{(0)}}{dt} = \frac{N_D}{\tau_D^{(+)}} - \left(\frac{1}{\tau_D^{(0)}} + \frac{1}{\tau_D^{(+)}}\right) N_D^{(0)}. \qquad \text{(IV 5, 76)}$$

Aus (IV 5, 75) und (IV 5, 76) berechnen sich die Gleichgewichtskonzentrationen $N_{D,0}^{(+)}$ der ionisierten und $N_{D,0}^{(0)}$ der neutralen Donatoren mittels der Gleichungen

$$N_{D,0}^{(+)} = \frac{\tau_D^{(+)}}{\tau_D^{(+)} + \tau_D^{(0)}} \cdot N_D \qquad \text{(IV 5, 77)}$$

und

$$N_{D,0}^{(0)} = \frac{\tau_D^{(0)}}{\tau_D^{(+)} + \tau_D^{(0)}} \cdot N_D. \qquad \text{(IV 5, 78)}$$

Man entnimmt ihnen die Relation

$$\frac{N_{D,0}^{(0)}}{N_{D,0}^{(+)}} = \frac{\tau_D^{(0)}}{\tau_D^{(+)}}, \qquad \text{(IV 5, 79)}$$

welche vermöge (IV 5, 55) mit (IV 5, 66) identisch ist und zusammen mit (IV 5, 70) die Forderung

$$g_{D,0} = \lim_{N_D^{(0)} \to N_{D,0}^{(0)}} g_D = \frac{N_{D,0}^{(0)}}{\tau_D^{(0)}} = \frac{N_{D,0}^{(+)}}{\tau_D^{(+)}} = r_D \cdot n_{I,0} N_{D,0}^{(+)} \qquad \text{(IV 5, 80)}$$

bestätigt, welche in der Tat mit der Angabe (IV 5, 58) übereinstimmt.

Falls der Ionisationszustand der Donatoren von jenem des statistischen Gleichgewichtes abweicht, ändern sich die Störungen

$$\Delta N_D^{(+)} = N_D^{(+)} - N_{D,0}^{(+)}; \qquad \Delta N_D^{(0)} = N_D^{(0)} - N_{D,0}^{(0)} \qquad \text{(IV 5, 81)}$$

simultan nach je einer Exponentialfunktion zwar im allgemeinen unterschiedlichen Anfangswertes, doch der einheitlichen Zeitkonstanten τ_D, welche aus $\tau_D^{(+)}$ und $\tau_D^{(0)}$ mittels der Formel

$$\frac{1}{\tau_D} = \frac{1}{\tau_D^{(+)}} + \frac{1}{\tau_D^{(0)}} \qquad \text{(IV 5, 82)}$$

hervorgeht. Vermöge der aus (IV 5, 6) und (IV 5, 79) folgenden Ungleichung

$$\frac{\tau_D^{(0)}}{\tau_D^{(+)}} \ll 1 \qquad \text{(IV 5, 83)}$$

erschließt man aus (IV 5, 82) die Näherung

$$\tau_D \approx \tau_D^{(0)}. \qquad \text{(IV 5, 84)}$$

Um jedoch einer irrtümlichen Deutung dieser Aussage vorzubeugen, mag die Definition der Einzelzeitkonstanten $\tau_D^{(+)}$ und $\tau_D^{(0)}$ wiederholt werden: Sie schildern beziehentlich die mittlere Lebensdauer jener Donatorengruppen $N_D^{(+)}$ und $N_D^{(0)}$, bei welchen jede Reaktion eines individuellen Gruppenmitgliedes mit einem der beweglichen Elektronen zur endgültigen Löschung des betreffenden Donators aus der Gruppenliste führt.

j) Wie haben wir die vorstehend entwickelten Anschauungen über die Paarung antipolarer Ladungsträger und ihrer Dissoziation vom n-Typ-Halbleiter auf die entsprechenden Vorgänge im p-Typ-Halbleiter zu übertragen?

I. Wir ersetzen überall die Konzentration N_D der Donatoren durch die Konzentration N_A der Akzeptoren; diese resultiert zu jedem Zeitpunkt t aus dem Anteile $N_A^{(0)}$ neutraler Akzeptoren und dem Anteile $N_A^{(-)}$ negativ ionisierter Akzeptoren je Raumeinheit des Wirtskristalles

$$N_A = N_A^{(0)} + N_A^{(-)} = \text{const.} \qquad \text{(IV 5, 85)}$$

II. Bei allen im p-Typ-Halbleiter stattfindenden Reaktionen tauschen im Vergleich mit den äquivalenten Reaktion im n-Typ-Halbleiter die Elektronen und die Absentonen wechselseitig ihre Rolle; daher sind auch die Bandvektoren I und II untereinander auszuwechseln, und anstelle der minimalen Energie des Leitungsbandes tritt die maximale Energie des Valenzbandes.

Läßt man sich von dieser wesentlich formalen Substitutionsvorschrift leiten, so findet man zunächst aus (IV 5, 31) den Erwartungswert r_A der „Rekombinationszahl", welche die „Paarungsgeschwindigkeit" der Fehlelektronen mit den Akzeptoren beschreibt

$$r_A = \frac{q_0^3}{(4\,\pi\,\varDelta_0)^2\,U_0}\left(\frac{m_0}{M_{II}{}^*}\right)^{3/2}\sqrt{\frac{2\,\pi}{m_0\,kT}}. \qquad \text{(IV 5, 86)}$$

Es darf jedoch nicht vergessen werden, daß es sich bei der angeblichen Paarung tatsächlich um eine *Trennung* handelt: Die an die negativ ionisierten Akzeptoren adsorbierten Elektronen kehren in ihre „Heimat", das Valenzband des Wirtskristalles zurück. Behalten wir nichtsdestoweniger aus Gründen der begrifflichen Symmetrie die frühere Terminologie bei, so ergibt sich mit Hilfe von Gl. (IV 5, 86) die mittlere Lebensdauer $\tau_A^{(II)}$ der Absentonen, in Analogie zu (IV 5, 36), mittels der Angabe

$$\tau_A^{(II)} = \frac{1}{r_A\,N_A}. \qquad \text{(IV 5, 87)}$$

Der mittleren Lebensdauer stellen wir gemäß (IV 5, 58) die stationäre „Geburtenrate" $g_{A,0}$ der negativ ionisierten Akzeptoren zur Seite

$$g_{A,0} = r_A \cdot N_{A,0}^{(-)} \cdot n_{II,0}^{*}, \qquad \text{(IV 5, 88)}$$

wobei unter $N_{A,0}^{(-)}$ und $n_{II,0}^{*}$ beziehentlich die Gleichgewichtskonzentrationen der negativ ionisierten Akzeptoren und der Absentonen zu verstehen sind. Um die stationäre Geburtenrate $g_{A,0}$ der negativ ionisierten Akzeptoren mit deren dynamischer Geburtenrate g_A zu verknüpfen, bilden wir zunächst nach dem Muster der Gl. (IV 5, 69) die mittlere Lebensdauer $\tau_A^{(0)} = 1/\gamma_A$ der neutralen Akzeptoren

$$\gamma_A = \frac{1}{\tau_A^{(0)}} = \frac{1}{\tau_0}\frac{1}{4\,\pi^{3/2}}(M_{II}{}^*)^{3/2}\left(\frac{2\,kT}{\hbar^2}\right)^{3/2} e^{-\frac{1}{kT}[\eta_D - \eta_{II,\,max}]}. \qquad \text{(IV 5, 89)}$$

Gemäß Gl. (IV 5, 70) gilt dann

$$g_A = \frac{N_A^{(0)}}{\tau_A^{(0)}}. \qquad \text{(IV 5, 90)}$$

Die mittlere Lebensdauer $\tau_A^{(-)}$ der negativ ionisierten Akzeptoren berechnet sich durch Umdeutung von Gl. (IV 5, 55) zu

$$\tau_A^{(-)} = \frac{1}{r_A\, n_{II,0}^*} . \qquad \text{(IV 5, 91)}$$

Aus der zu (IV 5, 79) parallelen Verhältnisgleichung

$$\frac{N_{A,0}^{(0)}}{N_{A,0}^{(-)}} = \frac{\tau_A^{(0)}}{\tau_A^{(-)}} \qquad \text{(IV 5, 92)}$$

resultiert somit, im Einklang mit Gl. (IV 5, 88), die zu (IV 5, 80) duale Relation

$$g_{A,0} = \lim_{N_A^{(0)} \to N_{A,0}^{(0)}} g_A = \frac{N_{A,0}^{(0)}}{\tau_A^{(0)}} = \frac{N_{A,0}^{(-)}}{\tau_A^{(-)}} = r_A\, n_{II,0}^* \cdot N_{A,0}^{(-)}. \qquad \text{(IV 5, 93)}$$

IV 6. Exzitonen.

a) Wir behandeln im vorliegenden Abschnitt den Mechanismus unmittelbarer Reaktionen zwischen den Elektronen eines Halbleiters und seinen Absentonen, ohne uns jedoch auf einen bestimmten Kristalltyp festzulegen.

Nach ihrer Paarung bilden das Elektron und das Absenton ein elektrisch neutrales Gebilde, das als solches hinsichtlich der Struktur seiner elektrischen Ladungen [aber nicht in bezug auf seine trägen Massen!] einem beweglichen Wasserstoff-Atom vergleichbar ist; dieses System definiert das *Exziton*. Es besteht also, wenn man es sich im Sinne des *Bohr*schen Atommodelles anschaulich vorstellen will, aus einem Elektron, welches ein Loch umkreist; anstelle der *Coulomb*schen Zentralkraft, mit welcher das planetarische Elektron des Wasserstoffatomes von dessen Kernproton angezogen wird, tritt in diesem Bilde des Exzitons der Druck der äußeren Elektronensphäre, welcher das eingefangene Elektron am Ausbrechen hindert.

In der Dynamik der Exzitonen müssen wir uns mangels der Kenntnis einer in sich geschlossenen, strengen Methodik mit einigen mehr oder weniger willkürlichen Grundannahmen behelfen, deren Berechtigung, wie bei jeder physikalischen Theorie, durch den Vergleich ihrer Folgerungen mit den Aussagen der Erfahrung sorgsam nachzuprüfen ist:

I. Weder die Elektronen noch die Absentonen sind individualisierbar; nichtsdestoweniger konnten wir in Ziffer IV 5 zeigen, daß das mathematische Operieren mit virtuellen, gedanklich unterscheidbaren Elektronen im Rahmen ihrer wesentlich *Maxwell-Boltzmann*schen Statistik zu physikalisch einwandfreien Ergebnissen führt. Da nun diese Statistik gerade auf der namentlichen Unterscheidbarkeit der jeweils von ihr erfaßten Elementarteilchen beruht, werden wir es wagen dürfen, das gleiche Verfahren erneut anzuwenden und auf die Absentonen auszudehnen.

II. Da sowohl das Elektron wie das Absenton frei beweglich sind, führt das Studium ihrer Bahnen unter dem Einfluß ihrer gegenseitigen, quasi *Coulomb*schen Anziehung auf das *Kepler*sche Zweikörperproblem, und dessen relativistische Behandlung sollte das Paarungskriterium liefern; die genannte Aufgabe ist jedoch unter der erforderlichen Allgemeinheit der Anfangsbedingungen nicht in expliziter Gestalt lösbar. Angesichts dieser Sachlage sind wir gezwungen, der simultanen Bewegung der genannten

Ladungsträger nach den Regeln der *Newton*schen Punktmechanik nachzugehen, um erst für die Paarung selbst die relativistische Einfangformel in Anspruch zu nehmen.

b) Wir verschärfen die Wahl der kristallfesten, *Kartesi*schen Koordinaten (x; y; z) nach Ziffer IV 5 durch die Voraussetzung, daß ihre Gesamtheit ein *Inertialsystem* definiere, in welchem die laufende Zeit t gemessen wird.

Im Augenblick t befinde sich das Elektron des kontrollierten, eben sich bildenden Ladungspaares am Orte des Radiusvektors $\varrho_I = \varrho_I(t)$ und das Absenton am Orte $\varrho_{II} = \varrho_{II}(t)$. Sei dann

$$F_I = \mathrm{F}(\varrho_I - \varrho_{II}) \qquad\qquad \text{(IV 6, 1)}$$

der Vektor der Quasi-*Coulomb*kraft, welche das Elektron zum Absenton hinzieht, und also

$$F_{II} = -F_I \qquad\qquad \text{(IV 6, 2)}$$

ihre am Absenton angreifende Gegenkraft, so lauten die *Newton*schen Bewegungsgleichungen der antipolaren Ladungsträger

$$\mathrm{M}_I \cdot \frac{\mathrm{d}^2\varrho_I}{\mathrm{dt}^2} = F_I \qquad\qquad \text{(IV 6, 3)}$$

und

$$\mathrm{M}_{II}{}^* \frac{\mathrm{d}^2\varrho_{II}}{\mathrm{dt}^2} = F_{II}. \qquad\qquad \text{(IV 6, 4)}$$

Auf Grund des Gesetzes (IV 6, 2) liefert die Addition dieser Gleichungen die Relation

$$\mathrm{M}_I \frac{\mathrm{d}^2\varrho_I}{\mathrm{dt}^2} + \mathrm{M}_{II}{}^* \frac{\mathrm{d}^2\varrho_{II}}{\mathrm{dt}^2} = 0. \qquad\qquad \text{(IV 6, 5)}$$

Ihr Integral lautet

$$\mathrm{M}_I \frac{\mathrm{d}\varrho_I}{\mathrm{dt}} + \mathrm{M}_{II}{}^* \frac{\mathrm{d}\varrho_{II}}{\mathrm{dt}} = \text{const} = (\mathrm{M}_I + \mathrm{M}_{II}{}^*)\, V, \qquad \text{(IV 6, 6)}$$

in welchem

$$V = \frac{\mathrm{M}_I}{\mathrm{M}_I + \mathrm{M}_{II}{}^*}\, v_I + \frac{\mathrm{M}_{II}{}^*}{\mathrm{M}_I + \mathrm{M}_{II}{}^*}\, v_{II}; \qquad v_I = \frac{\mathrm{d}\varrho_I}{\mathrm{dt}}\,; \qquad v_{II} = \frac{\mathrm{d}\varrho_{II}}{\mathrm{dt}} \quad \text{(IV 6, 7)}$$

den Vektor der *Schwerpunktsgeschwindigkeit* bezeichnet; wir stellen ihm in

$$v = v_I - v_{II} \qquad\qquad \text{(IV 6, 8)}$$

den Vektor der *Relativgeschwindigkeit* zur Seite, mit welcher der vektorielle Abstand

$$\varrho = \varrho_I - \varrho_{II} \qquad\qquad \text{(IV 6, 9)}$$

des Elektrons vom Absenton je Zeiteinheit anwächst, und bilden

$$v_I - V = \frac{\mathrm{M}_{II}{}^*}{\mathrm{M}_I + \mathrm{M}_{II}{}^*}\, v; \qquad v_{II} - V = -\frac{\mathrm{M}_I}{\mathrm{M}_I + \mathrm{M}_{II}{}^*}\, v. \quad \text{(IV 6, 10)}$$

Definiert man daher — bei Annahme eines massenisotropen Kristalles nach (IV 1, 74) und (IV 1, 75) — durch

$$\mathrm{M} = \mathrm{M}_I + \mathrm{M}_{II}{}^* \qquad\qquad \text{(IV 6, 11)}$$

die *Summenmasse* der beiden kontrollierten Ladungsträger und durch

$$\mu = \frac{\mathrm{M}_I\,\mathrm{M}_{II}{}^*}{\mathrm{M}_I + \mathrm{M}_{II}{}^*} \qquad\qquad \text{(IV 6, 12)}$$

ihre *Paarungsmasse*, so lassen sich die Bewegungsgleichungen (IV 6, 3) und (IV 6, 4) mit Rücksicht auf (IV 6, 1), (IV 6, 2) und (IV 6, 9) zu der einheitlichen Aussage

$$\left.\begin{aligned} \mathrm{M}_I \frac{\mathrm{d}^2\varrho_I}{\mathrm{dt}^2} &= \mathrm{M}_I \frac{\mathrm{d}}{\mathrm{dt}}\,[v_I - V] = \\ = \mathrm{M}_{II}{}^* \frac{\mathrm{d}^2\varrho_{II}}{\mathrm{dt}^2} &= -\,\mathrm{M}_{II}{}^* \frac{\mathrm{d}}{\mathrm{dt}}\,[v_{II} - V] = \end{aligned}\right\} \; \mu \frac{\mathrm{d}v}{\mathrm{dt}} = \mu \frac{\mathrm{d}^2\varrho}{\mathrm{dt}^2} = F(\varrho) \qquad \text{(IV 6, 13)}$$

zusammenfassen, und die kinetische Gesamtenergie des Trägerpaares läßt sich in der Form

$$\eta_{\mathrm{Kin}} = \frac{1}{2}\,\mathrm{M}_I(\mathrm{v}_I)^2 + \frac{1}{2}\,\mathrm{M}_{II}{}^*(\mathrm{v}_{II})^2 =$$

$$= \frac{1}{2}\,\mathrm{M}_I\left(V + \frac{\mathrm{M}_{II}{}^*}{\mathrm{M}_I + \mathrm{M}_{II}{}^*}\,v\right)^2 + \frac{1}{2}\,\mathrm{M}_{II}{}^*\left(V - \frac{\mathrm{M}_I}{\mathrm{M}_I + \mathrm{M}_{II}{}^*}\,v\right)^2 =$$

$$= \frac{1}{2}\,\mathrm{M}(V)^2 + \frac{1}{2}\,\mu(v)^2 \qquad \text{(IV 6, 14)}$$

darstellen. Nun geht Gl. (IV 6, 13) aus dem Anziehungsgesetz des Elektrons gegen ein im Kristall fixiertes, positives Ion vom absoluten Betrage q_0 seiner Ladung hervor, indem man die [wirksame] Masse M_I des Elektrons durch die Paarungsmasse μ ersetzt. Wir nehmen an, daß die nämliche Substitution auch auf die relativistische Aussage (IV 5, 18) angewandt werden darf: Die Strecke

$$R = \frac{q_0{}^2}{4\,\pi\,\varDelta_0\,\mu\,\mathrm{v\,c}} \qquad \text{(IV 6, 15)}$$

möge den Halbmesser jener Kugel messen, innerhalb derer sich das Elektron mit dem Absenton sicher paart, falls beide Ladungsträger einander mit einer Relativgeschwindigkeit vom absoluten Betrage v begegnen. Trifft diese Vermutung zu, so findet man die zugehörige *Rekombinationszahl* r_v entsprechend Gl. (IV 5, 30) zu

$$r_\mathrm{v} = \pi\,R^2\,\mathrm{v} = \pi\left(\frac{q_0{}^2}{4\,\pi\,\varDelta_0}\right)^2 \frac{1}{\mu^2\,\mathrm{c}^2}\frac{1}{\mathrm{v}}\,. \qquad \text{(IV·6, 16)}$$

c) Welches ist der Erwartungswert $r = \langle r_\mathrm{v}\rangle$ der Rekombinationszahl? Wir legen sowohl der Schwarmbewegung der Elektronen wie jener der Absentonen das Gesetz der *Maxwell*schen Geschwindigkeitsverteilung bei der einheitlichen Höhe T der absoluten Temperatur zu Grunde. Aus der *Verbindungsregel* statistisch voneinander unabhängiger Kollektive ergibt sich dann die Wahrscheinlichkeit dw für das gleichzeitige Auftreten des Geschwindigkeitsvektors v_I der Elektronen im infinitesimal kleinen Quader $\mathrm{dv}_{I,\mathrm{x}}\cdot\mathrm{dv}_{I,\mathrm{y}}\cdot\mathrm{dv}_{I,\mathrm{z}}$ des v-Raumes und des Geschwindigkeitsvektors v_{II} der Absentonen im infinitesimal kleinen Quader $\mathrm{dv}_{II,\mathrm{x}}\cdot\mathrm{dv}_{II,\mathrm{y}}\cdot\mathrm{dv}_{II,\mathrm{z}}$ des gleichen Raumes zu

$$\mathrm{dw} = \frac{\mathrm{dn}_I}{\mathrm{n}_I}\cdot\frac{\mathrm{dn}_{II}{}^*}{\mathrm{n}_{II}} =$$

$$= \left(\frac{\sqrt{\mathrm{M}_I\mathrm{M}_{II}{}^*}}{2\,\pi\mathrm{kT}}\right)^3 \mathrm{e}^{-\frac{1}{2\mathrm{kT}}[\mathrm{M}_I(\mathrm{v}_{I,\mathrm{x}}^2+\mathrm{v}_{I,\mathrm{y}}^2+\mathrm{v}_{I,\mathrm{z}}^2)+\mathrm{M}_{II}{}^*(\mathrm{v}_{II,\mathrm{x}}^2+\mathrm{v}_{II,\mathrm{y}}^2+\mathrm{v}_{II,\mathrm{z}}^2)]}\,.$$

$$\cdot\,\mathrm{dv}_{I,\mathrm{x}}\cdot\mathrm{dv}_{I,\mathrm{y}}\cdot\mathrm{dv}_{I,\mathrm{z}}\cdot\mathrm{dv}_{II,\mathrm{x}}\cdot\mathrm{dv}_{II,\mathrm{y}}\cdot\mathrm{dv}_{II,\mathrm{z}}. \qquad \text{(IV 6, 17)}$$

Daher berechnet sich der Erwartungswert der reziproken Relativgeschwindigkeit beider Trägerarten mittels des Sechsfachintegrales

$$\left\langle\frac{1}{v}\right\rangle = \int\limits_{v_{I,x}=0}^{\infty} \int\limits_{v_{I,y}=0}^{\infty} \int\limits_{v_{I,z}=0}^{\infty} \int\limits_{v_{II,x}=0}^{\infty} \int\limits_{v_{II,y}=0}^{\infty} \int\limits_{v_{II,z}=0}^{\infty} \frac{dw}{v} ;$$

$$v = \sqrt{(v_{I,x}-v_{II,x})^2 + (v_{I,y}-v_{II,y})^2 + (v_{I,z}-v_{II,z})^2}. \quad \text{(IV 6, 18)}$$

Um es auszuwerten, ersetzen wir die Komponenten $v_{I,x}; v_{I,y}; v_{I,z};$ $v_{II,x}; v_{II,y}; v_{II,z}$ beziehentlich der Trägergeschwindigkeiten v_I und v_{II} durch die Komponenten $V_x; V_y; V_z$ der Schwerpunktsgeschwindigkeit V zusammen mit den Komponenten $v_x; v_y; v_z$ der Relativgeschwindigkeit v; da gemäß (IV 6, 7) und (IV 6, 8) die Funktionaldeterminante dieser Transformation der Einheit gleicht, wird

$$dv_{I,x} \cdot dv_{I,y} \cdot dv_{I,z} \cdot dv_{II,x} \cdot dv_{II,y} \cdot dv_{II,z} = dV_x\, dV_y\, dV_z\, dv_x\, dv_y\, dv_z.$$
$$\text{(IV 6, 19)}$$

Bezeichnen also V und v beziehentlich die absoluten Beträge der Vektoren V und v, so findet man mit Hilfe der Umformung (IV 6, 14) aus (IV 6, 17) und (IV 6, 18)

$$\left\langle\frac{1}{v}\right\rangle = \left(\frac{\sqrt{M_I M_{II}{}^*}}{2\,\pi\,k\,T}\right)^3 \int\limits_{V=0}^{\infty} e^{-\frac{M V^2}{2kT}} 4\,\pi\,V^2\,dV \int\limits_{v=0}^{\infty} e^{-\frac{\mu v^2}{2kT}} 4\,\pi\,v\,dv =$$

$$= \left(\frac{\sqrt{M_I M_{II}{}^*}}{2\,\pi\,k\,T}\right)^3 \left(\frac{2\,\pi\,k\,T}{M}\right)^{3/2} \frac{2\,k\,T}{\mu} \cdot 2\,\pi = 2\sqrt{\frac{\mu}{2\,\pi\,k\,T}}. \quad \text{(IV 6, 20)}$$

Mit Rücksicht auf (IV 6, 16) resultiert somit für den gesuchten Erwartungswert $r = \langle r_v\rangle$ der Rekombinationszahl die Formel

$$r = \pi\left(\frac{q_0^2}{4\,\pi\,\varDelta_0}\right)\frac{1}{\mu^2\,c^2}\left\langle\frac{1}{v}\right\rangle = \frac{q_0^3}{(4\,\pi\,\varDelta_0)^2\,U_0}\cdot\left(\frac{m_0}{\mu}\right)^{3/2}\sqrt{\frac{2\,\pi}{m_0\,k\,T}} ; \qquad U_0 = \frac{m_0\,c^2}{q_0,}$$
$$\text{(IV 6, 21)}$$

welche aus (IV 5, 31) nach Ersatz von M_I durch μ hervorgeht. Sei beispielsweise $M_I = M_{II}{}^* = 3\,m_0$, so wird $\mu = \tfrac{1}{2}\,M_I$; unter sonst gleichen Umständen fällt dann die Rekombinationszahl der Elektronen-Absentonenpaarung um das $2\sqrt{2} = 2{,}83$-fache größer als die Rekombinationszahl der Wiedervereinigung von Elektronen mit positiv ionisierten Donatoren aus.

d) Wir beschäftigen uns vorerst mit der Reaktionskinetik der Exzitonen im statistischen Gleichgewichtszustande des Systemes. Am Orte des elektrischen Makropotentiales φ enthält dann die Raumeinheit des Halbleiters gemäß (IV 1, 100) die Elektronenzahl

$$n_{I,0} = n_e\, e^{\frac{q_0\varphi}{kT}} \qquad\qquad \text{(IV 6, 22)}$$

und ebendort gemäß (IV 1, 101) die Absentonenzahl

$$n_{II,0}^* = n_e\, e^{-\frac{q_0\varphi}{kT}} \qquad\qquad \text{(IV 6, 23)}$$

wobei die eingeprägte Paarkonzentration n_e des massenisotropen Kristalles aus dem Volumen τ_0 der kristallinen Mikrobasiszelle zusammen mit den energetischen Daten des Leitungsbandes I und des Valenzbandes II durch (IV 1, 95) bestimmt ist:

$$n_e = \frac{1}{\tau_0}\cdot\frac{1}{4\,\pi^{3/2}}\left(\frac{2\sqrt{M_I M_{II}{}^*}\,k\,T}{\hbar^2}\right)^{3/2} e^{-\frac{\eta_{I,\min}-\eta_{II,\max}}{2kT}}. \quad \text{(IV 6, 24)}$$

Wir fassen nun das statistische Gleichgewicht der Elektronen mit den Absentonen als das Resultat zweier gegenläufiger, dynamischer Prozesse auf: Die Kondensation von Leitungsbandelektronen im Valenzbande wird durch Verdampfung von Valenzbandelektronen in das Leitungsband kompensiert. Da sich beide Vorgänge zwar gleichzeitig abspielen, genetisch aber merklich unabhängig voneinander sind, dürfen wir sie getrennt untersuchen.

e) Wir begeben uns zunächst in das Leitungsband und durchmustern die dort zum Zeitpunkt $t = t_0$ je Raumeinheit des Kristalles in der Anzahl

$$n_I(t_0) = n_{I,0} \qquad \text{(IV 6, 25)}$$

anwesenden Elektronen. Indem wir wiederum die Mitglieder dieser Gruppe gedanklich als individualisierbar ansehen, können wir das Los jedes Einzelelektrons für alle Zeiten $t > t_0$ verfolgen. Im Rahmen dieses Verfahrens streichen wir jedes Elektron, und zwar endgültig, aus der Gruppenliste, falls es sich bis zum Zeitpunkt $t > t_0$ mindestens einmal mit einem Absenton zu einem Exziton vereinigt hat. Die Zahl $n_I(t)$ aller demnach bis zum Zeitpunkte $t > t_0$ noch registrierten Elektronen verringert sich daher während der infinitesimal kurzen Zeitspanne Δt um

$$\Delta n_I(t) = - r \cdot n_I \cdot n_{II,0}^* \cdot \Delta t. \qquad \text{(IV 6, 26)}$$

Nach Kürzen dieser Bilanz mit Δt gehen wir zur Grenze $\Delta t \to 0$ über und gelangen zu der Differentialgleichung

$$\frac{dn_I}{dt} = - r \cdot n_I \cdot n_{II}{}^*. \qquad \text{(IV 6, 27)}$$

Ihre dem Anfangszustand (IV 7, 25) angepaßte Lösung lautet

$$n_I = n_{I,0}\, e^{- r\, n_{II,0}^* (t - t_0)}, \qquad \text{(IV 6, 28)}$$

so daß

$$\tau_I = \frac{1}{r \cdot n_{II,0}^*} = \frac{e^{-\frac{q_0\, q}{kT}}}{r \cdot n_e} \qquad \text{(IV 6, 29)}$$

die *mittlere Lebensdauer* jener Elektronen mißt, welche als solche durch Paarung mit Absentonen zugrunde gehen oder, mit anderen Worten, welche sich in Exzitonen verwandeln.

f) Wir gehen jetzt, ohne den Ort im Kristall zu wechseln, zur Kontrolle seines Valenzbandes über. Da dessen Raumeinheit nach Maßgabe des *Pauli*-Prinzipes genau

$$\lim_{T \to 0} n_{II,0} = \frac{2}{\tau_0} \qquad \text{(IV 6, 30)}$$

spinnenden Elektronen Platz bietet, sind die begrifflich komplementären Angaben entweder der Absentonenkonzentration $n_{II,0}^*$ oder der Elektronenkonzentration

$$n_{II,0} = \lim_{T \to 0} n_{II,0} - n_{II,0}^* = \frac{2}{\tau_0} - n_{II,0}^* \qquad \text{(IV 6, 31)}$$

des Gleichgewichtszustandes inhaltlich miteinander identisch. Da jedoch die Barometerformel (IV 6, 23) an die Ungleichung

$$n_{II,0}^* \ll \lim_{T \to 0} n_{II,0} = \frac{2}{\tau_0} \qquad \text{(IV 6, 32)}$$

gebunden ist, darf man (IV 6, 31) hinreichend genau durch die Aussage

$$n_{II,0} \approx \frac{2}{\tau_0} \qquad \text{(IV 6, 33)}$$

ersetzen.

Denkt man sich die Elektronen des Valenzbandes individualisierbar, so mag man ihre Gesamtheit zum Zeitpunkt $t = t_0$ durchmustern und ihre eben dann je Raumeinheit in der Konzentration

$$n_{II}(t_0) = n_{II,0} \qquad \text{(IV 6, 34)}$$

anwesenden Gruppenmitglieder registrieren. Wir begleiten sie auf ihrem künftigen „Lebenswege" und streichen bis zum Zeitpunkt $t > t_0$ aus der Gruppenliste alle jene Elektronen, und zwar endgültig, welche inzwischen mindestens einmal in das Leitungsband übergetreten sind; man beachte, daß nach dem Wortlaut dieser statistischen Vorschrift alle etwa zusätzlich auftretenden Austauschrelationen mit Fremdatomen oder Gitterstörstellen durchaus außer Betracht zu lassen sind. Unter dem Vorbehalt des späteren Beweises setzen wir die für den Übertritt des Einzelelektrons in das Leitungsband maßgebliche, sozusagen selektive Verdampfungswahrscheinlichkeit der Elektronen des Valenzbandes während der infinitesimal kurzen Zeitspanne Δt in der phänomenologischen Form

$$W = \delta \cdot \Delta t \qquad \text{(IV 6, 35)}$$

an, in welcher δ eine vorerst noch unbestimmte, doch jedenfalls von der Elektronenkonzentration unabhängige Konstante bezeichne. Die Anwendung des *Bernoulli*schen Wahrscheinlichkeitstheoremes auf die n_{II}-fach wiederholte Alternative: Verdampfung oder Nichtverdampfung, liefert für die Abnahme der in ihrer Gruppenliste verbleibenden Mitgliederzahl während der Zeitspanne Δt den Erwartungswert

$$\Delta n_{II} = - W\, n_{II} = - \delta \cdot n_{II} \cdot \Delta t \qquad \text{(IV 6, 36)}$$

Durch Kürzen dieser Bilanz mit Δt und den anschließend auszuführenden Grenzübergang $\Delta t \to 0$ gelangen wir zu der Differentialgleichung

$$\frac{dn_{II}}{dt} = - \delta \cdot n_{II}; \qquad t \geqq t_0. \qquad \text{(IV 6, 37)}$$

Ihr Integral lautet mit Rücksicht auf die Anfangsbedingung (IV 6, 34)

$$n_{II} = n_{II,0}\, e^{- \delta(t - t_0)}, \qquad \text{(IV 6, 38)}$$

so daß sich die Elektronen des Valenzbandes bezüglich ihres schließlichen Übertrittes in das Leitungsband einer „selektiven" Lebensdauer der durchschnittlichen Dauer

$$\tau_{II} = \frac{1}{\delta} \qquad \text{(IV 6, 39)}$$

erfreuen.

g) Innerhalb der Exzitonenstatistik lassen wir von nun an die Frage nach den in der Vergangenheit liegenden Beziehungen jedes Einzelelektrons zu der Absentonengesamtheit fallen. Nachdem wir überdies verabredet hatten, Reaktionen der beweglichen Ladungsträger mit etwa gleichzeitig wirksamen Fremdatomen oder Kristallfehlern außer Betracht zu lassen, resultiert die Zunahme der Elektronenkonzentration n_I des Leitungsbandes je Einheit der laufenden Zeit als Überschuß der „Geburtenrate"

$$g = \delta \cdot n_{II} \qquad \text{(IV 6, 40)}$$

über die Anzahl (IV 6, 27) der im gleichen Zeitraum eintretenden „Sterbefälle", so daß wir den Gang jener Elektronenkonzentration durch die Differentialgleichung

$$\frac{dn_I}{dt} = g - r \cdot n_I \, n_{II}{}^* = \delta \cdot n_{II} - r \cdot n_I \cdot n_{II}{}^* \qquad \text{(IV 6, 41)}$$

zu beschreiben haben. Die Vernichtung eines Leitungsbandelektrons als solches ist nun in der Bevölkerungsstatistik der Valenzbandelektronen als Geburtsfall zu buchen, während umgekehrt durch die Verdampfung der Valenzbandelektronen deren Konzentration abnimmt: Sie gehorcht der zu (IV 6, 41) komplementären Differentialgleichung

$$\frac{dn_{II}}{dt} = r \cdot n_I \cdot n_{II}{}^* - \delta \cdot n_{II}. \qquad \text{(IV 6, 42)}$$

Aus der Verbindung von (IV 6, 41) und (IV 6, 42) resultiert das Erhaltungsgesetz

$$\frac{d}{dt}\,[n_I + n_{II}] = 0; \qquad n_I + n_{II} = \text{const} \qquad \text{(IV 6, 43)}$$

der Elektronen. Für den Zustand des statistischen Gleichgewichtes folgt aus (IV 6, 41) und (IV 6, 42) die Doppelrelation

$$g_0 = \lim_{n_{II} \to n_{II,0}} g = \delta \cdot n_{II,0} = r \cdot n_{I,0} \cdot n_{II,0}{}^*. \qquad \text{(IV 6, 44)}$$

Sie enthält zusammen mit (IV 6, 22), (IV 6, 23) und (IV 6, 33) die Aussage

$$\delta = \frac{1}{\tau_{II}} = r \cdot \frac{n_{I,0} \cdot n_{II,0}{}^*}{n_{II,0}} = r \cdot \frac{\tau_0}{2}\, n_e{}^2, \qquad \text{(IV 6, 45)}$$

mit welcher auf Grund der in (IV 6, 24) mitgeteilten Definition der eingeprägten Paarkonzentration n_e der oben angekündigte Beweis für den konzentrationsunabhängigen Charakter des Koeffizienten δ [Verdampfungswahrscheinlichkeit je Zeiteinheit] erbracht ist.

Im Lichte der Gleichung (IV 6, 38) darf man die aus (IV 6, 31) und (IV 6, 32) folgende Näherung (IV 6, 33) zu der Aussage

$$n_{II} \approx \frac{2}{\tau_0} \qquad \text{(IV 6, 46)}$$

verallgemeinern. In der von ihr gebotenen Genauigkeit findet man aus Gl. (IV 6, 40)

$$g = \delta \cdot n_{II} \approx \delta n_{II,0} = g_0 = r\, n_e{}^2. \qquad \text{(IV 6, 47)}$$

In der Statistik der Exzitonen braucht man also zwischen der dynamischen Geburtenrate g der Leitungsbandelektronen und ihrem stationären Werte g_0 nicht zu unterscheiden.

IV 7. Beweglichkeit und Diffusion.

a) Wir beschäftigen uns in diesem Abschnitt mit dem thermisch-elektrischen Gleichgewicht eines Kollektivs freier elektrischer Ladungsträger je der einheitlichen, gemäß der *Newton*schen Mechanik als unveränderlich betrachteten Masse m und der ebenfalls einheitlichen, invarianten Ladung q. Dieses System möge in seiner Energieverteilung der *Fermi*statistik gehorchen; doch setzen wir seine Entartung als so schwach voraus, daß es merklich den Gesetzen *idealer Gase* folgt: Sein Druck P sei bei der absoluten Temperatur T mit der Konzentration n der Elektrizitätsträger durch die Zustandsgleichung

$$P = k \cdot T \cdot n \qquad (IV\ 7,\ 1)$$

[k = *Boltzmann*sche Konstante] verknüpft.

b) Wir orientieren uns innerhalb des kontrollierten Kollektivs an Hand eines Inertialsystemes der *Kartesi*schen Koordinaten (x; y; z), dessen Ursprung mit dem Schwerpunkt jener Teilchengesamtheit zusammenfalle. Vermöge der Voraussetzung des thermodynamischen Gleichgewichtes ist die absolute Temperatur T räumlich konstant

$$T = \text{const.} \qquad (IV\ 7,\ 2)$$

Dagegen dürfen und wollen wir annehmen, daß die Konzentration n der Elektrizitätsträger von Ort zu Ort veränderlich sei

$$n = n(x; y; z). \qquad (IV\ 7,\ 3)$$

Zufolge (IV 7, 1) und (IV 7, 2) herrscht dann im Ionengase der gleichfalls räumlich veränderliche Druck

$$P = P(x; y; z) = k\,T \cdot n(x; y; z). \qquad (IV\ 7,\ 4)$$

Er ist als solcher mit der Voraussetzung des Gleichgewichtes nur dann verträglich, wenn die von seinem Gefälle herrührenden „*Flächenkräfte*" durch eine gleichzeitig wirksame „*Volumenkraft*" kompensiert werden, welche ihrerseits von einem an den Trägern angreifenden, stationären elektrischen Felde der vektoriellen Stärke E herrührt; dieses ist mit dem zeitfreien elektrischen Skalarpotential

$$\varphi = \varphi(x; y; z) \qquad (IV\ 7,\ 5)$$

durch die Gleichung

$$E = -\operatorname{grad} \varphi \qquad (IV\ 7,\ 6)$$

genetisch verknüpft. Sollten überdies noch stationäre Magnetfelder auf das Ionengas einwirken, so würden sie unter Vermittlung der *Lorentz*kraft auf die Geschwindigkeitsverteilung der Elektrizitätsträger Einfluß nehmen; der Kürze halber sehen wir jedoch weiterhin von derartigen Erscheinungen ab, indem wir ihre erregenden Magnetfelder grundsätzlich außer acht lassen, und ebenso verfahren wir mit allen sonstigen Kraftfeldern nicht-elektrischer Natur.

c) Wir richten unsere Aufmerksamkeit auf den Punkt (x; y; z) des Konfigurationsraumes als Zentrum des quaderförmigen Kontrollelementes der beziehentlich achsenparallelen Kanten Δx; Δy; Δz; diese mögen einerseits als so kurz gelten, daß sich die makroskopischen Zustandsgrößen n und E innerhalb des Volumens

$$\Delta V = \Delta x \cdot \Delta y \cdot \Delta z \qquad (IV\ 7,\ 7)$$

nur um sehr geringfügige Beträge von ihren jeweiligen Durchschnittswerten unterscheiden, während doch andererseits die Anzahl

$$\Delta N = n \cdot \Delta V \qquad (IV\ 7,\ 8)$$

der zum Beobachtungszeitpunkt t in ΔV anwesenden Ionen so groß sein soll, daß stochastische Schwankungen von ΔN nicht in Betracht gezogen zu werden brauchen.

Denken wir uns nun die Wände des Kontrollelementes ΔV materialisiert, so resultiert aus dem jeweils auf sie wirkenden Druck die in diesem Sinne wesentlich flächengebundene Kraft

$$K_F = -\Delta V \cdot \operatorname{grad} P. \qquad (IV\ 7,\ 9)$$

Gleichzeitig unterliegt jedes Einzelion innerhalb des Kontrollraumes der *Coulomb*kraft

$$q\,E = -q \cdot \operatorname{grad}\varphi, \qquad (IV\ 7,\ 10)$$

so daß für die Gesamtheit der ΔN gemäß (IV 7, 8) in ΔV eingeschlossenen Elektrizitätsträger die demnach volumengebundene Kraft

$$K_V = q \cdot E \cdot n \cdot \Delta V \qquad (IV\ 7,\ 11)$$

in Rechnung zu stellen ist. Die mechanische Gleichgewichtsbedingung

$$K_F + K_V = 0 \qquad (IV\ 7,\ 12)$$

nimmt daher die Gestalt

$$-\operatorname{grad}P + q\,E\,n = 0 \qquad (IV\ 7,\ 13)$$

an, welche mit Rücksicht auf (IV 7, 2), (IV 7, 4) und (IV 7, 6) in

$$\operatorname{grad}\ln n = -\frac{q}{k\,T}\operatorname{grad}\varphi \qquad (IV\ 7,\ 14)$$

übergeht. Bezeichnen wir durch n_0 die Trägerkonzentration am Orte der Potentialbasis

$$n = n_0 \quad \text{für} \quad \varphi = 0, \qquad (IV\ 7,\ 15)$$

so erschließen wir aus (IV 7, 14) die *Barometerformel*

$$n = n_0 \cdot e^{-\frac{q\varphi}{k\,T}}. \qquad (IV\ 7,\ 16)$$

d) Wir stellen der vorangegangenen, *statischen* Beschreibung des Gleichgewichtszustandes seine *statistische* Auffassung gegenüber: Die ungleichförmige Verteilung der Ionen im Konfigurationsraum drängt zu einem ausgleichenden *Diffusionsstrom*, welcher durch den elektrisch erzwungenen *Konvektionsstrom* kompensiert werden muß; wir behandeln beide Vorgänge getrennt:

1. Durch das Zeichen D führen wir den *Diffusionskoeffizienten* ein. Gemäß seiner phänomenologischen Definition berechnet sich dann der Vektor s der *Diffusionsstromdichte* aus der Gleichung

$$s = -D\operatorname{grad}n. \qquad (IV\ 7,\ 17)$$

2. Mittels der *Beweglichkeit* β der Ionen findet sich für den Erwartungswert $\vec{v}$ jener gleichförmigen, gerichteten Geschwindigkeit, welche das elektrische Feld E allein den geladenen Trägern erteilen würde, die Angabe

$$\vec{v} = \pm E \cdot \beta; \qquad q \gtrless 0, \qquad (IV\ 7,\ 18)$$

so daß

$$n\,\vec{v} = \pm E\,\beta\,n; \qquad q \gtrless 0 \qquad (IV\ 7,\ 19)$$

die *Teilchenstromdichte* des Konvektionsstromes mißt.

Aus den Gleichungen (IV 7, 17) und (IV 7, 19) resultiert als Bedingung des statistischen Gleichgewichtes die Kompensationsforderung

$$-D\operatorname{grad}n \pm E\,\beta\,n = 0, \qquad (IV\ 7,\ 20)$$

welche mit Rücksicht auf (IV 7, 2) und (IV 7, 4) die Aussage

$$-\operatorname{grad}P \pm E\,\frac{k\,T\,\beta}{D}\,n = 0; \qquad q \gtrless 0 \qquad (IV\ 7,\ 21)$$

nach sich zieht. Sie muß inhaltlich mit der Angabe (IV 7, 13) übereinstimmen; denn die verglichenen Formeln schildern ja, wenn auch im Lichte unterschiedlicher physikalischer Anschauungen, letzten Endes doch ein und denselben Zustand des thermisch-elektrischen Gleichgewichtes. Daher gelangen wir zu der wichtigen Relation

$$\frac{k\,T\,\beta}{q\,D} = \pm 1; \qquad q \gtrless 0, \tag{IV 7, 22}$$

welche von *Einstein* aufgefunden wurde und nach ihm benannt wird: Schon die Kenntnis der Beweglichkeit β des Einzelions und seiner invarianten Ladung q verhilft, bei vorgegebenem Werte der absoluten Temperatur T, zur Kenntnis auch des Diffusionskoeffizienten D.

e) Die Prozesse der Diffusion und der Konvektion, welche beziehentlich den Gleichungen (IV 7, 17) und (IV 7, 19) zu Grunde liegen, sind ihrer Natur nach wesentlich unabhängig voneinander. Wir dürfen daher annehmen, daß die Gültigkeit der *Einstein*schen Relation (IV 7, 22) über den zu ihrem Beweise benutzten Fall des thermisch-elektrischen Gleichgewichtes hinaus reicht: Sie soll sich — und gerade auf dieser Extrapolation beruht ihre Bedeutung — auch auf beliebige Zustände außerhalb des Gleichgewichtes erstrecken. Wir dürfen nicht verschweigen, daß dieser, auf den ersten Blick so einleuchtend erscheinende Schluß doch nicht in voller Strenge aufrecht erhalten werden kann: Jede Störung des kollektiven Gleichgewichtes zieht ja eine Änderung der Geschwindigkeitsverteilung auf die Einzelteilchen nach sich, welche indes unterschiedlich in die Berechnung der Beweglichkeit β einerseits und des Diffusionskoeffizienten D andererseits eingreift! Im Lichte dieser Kritik dürfen wir die vorgeschlagene Erweiterung der *Einstein*schen Relation nur als *Grenzgesetz für infinitesimal schwache Störungen* werten. Unter Beschränkung auf die hierdurch angezeigte Genauigkeit resultiert also in einem gleichförmig temperierten Ionengas bei einer zeitunabhängigen Störung allein seines elektrischen Gleichgewichtes die stationäre *Teilchenstromdichte*

$$s + n\,\vec{v} = -D\,\mathrm{grad}\,n \pm E\,\beta\,n = \tag{IV 7, 23}$$

$$= \pm\,\beta\,n\left[E - \frac{k\,T}{q}\,\mathrm{grad}\,\ln n\right] = \mp\,\beta\,n\,\mathrm{grad}\left(\varphi + \frac{k\,T}{q}\,\ln n\right); \qquad q \gtrless 0$$

Aus ihr berechnet sich die *elektrische* Stromdichte j durch Multiplikation mit der Ladung q des Einzelions zu

$$j = \mp\,\beta\,n\,\mathrm{grad}\,(q\,\varphi + k\,T\,\ln n); \qquad q \gtrless 0. \tag{IV 7, 24}$$

f) Wir spezialisieren durch

$$\beta = \beta_I; \qquad q = -q_0; \qquad n = n_I \tag{IV 7, 25}$$

auf die Elektronen im Leitungsbande I eines Halbleiters und durch

$$\beta = \beta_{II}; \qquad q = +q_0; \qquad n = n_{II}{}^* \tag{IV 7, 26}$$

auf die Absentonen seines Valenzbandes. Gemäß (IV 7, 24) erhalten wir somit für die Dichte j_I des Elektronenstromes die Darstellung

$$j_I = -\,\beta_I\,n_I\,\mathrm{grad}\,(q_0\,\varphi - k\,T\,\ln n_I) \tag{IV 7, 27}$$

und für die Stromdichte j_{II} der Fehlelektronen

$$j_{II} = -\,\beta_{II}\,n_{II}{}^*\,\mathrm{grad}\,(q_0\,\varphi + k\,T\,\ln n_{II}{}^*). \tag{IV 7, 28}$$

Der Bau dieser Gleichungen läßt es angezeigt erscheinen, mit Hilfe zweier vorerst noch willkürlicher Konstanten C_I und C_{II} durch die Definitionen

$$q_0\,\psi_I = q_0\,\varphi - k\,T\,\ln n_I + C_I \tag{IV 7, 29}$$

und

$$q_0\,\psi_{II} = q_0\,\varphi + k\,T\,\ln n_{II}{}^* + C_{II} \tag{IV 7, 30}$$

die Feldskalare ψ_{I} und ψ_{II} je als Mutterfunktion der antipolaren elektrischen Stromdichten einzuführen:

$$j_{\mathrm{I}} = - q_0\,\beta_{\mathrm{I}}\,n_{\mathrm{I}}\,\mathrm{grad}\,\psi_{\mathrm{I}}, \qquad\qquad (\text{IV } 7,\ 31)$$

$$j_{\mathrm{II}} = - q_0\,\beta_{\mathrm{II}}\,n_{\mathrm{II}}{}^*\,\mathrm{grad}\,\psi_{\mathrm{II}}. \qquad\qquad (\text{IV } 7,\ 32)$$

Wählt man jetzt

$$C_{\mathrm{I}} = q_0\,\psi + k\,T \ln n_e; \qquad C_{\mathrm{II}} = q_0\,\psi - k\,T \ln n_e \qquad (\text{IV } 7,\ 33)$$

mit den beziehentlich dem *Gleichgewichtszustande* bei der absoluten Temperatur T zugeordneten Werten der eingeprägten Trägerkonzentration n_e nach Gl. (IV 1, 95) und des elektrochemischen Potentiales ψ nach Gl. (IV 1, 99), so erhält man als Umkehrung der Gleichungen (IV 7, 29) und (IV 7, 30) die Relationen

$$n_{\mathrm{I}} = n_e\,e^{\frac{q_0\,\varphi}{k\,T}} \cdot e^{\frac{q_0(\psi - \psi_{\mathrm{I}})}{k\,T}} \qquad\qquad (\text{IV } 7,\ 34)$$

und

$$n_{\mathrm{II}}{}^* = n_e \cdot e^{-\frac{q_0\,\varphi}{k\,T}} \cdot e^{-\frac{q_0(\psi - \psi_{\mathrm{II}})}{k\,T}}. \qquad\qquad (\text{IV } 7,\ 35)$$

Sie rechtfertigen die Bezeichnung der Funktionen ψ_{I} und ψ_{II} als *elektrochemische Strompotentiale*; im Grenzfalle des Gleichgewichtes werden beide mit dem konstanten elektrochemischen Potentiale ψ identisch.

g) Um uns von der bisher eingehaltenen Beschränkung auf nur schwach entartete Ionenkollektive zu befreien und die grundlegenden Begriffe der elektrochemischen Strompotentiale sinngemäß verallgemeinern zu können, kehren wir zur Definition der Funktion y = f(x) nach (IV 1, 79) zurück und stellen aus ihr die Umkehrungsfunktion

$$x = \xi(y) \qquad\qquad (\text{IV } 7,\ 36)$$

des in Abb. IV 7, 1 dargestellten Verlaufes her. Mit ihrer Hilfe erhalten wir aus (IV 1, 80) als Ausdruck des thermisch-elektrischen Gleichgewichtszustandes im Elektronenkollektiv die Relation

$$x_{\mathrm{I}} = \frac{\eta_{\mathrm{I,\,min}} - q_0(\varphi - \psi)}{k\,T} = \xi\left[n_{\mathrm{I}}\,\tau_0\,4\,\pi^{3/2} \left(\frac{\hbar^2}{2\,M_{\mathrm{I}}\,k\,T}\right)^{3/2} \right] \qquad (\text{IV } 7,\ 37)$$

und ebenso aus (IV 1, 81) für das Kollektiv der Absentonen

$$- x_{\mathrm{II}} = \frac{\eta_{\mathrm{II,\,max}} - q_0(\varphi - \psi)}{k\,T} = - \xi\left[n_{\mathrm{II}}{}^* \cdot \tau_0\,4\,\pi^{3/2} \left(\frac{\hbar^2}{2\,M_{\mathrm{II}}{}^*\,k\,T}\right)^{3/2} \right]$$
$$(\text{IV } 7,\ 38)$$

Da nun dieser Gleichgewichtszustand durch einen räumlich unveränderlichen Wert

$$\psi = \psi_0 = \text{const} \qquad\qquad (\text{IV } 7,\ 39)$$

des elektrochemischen Potentiales ausgezeichnet ist, ziehen die Gleichungen (IV 7, 37) und (IV 7, 38) beziehentlich die Aussagen

$$q_0\,\mathrm{grad}\,\varphi + \frac{k\,T}{n_{\mathrm{I}}} \cdot \left[y\,\frac{d\xi}{dy} \right]_{\mathrm{I}} \mathrm{grad}\,n_{\mathrm{I}} = 0 \qquad\qquad (\text{IV } 7,\ 40)$$

und

$$q_0\,\mathrm{grad}\,\varphi - \frac{k\,T}{n_{\mathrm{II}}{}^*} \left[y\,\frac{d\xi}{dy} \right]_{\mathrm{II}} \cdot \mathrm{grad}\,n_{\mathrm{II}}{}^* = 0 \qquad\qquad (\text{IV } 7,\ 41)$$

nach sich, in welchen die Indizes I und II abkürzend auf die jeweils für y maßgeblichen Werte der Konzentration und der Masse hinweisen. Um diese

Gleichungen mit den früheren Überlegungen zu verknüpfen, erweitern wir (IV 7, 40) mit $(\beta_I\, n_I)$ sowie (IV 7, 41) mit $\beta_{II}\, n_{II}^*$ und gelangen zu den Relationen

$$q_0\, n_I\, \beta_I\, \mathrm{grad}\,\varphi + k\,T\,\beta_I\left[y\,\frac{d\xi}{dy}\right]_I \cdot \mathrm{grad}\, n_I = 0, \qquad \text{(IV 7, 42)}$$

sowie

$$q_0\, n_{II}^*\, \beta_{II}\, \mathrm{grad}\,\varphi - k\,T\,\beta_{II}\left[y\,\frac{d\xi}{dy}\right]_{II} \cdot \mathrm{grad}\, n_{II}^* = 0, \qquad \text{(IV 7, 43)}$$

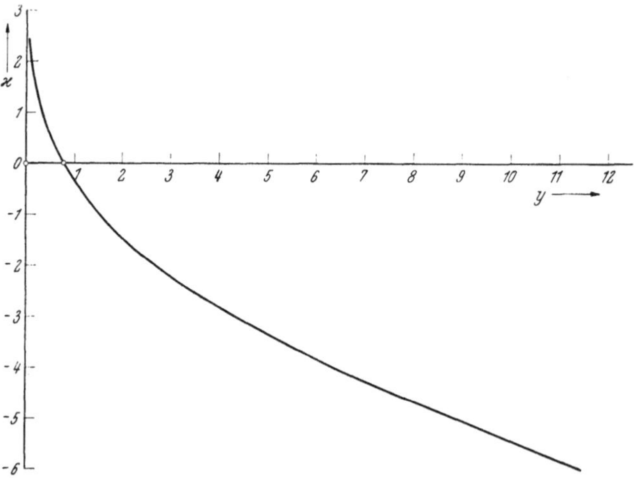

Abb. IV 7, 1. Die Funktion $\varkappa = \xi(y)$ nach (IV 7, 36); vgl. Abb. IV 1, 3.

welche sich je als Kompensation der Dichte des elektrischen Konvektionsstromes [erster Posten] durch jene des Diffusionsstromes [zweiter Posten] deuten lassen. Im Einklang mit dieser Auffassung definiert

$$D_I = \frac{k\,T\,\beta_I}{q_0}\left[y\,\frac{d\xi}{dy}\right]_{y=f(x_I)} ; \qquad x_I = \frac{\eta_{I,\,min} - q_0(\varphi - \psi)}{k\,T} \qquad \text{(IV 7, 44)}$$

den auf beliebige Zustände des Elektronenkollektivs verallgemeinerten Diffusionskoeffizienten des Leitungsbandes, während für die Diffusion der Absentonen des Valenzbandes der „allgemeine" Koeffizient

$$D_{II} = -\frac{k\,T\,\beta_{II}}{q_0}\left[y\,\frac{d\xi}{dy}\right]_{y=f(x_{II})} ; \qquad x_{II} = \frac{q_0(\varphi - \psi) - \eta_{II,\,max}}{k\,T} \qquad \text{(IV 7, 45)}$$

maßgebend ist.

Bei den in (IV 1, 91) genannten, schwachen Konzentrationen der antipolaren Ladungsträger dürfen wir uns mit dem Anfangsgliede der Entwicklung (IV 1, 82) begnügen und erhalten in der hierdurch angezeigten Näherung

$$x = \xi(y) = \ln\frac{1}{y} ; \qquad \frac{d\xi}{dy} = -\frac{1}{y}. \qquad \text{(IV 7, 46)}$$

Daher entnehmen wir aus (IV 7, 44) und (IV 7, 45) die Angaben

$$D_I = -\frac{k\,T\,\beta_I}{q_0} ; \qquad D_{II} = \frac{k\,T\,\beta_{II}}{q_0}, \qquad \text{(IV 7, 47)}$$

welche mit der *Einstein*schen Gleichung (IV 7, 22) inhaltlich übereinstimmen.

Liegen jedoch Ionenkollektive starker Konzentrationen

$$y_I = n_I \, \tau_0 \, 4 \, \pi^{3/2} \left(\frac{\hbar^2}{2 \, M_I \, k \, T} \right)^{3/2} \gg 1,$$

$$y_{II} = n_{II}{}^* \, \tau_0 \, 4 \, \pi^{3/2} \left(\frac{\hbar^2}{2 \, M_{II}{}^* \, k \, T} \right)^{3/2} \gg 1 \qquad \text{(IV 7, 48)}$$

vor, so entnimmt man aus Abb. IV 7, 1 die Informationen

$$- x_I = \frac{q_0(\varphi - \psi) - \eta_{I, \min}}{k \, T} \gg 1$$

$$- x_{II} = \frac{\eta_{II, \max} - q_0(\varphi - \psi)}{k \, T} \gg 1. \qquad \text{(IV 7, 49)}$$

Nun folgt aus (IV 1, 88) für $(-x) \gg 1$ die Näherung

$$\varkappa_0 = G(x) \approx \sqrt{-x}, \qquad \text{(IV 7, 50)}$$

so daß wir aus (IV 1, 90) wegen $e^x = e^{-|x|} \ll 1$ auf

$$y = f(x) \approx \frac{4}{\sqrt{\pi}} \frac{1}{3} (-x)^{3/2}; \qquad x = \xi(y) \approx - \left(\frac{3 \sqrt{\pi}}{4} y \right)^{2/3} \qquad \text{(IV 7, 51)}$$

schließen. Demnach finden wir in gleicher Genauigkeit

$$y \frac{d\xi}{dy} = - \frac{2}{3} \left(\frac{3 \sqrt{\pi}}{4} y \right)^{2/3} = - \sqrt[3]{\frac{\pi}{6}} \, y^{2/3}. \qquad \text{(IV 7, 52)}$$

Gemäß (IV 7, 44) und (IV 7, 45) resultieren somit nunmehr die Diffusionskoeffizienten

$$D_I = - \frac{\pi \, \hbar^2 \, \beta_I}{q_0 \, M_I} \sqrt[3]{\frac{\pi}{3}} \, (n_I \, \tau_0)^{2/3}; \qquad D_{II} = \frac{\pi \, \hbar^2 \, \beta_{II}}{q_0 \, M_{II}{}^*} \sqrt[3]{\frac{\pi}{3}} \, (n_{II}{}^* \, \tau_0)^{2/3} \qquad \text{(IV 7, 53)}$$

welche, in scharfem Gegensatz zu den Koeffizienten (IV 7, 47) schwach entarteter Ionenkollektive, von den jeweiligen Konzentrationen der antipolaren Ladungsträger abhängig sind.

Unter Beschränkung auf nur sehr geringfügige Störungen des bisher vorausgesetzten thermisch-elektrischen Gleichgewichtes erhalten wir nunmehr bei der überall einheitlichen, absoluten Temperatur T die Dichte j_I des Elektronenstromes mittels der Anweisung

$$j_I = - q_0 \, [n_I \, \beta_I \, \text{grad} \, \varphi - D_I \, \text{grad} \, n_I] = - q_0 \, n_I \, \beta_I \left[\text{grad} \, \varphi - \frac{k \, T}{q_0} \frac{d\xi}{dy_I} \, \text{grad} \, y_I \right] \qquad \text{(IV 7, 54)}$$

und jene des Absentonenstromes mittels

$$j_{II} = - q_0 \, [n_{II}{}^* \, \beta_{II} \, \text{grad} \, \varphi + D_{II} \, \text{grad} \, n_{II}{}^*] =$$

$$= - q_0 \, n_{II}{}^* \, \beta_{II} \left[\text{grad} \, \varphi + \frac{k \, T}{q_0} \frac{d\xi}{dy_{II}} \, \text{grad} \, y_{II} \right]. \qquad \text{(IV 7, 55)}$$

Verlangen wir jetzt die Gültigkeit der genetischen Gleichungen (IV 7, 31) und (IV 7, 32) auch in dem hier behandelten, allgemeinen Falle, so definieren wir hiernach die Funktionen

$$\psi_I = \varphi - \frac{k \, T}{q_0} \xi(y_I) + \frac{1}{q_0} C_I \qquad \text{(IV 7, 56)}$$

und

$$\psi_{\mathrm{II}} = \varphi + \frac{k\,T}{q_0}\,\xi(y_{\mathrm{II}}) + \frac{1}{q_0}\,C_{\mathrm{II}} \qquad (IV\ 7,\ 57)$$

bei zunächst beliebiger Wahl der Konstanten C_{I} und C_{II} die gesuchten elektrochemischen Strompotentiale. Um sie an das elektrochemische Potential $\psi = \psi_0$ der Gleichgewichtsverteilung anzuschließen, bezeichnen wir jetzt der Deutlichkeit halber die ihr korrespondierenden Werte der Konzentrationen und des elektrischen Makropotentiales durch den Index O, so daß gleichzeitig die Relationen

$$\frac{\eta_{\mathrm{I,\,min}} - q_0(\varphi_0 - \psi_0)}{k\,T} = \xi\left[n_{\mathrm{I,0}}\,\tau_0\,4\,\pi^{3/2}\left(\frac{\hbar^2}{2\,M_{\mathrm{I}}\,k\,T}\right)^{3/2} \right] \qquad (IV\ 7,\ 58)$$

und

$$\frac{q_0(\varphi_0 - \psi_0) - \eta_{\mathrm{II,\,max}}}{k\,T} = \xi\left[n^*_{\mathrm{II,0}}\,\tau_0\,4\,\pi^{3/2}\left(\frac{\hbar^2}{2\,M_{\mathrm{II}}^*\,k\,T}\right)^{3/2} \right] \qquad (IV\ 7,\ 59)$$

bestehen. Sie liefern, sofern wir die Basis des elektrischen Makropotentiales durch die Bedingung der *Quasineutralität*

$$n_{\mathrm{I,0}} = n^*_{\mathrm{II,0}} = n_e \quad \text{für} \quad \varphi_0 = 0 \qquad (IV\ 7,\ 60)$$

festlegen, die Angaben

$$\frac{\eta_{\mathrm{I,\,min}} + q_0\,\psi_0}{k\,T} = \xi\left[n_e\,\tau_0\,4\,\pi^{3/2}\left(\frac{\hbar^2}{2\,M_{\mathrm{I}}\,k\,T}\right)^{3/2} \right] \qquad (IV\ 7,\ 61)$$

und

$$\frac{q_0\,\psi_0 + \eta_{\mathrm{II,\,max}}}{k\,T} = -\,\xi\left[n_e\,\tau_0\,4\,\pi^{3/2}\left(\frac{\hbar^2}{2\,M_{\mathrm{II}}^*\,k\,T}\right)^{3/2} \right]. \qquad (IV\ 7,\ 62)$$

Man entnimmt ihnen durch Subtraktion die Gleichung

$$\frac{\eta_{\mathrm{I,\,min}} - \eta_{\mathrm{II,\,max}}}{k\,T} = \xi\left[n_e\,\tau_0\,4\,\pi^{3/2}\left(\frac{\hbar^2}{2\,M_{\mathrm{I}}\,k\,T}\right)^{3/2} \right] + \xi\left[n_e\,\tau_0\,4\,\pi^{3/2}\left(\frac{\hbar^2}{2\,M_{\mathrm{II}}^*\,k\,T}\right)^{3/2} \right]$$
$$(IV\ 7,\ 63)$$

für die „eingeprägte Konzentration" n_e; um sie zu lösen, setze man abkürzend

$$y_e = n_e\,\tau_0\,4\,\pi^{3/2}\left(\frac{\hbar^2}{2\,\sqrt{M_{\mathrm{I}}\,M_{\mathrm{II}}^*}\,k\,T}\right)^{3/2} \qquad (IV\ 7,\ 64)$$

so daß (IV 7, 63) die Gestalt

$$\frac{\eta_{\mathrm{I,\,min}} - \eta_{\mathrm{II,\,max}}}{k\,T} = \xi\left[\left(\frac{M_{\mathrm{II}}^*}{M_{\mathrm{I}}}\right)^{3/4} y_e \right] + \xi\left[\left(\frac{M_{\mathrm{I}}}{M_{\mathrm{II}}^*}\right)^{3/4} y_e \right] \qquad (IV\ 7,\ 65)$$

annimmt. Hat man y_e ermittelt, so liefert die Addition der Gleichungen (IV 7, 61) und (IV 7, 62) das elektrochemische Potential

$$\psi_0 = \psi = -\,\frac{\eta_{\mathrm{I,\,max}} + \eta_{\mathrm{II,\,min}}}{2\,q_0} + \frac{k\,T}{q_0}\left\{ \xi\left[\left(\frac{M_{\mathrm{II}}^*}{M_{\mathrm{I}}}\right)^{3/4} y_e \right] - \xi\left[\left(\frac{M_{\mathrm{I}}}{M_{\mathrm{II}}^*}\right)^{3/4} y_e \right] \right\}.$$
$$(IV\ 7,\ 66)$$

Unter der Bedingung (IV 7, 60) reduzieren sich die Gleichungen (IV 7, 56) und (IV 7, 57) unter Beachtung von (IV 7, 64) beziehentlich auf

$$q_0\,\psi_{\mathrm{I}} = -\,k\,T\,\xi\left[\left(\frac{M_{\mathrm{II}}^*}{M_{\mathrm{I}}}\right)^{3/4} y_e \right] + C_{\mathrm{I}} \qquad (IV\ 7,\ 67)$$

und

$$q_0\,\psi_{II} = k\,T\,\xi\left[\left(\frac{M_I}{M_{II}{}^*}\right)^{3/4}y_e\right] + C_{II}.\qquad\text{(IV 7, 68)}$$

Verlangen wir nun, daß ebendann die elektrochemischen Strompotentiale ψ_I und ψ_{II} mit dem elektrochemischen Potential $\psi_0 = \psi$ koinzidieren, so gewinnen wir für C_I und C_{II} die Angaben

$$C_I = q_0\,\psi + k\,T\,\xi\left[\left(\frac{M_{II}{}^*}{M_I}\right)^{3/4}y_e\right]\qquad\text{(IV 7, 69)}$$

und

$$C_{II} = q_0\,\psi - k\,T\,\xi\left[\left(\frac{M_I}{M_{II}{}^*}\right)^{3/4}y_e\right],\qquad\text{(IV 7, 70)}$$

welche in Gemeinschaft mit (IV 7, 56) und (IV 7, 57) die auf schwach entartete Kollektive beschränkten Gleichungen (IV 7, 29), (IV 7, 30), (IV 7, 31) und (IV 7, 32) auf beliebige Grade der Entartung erweitern.

IV 8. Elektrodynamik der Kristalldiode.

a) Gegeben sei eine parallelebene Kristalldiode der in Ziffer IV 3 beschriebenen Bauart. Wir legen zwischen ihre in $x = -\tfrac{1}{2}l$ fixierte negative Elektrode und ihre in $x = +\tfrac{1}{2}l$ fixierte positive Elektrode die in der genannten Zählfolge als positiv gerechnete Spannung U, deren Verlauf — längs einer passend gewählten, festen Verbindungskurve der beiden Elektroden — als Funktion der laufenden Zeit t vorgeschrieben sei

$$U = U(t).\qquad\text{(IV 8, 1)}$$

Doch beschränken wir uns weiterhin auf so langsam veränderliche Vorgänge, daß die induktiven Wirkungen des innerhalb der Diode auftretenden Magnetfeldes auf deren elektrisches Feld vernachlässigt werden dürfen. Zufolge dieser Übereinkunft kann jenes elektrische Feld stets durch ein skalares Potential erschöpfend beschrieben werden, dessen Makroanteil wir durch das Symbol

$$\varphi = \varphi(x;t)\qquad\text{(IV 8, 2)}$$

bezeichnen. Über die hierdurch angezeigte Näherung hinausgehend lassen wir bei der folgenden Analyse der Ionenbewegung in der Kristalldiode die dort tätigen *Lorentz*kräfte sowohl des vom elektrischen Diodenstrom herrührenden Eigenmagnetfeldes wie auch des von etwaigen äußeren Quellen erregten Fremdmagnetfeldes grundsätzlich außer Betracht, schließen also den *Hall*-Effekt von der Untersuchung aus.

b) Die Spannung U zwingt den Elektroden, welche im Ruhezustande [U = 0] der Diode je das Basispotential $\varphi = 0$ führten, zufolge des vorausgesetzten, symmetrischen Baues beider Diodenhälften beziehentlich die Arbeitspotentiale

$$\varphi_- = \varphi\left(-\frac{1}{2}l;t\right) = \frac{1}{2}U(t);\qquad \varphi_+ = \varphi\left(\frac{1}{2}l,t\right) = -\frac{1}{2}U(t)\qquad\text{(IV 8, 3)}$$

auf. Durch diesen Eingriff wird das thermisch-elektrische Gleichgewicht des Systemes gestört: Es entwickelt sich ein elektrischer Strom, dessen Dichte $j = j(x;t)$ wir parallel der positiven x-Achse als positiv zählen. Sei nun $\varrho = \varrho(x;t)$ die Dichte der elektrischen Makroladung im Kristall, so führt die Erste *Maxwell*sche Feldgleichung zum Kontinuitätsgesetz

$$\operatorname{div} \mathrm{j} + \frac{\partial \varrho}{\partial t} = 0 \qquad \text{(IV 8, 4)}$$

des Stromdichtevektors j, welches sich vermöge des parallelebenen Baues der Diode auf die Aussage

$$\frac{\partial \mathrm{j}}{\partial \mathrm{x}} = - \frac{\partial \varrho}{\partial t} \qquad \text{(IV 8, 5)}$$

reduziert.

Ungeachtet der nunmehr unvermeidlichen, irreversiblen Umwandlung elektrischer Arbeit in *Joule*sche Stromwärme setzen wir voraus, daß die absolute Temperatur T der Kristalldiode durch Anwendung passender Kühlmittel auf einem überall merklich einheitlichen, zeitunabhängigen Werte gehalten werde

$$\mathrm{T} = \text{const.} \qquad \text{(IV 8, 6)}$$

Gesucht wird der in diesem Sinne „isotherme" Zusammenhang zwischen der Stromdichte j und der Elektrodenspannung U einschließlich deren zeitlicher Ableitung

$$\dot{\mathrm{U}} = \frac{\mathrm{dU}}{\mathrm{dt}} \qquad \text{(IV 8, 7)}$$

oder, in Kürze, die dynamische Kennlinie

$$\mathrm{j(t)} = \mathrm{j}\,[\mathrm{U};\dot{\mathrm{U}}]. \qquad \text{(IV 8, 8)}$$

c) Zur Lösung der gestellten Aufgabe rufen wir die elektrochemischen Strompotentiale $\psi_\mathrm{I} = \psi_\mathrm{I}(\mathrm{x};\mathrm{t})$ der Elektronen und $\psi_\mathrm{II} = \psi_\mathrm{II}(\mathrm{x};\mathrm{t})$ der Fehlelektronen nach Ziffer IV 7 zu Hilfe; sie regeln zusammen mit dem elektrischen Makropotential φ die Verteilung der Elektronenkonzentration $\mathrm{n_I} = \mathrm{n_I}(\mathrm{x};\mathrm{t})$ im Leitungsbande I entsprechend Gl. (IV 7, 34)

$$\mathrm{n_I} = \mathrm{n_e}\, \mathrm{e}^{\frac{\mathrm{q_0}}{\mathrm{kT}}(\varphi + \psi - \psi_\mathrm{I})} \qquad \text{(IV 8, 9)}$$

und die Verteilung $\mathrm{n_{II}}^* = \mathrm{n_{II}}^*(\mathrm{x};\mathrm{t})$ der Absentonenkonzentration entsprechend Gl. (IV 7, 35)

$$\mathrm{n_{II}}^* = \mathrm{n_e}\, \mathrm{e}^{-\frac{\mathrm{q_0}}{\mathrm{kT}}(\varphi + \psi - \psi_\mathrm{II})}. \qquad \text{(IV 8, 10)}$$

Die von diesen elektrochemischen Strompotentialen erregten Teilstromdichten $\mathrm{j_I}$ der Elektronen und $\mathrm{j_{II}}$ der Absentonen ergeben sich nun aus den auf zeitabhängige Vorgänge verallgemeinerten Gleichungen (IV 7, 31) und (IV 7, 32) zu

$$\mathrm{j_I}(\mathrm{x};\mathrm{t}) = -\,\mathrm{q_0}\,\beta_\mathrm{I}\,\mathrm{n_I}\,\frac{\partial \psi_\mathrm{I}}{\partial \mathrm{x}} \qquad \text{(IV 8, 11)}$$

und

$$\mathrm{j_{II}}(\mathrm{x};\mathrm{t}) = -\,\mathrm{q_0}\,\beta_\mathrm{II}\,\mathrm{n_{II}}\,\frac{\partial \psi_\mathrm{II}}{\partial \mathrm{x}}. \qquad \text{(IV 8, 12)}$$

d) Durch die Gleichungen (IV 8, 11) und (IV 8, 12) in Gemeinschaft mit (IV 8, 9) und (IV 8, 10) wird die Elektrodynamik der Kristalldiode auf die Kenntnis der drei skalaren Feldfunktionen φ, ψ_I und ψ_II zurückgeführt. Wir zeigen, daß sie drei simultanen, partiellen Differentialgleichungen zu unterwerfen sind:

1. Die *Raumladungsgleichung*.

Als gegeben betrachten wir die räumliche Verteilung der Donatorenkonzentration

$$N_D = N_D(x); \qquad -\frac{1}{2}l < x < \frac{1}{2}l, \qquad \text{(IV 8, 13)}$$

sowie der Akzeptorenkonzentration

$$N_A = N_A(x); \qquad -\frac{1}{2}l < x < \frac{1}{2}l, \qquad \text{(IV 8, 14)}$$

welche die Struktur der in Ziffer IV 3 behandelten Kristalldiode als Sonderfall in sich einschließen.

Die absolute Betriebstemperatur T sei nun so hoch gewählt, daß alle
diese Fremdatome ionisiert sind. Aus ihrem Zusammenwirken mit den beweglichen Ladungsträgern resultiert somit die makroskopische Raumladungsdichte

$$\varrho = q_0 \left[N_D(x) - N_A(x) + n_{II}{}^*(x;t) - n_I(x;t) \right] =$$

$$= q_0 \left[N_D(x) - N_A(x) + n_e \left\{ e^{\frac{q_0}{kT}(\varphi + \psi - \psi_I)} - e^{-\frac{q_0}{kT}(\varphi + \psi - \psi_{II})} \right\} \right]. \qquad \text{(IV 8, 15)}$$

Sei also $\varDelta_0$ die sogenannte Dielektrizitätskonstante des leeren Raumes
und ε die relative Dielektrizitätskonstante des Kristalles, so gehorcht das
quasistationäre elektrische Makropotential $\varphi = \varphi(x;t)$ der *Poisson*schen
Gleichung

$$\frac{\partial^2 \varphi}{\partial x^2} = -\frac{q_0}{\varDelta_0 \cdot \varepsilon} \left[N_D(x) - N_A(x) + n_e \left\{ e^{\frac{q_0}{kT}(\varphi + \psi - \psi_I)} - e^{-\frac{q_0}{kT}(\varphi + \psi - \psi_{II})} \right\} \right].$$

$$\text{(IV 8, 16)}$$

2. Die *Diffusionsgleichungen*.

Wir bezeichnen durch S den gleichförmigen Querschnitt der Kristalldiode senkrecht zu ihrer Achse und richten unser Augenmerk auf das schei-
benförmige Raumelement, welches nach Abb. IV 8, 1 von den infinitesimal
benachbarten Ebenen x und $(x + dx) > x$ begrenzt wird. Es enthält
zum Zeitpunkt t die Anzahl

$$dA = S \cdot n_{II}{}^*(x;t) \cdot dx \qquad \text{(IV 8, 17)}$$

von Absentonen [Fehlelektronen], welche sich während der infinitesimal
kurzen Zeitspanne $\delta t > 0$ um den Betrag

$$\delta\, dA = S\, \delta n_{II}{}^*(x;t) \cdot dx \qquad \text{(IV 8, 18)}$$

ändern möge; den Ursachen dieses Vorganges nachgehend, unterscheiden
wir zwei Gruppen von Erscheinungen wesentlich verschiedener physikalischer Natur:

I. *Kinematische Prozesse*.

Innerhalb der Kontrolldauer δt treten durch die in x errichtete Ebene

$$\delta_x\, dA = \frac{S}{q_0} j_{II}(x;t)\, \delta t = -\, S\, \beta_{II} \left(n_{II}{}^* \frac{\partial \psi_{II}}{\partial x} \right)_x \delta t \qquad \text{(IV 8, 19)}$$

Absentonen in das Innere des kontrollierten Raumelementes ein, und im
gleichen Zeitraum verlassen es

$$\delta_{x+dx}\, dA = \frac{S}{q_0} j_{II}(x + dx;t)\, \delta t = -\, S\, \beta_{II} \left(n_{II}{}^* \frac{\partial \psi_{II}}{\partial x} \right)_{x+dx} \delta t \qquad \text{(IV 8, 20)}$$

Absentonen durch die Ebene $(x + dx)$.

II. *Genetische Prozesse.*

Es sei g die „*Geburtenrate*" der Absentonen, welche deren Erzeugung je Raum- und Zeiteinheit durch innere Elektronenemission aus dem Valenzbande ihres Wirtskristalles mißt; innerhalb des Kontrollraumes erscheinen somit während der Zeitspanne δt „junge" Absentonen in der Anzahl

$$\delta_+ \, dA = g \cdot S \cdot dx \cdot \delta t. \qquad\qquad (IV\ 8,\ 21)$$

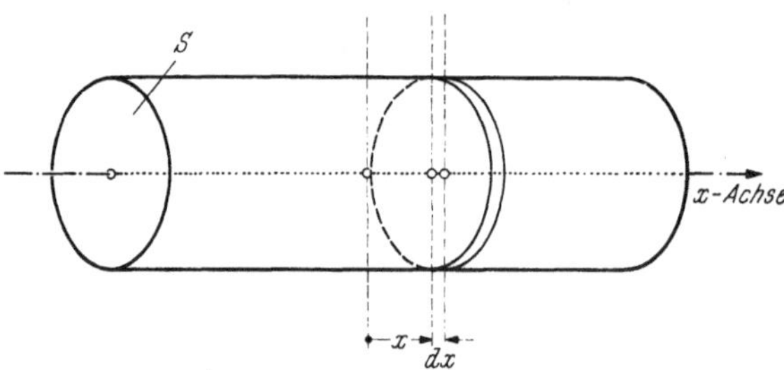

Abb. IV 8, 1. Orientierung in der Kristalldiode.

Bezeichnet andererseits r die *Rekombinationszahl* der Absentonen, so gehen deren innerhalb der gleichen Epoche

$$\delta_- \, dA = r\, n_{II}{}^* \cdot n_I \cdot S \cdot dx\ \delta t \qquad\qquad (IV\ 8,\ 22)$$

durch Wiedervereinigung mit Elektronen zugrunde: Wir haben den *Geburtenüberschuß*

$$\delta_g \, dA = \delta_+ \, dA - \delta_- \, dA = [g - r \cdot n_{II}{}^* \cdot n_I] \cdot S \cdot dx \cdot \delta t \qquad (IV\ 8,\ 23)$$

zu buchen. Gemäß Ziffer IV 6 besteht nun zwischen der Geburtenrate g, der Rekombinationszahl r und den *Gleichgewichtskonzentrationen* $n_{II,0}^*$ der Absentonen und $n_{I,0}$ der Elektronen der Zusammenhang

$$g = r \cdot n_{II,0}^* \cdot n_{I,0} = r \cdot n_e{}^2, \qquad\qquad (IV\ 8,\ 24)$$

so daß man mit Rücksicht auf (IV 8, 9) und (IV 8, 10) aus (IV 8, 23) auf die Angabe

$$\delta_g \, dA = \left[1 - e^{\frac{q_0}{kT}(\psi_{II} - \psi_I)} \right] r\, n_e{}^2\, S\, dx\, \delta t \qquad\qquad (IV\ 8,\ 25)$$

schließt. Durch ihre Vereinigung mit (IV 8, 18) und (IV 8, 20) gelangen wir also zu der *Absentonenbilanz*

$$\delta \, dA = S\, \delta n_{II}{}^*\, dx = -\, S\, \beta_{II}\left[\left(n_{II}{}^*\, \frac{\partial \psi_{II}}{\partial x} \right)_x - \left(n_{II}{}^*\, \frac{\partial \psi_{II}}{\partial x} \right)_{x+dx} \right] dx\, \delta t +$$

$$+ \left[1 - e^{\frac{q_0}{kT}(\psi_{II} - \psi_I)} \right] r\, n_e{}^2\, S\, dx\, \delta t. \qquad\qquad (IV\ 8,\ 26)$$

Kürzen wir sie mit $((S/q_0)\, dx\, \delta t)$ und gehen dann zur Grenze $dx \to 0$; $\delta t \to 0$ über, so resultiert für die Absentonenstromdichte j_{II} die partielle Differentialgleichung

$$\frac{\partial j_{II}}{\partial x} = -\, q_0\, \beta_{II}\, \frac{\partial}{\partial x}\left(n_{II}{}^*\, \frac{\partial \psi_{II}}{\partial x} \right) = -\, q_0\, \frac{\partial n_{II}{}^*}{\partial t} + \left[1 - e^{\frac{q_0}{kT}(\psi_{II} - \psi_I)} \right] q_0\, r\, n_e{}^2.$$

$$(IV\ 8,\ 27)$$

Auf demselben Wege finden wir die partielle Differentialgleichung der Elektronenstromdichte j_I

$$\frac{\partial j_I}{\partial x} = -\, q_0\, \beta_I\, \frac{\partial}{\partial x}\left(n_I\, \frac{\partial \psi_I}{\partial x} \right) = +\, q_0\, \frac{\partial n_I}{\partial t} - \left[1 - e^{-\frac{q_0}{kT}(\psi_I - \psi_{II})} \right] q_0\, r\, n_e{}^2.$$

$$(IV\ 8,\ 28)$$

Aus der Addition von (IV 8, 27) und (IV 8, 28) resultiert die Aussage

$$\frac{\partial j_I}{\partial t} + \frac{\partial j_{II}}{\partial t} = \frac{\partial j}{\partial t} = -\frac{\partial}{\partial t}\left[q_0(n_{II}{}^* - n_I)\right], \qquad \text{(IV 8, 29)}$$

welche inhaltlich mit der Kontinuitätsgleichung (IV 8, 5) identisch ist. Mit Rücksicht auf Gl. (IV 8, 10) bestehen die Relationen

$$\frac{\partial n_{II}{}^*}{\partial x} = \frac{q_0\,n_e}{k\,T}\left(\frac{\partial \psi_{II}}{\partial x} - \frac{\partial \varphi}{\partial x}\right) e^{-\frac{q^2}{kT}(\varphi + \psi - \psi_{II})} \qquad \text{(IV 8, 30)}$$

und

$$\frac{\partial n_{II}{}^*}{\partial t} = \frac{q_0\,n_e}{k\,T}\left(\frac{\partial \psi_{II}}{\partial t} - \frac{\partial \varphi}{\partial t}\right) e^{-\frac{q_0}{kT}(\varphi + \psi - \psi_{II})} \qquad \text{(IV 8, 31)}$$

so daß (IV 8, 27) in

$$\beta_{II}\left[\frac{q_0}{k\,T}\left\{\left(\frac{\partial \psi_{II}}{\partial x}\right)^2 - \frac{\partial \varphi}{\partial x}\frac{\partial \psi_{II}}{\partial x}\right\} + \frac{\partial^2 \psi_{II}}{\partial x^2}\right] =$$

$$= \frac{q_0}{k\,T}\left[\frac{\partial \psi_{II}}{\partial t} - \frac{\partial \varphi}{\partial t}\right] + \left[e^{-\frac{q_0 \psi_I}{kT}} - e^{-\frac{q_0 \psi_{II}}{kT}}\right] e^{\frac{q_0(\varphi + \psi)}{kT}} \cdot r \cdot n_e \quad \text{(IV 8, 32)}$$

übergeht. Ebenso entnimmt man aus Gl. (IV 8, 9) die Angaben

$$\frac{\partial n_I}{\partial x} = -\frac{q_0\,n_e}{k\,T}\left(\frac{\partial \psi_I}{\partial x} - \frac{\partial \varphi}{\partial x}\right) e^{\frac{q_0}{kT}(\varphi + \psi - \psi_I)} \qquad \text{(IV 8, 33)}$$

und

$$\frac{\partial n_I}{\partial t} = -\frac{q_0\,n_e}{k\,T}\left(\frac{\partial \psi_I}{\partial t} - \frac{\partial \varphi}{\partial t}\right) e^{\frac{q_0}{kT}(\varphi + \psi - \psi_I)}, \qquad \text{(IV 8, 34)}$$

mit deren Hilfe aus (IV , 28) die Forderung

$$\beta_I\left[-\frac{q_0}{k\,T}\left\{\left(\frac{\partial \psi_I}{\partial x}\right)^2 - \frac{\partial \varphi}{\partial x}\frac{\partial \psi_I}{\partial x}\right\} + \frac{\partial^2 \psi_I}{\partial x^2}\right] =$$

$$= \frac{q_0}{k\,T}\left[\frac{\partial \psi_I}{\partial t} - \frac{\partial \varphi}{\partial t}\right] - \left[e^{\frac{q_0 \psi_{II}}{kT}} - e^{\frac{q_0 \psi_I}{kT}}\right] e^{-\frac{q_0(\varphi + \psi)}{kT}} \cdot r \cdot n_e \quad \text{(IV 8, 35)}$$

hervorgeht.

e) Mit den vorstehenden Entwicklungen ist das *formale* Ziel der Theorie erreicht: Diejenige Lösung der simultanen Differentialgleichungen (IV 8, 16), (IV 8, 32) und (IV 8, 35), welche sowohl den Anfangsbedingungen des Systemes zum Zeitpunkt $t = 0$ wie auch seinen Randbedingungen in den Ebenen $x \to \mp \frac{1}{2}1$ angepaßt ist, stellt die Vorgänge in der Kristalldiode für $t > 0$ erschöpfend dar. Doch wird der reale Wert dieses erkenntnismäßig so wichtigen Satzes durch den *nichtlinearen Charakter* jener Differentialgleichungen beeinträchtigt, welche ihre geschlossene analytische Integration in der Regel ausschließt. Im Lichte dieses Sachverhaltes haben wir uns mit Teilergebnissen zu bescheiden, indem wir die beabsichtigte Untersuchung des elektrodynamischen Verhaltens der Kristalldiode nach zweierlei Richtungen hin beschränken:

1. Wir begnügen uns hier mit der Kenntnis der *stationären* Felder der Diode. Die dann zeitfreie Gesamtstromdichte

$$j = j(x) = j_I(x) + j_{II}(x) \qquad \text{(IV 8, 36)}$$

gehorcht gemäß (IV 8, 5) dem *Kirchhoff*schen Kontinuitätsgesetze

$$j(x) = \text{const.} \qquad \text{(IV 8, 37)}$$

Läßt sich diese Aussage auf die Komponentenstromdichten j_I der Elektronen und j_{II} der Absentonen einzeln übertragen?

Im stationären Zustand des Systemes folgt aus (IV 8, 27) und (IV 8, 28) die Doppelgleichung

$$\frac{dj_I}{dx} = \left[1 - e^{\frac{q_0}{kT}(\psi_{II} - \psi_I)}\right] q_0 \, r \, n_e^2 = -\frac{dj_{II}}{dx}. \qquad (IV\ 8,\ 38)$$

Daher können wir nur dann räumlich unveränderliche Komponentenstromdichten erwarten, falls mindestens eine der folgenden Bedingungen erfüllt wird:

I. Die Rekombination wird unterdrückt:

$$j_I(x) = \text{const}; \qquad j_{II}(x) = \text{const} \quad \text{für} \quad r \to 0. \qquad (IV\ 8,\ 39)$$

II. Die elektrochemischen Strompotentiale gleichen einander

$$j_I(x) = \text{const}; \qquad j_{II}(x) = \text{const} \quad \text{für} \quad \psi_I = \psi_{II}. \qquad (IV\ 8,\ 40)$$

Umgekehrt weisen hiernach die gleichzeitig bestehenden Ungleichungen

$$r \neq 0; \qquad \psi_I \neq \psi_{II} \qquad (IV\ 8,\ 41)$$

mit Sicherheit auf einen räumlichen Gang der Komponentenstromdichten j_I und j_{II} hin.

2. Das elektrische Skalarpotential φ_0 der *stromfreien* Kristalldiode [U = 0] gilt auf Grund der in Ziffer IV 3 entwickelten Methoden zur Berechnung des statischen Diodenfeldes weiterhin als eine uns bekannte Ortsfunktion

$$\varphi_0 = \varphi_0(x); \qquad -\frac{1}{2}l < x < \frac{1}{2}l. \qquad (IV\ 8,\ 42)$$

Sie diktiert, bei vorgegebener Höhe der absoluten Temperatur T, im *Gleichgewichtszustande* [Index 0] des Systemes die räumliche Verteilung sowohl der Elektronenkonzentration

$$n_{I,0} = n_{I,0}(x); \qquad -\frac{1}{2}l < x < \frac{1}{2}l, \qquad (IV\ 8,\ 43)$$

wie der Absentonenkonzentration

$$n_{II,0}^* = n_{II,0}^*(x); \qquad -\frac{1}{2}l < x < \frac{1}{2}l. \qquad (IV\ 8,\ 44)$$

Nunmehr gehen wir, die Ergebnisse der in Ziffer IV 2 durchgeführten Überlegungen benutzend, zu einem nach dem Muster der Ziffer IV 3 gebauten Modell einer p-n-Diode über, das wir mit folgenden ideellen Eigenschaften ausstatten:

I. Im p-Gebiete $[-\frac{1}{2}l < x < -\frac{1}{2}d]$ des Wirtskristalles ist die Akzeptorenkonzentration N_A konstant

$$N_A(x) = \text{const} = N_A = N; \qquad -\frac{1}{2}l < x < -\frac{1}{2}d. \qquad (IV\ 8,\ 45)$$

II. Die zahlenmäßig gleichstarke, homogene Verteilung zeichnet die Donatorenkonzentration N_D des n-Gebietes $[\frac{1}{2}d < x < \frac{1}{2}l]$ aus

$$N_D(x) = \text{const} = N_D = N; \qquad \frac{1}{2}d < x < \frac{1}{2}l. \qquad (IV\ 8,\ 46)$$

III. Die absolute Betriebstemperatur T der Kristalldiode sei derart gewählt, daß die eingeprägte Konzentration der beweglichen Elektrizitätsträger

$$n_e = n_e(T) \qquad (IV\ 8,\ 47)$$

stets klein gegen jene der Fremdatome bleibt

$$\frac{n_e}{N} \ll 1. \qquad\qquad (IV\ 8,\ 48)$$

Für die Konzentrationen der in den Fremdatombereichen jeweils *majorisierenden*, beweglichen Ladungsträger — Fehlelektronen im p-Gebiet, Elektronen im n-Gebiet — folgen dann im Gleichgewichtszustande des Systemes mit ausreichender Genauigkeit die Grenzaussagen

$$\lim_{l \to \infty} n^*_{II,0}\left(-\frac{1}{2}l\right) = N_A \qquad\qquad (IV\ 8,\ 49)$$

und

$$\lim_{l \to \infty} n_{I,0}\left(+\frac{1}{2}l\right) = N_D \qquad\qquad (IV\ 8,\ 50)$$

der Quasineutratität; wir dehnen die Gültigkeit dieser Gleichungen auf die gesamten, von Fremdatomen besetzten Bereiche des Diodenmodelles aus:

$$n^*_{II,0} = N_A; \qquad -\frac{1}{2}l < x < -\frac{1}{2}d \qquad\qquad (IV\ 8,\ 51)$$

und

$$n_{I,0} = N_D; \qquad \frac{1}{2}d < x < \frac{1}{2}l. \qquad\qquad (IV\ 8,\ 52)$$

Die korrespondierenden Gleichgewichtskonzentrationen der jeweils in der *Minorität* befindlichen, beweglichen Ladungsträger — Elektronen im p-Gebiet, Absentonen im n-Gebiet — ergeben sich aus dem für alle $\left(-\frac{1}{2}l\right) < x < \left(+\frac{1}{2}l\right)$ güiltigen *Massenwirkungsgesetz*

$$n_{I,0}(x) \cdot n^*_{II,0}(x) = n_e^2, \qquad\qquad (IV\ 8,\ 53)$$

so daß aus (IV 8, 51) und (IV 8, 52) die Angaben

$$n_{I,0} = \frac{n_e^2}{n^*_{II,0}} = \frac{n_e^2}{N_A}; \qquad -\frac{1}{2}l < x < -\frac{1}{2}d \qquad\qquad (IV\ 8,\ 54)$$

und

$$n^*_{II,0} = \frac{n_e^2}{n_{I,0}} = \frac{n_e^2}{N_D}; \qquad \frac{1}{2}d < x < \frac{1}{2}l \qquad\qquad (IV\ 8,\ 55)$$

hervorgehen. Im Ruhezustande der Diode [U = 0] fallen nun definitionsgemäß die elektrochemischen Strompotentiale $\psi_{I,0}$ und $\psi_{II,0}$ überall mit dem elektrochemischen Potential ψ_0 zusammen, welches seinerseits vermöge des vorausgesetzten Gleichgewichtszustandes innerhalb des gesamten Kristalles konstant ist

$$\psi_{I,0}(x) = \lim_{U \to 0} \psi_I(x) = \lim_{U \to 0} \psi_{II}(x) = \psi_{II,0}(x) = \psi_0 = const; \qquad -\frac{1}{2}l < x < \frac{1}{2}l.$$
$$(IV\ 8,\ 56)$$

Aus (IV 8, 9) und (IV 8, 10) folgen daher zusammen mit (IV 8, 54) und (IV 8, 55) die Aussagen

$$\varphi_0 = \frac{k\,T}{q_0} \ln \frac{n_e}{N_A} = -\frac{k\,T}{q_0} \ln \frac{N}{n_e}; \qquad \left(-\frac{1}{2}l\right) < x < \left(-\frac{1}{2}d\right) \qquad (IV\ 8,\ 57)$$

und

$$\varphi_0 = \frac{k\,T}{q_0} \ln \frac{N_D}{n_e} = \frac{k\,T}{q_0} \ln \frac{N}{n_e}; \qquad \frac{1}{2}d < x < \frac{1}{2}l. \qquad (IV\ 8,\ 58)$$

IV. In der Übergangszone $(-\frac{1}{2}\,d) < x < (+\frac{1}{2}\,d)$ sei die Rekombinationszahl r verschwindend klein

$$r \rightarrow 0; \qquad -\frac{1}{2}\,d < x < \frac{1}{2}\,d. \qquad\qquad \text{(IV 8, 59)}$$

Gemäß (IV 8, 39) schließen wir somit auf die Gleichheiten

$$j_I\left(-\frac{1}{2}\,d\right) = j_I(x) = j_I\left(+\frac{1}{2}\,d\right); \qquad -\frac{1}{2}\,d < x < \frac{1}{2}\,d \qquad \text{(IV 8, 60)}$$

und

$$j_{II}\left(-\frac{1}{2}\,d\right) = j_{II}(x) = j_{II}\left(+\frac{1}{2}\,d\right); \qquad -\frac{1}{2}\,d < x < \frac{1}{2}\,d, \qquad \text{(IV 8, 61)}$$

welche die Relationen

$$\left(n_I\,\frac{d\psi_I}{dx}\right)_{x=-\frac{1}{2}d} = \left(n_I\,\frac{d\psi_I}{dx}\right)_{x=+\frac{1}{2}d} \qquad\qquad \text{(IV 8, 62)}$$

und

$$\left(n_{II}{}^*\,\frac{d\psi_{II}}{dx}\right)_{x=-\frac{1}{2}d} = \left(n_{II}{}^*\,\frac{d\psi_{II}}{dx}\right)_{x=+\frac{1}{2}d} \qquad\qquad \text{(IV 8, 63)}$$

nach sich ziehen. Bei Beschränkung auf Arbeitsspannungen U nicht übermäßig hohen absoluten Betrages unterscheiden sich nun die Verhältnisse

$$\frac{n_{I,0}\left(-\frac{1}{2}\,d\right)}{n_{I,0}\left(+\frac{1}{2}\,d\right)} = \frac{n_{II,0}^*\left(+\frac{1}{2}\,d\right)}{n_{II,0}^*\left(-\frac{1}{2}\,d\right)} = \frac{n_e{}^2}{N_A\,N_D} = \left(\frac{n_e}{N}\right)^2 \ll 1 \qquad \text{(IV 8, 64)}$$

[vgl. (IV 9, 48)] der *Gleichgewichts*konzentrationen ihrer Größenordnung nach nicht wesentlich von den beziehentlich je am gleichen Ort gebildeten Verhältnissen der *Arbeits*konzentrationen. Auf Grund der Gleichheiten (IV 8, 62) und (IV 8, 63) ändern sich also die Gradienten

$$\psi_I{}'(x) = \frac{d\psi_I}{dx}\;; \qquad \psi_{II}{}'(x) = \frac{d\psi_{II}}{dx} \qquad\qquad \text{(IV 8, 65)}$$

der elektrochemischen Strompotentiale in der Übergangszone nach Maßgabe der zueinander gegenläufigen Ungleichungen

$$\frac{\psi_I{}'\left(+\frac{1}{2}\,d\right)}{\psi_I{}'\left(-\frac{1}{2}\,d\right)} = \frac{n_I\left(-\frac{1}{2}\,d\right)}{n_I\left(+\frac{1}{2}\,d\right)} \ll 1 \qquad\qquad \text{(IV 8, 66)}$$

und

$$\frac{\psi_{II}{}'\left(-\frac{1}{2}\,d\right)}{\psi_{II}{}'\left(+\frac{1}{2}\,d\right)} = \frac{n_{II}{}^*\left(+\frac{1}{2}\,d\right)}{n_{II}{}^*\left(-\frac{1}{2}\,d\right)} \ll 1. \qquad\qquad \text{(IV 8, 67)}$$

V. Ungeachtet der nach (IV 8, 66) und (IV 8, 67) gewiß zu erwartenden starken Änderungen der *Gradienten* $\psi_I{}'$ und $\psi_{II}{}'$ innerhalb der Übergangszone soll deren Weite d so klein gehalten werden, daß die dort wirksamen elektrochemischen Strompotentiale ψ_I und ψ_{II} selbst je als merklich konstant betrachtet werden dürfen

$$\psi_I\left(-\frac{1}{2}\,d\right) = \psi_I\left(+\frac{1}{2}\,d\right) \qquad\qquad \text{(IV 8, 68)}$$

und

$$\psi_{II}\left(-\frac{1}{2}\,d\right) = \psi_{II}\left(+\frac{1}{2}\,d\right). \qquad\qquad \text{(IV 8, 69)}$$

f) Von nun ab werde die Arbeitsspannung U der Kristalldiode als so schwach vorausgesetzt, daß die Absentonenkonzentration $n_{II}{}^*$ des p-Gebietes merklich ihrem Ruhewert gleicht

$$n_{II}{}^* = n_{II,0}^* = N_A; \quad -\frac{1}{2}\,l < x < -\frac{1}{2}\,d \qquad \text{(IV 8, 70)}$$

und dasselbe gelte für die Elektronenkonzentration n_I des n-Gebietes

$$n_I = n_{I,0} = N_D; \quad \frac{1}{2}\,d < x < \frac{1}{2}\,l. \qquad\qquad \text{(IV 8, 71)}$$

Überdies sei $n_{II}{}^*$ im p-Gebiete stets so groß, daß zum Transport der dort jeweils verlangten Teilstromdichte j_{II} schon ein infinitesimal schwacher Gradient des elektrochemischen Strompotentiales ψ_{II} ausreicht

$$\psi_{II}' = 0; \quad -\frac{1}{2}\,l < x < -\frac{1}{2}\,d \qquad\qquad \text{(IV 8, 72)}$$

und ebenso bleibe n_I im n-Gebiete immer so hoch, daß die dort verlangte Teilstromdichte j_I bereits mit Hilfe eines infinitesimal schwachen Gradienten des elektrochemischen Strompotentiales ψ_I befördert werden kann

$$\psi_I' = 0; \quad \frac{1}{2}\,d < x < \frac{1}{2}\,l. \qquad\qquad \text{(IV 8, 73)}$$

Die Forderungen (IV 8, 70) und (IV 8, 71) sind nur dann mit (IV 8, 72) und (IV 8, 73) vereinbar, falls man das elektrische Makropotential $\varphi = \varphi(x)$ des Arbeitszustandes mittels der Vorschriften

$$\varphi(x) = \varphi_0(x) + \frac{1}{2}\,U; \quad -\frac{1}{2}\,l < x < -\frac{1}{2}\,d \qquad \text{(IV 8, 74)}$$

und

$$\varphi(x) = \varphi_0(x) - \frac{1}{2}\,U; \quad \frac{1}{2}\,d < x < \frac{1}{2}\,l \qquad \text{(IV 8, 75)}$$

den Betriebsbedingungen (IV 9, 3) der Kristalldiode anpaßt. Den physikalisch wesentlichen Inhalt dieser Annahmen kurz zusammenfassend mag man sagen: Der *Ohm*sche Spannungsabfall, welchen die Stromdichte j beim Durchfließen der gesamten Kristalldiode verursacht, wird zur Gänze dem Mechanismus des Ladungstransportes durch die *Übergangszone* zur Last gelegt, in den beiderseits an sie anschließenden Fremdatombereichen jedoch vernachlässigt. Auf Grund dieser Einsicht kann man daher das hier untersuchte, überidealisierte Modell der Kristalldiode seinem realen Vorbilde nähern, indem man es mit einem passend bemessenen *Ohm*schen Widerstande in Reihe schaltet und die Spannung U an die Klemmen des resultierenden, „verbesserten" Modelles legt; da jedoch dessen [stationäre] Kennlinie aus jener des ursprünglichen Modelles durch eine bloße *Scherung* hervorgeht, dürfen wir gewiß bei diesem stehen bleiben.

g) Aus den Gleichungen (IV 8, 72) und (IV 8, 73) erschließen wir die Integrale

$$\psi_{\mathrm{I}} = \mathrm{const}; \qquad \frac{1}{2}\,\mathrm{d} < \mathrm{x} < \frac{1}{2}\,\mathrm{l} \qquad\qquad (\text{IV } 8,\ 76)$$

und

$$\psi_{\mathrm{II}} = \mathrm{const}; \qquad -\frac{1}{2}\,\mathrm{l} < \mathrm{x} < -\frac{1}{2}\,\mathrm{d}. \qquad\qquad (\text{IV } 8,\ 77)$$

Wie finden wir die in diesen Aussagen auftretenden Integrationskonstanten?

Wir begeben uns zunächst in das p-Gebiet der Kristalldiode. Aus (IV 8, 10) und (IV 8, 70) folgt mit Rücksicht auf (IV 8, 56) als Bedingung unveränderlicher Absentonenkonzentration die Gleichung

$$n_e\, e^{-\frac{q_0}{kT}\varphi_0(x)} = n_e\, e^{-\frac{q_0}{kT}\{\varphi(x)+\psi-\psi_{\mathrm{II}}\}}; \qquad -\frac{1}{2}\,\mathrm{l} < \mathrm{x} < -\frac{1}{2}\,\mathrm{d}, \quad (\text{IV } 8,\ 78)$$

welche vermöge (IV 8, 74) durch

$$\frac{1}{2}\,\mathrm{U} + \psi - \psi_{\mathrm{II}} = 0; \qquad \psi_{\mathrm{II}} - \psi = \frac{1}{2}\,\mathrm{U}; \qquad -\frac{1}{2}\,\mathrm{l} < \mathrm{x} < -\frac{1}{2}\,\mathrm{d}$$
$$(\text{IV } 8,\ 79)$$

erfüllt wird.

In das n-Gebiet übergehend, gewinnen wir aus (IV 8, 9), (IV 8, 56) und (IV 8, 71) als Bedingung gleichförmiger Elektronenkonzentration die Forderung

$$n_e\, e^{\frac{q_0}{kT}\varphi_0(x)} = n_e\, e^{\frac{q_0}{kT}\{\varphi(x)+\psi-\psi_{\mathrm{I}}\}}; \qquad \frac{1}{2}\,\mathrm{d} < \mathrm{x} < \frac{1}{2}\,\mathrm{l}. \qquad (\text{IV } 8,\ 80)$$

Sie wird durch

$$-\frac{1}{2}\,\mathrm{U} + \psi - \psi_{\mathrm{I}} = 0; \qquad \psi_{\mathrm{I}} - \psi = -\frac{1}{2}\,\mathrm{U}; \qquad \frac{1}{2}\,\mathrm{d} < \mathrm{x} < \frac{1}{2}\,\mathrm{l}$$
$$(\text{IV } 8,\ 81)$$

befriedigt.

h) Zu (IV 8, 68), (IV 8, 69) zurückkehrend, finden wir aus (IV 8, 9) und (IV 8, 10) mit Hilfe von (IV 8, 80) und (IV 8, 81) für die Arbeitskonzentration der Elektronen in der Grenzebene $\mathrm{x} = -\frac{1}{2}\mathrm{d}$ der Übergangszone zum p-Gebiet den Ausdruck

$$n_{\mathrm{I}}\left(-\frac{1}{2}\,\mathrm{d}\right) = n_e \cdot e^{\frac{q_0}{kT}\left\{\varphi\left(-\frac{1}{2}\mathrm{d}\right)+\psi-\psi_{\mathrm{I}}\left(-\frac{1}{2}\mathrm{d}\right)\right\}} =$$
$$= n_e\, e^{\frac{q_0}{kT}\left\{\varphi_0\left(-\frac{1}{2}\mathrm{d}\right)+\mathrm{U}\right\}} = n_{\mathrm{I},0}\left(-\frac{1}{2}\,\mathrm{d}\right) e^{\frac{q_0\mathrm{U}}{kT}} = \frac{n_e^{\,2}}{N_\mathrm{A}}\, e^{\frac{q_0\mathrm{U}}{kT}}, \quad (\text{IV } 8,\ 82)$$

sowie für die Arbeitskonzentration der Absentonen in der Grenzebene $\mathrm{x} = +\frac{1}{2}\mathrm{d}$ der Übergangszone zum n-Gebiet den Ausdruck

$$n_{\mathrm{II}}{}^{*}\left(\frac{1}{2}\,\mathrm{d}\right) = n_e\, e^{-\frac{q_0}{kT}\left\{\varphi\left(\frac{1}{2}\mathrm{d}\right)+\psi-\psi_{\mathrm{II}}\left(\frac{1}{2}\mathrm{d}\right)\right\}} =$$
$$= n_e\, e^{-\frac{q_0}{kT}\left\{\varphi_0\left(\frac{1}{2}\mathrm{d}\right)-\mathrm{U}\right\}} = n_{\mathrm{II},0}^{*}\left(\frac{1}{2}\,\mathrm{d}\right) e^{\frac{q_0\mathrm{U}}{kT}} = \frac{n_e^{\,2}}{N_\mathrm{D}}\, e^{\frac{q_0\mathrm{U}}{kT}}. \quad (\text{IV } 8,\ 83)$$

Der Eingriff der Spannung U stört somit die Gleichgewichtskonzentration der Elektronen in der Ebene x $= -\tfrac{1}{2}$ d um den Betrag

$$\varDelta n_I\left(-\frac{1}{2}\,d\right) = n_I\left(-\frac{1}{2}\,d\right) - n_{I,0}\left(-\frac{1}{2}\,d\right) = \frac{n_e{}^2}{N_A}\left[e^{\frac{q_0 U}{kT}} - 1\right] \quad \text{(IV 8, 84)}$$

und die Gleichgewichtskonzentration der Absentonen in der Ebene x $= \tfrac{1}{2}$ d um den Betrag

$$\varDelta n_{II}{}^*\left(\frac{1}{2}\,d\right) = n_{II}{}^*\left(\frac{1}{2}\,d\right) - n_{II,0}^*\left(\frac{1}{2}\,d\right) - \frac{n_e{}^2}{N_D}\left[e^{\frac{q_0 U}{kT}} - 1\right]. \quad \text{(IV 8, 85)}$$

i) Im Lichte der Angaben (IV 8, 70), (IV 8, 71) einerseits, (IV 8, 84) und (IV 8, 85) andererseits haben wir in den antipolaren Fremdatombereichen der arbeitenden Kristalldiode zwei in ihrem jeweiligen Antriebsmechanismus wesentlich voneinander verschiedene Trägerströmungen zu unterscheiden:

1. Wir richten unsere Aufmerksamkeit zunächst auf diejenigen beweglichen Ladungsträger, welche je in ihrer „Heimat" die *Mehrheit* bilden, also Fehlelektronen im p-Gebiete, Elektronen im n-Gebiet. Da diese Ionen dort nach Voraussetzung ein für allemal in derselben, gleichförmigen Dichte verteilt sind, können sich auch nach Anlegen der Spannung U innerhalb der jeweils majorisierenden Trägergesamtheit keine inneren Ausgleichsvorgänge in Form von Diffusionsströmen ausbilden; vielmehr rührt der gerichtete Antrieb jener Ionen allein von dem dort wirksamen elektrischen Felde her, welches seinerseits, zufolge der großen Zahl verfügbarer, majorisierender Ladungsträger deren jeweils verlangte Teilstromdichte schon mit verschwindend schwacher Intensität erzeugt: Für die Strömung ihrer die Mehrheit bildenden, beweglichen Ladungsträger spielen die Fremdatombereiche, im Rahmen der hier durchgeführten Modelltheorie, merklich die Rolle „*vollkommener*" *Leiter* der Elektrizität.

2. Wir gehen nunmehr zu denjenigen Ionen über, welche in ihrer jeweiligen „Heimat" die *Minderheit* bilden: Elektronen im p-Gebiete, Absentonen im n-Gebiete. In striktem Gegensatz zur majorisierenden Ionengesamtheit reagieren nun die in der Minderheit befindlichen Ladungsträger auf die Gleichgewichtsstörung durch die äußere Spannung U mit einer ungleichförmigen Verteilung je ihrer Konzentrationen, welche eine ausgleichende Diffusionsströmung erregt; da nun die elektrische Feldstärke nur infinitesimal schwache Beträge erreicht, kann die elektrisch angetriebene Konvektionsströmung der Minderheitsionen außer Betracht bleiben, so daß deren jeweils resultierende Stromdichte hinreichend genau dem Diffusionsanteil allein gleichgesetzt werden darf.

j) Um die vorstehende, qualitative Beschreibung der Trägerkinetik zu einer quantitativen zu verschärfen, bedienen wir uns der Gl. (IV 8, 36), welche mit Rücksicht auf die Angaben (IV 8, 60) und (IV 8, 61) die gewünschte Information auf die Berechnung der Elektronenstromdichte j_I in der Ebene x $= -\tfrac{1}{2}$ d und der Absentonenstromdichte j_{II} in der Ebene x $= \tfrac{1}{2}$ d zurückführt

$$j = j_I\left(-\frac{1}{2}\,d\right) + j_{II}\left(\frac{1}{2}\,d\right). \quad \text{(IV 8, 86)}$$

Wir beschäftigen uns zuerst mit der Strömung der Fehlelektronen. An Hand der Definition (IV 8, 30), (IV 8, 33) ihres elektrochemischen Strompotentiales

$$\psi_{II} = \varphi + \psi - \frac{kT}{q_0}\ln\frac{n_{II}{}^*}{n_e} \quad \text{(IV 8, 87)}$$

finden wir aus Gl. (IV 8, 12), ohne vorerst die besonderen Eigenschaften unseres hier benutzten Diodenmodelles zu berücksichtigen, für die stationäre Absentonenstromdichte die Gleichung

$$j_{II} = -\beta_{II}\left[q_0\, n_{II}{}^*\frac{d\varphi}{dx} + k\,T\,\frac{dn_{II}{}^*}{dx}\right]. \qquad (IV\ 8,\ 88)$$

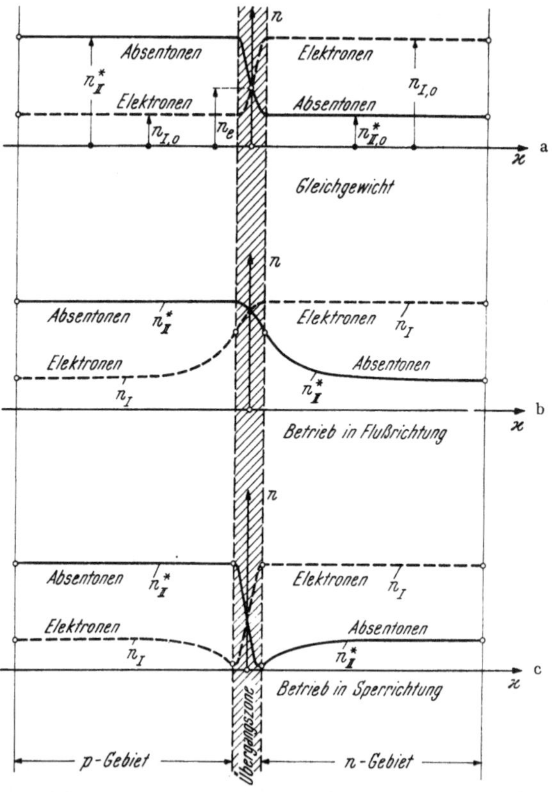

Abb. IV 8, 2. Träger-Konzentrationen in der Kristalldiode. a Gleichgewicht, b Betrieb in Flußrichtung, c Betrieb in Sperrichtung.

Nach (IV 8, 58) und (IV 8, 75) verschwindet nun im n-Gebiete der Modelldiode der Gradient des elektrischen Makropotentiales

$$\frac{d\varphi}{dx} = 0; \qquad \frac{1}{2}d < x < \frac{1}{2}l. \qquad (IV\ 8,\ 89)$$

Unter Berufung auf die *Einstein*sche Relation (IV 7, 22) zwischen der Beweglichkeit β_{II} der Fehlelektronen [Ladung $q = +q_0$] und ihrem Diffusionskoeffizienten D_{II}

$$k\,T\,\beta_{II} = q_0\,D_{II} \qquad (IV\ 8,\ 90)$$

vereinfacht sich also Gl. (IV 8, 88) zu der oben behaupteten Aussage

$$j_{II} = -q_0\,D_{II}\cdot\frac{dn_{II}{}^*}{dx}. \qquad (IV\ 8,\ 91)$$

Um sie in (IV 8, 38) nutzbar zu machen, stützen wir uns auf die aus (IV 8, 9) und (IV 8, 10) in Gemeinschaft mit (IV 8, 56) und (IV 8, 71) folgende Umformung

$$\left[1 - e^{\frac{q_0}{kT}(\psi_{II} - \psi_I)}\right] n_e{}^2 = n_{I,0} \cdot n_{II,0}^* - n_I \cdot n_{II} = N_D\,[n_{II\,0}^* - n_{II}];$$

$$\tfrac{1}{2}d < x < \tfrac{1}{2}l. \qquad\qquad (IV\ 8,\ 92)$$

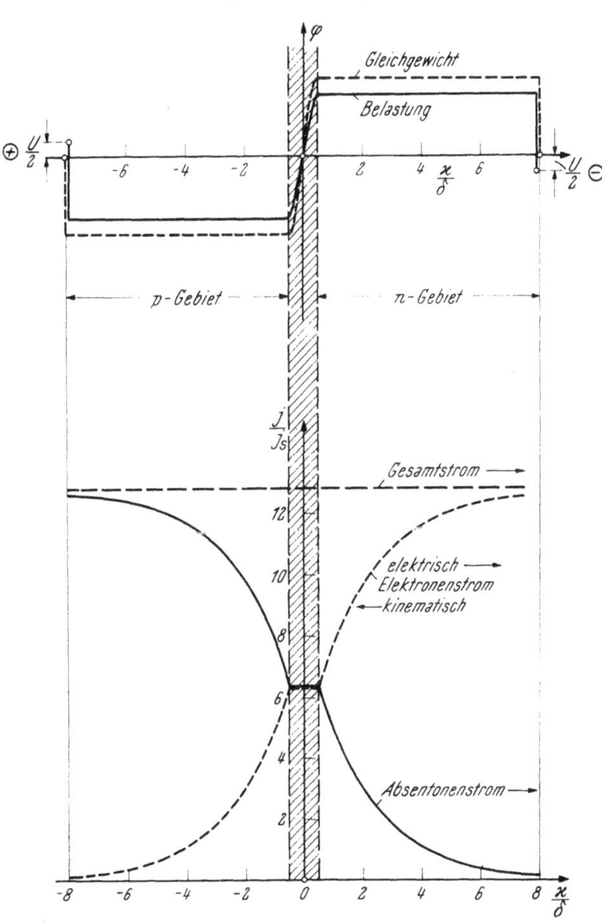

Abb. IV 8, 3. Potential- und Stromverteilung in der Kristalldiode. Betrieb in Flußrichtung.

Daher genügt die Absentonenkonzentration n_{II}^* der Diffusionsgleichung

$$\frac{d^2 n_{II}^*}{dx^2} = \frac{r\,N_D}{D_{II}}\,[n_{II,0}^* - n_{II}^*]. \qquad\qquad (IV\ 8,\ 93)$$

In ihr definiert die Strecke

$$\delta_{II} = \sqrt{\frac{D_{II}}{r\,N_D}}\,. \qquad\qquad (IV\ 8,\ 94)$$

die sozusagen *natürliche Längeneinheit* des von den diffundierenden Fehlelektronen zu durchlaufenden Wanderweges, welche man deshalb kurz und treffend als *Diffusionslänge* bezeichnet.

Vorübergehend zu dem Grenzfall $l \to \infty$ zurückkehrend, fordern wir

$$\lim_{x \to \infty} n_{II}{}^*(x) = n_{II,0}^{*}. \qquad \text{(IV 8, 95)}$$

Mit Hilfe einer vorerst beliebigen Integrationskonstanten C lautet die dieser Bedingung angepaßte Lösung der Differentialgleichung (IV 8, 93)

$$n_{II}{}^* = n_{II,0}^{*} + C\, e^{-\frac{1}{\delta_{II}}\left[x - \frac{1}{2}d\right]}; \qquad x \geqq \frac{1}{2}d. \qquad \text{(IV 8, 96)}$$

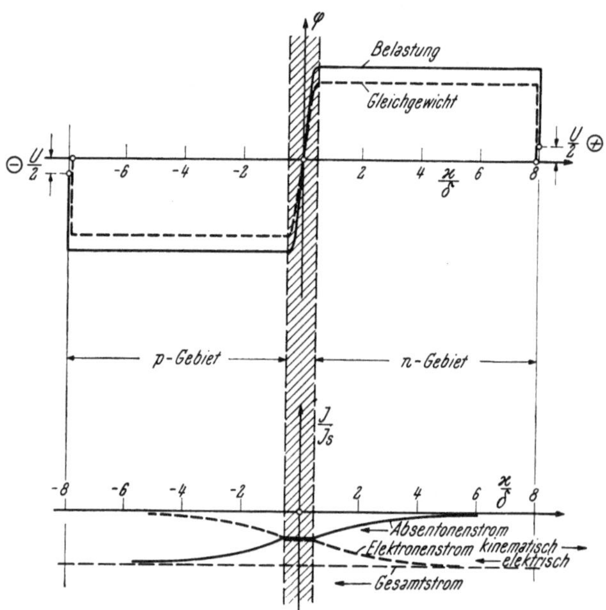

Abb. IV 8, 4. Potential- und Stromverteilung in der Kristalldiode. Betrieb in Sperr-
richtung.

In ihr hat man mit Rücksicht auf (IV 8, 55) und (IV 8, 83) [Abb. IV 8, 2]

$$C = n_{II}{}^*\left(\frac{1}{2}d\right) - n_{II,0}^{*}\left(\frac{1}{2}d\right) = \frac{n_e{}^2}{N_D}\left[e^{\frac{q_0 U}{kT}} - 1\right] \qquad \text{(IV 8, 97)}$$

zu wählen. Aus Gl. (IV 8, 91) resultiert daher für die stationäre Absentonenstromdichte des n-Gebietes die Darstellung [Abb. IV 8, 3 und 8, 4]

$$j_{II} = \frac{q_0 D_{II}}{\delta_{II}} \cdot \frac{n_e{}^2}{N_D}\left[e^{\frac{q_0 U}{kT}} - 1\right] e^{-\frac{1}{\delta_{II}}\left[x - \frac{1}{2}d\right]} = q_0 n_e{}^2 \sqrt{\frac{r D_{II}}{N_D}}\left[e^{\frac{q_0 U}{kT}} - 1\right] e^{-\frac{1}{\delta_{II}}\left[x - \frac{1}{2}d\right]},$$

$$\text{(IV 8, 98)}$$

welcher wir für $x = \frac{1}{2}d$ den Wert

$$j_{II}\left(\frac{1}{2}d\right) = q_0 n_e{}^2 \sqrt{\frac{r D_{II}}{N_D}}\left[e^{\frac{q_0 U}{kT}} - 1\right] \qquad \text{(IV 8, 99)}$$

entnehmen.

Auf demselben Wege finden wir für die Elektronenstromdichte j_I in der
Grenzebene $x = -\frac{1}{2}d$ die Angabe [vgl. Abb. IV 8, 1 und 8, 3]

$$j_I\left(-\frac{1}{2}d\right) = q_0 n_e{}^2 \sqrt{\frac{r D_I}{N_A}}\left[e^{\frac{q_0 U}{kT}} - 1\right], \qquad \text{(IV 8, 100)}$$

in welcher D_I den Diffusionskoeffizienten der Elektronen bezeichnet. Gemäß Gl. (IV 8, 84) liefert somit die Addition von (IV 8, 99) und (IV 8, 100) für die stationäre Kennlinie der hier behandelten Kristalldiode die Gleichung

$$j = j_I\left(-\frac{1}{2}\,d\right) + j_{II}\left(\frac{1}{2}\,d\right) = q_0\,n_e{}^2\left[\sqrt{\frac{r\,D_I}{N_A}} + \sqrt{\frac{r\,D_{II}}{N_A}}\,\right]\left[e^{\frac{q_0\,U}{kT}} - 1\right],$$

$$(IV\ 8,\ 101)$$

welche durch Abb. IV 8, 5 veranschaulicht wird; ihr Verlauf weist auf die Verwendung der Kristalldiode als hochwertiger *Gleichrichter* hin.

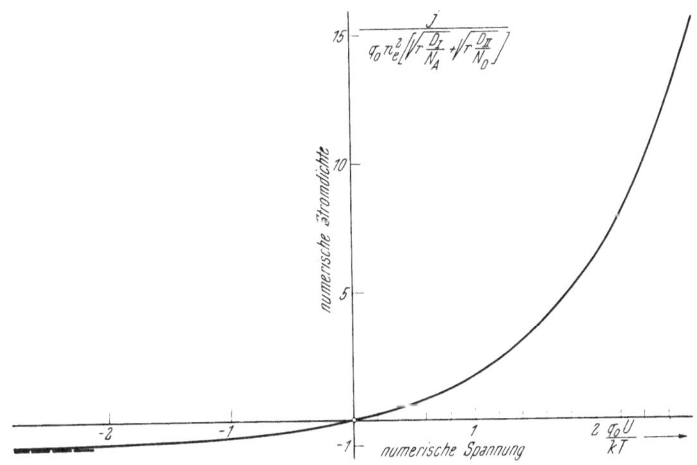

Abb. IV 8, 5. Idealisierte Kennlinie der Kristalldiode.

k) Im Gebiete negativer Spannungen [Sperrgebiet] wird die durch Gl. (IV 8, 101) geschilderte Kennlinie durch den *Zener*effekt [Ziffer III 9] begrenzt: Sobald der absolute Betrag der elektrischen Makrofeldstärke in der Übergangszone die „kritische" Größenordnung $E_{kr}{}^{(1)}$ nach Gl. (III 9, 113) erreicht, wird dort der Kristall durch *innere Feldemission* hochleitend. Läßt man die zusätzlich auftretenden, *Ohm*schen Spannungsabfälle außer Betracht, so ist also zur Erregung jener Feldstärke die kritische Spannung

$$|U_{kr}| = |E_{kr}{}^{(1)}|\cdot d \qquad (IV\ 8,\ 102)$$

erforderlich, welche als *Zener*spannung bezeichnet wird; für Spannungen $|U| > |U_{kr}|$ nimmt der Strom entsprechend Abb. IV 8, 6 sprunghaft zu.

Vom Blickpunkt der Technik gesehen, beschränkt somit der *Zener*effekt den jeweils zulässigen Spannungsbereich der Kristalldiode bei deren Betrieb als *Gleichrichter* und zwingt uns beim Bau von Gleichrichtern für Spannungen $|U| > |U_{kr}|$ zur *Reihenschaltung* mehrerer gleichsinnig wirkender Kristalldioden. Auf der anderen Seite öffnet der *Zener*effekt den Weg zur Konstruktion *spannungsstabilisierender Dioden*, deren Regelspannung $|U_{kr}|$ zufolge ihres genetischen Zusammenhanges (IV 8, 102) mit der kritischen Feldstärke $|E_{kr}|$ von der jeweiligen *Arbeitstemperatur* des Gerätes *merklich unabhängig* ist; nicht zuletzt dieser wertvollen Eigenschaft wegen spielen Stabilisatoren dieser Art als sogenannte *Zenerdioden* eine wichtige Rolle in elektronischen Stromkreisen.

l) In der Regel ändert sich der Verlauf der in Gl. (IV 8, 101) beschriebenen Kennlinie wesentlich, falls man die gegebene Kristalldiode der Bestrahlung mit sichtbarem oder unsichtbarem Licht aussetzt. Bedient man sich nun eines solchen Gerätes, um vorwiegend gerade die angezeigte, lichtelektrische Antwort auszunutzen, so wird es zum *Phototransistor*; welche Betriebseigenschaften zeichnen ihn aus?

In Richtung des einfallenden Lichtes sei der Kristall als so dünn vorausgesetzt, daß wir die Abnahme der Strahlungsintensität nach der Tiefe hin außer acht lassen dürfen. Um uns überdies von der jeweils vorliegenden Natur dieses Lichtes unabhängig zu machen, beschreiben wir seine Tätigkeit innerhalb des Kristalles pauschal durch Angabe der Anzahl Z von Trägerpaaren, welche je Einheit des Raumes und der Zeit durch das Heben je eines Elektrons aus dem Valenzband in das Leitungsband unter gleichzeitiger „Erzeugung" eines „Loches" [Absentons] im Valenzbande gebildet werden; wir betrachten weiterhin Z als eine etwa experimentell bestimmte „Rate", welche, im Bereiche der in der Regel vorkommenden Beleuchtungsstärken auf der Kristalloberfläche, dem ebendort gemessenen Durchschnittswert S des *Poynting*schen Vektors verhältnisgleich ist

$$Z = \gamma \cdot S. \qquad \text{(IV 8, 103)}$$

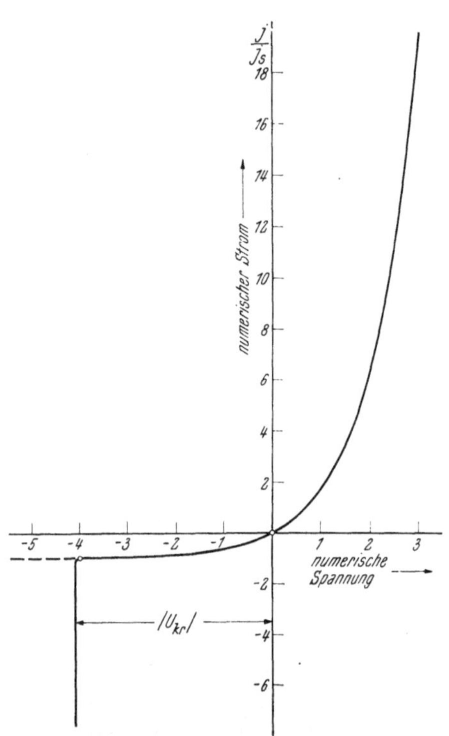

Abb. IV 8, 6. Zum Zenereffekt.

Der hierdurch eingeführte Koeffizient γ mißt im wesentlichen die *Quantenausbeute* des „inneren" lichtelektrischen Effektes im Kristall je Einheit der Eindringtiefe der erregenden Strahlung; sie darf ungeachtet der strukturellen Trennung des Kristalles in die elektrisch so stark unter- schiedlichen Bereiche des p-Typ Halbleiters, der „reinen" Übergangszone und des n-Typ Halbleiters als eine im gesamten Diodenkörper gleichförmige, „*optische" Kennzahl* gelten.

Welche elektrischen Erscheinungen hat die durch (IV 8, 103) angezeigte Paarerzeugung im Kristall zur Folge?

Wir richten unsere Aufmerksamkeit zunächst auf die Konzentration n_I der *Elektronen* des p-Bereiches, welche dort, wie wir wissen, unter der Gesamtheit der beweglichen Ladungsträger die *Minorität* bilden; überdies herrscht daselbst nur eine so schwache elektrische Makrofeldstärke, daß wir deren ponderomotorische Kraft auf jene Elektronen vernachlässigen dürfen. Wird nun, wie wir voraussetzen wollen, der Kristall auf seiner gesamten Länge [$(-1/2) < x < 1/2$] gleichmäßig beleuchtet, so ändert sich die Elektronenkonzentration n_I an einem Aufpunkte des p-Bereiches je Zeiteinheit nach Maßgabe der partiellen Differentialgleichung

$$\frac{\partial n_I}{\partial t} = Z + r\, N_A\, (n_{I,0} - n_I) + D_I\, \frac{\partial^2 n_I}{\partial x^2}. \qquad \text{(IV 8, 104)}$$

Sie reduziert sich im *stationären Zustand* des Phototransistors auf die gewöhnliche Differentialgleichung

$$D_I\, \frac{d^2 n_I}{dx^2} + Z + r\, N_A(n_{I,0} - n_I) = 0, \qquad \text{(IV 8, 105)}$$

welche — im Grenzfalle $l \to \infty$ — mit Hilfe einer vorerst noch willkürlichen Integrationskonstanten K_I durch

$$n_I = n_{I,0} + \frac{Z}{r\, N_A} + K_I\, e^{\left(x + \frac{d}{2}\right)\sqrt{\frac{r\, N_A}{D_I}}} \qquad \text{(IV 8, 106)}$$

gelöst wird. Im Hinblick auf die Angabe (IV 8, 82) finden wir in $x = (-d/2)$ die Konzentration

$$n_{I,0} + \frac{Z}{r\, N_A} + K_I = n_{I,0}\, e^{\frac{q_0 U}{kT}} \qquad \text{(IV 8, 107)}$$

also, durch Restitution der hieraus zu entnehmenden Konstanten K_I in (IV 8, 106),

$$n_I = n_{I,0} + \frac{Z}{r\, N_A} + \left[n_{I,0}\left(e^{\frac{q_0 U}{kT}} - 1 \right) - \frac{Z}{r\, N_A} \right] e^{\left(x + \frac{d}{2}\right)\sqrt{\frac{r\, N_A}{D_I}}}. \qquad \text{(IV 8, 108)}$$

Im p-Gebiete resultiert sonach aus der Diffusion der Elektronen deren *kinematische Teilchenstromdichte*

$$-D_I\, \frac{dn_I}{dx} = D_I\left[n_{I,0}\left(e^{\frac{q_0 U}{kT}} - 1 \right) - \frac{Z}{r\, N_A} \right] \sqrt{\frac{r\, N_A}{D_I}}\; e^{\left(x + \frac{d}{2}\right)\sqrt{\frac{r\, N_A}{D_I}}},$$
$$\text{(IV 8, 109)}$$

so daß wir in der Grenzebene $x = (-\, d/2)$ die *elektrische Stromdichte*

$$[j_I]_{x = -\frac{d}{2}} = q_0\, D_I\left[n_{I,0}\left(e^{\frac{q_0 U}{kT}} - 1 \right) - \frac{Z}{r\, N_A} \right] \sqrt{\frac{r\, N_A}{D_I}} =$$
$$= q_0\left[n_e^2\, \sqrt{\frac{r\, D_I}{N_A}}\left(e^{\frac{q_0 U}{kT}} - 1 \right) - Z\, \sqrt{\frac{D_I}{r\, N_A}} \right] \qquad \text{(IV 8, 110)}$$

der *Elektronen* antreffen.

Im n-Gebiete $[d/2 < x < l/2]$ der Kristalldiode bilden die *Absentonen* die Minderheit unter den beweglichen Elektrizitätsträgern. Da dort wiederum die ponderomotorische Kraft der elektrischen Makrofeldstärke vernachlässigt werden darf, genügt die Absentonenkonzentration $n_{II}{}^*$ der partiellen Differentialgleichung

$$\frac{\partial u_{II}{}^*}{\partial t} = Z + r\, N_D(u_{II,0}^* - u_{II}{}^*) + D_{II}\, \frac{\partial^2 u_{II}{}^*}{\partial x^2}, \qquad \text{(IV 8, 111)}$$

welche sich im stationären Zustand auf die gewöhnliche Differentialgleichung

$$D_{II}\, \frac{d^2 n_{II}{}^*}{dx^2} + Z + r\, N_D(n_{II,0}^* - n_{II}) = 0 \qquad \text{(IV 8, 112)}$$

reduziert. Im Grenzfalle $l \to \infty$ lautet ihre Lösung

$$n_{II}{}^* = n_{II,0}^* + \frac{Z}{r\, N_D} + K_{II}\, e^{-\left(x - \frac{d}{2}\right)\sqrt{\frac{r N_D}{D_{II}}}}; \qquad x > \frac{d}{2}, \qquad \text{(IV 8, 113)}$$

in welcher K_{II} eine Integrationskonstante bezeichnet. Um sie zu bestimmen, bedienen wir uns der Angabe (IV 8, 83) und finden die Relation

$$n_{II,0}^* + \frac{Z}{r\,N_D} + K_{II} = n_{II,0}^*\, e^{\frac{q_0 U}{kT}}, \qquad (IV\ 8,\ 114)$$

mit deren Hilfe Gl. (IV 8, 113) in

$$n_{II}^* = n_{II,0}^* + \frac{Z}{r\,N_D} + \left[n_{II,0}^*\left(e^{\frac{q_0 U}{kT}} - 1\right) - \frac{Z}{r\,N_D}\right] e^{-\left(x-\frac{d}{2}\right)\sqrt{\frac{r\,N_D}{D_{II}}}}$$
$$(IV\ 8,\ 115)$$

übergeht. Im n-Gebiet resultiert somit aus der Diffusion der Absentonen deren kinematische Teilchenstromdichte

$$-D_{II}\cdot\frac{dn_{II}^*}{dx} = D_{II}\left[n_{II,0}^*\left(e^{\frac{q_0 U}{kT}} - 1\right) - \frac{Z}{r\,N_D}\right]\sqrt{\frac{r\,N_D}{D_{II}}}\; e^{-\left(x-\frac{d}{2}\right)\sqrt{\frac{r\,N_D}{D_{II}}}},$$
$$(IV\ 8,\ 116)$$

so daß in der Grenzebene $x = d/2$ die elektrische Stromdichte

$$\left[j_{II}\right]_{x=\frac{d}{2}} = q_0\,D_{II}\left[n_{II,0}^*\left(e^{\frac{q_0 U}{kT}} - 1\right) - \frac{Z}{r\,N_D}\right]\sqrt{\frac{r\,N_D}{D_I}} =$$
$$= q_0\left[n_e^2\sqrt{\frac{r\,D_{II}}{N_D}}\left(e^{\frac{q_0 U}{kT}} - 1\right) - Z\cdot\sqrt{\frac{D_{II}}{r\,N_D}}\right] \qquad (IV\ 8,\ 117)$$

der *Absentonen* auftritt.

In der Übergangszone $[(-d/2) < x < d/2]$ gilt zufolge der Konstruktion des Diodenmodelles die Rekombinationszahl r als infinitesimal klein; doch ist uns dort das Verhältnis des von der Diffusion herrührenden, spontanen Strömungsanteiles zu dem vom elektrischen Makrofeld erzwungenen nicht explizit bekannt, sondern kann erst nach Lösung der *Poisson*schen Potentialgleichung angegeben werden. Um die hierdurch angezeigte Schwierigkeit zu überwinden, gehen wir, unter bewußtem Verzicht auf die Analyse der Konzentrationen n_I und n_{II}^*, sogleich zu den elektrischen Stromdichten j_I und j_{II} über: Da ja die Wiedervereinigung der antipolaren Ladungsträger in der Übergangszone sozusagen gewaltsam unterdrückt wird, gehorcht die stationäre Elektronenstromdichte der Erhaltungsgleichung

$$\frac{dj_I}{dx} = -\,q_0\,Z \qquad (IV\ 8,\ 118)$$

der negativen Ladung, während die stationäre Absentonenstromdichte der Erhaltungsgleichung

$$\frac{dj_{II}}{dx} = q_0\,Z \qquad (IV\ 8,\ 119)$$

der positiven Ladung unterliegt.

Nach Wahl einer Integrationskonstanten L_I folgt aus (IV 8, 118) die allgemeine Aussage

$$j_I = -\,q_0\,Z\,x + L_I. \qquad (IV\ 8,\ 120)$$

Da nun die Elektronenstromdichte die Grenze $x = (-d/2)$ des p-Bereiches *stetig* durchkreuzen muß, erschließen wir aus dem Vergleich von (IV 8, 110) mit (IV 8, 120) die Relation

$$q_0\,Z\cdot\frac{d}{2} + L_I = q_0\left[n_e^2\sqrt{\frac{r\,D_I}{N_A}}\left(e^{\frac{q_0 U}{kT}} - 1\right) - Z\sqrt{\frac{D_I}{r\,N_A}}\right], \qquad (IV\ 8,\ 121)$$

so daß die Gleichung

$$j_I = q_0\left[n_e^2 \sqrt{\frac{r\,D_I}{N_A}}\left(e^{\frac{q_0 U}{kT}} - 1\right) - Z\sqrt{\frac{D_I}{r\,N_A}}\right] - q_0 Z\left[\frac{d}{2} + x\right], \qquad \text{(IV 8, 122)}$$

den *räumlichen Verlauf der Elektronenstromdichte in der Übergangszone* schildert.

Durch Integration der Gl. (IV 8, 119) ergibt sich mit Hilfe der vorerst beliebigen, additiven Konstanten L_{II} der allgemeine Ausdruck

$$j_{II} = q_0 Z x + L_{II} \qquad \text{(IV 8, 123)}$$

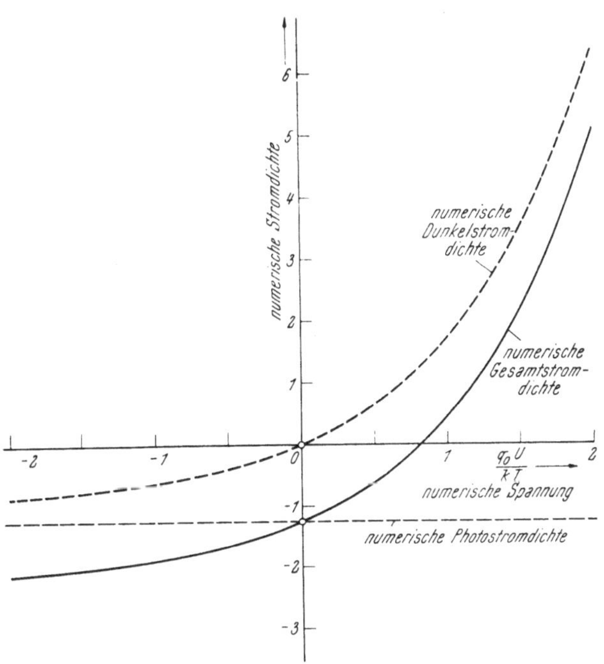

Abb. IV 8, 7. Kennlinie des Flächen-Phototransistors.

der Absentonenstromdichte. Um ihre Stetigkeit an der Grenze $x = d/2$ des n-Gebietes zu verbürgen, fordern wir im Hinblick auf (IV 8, 117) die Gleichheit

$$q_0 Z\frac{d}{2} + L_{II} = q_0\left[n_e^2 \sqrt{\frac{r\,D_{II}}{N_D}}\left(e^{\frac{q_0 U}{kT}} - 1\right) - Z\sqrt{\frac{D_{II}}{r\,N_D}}\right]. \qquad \text{(IV 8, 124)}$$

Durch Restitution des aus ihr zu entnehmenden Wertes von L_{II} in Gl. (IV 8, 123) folgt für den räumlichen Verlauf der *Absentonenstromdichte* in der Übergangszone die Darstellung

$$j_{II} = q_0\left[n_e^2 \sqrt{\frac{r\,D_{II}}{N_D}}\left(e^{\frac{q_0 U}{kT}} - 1\right) - Z\sqrt{\frac{D_{II}}{r\,N_D}}\right] - q_0 Z\left[\frac{d}{2} + x\right]. \qquad \text{(IV 8, 125)}$$

Aus den Stromdichten j_I gemäß (IV 8, 122) und j_{II} gemäß (IV 8, 125) resultiert die *Gesamtstromdichte* der Übergangszone

$$j = j_I + j_{II} = q_0\left[n_e^2\left(\sqrt{\frac{r\,D_I}{N_A}} + \sqrt{\frac{r\,D_{II}}{N_D}}\right)\left(e^{\frac{q_0 U}{kT}} - 1\right) - \right.$$
$$\left. - Z\left(\sqrt{\frac{D_I}{r\,N_A}} + d + \sqrt{\frac{D_{II}}{r\,N_D}}\right)\right]. \qquad \text{(IV 8, 126)}$$

Da sie von der jeweils gewählten Ortskoordinate $(-\mathrm{d}/2) < \mathrm{x} < \mathrm{d}/2$ unabhängig ist, befriedigt sie, wie ja gewiß zu verlangen ist, das *Kirchhoff*sche Kontinuitätsgesetz der stationären elektrischen Strömung. Dieser Hinweis zeigt, daß Gl. (IV 8, 126), ungeachtet ihrer Herleitung lediglich für die Übergangszone, tatsächlich doch für den *gesamten Arbeitsbereich* $(-\mathrm{l}/2) < \mathrm{x} < \mathrm{l}/2$ *der Kristalldiode* Gültigkeit beanspruchen darf: Sie definiert die *Kennliniengleichung des Phototransistors*. In ihr schildert die bei fehlender Belichtung $[Z \to 0]$ allein verbleibende Komponente

$$ j_0 = q_0\, n_e{}^2 \left(\sqrt{\frac{r\,D_I}{N_A}} + \sqrt{\frac{r\,D_{II}}{N_D}} \right) \left(e^{\frac{q_0 U}{kT}} - 1 \right) = q_0\, n_e{}^2\, r(\delta_I + \delta_{II}) \left(e^{\frac{q_0 U}{kT}} - 1 \right) $$

$$ \text{(IV 8, 127)} $$

$[\delta_I$ und δ_{II} messen die *Diffusionslängen* beziehentlich der Elektronen und der Absentonen] die *Dunkelstromdichte*; ihre durch Abb. IV 8, 7 dargestellte Abhängigkeit von der Spannung U spiegelt die früher besprochenen *Gleichrichtereigenschaften* der p — n Kristalldiode wider. Zu ihr gesellt sich bei Belichtung des Gerätes $[Z > 0]$ die gleichfalls in Abb. IV 8, 67 eingezeichnete, von der jeweiligen Spannung jedoch unabhängige *Photostromdichte*

$$ j_{\text{Phot}} = -q_0 Z \left(\sqrt{\frac{D_I}{r\,N_A}} + d + \sqrt{\frac{D_{II}}{r\,N_D}} \right) = $$
$$ = -q_0 Z(\delta_I + d + \delta_{II}). $$
$$ \text{(IV 8, 128)} $$

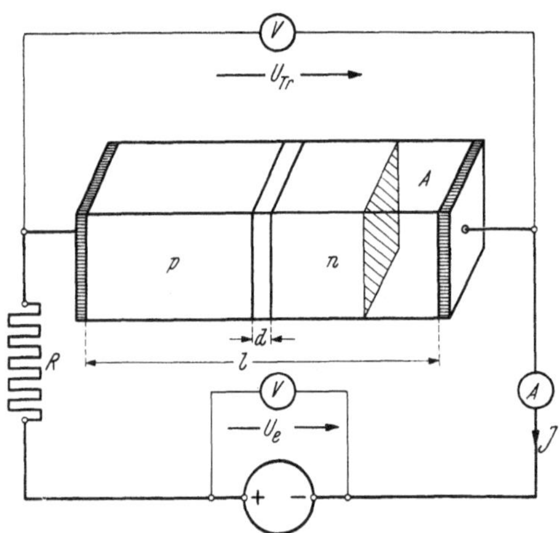

Abb. IV 8, 8. Speisung des Phototransistors über einen *Ohm*schen Widerstand.

Wir können hiernach Gl. (IV 8, 127) in die übersichtliche Gestalt

$$ j = j_0(U) + j_{\text{Phot}} $$
$$ \text{(IV 8, 129)} $$

bringen. Unter den durch sie implizit beschriebenen, verschiedenen Betriebsarten des Phototransistors mögen folgende Sonderfälle besprochen werden:

1. Durch *Kurzschluß* der Elektroden wird die Spannung U vernichtet

$$ U \to 0. \qquad \text{(IV 8, 130)} $$

Nach Ausweis der Gl. (IV 8, 127) annulliert sich dann auch die Dunkelstromdichte

$$ \lim_{U \to 0} j_0(U) = 0. \qquad \text{(IV 8, 131)} $$

Daher reduziert sich die Gesamtstromdichte j auf die Dichte allein des Photostromes

$$ \lim_{U \to 0} j = j_{\text{Phot}}. \qquad \text{(IV 8, 132)} $$

Da nun die Rate Z der Trägerpaarerzeugung gemäß Gl. (IV 8, 103) der jeweils auf der aktiven Oberfläche des Kristalles herrschenden Stärke der Beleuchtung verhältnisgleich ist, arbeitet das Gerät — bei fester spektraler

Zusammensetzung des einfallenden Lichtes — in Verbindung mit einem geeigneten Strommesser als *Photometer*.

2. Zwischen den Elektroden der „offenen" Kristalldiode

$$j \rightarrow 0 \qquad \text{(IV 8, 133)}$$

tritt die „Leerlaufspannung"

$$U_0 = \lim_{j \to 0} U \qquad \text{(IV 8, 134)}$$

auf, welche sich aus der Bedingung

$$j_0(U_0) + j_{Phot} = 0$$
$$\text{(IV 8, 135)}$$

zu

$$U_0 = \frac{k\,T}{q_0} \cdot$$
$$\cdot \ln\left[1 + \frac{Z}{u_e{}^2\,r} \frac{\delta_I + d + \delta_{II}}{\delta_I + \delta_{II}}\right]$$
$$\text{(IV 8, 136)}$$

berechnet. Bei schwacher Paarerzeugungsrate

$$\frac{Z}{n_e\,r} \frac{\delta_I + d + \delta_{II}}{\delta_I + \delta_{II}} \ll 1$$
$$\text{(IV 8, 137)}$$

ist also die Leerlaufspannung der Beleuchtung der Kristalloberfläche proportional, während bei sehr starker Beleuchtung U_0 nur noch logarithmisch mit deren Intensität ansteigt.

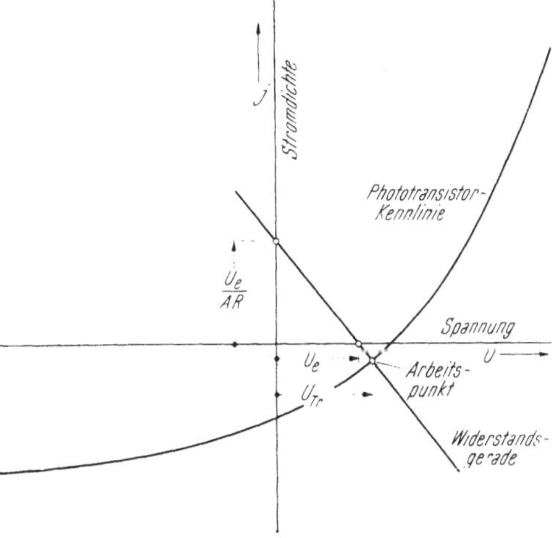

Abb. IV 8, 9. Arbeitspunkt des Phototransistors bei dessen Speisung durch einen Generator.

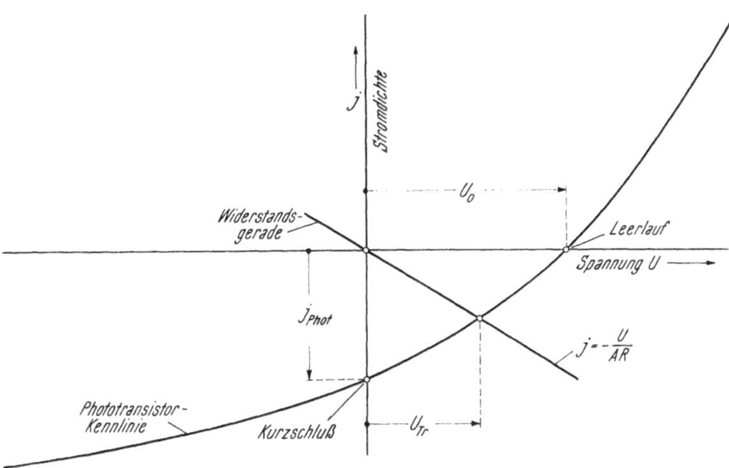

Abb. IV 8, 10. Der Phototransistor als Generator.

3. Der Phototransistor werde entsprechend Abb. IV 8, 8 über den *Ohm*schen Widerstand R an einen Generator der festen, eingeprägten Spannung U_e angeschlossen. Durch A den als gleichförmig vorausgesetzten

Querschnitt des stromführenden Kristalles bezeichnend, finden wir also zwischen dessen Elektroden die Spannung

$$U_{Tr} = U_e - j \cdot A \cdot R \qquad \text{(IV 8, 138)}$$

vor; sie ergibt sich graphisch, indem man entsprechend Abb. IV 8, 9 die Kennlinie (IV 8, 126) des Phototransistors mit der „Widerstandsgeraden"

$$j = \frac{U_e - U}{A \cdot R} \qquad \text{(IV 8, 139)}$$

zum Schnitt bringt.

Durch die Wahl

$$U_e \to 0 \qquad \text{(IV 8, 140)}$$

kehrt man bei gleichzeitig passender Verfügung über den jeweils einzusetzenden Wert des *Ohm*schen Widerstandes R nach Abb. IV 8, 10 zu den oben auf analytischem Wege behandelten Fällen des kurzgeschlossenen und des leerlaufenden Phototransistors zurück; doch gestattet die hier angegebene, graphische Lösung der Aufgabe, den bisher vernachlässigten *inneren Eigenwiderstand* der Kristalldiode sozusagen als Teil des Gesamtwiderstandes R in Rechnung zu stellen.

IV 9. Die Tunneldiode.

a) Unter einer *Tunneldiode* versteht man eine Kristalldiode vom p-n-Typ, deren Elektronen die „verbotene" Energiezone zwischen dem Valenzband und dem Leitungsband des Wirtskristalles wellenmechanisch „durchtunneln"; sie wurde von *Esaki* angegeben und wird daher häufig auch als *Esaki-Diode* bezeichnet.

Die überragende technische Bedeutung der Tunneldiode beruht auf dem eigentümlichen Verlauf ihrer Kennlinie, welche den Strom J als Funktion der Spannung U darstellt

$$J = f(U). \qquad \text{(IV 9, 1)}$$

Denn sie unterscheidet sich nach Ausweis der Abb. IV 9, 1 wesentlich von jener einer normalen „Diffusionsdiode":

1. In der Durchlaßrichtung der normalen p-n-Kristalldiode [$U > 0$] zeigt die Kennlinie der Tunneldiode ein tief in den ebendort ja monotonen Anstieg der „normalen" Charakteristik eingeschnittenes *Stromtal*: Läßt man, vom Ursprung des U-J-Bezugssystemes beginnend, die Spannung U allmählich anwachsen, so erreicht man zunächst bei der Spannung $U_1 > 0$ den *Gipfel* J_1 der Stromstärke; dann aber *fällt* die Kennlinie bis zum *Tiefpunkt* J_2 der Stromstärke bei der Spannung $U_2 > U_1$, um erst für Spannungen $U > U_2$ erneut zuzunehmen.

2. Im Gegensatz zum Sperrverhalten der normalen p-n-Kristalldiode bei Spannungen $U < 0$ offenbart gerade dann die Kennlinie der Tunneldiode den Durchgang des elektrischen Stromes mit einer Stärke J, deren absoluter Betrag $|J|$ merklich proportional zum absoluten Betrag $|U|$ der Spannung anwächst.

Es gilt, die genannten phänomenologischen Eigenschaften der Tunneldiode auf Grund ihrer innerelektronischen Vorgänge zu verstehen.

b) Um eine Kristalldiode zur Tunneldiode zu machen, hat man folgende technologischen Vorschriften zu erfüllen:

1. Die jeweilige Konzentration N_D der Donatoren und N_A der Akzeptoren ist so groß zu wählen, daß sich die von deren Ionisation gespeisten Kollektive der beziehentlich jeweils die Majorität bildenden Elektrizitätsträger im statistischen Zustande *hoher Entartung* befinden.

2. Die Breite d des vom p-Teil der Kristalldiode einerseits und von deren n-Teil andererseits flankierten, fremdatomfreien „Zwischengebietes" ist so

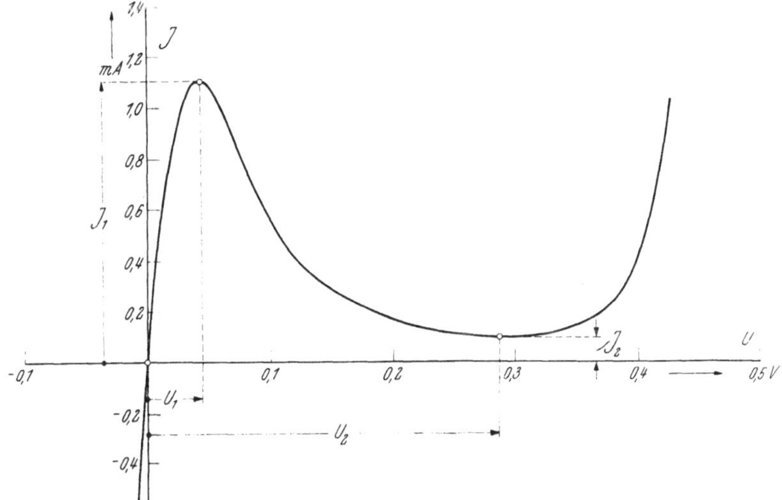

Abb. IV 9, 1. Phänomenologische Kennlinie einer Tunneldiode.

klein zu halten [ungefähr 100 Å], daß dort schon geringfügige Potentialdifferenzen von nur etwa 1 Volt sehr starke elektrische Felder [Größenordnung 10^8 V/m] erregen.

Im Lichte dieser Bedingungen werden wir zunächst den Einfluß der Fremdatomkonzentration auf das thermisch-elektrische *Gleichgewicht* der Kristallelektronen untersuchen, um sodann der *Ausbreitung ihrer Wahrscheinlichkeitswellen* durch den Diodenkörper nachzugehen.

c) Wir stellen der Analyse der Konzentrationsverteilung im dreidimensionalen Kristall deren — mathematisch sehr viel einfachere — Beschreibung im nur zweidimensionalen Modellkristall voraus; dabei dürfen wir uns aus Symmetriegründen auf die Behandlung etwa des n-Typ Halbleiters beschränken; überdies zeichne sich der Kristall durch die „Bandsymmetrie"

$$M_I = M_{II}{}^* = m_0 \qquad (IV\ 9,\ 2)$$

der effektiven Massen je eines der antipolaren, beweglichen Elektrizitätsträger aus.

Nach Wahl des Mikrozellenvolumens τ als Raumeinheit ergibt sich durch Integration über alle Korpuskulargeschwindigkeiten $v > 0$ [*Newton*sche Mechanik!] die Elektronenkonzentration

$$n_I = 2\,\frac{M_I{}^2}{h^2} \int_0^\infty \frac{2\,\pi\,v\,dv}{e^{\frac{1}{kT}\left[\frac{1}{2}M_I v^2 + \eta_{I,\,min} - q_0(\varphi - \psi)\right]} + 1} \qquad (IV\ 9,\ 3)$$

des Leitungsbandes und die Absentonenkonzentration

$$n_{II} = 2\,\frac{M_{II}^{*2}}{h^2}\int\limits_0^{\infty}\frac{2\,\pi\,v\,dv}{e^{\frac{1}{kT}\left[\frac{1}{2}M_{II}^{*}v^2-\eta_{II,\,max}+q_0(\varphi-\psi)\right]}+1}\qquad(IV\ 9,\ 4)$$

des Valenzbandes. Mißt man nun diese Trägerkonzentrationen in der „natürlichen" Einheit

$$n_0 = \frac{4\,\pi\,m_0\,k\,T}{h^2},\qquad(IV\ 9,\ 5)$$

so resultieren für die dimensionsfreien, „numerischen" Konzentrationen $\nu_I = n_I/n_0$ der Elektronen und $\nu_{II}^* = n_{II}^*/n_0$ der Absentonen mit Rücksicht auf die Übereinkunft (IV 9, 2) aus (IV 9, 3) und (IV 9, 4) die Angaben

$$\nu_I = \frac{n_I\,h^2}{4\,\pi\,m_0\,k\,T} = \ln\left\{1+e^{-\frac{1}{kT}\left[\eta_{I,\,min}-q_0(\varphi-\psi)\right]}\right\}\qquad(IV\ 9,\ 6)$$

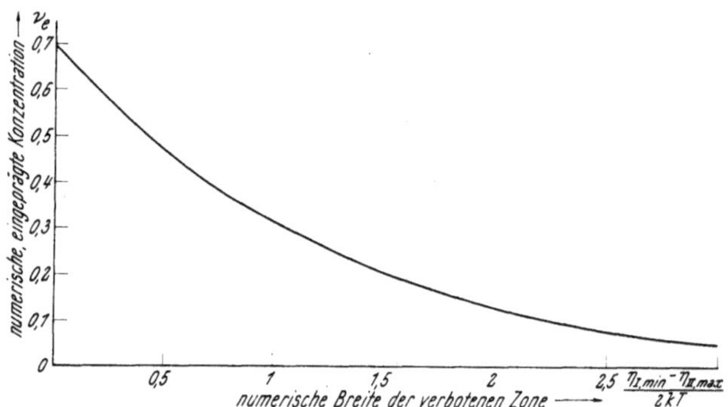

Abb. IV 9, 2. Zweidimensionales Modell der Tunneldiode. Die eingeprägte Konzentration als Funktion der Breite der verbotenen Energiezone.

und

$$\nu_{II}^* = \frac{n_{II}^*\,h^2}{4\,\pi\,m_0\,k\,T} = \ln\left\{1+e^{\frac{1}{kT}\left[\eta_{II,\,max}-q_0(\varphi-\psi)\right]}\right\}.\qquad(IV\ 9,\ 7)$$

Wählen wir jetzt die quasineutralen Gebiete des Reinhalbleiters $[N_D\to 0]$ als Basis des elektrischen Makropotentiales

$$\varphi = 0\quad\text{für}\quad n_I = n_{II}^* = n_e\qquad(IV\ 9,\ 8)$$

und bezeichnen n_e als „eingeprägte" Konzentration unseres Metallmodelles, so gehen für deren in der Einheit n_0 gemessene Größe

$$\nu_e = \frac{n_e}{n_0} = \frac{n_e\,h^2}{4\,\pi\,m_0\,k\,T}\qquad(IV\ 9,\ 9)$$

aus (IV 9, 6) und (IV 9, 7) die simultanen Bestimmungsgleichungen

$$k\,T\ln\left[e^{\nu_e}-1\right] = -\eta_{I,\,min}-q_0\,\psi\qquad(IV\ 9,\ 10)$$

und

$$k\,T\ln\left[e^{\nu_e}-1\right] = \eta_{II,\,max}+q_0\,\psi\qquad(IV\ 9,\ 11)$$

hervor. Man entnimmt ihnen den funktionellen Zusammenhang

$$\nu_e = \ln\left[1+e^{-\frac{\eta_{I,\,min}-\eta_{II,\,max}}{2\,kT}}\right]\qquad(IV\ 9,\ 12)$$

zwischen der [numerischen] eingeprägten Konzentration und der Breite
der verbotenen Energiezone bei fester Temperatur entsprechend
Abb. IV 9, 2, während das Produkt

$$v_e \frac{kT}{\eta_{I,min} - \eta_{II,max}} = \frac{n_e h^2}{4\pi m_0(\eta_{I,min} - \eta_{II,max})} =$$

$$= \frac{kT}{\eta_{I,min} - \eta_{II,max}} \ln\left[1 + e^{-\frac{\eta_{I,min} - \eta_{II,max}}{2kT}}\right], \qquad (IV\ 9,\ 13)$$

gemäß Abb. IV 9, 3 den Gang der eingeprägten Konzentration eines bestimmten Kristalles mit der absoluten Temperatur schildert.

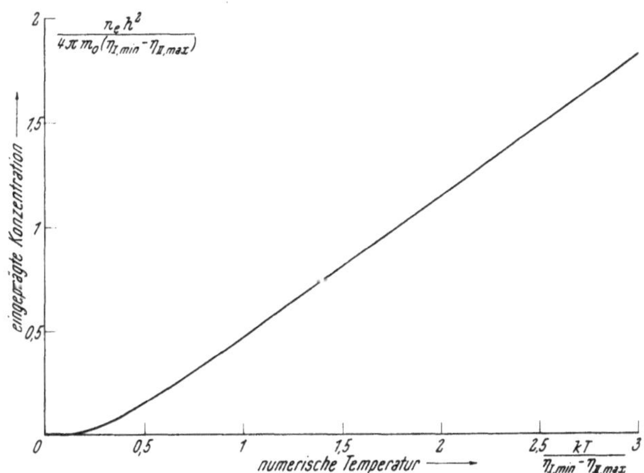

Abb. IV 9, 3. Zweidimensionales Modell der Tunneldiode: Die eingeprägte Konzentration als Funktion der Temperatur.

Für das elektrochemische Potential ψ resultiert aus (IV 9, 10) und
(IV 9, 11) der Wert

$$q_0\psi = -\frac{\eta_{I,min} + \eta_{II,max}}{2}, \qquad (IV\ 9,\ 14)$$

welchen wir, zufolge der Voraussetzung des thermisch-elektrischen Gleichgewichtes, für die gesamte Kristalldiode bei beliebiger Größe des elektrischen Makropotentiales φ in Anspruch nehmen dürfen. Daher entstehen
durch Substitution von (IV 9, 14) in (IV 9, 6) und (IV 9, 7) für die
numerischen Konzentrationen der beweglichen Elektrizitätsträger die
Gleichungen

$$v_I = \ln\left[1 + e^{-\frac{\eta_{I,min} - \eta_{II,max}}{2kT}} e^{\frac{q_0\varphi}{kT}}\right] \qquad (IV\ 9,\ 15)$$

und

$$v_{II}{}^* = \ln\left[1 + e^{-\frac{\eta_{I,min} - \eta_{II,max}}{2kT}} e^{-\frac{q_0\varphi}{kT}}\right], \qquad (IV\ 9,\ 16)$$

welche sich mit Rücksicht auf (IV 9, 12) zu der einfachen Relation

$$(e^{v_I} - 1)(e^{v_{II}{}^*} - 1) = (e^{v_e} - 1)^2 \qquad (IV\ 9,\ 17)$$

vereinigen lassen; sie reduziert sich im Falle nur schwacher numerischer
Konzentrationen [$v_I \ll 1$; $v_{II}{}^* \ll 1$; $v_e \ll 1$] auf das *Massenwirkungsgesetz*

$$v_I \cdot v_{II}{}^* = v_e{}^2. \qquad (IV\ 9,\ 18)$$

Sei nun

$$\nu_{\mathrm{D}} = \frac{N_{\mathrm{D}}\,h^2}{4\,\pi\,m_0\,k\,T} \qquad\qquad (IV\ 9,\ 19)$$

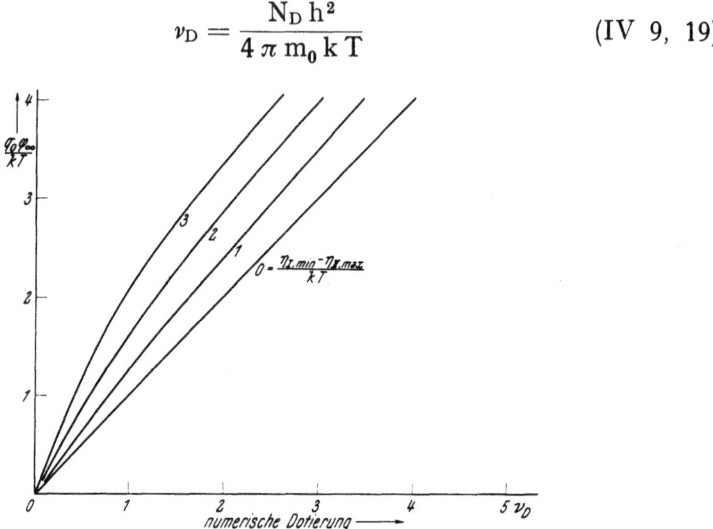

Abb. IV 9, 4. Das Makropotential als Funktion der Dotierung im zweidimensionalen
Modell der Tunneldiode.

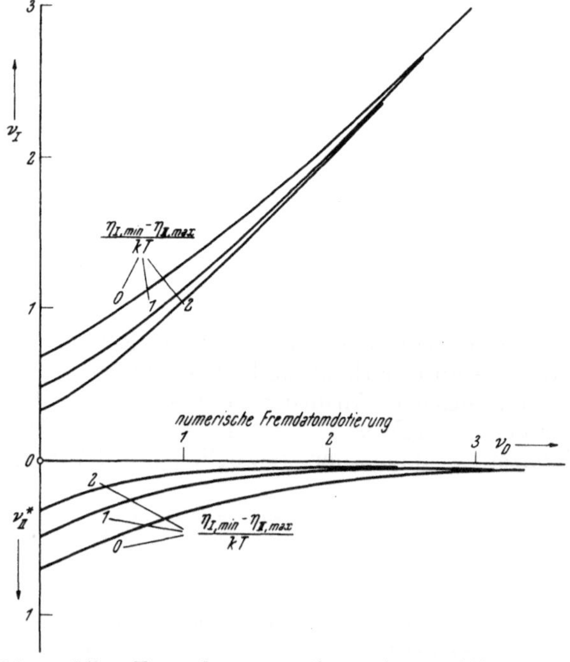

Abb. IV 9, 5. Die mobilen Trägerkonzentrationen im zweidimensionalen Modell der
Tunneldiode als Funktion der Dotierung.

die in der Einheit (IV 9, 5) gemessene, jeweils technologisch vorgegebene
Konzentration der Donatoren, so lautet im n-Teil der Kristalldiode die
Quasineutralitätsbedingung

$$\nu_{\mathrm{D}} = \nu_{\mathrm{I}} - \nu_{\mathrm{II}}{}^*. \qquad\qquad (IV\ 9,\ 20)$$

Daher ergibt sich für das ebendort auftretende elektrische Makropotential φ_∞ in seiner Abhängigkeit von jener numerischen Donatorenkonzentration ν_D mit Rücksicht auf (IV 9, 15) und (IV 9, 16) durch Auflösung der Gleichung

$$\nu_D = \ln \frac{1 + e^{-\frac{\eta_{I,\min} - \eta_{II,\max}}{2kT}} e^{\frac{q_0 \varphi_\infty}{kT}}}{1 + e^{-\frac{\eta_{I,\min} - \eta_{II,\max}}{2kT}} e^{-\frac{q_0 \varphi_\infty}{kT}}} \qquad (IV\ 9,\ 21)$$

der Zusammenhang

$$\frac{q_0 \varphi_\infty}{kT} = \frac{\nu_D}{2} + \operatorname{arsinh}\left[e^{-\frac{\eta_{I,\min} - \eta_{II,\max}}{2kT}} \sinh \frac{\nu_D}{2} \right], \qquad (IV\ 9,\ 22)$$

welcher durch Abb. IV 9, 4 veranschaulicht wird; seine Restitution in (IV 9, 15) und (IV 9, 16) führt zur Kenntnis

$$\nu_{I,\infty} = \ln\left[1 + e^{-\frac{\eta_{I,\min} - \eta_{II,\max}}{2kT}} e^{\frac{q_0 \varphi_\infty}{kT}} \right] \qquad (IV\ 9,\ 23)$$

der numerischen Elektronenkonzentration und

$$\overset{*}{\nu}_{II,\infty} = \ln\left[1 + e^{-\frac{\eta_{I,\min} - \eta_{II,\max}}{2kT}} e^{-\frac{q_0 \varphi_\infty}{kT}} \right] \qquad (IV\ 9,\ 24)$$

der numerischen Absentonenkonzentration in deren durch Abb. IV 9, 5 dargestellten Abhängigkeit von der numerischen Konzentration ν_D der Donatoren.

Nachdem somit die integralen Konzentrationen der antipolaren, beweglichen Elektrizitätsträger weiterhin als bekannt gelten dürfen, fragen wir nunmehr nach der Statistik ihrer Verteilung auf die unterschiedlichen Werte der kinetischen Energie

$$\Delta\eta = \frac{1}{2} M_I v^2 \qquad (IV\ 9,\ 25)$$

je eines Einzelelektrons, beziehungsweise

$$\Delta\eta^* = \frac{1}{2} M_{II}^* v^2 \qquad (IV\ 9,\ 26)$$

je eines Einzelabsentons: Zu Gl. (IV 9, 3) zurückkehrend, finden wir mit

$$d\Delta\eta = M_I v\, dv \qquad (IV\ 9,\ 27)$$

zunächst die differentielle Angabe

$$dn_I = 4\pi \frac{M_I}{h^2} \frac{d\Delta\eta}{e^{\frac{1}{kT}[\Delta\eta + \eta_{I,\min} - q_0(\varphi - \psi)]} + 1}, \qquad (IV\ 9,\ 28)$$

aus welcher mit Rücksicht auf (IV 9, 2), (IV 9, 4) und (IV 9, 6) die *numerische Besetzungsdichte*

$$\frac{d\nu_I}{d\left(\dfrac{\Delta\eta}{kT}\right)} = \frac{e^{\nu_I} - 1}{e^{\frac{\Delta\eta}{kT}} + e^{\nu_I} - 1} \qquad (IV\ 9,\ 29)$$

des „Energieraumes" durch die Elektronen des Leitungsbandes hervorgeht; sie reduziert sich im Falle $\nu_I \gg 1$ hoher Entartung auf das einfache Verteilungsgesetz

$$\frac{d\nu_I}{d\left(\dfrac{\Delta\eta}{kT}\right)} = \frac{1}{e^{\frac{\Delta\eta}{kT} - \nu_I} + 1}. \qquad (IV\ 9,\ 30)$$

Auf demselben Wege folgt aus Gl. (IV 9, 4) und Gl. (IV 9, 7) für die numerische „Besetzungsdichte" des Energieraumes durch die Absentonen des Valenzbandes — in Wahrheit die Dichte der leeren Elektronenplätze! — die Aussage

$$\frac{d\nu_{II}^*}{d\left(\dfrac{\Delta\eta^*}{kT}\right)} = \frac{e^{\nu_{II}^*} - 1}{e^{\frac{\Delta\eta^*}{kT}} + e^{\nu_{II}^*} - 1}, \tag{IV 9, 31}$$

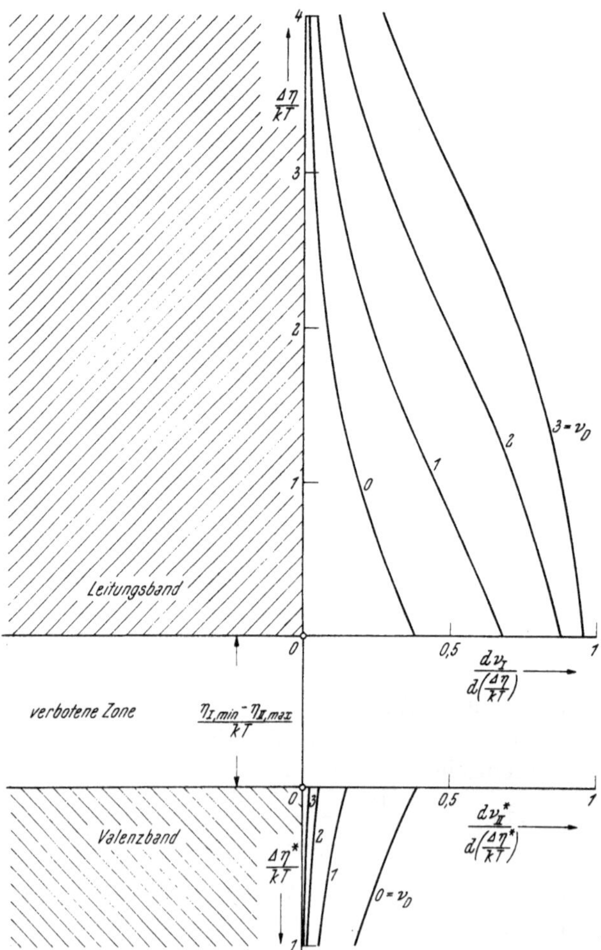

Abb. IV 9, 6. Zweidimensionales Modell der Tunneldiode. Numerische Besetzungsdichten im Energieraum.

welche sich mit Hilfe der Relationen (IV 9, 12) und (IV 9, 17) in die Angabe

$$\frac{d\nu_{II}^*}{d\left(\dfrac{\Delta\eta^*}{kT}\right)} = \frac{1}{e^{\frac{\eta_{I,min} - \eta_{II,max}}{kT}} (e^{\nu_I} - 1) e^{\frac{\Delta\eta^*}{kT}} + 1} \tag{IV 9, 32}$$

umformen läßt; sie geht bei hoher Entartung $\nu_I \gg 1$ der Leitungsband-elektronen in das Verteilungsgesetz

$$\frac{\mathrm{d}\nu_{II}{}^*}{\mathrm{d}\left(\dfrac{\varDelta\eta^*}{\mathrm{k}\,\mathrm{T}}\right)} = \mathrm{e}^{-\left[\nu_I + \frac{\eta_{I,\,min} - \eta_{II,\,max}}{\mathrm{k}\,\mathrm{T}}\right]} \mathrm{e}^{-\frac{\varDelta\eta^*}{\mathrm{k}\,\mathrm{T}}} \qquad (IV\ 9,\ 33)$$

über.

Wir erläutern den physikalischen Inhalt der voranstehenden Über-legungen an Hand einiger Sonderfälle:

1. Es sei

$$\frac{\eta_{I,\,min} - \eta_{II,\,max}}{\mathrm{k}\,\mathrm{T}} = 1$$

die in der Einheit (k T) gemessene, „numerische" Breite der verbotenen Energiezone. Nun entspricht einer Temperatur von $T = 300^0$ K [etwa normale Zimmertemperatur] die Energie

$$\mathrm{k}\,\mathrm{T} = 4{,}14 \cdot 10^{-21}\ \text{Joule} = 0{,}0258\ \mathrm{e}\,\mathrm{V},$$

so daß also die in unserem Beispiel vorliegende verbotene Energiezone die nämliche „Potentialdifferenz" zwischen den benachbarten Bandrändern aufweist. Abb. IV 9, 6 zeigt die dann resultierenden Verteilungsfunktionen der Elektronen und der Absentonen je in ihrem Energieraum für unter-schiedliche Werte der numerischen Donatorenkonzentration ν_D. Im quasi-neutralen Reinhalbleiter [$\nu_D = 0$] resultieren, im Einklang mit dessen Definition, kongruente, *Maxwell*sche Verteilungskurven für jede der beiden antipolaren Trägerarten. Mit steigender Dotierung ν_D nimmt nun die numerische Konzentration ν_I der Leitungsbandelektronen zu, und deren Verteilung geht in eine *Fermi*sche über; gleichzeitig sinkt die numerische Konzentration $\nu_{II}{}^*$ der Valenzbandelektronen stark ab, deren Verteilung im Energieraum jedoch den wesentlich *Maxwell*schen Charakter weiterhin beibehält.

2. In einem Germaniumkristall, wie er für Tunneldioden gebräuchlich ist, erreicht die Energiedifferenz zwischen den Rändern der verbotenen Zone etwa 0,7 eV, so daß für deren in der Einheit kT gemessenen Wert bei normaler Zimmertemperatur etwa das Verhältnis

$$\frac{\eta_{I,\,min} - \eta_{II,\,max}}{\mathrm{k}\,\mathrm{T}} = \frac{0{,}7}{0{,}0258} \approx 27$$

resultiert. Unter solchen Betriebsbedingungen wird die numerische Kon-zentration $\nu_{II}{}^*$ der Absentonen so niedrig, daß ihre Verteilungskurve — bei Wahl einheitlicher Zeichenmaßstäbe — mit jener der Elektronen-konzentration ν_I nicht mehr gleichzeitig darstellbar ist; daher müssen wir uns nunmehr mit eben der Angabe der Elektronenverteilung im Energie-raume des Leitungsbandes nach Abb. IV 9, 7 begnügen, wobei die nume-rische Elektronenkonzentration ν_I merklich der numerischen Donatoren-konzentration ν_D gleichgestellt werden darf.

d) Im Lichte der voranstehenden Ergebnisse werden wir die Tunnel-diode als solche umso besser gegen die normale Diffusionsdiode dis-kriminieren können, je *niedriger* wir die *absolute Temperatur* T wählen: Durch den allerdings nur gedanklich ausführbaren Prozeß

$$T \to 0, \qquad (IV\ 9,\ 34)$$

bei nichtdestoweniger *„eingefrorener" Ionisierung aller Donatoren* definieren wir die ideelle, *vollkommene Tunneldiode*. Um dieser Bildungsvorschrift zu genügen, kehren wir zunächst zu Gl. (IV 9, 22) zurück und finden unter der Doppelbedingung

$$v_D \gg 1; \qquad \frac{\eta_{I,\,min} - \eta_{II,\,max}}{k\,T} \gg 1 \qquad\qquad (IV\ 9,\ 35)$$

für das numerische Grenzpotential $(q_0\,\varphi_\infty/k\,T)$ des n-Gebietes die Näherung

$$\frac{q_0\,\varphi_\infty}{k\,T} \approx v_D + \frac{\eta_{I,\,min} - \eta_{II,\,max}}{2\,k\,T}\ .$$

$$(IV\ 9,\ 36)$$

Aus ihr folgt, sofern man die Voraussetzung endlicher Werte der Donatorenkonzentration durchaus festhält

$$N_D > 0, \qquad\qquad (IV\ 9,\ 37)$$

mit Rücksicht auf (IV 9, 19) nunmehr in aller Strenge die Angabe

$$\lim_{T \to 0} (q_0\,\varphi_\infty) = \frac{N_D\,h^2}{4\,\pi\,m_0} + \frac{\eta_{I,\,min} - \eta_{II,\,max}}{2},$$

$$(IV\ 9,\ 38)$$

welche zusammen mit (IV 9, 5) die Aussagen

$$\lim_{T \to 0} n_{I,\,\infty} = N_D \qquad (IV\ 9,\ 39)$$

und

$$\lim_{T \to 0} n_{II,\,\infty}^{*} = 0 \qquad (IV\ 9,\ 40)$$

nach sich zieht.

Um die Verteilung dieser Trägerkonzentrationen im *Energieraum* kennen zu lernen, führen wir die Größe

$$\eta_0 = \frac{N_D\,h^2}{4\,\pi\,m_0} \qquad (IV\ 9,\ 41)$$

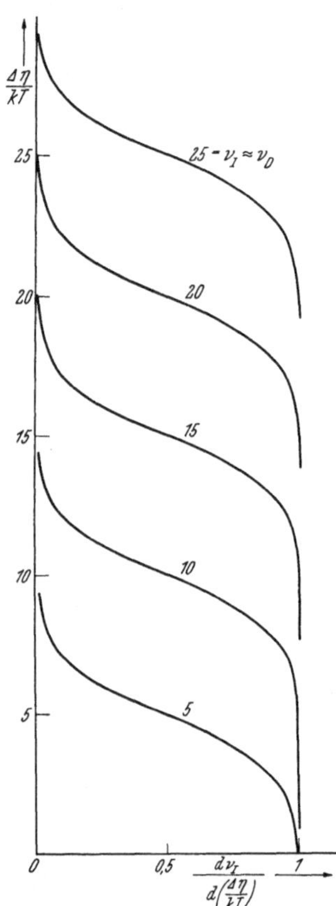

Abb. IV 9, 7. Numerische Besetzungsdichten bei hoher [numerischer] Energiedifferenz.

als sozusagen natürliche Energieeinheit im n-Gebiete der „zweidimensionalen", vollkommenen Tunneldiode ein und messen die Beträge $\Delta\eta$ und $\Delta\eta^*$ je der kinetischen Energie eines mobilen Elektrizitätsträgers beziehentlich durch die dimensionsfreien Verhältnisse

$$\Delta\vartheta = \frac{4\,\pi\,m_0}{N_D\,h^2}\,\Delta\eta = \frac{\Delta\eta}{\eta_0} \qquad (IV\ 9,\ 42)$$

und

$$\Delta\vartheta^* = \frac{4\,\pi\,m_0}{N_D\,h^2}\,\Delta\eta^* = \frac{\Delta\eta^*}{\eta_0}\ . \qquad (IV\ 9,\ 43)$$

Aus (IV 9, 6) und (IV 9, 29) resultiert dann für die Verteilung der relativen Elektronenkonzentration

$$\gamma_{I,\,\infty} = \frac{n_{I,\,\infty}}{N_D} \qquad\qquad (IV\ 9,\ 44)$$

im Energieraum des quasineutralen n-Gebietes zunächst die Angabe

$$\frac{\mathrm{d}\gamma_{\mathrm{I},\,\infty}}{\mathrm{d}\varDelta\vartheta} = \lim_{T\to 0} \frac{1}{e^{\frac{1}{kT}[\varDelta\eta + \eta_{\mathrm{I,\,min}} - q_0(\varphi_\infty - \psi)]} + 1} = \lim_{T\to 0} \frac{1}{e^{\frac{1}{kT}[\varDelta\eta - \nu_{\mathrm{D}}]} + 1}, \qquad \text{(IV 9, 45)}$$

welche sich mit Rücksicht auf (IV 9, 19) und (IV 9, 41) in die Alternative

$$\frac{\mathrm{d}\gamma_{\mathrm{I},\,\infty}}{\mathrm{d}\varDelta\vartheta} = \begin{cases} 1; & 0 < \varDelta\vartheta < 1 \\ 0; & \varDelta\vartheta > 1 \end{cases} \qquad \text{(IV 9, 46)}$$

entsprechend Abb. IV 9, 8 verwandelt. Auf dem gleichen Wege findet man für die im Energieraum des quasineutralen n-Gebietes der vollkommenen, zweidimensionalen Tunneldiode herrschende Verteilung der relativen Absentonenkonzentration die gleichfalls durch Abb. IV 9, 8 veranschaulichte Aussage

$$\frac{\mathrm{d}\gamma^{*}_{\mathrm{II},\,\infty}}{\mathrm{d}\varDelta\vartheta^*} - 0; \qquad \gamma^{*}_{\mathrm{II},\,\infty} = \frac{n^{*}_{\mathrm{II},\,\infty}}{N_{\mathrm{D}}}. \qquad \text{(IV 9, 47)}$$

Überdies führt die Substitution von (IV 10, 41) in (IV 10, 38) zu der wichtigen Relation

$$\frac{q_0\,\varphi_\infty}{\eta_0} = \frac{\eta_{\mathrm{I,\,min}} - \eta_{\mathrm{II,\,max}}}{2\,\eta_0} + 1. \qquad \text{(IV 9, 48)}$$

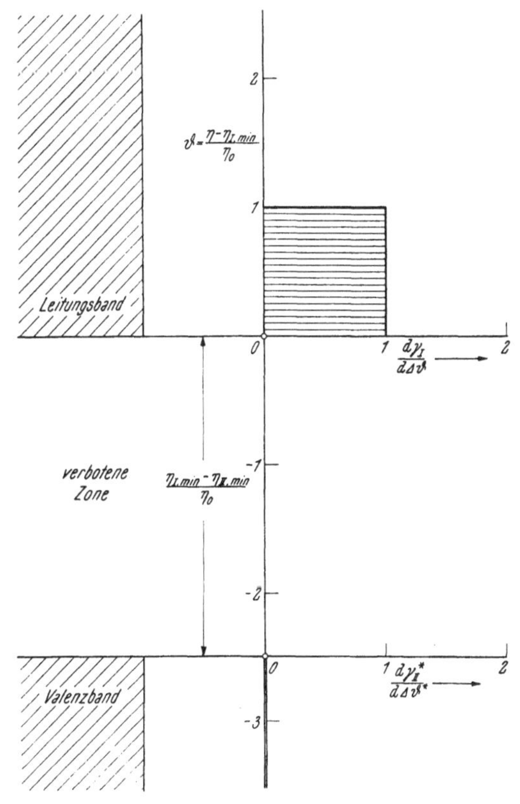

Abb. IV 9, 8. Zweidimensionales Modell der Tunneldiode Besetzungsdichte im Energieraum der „vollkommenen" Tunneldiode [n-Teil].

e) Wir gehen nunmehr zur Analyse der Trägerverteilung im *dreidimensionalen* „massenisotropen" Kristall über. Wählen wir abermals das Mikrozellenvolumen τ als Raumeinheit, so gilt, bei endlicher Absoluttemperatur $T > 0$, für die Konzentration n_{I} der Leitungsbandelektronen die Integraldarstellung

$$n_{\mathrm{I}} = 2\,\frac{M_{\mathrm{I}}^3}{h^3} \int\limits_0^\infty \frac{4\,\pi\,v^2\,dv}{e^{\frac{1}{kT}\left[\frac{1}{2}M_{\mathrm{I}}v^2 + \eta_{\mathrm{I,\,min}} - q_0(\varphi - \psi)\right]} + 1} \qquad \text{(IV 9, 49)}$$

und für die Konzentration $n_{\mathrm{II}}{}^*$ der Absentonen des Valenzbandes

$$n_{\mathrm{II}}{}^* = 2\,\frac{M_{\mathrm{II}}^{*3}}{h^3} \int\limits_0^\infty \frac{4\,\pi\,v^2\,dv}{e^{\frac{1}{kT}\left[\frac{1}{2}M_{\mathrm{II}}^* v^2 - \eta_{\mathrm{II,\,max}} + q_0(\varphi - \psi)\right]} + 1}. \qquad \text{(IV 9, 50)}$$

34*

Die Annahme $M_I = M_{II}{}^* = m_0$ der „Bandsymmetrie" nach Gleichung (IV 9, 2) auch hier beibehaltend, führen wir

$$n_0 = 2 \left(\frac{2\,\pi\,m_0\,k\,T}{h^2} \right)^{3/2} \qquad \text{(IV 9, 51)}$$

als „natürliche" Einheit je der antipolaren Trägerkonzentrationen ein. Mit Hilfe der Funktion

$$f(x) = \frac{4}{\sqrt{\pi}} \int_0^\infty \frac{\varkappa^2}{e^{x+\varkappa^2}+1}\,d\varkappa \qquad \text{(IV 9, 52)}$$

entstehen dann aus (IV 9, 49) und (IV 9, 50) für die dimensionsfreien, „numerischen" Konzentrationen

$$\nu_I = \frac{n_I}{n_0}; \qquad \nu_{II}{}^* = \frac{n_{II}{}^*}{n_0} \qquad \text{(IV 9, 53)}$$

die Angaben

$$\nu_I = f\left[\frac{\eta_{I,\,\min} - q_0(\varphi - \psi)}{k\,T} \right] \qquad \text{(IV 9, 54)}$$

und

$$\nu_{II}{}^* = f\left[\frac{\eta_{II,\,\max} - q_0(\varphi - \psi)}{-k\,T} \right]. \qquad \text{(IV 9, 55)}$$

Die Funktion f(x) läßt sich zwar nicht mittels tabulierter Funktionen in geschlossener Form ausdrücken; nichtsdestoweniger darf sie auf Grund der in Ziffer IV 1, h durchgeführten Überlegungen als bekannt betrachtet werden: Für $x > 0$ gilt nach (VI 1, 82)

$$f(x) = \frac{e^{-x}}{1^{3/2}} - \frac{e^{-2x}}{2^{3/2}} + - \dots \qquad \text{(IV 9, 56)}$$

Im Falle $x = 0$ resultiert nach (IV 1, 84)

$$f(0) = \frac{1}{1^{3/2}} - \frac{1}{2^{3/2}} + - \dots = 0{,}7651 \dots \qquad \text{(IV 9, 57)}$$

Im Bereiche $x < 0$ schließlich darf man sich nach (IV 1. 89) und (IV 1, 90) der Näherung

$$f(x) \approx \frac{4}{\sqrt{\pi}} \frac{\varkappa_0^3}{3} \frac{1}{1+e^x} \qquad \text{(IV 9, 58)}$$

bedienen, in welcher nach (IV 1, 88) der Parameter $\varkappa_0$ mit x durch die transzendente Gleichung

$$x = \ln \frac{2\,\varkappa_0^2 + 1}{2\,\varkappa_0^2 - 1} - \varkappa_0^2 \qquad \text{(IV 9, 59)}$$

verknüpft ist; falls überdies

$$x \ll (-1) \qquad \text{(IV 9, 60)}$$

gilt, kann man (IV 9, 58) und (IV 9, 59) zu

$$f(x) \approx \frac{4}{\sqrt{\pi}} \frac{(-x)^{3/2}}{3} \qquad \text{(IV 9, 61)}$$

vereinigen.

Wir beschreiben zunächst den quasineutralen Reinhalbleiter der eingeprägten, numerischen Konzentration ν_e, dessen elektrisches Makropotential φ wir nach Übereinkunft als Basis wählen

$$\nu_I = \nu_{II}{}^* = \nu_e \quad \text{bei} \quad \varphi = 0. \qquad \text{(IV 9, 62)}$$

Für das elektrochemische Potential ψ resultiert dann aus (IV 9, 54) und (IV 9, 55) die Bestimmungsgleichung

$$f\left[\frac{\eta_{I,\,min} + q_0\,\psi}{k\,T}\right] = \nu_e = f\left[\frac{\eta_{II,\,max} + q_0\,\psi}{-k\,T}\right], \qquad (IV\ 9,\ 63)$$

welcher wir, unter Berufung auf die Eindeutigkeit der Funktion f(x), die Relation

$$q_0\,\psi = -\frac{\eta_{I,\,min} + \eta_{II,\,max}}{2} \qquad (IV\ 9,\ 64)$$

entnehmen. Ihre Restitution in (IV 9, 63) vermittelt in der Angabe

$$\nu_e = f\left[\frac{\eta_{I,\,min} - \eta_{II,\,max}}{2\,k\,T}\right] \qquad (IV\ 9,\ 65)$$

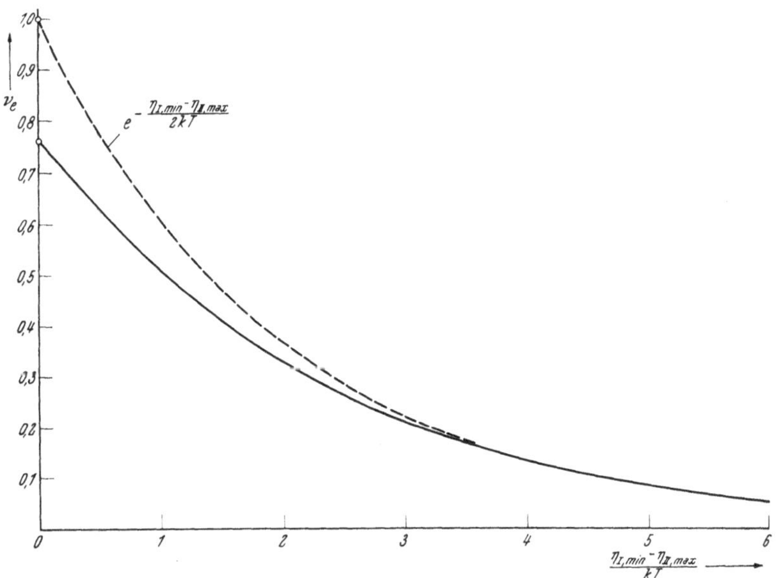

Abb. IV 9, 9. Die eingeprägte Konzentration der dreidimensionalen Tunneldichte als Funktion der Breite der verbotenen Energiezone.

entsprechend Abb. IV 9, 9 die Kenntnis der eingeprägten, numerischen Konzentration ν_e in deren Abhängigkeit von der numerischen Breite $((\eta_{I,\,min} - \eta_{II,\,max})/\eta_0) > 0$ der verbotenen Energiezone; insbesondere entsteht bei hinreichend niedrigen Werten der absoluten Temperatur T aus (IV 9, 65) im Hinblick auf (IV 9, 56) die einfache Näherung

$$\nu_e = e^{-\frac{\eta_{I,\,min} - \eta_{II,\,max}}{2\,k\,T}} \;;\qquad \frac{\eta_{I,\,min} - \eta_{II,\,max}}{k\,T} \gg 1. \qquad (IV\ 9,\ 66)$$

Um den Gang der eingeprägten Trägerkonzentration $n_e = (\nu_e\,n_0)$ in einem bestimmten Kristalle $[(\eta_{I,\,min} - \eta_{II,\,max}) = const]$ mit dessen numerischer Absoluttemperatur $k\,T/(\eta_{I,\,min} - \eta_{II,\,max})$ zu bestimmen, bilden wir, unter Berufung auf (IV 9, 51), das Produkt

$$\nu_e\left[\frac{k\,T}{\eta_{I,\,min} - \eta_{II,\,max}}\right]^{3/2} = \frac{n_e}{2}\left[\frac{h^2}{2\,\pi\,m_0(\eta_{I,\,min} - \eta_{II,\,max})}\right]^{3/2}, \qquad (IV\ 9,\ 67)$$

welches in Abb. IV 9, 10 graphisch dargestellt ist.

Indem wir weiterhin den früher ermittelten Wert des elektrochemischen Potentiales ψ als verbindlich für den thermisch-elektrischen Gleichgewichtszustand des gesamten Diodenkristalles bei beliebigen Beträgen seiner Trägerkonzentrationen und seines jeweiligen elektrischen Makropotentiales φ ansehen, erhalten wir durch Substitution der Gl. (IV 9, 64) in (IV 9, 54) und (IV 9, 55) die Angaben

$$\nu_{\mathrm{I}} = \mathrm{f}\left[\frac{\eta_{\mathrm{I,\,min}} - \eta_{\mathrm{II,\,max}}}{2\,\mathrm{k}\,\mathrm{T}} - \frac{\mathrm{q}_0\,\varphi}{\mathrm{k}\,\mathrm{T}}\right] \qquad (IV\ 9,\ 68)$$

und

$$\nu_{\mathrm{II}}{}^* = {}= \mathrm{f}\left[\frac{\eta_{\mathrm{I,\,min}} - \eta_{\mathrm{II,\,max}}}{2\,\mathrm{k}\,\mathrm{T}} + \frac{\mathrm{q}_0\,\varphi}{\mathrm{k}\,\mathrm{T}}\right]. \qquad (IV\ 9,\ 69)$$

Im Einklang mit den eingangs genannten, technologischen Eigenschaften der Tunneldiode setzen wir nun die Ausstattung ihres n-Teiles mit Donatoren als so stark voraus, daß — bei deren vollständiger Ionisierung! — die numerische Elektronenkonzentration

$$\nu_{\mathrm{I}} \gg 1 \qquad (IV\ 9,\ 70)$$

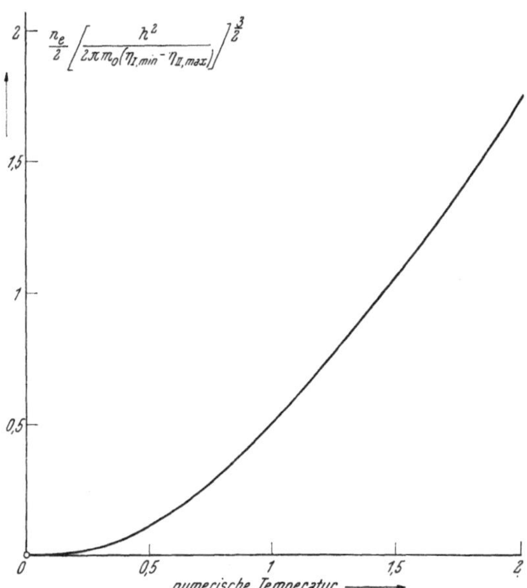

Abb. IV 9, 10. Die eingeprägte Konzentration der dreidimensionalen Tunneldichte als Funktion der Temperatur.

ausfällt; im Hinblick auf das Verhalten der Funktion f(x) erschließen wir sonach aus (IV 9, 68) die Ungleichung

$$\frac{\eta_{\mathrm{I,\,min}} - \eta_{\mathrm{II,\,max}}}{2\,\mathrm{k}\,\mathrm{T}} - \frac{\mathrm{q}_0\,\varphi}{\mathrm{k}\,\mathrm{T}} < 0. \qquad (IV\ 9,\ 71)$$

Unter Berufung auf (IV 9, 61) dürfen wir daher (IV 9, 68) durch

$$\nu_{\mathrm{I}} = \frac{4}{\sqrt{\pi}} \cdot \frac{1}{3}\left[\frac{\mathrm{q}_0\,\varphi}{\mathrm{k}\,\mathrm{T}} - \frac{\eta_{\mathrm{I,\,min}} - \eta_{\mathrm{II,\,max}}}{2\,\mathrm{k}\,\mathrm{T}}\right]^{3/2} \qquad (IV\ 9,\ 72)$$

approximieren, sofern wir im Hinblick auf (IV 9, 70) die Ungleichung (IV 9, 71) zu

$$\frac{\mathrm{q}_0\,\varphi}{\mathrm{k}\,\mathrm{T}} \gg \frac{\eta_{\mathrm{I,\,min}} - \eta_{\mathrm{II,\,max}}}{2\,\mathrm{k}\,\mathrm{T}} \gg 1 \qquad (IV\ 9,\ 73)$$

verschärfen. Unter den gleichen Bedingungen wird

$$\frac{\eta_{\mathrm{I,\,min}} - \eta_{\mathrm{II,\,max}}}{2\,\mathrm{k}\,\mathrm{T}} + \frac{\mathrm{q}_0\,\varphi}{\mathrm{k}\,\mathrm{T}} \gg 1, \qquad (IV\ 9,\ 74)$$

so daß wir (IV 9, 69) gemäß (IV 9, 56) hinreichend genau durch

$$\nu_{\mathrm{II}}{}^* = \mathrm{e}^{-\left[\frac{\eta_{\mathrm{I,\,min}} - \eta_{\mathrm{II,\,max}}}{2\,\mathrm{k}\,\mathrm{T}} + \frac{\mathrm{q}_0\,\varphi}{\mathrm{k}\,\mathrm{T}}\right]} \qquad (IV\ 9,\ 75)$$

ersetzen dürfen. Sei nun

$$\nu_{\mathrm{D}} = \frac{\mathrm{N}_{\mathrm{D}}}{\mathrm{n}_0} \gg 1 \qquad (IV\ 9,\ 76)$$

die von den Donatoren bei deren vollständiger Ionisierung herrührende, numerische Konzentration der unbeweglichen, positiven Elektrizitätsträger, so ergibt sich das elektrische Makropotential φ_∞ des quasineutralen Kristallgebietes $[\nu_\mathrm{I} \to \nu_{\mathrm{I},\infty};\ \nu_{\mathrm{II}}{}^* \to \nu_{\mathrm{II},\infty}{}^*]$ im n-Teil der Tunneldiode aus der Näherung

$$\nu_\mathrm{D} = \nu_{\mathrm{I},\infty} - \nu_{\mathrm{II},\infty}{}^* = \frac{4}{\sqrt{3}}\frac{1}{3}\left[\frac{q_0\,\varphi_\infty}{kT} - \frac{\eta_{\mathrm{I},\min} - \eta_{\mathrm{II},\max}}{2\,kT}\right]^{3/2} - $$
$$-\,\mathrm{e}^{-\left[\frac{\eta_{\mathrm{I},\min} - \eta_{\mathrm{II},\max}}{2\,kT} + \frac{q_0\,\varphi_\infty}{kT}\right]}, \qquad (\mathrm{IV}\ 9,\ 77)$$

welche sich zufolge (IV 9, 73) und (IV 9, 74) ohne merklichen Verlust an Genauigkeit auf

$$\nu_\mathrm{D} \approx \nu_{\mathrm{I},\infty} =$$
$$= \frac{4}{\sqrt{\pi}}\frac{1}{3}\left[\frac{q_0\,\varphi_\infty}{kT} - \right.$$
$$\left. - \frac{\eta_{\mathrm{I},\min} - \eta_{\mathrm{II},\max}}{2\,kT}\right]^{3/2}$$
$$(\mathrm{IV}\ 9,\ 78)$$

reduziert; man entnimmt ihr die Relation

$$\frac{q_0\,\varphi_\infty}{kT} = \frac{\eta_{\mathrm{I},\min} - \eta_{\mathrm{II},\max}}{2\,kT} +$$
$$+ \left[\frac{3\sqrt{\pi}}{4}\,\nu_\mathrm{D}\right]^{2/3}, \quad (\mathrm{IV}\ 9,\ 79)$$

welche zusammen mit (IV 9, 76) die Ungleichung (IV 9, 74) für $\varphi \to \varphi_\infty$ präzisiert und bestätigt.

Wie sind nun, bei vorgegebener, numerischer Konzentration ν_D der Donatoren, die Konzentrationen ν_I und $\nu_{\mathrm{II}}{}^*$ auf die Elemente des Energieraumes verteilt?

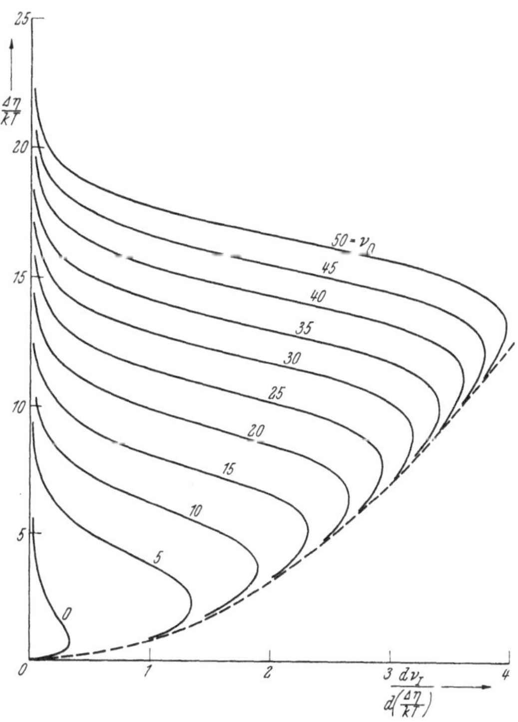

Abb. IV 9, 11. Verteilung der Elektronen im Energieraum der dreidimensionalen Tunneldiode [n-Gebiet] als Funktion der Donatorendichte [Parameter].

Zu den Gleichungen (IV 9, 49) und (IV 9, 50) zurückkehrend, erhalten wir mit Rücksicht auf (IV 9, 25), (IV 9, 26), (IV 9, 51), (IV 9, 64), (IV 9, 72) und (IV 9, 75) die Angaben

$$\frac{d\nu_\mathrm{I}}{d\left(\frac{\Delta\eta}{kT}\right)} = \frac{2}{\sqrt{\pi}}\,\frac{\sqrt{\dfrac{\Delta\eta}{kT}}}{\mathrm{e}^{\frac{\Delta\eta}{kT} - \left(\frac{3\sqrt{\pi}}{4}\nu_\mathrm{I}\right)^{2/3}} + 1} \qquad (\mathrm{IV}\ 9,\ 80)$$

und

$$\frac{d\nu_{\mathrm{II}}{}^*}{d\left(\frac{\Delta\eta^*}{kT}\right)} = \frac{2}{\sqrt{\pi}}\,\frac{\nu_{\mathrm{II}}{}^* \cdot \sqrt{\dfrac{\Delta\eta^*}{kT}}}{\mathrm{e}^{\frac{\Delta\eta^*}{kT}} + \nu_{\mathrm{II}}{}^*}. \qquad (\mathrm{IV}\ 9,\ 81)$$

Um einem naheliegenden Irrtum vorzubeugen, sei nachdrücklich betont, daß diese Gleichungen nicht auf den Fall $\nu_I = \nu_{II}{}^* = \nu_e$ angewandt werden dürfen, da wegen der ihn definierenden Eigenschaft $(q_0\,\varphi/kT) = 0$ die Ungleichungen (IV 9, 71) und (IV 9, 74) gewiß nicht mehr simultan befriedigt werden können! Vielmehr bleibt ja im n-Teil der Tunneldiode die Absentonenkonzentration des Valenzbandes stets so klein, daß sie gegen die Elektronenkonzentration des Leitungsbandes außer acht gelassen werden darf. Gemäß Gl. (IV 9, 78) vertauschen wir daher die numerische Elektronenkonzentration $\nu_{I,\infty}$ mit der jeweils technologisch vorgegebenen, numerischen Donatorenkonzentration ν_D. Abb. IV 9, 11 veranschaulicht die hiernach resultierende Verteilung der Elektronen im Energieraum des Leitungsbandes für unterschiedliche Werte des Parameters ν_D; allerdings kommt hierbei der für $\nu_D = 0$ [Reinhalbleiter] gezeichneten Kurve aus den oben angeführten Gründen nur formale Bedeutung zu.

Von der realen [dreidimensionalen] Tunneldiode gehen wir durch den an deren zweidimensionalem Modell früher beschriebenen, gedanklichen Prozeß $T \rightarrow 0$ bei gleichzeitig „eingefrorenem" Ionisierungszustand der in den Wirtskristall eingebrachten Fremdatome zur ideellen, „vollkommenen" Tunneldiode über. Führen wir dann

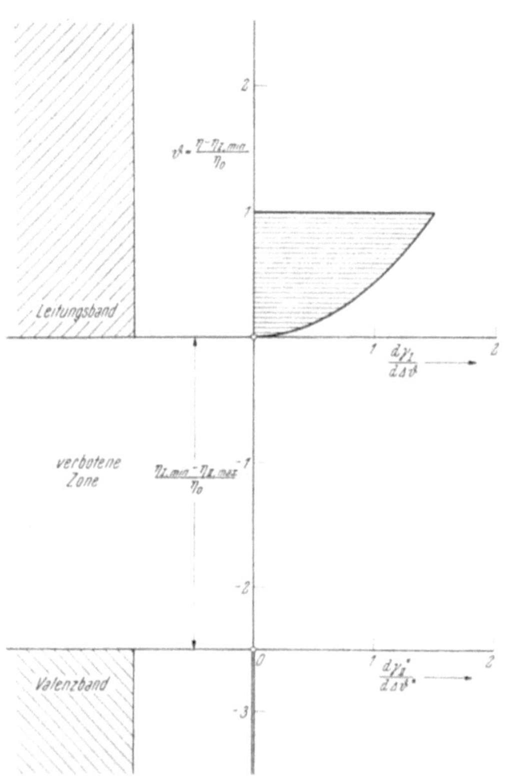

Abb. IV 9, 12. Besetzungsdichten in der dreidimensionalen, „vollkommenen" Tunneldiode.

$$\eta_0 = \frac{(3\,\sqrt{\pi}\,N_D)^{2/3}}{4}\,\frac{h^2}{2\,\pi\,m_0} \qquad\qquad \text{(IV 9, 82)}$$

als Energieeinheit im n-Teil der Diode ein und setzen

$$\Delta\vartheta = \frac{\Delta\eta}{\eta_0}, \qquad\qquad \text{(IV 9, 83)}$$

so entnehmen wir mit Rücksicht auf (IV 9, 51) und (IV 9, 53) für die relative Elektronendichte

$$\gamma_{I,\infty} = \frac{n_{I,\infty}}{N_D} \qquad\qquad \text{(IV 9, 84)}$$

im Energieraum des quasineutralen Kristallbezirkes die Alternative

$$\lim_{T \to 0} \frac{\mathrm{d}\gamma_{I,\infty}}{\mathrm{d}\Delta\vartheta} = \frac{3}{2}\sqrt{\Delta\vartheta} \cdot \begin{cases} 1 & \text{für} \quad 0 < \Delta\vartheta < 1 \\ 0 & \text{für} \quad \Delta\vartheta > 1 \end{cases}. \qquad \text{(IV 9, 85)}$$

Auf dem gleichen Wege findet man für die relative Absentonendichte

$$\gamma^*_{II,\infty} = \frac{n_{II,\infty}}{N_D} \qquad \text{(IV 9, 86)}$$

des genannten Kristallgebietes die Angabe

$$\lim_{T \to 0} \frac{\mathrm{d}\gamma^*_{II,\infty}}{\mathrm{d}\Delta\vartheta^*} = 0; \qquad \Delta\vartheta^* = \frac{\Delta\eta^*}{\eta_0}, \qquad \text{(IV 9, 87)}$$

welche gemeinsam mit (IV 9, 85) durch Abb. IV 9, 12 veranschaulicht wird. Wir ergänzen sie durch die aus (IV 9, 79) mit Rücksicht auf (IV 9, 51) und (IV 9, 82) hervorgehende Relation [vgl. (IV 9, 48)]

$$\lim_{T \to 0} \frac{q_0\,\varphi_\infty}{\eta_0} = \frac{1}{2}\frac{\eta_{I,\min} - \eta_{II,\max}}{\eta_0} + 1. \qquad \text{(IV 9, 88)}$$

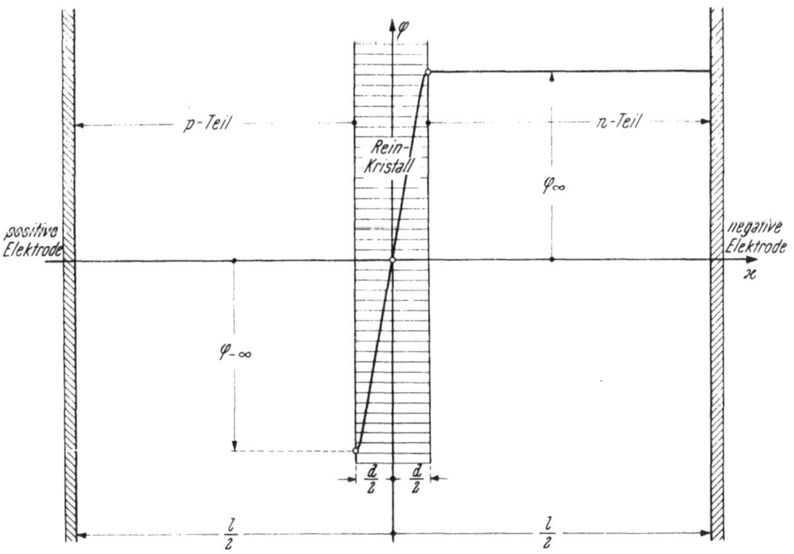

Abb. IV 9, 13. Schematische Darstellung des Potentialganges in der verbotenen Zone und dem n-Teil einer Tunneldiode.

f) Während wir bisher, der allgemeinen Auffassung des elektrischen Strömungsmechanismus in Halbleitern folgend, die Absentonen als eine besondere Art materieller Körper jeweils wohldefinierter, wirksamer Masse bei gleichzeitig je invarianter, positiver elektrischer Ladung ansahen, welche als solche in dem dumpf-regellos brodelnden, randvollen Elektronenmeer der eigenen, gerichteten Bewegung fähig sind, tun wir bei der Untersuchung der Tunneldiode besser, die Absentonen als das zu behandeln, was sie sozusagen kraft ihrer „Nicht-Existenz" wirklich sind: Innerhalb des tatsächlich ja allein realen, *Fermi-Dirac*schen Elektronenkollektives des Valenzbandes gleicht die Anzahl der Absentonen dem doppelten Angebot [Spin-Alternative!] leerer Plätze des Phasenraumes; wir haben uns sonach fortan nur noch mit *Elektronen* zu beschäftigen.

Sei $\varphi = \varphi(x)$ das am Orte x der von $(-1/2)$ bis $(+1/2)$ sich erstreckenden Tunneldiode jeweils herrschende elektrische Makropotential nach Abb. IV 9, 13 so mißt

$$\eta_{\text{Pot}} = -\,q_0\,\varphi(x) \qquad\qquad (\text{IV } 9,\ 89)$$

die *potentielle Energie* eines gerade ebendort befindlichen Elektrons. Auf Grund ihrer Kenntnis berechnet sich seine *Gesamtenergie* η gemäß den folgenden, ortsabhängigen Vorschriften:

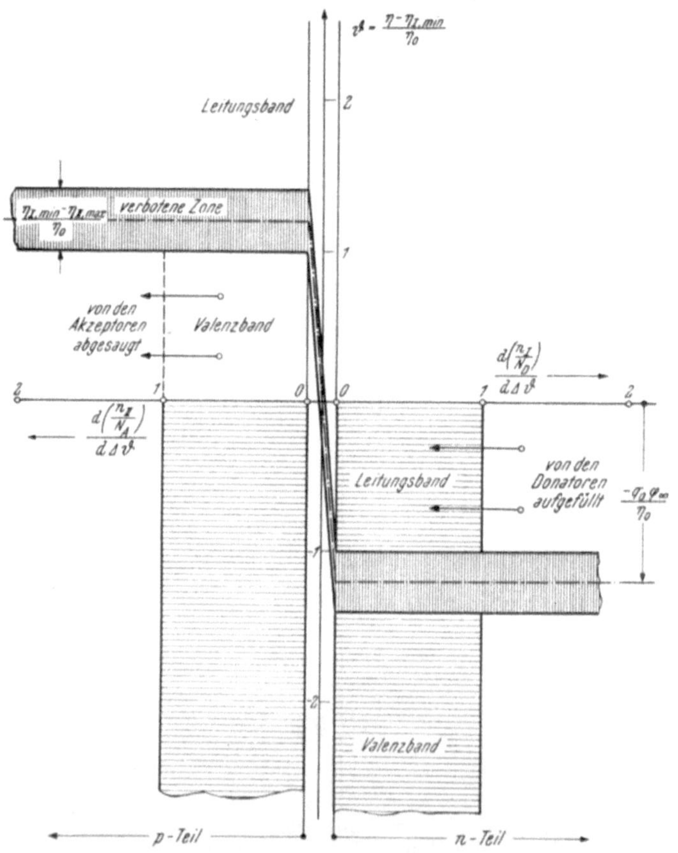

Abb. IV 9, 14. Gleichgewichtsverteilung der Elektronen in der zweidimensionalen, vollkommenen Tunneldiode im Falle $\dfrac{\eta_{\text{I, min}} - \eta_{\text{II, max}}}{\eta_0} = 0{,}4.$

1. Wir begeben uns in den mit Donatoren der Konzentration N_D ausgestatteten n-Teil $[d/2 < x < 1/2]$ der Tunneldiode; dort führen die Elektronen des Valenzbandes je die Gesamtenergie

$$\eta(x) = -\,q_0\,\varphi(x) + \eta_{\text{I, min}} + \varDelta\eta; \qquad \frac{d}{2} < x < \frac{1}{2} \qquad (\text{IV } 9,\ 90)$$

mit sich, während den Elektronen des merklich bis an seinen Rand lückenlos besetzten Valenzbandes je die Gesamtenergie

$$\eta(x) = -q_0\,\varphi(x) + \eta_{\mathrm{II,\,max}} - \varDelta\eta^*; \qquad \frac{d}{2} < x < \frac{l}{2} \qquad \text{(IV 9, 91)}$$

zukommt.

2. Der p-Teil $[(-l/2) < x < (-d/2)]$ der Tunneldiode enthalte

$$N_A = N_D \qquad \text{(IV 9, 92)}$$

Akzeptoren je Einheit seines Konfigurationsraumes. Unter den für N_D geltenden Voraussetzungen ist daher das Valenzband des Wirtskristalles im

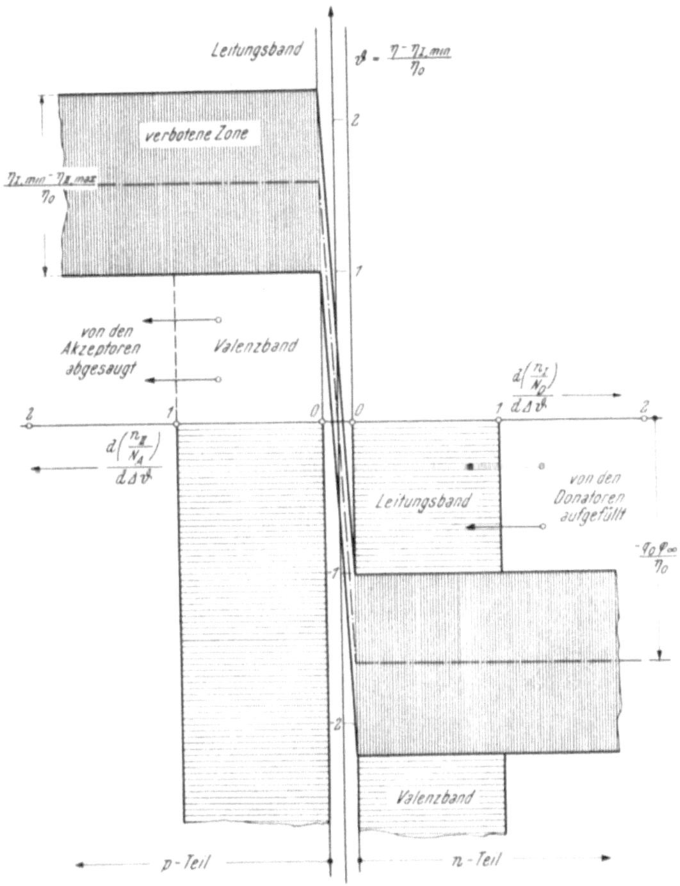

Abb. IV 9, 15. Gleichgewichtsverteilung der Elektronen in der zweidimensionalen, vollkommenen Tunneldiode im Falle $\dfrac{\eta_{\mathrm{I,\,min}} - \eta_{\mathrm{II,\,max}}}{\eta_0} = 1.2.$

p-Teil der Tunneldiode merklich leer, während in dem ebendort gelegenen Leitungsband eine gewisse Anzahl randnaher Plätze unbesetzt bleibt; ein dahin gelangendes Elektron zeichnet sich also je durch den Wert

$$\eta = -q_0\,\varphi(x) + \eta_{\mathrm{II,\,max}} - \varDelta\eta^*; \qquad \left(-\frac{1}{2}\right) < x < \left(-\frac{d}{2}\right) \qquad \text{(IV 9, 93)}$$

seiner Gesamtenergie aus.

Um das physikalische Verständnis dieser Angaben zu erleichtern, bedienen wir uns der Abb. IV 9, 14 und IV 9, 15, in welchen die Gleichgewichtsverteilung der Elektronen im Energieraum einer „zweidimensionalen", vollkommenen Tunneldiode entsprechend der Alternative

$$\frac{\eta_{\mathrm{I,\,min}} - \eta_{\mathrm{II,\,max}}}{\eta_0} \lessgtr 1 \qquad\qquad (\text{IV } 9,\ 94)$$

für die jeweils wirksame Breite der verbotenen Energiezone graphisch dargestellt wurde; es wird sich zeigen, daß sie für das kinetische Zusammenspiel der Elektronen des n-Teiles mit jenen des p-Teiles eine ausschlaggebende Rolle spielt.

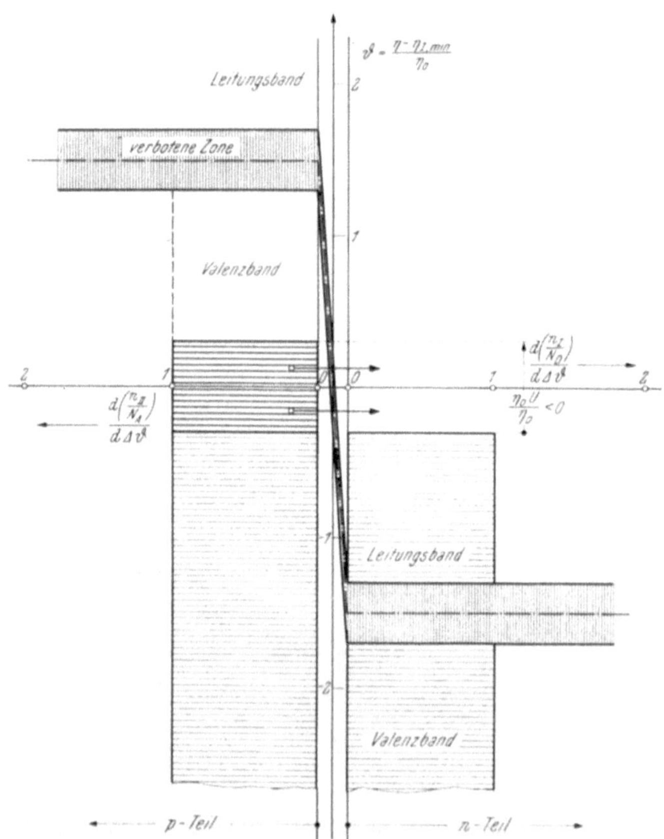

Abb. IV 9, 16. Tunneldiode $\dfrac{\eta_{\mathrm{I,\,min}} - \eta_{\mathrm{II,\,max}}}{\eta_0} = 0.4.$ Einsetzender Strom, negativ.

g) Auf Grund der bisher durchgeführten Überlegungen kennen wir den *stromlosen Zustand* der Tunneldiode, bei welchem die äußere Spannung U zwischen der in x = (— 1/2) fixierten „positiven" Elektrode und ihrem in x = (+ 1/2) gelegenen, „negativen" Partner ungeachtet der im Innern des stationären Systemes auftretenden Differenzen des makroskopischen, elektrischen Potentiales φ verschwindet. Indessen wird der Mechanismus dieses Zustandes dem Verständnis erst durch seine *statistisch-kinematische Deutung* an Hand des *Informationsfeldes* der Elektronen erschlossen: Unter der Wirkung der Potentialdifferenz

$$\Delta\varphi = \varphi\left(\frac{d}{2}\right) - \varphi\left(-\frac{d}{2}\right) \qquad (IV\ 9,\ 95)$$

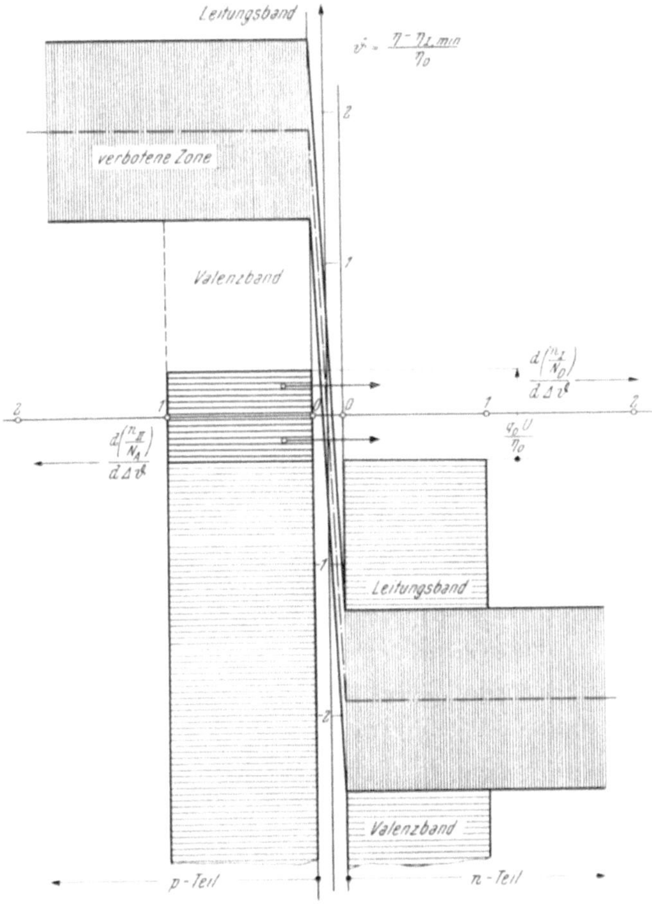

Abb. IV 9, 17. Tunneldiode $\dfrac{\eta_{I,\,min} - \eta_{II,\,max}}{\eta_0} = 1.2.$ Einsetzender Strom, negativ.

welche zwischen den beiden Grenzebenen der von Fremdatomen freien „Trennschicht" $(- d/2) < x < (+ d/2)$ herrscht [vgl. Abb. IV 9, 13], kann ja die „klassisch" den Elektronen unzugängliche Zone

$$\eta_{II,\,max} < \eta < \eta_{I,\,min} \qquad (IV\ 9,\ 96)$$

des Energieband-Spektrums nichtsdestoweniger von Elektronenwellen mit einer endlichen *Transmissionswahrscheinlichkeit* w_T durchtunnelt werden. Um deren Größe abzuschätzen, bedienen wir uns des gleichen Gedankenganges, der uns in Ziffer III 10 zur analytischen Darstellung des *Zener-*

Effektes im allerdings nur eindimensionalen Modell des Wirtskristalles führte: Bezeichnet

$$|\mathrm{E}| = \left| \frac{\Delta\varphi}{d} \right| \tag{IV 9, 97}$$

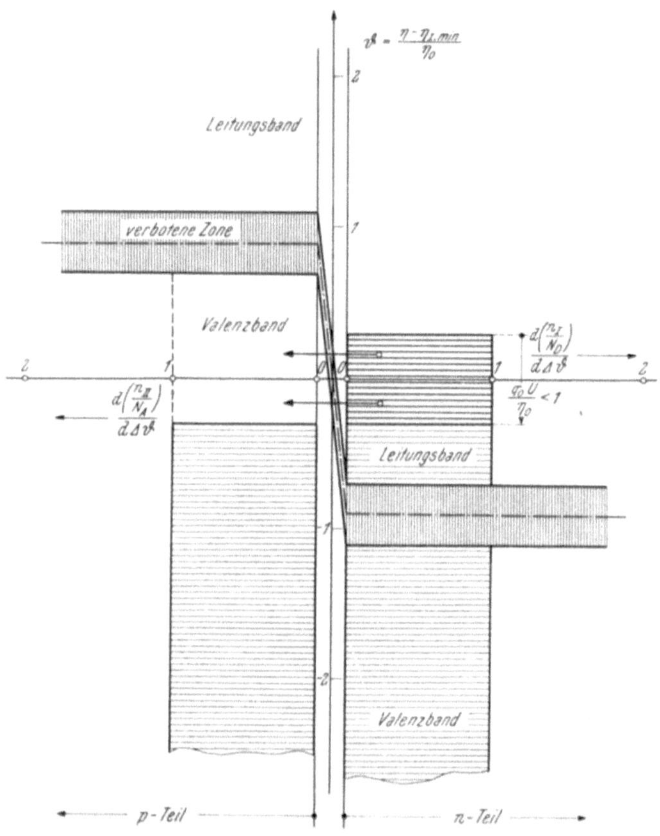

Abb. IV 9, 18. Tunneldiode $\dfrac{\eta_{\mathrm{I, min}} - \eta_{\mathrm{II, max}}}{\eta_0} = 0.4.$ Einsetzender Strom, positiv.

den absoluten Betrag der [durchschnittlichen] elektrischen Makrofeldstärke in der Trennschicht, so fanden wir für jene Transmissionswahrscheinlichkeit mit auch hier ausreichender Genauigkeit die Angabe

$$w_\mathrm{T} = e^{-\frac{\pi^2}{h^2} \frac{m_0\, a(\eta_{\mathrm{I, min}} - \eta_{\mathrm{II, max}})}{q_0 |E|}}, \tag{IV 9, 98}$$

in welcher a die „Gitterkonstante" [Zellenlänge] jenes Kristallmodelles definiert. Nunmehr richten wir unser Augenmerk auf den infinitesimal schmalen Energiebereich $d\eta$; er enthält je Einheit des Konfigurationsraumes im n-Teil [$d/2 < x < 1/2$] der „vollkommenen" Tunneldiode, auf welche wir uns hier beziehen, die Anzahl

$$dn_\mathrm{I} = N_\mathrm{D}\, d\gamma_\mathrm{I} \tag{IV 9, 99}$$

von Elektronen, deren eine Hälfte in jedem Augenblick merklich in Richtung der positiven x-Achse strömt, während die andere Hälfte die entgegengesetzte Bewegungstendenz zeigt. Aus dieser Kinematik resultiert im Falle der nur zweidimensionalen Bewegung der Erwartungswert

$$\langle \vec{v} \rangle = \frac{2}{\pi} \mathrm{v} = \frac{2}{\pi} \sqrt{\frac{2}{\mathrm{m}_0} \Delta\eta} \qquad \text{(IV 9, 100)}$$

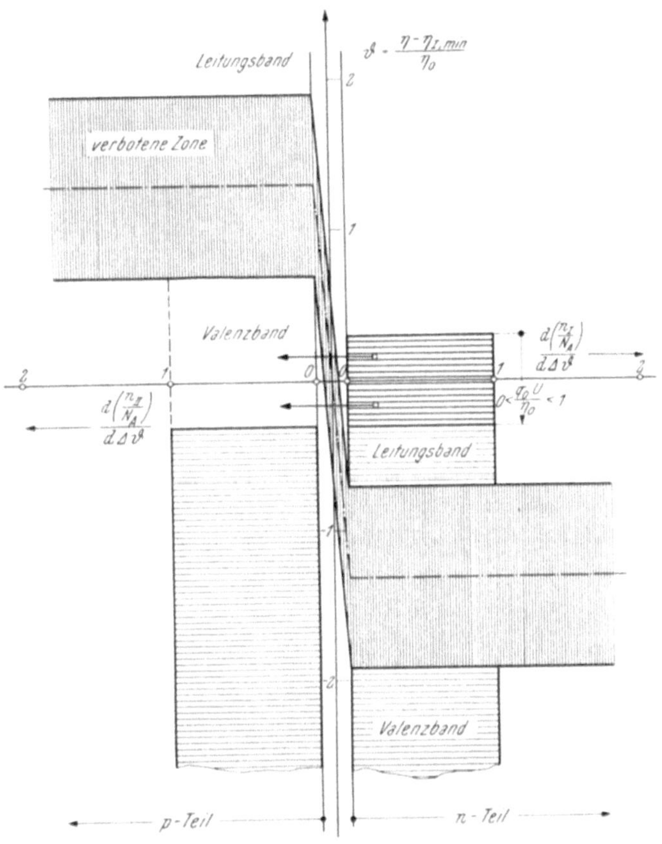

Abb. IV 9, 19. Tunneldiode $\dfrac{\eta_{\mathrm{I,min}} - \eta_{\mathrm{II,max}}}{\eta_0} = 1.2.$ Einsetzender Strom, positiv.

der „einseitig" achsenparallel gerichteten Geschwindigkeit, und im Falle der dreidimensionalen Bewegung berechnet sich der ebenso zu verstehende Erwartungswert zu

$$\langle \vec{v} \rangle = \frac{1}{2} \mathrm{v} = \sqrt{\frac{\Delta\eta}{2\,\mathrm{m}_0}} \, . \qquad \text{(IV 9, 101)}$$

Die aus dem Leitungsband des n-Teiles stammenden, auf die Trennschicht zueilenden Elektronen sind es, welche, unter Wahrung ihrer jeweiligen Gesamtenergie η, die „verbotene" Energiezone mit der Transmissionswahrscheinlichkeit $\mathrm{w_T}$ durchtunnelnd, schließlich in das Valenzband des p-Teiles $[(-1/2) < x < (-d/2)]$ der Diode einzudringen streben. Indessen ist diese wellenmechanische Möglichkeit zwar *notwendig*, doch durchaus nicht *hinreichend*: Das *Pauli*prinzip verlangt ja, daß das Ziel der „Invasion" nicht schon von einem anderen Elektron besetzt ist, und hierfür besteht nach Maßgabe der *Fermi-Dirac*-Statistik, bei endlicher Absoluttemperatur $T > 0$, die „Freiplatzwahrscheinlichkeit"

$$w_0 = \frac{1}{e^{\frac{1}{kT}\left[\frac{1}{2}M_{II}^* v^2 - \eta_{II,\,max} + q_0(\varphi - \psi)\right]} + 1}. \qquad \text{(IV 9, 102)}$$

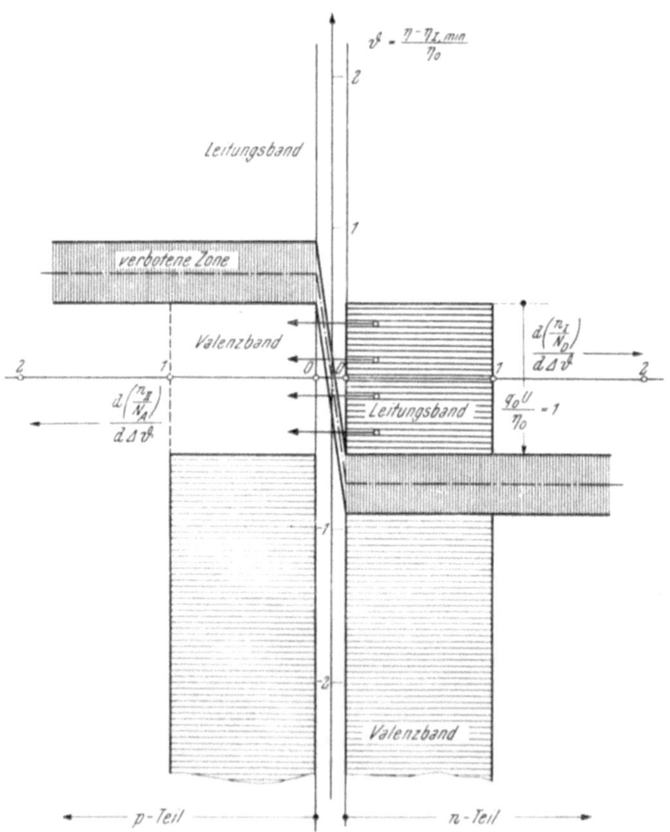

Abb. IV 9, 20. Tunneldiode $\dfrac{\eta_{I,\,min} - \eta_{II,\,max}}{\eta_0} = 0.4.$ Gipfelstrom.

Sie ist, zufolge unserer früheren Definitionen, mit der ebendort zu erwartenden, relativen Absentonendichte γ_{II}^* identisch, und diese geht ihrerseits — wir befinden uns ja jetzt im p-Teil der Diode! — aus der oben berechneten relativen Elektronendichte γ_I im Leitungsband des n-Teiles hervor, indem man, mit Rücksicht auf die Voraussetzung (IV 9, 92), nur eben dieses n-Leitungsband mit dem p-Valenzband sinngemäß vertauscht. Da nun die Abb. IV 9, 16 und IV 9, 17 entsprechend der Vorschrift (IV 9, 48) für den Wert des elektrischen Makropotentiales φ_∞ im Gleichgewichtszustande des Kristalles gezeichnet wurden, sind eben dann alle den Leitungsbandelektronen des n-Teiles energetisch genau gegenüberliegenden Plätze des p-Teiles lückenlos besetzt, und dasselbe gilt für die Valenzbandelektronen des n-Teiles, so daß gewiß kein Elektronenstrom in der Richtung n → p zustande kommen kann. Dagegen erscheinen im Valenzbande des p-Teiles Elektronen, denen in den energetisch jeweils gleichhoch gelegenen

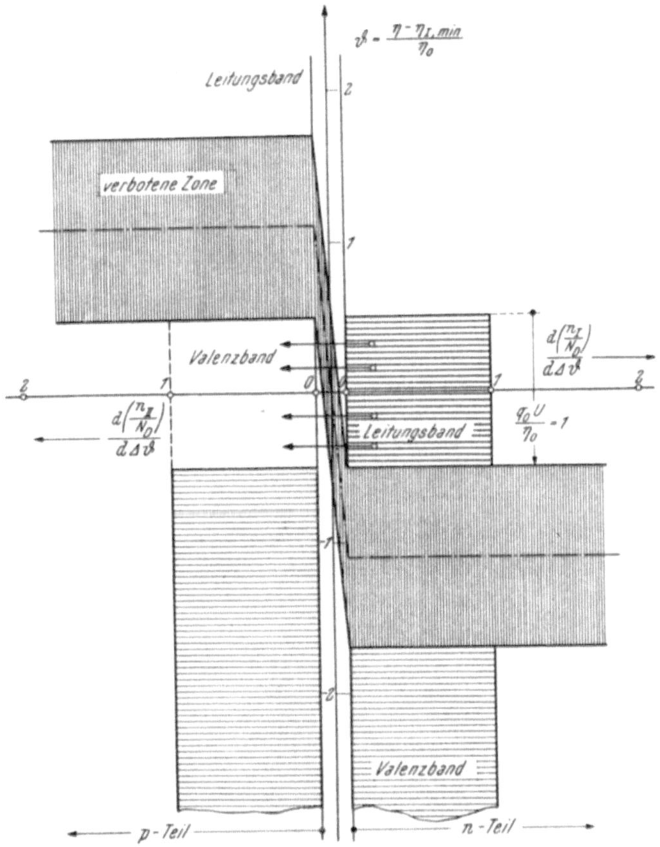

Abb. IV 9, 21. Tunneldiode $\dfrac{\eta_{\mathrm{I,\,min}} - \eta_{\mathrm{II,\,max}}}{\eta_0} = 1.2.$ Gipfelstrom.

Termen des n-Valenzbandes keine Elektronen gegenüberstehen; doch gehören diese freien Plätze der verbotenen Energiezone an, so daß sie den Elektronen unzugänglich sind: Nach ihrem Einfall in jene Zone werden die Elektronenwellen total reflektiert. Auch vom p-Teil zum n-Teil der Diode kann sonach in deren Gleichgewichtszustande kein Elektronenstrom übertreten.

Obwohl die vorstehenden Sätze für die nur zweidimensionale, vollkommene Tunneldiode hergeleitet wurden, überzeugt man sich im Lichte der Gl. (IV 9, 88) von ihrer unveränderten Gültigkeit auch für die „dreidimensionale" Tunneldiode sonst gleicher Art.

h) Die bisher geschilderten Verhältnisse ändern sich grundlegend, sobald man den Elektroden eine endliche Spannung U aufzwingt, deren Zählpfeil von der „positiven" Elektrode $[x = (-1/2)]$ zur „negativen" Elektrode $[x = (+1/2)]$ weise. Um zu möglichst einfach zu durchschauenden Ergebnissen zu gelangen, gehen wir über die bisherige Konzeption der

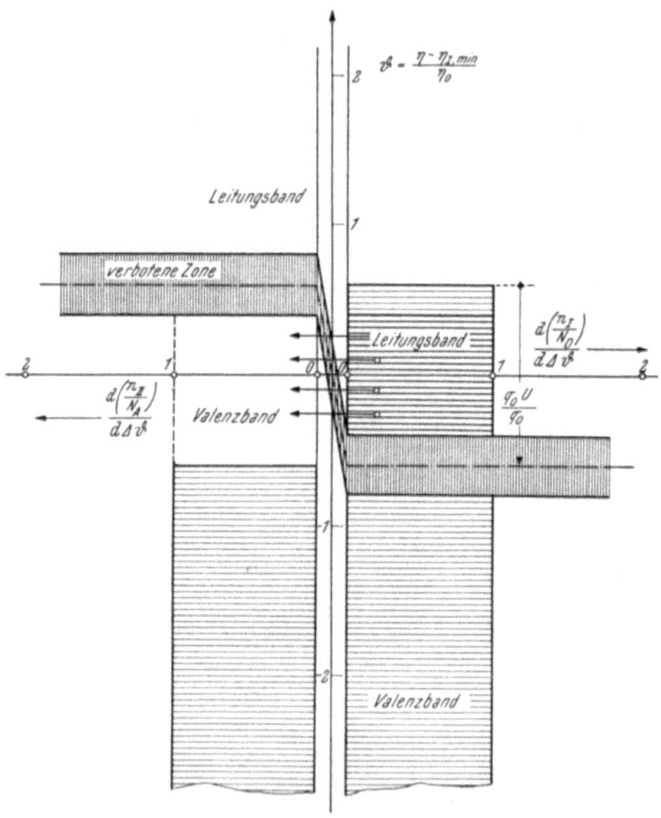

Abb. IV 9, 22. Tunneldiode $\dfrac{\eta_{\mathrm{I,\,min}} - \eta_{\mathrm{II,\,max}}}{\eta_0} = 0.4$. Abnehmender positiver Strom.

vollkommenen Tunneldiode noch ein wenig hinaus, indem wir gedanklich den Grenzübergang zu verschwindender Weite d der Trennschicht zwischen n- und p-Teil des Kristalles vornehmen. Gemäß (IV 9, 97) und (IV 9, 98) gilt nun

$$\lim_{d \to 0} w_{\mathrm{T}} = 1, \qquad\qquad (IV\ 9,\ 103)$$

so daß wir uns auf die bloße Kinematik der Elektronenwellen beschränken dürfen. Wir schildern die dann eintretenden Strömungsvorgänge zunächst nur qualitativ an Hand einer filmartigen Folge graphischer Darstellungen, welche gleichzeitig je für eine „zweidimensionale", vollkommene Tunneldiode

a) des „schmalen" Energiespaltes

$$\frac{\eta_{\mathrm{I,\,min}} - \eta_{\mathrm{II,\,max}}}{\eta_0} = 0,4$$

und

β) des „breiten" Energiespaltes

$$\frac{\eta_{\mathrm{I,\,min}} - \eta_{\mathrm{II,\,max}}}{\eta_0} = 1{,}2$$

gezeichnet wurden:

1. Den Abb. IV 9, 16 und IV 9, 17 liegt die Annahme einer „negativen" Spannung U zugrunde, welche als solche der Sperrichtung der normalen „Diffusionsdiode" entspricht. Im Gegensatz zu deren Verhalten treibt

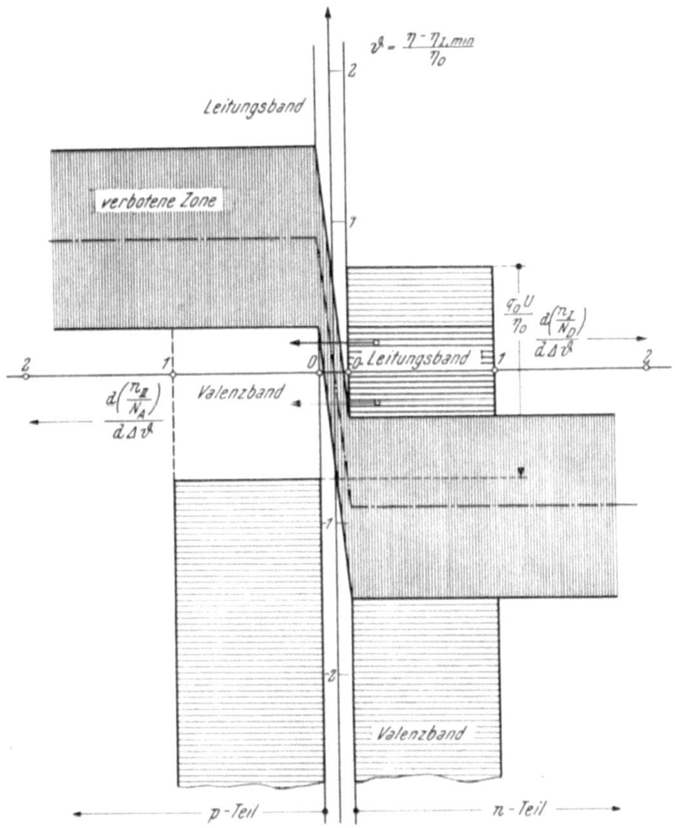

Abb. IV 9, 23. $\dfrac{\eta_{\mathrm{I,\,min}} - \eta_{\mathrm{II,\,max}}}{\eta_0} = 1.2.$ Abnehmender positiver Strom.

jedoch in der Tunneldiode jene Spannung die Elektronen des p-Valenzbandes in das n-Leitungsband hinüber.

2. Unter der Wirkung positiver Spannungen [Durchlaßrichtung der Diffusionsdiode!] durchqueren gemäß Abb. IV 9, 18 und Abb. IV 9, 19 diejenigen, und nur diejenigen aus dem Leitungsband des n-Teiles stammenden Elektronenwellen die verbotene Energiezone, welche am „Tunnelausgang" das p-Valenzband unbesetzt vorfinden.

3. Im Falle

$$\frac{q_0\,U}{\eta_0} = \frac{q_0\,U_1}{\eta_0} = 1 \qquad\qquad \text{(IV 9, 104)}$$

gelangen wir zum *Gipfelstrom* $J = J_1$ der vom n-Leitungsband in das p-Valenzband einwandernden Elektronenwellen. Laut Ausweis der Abb. IV 9, 20 und IV 9, 21 gilt diese wichtige Folgerung unabhängig von

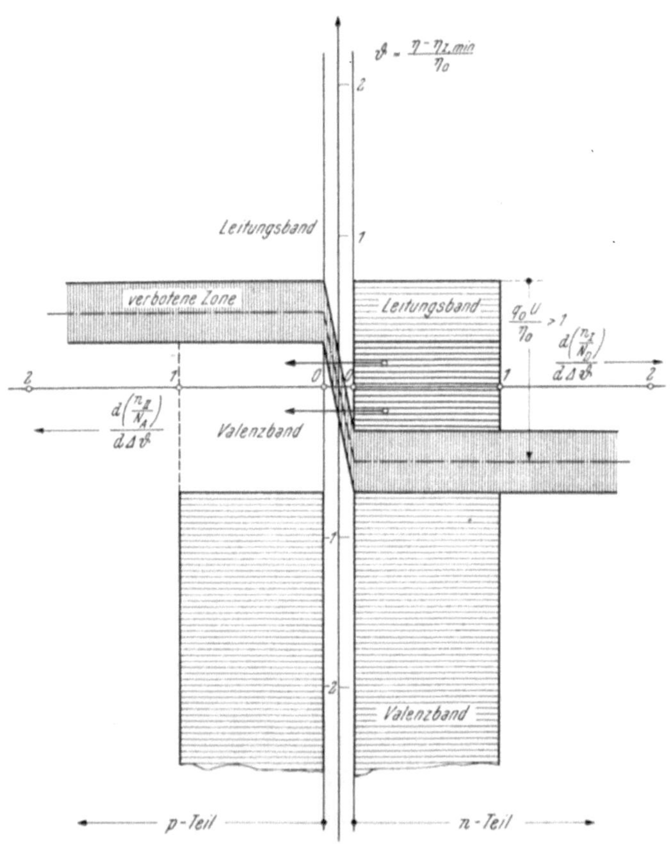

Abb. IV 9, 24. Tunneldiode $\dfrac{\eta_{I,min} - \eta_{II,max}}{\eta_0} = 0.4$. Tiefpunkt des Stromes.

der jeweils vorliegenden [numerischen] Breite $(\eta_{I,min} - \eta_{II,max})/\eta_0$ der verbotenen Energiezone!

4. Für positive Spannungen, welche in stetigem Anschluß an den numerischen Wert $q_0\,(U_1/\eta_0) = 1$ diesen ein wenig übertreffen, liegt der Tunnelausgang nach Abb. IV 9, 22 und Abb. IV 9, 23 teilweise in der verbotenen Energiezone; so daß die dorthin einfallenden, aus dem n-Leitungsband stammenden Elektronenwellen total in ihrem Ursprungsbereich reflektiert werden: Ungeachtet der ansteigenden Spannung U nimmt der Integralstrom J ab, wir befinden uns im *fallenden Teil* der Strom-Spannungskennlinie.

5. Von nun ab gabelt sich die Untersuchung:

α) Im Falle $((\eta_{\mathrm{I,min}} - \eta_{\mathrm{II,max}})/\eta_0) < 1$ gelangen wir gemäß Abb. IV 9, 24 bei der durch

$$\frac{q_0\,U_2}{\eta_0} = 1 + \frac{\eta_{\mathrm{I,min}} - \eta_{\mathrm{II,max}}}{\eta_0} \qquad\qquad (\mathrm{IV}\ 9,\ 105)$$

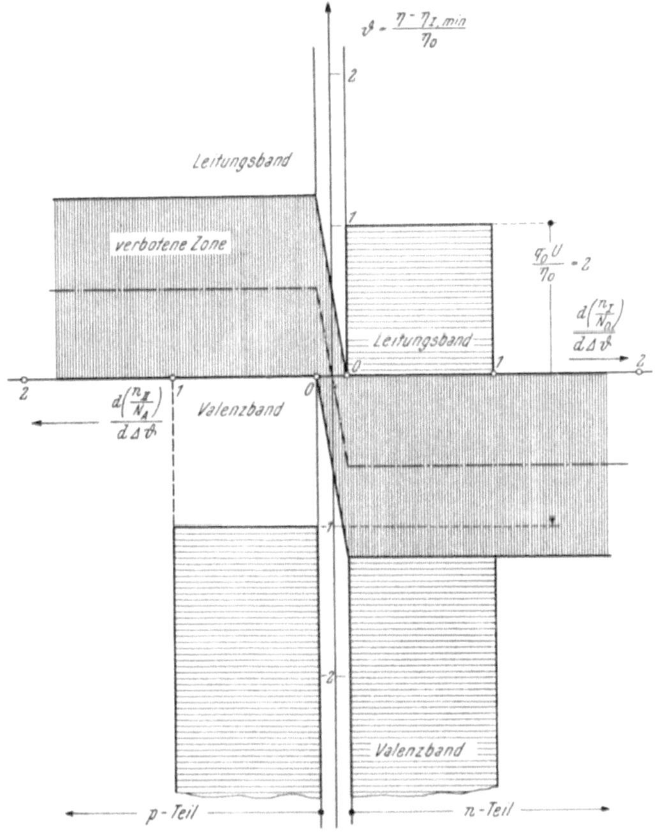

Abb. IV 9, 25. Tunneldiode $\dfrac{\eta_{\mathrm{I,min}} - \eta_{\mathrm{II,max}}}{\eta_0} = 1.2$. Untere Sperrspannung.

bestimmten Spannung U_2 zu dem von Null verschiedenen *Tiefpunkt* $0 < J = J_2$ des Integralstromes, welcher von den Elektronen des n-Leitungsbandes durch den Tunnel zum p-Valenzband transportiert wird.

β) Übertrifft die Breite $[\eta_{\mathrm{I,min}} - \eta_{\mathrm{II,max}}]$ der verbotenen Zone die Energieeinheit η_0, so kommt der Elektronentransport gemäß Abb. IV 9, 25 bei der durch

$$\frac{q_0\,U_2^{(\mathrm{u})}}{\eta_0} = 2 \qquad\qquad (\mathrm{IV}\ 9,\ 106)$$

dcfinicrten, „*unteren*" *Sperrspannung* $U_2^{(\mathrm{u})}$ zum gänzlichen Erliegen; dieser Zustand hält solange an, bis die weiter stetig gesteigerte Spannung den durch

$$\frac{q_0\,U_2{}^{(0)}}{\eta_0} = 1 + \frac{\eta_{\mathrm{I,min}} - \eta_{\mathrm{II,max}}}{\eta_0} \qquad\qquad \text{(IV 9, 107)}$$

gegebenen Wert der „*oberen*" *Sperrspannung* $U_2{}^{(0)}$ erreicht [Abb. IV 9, 26].

6. Für Spannungen $U > U_2$ [im Falle $((\eta_{\mathrm{I,min}} - \eta_{\mathrm{II,max}})/\eta_0) < 1$] nimmt der Integralstrom J mit steigender Spannung U zunächst wieder monoton zu, wobei die Elektronenwellen entsprechend Abb. IV 9, 27 und Abb. IV 9, 28

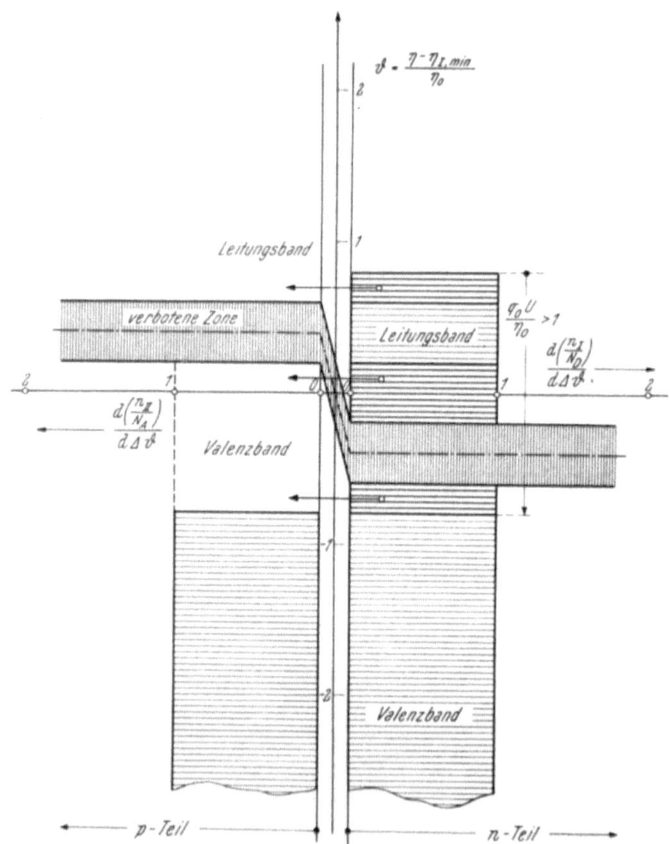

Abb. IV 9, 26. Tunneldiode $\dfrac{\eta_{\mathrm{I,min}} - \eta_{\mathrm{II,max}}}{\eta_0} = 0.4$. Wiederanstieg des Stromes.

teils den Tunnel vom n-Leitungsband zum p-Valenzband benutzen, teils unmittelbar vom n-Leitungsband zum p-Leitungsband übertreten; dieselbe Erscheinung ist nach Abb. IV 9, 29 in Dioden der Eigenschaft $((\eta_{\mathrm{I,min}} - \eta_{\mathrm{II,max}})/\eta_0) > 1$ zu erwarten, sobald die Spannung $U > U_2{}^{(0)}$ gewählt wird.

7. Der vordem beschriebene Mechanismus der „gemischten" Elektronenströmung bleibt gemäß Abb. IV 9, 30 und Abb. IV 9, 31 auch bei fortgesetzt zunehmender Spannung erhalten. Doch zeigt die kritische Betrachtung der Diagramme, daß der weitere monotone Anstieg der Strom-Spannungskennlinie eine Störung erleidet, sobald das Leitungsband des

n-Teiles in das Energieniveau derjenigen verbotenen Zone gehoben wird, welche das Leitungsband von dem nächst höher gelegenen „erlaubten" Band trennt; allerdings steht eine experimentelle Bestätigung dieser theoretischen Voraussage noch aus.

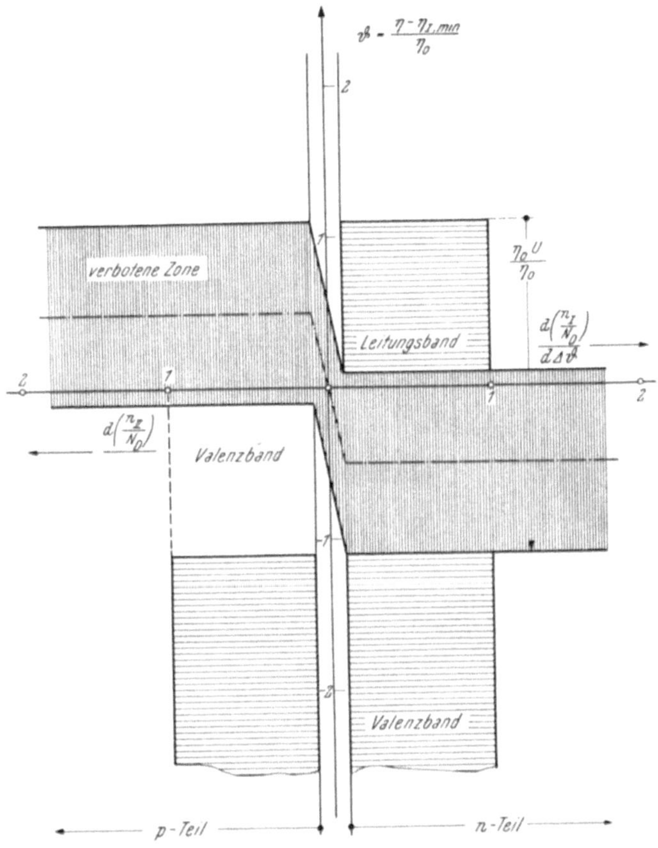

Abb. IV 9, 27. Tunneldiode $\dfrac{\eta_{\mathrm{I,\,min}} - \eta_{\mathrm{II,\,max}}}{\eta_0} = 1.4$.   Obere Sperrspannung.

i) Es verbleibt uns die Aufgabe, die Ergebnisse des vorstehenden Abschnittes quantitativ zu erfassen.

Wir setzen

$$U_{gr} = \begin{cases} U_2 & \text{für } \dfrac{\eta_{\mathrm{I,\,min}} - \eta_{\mathrm{II,\,max}}}{\eta_0} < 1 \\[2ex] U_2^{(0)} & \text{für } \dfrac{\eta_{\mathrm{I,\,min}} - \eta_{\mathrm{II,\,max}}}{\eta_0} > 1 \end{cases} \qquad (\text{IV } 9,\ 108)$$

und beschränken uns der Kürze halber auf den Spannungsbereich

$$0 \leqq \frac{q_0\,U}{\eta_0} \leqq 1 + \frac{\eta_{\mathrm{I,\,min}} - \eta_{\mathrm{II,\,max}}}{\eta_0} = \frac{q_0\,U_{gr}}{\eta_0} \qquad (\text{IV } 9,\ 109)$$

innerhalb dessen sich der Integralstrom J von Null an bis zu seinem Gipfel J_1 erhebt, dann auf den Tiefpunkt J_2 abfällt und eben wieder anzusteigen beginnt. Mit Rücksicht auf (IV 10, 48) und (IV 10, 88) fällt daher die in Gl. (IV 10, 95) definierte Potentialdifferenz

$$\Delta\varphi = \varphi\left(\frac{\mathrm{d}}{2}\right) - \varphi\left(-\frac{\mathrm{d}}{2}\right) = 2\,\varphi_\infty - \mathrm{U} \qquad\qquad \text{(IV 9, 110)}$$

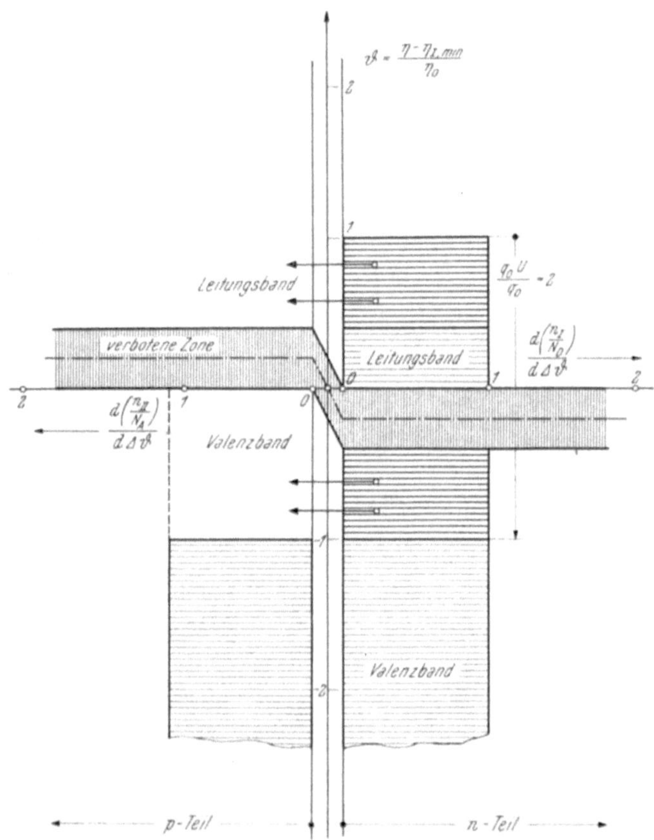

Abb. IV 9, 28. Tunneldiode $\dfrac{\eta_{\mathrm{I,\,min}} - \eta_{\mathrm{II,\,max}}}{\eta_0} = 0.4$. Fortgesetzter Stromanstieg.

in den Bereich

$$2 + \frac{\eta_{\mathrm{I,\,min}} - \eta_{\mathrm{II,\,max}}}{\eta_0} \geqq \frac{q_0\,\Delta\varphi}{\eta_0} \geqq 1. \qquad\qquad \text{(IV 9, 111)}$$

Lassen wir nun die oben eingeführte Vereinfachung $\mathrm{d} \to 0$ wieder beiseite, so resultiert gemäß Gl. (IV 10, 97) und Gl. (IV 10, 98) für die Transmissionswahrscheinlichkeit $\mathrm{w_T}$ mit Hilfe der dimensionsfreien Kennziffer

$$\varkappa = \frac{\pi^2}{\mathrm{h}^2}\,\frac{\mathrm{m_0\,a\,d}\,[\eta_{\mathrm{I,\,min}} - \eta_{\mathrm{II,\,max}}]^2}{\eta_0} \qquad\qquad \text{(IV 9, 112)}$$

der Ausdruck

$$\mathrm{w_T} = \mathrm{e}^{-\varkappa\,\frac{1}{1+\frac{q_0(\mathrm{U_{gr}} - \mathrm{U})}{\eta_0}}} = \mathrm{e}^{-\varkappa\,\frac{1}{\left(2+\frac{\eta_{\mathrm{I,\,min}} - \eta_{\mathrm{II,\,max}}}{\eta_0}\right) - \frac{q_0\mathrm{U}}{\eta_0}}}, \qquad \text{(IV 9, 113)}$$

dessen Abhängigkeit von der Arbeitsspannung U durch Abb. IV 9, 32 für unterschiedliche Breiten der verbotenen Energiezone veranschaulicht wird. Mit seiner Hilfe erhalten wir für die Dichte j des Elektronenstromes in dem angezeigten Bereich der vollkommenen Tunneldiode die Darstellung

$$j = q_0 \int_{\eta_1}^{\eta_2} w_T \langle \vec{v} \rangle \, dn_I, \qquad (IV\ 9,\ 114)$$

in welcher η_1 und η_2 jeweils denjenigen Energiebereich begrenzen, für welchen in dem den Elektronen des n-Leitungsbandes durch den Tunnel zu-

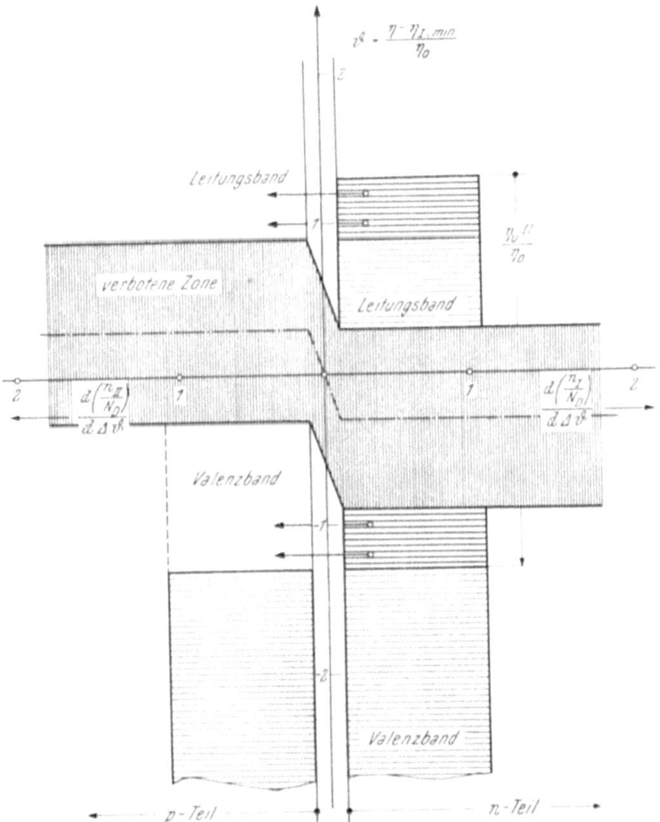

Abb. IV 9, 29. Tunneldiode $\dfrac{\eta_{I,\,min} - \eta_{II,\,max}}{\eta_0} = 1.2$. Wiederanstieg des Stromes.

gänglichen Gebiet des p-Valenzbandes die in (IV 10, 102) angegebene Freiplatzwahrscheinlichkeit w_0 mit $T \to 0$ gegen 1 konvergiert.

Wir wenden diese allgemeine Vorschrift auf die vollkommene, dreidimensionale Tunneldiode an. Mit Rücksicht auf (IV 10, 83), (IV 10, 85) und (IV 10, 101) finden wir dann unter Benutzung der sozusagen *natürlichen Stromdichteeinheit*

$$j_0 = \frac{3}{4} q_0 N_D \sqrt{\frac{\eta_0}{2 m_0}} \qquad (IV\ 9,\ 115)$$

die dimensionsfreie Angabe

$$\frac{j}{j_0} = w_T \cdot 2 \int\limits_{\frac{\eta_1}{\eta_0}}^{\frac{\eta_2}{\eta_0}} \Delta\vartheta \, d\Delta\vartheta. \qquad\qquad \text{(IV 9, 116)}$$

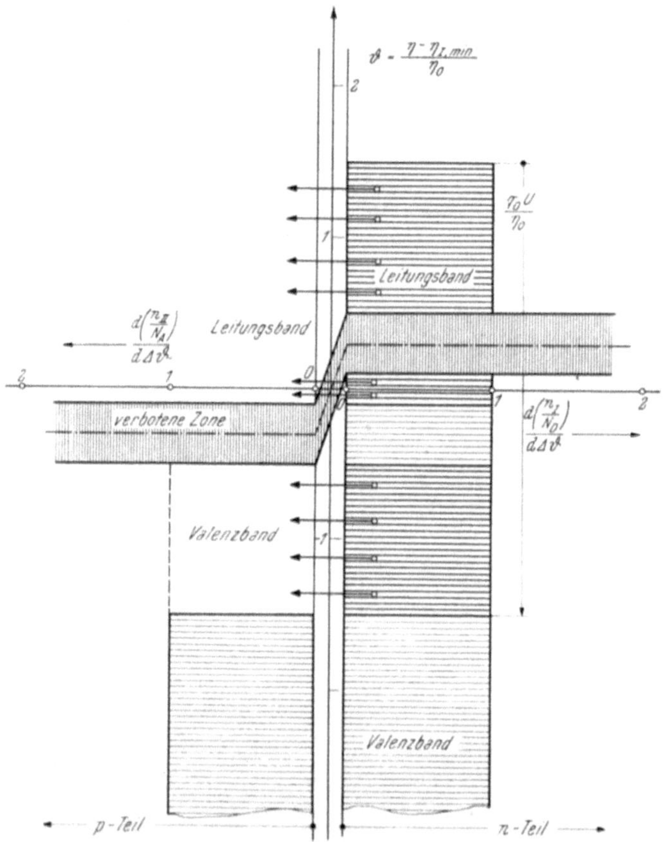

Abb. IV 9, 30. Tunneldiode $\dfrac{\eta_{I,\,min} - \eta_{II,\,max}}{\eta_0} = 0.4$. Monotoner Stromanstieg.

Ihre explizite Auswertung liefert für den Bereich $0 \leqq (q_0\,U)/\eta_0 \leqq 1$, in welchem die Strom-Spannungskurve wesentlich ansteigt, die Gleichung

$$\frac{j_0}{j} = w_T \cdot 2 \int\limits_{1 - \frac{q_0\,U}{\eta_0}}^{1} \Delta\vartheta \, d\Delta\vartheta = w_T \left[1 - \left(1 - \frac{q_0\,U}{\eta_0} \right)^2 \right]; \qquad 0 \leqq \frac{q_0\,U}{\eta_0} \leqq 1,$$

$$\text{(IV 9, 117)}$$

während man für den merklich fallenden Teil jener Kennlinie

$$\left[1 \leqq \frac{q_0\,U}{\eta_0} \leqq 1 + \frac{\eta_{I,\,min} - \eta_{II,\,max}}{\eta_0} \right]$$

die Darstellung

$$\frac{j}{j_0} = w_T \cdot 2 \int\limits_0^{2-\frac{q_0 U}{\eta_0}} \Delta\vartheta \, \mathrm{d}\Delta\vartheta = w_T \left[2 - \frac{q_0 U}{\eta_0}\right]^2; \qquad 1 \leqq \frac{q_0 U}{\eta_0} \leqq 2$$

$$\text{(IV 9, 118)}$$

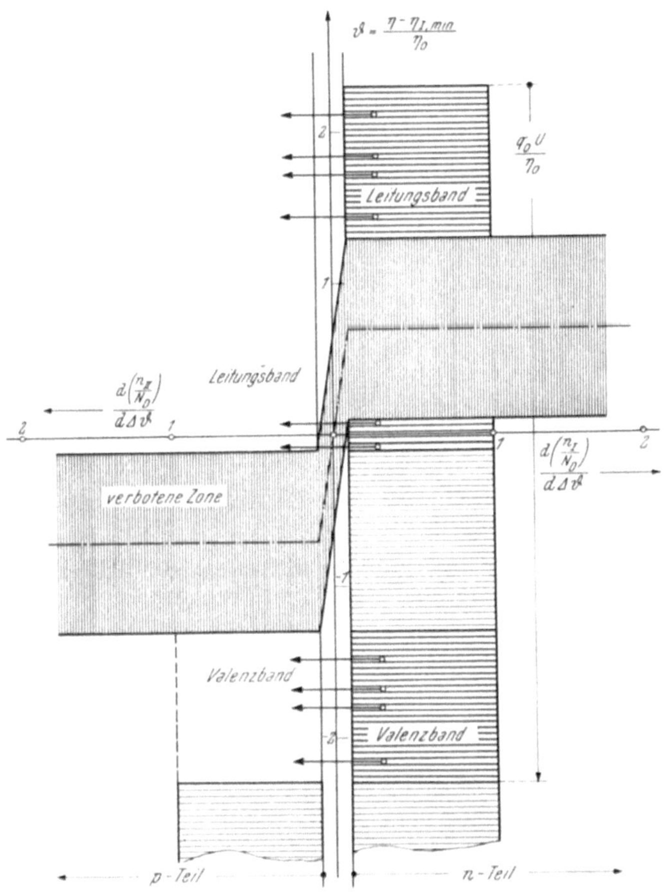

Abb. IV 9, 31. Tunneldiode $\dfrac{\eta_{I,\,min} - \eta_{II,\,max}}{\eta_0} = 1.2$. Monotoner Stromanstieg.

findet. Abb. IV 9, 33 zeigt die hiernach resultierende Gestalt der ,,normierten'' Kennlinie

$$\frac{j}{j_0} = f\left(\frac{q_0 U}{\eta_0}\right) \qquad\qquad \text{(IV 9, 119)}$$

einer vollkommenen Tunneldiode der Eigenschaft d → 0 bei je unterschiedlicher Breite der verbotenen Energiezone, während Abb. IV 9, 34 die entsprechende Kennlinie bei endlicher Dicke d der Trennschicht zwischen dem n-Teil und dem p-Teil des Kristalles veranschaulicht. Nach Ausweis des letztgenannten Diagrammes wird der Abfall der Kennlinie von deren Gipfel bis zu deren Tiefpunkt unter dem Einfluß der Transmissionswahrscheinlichkeit $w_T < 1$ bei $d > 0$ durch passende Wahl der Breite $((\eta_{I,\,min} - \eta_{II,\,max})/\eta_0) < 1$

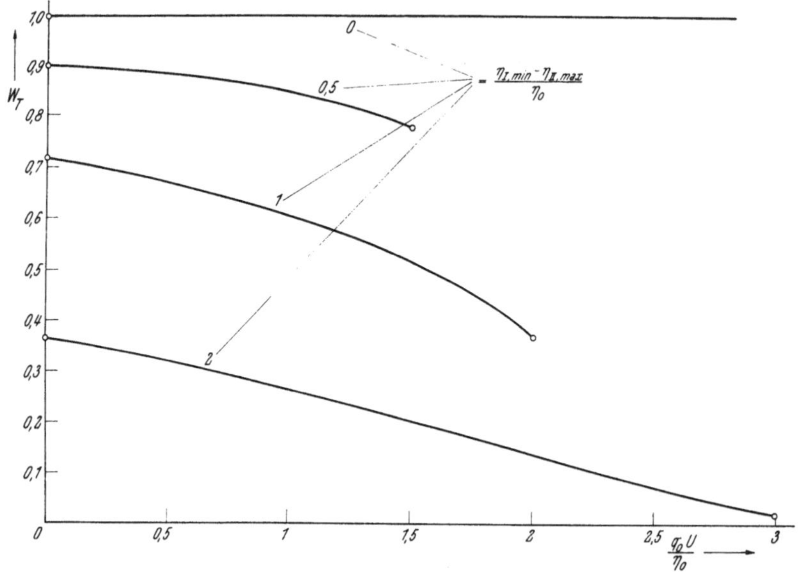

Abb. IV 9, 32. Abhängigkeit der Transmissionswahrscheinlichkeit von der Spannung.

deutlich schwächer. Legt man nun die technologischen Daten des Kristallsystemes von vornherein so aus, daß jene Stromänderung als unmerklich

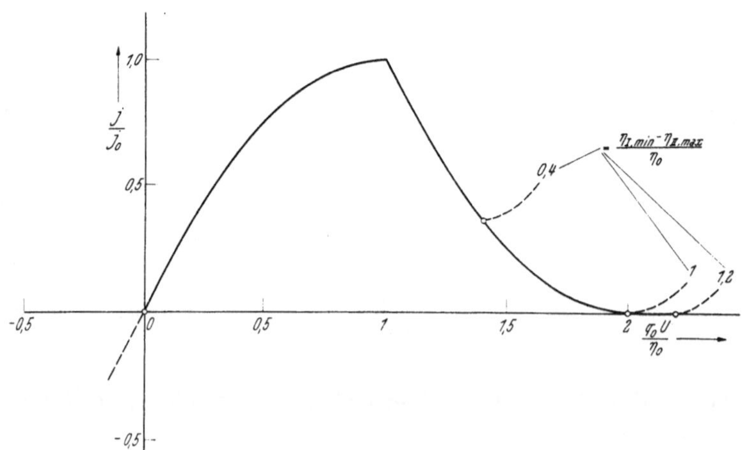

Abb. IV 9, 33. Normierte Kennlinie der Tunneldiode.

gänzlich außer acht bleiben darf, so nähert sich die Tunneldiode — sofern man ihre positive Arbeitsspannung auf den in (IV 9, 109) angezeigten Bereich beschränkt! — in ihrem phänomenologischen Verhalten einer normalen Diffusionsdiode an, deren Spannungsrichtung man sich jeweils in das Gegenteil verkehrt denke: Die Tunneldiode leitet in der konventionellen Sperrichtung der Diffusionsdiode, während sie den Stromfluß in der konventionellen Durchlaßrichtung der Diffusionsdiode nahezu abdrosselt. Im Einklang mit dieser eigentümlichen Wirkungsumkehr bezeichnet man daher eine solche Tunneldiode häufig treffend als *Rückwärts-*

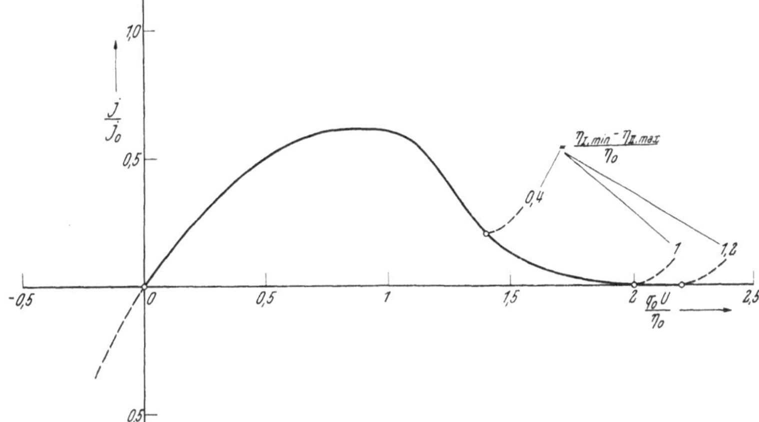

Abb. IV 9, 34. Kennlinie der Tunneldiode bei endlicher Dicke der Trennschicht.

diode; sie unterscheidet sich, von tiefgreifenden dynamischen Verschiedenheiten abgesehen, von der Diffusionsdiode vorteilhaft durch ihre viel schwächere Abhängigkeit von der Betriebstemperatur.

k) Beim Übergang von der ja nur ideellen, vollkommenen Tunneldiode zu deren realer Gestalt überzeugt man sich an Hand gemessener Kennlinien, daß selbst im Falle $((\eta_{I,\,min} - \eta_{II,\,max})/\eta_0) > 1$ der Strom im Tiefpunkt einen stets endlichen, positiven Wert beibehält, während er nach Ausweis der vorstehend entwickelten Theorie ebendort verschwinden sollte. Die Existenz des genannten Reststromes erklärt sich bereits zwanglos aus der stets endlichen, absoluten Temperatur innerhalb des Kristalles; überdies zeigt sich, daß auch die wellenmechanische Beschreibung des Tunneleffektes von Band zu Band durch deren trennende verbotene Zone verschärft werden muß; doch möge es mit diesen Hinweisen sein Bewenden haben.

IV 10. Der Flächentransistor.

a) Unter einem Flächentransistor verstehen wir eine Kristalltriode, deren Strömungsquerschnitt überall sehr groß im Vergleich zur Hüllfläche der von den Grundvektoren des kristallinischen Mikrogitters ausgespannten Zelle gehalten wird.

In ihrer einfachsten Form besteht eine solche Triode entsprechend dem Schema der Abb. IV 10, 1 aus einem kreiszylindrischen, ursprünglich chemisch homogenen Wirtskristall, beispielsweise vom Typus des Germanium, in welchem durch technologisch lokal gesteuerte Eindiffusion von Donatoren und Akzeptoren drei halbleitende Regionen von abwechselnd antipolarem Charakter ihrer Fremdatome gebildet wurden. Es lassen sich hiernach zwei, einander dual ergänzende Arten von Flächentransistoren herstellen, welche, in unmittelbar an das Ladungsvorzeichen der jeweils majorisierenden, beweglichen Elektrizitätsträger anknüpfender Symbolik, als p-n-p-Transistor und n-p-n-Transistor unterschieden werden; zufolge ihres dualen Betriebsverhaltens führt jedoch bereits die Untersuchung eines dieser beiden Systeme zur Kenntnis der wesentlichen Eigenschaften beider Transistorklassen.

b) Wir beschäftigen uns weiterhin mit einem p-n-p Flächentransistor vom konstanten Halbmesser a seines kreisförmigen Querschnittes. Die Achse dieser Triode wird mit der z-Achse eines Zylinderkoordinatensystemes identifiziert, dessen Ursprung mit dem Zentrum des n-Gebietes zusammenfalle; ϱ messe die Radialdistanz des jeweiligen Aufpunktes von der Achse und α sein Azimut gegen eine passend gewählte, relativ zum Kristall ruhende Meridianebene.

Wir weisen dem Wirtskristalle den Bereich

$$-\frac{1}{2}L \leqq z \leqq \frac{1}{2}L;$$

$$0 \leqq \varrho \leqq a; \qquad 0 \leqq \alpha < 2\pi$$

$$\text{(IV 10, 1)}$$

zu. Längs der z-Achse in deren positiver Richtung fortschreitend, begegnen wir dann folgenden „Organen" des Flächentransistors:

I. In der Ebene

$$z = -\frac{1}{2}L$$

$$\text{(IV 10, 2)}$$

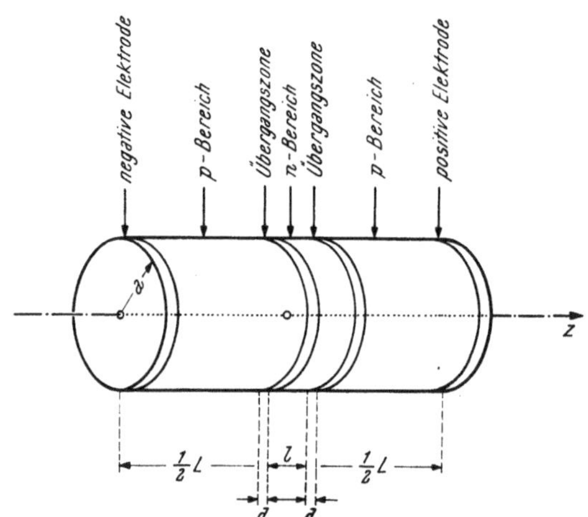

Abb. IV 10, 1. Modell eines Flächentransistors von Typ p-n-p.

grenzt der Kristall an eine metallische Elektrode; in der später zu beschreibenden Betriebsart der Triode definiert sie den „Emitter" [Index Em] des von der Elektrode in den Kristall übertretenden elektrischen Arbeitsstromes J_{Em}, den wir in der angegebenen Zählrichtung als positiv rechnen. Wir nehmen an, daß der Galvanispannung zwischen dem Emitter und den ihm benachbarten Kristallelementen ein unveränderlicher Wert $U_{G,Em}$ zukommt.

II. Der Bereich

$$-\frac{1}{2}L \leqq z \leqq -\left(\frac{1}{2}l+d\right) \qquad \text{(IV 10, 3)}$$

enthält *Akzeptoren* der merklich konstanten, eingeprägten Konzentration

$$N_A(z) = N_A = \text{const.} \qquad \text{(IV 10, 4)}$$

III. Längs der *Übergangszone*

$$-\left(\frac{1}{2}l+d\right) < z < -\frac{1}{2}l \qquad \text{(IV 10, 5)}$$

gilt der Wirtskristall als merklich frei von Fremdatomen, also als *rein*.

IV. Das Gebiet

$$-\frac{1}{2}l \leqq z \leqq \frac{1}{2}l \qquad \text{(IV 10, 6)}$$

beherbergt *Donatoren* der merklich konstanten, eingeprägten Konzentration

$$N_D(z) = N_D = \text{const.} \qquad (IV\ 10,\ 7)$$

Der Mantel

$$-\frac{1}{2}l \leqq z \leqq \frac{1}{2}l; \qquad \varrho = a; \qquad 0 \leqq a < 2\pi \qquad (IV\ 10,\ 8)$$

dieses Zylinderabschnittes sei von einem lückenlos anschließenden Metallringe umschlossen. Diese Elektrode definiert die *Basis* [Index B] des Flächentransistors; durch J_B bezeichnen wir ihren elektrischen Arbeitsstrom, den wir positiv rechnen, falls er den Kristall durch die Ringelektrode verläßt. Die *Galvani*spannung zwischen dieser Elektrode und der Nachbarschicht des Kristalles sei unveränderlich.

V. Der mit Bezug auf die Ebene $z = 0$ zur Übergangszone (IV 11, 5) spiegelbildlich gelegene Sektor

$$\frac{1}{2}l < z < \frac{1}{2}l + d \qquad (IV\ 10,\ 9)$$

bildet gleichfalls eine *Übergangszone*, welche als solche keine Fremdatome enthält.

VI. Der Bereich

$$\frac{1}{2}l + d \leqq z \leqq \frac{1}{2}L \qquad (IV\ 10,\ 10)$$

sei von *Akzeptoren* der merklich gleichförmigen, unveränderlichen Konzentration

$$N_A(z) = N_A = \text{const} \qquad (IV\ 10,\ 11)$$

erfüllt.

VII. In der Ebene

$$z = \frac{1}{2}L \qquad (IV\ 10,\ 12)$$

grenze der Kristall an eine metallische Elektrode, welche wir dem in $z = -\frac{1}{2}L$ befindlichen Emitter als *Kollektor* [Index K] gegenüberstellen; als Kollektorstrom J_K bezeichnen wir den elektrischen Arbeitsstrom, welcher von der Elektrode in den Kristall übertritt und welcher in dieser Zählrichtung als positiv gerechnet wird. Die *Galvani*spannung $U_{G,K}$ zwischen dem Kollektor und den ihm benachbarten Kristallelementen wird als unveränderlich vorausgesetzt.

Durch passende Führung des technologischen Formierungsprozesses unterwerfen wir die Länge l des zentral gelegenen n-Bereiches der Ungleichung

$$l \ll L, \qquad (IV\ 10,\ 13)$$

welche wir durch die Voraussetzung

$$d \ll l \qquad (IV\ 10,\ 14)$$

äußerst schmaler Übergangszonen (IV 11, 5) und (IV 11, 9) ergänzen.

c) Bei der physikalischen Untersuchung des vorgelegten Flächentransistors gehen wir vom Zustande seines thermisch-elektrischen *Gleichgewichtes* [Index 0] aus. Er wird als solcher innerhalb des gesamten Kristallgebietes durch die dort gleichförmige absolute Temperatur

$$T = T_0 = \text{const} \qquad (IV\ 10,\ 15)$$

und den ebenfalls räumlich und zeitlich unveränderlichen Wert

$$\psi = \psi_0 = \text{const} \qquad \text{(IV 10, 16)}$$

des elektrochemischen Potentiales beschrieben; zu diesen Angaben gesellt sich der örtliche Verlauf des elektrischen Makropotentiales

$$\varphi = \varphi_0 = \varphi_0(z; \varrho; a), \qquad \text{(IV 10, 17)}$$

welcher fortan als bekannt vorausgesetzt wird. Insbesondere wird das elektrostatische Feld dieses Makropotentiales durch die je an den Elektroden auftretenden *Galvani*spannungen derart ergänzt, daß die drei Gleichgewichtsspannungen zwischen den Klemmen der Kristalltriode sämtlich verschwinden.

d) Im Arbeitszustande des Transistors greifen zwischen seinen Elektroden endliche *äußere Spannungen* an, welche in der Regel längs bestimmter Pfade als Funktionen der laufenden Zeit t vorgeschrieben werden. Auf diese Störung reagiert das Kristallsystem durch die Entstehung innerer elektrischer Ströme, deren Gesetzmäßigkeiten wir aufzusuchen haben; der kommenden Behandlung dieser Aufgabe legen wir folgende vereinfachenden Annahmen zugrunde:

I. Im Gebiete des Flächentransistors werden sowohl etwa auftretende Fremdmagnetfelder äußerer Herkunft wie auch das Eigenmagnetfeld der Transistorströme systematisch außer acht gelassen; gleichzeitig mit diesen Feldern werden die ihnen genetisch verbundenen *Lorentz*kräfte vernachlässigt. Das Induktionsgesetz lehrt dann die Existenz eines im gesamten Kristallgebiet mit Einschluß seiner Elektroden bis auf eine willkürliche, additive Zeitfunktion eindeutig bestimmten, skalaren elektrischen *Makropotentiales*

$$\varphi = \varphi(z; \varrho; a; t). \qquad \text{(IV 10, 18)}$$

Insbesondere seien die Potentiale des Emitters

$$\varphi_{Em} = \varphi_{Em}(t) \qquad \text{(IV 10, 19)}$$

der Basis

$$\varphi_B = \varphi_B(t) \qquad \text{(IV 10, 20)}$$

und des Kollektors

$$\varphi_K = \varphi_K(t) \qquad \text{(IV 10, 21)}$$

bekannt. Von den drei Interelektrodenspannungen sind dann nur noch deren zwei voneinander linear unabhängig; als solche führen wir die *Emitterspannung* U_{Em} durch die Definition

$$U_{Em} = \varphi_{Em} - \varphi_B \qquad \text{(IV 10, 22)}$$

und die *Kollektorspannung* U_K durch die Definition

$$U_K = \varphi_K - \varphi_B \qquad \text{(IV 10, 23)}$$

in die Arbeitsgleichungen der Kristalltriode ein. Es muß jedoch gesagt werden, daß in der Regel eine Kristalltriode auf äußere Magnetfelder recht empfindlich reagiert; will man Effekte dieser Art ausschließen, so muß man also die Triode gegen solche Felder sorgsam abschirmen.

II. Wir beschränken uns weiterhin auf *stationäre Vorgänge* im Transistor. Da dann die *Maxwell*schen Verschiebungsströme des Triodensystemes identisch verschwinden, gehorcht der Vektor j der elektrischen Konvektionsstromdichte im Innern des Kristalles einschließlich seiner Elektroden ausnahmslos der *Kontinuitätsgleichung*

$$\operatorname{div} j = 0. \qquad \text{(IV 10, 24)}$$

Von den drei integralen Strömen der Kristalltriode: Dem Emitterstrom J_{Em}, dem Basisstrom J_B und dem Kollektorstrom J_K sind dann nur noch deren zwei voneinander linear unabhängig. Im Anschluß an die Wahl (IV 10, 22), (IV 10, 23) der äußeren Triodenspannungen beschreiben wir daher den integralen Elektrizitätstransport bereits vollständig durch Angabe des *Emitterstromes* J_{Em} und des *Kollektorstromes* J_K; aus ihnen resultiert zufolge der früher vereinbarten Zählrichtung je der drei Elektrodenströme für den Basisstrom die Gleichung [Abb. IV 10, 2]

$$J_B = J_{Em} + J_K. \qquad (IV\ 10,\ 25)$$

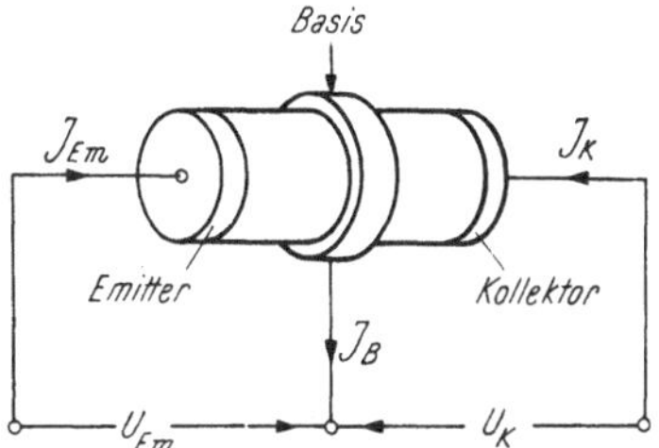

Abb. IV 10, 2. Zählrichtungen der Spannungen und Ströme am Flächentransistor.

II. Ungeachtet der Erzeugung *Joule*scher Wärme durch das innere Stromsystem des Kristalles möge dessen absolute Temperatur T durch Anwendung geeigneter Kühlmittel ein für allemal auf der einheitlichen Höhe T_0 nach Gl. (IV 10, 15) gehalten werden. Um allerdings diese Bedingung wenigstens annähernd zu realisieren, muß man die höchstzulässige Strombelastung der Triode deren jeweiligen konstruktiven Abmessungen anpassen; Überströme verändern nicht allein die Kennlinien des Transistors, sondern gefährden seine innere Struktur und vermögen ihn hierdurch dauernd zu schädigen!

e) Da selbst unter den vorstehend genannten Annahmen die strenge analytische Lösung der Feldgleichungen sowohl des elektrischen Makropotentiales φ wie auch des elektrochemischen Strompotentiales ψ_I der Elektronen und ψ_{II} der Absentonen auf unüberwindliche Schwierigkeiten stößt, müssen wir uns mit dem Ersatz des vorgelegten Flächentransistors durch ein stark vereinfachtes Modell wesentlich gleicher Arbeitseigenschaften begnügen. Bei seiner Konzeption lassen wir uns von denselben Überlegungen führen, deren wir uns bei der Untersuchung der Kristalldiode in Ziffer IV 9 bedienten; wir fassen sie in folgenden *Leitsätzen* zusammen:

I. Die Konzentration N_A der Akzeptoren in den p-Gebieten des Transistors nach (IV 10, 3), (IV 10, 4) und (IV 10, 10) (IV 10, 11) sowie die Konzentration N_D der Donatoren in seinem n-Gebiet nach (IV 10, 6), (IV 10, 7) sind voraussetzungsgemäß gegen den Übergang vom Gleichgewichtszustand in den stationären Strömungszustand invariant.

II. Die absolute Betriebstemperatur $T = T_0$ sei so hoch gewählt, daß merklich alle Fremdatome ionisiert sind.

III. Die eingeprägte Paarkonzentration n_e

$$n_e = n_e(T) \qquad (IV\ 10,\ 26)$$

der beweglichen Ladungsträger bleibe stets klein gegen die beziehentlich in den p- und n-Regionen herrschende Konzentration der Fremdatome

$$\frac{n_e}{N_A} \ll 1; \qquad \frac{n_e}{N_D} \ll 1. \qquad (IV\ 10,\ 27)$$

IV. Die Konzentration der in den Fremdatombereichen jeweils die Mehrheit bildenden, beweglichen Ladungsträger — Absentonen in den p-Gebieten, Elektronen im n-Gebiet — sollen sowohl im Ruhezustande des

Transistors wie während seiner stationären Arbeit merklich der Konzentration der Fremdatome gleichen:

$$n_{II}^* \approx N_A; \qquad \frac{1}{2}l + d \leqq |z| \leqq \frac{1}{2}L \qquad \text{(IV 10, 28)}$$

und

$$n_I \approx N_D; \qquad -\frac{1}{2}l \leqq z \leqq \frac{1}{2}l. \qquad \text{(IV 10, 29)}$$

Auf Grund der angenommenen, fast vollständigen Ionisation der Fremdatome verhalten sich somit ihre jeweiligen Wirtsregionen des Kristalles ladungsmäßig nahezu *quasineutral.*

V. Die Gleichgewichtskonzentrationen der in den Fremdatombereichen jeweils die Minderheit bildenden, beweglichen Ladungsträger — Elektronen in den p-Gebieten, Fehlelektronen im n-Gebiet — errechnen sich mittels des *Massenwirkungsgesetzes:*

$$n_{II,0}^* = \frac{n_e^2}{N_D} \ll N_D; \qquad -\frac{1}{2}l \leqq z \leqq \frac{1}{2}l \qquad \text{(IV 10, 30)}$$

und

$$n_{I,0} = \frac{n_e^2}{N_A} \ll N_A; \qquad \frac{1}{2}l + d \leqq |z| \leqq \frac{1}{2}L. \qquad \text{(IV 10, 31)}$$

Es sei jedoch nachdrücklich betont, daß sich die Gültigkeit (IV 10, 30), (IV 10, 31) durchaus auf den *Gleichgewichtszustand* des Kristalles beschränkt; der Angriff der Arbeitsspannungen auf die Klemmen des Transistors zieht in der Regel starke Änderungen in den Konzentrationen der genannten, in der Minderheit befindlichen Ladungsträger nach sich!

VI. In den von Fremdatomen freien Übergangszonen der Kristalltriode soll die Rekombinationszahl r der Paarung von Elektronen und Absentonen verschwindend klein ausfallen

$$r \to 0; \qquad \frac{1}{2}l \leqq |z| \leqq \frac{1}{2}l + d. \qquad \text{(IV 10, 32)}$$

f) Wir behaupten: Innerhalb des angegebenen Transistormodelles hängen sowohl das skalare elektrische Makropotential φ wie auch die elektrochemischen Strompotentiale ψ_I der Elektronen und ψ_{II} der Absentonen merklich nur von der Lage z der senkrecht zur Modellachse errichteten Kontrollebene ab.

Um diesen Satz zu beweisen, kehren wir vorübergehend zum Ruhezustande der Triode zurück. Sei der Wirtskristall als „massenisotrop" angenommen, so finden wir aus (IV 1, 99) das konstante elektrochemische Potential $\psi = \psi_0$ mittels der Gleichung

$$q_0\,\psi = q_0\,\psi_0 = kT \ln \left(\frac{M_I}{M_{II}^*}\right)^{3/4} - \frac{1}{2}\left(\eta_{I,\min} - \eta_{II,\max}\right); \qquad -\frac{1}{2}L < z < \frac{1}{2}L,$$
$$\text{(IV 10, 33)}$$

welche von der Natur der Fremdatome und deren Konzentrationen völlig unabhängig ist. Dagegen liefern die Relationen (IV 1, 72) und (IV 1, 75) zusammen mit (IV 10, 28) und (IV 10, 29) die je regional beschränkten Angaben

$$q_0\,\varphi_0 = -kT \ln \frac{N_A}{n_e}; \qquad \frac{1}{2}l + d \leqq |z| < \frac{1}{2}L \qquad \text{(IV 10, 34)}$$

und

$$q_0\,\varphi_0 = k\,T\,\ln\frac{N_D}{n_e}\,; \qquad -\frac{1}{2}\,l \leqq z \leqq \frac{1}{2}\,l \qquad \text{(IV 10, 35)}$$

für die Gleichgewichtswerte des elektrischen Makropotentiales [Abb. IV 10, 3 (a)].

Im arbeitenden Flächentransistor wird die elektrische Teilstromdichte j_I der Elektronen durch Gl. (IV 7, 31) und die elektrische Teilstromdichte j_{II} der Absentonen durch Gl. (IV 7, 32) bestimmt. Innerhalb der Fremdatomregionen sei nun die Konzentration der jeweils dort in der Mehrheit

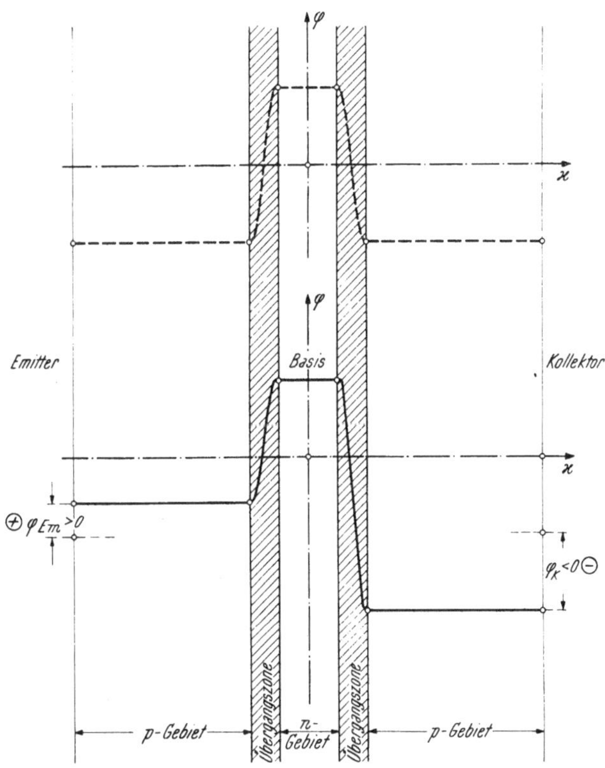

Abb. IV 10, 3. Potentialverteilung im Flächentransistor [schematisch].
a) Oberes Bild: Ruhezustand, b) Unteres Bild: Arbeitszustand.

befindlichen, mobilen Ladungsträger so groß, daß schon ein verschwindend schwacher Gradient des elektrochemischen Strompotentiales zur Erzeugung der verlangten Stromdichte ausreicht. Wir erschließen hieraus folgende Eigenschaften der stationären Felder im Flächentransistor:

I. Die Invarianz der Absentonenkonzentration $n_{II}{}^*$ innerhalb der beiden p-Gebiete zieht zusammen mit der Annahme eines je dort merklich unveränderlichen elektrochemischen Strompotentiales ψ_{II} einen gleichfalls konstanten Wert des skalaren elektrischen Makropotentiales φ nach sich:

a) Der Eingriff des Potentiales φ_{Em} am Emitter ruft im angrenzenden p-Bereich der Triode das Potential

$$\varphi(z) = \varphi_0 + \varphi_{Em} = -\,k\,T\ln\frac{N_A}{n_e} + \varphi_{Em}\,; \qquad -\frac{1}{2}L < z \leqq -\left(\frac{1}{2}l + d\right) \tag{IV 10, 36}$$

hervor; daher liefert (IV 10, 35) als Bedingung unveränderlicher Absentonenkonzentration die Aussage [Abb. IV 10, 3 (b)]

$$\varphi_0 + \varphi_{Em} + (\psi - \psi_{II}) = \varphi_0\,;$$

$$\psi - \psi_{II} = -\,\varphi_{Em}\,;$$

$$-\frac{1}{2}L < z \leqq -\left(\frac{1}{2}l + d\right), \tag{IV 10, 37}$$

welche wir mit Rücksicht auf (IV 10, 14) und (IV 10, 32) angenähert bis zur Ebene $z = -\frac{1}{2}l$ extrapolieren dürfen

$$\psi - \psi_{II} = -\,\varphi_{Em}\,;$$

$$z = -\frac{1}{2}l. \tag{IV 10, 38}$$

β) Der Eingriff des Potentiales φ_K am Kollektor verschiebt das Potential des angrenzenden p-Bereiches nach

$$\varphi(z) = \varphi_0 + \varphi_K =$$

$$= -\,k\,T\ln\frac{N_A}{n_e} + \varphi_K\,;$$

$$\frac{1}{2}l + d \leqq z < \frac{1}{2}L. \tag{IV 10, 39}$$

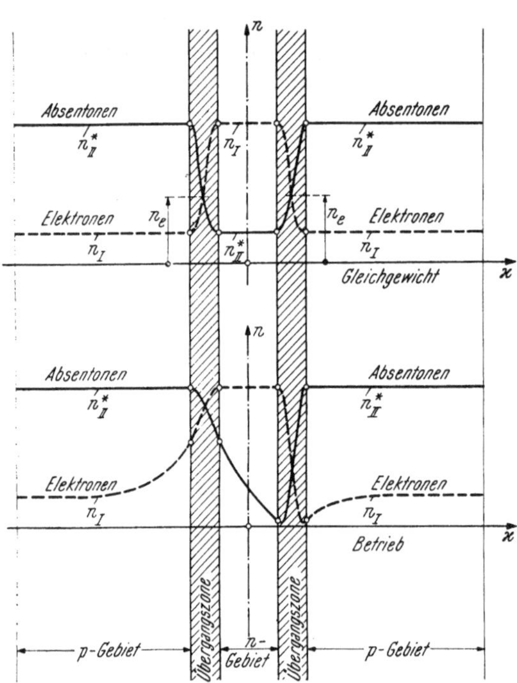

Abb. IV 10, 4. Trägerkonzentrationen im Flächentransistor [schematisch]. a) Oberes Bild: Ruhezustand, b) Unteres Bild: Arbeitszustand.

Aus (IV 10, 35) resultiert daher diesmal die Angabe [Abb. IV 10, 3 (b)]

$$\varphi_0 + \varphi_K + (\psi - \psi_{II}) = \varphi_0\,; \qquad \psi - \psi_{II} = -\,\varphi_K\,; \qquad \frac{1}{2}l + d \leqq z < \frac{1}{2}L, \tag{IV 10, 40}$$

welche wir, unter erneuter Berufung auf (IV 10, 14) und (IV 10, 32), approximativ bis zur Ebene $z = \frac{1}{2}l$ extrapolieren

$$\psi - \psi_{II} = -\,\varphi_K\,; \qquad z = \frac{1}{2}l. \tag{IV 10, 41}$$

II. Die Invarianz der Elektronenkonzentration n_I im n-Gebiet des Transistors zieht zusammen mit der Annahme eines dort merklich unveränderlichen elektrochemischen Strompotentiales ψ_I einen gleichfalls konstanten Wert des skalaren elektrischen Makropotentiales φ nach sich, dessen Arbeitshöhe um das Basispotential φ_B gegen das Ruhepotential φ_0 verschoben ist:

$$\varphi(z) = \varphi_0 + \varphi_B = k\,T\ln\frac{N_D}{n_e} + \varphi_B\,; \qquad -\frac{1}{2}l \leqq z \leqq \frac{1}{2}l. \tag{IV 10, 42}$$

Aus (IV 10, 34) folgt somit die Angabe

$$\varphi_0 + \varphi_B + (\psi - \psi_I) = \varphi_0; \qquad \psi - \psi_I = - \varphi_B; \qquad -\frac{1}{2}\,l \leqq z \leqq \frac{1}{2}\,l,$$

$$(\text{IV } 10,\ 43)$$

welche wir wegen (IV 10, 14) und (IV 10, 32) angenähert bis zu den Ebenen $z = \pm\ (\tfrac{1}{2}\,l + d)$ extrapolieren dürfen [Abb. IV 10, 3 (b)]:

$$\psi - \psi_I = - \varphi_B; \qquad z = \pm\left(\frac{1}{2}\,l + d\right). \qquad (\text{IV } 10,\ 44)$$

g) Die vorstehend gegebene, vollständige Analyse des makroskopischen elektrischen Skalarpotentiales $\varphi = \varphi(z)$ der Kristalltriode in Gemeinschaft mit der vorerst allerdings nur teilweisen Kenntnis der elektrochemischen Strompotentiale ψ_I und ψ_{II} vermittelt bereits folgende definitiven Aussagen über die jeweils an den Grenzen der Fremdatombereiche gegen die Übergangszonen auftretenden Konzentrationen der dort in der Minderheit befindlichen mobilen Ladungsträger:

I. Wir begeben uns in die Grenzebene $z = -\ (\tfrac{1}{2}\,l + d)$ des dort anschließenden p-Gebietes. Gemäß (IV 5, 34) finden wir mit Rücksicht auf (IV 10, 22) aus (IV 10, 36) und (IV 10, 44) die Elektronenkonzentration [Abb. IV 10, 4]

$$n_I = n_e\, e^{\frac{q_0(\varphi + \varphi_{Em})}{kT}}\, e^{-\frac{q_0 \varphi_B}{kT}} = n_{I,0}\, e^{\frac{q_0\,U_{Em}}{kT}} = \frac{n_e^{\,2}}{N_A}\, e^{\frac{q_0\,U_{Em}}{kT}} \qquad z = -\left(\frac{1}{2}\,l + d\right).$$

$$(\text{IV } 10,\ 45)$$

II. In der Grenzebene $z = -\tfrac{1}{2}\,l$ des n-Gebietes resultiert nach (IV 5, 35) mit Rücksicht auf (IV 10, 22) und (IV 10, 30) aus (IV 10, 38) und (IV 10, 42) für die Absentonenkonzentration der Ausdruck

$$n_{II}^* = n_e\, e^{-\frac{q_0(\varphi_0 + \varphi_B)}{kT}}\, e^{\frac{q_0 \varphi_{Em}}{kT}} = n_{II,0}^*\, e^{\frac{q_0\,U_{Em}}{kT}} = \frac{n_e^{\,2}}{N_D}\, e^{\frac{q_0\,U_{Em}}{kT}}; \qquad z = -\frac{1}{2}\,l.$$

$$(\text{IV } 10,\ 46)$$

III. Für die Grenzebene $z = \tfrac{1}{2}\,l$ des n-Gebietes liefert (IV 10, 35) mit (IV 10, 23) und (IV 10, 30) aus (IV 10, 41) und (IV 10, 42) die Angabe

$$n_{II}^* = n_e\, e^{-\frac{q_0(\varphi_0 + \varphi_B)}{kT}}\, e^{\frac{q_0 \varphi_K}{kT}} = n_{II,0}^*\, e^{\frac{q_0\,U_K}{kT}} = \frac{n_e^{\,2}}{N_D}\, e^{\frac{q_0\,U_K}{kT}}; \qquad z = \frac{1}{2}\,l.$$

$$(\text{IV } 10,\ 47)$$

IV. In der Grenzebene $z = (\tfrac{1}{2}\,l + d)$ des anschließenden p-Bereiches berechnet sich die Elektronenkonzentration nach (IV 10, 34), (IV 10, 23), (IV 10, 39) und (IV 10, 44) zu

$$n_I = n_e\, e^{\frac{q_0(\varphi_0 + \varphi_K)}{kT}}\, e^{-\frac{q_0 \varphi_B}{kT}} = n_{I,0}\, e^{\frac{q_0\,U_K}{kT}} = \frac{n_e^{\,2}}{N_A}\, e^{\frac{q_0\,U_K}{kT}}; \qquad z = \frac{1}{2}\,l + d.$$

$$(\text{IV } 10,\ 48)$$

h) Auf Grund der vorstehend entwickelten Eigenschaften des untersuchten Transistormodelles haben wir innerhalb seiner Fremdatombereiche zwei wesentlich verschiedenartige Mechanismen für den Antrieb der beweglichen Elektrizitätsträger zu unterscheiden:

I. Die jeweils die Mehrheit bildenden Teilchen — Absentonen in den p-Gebieten, Elektronen im n-Gebiet — sind dort ein für allemal merklich gleichförmig verteilt; vermöge ihrer starken Konzentration reicht zum

Transport der von ihnen getragenen „Majoritätsströmung" ein elektrisches Makrofeld von verschwindend kleiner Intensität aus.

II. Die jeweils in der Minderheit befindlichen Teilchen — Elektronen in den p-Gebieten, Absentonen im n-Gebiet — folgen dem dort herrschenden Gefälle ihrer beziehentlich arteigenen Konzentration nach Maßgabe des zugehörigen Diffusionskoeffizienten.

Welche Integralströme resultieren aus diesen interkristallinen Elektrizitätsbewegungen an den Elektroden des Flächentransistors?

i) Wir beginnen mit der Kinetik der jeweils in den Fremdatombereichen der Triode die Minderheit bildenden Ladungsträger. Vorbehaltlich des späteren Nachweises nehmen wir an, daß ihre jeweils maßgebliche Stromdichte stets gleichförmig über den Kreisquerschnitt

$$S = \pi a^2 \qquad\qquad\qquad (IV\ 10,\ 49)$$

des zylindrischen Transistorkörpers verteilt ist und dort überall parallel der z-Achse weist; wir können sie daher, ohne der Gefahr von Irrtümern ausgesetzt zu sein, durch das Symbol j [ohne Koordinatenindex] bezeichnen. Im Gegensatz zu der genannten Transversalhomogenität folgt jedoch die longitudinale Verteilung der Minoritätsstromdichte in den unterschiedlichen Fremdatomgebieten durchaus verschiedenen Gesetzen, welche wir gesondert zu behandeln haben:

I. Im Bereiche $(-\tfrac{1}{2} L) < z \leqq - (\tfrac{1}{2} l + d)$ treffen wir eine Elektronenströmung an, deren Dichte $j_I = j_I(z)$, in Richtung der positiven z-Achse positiv gezählt, aus der Konzentration $n_I = n_I(z)$ der Elektronen und ihrem Diffusionskoeffizienten D_I mittels der Vorschrift

$$j_I = q_0 D_I \frac{dn_I}{dz}; \qquad -\frac{1}{2} L < z \leqq -\left(\frac{1}{2} l + d\right) \qquad (IV\ 10,\ 50)$$

zu berechnen ist. Im untersuchten Gebiete herrscht nun nach Voraussetzung die invariante Absentonenkonzentration

$$n_{II} = n_{II,0} \approx N_A. \qquad\qquad (IV\ 10,\ 51)$$

Bezeichnet also r die Rekombinationszahl der Elektronen mit den Fehlelektronen und

$$g = r\, n_e^2 = r \cdot n_{I,0} \cdot n_{II,0}^* \approx r\, n_{I,0}\, N_A \qquad (IV\ 10,\ 52)$$

die stationäre Geburtenrate der Elektronen, so gehorcht deren Konzentration, im Einklang mit den Überlegungen der Ziffer IV 9, der linearen Differentialgleichung zweiter Ordnung

$$-D_I \frac{d^2 n_I}{dz^2} = g - r \cdot n_I \cdot n_{II,0}^*, \qquad (IV\ 10,\ 53)$$

welche mit der von (IV 10, 51) und (IV 10, 52) gebotenen Genauigkeit in

$$\frac{d^2 n_I}{dz^2} = \frac{r\, N_A}{D_D} [n_I - n_{I,0}] \qquad\qquad (IV\ 10,\ 54)$$

übergeht; im kontrollierten p-Gebiet mißt daher

$$\delta_I = \sqrt{\frac{D_I}{r\, N_A}} \qquad\qquad (IV\ 10,\ 55)$$

die *Diffusionslänge* der Elektronen. Erteilen wir nun dem Transistorkörper die Länge

$$L \gg \delta_I \qquad\qquad\qquad (IV\ 10,\ 56)$$

und verschärfen diese Konstruktionsvorschrift zu dem allerdings nur ideell ausführbaren und daher symbolisch aufzufassenden Grenzübergang

$$L \to \infty, \qquad \text{(IV 10, 57)}$$

so lautet das der Randbedingung (IV 10, 45) angepaßte Integral der Differentialgleichung (IV 10, 54)

$$n_I = n_{I,0} + n_{I,0} \cdot$$

$$\cdot \left[e^{\frac{q_0 U_{Em}}{kT}} - 1 \right] e^{\frac{z + \left(\frac{1}{2}1 + d\right)}{\delta_I}} \, ;$$

$$z \lessgtr -\left(\frac{1}{2}1 + d\right) \cdot$$

$$\text{(IV 10, 58)}$$

Aus ihm folgt gemäß (IV 10, 31) und (IV 10, 50) die Elektronenstromdichte [Abb. IV 10, 5]

$$j_I = q_0 n_{I,0} \frac{D_I}{\delta_I} \cdot$$

$$\cdot \left[e^{\frac{q_0 U_{Em}}{kT}} - 1 \right] e^{\frac{z + \left(\frac{1}{2}1 + d\right)}{\delta_I}} =$$

$$= q_0 n_e^2 \sqrt{\frac{r D_I}{N_A}} \cdot$$

$$\cdot \left[e^{\frac{q_0 U_{Em}}{kT}} - 1 \right] e^{\frac{z + \left(\frac{1}{2}1 + d\right)}{\delta_I}}$$

$$\text{(IV 10, 59)}$$

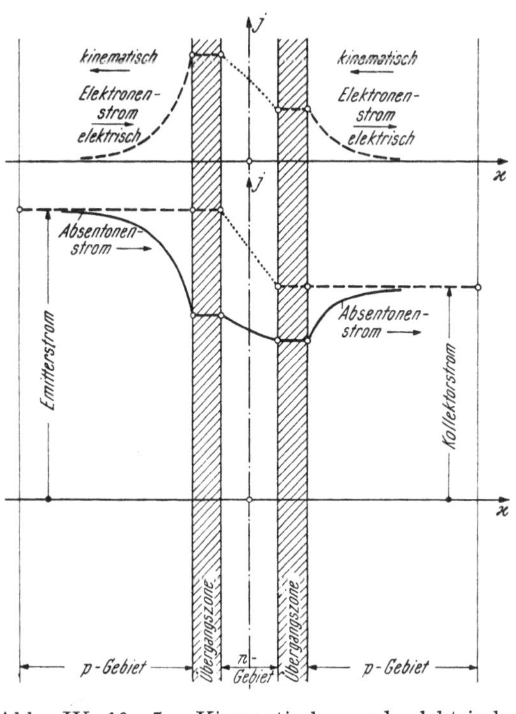

Abb. IV 10, 5. Kinematische und elektrische Trägerströme im Flächentransistor [schematisch].

II. Auch im p-Bereiche $\left(\frac{1}{2}1 + d\right) \leqq z < \frac{1}{2} L$ bilden die Elektronen die Minderheit unter den beweglichen Ladungsträgern; für die räumliche Verteilung ihrer Konzentration n_I ist daher wiederum die Differentialgleichung (IV 10, 54) zuständig, welche jedoch nunmehr der Randbedingung (IV 10, 48) zu unterwerfen ist. Im „ideellen" Transistor nach (IV 10, 57) stellt sich daher die Elektronenverteilung

$$n_I = n_{I,0} + n_{I,0} \left[e^{\frac{q_0 U_K}{kT}} - 1 \right] e^{-\frac{z - \left(\frac{1}{2}1 + d\right)}{\delta_I}} \, ; \qquad z \geqq \frac{1}{2} 1 + d \quad \text{(IV 10, 60)}$$

ein, welche die Elektronenstromdichte

$$j_I = - q_0 n_{I,0} \frac{D_I}{\delta_I} \left[e^{\frac{q_0 U_K}{kT}} - 1 \right] e^{-\frac{z - \left(\frac{1}{2}1 + d\right)}{\delta_I}} =$$

$$= - q_0 n_e^2 \sqrt{\frac{r D_I}{N_A}} \left[e^{\frac{q_0 U_K}{kT}} - 1 \right] e^{-\frac{z - \left(\frac{1}{2}1 + d\right)}{\delta_I}} \qquad \text{(IV 10, 61)}$$

erregt.

III. Im zentral gelegenen n-Gebiet $(-\tfrac{1}{2}\,l) \leqq z \leqq \tfrac{1}{2}\,l$ bilden die Absentonen unter den beweglichen Ladungsträgern der Minderheit. Ihre Konzentration $n_{II}*$ gehorcht daher jener Differentialgleichung, welche aus (IV 10, 54) durch die Substitutionen

$$n_I \rightarrow n_{II}*; \qquad n_{I,0} \rightarrow n_{II,0}^{*}; \qquad D_I \rightarrow D_{II}; \qquad N_A \rightarrow N_D \qquad \text{(IV 10, 62)}$$

hervorgeht:

$$\frac{d^2 n_{II}*}{dz^2} = \frac{r\,N_D}{D_{II}}\,[n_{II}* - n_{II,0}^{*}]. \qquad \text{(IV 10, 63)}$$

Daher mißt die Strecke

$$\delta_{II} = \sqrt{\frac{D_{II}}{r\,N_D}} \qquad \text{(IV 10, 64)}$$

die *Diffusionslänge* der Fehlelektronen im n-Gebiet. An Hand dieses Maßstabes verschärfen wir die Ungleichung (IV 10, 13) zu der die Angabe (IV 10, 56) ergänzenden Konstruktionsvorschrift

$$l \ll \delta_{II}. \qquad \text{(IV 10, 65)}$$

Mit Hilfe zweier zunächst beliebigen Integrationskonstanten s und c lautet nun die allgemeine Lösung der Gl. (IV 10, 63)

$$n_{II}* = n_{II,0}^{*} + s \cdot \sinh \frac{z}{\delta_{II}} + c \cdot \cosh \frac{z}{\delta_{II}}. \qquad \text{(IV 10, 66)}$$

Von ihr führen die Randbedingungen (IV 10, 46) und (IV 10, 47) auf die Relationen

$$n_{II,0}^{*} \cdot e^{\frac{q_0 U_{Em}}{kT}} = n_{II,0}^{*} - s \sinh \frac{1}{2}\frac{1}{\delta_{II}} + c \cosh \frac{1}{2}\frac{1}{\delta_{II}} \qquad \text{(IV 10, 67)}$$

und

$$n_{II,0}^{*} \cdot e^{\frac{q_0 U_K}{kT}} = n_{II,0}^{*} + s \sinh \frac{1}{2}\frac{1}{\delta_{II}} + c \cosh \frac{1}{2}\frac{1}{\delta_{II}}, \qquad \text{(IV 10, 68)}$$

welchen wir die Angaben

$$s = -\frac{n_{II,0}^{*}}{2 \sinh \frac{1}{2}\frac{1}{\delta_{II}}} \left[\left(e^{\frac{q_0 U_{Em}}{kT}} - 1 \right) - \left(e^{\frac{q_0 U_K}{kT}} - 1 \right) \right] \qquad \text{(IV 10, 69)}$$

und

$$c = \frac{n_{II,0}^{*}}{2 \cosh \frac{1}{2}\frac{1}{\delta_{II}}} \left[\left(e^{\frac{q_0 U_{Em}}{kT}} - 1 \right) + \left(e^{\frac{q_0 U_K}{kT}} - 1 \right) \right] \qquad \text{(IV 10, 70)}$$

entnehmen.

Aus der Konzentration $n_{II}*$ der Absentonen ergibt sich die von ihnen in Richtung der positiven z-Achse transportierte elektrische Stromdichte j_{II} mittels der Gleichung

$$j_{II} = - q_0\,D_{II}\,\frac{dn_{II}*}{dz}, \qquad \text{(IV 10, 71)}$$

so daß wir mit Rücksicht auf (IV 10, 30), (IV 10, 69) und (IV 10, 70) aus (IV 10, 66) die Darstellung

$$j_{II} = \frac{q_0\, n_e{}^2}{\sinh\dfrac{1}{\delta_{II}}} \sqrt{\frac{r\, D_{II}}{N_D}}\left[\left(e^{\frac{q_0 U_{Em}}{kT}} - 1\right)\cosh\frac{\frac{1}{2}\,1 - z}{\delta_{II}} - \left(e^{\frac{q_0 U_K}{kT}} - 1\right)\cosh\frac{\frac{1}{2}\,1 + z}{\delta_{II}}\right] \tag{IV 10, 72}$$

finden.

j) Wir extrapolieren die Annahme der transversal-homogenen, achsen-parallelen Elektrizitätsbewegung der je in den Fremdatombereichen der Kristalltriode fließenden Minoritätsströme auf deren Struktur in den Übergangszonen $\frac{1}{2}1 \leqq |z| \leqq (\frac{1}{2}1 + d)$ der Kristalltriode. Die dort jene Ströme auszeichnenden Dichten bleiben dann auf Grund der Voraussetzung (IV 10, 32) verschwindend kleiner Rekombination auch longitudinal konstant. Daher finden wir zunächst die *integrale Stromstärke des Emitters* aus der „Vertauschungs-Relation"

$$J_{Em} = S\,[j_I + j_{II}]_{z = -\left(\frac{1}{2}1 + d\right)} = S\left[j_I{}_{\,z = -\left(\frac{1}{2}1 + d\right)} + j_{II}{}_{\,z = -\frac{1}{2}1}\right] \tag{IV 10, 73}$$

mit Hilfe der Angaben (IV 10, 59) und (IV 10, 72) zu

$$J_{Em} = q_0\, n_e{}^2\, S\left\{\sqrt{\frac{r\, D_I}{N_A}}\left[e^{\frac{q_0 U_{Em}}{kT}} - 1\right] + \right. \tag{IV 10, 74}$$

$$\left. + \sqrt{\frac{r\, D_{II}}{N_D}}\left[e^{\frac{q_0 U_{Em}}{kT}} - 1\right]\cotgh\frac{1}{\delta_{II}} - \sqrt{\frac{r\, D_{II}}{N_D}}\left[e^{\frac{q_0 U_K}{kT}} - 1\right]\frac{1}{\sinh\dfrac{1}{\delta_{II}}} \cdot\right.$$

Auf demselben Wege ergibt sich für die integrale Stromstärke des *Kollektors*, welche nach Übereinkunft ins Innere des Kristalles hinein, also antiparallel der positiven z-Achse als positiv gezählt wird, die „Vertauschungsrelation"

$$J_K = -S\,[j_I + j_{II}]_{z = \frac{1}{2}1 + d} = -S\left[j_I{}_{\,z = \frac{1}{2}1 + d} + j_{II}{}_{\,z = \frac{1}{2}1}\right], \tag{IV 10, 75}$$

so daß wir mit Rücksicht auf (IV 10, 61) und (IV 10, 72) die Darstellung

$$J_K = q_0\, n_e{}^2\, S\left\{\sqrt{\frac{r\, D_I}{N_A}}\left[e^{\frac{q_0 U_K}{kT}} - 1\right] - \right.$$

$$\left. - \sqrt{\frac{r\, D_{II}}{N_D}}\left[e^{\frac{q_0 U_{Em}}{kT}} - 1\right]\frac{1}{\sinh\dfrac{1}{\delta_{II}}} + \sqrt{\frac{r\, D_{II}}{N_D}}\left[e^{\frac{q_0 U_K}{kT}} - 1\right]\right\} \tag{IV 10, 76}$$

finden. Aus dem Emitterstrom (IV 10, 74) und dem Kollektorstrom (IV 10, 76) resultiert gemäß (IV 10, 25) der *Basisstrom*

$$J_B = J_{Em} + J_K = q_0\, n_e{}^2\, S\left[\sqrt{\frac{r\, D_I}{N_A}} + \right.$$

$$\left. + \sqrt{\frac{r\, D_{II}}{N_D}}\,\mathrm{tgh}\,\frac{1}{2}\frac{1}{\delta_{II}}\right]\left[\left(e^{\frac{q_0 U_{Em}}{kT}} - 1\right) + \left(e^{\frac{q_0 U_K}{kT}} - 1\right)\right]. \tag{IV 10, 77}$$

Da wir von der Anweisung (IV 10, 65) noch keinen expliziten Gebrauch gemacht haben, dürfen wie sie, ohne die Grundlagen der hier entwickelten Theorie zu verlassen, vorübergehend außer Kraft setzen und uns die Länge l des zentralen n-Gebietes maßlos vergrößert denken. Bei diesem virtuellen Grenzprozeß entsteht aus (IV 10, 74) die Gleichung

$$\lim_{\frac{1}{\delta_{II}} \to \infty} J_{Em} = q_0\, n_e^2\, S \left[\sqrt{\frac{r\,D_I}{N_A}} + \sqrt{\frac{r\,D_{II}}{N_D}} \right] \left[e^{\frac{q_0\,U_{Em}}{kT}} - 1 \right] \qquad (IV\ 10,\ 78)$$

während (IV 10, 76) in

$$\lim_{\frac{1}{\delta_{II}} \to \infty} J_K = q_0\, n_e^2\, S \left[\sqrt{\frac{r\,D_I}{N_A}} + \sqrt{\frac{r\,D_{II}}{N_D}} \right] \left[e^{\frac{q_0\,U_K}{kT}} - 1 \right] \qquad (IV\ 10,\ 79)$$

übergeht: Die Kristalltriode ist in *zwei wesentlich voneinander unabhängige Dioden* zerfallen, deren eine allein von der Emitterspannung und deren andere allein von der Kollektorspannung gespeist wird! Im Lichte dieses Ergebnisses erweist sich also die Vorschrift (IV 10, 65) für den Betrieb des Transistors als elektrisches Netzelement, dessen sämtliche Integralströme ja simultan von seinen gleichzeitigen Elektrodenspannungen abhängen sollen, als unumgänglich notwendig.

k) Setzt man abkürzend

$$J_0 = q_0\, n_e^2\, S \sqrt{\frac{r\,D_{II}}{N_D}} \qquad (IV\ 10,\ 80)$$

und stellt den in der Einheit J_0 gemessenen, dimensionsfreien [numerischen] Strömen

$$\gamma_{Em} = \frac{J_{Em}}{J_0}\,; \qquad \gamma_K = \frac{J_K}{J_0}, \qquad (IV\ 10,\ 81)$$

die als vielfache der „Temperaturspannung"

$$U_T = \frac{kT}{q_0} \qquad (IV\ 10,\ 82)$$

ausgedrückten, dimensionsfreien [numerischen] Spannungen

$$u_{Em} = \frac{U_{Em}}{U_T}\,; \qquad u_K = \frac{U_K}{U_T} \qquad (IV\ 10,\ 83)$$

zur Seite, so nehmen die Gleichungen (IV 10, 74) und (IV 10, 76) die dimensionsfreie Gestalt

$$\gamma_{Em} = \left[\sqrt{\frac{D_I\,N_D}{D_{II}\,N_A}} + \cotgh \frac{1}{\delta_{II}} \right] [e^{u_{Em}} - 1] - \frac{1}{\sinh \dfrac{1}{\delta_{II}}} \cdot [e^{u_K} - 1]$$

$$(IV\ 10,\ 84)$$

und

$$\gamma_K = - \frac{1}{\sinh \dfrac{1}{\delta_{II}}} [e^{u_{Em}} - 1] + \left[\sqrt{\frac{D_I\,N_D}{D_{II}\,N_A}} + \cotgh \frac{1}{\delta_{II}} \right] [e^{u_K} - 1]$$

$$(IV\ 10,\ 85)$$

an. Aus ihren vom jeweiligen Betriebszustande des Transistors unabhängigen Koeffizienten bilden wir die Determinante

$$\Theta = \begin{vmatrix} \sqrt{\dfrac{D_I\,N_D}{D_{II}\,N_A}} + \operatorname{cotgh}\dfrac{1}{\delta_{II}} & -\dfrac{1}{\sinh\dfrac{1}{\delta_{II}}} \\[3ex] -\dfrac{1}{\sinh\dfrac{1}{\delta_{II}}} & \sqrt{\dfrac{D_I\,N_D}{D_{II}\,N_A}} + \operatorname{cotgh}\dfrac{1}{\delta_{II}} \end{vmatrix} =$$

$$= \frac{D_I\,N_D}{D_{II}\,N_A} + 2\sqrt{\frac{D_I\,N_D}{D_{II}\,N_D}}\cdot\operatorname{cotgh}\frac{1}{\delta_{II}} + 1 = \qquad \text{(IV 10, 86)}$$

$$= \left[\sqrt{\frac{D_I\,N_D}{D_{II}\,N_A}} + \operatorname{tgh}\frac{1}{2\,\delta_{II}}\right]\left[\sqrt{\frac{D_I\,N_D}{D_{II}\,N_A}} + \operatorname{cotgh}\frac{1}{2\,\delta_{II}}\right]$$

und bringen mit ihrer Hilfe die Gleichungen (IV 10, 84) und (IV 10, 85) in die reziproke Gestalt

$$e^{u_{Em}} - 1 = \frac{1}{\Theta}\left\{\left[\sqrt{\frac{D_I\,N_D}{D_{II}\,N_A}} + \operatorname{cotgh}\frac{1}{\delta_{II}}\right]\gamma_{Em} + \frac{1}{\sinh\dfrac{1}{\delta_{II}}}\cdot\gamma_K\right\}, \quad \text{(IV 10, 87)}$$

sowie

$$e^{u_K} - 1 = \frac{1}{\Theta}\left\{\frac{1}{\sinh\dfrac{1}{\delta_{II}}}\cdot\gamma_{Em} + \left[\sqrt{\frac{D_I\,N_D}{D_{II}\,N_A}} + \operatorname{cotgh}\frac{1}{\delta_{II}}\right]\gamma_K\right\}.$$

$$\text{(IV 10, 88)}$$

Durch ihre Substitution in (IV 10, 59) und (IV 10, 61) gelangen wir zu den Relationen

$$j_I = \frac{1}{S\,\Theta\sqrt{\dfrac{D_{II}\,N_A}{D_I\,N_D}}}\left\{\left[\sqrt{\frac{D_I\,N_D}{D_{II}\,N_A}} + \operatorname{cotgh}\frac{1}{\delta_{II}}\right]J_{Em} + \frac{1}{\sinh\dfrac{1}{\delta_{II}}}J_K\right\}e^{\dfrac{z+\frac{1}{2}(1+d)}{\delta_I}} ;$$

$$z \leqq -\left(\frac{1}{2}\,1 + d\right) \qquad \text{(IV 10, 89)}$$

und

$$j_I = \frac{1}{S\,\Theta\sqrt{\dfrac{D_{II}\,N_A}{D_I\,N_D}}}\left\{\frac{1}{\sinh\dfrac{1}{\delta_{II}}}J_{Em} + \left[\sqrt{\frac{D_I\,N_D}{D_{II}\,N_A}} + \operatorname{cotgh}\frac{1}{\delta_{II}}\right]J_K\right\}e^{-\dfrac{z-\left(\frac{1}{2}\,1+d\right)}{\delta_I}} ;$$

$$z \geqq \frac{1}{2}\,1 + d, \qquad \text{(IV 10, 90)}$$

während (IV 10, 72) die Form

$$j_{II} = \frac{1}{2\,S\sinh\dfrac{1}{2\,\delta_{II}}}\cdot\frac{\cosh\dfrac{z}{\delta_{II}}}{\sqrt{\dfrac{D_I\,N_D}{D_{II}\,N_A}} + \operatorname{cotgh}\dfrac{1}{2\,\delta_{II}}}\{J_{Em} - J_K\} -$$

$$- \frac{1}{2\,S\cosh\dfrac{1}{2\,\delta_{II}}}\frac{\sinh\dfrac{z}{\delta_{II}}}{\sqrt{\dfrac{D_I\,N_D}{D_{II}\,N_A}} + \operatorname{tgh}\dfrac{1}{2\,\delta_{II}}}\{J_{Em} + J_K\}; \qquad -\frac{1}{2}\,1 \leqq z \leqq \frac{1}{2}\,1$$

$$\text{(IV 10, 91)}$$

annimmt.

Bei Wahrung der Konstruktionsvorschrift (IV 10, 65) gelten die Ungleichungen

$$\sinh \frac{1}{\delta_{II}} \ll 1; \qquad \operatorname{cotgh} \frac{1}{\delta_{II}} \gg 1. \qquad \text{(IV 10, 92)}$$

Man darf dann in (IV 10, 84) und (IV 10, 85) mit oft ausreichender Genauigkeit die Teilströme der Elektronen gegen jene der Absentonen vernachlässigen und erhält in der hierdurch angezeigten Genauigkeit

$$\gamma_{Em} = \operatorname{cotgh} \frac{1}{\delta_{II}} \cdot [e^{u_{Em}} - 1] - \frac{1}{\sinh \dfrac{1}{\delta_{II}}} [e^{u_K} - 1], \qquad \text{(IV 10, 93)}$$

sowie

$$\gamma_K = - \frac{1}{\sinh \dfrac{1}{\delta_{II}}} [e^{u_{Em}} - 1] + \operatorname{cotgh} \frac{1}{\delta_{II}} [e^{u_K} - 1]. \qquad \text{(IV 10, 94)}$$

Man könnte vermeinen, durch Auflösung dieser Gleichungen nach $(e^{u_{Em}} - 1)$ und $(e^{u_K} - 1)$ zu denselben reziproken Relationen zu gelangen, welche aus (IV 10, 87) und (IV 10, 88) bei Benutzung der Näherungen (IV 10, 92) hervorgehen. Überraschenderweise ist dieser Schluß jedoch irrig. Denn solange

$$\sqrt{\frac{D_I N_D}{D_{II} N_A}} > 0 \qquad \text{(IV 10, 95)}$$

bleibt, fällt die aus den Koeffizienten der approximativen Gleichungen (IV 10, 93) und (IV 10, 94) gebildete Determinante

$$\Theta' = \begin{vmatrix} \operatorname{cotgh} \dfrac{1}{\delta_{II}} & - \dfrac{1}{\sinh \dfrac{1}{\delta_{II}}} \\[4ex] - \dfrac{1}{\sinh \dfrac{1}{\delta_{II}}} & \operatorname{cotgh} \dfrac{1}{\delta_{II}} \end{vmatrix} = 1 \qquad \text{(IV 10, 96)}$$

stets wesentlich kleiner als die Determinante Θ nach (IV 10, 86) aus, welche aus den Koeffizienten der unverkürzten Gleichungen (IV 10, 84) und (IV 10, 85) berechnet wurde. Wir müssen daher auf die Gleichungen (IV 10, 87), (IV 10, 88) zurückgehen und erhalten aus ihnen im Falle (IV 10, 92) die Näherungen

$$e^{u_{Em}} - 1 = \frac{1}{\Theta} \left\{ \gamma_{Em} \operatorname{cotgh} \frac{1}{\delta_{II}} + \gamma_K \frac{1}{\sinh \dfrac{1}{\delta_{II}}} \right\}, \qquad \text{(IV 10, 97)}$$

sowie

$$e^{u_K} - 1 = \frac{1}{\Theta} \left\{ \gamma_{Em} \cdot \frac{1}{\sinh \dfrac{1}{\delta_{II}}} + \gamma_K \operatorname{cotgh} \frac{1}{\delta_{II}} \right\} \qquad \text{(IV 10, 98)}$$

mit

$$\Theta \approx \sqrt{\frac{D_I N_D}{D_{II} N_A}} \operatorname{cotgh} \frac{1}{2 \, \delta_{II}} . \qquad \text{(IV 10, 99)}$$

Beim Betriebe des Transistors als *Verstärker* der dem Emitter zugeführten Leistung erteilt man dem Emitter ein positives und dem Kollektor ein negatives Potential relativ zur Basis:

$$u_{Em} > 0; \qquad u_K < 0. \qquad (IV\ 10,\ 100)$$

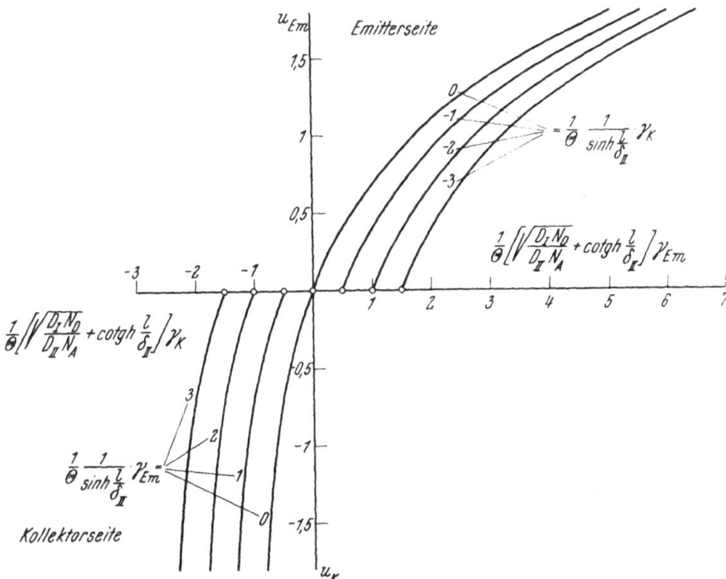

Abb. IV 10, 6. Kennlinienfelder des Flächentransistors.

In der Terminologie der Kristalldiode arbeitet dann die Strecke Emitter—Basis in der Durchlaßrichtung, die Strecke Kollektor—Basis dagegen in der Sperrichtung:

$$\gamma_{Em} > 0; \qquad \gamma_K < 0. \qquad (IV\ 10,\ 101)$$

Abb. IV 11, 6 zeigt die Kennlinienfelder (IV 10, 87) und (IV 10, 88) des Flächentransistors unter den Betriebsbedingungen (IV 10, 100) und (IV 10, 101); in den Emitterkurven wurden als Parameter je konstante, negative Werte des numerischen Kollektorstromes gewählt, während in die Charakteristik des Kollektors je feste, positive Werte des numerischen Emitterstromes als Parameter eingeführt wurden, und

$$\alpha = \lim_{u_K \to 0} \left| \frac{\gamma_K}{\gamma_{Em}} \right| = \lim_{U_K \to 0} \left| \frac{J_K}{J_{Em}} \right| = \frac{1}{\cosh \dfrac{1}{\delta_{II}} + \sqrt{\dfrac{D_I\,N_D}{D_{II}\,N_A}}\,\sinh \dfrac{1}{\delta_{II}}}$$

$$(IV\ 10,\ 102)$$

das „Kurzschlußverhältnis" des Kollektorstromes zum Emitterstrom kennzeichnet.

IV 11. Die Eigenwiderstände des Flächentransistors.

a) In Ziffer IV 10 haben wir die integralen Elektrodenströme des Flächentransistors allein aus der Bewegung jener Ladungsträger bestimmt, welche aus den Übergangszonen der Kristalltriode in deren je angrenzende

Fremdatombereiche eintreten und dort die Konvektionsströme der Minderheit bilden. Es verbleibt uns daher die Aufgabe, der Kinematik der in diesen Gebieten fließenden Majoritätsströme nachzugehen. Ihre Kenntnis ermöglicht es, jene *Ohm*schen Spannungsabfälle zu berechnen, welche beim Betriebe des Transistors in dessen homogenen Fremdatombereichen mit dem Stromtransport genetisch verknüpft sind, und welche wir bei der modellmäßigen Beschreibung der Kristalltriode bisher geflissentlich außer acht gelassen haben. An Hand dieser, im wesentlichen klassischen Ergänzung der Transistortheorie erstreben wir ein doppeltes Ziel:

I. Die Gestalt der *stationären Kennlinien* des vordem behandelten, übervereinfachten Triodenmodelles bedarf dringend der Korrektur durch Berücksichtigung der *Ohm*schen Spannungsabfälle.

II. Die *Ohm*schen Eigenwiderstände, welche die einzelnen Gebiete der Triode auszeichnen, sind gemäß ihrer jeweiligen absoluten Betriebstemperatur T für jenen Teil des *Transistorrauschens* verantwortlich, welcher von der stochastischen Schwarmbewegung der mobilen Elektrizitätsträger im Innern des Kristalles herrührt; er kann somit, nach Berechnung jener Widerstände, mittels der *Nyquist*schen Formeln [Ziffer I 7] quantitativ erfaßt werden.

b) In den Fremdatombereichen weisen die jeweils dort die Mehrheit bildenden, beweglichen Ladungsträger auf Grund der für unser Triodenmodell verbindlichen Voraussetzungen beziehentlich invariante und merklich gleichförmige Konzentrationen auf. Da überdies die absolute Temperatur im gesamten Transistor die einheitliche Höhe T besitzt, folgen aus den Diffusionskoeffizienten D_{II} der Absentonen und D_I der Elektronen, bei Beschränkung auf hinreichend schwache Konzentrationen, die entsprechenden Beweglichkeiten β_{II} und β_I mittels der *Einstein*schen Relation (IV 7, 22) als die Konstanten

$$\beta_{II} = \frac{q_0\,D_{II}}{k\,T}\,; \qquad \beta_I = \frac{q_0\,D_I}{k\,T}\,. \tag{IV 11, 1}$$

Daher können wir den p-Gebieten der Triode die homogene und isotrope *elektrische Leitfähigkeit*

$$\varkappa_{II} = q_0\,n_{II}{}^* \beta_{II} \approx q_0\,n_{II,0}^* \beta_{II} \approx q_0\,N_A\,\beta_{II} \tag{IV 11, 2}$$

der Absentonenströmung, und dem n-Gebiete die homogene und isotrope elektrische Leitfähigkeit

$$\varkappa_I = q_0\,n_I\,\beta_I \approx q_0\,n_{I,0}\,\beta_I \approx q_0\,N_D\,\beta_I \tag{IV 11, 3}$$

der Elektronenströmung zuschreiben.

Wir verlassen nun die frühere Annahme eines jeweils innerhalb der Fremdatombereiche konstanten elektrischen Makropotentiales φ; doch vereinfacht sich der allgemeine Ansatz (IV 10, 18) dieser Ortsfunktion mit Rücksicht auf die Rotationssymmetrie des zylindrischen Kristallkörpers zu

$$\varphi = \varphi(z;\varrho). \tag{IV 11, 4}$$

Das *Ohm*sche Gesetz liefert dann für den Vektor j_{II} der Absentonenstromdichte in den p-Gebieten die Aussage

$$j_{II} = -\,\varkappa_{II}\,\mathrm{grad}\,\varphi \tag{IV 11, 5}$$

und für den Vektor j_I der Elektronenstromdichte im n-Gebiet die Aussage

$$j_I = -\,\varkappa_I\,\mathrm{grad}\,\varphi. \tag{IV 11, 6}$$

Beide Gleichungen verlangen getrennte Behandlung.

c) Wir begeben uns in jenen p-Bereich, welcher an den Emitter grenzt. Für den Transistor der ideellen Eigenschaft $L \to \infty$ kennen wir durch (IV 10, 59) die parallel der z-Achse fließende Stromdichte $j_I = j_I(z)$ der dort die Minderheit bildenden Elektronen. Daher wird die in (IV 8, 37) verlangte *Quellenfreiheit des antipolaren elektrischen Gesamtstromes* gewährleistet, sofern man der vektoriellen Stromdichte $j_{II} = j_{II}(z; \varrho)$ der ebendort in der Mehrheit befindlichen Absentonen die Bedingung

$$\operatorname{div} j_{II} = -\operatorname{div} j_I = -\frac{dj_I}{dz} \qquad \text{(IV 11, 7)}$$

auferlegt; sie liefert in Gemeinschaft mit (IV 11, 5) für das elektrische Makropotential φ die *Poisson*sche Gleichung

$$\nabla^2 \varphi = \frac{\partial^2 \varphi}{\partial \varrho^2} + \frac{1}{\varrho} \frac{\partial \varphi}{\partial \varrho} + \frac{\partial^2 \varphi}{\partial z^2} = \frac{1}{\varkappa_{II}} \frac{dj_I}{dz}, \qquad \text{(IV 11, 8)}$$

welche wir folgenden Randbedingungen unterwerfen:

1. Bei der Annäherung an den Emitter konvergiert die z-Komponente der Absentonenstromdichte gegen die mittlere Emitterstromdichte

$$\lim_{z \to (-\infty)} \left[-\varkappa_I \cdot \frac{\partial \varphi}{\partial z} \right] = \frac{1}{S} J_{Em} = j_{Em}. \qquad \text{(IV 11, 9)}$$

2. Mit Ausnahme der Zuleitungen zu seinen Elektroden sei der Transistor in ein *vollkommen isolierendes Dielektrikum* eingebettet; daher begrenzt der Zylinder $\varrho = a$ den von innen her radial andringenden Absentonenstrom

$$-\varkappa_{II} \frac{\partial \varphi}{\partial \varrho} = 0 \quad \text{für} \quad z \leqq -\left(\frac{1}{2} l + d\right); \qquad \varrho = a. \quad \text{(IV 11, 10)}$$

Zu (IV 11, 8) zurückkehrend, genügen wir den Forderungen (IV 11, 9) und (IV 11, 10) durch das nur von z abhängige Partikularintegral

$$\varphi^{(0)}(z) = \varphi^{(0)}_{\left[-\frac{1}{2}l - d\right]} + \frac{1}{\varkappa_{II}} \int\limits_z^{-\left(\frac{1}{2}l + d\right)} [j_{Em} - j_I(z')] \, dz'; \qquad z \leqq -\left(\frac{1}{2}l + d\right),$$

$$\text{(IV 11, 11)}$$

welches allerdings, im Gegensatz zu dem für die Gültigkeit der Darstellung (IV 10, 59) verbindlichen Grenzübergang $L \to \infty$, aus Konvergenzgründen auf stets endliche Werte z seines Existenzbereiches zu beschränken ist.

Zu dem in (IV 11, 11) beschriebenen „Hauptfeld" $\varphi^{(0)}$ gesellt sich jedoch, wie wir sehen werden, in der Regel noch ein quellenfreies „Nebenfeld"

$$\Delta \varphi = \varphi - \varphi^{(0)}, \qquad \text{(IV 11, 12)}$$

welches der *Laplace*schen Gleichung

$$\frac{\partial^2 \Delta \varphi}{\partial \varrho^2} + \frac{1}{\varrho} \frac{\partial \Delta \varphi}{\partial \varrho} + \frac{\partial^2 \Delta \varphi}{\partial z^2} = 0 \qquad \text{(IV 11, 13)}$$

unter den aus (IV 11, 9), (IV 11, 10) und (IV 11, 11) hervorgehenden Randbedingungen

$$\lim_{z \to (-\infty)} \left[-\varkappa_{II} \frac{\partial \Delta \varphi}{\partial z} \right] = 0 \qquad \text{(IV 11, 14)}$$

und

$$-\varkappa_{\mathrm{II}}\frac{\partial\varDelta\varphi}{\partial\varrho}=0 \quad \text{für} \quad z \leqq -\left(\frac{1}{2}1+\mathrm{d}\right); \qquad \varrho=\mathrm{a} \qquad (\text{IV } 11,\ 15)$$

genügt. Sei nun $C^{(-)}$ eine vorerst willkürliche Konstante und λ ein beliebiger, positiv-reeller Parameter mit Ausschluß der Null, so befriedigen wir (IV 11, 13) und (IV 11, 14) durch die Gesamtheit der Lösungen

$$\varDelta\varphi = C^{(-)}\cdot J_0\left(\lambda\frac{\varrho}{\mathrm{a}}\right)e^{\lambda\frac{z+\left(\frac{1}{2}1+\mathrm{d}\right)}{\mathrm{a}}}; \qquad z \leqq -\left(\frac{1}{2}1+\mathrm{d}\right), \qquad (\text{IV } 11,\ 16)$$

in welchen das Symbol I_0 die *Bessel*sche Zylinderfunktion nullter Ordnung bezeichnet. Aus ihnen bilden wir

$$-\varkappa_{\mathrm{II}}\frac{\partial\varDelta\varphi}{\partial\varrho}=\varkappa_{\mathrm{II}}\cdot C^{(-)}\frac{\lambda}{\mathrm{a}}J_1\left(\lambda\frac{\varrho}{\mathrm{a}}\right)e^{\lambda\frac{z+\left(\frac{1}{2}1+\mathrm{d}\right)}{\mathrm{a}}}. \qquad (\text{IV } 11,\ 17)$$

$[J_1 = $ *Bessel*sche Zylinderfunktion erster Ordnung$]$ und erschließen aus (IV 11, 15) die Forderung

$$J_1(\lambda) = 0. \qquad (\text{IV } 11,\ 18)$$

Seien also λ_{m} $[\mathrm{m} = 1;\ 2;\ 3;\ldots]$ die ihrer zunehmenden Größe nach geordneten, positiven Wurzeln der transzendenten Gleichung (IV 11, 18) unter Ausschluß von $\lambda_0 = 0$, so gewinnen wir auf Grund der Linearität der *Laplace*schen Gleichung durch Superposition von Lösungen der Art (IV 11, 16) die allgemeine Darstellung des Nebenfeldes mittels der Reihe

$$\varDelta\varphi = \sum_{\mathrm{m}=1}^{\infty} C_{\mathrm{m}}^{(-)} J_0\left(\lambda_{\mathrm{m}}\frac{\varrho}{\mathrm{a}}\right)e^{\lambda_{\mathrm{m}}\frac{z+\left(\frac{1}{2}1+\mathrm{d}\right)}{\mathrm{a}}}; \qquad z \leqq -\left(\frac{1}{2}1+\mathrm{d}\right) \qquad (\text{IV } 11,\ 19)$$

deren Konvergenz weiterhin vorausgesetzt wird.

d) Was im vorigen Abschnitt für das p-Gebiet $(-\frac{1}{2}\mathrm{L}) < z \leqq -(\frac{1}{2}1+\mathrm{d})$ der Kristalltriode gesagt wurde, gilt sinngemäß auch für das p-Gebiet $(\frac{1}{2}1+\mathrm{d}) \leqq z < \frac{1}{2}\mathrm{L}$, welches an den Kollektor grenzt: Aus der Elektronenstromdichte $j_{\mathrm{I}} = j_{\mathrm{I}}(z)$ nach (IV 10, 61) und der parallel zur positiven z-Achse weisenden, mittleren Kollektorstromdichte

$$j_{\mathrm{K}} = -\frac{1}{\mathrm{S}}J_{\mathrm{K}} \qquad (\text{IV } 11,\ 20)$$

$[$Achtung auf das Vorzeichen!$]$ ergibt sich das Hauptfeld zu

$$\varphi^{(0)}(z) = \varphi^{(0)}_{\left[\frac{1}{2}1+\mathrm{d}\right]} - \frac{1}{\varkappa_{\mathrm{II}}}\int\limits_{\frac{1}{2}1+\mathrm{d}}^{z}[j_{\mathrm{K}} - j_{\mathrm{I}}(z')]\,\mathrm{d}z'; \qquad z \geqq \frac{1}{2}1+\mathrm{d}, \qquad (\text{IV } 11,\ 21)$$

während das Nebenfeld durch die Reihe

$$\varDelta\varphi = \sum_{\mathrm{m}=1}^{\infty} C_{\mathrm{m}}^{(+)} J_0\left(\lambda_{\mathrm{m}}\cdot\frac{\varrho}{\mathrm{a}}\right)e^{-\lambda_{\mathrm{m}}\frac{z-\left(\frac{1}{2}1+\mathrm{d}\right)}{\mathrm{a}}}; \qquad z \geqq \frac{1}{2}1+\mathrm{d} \qquad (\text{IV } 11,\ 22)$$

dargestellt wird; in ihr ist nunmehr die Gesamtheit der Konstanten $C_{\mathrm{m}}^{(+)}$ einstweilen frei wählbar, vorausgesetzt, daß die Reihe innerhalb des Existenzgebietes von $\varDelta\varphi$ konvergiert.

e) Im n-Gebiete $|z| \leqq \tfrac{1}{2}1$ des zylindrischen Flächentransistors bilden die dort in der Minderheit befindlichen Absentonen die parallel der z-Achse gerichtete Stromdichte $j_{II} = j_{II}(z)$ nach (IV 10, 72); wir zerlegen sie in zwei Anteile:

I. Die *durchlaufende Stromkomponente* $j_{II\rightarrow}$ wird durch

$$j_{II\rightarrow} = \frac{q_0\,n_e^2}{2\sinh\dfrac{1}{2\,\delta_{II}}}\,\sqrt{\frac{r\,D_{II}}{N_D}}\left\{\left[e^{\frac{q_0 U_{Em}}{kT}} - 1\right] - \left[e^{\frac{q_0 U_K}{kT}} - 1\right]\right\}\cosh\frac{z}{\delta_{II}} =$$

$$= \frac{J_{Em} - J_K}{2\,S\sinh\dfrac{1}{2\,\delta_{II}}}\cdot\frac{\cosh\dfrac{z}{\delta_{II}}}{\sqrt{\dfrac{D_I\,N_D}{D_{II}\,N_A} + \operatorname{cotgh}\dfrac{1}{2\,\delta_{II}}}} \qquad \text{(IV 11, 23)}$$

definiert.

II. Die *abzweigende Stromkomponente* $j_{II\downarrow}$ wird durch

$$j_{II\downarrow} = -\frac{q_0\,n_e^2}{2\cosh\dfrac{1}{2\,\delta_{II}}}\,\sqrt{\frac{r\,D_{II}}{N_D}}\left\{\left[e^{\frac{q_0 U_{Em}}{kT}} - 1\right] + \left[e^{\frac{q_0 U_K}{kT}} - 1\right]\right\}\sinh\frac{z}{\delta_{II}} =$$

$$= -\frac{J_{Em} + J_K}{2\,S\cosh\dfrac{1}{2\,\delta_{II}}}\cdot\frac{\sinh\dfrac{z}{\delta_{II}}}{\sqrt{\dfrac{D_I\,N_D}{D_{II}\,N_A} + \operatorname{tgh}\dfrac{1}{2\,\delta_{II}}}} \qquad \text{(IV 11, 24)}$$

definiert.

Zufolge der Kontinuitätsgleichung (IV 8, 37) unterliegt nun der Stromdichtevektor j_I der im n-Gebiete die Mehrheit bildenden Elektronen der Bedingung

$$\operatorname{div} j_I = -\operatorname{div} j_{II} = -\frac{dj_{II}}{dz}, \qquad \text{(IV 11, 25)}$$

welche zusammen mit (IV 11, 6) für das elektrische Makropotential φ dieses Gebietes die *Poisson*sche Gleichung

$$\nabla^2\varphi = \frac{\partial^2\varphi}{\partial\varrho^2} + \frac{1}{\varrho}\frac{\partial\varphi}{\partial\varrho} + \frac{\partial^2\varphi}{\partial z^2} = \frac{1}{\varkappa_I}\frac{dj_{II}}{dz} \qquad \text{(IV 11, 26)}$$

nach sich zieht. Wir befriedigen sie durch den Summenansatz

$$\varphi = \varphi_\rightarrow + \varphi_\downarrow, \qquad \text{(IV 11, 27)}$$

sofern das „Durchgangspotential" $\varphi_\rightarrow$ und das „Abzweigpotential" $\varphi_\downarrow$ beziehentlich den *Poisson*schen Gleichungen

$$\frac{\partial^2\varphi_\rightarrow}{\partial\varrho^2} + \frac{1}{\varrho}\frac{\partial\varphi_\rightarrow}{\partial\varrho} + \frac{\partial^2\varphi_\rightarrow}{\partial z^2} = \frac{1}{\varkappa_I}\frac{dj_{II\rightarrow}}{dz} \qquad \text{(IV 11, 28)}$$

und

$$\frac{\partial^2\varphi_\downarrow}{\partial\varrho^2} + \frac{1}{\varrho}\frac{\partial\varphi_\downarrow}{\partial\varrho} + \frac{\partial^2\varphi_\downarrow}{\partial z^2} = \frac{1}{\varkappa_I}\frac{dj_{II\downarrow}}{dz} \qquad \text{(IV 11, 29)}$$

gehorchen.

f) Wir beschäftigen uns zuerst mit der Berechnung des Durchgangspotentiales $\varphi_\rightarrow$. An den Grenzen $z = \mp \tfrac{1}{2}1$ seines Existenzbereiches fordern wir die Randbedingungen

$$-\frac{\varkappa_{\mathrm{I}}}{\mathrm{S}} \int_0^a 2\,\pi\,\varrho\,\frac{\partial \varphi_\rightarrow}{\partial z}\,\mathrm{d}\varrho = \frac{\mathrm{J_{Em}} - \mathrm{J_K}}{2\,\mathrm{S}} - \mathrm{j_{II\rightarrow}} = \qquad \text{(IV 1, 30)}$$

$$= \frac{\mathrm{J_{Em}} - \mathrm{J_K}}{2\,\mathrm{S}} \;\frac{\sqrt{\dfrac{\mathrm{D_I\,N_D}}{\mathrm{D_{II}\,N_A}}}}{\sqrt{\dfrac{\mathrm{D_I\,N_D}}{\mathrm{D_{II}\,N_A}}} + \operatorname{cotgh}\dfrac{1}{2\,\delta_{\mathrm{II}}}}\;;\qquad z = \mp\frac{1}{2}\,\mathrm{l}$$

und an seinem Mantel $\varrho = a$ [bei Unterdrückung einer hier belanglosen, additiven Konstanten]

$$\varphi_\rightarrow = 0 \quad \text{für} \quad -\frac{1}{2}\mathrm{l} \leqq z \leqq \frac{1}{2}\mathrm{l}; \qquad \varrho = a. \qquad \text{(IV 11, 31)}$$

Mit Rücksicht auf (IV 11, 23) befriedigen wir (IV 11, 28) und (IV 11, 30) durch das nur von z abhängige Hauptfeld

$$\varphi_\rightarrow^{(0)}(z) = -\frac{1}{\varkappa_{\mathrm{I}}} \int_0^z \left[\frac{\mathrm{J_{Em}} - \mathrm{J_K}}{2\,\mathrm{S}} - \mathrm{j_{II\rightarrow}}(z')\right]\mathrm{d}z', \qquad \text{(IV 11, 32)}$$

welches jedoch nicht der Forderung (IV 11, 31) genügt. Daher haben wir dem Potential $\varphi_\rightarrow^{(0)}$ ein Nebenfeld $\varDelta\varphi_\rightarrow$ zu überlagern, welches der *Laplace*-schen Gleichung unter den Randbedingungen

$$-\frac{\varkappa_{\mathrm{I}}}{\mathrm{S}} \int_0^a 2\,\pi\,\varrho\,\frac{\partial \varDelta\varphi_\rightarrow}{\partial z}\,\mathrm{d}\varrho = 0 \quad \text{für} \quad z = \mp\frac{1}{2}\,\mathrm{l} \qquad \text{(IV 11, 33)}$$

und

$$\varDelta\varphi_\rightarrow + \varphi_\rightarrow^{(0)} = 0 \quad \text{für} \quad \left(-\frac{1}{2}\mathrm{l}\right) \leqq z \leqq \frac{1}{2}\mathrm{l}; \qquad \varrho = a \qquad \text{(IV 11, 34)}$$

gehorcht. Um diese Aufgabe zu erleichtern, zerlegen wir $\varDelta\varphi_\rightarrow$ in die beiden Komponenten $\varDelta\varphi_\rightarrow^{(1)}$ und $\varDelta\varphi_\rightarrow^{(2)}$

$$\varDelta\varphi_\rightarrow = \varDelta\varphi_\rightarrow^{(1)} + \varDelta\varphi_\rightarrow^{(2)}, \qquad \text{(IV 11, 35)}$$

deren jede für sich die *Laplace*sche Gleichung erfüllt; überdies soll $\varDelta\varphi_\rightarrow^{(1)}$ den Bedingungen

$$-\frac{\varkappa_{\mathrm{I}}}{\mathrm{S}}\,\frac{\partial \varDelta\varphi_\rightarrow^{(1)}}{\partial z} = 0 \quad \text{für} \quad z = \mp\frac{1}{2}\,\mathrm{l} \qquad \text{(IV 11, 36)}$$

genügen, so daß $\varDelta\varphi_\rightarrow^{(2)}$ den Forderungen

$$-\frac{\varkappa_{\mathrm{I}}}{\mathrm{S}} \int_0^a 2\,\pi\,\varrho\,\frac{\partial \varDelta\varphi_\rightarrow^{(2)}}{\partial z}\,\mathrm{d}\varrho = 0 \quad \text{für} \quad z = \mp\frac{1}{2}\,\mathrm{l} \qquad \text{(IV 11, 37)}$$

und

$$\varDelta\varphi_\rightarrow^{(2)} = 0 \quad \text{für} \quad \left(-\frac{1}{2}\mathrm{l}\right) \leqq z \leqq \frac{1}{2}\mathrm{l}; \qquad \varrho = 0 \qquad \text{(IV 11, 38)}$$

zu unterwerfen ist.

Um zunächst (IV 11, 36) zu erfüllen, spiegeln wir das Hauptfeld (IV 11, 32) an den Ebenen $z = \mp \frac{1}{2}\mathrm{l}$ und verwandeln es hierdurch formal in eine längs z periodische Funktion der primitiven Wellenlänge 2 l, welche als solche in die *Fourier*sche Reihe

$$\varphi^{(0)}_{\to} = \sum_{m=0}^{\infty} S^{(0)}_{\to,m} \sin\left[(2\,m+1)\,\zeta\right]; \qquad \zeta = \pi\,\frac{z}{l} \qquad (IV\ 11,\ 40)$$

entwickelt werden kann. Mit Rücksicht auf (IV 11, 23) und (IV 11, 32) finden wir für die Koeffizienten $S^{(0)}_{\to,m}$ die Gleichung

$$-\varkappa_I\,S^{(0)}_{\to,m}\cdot\frac{(2\,m+1)\,\pi}{l} = \frac{J_{Em}-J_K}{S}\cdot$$

$$\cdot\frac{2}{\pi}\int_0^{\frac{\pi}{2}}\left[1-\frac{1}{\sinh\dfrac{1}{2\,\delta_{II}}}\;\frac{\cosh\left[\dfrac{1}{\pi\,\delta_{II}}\zeta\right]}{\sqrt{\dfrac{D_I\,N_D}{D_{II}\,N_A}}+\cotgh\dfrac{1}{2\,\delta_{II}}}\right]\cos\left[(2\,m+1)\,\zeta\right]\mathrm{d}\zeta =$$

$$= \frac{J_{Em}-J_K}{S}\cdot\frac{2}{\pi}\,(-1)^m\left[\frac{1}{2\,m+1}\ - \right.$$

$$\left. -\frac{\cotgh\dfrac{1}{2\,\delta_{II}}}{\sqrt{\dfrac{D_I\,N_D}{D_{II}\,N_A}}+\cotgh\dfrac{1}{2\,\delta_{II}}}\cdot\frac{2\,m+1}{\left(\dfrac{1}{\pi\,\delta_{II}}\right)^2+(2\,m+1)^2}\right], \qquad (IV\ 11,\ 41)$$

welcher wir die Angabe

$$S^{(0)}_{\to m} = -\,[J_{Em}-J_K]\,\frac{1}{\varkappa_I\,S}\,\frac{2}{\pi^2}\,(-1)^m\cdot \qquad (IV\ 11,\ 42)$$

$$\cdot\frac{1}{\sqrt{\dfrac{D_I\,N_D}{D_{II}\,N_A}}+\cotgh\dfrac{1}{2\,\delta_{II}}}\left[\frac{\sqrt{\dfrac{D_I\,N_D}{D_{II}\,N_A}}}{(2\,m+1)^2}+\frac{1}{(2\,m+1)^2}\,\frac{\left(\dfrac{1}{\pi\,\delta_{II}}\right)^2\cotgh\dfrac{1}{2\,\delta_{II}}}{\left(\dfrac{1}{\pi\,\delta_{II}}\right)^2+(2\,m+1)^2}\right]$$

entnehmen. Da nun die *Laplace*sche Gleichung durch Partikularintegrale vom Typus

$$f_m(z;\varrho) = \sin\frac{(2\,m+1)\,\pi\,z}{l}\cdot J_0\left[i\,\frac{(2\,m+1)\,\pi\,\varrho}{l}\right]; \qquad i = \sqrt{-1}$$
$$(IV\ 11,\ 43)$$

gelöst wird, genügt die Komponente

$$\Delta\varphi^{(1)}_{\to} = -\sum_{m=0}^{\infty} S^{(0)}_{\to,m}\sin\frac{(2\,m+1)\,\pi\,z}{l}\cdot\frac{J_0\left[i\,\dfrac{(2\,m+1)\,\pi\,\varrho}{l}\right]}{J_0\left[i\,\dfrac{(2\,m+1)\,\pi\,a}{l}\right]} \qquad (IV\ 11,\ 44)$$

des Durchgangspotentiales sämtlichen ihr auferlegten Forderungen.

Um das Teilpotential $\Delta\varphi^{(2)}_{\to}$ aufzufinden, bedienen wir uns nach Wahl eines positiv-reellen Parameters μ des Partikularintegrales

$$g(z;\varrho) = \sinh\left(\mu\,\frac{z}{a}\right) J_0\left(\mu\,\frac{\varrho}{a}\right) \qquad (IV\ 11,\ 45)$$

der *Laplace*schen Gleichung; dann befriedigen wir die Bedingung (IV 11, 39), sofern wir μ mit einem der ihrer wachsenden Größe nach geordneten, positiv-reellen Wurzeln μ_m [m = 1; 2; 3;...] der transzendenten Gleichung

$$J_0(\mu) = 0 \qquad \qquad \text{(IV 11, 46)}$$

identifizieren. Unter Berufung auf die Linearität der *Laplace*schen Gleichung setzen wir nunmehr $\Delta\varphi_{\to}^{(2)}$ mittels der vorerst unbestimmten Koeffizienten $s_{\to,\,m}$ in Gestalt der Reihe

$$\Delta\varphi_{\to}^{(2)} = \sum_{m=1}^{\infty} s_{\to,\,m}\,\sinh\left(\mu_m\,\frac{z}{a}\right) J_0\left(\mu_m\,\frac{\varrho}{a}\right) \qquad \text{(IV 11, 47)}$$

an, welche innerhalb des Existenzbereiches von $\Delta\varphi_{\to}^{(2)}$ konvergiere. Aus ihr bilden wir in den Grenzebenen $z = \mp \frac{1}{2}\mathrm{l}$ die z-Komponente des Gradienten

$$\left[\frac{\partial\Delta\varphi_{\to}^{(2)}}{\partial z}\right]_{z=\mp\frac{1}{2}\mathrm{l}} = \sum_{m=1}^{\infty} s_{\to,\,m}\cdot\frac{\mu_m}{a}\cdot\cosh\mu_m\left(\frac{\mathrm{l}}{2\,a}\right) J_0\left(\mu_m\,\frac{\varrho}{a}\right) \qquad \text{(IV 11, 48)}$$

Mit Benutzung der Integralformel

$$\int_0^{a} 2\,\pi\,\varrho\,J_0\left(\mu_m\,\frac{\varrho}{a}\right) d\varrho = 2\,\pi\,a^2\,\frac{J_1(\mu_m)}{\mu_m} \qquad \text{(IV 11, 49)}$$

stiftet somit die Bedingung (IV 11, 38) zwischen den Koeffizienten $s_{\to,\,m}$ die Relation

$$\sum_{m=1}^{\infty} s_{\to,\,m}\cdot\cosh\left(\mu_m\,\frac{\mathrm{l}}{2\,a}\right) J_1(\mu_m) = 0, \qquad \text{(IV 11, 50)}$$

die allerdings noch nicht zur Bestimmung dieser Koeffizienten hinreicht; wir kommen später auf die hierdurch angeschnittene Frage zurück.

g) Wir gehen zum Abzweigpotential $\varphi_{\downarrow}$ über. An den Grenzebenen $z = \mp \frac{1}{2}\mathrm{l}$ seines Existenzgebietes verlangen wir

$$-\frac{\varkappa_\mathrm{I}}{S}\int_0^{\infty} 2\,\pi\,\varrho\,\frac{\partial\varphi_{\downarrow}}{\partial z}\,d\varrho = \pm\frac{J_{\mathrm{Em}} + J_\mathrm{K}}{2\,S} - j_{\mathrm{II}\downarrow} = \qquad \text{(IV 11, 51)}$$

$$= \pm\frac{J_{\mathrm{Em}} + J_\mathrm{K}}{2\,S}\;\frac{\sqrt{\dfrac{D_\mathrm{I}\,N_\mathrm{D}}{D_\mathrm{II}\,N_\mathrm{A}}}}{\sqrt{\dfrac{D_\mathrm{I}\,N_\mathrm{D}}{D_\mathrm{II}\,N_\mathrm{A}}} + \mathrm{tgh}\,\dfrac{\mathrm{l}}{2\,\delta_\mathrm{II}}}\;; \qquad z = \mp\frac{1}{2}\mathrm{l}$$

und an seinem Mantel, abermals bei Unterdrückung einer hier unwesentlichen, additiven Konstanten,

$$\varphi_{\downarrow} = 0 \quad \text{für} \quad \left(-\frac{1}{2}\,\mathrm{l}\right) \leqq z \leqq \frac{1}{2}\mathrm{l}; \qquad \varrho = a. \qquad \text{(IV 11, 52)}$$

Die nur von z abhängige Funktion

$$\varphi_{\downarrow}^{(0)}(z) = \frac{1}{\varkappa_\mathrm{I}}\int_0^{z} j_{\mathrm{II},\downarrow}(z')\,dz' = \qquad \text{(IV 11, 53)}$$

$$= \frac{J_{\mathrm{Em}} + J_\mathrm{K}}{2}\cdot\frac{\delta_\mathrm{II}}{\varkappa_\mathrm{I}\,S}\,\frac{1}{\cosh\dfrac{\mathrm{l}}{2\,\delta_\mathrm{II}}}\cdot\frac{\cosh\dfrac{z}{\delta_\mathrm{II}} - 1}{\sqrt{\dfrac{D_\mathrm{I}\,N_\mathrm{D}}{D_\mathrm{II}\,N_\mathrm{A}}} + \mathrm{tgh}\,\dfrac{\mathrm{l}}{2\,\delta_\mathrm{II}}}$$

genügt zwar der *Poisson*schen Gleichung (IV 11, 29), nicht jedoch den $\varphi_\downarrow$ auferlegten Randbedingungen.

Um nun zunächst (IV 11, 51) zu befriedigen, überlagern wir dem Potentiale (IV 11, 53) ein quellenfreies Potentialfeld $\Delta\varphi_\downarrow$, welches als solches der *Laplace*schen Gleichung unter den Randbedingungen

$$-\frac{\varkappa_{\mathrm{I}}}{S}\int_0^a 2\,\pi\,\varrho\,\frac{\partial\Delta\varphi_\downarrow}{\partial z}\,d\varrho = \pm\frac{J_{\mathrm{Em}}+J_{\mathrm{K}}}{2\,S}\,;\qquad z=\mp\frac{1}{2}l \qquad (IV\ 11,\ 54)$$

und

$$\Delta\varphi_\downarrow = 0\quad\text{für}\quad\left(-\frac{1}{2}\,l\right)\leqq z\leqq\frac{1}{2}l\,;\qquad \varrho=a \qquad (IV\ 11,\ 55)$$

gehorcht.

Wie vordem, vereinfachen wir diese Aufgabe, indem wir $\Delta\varphi_\downarrow$ durch den Ansatz

$$\Delta\varphi_\downarrow = \Delta\varphi_\downarrow^{(1)} + \Delta\varphi_\downarrow^{(2)} \qquad (IV\ 11,\ 56)$$

in die Komponenten $\Delta\varphi_\downarrow^{(1)}$ und $\Delta\varphi_\downarrow^{(2)}$ zerlegen, deren jede für sich der *Laplace*schen Gleichung beziehentlich unter den Randbedingungen

$$-\varkappa_{\mathrm{I}}\frac{\partial\Delta\varphi_\downarrow^{(1)}}{\partial z} = \pm\frac{J_{\mathrm{Em}}+J_{\mathrm{K}}}{2}\,;\qquad z=\mp\frac{1}{2}l, \qquad (IV\ 11,\ 57)$$

sowie

$$-\frac{\varkappa_{\mathrm{I}}}{S}\int_0^a 2\,\pi\,\varrho\,\frac{\partial\Delta\varphi_\downarrow^{(2)}}{\partial z}\,d\varrho = 0\,;\qquad z=\mp\frac{1}{2}l \qquad (IV\ 11,\ 58)$$

und

$$\Delta\varphi_\downarrow^{(1)} = \Delta\varphi_\downarrow^{(2)} = 0\quad\text{für}\quad\left(-\frac{1}{2}\,l\right)\leqq z\leqq\frac{1}{2}l\,;\qquad \varrho=a \qquad (IV\ 11,\ 59)$$

genügt.

Gleich (IV 11, 45) befriedigt die Funktion

$$h(z\,;\varrho) = \cosh\left(\mu\,\frac{z}{a}\right)\cdot J_0\left(\mu\,\frac{\varrho}{a}\right) \qquad (IV\ 11,\ 60)$$

die *Laplace*sche Gleichung. Wir identifizieren den Parameter μ nacheinander mit den positiv-reellen Wurzeln μ_{m} der transzendenten Gleichung (IV 11, 46), so daß (IV 11, 59) beziehentlich von den Reihen

$$\Delta\varphi_\downarrow^{(j)} = \sum_{m=1}^{\infty} c_{\downarrow,\,m}^{(j)}\cosh\left(\mu_{\mathrm{m}}\,\frac{z}{a}\right)J_0\left(\mu_{\mathrm{m}}\,\frac{\varrho}{a}\right)\,;\qquad j=\left\{\frac{1}{2}\right. \qquad (IV\ 11,\ 61)$$

bei beliebigen Werten der Koeffizienten $c_{\downarrow,\,m}^{(j)}$ erfüllt wird, sofern nur jene Reihen konvergieren. Dies vorausgesetzt, bilden wir aus ihnen

$$\frac{\partial\Delta\varphi_\downarrow^{(j)}}{\partial z} = \mp\sum_{m=1}^{\infty} c_{\downarrow,\,m}^{(j)}\,\frac{\mu_{\mathrm{m}}}{a}\sinh\left(\mu_{\mathrm{m}}\,\frac{l}{2\,a}\right)J_0\left(\mu_{\mathrm{m}}\,\frac{\varrho}{a}\right)\,;\qquad z=\mp\frac{1}{2}l.$$

$$(IV\ 11,\ 62)$$

Mit Benutzung der Identität

$$\sum_{m=1}^{\infty} \frac{2}{\mu_{\mathrm{m}}\,J_1(\mu_{\mathrm{m}})}\,J_0\left(\mu_{\mathrm{m}}\,\frac{\varrho}{a}\right) - 1\,;\qquad 0\leqq\varrho\leqq a. \qquad (IV\ 11,\ 63)$$

finden wir daher durch Vergleich von (IV 11, 57) mit (IV 11, 62)

$$c_{\downarrow,m}^{(j)} = \frac{J_{Em} + J_K}{2} \cdot \frac{a}{\varkappa_I \, S} \, \frac{2}{\mu_m{}^2 \, J_1(\mu_m) \, \sinh\left(\mu_m \dfrac{1}{2\,a}\right)}. \qquad \text{(IV 11, 64)}$$

Weiter ergibt sich aus (IV 11, 62) durch Integration über den stromführenden Zylinderquerschnitt

$$-\varkappa_I \int_0^a 2\,\pi\,\varrho \left[\frac{\partial \varDelta \varphi_\downarrow^{(2)}}{\partial t}\right]_{z=\mp\frac{1}{2}\,1} \cdot d\varrho = \pm \varkappa_I \cdot 2\,\pi\,a \sum_{m=1}^{\infty} c_{\downarrow,m}^{(2)} \sinh\left(\mu_m \frac{1}{2\,a}\right) J_1(\mu_m),$$

$$\text{(IV 11, 65)}$$

so daß (IV 11, 58) die Relation

$$\sum_{m=1}^{\infty} c_{\downarrow,m}^{(2)} \sinh\left(\mu_m \frac{1}{2\,a}\right) J_1(\mu_m) = 0 \qquad \text{(IV 11, 66)}$$

nach sich zieht.

Aus formalen Gründen empfiehlt es sich, die Funktion $\varphi_\downarrow^{(0)}(z)$ nach (IV 11, 53) mit der Funktion $\varDelta \varphi_\downarrow^{(1)}(z; \varrho)$ nach (IV 11, 61) und (IV 11, 64) zum Hauptfelde $\check{\varphi}_\downarrow^{(0)}$ des Abzweigpotentiales zusammenzufassen

$$\check{\varphi}_\downarrow^{(0)}(z; \varrho) = \varphi_\downarrow^{(0)}(z) + \varDelta \varphi_\downarrow^{(1)}(z; \varrho). \qquad \text{(IV 11, 67)}$$

Es erfüllt jedoch nicht die Randbedingung (IV 11, 52), und auch die Hinzufügung des Teilpotentiales $\varDelta \varphi_\downarrow^{(2)}$ vermag diesen Mangel nicht zu beheben. Daher müssen wir den bisher angegebenen Potentialfunktionen noch ein weiteres, quellenfreies Nebenfeld superponieren, welches durch $\varDelta \varphi_\downarrow^{(3)}$ bezeichnet werde, es genügt der *Laplace*schen Gleichung unter den Randbedingungen

$$-\varkappa_I \int_0^a 2\,\pi\,\varrho \, \frac{\partial \varDelta \varphi_\downarrow^{(3)}}{\partial z} \, d\varrho = 0; \qquad z = \mp \frac{1}{2} 1 \qquad \text{(IV 11, 68)}$$

und

$$\varphi_\downarrow^{(0)}(z) + \varDelta \varphi_\downarrow^{(3)}(z; \varrho) = 0 \quad \text{für} \quad \left(-\frac{1}{2} 1\right) \leqq z \leqq \frac{1}{2} 1; \qquad \varrho = a.$$

$$\text{(IV 11, 69)}$$

Setzen wir nun

$$\varDelta \varphi_\downarrow^{(3)} = \varDelta \varphi_\downarrow^{(2)} + \varDelta \check{\varphi}_\downarrow^{(3)}, \qquad \text{(IV 11, 70)}$$

so erfüllen wir (IV 11, 68) und (IV 11, 69) schon dann in voller Allgemeinheit, falls wir von $\varDelta \check{\varphi}_\downarrow^{(3)}$ die Eigenschaften

$$-\varkappa_I \frac{\partial \varDelta \check{\varphi}_\downarrow^{(3)}}{\partial z} = 0; \qquad z = \mp \frac{1}{2} 1 \qquad \text{(IV 11, 71)}$$

und

$$\varphi_\downarrow^{(0)}(z) + \varDelta \varphi_\downarrow^{(1)}(z; \varrho) = \check{\varphi}_\downarrow^{0}(z; \varrho) = 0 \quad \text{für} \quad \left(-\frac{1}{2} 1\right) \leqq z \leqq \frac{1}{2} 1$$

$$\text{(IV 11, 72)}$$

verlangen.

Durch Spiegelung des Potentiales $\varphi_\downarrow^{(0)}(z)$ an den Ebenen $z = \pm \frac{1}{2} 1$ entsteht aus ihm eine in z periodische Funktion der primitiven Wellenlänge $2\,1$, welche als solche in die *Fourier*sche Reihe

$$\varphi_\downarrow^{(0)}(z) = \sum_{m=0}^{\infty} C_{\downarrow,m} \cos\left[2\,m\,\zeta\right]; \qquad \zeta = \pi\,\frac{z}{l} \qquad \text{(IV 11, 73)}$$

entwickelt werden kann. Aus (IV 11, 53) findet man für $m = 0$

$$C_{\downarrow,0} = [J_{Em} + J_K]\frac{1}{\varkappa_I\,S}\cdot\frac{1}{\pi^2}\frac{1}{\sqrt{\dfrac{D_I\,N_D}{D_{II}\,N_A}} + \operatorname{tgh}\dfrac{l}{2\,\delta_{II}}\cosh\dfrac{l}{2\,\delta_{II}}}\frac{\sinh\dfrac{l}{2\,\delta_{II}} - \dfrac{l}{2\,\delta_{II}}}{\left(\dfrac{l}{\pi\,\delta_{II}}\right)^2}$$

$$\text{(IV 11, 74)}$$

und für $m \neq 0$

$$C_{\downarrow,m} = [J_{Em} + J_K]\frac{1}{\varkappa_I\,S}\frac{(-1)^m\cdot 2}{\pi^2}\cdot\frac{1}{\sqrt{\dfrac{D_I\,N_D}{D_{II}\,N_A}} + \operatorname{tgh}\dfrac{l}{2\,\delta_{II}}}\cdot\frac{\operatorname{tgh}\dfrac{l}{2\,\delta_{II}}}{\left(\dfrac{l}{\pi\,\delta_{II}}\right)^2 + (2\,m)^2}.$$

$$\text{(IV 11, 75)}$$

Bedienen wir uns jetzt der Partikularintegrale

$$f_m(z;\varrho) = \cos\frac{2\,m\,\pi\,z}{l}\,J_0\left[i\frac{2\,m\,\pi\,\varrho}{l}\right]; \qquad i = \sqrt{-1} \qquad \text{(IV 11, 76)}$$

der *Laplace*schen Gleichung und berufen uns auf deren Linearität, so genügen wir also mittels der Reihe

$$\varDelta\check{\varphi}_\downarrow^{(3)} = -\sum_{m=0}^{\infty}{}' C_{\downarrow,m}\cos\frac{2\,m\,\pi\,z}{l}\cdot\frac{J_0\left(i\dfrac{2\,m\,\pi\,\varrho}{l}\right)}{J_0\left(i\dfrac{2\,m\,\pi\,a}{l}\right)} \qquad \text{(IV 11, 77)}$$

sämtlichen, dem Teilpotential $\varDelta\check{\varphi}_\downarrow^{(3)}$ auferlegten Bedingungen.

h) Es verbleibt uns die Aufgabe, die vorstehend für die unterschiedlichen Fremdatombereiche der Kristalltriode einzeln berechneten Darstellungen des elektrischen Makropotentiales φ miteinander zu verknüpfen. Hierzu ziehen wir die physikalischen Bedingungen heran, welche in den von Fremdatomen freien Übergangszonen herrschen:

I. Zwischen den Ebenenpaaren $z = (-\frac{1}{2}l - d)$; $z = (-\frac{1}{2}l)$ und $z = (\frac{1}{2}l + d)$; $z = \frac{1}{2}l$ bestehen beziehentlich die Potentialdifferenzen

$$\varphi\left(-\frac{1}{2}l - d\right) - \varphi\left(-\frac{1}{2}l\right) = U_{Em} \qquad \text{(IV 11, 78)}$$

und

$$\varphi\left(\frac{1}{2}l + d\right) - \varphi\left(\frac{1}{2}l\right) = U_K. \qquad \text{(IV 11, 79)}$$

Sie dürfen jedoch nicht mehr, wie es in der Behandlung des Triodenmodelles nach Ziffer IV 10 geschah, den „äußeren" Spannungen gleichgesetzt werden, welche zwischen dem Emitter und der Basis einerseits, dem Kollektor und der Basis andererseits auftreten; vielmehr haben wir sie nur noch als „innere" Teilspannungen eben der fremdatomfreien Übergangszonen zu deuten, welche als solche durch die Arbeitsgleichungen (IV 10, 74) und (IV 10, 75) des virtuellen, widerstandsfreien Transistors mit den integralen Elektrodenströmen J_{Em} seines Emitters und J_K seines Kollektors funktional zusammenhängen.

II. Die achsiale Komponente der elektrischen Gesamtstromdichte j durchsetzt die beiden Übergangszonen jeweils stetig:

$$\left[-\varkappa_{II}\frac{\partial\varphi}{\partial z}+j_I\right]_{z=-\left(\frac{1}{2}l+d\right)}=\left[-\varkappa_I\frac{\partial\varphi}{\partial z}+j_{II}\right]_{z=-\frac{1}{2}l} \qquad \text{(IV 11, 80)}$$

und

$$\left[-\varkappa_{II}\frac{\partial\varphi}{\partial z}+j_I\right]_{z=\left(\frac{1}{2}l+d\right)}=\left[-\varkappa_I\frac{\partial\varphi}{\partial z}+j_{II}\right]_{z=\frac{1}{2}l}\cdot \qquad \text{(IV 11, 81)}$$

Hierbei wurde beachtet, daß die Verallgemeinerung der Gleichungen (IV 8, 60) und (IV 8, 61) auf die dreidimensionale Strömung der antipolaren Elektrizitätsträger zwar die Quellenfreiheit der Stromdichten j_I und j_{II} verlangt, nicht jedoch die Invarianz allein ihrer achsialen Komponenten.

Die in vorstehend entwickelten Potentialfunktionen der Kristalltriode enthalten insgesamt vier Gruppen je abzählbar unendlich vieler, unbestimmter Konstanten: Der Koeffizienten $C_m^{(-)}$ nach (IV 11, 19), $C_m^{(+)}$ nach (IV 11, 22), $s_{\rightarrow,m}$ nach (IV 11, 47) und $c_{\downarrow,m}^{(2)}$ nach (IV 11, 65); sie reichen daher gerade dazu aus, um die vier Verknüpfungsgleichungen an den zwei Grenzebenenpaaren der beiden Übergangszonen zu befriedigen. Allerdings liegt der Erkenntniswert dieser Aussage mehr in dem von ihr vermittelten Existenzbeweis der Lösung als in der Methode zu deren wirklicher Herstellung: Die Orthogonalsysteme $J_0(\lambda_m\cdot\varrho/a)$ und $J_0(\mu_m\cdot\varrho/a)$ der *Bessel*schen Zylinderfunktionen sind untereinander nicht kohärent; daher führt ihre Substitution in die Stetigkeitsbedingungen, etwa mittels Zerlegung der Funktionen des einen Orthogonalsystemes nach den Komponenten des anderen, auf unendlich viele lineare Gleichungen zwischen den viermal unendlich vielen, abzählbaren Unbekannten, welche nur schrittweise lösbar sind.

Im Lichte dieses Sachverhaltes müssen wir uns mit einer Approximation begnügen: Wir behalten nur jene. Potentialanteile bei, deren Achsialgradienten jeweils in den Grenzebenen $z=\mp(\frac{1}{2}l+d)$ und $z=\mp\frac{1}{2}l$ querhomogen verteilt sind, also nicht vom radialen Abstand $\varrho\leqq a$ des Aufpunktes von der Achse abhängen. An Hand der angegebenen Potentialausdrücke überzeugt man sich sogleich, daß dann die Stetigkeitsforderungen (IV 11, 80) und (IV 11, 81) erfüllt werden. Dagegen müssen wir auf die strenge Befriedigung der Spannungsgleichungen (IV 11, 78) und (IV 11, 79) verzichten; vielmehr werden wir uns damit begnügen, jene Bedingungen in der Achse $[\varrho=0]$ des Transistors innezuhalten.

i) Wir wenden uns zur Durchführung des soeben entworfenen Programmes: I. Zu Gl. (IV 11, 11) zurückkehrend, erhalten wir bei Benutzung von (IV 10, 89) für das Emitterpotential φ_{Em} die Darstellung

$$\varphi_{Em}=\varphi\left(-\frac{1}{2}L\right)\approx\varphi^{(0)}\left(-\frac{1}{2}L\right)=\varphi^{(0)}_{\left[-\frac{1}{2}l-d\right]}+$$

$$+\frac{1}{\varkappa_{II}\,S}\left[\frac{1}{2}(L-l)\,J_{Em}-\right. \qquad \text{(IV 11, 82)}$$

$$\frac{\delta_I}{\Theta\sqrt{\dfrac{D_{II}\,N_A}{D_I\,N_D}}}\left(\sqrt{\dfrac{D_I\,N_D}{D_{II}\,N_A}}+\operatorname{cotgh}\frac{1}{\delta_{II}}\right)J_{Em}-\frac{\delta_I}{\Theta\sqrt{\dfrac{D_{II}\,N_A}{D_I\,N_D}}}\frac{1}{\sinh\dfrac{1}{\delta_{II}}}\,J_K\left.\right]\cdot$$

II. In der Ebene $z = (-\tfrac{1}{2}l - d)$ finden wir

$$\varphi\left(-\frac{1}{2}l - d\right) \approx \varphi^{(0)}\left(-\frac{1}{2}l - d\right). \qquad \text{(IV 11, 83)}$$

III. Um das Potential der Ebene $z = (-\tfrac{1}{2}l)$ relativ zur Basis kennen zu lernen, bilden wir zunächst aus (IV 11, 32) und (IV 11, 34) seinen Durchgangsanteil

$$\varphi_\rightarrow\left(-\frac{1}{2}l\right) \approx \varphi_\rightarrow\left(-\frac{1}{2}l; 0\right) \approx \varphi_\rightarrow^{(0)}\left(-\frac{1}{2}l\right) + \Delta\varphi_\rightarrow^{(0)}\left(-\frac{1}{2}l; 0\right) =$$

$$= \frac{J_{Em} - J_K}{2} \cdot \frac{1}{\varkappa_I S} \cdot \frac{1}{\sqrt{\dfrac{D_I N_D}{D_{II} N_A}} + \coth\dfrac{1}{2}\dfrac{1}{\delta_{II}}} \frac{4}{\pi^2} \sum_{m=0}^{\infty} \cdot \qquad \text{(IV 11, 84)}$$

$$\cdot \left\{1 - \frac{1}{J_0\left[i\dfrac{(2m+1)\pi a}{1}\right]}\right\}\left\{\frac{\sqrt{\dfrac{D_I N_D}{D_{II} N_A}}}{(2m+1)^2} + \frac{1}{(2m+1)^2}\frac{\left(\dfrac{1}{\pi\delta_{II}}\right)^2\coth\dfrac{1}{2}\dfrac{1}{\delta_{II}}}{\left(\dfrac{1}{\pi\delta_{II}}\right)^2 + (2m+1)^2}\right\},$$

sowie aus (IV 11, 61), (IV 11, 73) und (IV 11, 77) seinen Abzweiganteil

$$\varphi_\downarrow\left(-\frac{1}{2}l\right) \approx \varphi_\downarrow\left(-\frac{1}{2}l; 0\right) \approx \varphi_\downarrow^{(0)}\left(-\frac{1}{2}l\right) +$$

$$+ \Delta\varphi_\downarrow^{(1)}\left(-\frac{1}{2}l; 0\right) + \Delta\check{\varphi}_\downarrow^{(3)}\left(-\frac{1}{2}l; 0\right) = \frac{J_{Em} + J_K}{2} \cdot \frac{1}{\varkappa_I S} \cdot$$

$$\cdot \frac{1}{\sqrt{\dfrac{D_I N_D}{D_{II} N_A}} + \tgh\dfrac{1}{2}\dfrac{1}{\delta_{II}}} \cdot \frac{4}{\pi^2} \sum_{m=0}^{\infty} \left\{1 - \frac{1}{J_0\left[i\dfrac{2m\pi a}{1}\right]}\right\} \frac{\tgh\dfrac{1}{2}\dfrac{1}{\delta_{II}}}{\left(\dfrac{1}{\pi\delta_{II}}\right)^2 + (2m)^2} +$$

$$+ \frac{J_{Em} + J_K}{2} \cdot \frac{a}{\varkappa_I S} \sum_{m=1}^{\infty} \frac{2\coth\left(\mu_m\dfrac{1}{2a}\right)}{\mu_m^2 J_1(\mu_m)}. \qquad \text{(IV 11, 85)}$$

Nun setzen wir abkürzend

$$R_1 = \frac{1}{\varkappa_I S}\left[\frac{1}{2}(L - l) - \frac{\delta_I}{\Theta\sqrt{\dfrac{D_{II} N_A}{D_I N_D}}}\left(\sqrt{\dfrac{D_I N_D}{D_{II} N_A}} + \coth\dfrac{1}{\delta_{II}}\right)\right], \qquad \text{(IV 11, 86)}$$

$$R_2 = \frac{1}{\varkappa_I S}\frac{\delta_I}{\Theta\sqrt{\dfrac{D_{II} N_A}{D_I N_D}}} \cdot \frac{1}{\sinh\dfrac{1}{\delta_{II}}}, \qquad \text{(IV 11, 87)}$$

$$R_\rightarrow = \frac{1}{2\varkappa_I S} \cdot \frac{1}{\sqrt{\dfrac{D_I N_D}{D_{II} N_A}} + \coth\dfrac{1}{2}\dfrac{1}{\delta_{II}}} \frac{4}{\pi^2} \sum_{m=0}^{\infty} \cdot$$

$$\cdot \left\{1 - \frac{1}{J_0\left[i\dfrac{(2m+1)\pi a}{1}\right]}\right\}\left\{\frac{\sqrt{\dfrac{D_I N_D}{D_{II} N_A}}}{(2m+1)^2} + \frac{1}{(2m+1)^2}\frac{\left(\dfrac{1}{\pi\delta_{II}}\right)^2\coth\dfrac{1}{\pi\delta_{II}}}{\left(\dfrac{1}{\pi\delta_{II}}\right)^2 + (2m+1)^2}\right\},$$

$$\text{(IV 11, 88)}$$

$$R_\downarrow = \frac{1}{2\,\varkappa_I\,S} \cdot \frac{1}{\sqrt{\dfrac{D_I\,N_D}{D_{II}\,N_A} + \operatorname{tgh}\dfrac{1}{2\,\delta_{II}}}} \cdot$$

$$\cdot \frac{4}{\pi^2} \sum_{m=0}^{\infty} \left\{ 1 - \frac{1}{J_0\left[i\dfrac{2\,m\,\pi\,a}{1}\right]} \right\} \frac{\operatorname{tgh}\dfrac{1}{\pi\,\delta_{II}}}{\left(\dfrac{1}{\pi\,\delta_{II}}\right)^2 + (2\,m)^2} +$$

$$+ \frac{a}{2\,\varkappa_I\,S} \cdot \sum_{m=1}^{\infty} \frac{2\operatorname{cotgh}\left(\mu_m\dfrac{1}{2\,a}\right)}{\mu_m^2\,J_1(\mu_m)} \qquad \text{(IV 11, 89)}$$

und erhalten mit Rücksicht auf (IV 11, 78) für das Potential φ_{Em} des Emitters gegen die Basis die Angabe

$$\varphi_{Em} = U_{Em} + J_{Em} \cdot [R_1 + R_\rightarrow + R_\downarrow] + J_K\,[-R_2 - R_\rightarrow + R_\downarrow]. \qquad \text{(IV 11, 90)}$$

Aus Symmetriegründen folgt somit für das Potential φ_K des Kollektors gegen die Basis die Gleichung

$$\varphi_K = U_K + J_{Em}\,[-R_2 - R_\rightarrow + R_\downarrow] + J_K\,[R_1 + R_\rightarrow + R_\downarrow]. \qquad \text{(IV 11, 91)}$$

Auf Grund dieser Ergebnisse können die *Ohm*schen Spannungsabfälle

$$\Delta U_{Em} = \varphi_{Em} - U_{Em}; \qquad \Delta U_K = \varphi_K - U_K \qquad \text{(IV 11, 92)}$$

des Transistors in ihrer Abhängigkeit von dessen Integralströmen J_{Em} und J_K stets mit Hilfe eines passenden Netzwerkes *Ohm*scher Widerstände dargestellt werden. Wählt man als solches die Sternschaltung der beiden Längswiderstände je der Größe X und des Querwiderstandes vom Werte Y nach Abb. IV 11, 1, so werden seine Arbeitseigenschaften durch die Relationen

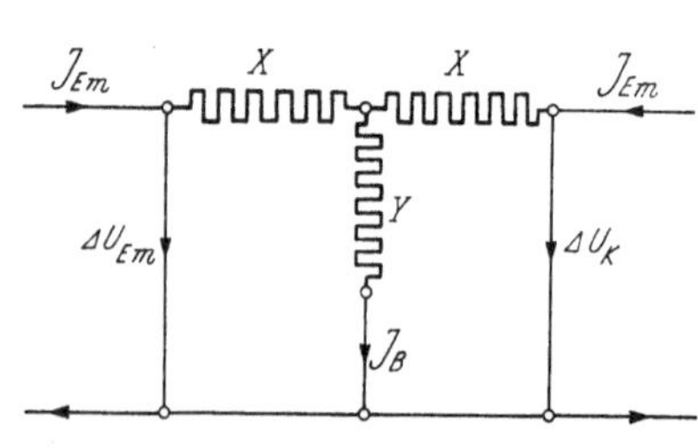

Abb. 11, 1. Widerstands-Ersatzbild des Transistors.

$$\Delta U_{Em} = J_{Em}\,[X + Y] + J_K \cdot Y \qquad \text{(IV 11, 93)}$$

und

$$\Delta U_K = J_{Em} \cdot Y + J_K\,[X + Y] \qquad \text{(IV 11, 94)}$$

beschrieben; sie werden inhaltlich mit (IV 11, 90), (IV 11, 91) identisch, sofern man die Vierpolwiderstände X und Y mit den Eigenwiderständen des Transistors durch die Bildungsvorschriften

$$X = R_1 + R_2 + 2\,R_\rightarrow \qquad \text{(IV 11, 95)}$$

und

$$Y = R_\downarrow - R_2 - R_\rightarrow \qquad \text{(IV 11, 96)}$$

verknüpft.

IV 12. Der Flächentransistor als quasistationärer Verstärker.

a) Gegeben sei ein Flächentransistor der in Ziffer IV 10 beschriebenen Art. Seine stationären Arbeitseigenschaften gelten auf Grund der dort durchgeführten Analyse mit Einschluß der Berechnung seiner Verlustwiderstände nach Ziffer IV 11 als bekannt. Wie verhält sich eine solche Kristalltriode bei quasistationären Änderungen ihrer Betriebsvariabeln?

I. Die unabhängig voneinander wählbaren, integralen Elektrodenströme J sowohl des Emitters wie des Kollektors mögen je aus einem zeitfreien Anteil $\bar{J}$ und einem Wechselanteil $\tilde{J}$ zusammengesetzt sein, welcher mit der Kreisfrequenz ω pulsiert; daher ist

$$J_{Em} = \bar{J}_{Em} + \tilde{J}_{Em} \qquad (IV\ 12,\ 1)$$

und

$$J_K = \bar{J}_K + \tilde{J}_K. \qquad (IV\ 12,\ 2)$$

II. Wir definieren den quasistationären Zustand des Transistors durch die Forderung: Zu jedem Zeitpunkt t wird das Verhalten der Kristalltriode merklich von jenen virtuellen Feldern bestimmt, welche den zu stationären Größen „erstarrten" Elektrodenströmen $J_{Em} = J_{Em}(t)$ und $J_K = J_K(t)$ entsprechen. Mit anderen Worten: Wir sehen die stationären Kennlinien des Transistors auch für dessen quasistationären Betrieb als maßgebend an; man wird sich daran erinnern, daß die elementare Theorie des Vakuumtrioden-Verstärkers von eben denselben Grundannahmen ausgeht. Zufolge der Gleichungen (IV 12, 1) und (IV 12, 2) resultieren dann auch die Spannungen U zwischen den Transistorelektroden je aus einem zeitfreien Anteil $\bar{U}$ und einem mit der Kreisfrequenz ω schwingenden Wechselanteil $\tilde{U}$, so daß wir auf die Ansätze

$$U_{Em} = \bar{U}_{Em} + \tilde{U}_{Em} \qquad (IV\ 12,\ 3)$$

und

$$U_K = \bar{U}_K + \tilde{U}_K \qquad (IV\ 12,\ 4)$$

geführt werden.

b) Im quasistationären Zustande bilden die Wechselströme $\tilde{J}_{Em}$ und $\tilde{J}_K$ beziehentlich mit den Wechselspannungen $\tilde{U}_{Em}$ und $\tilde{U}_K$ je ein synchrones System der primitiven Periode τ. Daher gleicht der zeitliche Mittelwert P_{Em} der Emitterleistung der Summe ihres Gleichanteiles $\bar{P}_{Em}$ und ihres Wechselanteiles $\tilde{P}_{Em}$:

$$P_{Em} = \bar{P}_{Em} + \tilde{P}_{Em}; \qquad \bar{P}_{Em} = \bar{U}_{Em} \cdot \bar{J}_{Em}; \qquad \tilde{P}_{Em} = \frac{1}{\tau} \int_0^\tau \tilde{U}_{Em}\, \tilde{J}_{Em}\, dt.$$

$$(IV\ 12,\ 5)$$

Ebenso läßt sich der zeitliche Mittelwert P_K der Kollektorleistung in deren Gleichanteil $\bar{P}_K$ und deren Wechselanteil $\tilde{P}_K$ zerlegen:

$$P_K = \bar{P}_K + \tilde{P}_K; \qquad \bar{P}_K = \bar{U}_K \cdot \bar{J}_K; \qquad \tilde{P}_K = \frac{1}{\tau} \int_0^\tau \tilde{U}_K\, \tilde{J}_K\, d\tau.$$

$$(IV\ 12,\ 6)$$

Falls dann der Transistor so betrieben wird, daß simultan die Ungleichungen

$$\tilde{P}_{Em} > 0; \qquad \tilde{P}_K < 0 \qquad (IV\ 12,\ 7)$$

bestehen, arbeitet er hinsichtlich der synchronen Wechselstromsysteme als *Vierpol*, welcher an der Emitterseite Leistung aufnimmt und an der Kollektorseite Leistung abgibt. Wir passen uns einer solchen Wirkungsweise des Gerätes terminologisch an, indem wir von nun ab das Elektrodenpaar Emitter-Basis mit den *Primärklemmen* [Index 1] und das Elektrodenpaar

Kollektor-Basis mit den *Sekundärklemmen* [Index 2] eines sogenannten *allgemeinen Transformators* identifizieren. Demgemäß schreiben wir fortan

$$\tilde{J}_{Em} = J_1; \qquad \tilde{U}_{Em} = U_1; \qquad \tilde{P}_{Em} = P_1 \qquad (IV\ 12,\ 8)$$

und

$$\tilde{J}_K = -J_2; \qquad \tilde{U}_K = U_2; \qquad \tilde{P}_K = -P_2. \qquad (IV\ 12,\ 9)$$

Das dimensionsfreie Verhältnis

$$V = \frac{P_2}{P_1} \qquad (IV\ 12,\ 10)$$

mißt dann die *Leistungsfähigkeit* des allgemeinen Transformators, und die Ungleichung

$$V > 1 \qquad (IV\ 12,\ 11)$$

definiert das Gerät als *Verstärker*. Läßt sich die Kristalldiode als Verstärker betreiben?

c) Da die Arbeitsgleichungen eines jeden, in allen seinen Teilen relativ zueinander ruhenden Systemes, das zu Verstärkungszwecken tauglich sein soll, ihrer Natur nach nichtlinear sind, läßt sich eine Kurvenformverzerrung der zu verstärkenden Wechselgrößen grundsätzlich nicht vermeiden. Man kann jedoch diesen meist unerwünschten Nebeneffekt beliebig klein halten, wenn man den Transistor in Bereichen betreibt, in denen man jene Arbeitsgleichungen linearisieren darf. Insbesondere verbürgt der *Taylor*sche Satz diese Eigenschaften, sofern man nur die Vorschriften

$$\left| \frac{\tilde{J}_{Em}}{\overline{J}_{Em}} \right| = \left| \frac{J_1}{\overline{J}_{Em}} \right| \ll 1; \qquad \left| \frac{\tilde{J}_K}{\overline{J}_K} \right| = \left| \frac{J_2}{\overline{J}_K} \right| \ll 1 \qquad (IV\ 12,\ 12)$$

zur ideellen Voraussetzung nur *infinitesimal schwacher Wechselströme* verschärft; sie soll weiterhin stets innegehalten werden.

d) Wir beschäftigen uns der Kürze halber nur mit dem widerstandsfreien Modell des Flächentransistors.

Nach (IV 11, 80) und (IV 11, 81) bilden wir die *numerischen Wechselströme*

$$\gamma_1 = \frac{J_1}{J_0} = \frac{\tilde{J}_{Em}}{J_0}; \qquad \gamma_2 = \frac{J_2}{J_0} = -\frac{\tilde{J}_K}{J_0}, \qquad (IV\ 12,\ 13)$$

denen wir gemäß (IV 11, 82) und (IV 11, 83) die *numerischen Wechselspannungen*

$$u_1 = \frac{U_1}{U_T} = \frac{\tilde{U}_{Em}}{U_T}; \qquad u_2 = \frac{U_2}{U_T} = \frac{\tilde{U}_K}{U_T} \qquad (IV\ 12,\ 14)$$

zur Seite stellen. Durch *Taylor*sche Entwicklung der Gleichungen (IV 11, 87) und (IV 11, 88) finden wir dann mit Rücksicht auf die Voraussetzung nur infinitesimal kleiner Absolutbeträge der numerischen Ströme γ_1 und γ_2 die gewünschten, linearen Arbeitsgleichungen der Wechselgrößen in der Gestalt

$$u_1 = a\,\gamma_1 + b\,\gamma_2 \qquad (IV\ 12,\ 15)$$

und

$$u_2 = c\,\gamma_1 + d\,\gamma_2, \qquad (IV\ 12,\ 16)$$

deren Konstanten (a; b; c; d) gemäß

$$a = \frac{e^{-\bar{u}_{Em}}}{\Theta}\left[1\sqrt{\frac{D_I\,N_D}{D_{II}\,N_A}} + \operatorname{cotgh}\frac{1}{\delta_{II}} \right], \qquad (IV\ 12,\ 17)$$

$$b = -\frac{e^{-\bar{u}_{Em}}}{\Theta} \frac{1}{\sinh \dfrac{1}{\delta_{II}}},$$

(IV 12, 18)

$$c = \frac{e^{-\bar{u}_K}}{\Theta} \frac{1}{\sinh \dfrac{1}{\delta_{II}}},$$

(IV 12, 19)

$$d = -\frac{e^{-\bar{u}_K}}{\Theta} \left[\sqrt{\frac{D_I N_D}{D_{II} N_A}} + \operatorname{cotgh} \frac{1}{\delta_{II}} \right]$$

(IV 12, 20)

durch die physikalischen Eigenschaften des Triodenmodelles in Gemeinschaft mit den jeweils gewählten Betriebswerten u_{Em} und u_K der zeitfreien Komponenten der numerischen Elektrodenspannungen bestimmt werden, für die Determinante $\tilde{\Theta}$ ihrer Matrix resultiert mit Rücksicht auf (IV 10, 86) der einfache Ausdruck

$$\tilde{\Theta} = \begin{vmatrix} a & b \\ c & d \end{vmatrix} = -\frac{1}{\Theta} e^{-(\bar{u}_{Em} + \bar{u}_K)}.$$

(IV 12, 21)

Nun werde die Sekundärseite des Transistors durch einen „phasenreinen", *Ohm*schen Widerstand belastet, welchen wir durch das Verhältnis

$$Z_2 = \frac{u_2}{\gamma_2} = \frac{U_2}{J_2} \cdot \frac{J_0}{U_T}$$

(IV 12, 22)

als Vielfaches der sozusagen *natürlichen Widerstandseinheit*

$$Z_0 = \frac{U_1}{J_0}$$

(IV 12, 23)

der Kristalltriode messen. Aus (IV 12, 16) folgt dann für die numerischen Ströme die Relation

$$\gamma_1 = \frac{Z_2 - d}{c} \gamma_2,$$

(IV 12, 24)

so daß sich gemäß (IV 12, 15) die [numerische] Primärspannung zu

$$u_1 = \left[a \frac{Z_2 - d}{c} + b \right] \gamma_2 = \frac{a Z_2 - \tilde{\Theta}}{c} \gamma_2 = \frac{a Z_2 - \tilde{\Theta}}{Z_2 - d} \gamma_1,$$

(IV 12, 25)

berechnet; daher korrespondiert der Angabe (IV 12, 24) die Spannungsgleichung

$$u_1 = \frac{a Z_2 - \tilde{\Theta}}{c Z_2} u_2.$$

(IV 12, 26)

Der Vierpol transformiert somit den Belastungswiderstand Z_2 in den — mit der Einheit Z_0 gemessenen — Primärwiderstand

$$Z_1 = \frac{u_1}{\gamma_1} = \frac{a Z_2 - \tilde{\Theta}}{Z_2 - d}.$$

(IV 12, 27)

Entsprechend der Definition (IV 12, 10) ergibt sich aus (IV 12, 24) und (IV 12, 26) die Leistungsfähigkeit V des Transistors zu

$$V = \frac{\gamma_2 u_2}{\gamma_1 u_1} = \frac{c^2 Z_2}{(Z_2 - d)(a Z_2 - \tilde{\Theta})}.$$

(IV 12, 28)

Sie verschwindet sowohl beim Kurzschluß $[Z_2 \to 0]$ der Sekundärseite, wie auch bei deren Leerlauf $[Z_2 \to \infty]$; daher resultiert aus der Forderung

$$\frac{dV}{dZ_2} = c^2 \frac{\tilde{\Theta}\,d - a\,(Z_2)^2}{[(Z_2 - d)\,(a\,Z_2 - \tilde{\Theta})]^2} = 0 \qquad (IV\ 12,\ 29)$$

der *optimale Belastungswiderstand*

$$Z_{2,\,opt} = \sqrt{\frac{d}{a}\,\tilde{\Theta}} = \frac{e^{-\bar{u}_K}}{\sqrt{\Theta}} = \frac{e^{-\bar{u}_K}}{\sqrt{1 + 2\sqrt{\dfrac{D_I\,N_D}{D_{II}\,N_A}}\,\coth\dfrac{1}{\delta_{II}} + \dfrac{D_I\,N_D}{D_{II}\,N_A}}}\,, \qquad (IV\ 12,\ 30)$$

bei welchem die Leistungsfähigkeit V den Höchstwert

$$V_{max} = \frac{c^2}{[\sqrt{-\tilde{\Theta}} + \sqrt{-a\,d}]^2} = \frac{e^{+[\bar{u}_{Em} - \bar{u}_K]}}{\left[\cosh\dfrac{1}{\delta_{II}} + \left(\sqrt{\Theta} + \sqrt{\dfrac{D_I\,N_D}{D_{II}\,N_A}}\right)\sinh\dfrac{1}{\delta_{II}}\right]^2} \qquad (IV\ 12,\ 31)$$

annimmt; gleichzeitig stellt sich nach $(IV\ 12,\ 24)$ das Stromverhältnis

$$\left[\frac{\gamma_2}{\gamma_1}\right]_{Z_2 = Z_{2,\,opt}} = \frac{c}{Z_{2,\,opt} - d} = \frac{1}{\cosh\dfrac{1}{\delta_{II}} + \left(\sqrt{\Theta} + \sqrt{\dfrac{D_I\,N_D}{D_{II}\,N_A}}\right)\sinh\dfrac{1}{\delta_{II}}} \qquad (IV\ 12,\ 32)$$

und nach $(IV\ 12,\ 26)$ das Spannungsverhältnis

$$\left[\frac{u_2}{u_1}\right]_{Z_2 = Z_{2,\,opt}} = \frac{c\,Z_{2,\,opt}}{a\,Z_{2,\,opt} - \tilde{\Theta}} = \frac{e^{+[u_{Em} - u_K]}}{\cosh\dfrac{1}{\delta_{II}} + \left(\sqrt{\Theta} + \sqrt{\dfrac{D_I\,N_D}{D_{II}\,N_A}}\right)\sinh\dfrac{1}{\delta_{II}}} \qquad (IV\ 12,\ 33)$$

ein. Nun ist die Tauglichkeit des Transistors als *Verstärker* an die Ungleichung $V > 1$ gebunden, welche ihrerseits zum mindesten verlangt, der Forderung

$$V_{max} > 1 \qquad (IV\ 12,\ 34)$$

zu genügen. Da man jedoch aus $(IV\ 12,\ 32)$ auf das Stromverhältnis

$$\left[\frac{\gamma_2}{\gamma_1}\right]_{Z_2 = Z_{2,\,opt}} \leqq 1 \qquad (IV\ 12,\ 35)$$

schließt, kann eine Leistungsverstärkung nur unter der Bedingung

$$e^{+[\bar{u}_{Em} - \bar{u}_K]} > \left[\frac{\gamma_1}{\gamma_2}\right]_{Z_2 = Z_{2,\,opt}} \geqq 1 \qquad (IV\ 12,\ 36)$$

zustande kommen: Arbeitet man mit einer positiven [numerischen] Emitter-Vorspannung

$$\bar{u}_{Em} > 0, \qquad (IV\ 12,\ 37)$$

so hat man eine negative [numerische] Kollektorvorspannung

$$-\,\bar{u}_K \geqq \bar{u}_{Em} \qquad (IV\ 12,\ 38)$$

einzusetzen. In der Terminologie der Kristalldioden besagen diese Angaben, daß der *Emitter-Basisteil* des Transistors in der *Durchlaßrichtung*, der *Kollektor-Basisteil* dagegen in der *Sperrichtung* betrieben wird.

Literaturhinweise.

Aus der nahezu unübersehbaren Literatur über den Gegenstand des vorliegenden Buches sind einige der Arbeiten genannt, die bei seiner Abfassung zu Rate gezogen wurden, ohne Vollständigkeit anzustreben. Einige Originalarbeiten des Verfassers wurden nicht aufgeführt.

Allgemeines; Lehrbücher.

Azároff, L. V. and *Brophy, J. J.:* Electronic Processes in Materials. McGraw-Hill Book Company, Inc., New York-San Francisco-Toronto-London **1963**.

Baader, Armin: Halbleiter-Bauelemente. Siemens-Zeitschrift **37**, 389 (1963).

Brophy, J. J. and *Buttrey, J. W.:* Editors. Organic Semiconductors. The Mac Millan Company, New York; Collier Mac Millan Ltd., London; Maruzen Company Ltd., Tokyo; **1962**.

Caulton, M. C., Hemenway, L. and *Henry, W. R.:* Physical Electronics. New York **1962**.

Colapietro, D.: Tecnologia dei componenti elettronice 1. Roma: Siderea 1964.

Dekker, A. J.: Solid State Physics. Prentice-Hall, Inc., Englewood Clifts, N. J. **1957**.

Dosse, J.: Stand der Entwicklung und der Anwendung von Transistoren. Halbleiterprobleme, Bd. **4**, 190 (1958).

Dosse, J. Der Transistor, 4. Aufl. München: R. Oldenbourg-Verlag 1962.

Dunlap, W. O.: An introduction to semiconductors. J. Wiley and Sons, New York 1957.

Fritzsche, Chr.: Herstellung von Halbleitern. 2. Aufl. VEB-Verlag Technik, Berlin 1962.

Gatos, C.: The surface chemistry of metals and semiconductors. New York-London: J. Wiley and Sons.

Guggenbühl, W., Strutt, M. J. O. und *Wunderlin, W.:* Halbleiter-Bauelemente, Halbleiter und Halbleiterdioden. Bd. 1. Birkhäuser-Verlag, Basel und Stuttgart 1962.

Gray, Truman, S.: Applied Electronics. 2nd ed. John Wiley and Sons, Inc., New York 1954.

Hauri, E. R. und *Bachmann, A. E.:* Grundlagen und Anwendungen der Transistoren. Herausgegeben von der Generaldirektion der PTT, Bern 1962.

Hunter, L. P.: Handbook of Semiconductor Electronics. 2nd ed. McGraw-Hill Book Company, New York-San Francisco-Toronto-London-Sydney.

Ioffe, A. F.: Physics of Semiconductors. London 1960.

Kaden, H. E.: Das Transistorlehrbuch. Philips Technische Bibliothek **1963**.

Kallmann, H. and *Silver, M.:* Symposium on electrical conductivity in organic solids. Interscience Publishers John Wiley and Sons, New York and London **1961**.

Kittel, C.: Introduction to Solid State Physics. 2nd ed. John Wiley and Sons, Inc., New York **1956**.

Kiver, M. S.: Transistors. Third edition. McGraw-Hill Book Company, Inc., New York-Toronto-London **1962**.

Knoll, M. and *Kazan, B.:* Storage Tubes and Their Basic Principles. John Wiley and Sons, Inc., New York **1952**.

Knoll, M. und *Eichmeier, J.:* Technische Elektronik, Bd. II. Stromsteuernde und elektronenoptische Entladungsgeräte. Springer-Verlag, Berlin-Heidelberg-New York 1966.

Linvill, J. G. and *Gibbons, J. F.:* Transistors and active circuits. McGraw-Hill Book Company, Inc., New York-Toronto-London **1961**.

Lo, Endes, Zawels, Waldhauser und *Cheng:* Transistor Electronics. Prentice-Hall Inc.

Meinke, H. H. und *Gundlach, F. W.:* Taschenbuch der Hochfrequenztechnik. Berlin-Göttingen-Heidelberg: Springer-Verlag **1956**.

Middleton, R. G.: Elements of Transistor Technology. Howard W. Sams and Co., Inc., The Bobbs-Merrill Co., Inc., Indianopolis **1963**.

Middlebrook, R. D.: A modern approach to semiconductor and vacuum device theory. Proc. IRE **106** B suppl. **17**, 887 (1959).

Moll, J.: Physics of Semiconductors. McGraw-Hill Book Company, Inc., New York-San Francisco-Toronto-London-Sydney.

Mott, N. F., Dichburn, F. and *Henisch, H. K.:* Semiconducting Materials. London **1951**.

Mott, N. F. and *Gurney, R. W.:* Electronic Processes in Ionic Crystals. Oxford **1948**.

Müser, H. A.: Einführung in die Halbleiterphysik. Darmstadt **1960**.

Owens, H. L. and *Coblenz, A.:* Transistors, Theory and Applications. New York **1955**.

Paul, R.: Transistoren, Physikalische Grundlagen und Eigenschaften. Verlag Technik, Berlin und Verlag F. Vieweg und Sohn, Braunschweig 1965.

Petitclerc, A.: Electronique Physique des Semi-Conducteurs. Gauthier-Villars et Cie, Edition du Tambourinaire, Paris **1962**.

Pfeifer, H.: Elektronisches Rauschen. Teubner, Leipzig **1959**.

Romanowitz, H. A.: Fundamentals of Semiconductors and tube electronics. J. Wiley and Sons, New York-London **1962**.

Rumpf, K. H. und *Pulvers, M.:* Transistor-Elektronik. Berlin **1964**.

Rusche, G., Wagner, K. und *Weitzsch, F.:* Flächentransistoren, Eigenschaften und Schaltungstechnik. Berlin-Göttingen-Heidelberg: Springer-Verlag **1961**.

Salow, H., Beneking, H., Krämer, H. und *v. Münch, W.:* Der Transistor, physikalische und technische Grundlagen. Springer-Verlag, Berlin-Göttingen-Heidelberg **1963**.

Sauter, F.: Festkörperprobleme I [Halbleiterprobleme VII]. Vieweg und Sohn, Braunschweig **1962**.

Schmidt, L. M.: Physikalische Grundlagen und das elektrische Verhalten der Transistoren. Neue Techn. **1**, 26 (**1959**).

Schottky, W.: Halbleiterprobleme. Braunschweig 1954.

Schröder, H.: Elektrische Nachrichtentechnik, Bd. II. Röhren und Transistoren. Berlin 1963.

Seiler, K.: Physik und Technik der Halbleiter. Stuttgart **1964**.

Seitz, F.: The Modern Theory of Solids. McGraw-Hill Book Company, Inc., New York **1950**.

Shockley, W.: Electrons and Holes in Semiconductors. D. van Nostrand Co., Inc., Princeton **1950**.

Spangenberg, K. R.: Fundamentals of Electron Devices. McGraw-Hill Book Company, Inc., New York-Toronto-London 1957.

Spenke, E.: Elektronische Halbleiter. Berlin-Göttingen-Heidelberg: Springer-Verlag **1955**.

Slater, J. C.: Quantum Theory of Matter. McGraw-Hill Book Company, Inc., New York **1951**.

Van der Ziel, A.: Solid State Physical Electronics. Prentice-Hall, Inc., Englewood Cliffs, N. Y. **1957**.

Van der Ziel, A.: Noise. Prentice-Hall Inc., New York **1954**.

Ziman, J. M.: Principles of the Theory of Solids. Cambridge, at the University Press 1965.

Zwikker, C.: Physical Properties of Solid Materials. Interscience Publishers, New York **1954**.

Erstes Kapitel.

Statistische Grundlagen.

Blakemore, J.: Semiconductor Statistics. International Series of Monographs on Semiconductors. Volume 3. Pergamon Press, Oxford-London-New York-Paris 1962.

Darrow, K. K.: Statistical Theories of Matter, Radiation and Electricity. Bell Syst. Techn. J. **8**, 672 **(1929)**.

Fowler, R. H. and *Guggenheim, E. A.:* Statistical Mechanics. Cambridge University Press, London **1939**.

Gombás, P.: Present State of the Statistical Theory of Atoms. Reviews of Modern Physics **35**, 512 **(1963)**.

Jost, W.: Platzwechsel in Kristallen. Halbleiterprobleme. Bd. **2**, 145 **(1955)**.

Pierce, J. R.: Noise in Resistances and Electron Streams. Bell System Tech. J. **27**, 158 **(1948)**.

Proceedings of the International Conference on Crystall Lattice Defects. Sept. **1962**, Tokyo (Japan).

Sommerfeld, A.: Thermodynamics and Statistical Mechanics. Lectures on Theoretical Physics, Volume V. Academic Press, New York and London **1964**.

Thomas, L. H.: Statistical Theory of Atoms. Reviews of Modern Physics **35**, 508 **(1963)**.

Zweites Kapitel.

Kontinuumstheorie der Metalle.

II 1. *Klassische Vorstellungen über die Natur der Metalle.*

Drabble, J. R. and *Goldsmid, H. J.:* Thermal conduction in semiconductors. International Series of Monographs on Semiconductors, Vol. 4. Pergamon Press, Oxford-London-New York-Paris 1961.

Fröhlich, H.: Elektronentheorie der Metalle. Springer-Verlag, Berlin 1936.

Gudden, B.: Elektrische Leitfähigkeit elektronischer Halbleiter. Ergebn. exakt. Naturwiss. **13**, 223 **(1934)**.

II 5. *Die thermoelektrischen Erscheinungen in Metallen.*

Eichhorn, R. L.: A review of thermoelectric refrigeration. Proc. Inst. Electr. and Electronic Eng. **51**, 721 (1963).

Gerthsen, P.: Thermoelektrische Anwendung von Halbleitern. Z. ang. Phys. **13**, 435 (1961).

Göddecke, H.: Elektrische und thermische Relaxationserscheinungen an strombelasteten metallischen Leitern. Z. angew. Phys. **11**, 148 (1959).

Hänlein, W.: Technologie und Anwendung des Peltier-Effektes. Advanced Energy Convers. (Oxford). **5**, 103 **(1965)**.

Hänlein, W.: Neuartige Halbleiter-Kühlclemente. Siemens-Zeitschrift **35**, 264 **(1961)**.

Heaton, A. G.: Thermo-electrical engineering. Proc. Instn. Electr. Eng. (B) **109**, 223 (**1962**).

Jorisch, A. E., Krassinkowa, M. W., Moishes, B. J. und *Sorokin, O. W.:* Thermo-EMK, Elektroleitfähigkeit und Widerstandsänderung von Barium-Strontiumoxyd im Magnetfeld [russ.]. Radiotechnika i Elektronika **8**, 269 (**1963**).

Johnson, J. B.: Thermal Agitation of Electricity in Conductors. Phys. Rev. **32**, 97 (**1928**).

Justi, E.: Die physikalischen Grundlagen und werkstoffkundlichen Fortschritte der *Peltier*kühlung. Kältetechnik **12**, 126 (**1960**).

Kooi, C. F., Horst, R. B., Cuff, K. F. and *Hawkins, S. R.:* Theory of Longitudinally Isothermal Ettingshausen Cooler. J. Appl. Phys. **34**, 1735 (**1963**).

Müller, H.: Bemessung und Aufbau von Peltieraggregaten. Kältetechnik **15**, Heft 5 (**1963**).

Müller, H.: Aufbau und Einsatzbedingungen von Peltieraggregaten in Kühlgeräten. Siemens-Zeitschrift **37**, 383 (**1963**).

Pallet, J. E.: An Electrical Thermometer. Electronic Engng. **35**, 313 (**1963**).

Prince, M. B.: Silicon Solar Energy Converters. J. Appl. Phys. **26**, 534 (1955)

Raisbeck, G.: The Solar Battery. Sci. American **193**, 102 (**1955**).

Sheard, A. R.: Thermo-electric cooling modules. Product Design Engng. (London) **3**, 76 (**1965**).

Telkes, M.: Solar Thermoelectric Generators. J. Appl. Phys. **25**, 765 (**1954**).

Treble: Die Wirkung von Strahlungsschäden in Sonnenbatterien. Electronics Reliability and Microminiaturization **1**, 299 (**1962**).

Wolfe, R. and *Smith, G. E.:* Experimental verification of the Kelvin relation of thermo-electricity in a magnetic field. Phys. Rev. **129**, 1086 (**1963**).

II 7. *Der Hall-Effekt.*

Barlow, H. E. M.: High frequency radiation pressure and Hall effect in semiconductors. Proc. Instn. Electr. Eng. **110**, 79 (**1963**).

Červenák, Ján: Das Problem der Herstellung dünner InSb-Halbleiterschichten unter dem Gesichtswinkel der günstigsten galvanomagnetischen Eigenschaften. [Slowakisch] Slaboproudy obzor (Praha) **26**, 544 (**1965**).

Ermanis, F. and *Wolfstirn, K.:* Hall Effect and Resistivity of Zn-Doped GaAs. Journ. Appl. Phys. **37**, 1963 (**1966**).

Günther, K. G. und *Freller, H.:* Neuartige Hallgeneratoren mit aufgedampfter Halbleiterschicht. Siemens-Z. **36**, 728 (1962).

Hanesler, J.: Der Widerstand und das Feld eines rechteckigen Hallplättchens. Z. f. Naturforschung **17a**, H. 6 (1962).

Kemp, B.: Hall-Effect Instrumentation. Howard W. Sams and Co., Indianopolis **1963**.

Kuhrt, F.: Der Hallgenerator als Leistungsverstärker und Schwingungserzeuger. ETZ-A **78**, 342 (**1957**).

Lippmann, H. J. und *Wiehl, K.:* Modulation kleiner Gleichspannungen und Gleichströme mittels des Hall-Effektes. ETZ-A **84**, 252 (**1963**).

Mason, W. P., Hewitt, W. H. and *Wick, R. F.:* Hall effect modulators and gyrators employing magnetic field independent orientations in Germanium. J. Appl. Phys. **24**, 166 (**1953**).

Reiche, Hans: Der Halleffekt als Anisotropie des elektrischen Leiters. Wissenschaftliche Zeitschrift der Technischen Universität Dresden **12**, 179 (**1963**).

Silverman, D.: Voltage-driven Hall generators. Electro-Technol. **71**, 113 (**1963**).

Sun, S. F.: Determination of the Thermal Time Constant of an InSb Hall Element. Proc. IEEE **51**, 1255 (**1963**).

Weiss, H.: Modulation kleiner Gleichspannungen mit Widerstandsänderung im Magnetfeld. Phys. Verhandl. **8**, 362 (**1962**).

II 8. *Klassische Theorie der Glühemission.*

Dushman, S.: Thermionic Emission. Revs. Mod. Phys. **2**, 381 (**1930**).
Michaelson, H. B.: Work Function of the Elements. J. Appl. Phys. **21**, 536 (1950).
Rasor, N. S.: Emission physics of the thermionic energy converter. Proc. Inst. Electr. and Electronics Eng. **51**, 733 (**1963**).

II 9. *Glühemission aus Metallen.*

Bowers, H. C. and *Wolga, G. J.:* Effect of a Temperature Gradient on Thermionic Emission. Journ. Appl. Phys. **37**, 2024 (**1966**).
Cohen, R. W. and *Abeles, B.:* Efficiency Calculations of Thermoelectric Generators with Temperature Varying Parameters. J. Appl. Phys. **34**, 1687 (1963).
Wright, D. A.: A Survey of Present Knowledge of Thermionic Emitters. Proc. Inst. Elec. Engn. (London) Pt. III, vol. **100**, 125 (**1953**).

II 10. *Lichtelektrische Gesamtemission.*

Jacobs, J. E.: The Photoconductive Cell. Gen. Elec. Rev. **57**, 28 (1954).
Moss, T. S.: Photoconductivity in the Elements. Academic Press, Inc., New York **1952**.
Spicer, W. E. and *Wooten, F.:* Photoemission and Photomultipliers. Proc. IEEE **51**, 1119 (**1963**).
Tane, J.: Photo and thermoelectric effects in semiconductors. International Series of Monographs on Semiconductors, Volume 2. Pergamon Press, Oxford-London-New York-Paris **1962**.
Zworykin, V. K. and *Ramberg, E. G.:* Photoelectricity. John Wiley and Sons, Inc., New York 1949.
Zworykin, V. K. and *Wilson, E. D.:* Photocells and their Applications. New York 1930.

II 13. *Grundgesetze der Sekundärelektronenemission aus Metallen.*

Baroody, E. M.: A Theory of Secondary Electron Emission from Metals. Phys. Rev. **78**, 780 (**1950**).
Bruining, H.: Physics and Application of Secondary Electron Emission. McGraw-Hill Book Company, Inc., New York **1954**.
Jonker, J. H. L.: The Angular Distribution of the Secondary Electrons of Nickel. Philips Research Repts. **6**, 372 (1951).
Jonker, J. L. H.: On the Theory of Secondary Electron Emission. Philips Research Repts. **7**, 1 (**1952**).
McKay, K. G.: Secondary Electron Emission in "Advances in Electronics", Vol. I, 66. Academic Press, Inc., New York, **1948**.
Owen-Harries, J. H.: Secondary Electron Radiation. Electronics **17**, 100 (**1944**).
Pomerantz, M. A. and *Marshall, J. F.:* Fundamentals of Secondary Electron Emission. Proc. IRE **39**, 1367 (1951).

II 14. *Elektrodynamik der Austrittsarbeit.*

Apker, L., Taft, E. and *Dickey, J.:* Photoelectric emission and contact potentials of semiconductors. Phys. Rev. **74**, 1462 (**1948**).
Fröhlich, H. and *Sack, R. A.:* Light absorption and selective photo effect in adsorbed layers. Proc. Phys. Soc. (London) **59**, 30 (**1947**).

Rose, A.: Photoconductivity, Semiconducting materials. Symposium Semiconductor Transistor Electronics, University of Illinois Graduate School, Urbana, Ill. **1953**.

Wedlock, B. D.: Thermo-photovoltair energy conversion. Proc. Inst. Electr. and Electronic Eng. **51**, 694 (**1963**).

<h3 style="text-align:center">Drittes Kapitel.</h3>

<h3 style="text-align:center">Das Einzelelektron im Kristall.</h3>

<h4 style="text-align:center">III 1. Das Wasserstoff-Atom.</h4>

Herzberg, G.: Atomic Spectra and Atomic Structure. Prentice-Hall Inc., Englewood Cliffs, N. Y. 1957.

Hume-Rothery, W.: Atomic Theory for Students of Metallurgy. The Institute of Metals. London **1947**.

Hartree, D. R.: The Calculation of Atomic Structures. Wiley, New York **1957**.

<h4 style="text-align:center">III 3. und III 4. Geometrie der Raumgitter und Wellen-Interferenzen im Raumgitter.</h4>

Ollendorff, F.: Die Welt der Vektoren. Wien, Springer 1950.

<h4 style="text-align:center">III 6. Elektronenwellen im dreifach-periodischen Potentialfeld.</h4>

Braunstein, R.: Lattice vibration spectra of germanium-silicon alloys. Phys. Rev. **130**, 879 (**1963**).

Braunstein, R.: Valence band structure of germanium-silicon alloys. Phys. Rev. **130**, 869 (1963).

Callaway, J.: Electron Energy Bands in Solids. Academic Press, New York and London **1958**.

Groschwitz, E. und *Ebhardt, R.:* Zur Theorie von Inversionsschichten an Halbleitern. Z. angew. Physik **10**, 9 (**1959**).

Groschwitz, E. und *Ebhardt, R.:* Zur Theorie der Oberflächenströme an Halbleiter-oberflächen. Z. angew. Phys. **10**, 296 (1959).

Groschwitz, E., Ebhardt, R. und *Hofmeister, E.:* Oberflächenströme in Inversionsschichten an Halbleitern. Arch. el. Übertr. **14**, 380 (1960).

Harten, H. U. und *Schulz, W.:* Die Eigenschaften der Oberfläche von Germanium und Silizium. Halbleiterprobleme, Bd. **3**, 76 (**1956**).

Haynes, J. R. and *Shockley, W.:* Investigation of Hole Injection in Transistor Action. Phys. Rev. **75**, 691 (**1949**).

Long: Energy bands in semiconductors. J. Appl. Phys. **33**, 1682 (1962).

<h4 style="text-align:center">III 8. Wellenmechanik stark gebundener Kristallelektronen.</h4>

Irvin, J. C.: Resistivity of bulk silicon and of diffused layers in silicon. Bell Syst. Tech. J. **41**, 387 (**1962**).

Kingston, R. H.: Review of germanium surface phenomena. J. Appl. Phys. **27**, 101 (**1956**).

Koc, S.: Der Zusammenhang zwischen Oberflächeneffecten von Halbleitern und den Eigenschaften von Dioden und Transistoren. Slaboprondy Obzor **22**, 25 (1961).

Szep, I. und *Nemath, M.:* Über die Oberflächeneigenschaften des Germaniums. Tagungsbericht Festkörperphysik, S. 122, Akademie-Verlag, Berlin 1961.

Tamm, J.: Über eine mögliche Art der Elektronenbindungen an Kristalloberflächen. Phys. Z. Sowjetunion **1**, 733 (1932).

Weiss, H.: Neue Halbleiterwerkstoffe und -bauelemente. Siemens-Z. (Erlangen) **39**, 433 (**1965**).

III 10. *Der Zener-Effekt.*

Baker, R. P. and *Nagy, J.:* An investigation on long-term stability of Zener voltage references. Trans. Inst. Radio Eng. on Instrum I-9, 226 (**1960**).

Chynoweth, A. G.: Electrical Breakdown in p-n-Junctions. Bell Lab. Rev. **36**, 47 (1948).

English, A. C. and *Power, H. M.:* Mesoplasma breakdown in silicon junctions. Proc. IEEE **51**, 500 (**1963**).

Guggenbühl, W.: Der Spannungsdurchbruch der Flächentransistoren in einer allgemeinen Schaltung. Arch. elektr. Übertr. 451 (1959).

Miller, S.: Avalanche Breakdown in Germanium. Phys. Rev. **99**, 1234 (**1955**).

Poleshuk, M. and *Dowling, P. H.:* Microplasma Breakdown in Germanium. J. Appl. Phys. **34**, 3069 (**1963**).

Tung Li, H. and *Regensburger, P. J.:* Photoinduced Discharge Characteristics of Amorphous Selenium Plates. J. Appl. Phys. **34**, 1730 (**1963**).

Zener, C.: A Theory of the Electrical Breakdown of Solid Dielectrics. Proc. roy. Soc. London A **145**, 523 (**1934**).

Viertes Kapitel.

Kollektive Kristallelektronik.

IV 1. *Innere Elektronenemission in Reinhalbleitern.*

Becker, J. A., Green, C. B. and *Pearson, G. L.:* Properties of Thermistors. Bell Syst. Tech. J. **26**, 170 (**1947**).

Beckmann, K. H. und *Geist, D.:* Oberflächenspeicherung und Rekombination von Trägern in Germanium zwischen 90° und 300° K. Z. angew. Phys. **14**, 352 (**1962**).

Conwell, E. M.: Fundamental Properties of Semiconducting Materials. Sylvania Technologist **7**, 41 (**1954**).

Conwell, E.: Properties of silicon and germanium. Proc. Inst. Radio Engrs. **40**, 1327 (1952), **46**, 1281 (1958).

Lyashenko, V. I., Chernaya, N. J. and *Gerasimow, A. B.:* The energy distribution of surface electron states for a pure germanium surface with and without the presence of absorbed oxygen. Soviet Phys. Solid State **2**, 2158 (**1960/1961**).

IV 2. *Fremdatom-Halbleiter.*

Atalla, M. M.: Stabilization of silicon surfaces by thermally grown oxides. Bell Syst. Tech. Journal **38**, 749 (**1959**).

Bockenmehl, Robert R. and *Eddy, David S.:* Ion Drift Equilibrium in a Semiconductor. J. Appl. Phys. **34**, 1529 (**1963**).

Goetzberger, A.: Die Silizium-Siliziumdioxyd-Grenzfläche und ihre Untersuchung mit dem MOS-Verfahren. Archiv der elektrischen Übertragung **20**, 241 (1966).

Kahny, D. and *Atalla, M. M.:* Silicon-silicon dioxide field induced Surface Devices. JRE-AIEE Solid-State Device Research Conference, Carnegie Inst. Tech. Pittsburgh, Pa, June **1960**.

Koc, Stanislav: Fangstellen in der Oxydschicht an der Germaniumoberfläche. Sloboproudy obzor (Praha) **26**, 530 (**1965**).

Mikušek, Jaromir: Technologie des Wachsens epitaxialer Schichten sowie ihre Anwendung zur Herstellung von Halbleiterdioden und Transistoren [Tschechisch] Slaboproudy obzor (Praha) **26**, 521 (**1965**).

Statz, H., Davis jr., L. and *De Mars, G. A.:* Structure of surface states at the germanium-germanium oxide interface. Phys. Rev. **98**, 540 (**1955**).

IV 3. *Elektrostatik der Kristalldiode.*

Belljustin, Isljamow: Die Kapazität einer Flächendiode mit Raumladung und *Maxwell*-scher Verteilung der Anfangsgeschwindigkeiten der Elektronen. Radiotechnika i elektronika **7**, 499 (**1962**).

Galawanow, W. W., Lebedew, A. A. und *Rjasew, M. A.:* Kapazität des legierten p-n Überganges in InSb (russ.) Radiotechn. i Elektronika **8**, 1280 (1963).

Hansen, L. K. and *Warner, C.:* Ion-Emission Requirements for Removal of Electron Space-Charge Barriers. J. Appl. Phys. **34**, 2574 (**1963**).

Johnson, E. C.: Simplified treatment of electric charge relations at a semiconductor surface. RCA-Rev. **18**, 525 (1957).

Lee, Vin-Jang and *Mason, D. R.:* Analytic Expressions Relating Surface Charge and Potential Profiles in the Space-Charge Region in Semiconductors. J. Appl. Phys. **34**, 2660 (**1963**).

Lindholm, F. A. and *Letham, D. C.:* Junction capacitance of field effect transistors. Proc. IEEE **51**, 404 (1963).

Lindmayer, J. and *Wrigley, C.:* The emitter diffusion capacitance of drift transistor. Proc. IRE **49**, 1777 (**1960**).

Nakahara, O.: Current Dependence of Collector Space-Charge Layer Width of Junction Transistor. Proc. IEEE **51**, 1270 (**1963**).

Nakahara, O.: Effects of Field Distribution in the Collector Space Charge Layer of Junction Transistor. Proc. IEEE **51**, 1061 (**1963**).

Richer, I.: Input Capacitance of Field-Effect Transistors. Proc. IEEE **51**, 1249 (**1963**).

Shockley, W. and *Pearson, G. L.:* Modulation of conductance of thin films of semiconductors by surface charges. Phys. Rev. **74**, 232 (**1948**).

Winstel, G., Tropper, H. und *Colani, K.:* Kapazitätsanomalie bei Gallium-Arsenid-Tunneldioden. Zeitschr. f. Naturforschung **17a**, 883 (1962).

Záruba, Ivan: Einfluß des Staubgehaltes der Umgebung auf die Eigenschaften der durch Diffusion von Bor in Silizium hergestellten Halbleiterbauelemente [Tschechisch]. Slaboproudy obzor (Praha) **26**, 514 (**1965**).

IV 4. *Der Kontakt Halbleiter-Metall.*

Bartels, E.: Oberflächeneffekte an Halbleitern — eine kurze Beschreibung ihrer Ursachen und Wirkungen. Elektronische Rundschau Nr. **6**, 281 (1963), 345 (1963).

Engel, H. J.: Randschichteffekte an der Grenze Halbleiter/Vakuum und Halbleiter/Gasraum. Halbleiterprobleme Bd. **1**, 249 (1954).

Spitzer, W. G. and *Mead, C. A.:* Barrier Height Studies on Metal-Semiconductor Systems. J. Appl. Phys. **34**, 3061 (**1963**).

IV 5. *Reaktionsdynamik der Fremdatome.*

Heywang, W. und *Zerbst, M.:* Zur Bestimmung von Volumen- und Oberflächenrekombination in Halbleitern. Nachrichtentechn. Fachber. Bd. **5**, 27 (**1956**).

Hyde, F. J.: Reactive effects in thermistors at very low frequencies. Brit. Commun. and Electronics **33**, 4, 16 (**1957**).

Sah, C. T., Noyce, R. N. and *Shockley, W.:* Carrier generation and recombination in p-n junctions and p-n characteristics. Proc. IRE **45**, 1228 (1957).

Sah, Chih-Tang: Effect of Surface Recombination and Channel on p-n Junction and Transistor Characteristics. Transactions of the IRE Vol. ED **9**, 94 (1962).

Teitler, S.: Generation-Recombination. Noise in an Impurity Semiconductor. J. Appl. Phys. **34**, 2751 (**1963**).

IV 6. *Exzitonen.*

Casella, R. C.: A Criterion for Exciton Binding in Dense Electron-Hole Systems. J. Appl. Phys. **34**, 1703 (**1963**).

IV 7. *Beweglichkeit und Diffusion.*

Prince, M. B.: Drift Mobilities in Semiconductors I. Germanium. Phys. Rev. **92**, 681 (1953) II. Silicon, Phys. Rev. Mar. 15, (**1954**).

Weitzsch, F.: Zur Theorie der Transportphänomene bei Halbleiterbauelementen. Arch. Elektrotechn. **49**, 137 (**1964**).

IV 8. *Elektrodynamik der Kristalldiode.*

Aldrich, R. W. and *Holonyak, N.:* Silicon controlled rectifiers from oxide-masked diffused structures. Comm. Control **40**, 962 (**1959**).

Alfiorow, J. I., Tutschkewitsch, W. M. und *Trukan, M. K.:* Die Temperatur des pn-Überganges in Hochleistungsventilen in der Durchlaß-Halbperiode [russisch]. Elektritschestwo Heft 12, 64 (**1962**).

Baker, A. N., Goldey, J. M. and *Ross, J. M.:* Recovery time of pnpn diodes. IRE Wescon Conc. Rec. Electron Devices **3**, 43.

Batdorf, A. L., Chynoweth, A. G. and *Dacey, G. C.:* Uniform silicon p-n-junctions I. Broad area breakdown. J. Appl. Phys. **31**, 1153 (**1960**).

Bultbuis, K.: Effect of Local Pressure on Germanium p-n Junctions. Journ. Appl. Phys. **37**, 2066 (**1966**).

Bunga, J.: Zener diodes and their application in reference units. British Commun. and Electronics **8**, 760 (**1961**).

Burn, G., Laff, R. A., Blum, S. E., Dill jr., F. H. and *Nathan, M. I.:* Directionality effects of GaAs light-emitting diodes. IBM J. Res. **7**, 62 (**1963**).

Chandler, J. A.: The characteristics and applications of Zener (voltage reference) diodes. Electronic Engng. **32**, 78 (**1960**).

Davis, G. and *Grannemann, W. W.:* Point contact diodes utilizing single-crystal reduced rutile titanium dioxide J. Appl. Phys. **34**, 228 (**1963**).

Chapin, D. M., Fuller, O. S. and *Pearson, G. L.:* A New Silicon p-n Junction Photocell for Converting Solar Radiation into Electrical Power. J. Appl. Phys. **25**, 676 (**1954**).

Dobrinski, P., Knabe, H. und *Müller, L.:* Die Silizium-Zenerdiode. Nachrichtentechn. Z. **10**, 195 (1957).

Firle, T. E.: Some silicon junction diode recovery phenomena. Inst. Radio Engrs. Wescon Com. Rev. **1**, Part **3**, 90 (1957).

Franz, W.: Zenereffekt und Stoßionisation. Halbleiter und Phophore, 317.

Gebert, W.: Die Photowechseldiode — ein neues Halbleiterelement. Bull. SEV **54**, 761 (**1963**).

Gerlach, A.: Die Zener-Diode. Ionen und Elektronen H. **9**, 12 (**1960**).

Gobelli, G. W. and *Alten, F. G.:* Direct and indirect excitation processes in photoelectric emission for silicon. Phys. Rev. **112**, 114 (1958).

Haitz, R. H., Goetzberger, A., Scarlett, R. M. and *Shockley, W.:* Avalanche Effects in Silicon p-n Junctions. I. Localized Photomultiplication Studies on Microplasmas. J. Appl. Phys. **34**, 1581 (**1963**), II. Structurally Perfect Junctions J. Appl. Phys. **34**, 1591 (**1963**).

Hatzim, E. B. and *Reich, B.:* Light Emission from Silicon Transistor Junction. Proc. IEEE **51**, 1154 (1963).

Heilmeier, G. H. and *Harrison, S. E.:* Implications of the Intensity Dependence of Photoconductivity in Metal-Free Phthalocyanine Crystals. J. Appl. Phys. **34,** 2732 (1963).

Kennedy, D. P. and *O'Brien, R. R.:* Avalanche Breakdown Characteristics of a Diffused p-n Junction. Transactions of the IRE Vol. **ED9,** 478 **(1962).**

Ko, W. H.: The reverse transient behaviour of semiconductor junction diodes. Transact. Inst. Radio Engrs. **ED8,** 123 **(1961).**

Köhl, G.: Wirkungsweise und Eigenschaften steuerbarer Siliziumgleichrichter. Elektronische Rundschau **17,** 337 **(1963).**

Köhler, E.: Schaltverhalten ebener p-n-Verbindungen. Nachrichtentechnik **11,** 154 (1961).

Köhler, E.: Beitrag zum Impulsverhalten von p-n-Übergängen. Nachrichtentechnik **10,** 62 **(1960).**

Lieb, D. P., Jackson, B. D. and *Root, C. D.:* Abrupt Junction Diode Theory. Transactions of the IRE Vol **ED9,** 143 **(1962).**

McKay, K. G. and *McAfee, K.:* Electron Multiplication in Silicon and Germanium. Phys. Rev. **91,** 1079 **(1953).**

Melchert, F.: Brückenschaltung mit Zenerdioden zur Erzeugung von Gleichspannungen hoher Konstanz. ETZ-A**84,** 277 **(1963).**

Misawa, T.: The Theory of p-n-Junction Device Using Avalanche Multiplication. Proc. Inst. Radio Eng. 1954 **(1958).**

Montgomery, H. C. and *Clark, M. A.:* Shot Noise in Junction Transistors. J. Appl. Phys. **24,** 1337 **(1953).**

Montgomery, H. C.: Electrical Noise in Semiconductors. Bell Syst. Tech. J. **31,** 950 **(1952).**

Niegel, W.: Erzeugung konstanter Spannungen für Meßzwecke mit Hilfe von Zenerdioden. AEG-Mitt. **50,** 345 **(1960).**

Pearson, G. L., Montgomery, H. C. and *Feldman, W. L.:* Noise in Silicon p-n Junction Photocells. J. Appl. Phys. **27,** 91 **(1956).**

Niegel, W.: Die Zenerdiode und ihre Anwendung in der Meßtechnik. Arch. techn. Messen. J 821-2 (Okt. 1962), Lfg. **321,** 231.

Redfield, D.: Theory for the photoemission from a space-charge region of a semiconductor. Phys. Rev. **124,** 1809 (1961).

Rocher, E.: Verhalten eines Halbleiter-p-n-Überganges bei hohen Stromdichten. Z. angew. Phys. **14,** 347 **(1962).**

Rothlein, J. J. and *Fowler, A. B.:* Germanium Photovoltair Cells. Trans. IRE, Vol. **ED-1,** 67 (1954).

Rywkin, S. M.: Photoelektrische Erscheinungen in Halbleitern. [Übers. a. d. Russischen]. Berlin, Akademie-Verlag 1965.

Schafft, H. A. and *French, J. C.:* "Second Breakdown" in Transistors. Transactions of the IRE Vol **ED9,** 129 **(1962).**

Schreiber, H.: Der Statistor — ein neuer Feldeffekt-Halbleiter. Elektronische Rundschau **17,** 353 **(1963).**

Shockley, W.: The Theory of p-n Junctions in Semiconductors and p-n Junction Transistors. Bell Syst. Techn. J. **28,** 435 **(1949).**

Stuetzer, O. M.: Junction Fieldistors. Proc. IRE **40,** 1377 **(1952).**

Shive, J. N. and *Zuk, P.:* Junction Phototransistors. Bell Lab. Record 445 **(1955).**

Spenke, E.: Leistungsgleichrichter auf Halbleiterbasis. ETZ-A **79,** 867 (1958).

Terman, L. M.: An investigation of surface states at a silicon/silicon dioxide interface employing MOS diodes. Stanford Res. Tech. Rept. No 1655, 1 **(1961).**

Wagner, O. E. and *Happ, W. W.:* Field emission in rutile diodes. J. Appl. Phys. **34,** 259 **(1963).**

Wolff, P. A.: Theory of electron multiplication in silicon and germanium. Phys. Rev. **95**, 1415 (**1954**).

Van der Ziel, A.: Shot Noise in Junction Diodes and Transistors. Proc. IRE **43**, 1639 (**1955**).

IV 9. *Die Tunneldiode.*

Aleksander, 1. and *Scarr, R. W. A.:* Tunnel devices as switching elements. Journ. Brit. Inst. Radio Eng. **23**, 177 (**1962**).

Baldinger, E.: Kritische Bemerkungen zu Verstärkern mit Tunnel-Dioden. Helv. Phys. Acta **35**, 230 (**1962**).

Barach, C. M. and *Watkins, M. C.:* Tunnel Diode Relaxation Oscillators. Electronic Design **54** June 22, (**1960**).

Breitschwerdt, K. G.: Direct and Indirect Tunneling in Germanium at Different Temperatures. J. Appl. Phys. **34**, 2610 (1963).

Burgess, R. E.: Negative resistance in semiconductor devices. Canad. J. Phys. **38**, 369 (**1960**).

Carroll, J. M.: Tunnel-diode and semiconductor circuits. McGraw-Hill Book Comp., Inc., New York-Toronto-London 1963.

Chang, K. K. N.: Low-noise tunnel-diode amplifier. Proc. Inst. Radio Engrs. **49**, 1043 (**1961**).

Chow, K. C.: Effect of Insulating-Film-Thickness Nonuniformity on Tunnel Characteristics. J. Appl. Phys. **34**, 2599 (**1963**).

Chow, W., Davidsohn, K., Hwang, Y., Kim, C. and *Ober, G.:* Tunnel Diode Circuit Aspects and Applications. AIEE Conference Paper CP **60**, 297 Jan. **1960**.

Christ, Klaus: Ein Verfahren zur Messung der Kennlinie und der Sperrschicht von Tunneldioden. Arch. elektr. Übertragung **17**, 42 (1963).

Chynoweth, A. G., Feldmann, W. L. and *Logan, R. A.:* Excess Tunnel Current in Silicon Esaki Junctions. Phys. Rev. **121**, 684 (1961).

Christ, K.: Ein Verfahren zur Messung der Kennlinie und der Sperrschicht-Kapazität von Tunneldioden. Arch. elektr. Übertragung **17**, 42 (**1963**).

Esaki, L.: New phenomenon in narrow germanium p-n-junctions. Phys. Rev. **109**, 603 (**1958**).

Gärtner, W. W. and *Schuller, M.:* Three-Layer Negative-Resistance and Inductive Semiconductor Diodes. Proc. Inst. Radio Eng. **49**, 754 (1961).

Gentile, S. P.: Basic theory and application of tunnel diodes. D. Van Nostrand Company, Inc., Princeton-N. J.-Toronto-New York-London 1962.

Giaever, I. and *Megerle, G.:* The Superconducting Tunnel Junction as an Active Device. Transactions of the IRE Vol **ED9**, 459 (**1962**).

Gold, R. D. and *Weisberg, L. R.:* Permanent degradation of GaAs tunnel diodes. Solid-State Electronics (Oxford) **7**, 811 (**1964**).

Graf, H.: Frequenzvervielfacher mit Tunneldioden. NTZ **15**, 213 (1962).

Graf, H.: Frequenzvervielfachung durch Mitziehen von Tunneldiodenoszillatoren auf den Harmonischen einer Steuerfrequenz. NTZ **16**, 188 (**1963**).

Hall, R. N.: Tunnel Diodes. IRE Transactions of the Professional Group on Electron Devices Vol. **ED7**, 1 (**1960**).

Hanvahan, Donald, J.: Analysis of Tunnel-Diode Converter Performance. Transactions of the IRE Vol. **ED9**, 366 (1962).

Hines, M. E.: High-frequency circuit principles for Esaki diode applications. Bell Syst. Tech. J. **39**, 470 (**1960**).

Henoch, B. and *Kvaerna, Y.:* Stability criteria for tunnel-diode amplifiers. Transact. Inst. Radio Engrs. MTT **10**, 397 (**1962**).

Kesel, G., Ottmann, A. und *Toussaint, H. N.:* Germanium-Tunneldioden für das HF-Gebiet. Nachrichtentechn. Z. **13**, 191 (**1960**).

Klein, E.: Die Tunneldiode als Schwingungserzeuger. NTZ **15**, 135 (**1962**).

Lesk, I. A., Holonyak, N., Davidsohn, U. S. and *Aarons, N. W.:* Germanium and Silicon Tunnel Diodes. Design, Operation and Applications. IRE Wescon Convention Record, Part 3 (**1959**).

Longini, Richard, L.: The Tunneling p-n Junction. Transactions of the IRE Vol. **ED9**, 88 (**1962**).

Longo, T. A.: On the Nature of the Maximum and Minimum Currents in Germanium Tunnel Diodes. American Physical Society Meeting. Detroit, March **21**, **1960**.

Messenger, G. C., Steiger, W. and *Todd, C. D.:* A Survey of Tunnel Diodes. The solid state journal **1960**, p. 35.

Mitchell, F. H.: Tunnel diode switching times. Electronic Ind. **21**, 105 (**1962**).

Nathan, M. I.: Current Voltage Characteristics of Germanium Tunnel Diodes. J. Appl. Phys. **33**, 1460 (1962).

Nielson, E. G.: Noise in Tunnel Diode Circuits. N.E.C. Convention Record (**1960**).

Pierce, C. B. and *Kantz, A. D.:* Defects Introduced in Neutron-Irradiated Esaki Diodes. J. Appl. Phys. **34**, 1496 (**1963**).

Pucel, R. A.: The Esaki Tunnel Diode. Electrical Manufacturing Febr. **1960**.

Schaffner, G.: A Compact Tunnel Diode Amplifier For Ultra High Frequencies. IRE Wescon Convention Record 86 (**1960**).

Scott, A. C.: Distributed Effects in Large-Area Esaki Diodes. Transactions of the IRE Vol. **ED9**, 417 (**1962**).

Seitzer, D.: Ein Diagramm für Stabilität, Verstärkung und Bandbreite des einstufigen Tunneldioden-Verstärkers. A.E.Ü. **17**, 403 (**1963**).

Simmons, J. G.: Generalized Formula for the Electric Tunnel Effect between Similar Electrodes Separated by a Thin Insulating Film. J. Appl. Phys. **34**, 1793 (**1963**).

Simmons, J. G.: Electric Tunnel Effect between Dissimilar Electrodes Separated by a Thin Insulating Film. J. Appl. Phys. **34**, 2581 (**1963**).

Sommers jr., H. S.: Tunnel-diodes as high-frequency devices. Proc. Inst. Radio Engrs. **48**, 2024 (**1960**).

Sterzer, F. and *Nelson, D. E.:* Tunnel-diode microwave oscillators. Proc. Inst. Radio Engrs. **47**, 1201 (**1959**).

Tiemann, J.: Tunnel Diodes and Their Uses As Multifunctional Circuit Elements. International Solid State Circuits Conference. Philadelphia, Pennsylvania February 10. **1960**,

Unterkofler, G. J.: Theoretical Curves of Tunnel Resistivity vs Voltage. J. Appl. Phys. **34**, 3143 (**1963**).

Vogelsang, Erich: Ein Beitrag zur Kennlinie und zum Ersatzbild der Tunneldiode. Diss. T. H. Aachen **1963**.

Wen-Hsiung, Ko.: Designing tunnel-diode oscillators. Electronics 68 (**1961**).

Winstel, G. H.: Leitungsmechanismen und Bänderstruktur in der Tunneldiode. Zeitschr. f. angew. Physik **15**, 73 (**1963**).

IV 10. *Der Flächentransistor.*

Bardeen, J. and *Brattain, W. H.:* Physical Principles Involved in Transistor Action. Phys. Rev. **75**, 1208 (**1949**).

Beale, J., Stephenson, W. and *Wolfendale, E.:* A Study of High-Speed Avalanch Transistors. Proc. Instr. Electr. Eng. B **104**, 349 (1957).

Becker, J. A. and *Shive, J. N.:* The Transistor, A New Semi-conductor Amplifier. Elec. Eng. **68**, 215 (**1949**).

Bentivegna, M. J., Lehner, L. L. and *Lynch, P. D.:* The Epitaxial Transistor. Trans. Amer. Inst. Electr. Eng (I) **81**, 393 (**1963**).

Benz, W.: Ersatzschaltbilder für den als linearer Verstärker betriebenen Transistor. Nachrichtentechn. Fachber. **18**, 49 (**1960**).

Braun, Reinhold: Untersuchung des Temperaturganges von Transistoren bei Impulsbelastung. ETZ A **84**, 163 (**1963**).

Caldwell, R. S., Gage, D. S. and *Hanson, G. H.:* The transient behaviour of transistors due to ionized radiation pulses. Trans. Amer. Inst. Electr. Eng. (I) **81**, 483 (**1963**).

Coppen, P. J. and *Matzen, W. T.:* Distribution of Recombination Current in Emitter-Base Junctions of Silicon Transistors. Transactions of the IRE Vol. **ED9**, 75 (1962).

Dacey, G. C. and *Ross, I. M.:* The field-effect transistor. Bell Syst. Tech. J. **34**, 1149 (**1955**).

Cripps, L. G.: Transistor high frequency parameter. Electronic and Radio Engineer **36**, 341 (1959).

Crane, H. D.: Neuristor — a novel device and system concept. Proc. Inst. Radio Eng. **50**, 2048 (1962).

Dawson, Maynard: The Problem of Transistor Action. Transistor Short Course Proc. Pennsylvania State College, State College **1954**.

Early, J. M.: Effects of Space-charge Layer Widening in Junction Transistors. Proc. IRE **40**, 1401 (**1952**).

Early, J. M.: p-n-i-p and n-p-i-n Junction Transistor Triodes. Bell Syst. Tech. J. **32**, 517 (1954).

Early, J.: Effects of Space-Charge Layer Widening in Junction Transistors. Proc. Inst. Radio Eng. (**1952**).

Ebers, J. J.: Four Terminal p n-p-n Transistors. Proc. IRE **40**, 1361 (**1952**).

Ebers, J. J. and *Miller, S. L.:* Alloyed Junction Avalanche Transistors. Bell Syst. Techn. J. **34**, 833 (**1955**).

Emeis, R. and *Herlet, A.:* The blocking capability of alloyed silicon power transistors. Proc. IRE **46**, 1216 (**1958**).

Forrest, M. L. N.: Avalanche Carrier Multiplication in Junction Transistors and its Implications in Circuit Design. J. Brit. Inst. Radio Eng. **20**, 429 (1960).

Friedberg, H.: Gesteuerte Siliziumgleichrichter — Neue Bauelemente der Starkstromtechnik. EuM **80**, 178 (**1963**).

Gerlach, W. und *Seid, F.:* Wirkungsweise der steuerbaren Siliziumzelle. ETZ A **83**, 270 (1962).

Grannemann, W. W. and *Reese, J. D.:* Transient junction temperatures in power transistors. Electrical Engrg. **79**, 53 (**1960**).

Hanson, G. H.: Shot Noise in p-n-p Transistors. J. Appl. Phys. **26**, 1388 (**1955**).

Hilberg, W.: Zur Wärmeleitung bei Transistoren. Telefunken Ztg. **32**, 200 (**1959**).

Hofstein, S. R. and *Heiman, F. P.:* The Silicon Insulated-Gate Field-Effect Transistor. Proceedings IEEE **51**, 1190 (**1963**).

Köhler, E. und *Schulz, H. G.:* Die statistischen Kennlinien des Transistors. Nachrichtentechnik **12**, 168, 218 (**1962**).

Le Can, C.: Transient behaviour and fundamental transistor parameters. Electronic Appl. **20**, 56 (**1959/1960**).

Lermartz, H.: Der Feldtransistor. Funk-Techn. **11**, 123; 151 (**1956**).

Macario, C. V.: Avalanche Transistors. Electronic Eng. **31**, 262 (1959).

MacKintosh, J. M.: The electrical characteristics of silicon p-n-p-n triodes. Proc. IRE **46**, 1229 (**1958**).

van der Maesen, F., Greebe, C. A. A. J. and *Nunning, H. J. C. A.:* Steady-state injections in semiconductors. Philips, Res. Rep. **17**, 479 (**1962**).

Meyer-Brötz, G.: Die Vierpolparameter des Flächentransistors in den drei Grund-
schaltungen. Telefunken-Ztg. **29**, 21 (**1956**).

Middlebrock, R. D.: A Simple Derivation of Field-Effect Transistor Characteristics.
Proc. IEEE **51**, 1146 (1963).

Müller, O.: Der Einfluß des Mitlaufens der Collectorsperrschichttemperatur auf das
Wechselstromverhalten des Transistors [Mitlaufeffekt]. A.E.Ü. **17**, 13 (**1963**).

Müller, O.: Der Einfluß der Ladungsträgermultiplikation in der Kollektorsperr-
schicht auf das Wechselstromverhalten des Transistors. NTZ **16**, 320 (**1963**).

Parnow, K.: Spezielle Hochfrequenzmessungen an Transistoren. Nachrichtentechnik
13, 8 (**1963**).

Paul, P.: Passivität, Stabilität, Leistungsverstärkung und Schwingfrequenz von
Transistoren. Nachrichtentechnik **13**, 134 (**1963**).

Paul, R.: Die Messung der Kennwerte von Transistoren. Nachrichtentechnik **12**,
163, 213 (**1962**).

Plagemann, H. H. und *Schnabel, H.:* Über den Einfluß der umgebenden Gasphase
auf die Kenndaten von p-n-p-Legierungstransistoren aus Germanium. Tagungsbericht Festkörperphysik, S. 114. Akademie-Verlag Berlin **1961**.

Rawitsch: Die Theorie einer Phototriode (russ.). Radiotechnika i Elektronika **7**,
525 (**1962**).

Saby, J. S.: Fused Impurity p-n-p Junction Transistors. Proc. IRE **40**, 1358 (1952).

Schenkel, H. and *Statz, H.:* Junction Transistors with Alpha Greater than Unity.
Proc. Inst. Radio Eng. **44**, 360 (**1956**).

Schmelzer, R.: Maximum Stable Collector Voltage for Junction Transistors. Proc.
IRE **48**, 332 (**1960**).

Sevin, L. J. jr.: Field-Effect Transistors. McGraw-Hill Book Company, Inc., New
York-San Francisco-Toronto-London-Sydney **1965**.

Shockley, W.: A unipolar field-effect transistor. Proc. IRE **40**, 1365 (**1952**).

Shockley, W., Sparks, M. and *Teal, G. K.:* The p-n-Junction Transistors. Phys.
Rev. **83**, 151 (**1951**).

Shockley, W.: Transistor Electronics. Proc. IRE **40**, 1289 (1952).

Steele, E. L.: Theory of Alpha for p-n-p Diffused Junction Transistors. Proc. IRE **40**,
1424 (1952).

Sziklai, G. C.: Symmetrical Properties of Transistors and Their Applications. Proc.
IRE **41**, 717 (**1954**).

Stumpe, A. C.: Kennlinien der steuerbaren Siliziumzelle. ETZ-A **83**, 81 (**1962**).

Stumpe, A. C.: Das Schaltverhalten der steuerbaren Siliziumzelle. ETZ-A **83**, 291 (**1962**).

Tanenbaum, M. and *Thomas, D. E.:* Diffused Emitter and Base Silicon Transistors
Bell Syst. Tech. J. **35**, 1 (**1956**).

Thuy, H. J.: Thermische Probleme bei Transistoren. Elektron. Rdsch. **15**, 15, 61 (**1961**).

Webster, W. M: On the Variation of Junction-transistor Current-amplification
Factor with Emitter Current. Proc. IRE **42**, 914 (1954).

Wolfendale, E.: The Junction Transistor and its application. Heywood and Co.

Weimer, P. K.: The TFT — a new thinfilm transistor. Proc. IRE **50**, 1462 (**1962**).

Wright, G. T.: The space-charge-limited dielectric triode: successor to the transistor ?
J. Inst. Electr. Eng. London Bd. **8**, 494, 450 (**1962**).

IV 12. *Der Flächentransistor als quasistationärer Verstärker.*

Johnson, E. O. and *Rose, A.:* A simple general analysis of amplifier devices with
emitter, control and collector functions. Proc. IRE **47**, 407 (**1959**).

Kleiner, H.: Die Transistor-Kennwerte für die Verstärker in der Übertragungs-
technik und ihre Messung. Nachrichtentechnik **13**, 11 (**1963**).

Wiesner: Das Verhalten des Transistors bei großer Aussteuerung. NTZ **15**, 323 (**1962**).

Namen- und Sachverzeichnis.